国家出版基金项目
NATIONAL PUBLICATION FOUNDATION

中國水利史典

太湖及東南卷一

◎中國水利史典編委會 編

中國水利水電出版社

图书在版编目（ＣＩＰ）数据

中国水利史典. 太湖及东南卷. 1 / 《中国水利史典》编委会编. -- 北京 : 中国水利水电出版社, 2015.10
ISBN 978-7-5170-3712-5

Ⅰ. ①中… Ⅱ. ①中… Ⅲ. ①水利史－中国 Ⅳ. ①TV-092

中国版本图书馆CIP数据核字(2015)第232825号

中國水利史典　太湖及東南卷一

作者：中國水利史典編委會　編
出版：中國水利水電出版社
（北京市海淀區玉淵潭南路1號D座　100038）
經售：北京科水圖書銷售中心（零售）
全國各地新華書店和相關出版物銷售網點
排版：北京萬水電子信息有限公司
印刷：北京科信印刷有限公司
規格：184mm×260mm　16开本　47.25印張　834千字
版次：2015年10月第1版　2015年10月第1次印刷

定價：430.00圓

『十一五』國家重大工程出版規劃圖書
『十二五』國家重點圖書出版規劃項目
首批國家出版基金資助項目

中國水利史典

主　編　陳　雷

常務副主編　周和平　李國英　周學文

副主編（按姓氏筆畫排序）

匡尚富　任憲韶　岳中明　党連文　陳小江

陳東明　葉建春　湯鑫華　蔡　蕃　鄭連第

劉雅鳴　錢　敏

中國水利史典

編委會

主　　任　陳　雷

副 主 任　周和平　李國英　周學文

委　　員（按姓氏筆畫排序）

王愛國　田中興　匡尚富　曲吉山　任憲韶　李　鷹

汪　洪　汪安南　武國堂　岳中明　周魁一　党連文

高　波　陳小江　陳東明　陳明忠　孫繼昌　張志彤

張志清　張紅兵　葉建春　湯鑫華　鄭連第　鄧　堅

劉　震　劉建明　劉雅鳴　劉學釗　錢　敏

編委會辦公室

主　　任　陳東明

常務副主任　穆勵生

副 主 任　馬愛梅　杜丙照

主任助理　宋建娜

成　　員　王　藝　楊春霞　張小思　朱　莉　趙　耀

中國水利史典

專家委員會

主任 鄭連第

副主任 蔡蕃 張志清 譚徐明 蔣超

委員（按姓氏筆畫排序）

王利華 王紹良 牛建强 毛振培 尹鈞科 吕娟
江金照 杜翔 李孝聰 吴宗越 范文錚 周魁一
查一民 段天順 徐海亮 郭濤 郭康松 高紅
陳茂山 陳紅彦 馮立昇 馮明祥 張汝翼 張廷皓
張孝南 張衛東 鄒寶山 鄭小惠 黎沛虹 謝永剛
竇鴻身 顧青

序一

讀史明今　鑒往知來

經過四年的緊張籌備和編纂，《中國水利史典》開始正式出版。這是貫徹落實黨的十八大精神、加快推動水文化建設的重要舉措，也是功在當代、澤被後人的重大工程。

我國是一個治水歷史悠久的文明古國和水利大國，興修水利、治理水害、消除水患歷來是治國安邦的頭等大事。在長期的治水實踐中，中華民族不僅修建了都江堰、鄭國渠、靈渠、京杭運河、黄河堤防、江浙海塘等衆多舉世聞名的水利工程，而且非常注重對治水歷史的記録整理。早在公元前一百年前後，歷史學家司馬遷就在《史記》中安排專章，記述了從公元前二十一世紀的大禹治水到西漢時期的重大水利事件，第一次提出了以防洪、灌溉、排水、航運、供水爲主要内容的『水利』概念，開了史書專門記録水利史的先河。繼司馬遷之後，我國編纂水利歷史、總結治水經驗、探索水利規律、提供後世借鑒的優良傳統薪火相傳，綿延至今，留下了《河渠書》《水經注》《水部式》《河防通議》《行水金鑑》等諸多彌足珍貴的水利文獻，形成了獨特而豐富的水文化。

盛世修典是中華民族的優秀傳統。我國水利典籍卷帙浩繁、博大精深。但是，經過千百年間朝代更替、戰火兵燹、天灾人禍，許多珍貴歷史文獻遺失或毁損。能够保存至今的古代文獻，藏本分散，複本稀少，孤本難求，極爲珍貴。爲了保護好、傳承好、利用好這些古代文化遺産，全面揭示歷代水利事業的輝煌成就，系統總結我國水利發展的歷史規律，傾力打造文化出版精品工程，爲水利改革發展提供可資借鑒的歷史經驗和現實指導，在國家圖書館和國家出版基金管理委員會的精心指導和大力支持下，水利部决定組織編纂《中國水利史典》。

作爲國家出版基金管理委員會批准并首批支持的重大出版項目，《中國水利史典》具有以下五個鮮明特點：一是歷史的厚重性。《中國水利史典》編纂内容上起大禹治水，下迄一九四九年，涉及我國五千年治水歷史，不僅是新中國成立以來實施的最大單項水利出版項目，也是我國乃至世界歷史上文獻最豐富、結構最完整、時間跨度最長、篇幅規模最大的水利典籍集成。其中收録的歷史文獻，記述了江河湖泊的自然狀况及其演變，記述了治水思想和治水方略的歷史變遷，記述了興修水利的艱辛實踐，記述了水利科技的進步歷程，記述了水利規約制度和管理經驗，凸顯了中國治水實踐的歷史縱深感。二是文化的傳承性。中華民族數千年的治水實踐，不僅創造了豐富的物質文明，而且積澱了深厚的文化財富。《中國水利史典》既是對水利歷史文獻的系統整編，也是對中國治水文化的全面梳理，凝聚了中華民族在治水興水漫長歷史進程中積累的科學認識、思想理念。這是祖先留下的寶貴遺産，是中華民族歷史經驗和智慧的結晶，也是中國傳統文化的絢麗瑰寶。三是内容的豐富性。我國現存的水利典籍，僅專著就有上千種，輿圖、碑刻、拓片、劄子更是不勝枚舉，水利古籍數量之多、領域之廣、內容之豐，居於世界前列。按照編纂方案，《中國水利史典》全書總計十卷，約五十個分册，近五千萬字，可謂鴻篇巨制。在編纂過程中，相關人員充分依托國家圖書館和其他機構的古籍文獻資源，深入查找，廣泛搜集，全面摸清了水利典籍的內容、種類和分布情況，科學厘清了部分文獻記述的來龍去脉和具體特徵，基本做到了應收盡收、精華不漏、系統完整。四是體例的科學性。《中國水利史典》嚴格遵循統一的編纂體例格式，對水利歷史典籍進行甄别、校勘、標點和評注。屬於專門水利著作而內容系統完整的，收録全書；內容涉及門類衆多而水利單獨成篇的，摘録相關篇章；內容豐富而龐雜的，節録水利相關文字和插圖。全書主體部分是經過校點的典籍本身或摘編，全部用繁體字出版，保留了原汁原味。作爲輔助部分的評注，文字簡潔，表述客觀，説理有據，爲讀者閱讀和理解主體部分內容提供了便捷通道。五是編纂的嚴謹性。水利部專門成立編委會，要求各有關單位全力配合、大力支持。爲選准配强編纂隊伍，編委會特别從高校、科研機構選聘了一批綜合素質高、工作責任心强、古文功底深厚、文史水平較高的專家學者參與相關分卷的編纂工作；堅持馬克思主義的立場觀點，堅持科學正確的學術方向，既兼收并蓄、博采衆長，古爲今用，又科學鑒别、去僞存真、去粗取精；建立嚴格規範的工作制度，明確每個環節、每位人員的責任，嚴把選題、大綱、點校、評注以及編輯、出版、印刷等關鍵環節關口，確保了編纂質量的高標準。

『以古爲鑒，可知興替』。當前和今後一個時期，是全面建成小康社會的關鍵時期，是加快轉變經濟發展方式的攻堅時期，也是大力發展民生水利、推進傳統水利向現代水利、可持續發展水利轉變的重要時期。二〇一一年中央一號文件、中央水利工作會議對水利改革發展作出全面部署，黨的十八大把水利放在生態文明建設的突出位置，提出了新的更高要求。《中國水利史典》的出版，爲當前水利工作提供了寶貴的歷史借鑒，爲開展現代水利科學研究提供了深厚的文獻基礎，對於豐富和完善可持續發展治水思路，推進民生水利新發展，加快水生態文明建設，具有重要的現實意義和深遠的歷史影響。我們要充分吸收借鑒歷史實踐的經驗智慧，緊緊抓住用好治水興水的戰略機遇，在新的歷史起點上加快推進水利改革發展新跨越，讓江河更加安瀾，山川更加秀美，人民更加安康，讓水利更好地造福中華民族。

是爲序。

中華人民共和國水利部部長

陳雷

二〇一三年七月

序二

汲古潤今　嘉惠萬代

盛世修史治典是中華民族的優秀傳統。水利部組織相關領域專家，系統整理我國水利典籍，編纂《中國水利史典》，全面揭示我國歷代水利事業的輝煌成就，系統總結我國水利發展規律，爲當今水利建設提供借鑒，是一項功在當代、嘉惠子孫的重要文化建設項目。

中國幅員遼闊，從世界屋脊的青藏高原到東海之濱，黃河、長江蜿蜒流轉，奔流不息，經歷高山峽谷、草地平原，造就了獨具特色的景觀。巨大的落差和磅礴的水系，也使生活在這片土地上的人們很早就懂得涵養水源、興修水利，疏通河渠，造福生靈，中國的江河水利哺育滋養了璀璨的中華文明。

中國作爲一個歷史悠久的農業大國，歷來重視水利建設，它不僅是農業的命脉，也是治國安邦的要務。從大禹治水至今，涌現出許多可歌可泣的治水英傑，留下了許多造福萬代的水利工程。《元史・河渠志》中曾説：『水爲中國患，尚矣。知其所以爲患，則知其所以爲利。』歷代王朝都十分關注水利建設，康熙皇帝親政之初即把河務、漕運和三藩等三件大事寫成條幅懸挂堂中，作爲立國根本。一部中華民族繁衍發展史，在很大程度上也是中華兒女興水利、除水害的歷史。中華先賢不斷總結治水經驗和規律，留下了卷帙浩繁的水利典籍，數量和内容之豐富，都居於世界前列。這些典籍至今仍閃耀着光芒，是我們治水興國的重要鏡鑒。

早在先秦時期，《禹貢》《管子》《周禮》《考工記》等典籍中，就記有全國水土資源、水流理論、渠系設計、測量方法、施工組織及管理維修等知識。吕不韋等編修《吕氏春秋》，最早提出水文循環原理。西漢時期，著名史學家司馬遷在《史記》中就有記載水利的篇章——《河渠書》，該書記載了從大禹治水到漢武帝黄河瓠子堵口這一歷史時期内一系列治河防洪、開渠通航和引水灌溉的史實。後世的《水經注》、正史中的《河渠志》，以及《農政全書·水利》等，均是水利文獻中的代表作。隨着水利事業的發展，唐代中央政府頒行了我國第一部水利管理法規——《水部式》。這部珍貴法規二十世紀初在敦煌出土後被伯希和劫走，現藏法國國家圖書館。一九三五年，國立北平圖書館（國家圖書館前身）派員把這部珍貴文獻拍照帶回。《水部式》有二千六百多字，内容包括農田水利管理、航運船閘和橋梁渡口管理、漁業和城市水道管理等内容。《水部式》還規定，水利管理的好壞將作爲有關官吏考核晋升的重要依據。中華民族善於學習，兼收并蓄，明末徐光啓與傳教士熊三拔合譯的《泰西水法》，結合中國水利具體情況，經過實驗後，編譯成書，圖文并茂地記述了往復抽水機、螺旋提水車、雙筒往復抽水機等水利機械的結構和製造方法，以及修建蓄水池和鑿井的基本方法，爲近代西方水利技術的引進開了先河。

在衆多存世的河渠水利文獻中，各種類型的河工輿圖最能直觀描繪水利狀況，尤以明清時代河防工程體系形態最爲重要，如黄河河工輿圖上的提示，明確了各種堤防適合在哪一段工程中使用，如果配合文字史料，就可以細化黄河水利史的研究。又如在運河輿圖上有大量詳盡的文字注記，對沿途各程站的名稱與間距、運河水閘間里程、運河沿綫湖泊大小和儲水量多少、運河與其他水道通塞情况、各運河廳管段交界等狀况均有詳細的文字記述，可以通過地圖上的景物、地名與注記逐一對應，至今仍有重要的參考價值。

這些古代水利典籍，是中華民族的寶貴經驗和智慧結晶，源遠流長，博大精深，有待進一步整理、揭示、傳承、利用，這正是編纂出版《中國水利史典》的重要意義所在。

國家圖書館是全國最大的古籍收藏機構，也是古今水利典籍收藏數量最多的單位之一。在這些古籍和民國文獻中，有大量具有重要價值的水利史典籍。特别是有關河渠水利的地方文獻、金石拓片、輿圖資料和老照片檔案等，内容豐富，頗具特色。這些典籍，有的記録江河湖海的自然狀况，有的反映河渠水利的修造過程，有的闡述治水防灾的方略，有的彰顯造福百姓的德政，不乏精品，有重要借鑒意義。新中國成立後，水利部門爲了治河防洪，曾充分利用國家圖書館收藏的古舊河道圖。如一九六四年，水電部水利史研究室、水電部北京勘測設計院根據毛主席『一定要根治海河』的指示進行重大水利工程建設，制定漳、衛、滏陽、滹沱等河流域的治水方案，爲此查閲了當時國家圖書館收藏的各地清代河道圖一百餘種，爲工作的順利開展提供了文獻保障。

二〇〇七年，國務院下發《關於進一步加强全國古籍保護工作的意見》後，古籍整理及利用受到更多關注。《中國水利史典》作爲古籍整理的重要工程，一定會成爲名山之作，傳之後人。

國家圖書館館長
國家古籍保護中心主任
周和平

二〇一三年七月

編纂説明

《中國水利史典》是中華人民共和國成立以來首次全面系統整編水利歷史文獻的大型工具書。它全面記録了我國歷代水利事業的輝煌成就，系統呈現了我國水利發展規律，可爲現代水利建設提供借鑒。它既是梳理歷代治水脉絡、服務現代水利的大型出版工程，也是傳承治水文明、弘揚中華水文化的重要文化工程。

二〇〇七年，中華人民共和國國務院批准設立了『國家出版基金』，這是繼『國家自然科學基金』『國家社會科學基金』之後設立的第三大文化類基金。經過申請，二〇〇九年《中國水利史典》被國家出版基金管理委員會批准爲首批支持的項目，并被新聞出版總署列爲『十一五』『十二五』國家重點圖書出版規劃項目。二〇一〇年，水利部決定成立《中國水利史典》編纂委員會（以下簡稱編委會），負責領導全書編纂工作，并成立了編委會辦公室和專家委員會。編委會辦公室設在中國水利水電出版社。

中華文明有三千多年連續的文字記録，其中關於防洪、灌溉、水運等治水的文獻，爲人們提供了寶貴的歷史借鑒。紀傳體史書《二十五史》中的水利專篇《河渠志》，是中國水利史的縮編；以《資治通鑑》爲代表的編年體史書記載了歷代有重大影響的水利項目；歷代紀事本末體史書把散見於不同年代的同一水利項目編輯在一起；歷朝的會要、實録是歷史事實的原始記録，水利内容豐富。在古代行政管理及法制文獻中，也有如唐《水部式》、宋《農田水利條約》等十分珍貴的資料。大量現存的關於流域綜合治理的水利專志，是研究江河湖泊及其治理的重要依據，如明代《問水集》《河防一覽》《漕河圖志》《漕運通志》《浙西水利書》等。此外，清代編寫的《行水金鑑》《續行水金鑑》等水利史料彙編性圖書，分别摘録了黄河、長江、淮河、濟水和運河從遠古傳説到清代的水利史實。古代科技著作中亦不乏水利記載，如宋代著名科學家沈括的《夢溪筆談》、元代王禎的《王禎農書》和明代徐光啓的《農政全書》等著作中都有關於河湖和水利的内容，有的還比較詳細。

爲把這些浩如烟海的水利文獻有序整理出版，《中國水利史典》分爲十卷，分别是綜合卷、長江卷、黄河卷、淮河卷、海河卷、珠江卷、松遼卷、太湖及東南卷、運河卷和西部卷。其中，綜合卷收録的主要是全國性和跨流域的水利文獻，長江卷、黄河卷、淮河卷、海河卷、珠江卷、松遼卷六卷以相關流域範圍内水利文獻爲主，太湖及東南卷收録的主要是太湖流域、浙、閩、臺地區流域、獨流入海河流及海塘的文獻，運河卷收録的主要是京杭運河及全國性運河的文獻，西部卷包括西北和西南地區流域的水利文獻。

《中國水利史典》所收録的文獻時間範圍確定爲從有文字記載開始至一九四九年止。每卷分爲若干册，每册書一百萬字左右，收録一种文獻（稱爲編纂單元）或數种文獻，主要采用標點、校勘、注釋等方式，并增加整理説明、前言、後記等内容重新排版後付梓。

本次水利古籍整理工作的原則是：句讀合理，標點正確，校讎細緻，校勘有據。主要工作如下：

一、對原文獻分段，逐句加標點。標點遵循GB/T 15834—2011《標點符號用法》。

二、對原文獻進行校勘。凡有可能影響理解的文字差異和訛誤（脱、衍、倒、誤）都標出并改正，如有必要再以校勘記進行説明，校勘記置於頁末，文中校碼〔一〕〔二〕〔三〕……緊附於原文附近。正文改字在正文中標注增删符號，擬删文字用圓括號標記，正確文字用六角括號標記，如把擬删的『下』改成『卜』，格式爲『（下）〔卜〕』。

三、對於史實記載過於簡略、明顯謬誤之處，以及古代水利技術專有術語，專業管理機構，工程專有名稱、名詞等，進行簡單注釋。

四、整理後的文獻采用新字形繁體字。除錯字外，通假字、異體字原則上保留底本用字，不出校。

五、每個編纂單元前，有文獻整理人撰寫的『整理説明』。其主要内容包括：文獻的時代背景，作者簡介及其主要學術成就，文獻的基本内容、特點和價值，文獻的創作、成書情況和社會影響，本次整理所依據的版本及其他需要説明的問題。

六、每册書前，有卷編委會或卷主編撰寫的『卷前言』。其主要内容包括：本分卷涵蓋的水域範圍及其地理、水文、水資源基本特點，水域範圍内主要的古代水利事件、水利工程、水利典籍及其在現代水利中發揮的借鑒作用和參考實例，本分卷典籍入選原則，與編纂有關的、需要特别説明的問題，編纂組織工作簡介。

七、整理過程中，有根據文獻收録情況撰寫的『後記』。其主要内容包括：本册選取編纂單元的原則以及需要重點提示的問題，本册書不同編纂單元中有關職官、異體字等内容在點校工作中不同於其他分册的問題，本册書成稿過程中需要特别向讀者説明的事情。

八、爲便於檢索，書籍出版時在雙頁面加『中國水利史典　分册名』書眉，單頁面加『編纂單元名　篇章名』書眉。

九、爲保持文獻歷史原貌，本次整理不對插圖進行技術處理。

《中國水利史典》的編纂出版得到了水利行業及社會各界的廣泛關注和大力支持。水利部長江水利委員會、黄河水利委員會、淮河水利委員會、海河水利委員會、珠江水利委員會、松遼水利委員會、太湖流域管理局、中國水利水電科學研究院等單位承擔了相關分卷的編纂工作。國家圖書館、國家古籍保護中心、中國科學院、中國社會科學院、清華大學、北京大學、北京師範大學、南開大學、中華書局等單位爲本書的編纂出版提供了積極的幫助。本書的點校專家、審稿專家、編纂工作組織者、編輯出版人員亦付出了巨大努力，在此誠表謝意。

《中國水利史典》是連接歷史水利與現代水利的橋梁，搭建這座橋梁工程浩大，編校繁難，在編纂出版過程中難免存在疏漏與錯誤，歡迎讀者、專家批評指正。

《中國水利史典》編委會辦公室

中國水利史典　太湖及東南卷

主　　編　葉建春

常務副主編　葉壽仁

副 主 編　吴志平　孟慶宇

執行主編　金　科　張　怡　侯榮川　湯志波

參編人員（按姓氏筆畫排序）

王宇潔　王英華　王啓元　尤　珍　毛振培

杜怡順　李　敏　邵曦鐘　范成泰　金　科

周潮生　胡媚媚　侯榮川　徐海亮　陳啟明

陳聖爭　孫　超　孫寶珍　黄宣偉　馮明祥

張　怡　張孝南　張明晶　張英聘　鄒寶山

湯志波　楊　婧　蔡　蕃　蔡雪妹　蔣　超

鄧富華　臧貴敏　盧康華　賽瑞琪　鵬　宇

龔宗傑

前言

太湖流域及東南諸河流域位於長江三角洲和海峽西岸經濟區的核心區域，流域面積二十四點五萬平方公里，江河縱横交錯，湖泊星羅棋布，涉及江蘇、浙江、上海、福建、安徽四省一市，地理條件得天獨厚。

太湖古稱震澤，又名五湖，爲我國第三大淡水湖，現湖面面積二千三百三十八平方公里，有大小島嶼四十八個，山峰七十二座，這裏山水相依，層次豐富，形成一幅『山外青山湖外湖，黛峰簇簇洞泉布』的自然畫卷。自古以來，縱横交織的江河溪瀆，星羅棋布的湖沼水泊，不僅孕育了綿遠悠長的吴越文化，也爲流域内社會經濟發展提供了優越的自然條件。我國人民對太湖及東南諸河的開發治理已有幾千年的歷史，在開挖河道、修建江堤海塘、建設塘浦圩田等方面積累了豐富經驗，並歸納總結出了一套完整的流域治水之策，使這些流域形成了可以兼收灌溉、排水、通航和水産之利的完整的湖泊河網系統，並較早成爲我國經濟發達、物産豐饒的地區之一，素有『蘇湖熟，天下足』『賦出天下，江南居什九』的美譽。

但是，太湖流域治理的問題與矛盾在歷史上就十分突出。針對太湖流域治理，宋朝郟亶爲流域各地的洪水出路分別指明了方向，明朝顧炎武提出『殺其上流』『決其下流』『爲下流貫通』等經典舉措。同時，先賢們也留下了諸多的水利典籍，宋朝單鍔的《吴中水利書》、明朝張内藴的《三吴水考》、清朝金友理的《太湖備考》等，至今仍閃耀着智慧的光芒。這些太湖治理歷史中所積累的寶貴經驗以及在其指導下建設的水利工程，都爲進一步開展太湖流域治理和管理提供了重要的參考。太湖流域目前形成的水利工程格局，洪旱兼顧、分片治理、高水高排、先治下後治上和重視養護等治水思想，都是長期以來有關治水經驗的概括和總結。在太湖流域業已開始的新一輪治理工作中，這些歷史遺存的治水古籍也必將繼續發揮重要參考和借鑒作用。

針對東南諸河治理，長期遭受山洪、内澇、潮水、颱風暴雨等多種水災害侵害的先人們開始了漫長的修堤壩、築海塘、保安瀾的進程，並留下了卷帙浩繁的水利典籍。清朝翟均廉的《海塘録》、方觀承的《兩浙海塘通志》等，詳細記録了浙江等地海塘的建築歷史、工程管理、物料核算、官員設置、水利制度、民俗活動等，是研究海塘歷史沿革和水利工程的重要文獻。明朝雷應龍的《木蘭陂集節要》所記載的木蘭陂距今已近千年，清朝王庭芝的《通濟堰志》所記載的麗水通濟堰更是已有一千五百多年的歷史，這些水利工程一直發揮着防洪、灌溉等重要作用。此外，對於臺灣島水利開發和治理，隨明末清初大陸移民的到來，逐漸成熟，並積累了寶貴的經驗，因此也選擇了有代表性的文獻，供研究者參考。這些水利工程同典籍一起，都成爲了歷史長河中的經典之作。

此次《中國水利史典·太湖及東南卷》編纂過程中，太湖流域管理局組織有關人員遍訪國家圖書館古籍館、上海圖書館、南京圖書館歷史文獻部、清華大學圖書館、中國水利水電科學研究院水利史所等單位，搜集到大量寶貴的古籍，其中有些還是孤本。爲更好地開展史典編纂工作，把有限的資金投入到真正有保存價值和歷史意義的古籍點校工作中，我們請有關省市推薦了一批既精通水利，又具有深厚古文功底的專家作爲咨詢顧問，並提交《中國水利史典》專家委員會進行審核，對入編的古籍書目提出調整、增補意見。

在本卷的統一安排下，特别邀請了復旦大學古籍整理研究所的師生遵循統一的編纂體例格式，尊重文獻原文原意，以嚴謹、負責的態度對有關古籍進行分段和標點，對原書及傳抄或印刷中出現的問題認真、細心地進行考證和校勘，力求真實、完整、全面反映史籍原貌，並將有關問題編入校勘記，同時認真撰寫整理説明，做到斷句合理、標點正確、校勘準確、説明簡潔。遇到疑難時，工作人員之間加强交流，集思廣益，廣泛求證，確保編纂成果既『精』又『準』，並最終呈現在各位讀者面前。

『以史爲鏡，可以知興替』，希望本分卷能在太湖流域和東南諸河流域的治理與管理中發揮作用。

疏漏之處，敬請批評指正。

《中國水利史典·太湖及東南卷》主編

目録

〔清〕金友理　纂述

太湖備考

王啓元　整理

整理說明

《太湖備考》，清乾隆年間太湖東山人金友理纂述，是專述太湖的志書。作者記述了當時太湖周圍三州十縣，即江蘇蘇州震澤、吴江、吴縣、長洲，常州無錫、陽湖、宜興、荆溪，浙江湖州長興、烏程等縣的沿湖水口、濱湖山丘，尤其以衆多筆墨落在他的家鄉東山及湖中相望的西山之上。《太湖備考》遍及湖中山泉港瀆、村鎮聚落、寺觀祠廟、第宅園亭、坊表塚墓、名勝古蹟、風土人情、風物特産； 復有守備歷代太湖之職官衙署，並倉庾教場、兵防設置、重大戰例、都圖田賦、地名源流、考試選舉、藝文書目、鄉賢列女、災異雜記。典章制度、名物掌故之外，書中還選録了歷代歌詠太湖的詞章詩文，顯示作者雅好藝文的志趣。

作者金友理，字玉相，蘇州吴縣人，邑諸生，世居太湖東山，師事同邑理學家吴曾。吴曾之學術，雖主攻聖賢之言，但也十分重經世致用之學，尤其關心東南水利。弟子金友理這部備考太湖之作，有出於乃師影響。比如《太湖備考》所附《湖程紀略》一卷，便是記録吴、金師徒及其友朋共同走訪太湖沿岸的科考日記，可見師徒皆非閉門書生之輩。金友理考察太湖源流水口，鄉邦風物，上承明人蔡羽《太湖志》、王鏊《震澤編》、清初翁澍《具區志》等記録成果，遥奉明清以來顧炎武、顧祖禹所逐漸建立的經世考訂之學，藉個人親身走訪之功，而終成備考之巨著，詳考太湖本末之外，亦略可以窺見乾嘉時學風之轉型。備考一書，也爲同光時流行的史地考訂、水利之學開了先聲。

《太湖備考》有乾隆十五年（庚午，一七五〇年）金氏家刻本，後經太平天國之亂，全本有所散失，舊版亦湮没不彰。直至二十世紀初之光緒二十九年（癸卯，一九〇三年），邑人重新搜羅彙集成全帙。同年，吴縣人鄭言紹續刊《太湖備考續編》，大體延續金友理所立之體，於乾嘉後太湖諸務，補綴一二，以續正編。鄭氏爲光緒六年進士，曾爲浙江候補知府。致仕回鄉，居於東山，遂效鄉賢編輯文獻以傳世。

然四卷續編文字之中，兩卷簡略的典章名物之外，有多達一半的篇幅録入列女之傳，遍採守貞、節孝之行。可見續編不獨於文獻採擷，遂於備考正編，而鄭氏於鄉賢前輩亦多有不及。

《太湖備考》正續編，曾有南京大学教授薛正興先生的整理本，一九九八年於江蘇古籍出版社出版。所據底本是光緒癸卯的正編補刻本與同年的續編鄭氏刻本。本次點校，《太湖備考》正編所據《四庫全書存目叢書》（史部第二二五册）影印中國人民大學圖書館藏清乾隆十五年藝蘭圃刻本；《太湖備考續編》據國家圖書館藏鄭刻本爲底本。出版時，正續編中與水情無關之祠廟、寺觀、列女等諸篇皆略。限於識見學力，難免存在疏誤之處，尚祈方家指正。

客歲秋（癸巳，二〇一三年），余與我校史地所教授張公偉然等，游於太湖水委三江之一的東江流域、澱山湖畔，談説整理《太湖備考》心得，因及正續編結尾列女諸傳。余戲言其篇幅冗長無度，内容雷同，且筆端毫無生氣可言，不如删去云云。張公聞言，撫膺而嘆曰，明清時以禮戮人，此中列傳班班，可謂字字血淚，則談何生氣可言？至於其篇幅冗長延宕，實爲筆者不忍；存人之心殊爲殷勤懇切耳。余聞之喏喏。

本編纂單元點校工作由王啓元完成，杜怡順、楊婧、黄宣偉、毛振培審稿。不當之處請批評指正。

整理者

序

今天下車書一統，疆域之廣，極於無外。海内乂安，大化翔洽，超越前古。是以若省若府若縣，莫不纂修志乘，以昭其盛。太湖雖蕞尔一隅，亦聖天子聲教漸被之區也，曷可以無志？志太湖者，明代有蔡氏、王氏二書，皆爲善本。顾文章不朽，而事蹟日新。今之太湖，異於昔之太湖矣。康熙三十八年己卯夏，恭逢聖祖仁皇帝翠華臨幸，駐蹕東山，与杭之西湖，常之惠山，我郡之虎邱、鄧尉、靈巖並承恩寵。震澤底定以来，數千百年，無此遭逢也。而又廟謨周摯，念切民艱，慮太湖有奸匪竊發，爲地方患，设湖营以防禦之； 慮太湖之水政不脩，爲農田憂，移府佐以督理之； 且慮太湖中風濤不測，山民之輸将於縣者，舟行险阻，命太湖廳就近徵收之。以愛民之心，行愛民之政，而湖山遂多典故，幾與郡邑埒。然则志太湖于今日，可不於所當務者加之意哉？

金子玉相，敏而好學，有卓識，講學論古往往發予所未發。为舉業文，俊偉可喜。《太湖備考》一書，其居憂輟業時所作。不曰志，而曰考，嫌與郡邑同，亦以示所輯未必盡覈，聊以備後来之考訂，謙詞也。稾既成，是正於予。予觀其於太湖之窮源竟委，而知其見之遠； 於沿湖水口、濱湖諸山之驗通塞、計遠近、别險夷，而知其智之周； 於兵防之備録奏議，田賦之詳核地畝，而知其慮之長； 于傅會之古蹟、淫昏之祠廟，與夫一切仙鬼荒誕之説，削而弗録，而知其志之正。纪載不越湖山，而經濟可通於天下，以視惓惓。於一林一壑，而詳述古刹名園之興廢，博收嘲風弄月之篇章，以爲補蔡、王之未逮者，其所識之小大，为何如也？金子具此學識，年富力强，其成就正未可量。他日出爲世用，於國计民生諸大端，揆幾度勢，與時宜之，以仰佐朝廷郅隆之治，即於是書卜之矣。予雖老，猶庶幾見之，爰筆诸卷端以爲券。

乾隆庚午孟夏萊庭吴曾撰

〔自序〕[一]

余從學於萊庭吴先生之門二十有餘年，先生於經濟之學，無所不講，而尤究心於水利，故文課之暇，凡黄、運、江、淮，以及太湖、淞、婁之有關國計民生者，時得聞其論説。余心悦之，每退而誌焉。既閲王文恪之《震澤編》、翁季霖之《具區志》，竊謂夫人著記載山水之書，亦期於有實用也，爲遊覽者指示其名勝，特餘事耳。何文恪所編，若僅爲遊覽者設？而季霖所志，名及經濟，終鮮實用，又不如王編之記勝文，子厚之足觀也。自是，余遂舍置而弗論。會乾隆乙丑，江浙兩大中丞皆以相視太湖，節鉞先後臨止。登莫釐、縹緲二峰而望。湖廣數百里，湖之中，大小山以什計；湖之外，三州十邑環如帶。如此，全湖之大局也。而此環如帶如間之溪、瀆、漊、港，爲三州十邑衆流之往来，人舟之出入，道途險易之所由，農田旱潦之所關。太湖扼塞，於是乎在，尤爲任封疆者經畫所宜及。中丞之登望，倘亦因前人記載，多述湖中之名勝，而湖外之要領，無一語道及；思欲居中四眺，以得太湖周遭之大勢耶？而惜乎書缺有間，無足以取證也。爰請於先生，曰：『自太湖有專書，而湖山之名勝，人鮮不傳之；亦自太湖之名勝，人傳之，而湖山之扼塞，人鮮能知之。先生曷不取王《編》、翁《志》，訂其沿訛，增補其闕略，俾留意太湖者有所採擇乎？』先生曰：『是誠經世之學，有實用之書也。第予方集黄、運、淮説，不暇以爲，子善爲之，予樂觀厥成焉。』於是束裝裹糧，徧歷湖山之間，而湖外之溪、瀆、漊、港，雖遠必至，一一究其源委、險夷。又復考古證今，務欲詳其事而得其實。然後以次纂輯，共爲卷一十有七，爲類三十，名之曰《太湖備考》。噫！余能少知記載山水書之本末輕重，所爲庶不盡蹈前人之轍，或可爲後来相視太湖者啓窾要之萬一，而跋涉高深者，亦可周知湖山之勝、事故之實。此由幸得久從先生遊，數聞先生之教而然也。復回憶餐風宿雨於山巔水湄間，繪圖削稿於僧房客館中，幾經寒暑，而得爲太湖一表形勝之全，則又不獨余之幸，而亦湖山之幸也夫！

庚午新秋金友理識

[一] 原文無，據上下文加。

師資姓氏

吴萊庭，名曾，字魯傳。東山。理受業師也。集中水道源委及註釋論按之當增損改易者，皆師所口授。

徐洄溪，名大椿，字靈胎。震澤。《江震新志》，先生分修水利，最爲詳善。集中所採兩《志》水道諸説，造門就正焉。

吴半園，名莊，字友篁。武山。《蘇州府新志》，先生分任採訪，嘗以圖繪湖山，偏遊太湖，問途於已經，惟先生實啓發之。

邱悔齋，名賡熙，字南懷。東山。理表叔也。博學知名，而善獎勉後進。兹集自初稿以至脱稿，無不寓目。

華雨峰，名鵬，字振飛。漁洋山。庠姓朱。先生工文而善畫，凡尋山問水，出必與偕，以繪湖山之面目。故集中之圖，方位頗準。

蔡雨亭，名琦，字宏望。西山。《西山節孝》，皆先生採訪。

友理謹識

引用書籍〔一〕

《尚書·禹貢》　《周禮》
《爾雅》　《爾雅翼》
《春秋左傳》　《孔氏書傳》
《吳越春秋》　《越絶書》
《史記》　《史記正義》
《史記索隱》　《資治通鑑》
《三國志》　《南史》
《晉書》　《隋書》
《唐書》　《宋史》
《元史》　《明史》
《洪武實録》　《山海經》
《桑欽水經》　酈道元《水經注》
《元和郡國志》　《十道記》
《山水記》　《太平寰宇記》
《周處陽羨風土記》　《虞翻川瀆記》
《張勃吳録》　《賀循會稽記》
《顧夷吳地記》　《江南通志》
《浙江通志》　李宗諤《蘇州圖經》
朱長文《圖經續記》　《吳郡志》
盧熊《蘇州府志》　《姑蘇志》
《蘇州府志》　《吳縣志》
《長洲縣志》　《吳江縣志》
《震澤縣志》　《常州府志》
《武進縣志》　《無錫縣志》
《宜興縣志》　《談鑰吳興志》
《湖州府志》　《烏程縣志》
《長興縣志》　《溧水縣志》
《寧國縣志》　《金壇縣志》
《建平縣志》　《臨安志》
《婁地記》　沈啓《吳江水考》
《太湖志》　《震澤編》
《洞庭記》　《洞庭實録》
《林屋記遺》　《續震澤編》
《具區志》　錢孝《馬蹟山志》
范文正公《水利書》　單鍔《水利別書》
郟亶《治田奏議》　郟僑《水利書》
朱存理《水利志》　《歸震川水利録》
唐鶴徵《河渠説》　林文沛《治水事宜》

〔一〕爲保留文獻原始信息，此篇中书名保持底本名稱。

周大韶《水利節略》
曹允儒《水利續議》
徐喈鳳《河渠説》
《吴中水利全書》
程大昌《修湖漊記》
馬汝璋《水利圖册序》
《石柱記箋》
《童國泰水利條議》
《於越新編》
《徑山山門事狀》
鄭若曾《江南經略》
《籌海圖編》
《本草綱目》
《風俗通》
《文獻通考》
《玄中記》
《博物志》
《洞冥記》
崔豹《古今注》
《世説新語》
陸龜蒙《笠澤叢書》
《大業雜記》
王明清《揮麈録》
《胡舜申己酉録》
王安貧《武陵記》
《西吴里語》
龔明之《中吴紀聞》
《陸輔之吴中舊事》
《湧幢小品》
《金陵瑣事》
陳仁錫《蘇志備遺》
《劉鳳續吴録》
杜瓊《耕餘録》
《紀善録》
《田家五行》
《葉石君詩紀》
《瀆上編》
《客座新聞》
《石林避暑録》
《吴興掌故集》
《峨眉槍譜序》
《説鈴》
《明會典》
《大清會典》
《楚辭》
《藝文類聚》

《吴都文粹續集》
《白香山年譜》
《昭明文選註》
《七十二峰足徵集》
《馬蹟山文獻考》
《白香山集》
《杜工部集》
《蘇東坡集》
《陸放翁集》
《范石湖集》
《劉青田集》
《王文恪集》
《楊升菴集》
《王弇州集》
《錢牧齋集》
《吴梅村集》
《三魚堂集》
《鈍翁類稿》
《遂初堂稿》
《已畦集》
《曝書亭集》
《紅豆齋集》
《雲川閣集》
《張南華集》
《沈歸愚集》
《吴中殷氏家譜》
《吴中葉氏族譜》
《延陵世譜》
《古柏吴氏族譜》
《橘社金氏族譜》

凡例

一、太湖古無專書，有之自蔡景東《太湖志》始。繼之以王守谿《震澤編》，又繼之以翁季霖《具區志》。太湖之名勝，於是大備。第其所紀載，皆詳於湖中，而不及湖外之境地。無他，所重者名勝也。太湖有名勝，亦有經濟、水利、兵防，要當合湖内、湖外之形勢以善其施。詳於内而遺其外，失全局矣。是書如太湖之水源、水委、沿湖水口、濵湖諸山、沿湖汛地，詳考都在湖外，非欲與前人立異，補其所未備焉爾。

一、昔人以宜興之百瀆、蘇湖之漊港爲太湖來源，吴江之長橋、鮎魚口等處爲太湖去委，固已。顧入湖諸瀆漊，有向通而今塞者，所當詳也； 瀆漊承受荆溪、苕霅之水，其來路又各有河港，或遠或近，或分或合，不可混也。來源如此，去委亦然，非履地細核，徒以舊志爲據，不能無誤。爰乃泛舟於湖，沿三府十邑之境，一一訪求。既履其地，復叅以書，挨次編記，敢曰必無訛漏哉？盡吾心焉而已。

一、太湖水利，古人之論説備矣。然時分今昔，水有變遷，執古法以治今水，未善也。是書所載，惟取其説之宜於今者，其他雖有名言，不敢録入，以滋人惑。即有節録，如郟、單二書，亦必於時、地不同之處一一加以注論。

一、太湖諸山，自古無兵革之患，故自古不設兵防。宋元祐間，始設巡檢，元、明因之。明季，長興山寇入湖剽掠，又添總練。我朝奮揚武備，思患預防，特設太湖營，統以大員，控扼全湖。凡湖中居民之山及沿湖緊要港口，在在設汛分防，詳考而備列之，以彰聖天子設兵衛民之至意。

一、《具區志》所載諸山田賦，其數本諸徵賦圖册。不知圖册惟憑人户，歲有推收，數無一定，未足爲準。近太湖廳清造東西兩山版圖册，田、地、山、蕩盡落本圖，瞭如指掌，任土起則，照則科糧，宜若可爲山中田賦定額，故備録之。仍録王《編》、翁《志》所載舊額於前，以備叅核。馬蹟山隔屬常州，無册可稽，《震澤編》闕疑弗載，今仍其闕。

一、山中居民之地，有曰灣、曰塢、曰村、曰巷之不同。《具區志》以灣塢與峰嶺類序，以村巷與鄉里類序，遂若灣塢概無居民，與村巷迥別，豈不令閲者生疑？兹以有居民之灣、塢、村、巷合爲一類，領以『地名』二字，分載於所屬都圖之後，若網之在綱，如畛之有域，民居皆有着落，一目了然矣。

一、選舉自科甲以至貢士，悉照郡邑志編次。其科甲之由本籍中式者，則止註府學、縣學，不書府縣名； 由外籍中式者，則註某府、某縣學。自山外徙，世未遠者，照舊志例，亦並收入，而註某府、某縣籍，以别之。若徒外已久，及外籍之僑寓於山者，雖有魏科，不敢援以爲重。其本籍貢士之捐納者，亦皆弗載，寧嚴毋濫，觀者諒之。

一、人物列傳，悉以正史及郡邑志，與夫王編翁志爲藁本。所用止一書，則註曰『本某書』；用一書而参以他書，則註曰『本某書，叅某書』。若舊無紀載，今兹增入，以狀、誌、譜、傳爲据者，則註曰『本某文、某譜』。雖間爲節略，總不敢别加月旦。

一、節烈倫常所重，風化攸關，朝廷所以有旌典也。顧澤畔幽芳，上達者鮮，若不廣加採録，將至湮没無傳，其何以慰兹荼苦，樹之風聲乎？予於此頗費搜羅。

一、東西兩山節婦之事實、歲年，悉照節烈祠册録入。其有主未入祠，及續入祠而册未載者，則訪之本家，務得其真。馬蹟山之節烈，曾托雁門灣一友採訪，尚未郵到，故所載頗少，當俟補刻。

一、《宜興志圖考》編次百瀆，南北易位，錯亂無序。《震澤志》七十二港，與吴江舊志名稱互異。今履地核之，七十二港，《震志》爲是，從之。而於宜荆之百瀆，則爲之釐正焉。

一、是書於《具區志》訛謬處，如衝山、獨山諸條，多所駁正，非敢攻前人也。志書貴乎徵信，誠恐弗辨，或致貽誤後人耳。

一、集詩之例，已見小序。第古今題詠，名作如林，即合例者，亦美不勝收。故於王《編》、翁《志》所已載，人所習見者，不再録入，另集古今人詩二百五十餘首。要以新閲者之目，而增湖山之色，非與前人之賞識有異同也。

一、人物列傳外，凡各類中援引群籍，亦悉標注其人、其書之名，蓋据之以傳信，且使覽者或有所疑，可檢取以覆核也。第憾藏書甚少，購假亦不可多得，無由徧觀博採，難免遺漏。

一、各類之中，間有卮言以抒管見，或書於各條之後，或註於本條之下，皆加『按』字，亦有未及加者。其言之有當與否，望世之君子是正之。

目録

〔一〕〔二〕據正文標題補。

卷首

巡幸

自古王者省方，無非事者，而一遊一豫，又皆有恩惠以及民。數典而誦夏諺，慨乎有餘慕焉。我朝康熙三十八年，恭逢聖祖仁皇帝南巡淮甸，閱視河工，遂歷江浙，諮諏水利。太湖亦蒙臨幸，駐蹕東山，恩蠲菱湖坍荒糧額，湖山承寵，童叟騰歡，誠千古未有之遭逢也。謹志巡幸，以冠卷端。

康熙三十八年四月初四日，上幸太湖，準吴縣百姓奏水東地方産去糧存。上問扈駕、守備、牛斗太湖幅員廣狹。對：『周廻八百五里。』上云：『爲何《具區志》上止五百里？』對：『積年風浪衝坍堤岸，故今有八百餘里。』上問：『去了許多地，地方官何不奏聞開除？』對：『非但水東一處，即如烏程之胡漊，長興之白茅觜，宜興之東塘，武進之新村，無錫之沙灣，長洲之貢湖，吴江之七里港，處處有之。』上云：『朕不到江南，民間疾苦，焉得知道？』《石柱記箋》

康熙三十八年，聖駕南巡，駐蹕蘇州。四月初三日，起更時，傳旨：明日往東山。初四日巳刻，出胥口，下太湖。行十餘里，漁人獻饌魚、銀魚。叫漁人撒網，又親自下網，獲大魚二尾。皇上大悦，命賞漁人元寶。撫院同按察使先到山，少頃，有獨木船二隻撥槳前行。御舟到岸，而隨從之輿臺、船隻未到，宋撫院備大竹山轎伺候，啓奏過，皇上升輿，云：『倒也輕巧。』時有耆老百姓三百餘人，執香迎接。又有比丘尼跪而奏樂。皇上云：『可惜太后没有來。賞他元寶。』其時提督張、撫院宋、侍衛二十餘人，翠峰寺僧超揆步行轎前。先驅引路者，倪巡檢、陳千總也。駕幸席啓寓東園。皇上問：『席何官職？』奏云：『工部虞衡司主事。』皇上問：『爲何不做官？』奏云：『告養親在家。』進茶，進《百家唐詩》四套，蘭花二缸。皇上問超揆：『你住處在那裏？』奏云：『此去還有三里路。』皇上云：『不去罷。』即命起駕，乘馬而行。分付侍衛唤百姓們看，又分付衆百姓不要踹壞田中麥子。其時菜子已結實成角，皇上命取一枝細看，問宋撫院：『何用？』對云：『打油。』又分付賞老人元寶。登舟，唤超揆跕船頭上。開船到余山面上，有水東百姓告菱湖觜坍田，賠糧收紙，付宋撫院辦理。是日更深到城。明日，駕幸浙江。山民吴廷顯恭紀。

太湖圖説

太湖形勢，既合湖之内外而考之，則必合湖之内外以繪之，使圖足以輔書，而形勢益明。惟是限於尺幅，非獨湖外之境地不能及遠，即沿湖之水口亦不能悉載。故自來繪太湖圖者，止摹寫其大略而已。今爲總圖，以定其規模；復爲分圖，以徹其内外。雖瓜分而豆剖，實璧合而珠聯。共得圖一十有一。每圖之後，各系以説。工閲五旬，稿凡數易，雖未能纖悉盡合，而大勢已得其真。爲行旅者循途而往，可以作指南；考地利者執策而籌，可以代聚米。倘亦不無小補云。

目録〔一〕

〔一〕底本無，依上下文加。

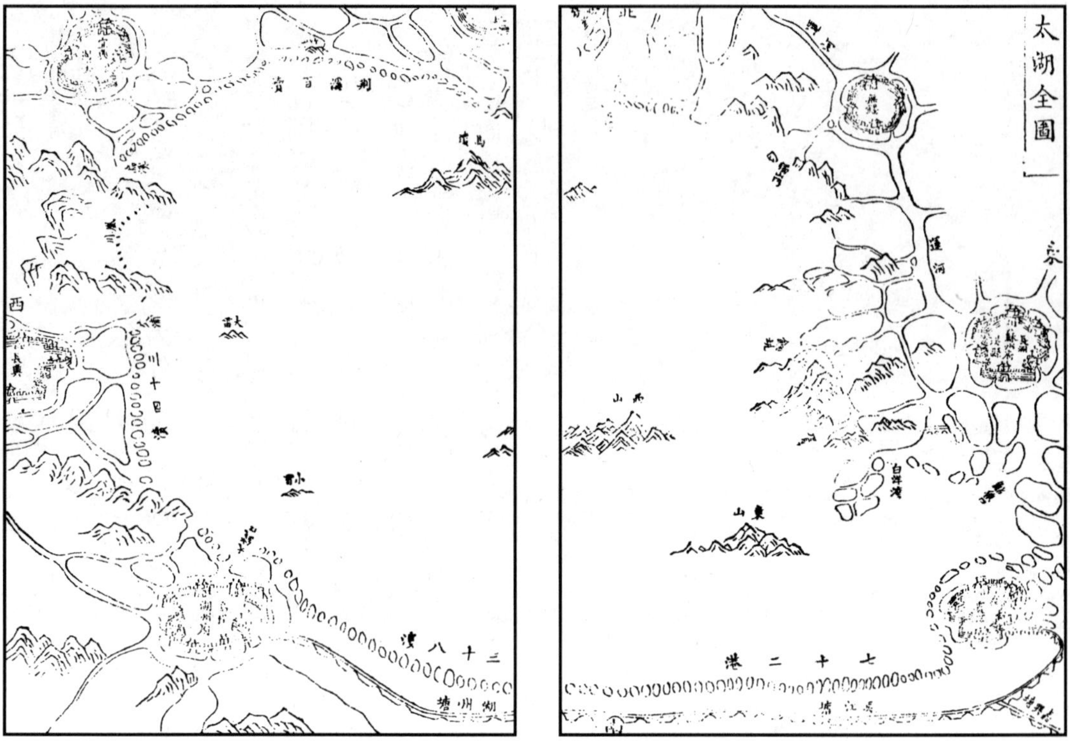

太湖全圖説

太湖舊圖，其形圓，今則稍橢，肖其東西赢而南北縮也。湖中諸山，舊圖錯置，不備不倫，今止繪其五。東西兩洞庭、馬蹟，挈群峰之綱領；大雷、小雷，别江浙之疆域也。沿湖水口，間有識者標要害也。自烏程以至吴江之運河（孝）〔塘〕，舊圖所無，今補入者，太湖來水去水之關鍵也。此全圖之大略也。若欲求其詳備，悉其細微，則有後之分圖在。

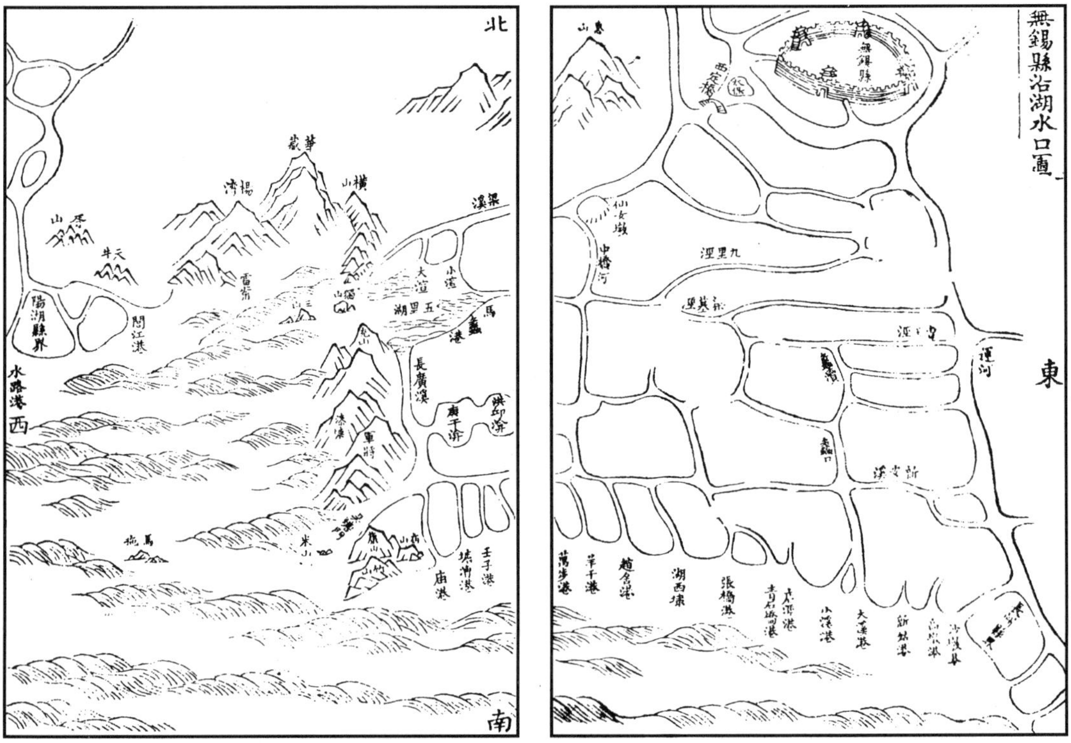

無錫縣沿湖水口圖説

無錫縣西南境，富安、開元、揚名、開化、新安五鄉，皆瀕於湖。湖水南抵老岸，西浸群山，山多則港少，港少則水聚，鍾為五里湖，流為獨山門，西出之水遂盛於南，其上流皆自運河来。舊説太湖之水入於運河，未是。又謂長廣溪西北注合於梁溪，亦誤。長廣溪自南下吴塘，不出獨山門。大抵無錫地北高南下，水性就下，無逆行而北者。《無錫志》及唐太常《河渠説》各辨之甚詳。

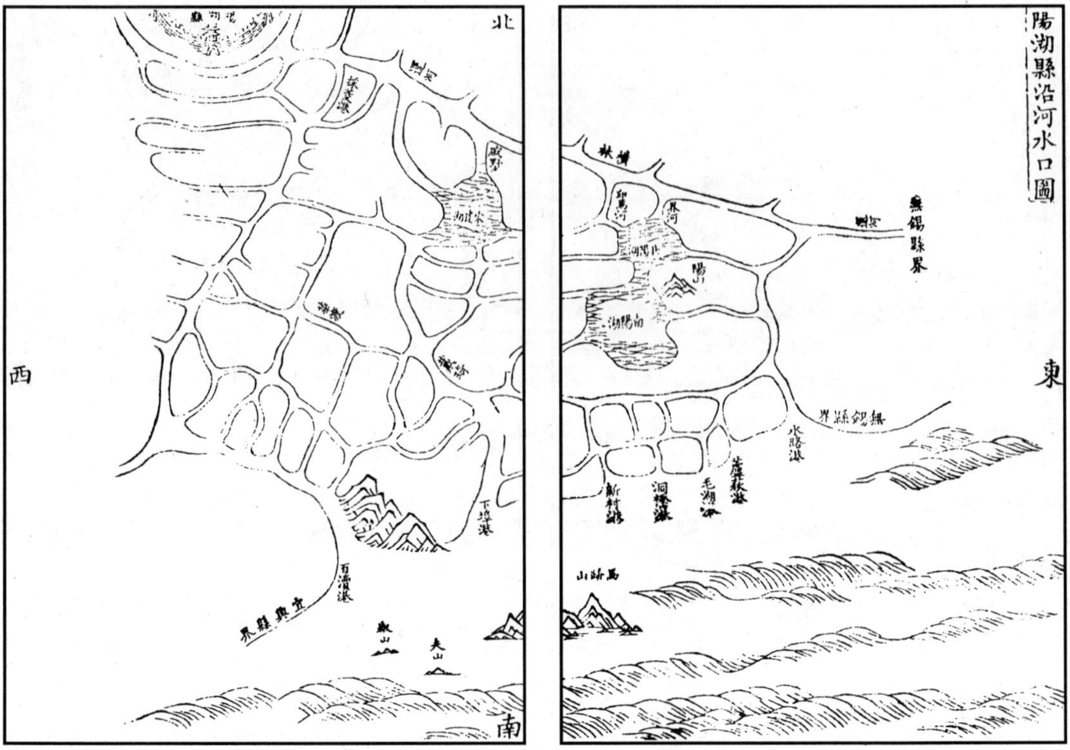

陽湖縣沿湖水口圖説

太湖之北境，陽湖縣之南境也。縣治距湖八十里，視諸邑為最遠。境内戚墅、採菱等港，分運河流南行，從諸口入湖，水勢平緩，湖口易淤。百瀆、下埠二港獨不淤者，西滆湖水出五洞橋、官才瀆東来，二港受之，上流勢盛也。前舟行自湖口達郡，百瀆迂而下埠徑，故下埠港為通渠。前明萬曆間，設南太湖哨兵巡防各口，哨官駐劄下埠，盖以是為要地云。

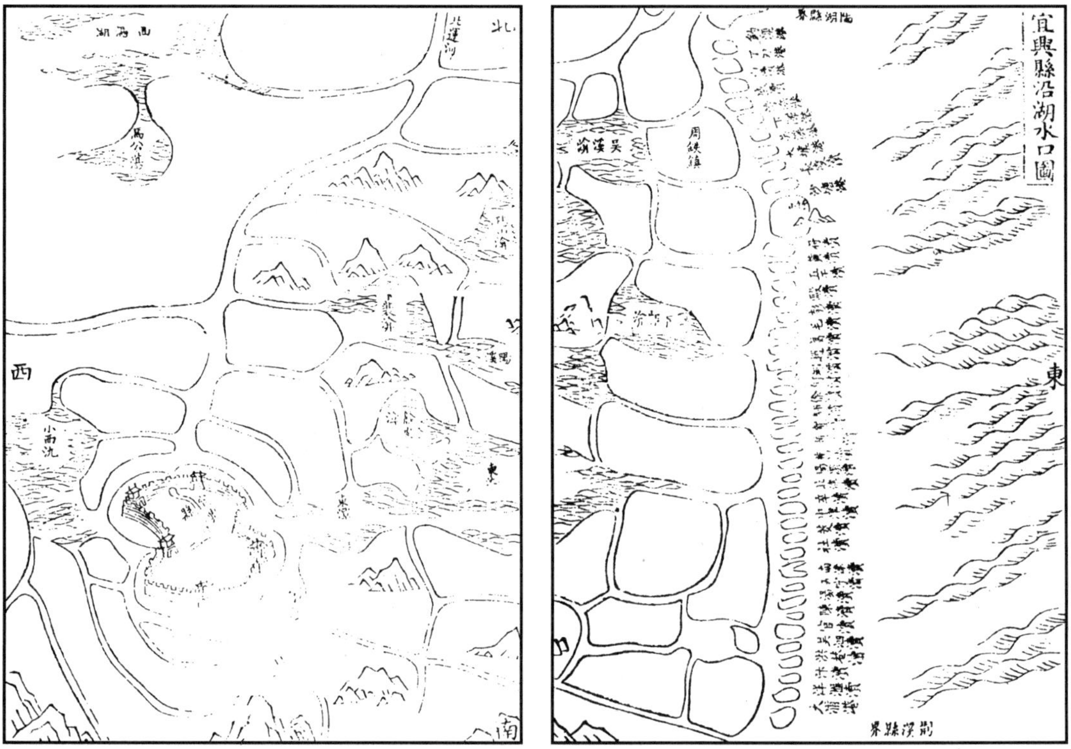

宜興縣沿湖水口圖説

宜興縣舊隸沿湖之瀆以百計，志以在東南者為上瀆，在東北者為下瀆。自析置荆溪縣，以大浦分界，止得其半，即《志》所謂在東北者也。上流有荆溪水，有運河東出之水，横塘受之，分港而下。細測之，下沙塘港者十之五，下吴溪者十之二，下各瀆者十之三。洩水之多少，以港之通塞異。由湖口以達横塘，濬而深之，各沛然矣。

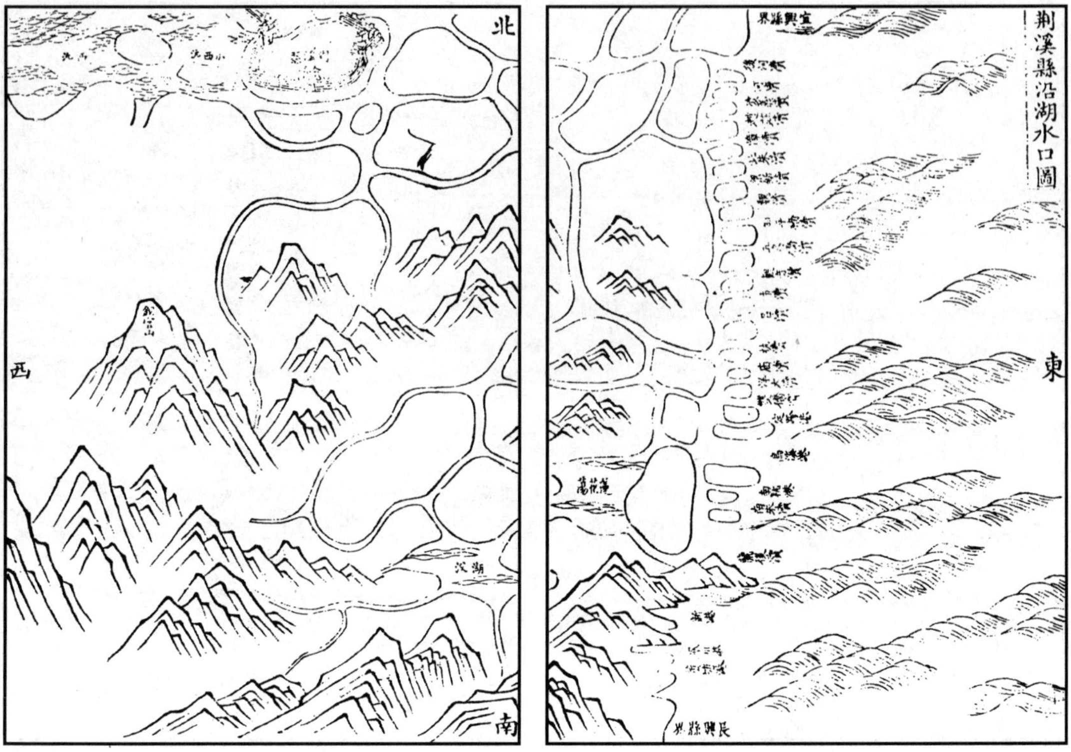

荆溪縣沿湖水口圖説

百瀆之在東南者，屬荆溪縣。其上流之水與宜興稍異。南境湖汊諸山溪不入於氿，就近由蜀山河、蓮花蕩東注烏溪、定跨等港承之，洩入太湖，建瓴直下，泥沙隨水出口，故港不淤而深闊。然此特就其近南者言之。若近北之瀆，其水仍自東氿、横塘来，港之有通有塞，與在宜興界者同。凰川在䦨山南，源微流短，又當別論。

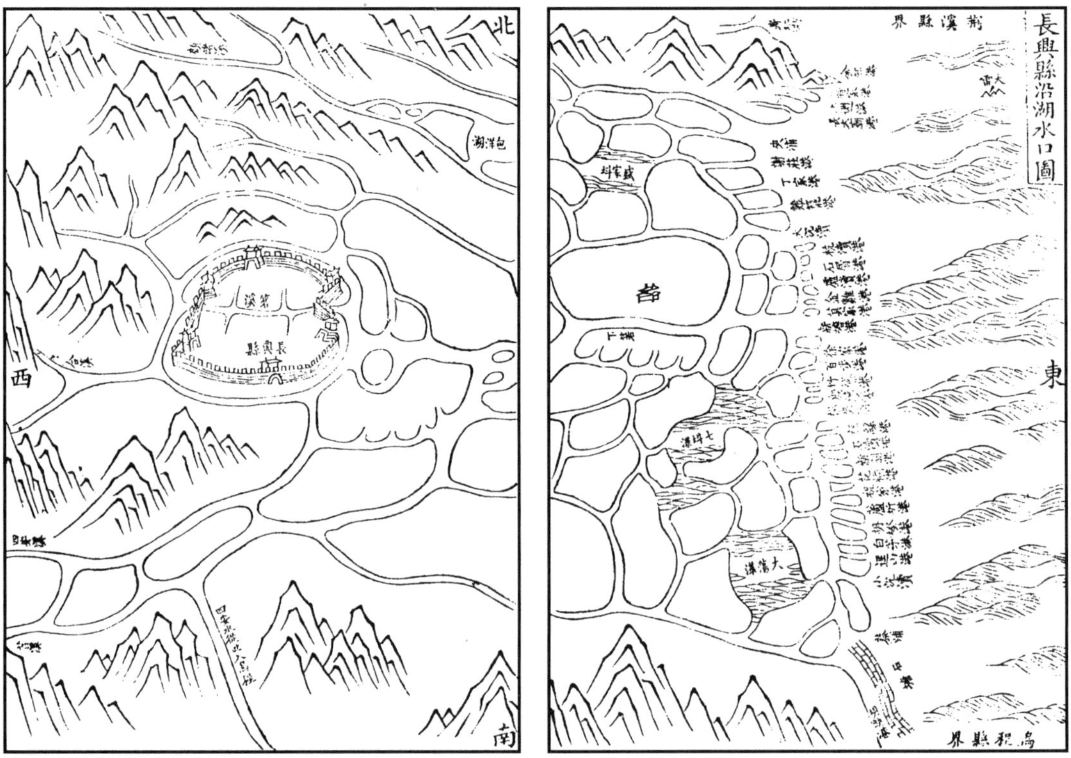

長興縣沿湖水口圖說

長興縣瀆港三十有四，合諸烏程之三十八，古所謂七十二漊也。邑境之水，盡從三十四瀆下太湖，惟四安溪分支入於苕溪。然苕溪亦分流，合四安溪而下吕山塘，以来水補去水，無盈縮也。瀕湖有湖嘯之患，與烏程同，故水政不獨洩内潦，又當禦外溢。西北萬山盤矗，古稱盗薮。逸入太湖，多由夾浦，司斯土者，尚其留意於兹口。

烏程縣沿湖水口圖説

天目萬山之水，胥匯於湖郡，從烏程北境分注入湖，漊港壅阻，水無歸宿，害不獨在烏程一邑也。鄭元慶曰：『吾湖水利在烏程漊港。』可謂要言不煩。西自小梅，東至胡漊，綿延八十餘里，接連三十八漊。此三十八漊，自雍正七年浙督李衛檄知縣薛景珏動帑修濬，建造閘座後，猶幸無恙。中間大錢一港，尤苕、霅下太湖之大路。湖防設險，亦惟此為要。

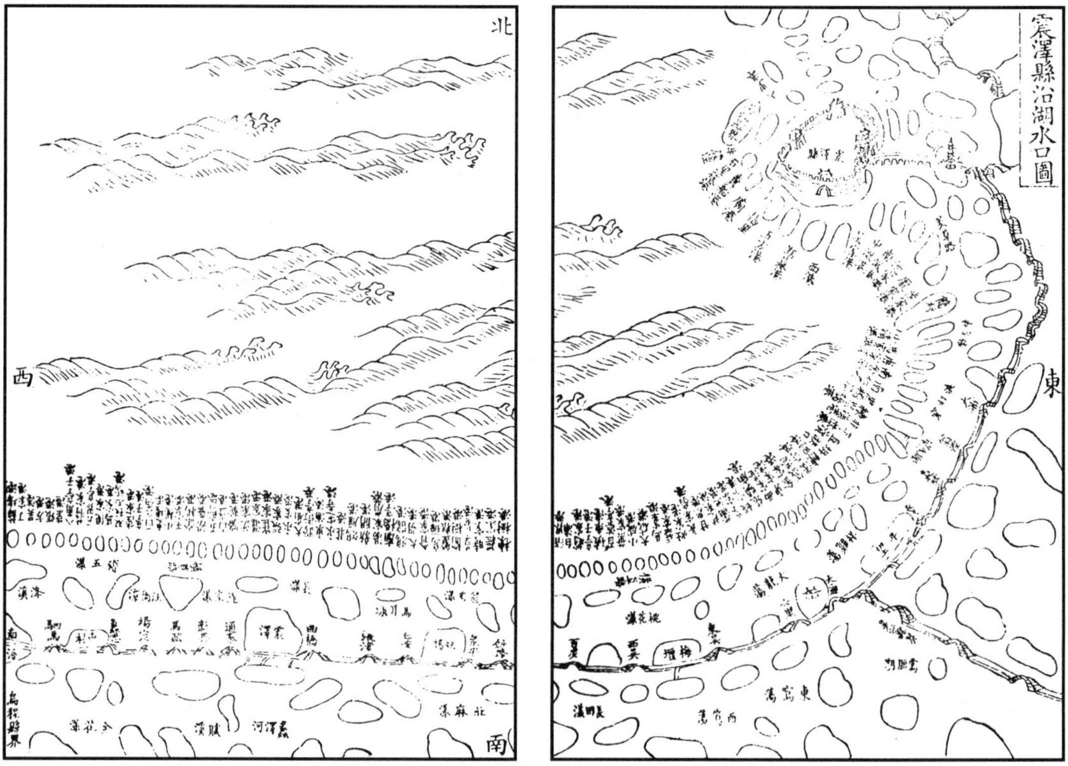

震澤縣沿〔河〕〔湖〕水口圖説

割舊吴江縣之西偏為震澤縣，瀕湖之港悉隸焉。自薛埠至韭溪，為上流水入湖之口也。練聚橋至吴家港，為下流水出湖之口也。其下流之穿塘而出，又各有口。大浦橋與吴江合屬，大浦以南屬縣，北屬吴江，拘於界而繪此遺彼，水之去路不明矣。兹圖以震澤為主，吴江為賓，賓主互見，水道始晰。其有註有不註者，所以别賓主也。《吴江圖》倣此。至若牛毛墩之淤漲成田，東西水路之通經遁脉，詳在《水口》《水議》諸條，兹不贅及。

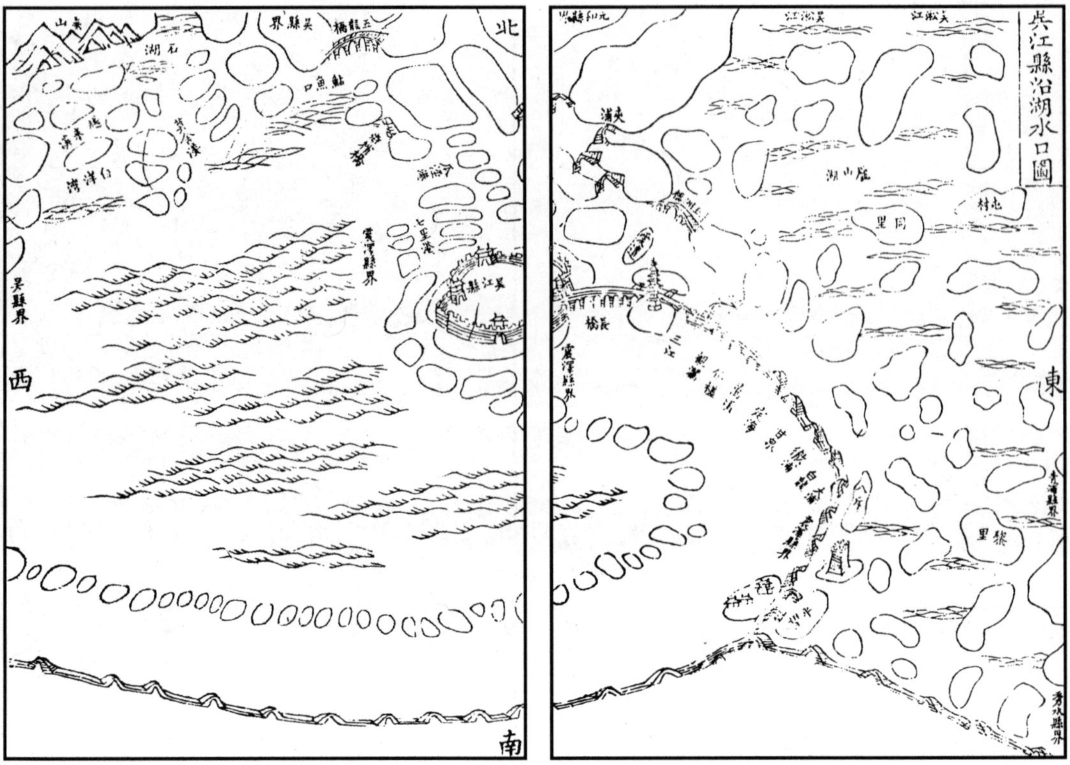

吴江縣沿湖水口圖説

吴江縣自析置震澤縣後，太湖之隸縣界者，止鮎魚口外一隅，湖水東北流之盡境也。内鮎魚口直達娄江、瓜涇港，沛下吴淞。淞、娄二江，自此而始為一大關鍵。縣東垂虹、三江、甘泉等橋，本吴淞之首。水道改移，病在淤漲。顧其上口受水處，如吴家等港，在震澤縣境。疏洩之事，必二邑共謀之歟？他若莫舍溇、白洋灣，越湖而隸，地接吴縣，為利為害，不於其躬，於其鄰矣。

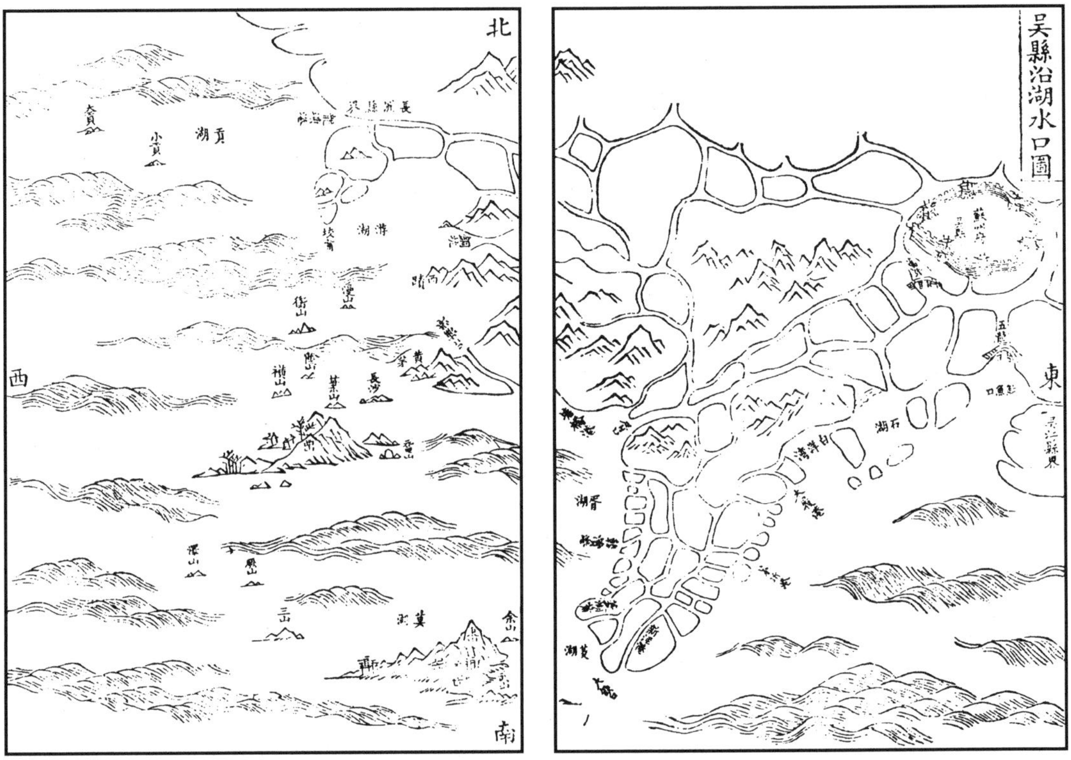

吳縣沿湖水口圖

吳縣沿湖水口圖説

吳縣幅員，太湖居其半，胥、莫、菱、游、貢五湖，咸在界内；七十二峰，十隸七八。瀕湖之地之延入於湖者，如水東灘、法華山、三洋、坟觜，或三四十里，或一二十里，皆湖環三面，吳真澤國哉！諸港口皆納湖之水，惟胥口、銅坑二處為洩水要道，其他則藉以溉田畝、通舟楫而已。邑之内地頗高，利在蓄；港口塞而水不入，吳之病已。

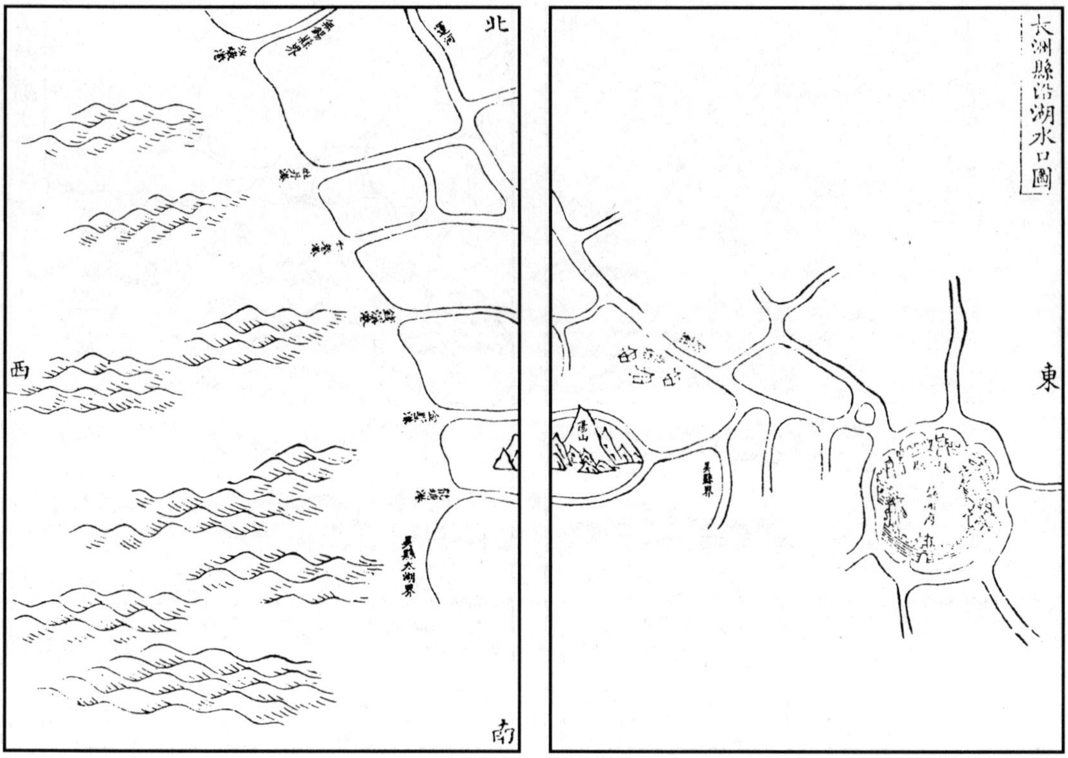

長洲縣沿湖水口圖說

長洲縣瀕湖之地，東南自龍塘港與吳縣分界起，西北踰牡丹港而止，不過二十餘里。太湖之於長洲，無大利害。然金墅港北達望亭，南通滸墅，設汛於此，寧無深意？港淤淺而營船寄泊於龍塘，緩急難恃，曷不濬令深闊，以便營船之出入？

卷一

太湖

太湖爲吴中勝地，亦爲湖中重地。源委晰則水利可修，險易明則兵防得要，故詳考之。匪徒藉以表名勝，佐遊覽也。

太湖跨蘇、常、湖三郡，舊《志》並云：『跨蘇、常、宣、湖四郡』，誤。宣是寧國，不濱太湖也。按今太湖邊境屬蘇州者十之五，爲吴縣、長洲、吴江、震澤四縣界；屬常州者十之三，爲無錫、陽湖、宜興、荆溪四縣界；屬湖州者十之二，爲烏程、長興二縣界。去蘇州府治西南三十六里，吴江、震澤縣治西四里，湖州府治北一十八里，長興縣治東北三十里，宜興、荆溪縣治東四十五里，常州府治東南八十里，無錫縣治西南一十八里。廣三萬六千頃，《石柱記》云四萬八千頃，誤。四萬八千頃，楚之洞庭湖也。周廻五百里。按太湖東岸多有灣曲，若沿岸計里，有七百餘里。又按康熙三十八年，聖祖廵幸太湖，問扈駕、守備、牛斗太湖幅員廣狹，對以積年風浪衝坍堤岸，今周廻有八百五里。東西二百里，南北一百二十餘里。按今亦不止此數。中有七十二山。詳《湖中山考》。東南之澤，此爲最大。

一名震澤。《禹貢》：震澤底定。《孔氏書傳》：震澤，吴南太湖名。

一名具區。《山海經》：浮玉之山，北望具區。《爾雅》：吴越之間具區。《周禮職方氏》：揚州藪曰具區，浸曰五湖。《正義》以爲浸藪同處。按九州之中，惟揚州號稱澤國，他州水少，尚皆藪浸異處，揚州何以反同？況太湖汪洋浩蕩，止可以浸言，不可以藪言。《風俗通》曰：藪，厚也。有草木魚鱉，以厚養人也。今太湖以南，震澤、平望八坼之間，水壤交錯，有茭蘆、蓮芡、魚蝦、蜃蛤之利，非藪而何？又地接嘉、湖，與《爾雅》所云吴越之間適合。具區當在此等處所。自唐以前，官塘未築，此等處所雖非太湖，而與太湖相接。古人未曾履地細核，分出界限，遂誤以爲即太湖也。《周禮》五湖亦非專指太湖，當從《水經注》，益知浸藪之不同處矣。

一名五湖。《史記》：范蠡乘舟入五湖。太史公登姑蘇臺，以望五湖。張勃《吴録》以其周行五百里，故名五湖。虞翻曰：太湖東通長洲、松江，南通烏程、霅溪，西通義興荆溪，北通晉陵滆湖，東連嘉興韭溪，凡五道，故名。陸龜蒙曰：太湖上稟咸池五車之氣，故一水五名。《史記正義》、顧夷《吴地記》皆云五湖者，菱湖、莫湖、胥湖、游湖、貢湖，即太湖東岸五灣。按此五湖偏於太湖東北隅，不入西太湖、南太湖界。太湖之稱五湖，未必以此。然今湖中有此五湖，附考於後。

菱湖 《吴地記》：周廻三十里，口闊二里。口之南莫釐山，北則徐侯山，西與莫湖連。按：今菱湖有二口，此西口也。尚有迤東一口，闊五里，北與胥湖連，口之西即徐侯山，東則今之菱湖觜。不知何以不記，想古時無此湖口也。《洞庭實録》云：菱湖東西九里，南北五里，三面沙岸連接。可知今日之菱湖觜外，古時皆是田蕩洲渚，後來逐漸坍没，成此闊大耳。《震澤編》云：吴縣無三十一都，相傳淪於水中。本朝康熙三十八年聖祖駕幸東洞庭，水東百姓奏菱湖觜坍田賠糧，益足徵矣。

莫湖　《吴地記》：在莫釐山西北，周廻五十餘里，與胥湖連。《洞庭記》：湖傍莫釐，故名。按：今東西兩洞庭之間，黿山之南，徐侯山之西，三山之東北，湖之界也。

胥湖　《吴地記》云：在胥山西南，周廻五六十里，與莫湖連。按：今水東灘之西北，胥口之西南，法華、長沙山之東南，黿山之東，徐侯山之北，湖之界也。周廻不止五六十里。

游湖　《吴地記》云：在長山之東，周廻五十餘里，西口闊二里，東南岸樹里，西北岸長山。《洞庭實録》：吴王曾於此游玩，故名。按：今游湖界南自西蹟觜起，越銅坑，沿安山、幽里山，北抵新橋。折而西，沿淤城山、長山一帶灘岸，至三洋、茭觜，爲一大兜。湖口在茭觜、西蹟之間，闊四五里，不止二里。相傳昔年茭觜之外，尚有一洲，亦名『三洋』，又名『東嶀』，上有禹王廟，明季淪於湖。意者有洲之時，湖口尚狹耶？

貢湖　《吴地記》：東南長山，長山之南即山陽邨。西北連無錫老岸，周廻一百九十里，西口闊四五里。按：貢湖跨連吴縣、長洲、無錫三縣，湖岸自三洋、茭觜起，沿杵山、米篩山、馬山，過龍塘、金墅諸港口，歷無錫老岸，至竹山劣觜止。湖中以大小二貢山爲界，岸有一折，而湖面則廣闊無涯，無僅闊四五里之處，不知何處是湖口。意者大貢、小貢二山中間相距處，即其口耶？

《震澤編》云：五湖之外，又有三小湖：夫椒山東曰梅梁湖，吴時進梅梁，至此舟沉失梁，故名。杜圻之西、魚查之東，曰金鼎湖。吴王泛舟五湖，金鼎沉此，因名。林屋之東，曰東臯里湖。吴越王歲於此投金簡祭神。按：此三湖，不過以事得名，非若五湖之山圍岸抱，各有界限。即命名之事，文恪亦或得自傳聞，未必有載籍可據。事既不足爲重輕，地又無關於利害，竊以爲此三小湖者，其名可以弗存。

太湖水源

固城湖　在高淳縣南五里。《溧水志》高淳，舊溧水析置。曰：大山水發源爲固城湖，西連丹陽、石臼二湖，與宣城、當塗分界。東經五堰，入三塔港，過宜興，以入太湖。

梅渚河　在建平縣北三十里，經溧陽三塔堰，入長蕩湖，東由宜興入太湖。按：廣德與湖州連界，其東南發源之水，俱由湖州入太湖。此發源於東北者。

南湖　在宣城縣南。《寧國志》曰：周廣四十里，南曰南埼，北曰北埼，總稱南湖。受廣德、建平諸水，宣城諸溪漲亦瀉入焉。湖泛，則東合高淳水，由牛兒港泝流而進，東通五堰，以達三吴。

胥溪　原屬溧水，今屬高淳，與建平連界，去建平縣北四十里，高淳縣東五十里，溧陽縣西八十里。東通太湖，西入大江。

按：胥溪在廣通鎮，即廣通壩水。春秋時，吴伐楚，伍員開此運糧，由蕪湖達震澤。桑欽《水經》『中江』即此水。詳《集文》韓邦憲《廣通壩考》又即古五堰。沈啓《水考》曰：自廣通壩而東十五里，曰新壩。因將廣通毁鑿成河，故從東復築此壩。自此而東九里，第一堰曰昇平壩，又南九里曰三塔堰，又東九里曰南渡堰，又東九里曰沙漲堰，一名馮等。又東九里曰前麻堰。《江南通志》五堰：一曰銀林，長二十里。少東曰分水堰，長十五里。又東五里曰苦李堰，長八里。又五里曰何家堰，長九里。又五里曰余家堰，長十里。二說名稱、里數雖有不同，要不離乎舊蹟。又傅同叔云：自宜興經溧陽，至鄧步，凡兩日水路。自鄧步登岸，上小市名東壩。自東壩陸行十八里，至銀林。復行水路百餘里，乃至蕪湖，入大江。銀林之港，鄧步之湖，止隔陸路十八里。此十八里中，有三五里高阜，而苦不甚高。遇暴漲，則宣、歙、金陵之水奔逸東馳，由荆溪以入太湖，此高阜不足以遏之，五堰之所以作也。由傅説觀之，大約今之西壩即古銀林堰處，東壩即古分水堰處，中間十八里即伍員所開之胥溪，蘇、常水利之一大關鎖也。故詳志之，後之人慎毋輕言廢壩哉！

以上諸水，即《震澤編》所云西北自寧國、建康來者。水源最鉅，水患最大，東壩堅築之後，此水不入太湖矣。

長蕩湖 東西三十里，南北九十里，分屬溧陽、金壇、宜興三縣，去宜興縣一百里。東南由塞溪達荆溪之西氿，東由張河瀆入滆湖。

附長蕩湖所納金壇諸水：在縣西北有西洋河，由白龍蕩入；西南有薛埠、白塔、張橋三河，由唐王溪入；東北有陳塘、中塘、堯塘諸水，由錢資蕩入；東南有白橋、大雲、下湯諸水，由燕子港入。諸水發源於長山、三茅諸山，而匯於長蕩湖，亦分流入於運河。

西滆湖 東西廣三十五里，南北廣百里。分屬武進、宜興二縣，去宜興縣西北四十里。西通溧陽、金壇，東由黄土河下分水墩，西由孟涇入塞溪，以達西氿。

荆溪 屬宜興。貫城繞郭，在城西者爲西氿，在城東者爲東氿。西氿二十七里，東氿一十八里。凡溧陽、金壇諸水及本境君山、洑溪源。章山、張渚源。函山、蝦涇、蓮河溪源。茗嶺張溪源。諸山水，並匯於此，分爲百瀆，以入太湖。

運河 西北自京口，歷丹陽、常州而至無錫，以達於蘇州，此正流也。分流北出者，俱下大江。其自丹陽七里橋分而南出者，曰珥瀆。即金壇運河，俗稱七里河。至金壇，與洮湖即長蕩。會。其在常州分而南出者，郡之西曰直瀆，曰官瀆，曰南洞子河，皆入於滆湖；曰西蠡河，即宜興運河。亦與滆河會，皆由荆溪入太湖。郡之東曰採菱港，曰戚墅港，曰飲馬河，皆至新塘鄉入太湖。其在無錫分而西南出者，由志公港、雙河、曹王涇、新安溪、沙墩諸港入太湖。自直瀆至西蠡河，宜興之上流也。採菱港至沙墩港，陽湖、無錫之上流也。

以上皆太湖西北水源。

顧渚溪 在長興縣西北四十七里，發源於顧渚山，流爲紫花澗，出水口鎮，注於包洋湖，別爲盛家漾，北下夾浦。其東行者，會箬溪支流，下大沉瀆。

合溪　在長興縣西三十里。發源於白峴諸山，爲楊店澗；　發源於蒼雲諸山，爲梓方澗。合爲蚌塘，出爲合溪，流爲畫溪，又東爲箬溪。貫縣城，經廣惠寺前，東下新塘。

四安溪　在長興縣西南三十里。發源於四安、石硼諸山，爲盤澗塘、善岸塘；　發源於廣德州諸山，入本境，爲荆塘、塔水塘。二源既合，抵四安鎮，爲四安溪。歷管埭，周瀆、林城、午山、大德、鈕店，東會苕溪，入烏程界。其由本境東北下太湖者，爲吕山塘。

長興水源不止於此，此其大者。

苕溪　發源於天目之陰孝豐縣之廣苕山，東過金石鄉，又東過靈奕鄉，皆有諸水來合，廣德州水亦來合，東至安吉州治南之邵渡，又北至邸渡，與獨松嶺水會，《志》所謂苕有二源是也。又東北至於塔潭，分支而北者爲裏溪，本溪爲外溪。即苕溪。裏溪之行也，有諸水來合。外溪之東北行，亦有諸水來合，長興縣之邸閣水亦來合焉。東至浮石山，裏溪之水復來合。至梅溪鎮，與梅溪合，是爲總溪。計自孝豐至此，東流一百八十三里。自梅溪入長興縣界，爲荆溪，即苕溪，非宜興縣之荆溪也。箬溪、四安溪水皆來注之，北行東折，歷吴山、彭匯、和平，凡六十六里，至目海山麓入烏程界，爲西溪。北過釣魚臺而分者三：一北經小梅，入太湖；一東入清源門，至江子匯；一南至定安門，與峴山漾南來水合，亦入江子匯，爲霅溪。

前溪　發源於武康縣之銅峴山。東流四十九里，抵縣治前千秋橋，名前溪，一名餘英溪。又東過縣學，分爲二派：其一北行，過黄隴山，東至沙村，號沙溪，與德清之北流水合，餘不溪支流。後溪之水亦注焉，《湖州府志》云：在武康縣後，故謂之後溪，亦出自銅峴山。沈啓曰：後溪發源德清烏回山。北經峴山樣，入定安門，至江子匯，爲霅溪。其一東流，經下渚湖，會於餘不溪。

餘不溪　發源於天目之陽。東過臨安縣治，又東過餘杭縣，入錢塘縣界，爲安溪，又爲奉口溪。東南入德清縣界，仍爲餘不溪，縣境之水皆來會。又東散入於桐鄉，運河、車溪、横湖、皂林諸涇。又分支爲北流水。本溪東行二十里，入歸安縣界。至敢山，過菱湖，西北過荻港，又西與前溪水合。烏程諸山源發爲溪港者，皆來會。又北經峴山漾，與北流水合，入江子匯，爲霅溪。

霅溪　即江子匯，苕溪、前溪、餘不溪、北流水四水總聚處也。在湖州府城内，以其霅然有聲，故謂之霅溪。其水一出臨湖門，北由大錢港入太湖；一出迎春門爲運河，東至吴江之平望，會於鶯脰湖。其沿塘分下諸橋港者，北由七十二漊入太湖。

湖、杭水源出於天目，不止於此，此亦其大者。沈啓曰：內孝豐之壩三十七，安吉之壩三十六，武康之堰七十二，德清之堰九、湖一、浦一，歸安之湖二、漾十，烏程之漾十，皆所以瀦而後洩於太湖者也。

以上皆太湖西南水源。諸源在苕溪西者，由長興下太湖。在苕溪東者，由烏程、震澤下太湖。苕溪則正流下烏程，支流下長興。

附天目山考沈啓曰：吴中水源，天目爲大。咸淳《臨安志》云：天目山一名浮玉山，連亘杭、宣、湖、徽四州，周二千里。《湖州府志》云：高三萬六千丈，廣八百里。上有三十六洞天，十二龍潭。頂有兩湖，若左右目，天目之所由名也。《徑山山門事狀》云：天目之頂有龍居焉，中常出水，四方而下：南派由睦，西派由歙，皆入浙江；東派由餘杭，北派由安吉，皆會太湖，入吴淞江。

太湖水委

一曰吴淞江，自吴江縣東門外起，至海口，二百六十里，太湖正東之幹流也。湖水由吴家港過長橋，東北流過釣雪灘，截運河而東進浮玉洲橋，入龐山湖，甘泉、三江等橋水亦來會。東北流入大斜港。吴江徐養浩曰：大斜港舊無其名，即龐山湖接吴淞江之口也。向時本極深闊，緣兩岸豪民填占，僅存一港。以其斜向東北，故名爲大斜港。今又日侵月削，恐將來此港亦不能通水，龐山湖與吴淞竟無連屬之形矣。合瓜涇港西來之水，入今元和縣界，轉入崑山縣界，至上海縣入海。今長橋之口稍淤，湖水乃直向東進瓜涇港，出夾浦橋之北，過運河，與龐山湖南來之水合，瓜涇所出之水大於長橋矣。

一曰婁江，自蘇州婁門外起，至海口一百八十里。太湖水從鮎魚口入鱟塘，過五龍橋，至盤門，繞郡城而至婁門。一支於五龍橋外折而東，至澹臺湖，出寶帶橋，入運河。復折而北，至葑門，與盤門之水合流，至婁門東北，由至和塘至太倉之劉河入海。

一曰東江，太湖水從牛茅墩東南出唐家湖，越運河而東，大小蕩以百計。又南合湖州、嘉興全郡之水，奔流東注，并於澱山、三泖等湖而入於黄浦。黄浦東岸有閘港，内通新塲。新塲之東舊有入海口，議者以爲是即古東江。今海口因築海塘而塞，黄浦之水亦并於淞江入海矣。

按：三江異同，聚訟紛紛，其説不一。若專就太湖之下流而言，當以庾仲初淞江、婁江、東江之説爲是，《史記正義》《吴地記》皆宗之。顧其言曰：松江下七十里有水口分流，東北入海爲婁江，東南入海爲東江，并松江爲三江。則是承受太湖之處，惟松江一口，而東、婁二江又屬松江之下流，别無承受太湖之口矣。宗其説者，亦皆無明白確論。至朱長文《續圖記》，始指崑山至和塘爲婁江，而以鮎魚口爲婁江受水之口，婁江之原委始明。東江則未有實指其處者。近吴江徐養浩以黄浦爲東江，而以牛茅墩、唐家湖爲東江受水之口，洵屬創論。想古時形勢，當必如此。今本其説，叅以沈啓《水考》、曹胤儒《水利論》，而以鄙見附之。

又按：婁江北尚有陽城、昆尚諸湖，七了、茜涇、白茅、福山等港，論者以爲皆太湖尾閭，非也。太湖下流之東北行者，至蘇州婁門，已盡由婁江入海，即胥口一支，亦由胥門達盤門而入於婁，不復北行矣。若謂此外别有太湖北洩之水，則周大韶論之最詳。其言曰：自常州下至無錫以達蘇州，運河之水無不西南行，以注於太湖。直至胥口，方引太湖之水，由横塘以出胥門城濠。自蘇州以至無錫，未聞有水自太湖來入於運河，下注陽城諸湖而洩於江者。惟運河以東，入太湖不及者，乃下長蕩、鵝肫等蕩，而分瀦爲陽城、昆尚等湖。然則三十六浦所洩，乃不及入太湖之水。謂是殺太湖上流之勢則可，謂是導太湖下流之歸則不可。謂陽城等湖亦分流入至和塘則可，謂至和塘水必溢入陽城等湖，而由茜涇、七丫等浦入海則不可。

太湖坍漲

菱湖䈄。詳『菱湖』條下。

西山白塔滸。本《林屋民風》屬吴縣三十四都。

三洋洲詳『游湖』條下。以上屬吴縣。

沙灣。本《石柱記箋》。屬無錫縣。

新村。本《武進志》。今湖中尚有地數畝，浮沉水面，土人稱爲開家基。屬今陽湖縣。

東塘。本《石柱記箋》。屬宜興縣。

斯圻。本《長興志》。

石圻。本《長興志》。

白茅䈄。本《石柱記箋》。以上屬長興縣。

胡漊。本《石柱記箋》。屬烏程縣。

七里港。本《吴江新志》。屬今吴江縣。

南湖。本吴江舊志。雙林寺碑：元至正二年七月，湖嘯地裂，南湖一帶及倪林、儒林兩寺，悉沉於湖。

充浦。本《震澤縣志》。元大德十年，沉於湖。以上屬今震澤縣。

以上皆坍湖。

平沙灘。本沈岱《水考》及《震澤縣志》。屬今震澤縣。

大缺口。詳《大缺口水利條呈》。屬吴縣。

牛毛墩。沈岱《水考》謂之東湖，詳《水口·南仁港》下。

浪打穿。詳《水口·大浦橋》下。

清水漾。漾方五里，今爲水田矣。以上吴江、震澤合屬。

百瀆口。北自竹山，南至蘭山，盡漲蘆洲。舊時港口，在洲内一二里矣。屬宜興、荆溪二縣。

以上皆淤漲。

按新漲有礙水利，坍湖有賠糧之累，皆司斯土者所宜知也。

附吴江縣太湖浪打穿等處地方淤漲草埂永禁不許豪强報陞佃佔阻遏水道碑記

署吴江縣、吴縣知縣杜，爲太湖水利等事，奉蘇州府孟牌開：康熙五十二年十月十六，奉布政司牟牌開：本年十月初二日，奉總督部院赫批，該本司呈詳。蘇郡太湖，界跨江、浙，有關五府水利，良非渺小。今吴江之浪打穿地方，乃太湖洩瀉咽喉。其中淤有草埂，前於三十三年丈量案内，有宋敬受等告陞蘆蕩，曾據民人馬川等控，准前撫憲宋檄令删除。嗣於三十九年，復有裁兵吴士相等呈請開墾草埂，奉前督憲批查，轉行該府縣議，以恐貽後累，不便陞種，詳覆在案。是此太湖草埂淤漲有年，因不便於民，毋許陞科，相沿至今也。兹復有勢豪分踞告陞，禁民簖泥撩草，有礙水利，以致鄉民紛紛具呈，公籲請禁。本司查檢舊案，察訪輿情，此湖中草埂若一開佃，不特勢豪假借告陞爲名，恣肆侵佔，抑且遏絶往來水勢，致滋泛溢，百萬生靈廬舍害將無已，大有可憂。其飭禁之舉，誠難刻緩。相應據情通詳，伏候憲鑒奪批，示以便轉飭遵照。再行勒石永禁，以息争端，以通水利，裨益地方，實非淺鮮矣。〔緑〕〔緣〕由蒙批，仰候撫都院批示具報繳等因。又奉巡撫都院張批開如詳，轉飭遵照，勒石永禁，仍候督部院批示繳各等因。到司行府仰縣，即將吴江縣太湖浪打穿地方草埂，奉憲禁飭陞科〔緑〕〔緣〕由轉飭遵照，一面採石勒禁，取具碑摹，送司核轉毋違等因。到縣奉此，合行勒石永禁爲此牌，仰該地方附近居民圩總人等知悉，嗣後不許勢豪、地棍假借陞科名色，霸佔太湖浪打穿地方淤漲草埂，仍聽鄉農簖泥撩草捕魚，不得借端阻撓，以致遏絶水勢。如有等情，許該地方諸色人等即行呈報本縣，以憑嚴拿究，解各憲法懲施行。事關太湖水利，毋得泛視，須至碑者。碑在府署前，康熙五十二年十二月立。

大缺口水利條陳

從來言水利者，以通為利，以塞為病。太湖之水，尤貴宣洩。大缺口在武山、大村之間，北太湖水洩入南太湖，必由此口而出，乃湖水咽喉要道。徃時口濶二三百丈，水行通暢。後被附近居民種植茭蘆，泥淤灘漲，水口漸狹，僅存五十餘丈。又因張捕魚蝦，絶流設簖，泥隨簖積，中流亦長蘆洲，阻遏水勢。此現在之情形也。倘前弊踵行不已，茭蘆日長，水口全湮，一遇霪潦之歲，湖水南下無路，勢必旁溢四潰，不獨武山、大村田畝淹没，自菱湖觜以東一帶地方，雖有行舟小港，不能暢洩洪流，亦必泛濫為災，此日後之隱憂也。伏乞嚴禁附近居民，不許種茭設簖，阻塞水口，似於水利大有裨益。按：乾隆九年邸抄，浙江布政司條奏案内，大學士等會議行文，各該省凡有湖蕩之地，詳加查勘，劃明界限，不許再行開墾等語。而太湖佃種至今不已。今乾隆十四年六月，東山紳士耆民具呈太湖廳黄，已蒙批准。會黄公於七月病卒，未及行，尚有望於後之君子。

卷二

沿湖水口

太湖有來水，有去水，水之來去，各有口。其中河港之大小，支派之遠近，今與古變遷，通塞之不同，談水利者不可不明，議兵防者不可不悉。詳考而次列之，未敢謂一無訛漏，而大略已備，覽者可以知險易利害之所在矣。

江南常州府屬

無錫縣

沙墩港。有汛。上流自望亭塘運河分流，出北橋，西行入太湖。此港外寬内隘，大舟不能行。

高墩港。

新姑港。不通諸河，乃溉田之小港。

大溪港。深闊。即赤城溪。《無錫志》：運河自南門塘分流西行，爲曹王涇。涇水又分而南，爲蠡瀆。南行貫新安溪，過八字橋，名赤城溪，廣數十丈，長五里，出溪橋港而入太湖。

小溪港。大溪支流。

店涇港。塞。

青石橋港。新安溪入湖支流。

張橋港。蠡口河入湖支流。以上俱屬新安鄉。

湖西埭港。有汛。

趙舍港。

羊干港。

萬步港。

壬子港。港口有仁渚橋，疑港本名仁渚，訛作壬子。

塘漕港。

廟港。

自湖西埭至此，皆新安溪入湖支流，而湖西埭、壬子二港則分自新安溪。趙舍諸港，又從湖西埭、壬子二港分來。以上諸港，惟沙墩口向西，餘皆向南。

吴塘門，有汛。上流東一支爲新安溪，北一支爲長廣溪。《無錫志》：新安溪自運河新安塘分流，出白龍橋西行，貫赤城溪，又西行，貫張橋港，又西行，分而南爲湖西埭，爲壬子港，又西與長廣溪會。長廣溪源出諸山，北有石塘，通五里湖，南行合蠡口河、洪邱瀆、唐千瀆之水，又南經下澤橋，與新安溪會，合流出杪木橋，入於太湖。杪木橋一名通湖橋，跨吴塘門。以上俱屬開化鄉。

按沙墩以下諸港，自東而西，連比相屬，皆在太湖北岸，即所謂無錫老岸也。至竹山而老岸盡，折而北，吴塘門在焉。門向西。自吴塘而北三十里，至獨山門，濱湖皆山，無河港。

獨山門。有汛。常州郡邑志俱云：獨山孤峙湖中。《震澤編》云：錫山山脈西來，至是中斷爲太湖，舟行其中曰獨山門。據此，則獨山内之五里湖，尚是太湖，獨山門是湖水通流之處，與陸地入湖之港有别。濱湖水口當在五里湖岸，石塘、馬蠡、大渲、小渲諸處，非獨山門矣。今將五里湖岸諸港附載於後。

石塘口。在五里湖南岸。《無錫志》曰：石塘山下長堤爲五里湖、長廣溪之界。又曰：長廣在石塘之南，出吴塘甚便，逆入五里則難，無緣合梁溪之水。又曰：五里湖本不下長廣，惟西南風大作，太湖水湧，五里湖溢而灌於石塘，乃由長廣以下吴塘。又曰：裹山下有大澗，群山之水並入其中，奔騰以達於長廣。按此，則長廣溪之水並是山泉，不從五里湖來，亦不入五里湖。石塘一口，僅通舟楫耳。蓋石塘近山，地形稍高，所以水勢兩逆。其由石塘口入五里者，止是近湖之山水也。

馬蠡港。在五里湖東岸，上流自南門塘運河分支西行，爲曹王涇。又西行，曰梁墓涇，而河港來合。又西行，過梁塘橋，而九里涇來合。又西行，過落星塘橋，而中橋河來合。又西爲馬蠡港，入五里湖，河港、九里涇水皆東分運河，西行南折，而合於曹王涇者也。中橋河水出自梁溪，於仙女墩分流而南者也。

小渲港。

大渲港。二港並梁溪支流，在五里湖北岸，西南入五里湖。按：大渲港有關柵，稽查商税。

後溪港。上流爲梁清溪。《常州府志》：錫惠諸山泉聚爲梁溪。《無錫志》：梁溪自縣西門太保墩分運河流，下西定橋，西南行至仙女墩，分而南，爲中橋河。又西南行，分而爲小渲、大渲。又西南行，而溪流盡入太湖。其口曰後溪港。按：水自五里湖出者濁，自後溪出者清，故又名清水港。以上俱屬揚名鄉。

按：自此至閭江，湖岸又折而西，爲一灣。濱湖二十餘里，有華藏、楊灣諸山，無河港。

閭江港。《常州志》：名白射山河。按圖志，上流之自無錫境來者，爲志公港，分運河水，南入北陽湖，從北陽湖東南出，而南行爲直河港，又南行至富安鄉，爲西溪，與陽湖縣西來之龍游河會。自陽湖界來者，爲戚墅港，分運河水，南行至邱渡，過周橋分流，經周家渡，入無錫界，爲龍游河，與西溪會，合流而南，過白石山分流，入水溜港。其河身又東行抵閭江。《無錫志》云：閭江，太湖之别浦，今湮爲田，廣可通舟矣。跨閭江有橋，曰青龍，水從橋下入太湖。屬富安鄉。白射山即白石山，詳《濱湖群山考·胥山》條下。

以上除附載四口外，共一十九口。獨山門去縣治僅十八里，大舟通行，爲第一險要，吴塘門、閭江二口次之。

陽湖縣

水溜港。俗稱水路港。上流東通白石山河，入無錫界，北通薛堰河。舊《志》謂是薛堰入湖支流。跨港有橋，名水溜橋，亦名閭江橋。水從橋下入太湖。按：水溜、閭江二港，其上流有分有合，出入於無錫、陽湖二境，故兩邑圖志互見。

蘆荻港。俗稱蘆蓆港，薛堰入湖支流。

毛湖港。薛堰入湖支流。

洞橋港。薛堰入湖支流。以上四港皆淤塞。

新邨港。薛堰入湖支流。此港在新村、秦邨之間，故亦名秦村港。

下埠港。有汛。舊《志》作鴉步，亦稱下浦。薛堰入湖之幹流。薛堰河南行，爲白馬涇，又南爲河上渡，又南爲下埠港，入太湖。溯薛堰河而上，一由南北陽湖通印馬河，一由戴埼通戚墅，一由華渡通採菱港，皆北出郡東運河。西由殷市運邨達宜興，東自周橋通白石山河，入無錫界。舊《志》所謂薛堰通津也。按：下埠距馬蹟山之古竹灣湖面十八里，馬蹟山人赴郡必由此港，越漏關稅船隻亦多由此港出湖。以上俱屬新塘鄉。

按：自閭江至此，湖岸皆向南。下埠港之西有山，曰虎觜，突入於湖，折而西北，沿湖皆山，十里而至百瀆港。

百瀆港。有汛。上流西一支爲黄土河，北一支爲太平河，至分水墩合流南下，至此入太湖。黄土河西通官才瀆，滆湖之水從此來。太平河北通戚墅等港，運河之水從此來。屬太平鄉。《水利全書》：明隆、萬間，官核丈尺，港口起河長七丈六尺，底闊二丈五尺，橋下起至小十字口長一千五百九十二丈，底闊二丈。

按：無錫、陽湖二邑入湖之水，其上流皆分自運河，來源少而水勢緩。境内之山又多瀕湖，水發時逕自入湖，未嘗經由内地。故沿湖之港少於宜、荆兩邑，而港内亦不必有横塘以殺其勢。

以上共七口，舊以水溜、下埠、百瀆三處爲險要。今閭江淤，百瀆港橋徙置柵，舟不能進。惟下埠爲通渠，府治東南之門户也。然藩籬又在馬跡山。

宜興縣

鈞涇港。口塞。

丁夘港。口塞。

山瀆港。淺。

盛瀆。有汛。

灣浜港。淺。

下澤港。淺。

吴溪港上接吴溪。舊《志》：吴溪在縣東北十五里，西通荆溪，東入太湖。又《河渠説》：運河東出之支有殷村港，由萬石橋出尹龍橋，折向東北，合吴溪而下太湖。

大墟港有汛。進内二里，爲周鐵橋鎮。太湖右營守備駐防處。周鐵橋水北通分水墩，南達丁蜀山，東出大墟港，下太湖。

長凌瀆。橋有石柵。

沙塘港。在竹山下，山上有汛。舊《志》：沙塘港在縣東北五十里，東入太湖。唐鶴徵《河渠説》：運河東出之支有塘瀆港，出計山之北，其流甚微，由官渡橋南入陽山湇，有東湛瀆港，出計山之南，其流甚大，由下裴湇南入陽山瀆，並出竹山沙塘港，以入震澤。

按自陽湖縣下埠港之虎觜起，至竹山止，湖岸有一灣。過竹山，湖岸皆向東。

符瀆。通。

黄瀆。塞。

五干瀆。舊《志》作午干。

歐瀆。通。

彭瀆。通。

毛瀆。

葛瀆。

趙瀆。

郏瀆上接下郏瀆。舊《志》：下郏瀆在縣東北三十里。《水利全書》：隆、萬間官核丈尺，長四百三十丈，底闊三丈。

何瀆。

徐瀆。

師瀆。

龔瀆。

黄干瀆。自毛瀆至此皆淺小。

舊瀆。通。有汛。

陽溪瀆。通。上接陽溪。舊《志》：陽溪在縣東北四十里，源出陽山，東入太湖。《水利全書》：隆、萬間，官核丈尺，東自太湖，西至横塘，長三百丈，底闊三丈。

北津瀆。通。舊《志》作『準』。下中津、南津同。

辛瀆。通。

中津瀆。通。《水利全書》：隆、萬間官核丈尺，東自太湖，西至横塘，長二百丈，底闊三丈。

茭瀆。口塞旁皆茭田，上有茭瀆廟。

社瀆。淺小。

南津瀆。港口外分内合，土人呼爲二瀆。

五字瀆。淺小。

湯瀆。淺小。

陳瀆。塞。

官瀆。通。《水利全書》：隆、萬間官核丈尺，長八百丈，底闊三丈。

洪巷瀆。塞。

吴泗瀆。通。

汴瀆。塞。

洋匯瀆。通。

大浦港，通。有汛。舊《志》：在縣東三十六里，李蠙所謂太湖浦也。今橋港外彌望蘆灘，意即浦之淤漲。

按：諸瀆之上流有荆溪水，有運河水。運河即西蠡河。北自武進界來，入境分支東出，有殷邨、塘瀆、草塘、湛瀆諸港，皆由横塘分下諸瀆，以入太湖。徐喈鳳《河渠説》：運河東流之水，東北下沙塘港者十之五，下各瀆小港者十之三，由陽山瀆東北下吴溪港者十之二。

舊《志》云：百瀆在縣東南五十七里，爲上瀆；在縣東北五十里，爲下瀆。雖總謂之百瀆，而有上下之分。

按：　自大浦以前諸瀆，屬今宜興縣者，在東北一帶，應是下瀆；　大浦以後諸瀆，屬今荆溪縣者，在東南一帶，應是上瀆。

以上共四十一口，險要在竹山沙塘港，其地斗入湖中，竹山據高見遠，左縈右拂，可以兼顧諸口。舊時黄瀆亦稱要地，鄭若曾曰：『賊出太湖，東南由黄瀆港，東北由沙塘港。』今黄瀆塞矣。

荆溪縣

後河瀆。通。有汛。

河瀆。《水利全書》：隆、萬間官核丈尺，長五百丈，底闊一丈五尺。

凌義瀆。淤。

趙莊瀆。淤。

漳瀆。有汛。

北朱瀆。

梁新瀆。

魏瀆。

邵平橋瀆。塞。

五房橋瀆。

觀音瀆。

市瀆。

吕瀆。

杭瀆。

廟瀆。

洋大瀆。

雙橋瀆。以上皆淤塞。

定跨港。通，口隘内大。

烏溪港。通，最深闊，有汛。

南杭港。通。

南朱瀆。通。

蘭後瀆。通，在蘭山北。

新港。

凰川港。有汛，把總分防。

董塘港。以上三港在蘭山南，並外通太湖，内至山足而止。按：江、浙二省於董塘分界，自此而南，入長興縣境十五里，至香山嘴。

按：　自後河至蘭後，即舊《志》所謂在縣東南之上瀆，其水不皆自横塘來。蓋横塘袤止四十餘里，偏於邑之東北境，不能盡貫迤南之港。唐鶴徵《河渠説》曰：　定跨、烏溪、蘭後三港之上有蓮花蕩，汪洋渟泓，湖汊南來之水，與溧陽洮、滆西來之水，適會於此，爲宜興下震澤正路。又曰：　北行二十里，東出一枝，曰横塘，傍震澤而行。據此可知，迤南諸瀆港，半非横塘之下流矣。

又按：　宜、荆二邑，地形最下，雖東壩絶流，來源尚多。西北有運河、洮、滆之水，西有金壇、溧陽之水，西南有張渚、湖汊諸山之水，群會於荆溪，以下百瀆。百瀆不能盡，與荆溪相接，分洩不及，必致漫溢。故受之以横塘，直南北以衍其流，然後分下百瀆，以入湖。橫塘一河，急脈緩受，斷不可無。長興、烏程、震澤三邑入湖諸漊港，俱以上流水多勢盛，港端皆有橫河，亦同此意。

以上共二十五口。烏溪爲湖、杭、嘉入常必由之道，自東壩來，亦率由此口出太湖，最爲險要。港近蘭山，古時香蘭寨，想爲此口設防。

浙江湖州府屬

長興縣

斯圻港在香山北麓，有汛。《長興志》： 三城三圻，吴王屯戍之地。吴城聯斯圻，彭城聯石圻，邱城聯蘆圻。步軍屯於城，水軍屯於圻。石圻没入太湖，斯圻、蘆圻尚存，即斯圻港、蘆圻港是也。按： 今斯圻亦没入於湖，近港有斯圻村，在山坳中，邨口高阜列若門闕，疑即吴城故址，今設汛於此。

金邨港。

蔣家港。有閘。

上週港。

長大廟港。

夾浦港。有汛，把總分防。 在縣東北二十七里。港口深闊，上流自顧渚溪來，注於包洋湖，合曲塘、隔山諸港水，歷無胥、淹環、沉溪，至此入太湖。

烏橋港在夾浦口內，出橋之水至平湖侯廟前，與夾浦水合流，下太湖。橋内有橫港，迤邐而東，直通小梅。

謝莊港。

丁家港。

雞籠港。以上三港皆淺小。

大沉瀆，有汛。 在縣東北二十二里。港口闊大，上流自箬溪分支，北出爲白溪。過朱瀆，歷南殷、蔣泊，合西莊漾水，至此入太湖。

杭瀆港。

石屑港。內塞。

盧瀆港。口淺小。

金雞港。

莫家港。

新塘港有汛。 在縣東北二十五里。港口闊大，上流爲箬溪，東行至下箬寺前，四安、苕溪諸水由吕山塘南來注之，合流東行，入太湖。

徐家港。小。

百步港。最小。

竹篠港。小。

殷瀆港。小。

楊夾浦。有汛。 水勢闊大，内有二港，一接七抖漾，一通蔡浦。按舊邑志，入湖之港有釜浦，而無楊夾浦。今有楊夾浦，而無釜浦。意即一地，而今昔之稱謂不同歟？抑别有釜浦港，湮没無考歟？

福緣港。小。

石瀆港。小，土人稱爲石岱。

新開港。

花橋港。小。

祝家港。小。

蘆折港。淺小，口分内合。

坍墚港。淺小，土人稱蔡爿頭橋港。

白茅港。向有白茅嘴，坍入於湖。今港上有白馬廟，故土人亦稱白馬港。

逕山港。塞。

小沉瀆。有汛。在縣東北四十里，港闊大。

蔡浦。有汛。在縣東北四十五里，口淤。

坍缺港。在小梅山麓，内通夾浦。《長興志》：舊商旅往來，俱從蔡浦口下湖，至小梅，每遭沉溺剽掠之患。明嘉靖十六年，安吉州同知賀恩署縣印，因鄉民温良鏜建議，於坍缺口鑿石通子河一道，竟達小梅，湖邊築石堤障之。舟從子河行，賴以無患。顧應祥記：萬曆元年，知縣顧其志重修石堤，鏜子紹卿、紹恩復竭力濬築，塘益堅固。鏜初置田若干畝，給守塘工食，後爲土人乾没。崇禎八年，紹恩孫佳理聞於知縣吴鍾巒，追給如初。

按：長興三面阻山，獨東北一面瀕湖，山爲水源，湖爲水壑。源之大者有四：自西來者爲合溪；自北來者爲顧渚溪；西南自廣德入境，合境内諸水，爲四安溪；南從孝豐、安吉來者，爲苕溪。以上並詳《太湖水源》諸條。諸水入湖之處：新塘一港乃箬溪之幹流，大沉瀆諸處其支流也。楊夾浦、小沉瀆十餘港洩四安、苕溪之水，若夾浦、金村諸港受北境顧渚溪及南川、北川諸山水，不受苕溪，并不受箬溪。又按：北境之水，則盡由本境下太湖；南境之水，則一半由本境下太湖，一半合於苕溪入烏程界。

以上共三十四口，舊以夾浦、烏橋、大小沉瀆、新塘、楊夾浦、蔡浦七處爲要地。今查夾浦爲山湖之咽喉，新塘爲縣東之門户，尤爲險要。

烏程縣

小梅港。有汛。上流爲苕溪水。苕溪自長興入境，爲西溪。一支東行，入清源門内，至江子匯，爲霅溪。一支從清源門外東北行，過青塘門，由横涇港下小梅，入太湖。按：小梅港止受苕水，不受霅水。蓋小梅是本境沿湖最西之港，苕水自西而來，分流於此，下太湖水勢甚便。若霅溪合四水而得名，即城内江子匯也。其水出臨湖門，北下大錢，無（緑）〔緣〕逆流而西下小梅。今人動云苕霅之水散入大錢、小梅等港，殊混。《石柱記箋》曰：郡中之水自西來者，爲苕溪；入清源門，東過儀鳳橋，至於江子匯，自南來者，曰前溪，曰餘不溪，曰北流水。三水會於峴山漾，入定安門，過潮音橋，折爲前溪匯，俗呼打柴灣。過北東，至月河，過長橋，至於江子匯，然後謂之霅溪。今人誤以打柴灣爲倒霅灣，謂霅水自南來，又誤以西門外之閘水橋爲霅水橋，謂霅水自西來，並誤。至於苕水發源廣苕，在天目之陰。《湧幢小品》云：廣苕遍山生苕，翩翩作鳳尾形。苕水出焉。自頂及麓，處處涌溢，山、水、草合而爲一，以此稱奇。此苕之所由名也。今人附會苕水自南來，創爲南苕之號，亦謬。

西金港。

顧家港。

官瀆港。亦稱管大。

張婆港。
宣家港。
宿瀆港。
楊瀆港。有汛。
泥橋港。
寺橋港。
大錢港。有汛，守備駐防。上流一水自迎春門外鎖苕橋來，一水自臨湖門來，一水自三里橋來，大會於昆山漾，北下太湖。
紀家港。
諸漊。
沈漊。
安漊。
羅漊。
大漊。
新涇漊。有汛。
潘漊。
幻河漊。今稱夏漊。
西金漊。
東金漊。
許漊。
楊漊。有汛。
謝漊。
義高漊。
陳漊。
濮漊。
伍浦漊。有汛，千總分防。
蔣漊。
錢漊。
新浦漊。
石橋漊。按：自石橋漊以西之水，皆北下太湖，無東行入震澤縣界者。湯漊以東等水，則一半北入太湖，一半東入震澤界矣。
湯漊。
晟漊。
宋漊。
喬漊。有汛。
胡漊。

按：自大錢以東，諸漊港之上流，皆從荻塘來。荻塘即運河在烏程界者，從城外八里店起，至南潯止。荻塘之水，初不直下漊港，距漊港四五里，或二三里。又有橫河一道，自西而東，屈曲以貫漊港之端。上承荻塘諸橋港北下之水，分入諸漊港，以下太湖。此橫河西自大錢港來，東至北張官橋，稍南又東，至陸家灣，而烏程之境盡，再東入江南震澤界矣。

以上共三十八口，舊以小梅、楊瀆、大錢、諸漊、大漊、楊漊、義高、錢漊、伍浦九處，爲要地，内小梅、大錢二處，港闊水深，爲太湖通衢，尤爲險要。近日小梅港内近白雀港處，中流淤有沙埂，頗碍行舟，險獨在大錢矣。

江南蘇州府屬

震澤縣

薛埠港。通。因瀆汛設此。

丁家港。通。

吳漊。通。有汛，把總防守。

方港。通。

張港。通。

葉港。通。

八角亭子港。通。

蔣家港。通。有汛。以上皆屬六都。

按：諸港上流皆自烏程縣界來，其在荻塘之北，由湯漊等涇來者，入境爲浲溪，爲南渡船港，爲豆腐港，東瀦爲虞家漾、白田漾、西漾，又爲蔡家蕩。其由荻塘、九里、六里等橋來者，入境爲夜字港、雨字港，北瀦爲唐蒙漾，一名塘綱。東爲蔣家漾、斜尖漾。其由南潯荻塘三里、北渭二橋來者，入境爲古漊港，瀦爲稽五漾。一名金魚。以上諸水散入薛埠諸港，下太湖。其東出一支爲横草路，最深闊。沈啓曰：此水傍太湖而東行，南納諸河、諸漾之水，灑入諸港，以注太湖。徐大業曰：横草路上接稽五等漾之水，下貫五都、六都諸港之首，以其横在港端，故曰横草路，乃七十二港上流之要道也。

五界亭港。通。

倪家港。通。

馬家港。塞。從雙板石橋港出湖。

雙板石橋港。通。

陸家港。通。

亭子港。塞。俗名半夜浜。

西邱廟港。通。

更樓港。通。

小楊港。塞。

王家港。通。

徐楊港。通。

撈蕪港。通。

五齊港。塞。

南盛港。通。

駱駝港。塞。

沈家港。塞。

濮家港。塞。

崔家港。塞。

張家港。通。

永安港。塞。

大廟港。通。

跨街亭港。塞。又名西浦港。

東浦港。塞。
永定寺港。通。有汛，龍髯觜在此。
莊港。通。
鴻雁港。通。
新開港。通。
湯家扇港。通。又名邱老太港。
廟橋亭港。通。吴江徐《志》：一名東盛港。按東盛即廟橋亭之內港。
鵓鴣港。通。
大明港。通。
俞家港。塞。
烏梅港。塞。
盤糧港。塞。即寰聯港。
榆樹港。塞。
草菴港。塞。
時家港。塞。
羅家港。塞。
楝樹港。塞。
陌界港。通。
白浦。通。
趙家港。通。
亭子港。通。娘娘廟港汛移此。
破車港。塞。從亭子港出湖。
百婆亭港。塞。即孃娘廟港，有汛。今移亭子港。
葉家港。通。
小咸港。通。
大咸港。通。
馬鞍港。塞。
盛家港。通。
竈家港。塞。
長家扇港。塞。以上俱屬五都。

諸港上流皆自荻塘來，荻塘西自南潯接烏程界來水，東行至曹村，南受金花漾、划船漾、曹家三漾諸水，從駟馬、曹邨、蠡思三橋港北行，與前稽五漾諸水會。荻塘又東至馬賦邨，南受賦溪，水從馬賦、楊定二橋港北行，與蠡思等港水合，播爲周勝蕩、南新漾、和尚漾、鉢頭漾、汪衙潭、迮家漾、東西骨塔蕩。荻塘又東至震澤鎮，南受蠡澤河水，從新興、通泰、斜橋、張灣四橋港北行，瀦爲唐白漾、葫蘆兜、長漾，北爲馬耳漾，一名馬尾。為翁周漾。一名荒邱。荻塘又東至雙楊村，南受北麻漾水，從仁安、衆安、斜路諸橋港北行，瀦爲寶蘇湖，與翁周漾水會。以上諸漾蕩水，皆由横草路分入五界亭諸港，下太湖。

甘泉港。塞。
尹家港。通。
蒲池港。塞。有汛，今移張騎廟港。
朱家港。通。

姚家港。通。

張騎廟港。通。蒲池汛移此。以上屬十都。

西宋港。通。

東宋港。通。

金家港。塞。

戧港。通。

潘奇港。通。

陳思港。通。

坍缺口。通。有汛。橫草路至此止。

直瀆。通。以上俱屬四都。

諸港上流亦自荻塘來，荻塘自雙楊至梅堰，南受北麻漾、長田漾水，從三里、百步、西吴、東吴諸橋港北行，瀦爲包家蕩、桃花漾，北由草路入甘泉諸港，下太湖。

茅柴港。通。上流即桃花漾之東行者，瀦爲陸家蕩，從此下太湖。

韭溪港。通。上流亦自荻塘來，荻塘自梅堰至平望，南受東西窵蕩水，從諸家、六里二橋港北行，播爲茶家漾、石礫漾、大龍蕩、長蕩，合爲祥雞蕩，從此下太湖。又鶯脰湖水從荻塘泄水、大通二橋北行，爲後溪，由平望鎮後出長老橋，入運河，亦分流，由溝瀆入韭溪，下太湖。以上屬三都西。

按：荻塘自湖州府城外八里店起，東至本境平望鎮止，橫亘一百二十餘里。凡湖州東境、杭州北境之水之歸太湖者，無不經荻塘而北下，蓋衆水之樞紐，湖口之綱領也。故叙諸港上流，以荻塘爲界。

又按：荻塘以北之水，爲漾爲蕩，支派紛錯。及歸於橫草路，又合諸水而爲一。欲確指某水從某港下太湖，條分而縷析之，雖土著亦不能辨。今姑就諸港與諸漾蕩南北相直者，倣沈啓《水考》例，以鄉都分序，庶幾不甚相懸云。

自此以前諸港，爲太湖之來源。自此以後諸港，爲太湖之去委。

練聚橋港。一名黄沙港。

黑橋港。

此二港並南受太湖水，東行入唐家湖，從石塘梟腰橋入運河。並屬二都南。

按二港之外，尚有孫田、後浜、新涇、上橫、楊家、直港六港，與練聚、黑橋共八港，沈啓所謂昔爲來水，今爲去水，附於唐家湖條下者也。今止存練聚、黑橋二港矣。沈啓曰：湖中水皆北流，惟此八港水南流。蓋太湖下流甘泉等處壅塞，則水漫波溢，惟隙是求。唐家湖以東諸蕩駢集，宜其舍彼而就此也。又曰：八港警於鹽盜，或堨或開，有通有塞。按：當時已不能全通，宜今之六港皆湮也。

南仁港。即南仁河，有汛。《水考》云：一名南勝，一名和尚。北折而爲西水路，東北流十八里，至長橋河，又東北折而爲東水路。十八里而至白龍、甘泉、三江等橋。《震澤縣志》云：和尚河雖與南仁通爲一河，今土人以西近太湖者爲南仁，東接西水路者爲和尚。

按《水考》云：　牛毛墩，即東湖。湖盡淤成田，止存三大河洩水。其由南仁河入者，爲西水路，爲東水路；　由卜家斷在大浦港口內，不臨湖。入者，爲江漕路。可知南仁河乃湖漲成田後所存之河口，東西江漕路乃南仁河分流之支派。今人所稱前城湖，即東湖之別名，南仁港其口也。今之茭草路北行達長橋河者，即西水路也。

南舍港。港有洪廟，故又稱洪廟港。有汛，簡村市在其內，太湖左營守備駐防處。

唐家港。

馬家港。

小清港。今塞。

陸家港。有汛。

龐家港。

沈家港。

以上八港，皆西通太湖，東行入於草路，至九里石塘穿運河，以達龐山湖。

南溆港。今名南吴家港，又名長板橋港，有汛。　西接太湖處，闊十三丈，穿草路以東，闊八九丈，東行出甘泉橋。

中溆港。今名中吴家港，又名新開河。　東穿草路，直出三江橋。今草路以東淤塞不通。

吴家港。有汛。今稱西吴家港，北流直對長橋，故又名北吴家港。又即古吴淞江口，故《水考》稱爲長橋吴淞江。

西港。

湖墓港。二港屬湖墓。

五方港。

梅里港。

廟港。三港屬梅里。

糞船港。

石里後港。二港屬石里。此七港，《震澤志》云：　俱西通太湖，東通斜路，乃溉田之小港，時通時塞。按：　七港洩入運河之處無考。吴江舊志云：　東行合於斜路。《震澤志》云：　東行入於城濠，以抱西城，意必循城濠，由西門以至東門，合長橋河，穿運河而入龐山湖也。

按：　自南仁港至此，即所謂湖中一十八港也。沈啓曰：　太湖與東南湖連貫之港凡十八，樞紐湖心，朝夕吞吐，利害最大。其西之田日蝕於湖，謂之坍湖。其東之湖日漲爲田，謂之新漲。東南二湖，俱成原隰，則壤爲秎，各以萬計。議水利者，於斯三歎。按：　東南二湖已成田蕩，而猶謂之湖者，蓋田蕩乃湖之客形，湖乃田蕩之本體。從其朔而稱之，欲使後之治水者知故跡之如彼，而淤塞之如此。既淤者已不可復，而十八港形跡祇存一綫，豈可任其湮塞而不爲之濬導耶？十八港中，城西七港非湖漲所成，又當別論。

以上共九十六口。內韭溪逼近平望，乃杭、嘉之間道。簡村雄踞湖濱，爲松陵之屏障。二處最爲險要，其他則險在港內之蕩、漾，而湖口次之。

按：　向時東南二湖未曾淤漲之前，並無港形，太湖之水直至長橋石塘，由諸橋洩入運河。自湖漲成陸，始有南仁、吴家等港西接湖水。今以近湖諸港爲太湖洩水之上口，又附塘岸諸橋於後，爲太湖洩水之下口。一據現在之湖形，一存舊時之湖界。

梟腰橋。五洪，在唐家湖東。太湖之水由練聚、黑橋入唐家湖，從此出運河。

翁涇橋。在翁涇漾東，太湖之水由錢家、毛尾等涇匯於翁涇漾，從此出運河。

按：此二橋所出之水，穿運河而東，由張王蕩、長白蕩東行，入松江界。

大浦橋。七洪，長十八丈，在八坼鎮北，江漕路之東行者，從此出運河。《水考》曰：大浦橋港西風湖漲，極爲險惡。蓋下流甘泉塞也。吴江《新志》曰：大浦之險，非由於甘泉之塞。大浦之西，正直太湖下流之浪打穿，止二(四)〔三〕里，而至大浦橋。橋之南曰爛泥瀚，污泥無底，乃古東江之口。太湖東流之水先從此洩，再東北而後爲吴淞之口。此乃湖流西來之第一關也。但甘泉塞而此流更大耳。今則浪打穿之外皆爲平田，雖有狂風，而橋下之水全無險惡矣。《水考》云：港闊七丈，長三百丈。《震澤志》云：今闊二十丈，至七八丈不等。蓋今日之闊處，亦當日港外之蕩，非港身也。故其港之長亦不止三百丈。按：此所云之港，乃橋内之港。《震澤志》所云之丈尺，乃近日現在之數。後俱倣此。

白龍橋。東水路從此出運河。《震澤縣志》云：橋西二港，各闊六七丈，東行至橋洪，正港闊十五丈。有汛，屬平望營。

按此二橋所出之水，穿運河而東，播爲蕩漾，東入白蜆江。

徹浦橋。江漕路之東北流者，從此出運河。《水考》云：西接東水路。《震澤志》云：西南直接江漕路，爲幹流。西有小港，通東水路，爲支流。又徹浦之内，當時水亦最大而急，今尚有小漾，周約半里，但甚淤淺。

龔家橋。

通津橋。

按：此三橋所出之水，穿運河而東，爲十字港，爲尚湖。又東爲葉澤湖。

甘泉橋。七洪。橋下有甘泉，故名。陸羽品泉爲第四，故又名第四橋。東水路及吴家港俱分流，從此出運河。《震澤志》：橋内港闊十五丈。

三山橋。五洪。東水路從此出運河。《震澤志》：港闊十二丈。

定海橋。七洪。俗呼七星橋，吴家港分流東行者，從此出運河。《震澤志》：港闊十五丈。

萬頃橋。五洪。《震澤志》：港闊十四丈，其水穿運河而東，一支入龐山湖，一支爲方尖港，入葉澤湖。

廟涇橋。平板五洪。《震澤志》：港闊二十餘丈，狹處七八丈。

仙槎橋。平板六洪。《震澤志》：港闊十餘丈。

惠政橋。四洪。

觀漏橋。平板四洪。《震澤志》：港闊十丈。

三江橋。五洪。《震澤志》：港闊十餘丈，狹處七八丈。《水考》云：東水路十八里，至白龍、甘泉、三江等橋。《震澤志》云：東水路至三江橋而盡，三江橋乃其幹流，白龍、甘泉則其旁溢而通洩者。

按：此九橋所出之水，穿運河而東流，瀦爲龐山湖。内萬頃橋東流之水，分一支爲方尖港，入葉澤湖。

長橋。即利往橋，一名垂虹橋。吴家港水從橋下東北流，過釣雪灘，絶運河而入龐山湖。《水考》云：闊一百三十丈。《震澤志》云：今部尺長一百零四丈，適當一百三十丈八折之數。按：一百三十丈橋之長數，《水考》不曰長而曰闊者，存江形也。

以上諸橋，係太湖洩水之下口。自梟腰至大浦屬震澤縣，自白龍至長橋屬吴江縣。內大浦一橋，則半屬震澤，半屬吴江。按：官塘上梟腰橋南有長老橋，太湖之水不從此洩。翁涇橋北有廟涇橋，今名洪橋者極低小，不能洩水，並不載。

吴江縣

牛腰涇有汛。西受太湖水，東行入於七里港。吴江《新志》云：通七里港之正河，闊七八丈，旁河二，各闊二三丈。

七里港。有汛。西受太湖水，至西門外之流虹橋，凡七里，故名。其東洩入吴淞江之港，一爲北城河，東流過永濟橋、廣運橋，爲南倉河。一爲書院前河，東流過大有橋，爲北倉河。俱由三里橋運河出吴淞江。一爲新港，東流過七里橋運河，出吴淞江。一爲南柳胥港，由界牌運河出吴淞江。此港江、震二邑分界處，西屬震澤，東屬吴江。

北柳胥港。西受太湖水，出柳胥舖東流，與南柳胥合，俱入運河，由夾浦橋出吴淞江。按吴江舊志：南北二柳胥均爲七里港下流。今北柳胥之口在太湖中，不納七里之流，疑當日港口本在七里港中，今七里港西口爲湖所剥，港變爲湖，故在湖中也。

瓜涇港。俗呼花涇港，有汛。去縣北九里，西受太湖水，東過古塘，入元和縣界。經運河而南，由夾浦橋東出吴淞江。按：此乃太湖出吴淞江正東之大路。《水考》云：港闊二十五丈。《吴江新志》云：今闊處三十二丈。蓋此處爲吴淞江口，水急而深，湖底之浮泥難積，兩旁之填占亦不能固也。

王家匯西受太湖水，東入瓜涇港。

滸稍橋港。有汛。與王家匯港口相並，西受太湖水東行，北折出鱟塘。一支由蓑衣港東出古塘。

鮎魚口。把總駐防。南受太湖水北流，匯爲鱟塘。又北過五龍橋，入吴縣盤門運河。其鱟塘之東折者，至分水墩爲古塘口，入元和縣澹臺湖，過寶帶橋，與運河合。內有麫杖巷相附同行，亦東入古塘。按：此爲婁江之首，太湖水北洩之大道。《水考》云：口闊一百三十丈。《吴江新志》云：今闊一百十丈。若照古尺，反有增無減。蓋此爲婁江之口，水急而深，亦不能填占停積也。

莫舍漊。一名綺川，有汛。南受太湖水，北匯於楞伽山，下爲石湖。湖半屬吴縣。湖水一過越城橋，經范丹基，至横塘；一過行春橋，沿磨盤山，出跨塘，合木瀆西來之水，東行至横塘，與越城橋水會。東流七里，入於胥門運河。其漊之東折者爲九曲港，石湖之東注者曰邵巷港、里市港，俱出鱟塘合焉。《水考》云：漊闊一百三十丈。《吴江新志》云：今闊六十餘丈。蓋此水北流，有石湖爲之一蓄，則水勢反緩，而泥易積。兩旁豪民因而種茭占塞，并石湖四旁亦占大半。及今不禁，將爲平陸矣。

白洋灣。《水考》云：即太湖與吴縣分轄。有汛。按：灣之闊有六七里，皆沮洳茭蘆，太湖之水從茭蘆中分港北行，有斜戗、東戗、西戗等港名，其實皆白洋灣也。其水北注越來溪，又十里許入石湖。越來溪之東洩者凡四：前朱村港復出太湖，馬墓港、姚灣港二俱出莫舍漊。

以上共九口，鮎魚口距郡城不及十里，較之吴縣胥口，道里更近，河港更闊。方舟而進，頃刻可到，乃府治沿湖之第一險要，其利害不獨關吴江一邑。莫舍漊、白洋灣二處亦地屬吴江，險在吴縣。

吴縣

木履橋港。有汛。

花大港。

沙涇港。

高坑港。塞。

東凌瀆港。

西凌瀆港。

雙墩港。茅圻觜汛在此。

張家港。

牛橋港。

茅圻港。

前巷港。

宗裏港。

廟橋港。

石社港。

庄子橋港。即黄洋灣。自木履橋至此，諸港皆沿水東灘南岸，納南太湖之水。太湖自黄洋灣稍西折北進大缺口是爲菱湖。

新涇港。水東汛在此。

新開港。

黄墅港。菱湖汛在此。三港在水東灘西岸，納菱湖之水。太湖至菱湖觜又折而東，是爲胥湖。

沈家涇。塞。

仙瀆涇。塞。

韓瀆港。有汛。

前漊港。塞。

大瀆港。

洋河涇。

下堰橋港。

天宫港。

直進港。自沈家涇至此，諸港皆在水東灘北岸，納胥湖之水。太湖至此，又折而西北。按：水東吴縣所屬，以其在太湖之東，故謂之水東。其地延入湖心，湖環三面。南面東自白洋灣吴江界起，西至大缺口五十里，西面自大缺口至菱湖觜十里，北面自菱湖觜至胥山下，四十里。沿河之港，各隨所向，以納湖水。横金一河，直東西以貫於中，統納南北諸港之水東行，由越來溪而入石湖。然此諸港，利在引水以溉田、通舟，非太湖洩水之要道也。

胥口有汛。在胥山、香山之間，西受太湖水，東行十里至木瀆鎮，銅坑西來之水出斜橋注之。又東行二十里至橫塘，與石湖南來之水會，合流過橫塘橋。一支由彩雲橋達楓橋，其河身於彩雲橋外東行七里，而入於胥門之運河。按：此爲吴縣境太湖洩水第一要處。

香涇河。在香山下，東北流入於箭涇。

九曲河。今塞。

塘橋港。即南宫塘之東口。太湖至此，又折而西，沿法華山過黄茅觜，折而東北至吕坡橋。

吕坡橋港。即南宫塘之西口。有汛。太湖至此又折而西北。按：塘橋港迤西有楊坡等七港，在法華山下，非通渠，不載。又按：王同祖《太湖考》及伍餘福《水利論》皆以南宫塘爲太湖洩水之處。今考南宫塘在穹窿、法華之間，左右皆山，並無洩水河港。塘橋、吕坡橋二口水之出入，仍在太湖，非洩水處也。

銅坑。在西蹟山、安山之間，有汛。西受太湖水，東行爲東西二崦，過虎山橋，爲光福塘，又東過善人橋，經靈巖山下，爲山塘。箭涇之水南來注之。又東至木瀆鎮，出斜橋，與胥口水合流而東。太湖洩水之口自此止。按：自吕坡橋至此，沿湖皆山，無河港。太湖至此又折而北，是爲游湖。

安山港。在安山下，内通光福。以後諸港，其水皆注於湖，然係平流，湖水盛，亦有時入港。

陸巷港。在幽里山下，内通光福。

大墅港。非通渠。

新橋港。北通滸墅，西由龍塘橋出貢湖。

長山港。西由師姑港出貢湖。安山以下五港，自東而北而西，在游湖岸三面。

太湖於游湖口三洋、坟觜外，又折而北，是爲貢湖。

師姑港。即長山港之西口，今塞。

郁社港。東通游湖。二港口在貢湖東岸。

以上共四十口，險要處曰胥口，郡城西南之門户，兩洞庭是其外蔽，曰銅坑，鎖鑰游湖，亦郡西之間道。

長洲縣

龍塘港。東由新橋港出游湖，北通滸墅。

金墅港。有汛。

前溪港。

仁巷港。

牡丹港。五港皆在貢湖東岸。

按：西北爲太湖上游，故編次水口，北自無錫縣境起，由是而西而南而東，復至於北。環湖右旋，歷三府十邑之境，挨次編記，通計三百一十四處。而附録無錫五里湖内之石塘等四港，江、震二邑沿塘之一十七橋不與焉。

濱湖山

考沿湖水口矣，而并及濱湖之山者，可爲標識，可以扼防，其形勝與水口相表裏，未可略也。所屬郡邑亦依水口例爲序次。

江南常州府屬

無錫縣

廟山，廟港在其下。《無錫志》：一名沙渚山。

竹山，在廟山西南。《無錫志》：三面突出於湖，長林怪石，勝冠諸山。下有劣觜石，跨立水次，廣倍虎邱千人石。按：今無長林矣，劣觜石尚存。

康山，在竹山北，吴塘門之南，與湖中米山相對。米山，湖中一小阜，在七十二峰之列。《無錫志》：相傳尹蓬頭寓此，上有迎仙亭。

吴塘山，吴塘門在其下。

羊祈山。

白茅山，與羊祈山相連。

軍將山，一名軍帳。《無錫志》：南唐時屯兵於此，以備吴越，故名。山下有甲仗塢，今其上有真武廟，山半曰成性寺，旁有龍湫。按：軍將山最高，吴塘門在其南，獨山門在其北，湖中行舟，望以爲識。

大浮山，《無錫志》：一名大坯，其西别有大石峙湖中，曰小浮。按：今稱龍王山，大阜汛在其下。大阜當是大浮之訛。

路耿山，《無錫志》：前俯長廣，後臨太湖，山下有羅嶺，通石塘。

漆塘山，《無錫志》：别名寶界山，宋錢紳退老，卜築於此，遺址尚存。東南有山門嶺，通石塘。

充山，山下有巨石突出，俯瞰湖流，曰黿頭渚。諸山南自吴塘來，起伏相接，至是而斷，其斷處曰獨山門。按：今獨山汛設於此。

管社山，在鎮山之東，山趾入湖，與獨山相對。

鎮山，在横山之南，山趾相接。

横山，《無錫志》：梁溪之水至此將出湖口，而山忽障之，實爲一邑之門户。

華藏山，《無錫志》：在縣西南三十五里，山前舊有雲海亭，亦名望湖亭，望兩洞庭七十二峰如畫。宋張循、王俊葬其地。

楊灣山，《無錫志》：韓灣之西爲楊灣山，又西南爲三灣山、二灣山、頭灣山，皆面湖。山下有汛，曰楊灣汛。

大雷山、小雷山，《無錫志》：在太湖之濱。閶江諸山皆瞰湖，而大雷觜獨延入里許。又曰：今俗呼爲大犁、小犁，語音之轉也。按：太湖中另有大雷山，屬長興縣；小雷山，屬烏程縣。詳《湖中山考》，與此二山同名而異地。

天井山，《無錫志》：亦名閶江山，西麓有天井泉，甚清洌，今湮。

白石山，《無錫志》：本名胥山，一名僕射山，漢僕射劉昌葬地，故名，今訛爲白石山，又訛爲白射山。按：以上二山離太湖稍遠，閶江入湖，必經二山之下。

按： 無錫濱湖境上，東自長洲縣接界起，西至廟山，皆平灘有港。自竹山折北至鎮山，又自鎮山迤西，至於閶江，綿亘皆山，中間惟吳塘門一斷，獨山門一斷。

陽湖縣

下埠山，在下埠港西。

虎觜山，《常州府志》： 在下埠山南，插入太湖，距馬蹟山十餘里，峰巒隱映，倒景入湖，如隔一塹。月夜虎往往從此渡湖。

百瀆山，自虎觜至百瀆港，沿湖皆山，山名無考，土人惟稱爲百瀆山。按：《武進新塘鄉圖志》： 下埠、百瀆之間，近湖有梅堂、梅岩、陳灣、許墓諸山。未審是否。按： 百瀆以西爲宜興縣界，又十餘里至沙塘港，而湖岸有山。

宜興縣

竹山，沙塘港在其下。《宜興志》： 在縣東北六十里太湖濱，與夫椒山相對。東有洞，出白泥，取以堊壁，其堅澤勝石灰。距山一二百步，湖中有石磯露水面，其下有暗趾接山。行舟必遠磯而過，以避暗趾。按： 此山内連平壤，非湖中山也。舊《志》列入七十二山中，誤。又按： 山不甚高而斗入於湖，可以瞭遠。湖外片帆，湖口各汛，舉目皆見。今山頂有汛。又按： 與無錫竹山同名而異地。

按： 自竹山以西，宜興、荆溪二邑，湖岸皆平灘，至蘭後港而又有山。

荆溪縣

蘭山，蘭後港在其下。舊《宜興志》： 在縣東南五十里，麓周二十五里。二山連亘，南曰大蘭，北曰小蘭。《吴郡志》謂之石蘭山，山有石麓，入湖五里，隨水盈縮，以爲隱現，名曰蘭座磯，旅舟每罹其險。沈亞卿暉夫人卞捐米二百石，鳩工運石，築高壘以爲標望，行者知避。按： 蘭山内有大潮山、子山、楚山，連亘而西，不可殫記。其來脈乃長興縣互通山之東出者，見任元祥《宜興山川志跋》。

按： 自蘭山觜轉西一帶，面湖之山無名可考，土人稱在凰川者爲凰川山，在董塘者爲董塘山，皆是俗呼。竊謂此一帶之山即蘭山也。《志》云： 蘭山麓周二十五里。則其長必有數里。今自蘭觜至董塘，適符此數。又云： 二山連亘，南曰大蘭，北曰小蘭。今蘭後港側之山在北，應是小蘭。凰川、董塘港内之山在南，應是大蘭，無可疑者。過董塘，接長興縣之香山矣。

浙江湖州府屬

長興縣

香山，《長興志》： 在縣北三十五里，高五十丈，内有池。嶺跨香山灣，達宜興。按： 今香山汛設於山觜。又按： 與吴縣香山同名而異地。

按：《邑志》，荆溪之蘭山、長興之香山，均有香蘭山之稱。雖或以其相接之故，然二山係江、浙分界處，名同則混，兩省之疆域不明矣。今於屬荆溪者惟曰蘭山，屬長興者惟曰香山，庶閲者不致目眩。

鰲山，《長興志》：在縣北四十里香山之下，片石突臨湖滸。

按：自香山以南，長興縣湖岸六十里皆無山，惟相近小梅之處有一山，名獨姥，又名别峰。其東麓入烏程縣界。據《長興志》云：踞太湖之濱。然離岸實有二三里，不濱湖也。

烏程縣

小梅山，即卞山之麓，小梅港在其左，坍缺港在其右，石堤繚於外，堤之内即坍缺通小梅港處。明嘉靖十六年，署長興令賀恩開築，以避風濤者也。

按：自此而東，歷烏程、震澤、吴江三縣，沿河境上皆無山。

按：烏程、震澤之間，湖濱無山而有塘。自大錢至練聚橋約九十餘里，土人謂之湖塘。相傳張士誠據蘇州，開運河以漕湖州之米，遂以其土爲塘，蓋即吴江史志所稱湖城北之塹也。《震澤縣志》以爲即宋李禹卿隄太湖爲渠，以益漕運者，始於宋，而張士誠修之。自明至今，不復爲官路，陸猶可行，水不通舟矣。附《史志》：湖城，張士誠所築，北據太湖陰爲固。起四都之充浦，抵湖州大錢港，爲一字城。東西百餘里，城之北鑿塹環之。明兵圍湖州，士誠極力守此，以防明師之軼，而常遇春統奇兵，自太湖直擣大錢，破之。弘治間，城廢，堠櫓猶有存者。今存遺址數處，其塹相傳爲運河云。

江南蘇州府屬

吴縣

横山，《蘇州府志》：山四面皆横，故名。又名踞湖山，以山臨太湖，若箕踞也。吴越葬忠獻王元璙於此，建寺曰薦福，因又稱薦福山。有五塢，故又名五塢山。宋元祐間，節度判官馬雲遊此，名五塢曰芳桂、飛泉、修竹、丹霞、白雲，各題以詩。有九嶺，嶺各有墩，墩各中空。相傳吴王夫差時藏軍洞，又以堪輿家言，稱爲九龍塢。《續圖經》云：此山鎮蘇城西南，臨湖控越，實吴時要地。隋時遷郡於此，亦以是爲屏障矣。横山東出之支曰吴山，在石湖濱，山脊入吴江縣界一百八十畝有奇。横山之西爲堯峰。

按：横山在白洋灣、木履等港之内，離太湖稍遠。然在湖中望之，如在湖岸也。載之以爲港口之標識。自此而西，遶水東灘，折北轉東，過直進港而始有山。

胥山，在縣西南三十五里，胥口在其下，東連皐峰。《寰宇記》：吴王殺子胥，投之於江，吴人立祠於此。今山下有胥王廟。《水經注》：胥山有壇，長老云胥神所治也。或云即姑蘇山，姑蘇臺在其上。按《越絶書》云：闔閭造九曲路，以遊姑蘇之臺而望太湖。《山水記》云：夫差作臺，五年乃成，高見三百里。《圖經續記》云：姑蘇臺在縣西三十五里。《洞冥記》云：吳王築姑蘇之臺，盤旋詰屈，横亘五里。由諸書觀之，曰望太湖，曰高見三百里，曰在縣西三十五里，皆與胥山合，姑蘇臺當在此山。又《瀆上編》載顧龍光《皐峰紀略》云：峰之尾直抵胥口，吳王遊姑蘇之臺，正此山也。堯峰麓小紫石山亦名姑蘇臺，然云高見三百里，則必以皐峰爲正。按：胥山連皐峰，築臺亦必相屬。《洞冥記》所云横亘五里也，紫石山無此廣袤。

香山，與胥山對峙，胥口在其南麓。《吳地記》：吳王種香於此，故名。其下有採香涇，通靈巖山。按：香山即穹窿南出之支，自胥口至塘橋港，太湖之東北岸皆香山也。

法華山，一名鉢盂，又名烏鉢，亦名覺城。山有法華寺，因又名法華山。宋李觀察墓在焉。其東有小横山，北爲漁洋山，西南爲黄茅山，有吳王愛姬墓。按：山之三面皆在湖中，獨東北一面爲陸地，又有南宫塘界斷，不接香山，與諸濱湖山稍異。

吕山，在法華之北，吕坡橋在其下。

米堆山。

玄墓山，在米堆山之北，即鄧尉山之西南面也。相傳晉青州刺史郁泰玄葬此，故名。明萬峰和尚居之，又名萬峰山。山半有聖恩寺。

祝山。

岐龍山，山嵴入太湖，名長岐嵴。

彈山，山甚高，旁有土阜，曰小雞山。舊《志》謂彈山即小雞，非是。

潭山，山下有潭東、潭西二村，居人業種花樹。

盤螭山，斗入湖中，作蜿蜒狀，以此得名。上有一坎，四周皆石壁削成，高可三仞，大如數千石囷，故今人皆稱爲石壁。

西蹟山，與困龍山相接，困龍在内，西蹟臨湖。

按：自香山、吕山以西，諸山透迤起伏，綿亘相屬，至西蹟嵴始斷。其斷處曰銅坑，銅坑之北是爲安山。

安山，在游湖東南岸，下有安山港。

幽里山，在游湖東南岸，下有陸巷港。

南山，在游湖西北岸，長山港之南。

游城山，在游湖西北岸，俗稱牛城山。《蘇州府志》作游城山，王同祖《太湖考》作迎城山，今從府志。

上山，山首在游湖岸，山尾在貢湖岸，山之西爲犁尖嵴，即坟嵴。自坟嵴迤北轉東，湖岸皆臨貢湖矣。

虎角山，在貢湖岸。

杵山，一名褚山，在貢湖岸。

米篩山，在貢湖岸。

馬山，在貢湖岸。

按：自南山至此，諸山皆在西華、坟嵴之内，其地長約數里，形如牛角，外狹内寬。游湖在其左，貢湖在其右。凡山之曰在游湖岸者，近游湖者也。曰在貢湖岸者，近貢湖者也。其實諸山總在兩湖之間。

自此而北，長洲縣境無山，迤而西過無錫老岸，至廟港而有山，即廟山矣。

卷三

水治

治太湖之水，不於湖中治之，治其上下流而已。古人具有成績，按而行之，無弗效者。

《禹貢》：三江既入，震澤底定。《史記》：禹治水於吴，通渠三江五湖。

周

烈王十五年，楚春申君黄歇治水松江，導流入海。即今之黄浦。

敬王二十五年，吴行人伍員鑿胥溪。按：即今廣通壩，西通大江，東連震澤。桑欽《水經》稱爲中江，蘇、常水患濫觴於此。非治也，記害之所由始也。壩築而害弭，水治矣。詳《集文韓邦憲廣通壩考》。

漢

平帝元始二年，吴人皐伯通築塘，以障太湖。即今長興縣之皐塘，以皐伯通所築，故名，在縣東北二十五里。

晉

吴興太守殷康開荻塘，後太守沈嘉重開。

梁

大同元年，遶惠山澮溪，導流入湖。即今無錫縣之梁溪，溪之名梁自此始。

唐

景龍二年，置將軍堰閘。在無錫縣梁溪側，堰運河水不下梁溪。

開元十一年，烏程令嚴謀達重開荻塘。荻塘自烏程縣至吴江縣境九十里，烏程所受諸水由荻塘出，故謀達開之。

貞元八年，蘇州刺史于頔堤運河塘。自平望西至湖州之南潯五十三里，皆成隄，名曰荻塘。民頌其德，又名頔塘。

元和五年，蘇州刺史王仲舒隄松江爲路。時松陵鎮南、北、西俱水鄉，抵郡無陸路，至是始通。今吴江縣之古塘、石塘、官塘、土塘皆是。

宋

天祐元年，吴越錢氏置都水庸田使，督撩淺夫疏導諸河。於太湖傍置夫，四部凡七八千人，專治澮河築隄。

大中祥符五年，轉運使徐奭奏置開江營兵，專修吴江塘路。凡兵一千二百人。

天禧二年，發運使張綸疏港浦，導太湖水入海。

天聖元年，徐奭築堤濬潦。時蘇州水壞太湖外塘，又海旁支渠湮塞，廢民耕田。詔自市涇以北，赤門以南，築石隄九十里，起橋十有八，濬積潦，自吴江東赴海，復良田數千頃，流民得自占者二萬六千家，歲出租苗三十萬。《吴江史志》：市涇在平望南二十四里。赤門，郡城舊名，在葑門、盤門之間。

慶曆二年，蘇州通判李禹卿隄太湖八十里爲渠，益漕運，蓄水溉田千餘頃。《震澤縣志》：今太湖之濱有土塘通湖者，土人名曰湖塘。未知築自何年，疑此湖塘之始。知晉陵縣許恢濬戚墅港，自太湖口起，凡九十里。

八年，知吴江縣李問、尉王庭堅始建長橋。

至和二年，崑山縣主簿邱與權築崑山塘，名曰至和。

嘉祐四年，招置蘇湖開江兵士。按此歲修之法。

五年，轉運使王純臣督蘇、湖、常、秀，並築田塍位位相接，以禦風濤。

六年，宜興縣尉阮洪疏四十九瀆。瀆名無考。

治平三年，知吴江縣孫覺大築荻塘。始壘石爲岸，壅土爲塘。

四年，知宜興縣樓閔濬四十二瀆。瀆名無考。

熙寧元年，歲旱河竭，知無錫縣焦千之用單鍔言，自小渲車湖水入運河，復車梁溪水，由將軍堰以灌之，農田大利。按：小渲不接運河，必由梁溪而達。當是自小渲車水入梁溪，「運河」二字疑誤。

元祐六年，導蘇州諸河。時太湖積水爲患，詔導決之。

元符三年，詔役開江兵卒，開治湖河浦港，修壘堤岸，開置斗門水堰。

崇寧二年，提舉常平徐確，開吴淞江。自封家渡古江至大通浦，直徹海口。

大觀三年，從許光凝奏，請開淘吴淞江，置牐。

宣和二年，立浙西諸水則碑。凡各陂湖、涇浜、河渠，自來蓄水灌田通舟，官爲按覈丈尺并地名四至，並鐫之碑式附後。

紹興四年，知湖州府王回濬沿湖二十七漊，導水入太湖。

二十八年，招補開江兵卒。

二十九年，禁圍湖作田。

乾道元年，詔蘇州招置缺額開江兵士。

五年，增置撩湖軍。專一管轄，不許人户佃種茭菱，因而包圍隄岸。

淳熙六年，濬至和塘。

十三年，提舉羅點開澱山湖。

十六年，常州府濬東蠡河。

十七年，提舉劉穎濬澱山湖，泄吴淞江。並禁毋得侵築，逼塞上流。

紹定五年，修吴江長橋。

元

至元二十四年，朱清導婁江。

二十八年，行省叅政燕仲楠開澱山湖圍佔，以泄太湖之水。

大德八年，從千夫長任仁發請，濬治吴淞江。

十年，都水少監任仁發濬吴淞江。

泰定元年，任仁發濬治澱山湖及吴淞舊江。

二年，吴江判官張顯祖重建長橋，易木以石。

天曆二祀，吴江知州孫伯恭大修石塘。鑿水竇百三十三，上不施梁，以石爲券板榛者，首尾環接，形如半月，以通太湖之水。

至正六年，吴江州達魯花赤那海大脩石塘。

明

洪武二十五年，濬胥溪，建閘，通蘇、松、常、鎮、杭、嘉、湖七府運道。時都應天府以蘇、松七府糧運自東壩入，可避江險，故濬胥溪，建石閘啓閉。

二十八年，烏程縣主簿王福濬三十六漊。安吉縣置劉家、西鄉等壩，五沸、石山等溝。《洪武實録》：二十七年，遣國子生人才分詣天下郡縣，督吏民脩治水利。二十八年，奏開天下郡縣塘堰四萬九百八十七處，河四千一百六十二處，陂渠、隄岸五千四十八處。

永樂元年，築廣通壩。是時遷都於燕，運道已廢，蘇人吴相五以水爲蘇常患，引單鍔書上奏，改築土壩，設官吏看守。

二年，户部尚書夏原吉治水東南，導吴淞江，一由崑山夏駕浦，一由嘉定吴塘，北入婁江。

正統五年，巡撫周忱濬吴淞江。親至江上，立表江心，盡去壅塞，水得疏洩。

六年，周忱重築廣通壩。永樂初築猶低薄，水得走洩，至是增高。

天順三年，巡撫崔恭開吴淞江。夏原吉引水入婁江，吴淞東段不曾施工。今自夏駕浦口開，至嘉定莊家涇出舊江，一萬三千七百丈。

成化五年，吴縣知縣樊瑾濬九曲港三千八百五十餘丈。港在香山下。

七年，水利僉事吴瑞濬吴淞江。東自徐公浦，西抵夏駕浦，一百三十里。

八年，吴縣知縣雍泰築西華石塘。

按：朱存理《蘇州水利志》：吴縣知縣雍泰承檄治採香涇廢堰，堰旁糧田數千頃，遇旱禾槁。雍領民尋源，得於穹窿山隴坂間。蓋由山腰法雨泉流出者，上爲一堰，下分二道：一道東由白馬嶺南流，踰趙墓折而西；一道西下山漊，環趙墓而東。二流相合，近採香涇，瀦聚成潭，仍相地宜。築二道石堰，堰各置閘，隨水旱而啓閉之，三閱月告成。又勘踏三洋嘴西北入湖地，如牛角然，游湖在其左，貢湖在其右，風濤剥蝕，日就頹圮。復發錢市山石，由馬山西南而東築護隄千餘丈，而湖田藉以無患。蓋是時雍泰既於採香涇脩廢堰以蓄山泉，又於三洋嘴築石塘以捍湖水。地是兩地，事非一事，朱《志》極爲明白。郡邑舊志載入西華築塘條下，中間删去『三閱月告成』，又『勘踏三洋嘴』數語，竟以『復市山石』接『隨水旱啟閉』之下，遂若兩地是一地，兩事是一事，使閱者茫無頭緒。又改馬山爲馬跡山，尤屬風馬牛不及。故録朱存理原文以正之。今新《府志》增入『勘踏三洋嘴』語，極是。惟馬山尚仍馬跡之訛。按馬山乃三洋嘴北偏一小阜，築塘當自此始。若馬跡山在今陽湖縣界太湖中，相距百里，焉能絶湖而隄，自馬跡而西華乎？此必無之理也。

十年，巡撫畢亨開吴淞江。自夏駕口至西莊家港，共一萬一千七百七丈。

弘治元年，水利僉事伍性濬吴淞江中段。四十餘里。

四年，伍性濬宜興湯溪等瀆。凡五百六十丈。按：湯溪疑是陽溪。

五年，伍性濬宜興葛溪等瀆。凡一千四百九十丈。

七年，設導河夫於吴淞江。浙江布政司周季麟重築湖隄，自烏程抵宜興界止，七十里。

八年，侍郎徐貫闢吴淞江口兩岸葦荻數千畝，濬長橋水竇，開湖州府漊港。巡撫朱瑄開淘三江，濬宜興五賢等瀆。

九年，水利主事姚文灝築沙湖隄，重濬宜興仕瀆等四瀆。凡八百五十三丈。

十一年，水利郎中傅潮濬宜興黄瀆等五瀆。凡八百四十五丈。

十四年，水利郎中臧麟濬宜興盛瀆、鴉瀆。凡六百八十丈。

十七年，臧麟濬宜興後河三瀆。

正德七年，巡撫俞諫增築廣通壩。濬宜興縣港瀆。凡七萬二千四百三十二丈。

嘉靖元年，水利郎中顔如環濬吴淞江。自夏駕浦口至龍王廟舊江口，凡六千三百三十六丈，闊十八丈，深一丈二尺。濬湖州府大錢、小梅等港沿湖七十二漊，以通太湖之上流。

二年，水利郎中林文沛檄吴縣開光福塘、胥口塘。共長四千九百四十六丈。以洩太湖水入婁江。吴江縣開王家田、東莊港、《水考》作東聖港。王家港、方家港、《水考》作方尖港。白浦港、倒歟港、夏姚河、盛市港、南盧港，共長一千五百八十七丈。以通富陽、天目、嘉興諸水歸太湖。宜興縣開南朱瀆、洋匯瀆、留溝瀆、茭瀆、辛瀆、下澤瀆、長凌瀆、了瀆、盛瀆、山瀆、丁卯瀆，共長九千五百八十六丈。以洩東西二氿、荆溪之水入太湖。無錫縣開閭江港，二百四十五丈。導水入太湖。又開運河塘北諸河，共長一萬二千五百丈。以洩運河之水，使歸常熟宛山塘，散入白茆諸港。

十六年，署長興縣知縣賀恩開坍缺港，通小梅，築石隄護之。

二十年，宜興縣知縣馮惟訥開通澤河，西接荆溪，東達太湖。

三十五年，廣通壩居民於壩東十里許更築一壩，自是固城湖水絶不復東。

隆慶三年，巡撫海瑞大開吴淞江。查勘舊蹟共長一萬一千五百七十一丈，闊三十餘丈。議半開河面闊十五丈，底闊七丈五尺，深一丈五尺六寸。

萬曆元年，宜興縣知縣韓溶濬荆溪。

五年，巡視水利御史林應訓開吴江、長橋兩灘。自麗山湖口至長橋，達吴家港。濬吴淞江，自崑山慢水港至嘉定徐公浦，長四十五里，闊二十丈，深一丈二尺。建千墩浦、夏駕口二閘。應訓以新洋江夏駕浦引吴淞江水入婁，致令吴淞水勢愈弱，故議建閘。

十六年，水利副使許應逵濬吴淞江及蘇、松、常、鎮四府河港塘瀆。議者謂求通反塞，毫無裨益，虚糜工費，徒擾民間。

三十三年，吴江縣知縣劉時俊築石塘。北自長洲縣界，南至秀水縣界八十三里，共長九千九百八十一丈四尺，建橋十三，水竇三十七。

三十六年，湖州府知府陳幼學重脩荻塘，甃以石。

四十二年，烏程縣知縣曾國禎濬築楊漊等港十九處。

本朝

康熙十年，長興縣主簿鄭世寧督開瀆港。

十一年，巡撫馬祐濬劉河，淤道二十九里。開吴淞江。一萬一千五十餘丈。

十二年，濬太湖吴家港至長橋。計長八里，現存水面闊七丈，加闊一丈，現深四尺，挑深六尺。自長橋上元洞、釣雪灘至浮玉洲橋，長二里，現存水面闊十丈二尺，現深四尺，加挑深六尺。自浮玉洲橋對過愛遺亭，至下元洞，長二里，現存水面八丈一尺，現深四尺，加挑深六尺。自下元洞至三江橋，長三里，現存水面十丈八尺，現深四尺，加挑深六尺。自浮玉洲橋至龐山湖口，現存水面九丈，現深六尺，加挑深四尺。自三江橋至三汊口止，長二里，現存水面四丈二尺，加闊三丈八尺，現深四尺，加挑深六尺。又脩濬寶帶橋諸水洞。

四十七年，吴江縣知縣張壽峒奉檄開長橋南北河、土九百一方上中下三橋洞、土六百七十五方。中溦港、土四百九十九方五尺。廟涇橋港、土五百六十二方五尺。定海橋港、土六百九十七方五尺。甘泉橋港。土六百七十方五尺。《吴江志》云：是年開濬長橋䄫，將舊釘護橋杪枋掘起，橋即隨斷，乃復加椿重脩。可知古人用意之周，而後人不先考古，最易僨事也。　湖州府知府章紹聖奉檄疏濬沿河漊港，各建小閘。

雍正五年，欽差在籍副都御史陳世倌興脩水利，開吴淞江。

八年，湖州府知府唐紹祖奉檄脩濬沿湖漊港，建造閘座。計石塘二，大錢、小梅閘座三十五，顧家港至胡漊。

十二年，吴縣知縣江之翰奉檄開紫藤塢河，南通吕坡橋，引湖水灌田。旋即淤涸。

十三年，吴江縣知縣趙軒臨奉檄濬萬頃港、八十三丈。三山橋港。五十九丈。

乾隆元年，震澤縣知縣李鏻濬浪打穿直港。自北口起，至南口土地堂止，長一千二百五十丈。

三年，巡撫許容濬長橋河。自長橋南陳家花園河起，至上元洞止。又自橋中河西烏金墩起，過中元洞、垂虹亭，至愛遺亭南灘止。又自長橋河起，過趙家港，東至塘河口止。并洩水洞十六。

四年，築震澤縣荻塘。自油車基起，至朱家舖止，長一百九十七丈七尺。

附吴江縣水則碑式

横道水則石碑樹垂虹亭北之左

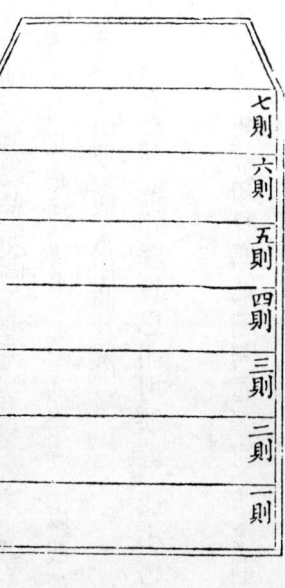

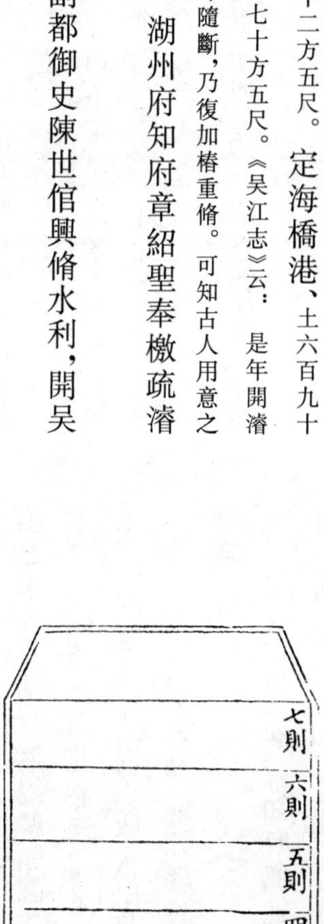

碑長七尺有奇,橫爲七道,道爲一則,以下一則爲平水之衡。水在一則,高低,田俱無恙。過二則,極低,田渰。過三則,稍低田渰。過四則,下中田渰。過五則,上中田渰。過六則,稍高田渰。過七則,極高田渰。如某年水到某則爲災,即於本則刻之曰『某年水至此』。每年各鄉報到災傷,官司雖未及遠臨踏勘,而某等之田被災,已豫知於日報水則之中矣。憂民者時到碑所以驗其實,而虛冒者亦無所容。

直道水則石碑 樹垂虹亭北之右。

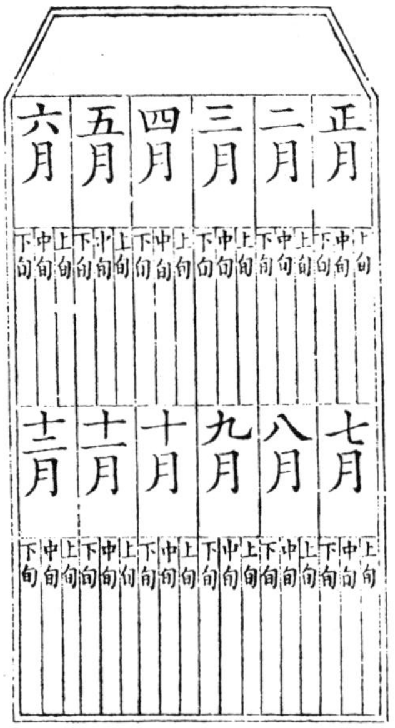

碑長七尺有奇,分爲上下二橫,每橫六直,每直當一月。其上橫六直刻正月至六月,下橫六直刻七月至十二月。月三旬,故每月下又爲三直,直當一旬。四季三十六旬,凡三十六直。其司之者,每旬以水之漲落到某,則報於官。其有過則爲災者,刻之法如前。

沈啓曰:二碑石刻甚明,正德五年猶及見之,今石尚存,而宋元字跡與橫刻之道盡鑿無存,止有『減水則例』四字,亦非其舊。既無橫道,何以爲則例哉?故特追憶其舊所見者,録之如右,亦存羊之意爾。

乾隆《吴江縣志》:按《吴中水利全書》載宋徽宗宣和二年,立浙西諸水則石碑。凡各陂湖、涇浜、河渠,自來蓄水灌田通舟,官爲按覈打量丈尺并地名四至,並鐫之石云云。然則碑之立正在此時,且立者甚多,惟長橋獨存耳。紹熙爲宋光宗年號,去宣和正不遠也。又按:今左水則碑已亡,惟右水則碑尚在垂虹亭右,而無上下二橫六直,祇有十八細直,直上亦無正月至六月字,祇有七月至十二月字。又在石之上截,非若此圖在石之中截也。又碑之正中有『正德五年水到此』、『正德六年水到此』之文,連貫寫下,字大二寸許,尚隱然可辨。既不當書在此碑,又無橫格爲限,所謂盡失古人建置之意者也。若悉依舊圖重刻二碑,立於橋畔,以驗高低田被渰虛實最爲有益。

按:沈江村啓於正德五年猶見二碑,《吴江志》則云左石碑已亡,不知亡於何時。今所存之右石碑,雖曰橫直,刻道、年代、字跡皆非其舊,不可為則,然猶幸此碑尚存,古跡不致盡亡。更幸江村繪圖留式,古人之良法美意,不致無傳。重刻以驗水災,不能無望於留心民瘼之君子; 倣而行之,猶不能無望於邊湖諸邑留心民瘼之君子。

水議

治爲成績,議則有行,有未行。要其因時設策,隨地酌宜,莫非碩畫也。

宋

范仲淹《上宰相書》

姑蘇四郊略平窊,而爲湖者什之二三,西南太湖尤大,納數郡之水。湖東謂之松江,積雨之時湖溢而江壅,雖河渠至多,湮塞已久,惟松江退落,漫流始下。今疏導者,不惟使東南入於松江,又使東北入於揚子江。按:此二句是言不惟使太湖東南人於松江,又使陽城、昆尚諸湖東北人於揚子,非專指太湖也。觀上文『姑蘇四郊爲湖者什之二三』語可見。後人不詳文正語意，争言開沿江諸浦以洩太湖之水，殊誤。夫水之爲物，蓄而停之則害，決而流之乃爲利耳。按：蓄、洩不可偏廢，是時積水爲患，故文正之議主於決，非曰蓄必爲害也。觀下文語意可見。然吴中之田，非水不植，減之使淺，則可播種，非必決而涸之也。節録。

郟亶《上水利書》

環湖地低，故常多水。古人治低田之法，七里爲一縱浦，十里爲一横塘。因塘浦之土以爲隄岸，使塘浦深闊而隄岸高厚。塘浦闊深，則水流通而不能爲田之害；隄岸高厚，則田自固而水可必趨於江。有六失、六得、七害諸議，不及全録。大旨以治田之法治水，後人多宗其説。

郟僑亶子《水利書》

治水之利，必先於江寧治水陽江與銀林等五堰。體勢故迹，決於西江。按此即東壩水也。潤州治丹陽練湖，相視大岡，尋究函管水道，決於北海。按：此即明林文沛所云丹陽之九曲湖瀉練湖之漲入江，可以殺太湖上流，急宜開濬之説也。常州治宜興滆湖、沙子淹及江陰港浦，入北海。按：此即單鍔所云開夾苧干、白鶴溪及常州北偏十四港之説也。如此，則西北之水不入太湖爲害矣。又闢吴江之石塘，多置橋梁，以決太湖，會於青龍、華亭而入海。仍開濬吴淞江，其諸湖風濤爲害之處，並築石塘土岸，所在陂淹，築爲水堰。秀州治華亭、海鹽港浦，及澱山湖等處，並與開通。杭州遷長河堰，以宣、歙、杭、睦等山源決於浙江。如此，則東南之水不入太湖爲害矣。按：長河堰即今德勝、長安等壩。宣是寧國，歙徽州，睦嚴州也。考之《通志》，宣水皆西北入江，惟南埼湖東由建平、溧陽入太湖。東壩築後，此水亦惟却入大江而已，不入浙江。歙水、睦水自來，南入浙江，不至杭之北境，皆與德勝等壩無涉。杭水有天目、武林二派，天目派由餘杭、德清而下太湖，即苕、霅水也。此水豈能決入浙江？壩内之水，乃武林派，源出西湖，今由海寧、平湖、嘉善境入三泖，雖有壩不入浙江，然即無壩，亦惟由嘉興運湖至王港涇，東下汾湖、泖、澱，不西越平望而入太湖也。竊思所以有壩之故，蓋因杭之東境濱海斥鹵，必引山泉以資灌溉，故壩之，使無走洩，爲農田利，非防其入太湖爲害也。吴江徐大業謂僑不知地勢，誠是。大業又云：僑論西北東南之水俱不令入太湖，似以治太湖之法，開疏爲緩，分塞爲急。不知東南之利，全在太湖。若必令盡從他道入海，而太湖之水大減，此非東南之利也。蓋治太湖之法，不患來水之多，而患去水之少。故大禹治水，只云『三江既入，震澤底定』，未聞塞太湖之上流以爲底定法也。惟西北有五堰之築，亦因三江淤塞，不得不稍爲撙節。若三江大通，即五堰可不築矣。總之，治水之法，因勢利導，談決談塞，皆逆水性。按：此則未是。今日太湖水小，宋時太湖水大，僑之説未可非也。即如西北之水，僑之所欲決者銀林、五堰。春秋時伍員伐楚，穿地爲胥溪，以通餉道，後來遂成洪流，稱爲中江。『震澤底定』時，無此水也。太湖既增多禹時所無之水，安得不議決，不議塞乎？築五堰塞胥溪，正是復禹之舊，未爲逆水性也。沈啓曰：下流之導其十，不若上流之殺其一。在明代猶爲此論，況於宋乎？今則東壩築，西北入湖之水減半；溧瀆淤，西南入湖之水亦減半。固宜以開疏爲急，使荆溪、百瀆、苕、霅之水悉注於湖，而不致他洩，乃爲得策，顧非所論於僑之時也。雖然，太湖來水，無有自東南入者，則仍是僑之不知地勢矣。

又曰：若止於導江開浦，則必無近效；若止於濬涇作埕，則難以禦暴流。要當合二者之説，以善其施。節録。

單鍔《水利書》

自溧陽五堰東至吳江，岸猶人之身也，堰閘則首也，宜興荆溪則咽喉也，百瀆則心也，震澤則腹也，旁通震澤衆瀆則絡脈衆竅也，吳江則足也。今上廢五堰之固，而宣、歙、池、九陽江之水不入蕪湖，反東注震澤。按：自東壩築後，此水不入太湖矣。下又有吳江岸之阻，是猶有人焉桎其手，縛其足，塞其衆竅，以水沃其口，腹滿氣絶，欲不死得乎？吳江徐大業曰：鍔宜興人，宜興水之歸震澤者，大半從五堰來，所以云然。不知震澤之水，尚有從湖、杭二郡來者居大半也。岸界吳淞江、震澤之間，岸東則江岸，西則震澤，江之東則大海也。百川莫不趨海，今築此隄，横絶江流，震澤之水常溢而不洩，水勢遲緩，無以蕩滌泥沙，積久而茭蘆生，水道狹，流洩愈不快。按：今日太湖水小，吳江岸亦不為害，然沙壅菱叢，實惟岸之故。今欲洩震澤之水，莫若先開江尾茭蘆之地，鑿吳江岸，爲木橋千所，隨橋衖開茭蘆，爲港走水。徐大業曰：橋衖不可不多，不可不通，此不易之論。仍於下流開白蜆、安亭二江，使湖水由華亭、青龍入海，則三州無水患。又於陽羨尋百瀆與横塘舊界牌，分力開通，遇歲大水，可疏荆溪交合之流注震澤；歲旱，可引百瀆横塘之水以漑田。節録。

談鑰《吳興志》

太湖有沿河之隄，多爲溇。溇有斗門，制以巨木甚固。門各有牐版，旱則閉之，以防溪水之走洩；有東北風亦閉之，以防湖水之暴漲，舟行且有所檥泊。官主其事，爲利浩博。後漸湮塞，頗爲郡害。後之治水，宜究心，當先務也。

羅點《奏開澱山湖狀》

澱山湖東西三十六里，南北一十八里，旁通太湖，匯蘇、湖、秀三州之水，上承下洩，不容少有壅遏。華亭在湖之南，崑山在湖之北，湖水自西南而趨東北。所賴洩水去處，東有大盈、趙屯、大石三浦，西有道褐、陸虞、千墩三浦，並湖以北，中爲一澳，係古來吞吐湖水之地。今名山門溜，東西約五六里，南北約七八里，正當湖流之衝，湖水於此洩入諸浦，以達吳淞江。今來頑民輒於山門溜之南，緣澱山湖北，築成大岸，延跨數里，遏絶湖水，不使北流，盡將山門溜中圍占成田。石浦等洩放湖水去處，並被圍斷，水壅不洩，害及民田。

奏上，命點親視開掘，並湖巨浸，復爲良田。元潘應武言：澱山湖中有山寺，宋時在水中心，今被佃占，寺在田中，議欲開濬，决放湖水。按：澱山湖去太湖已遠，然係太湖下流，分注吳淞、三泖之處，故録之。

元

任仁發《治水論》

濬河港必深闊，築隄岸必高厚，置閘竇必衆多。設遇水旱，就三者而乘除之，自然有利而無害。

又言：　須識潮水之背順，地形之高下，沙泥之聚散，隘口之緩急，尋源溯流，各得其當。合開者開之，合閉者閉之，合隄防者隄防之。庶不勞民傷財。

潘應武《決放湖水議》

長橋係太湖衆水之咽喉，其橋南堍，古來水到龍王廟後。今已築塞五十餘丈，現蓋房與軍户居住，以致太湖出口狹小，水不通徹。宜諭令軍户移入營内，指定龍王廟基開濬。其沿塘三十六座橋，及葑門外至吴江七里橋，多有上下橋道壩塞不通。數内第四橋下水路，來自湖州大錢口，衝出塘東湖泊，間入笠澤湖、汾湖、白蜆江，下急水港，直至澱山湖。此處水勢洶湧，按：大錢口所出之水，一歸太湖，即難辨矣。第四橋迎太湖之急溜，故水勢洶湧。必曰來自大錢，則鑿。亦被人占據，並宜開濬，仍復通放。

周文英《水利説》

夏原吉掣吴淞江水，由夏駕浦入婁江，棄吴淞東段不治，本其説也。

明

史鑑《吴江水利議》

吴江居江湖之會，每遇霖雨積旬，潦水四溢，渺然無際，風濤大作，吞嚙衝擊，害甚於雨。東風則江水西侵，西風則湖水東汛，俄頃數尺，人力莫施。議者徒欲開一渠、置一牐，以爲治水之方，此皆狥一偏之見，而無救患之益。何則？吴江水多田少，溪渠與江湖相連，水皆周流，無不通者。假令南置一牐，而北流者自若；東開一渠，而西溢者如故。固不當與諸縣治法同也。竊以爲措置之方，其要有四：

一曰築隄防。吴江之田皆居江湖之濱，支流旁出，皆蕩漾，不可以名計。苟不力爲隄防，以捍禦之，未見其可也。永樂中，治水東南，尚書夏忠靖公創於前，通政趙君繼任於後，無不注意於隄防。其法常於春初集民夫，每圩先築様墩爲式，然後築隄如之。其取土皆於附近之田，又必督民以杵堅築，務必牢固。又令民篙泥填灌取土之田，必使充滿。復於隄之内外增廣其基，名爲抵水。蓋隄既高峻，無基以培之，歲久必頹矣。又課民於抵水之上，許其種藍，不許種荳。蓋種藍必增土，久而日高；種荳則土隨根去，久而日低矣。正統間，周文襄公講求二公之法而損益之，由是水患漸平，民安其業。近年以來，法度廢壞者十七八，欲求水之無害，難矣。按：此即郟亶以治田法治水之意，吴中水利，此法最良。

二曰審分洩。吴江之地當太湖東南，其在南者分衆流以入湖。吴漊港、宋家港、朱家港、蠡思港、直瀆港、黄沙港、韭溪是也。其居東者，引湖水以入江，瓜涇港、七里港、柳胥港、長橋、三江、定海、萬頃、仙槎、甘泉、白龍橋是也。又自縣治至平望四十里間，亦係分洩湖水之所。今爲石塘，雖便往來，前輩常言其有碍水道，故鑿竇以通水流。近來傾圮，俗吏鄙夫不知大計，輒堙而築之，湖水多渾，易爲停積。沿湖之人多種茭蘆，歲久成田，咸登糧額。遂至水道日微。又瓜涇港、長橋正當太湖東流入江要道，至爲深闊，而瓜涇港居民慮爲盜賊所侵，夤緣巡捕官爲之築堰。按：今瓜涇港無堰，水極深闊。長橋又爲豪家湮塞，規爲田宅，水遂不通，爲患極大。今則入湖者泛濫而南流矣，按：即練聚、黑橋等港。入江者廻流而西浸矣。日滋月長，其害將見甚於今日。按：史以本邑人而留心經濟，故所論皆詳審切當。後二條曰務車救，曰專委任，文長不録。

秦慶《請設淘河夫疏》

蒙命工部侍郎徐貫來總水事，凡通湖達海，隘口支川，無不疏治，一時水患十去八九。然臣以爲疏導之利雖已弘於一時，而經制之宜猶未及於永久。惟昔之治水者，每於平成之後，必立宣防之法。如近代撩淺、開江等卒，亦皆制置有定，濬治有常。是以當時利興而害去，國富而民安。今當略倣前制，思患豫防。乞勑該部轉行巡撫及水利官，督率府縣勸農官，徧詣三江各浦，相視要害，講求便宜，用其土著之民，專習搜淘之事，免其別差，著爲定令。仍須往來勸督，驗其工程，以行賞罰。使水道不復壅遏，而旱澇不能爲災，經久之道，莫善於此。按：此法不獨宜於江南，亦宜於江北。廢撩淺開江，而蘇、湖之水道湮，裁淺夫淺鋪，而淮揚之漕渠墊。利害可覩矣。

歸有光《水利論》

太湖之廣三萬六千頃，入海之道，獨有一路，所謂吴淞江者。顧江自湖口距海不遠，有潮泥填淤反土之患。湖田膏腴，往往爲民所圍占，而與水争尺寸之利，所以淞江日隘。議者不尋其本，沿流逐末，取目前之小快，别濬浦港，以求一時之利，而淞江之勢日失，所以沿至今日，僅與支流無辨。或至指大於股，海口遂至湮塞。此豈非治水之過歟？夫江之湮塞，宜從其湮塞而治之，不此之務而别求他道，所以治之愈力而失之愈遠也。故予以爲治吴之水，宜專力於淞江。淞江治則太湖之水東下，而餘水不勞餘力矣。淞江獨承太湖之水，雖其源近不可比擬揚子江，而闊深當與相雄長。任仁發云：『古者江狹處，猶廣二里。』郟氏云：『古吴淞江可敵千浦。』則江之廣可知。故治淞江，必令闊深，水勢洪壯，與揚子江等，而後可以復禹之跡。

沈啓《吴江水考》

新漲阻塞水利，講求脩濬者，自古以迄今，則其爲害無疑矣。然利害所關，不在上流，必在下流，而古今又不相沿。如宋單鍔謂增吴江一邑之賦，反損三州之賦，不知幾百倍。所謂三州者，指湖、常、秀而言。稽之常州之水，在宋入太湖，今已堰入大江。按：堰入大江者，惟溧陽以西。高淳、建平之水，若常之洮、滆、荆溪，仍入太湖。秀州即嘉興，在縣東南，其入界之水，僅由爛溪、汾湖以出三泖，與太湖渺不相涉。所關者惟湖州一郡，在縣上游，與本縣四五至十五等都壤界相連，俱在太湖西南，水源之所由來也。下流一阻，上流爲潦，勢所必然。此疏導之議有不容於不講者。

又曰：江湖非可丈尺計，計丈尺於江湖之間，非得已也。昔水而今田也，觸水皆田也，所計者，止於牛茅墩以及甘泉之上下，吴家港以及長橋之上下。何也？分洩莫此爲要也。濬則奪其田以爲江湖，不有章程，人焉遵信？此嘉靖二十三年察院吕公所勘應濬之丈尺而未濬者也。是固可徵也。然今亦可執以爲的乎？曰：觀元之水道不同於宋，今之水道又不同於元，其可泥乎？但當相江湖以施丈尺，不可執丈尺以争江湖。丈尺數載《水口》下。

按：此是江湖淤漲爲田，就中濬導丈尺。

徐獻忠《吴興掌故集》

太湖受天目諸山之水，治之之法，不患其源之不通，而患其流之不洩。故蘇、松興利之處，即吴興去害所由。近自吴江垂虹湮塞之後，而吴興之害加甚。爲政者當思其洩水之處，不必仰賴於垂虹。多爲之慮，立必守之法，資無窮之利。

又曰：湖州運河東抵平望，幾一百二十里。其水一半北入太湖，運河以南諸溪港，會同北流。餘不諸溪，及運河之水。一派南出石門，一派出於皂林，一派由嚴墓東南出嘉興，一派東出王江涇，一派出平望。其間港汊經洩之處，爲民間所佔，日漸狹小。而上源諸漾，積受洪流之處，漸至填塞爲蘆埂，圈築爲藕塘者，又不知其幾。所當厲禁，以防淤閼之患。

張鐸《湖州府志》

環郡之水悉注於太湖，微太湖，民其魚乎？所謂導水以疾趨太湖者，水之道也，决之而已矣。至於决太湖之水以放於海，其事固在蘇、松。

長興縣志

長興下六區瀕湖，潦則苦溢；上六區田多高仰，旱則苦暵。山間又往往發洪，奔濤驟湧，自梅溪而來，則荆泉區一帶浸没；自四安而來，則方山、謝公、周瀆、管埭一帶浸没；自合溪而來，則近溪一帶浸没。若太湖水漲，湖隄不堅，則新塘、白烏區一帶震蕩可虞。故脩築隄塘枓閘，疏濬溝洫陂池，因地增損，因時蓄洩，誠不可缺略。

唐鶴徵《水利説》

武進採菱港爲郡東運河初南出之支，直南而行，雖其支流不一，稱名不同，要之直通新塘、下埠，而入於震澤。矧自此而東，曰戚墅港，由虞橋、洛陽、戴埼以至華渡，節節與採菱港諸河會。再東則由飲馬河入南北陽湖，節節與戚墅港諸河會，亦至下埠入震澤。按：下埠上流戚墅港，是其中路。飲馬河在東，採菱港在西，採菱港至華渡分一支，下百瀆港，入湖。

又曰：邑南境邊於湖，湖主洩，然旱乾亦入，以其平也。平田有水之利，無水之害，然未必皆傍幹河，利在溝港。顧水平則流緩，緩易澄，澂則易淤，濱湖尤爲易淤。數濬則民勞，不濬則流竭。定以間歲一小濬，民任之；十年一大濬，官主之。按：以上水道境土，自分縣後屬陽湖縣。

無錫河以千百數，梁溪爲大。梁溪之外，爲溪者以什數，長廣溪爲大。運河之水自京口建瓴而下，兩溪受之，以注於太湖。

又曰：太湖雖主於匯，亦能内灌以濟旱。西北風甚，則水由内出，曰下湖水；東南風甚，則水由外入，曰上湖水。按：無錫之水，本皆下湖，不待西北風甚，從内出也。惟上湖水必東南風甚，乃從外入，然亦偶而不常。内灌濟旱，在於入力，不可惟風是恃。

宜興本江南最下之地，東壩既築，上流之灌少紓，而金壇、溧陽之水猶集，卑窪之形勢固在也。縣東南有定跨、烏溪、蘭後三港，屬荆溪縣。似爲宜興下震澤之正路，乃以湖盜之出没，湖商之逃税，遂從而閉之。按：今他瀆多閉，烏溪則爲通渠矣。北行二十里，東出一支，曰横塘。循横塘而東，皆有瀆入震澤。往有百瀆，今僅七十餘，蓋上游之來水既緩，下流之疏濬自怠，恐將來更多湮塞矣。然如陳橋、周鉄、下邾一帶，屬宜興縣。水勢甚大，不易閼耳。

又曰：宜興境土右高而左下，旱不利於高，水不利於下，此其常也。然山水暴發，則西鄉遲洩而易盈，禾輒渰没；東鄉水勢稍緩，又有百瀆分洩，爲患較輕。要而論之，高處當疏濬河道，若河道不通之處，則穿爲塘池，蓄水以備旱；低處宜脩築塍岸，多穿溝洫以備潦。按：以上水道境土，自分縣後，北屬宜興，南屬荆溪。

馬汝璋《水利圖册序》

常州運河以南，白鶴溪、蠡河諸水，皆爲運河之支流，雨則水下於滆湖，從宜興而東注。自戚墅港而東，諸水皆北枕運河，東南而入太湖。《宋史》謂金壇洮河之水可通白鶴溪，太湖之水可入蠡河，則繆變汩陳矣。

曹胤儒《水利論》

太湖上流，金壇、廣德、烏程、歸安、臨安、餘杭之間，並有壩堰，當以百計，各志可稽。蓋使諸山之水瀦而後洩，其瀦也，可以救彼地之旱；其洩也，可以救彼地之潦。且視蘇、松水勢之大小而啟閉之，計無便於此者。今俱廢而莫爲節宣，其利害可覩矣。

又曰：古時吴淞之流獨盛者，以吴淞西受中江爲直故耳。廣通設壩，此水不來，自西趨東，已無巨源。宜興上下，惟是長蕩、荆溪之水，其勢不甚洪壯，而太湖獨承天目山水矣。天目山水在太湖西南，從西南趨東北爲易，而至和塘直接鮎魚口，其勢尤捷。夏公原吉又開夏駕、顧會二浦，掣吴淞之水入婁江。婁江之不濬自深，有以也。而吴淞屢塞，職此之由。婁江既直承太湖之水，無藉吴淞，其通利與否，與夏駕二浦無大相關。此二者有之，適所以爲吴淞之累。竊以爲塞之可也，即弗塞，亦可無開矣。按：顔如環、林應訓亦皆以新洋、夏駕引吴淞入婁江爲非。

又曰：白茆上接昆承湖，湖界崑山、常熟之間，受蘇郡閶、齊二門，迤北元和等塘、宛山等蕩之水。宛山蕩又承無錫之水，運河亦瀉入焉。而虎邱山後長蕩之水，亦多白茆是歸。按：此可知白茆所洩，乃蘇郡北境之水，非太湖水矣。

林文沛《治水事宜》

河有專主宣洩者，有專主灌溉者。宣洩之河，正吞江湖之流，或東或北，直趨而下，其開挑宜深宜闊。灌溉之河，河之支流，其開挑僅使水能浹洽，足備旱乾可也。

又曰：爲河之患者，無如石橋。洞圓者塞河道五分之二，洞方者塞河道五分之三。除不關水道者不毀，其餘但有坍壞，脩造者酌量闊狹，原有一洞者，或添二洞、三洞，務令水易走洩。其原無橋梁之處，不許添設，阻礙河道。

周永年《水利書》

論水於江北，則利在漕；論水於江南，則利在田。知水之何以利，則大綱在握矣。欲求水之利，先審水之害。害在淤塞，則利在疏通，害在泛溢，則利在停泓。而泛溢之病，又根於淤塞，其要不出蓄洩二字。故歲脩之計，無如深其浜漊，高其岸塍，如治田之法治水。深者益深，則流疾而不至上涌；高者益高，則防峻而不受潰入。

翁大立《請興水利疏》

向時支河細渠，皆得鈎引江浦之水，以資溉植。倭寇時，慮其奪舟以濟，凡於港汊之處，無不釘柵築堰。水之爲物，流則去滓，停則成淤，年復一年，渠道之間，仰成阜矣。

本朝

慕天顔《開吴淞江議》

吴淞實太湖洩水之中條，其故道較劉河更闊，其地較劉河更直。昔因入海之處，沙擁茭叢，夏忠靖公引黄渡以西之水北入劉河，有崑山之夏駕、嘉定之顧浦，以及鹽鐵、新洋諸港浦，與婁江通。今則諸港浦盡塞，淞自爲淞，婁自爲婁，則劉河雖開，止洩太湖半面之流，而匯納於泖淀，以奔湧松江者，仍未得宣通也。若再開蒲匯、新涇，重濬虬江、顧浦，費力於支河小港，何如併力於吴淞乎？節録。時康熙十年，慕爲藩司議上，巡撫馬祐題准。十一年開濬。

沈愷曾《水利編》

湖水爲患，要在疏橋口以出江，按：指吴江岸垂虹諸橋。濬江以達海。而湖州所屬各漊港，築隄置閘，以捍風濤，亦與疏濬相表裏。

童國泰《水利條議》

自湖州東關外至平望官塘，苕、霅諸水皆歸於塘北，進漊瀆而至太湖。其塘橋内支河，現在通行而淤淺者，十之五六。向因兵燹，盜賊築塞，不通者十之三四。即宜早爲疏濬，無使附近豪民分踞綱斷。官塘之小港不通，即有漊瀆難洩。

又曰：苕、霅諸水不能頃刻歸湖者，既由於沿湖河道不通，又由於碧浪湖沙淤阻滯。按：碧浪湖即峴山漾，南來諸水總會於此，分注東北，亦湖口上流之要處。

又曰：自白雀港至南高橋一帶，爲小梅上流。自昆山溪以北加抄溪口等處，爲大錢上流，斷不可使有淤阻。

馬某《水利條陳》

治水者莫不知治下流，然上下有遠近，有大小，有定形，無定方。三江爲七府之下流，此遠而大者也。漊港爲湖、杭之下流，此近而小者也。向時出海河道受潮汐之水，沙泥易積，而漊港不甚淤滯。所以古人治水，止及出海河道而不及出湖漊港。及至今日，漊港多塞，上游之水不能傾注太湖，而杭、湖數縣之田時遭淹没。康熙間，御史沈愷曾、耆民童國泰先後具疏請開，有司奉行不力，止開烏程之三十六漊，不開七十二港，在震澤境。仍不能宣洩上流。若不力爲濬導，何以由江達海？

又曰：漊港内之支河横港，當盡開濬。蓋水自南而北，必先自西而東。若止開直港而不開横港，則上流壅塞，猶屬無益。

又曰：爲漾、爲蕩、爲湖之水，主於停蓄；爲溪、爲口、爲浦瀆、爲漊港之水，主於瀉洩。其停蓄者務在擴其積滯，茭蘆悉除，則停蓄自廣；其瀉洩者，務在去其壅塞，泥沙盡掃，則洩瀉自駛。馬某，震澤縣吴漊人。

震澤縣志

水之爲物，惟下之趨，惟隙之乘。諸漊大通則水從諸漊入湖，諸漊半通則半從諸漊入湖，半從荻塘、爛溪等處四散東注，從汾湖、三泖、白蜆江而歸於黄浦。按今日之水勢如此。太湖之水略小耳，未必諸漊淤而湖、杭諸郡邑必遭沉溺。按此駁馬説。然諸漊之淤，不可不開也。此不必責之官而責之民，亦不在一時而在平時。責之民，則惟其所便，田可溉而舟可行，無餘事矣。在平時，則歲歲可脩，潦則置之，旱則開之，勤日則置之，暇日則開之，功無已時，利無盡日矣。

七十二港之穿貫湖塘也，塘上各有小橋一座。往時渾水灌入，以土堵截。今莫若設置閘板，隨時啓閉，則蓄洩之權操之在我，事小而功大，費微而利博。

太湖之水從西南而來，其湖南諸港，皆太湖之上流也。平沙灘正當湖水東趨之處，方水之駕風而來也，渾泥翻擾，停蓄於此。及風定之時，浮面之清水或入諸港，或反太湖，而污泥已沉而不去。如是歷年，變爲沙帶，民貪其利，種以茭蘆。顧當時猶未高出水上，今則前此之種茭蘆者皆爲種稻之地。此外又有歲增浮漲，遂至湖口日隘，内港日淤，利在一方，害及數邑。然此乃天地自然之變，無可如何。惟使湖水入港之處，及内港之中，勿更壅絶，則水道尚通，而湖中水淺之處嚴禁不許廣種茭蘆，侵佔水面，則湖口尚寬，猶未全害。否則，害有不可勝言者。

吴江縣志

長橋之東北有葉家匯，又名蕩上。沿城二里，本太湖、吴淞吞吐之咽喉。今居民以千計，難以議開。蕩上之東南，所謂愛遺亭者，當時僅水中一浮墩耳。康熙初，巡撫馬公檄開長橋河，大加畚锸。爾時百姓皆自出其力，所掘之土無處可容，就近貯於亭旁，周圍三頃，頓成高阜，土人因而告佃，據爲己業，逐漸填占，竟成陸地數頃。此處正當長橋之衝，乃咽喉之中道，水道之通塞、吴淞之興廢繫焉。與蕩上地並宜嚴禁，無使再加填占，全塞江口。

麗山湖乃吴淞江之始也，自七里港以南，甘泉橋以北，凡西來之水，越運河而東者，無不入焉。湖之大，南北二十里，東西五六里。北半湖之水，俱入吴淞；南半湖之水，則從同里之東分注於澱山等湖。蓋洩太湖下流之最要處也。今皆爲愚民所占，以致水口日隘，將成平陸。留心水利者，能令勿致日侵月削，則勝於開濬他河矣。

卷四

兵防

軍制之載於郡邑志者，皆以年代爲先後，今仍舊例而次列之。沿革損益，雖有不同，禁盜安民，其意則一。膺斯任者，尚其念諸。

宋自宋以前，舊《志》無考。

按宋時兵制，禁軍、廂軍之外，又有士兵，領以巡檢，在城爲司，在鄉爲寨。建炎後，增置水軍於沿江要地，而防禦太湖，則惟是巡檢士兵而已。

角頭寨。《吴縣志》：在縣西南九十里太湖中西洞庭山，額管士兵一百四十四名。《震澤編》云：本湖州長興縣吕山巡檢，元祐八年移置。

馬蹟寨。《常州府志》：在武進縣南百里太湖中馬蹟山，今屬陽湖縣。額管士兵一百七十五人。

香蘭寨。《常州府志》：在宜興縣東南五十里太湖旁香蘭山，今屬荆溪縣。接安吉州長興縣境，額管士兵一百八十五人。

按：《常州府志》載馬蹟、香蘭二寨，地方不同，兵額不同。其在兩處無疑。而《震澤編》《具區志》俱云香蘭寨在馬蹟山，以二爲一，似誤。宋時士兵諸寨，皆以地命名，不應寨在馬蹟，而名以香蘭也。

北嶘巡鋪，在太湖中北嶘山。見《震澤編》。元祐八年，移置角頭巡檢勑。

按：北嶘山屬宜興縣，在太湖中央，南至角頭五十四里，北至馬蹟五十四里，西至蘭山六十里。設巡鋪巡船於此，聯絡聲勢，最爲扼要。

又按：湖中之山，惟馬蹟東西兩洞庭爲大。宋時兵防，止設馬蹟、角頭二處，東山獨無。蓋馬蹟、角頭在太湖西北一帶，湖面遼闊，防範宜周也。

因瀆巡檢司。《震澤縣志》：在因瀆村。

簡村巡檢司。《震澤縣志》：在簡村。

長橋巡檢司。《吴江縣志》：在八斥鎮。

按：香蘭以下四巡檢司，地皆瀕湖，與今太湖營沿湖設汛同，故録之。

元元沿宋制，設諸司士兵，掌巡邏稽察之事，兵額已佚，無考。

角頭巡檢司。

馬蹟巡檢司。

香蘭巡檢司。

臯塘巡檢司。《長興縣志》：在縣東北二十五里太湖旁。宋無此司，元添設。

大錢湖口寨。《湖州府志》：在烏程縣大錢口。

因瀆巡檢司。

簡村巡檢司。

長橋巡檢司。

鎮守長橋水軍萬户府。《吴江縣志》：在長橋側。至元十三年，丞相伯顔引兵南下，命千户甯玉脩長橋通道，就戍守之。

明

角頭巡檢司初轄東西兩山，成化中，分置東山司，後止轄西山。

北嶼山巡鋪正德中復設，後廢。

臯塘巡檢司。

大錢巡檢司。《烏程縣志》：即元大錢湖口寨，洪武二年革寨置。

因瀆巡檢司。《震澤縣志》：洪武四年移置吴漊，後革。

東山巡檢司。《吴縣志》：在縣西南九十里太湖中東洞庭山。成化十七年，巡撫王恕奏設。

東湖警樓。《宜興縣志》：弘治十五年，濱湖有浙西鹽徒之警，推官伍文定、知縣王鏃合謀詳允，建立警樓十座，南自黄瀆，北至百瀆，聲勢相接，募丁壯防守，後廢。

按：此處在太湖之西，曰東湖者，《宜興志》就本境而言也。

胥口寨。《吴縣志》：嘉靖三十四年，巡撫曹邦輔置，以禦倭寇，後廢。

西洞庭山大勝寨、角頭寨、黿山寨、石公寨、龜山寨、圻村寨； 東洞庭山嘶馬寨、豐圻寨、毛園哨、梁山哨、長圻寨、葑山營、渡船營，皆巡撫曹邦輔置，用耆民爲團長，選練鄉勇，以禦倭寇。倭滅後，俱廢。

南太湖哨兵。《常州府志》：萬曆十六年，歲荒盜起，議設哨官一員，水兵七十七名，巡防沿河一帶。哨官駐劄下埠港内之薛堰橋，巡船七隻，分布下埠港、間江、水溜港、獨山門、馬蹟山之東谷蔣、苦竹灣、胥山蔣諸處。

按：諸處在太湖西北隅，曰南太湖者，常《郡志》就本境而言也。

大浦港練兵廠。《宜興縣志》：萬曆三十一年設練兵官一員，水哨捕盜二十二名，水兵一百五十七名，哨官二員，哨船二十一隻，防守沿湖汛地。

太湖總練。《吴縣志》：萬曆十六年，巡撫周繼劄，委把總一員，領兵三百二十名，梭快船三十三隻，巡防太湖。每年坐派吴縣練餉銀四千五百四十三兩，見順治九年東山周禹《請復湖營呈》。崇禎元年，巡撫李待問題改欽依，把總建營黿山，增兵一百五十三名，增船二十隻。所加兵餉船料，坐派傍湖六縣協濟，見李待問奏疏。十一年，巡撫張國維增設總練於東山之緑野橋。

附李待問奏略：伏查太湖額兵止三百餘名，以八百里之湖而委諸三百之兵，在在周防，其能勝此？且將領而無公署，往常僦居郡城，目兵亦無信地，時復偷安家室。故委署以來，屢革屢换，未有爲地方效敉寧者。官輕而法易玩，地遠而習益偷也。茲據道府酌議，必建營於湖中之黿山，而以欽依官一員統之。再議增兵已及四百八十之數，增船已將五十隻，分爲四哨，以兩哨派防，以兩哨派巡，按季更番，按時稽覈。使將不得惰，兵不得偷至。於添兵一百五十名，措餉雖難，而傍湖六縣各抽兵壯二十名，餘不足益之以省，存各項銀，自可如數。

本朝

太湖營

康熙四年浙江總督趙廷臣會同江南總督郎廷佐題設。

浙江遊擊一員。駐劄江南蘇州府吴縣西山角頭。千總一員。分防湖州府烏程縣小梅口。把總二員。一分防江南宜興縣周鐵橋，一分防宜興縣鳳川。

江南守備一員。駐防浙江湖州府烏程縣大錢口。千總一員。分防蘇州府吴縣黿山。把總二員一分防吴江縣吴漊，一分防吴縣東山。

戰守兵共一千名，江南五百，浙江五百。分防各汛，皆屬遊擊統轄後陸續裁撥，至雍正二年，實存戰守兵八百六十四名，江南四百三十九名，浙江四百二十五名。

附浙督趙廷臣疏浙西杭、嘉、湖三府，半屬水鄉，如湖屬之太湖界在江、浙二省之間，西近江南之宜興，北近常州之武進、無錫，東北近蘇州之吴縣、吴江，西南近湖州之烏程、長興，三府七邑在外，太湖居中。其間支流細河，處處皆盜賊可出可入之地，去來甚易，捕獲最難。若非江浙兩省設立峕汛官兵，一意緝防，必無以重責成而靖盜源。伏查太湖形勢，衝要隘口，當設官兵駐防處所。距湖州府城二十里，一名楊瀆港，屬烏程所轄；一名小梅港，係烏程、長興交界之所。楊瀆、小梅之中，尚有宣家等五港，由楊瀆過東出湖，接連三十二漊，至胡漊止，係吴江縣交界。由小梅港過西出湖，接連三十五漊港，至斯圻港止，係宜興縣接界。由斯圻至胡漊，沿湖綿亘共一百四十餘里，雖有七十二漊之名，考之設防之地，止有一十六港是其要地。東路係楊瀆港、大錢港、諸漊、大漊、楊漊港、義皐港、錢漊港、五浦港八處，西路係小梅港、蔡浦、小沉瀆、楊夾浦、新塘、大沉瀆、夾浦港、烏橋港八處。每處應設唬船哨兵巡防。內夾浦、烏橋爲山湖咽喉之地，業令守備一員，帶兵一百名，離夾浦□里，駐防鼎家橋地方，西路湖口近稱寧謐，目前惟有大錢地方，最爲衝險，當設官兵駐劄大錢，就近分撥扼防。而東路一帶湖口，可聯絡策應矣。至於江南所屬湖口要害設防處所查洞庭東、西兩山，江南提督設有官兵防守，亦係居中控制之義。但湖面汪洋，盜賊飄忽，乘風鼓浪，瞬息百里，未易追躡也。惟有分防各要口，以逸待勞，似爲長策。今臣議遊擊一員，守備一員，千總二員，把總四員，兵一千名，居中駐劄，派撥巡緝。其太湖守汛無分江、浙，俱責成該營遊擊，庶統轄不淆，盜源可靖。至於所需船隻，議將湖州打造快唬船三十隻內，改造大唬船一十六隻，以充水師之用。其江南所需船隻，并營官駐劄處所，統候勅部行令江南督臣酌議，題請定奪。

按：國初太湖總練已廢，長興山寇入湖剽刼，肆無顧忌。東山周禹屢呈各憲，請復湖營舊制。督撫咨商，以兵難議增，餉莫可問，僅批委官一員，領兵百餘，分防東西兩山。然無船無銃，兵孤械少，湖中寇發，莫敢誰何。惟有避居山塢，詐害百姓而已。此周禹呈詞中語也，可以想當時之情事矣。自順治九年至康熙二年具呈，非止一次。最後得邀浙督題請湖營之設，禹實啓之。迨新選遊擊吴長春到任，覬駐東山，乘角頭營房議建未成，統領浙兵至東山腹地，佔住民房。禹復分控江浙督撫，檄歸角頭。凡此皆禹之有功於桑梓不容泯没者也。故附記之。

雍正二年，爲欽奉上諭事，議分江浙營制。添設叅將一員，守備一員，千總一員，把總二員，兵五百名，兼統原設守備一員，千總一員，把總二員，兵四百三十九名，立爲江南太湖營。以原設遊擊一員，千總一員，把總二員，兵四百二十五名，立爲浙江太湖營。

江南太湖營隸江南提督標下

參將一員，駐劄蘇州府吴縣東山，統轄左右二營，存營戰守兵二百七十七名。

左營守備一員，駐防蘇州府震澤縣簡村。戰守兵共一百三十八名。

右營守備一員，駐防常州府宜興縣周鐵橋。戰守兵共一百三十八名。

左營千總一員，分防蘇州府吴江縣鮎魚口。乾隆十年改把總。戰守兵共八十九名。

右營千總一員，分防常州府陽湖縣馬蹟山。戰守兵共八十九名。

左營把總一員，分防吴縣東山。乾隆十年改千總。戰守兵共五十名。

左營把總一員，分防震澤縣吴漊。戰守兵共五十名。

右營把總一員，分防吴縣黿山。戰守兵共五十名。

右營把總一員，分防荆溪縣凰川。戰守兵共五十名。

外委千總二員，把總四員。俱雍正五年添設。協同經制千把總防守。

額設戰守兵九百三十九名，雍正五年，撥守兵九名入青村營。實存九百三十名。内步戰兵二百名，守兵七百三十名。雍正九年，添馬戰兵七十名，江、浙二省總督題請兵部議覆，即於原設步戰兵内考拔，仍於該營額設守兵拔充步戰，以足原設之數。其拔戰守兵之缺，無庸再補，以符原額。官坐馬二十八匹，原十四，增十八匹。沙號快船三十一隻，原十六隻，增十五隻。歲需俸薪餉乾連閏銀一萬四千四百五十五兩一錢五分二厘，米三千六百二十七石。

浙江太湖營隸浙江提督標下。乾隆七年，閩浙總督那蘇圖以太湖營與提督駐劄之寧波相距五百餘里，中隔曹娥、錢塘兩江，風濤無定，緊急要務不能計日而至，題請改隸附近之湖，協副將專管，仍歸提督統轄。

遊擊一員，駐劄江南蘇州府吴縣西山角頭。存營戰守兵一百八十五名。

守備一員，駐防湖州府烏程縣大錢口。原設江南守備，改歸宜興縣。周鐵橋以小梅千總改防大錢，雍正五年，浙督李衛爲設備添兵事，題奏改設千總於烏程縣伍浦。大錢仍設守備。戰守兵共一百九十七名。

千總一員，分防烏程縣伍浦。初防小梅，雍正二年移大錢，五年移伍浦。戰守兵共六十九名。

把總一員，分防長興縣夾浦。戰守兵共一百七名。

把總一員，分防江南蘇州府吴縣西山。戰守兵共六十九名。

外委千總一員，把總二員，俱雍正五年添設協同經制千把總防守。

額設戰守兵六百六十名，原設四百二十五名，雍正五年，浙督李衛爲設備添兵事，題請增設二百三十五名。七年，撥守兵二名入杭、嘉、湖三協。實存六百五十八名。内戰兵一百八十六名，守兵四百七十二名。九年，添馬戰兵五十名，詳見江南營。官坐馬十六匹，原十二匹，添四匹。沙唬船六隻，原八隻，雍正八年奉文，將沙船二隻改造小廵船二十隻。快船八隻，小廵船二十隻。歲需俸薪餉乾連閏一萬八百六十九兩二錢四分六厘，米二千三百六十八石八斗。

現存行營砲三位，安設大錢汛砲臺。劈山砲十位，內安設汛口八位，砲臺二位。百子砲三十二位。俱配沙唬船。

附雍正二年兵部議覆總督查弼納等題奏：該督請將太湖營遊擊一員改爲叅將，添把總二員，原設兵二百七十名，巡船八隻，再添兵六十名，巡船四隻，仍駐洞庭西山，居中調度。江南所轄之鮎魚口、簡村等處，俱屬東山，原設把總一員，兵七十名，巡船五隻。今令該把總帶原兵五十名，巡船一隻，仍駐東山。餘兵二十五名，分防黿山。其黿山原設千總一員，改設鮎魚口。原兵六十九名，巡船三隻，再添兵三十一名，巡船三隻，管轄東北一帶。地方簡村應添守備一員，添兵一百四十五名，巡船五隻，分防各汛。周鐵橋原設把總一員，原兵六十八名，管轄汛口九處。今應改設千總一員，原兵六十八名，再添兵三十二名，原有巡船三隻，專管八汛，其周鐵橋原設之把總移駐馬蹟山，另添兵五十名，巡船二隻，專管馬蹟山汛。以上改設叅將一員，添設守備一員，千總一員，把總二員，兵三百十八名，巡船十五隻，分布巡防。但太湖營遊擊係浙江省所屬之員，湖面遼闊，若止將遊擊改爲叅將，仍駐西山，究難兼管兩省地方。且江南湖濱盜案倍於浙江，以一官而受兩省之叅罰，亦屬不便。應於江南地方另添設叅將一員，以資彈壓。其所添兵數不敷分撥，應於新添兵三百十八名外，再添兵一百八十二名，以足五百名之數。將原設守備一員并新設守備一員分爲左右二營，原設兵四百三十九名，新添兵五百名，新舊巡船三十一隻。令該督等酌量分添。江南所轄湖濱各口，晝夜巡防。其浙江太湖營原設遊擊，仍令統領。原千總一員，把總二員、兵四百二十五名、巡船十六隻，仍駐洞庭西山，於浙省所轄湖濱各口巡查。但此分界巡防，只就湖濱而言，其湖內地方，原係兩省交會，仍令叅遊公同巡查，若有大夥屯集，不得互相推諉。所添兵丁於江南各營內酌量抽調，奉旨依議。雍正五年兵部覆浙督李衛設備添兵等事疏該督既稱浙江止存遊擊一員、千總一員、把總二員，兵四百二十五名，分防陸路二十八汛，配駕巡船一十六隻，在在兵單，實屬顧彼失此。擬添兵二百三十五名，連原額兵丁，合計六百六十名，始足分防要汛，配搭巡船。請於台協防守金清、洋嶼二汛，兵丁撥一百四十五名，又於衢協存城額內撥出九十名，合共二百三十五名，添入太湖營。則裒多益寡，庶得實用等語。應如該督所請，准其抽調，以資防禦。又稱太湖營既議添兵，則一營之兵馬錢糧，必須中軍守備爲之綜理。且大錢汛口爲浙省咽喉要道，原駐之守備既調歸江省，應添設守備一員，以資彈壓等語。亦應如該督所請，准於大錢汛口照原制添設守備一員。遇有湖中警息，仍照舊制，令該備隨本營遊擊會同江南將備，協力搜勦。其應撥船兵，行令該督酌量派撥。仍將該營官兵分防湖口汛地，撥防船隻、兵丁數目，各造細册報部。奉旨依議。雍正八年，浙督李衛遵旨查議事疏略水鄉哨捕原藉巡船，而因地制宜，各隨所用。支河窄港，非大艘所能遊行；尾大篷高，又駕馭不甚靈便。查太湖營沙船八隻，原係身長七丈，在湖面波浪之中乘風迅駛，實爲得力。一至沿湖漊瀆，橋低港窄，無風難以動搖。議留沙船六隻爲湖中大汛巡防，以沙船二隻拆造之費，量增改造二丈四尺快船二十隻，酌量分防，俾太湖邊之通達支河雜港，向無設立巡船之一十九汛，均得各派小船，分防巡哨，甚爲有益。乾隆十二年，兵部覆准江蘇巡撫陳大受、江南總督尹繼善等奏議，裁改江南叅將爲副將，兼轄浙江太湖營。浙江遊擊以下等官，俱由副將考覈，轉呈浙省督提舉劾。支領錢糧，仍照分隸兩省舊制。江南官弁、兵丁在江南支領，浙江官弁、兵丁在浙江支領。

江南新設副將一員。仍駐東山。原設守備二員。仍一駐簡村，一駐周鐵橋。原設千總二員。仍一駐馬蹟山，一駐東山。原設把總四員，仍一駐吴漊，一駐黿山，一駐鮎魚口，一駐鳳川。

浙江原設遊擊一員。仍駐西山。原設守備一員。仍駐大錢。原設千總一員。仍駐伍浦。原設把總二員。仍一駐西山，一駐夾浦。

江南兵額仍照原設之數，内馬戰兵二十二名，原七十名，乾隆九年，於遵旨議奏事案内，奉文裁改四十八名外，現存之數。步戰兵二百四十八名，改馬爲步，現增之數。守兵六百六十名，拔充步戰後現存之數。官坐馬三十二匹，原二十八匹，增六匹。沙船三隻，大快船七隻，吧唬船十六隻，小快船三十二隻。歲需俸薪餉乾連閏銀一萬五千三十八兩七分，裁改馬兵實支數，應增副將俸薪在内。米三千三百四十八石。

浙江兵額亦仍原設之數，内馬戰兵十四名，原五十名，奉文裁改現存之數。步戰兵二百二十二名，改馬爲步現增之數。守兵四百二十二名，拔充步戰後現存之數。官坐馬十六匹，沙唬船六隻，快船八隻，小巡船二十隻。俱如舊制。歲需俸薪餉乾連閏九千九百九十五兩二錢四分六厘，裁改馬兵實支數。米二千三百六十八石八斗。

附巡撫陳大受奏疏切照太湖爲東南巨浸，跨連兩省，周遭數百里，湖濱之接壤者，江南則蘇州府屬之長洲、吳縣、吳江、震澤，常州府屬之無錫、陽湖、宜興、荆溪，浙江則湖州府屬之烏程、長興等十邑。其水源發於天目，經常、杭、湖三府界，總匯於湖。支流派别，曰漊，曰瀆，曰港，曰浦，曰門，曰口者，不下二三百處，宵小易於潛踪出没。湖中之山亦發脈天目，起伏環結，自西北迤邐而指東南，所指名者七十有二，而馬蹟、東洞庭、西洞庭三山，其尤著也。馬蹟峙湖之北隅，周一百餘里，支分二十三灣，居民萬餘家。西洞庭居湖之中央，周七八十里，支分二十餘灣，居民萬餘家。東洞庭在湖之東南隅，周五十餘里，支分二十餘灣，居民亦萬餘户。雞犬相聞，號稱繁庶。而湖邊迤西一帶，宜興、長興諸山綿亘，最爲險遠，逋匪竄匿其間，往往爲行旅之害。此太湖水陸之形勢也。防範之道，以會哨巡緝爲第一要務。舊制，設江浙太湖營遊擊一員，駐劄西山，居中調度，統轄兩省湖面。雍正間，江南添設參將一員，駐劄東山，將先設遊擊，專隸浙江，各分疆界管理。又將太湖同知移駐東山，兼司督捕，亦以澤國要區不得不長慮却顧也。但全湖汛守，原係一局，大員總轄，則呼應靈而責成專；分員各管，則推諉多而緝捕懈。此事勢之必然者。況湖中江、浙分界處，此不過就湖面約計，非如陸路之可以定立確界也。偶有失事，彼此互諉，各自通詳上司會勘，動至數月，難免歧誤。且江省參將僅駐湖東南一面，所轄遼闊，有鞭長不及之虞。浙省遊擊所駐西山，爲江南之地，而管浙江之界，亦覺參差。伏查浙、閩交界所設楓嶺營，兼管兩省汛地。閩省之南澳鎮，亦兼閩、粤之銜分汛。臣愚以爲，應將太湖營參將裁改，專設副將一員，兼江浙之銜統轄全湖，駐劄西山，居中撫制。其遊擊一員，改爲都司，同原設之守備，千把各官，分防各汛。仍照江、浙原舊地面管理調考，官兵支領錢糧等事，均仍舊制，衙署不必更建，廉俸所增甚微。如此，則責任專一，聲勢聯絡，可無推諉懈弛之患。伏乞勅下江浙兩省督提，妥酌議覆施行。

江南總督尹繼善等疏伏查太湖一營，自分隸以來，迄今二十餘年。奸匪鮮聞，湖面頗爲安静，兩省將弁亦不敢互相推諉，彼此岐視。惟是太湖營統轄全湖，原係舊制。部内議分之時，亦止令分管湖濱各口，而湖内仍令參遊公同巡查，正恐各存畛域之故。今全湖如得大員統轄，事權歸一，巡防更爲有益。應如陳大受所奏，將江南太湖營改爲副將，兼江浙之銜，兩省將備、弁兵統歸管轄。至奏稱副將移駐之處，臣等相度形勢，西山居湖之中，東山偏於湖之東南。就水面而觀，西山似爲湖中之樞紐；統全局而論，東山更爲水陸之藩籬。蓋太湖駐爲水師，而東山迤東一帶，逼近蘇、杭大道，與沿塘陸路營汛有犄角聲援之勢。且山中煙户三萬餘户，俗野民刁，非有大員彈壓不可。與西山相隔四五十里，一帆可達，亦無鞭長不及之虞。當日設立參將，駐劄東山，原有深意。今改設之副將，仍駐東山，無庸移置。再據奏請，將浙省現駐西山之遊擊改爲都司。臣等查副將中軍例設都司，但太湖營以駐劄簡村之守備爲中軍，令參將改設副將，原爲便於統轄全湖起見。而中軍之職掌無疏於前，似可仍以守備爲中軍，職銜略小，亦屬因地制宜，與體制無碍，則駐剳西山之遊擊，無庸改設都司，以省更張。其兩省守備、千把分防各汛，仍照舊分管。調考官兵、支領錢糧等事，均照分隸兩省舊制。副將雖統轄兩省湖面，究係江省之員，應聽江南督提考覈。浙省遊擊以下等官，俱由副將考覈，轉呈浙省督提舉劾。兵部覆准，奉旨依議。

沿湖汛地

水道以上流爲始，太湖上流在西北，故序水口首無錫。軍營以主將爲重，江南副將並轄浙江，故序汛地首江南。震澤爲左營汛地營制尚左，故先震澤。

震澤縣一十五汛

另有乾隆五年添設烏昏圩一汛，不在沿湖地方，不載。

因瀆汛在薛步港，廵兵五名。
吳溇汛在把總署旁，廵兵五名。
蔣家港汛廵兵五名。
永定寺汛廵兵五名。
蒲池港汛廵兵五名。蒲池港塞，改設張騎廟港。
孃娘廟港汛廵兵五名。娘娘廟港塞，改設亭子港。
灘缺口汛廵兵五名。
練聚橋汛廵兵五名。
自因瀆汛至此，並江南左營吳溇把總管轄。
前城湖汛廵兵五名。
洪廟港汛廵兵十名。
大村𦟝汛廵兵五名。
陸家港汛廵兵五名。
長板橋汛廵兵五名。
吳家港汛廵兵五名。
自前城湖汛至此，並江南左營守備管轄。
牛腰涇汛廵兵五名。

吳江縣五汛

七里港汛廵兵五名。
瓜涇港汛廵兵五名。
滸稍橋汛廵兵十名。
莫舍港汛廵兵五名。
白洋灣汛廵兵五名。

吳縣八汛

木凌橋汛廵兵五名。
茅圻𦟝汛在雙墩港，廵兵五名。
水東汛在新涇港，廵兵五名。
菱湖𦟝汛廵兵五名。
韓瀆港汛廵兵五名。
胥口汛廵兵十名。
自牛腰涇汛至此，並江南左營鲇魚口千總管轄。
呂坡橋汛廵兵五名。
銅坑汛廵兵五名。
二汛並江南右營黿山把總管轄。

長洲縣一汛

金墅汛巡兵五名。

無錫縣六汛

沙墩港汛巡兵五名。
湖西埭汛巡兵五名。
吴塘門汛巡兵五名。
大阜汛巡兵五名。
獨山汛在充山觜，巡兵五名。
楊灣汛巡兵五名。

陽湖縣二汛

下埠汛巡兵五名。
自金墅汛至此，並江南右營馬蹟山千總管轄。
百瀆汛巡兵五名。

宜興縣六汛另有分水墩汛在百瀆港内五里，周鐵橋汛在大墟港内二里，俱不在濱湖港口，不載。

盛瀆汛巡兵五名。
大墟汛巡兵五名。
沙塘港汛在竹山，巡兵五名。
自百瀆汛至此，並江南右營守備管轄。
舊瀆汛巡兵五名。
洪港汛巡兵五名。
大浦汛巡兵五名。

荆溪縣五汛

後河汛巡兵五名。
漳瀆汛巡兵五名。
雙橋汛巡兵五名。
烏溪汛巡兵五名。
鳳川汛在把總署旁，巡兵五名。
自舊瀆汛至此，並江南右營鳳川把總管轄。

長興縣八汛

斯圻汛巡兵五名。
香山汛巡兵五名。
夾浦汛巡兵五名。
大沉瀆汛巡兵五名。
新塘汛巡兵五名。
楊夾浦汛巡兵五名。
小沉瀆汛巡兵五名。
自斯圻汛至此，並浙江營夾浦把總管轄。
蔡浦汛巡兵五名。

烏程縣七汛另有高橋汛在小梅港内，元通橋、陸家灣二汛，在横河，俱不濱湖，不載。

小梅汛巡兵五名。

楊瀆汛巡兵五名。

大錢口汛巡兵五名。

自蔡浦汛至此，並浙江營大錢守備管轄。

新涇港汛巡兵五名。

楊漊汛巡兵五名。

伍浦汛巡兵五名。

喬漊汛巡兵五名。

自新涇港汛至此，並浙江營伍浦千總管轄。

湖中山汛

渡水橋汛巡兵五名。

澗橋汛巡兵五名。

長圻汛巡兵五名。

楊灣汛巡兵五名。

白沙汛巡兵五名。以上五汛，並在東山。

余山汛巡兵五名。在余山。

厩里汛巡兵五名。在武山。

三山汛巡兵五名。在三山。

自渡水橋汛至此，並江南左營東山把總管轄。

黿山汛巡兵五名。

頭陀橋汛巡兵五名。以上一汛在黿山。

辛橋汛巡兵五名。在渡渚山。

長沙山汛巡兵五名。在長沙山。

漫山汛巡兵五名。在漫山。

自黿山汛至此，並江南右營黿山把總管轄。

東坍汛巡兵五名。

西村汛巡兵五名。

桃花汛巡兵五名。

雁門汛巡兵五名。

耿灣汛巡兵五名。

古竹汛巡兵五名。以上六汛，並在馬蹟山。

自東坍汛至此，並江南右營馬蹟山千總管轄。

後堡汛巡兵五名。

鎮下汛巡兵五名。

明灣汛巡兵五名。

石獅頭汛巡兵五名。

東村汛巡兵五名。以上五汛，並在西山。

角頭汛巡兵五名。在角頭山。

自後堡汛至此，並浙江營西山把總管轄。

通共八十八汛，巡兵四百六十名。内沿河港口汛六十三處，巡兵三百三十五名。江南營四十八汛，兵二百六十名。浙江營一十五汛，兵七十五名。湖中山汛二十五處，巡兵一百二十五名。江南營一十九汛，兵九十五名。浙江營六汛，兵三十名。

附録

角頭巡檢司。

東山巡檢司。

大錢巡檢司。

按：巡檢即古之游徼也。雖文員之雜流，而實兼武事。前代太湖兵防，惟此而已。本朝設立營汛，巡檢多所裁革，太湖内外止存角頭、東山、大錢三司，每司僅存弓兵十二名，已與武備無關，故附見於末云。

湖防論説

論説亦藝文，不入《集文》而載於《兵防》。後者，按其營汛即證以論説，便叅觀也。并附蒭蕘，以備採擇。

吴縣與長洲附郭雖同，而形勝迥異。吴多山少田，半爲太湖。嘗登西山此城西之山，非湖中之西洞庭。之巔而覽之，龍脈自建康而來，崇岡大峽，不可勝紀。然絶無谿峒蓊菁可以竄賊，山險不足患也。所患者，惟太湖耳。西望陽羡，北跨毘陵，南負烏程，茫茫數百里，水光接天，七十二峰峙於其中，若蕩若浮。盗舟凌風駕濤，齊噪競進，難於控禦。且洞庭兩山，富饒之名虚播天下，盗素染指，備之不可不豫。故吴之所當設險者六：曰胥口，曰石湖，曰五龍橋，曰洞庭東山，曰洞庭西山，其一則内地之楓橋也。以下九條，並鄭若曾《江南經略》。

太湖在吴縣之西，倭寇不從此來。往年出石湖，出胥口，皆滿載。之後因憚東北方官兵阻截，欲假太湖，走吴江以出海，乃去賊也。吴縣爲賊去路，則逐之出境已矣。兵法曰：『歸師勿遏。』險要之設，無乃贅歟？曰：否。所謂設險者，團鄉兵於水口兩岸，拒賊之入，非拒其出也。況賊可以從此而出，亦可以復從此而入。方其出也，謂之去路；若回翔反顧，即來路也。往年倭船一由胥口犯洞庭，爲吴江兵所阻，復還胥口，從常熟而去。一由石湖，亦爲吴江水兵所阻，跪拜求還，水兵貪餌，縱出莫舍漊去。設使賊出湖時，水兵能尾而擊之，縱不全勝，必求向前脱，不敢復回矣。故水兵船者，逐賊之正兵也。在岸之兵，不過慮賊登岸，故設以待之耳，豈可不用兵船追擊，而但恃夫陸兵乎？或引兵法『窮寇勿追』以辨水兵尾擊之謬，噫！是不然。窮寇者，飢餓窮迫，以命相搏者也。出湖之寇，乃飽其所欲，舟自爲計，勢不相顧者也。此在兵法『急擊勿失』之條，何可謂『勿追』乎？要之已上所謂，皆就今日倭寇言耳。太湖之險，萬古不變，倭患寧後，能保無寇從西來者乎？是今日倭賊之去路，乃異時他賊之來路也。《險要圖説》，其吴縣千百年兵防之定凖乎？《吴縣太湖險要説》。

胥口者，胥門往太湖、莫釐、包山之渡口也。太湖東壖，兩山對峙，南曰胥山，北曰香山，胥口介於其間，湖寇若從此入，則或由木瀆東行而犯胥門，或由木瀆西北踰靈巖、支硎，而掠楓橋、閶門。故吴縣之險，太湖爲最。太湖設險，胥口爲最。往年倭舶之犯洞庭，往來俱由於此木瀆，一巡司豈能禦哉？故自胥門迄於胥口，設營者三：一曰胥門營，二曰東跨塘營，按：東跨塘設營，可以兼顧石湖。三曰胥口營。内外相維，遠近互援，缺一不可。《胥口險要説》。按：胥口左胥山綿亘，直至臯峰；右香山綿亘，直至穹窿。香、胥之間，相距不過里許。中惟一港，其險足守。兵船列於湖口，陸師屯於山麓，賊豈能入内地哉？今湖營設外，委千總一員，巡兵十名於此，亦加之意也。若有事之時，更當添設官兵，胥口重則内二營可無設矣。

胥門日暉橋西行九里，爲横塘。横塘西南三四里，爲上方山。山麓所匯白盪而連太湖者，爲石湖，乃太湖之委瀦也。周圍二十五里，行春橋在焉。北屬吴縣，南屬吴江，民廬周匝，雜植花木，而湖居其中。寇若進此，則或由横塘而犯胥門，或沿上方一帶山外而掠横涇，掠下保，或由横塘彩雲橋之北而掠楓橋，掠閶門。故石湖備禦，亦不可已也。《石湖險要説》。按：石湖通太湖之口，有莫舍漊、白洋灣二處。白洋迂而莫舍近，石湖外衛，尤以莫舍爲要地。今莫舍、白洋二處皆設太湖營汛，而城守營又設汛於湖内之行春橋。重門禦暴，固金湯矣。牛若麟曰：『險無足恃。』豈其然哉？

盤門外一水洪闊而南行者，謂之鰵塘。其長約十里，分二水口出太湖。在東闊一百三十丈者曰鮎魚口，在西闊八丈者曰麵杖港。二口之外，湖光渺茫，直通湖、常二府，難於控禦。跨鰵塘者，有五龍橋焉。離盤門五里，在塘半途，東通寶帶橋，西通跨塘，乃郡南之關紐也。設險於此，則北可以屏翰盤門，而新郭、仙人堂諸近地，亦不至罹屠戮之慘矣。《五龍橋險要説》。按：守五龍橋，莫若守鮎魚口，尤爲扼要。今鮎魚口以湖營千總駐防，不獨五龍橋汛有唇齒之依，而松陵亦恃爲犄角矣。

簡邨在縣西南數里，濱於太湖，有簡邨巡簡司，縣之一都、二都、四都、十九都皆隸焉。北至鮎魚口，南至震澤鎮，西郊之外迤北湖面亦其所轄。縣本濱湖，汪洋三萬六千頃，何所抵極？萬一倭寇得入，其爲縣城之害不淺矣。須議設兵於此，與巡司相爲聲援，北與柳胥西郊水兵相爲犄角，是固保松陵之要策也。《簡村險要説》簡村爲濱湖要地，亦爲盜藪。往年湖中行刼，莫非簡村船、簡村人也。自設守備彈壓，化盜爲良矣。近聞唐家湖人頗效簡村尤，唐湖亦守備所轄地方，以靖簡村者靖唐湖，當有道以處此。

武進惟東南一隅濱湖，馬跡山屹立其中，若天設之險也。宋置寨兵於此，以備湖寇。近來議者漫不之及，蓋以倭寇侵犯洞庭，其勢必由無錫北行而入揚子江，武進道里遼遠故也。殊不知無錫西南，漁舟甚大，賊所深畏。往年賊嘗犯之，輙爲所敗，復回蘇州。是防禦已密，本縣獨可無備乎？今宜設備於此。《馬跡山險要説》。按：五代時，南唐據常州，以馬跡山爲邊界。元末，張士誠守宜興，亦以馬跡爲邊界。莫不屯兵戍守，不獨宋置寨兵也。設險於此，東自無錫，西至荆溪，可以兼顧，不比周橋深居大墟港内，止顧一隅。今以千總分防，地重兵輕，似覺未稱。若移千總於大墟，而以周橋守備移駐馬跡，資其彈壓，則太湖西北一帶，常郡之邊境，皆恃以無恐矣。

獨山在縣治西南十八里，錫山山脈西來，至是中斷。舟行其中，梁溪之水至此入太湖。盜艘刦掠，必從此走太湖，避追捕。不特亂世爲可虞，而承平之時亦號賊藪。宜設一巡司，置栅嚴防，賊方無所容耳。若賊自太湖入犯，則於此堵截，用舟師犂之於湖中，必不能深入也。《獨山門險要説》。按：獨山門雖屬無錫緊要湖口，然藩籬又在馬跡山。馬跡有重兵，此處止設汛防守足矣。今設汛兵十名，可謂得輕重之宜。

石湖之寇，擄巨舟十二，滿載而出，其衆三千餘人，如蹈無人之境。吴江令楊芷、舉人周大章以舟師邀而擊之，可謂壯矣。斯時湖水乾涸，賊艱於行，我舟輕捷，鑽竿鈎搏，斬級十六。賊長跪哀籲，登岸覓路，此其勢之窮蹙爲何如，乃天亡之時也。設有精兵一支，劄滸稍橋，賊無小舟，豈能飛渡哉？使水兵不貪餌，賊棄金帛、衣包不之顧，而堅志攻賊，賊豈能脱哉？惜乎官兵觀望而莫敢進，獨吴江兵敢進，而又縱敵，遂使賊得長驅而去。吴江平望官倉民舍，所過邱墟。嗚呼！此倭寇深入之始，關係蓋不小矣。昔晉劉牢之討孫恩，恩敗而走，懼官兵躡之，緣道棄物，牢之兵利其有，恩得脱。兵家之弊，古今不約而同，有如此哉！《石湖之戰議》

王公設險以守國，君子思患而預防，固當得地方之要領。太湖爲水險之區，然險於風濤之廣闊，而不險於群山之環列。按其形勢，西北爲首，東南爲尾，巨浸之中，青蒼矗立者，爲山七十有二。馬蹟、東西兩洞庭，其最大者也。明王文恪公鏊以西北之小山十有四，爲馬跡之從；以中央之小山四十有一，爲西洞庭之從；以東南之小山十有七，爲東洞庭之從。其間脈絡斷續，隱現廻互，亦自西北而東南。湖之首尾與山之大小，瞭如指掌，審度形勢，險要可知也。以下二條，武山吴莊。

湖中巡哨，宜仿師提督水程郵籤之法。按：西洞庭山居湖中央，應以西山游營爲之樞紐，將沿湖汛地分爲八面，一汛與一郵籤駕船入湖，梭織巡哨。如自東方某汛起，至西方某汛止，必從湖心穿長行走，到西山游營照驗，登記往來日時在郵籤之上，以防規避。餘方皆如其例，則湖中時刻，當汛即爲注明，以便稽考。倘遇大風雨阻遲，八面，日逐有十六隻巡船，縱横來往，呼應聯絡，盜賊自無所置足。計湖面遠近，約四日可以轉回。乞將沿河之七十一汛與湖中諸山之二十五汛，分配道路，輪番入湖巡哨，或左旋，或右旋，均其勞逸，明其賞罰，以收實效。且歷練風波水性，亦水師之急務也。

師以水名，别於陸也。是故營船宜多於營馬，而水操尤重於陸操。太湖廣闊五百餘里，盜賊之來去，非船不行。則我兵之哨捕，非船不可，馬無所用也。余叔友篁有減馬添船之論，善矣。顧添船而水操不勤，船雖多，猶無益也。何則？水面情形殊於陸地，乘風使搶，船必欹側，無風駕櫓，船亦動摇。若不操練於平時，驟而用之於波濤顛播之中，身摇足軟，必不能踴躍用兵，如在平地。於是有自知與賊不敵而故緩追，以待其逸者； 亦有猝與賊遇，賊勇我怯，反爲所乘者。可弗慮歟？誠能著爲定例，立以操期，西太湖水深之處與有風之日，操以沙唬船；南太湖水淺之處，與無風之日，操以快船。久之而人船兩習，技勇易施，以之巡哨而足恃，以之追捕而有功。方今洞庭兩山有衆、遊兩營駐劄，賊必不敢登山刦掠。即有之，彼棄舟登陸，自走絶地，出奇兵以碎其舟，斷其歸路，殲滅甚易。顧設兵之意，豈獨爲防護兩山計哉？太湖四通八達，自古爲用兵之間道。寇帆所指，在在可虞。邀而擊之，全在湖中。所恃水師之精練耳。當此太平之日，湖中絶無盜警，原可無事杞憂。但既已思患而預防，自當循名以責實。有訓練之責者，毋徒重於陸而輕於水也。東山吴曾。

附

明鄭若曾《江南經略》中有編集漁船爲兵船之論。翁澍《具區志》襲其説。又有曹胤儒《湖防論》、《吴縣志》採入《兵防門》者，與鄭論無一字異。作者之是鄭是曹，不必辨，要其襲之採之之意，皆以爲碩畫也。然其不可行者有五，請論列之： 漁船雖習於風濤，然其人但能操舟，不知擊刺，遇賊豈能與戰？一不可也。若止用其船載兵，漁人以船爲家，妻女作何安頓？與兵雜處既不可，驅之上岸則無歸，二不可也。捕魚是其恒業，一日不得魚則飢，籍之於官，勢必官給之食，是兵餉之外，又將議增漁餉，三不可也。或曰： 無事之時，仍令捕魚，有警則徵集之，餉不必增而船可備用。不知太湖廣闊三萬六千頃，倉卒之際，從何號召？四不可也。且其説曰： 漁船之最大者曰網罟，連而艅之，太湖攻戰，此爲最善。其次爲江邊船，爲厰稍船，又其次爲小鮮船、剪網船、絲網船，最小者爲剗船。善用之，大爲軍旅之助。是舉太湖中之漁船，無小無大，一網盡之矣。失業怨生，不虞激而致變乎？五不可也。當若曾時，太湖中無船無兵，不得已而議及於此，爲暫時禦倭計。而後之人遂以爲防湖之妙策，誤矣。

本朝設立太湖營巡戰等船，一一備之於官。萑苻無警，桑土豫綢，必無用漁船之事。倘或以巡哨未敷，議及增船，翁之勸説不足重，而《邑志》載之，似成典故，當事者慎無爲其所惑哉！東山金友理。

記兵

太湖四通八達，無險可守，故自古無有割據太湖者。然軍行間道，必假太湖，雖非必争之地，而實必由之路也。考前事以資防禦。

周敬王二十六年，魯哀公元年。吴王夫差敗越於夫椒，報檇李也。《春秋左傳》。杜預註： 夫椒，吴縣西南太湖中椒山。賈逵曰：夫椒，越地。《史記索隱》曰：賈逵云：越地。蓋近得之。然其地闕不知所在。杜預以爲太湖中山，非戰所，且夫差以報越爲志，伐越當至越地，何乃不離吴境，近在太湖中？按：《索隱》之疑誠是，然考之《史記·越世家》，勾踐聞吴王夫差日夜謀伐越，將乘其未發先伐之，范蠡諫不聽，遂興師。吴王聞之，悉精兵以伐越。則是越之興師在前，當吴王伐越之時，越兵已入吴境，不必定至越地而戰矣。第夫椒在太湖極北，越兵不應至此。考之《水經注》，太湖有包山，《春秋》謂之夫椒。則是敗越於夫椒，乃敗之於包山，非椒山矣。越兵入吴，由笠澤而抵盤門，是其正道。由太湖進胥口，是其間道。越由間道以襲吴，吴先有備而伐越之精兵，又尾而擊之，戰於太湖，敗於包山宜也。或曰：誘之深入而殲之，越狃於常勝，輕進以致敗。是亦一説。

四十二年，魯哀公十七年。越伐吴，吴子禦之笠澤。《春秋左傳》。按：舊説笠澤即太湖，非是。《史記正義》《吴地記》皆曰：笠澤，松江之别名。蓋即今吴淞江之在吴江縣境者。

元王六年，魯哀公二十二年。越自松江北開渠，至横山東北，築城伐吴，遂滅吴。《史記正義》。按：古時松江之北，即今之白洋灣所開之渠，即今之越來溪。城在溪上，今之越城橋以城得名。

陳末，蕭瓛爲吴州刺史。陳亡，吴人推爲主，據東吴。隋使宇文述討之，别將燕榮率水軍自東萊傍海入太湖，取吴郡。瓛立栅於晉陵城東，留兵拒述，自將從義興入太湖，欲掩述後。述進破其栅，廻兵擊瓛，大破之。瓛以餘衆保包山，按：包山即西洞庭山，孤峙湖心，無險可守，蕭瓛保此，自走絶地矣。燕榮復擊破之。瓛逃太湖民家，爲人所執，送述所，斬之長安。參《隋書》蕭瓛、宇文述、燕榮三傳。

隋大業末，江東盜起，吴郡爲沈法興所據，李子通與杜伏威戰敗，東走太湖，集散兵二萬人襲破吴郡，據之。唐武德四年，子通降。《通鑑》

宋建炎三年二月，金人攻常州，岳飛提兵督救。時盜郭吉寇略州境，聞飛至，遁入太湖。飛遂移屯宜興，遣王貴、牛皋追破之，獲其舟，餘衆悉降。《宜興縣志》

十二月，金人復犯常州，劉晏時屯青龍鎮，郡守周杞請救，晏率精鋭七千，出奇大破之，駐兵夫椒山。按：劉晏駐兵，本在馬跡，曰夫椒者，馬跡之通稱也。明陳睿謨馬跡人，而有《歸夫椒山詩》可證。若謂是即東曰夫，南曰椒之『夫椒』，此二山甚小，豈能駐兵？寇再至，晏選舟師戰於太湖，降其兵千五百人。《武進縣志》。

四年二月，金人自明越還師，由臨安襲秀州。時宣撫司周望守平江。十九日，徵鄉兵發太湖洞庭東、西兩山民船，命角頭巡檢湯舉總之，陣於簡村。二十一日，金人犯吴江，守將巨師古不戰而潰，更以太湖民舟爲鄉導，歸於西山。二十三日，府中授兵登埤，金人游騎薄城東。二十四日，大集城下，周望宵遁，金人遂進據城中焚掠，死者甚衆，一城殆空。王明清《揮麈録》。先是，宣司參謀胡舜陟嘗語望云：『樞密必欲守平江，莫若移軍吴江，據太湖之險。吾軍以中軍振其前，使諸將以小舟自太湖旁擊之，可必勝。』統制陳思恭曰：『待制之言甚善，思恭願爲先鋒。』望不從。及虜過平江，思恭不稟，望自以兵出太湖，横擊其尾，虜舟乃中原係擄之民，聞兵至，皆爲內應，縱火焚舟，幾獲四太子者。胡舜申《己酉避亂録》。

德祐元年，元丞相伯顔既屠常州，遣招討使唆都先趨平江，又遣萬户忙古歹晏徹兒巡太湖。《元史·伯顔傳》。按：伯顔將自平江趨臨安，必經吴江、平望而過，慮有伏兵在太湖從旁邀擊之，故預遣兵巡太湖也。

伯顔兵逼行都，道阻不通，提刑徐道隆率兵勤王，取道太湖，趨臨安，尋敗死。

陳宜中之誅韓震也，其部曲李世明挈其妻孥，與士卒千餘人逃至平望，殺巡檢，縱兵放火殺掠。人民由小長橋透出許市。時潛説友守郡，不能捕，遂走入太湖，由宜興至建康，降於元。盧熊《府志》。

元至正十六年，張士誠據平江，分兵陷湖州、松江、常州諸路，用太湖爲餉道。十七年二月，明太祖克常州，下長興。五月，俞通海以舟師略太湖，入馬跡山，降士誠守將王貴、鈕律。時士誠守宜興，以馬跡山爲邊界。十八年，太祖命徐達等斷太湖餉道。先是，攻宜興不下，聞其城東通太湖，乃遣楊國興絶湖口，城遂破。副將廖永安戰於湖，乘勝深入，舟膠淺，被擒。二十六年，太祖命徐達、常遇春帥師二十萬征張士誠，達等至太湖，遇春疾趨湖州，破士誠兵於昆山，直抵城下，士誠悉發境中兵來援，屯於舊館，出明師之輩。遇春簡精鋭，由大錢港繞出東遷，復出援兵背，力戰敗之，湖州下。乘勝克嘉興。徐達則由太湖直抵吴江，屯兵石里村，吴江下。士信駐軍湖上，不敢戰。十一月，敗之尹山橋，又敗之於鮎魚口，進逼姑蘇。吴元年，攻拔之，擒士誠，蘇州平。其將莫天祐猶據無錫，結寨於瀕湖之小陽山。徐達用太湖舟師攻破之，無錫乃下。《明史》列傳。

明嘉靖三十三年夏六月，倭寇掠蘇郡，同知任環擊却之。將歸柘林，懼東北兵阻，乃由石湖入太湖，趨吴江知縣楊芷率輕舸出瓜涇港，戰於鮎魚口。時湖水枯澀，芷以鉤攢搏之，斬首十六級。賊懼，登滸稍橋四望，芷以賊衆我寡，恐夜襲城，馳入縣。以下二條，本《吴江志》。

三十四年四月，倭從嘉興至唐家湖。芷屯兵盛墩禦之，令善泅者鑿其舟，擒一賊，斬首十八級，賊奔平望。

五月，倭入太湖，刧洞庭兩山。一䑸爲團長徐朮等所截，自黄茅門從漫山而下，向常州境去。一䑸爲耆民周瓚等所逐，至獨山，轉戰三四十合，往無錫境去。鄭若曾《江南經略》。按：陳仁錫《蘇志備遺》：五月初九日，賊自婁門至閶門，由木瀆胥口入太湖，十六日刧西山。明日，刧東山，轉至武山廐里渡口，殺掠死者無算。即此。

八月，倭自南京流突至蘇州，知府林懋舉、知縣康世耀各領兵屯吴林廟之左，度賊走太湖，令東山巡檢領水師船數十，往來探哨。賊至吴林廟，官兵擒斬二十七人，餘走陽山，迤至靈巖，奪民船，由新港即水東新涇港。出太湖，欲走洞庭。見官兵旗幟，不敢渡，復登岸，至横涇旋馬橋，匿一民舍。官兵圍而火攻之，無一脱者。《籌海圖編》。

本朝順治二年，大兵南下，明敗將黄蜚、卞勝遁入太湖，欲掠洞庭東山。時漕撫路振飛流寓山中，率家丁鄉勇禦之，獲其頭目二人，斬之湖口。會西風大作，蜚、勝兵船有顛覆者，乃去。《舊事紀聞》。黄蜚麾下王志剛屯據湖城長興，群不逞，揭竿應之，招集亡命，動盈數千。總督張士元略定湖州，兵抵吕山，群兇奔散，竄入縣西諸山。乃命都督同知劉鎮國、同考授長興令文輝提一旅之師，泊舟太湖口新塘橋，傳諭薙髮。三日之内，從若流水，單騎入城，不戮一人，長興定。然賊之竄入山者，時出爲患。《長興縣志》。

按：國初太湖中最稱不靖，若白腰黨，若毛一、毛二，若赤脚張三等，流毒累年，多來自長興山砦，蓋即逋匪之餘孽也。周禹《湖營條呈》所以力請專備湖西，厥後諸盗以次殄滅，夾浦、大錢諸要口又得湖營弁兵防守，截山寇入湖之路。湖中自此寧謐，百年以來，德化漸摩，人皆革面，不獨萑苻絶警，即長興山亦有犢無劍矣。

職官　附：衙署　倉庾　教場

湖山而有職官，儼同郡邑矣。爲民父母，爲國干城，可無記歟？若衙署，若倉庫，亦湖山之掌故也。附載於篇。

太湖水利同知雍正八年，設駐吴江縣同里鎮。十三年，移駐東山。

項喻漢陽人，監生。雍正十三年移任，乾隆二年調去。

王鳳來龍溪人，貢生。乾隆二年由本府督糧同知調任，三年陞刑部員外。

甘士瑞正藍旗人，監生。乾隆三年任，五年以憂去。

李正邦正紅旗人，監生。乾隆五年以本府總捕同知署任。

甯丕基阜城人，拔貢。乾隆六年署任。

謝錫侯大興人，貢生。乾隆六年署任。

王企堂雄縣人，舉人。乾隆六年署任。

高廷獻元城人，舉人。乾隆六年任，十三年以憂去。任内押運入京及署海州、太倉州，歷次本衙門署印官，不載。

涂擴湖廣人，進士。乾隆十三年署任。

黄炅福建邵武人，進士。乾隆十四年任，卒於署。

劉順璽四川人，舉人。乾隆十四年署任。

官登鑲黄旗人，内閣中書。乾隆十五年任。

歲支俸銀八十兩。養廉銀五百兩。典吏一名。書辦六名。工食裁。門子二名。皂快二十名。轎傘扇夫七名。以上每名工食銀六兩。民壯十六名。每名工食銀八兩。原二十名，沿湖十縣撥協。乾隆八年，浙省湖界仍歸浙省管轄，掣回四名。

角頭巡檢司。

東山巡檢司。

按：角頭司設於宋元祐八年，東山司設於明成化十七年，代遠人湮。本朝中，歷任年分、姓氏查考不備，並闕不載。

歲支俸銀三十一兩五錢二分，原編俸銀十九兩五錢二分，薪銀十二兩。順治十三年，總作俸銀支給。養廉銀六十兩。雍正六年給起。書辦一名。工食裁。皂隸二名。每名工食銀六兩。弓兵十二名。每名工食銀七兩二錢。

江南太湖營副將雍正二年原設条將，乾隆十二年改設今職。

王澄山東曲阜人，進士，侍衛。乾隆十二年任，十三年陞崇明總兵。

岳綱浙江人，行伍。乾隆十三年任。

歲支俸銀六十七兩五錢七分六釐。薪銀一百四十四兩。蔬菜燭炭銀七十二兩。心紅紙張銀一百八兩。馬乾銀一百五十八兩四錢。養廉銀七百二十兩。米一百六十二石。按：武官向無養廉銀米，皆自收隨丁名糧。雍正五年，始給隨糧，有定額，然尚爲詭名。乾隆八年，去隨丁詭名，始稱養廉。書識二十名。食戰守兵餉無定制。隨丁三十名。皆無人充當，其餉給養廉費。按：隨丁內額有馬糧，今因太湖營裁馬，故以二步抵一馬。現收步糧三十名，守糧十五名，銀米如前數。坐馬十二疋。

左營守備

施致雲廣東人，行伍。雍正二年任。

姚士毅上元人，行伍，雍正五年任。

陳雄崇明人，行伍。乾隆六年任。

盧元宣化人，行伍。乾隆十年任。

張鳳崇明人，行伍。乾隆十二年署任。

孫志宏通州人，行伍。乾隆十二年任。

歲支俸銀一十八兩七錢六釐。薪銀四十八兩。蔬菜燭炭銀一十二兩。心紅紙張銀一十二兩。馬乾銀五十二兩八錢。養廉銀一百九十五兩六錢。米二十八石八斗。書識十名。食餉無定制。隨丁八名。餉給養廉費。坐馬四疋。

右營守備

何士乾廣西人，行伍。雍正二年任。

朱一豹崇明人，行伍。雍正六年任。

寗言崇明人，行伍。乾隆二年任。

趙嘉順山東人，行伍。乾隆七年任。

馮灝徐州人，行伍。乾隆十年任。

祁禄蘇州人，行伍。乾隆十一年任。

歲支與左營同

千總二員。歷任年分、姓名查考不備，並不載。

每員歲支俸銀一十四兩九錢六分四釐八毫四微。薪銀三十三兩三分五釐一毫六微。馬乾銀二十六兩四錢。養廉銀八十四兩。米一十八石。書識二名。食餉無定制。隨丁五名。餉給養廉。坐馬二疋。

把總四員。歷任年分、姓名無考者多，並不載。

每員歲支俸銀一十二兩四錢七分一釐。薪銀二十三兩五錢二分九釐。馬乾銀二十六兩四錢。養廉銀七十二兩。米一十四石四斗。書識二名。食餉無定制。隨丁四名。餉給養廉。坐馬二匹。

外委千總二員，把總四員。

並食馬戰兵餉，各隨丁一名。歲支養廉銀一十二兩，米三石六斗。按：外委千把總食隨糧，自雍正八年始。其稱養廉，亦自乾隆八年始。

附太湖營原設參將

王紹緒四川人，行伍。雍正二年任，四年陞湖協副將。

冉起鳳鎮江人，行伍。雍正四年任，五年陞湖協副將。

周騰鳳松江人，行伍。雍正五年任。

蔣麟經浙江人，行伍。雍正六年任，乾隆六年陞京口協副將。

陳文渙江南人，行伍。乾隆六年任。

趙茂嗣湖廣人，侍衛。乾隆七年任，八年調任吳淞。

王澄山東人，進士。乾隆八年任，九年陞京口協副將。

陳世英通州人，行伍。乾隆十年任。

劉璣陝西人，進士。乾隆十一年任，十二年裁。

浙江太湖營遊擊

吳長春康熙四年初設湖營，浙督題任，此後無考。

吳陞現任。

歲支俸銀三十九兩三錢四分。薪銀一百二十四兩。蔬菜燭炭銀三十六兩。心紅紙張銀三十六兩。馬乾銀七十九兩二錢。養廉銀三百六十兩。米五十四石。書識十六名。食戰守餉，無定制。隨丁十五名。餉給養廉。坐馬六疋。

守備一員。

千總一員。

把總二員。

經制與江南同，歷任年分、姓氏並係浙員，不及考載。

同知署，在東山王衙前，凡六十六間。本席氏產，雍正間，原任山東巡撫、海鹽陳世倌購爲別墅，後抵給文鐸、褚菊書兩令。十二年，巡撫高其倬題改太湖同知衙署，將同里鎮舊署抵還文、褚，估需脩改新署工料銀四百六十九兩零。乾隆八年，同知高廷獻領帑興工，改造頭門，增造兩廡及土地祠。署前增建照墻一座，東西二坊，規制如府治。

巡檢司署，一在角頭山，宋元祐八年建，明洪武間移於後堡，正統間重建角頭。後廢，巡檢寓居嶽廟。角頭廢署基地，今爲游擊教塲。一在東山渡水橋東南塊武山界，康熙二十二年，武山吳時雅倡建。

副將署，在東山葑田，即叅將署。雍正二年購許氏故宅，改建頭門、兩廡、儀門、大堂及内屋，凡八十三間，署外兩傍營房一百三十四間。

遊擊署，在西山角頭山上，康熙五年即新廟改建。

守備署，一在簡村，凡四十四間，署前營房七十間，雍正二年建。一在周鐵橋西，凡四十間，署前營房七十二間，雍正間建。一在大錢，康熙四年建。

千總署，一在鮎魚口，凡十九間。署傍汛房十二間，雍正二年建。乾隆十年，與把總調汛，今爲把總署。一在馬蹟山西村灣，雍正二年建。一在伍浦。

把總署，一在東山湖亭西，凡十一間。康熙間，武山吳時雅倡建。乾隆十年，與千總調汛，今爲千總署。一在黿山。即明總練廢署改建。一在西山石獅頭。一在吳漊。順治十八年，即吉祥菴改建。一在凰川，康熙間建。官衙營房基地，共二畝七分，糧在民户。見《宜興縣志》。一在夾浦。

倉廒，在東山陳家塘。門房三間，官廳三間，廒一十四間。乾隆十一年，巡撫陳大受題准東西兩山錢糧劃歸太湖廳徵收。十二年，東山紳士捐建。

附巡撫陳大受疏略 東西洞庭兩山，地廣糧多，催徵與輸，將往來百餘里。湖面風濤，險阻可虞。包攬侵蝕，勢所難免。議歸太湖水利同知，就近徵收，即就近支放太湖營兵餉。查東西兩山應徵地漕共銀五千二百九十四兩四錢八分一釐，米五千七百八十二石八升六合五勺。太湖左右兩營叅將俸薪并隨營兵丁糧餉每年應支銀六千四百四十九兩七錢四分，米一千三百四十六石四斗。除收地漕放給外，尚有不足銀兩，於司庫撥補多餘之米，運回吳縣貯倉，統作南米。其起運漕白米石，仍於吳縣徵收米內，照數兑運，至太湖左右兩營弁兵駐防震澤、宜興兩縣者應支糧餉，仍照舊例，於司庫及附近縣分撥給。在山貯米之倉厫，應暫借寺廟、棧房收貯，仍令於漕費六分內撙節留餘。數年之後，或另籌閒款，添湊興建。

社倉，在東山黄濛觜。厫房十一間，乾隆七年東山紳士公建。先是，東山紳士以山中田少民稠，户鮮蓋藏，偶遇歉歲，待哺可虞。因謀積穀備荒，分貯出息。數年得穀若干石。乾隆七年，中丞徐公士林檄所屬行社倉，乃建厫公，所以貯前分貯之穀。司其事者，席方叔、王師李。

教場，一在東山副將署東三里湖亭傍，周三十畝。演武廳六間，廂房二間，旗臺一座。雍正三年建。叅將王紹緒碑記。一在西山遊擊署旁山下衙灣村，周約三畝。宋角頭司廢署基。一在大錢口，浙營合操則遊擊往莅。一在簡邨守備署北，周二十三畝。一在周鐵橋守備署南，周十畝。

卷五

湖中山

七十二山之名，著於天下，其實可以名山者，數不及半。若并洲渚磯浮而目之曰山，則又不止七十二。茲於在湖中者統載之，首列東西洞庭、馬蹟三大山，其餘則以縣屬爲類。叙以有無居人爲前後，覽者可以知大小輕重矣。至若譌謬之沿昔無辨訂、網羅所及舊有缺遺者，間爲補正，以資考核。

東洞庭山，屬吴縣，在縣西南八十里，去胥口四十里，（山之北麓相距數。）周五十餘里，居民二萬餘家。（《震澤編》云數千家，蓋今滋生日盛矣。）一名胥毋，（《越絶書》：晝遊於胥毋。王注：毋音無。）一名莫釐，（《吴地記》作『莫里』。）相傳隋莫釐將軍居之，因名。（今稱爲東山，東洞庭之省文也。）山視西洞庭差小，而岡巒起伏，大略相似。其最高者名莫釐峰，（俗呼大尖頂，稍下爲二尖頂。）一支自北而東，爲芙蓉峰，爲翠峰。歷翠峰而南，爲金牛嶺，爲吟風岡。又南爲九峰，爲小莫釐，（即翁帽峰。）其下為廟山。中一支自平嶺，而南為白沙嶺，為蝦蟣嶺。稍西而高者，爲荷盤頂，（或云『螻蟠』。）又南爲嵩峰。蝦蟣之東為栲栳墩，過東爲偃月岡，折而南為屏風山，又南為干山嶺。踰干山嶺而南，爲俞塢，西與塢相直，孤峙於湖濱者，為葑山。（俗稱龍頭山。）又南爲重亭山，爲塘子嶺。嶺之下爲大戟觜，踰嶺而西爲蕡家山，南出之支，於是乎窮。荷盤、嵩峰之間，西出一支，陂陀而下者，爲寒山。自嵩峰而南，爲白豸嶺，爲碧螺峰。西爲桯公墩，（本名鐵拐峰，以葉桯得名。）演武墩伏而起，西峙爲飯石峰，王舍山在其右，格思山在其左。格思迤邐而西，訖於長圻、莫釐，爲東山主峰，面南而背北，故南出之支爲多。村塢之繞於山麓者，亦北淺而南深，淺不及半里，深不過二里，舟行湖中，可望而知也。（本《震澤編》增易。按舊《志》皆列東山於西山之次，恭逢翠華臨幸，獨被恩榮，故首叙東山，以昭殊遇。）

西洞庭山，屬吴縣，在縣西南九十里，去胥口五十里，（包黿山渡渚在內。山東北麓相距數。）周八十餘里，居民一萬五千餘家。（《震澤編》云數千家。）一名包山，以山四面皆水包之，或又以仙人鮑靚所居，呼鮑爲包也。山有林屋洞，故又名林屋山。其稱洞庭，則以湖中有金庭玉柱也。（今亦省文，稱爲西山。）山之諸峰皆秀異，而縹緲最高。其南爲竹塢嶺，嶺東為上方山，又東爲羅漢山，羅漢之南為雞籠山、一博山。竹塢南爲飛仙山，稍東爲洞山，林屋洞在焉。洞山之東爲天帝壇山，其南為大蕭、小蕭二山。却洞山西走，長而狹者為梭山。一峰斗入湖，爲石公山。其右諸峰，高者爲白茆山，次為繰車山，爲黃家山、陸塢山。踰支頭峰，爲野塢山，木壁山。踰彈子嶺，爲植頭山。自湯坎嶺稍折而南，爲馮家山，又南爲龍頭山。即大小龍渚，自圻村鑿港，不連西山矣。縹緲之東，山勢分爲二：其一迤邐而北，爲鳳凰山、七賢山；一稍東，爲天王山，爲桃花塢山。踰望崦嶺，爲澱紫山，是爲崦邊；踰攢雲嶺，爲父子山、綠石山、金鐸山。金鐸之北，爲苦竹山。縹緲之西，其高者華山，踰王家嶺，爲雷頭山，爲龜背山，爲龍舌山。縹緲之北，其高者爲涵峰。涵峰之東，爲東湖山，爲西小湖山。東湖之東，爲十里山。踰新安、墩頭二嶺，爲金峰。又踰沙子嶺，爲堂里山、疃里山，爲蛇頭山、查山。與沙子嶺相直，爲湖漫嶺。西山之境，於是始窮。山形東北狹而西南濶，與東山相似。山多田少，亦與東山同。本《震澤編》。按：原文有鴻鶴、渡渚、角頭等山，今不録。入盖鴻鶴乃禹期之支，渡渚、角頭不連西山也。

馬蹟山，屬陽湖縣，在縣南一百里，去下埠二十里。苦竹渡相距數。周一百二十里，居民萬餘家。舊《志》云：山之西青石壁下有四穴，圓而不深，如馬蹟然。相傳秦始皇遊幸，神馬所踐，山因以名。僧文鑒《洞庭記》又以爲漢郁使君歸杜圻經此，龍馬駐蹟。事皆荒誕。近武山吴友篁作《馬山説》以闢之，而謂山以形名，兹山形象如馬，當是馬山，此説近是。今亦有稱馬山者，馬蹟之省文也，非宗吴説。馬蹟之峰，官長最高。三峰並峙，有大官長、二官長、三官長之稱。《志》曰：雄冠諸峰，如官長也。其西偏爲分水嶺，嶺直貫南北，坦若平地。山之中斷處，亦山之過峽處。嶺之西爲象山，水平王墓廟在焉。象山之西爲小靈山，祥符寺在其下。稍南爲晝山，山居東西之中，行者過此日卓午，故名。踰山而北，與虎背相直者棧山，西爲小胥山，鄉人哭子胥處也。其南爲馬鞍山，馬鞍之南爲趄山，迤南而西爲萬安山，俗呼飯碗山。為花欄山，為龜山、蛇山，極西而訖於西青之龍背。官長之南爲點下山，俗呼店山。爲芝山。其西爲火石嶺、六堤山，東為鵓鴣山，為桃塢嶺。又東而近湖爲荒山，爲蝦簄山。折而北為勝子嶺，自嶺而東為錢家背，爲東谷背，爲燕尾背，皆濱於湖，山之東境於是乎窮。山之形如卷荷，又若彎弓，田蕩實之而齊於外，若弦之在弓也。山由西南而徑東北，可三十里，西北而東南則半之。遶山之以灣名者，統計二十有三。《震澤編》不記馬蹟，兹本《武進縣志馬蹟山圖》，条以身所經歷，叙次如右。按《無錫志》引舊《經》云：太湖内有靈山，去北岸二十里。山中有靈山寺，舊爲無錫，後割入晉陵。據此，則馬蹟舊名靈山，不知何時改名馬蹟也。

武山，在東山之東，水斷橋連，渡水橋。居民六百餘家。《姑蘇志》：本名虎山，相傳吴王養虎於此。後避唐諱，改今名。山之主峰為西金山，其南爲目青山，又南爲射鶚山，東爲鳳凰山、翔翅山。一名檣子山。按：武山田多山少，與他山異。

三山，在東山之西，三峰連接，居民五百餘家，多服賈。山産青石，色質亞於黿山。

黿山，在西山之東，水斷橋連，頭陀橋。居民二百餘家，業採石。山南之斗入於湖者，曰囤山。按：鼋山採石，不知始自何時，日朘月削，已去其半。惟囤山有神廟不敢鑿，今尚完好，恐將來亦難保也。象有齒以焚其身，樗不材而全其生，山靈有知，能弗愀然？

禹期山，在鼋山北二里，昔斷今連。按：山下有村曰前灣，故俗稱前灣山，忘其爲禹期矣。惟山頂主峰俗呼烏峰頂者，間有人稱禹期峰。山麓普濟寺中有申用懋天啟五年重建碑記及今乾隆十三年憲禁採石碑，仍並稱禹期山，文之足徵，賴有此耳。古時禹期不連鼋山，范文穆《吴郡志》曰：山在太湖中。則是宋時尚斷。後不知何時漲接，今兩山之間有平田一帶，田之兩端皆入湖。疑今之田即昔之湖也。故王《編》、翁《志》叙湖中七十二山，仍以禹期、鼋山分列。王維德《林屋民風》謂禹期、鼋山皆西山之支，而以王《編》、翁《志》爲誤，非是。

渡渚山，在西山東北，水斷橋連，辛橋。居民百餘家。按：渡渚山東南有後埠港，界斷禹期。西南有辛橋港，界斷西山。二港環連，並通太湖，舊《志》載入支山，非是。

長沙山，在西山東北，居民六百餘家。山之東曰黄茅門，西曰長沙門，北太湖水從此二門入東太湖，風浪最險。

葉余山，在西山東北，與長沙山近。《太湖志》云：山皆葉、余二姓，故名。今稱葉山，省文也。居民百餘家，以桑麻花果爲業。

横山，在西山北，居民三百餘家。或曰湖中山皆首尾南北，此山獨横，故名。

陰山，與横山近，相傳晉陰長生煉丹處，故名。或曰：以其在洞庭之北也。按此説近是。居民百餘家，以舟販爲業，與横山同。

角頭山，在西山西北，水斷橋連，鄭涇橋。居民三百餘家。《震澤編》曰：西山有三斷：練瀆、壽鄉、角頭。西山蔡旅平曰：玄陽洞不連崦邊，渡渚不連後埠，圻村不連石路，柯家嶺不連角灣。今按：角灣即角頭，其斷處爲鄭涇港，東西通湖，太湖漁船從此出入。角頭另是一山，界限甚明，非西山支也。

余山，一名徐侯山，在東山北，相距不遠，居民二百餘家，無田，以舟楫爲業，熟行湖湘。

漫山，在長沙山西北三十里，居民百餘家，以造篷爲業。

衝山，與漫山相向，山形如概，西高而東卑，中皆蕩田。居民百餘家，業同漫山。《具區志》曰：《毘陵志》作充山，以無錫縣西十八里。按：無錫别有充山，在五里湖口，非太湖中之衝山也。衝山屬吴縣，西華鄉去無錫縣一百三十里。《具區志》誤引。

澤山，在三山西一里，居民數十家，以花果爲業。

厥山，與澤山近，居民六七十家，以花果為業。吴興舊《志》：吴有陸厥居此，故名。按《南史》：陸厥，陸閑長子，齊永明九年舉秀才。永元末，始安王遥光反，閑被殺，厥痛父死於非命，哀慟而卒，年才二十八。恐未必有居山事，亦非吴時人。又按：厥山古屬烏程，故見吴興舊《志》。

雞山，在武山南，似連而斷，以橋接渡。高橋。居民數家。

金庭山，一名庭山，在葉余山南，與玉柱山相望。舊《志》所謂『金庭玉柱』也。

玉柱山，一名柱山。在長沙山南。按：二山之名，自昔艷稱，至謂庭山洞中有棋盤石磴，皆天然奇蹟。今履其地，庭山則圓如彈丸，無樹無石，亦無洞，棋盤、石磴之言妄矣。柱山則土石兼半，橢而中坳。二山塊然，絶無勝蹟。吾是以歎文人之好爲夸詞，而凡虚名之不足信也。

紹山，在横山北。

大干山，在横山南。

小干山，與大干山近。

大貢山。

小貢山，二山並在貢湖中。

南烏山。

北烏山，亦名烏觜山，俗呼瓠子山。此處湖水最深，風浪最惡。

琴山，以形名。

杵山，一名衣杵山，俗呼棒槌山，以形名。

大隮，在馬蹟山大墅灣東南。馬蹟徐復陽《大墅灣》詩有『近接隮山横晚翠』之句。

小隮，《姑蘇志》作大峰山、小峰山。

東獄。

西獄，《吴郡志》：吴王置男女二獄於此。《姑蘇志》作東獄、西獄。宜從《姑蘇志》。

粥山，在東、西獄之前。舊《志》：吴王飼囚處。按此與東、西二獄，其事疑皆附會。

思夫山，舊説秦時有人採藥不返，其妻思之而死，故名。吴莊《湖山訂訛》曰：山之大不越數畝，在洪濤中，非人所可居。其形首圓而尾尖，如海螺浮水面，當是螄浮。吴人浮、夫同音，訛爲思夫。文人鑿空，下此註脚也。

茅浮，亦名黄茅山，與衡山相近。

長浮，亦與衡山近。朱竹垞《六浮閣記》曰：六浮者，一曰長浮，二曰白浮，三曰箬浮，四曰苧浮，五曰茅浮，六曰箭浮，若杯楪在几案間。按：閣在査山之陽，所見止長浮、茅浮而已。若白浮、箬浮、苧浮、箭浮皆在西山之南，閣之所不能見也。

五石浮，在貢湖中，一名五浮山。舊《志》：有若五星聚者，故名。

殿前浮，《具區志》：穹山有水平王廟，浮正當殿前，故名。按：太湖中無穹山，此浮與衡山相近，當是衡山。

癩頭浮，一名亂頭山，亦與衡山近。

甑盖洲，在衡山旁。

東沉磯，在五石浮側。

曈浮，在西山曈里外。

唐浮，在西山唐里外。

石蛇山，在西山龍渚外。蔡羽《記》：山空地虚，舉足有聲。

角頭洲，一名㠋山，在西山鄭涇港外，上有禹廟。

青浮，在西山夏家嶺外。

陰山磯，在陰山之東。

紹山磯，在紹山西北。

抝折磯，在西山之西。舊《志》：有若斷樹者，是也。

楊公磯，一名楊公樁，在西山坟山外。

衆安洲，在西山消夏灣中，一名瓦山。或曰即南㠋。上有水平王廟。

煉藥洲，一名煉墩，在東山、武山之間。

猫鼠山，在東山之南葑山外。舊《志》有若逸於前，後追及之者。按：二山向在水中，今四圍皆成蘆洲，洲之中有港出太湖，曰猫山港。

大砂山，在衆安洲西。按：山之東有小山五，離離水中，西山人亦呼爲猫兒老鼠山。

以上屬吴縣，自金庭玉柱至此，共五十有四，皆無居人。

大帆山，在獨山西，居民二十餘家。

小帆山，近大帆。

獨山，在無錫縣西南十八里五里湖口。南與充山相對，北與管社相望。《具區志》曰：與衝山相接，謬。蓋又誤以充山爲衝山也。然充、獨之間，尚隔獨山門，亦不相接。

東鴨。

西鴨，二山在獨山西。

三峰，在東、西二鴨之中。按：此山自古無名，後人因《震澤編》東鴨、西鴨中爲三峰語，遂目之爲三峰耳。又按《太湖志》云：向東一山名東鴨，向西一山名西鴨，居中一山總名三山，蓋七十二峰之三也。此是合叙語，非叙過東鴨、西鴨，獨爲居中一山言也。《具區志》引之，獨系三峰條下，則『總名三山』一語，從何着落？《常州府志》：三山在無錫縣南太湖中，與獨山相對，鼎立洪濤中。亦合東、西二鴨，非專指中一山。《具區志》引註頗混。

米山，一名米貯磯，在吴塘門外。《無錫志》：米山本湖中一小阜，然在七十二山之列。

歷耳山。

峐山，一名峐子山。

筆格山，中高而旁下，以形名，在東山之西。

箬帽山，亦名箬浮，在東山長圻觜外。

石牌，一名相公牌，在東山長圻外。

白浮，在東山長圻南。

扁擔洲，在東山西北，近二鼋。

苧浮，一名葉家浮，在東山北望山外。

王舍浮，在東山王舍港外。按：今新漲蘆洲與王舍岸相接，可履而上矣。

箭浮，在東山西北麓寒山外。

大鼋山，在東山之西，亦産石。

小鼋山，與大鼋近，《太湖志》作大簩、小簩。今湖中人亦呼爲簩山。

驚籃山，在二鼋之間，亦稱香籃山。土石中斷，有天生石梁跨其上，如籃柄然。今無之矣。

龜山，在西山之東，亦産石。按：今漲接西山，中間止隔一港，俗稱龜山港。

謝姑山，在西山之東。

小謝姑，在大謝姑旁。按：舊《志》云：有若二女娟好相對立者。今二山低與水平，無山之形，娟好何在？相傳朱勔採石時二山一空，其主峰即艮嶽之昭功神運石，封爲盤固侯者也。

余洲，在余山西北。

以上屬無錫縣，皆無居人。

馬拖山，在馬蹟山東北。《武進縣志》名錢堆磯，《無錫縣志》名拖山。按：此山爲無錫、陽湖二邑分界處，故邑《志》互見，名雖不同，即一山也。陽湖即武進分縣。

大椒山，在馬蹟山西南，形如張弩。

小椒山，與大椒近。

按錢孝《馬蹟山志》：夫椒，馬蹟之從山，相距不遠，東曰夫，南曰椒。蓋即此二山也。

漁息磯，在馬蹟山雁門灣西。錢孝《志》：去山而西入湖里許，陂陀下浸，隨水紆曲，可泊漁舟，故名。

開家磯，在馬蹟山東北。《武進志》：新塘鄉外有地一頃許，浮沉波面，相傳新村開家基坍没者。按：磯有巨石，疑湖中本有是磯，新村坍没後，指作開家基耳。

以上屬陽湖縣，皆無居人。

北嶼山，在西山、馬蹟之間。《洞庭記》：杜圻洲一名北嶼山，今俗呼平臺山，上有禹廟。

窑竈磯，在北嶼山北，有石嵌，空如竈，故名。

竹山磯，在竹山外。詳《濱湖竹山》條下。

以上屬宜興縣，皆無居人。

蘭座磯，在蘭山嘴外。詳《濱湖蘭山》條下。

右屬荊溪縣，無居人。

大雷山，《太湖志》：在洞庭山西北。《長興志》：在縣北四十里，去夾浦二十里，無居人。

右屬長興縣，與江南荊溪縣分界。《具區志》云：大雷山，無錫、武進共屬，誤。按：翁氏之誤，蓋因無錫亦有大雷山，在周江太湖濱，與武進交界也。

小雷山，《太湖志》：在洞庭山西南。《烏程志》：在縣北三十八里，去大錢口二十里，無居人。山側有磯，曰小雷磯。

右屬烏程縣，與江南吴縣分界。《具區志》云：小雷山屬長興，誤。又《吴興舊編》以中雷為洞庭東山，大雷爲洞庭西山，尤謬。

通計大小山及洲渚磯浮，共九十有一。按：舊《志》所載，今不録人者，津里山與馬蹟相連，大、小二竹在濱湖陸地，三洋洲沉於湖，例不當載也。內有居人者二十，無居人者七十有一。按：諸無居人之山，大者周無三四里，小者僅一拳一撮，或四圍陡立，麓無平壤，或低與水平，巨浪可駕而上，非惟不能築室，亦并不可樹藝，棄同甌脱，不亦宜乎？

附　湖中暗山爲舟患者

黿殼在黿山東。語云：東抵黿殼，西抵黿山，兩舟連綱，慳過中間。今西山蔡氏捐貲立石於上，爲行舟標識。石蟹在東山長圻嘴外，水涸時露出石骨，斷續數十丈，直接三山。龍牀在西山石公山外。諺云：石蛇一半露，黿頭微微出。行舟見兩山，下有龍牀没。今亦立石於上。吴梁磯在南湖茅圻嘴外，俗名磨盤山。姑蘇磯在南湖菱瀆外。九星磯在南湖白洋灣。按：以上三磯，《震澤編》不言是暗山，然今南湖中無之。訪之漁人，云皆低伏水中。留船磯在游湖。行船悞入其中，不能轉船，須倒撑方出。鐵限砂在大雷、小雷二山之間。漁船至此，不敢下網。下埠山根在虎嘴外，直接馬蹟之棧山。竹山根在竹山磯外，直接馬蹟之小胥山。

天旱水涸，此二處大為行舟之患。見馬蹟徐騰暐《記》。　利市山在東山豐圻外里許。　司徒墩在胥口香山外數里。　塔基在西山白塔堰中。

按：　水面情形，殊於陸地，閱歷難斯，徵信寡矣。湖中之山，遥望不能悉。即泛舟求之，其崇卑小大之形，與夫方隅之向背，里至之遠近，一移棹而忽又不同。執筆追思，總不若在陸者之可覆核較親切也。况一拳一撮孤峙湖心，滿目荒煙，絶無人跡。徵文考獻，其將問之水濱乎？傳疑傳信，詳略分焉，不敢傅會穿鑿，貽悞來兹。

泉

泉之有無，無關輕重。然山之靈者泉必甘，樂飢之君子亦有取焉。擇其著名者録之。

東山　海眼泉在豐圻山頂巨石上。二穴涓涓如人目，不盈不涸，其深不測，王文恪立碣尚存。　柳毅泉《震澤編》云：　在郁家湖口。井甚淺，可俯探。《蘇州志》云：　在太湖濱，大風撓之不濁。按：　郁家湖即今金家湖，路旁有井，石欄刻『柳毅井』三字。深丈餘，不可俯探。又去太湖尚遠，風撓不及，豈今之井非昔之泉耶？　靈源泉在碧螺峰下。　青白泉在法海寺旁，有二池，一青一白，今一涸。　悟道泉在翠峰，詳『天衣禪院』註。　白龍泉在翠峰大塢關帝廟前。　天池在尚錦。　石澌泉在吴灣太湖濱。

化龍泉在王文恪公祖塋後半山石穴中，蓋乳泉也。　天井泉在白沙。淺可俯探，大旱時，能供合村汲飲。　碧雪泉在高峰寺前。

西山　無礙泉在水月寺旁，以李彌大得名，彌大號無礙居士也。　毛公泉在毛公壇下。　惠泉在金鐸山下。　石井泉在嚴家山下。　鹿飲泉在上方塢。　軍坑泉在鋼坑西。　龍山泉在龍山下湖邊。　黄公泉在徐勝塢。　華山泉在華山寺。其源有三：　靈泉、蒙泉、鑑泉。　玉椒泉在西湖寺東。　紫雲泉一名如砥泉，在縹緲峰下玄武宫西南，泉出石穴。　隱泉在林屋洞中。　烏沙泉在圻村。每汲必有烏沙沉盞底。　石版泉在天王寺北。　畫眉泉在明月灣。

馬蹟山　隱君泉在檀溪灣。　蒙泉在竹塢灣。　卓錫泉在栖雲菴後。　半月泉在檀溪灣。《武進志》云：　狀如半月，俗僧甃而圓之。　龍泉出官長山，經妙湛菴，入潭溉田，大旱不枯。

武山　廉泉　讓泉並在季子祠。　壽寧泉在濮公墩下。

港瀆

在山之港瀆，外通湖而内阻山，與在沿湖者其利害不同。然居民便於出入，舟楫得以安泊，有田之處亦資灌溉，深而蓄之，即山中之水利也。爰分山紀之，而附以橋梁。

東山

具區港與武山分界，南北通湖，爲通行巨港。東山諸港皆横，此獨縱。北自湖亭觜入口，南至茭田村外止，再南即太湖矣。自此南行轉西，直至長圻左，皆蘆洲茭蕩，隔湖於外，舟行於内，亦若港然，與吴江之茭草路相似。　長涇浜　席家湖　金家湖　殿涇港　葉巷港　漾橋港無外口，從葉巷、施港二港出入。　施巷港　潦里港　俞家舍港　王家涇　夏家湖　周家湖　青龍涇　澗橋港　查灣港　楊灣港　北望港　王舍港　張巷港　朱巷港　北葉港　嵩下港　蔣灣港　陸巷港　寒山港

附具區風月橋一名渡水橋，跨具區港，為東、武二山通衢。　通源橋一名湖亭橋。　長涇浜橋　連璧橋跨殿涇港。　薛家橋跨葉巷港。　豐樂橋在茭田。　緑野橋　玉帶橋在王文恪柱國府前。　滎陽橋一名漾橋。　永寧橋　澗橋　廣利橋　衆安橋在金家湖。

武山

西金港亦南北通湖。《震澤編》所云『西金一斷』也。　仙橋港即西金港北口。　朱家港即西金港南口。　葛家瀆　吴巷港　雞山港與雞山分界。

附環青橋　師家橋跨西金港。　青橋　僊橋　上楊家橋　下楊家橋　吴巷橋　盛河橋　高橋雞、武二山接渡。

西山

頭陀橋港與黿山分界，西北由辛橋港，東北由後埠港，皆通太湖。　後保港　鎮下港　龜山港　山東港　暘塢港　明灣港　匯上港　圻村港首尾通湖。　徐巷港　馮山港　塔頭港　綺里港　慈東港　慈西港　鄭涇港與角頭山分界，首尾通湖。　山下港　疃里港　唐里港　陳巷港　涵村港　東灣港　下金港　東村港　金鐸港　壽鄉港　亭子港　辛橋港與渡渚山分界，南由後保港、頭陀橋港，東由後埠港通太湖。

附金鐸橋　勞家橋　馬村橋　中橋　五徐橋　養馬橋　後保橋　鎮瀆橋　社瀆橋　頭陀橋　慈灣橋　大橋　横塘橋　慈西橋　鄭涇橋　壽鄉橋　下金橋　东村橋　羅漢橋　上方橋　辛橋西山、渡渚通衢。

黿山

石寧浜　柴家湖　後埠港與渡渚山分界。此港本禹期、渡渚分界處，今禹期與黿山連，故記於此。　黄瀆港亦禹期、渡渚分界處，以後埠、辛橋二港為外口。

附黄瀆橋跨黄瀆港，在報忠寺前，禹期、渡渚通衢。

角頭

衙灣港　大步港　小步港

馬蹟

大瀆　辛瀆　咸河俱在寨前。　吴瀆　杭瀆　汎瀆俱在張清。　馬瀆在新城。　官瀆　錢家瀆俱在古竹。　姚巷河　秦巷河　後灣河俱在耿灣。　塹河　南浜　中浜　北浜俱在雁門。　横河在新城。　桃花浜在桃花。　牛塘河在牛塘。　内閭瀆在内閭。　顧瀆　廟瀆俱在西村。　新瀆在西圩。

附古興隆橋　太平橋俱在雁門。　獺石橋在西青。　廟瀆橋在西村。　富德上橋　富德下橋俱在牛塘。　迎春橋　永安橋　石麟橋俱在張清。　青龍橋　延月橋俱在耿灣。　大瀆橋　青橋　花橋俱在寨前。　雙瑞橋在祥符寺前。　馬溪橋在新城。

長沙

師家港一山止此一港，引湖水散入支港溉田。

都圖　地名附

孟子曰：『鄉田同井，出入相友，守望相助，疾病相扶，持則百姓親睦。』今之都圖，猶古之鄉井也。居其中者，可不以親睦相敦歟？

十八都，南宮鄉，統圖三，在長沙山。

地名俞巷　師家灣　馬家灣　南巷　北巷

二十五都，西華鄉統圖三，跨衡山、漫山者一。□[一]圖地名衡山、漫山。

二十六都，遵禮鄉，統圖五，在東山。

地名連璧橋　長涇浜　殿前　殿後　陳家塘　坊前　黄濠背　翁巷　席家湖　餘家湖　翠峰塢　金家湖　楊家灣　岱心灣　宋家灣　豐圻　石井　小長巷　尚錦　周灣

二十七都，遵禮鄉，統圖九，在余山者一，五圖在武山者一。七圖

地名武山　冰窨　湯家扇　盛河橋　葛家瀆　厩里　余山　東灣　西灣

二十八都，震澤鄉，統圖十九，在東山。

地名吴灣　白沙　嘶馬塢　紀革　寒山　陸巷　蔣灣　嵩下　山背　大湖頭　朱巷　石橋　坊里　張巷　上楊灣　毛園　王舍　北望　石前　下堡　南望　李灣　長圻

二十九都，蔡仙鄉，統圖二十，在東山。

地名澄灣　屯灣　白浮頭　湖沙　下楊灣　黄家背　查灣　金灣　卜家　澗橋　西塢　俞塢　史家河　張家灣　秦家村　周家河　金塔下　朱家帶　周家巷　顧塢　鈕家村　王家涇　俞家舍　金家店　曹塢　諸公井　馬家下　潦里　茭田　施巷　王衙前　唐股村　漾橋　葉巷　殿角

三十都，蔡仙鄉統圖八，在武山。內五圖岳字圩，地在東山。

地名三界村　朱家港　渡水橋　吴巷　射鷴　雞山　下塔　上楊家橋　下楊家橋　西金　仙橋　朱家廟　下周　陳嶺　何家灣　周家巷　東湖

三十二都，姑蘇鄉，統圖十，跨黿山、禹期、渡渚、葉余、西山。

地名黿山　蔣家埸　倪家埸　石寧浜　柴家湖　禹期山　前灣　金村　新村　後埠　渡渚山　西渡渚　東渡渚　葉山　西山　東澤河　頭陀橋　中橋　南徐　崦邊　馬村　陳家塢　勞家橋　吴村頭

三十三都，姑蘇鄉，統圖十二，跨西山、陰山、横山。

[一] 原處墨釘。

地名西山　陳思灣　張家灣　東村　金宅　金鐸渚　下金　植里　東灣　西灣　陰山　橫山

三十四都，姑蘇鄉，統圖十二，在西山。

地名前堡　後堡　中腰里　梅園　前墳頭　洞山下

三十五都，洞庭鄉，統圖十四，在西山。

地名鎮下　社瀆橋　兵場里　俞家渡　山東　許巷　明灣　田下　吳巷　錦巷　石公　暘塢　黃家堡　張巷　楊巷　蔡巷　南灣　匯上　仇巷　養馬橋　徐巷　葛家塢

三十六都，洞庭鄉，統圖四，跨三山、澤山、厥山。

地名三山　上黃　下黃　山東　東步　小姑　西河　橋頭　澤山　厥山

三十七都，長壽鄉，統圖十三，在西山。

地名東蔡　西蔡　秦家堡　慈西　慈東　塔頭　東洋匯　坟上　綺里　石獅頭　圻村　石路

三十八都，長壽鄉，統圖十三，跨西山、角頭山。

地名西山　涵村　涵頭上　陳巷　勞村　唐里　疃里　石井頭　山下　柯家底　鄭涇橋　角頭山　大步　小步　衙灣　前湖　右並屬吳縣。

十七都，迎春鄉，統圖九，在馬蹟山。

地名古竹　耿灣　雁門　牛塘　西村　內閭　張清　寨前　新城　西坍　東坍　小墅　大墅　檀溪　鈕埼　伴奴　桃花　蓬坑　軟藤　莨橋　竹塢　踏青　山西　東泉　西泉　宋家巷　丁家巷　薛巷　秦巷　姚巷

右屬陽湖縣。

東山、武山圖圩字號細數：

二十六都一圖領圩五：良、知、過、才、忘。二圖領圩二：能、必。三圖領圩一：表。四圖領圩三：絲、景、悲。五圖領圩二：覆、改。

二十七都七圖領圩十五：優、學、淑甚、無競、籍、所、宜、令、業、新香、東香井、西香井、八百、澤、基。

二十八都一圖領圩一：政。二圖領圩一：貴。三圖領圩一：連。四圖領圩一：孔。五圖領圩一：顛。六圖領圩一：動。七圖八圖合領圩三：驅、黃、移。九圖領圩一：鬱。十圖領圩三：西𦕈、東𦕈、書。十一圖領圩二：蓮、華。十二圖領圩一：盈。十三圖領圩一：槐。十四圖領圩一：學。十五圖領圩一：唱。十六圖領圩一：夫。十七圖領圩一：沛。十八圖領圩六：東冠、西冠、雅、東高、畫、磨。十九圖領圩一：仙。

二十九都一圖領圩一：𦕈。二圖領圩一：軍。三圖領圩一：辰。四圖領圩一：多。五圖領圩一：寧。六圖領圩三：說、感、於。七圖領圩十三：俊、增、結、誠東、誠志、武、丁、海巨、乾、珠、寄、義、志。八圖領圩五：冥、窑碭、治、本、碣。九圖領圩四：庭、曠、祭、祀。十圖領圩七：碣、鉅、西石、東石、野、管、騎。十一圖領圩五：雁、門、紫、阜、旦。十二圖領圩四：禪、岱、扶、傾。十三圖領圩五：秦、泰、宗、肥、軍。十四圖領圩三：併、主、纓緣。十五圖領圩一：仕。十六圖領圩一：地。十七圖領圩一：霸。十八圖領圩七：阜、奄、綿、邈、岩、岫、杳稽。十九圖領圩六：崑、雞、賽、池、赤、熟。二十圖領圩二：云、亭。

三十都一圖領圩十一：聆、小音、大音、察、鑑、庸、謙、色、敕、謹、理。二圖領圩七：史、秉、庶、幾、素、幸、魚直。三圖領圩五：辱、近、耻、林、皐。四圖領圩十：省、嘉、猷、勉、殆、譏、其、殆敦、亢、極。五圖領圩十一：躬、誡、岳、貌、辨、寵、增、植、胡田、蘆祉、南暘。六圖領圩八：南、畝、我、藝、黍、稷、貢、勸。七圖領圩五：大中、小中、勞、庸、貽。八圖領圩四：出、孟、賞、載。

田賦

普天之下，莫非王土。惟正之供，固居於山者之所宜有也。惟是山多田少，出産微而辦賦艱，撫字催科，所望司牧者有以權衡其輕重焉。

東山，山林田蕩五百三十七頃，一十六畝，秋糧米三千五百八十二石，夏税麥五百四十石，絲二千九百五十八兩，鈔七十五貫五百九十五文，皆有奇。原注：科糧、山林、田蕩一百六十九頃五十八畝五分七厘七毫，科麥、絲鈔、山林并蕩三百七十六頃三十三畝七分八厘一毫。

西山，山林、田蕩八百六十七頃三十九畝，秋糧米三千二百四十六石，夏税麥七百六十石，絲四千五百四十六兩，鈔八十七貫，皆有奇。原注：官山林、田蕩二百一十五頃五十七畝八分八厘六毫，民山林、田蕩六百五十一頃八十一畝一分四厘五毫。

右載《震澤編》。

十八都，在長沙山，統圖二。田地、山蕩二十二頃一十一畝二分一厘九毫，本色米、麥、豆一百七十三石九升八合八勺。

二十四都，在大貢、小貢山，統圖一，原注：無人居住，附二十五都。山蕩一百三畝一分，本色米、麥、豆一石八斗八升九合一勺。

二十五都，在衡山、漫山，統圖一。田地、山蕩一十五頃一十九畝一分三厘五毫，本色米、麥、豆一百八十八石三斗九升八合九勺。

二十六都，在東山，統圖四。按：《縣志》，圖五。田地、山蕩八十五頃八十九畝五分八厘九毫，本色米、麥、豆四百三十四石一斗一升八合一勺。

二十七都，在東山按：實在武山。余山，統圖二。按《縣志》：圖九，在武山者七圖，在余山者五圖。田地、山蕩一十八頃九十四畝八分六厘八毫，本色米、麥、豆四百六十七石九斗二升五合四勺。

二十八都，在東山，統圖十五。原注：本朝均出空圖一里，併入水鄉。按：《縣志》：圖十九。田地、山蕩一百五十頃三十七畝九分二厘二毫，本色米、麥、豆四百三十石七斗五升五合三勺。

二十九都，在東山，統圖十五。原注：本朝均出空圖二里，併入水鄉。按《縣志》，圖二十。田地、山蕩二百五頃七十二畝六分九厘六毫，本色米、麥、豆一千一百二十五石六斗六升二勺。

三十都，在東山，按：實在武山。統圖六。按《縣志》，圖八。田地、山蕩七十五頃九十二畝五分八厘九毫，本色米、麥、豆一千六百二十五石四斗二升三合四勺。

三十二都，在西山、葉余山、鼋山、渡渚山，統圖十。田地、山蕩八十四頃四十五畝四分七厘，本色米、麥、豆七百一十八石六斗五升一合八勺。

三十三都，在西山、横山、陰山，統圖十一。原注：本朝均出空圖六里，併入水鄉。按《縣志》，圖十二。田地、山蕩一百一十三頃一十三畝二分四厘一毫，本色米、麥、豆三百三十石一斗一升七合一勺。

三十四都，在西山，統圖十。原注：本朝均出空圖五里，併入水鄉。按《縣志》，圖十二。田、地、山、蕩一百八十五頃五十三畝六分八厘，本色米、麥、豆一千五百七十二石一斗八升七合五勺。

三十五都，在西山，統圖十二。田地、山蕩二百一十二頃六十五畝七分二厘一毫，本色米、麥、豆六百九十一石三斗五升四合五勺。

三十六都，在三山、澤山、厥山，統圖三。按《縣志》，圖四。田地、山蕩二十七頃九畝七分五厘四毫，本色米、麥、豆五百四十六石五斗四升九合一勺。

三十七都，在西山，統圖十。原注：本朝均出空圖二里，併入水鄉。按《縣志》，圖十三。田地、山蕩一百二十五頃五十五畝三分九厘八毫，本色米、麥、豆三百一十三石八斗四升六合二勺。

三十八都，在西山，統圖十一。原注：本朝均出空圖三里，併入水鄉。按《縣志》，圖十三。田地、山蕩一百三十八頃六十四畝四分三厘四毫，本色米、麥、豆三百七十四石七斗七勺。

十七都，在馬蹟山，統圖三。按《縣志》，圖九。屬常州府武進縣。按：今屬陽湖縣。田、地、山、蕩二百二十四頃七十二畝四分三厘四毫，本色米、麥、豆一千九百二十一石二斗四升九合。

右載《具區志》。按：《吴縣魚鱗册》燬於明季。本朝未曾核造，故都圖中地畝之盈縮，錢糧之多少，推收出入，歲有不同。自來征輸，亦止就人户問賦而已。《具區志》所載田、地、山、蕩若干，乃人户辦糧之數，非盡都圖坐落之數也。空圖者，錢糧隨人户而去之謂也。

乾隆十二年太湖廳徵收東、西兩山田賦額兩次蠲免浮糧後賦額。

東山：田、地三萬三百八十六畝二分六厘三毫，山蕩四萬一千六百六十六畝六分六厘一毫，公田四百二十七畝六分三厘九毫，祭田三百四十二畝九分一厘八毫，共平米六千七百六十七石九斗九升九合，折色銀三千一百四十兩八分七厘。

西山：田、地三萬三千一百三十一畝八分二毫，山蕩四萬八千一百三十五畝七分，公田四百八十二畝八分九厘八毫，祭田六畝九分七厘二毫，共平米七千一十三石二斗四升二合三勺，折色銀三千三百五十兩四分二厘。

武山、三山、澤山、厥山在東山賦册。黿山、渡渚、葉余、陰山、横山在西山賦册。按兩山賦册，田地、山蕩與《具區志》所載不同。

乾隆十三年太湖廳清造東西兩山版圖細總：

東山版圖册：共六都，五十七圖。田、地、山、蕩通共七萬六千三百七十四畝四分五厘三毫，額科平米六千五百五十六石一升四合。

二十六都田、地、山、蕩共七千九百五畝八分一厘三毫，額科平米四百二十六石六斗三升六合三勺。

一圖田一則，三斗四升四合，田三百二十二畝六分二厘三毫。地一則，六升三合一勺，地四百一十二畝八分一厘。山二則，三升二合一勺，山四十四畝九厘九毫。一升五合，山一百八十五畝四厘八毫。蕩二則。二斗，蕩一十五畝九釐一毫。一斗，蕩二十八畝五分九釐三毫。二圖田一則，三斗四升四合，田一百五十四畝二分一釐二毫。地一則，六升三合一勺，地四百五十四畝六分七毫。山三則，五升三合五勺，山八十二畝五分二釐六毫。三升二合一勺，山三百二十四畝六分二釐二毫。一升五合，山五百九十三畝六分九釐九毫。蕩三則。一斗五升，蕩三十五畝二分一釐一毫。一斗，蕩二十二畝八分四釐五毫。一升五合，蕩四十八畝一分八釐六毫。三圖地一則。六升三合一勺，地五百三畝四分五釐三毫。山三則，五升三合五勺，山四十三畝三分二釐九毫。三升二合一勺，山二畝四分六毫。一升五合，山八百九十七畝六分二釐七毫。蕩四則。二斗，蕩五畝七分七釐二毫。一斗，蕩一畝。五升，蕩四畝二分七釐八毫。一升五合，蕩七畝五分二釐九毫。四圖地一則，六升三合一勺，地五百四十五畝一分五釐五毫。山三則。五升三合五勺，山二十四畝二分五釐三毫。三升二合一勺，山三十九畝七分八釐八毫。一升五合，山二千三百三畝八分八釐三毫。五圖田一則，三斗四升四合，田四十三畝二分四釐三毫。地一則，六升三合一勺，地三百二畝四分六釐四毫。山三則，五升三合五勺，山一十六畝五分四釐一毫。三升二合一勺，山八十四畝八分二釐一毫。一升五合，山三百七畝一分五釐八毫。蕩二則。一斗，蕩二十四畝九分五釐二毫。一升五合，蕩二十三畝九分九釐九毫。

二十七都田、地、山、蕩共三千三百二十五畝三分二釐五毫，額科平米七百四十石六斗三升七合八勺。

七圖田一則，三斗四升四合，田二千九畝四分三毫。地二則，二斗，地二十五畝一分一釐二毫。六升三合一勺，地二百一十五畝三分二釐四毫。山一則，三升二合一勺，山九分九釐。蕩六則。二斗，蕩一十一畝一分八釐三毫。一斗五升，蕩三十四畝五分八釐八毫。一斗，蕩二十五畝五分九釐六毫。五升，蕩一百四十九畝九分一釐三毫。三升，蕩三十二畝二分四釐九毫。一升五合，蕩八百二十畝九分六釐七毫。

二十八都田、地、山、蕩共一萬五千二百五十六畝一分七釐一毫，額科平米九百六十七石三斗三升三勺。

一圖地一則六升三合一勺，地三百六十四畝七分六釐一毫。山二則，三升二合一勺，山二畝三分二釐五毫。一升五合，山七百畝一分七釐。蕩三則。二斗，蕩五十畝四分六毫。一斗，蕩四畝七分七釐一毫。一升五合，蕩五分。二圖地一則，六升三合一勺，地三百三十二畝一分八釐七毫。山三則，五升三合五勺，山九分三釐二毫。三升二合一勺，山八畝九分一釐五毫。一升五合，山九百七畝九分七釐八毫。蕩三則。一斗五升，蕩一十一畝二分一毫。五升，蕩七畝九釐四毫。一升五合，蕩一十畝三分二釐四毫。三圖地一則，六升三合一勺，地三百八十二畝九分一釐九毫。山二則，三升二合一勺，山八畝。一升二合一勺，山一百五十四畝九分四釐一毫。蕩二則。一斗五升，蕩九畝九分四釐一毫。一升五合，蕩一十一畝四分一釐二毫。四圖地一則，六升三合一勺，地二百九十一畝一毫。山一則。一升五合，山二百八畝一分五釐三毫。蕩二則。一斗五升，蕩二十三畝二釐二毫。一升五合，蕩二十七畝四分七釐四毫。五圖地一則，六升三合一勺，地三百一十二畝八分七釐二毫。山一則。一升五合，山四百一十三畝九分九釐四毫。蕩三則。一斗，蕩五畝九分二釐八毫。五升，蕩九分六釐五毫。一升五合，蕩三十三畝九分四釐四毫。六圖地一則，六升三合一勺，地三百七畝二分六釐五毫。山二則，五升三合五勺，山五畝八分四釐六毫。一升五合，山六百六十九畝九分。蕩二則。一斗，蕩二十三畝七分一毫。一升五合，蕩二十八畝七分二釐三毫。七圖田一則，三斗四升四合，田四十五畝六分五釐六毫。

二斗，地四畝五分四厘二毫。一斗五升，地三畝四分一厘六毫。六升三合一勺，地四百一十九畝七分九厘六毫。山三則，五升三合五勺，山一十五畝一分六厘六毫。三升二合一勺，山五十一畝六分四厘九毫。一升五合，山二百五十一畝六分五厘三毫。蕩三則。一斗五升，蕩一十四畝一分三毫。五升，蕩二畝四分三厘六毫。一升五合，蕩六十四畝九分七厘八毫。十三圖田二則，三斗四升四合，田一十一畝五分一厘七毫。一斗，田四十一畝九分八厘四毫。地一則，六升三合一勺，地三百七十八畝一分三厘一毫。山二則，五升三合五勺，山二十八畝三厘七毫。一升五合，山一百九十九畝一分。蕩一則。一升五合，蕩一百二畝三分一厘。十四圖地一則，六升三合一勺，地三百五十畝一分八厘五毫。山三則。五升三合五勺，山六畝二厘八毫。三升二合一勺，山三十六畝一分八厘七毫。一升五合，山一百五十四畝二厘一毫。十五圖地一則，六升三合一勺，地三百四畝七分三厘九毫。山二則，三升二合一勺，山一百六畝一毫。一升五合，山二百九十七畝九分六毫。蕩二則。一斗五升，蕩一十一畝三分六厘六毫。一升五合，蕩一十三畝八分三厘。十六圖田一則，一斗，田五畝三分六厘七毫。地一則，六升三合一勺，地三百五十畝四分八厘一毫。山一則。五升三合五勺，山八畝二分三厘七毫。一升五合，山四百六十八畝五分八厘六毫。蕩二則，一斗五升，蕩八十九畝一分四厘七毫。五升，蕩七畝六分九厘。十七圖地一則，六升三合一勺，地二百四十畝一分五厘三毫。山一則。一升五合，山四百三十九畝五分一厘六毫。蕩三則，一斗，蕩七畝三分九厘一毫。五升，蕩九分二厘二毫。一升五合，蕩二十一畝二分八厘七毫。十八圖田一則，三斗四升四合，田二百二十一畝六分七厘六毫。公田四十八畝一分三厘八毫。地二則，二斗，地七

地二則，二斗，地三十一畝六分六厘九毫。六升三合一勺，地三百六十四畝五分五厘五毫。山三則，五升三合五勺，山二十五畝三分二厘六毫。三升二合一勺，山五十四畝七分九厘一毫。一升五合，山三百一十八畝五厘六毫。蕩四則。二斗，蕩三十五畝一分七厘五毫。一斗五升，蕩二十三畝九厘三毫。一斗，蕩六畝五分九厘六毫。一升五合，蕩一十三畝二分九厘。八圖田一則，三斗四升四合，田一百七十二畝七分四厘五毫。公田二十畝六分二厘三毫。地一則，六升三合一勺，地一百四十五畝一分三厘一毫。山三則，五升三合五勺，山六畝六分四毫。三升二合一勺，山八十四畝七分八厘七毫。一升五合，山九十五畝七分六厘六毫。蕩四則。二斗，蕩五十二畝二分一厘。一斗五升，蕩五畝七分二厘。一斗，蕩一十四畝七分二厘。一升五合，蕩一十畝七分一厘五毫。九圖地一則，六升三合一勺，地四百一十一畝七分二厘七毫。山一則。一升五合，山二百七十六畝三分七厘九毫。十圖田二則，三斗四升四合，田一百七十八畝六厘。公田五畝一分五厘一毫。一斗，田二十九畝五分一毫。地一則，六升三合一勺，地四百二十六畝四分七厘一毫。山三則，五升三合五勺，山七畝五分二厘四毫。三升二合一勺，山五十九畝九分九厘六毫。一升五合一勺，山三百二十七畝五分八厘四毫。蕩三則。二斗，蕩一十畝六分八厘一毫。五升，蕩二十六畝四分六厘五毫。一升五合，蕩一畝七分三厘五毫。十一圖田二則，三斗四升四合，田一百一十畝一分二厘七毫。一斗，田五十二畝三分四厘七毫。地二則，一斗五升，地四分四厘一毫。六升二合一勺，地三百三十畝二分七厘四毫。山三則。五升三合五勺，山三畝一分八厘。三升二合一勺，山三十四畝二分九毫。一升五合，山二百二十畝五分四厘七毫。十二圖田二則，三斗四升四合，田八十四畝二厘。一斗，田二畝二分四厘五毫。地四則，二斗五升，地五畝六分五厘一毫。

分二厘六毫。六升三合一勺，地一百三十七畝八分五厘一毫。山一則，一升五合，山一十四畝九分六厘九毫。蕩三則。二斗，蕩八十一畝五分六厘六毫。一斗，蕩一十四畝八分四厘八毫。五升，蕩五十六畝六分六厘九毫。十九圖田一則，三斗四升四合，〔田〕〔一〕八十四畝一分一毫。公田一十五畝四分四厘四毫。地二則，一斗五升，地七畝一分七厘七毫。六升三合一勺，地三百五十二畝六分二毫。山三則。五升三合五勺，山一十一畝三分三厘九毫。三升二合一勺，山五十三畝六分五厘一毫。一升五合，山一百九十四畝四分四厘八毫。

二十九都田、地、山、蕩共三萬四千五百九十八畝一分二厘五毫，額科平米一千九百一十八石六斗九升九合七勺。

一圖田一則，三斗四升四合，田二十八畝一分。地一則，六升三合一勺，地四百六十七畝一分三厘四毫。山三則，五升三合五勺，山七畝九分一厘。三升二合一勺，山三畝二分五厘六毫。一升五合，山三百四十八畝六厘四毫。蕩三則。五升，蕩一十三畝二分一厘五毫。三升，蕩一百五十四畝三分七厘一毫。一升五合，蕩五百五十五畝七分。二圖田一則，三斗四升四合，田一十畝八分四厘二毫。地一則，六升三合一勺，地二百三十八畝六分四毫。山二則，五升三合五勺，山三分二毫。一升五合，山二百九十四畝一分三厘三毫。蕩二則。三升，蕩一百三十一畝六分一厘六毫。一升五合，蕩一百八畝二厘八毫。三圖地一則，六升三合一勺，地三百六十二畝三分四厘九毫。山一則，一升五合，山四百七十二畝三分五厘。蕩二則。三升，蕩三百二十三畝三分四厘九毫。一升五合，蕩二千四畝四厘三毫。四圖地一則，六升三合一勺，地四百三十六畝七分八厘七毫。山一則，一升五合，山九百四十一畝九分九厘五毫。蕩三則。五升，蕩一十二畝六分九厘四毫。三升，蕩三十七畝二分六厘九毫。一升五合，蕩四畝三分七厘六毫。五圖田一則，一斗，田一十畝六厘三毫。地一則，六升三合一勺，地二百二十一畝八分五厘一毫。山二則，三升二合一勺，山五畝五分二厘。一升五合，山二百六十八畝九分四厘三毫。蕩三則。一斗，蕩一十八畝九分二厘四毫。五升，蕩六十二畝八分八厘九毫。一升五合，蕩二千八百六十七畝二分九厘九毫。六圖田二則，三斗四升四合，田三畝五分一厘九毫。一斗，田七十二畝九分三厘五毫。地一則，六升三合一勺，地二百七十七畝二分二厘七毫。山三則。五升三合五勺，山一百七十一畝五分八厘九毫。三升二合一勺，山三十四畝八分五厘九毫。一升五合，山五百八十八畝二分四厘。七圖田一則，三斗四升四合，田一畝三分六厘六毫。地一則，六升三合一勺，地三百七十七畝二分八厘八毫。山二則。三升二合一勺，山一百六十五畝八分三厘四毫。一升五合，山二千二百一畝二分四厘七毫。八圖田二則，三斗四升四合，田八十四畝六分九厘三毫。一斗，田二十六畝八分五厘七毫。地二則，二斗，地一十一畝一分九厘四毫。六升三合一勺，地六百一十六畝二分一厘七毫。山一則，一升五合，山四百二十五畝一分六厘七毫。蕩四則。一斗，蕩九畝三分二厘六毫。五升，蕩二十八畝五分五厘四毫。三升，蕩八百五十七畝二分一厘六毫。一升五合，蕩六百五十八畝九分六厘。九圖田二則，三斗四升四合，田一百九十三畝六分九厘一毫。一斗，田七畝二分九厘四毫。地三則，二斗，地一十六畝二分六毫。六升三合一勺，地四百四畝七分九厘一毫。五升，地二畝四分七厘五毫。山三則，五升三合五勺，山六畝六分九毫。三升二合一勺，山三畝九分八

〔一〕田　原缺，據文義補。

厘七毫。一升五合，山六百三十七畝七分四厘七毫。蕩一則。一升五合，蕩二畝二分八厘。十圖田一則，三斗四升四合，田二百六十畝八分二厘三毫。地一則，六升三合一勺，地四百八十六畝三分五厘三毫。山一則。一升五合，山八百六十畝一分四厘三毫。十一圖田二則，三斗四升四合，田三百三十三畝六分七厘四毫。一斗，田一十七畝二分二厘一毫。地一則，六升三合一勺，地三百二十六畝三分一厘三毫。山二則。三升二合一勺，山三十一畝六分五厘六毫。一升五合，山一千二十九畝四厘九毫。十二圖田一則，三斗四升四合，田二百七十一畝四分三毫。地一則，六升三合一勺，地三百八十八畝一分二厘一毫。山三則。五升三合五勺，山三畝三分三厘二毫。三升二合一勺，山七畝八分五厘八毫。一升五合，山二百八十八畝一分九毫。十三圖田一則，三斗四升四合，田二百一十四畝七毫。地一則，六升三合一勺，地一百八十二畝四毫。山三則。五升三合五勺，山九分九厘九毫。三升二合一勺，山三分九厘。一升五合，山一百七十四畝四分一厘六毫。十四圖田一則，三斗四升四合，田五百五畝九厘四毫。地一則，六升三合一勺，地一百八十一畝六厘二毫。山二則。三升二合一勺，山一十一畝六分九毫。一升五合，山一百八十畝六分二厘。十五圖田一則，三斗四升四合，田二十三畝六分三厘。地一則，六升三合一勺，地三百六十四畝六分二毫。山一則，一升五合，山六百七十三畝四分九厘七毫。蕩三則。五升，蕩一百九十五畝六分一厘六毫。三升，蕩一百一十九畝七分七厘二毫。一升五合，蕩四百五十七畝三分。十六圖地一則，六升三合一勺，地三百四十六畝六分八厘三毫。山一則，一升五合，山一百七十畝八分五厘九毫。蕩一則，一升五合，蕩六百三十畝六分九厘二毫。十七圖田一則，一斗，田一十五畝八分七厘五毫。地二則，一斗五升，地六畝九分七厘一毫。六升三合一勺，地一百五十六畝四分七厘一毫。山一則，一升五合，山三百一十三畝六分九厘七毫。蕩三則。一斗五升，蕩五畝九分六厘一毫。一斗蕩四畝四厘一毫。五升，蕩一百一畝九分九厘七毫。十八圖田一則，三斗四升四合，田一百八十三畝七分三厘六毫。地二則，三斗，地一十八畝二分六厘四毫。六升三合一勺，地三百畝七分四厘八毫。山一則，一升五合，山一百七十畝三分四厘四毫。蕩二則。一斗五升，蕩三畝六厘五毫。一斗，蕩五畝九分九厘三毫。十九圖田一則，三斗四升四合，田三百三十五畝七分八厘七毫。地一則，六升三合一勺，地一百一十五畝三厘一毫。蕩四則。一斗五升，蕩七十三畝三分九厘九毫。一斗，蕩六畝六分七毫。五升，蕩五十九畝四分九厘七毫。一升五合，蕩一十三畝四分一厘一毫。二十圖田一則，三斗四升四合，田二百七十四畝九分一厘七毫。地三則，三斗，地二畝三分。二斗，地六分。六升三合一勺，地五畝三分四厘二毫。蕩五則。一斗五升，蕩二十一畝八分八厘。一斗，蕩六百九畝八厘一毫。五升，蕩一千三百二十九畝三分八毫。三升，蕩五百五十八畝四分七厘七毫。一升五合，蕩二千八百六十九畝七厘三毫。

三十都田、地、(三)〔山〕〔一〕、蕩共一萬二千三百四十一畝九分一厘四毫，額科平米二千三百四十六石九斗三升六合八勺。

一圖田二則，三斗四升四合，田八百二十五畝八分七厘四毫。一斗，田二百一十一畝九分五厘三毫。地一則，六升三合一勺，地一百七十五畝五分三厘六毫。山三則，五升三合五勺，山一分四毫。三升二合一

〔一〕山　原作『三』，據文義改。

勺，山四十六畝三分七厘三毫。一升五合，山四分六厘八毫。蕩四則。一斗，蕩四十八畝九分五厘八毫。五升，蕩一十八畝八分六厘六毫。三升，蕩一十九畝八分三厘二毫。一升五合，蕩一千三百四十九畝五分七厘。二圖田一則，三斗四升四合，田二百九十七畝六分二毫。地一則，六升三合一勺，地二百五十四畝五分三厘六毫。山一則，一升五合，山三畝三分六厘三毫。蕩二則。一斗，蕩一十畝。一升五合，蕩七十九畝六分六厘七毫。三圖田一則。三斗四升四合，田五百六畝三分四厘三毫。地一則，六升三合一勺，地二百三十九畝五分四厘。山二則，三升二合一勺，山五十二畝一分五厘二毫。一升五合，山四十九畝三分八厘七毫。蕩四則。二斗，蕩七畝二分。一斗五升，蕩五十九畝八分五厘七毫。五升，蕩二畝。一升五合，蕩七十五畝六分六厘五毫。四圖田一則，三斗四升四合，田五百二十九畝二分五厘一毫。地一則，六升三合一勺，地五百五十一畝九分五厘二毫。山二則，三升二合一勺，山一十畝七分五厘六毫。一升五合，山一十六畝五分二厘五毫。蕩一則。一升五合，蕩一十三畝五分五厘。五圖田一則，三斗四升四合，田一千五百九十七畝七分七厘七毫。公田一百四十八畝三毫。地二則，二斗，地一畝六厘。六升三合一勺，地一畝六分四厘五毫。蕩七則。二斗五升，蕩二十五畝一分四厘九毫。二斗，蕩六十八畝九分八厘六毫。一斗五升，蕩八畝四分六厘七毫。一斗，蕩三十四畝四分三厘三毫。五升，蕩六百一十五畝七分五厘四毫。三升，蕩七十八畝五分三厘八毫。一升五合，蕩七百九十畝二分一厘。六圖田一則，三斗四升四合，田一千二百四十七畝六分六厘七毫。地一則，六升三合一勺，地三十四畝五分四厘八毫。蕩四則。二斗，蕩一百一十一畝二分四厘三毫。一斗五升，蕩二敢三分九厘四毫。三升，蕩七十三畝七分三厘九毫。一升五合，蕩一百八十四畝七分四厘五毫。七圖田一則。三斗四升四合，田一百九十八畝六分二厘三毫。地一則，六升三合一勺，地三百三十三畝四分三厘九毫。蕩二則。二斗，蕩四十六畝四分五厘二毫。一斗，蕩二十畝二厘九毫。一升五合，蕩三百八畝二分。八圖田一則，三斗四升四合，田四百三十一畝二分三厘九毫。公田一百六十一畝二分八厘。地一則，六升三合一勺，地三百四十二畝九分五毫。山一則，一升五合，山一十八畝三厘二毫。蕩一則。一升五合，蕩四分七厘七毫。

三十六都田、地、山、蕩共二千九百四十七畝一分五毫，額科平米一百五十五石七斗七升三合九勺。

一圖田二則，三斗四升四合，田一十畝五分五厘一毫。一斗，田一十六畝一厘三毫。地一則，六升三合一勺，地二百三十六畝八分六厘九毫。山二則，三升二合一勺，山一十六畝四分七厘四毫。一升五合，山三百五十一畝九分二厘。蕩二則。三升，蕩二畝三厘。一升五合，蕩一畝九厘。二圖田二則，三斗四升四合，田五十一畝六分一厘四毫。一斗，田四十一畝五分八厘。地一則，六升三合一勺，地五百六十八畝四分二厘二毫。山二則，三升二合一勺，山四十六畝二分八厘七毫。一升五合，山五百一十六畝五分九厘四毫。蕩二則。五升，蕩二十七畝四分三厘四毫。三升，蕩八畝九分四厘。三圖田二則，三斗四升四合，田一十三畝一分八毫。一斗，田三畝一毫。地一則，六升三合一勺，地一百一十八畝五分九厘三毫。山二則，三升二合一勺，山四畝六分八厘。一升五合，山一百九十畝五分九厘一毫。蕩一則。三升，蕩七畝二分四厘五毫。四圖田二則，三斗四升四合，田四十七畝一分六厘五毫。一斗，田六十四畝六厘五毫。地一則，六升三合一勺，地二百六十九畝一分五厘六毫。山二則，六升三合一勺，山三十七畝一分三厘三毫。一升五合，山二百七十六畝四厘二毫。蕩二則。三升，蕩一十八畝八分二厘五毫。一升五合，蕩一畝六分八厘三毫。

西山版圖册：共六都、七十四圖。田、地、山、蕩共八萬六千九畝三分五厘七毫，額科平米六千八百九十二石五斗六升六合七勺。

三十二都田、地、山、蕩共九千五百一十二畝八分九厘，額科平米一千三百七十一石七斗三升九合五勺。

一圖田一則，三斗四升四合，田六十一畝五分九厘五毫。地一則，六升三合一勺，地五百七十三畝六分九厘七毫。山一則，一升五合，山一畝五分三厘六毫。蕩三則。二斗，蕩一十七畝七分一厘五毫。一斗，蕩三畝一分二毫。三升，蕩八分四毫。二圖田一則，三斗四升四合，田一百二十八畝八分三厘。地一則，二斗，地一十五畝五厘九毫。山三則，五升三合五勺，山七十五畝五分七厘六毫。三升二合一勺，山五十一畝九分九厘六毫。一升五合，山二百一十三畝四分六厘。蕩一則。一斗，蕩六十三畝三厘三毫。三圖田一則，三斗四升四合，田五百三十四畝四分六厘八毫。地三則，二斗，地三畝四分三厘三毫。一斗，地一分四厘八毫。六升三合一勺，地一百九十三畝六分六毫。山三則，五升三合五勺，山五畝八分七厘七毫。三升二合一勺，山三畝一分二厘五毫。一升五合，山五十七畝七分九毫。蕩五則。二斗五升，蕩三十四畝八分一厘九毫。二斗，蕩三十五畝一分九厘六毫。一斗，蕩四十三畝八分二厘九毫。五升，蕩三畝三分。三升，蕩一十七畝八分一毫。四圖田一則，三斗四升四合，田二百六十七畝八分九厘六毫。地一則，六升三合一勺，地六百四十三畝六厘八毫。山三則，五升三合五勺，山一畝二分九厘五毫。三升二合一勺，山八厘八毫。一升五合，山一百六十二畝六分八厘三毫。蕩一則。一斗，蕩三畝六厘四毫。五圖田一則，三斗四升四合，田一百二十三畝九分九厘三毫。地一則，六升三合一勺，地四百五十九畝一分四厘五毫。山二則，五升三合五勺，山二畝六分五厘二毫。一升五合，山二百三十四畝七毫。蕩四則。二斗，蕩二畝九分六厘五毫。一斗，蕩六十九畝二分九厘八毫。三升，蕩一畝一分九厘六毫。一升五合，蕩四分五厘。六圖地二則，三斗四升四合，地一十五畝四分五厘七毫。六升三合一勺，地一百九十九畝九分四厘五毫。山一則，一升五合，山二百七畝五分二厘。蕩一則。一斗，蕩四十三畝六分六毫。七圖田一則，三斗四升四合，田四百五十二畝八分五厘八毫。地二則，二斗，地二分九厘四毫。六升三合一勺，地二百五十九畝八分六厘九毫。山一則，一升五合，山四百二十五畝五分二厘五毫。蕩四則。二斗，蕩四十一畝四分二厘八毫。一斗，蕩六畝五分九厘八毫。五升，蕩三畝二分三厘六毫。一升五合，蕩六分五厘七毫。八圖田一則，三斗四升四合，田七百八十五畝七分二厘三毫。地一則，六升三合一勺，地三百五十畝九分八厘三毫。山一則，一升五合，山一百三十八畝五分一厘七毫。蕩四則。二斗，蕩五畝一分六厘五毫。一斗，蕩一十六畝九分三毫。五升，蕩三十三畝八分六厘九毫。三升，蕩一十六畝。九圖田一則，三斗四升四合，田三百九畝六分七厘八毫。地一則，六升三合一勺，地四百三十三畝七分六厘三毫。山三則。五升三合五勺，山二十二畝九分三厘七毫。三升二合一勺，山一十七畝八分八厘九毫。一升五合，山一百四十六畝四分一厘七毫。十圖田一則，三斗四升四合，田三百九畝五分四厘八毫。地一則，六升三合一勺，地四百一十一畝六厘二毫。山三則，五升三合五勺，山五分。三升二合一勺，山二畝四分三厘六毫。一升五合，山六百五十五畝二分四厘八毫。蕩二則。二斗，蕩八十七畝二分七厘八毫。一斗，蕩五分三厘八毫。

三十三都田、地、山、蕩共一萬一千五百九十四畝六分六毫，額科平米六百七十石五斗八勺。

一圖田一則，三斗四升四合，田七畝四分四厘七毫。　地二則，一斗五升，地六十八畝四分五厘九毫。六升三合一勺，地一百三十二畝二分八厘八毫。　山一則，一升五合，山一千八十四畝九分七厘八毫。　蕩四則。二斗，蕩七畝六分六厘七毫。五升，蕩二十九畝六分八厘一毫。三升，蕩八畝五厘三毫。一升五合，蕩三十一畝三分七厘八毫。　二圖地二則，一斗五升，地二百三十九畝九毫。六升三合一勺，地二百六十八畝六分九厘六毫。　山一則，一升五合，山一千一百七十五畝七分八厘一毫。　蕩三則。二斗，蕩二畝二分八厘。三升，蕩一畝七分三毫。一升五合，蕩一十二畝六分三厘四毫。　三圖田一則，三斗四升四合，田九十三畝七分三厘八毫。　地一則，六升三合一勺，地二百七十畝一分七厘二毫。　山二則，三升二合一勺，山七分一厘四毫。一升五合，山二千七百七十九畝五分四厘四毫。　蕩六則。二斗五升，蕩一十四畝三分一厘七毫。二斗，蕩五畝三分七厘六毫。一斗，蕩一十一畝七厘一毫。五升，蕩二十畝三分六厘一毫。三升，蕩七畝二分一厘。一升五合，蕩二十九畝九分九厘二毫。　四圖田一則，三斗四升四合，田三十九畝六分一厘三毫。　地一則，六升三合一勺，地七十六畝五分九厘五毫。　蕩五則。二斗，蕩一畝八分四厘一毫。一斗，蕩一十畝四分八厘四毫。五升，蕩一十二畝八分六厘八毫。三升，蕩五十七畝二分八厘三毫。一升五合，蕩一十八畝五分五厘七毫。　五圖地一則，六升三合一勺，地四十九畝四厘一毫。　山一則。一升五合，山三百六十八畝七分四毫。　六圖田一則，三斗四升四合，田一百六十一畝一分四厘五毫。　地一則，六升三合一勺，地二百四十八畝七分三厘六毫。山二則，三升二合一勺，山一十六畝。一升五合，山三百七十四畝五分七厘五毫。　蕩三則。五升，蕩四十三畝三厘。三升，蕩四十六畝五分五厘三毫。一升五合，蕩一百四十七畝七分三厘九毫。　七圖田一則，三斗四升四合，田一百三十五畝二分三厘五毫。　地一則，六升三合一勺，地三百二十八畝三分七厘九毫。　山一則，一升五合，山八百七十畝二分六厘六毫。　蕩五則。二斗，蕩一十七畝三分二厘。一斗五升，蕩六分八厘九毫。五升，蕩五畝七分三厘五毫。三升，蕩一畝七分七毫。一升五合，蕩一十一畝九分九厘五毫。　八圖山一則。一升五合，山九百四十五畝四分三厘三毫。　九圖田一則，三斗四升四合，田一百七十三畝三分九厘三毫。地一則，六升三合一勺，地二百六畝三分三厘。　蕩六則。二斗，蕩二畝五分九厘五毫。一斗五升，蕩四畝一分六厘二毫。一斗，蕩一十七畝七厘七毫。五升，蕩三畝二分三毫。三升，蕩二畝四分三厘三毫。一升五合，蕩五分三厘二毫。　十圖田一則，三斗四升四合，田四百二十五畝四分一厘六毫。　地一則，六升三合一勺，地八十二畝八分九厘二毫。　山一則。一升五合，山三畝八分七厘四毫。　十一圖地一則，六升三合一勺，地一百一十三畝七厘三毫。　山一則，一升五合，山一百六十三畝三分八厘六毫。蕩五則。二斗，蕩二十二畝二分一毫。一斗，蕩一畝六厘五毫。五升，蕩四畝三分四厘五毫。三升，蕩二畝二分八厘二毫。一升，五合，蕩二十六畝九分三厘五毫。　十二圖蕩五則。二斗，蕩一十四畝二分七厘八毫。一斗，蕩八畝一厘二毫。五升，蕩六畝三分五厘三毫。三升，蕩五畝五分七厘四毫。一升五合，蕩一十二畝五分二厘三毫。

三十四都田、地、山、蕩共一萬六千七百四十七畝八分二毫，額科平米二千三百六十四石三斗四合一勺。

一圖田一則，三斗四升四合，田五百八畝五分一厘七毫。　地二則，二斗，地九十八畝三分三厘八毫。六升三合一勺，地一百九十四畝五分六厘五毫。蕩四則。一斗五升，蕩二百二十二畝四分七毫。一斗，蕩五十五畝五分一厘五毫。五升，蕩三十一畝七分五毫。一升五合，蕩三百七十六畝五分四厘六毫。二圖田一則，三斗四升四合，田六百三十畝五厘八毫。地一則，六升三合一勺，地一百五十八畝六分一厘六毫。山一則，一升五合，山三百四十五畝一分四厘二毫。三圖田一則，三斗四升四合，田八百五十五畝六分三毫。地二則，二斗，地一百七十三畝三分五厘一毫。六升三合一勺，地一百三十五畝八分。山三則，五升三合五勺，山五十六畝八厘。三升二合一勺，山一百二十九畝六分一厘。一升五合，山八百七十三畝九分八厘九毫。蕩四則。一斗五升，蕩五十一畝九分九毫。五升，蕩一百四畝六分四厘六毫。三升，蕩九十二畝一分二厘。一升五合，蕩二十九畝三分九厘七毫。四圖田一則，三斗四升四合，田六百五十六畝二分八厘九毫。地二則，二斗，地三畝四分三厘。六升三合一勺，地四百五十八畝一分七厘八毫。山三則，五升三合五勺，山三百二十三畝八分三厘四毫。三升二合一勺，山四百五十七畝四分二厘五毫。一升五合，山四百四畝六厘二毫。五圖田一則，三斗四升四合，田二百六十四畝七分二厘。地一則，六升三合一勺，地三百五十二畝五分五厘六毫。山一則。一升五合，山八百四十二畝八厘七毫。六圖田一則，三斗四升四合，田六百一十七畝二分五厘八毫。地一則，六升三合一勺，地二百三十四畝三分五厘七毫。山一則，一升五合，山三百九十八畝九分二厘七毫。七圖田一則，三斗四升四合，田四百七十四畝二分八厘三毫。地一則，六升三合一勺，地六百一十九畝九分七厘一毫。山二則，三升二合一勺，山七十九畝五分六厘三毫。一升五合，山六百七十一畝一分八厘三毫。八圖田一則，三斗四升四合，田三百五畝四分五厘一毫。公田五十六畝二分二厘六毫。地二則，三斗，地三十六畝二分三厘六毫。六升三合一勺，地四百四十三畝二分九厘一毫。山一則，一升五合，山二百三十六畝五分五厘八毫。蕩四則。二斗，蕩一百一十一畝六分三毫。一斗，蕩五十七畝二分六毫。五升，蕩三十四畝一厘四毫。一升五合，蕩九十二畝五分三厘。九圖田一則，三斗四升四合，田一百四十畝四分四毫。地二則，三斗，地一十畝九分八厘六毫。六升三合一勺，地三百四十八畝一分七厘一毫。山一則，一升五合，山二百三十八畝七分二厘九毫。蕩四則。二斗，蕩一畝六分一厘九毫。一斗，蕩一十三畝九分六厘九毫。五升，蕩一十九畝四分七厘三毫。一升五合，蕩一十畝二分三厘三毫。十圖田一則，三斗四升四合，田五百三十九畝三分二毫。地三則，三斗，地一十五畝八分二厘五毫。二斗，地一畝二厘。六升三合一勺，地五百五十四畝九分五毫。山一則，一升五合，山七百六十畝五分六厘三毫。蕩四則。二斗，蕩一畝五分三厘二毫。五升，蕩一畝七分六毫。三升，蕩八畝一分三厘二毫。一升五合，蕩五畝五分七毫。十一圖田一則，三斗四升四合，田一畝六分八厘五毫。地一則，六升三合一勺，地三十二畝八分二厘八毫。山三則。五升三合五勺，山二畝一分五厘。三升二合一勺，山九十七畝二分一厘。一升五合，山七十四畝八分九厘四毫。十二圖田一則，三斗四升四合，田二百五十六畝七厘四毫。地二則，三斗，地五十九畝四分三厘九毫。六升三合一勺，地九十畝二分三厘。山一則，一升五合，山四十五畝七分八厘九毫。蕩二則。五升，蕩三十畝三分四厘四毫。一升五合，蕩二十九畝九分三厘一毫。

三十五都田、地、山、蕩共一萬九千一百八十六畝五分九厘五毫，額科平米九百七十八石五斗二升五勺。

一圖田一則，三斗四升四合，田三百五十二畝八分五厘一毫。地三則，三斗，地三十二畝八分八厘七毫。二斗，地四十六畝九分二厘一毫。

六升三合一勺，地四百八十四畝二分九厘四毫。山二則，三升二合一勺，山三百七十一畝五分三毫。一升五合，山五百六十五畝六分三毫。蕩三則。五升，蕩七十九畝二分七厘三毫。三升，蕩五十九畝四分五厘。一升五合，蕩八十四畝四分四毫。二圖田一則，三斗四升四合，田九十八畝一分八厘一毫。地一則，六升三合一勺，地二百三十二畝九分八厘七毫。山一則。一升五合，山五百二十七畝六分三厘九毫。三圖田一則，三斗四升四合，田三十畝一分二厘五毫。地二則，一斗，地三分二厘六毫。六升三合一勺，地六百四十畝六分六厘五毫。山三則。五升三合五勺，山一畝一分二厘五毫。三升二合一勺，山三百二十三畝七分九厘六毫。一升五合，山一千二百四十四畝三分三厘七毫。四圖田一則，三斗四升四合，田八畝三分二厘二毫。地二則，二斗，地二畝一分七厘七毫。六升三合一勺，地一百八十五畝三分三毫。山二則，三升二合一勺，山六十九畝三分二厘八毫。一升五合，山二百八十七畝七分八厘。蕩三則。一斗，蕩一十四畝四分二厘七毫。五升，蕩二十三畝八分四厘七毫。一升五合，蕩一十九畝九分四厘五毫。五圖田一則，三斗四升四合，田三十七畝三分二厘七毫。地三則，二斗，地一十二畝七分三毫。一斗，地五十一畝一分五厘一毫。六升三合一勺，地四百三十九畝二分三厘六毫。山三則，五升三合五勺，山二十一畝五分九厘四毫。三升二合一勺，山四十四畝六厘一毫。一升五合，山一千二百四十畝三分二厘六毫。蕩一則。一升五合，蕩八十五畝二分七厘。六圖地二則，一斗，地七畝七分四厘八毫。六升三合一勺，地三百六十三畝三厘七毫。山一則。一升五合，山一千一百九十二畝一分五厘一毫。七圖田一則，三斗四升四合，田四分七厘七毫。地一則，六升三合一勺，地三百七十二畝九分四毫。山一則。一升五合，山九百二畝七分四厘。八圖田一則，三斗四升四合，田七畝二分八厘。地二則，一斗，地二畝四分七厘五毫。六升三合一勺，地四百二十二畝八分七厘六毫。山一則。五升三合五勺，山五畝九分四厘二毫。一升五合，山八百六十八畝二分五厘三毫。九圖田一則，三斗四升四合，田二百一十二畝九分九厘。地四則，二斗五升，地六畝七分二厘九毫。二斗，地三十九畝九分七厘六毫。一斗，地九畝六分三厘三毫。六升三合一勺，地二百八十九畝九分二厘。山二則。三升二合一勺，山二畝三分八厘三毫。一升五合，山六十九畝一分。十圖田一則，三斗四升四合，田六十八畝二分。地一則，六升三合一勺，地一百八十四畝一分二厘四毫。山一則。一升五合，山四百二十九畝四厘五毫。十一圖田一則，三斗四升四合，田一百七十三畝四分四厘四毫。地三則，二斗，地六畝六分六厘八毫。一斗，地二畝五分五厘二毫。六升三合一勺，地四百三十八畝四分一厘。山一則，一升五合，山二百三十畝四分四厘七毫。蕩二則。三升，蕩四十一畝八分六厘。一升五合，蕩三百六十三畝八分六厘六毫。十二圖田一則，三斗四升四合，田一百四十一畝四分九厘七毫。地四則，二斗，地一十四畝三分五厘二毫。一斗五升，地二十八畝三厘三毫。一斗，地四畝七分七厘一毫。六升三合一勺，地五百八畝四分八厘四毫。山二則，三升二合一勺，山三十七畝九分三厘八毫。一升五合，山二千一百二十畝八分九厘六毫。蕩二則。三升，蕩四十一畝二分五厘七毫。一升五合，蕩三百六十一畝一分五厘四毫。十三圖地三則，二斗，地二畝六分八毫。一斗，地八分一厘。六升三合一勺，地二百七十九畝七分五厘三毫。山三則。五升三合五勺，山二百二十二畝一分。三升二合一勺，山一百五十四畝三分。一升五合，山三百七十七畝二分一厘七毫。十四圖地一則，六升三合一勺，地一百一十一畝四分六毫。山二則。

三升二合一勺，山六十八畝二分一厘六毫。一升五合，山二百七十七畝四分九毫。

三十七都田、地、山、蕩共一萬四千七百三十畝三分三厘四毫，額科平米七百四十四石六斗二升四合七勺。

一圖田一則，三斗四升四合，田三十五畝七分一厘。地一則，六升三合一勺，地三百三十畝八分五厘六毫。山一則，一升五合，山一千七十四畝九分七厘三毫。蕩五則。一斗五升，蕩一十八畝九分六毫。一斗，蕩三畝八分五厘五毫。五升，蕩四畝三分六厘一毫。三升，蕩一百一十八畝二分七厘三毫。一升五合，蕩一百七十九畝五分九厘二毫。二圖田一則，三斗四升四合，田二十八畝一分二厘七毫。地三則，二斗五升，地七分五厘五毫。一斗地二畝二分六厘三毫。六升三合一勺，地二百三十四畝二分七厘。山三則，五升三合五勺，山六畝六分六厘八毫。三升二合一勺，山二畝四分四厘四毫。一升五合，山二百三十七畝七分二毫。蕩二則。三升，蕩六十畝七分五厘五毫。一升五合，蕩一百九畝七分一厘八毫。三圖田二則，三斗四升四合，田三十畝五厘五毫。一斗，田一十四畝九分一厘。地一則，六升三合一勺，地三百六十四畝六分五厘六毫。山三則，五升三合五勺，山七畝五厘二毫。三升二合一勺，山八畝三分四厘二毫。一升五合，山七百五十畝二分八厘二毫。蕩三則。五升，蕩四畝三分七厘。三升，蕩三百五十五畝七分七厘二毫。一升五合，蕩一百八畝七分六厘九毫。四圖田一則，三斗四升四合，田二十三畝八分八厘。地三則，二斗，地一十五畝四厘三毫。一斗，地七畝一分一厘九毫。六升三合一勺，地九十九畝四分三厘五毫。山二則。三升二合一勺，山一十二畝六分三厘二毫。一升五合，山一百四十畝六分四厘四毫。五圖田一則，三斗四升四合，田五十七畝九分四厘五毫。地三則，二斗五升，地一畝二分四厘七毫。二斗，地四畝五分四厘四毫。六升三合一勺，地一百八十九畝九分七厘九毫。山一則。一升五合，山六十四畝五分六厘一毫。六圖田一則，三斗四升四合，田一百一十三畝二分四厘一毫。地二則，一斗五升，地二十二畝三厘七毫。六升三合一勺，地二百八十五畝二厘八毫。山二則，三升二合一勺，山一畝五分六厘三毫。一升五合，山一千七百三十畝四分八厘。蕩三則。一斗，蕩五畝七分九厘八毫。五升，蕩二十五畝四分二厘七毫。三升，蕩八十三畝七分一厘一毫。七圖田一則，三斗四升四合，田二百五畝六分六厘三毫。地四則，二斗，地二畝四分二厘。一斗五升，地二十一畝六分四厘三毫。一斗，地二十三畝五分一厘五毫。六升三合一勺，地二百二十五畝一厘八毫。山一則，一升五合，山一千九十八畝二分七厘二毫。蕩三則。五升，蕩二十一畝八分三厘二毫。三升，蕩二十二畝一分九厘四毫。一升五合，蕩四十畝九分六厘七毫。八圖田一則，三斗四升四合，田三十一畝二分三厘三毫。地二則，一斗五升，地三十九畝九分九厘一毫。六升三合一勺，地二百畝三分三厘九毫。山二則，三升二合一勺，山六畝九分八厘六毫。一升五合，山九百三十二畝四分二厘七毫。蕩五則。一斗五升，蕩七畝九分八厘八毫。一斗，蕩二畝八厘五毫。五升，蕩三十畝二分八厘七毫。三升，蕩二十二畝九分八厘二毫。一升五合，蕩六十三畝五厘五毫。九圖田一則，三斗四升四合，田一百一畝九分五厘五毫。地二則，一斗五升，地八十一畝四分八厘四毫。六升三合一勺，地三百五十九畝八厘四毫。山三則，五升三合五勺，山二分六厘六毫。三升二合一勺，山四十二畝二分六厘七毫。一升五合，山一千一百四十五畝一分一厘九毫。蕩二則。五升，蕩九畝八分五厘八毫。一升五合，蕩七畝三分五厘一毫。十圖田一則，三斗四升四合，田一百一十一畝五分八厘九毫。地四則，二斗，地八畝一分五厘二毫。一斗五升，地一十六畝一分一厘九毫。一斗，地二十九畝一分六厘三毫。六升三合一勺，地二百三十八畝五分八厘六毫。山一則，一升五合，山五百一十三畝三分四厘五毫。蕩二則。五升，蕩九畝四分四厘。三升，蕩三十一畝三厘四毫。十一圖田一則，三斗四升四合，田三分七厘九毫。地二則，一斗五升，地一十三畝八分四厘七毫。六升三合一勺，地一百六十四畝九分五厘五毫。山三則，五升三合五勺，山一畝五毫。三升二合一勺，山八分。一升五合，山九十一畝三分八厘六毫。蕩三則。五升，蕩一畝五分四厘。三升，蕩二畝一分二厘五毫。一升五合，蕩五十五畝二厘六毫。十二圖田二則，三斗四升四合，田八十一畝四厘三毫。一斗，田四畝八分八厘。地二則，一斗五升，地一百二十一畝九分六厘七毫。六升三合一勺，地三百八十四畝三分七厘八毫。山二則，三升二合一勺，山五畝二分四厘一毫。一升五合，山二百二十八畝一分八厘五毫。蕩四則。一斗五升，蕩四十九畝五分三厘八毫。一斗，蕩二十一畝六分四厘。三升，蕩二十二畝九分七厘三毫。一升五合，蕩一百四畝八分七厘三毫。十三圖田二則，三斗四升四合，田二十八畝六分一厘五毫。一斗，田一十畝八分七厘六毫。地一則，六升三合一勺，地一百七十六畝六分八厘二毫。山三則，五升三合五勺，山五分八厘八毫。三升二合一勺，山二畝五分八厘九毫。一升五合，山四百四十三畝六分五厘九毫。蕩一則。一升五合，蕩三十畝八厘六毫。

三十八都田、地、山、蕩共一萬四千二百三十七畝一分二厘六毫，額科平米七百六十二石八斗七升七合一勺。

一圖田一則，三斗四升四合，田四十八畝八分八厘三毫。地一則，六升三合一勺，地二百六十一畝七分九厘二毫。山一則，一升五合，山三百七十畝七分九厘四毫。蕩二則。一斗，蕩二畝。一升五合，蕩二十一畝三分一厘七毫。二圖地一則，六升三合一勺，地一百六十畝七分四厘九毫。山二則。三升二合一勺，山二百五十五畝三分七厘五毫。一升五合，山一千八百四十二畝三分一厘七毫。三圖田一則，三斗四升四合，田七十八畝三分八厘三毫。地五則，三斗，地一十五畝一分三厘一毫。二斗五升，地二十一畝四分一厘九毫。一斗五升，地七分六厘七毫。一斗，地五畝六分八厘九毫。六升三合一勺，地四百七畝三分九厘二毫。山一則，一升五合，山一千三百三十四畝二分九厘六毫。蕩三則。五升，蕩六分三厘。三升，蕩一畝九分二厘二毫。一升五合，蕩一十八畝二分五厘七毫。四圖田一則，三斗四升四合，田五十九畝九毫。地四則，三斗，地五畝八分九毫。二斗，地一十一畝三分七毫。一斗，地七分八厘三毫。六升三合一勺，地二百五十六畝九毫。山二則，三升二合一勺，山一十四畝六厘一毫。一升五合，山五百九十六畝九分六厘二毫。蕩二則。五升，蕩三畝五分三厘一毫。一升五合，蕩三畝五分三厘五毫。五圖田一則，三斗四升四合，田九十九畝一分二厘四毫。地三則，二斗五升，地二畝三分六毫。二斗，地三十二畝六分九厘一毫。六升三合一勺，地一百四十七畝四分八厘七毫。山二則，三升二合一勺，山一百二十畝四分五厘二毫。一升五合，山五百六十八畝一分五厘九毫。蕩一則。一升五合，蕩四畝二分八毫。六圖田一則，三斗四升四合，田一百七畝七分二厘。地四則，三斗，地一畝三分三厘九毫。二斗五升，地二十一畝七分九厘八毫。二斗，地三十六畝六分七厘二毫。六升三合一勺，地九十一畝四分八厘五毫。山二則，三升二合一勺，山二百二十二畝二分五毫。一升五合，山八百四十七畝九厘二毫。蕩三則。一斗蕩十三畝四分三厘一毫。五升，蕩一十五畝八分四厘四毫。一升五合，蕩四十一畝五厘八毫。七圖田一則，三斗四升四合，田一百四十二畝九分一厘八毫。地四則，二斗，地二十七畝八分三毫。一斗五升，地六亩九分九厘六毫。一斗，地二十一畝四分四厘七毫。六升三合一勺，地三百畝三分九厘四毫。山二則，三升二合一勺，山二百三十一畝八分四厘一毫。一升五合，山九百三十畝二分四厘一毫。蕩二則。一斗，蕩三十畝一分六厘四毫。五升，蕩四十七畝二分五厘。一升五合，蕩七十六畝一分二厘五毫。八圖田一則，三斗四升四合，田一百三十九畝七分六厘五毫。地二則，二斗，地一百畝五分七毫。六升三合一勺，地二百一十八畝二分四厘六毫。山二則，三升二合一勺，山一畝九分二厘五毫。一升五合，山二百五十九畝五厘六毫。蕩三則。五升，蕩一十畝八分四厘四毫。三升，蕩一十畝四分八厘四毫。一升五合，蕩一十五畝七厘九毫。九圖田一則，三斗四升四合，田七十畝八分五厘四毫。地二則，二斗，地一畝一分二厘五毫。六升三合一勺，地二百八十四畝二分九厘五毫。山一則。一升五合，山二百八十九畝九分一毫。十圖田一則，三斗四升四合，田六十六畝五分二厘九毫。地一則，六升三合一勺，地三百八畝四分四厘九毫。山二則，三升二合一勺，山一百二十七畝五分一厘八毫。一升五合，山三百一畝六分三厘三毫。蕩一則。一升五合，蕩七畝九分三厘三毫。十一圖田一則，三斗四升四合，田六十九畝三分七厘七毫。地三則，三斗，地一畝六分九厘一毫。二斗，地八畝四分八厘三毫。六升三合一勺，地三百二十四畝四分八厘九毫。山二則，三升二合一勺，山二十二畝二分五厘八毫。一升五合，山四百二十一畝九分一厘四毫。蕩三則。一斗，蕩一十七畝四分二厘七毫。五升，蕩三畝四分一厘五毫。一升五合，蕩五十七畝七分五厘一毫。十二圖田一則，三斗四升四合，田七畝五分三厘三毫。地三則，二斗，地一十六畝四分六厘七毫。一斗五升，地二十畝六分三毫。六升三合一勺，地一百二十五畝八分一厘。山三則。五升三合五勺，山一十六畝三分七厘三毫。三升二合一勺，山三十六畝八分六厘八毫。一升五合，山三百二畝二分八厘七毫。十三圖田一則，三斗四升四合，田一十四畝一分三厘六毫。地二則，二斗，地四畝六分九厘五毫。六升三合一勺，地一百七十四畝四分八毫。山二則。三升二合一勺，山一畝八分五厘六毫。一升五合，山三百八十八畝七分七厘五毫。

右版圖册，造始於乾隆十二年七月，成於十三年三月。

按：版圖即魚鱗册，行而宜之，田糧均，民困甦，良法也。雍正十年，吳縣通邑清丈，未經奉行。乾隆十二年，東、西兩山錢糧劃歸太湖廳徵收，飭造兩山版圖，乃照雍正間底册，給單填註，核筭彙造。今册既成矣，其於圖圩之界限，畝則之數目，固已井井。第不知其中零坵細段，亦皆絲毫無爽否。竊慮前之丈量，今之核造，皆出地總之手。稍或上下，執業者即分盈歉，虚賠隱佔，未必盡無也。前明萬曆間，江西布政使喬某有《版圖條議》。康熙十五年，長邑李令採而行之，具有成效。《吳縣志》曰：是年邑民見長邑清田，賠累盡豁，呈請照例清查。乃止查縣額之虧盈，未根花户之淆混，賠累仍在，反多一番丈量科擾。《縣志》之言如此，其得失可鑑矣。

附助役公田 明嘉靖二十七年，吳縣知縣宋儀望勸民捐置。萬曆二十七年，知縣孟習孔查復舊額，立碑公莊。崇禎末，議將舊貼解户之租米折銀入官，以濟白運。自此公田錢粮本折外，又有義租一款。

二十八都，原額一百六畝，在本區東冠字圩，南高字圩，上陪字圩，東輦字圩，磨字圩。今存八十九畝三分五厘六毫，在本區八圖驅字圩，十圖西輦字圩，十九圖仙字圩。惟東冠字圩仍舊。公莊楊灣，今碑在楊灣胥王廟內。

二十九都上扇，原額一百五十畝三分四厘一毫，在三十都四圖。今存一百四十八畝三毫，在五圖增字圩。

二十九都下扇，原額一百六十四畝四分二厘五毫，在三十都八圖賞字圩。今存一百六十一畝二分八厘，圖、圩仍舊。公莊並渡水橋，今上扇碑在巡司署中，下扇碑在武山吳宇蹟家。以上東、武二山。

三十二都，原額一百六十畝一分七厘五毫。公莊馬村。

三十四都，原額二百五畝五分一厘一毫。公莊唐門。

三十五都，原額一百一十七畝二分。公莊匯上。以上西山。

附東山二十八都二圖貼役田三十畝。明末，里人吳鵬程倡議捐置，津貼當年。田在十四都七圖，錢粮在本圖，户名年十朋，均十甲完納。自本朝革除當年，此田歷來付經造收租。捐田人户，例無貼役。

附東西兩山禁革當年現總碑 歷代役制及本朝革弊諸善政，詳在府縣志，兹不及載。惟當年現總名色，東、西兩山尚有擾累，士民環籲，奉憲申禁，三碑之所由立也。節録以備稽查。

康熙三十年，蘇州府知府盧騰龍詳奉總督傅臘塔禁革東山現總。碑在府署前。節録碑文：總督傅批：州縣徵收錢粮，令花户自封投櫃，久經通行，申飭在案。何奸胥王玉華秉費爾廉等呈革現總，希圖復用。里排本應重究，但據稱已經革責，姑免深求。吳縣朦混，詳請不合。着記過一次，仍嚴飭該縣，將里長現總名色盡行革除，勒石永禁，取具碑文，遵依報查。

雍正三年，吳縣知縣楊紹詳府禁革西山當年甲首。碑在縣署前。節録碑文：本縣自康熙二十年以後，一應正、雜錢粮，設立花户徵册，按户催輸，久絶當年名色。本縣所轄五百十一里皆然，惟洞庭西山僻處湖心，或未除舊習。然在本縣催促，並未有着『當年』二字。今據呈，經造、圖差串同播虐，殊堪髮指。除詳憲勒石，永行禁革外，合行出示嚴禁。為此示仰各區圖粮户、圖差、經造人等知悉：嗣後新舊錢粮、銀米，倘有逾期不完，以致差催者，該役差在經造切脚，按户催完，不得藉稱當年并甲首名色，枝蔓擾害。倘敢抗違，仍蹈前轍，一經粮户指稟，立即杖斃，各宜凜遵毋忽。又奉府批，一切錢粮，自應按户催輸。若當年名色誠爲虐政，該縣已經出示，永禁革除，務必實心釐剔，杜後滋擾。如詳勒石，速取碑摹，同該縣遵依，一併送繳。

雍正四年吳縣知縣冉琪詳府永革東山當年現總。碑在縣署前。節録碑文：奉本府温批，仰照西山之例，一體禁革當年現總名色，該縣務須竭力奉行，仍速勒石永遵，取具碑摹送查繳。奉此合行勒石永禁。仰東山各區圖粮户、差役、經造人等知悉，嗣後新、舊錢粮，倘有逾期不完，以致差催者，該差向經造切脚的户催完，不得借當年名色，枝蔓擾累。至於命盗要件，該差協同該汛兵拘解，亦不得借當年現總名色，滋擾牽累。倘敢抗違，仍蹈前轍，許粮里人等指名控究，立拏杖斃，不恕。

卷六

物産

湖中之山，地小而瘠，故物産甚寡，産亦無珍異，然亦無取其有珍異也。花石綱之擾，誰實召之？宜於食而利於用，斯爲貴乎？

稻之屬

粳　糯　秈三種。糯少於粳，秈又少於糯。出東、西兩山，武山、馬蹟山、長沙山、衝山，餘山並無。

按：民以食爲天，食以穀爲主，而穀非田不産。山中之田，可稼者少。即以東山計之，田、地、山、蕩共五萬七千七百餘畝，内種稻之田止四千一百餘畝。以四千一百餘畝所産之穀，供二萬餘户之食，足乎？不足乎？室如懸磬，仰食泛舟，一遇凶荒，死亡不免。因物産而論及之，使覽者知山民之艱食也。

麥之屬

小麥　穬麥山中春熟，都種菜收子，故麥雖産而甚少。

菽之屬

黄荳出雞山。　穭荳俗名延籬荳，謂其引蔓而生也。　蠶荳九月種蠶時熟，故名。　豌荳一名小寒荳，蜀中以此荳之不實者爲巢菜。陸放翁過梅堰，得小巢，作羹賦詩。　豇荳以上諸荳，山中人皆取鮮莢充蔬，不俟成熟也。

蔬之屬

韭春初萌芽，長二三寸，色緑微黄，味最佳，過此則不中食矣。出東山者爲勝。《府志》云：出崑山，非是。崑山者薤也。　芋有水、旱二種，小者曰芋艿，大者曰芋魁。出馬蹟山。　菌春生，夏、秋盛，間有毒者，食之宜慎。有一種生於九月中，名寒露菌，味美而無毒。　蒓亦作莼。《圖經》云：蒓乃菜之上味，生水中。葉似凫葵，莖如釵股，亦名蒓絲。味甘滑，最宜芼羹，三月至八月皆可食。盧熊《府志》云：秋、冬有蝸蟲著其上，不可辨，食之損人。向出三泖，今出太湖中西山之消夏灣、東山之南湖濱，東山尤盛。初，山中人未知食蒓，食之自鄒舜五始。《震澤編·土産》不載，蓋是時尚未産也。　菰出東山茭田。中心生臺，如小兒臂，謂之茭白。張翰思蒓羹菰菜，即此。其穗結子如米，色黑，可作飯，名菰米，一名雕胡。杜詩『波漂菰米沉雲黑』又『滑憶雕胡飯』。宋玉賦『主人之女炊雕胡之飯』。《周禮》：『六穀，稌、黍、稷、粱、麥、苽』。注：『苽，雕胡也』。《管子》謂之雁膳。　笋出西山竹塢嶺、東山俞塢者佳。

蓏之屬

黄瓜出東山者佳，質脆而味甘。《本草》作胡瓜。注曰：張騫使西域，得種，故名胡瓜。後北人避石勒諱，改呼黄瓜，今俗以爲即《月令》王瓜，誤。王瓜，土瓜也。三月生苗，其蔓多鬚，結子如彈丸，生青熟赤，根如括蔞，作土氣，澄粉甚白膩。《月令》：『四月，王瓜生』即此。又《爾雅疏》：『鈎，藈姑，一名王瓜，正赤，味苦，四月王瓜生是也。』按：此吴偉業詩，亦仍俗誤。蘇軾詩：『紫李黄瓜村路香』，陸游詩『園丁傍架摘黄瓜』，皆作黄。西瓜出東、武二山。武山種於田，其産尤多。

按：種瓜之利，厚於種稻。瓜熟，一利也。摘瓜而即種菜，二利也。半年之中，兩獲厚利，故武山之佃田者多種瓜。及至業主索租，無米以應，往往逋欠，利歸於佃而損及業主，其事尚微。獨奈何以有限之田，又以種瓜奪之，使穀益少而民食益寡也？宜加懲禁，以敦本計。

果之屬

梅　杏　桃最美者名水蜜桃，出武山。櫻桃佳者名櫻珠，質圓小而味甘，出東山豐圻。枇杷。出東山者佳，有黄、白二種。其實差小而獨核者，名金蜜罐、銀蜜罐。舊《志》云：出東山之白沙、紀革。今盛於查灣、俞塢矣。梨出西山、馬蹟山。有數種，凡梨結實如龍眼大，即以箬裹之，防鳥雀也。有一種，味木不中啖，惟置一二枚於柿筐中，不數宿而柿皆熟，謂之烘梨。楊梅出東、西兩山及馬蹟山。有一種脱核者，出東山西塢，味最佳。馬蹟有一種，色白如玉，名曰雪桃。又一種形方，有楞，土人呼爲八角楊梅，出桃花灣陳氏山隴，他處則無。橘出東、西兩山，所謂洞庭紅是也。《本草》云：橘非洞庭不香。唐代充貢，白居易刺蘇州，有《揀貢橘》詩，古人矜爲上品，名播天下。自明及今，屢遭凍斃，補植者少，品亦稍下，所産寥寥矣。真柑《吴郡志》：出洞庭東、西兩山，雖橘類而品特高，香味超勝。浙東、江西及蜀杲州皆産，悉出洞庭下。今此産絶少。橙皮香瓤酢，大者，名蜜橙。栗出東、西兩山，東山西塢者尤佳。柿有紅珠、牛心二種。烏椑俗名油柿。棗最佳者名白露酥，出東山。此棗至白露始熟，故名。《本草》作撲落酥，未詳孰是。林檎一名來禽，俗名花紅。銀杏一名鴨脚子，實圓者名圓珠，長者名佛手，出東、西兩山。香橼出東、西兩山，色黄形圓，香芬襲人。細皮而早發香者，名秋橼。皮麤而至春發香者，名春橼。以顆大而狀有凹凸者爲上。有一種實小而皮赤者，名朱橼，有色無香，品爲下。木瓜《爾雅》謂之楙。其實大者如瓜，霜降後芳香特甚，可爲書齋清供。出東山。菱出西山消夏灣、東山白浮頭、武山朱家港。王氏《武陵記》云：兩角曰菱，四角、三角曰芰。今太湖所産多四角。蓮實　藕二物皆出東山南湖濵。芡實亦出東山南湖。不種自生，俗呼爲野雞豆。

花之屬

梅諸山皆有，惟西山後堡鎮下、東山長圻豐圻獨盛。桃諸山皆有，盛衰不常，今盛於黿山之玄陽洞。李今盛於東山之竹根嶺。梨角頭山最盛，有『十里梨雲』之稱。荷出東山葑山下南湖。紅香十餘里，一望不絶，爲夏月奇觀。孩兒蓮木似桂，花如碁子大，色狀與蓮花同。花不香，挼其葉嗅之，辛芬似茴。吴中向無此種，順治間，東山翁漢津爲雲南河西縣令，携歸。後爲席氏所有，珍爲奇品。第花不結子，根無萌芽，欲傳其種不可得。好事者以過枝法分之，今有一二十本，而濵來之初樹亦萎矣。此花惟東山有之，他處絶無。

木之屬

桑出東、西兩山，東山尤盛。蠶時設市，湖南各鄉鎮皆來販鬻。皂莢出東山。實可以去垢，《廣志》名雞棲子，《本草》一名烏犀，一名懸刀。槵即無患木也。崔豹《古今注》名桾櫨。實如彈丸，釋家取爲數珠，故謂之菩提子。紅豆《本草》名相思子。樹高一二丈，葉似槐，實似皂莢。莢中子似蠶豆，鮮紅可愛，藏久不變。東山楊灣姜氏塋山有一本。

草之屬

菱出東山南湖。自菱田以西，遠至長圻，彌望皆是。夏、秋刈之，南潯、震澤諸油坊買以飼牛，舟載不絶。

藥之屬

南燭東、西兩山、馬蹟皆有之。葉如茶，味亦相似。土人採製充茶，名黑飯草。葉汁黑，用以煮飯，即青精飯也。子圓如椒，冬熟，味甘，熬膏，食之益壽，亦可釀酒。蜈蚣出東山者良。有一種黃頭者，名金頭蜈蚣，尤良，出箭浮。

鱗之屬

白魚葉氏《避暑録》云：太湖白魚，實冠天下。吴人以芒種日謂之入霉，後十五日謂之入時，白魚至是盛出，名時裏白。鯿魚一名魴魚。出太湖者最腴。有一種巨者，曰石坎，出游湖中，形似而味不如。鯽魚冬月味美，有『寒鯽夏鯉』之稱。出東山南湖茭蕩者尤佳。鮆魚一名刀魚。《爾雅翼》：長頭而狹腹，背如刀，故名。俗呼爲刀鱭，又名湖鱭，别於江産也。一種小者名梅鱭，漁人鯆之以鬻，盛行於浙省諸山中。鱖魚巨口細鱗，狀如松江之鱸。張志和詩『桃花流水鱖魚肥』。土附附土而行，不似他魚浮水面，故名。亦名土哺，或作鮒，俗呼爲蕩婆。斑魚形似河豚而小，味亦腴美。鱸魚《吴郡志》：生松江，與太湖相接，故湖中亦有，鱸江魚四腮，湖魚止三腮，味輒不及。盧熊《府志》：出吴江長橋南者四腮，味美而肉緊。出長橋北者，因入三江近海，止三腮，味鹹而肉慢，與四腮者不同。按：長橋南即太湖也。四腮、三腮，范、盧二説相反，未詳孰是。鮰　鰱東山魚池多畜此二種。夏、秋網鬻，盛於湖産。破浪魚形似鯔而小，細鱗肉腴，不易得。銀魚色白無鱗，長二寸許，鯆之可以致遠。鱠殘魚狀同銀魚，而大則倍之。《吴郡志》謂吴王孫權江行，食鱠棄餘化。盧熊《府志》云：范説與傳記不同，疑吴王闔閭，非孫權也。後人皆宗盧説，然其事均無考證。或曰：其形如鱠，以形似名也。今俗稱鱴魚，冬月帶子者，名挨冰嘯。

按：銀魚、鱠殘，舊《志》别爲二種。愚謂銀魚即鱠殘之小者，鱠殘即銀魚之大者，非二種也。試觀春後銀魚盛出之時，此時小者未大，故無鱠殘。秋間鱠殘盈出之時，此時小者盡大，故無銀魚。至冬而更大，長乃盈尺，挨冰嘯子腹潰而斃，所嘯之子交春又生，又以漸而大。瞿宗吉詩『笠澤銀魚長一尺』，人以爲夸詞，我以爲實録。蓋指冬月之銀魚也。此以漸而大之一證。

介之屬

蟹出太湖者大而色黃，殼堅勝於他産，冬月益肥美，謂之『十月雄』。白蝦色白而殼軟薄，梅雨後有子，有肓更美。黿古爲珍味，今太湖中有之，然不易得。鼉與黿相似，以背隆色黑辨之，味劣不中食。

羽之屬

鳧出太湖，深秋方來集，至冬而盛。每群飛而過，其數千萬，捕者以網取之，俗呼『野鴨』。種類不一，最小者佳，名粒頭，肉香而骨脆。燕鶻《蘇州府志》：出洞庭山。秋深方有，而不多，佳味也。雉出東山。俗呼『野雞』。

獸之屬

鹿出馬蹟山。《武進志》：此山素有『三斷六絶』之謡。萬曆間里民率錢購雌雄二鹿，放之山中，請知縣晏文輝給示，永禁獵户射弋，至今蕃衍不絶。麞亦出馬蹟山。兔諸山皆有。

蟲之屬

蠶湖中諸山鄉多畜之。

布帛之屬

苧布出東山。山中婦女以積苧爲女紅，用以織布，堅密勝於他産，名曰山機。苧綫出葉山。山中女紅以此爲業。絹出東山。輕如蟬翼，止堪作裹。縐紬出西山。撚綿爲縷，織成而紋縐有粗、細二種。羅出東山。有花、素二種。絲　綿二種東、西兩山皆有之，而西山者爲多。

飲饌之屬

酒出東山者味厚而洌，可以久藏，愈陳愈佳，遠近尚之，名曰山酒。茶出東、西兩山，東山者勝。有一種名碧螺春，俗呼『嚇殺人』，香味殊絶，人矜貴之。然所産無多，市者多僞。

石之屬

青石出黿山者佳，碑碣柱礎多用之。其不中繩墨者，則用以燒灰。禹期、龜山、鼉山三山皆産，採用同而色質遜於黿山。火石出三山。赭石出武山之射鶚山。

卷七

選舉

率土之濱，莫非王臣。湖中之山，雖彈丸乎，亦鄉舉里選之所及也。代不乏人，何可無志？首進士，次舉人，次貢士，又次之以薦舉、議敘，而選舉備矣。至於例仕雖若在選舉之外，然其爲王臣而勞王事，則一也。亦附列焉。

進士

唐

貞元元年乙丑

西山麴信陵字宗魏，舒州望江縣令。詳《傳》。

宋

紹興十五年乙丑劉章榜

馬蹟許必勝字克之，探花，仕至顯謨閣待制。

乾道二年丙戌蕭國梁榜

馬蹟許琮必勝子，字秀玉。擢知制誥，後忤旨，謫知汾州。

明

宣德二年丁未馬愉榜

東山吴惠字孟仁。詳《傳》。

正統四年己未施槃榜

東山施槃字宗銘，狀元。詳《傳》。

成化五年己丑張昇榜

東山葉祚字應福，歷官福建右叅議。

馬蹟李濬字德深，歷官湖廣布政司使。

八年壬辰吴寛榜

東山賀元忠字澤民，詳《傳》。

十一年乙未謝遷榜

東山王鏊字濟之，會元，探花。詳《傳》。

弘治九年丙辰朱希周榜

東山嚴經字道卿，詳《傳》。

十二年己未倫文叙榜

東山賀泰字志同，詳《傳》。

十八年乙丑顧鼎臣榜

西山徐縉字子容，詳《傳》。

正德三年戊辰吕柟榜

馬蹟丁致祥字原德，詳《傳》。

九年甲戌唐皐榜

東山黄訓字季行，詳《傳》。

十六年辛巳楊維聰榜十五年庚辰，以南廵停殿試。是年世宗即位，補行。

武山吴文之字與成，附《信傳》。

西山蔣詔字伯宣，歷官辰州府知府。

嘉靖四十四年乙丑范應期榜

武山顧綬字子印，歷官順德府知府。

隆慶二年戊辰羅萬化榜

西山鄭準字正衡，歷官廣東僉事。

五年辛未張元忭榜

西山勞遜志字惟敏，附《珊傳》。

萬曆八年庚辰張懋修榜

東山秦大夔字聖卿，歷官陝西右布政。

西山葉初春字處元，詳《傳》。

十一年癸未朱國祚榜

西山秦嵩字中望，詳《傳》。

十四年丙戌唐文獻榜

馬蹟王就學字所敬，詳《傳》。

十七年己丑焦竑榜

東山王禹聲字遵考，歷官湖廣承天府知府。

二十年壬辰翁正春榜

馬蹟孫學易歷官廣東副使，鄉科無考。《府志》：雲南衛籍。

三十五年丁未黄士俊榜

馬蹟吴暘字麗中，詳《傳》。

馬蹟許鼎臣字爾鉉，詳《傳》。

三十八年庚戌韓敬榜

馬蹟陳睿謨字嘗采，詳《傳》。

四十四年丙辰錢士升榜

馬蹟徐復陽字見初，南御史。

崇禎元年戊辰劉若宰榜

武山葛逢夏字燮明，歷官陝西參議。

十年丁丑劉同升榜

東山吳嘉禎字吉人，歷官廣西參議。

馬蹟丁辛字先甲，浦城縣知縣，有惠政，祀名宦。

十六年癸未楊廷鑑榜

馬蹟秦之鑑字尚明，詳《傳》。

馬蹟吴伯尚字敬躋。

本朝

順治四年丁亥呂宫榜

東山李敬字聖一，歷官刑部左侍郎。

東山施鳳翼字子翔，浙江上虞縣知縣。

西山鄧旭字元昭，歷官翰林院編修，陝西臨洮道。

西山蔡瓊枝字皖森，歷官浙江温台道。

西山蔣之紱字赤臣，丙戌中式，刑部主事。

九年壬辰鄒忠倚榜

東山周而淳字若公，户部主事。

東山張延基字埴允，四川石泉縣知縣。

東山陸鳴時字繡文。

馬蹟徐騰暉字宣仲，福州府推官，有治行，士民德之。

十二年乙未史大成榜

馬蹟許之漸字儀吉，鼎臣子，歷官監察御史。

康熙六年丁未繆彤榜康熙二年，停止八股鄉、會試，專用策論、表判，分爲二場，是科仍之。

馬蹟陳玉璂字賡明，睿謨孫。附《睿謨傳》。

九年庚戌蔡啓僔榜是科復八股三場，此後俱仍舊制。

東山周道泰字通也。

五十二年癸巳王敬銘榜

東山王奕仁字魯公，歷官詹事府左春坊，貴州學政。

五十四年乙未徐陶璋榜

東山施昭庭字雲瞻，江西萬載縣知縣。

雍正元年癸卯于振榜

東山吴剑字對揚，本姓席，翰林院編修。

乾隆二年丁巳于敏中榜

西山王其章字琢如。

四年己未莊有恭榜

西山蔡揚宗字賡堂，翰林院侍講學士。

七年壬戌金甡榜

東山葉申字應時，刑部主事。

舉人

明

建文元年己卯科

馬蹟鈕慶字孔霑，湖廣安陸縣知縣。

永樂元年癸未科壬午六月，靖難兵起，是年補試。

東山葉廉字宗儉，府學。江西上饒縣知縣。

六年戊子科

馬蹟許道中府學。河南新鄉縣縣丞。

十二年甲午科

西山沈理縣學。歷官山東登州府同知。

十八年庚子科

西山蔡旭字景暘，府學。浙江烏程縣教諭。

二十一年癸卯科

東山賀廉字以清，縣學。詳《傳》。

東山吴惠縣學。丁未進士。

正統三年戊午科

東山施粲縣學。己未進士。

景泰元年庚午科

東山史昱字元愷，縣學。江西南安府教授。

黿山李鏞字起韶，長洲縣學。江西安遠縣訓導。

成化四年戊子科

東山賀恩字其榮，府學。解元。

東山葉祚武功衛籍。己丑進士。

馬蹟李濬府學。己丑進士。

七年辛卯科

東山賀元忠府學。壬辰進士。

十年甲午科

東山王鏊府學。解元，乙未會元，探花。

十三年丁酉科

東山吴欽字宗堯，府學。江西贛州府推官。

十九年癸卯科

東山賀泰儒士。己未進士。

弘治八年乙卯科

東山嚴經縣學。丙辰進士。

十一年戊午科

西山徐縉留守衛籍。乙丑進士。

十七年甲子科

東山莊鉞府學。歲貢，湖廣應山縣知縣。

馬蹟丁致祥縣學。戊辰進士。

正德二年丁卯科

馬蹟陳璦字良玉。府學。

五年庚午科

東山黄訓縣學。甲戌進士。

武山吴文之縣學。辛巳進士。

馬蹟李甬字用之，府學。

八年癸酉科

西山嚴瀾字本之，縣學。

西山蔣詔縣學。辛巳進士。

嘉靖四年乙酉科

東山姜節字均修，縣學。歷官江西南康府知府。

十年辛卯科

東山葉漢字雲卿，縣學。湖廣蒲圻縣知縣。

十三年甲午科

西山陸鵠字斯立，縣學。高要知縣。

西山勞珊字鳴玉，府學貢。詳《傳》。

十九年庚子科

西山蔣球玉字國華，府學。歷官夷陵州知州。

三十一年壬子科

西山勞遜志府學。辛未進士。

四十三年甲子科

西山鄭準縣學。戊辰進士。

西山葉初春府學。庚辰進士。

武山顧綬山東臨清州籍。乙丑進士。

萬曆四年丙子科

東山談經字汝明，邳州籍。歷官蘄州知州。

東山秦大夔山東臨清州籍。庚辰進士。

西山蔣惟忠字士良，浙江秀水縣籍。山東濟陽縣知縣。《具區志》作蔡惟忠。

七年己卯科

東山葉宗直字師皐，山東臨清州籍。北直隸威縣教諭。

十年壬午科

西山秦嵩湖廣鄖縣籍。癸未進士。

西山馬藎臣字孝基，湖廣襄陽縣籍。歷官陝西鞏昌府同知。《具區志》作沈藎臣。

十三年乙酉科

馬蹟王就學府學。丙戌進士。

十六年戊子科

東山王禹聲榜名倬，長洲縣籍。改名禹聲，中己丑進士。

馬蹟宋雲龍字伯從，縣學。

馬蹟鈕明綱字世維，吴江縣籍。

二十五年丁酉科

馬蹟劉仁啓字鼎和，恩貢北榜。山東恩縣知縣。

二十八年庚子科

東山陸萬里字季鵬，縣學，拔貢。詳《傳》。

東山卜有徵字伯符，上元縣籍。

三十一年癸卯科

馬蹟陳睿謨府學。庚戌進士。

馬蹟錢豫謙字行素，府學。
馬蹟吴暘府學。丁未進士。

三十四年丙午科

馬蹟許鼎臣府學。丁未進士。
馬蹟徐復陽縣學。丙辰進士。

天啓元年辛酉科

武山葛逢夏文思院籍。戊辰進士。

七年丁卯科

東山吴嘉禎六合縣籍。丁丑進士。
東山許元弼字仲良，府學。饒州府通判。
馬蹟鈕國蕃字紹元，縣學。雲南嵩明州知州。
馬蹟姚起蛟字文台，縣學。如臯縣學正。

崇禎三年庚午科

馬蹟錢國瑞字開山，府學。湖廣醴陵縣知縣。
馬蹟李盛時字中孚。府學。

六年癸酉科

馬蹟丁辛府學。丁丑進士。

九年丙子科

西山蔣之紱徐州籍。本朝丁亥進士。

十五年壬午科

東山施鳳翼江寧縣籍。本朝丁亥進士。
馬蹟陳洛稷字子育，府學。附父《睿謨傳》。
馬蹟秦之鑑縣學。癸未進士。
馬蹟吴伯尚縣學。癸未進士。

本朝

順治二年乙酉科是科。由順天鄉試。

東山李敬江寧籍，丁亥進士。
馬蹟徐騰暉府學。壬辰進士。

三年丙戌科

西山鄧旭壽州籍。丁亥進士。
西山蔡瓊枝無錫縣籍。丁亥進士。

五年戊子科

東山張延基上元縣籍。壬辰進士。

八年辛卯科

東山周而淳江寧籍。壬辰進士。

東山陸鳴時上元縣籍。北榜。

馬蹟許之漸鼎臣子，縣學。乙未進士。

馬蹟王來詰字仲文，縣學。

十一年甲午科

東山周道泰江寧籍，庚戌進士。

武山鄒儒字汝爲，浙江歸安縣學，《具區志》作烏程，今從《浙江選舉志》。詳《傳》。

西山沈自漢字超宗，湖廣籍。

十四年丁酉科

東山周官字其人，上海縣學。

十七年庚子科

馬蹟陳玉堪府學，順天榜丁未進士。

康熙五年丙午科是科以策論、表判分兩場試士。

馬蹟許維楫之漸子，順天榜。湖廣鍾祥縣知縣。

三十八年己卯科

東山張綏字世南，本姓葉，華亭縣學。

東山周振緒字呂匡，松江籍。

四十七年戊子科

東山鄭棟字迂公，縣學。今任徽州婺源縣教諭。

東山王瑋字韋玉，復姓席，府學。光禄寺署正。

五十年辛卯科

東山王弈仁松江籍。癸巳進士。

東山施昭庭浙江嘉善縣學。乙未進士。

東山席玕字貢珍，監生。

五十三年甲午科

東山錢巖字大臨，本姓席，吴江縣學。

五十九年庚子科

東山吴釗常熟縣籍。癸卯進士。

雍正二年甲辰補行癸卯正科

東山吴鏊字寶箴，本姓席，常熟縣籍。内閣中書。

七年己酉科

東山陸萩字荻旆，本姓席，玕子。浙江錢塘縣學。

東山席祐智字惠若，昭文縣籍。

乾隆元年丙辰科

西山王其章縣學。丁巳進士。

三年戊午科

西山蔡揚宗湖南湘潭縣籍。己未進士。

六年辛酉科

東山葉申長洲縣學。壬戌進士。

西山蔡煓字正衡，湖南湘潭縣籍。

九年甲子科

東山葛恒字繼武，上海縣學。廩貢，順天榜。

舉人無考者二人

葉寬字志弘。順天中式，年分無考。《府志》附載景泰七年丙子科。

陸彬《具區志》：嘉靖元年壬午科。今查府縣《志》及《通志》，均無考。

貢士

明

馬蹟李顥字可大，宣德三年府學。浙江松陽縣知縣。

馬蹟馬䄵景泰元年。湖廣常德府推官。

馬蹟李恂字實夫，天順元年府學。廣西布政司都事。

東山王琬字朝用，天順間縣學。詳《傳》。

馬蹟殷鈇字良器，天順二年府學。北直淶水縣知縣。

西山蔡蒙字時中，天順六年縣學。詳《傳》。按《選舉志》，正統十二年特以廩生年近四十五者充貢，謂之取貢。是年再一舉行。

馬蹟莊大林弘治十二年府學。江西分宜縣訓導。

東山王銓字秉之，文恪鏊弟，正德七年府學。杭州府經歷。

東山姜寬字大本，正德十二年府學。廣東曲江縣知縣。

西山陸銘字汝新，正德十六年縣學。浙江樂清縣教諭。

西山蔡羽字九逵，嘉靖元年府學。詳《傳》。

馬蹟李䳘字潔之，嘉靖十三年縣學。廣東韶州府推官。

東山王軾字子範，本姓張，嘉靖二十七年府學。

東山葉具瞻字子欽，嘉靖三十五年府學。江西峽江縣訓導。

西山陸治字叔平，銘之子，嘉靖三十六年縣學。詳《傳》。

西山陸洽字世霑，治從弟，與兄治同時貢。詳《治傳》。

東山黄聽字逵卿，隆慶三年府學。江西南豐縣訓導。

東山黄兆熊字伯徵，萬曆十年縣學。浙江於潛縣知縣。

西山蔡雲程字萬里，萬曆二十二年縣學。山西太原府訓導。

西山沈懋光字伯龍，萬曆四十八年縣學。四川龍安府推官。

東山陸樞字公榮，崇禎六年癸酉副榜。

本朝

東山葉灼棠字函公，順治九年江寧府學。

東山佘志琦字式金，本姓翁。康熙五十六年丁酉副榜，吴江縣學。

東山嚴茂初字元發，雍正六年嘉定縣學。

東山施兆麟字文郊，徐州籍。雍正六年選拔。

東山邱賡熙字南懷，乾隆元年縣學。歲貢作恩貢。

東山張士枋字魯望，乾隆七年松江府學。

右貢士，悉本蘇、常二府《選舉志》編次。其有《選舉志》所不載者，或係外籍失考，或係例貢不列，均未可知。今仍《具區志》所載，不敢妄删，另列如左。

東山姜智嘉靖。　葉宗魯　曹士完　施于國　楊萬程

並萬曆　朱令譽　陸之訓　葉有馨並無年分。　王斯鵬崇禎。

費益修順治。　翁天游　湯鑾聲並康熙。　山西蔣秀嘉靖。

鳳翕如崇禎。　馬蹟劉薫嘉靖。　劉章義天啓。

薦舉

宋

東山吴澤字兑夫。德祐初，舉爲宣政教官。

元

西山俞琰字玉吾。詳《傳》。

明

東山賀公宣洪武初，以文學舉，歷官大理寺評事。

東山葉德聞洪武初，以人材舉，授陝西布政。

西山許曄字光遠。洪武初，以文學舉。詳《傳》。

西山俞貞木字有立，琰之子。洪武初，以經明行修舉。詳《傳》。

西山葉宗善字敬宗。洪武初，以學行舉，授府學教授。

西山秦伯齡洪武初，以人材舉。詳《傳》。

西山王勝字紹先。洪武中，以賢良舉。詳《傳》。

西山秦文彧字盛之。洪武中，以文學舉，授長沙醴陵縣知縣。

西山尤芳字叔茂。洪武中，以文學舉，歷官刑部員外郎。

西山秦英字仲雍。洪武中，以秀才舉，授順德府邢臺縣簿。

西山嚴正字子讓。洪武中，以文學舉，歷官唐府典寶。

東山葉廉永樂初，以文學舉。互見舉人。

東山葉漢字澤民。永樂初，以才能舉，授成都縣知縣。

黿山李琦鏞之父。永樂間，以文學舉，歷官左春坊，改梁府紀善。

西山陸顯字公著。宣德間，以文學舉，歷任定陶、長山二縣丞，有政聲。

東山王昇字維善。宣德間，以賢良舉，授長樂縣簿，有善政，人稱爲『王佛子』。

東山施元善字善長。天啓初，以經學舉，授浙江秀水縣簿。

本朝

雍正間，詔内外大小臣工，各舉所知修潔通敏之士，東山二人。

東山蔣芬字誦先，復姓席，由縣學舉。今任山東濟寧州知州。

東山邵嶐字惟俊，本姓翁，由監生舉。歷任山東恩縣、曹縣知縣。

議敘

本朝

東山**鄒志弘**字毅仁。康熙間，由書館授山西岳陽縣知縣。

東山**鈕正己**字及人。雍正間，以平苗功，由守備改恩施縣知縣，陞施南府知府。互見《武職》。

東山**張士楝**字二白，松江府學廪貢。乾隆間，由教習，今任四川巴縣知縣。

東山**席紹葆**字宜民。乾隆九年，由書館，今任廣西全州州同。

東山**吴紹俊**字宸望。乾隆十年，由書館，今任江西新建縣縣丞。

東山**席紹苹**字思南，陝西臨洮籍，廪生，改歸吴縣。乾隆十二年，由書館，今任陝西咸陽縣縣丞。

武科

明

正德初始行會試鄉科，有一舉、再舉、三舉之制。

馬蹟**吴价**萬曆己卯、乙酉、戊子三舉。

馬蹟**劉尚義**萬曆庚子科永生州遊擊。會兵變，父子四人皆死於任。

西山**蔡人龍**萬曆壬子科，天啓壬戌進士。詳《傳》。

馬蹟**張淑**天啓甲子科，大河衛守備。

東山**陸鳴臯**字漢聲，錦衣衛籍。崇禎辛未進士，鄉科無考。歷官南京兵部標營副總兵。

東山**翁萬裕**字雄卿，臨清州籍。崇禎丙子科，丁丑進士。歷官南京大教塲中營遊擊。

西山**徐胤芳**崇禎間舉人，年份無考。後從史可法守淮揚，歿於陣。

本朝

東山**周濟**字玉汝，上元縣籍。康熙甲子科乙丑進士，廣東右翼鎮左營遊擊。

東山**嚴威**字幼清，江寧縣籍。康熙丁未進士，陝西固原叅將。

附武職

元

馬蹟**曹祥**海道萬户，掌漕運事。

明

西山**蔡良瑞**洪武初，任直隸太倉衛鎮撫，封武毅將軍。

東山**王振**洪武中，南京府軍左衛指揮。子灝嗣。

東山**湯用**福建鎮海衛千户。

東山**蕭顯**陝西甘州衛千户。

東山**朱璿**淮安大河衛百户。

衡山**顧旺**《震澤編》：洪武中，北京寬河衛百户。按：北京，永樂初遷都，始建洪武時，止稱北平。又洪武間無寬河衛，永樂中大寧廢，改大寧後衛爲寬河衛。顧旺疑非洪武時人。

長沙**俞德大**永樂初，密雲衛千户。《具區志》作俞信。

馬蹟**錢燁**投誠有功，授指揮。姪斌襲，永樂間陣亡。

馬蹟**徐良**永樂中，常山護衛指揮使。

馬蹟**馬榮佐**正德間，廌授指揮。

東山金履泰崇禎間，山東臨清州守備。

本朝

東山朱篆字山補。康熙間福建汀州守備。

東山鈕正己湖廣永州府守備，雍正間改文職。互見《議叙》。

東山翁耀字拱辰，松江城守千總。

東山夏雲鳳松江提標後營守備。

東山席雲龍字西望。今任松江城守把總。

例仕

本朝

東山朱允恭字公懋。歷官福建延平府知府。

東山席啓寓字文夏。工部虞衡司主事。

東山翁天游字元雯。河南開封府同知。

東山翁天章字漢津。雲南河西縣知縣。

東山金士定字天中。永寧州州判。

東山吴中柱字玉書。縣學，廩貢。歷任贛榆、太湖二縣訓導。

東山姜立廣字漢臣。大興籍。湖廣長沙府知府。

東山姜立寬字粟臣。立廣弟。户部主事。

東山席永勛字元功。户部員外郎。

東山卜言字抱慎。陝西臨洮府金縣縣丞。

東山朱彝字尊六。歷官山東觀城縣、四川丹陵縣知縣。

東山姜立勳字元功。浙江蘭溪縣巡檢。

東山姜建洪字自華。湖廣寶慶府經歷。

東山吴中朗字玉潤。廣西桂林府通判。

東山許永鎬字既受，縣學列貢。歷任金壇訓導、懷寧教諭，改福建南平縣縣丞。

東山朱維鈞字衣繡。歷官山東曹州知州。

東山朱篚字俊義。縣學，例貢。歷任懷遠縣訓導、浙江景寧縣知縣。

東山席瑗字景伯。工部都水司郎中。

東山翁遵讓字遥光。浙江龍游縣典史。

東山王稼字亮巢。本姓朱。陝西合水縣典史。

東山朱沛字禹開。河南汝寧府通判。

西山蔡書升字廷彦。例貢。歷官盛京承德縣知縣。

西山蔡書雲字素三。陝西靈州知州。

東山周尚質字典三。今任山東德州知州。

東山席雍字喈仲。陝西督糧道。

東山錢啓禄字子荆。本姓萬。陝西徽縣典史。

東山席健字周言，縣學，列貢。湖廣辰州府通判。

東山許斗麟字玉堂。直隸高陽縣典史。

東山席襄字成叔。浙江鹽運副。

東山席蔚字王士。今任六安州巡檢。

東山嚴燧字懷新。宿州驛丞。

東山周定方字柯亭。浙江嘉興縣縣丞。

東山周尚錦字學三。今任霍邱縣巡檢。

東山蔣紹雯字彦龍，本姓席。今任浙江鹽大使。
東山席紹元字彦先。今任四川鹽大使。
東山吴澐字錦川。今任陝西咸陽縣典史。
東山周天生字德裕。今任陝西寶雞縣知縣。

鄉飲

湖山鍾靈，代有耆德。賓筵盛典，類皆名實相副，而濫與者鮮。考而志之，使後之人知桑梓有楷模也。

明

西山蔡昇字景東，號西巖。
西山陸治字叔平，嘉靖間兩舉。
馬蹟丁翰字心淵，嘉靖間三舉。
馬蹟丁復初字紹淵，翰子，五舉，壽九十八歲。
馬蹟許繩武字作求，兩舉。
馬蹟鈕國蕃字紹元，號誠所，三舉。
東山張本字斯植，本姓沈，嘉靖間舉，是年復姓。

本朝

東山席本久字仲遠，號惕菴，順治間屢舉。
東山金孝植字天立，號卓菴，康熙三十年十月舉。
東山徐履中字允正，號約齋，康熙四十八年正月舉。
西山蔡來信字成之，號鶴峰，康熙間舉。
東山鄭茂協字和生，號笠峰，乾隆十二年十月舉。
東山姜森玉字孚尹，號杲庭，貢生，乾隆十三年十月舉，時年九十五歲。子一，七十五歲。孫三，曾孫九，玄孫二。一門五代，近今罕有。
西山蔡維禮字周臣，號友松，康熙五十二年十月舉。
西山葛汝銓字秉衡，號五峰，乾隆十一年十月舉。
西山蔡琦字宏望，號雨亭，乾隆十三年正月舉。

選舉補遺續訪所得

王珠淵字長源，青浦縣籍。康熙甲午舉人，今任全椒縣教諭。
王廷諭字潁含，六合縣籍。康熙甲午舉人。
夏un字子升，六合縣籍。康熙丁酉舉人，廣西興業縣知縣。
周渭字□□[一]，松江籍。雍正壬子舉人。
賀明諧字□□，六合縣籍。乾隆丙辰舉人，丁巳進士，山東泗水縣知縣。
周際昌字□□，江寧縣籍。乾隆辛酉舉人，今任内閣中書。
朱文熙字建如，六合縣籍。乾隆丁卯舉人。以上東山。
秦文超字偉士，湖廣籍。康熙壬午舉人，浙江龍游縣知縣。
秦文越字□□，湖廣籍。雍正丙午舉人。以上西山。
吴軫字星子，暘孫，伯尚子，廣西籍。康熙辛丑進士，歷官山東德州知州。馬蹟山。
慎儁字灼三，潁上縣籍。雍正戊申拔貢，直隸魏縣知縣。東山。
蔡正榘字丕式，蘇州府學。康熙辛丑拔貢。西山。

[一] 底本此處漫漶。余同。

卷十

集詩一

陸當湖先生《靈壽縣藝文志》論曰：『上自廊廟得失，下至閭閻疾苦，無所不録。惟歎老嗟貧、嘲風弄月之辭，則無取』焉。近《吴江新志·集詩例》亦曰：『取其於地與事與人，無傅會、有闡發者録之。』與古人詩史義相近，非專取其詞之工，今所集宗此二説。

太湖春漲　明　馮善

震澤春深漲碧漪，浄涵天影漾玻璃。遥增越嶠千尋濶，頓減吴山幾尺低。紅泛落花通别浦，緑含芳草浸長隄。釣舟昨夜歸來晚，没却漁磯路亦迷。

歸省過太湖　王鏊

十年塵土面，一洗向清流。山與人相見，天將水共浮。落霞漁浦晚，斜日橘林秋。信美仍吾土，如何不少留？

過太湖　吴橋

青山船頭來，漸覺家鄉近。况兹清夜風，正滿帆中聽。酌酒坐中流，高天月如鏡。此際不放歌，何處復乘興？

太湖送别　王達

吴越當年曾樹怨，百萬旌旗此中戰。波濤閧與血同流，千古濤聲今尚愁。朝來送客過湖口，煙水微茫風滿舟。湖南湖北今同宇，吴越英雄在何許？孤帆杳杳獨山雲，落葉蕭蕭洞庭雨。一聲長笛又分攜，君往湖東我向西。感慨贈君無限意，楓林寒隔暝猿啼。

太湖秋行　孔聞徵

太湖煙景由來奇，况復澄渟秋漾之。長空一色碧萬頃，風回水面寒玻璃。玻璃蕩璚青山濕，七十二峰涵白日。淩空倒影絶纖埃，網上銀魚跳一尺。鱸肥蓴脆招季鷹，西風短棹從逃名。汀蘆渚蓼縈曲嶼，漁父停橈星斗横。醉歌深處夜月小，玉鏡團團光自好。不羨蘇公赤壁遊，世紛都入滄浪了。我亦扁舟時泛陂，吟懷秋思追天隨。孤清獨鬭横江鶴，聽罷采蓮飛釣絲。船頭故舊多閒鷗，四顧文華總是秋。功名夢斷具區水，載月歸舟詩滿鉤。妻帑那解散人意，筆牀茶竈輕行具。呼童收拾檢點明，百年此足聊其生。

湖中二首　本朝　汪琬

湖光似鏡映斜暉，紫蓼黃蘆拂釣磯。寄語群鷗須識我，莫隨花鴨背船飛。

西山景物近如何，放取輕舟一葉過。乍覺霜風寒割面，白魚黃雀繞灣多。

菱湖秋　朱鳳章

清漢凌霜飈，菱葉資新漲。五湖東一角，玆名昔所尚。莫鼇屏天南，酒城適左傍。溟茫萬頃間，變幻發奇狀。畸人固好游，放舟歷淵曠。少皡傳秋清，日月同摩盪。曳夢蘋香幽，隔浦聞漁唱。西風起無端，銀海生高浪。天吴與波臣，咫尺疑相抗。白日忽云匿，明宇作煙障。行吟澤畔人，覽此增悲壯。昨爲鏡中游，轉盻開奇宕。五雲没何處，指顧不可望。百靈隨濁流，湘君亦悽愴。吾生值風波，形骸迷骯髒。夙聞西皇至，降澤盈漭瀁。魚鳥樂煙蕪，游翔愜下上。載讀秋水篇，浩然得深養。

菱湖　吴莊

浪打菱湖拍岸過，桑田幾許委洪波。只今種水愁無地，誰唱吴宫競採歌？

胥湖　前人

姑胥山外是胥湖，恰值鴟夷葬大夫。千古詞人憑弔處，湖山人事兩糢糊。

游湖　前人

水嬉張處六龍翔，想見西施舞袖揚。香艷消磨朝市改，樂游一曲不滄桑。

七十二峰歌　明　吴時德

太湖大類吾心胸，中有磈磊同諸峰。澆之洪濤三萬六千頃，難平七十二朵青芙蓉。東西洞庭與馬蹟，鼎立分疆自開闢。其餘瑣屑安足論，却似兒孫仰朝夕。紫緑萬狀目豈窮，六時變幻煙雲中。松雪叟，守溪翁，爲圖爲賦徒争雄。翻思欲得秦王鞭，驅出海外毋遷延。清波從此平如掌，獨駕扁舟坐天上。歌滄浪，招白鶴，倘遇山靈笑無學。即浮大白乘興酣，吐出胸中之五嶽。

望洞庭兩峰　葉燮

翠微天畔插晴空，兩兩遥嵐鎖紫宫。那得主人堪對買，好令賦手並争雄。霏霏雲起天教合，寂寂螺分月在中。便欲與君乘浪去，幾回收拾舊詩筩。

客有問洞庭之勝者走筆示之　湯桝

金碧芙蓉映太湖，相傳奇勝甲東吴。漁家處處舟爲業，農事年年橘代租。流水平堤橫略彴，林深古寺出浮屠。一從皮陸題詩後，多被人間作畫圖。

莫釐峰　葛一龍

莫釐峰，高幾許，白日溟濛散煙雨。襟領崔嵬七十二，何異桓文莅邾莒。振衣獨立春風生，春風揭地波濤傾。將軍戰骨化爲土，湖上青山空殉名。

登莫釐峰絶頂　本朝　張鵬翀

昨朝始作東山客，已覺莫釐如舊識。憑闌指點最高峰，晴翠挂空疑可摘。朝來拄杖到山前，路近却驚峰轉失。松陰欲盡翠浮浮，仰睇晴巒尚千尺。有無煙靄接三州，遠近天光連一碧。絶頂疑通虎豹關，中流隱見魚黿國。近徵將軍始封號，上溯胥母久開闢。撫今懷古興方深，白日已下前山脊。丹扉黯澹法海寺，翠旌明滅龍女宅。金庭玉柱羅群仙，撲面煙濤恍如隔。興酣乘月更徘徊，長倚天風卧吹笛。

登莫釐峰二首　查慎行

青天七十二芙蓉，個是芙蓉第一峰。吴越有山多作案，東南無水不朝宗。盪空日氣消飛蜃，拔地風聲穩卧龍。曾記岳陽樓畔望，肯教雲夢芥吾胸。

百層風磴盤旋上，大似韝鷹乍解絛。放眼不知何處盡，置身直覺此峰高。沉沉海浦黄雲岸，點點吴帆白鷺濤。未免傍人嗤好事，重陽已過興仍豪。自注：時重陽後一日。

吟風岡　明　吴時德

縱目凌千仞，山寒落日西。詩亡懷雅頌，蕨老慨夷齊。古渡波濤逈，荒村草木迷。莫云衣未振，高卧白雲低。

飯石峰　孔貞明

誰將白石煮，化作仙人飯。餘餐棄峰頭，粒粒皆璀璨。不資枵腹需，永發搜奇歎。我思黄粱夢，桑海幾經换。迺今峰頭煙，猶疑自成爨。

登縹緲峰　本朝　顧超

咫尺何難問玉京，參差星殿樂齊鳴。洞虚日月窺巴蜀，地拔荆蠻上太清。四皓有踪誰繼躅，五湖無定亂呼名。峰頭鸞鶴紛堪跨，自愧銀笙學未成。

縹緲峰　葉有馨

君不見，具區連峰龍虎蹲，縹緲視之皆兒孫。半里漫漫泄雲氣，黄雲湧起白雲屯。絶頂孤圓無草樹，俯挹北斗窺天門。天門不即開，眺望嗟無已。楚山越山數點煙，九州盡在空濛裏。低頭近看太湖水，皛皛浮光五百里。青山倒掛碎天璣，漁帆欹側走翠微。日出日落紛照耀，紅霞萬道無定暉。大風吹月度五湖，魚龍戲舞山鬼呼。雲中車蓋來咫尺，舉觴酬之問疇昔。悲帝子，思重華，焉知此山有巴陵之地脈？

登縹緲峰絶頂　張鵬翀

東山如橢圭，西峰若圓璧。不登縹緲巔，詎信仙靈宅。朝凌東湖渡，暮宿雞籠磧。遠從香閣望，削翠疑可摘。入林就筻輿，抵麓振松策。蒼龍忽露爪，翠鳳乍舒翮。時於轉側徑，進寸退反尺。摟身仗孤笻，回首笑二客。俄聞濤撼耳，漸覺風生腋。賈勇獲先登，窮幽恣揮斥。三州抉眼眥，萬頃蕩胸臆。地脈或潛通，天闕恍初闢。北瞻眇吴苑，南顧隘楚澤。百瀆洩尾閭，千峰蟠馬蹟。長煙浮空青，落日浴波赤。下視翠微人，離離如點墨。解衣漱雲泉，欲去未忍釋。夫椒古戰場，千載一瞬刻。劉根偶不死，至今號仙伯。疇似此靈山，幽棲永朝夕。域中脱杻械，天外生羽翼。便儗乘罡風，逍遥弄雲碧。

包山遠眺　沈德潛

一身縹緲巔，孤笻此凌厲。魚龍氣上騰，鳥雀飛難戾。顧盼流遠目，水接長天勢。林巒互出没，雲霞散明麗。天風颯然來，煙濤卷無際。何處辨三州，茫茫見陰翳。泛舟紅[一]遐舉，銀房想委蜕。古人不可招，仙踪杳難繼。動我白雲懷，行從鳳高逝。

洞庭西山紀遊　凌如焕

縹緲峰頭横竹杖，石公巖畔泛仙槎。寒香一片迷銀海，水抱青山山抱花。

水抱青山山抱花，花光深處有人家。桑麻鬱𩰪紛雞犬，惹得漁郎問路賒。

漁郎問路躡雲根，折簡還逢倒屣人。不信山居少塵事，行厨嘉旨足留賓。自注：時有蔡子乾若遣人送酒。

留賓信宿酒盈觴，老去逢春未減狂。跌宕筍輿三十里，飽收山色入詩囊。

詩囊風土紀新篇，果熟山家樂有年。霜橘雲横紅似火，枇杷實落大如拳。

如拳珍品航湖去，春玉香粳滿載還。姤煞村農事胼胝，山中老圃日閑閑。

閑閑鷗鷺散春叢，銷夏灣頭轉蕙風。最是采蓮人不見，斜陽芳草冷吴宫。

吴宫舊事不須論，剩有雲山振古新。倘許誅茆向林屋，桃源更訪洞中春。自注：游至林屋，時日將暮，不及入洞而返。

[一] 紅　疑當作『舡』。

鴻鶴山　明　蔡昇

孤山東頭望山趾，垂鴻垂尾太湖水。孤山西面望山顛，老鶴昂頭湖水邊。暮天蒼茫午雲薄，仿佛見鴻還見鶴。因思紫塞青田種，安得巉巖并磊落。長年在地不飛翔，奚畏恢恢天網張。勸君慎勿施弓弩，曾笑隴西將軍錯射虎。

繅車山　本朝　葉松

我過包山麓，常聞織女歎。桑貴蠶無食，機杼今年難。豈知東鄰桑陰淺，昔年恒苦地不寬。又見西鄰伐桑樹，惟有種菊及牡丹。花花草艸覓微利，行歇本務供遊盤。但令天下繅車廢，三軍挾纊猶增寒。

石公山　潘耒

平岡連緜來，一峰斗入水。蒼龍下飲湖，鬌鬌秀角起。遥觀既聳傑，近睇仍怪偉。一罅劃中開，群峭紛上指。梯空勢將墮，閣險力不倚。泠泠扣星魄，落落捫珠蘂。瘦無沙點黏，潤有波紋洗。霜骨六月寒，苔花千歲紫。世人賞佳名，名奇無遇此。天然列仙玩，削成瑶池裏。區區賓一拳，鄙哉牛與李。

前題　汪琬

嘗聞石公山，名稱習已熟。茲遊下筍輿，緩步向前麓。山色圍暖翠，湖光漾晴緑。葛花惹衣袂，橘刺礙巾幅。所遇石漸奇，一一煩記録。或如城堞連，或如屏障曲。或平若几案，或方若棋局。虛或生天風，潤或聚雲族。或爲蝯猱蹲，或作羊虎伏。或如兒孫拱，或如主賓肅。或深若永巷，或邃若重屋。色或雜青蒼，紋或蹙羅縠。纍纍高復下，離離斷還屬。曠或可振衣，仄或危容足。既疑雷斧劈，又似鬼工築。不然湖中龍，蜕骨堆深谷。天公弄狡獪，專用悦人目。芳草絡根淺，孤松旋頂秃。欹崟上鼯鼠，嵌空縣蝙蝠。玩之漸忘返，苦被同遊促。平生解愛石，拜揖每匍匐。急欲買茲山，誅茅架椽竹。爲謀吾已決，不假龜策卜。

前題　吴莊

萬朶芙蓉石作胎，五丁憐惜不曾開。一從採鑿成綱運，翁媪千年對刼灰。

龍渚　顧超

紫海珠作宫，方壺玉為榜。不冶金鐵舟，世人何由往。蛟龍走如絲，雷電縮於盎。高掇青翠巢，俯搴珊瑚網。馮夷仰面啼，濡足不敢上。我欲呼巨靈，玲瓏納諳掌。

龍渚歌　汪琬

龍公蜕玉騰虛空，鱗車魚馬紛乘風。玲瓏宫殿鎮無恙，屹然撐拄湖心中。以石為梁石爲礎，雨工如羊頻戲舞。陽侯似拒遊人游，每遣波濤衛門户。作書試投湖龍姑，琅函秘方今有無。我將蹋浪訪貝闕，拄杖借取紅珊瑚。

馬蹟山稽古歌　明　杭淯

震澤蒼茫湧太空，小靈山起峙天風。嵯峨一朵青蓮出，會見當年四載功。七十二峰初底定，水平王廟開荒徑。報功思與此山齊，弈葉明禋擅名勝。蓮花蒂内結祥符，紺宇精廬隱丈夫。百頃松濤清曉夢，千竿鳳竹響浮屠。西歸聖僧來駐錫，移得菩提親自植。菩提非樹復誰知，惟與疎林增幻色。東去層巒官長尊，俯首群巘列兒孫。磐陀石上身忘我，獅子岩前虎斷魂。直與一岡爲火石，熒光入夜凌虚碧。珠聯玉削點山奇，數里梅花攢翠碧。循湖迢遰到金沙，朝暾燦爛如明霞。應是昆池回姹女，丹爐飛出九還砂。悠悠斜度蓬坑麓，疑向蓬萊分一曲。頹波何事少幽人，長使山靈歎空谷。空谷之東尚可探，檀溪窈窕棲雲菴。泉鳴玉漱巢由耳，松老龍蟠霧雨龕。棲雲曲磴盤雲裏，殿對天門開勝子。星摇碧落映燈寒，户挹將軍煙帶紫。逶迤北去轉山莊，巀嵲中藏薜荔房。那見華家遺氏在，只傳學士尚流芳。徘徊湖畔西山路，舊是山人哭員處。血淚成波千古流，孤忠猶使山名著。昔時伍子盟高峰，崔巍勢壓夫椒雄。憑弔惟存試劍石，劃然千載誇神鋒。西來岸㘉金雞墩，曾聞石上金雞鳴。未識清音何日返，空餘惆悵煙雲生。雲居道院堪今古，勾漏辭官隱兹土。芝室棋殘白鹿醒，丹泉月射仙禽舞。帝閽不鎖走黿蛇，夭矯晴嵐赴水涯。怒鱷騰蛟不敢近，晨昏呼吸走魚蝦。漁息磯邊漁艇過，征帆颾颾漣漪破。得魚沽酒羲皇氓，蘆荻花灘常醉卧。墓灣唤醒浮生誤，聊試尋芳徑竹塢。避暑宫墟木石寒，西施心在人朝暮。紅顔豈遂覆姑蘇，眼底驕奢勢自孤。君王若肯納忠諫，灰飛能到内閭無。内閭南去桃花止，秀脈迢迢萃於此。熨斗崖中日月長，輕濤欲洗紅塵髓。紅塵拂拂老蒼生，白髮蕭蕭任物情。神馬永垂秦始蹟，亦同漚影綴滄瀛。

馬蹟山　蔡昇

一望巍巍知幾重，太湖西北此奇峰。丹青不改千年畫，勝負曾交兩國鋒。惠麓煙消平見塔，洞庭風順似聞鐘。神皇龍馬傳聞久，試拂蒼苔石上蹤。

前題　本朝　葉松

穆然氣蒼寒，瞻望辨高厚。横亘百餘里，煙雲出其藪。翠蔭北湖偏，勢絡群峰首。祖龍何年遊，駐蹕山之後。蹀躞有龍駒，遺跡大如斗。前此又誰名，世遠不遑究？

前題　吴莊

策丈來登第一峰，天開澤國盪心胸。神功注海歌明德，鞭

同紗浣苧蘿灘。自注：山形如藕，藕三節，人以種苧績線爲業，俗云

如船仙藕化雲巒，節節絲絲入扣看。村舍女紅争績線，不

葉余山　前人

秋還惜賈生才。自注：山人多攻木者，云魯般之徒始居之。

岡巒起伏四峰開，漫説人從魯氏來。我爲長沙生觸撥，千

長沙山　前人

然蓬島在人寰。

長圻龍氣接三山，澤厥綿延一望間。煙水漾中分聚落，居

三山　本朝　吴莊

中泛泛多佳艇，足給玄真物外遊。

國分封紀列侯。若備户庭尊莫里，居然襟帶小諸浮。此

西北洪濤天際收，一拳横截界中流。山家得姓傳高士，水

徐侯山　張正春

雞入雲乃誰氏，結廬猶傍山中樹。

城半入蛟龍窟。至今湖上立空名，但見殘山不見城。驅

吴王養雞如養士，絳幘峩峨金以距。一時鬭氣蓋鄰敵，築

雞山　明　葛一龍

石何緣誌馬踪？

官長峰晴眺　陳履儀

雲收天半玉屏寒，日映嵐光翠結團。氣壓東吴浮震澤，勢

凌南越控諸蠻。吟眸絶却披圖覽，放意寧忘着屐看。經

世自非捫虱士，願收凝碧入詩壇。

擬古竹津謡　明　陳所知

古竹津頭山若屏，古竹山前波浪驚。開山種竹堪成隱，底

事偏尋險處行。

武山　本朝　吴偉業

霸略誇擒縱，君王置虎牢。至今從震澤，疑是射成臯。土

俗無機穽，山風少怒號。千秋遺患處，誰始剪蓬蒿？

錦鳩峰弔古　顧超

尺土存姬姓，荒邱半鬼鄰。可憐松下骨，猶説汴梁人。鸛

雨鳩晴後，鶯花燕麥春。不堪寒食近，野哭動經旬。

射鷴山　前人

樵採不經處，路尋黄葉初。豈惟人跡少，并覺樹聲疎。石

頽狐敲火，祠荒獺祭魚。青天與海鳥，戈者欲何如？

『藕絲』也。

禹期山　前人

疏决功施集衆材，乘舟至此拯沉災。贊襄都爲民生計，那有閒情消夏來？

横山　前人

東村喚渡入横山，遊徧盤龍與兩灣。欲問醒酣亭上事，短犂耕緑夕陽間。自注：有盤龍寺傳光宅，趙『盤龍岫』三字，勒於峭壁。王文恪有《飲吳氏醒酣亭》詩。

陰山　前人

長生丹竈委荒煙，太傅詩碑却未眠。舞鶴峰頭無鶴語，千年古柏自參天。自注：志傳陰長生煉丹於此，下有東嶽行宮碑，刻王文恪《游陰山》詩。萬曆辛巳，吳令傅光宅題『舞鶴峰』三大字於石。

謝姑山　前人

聞説凌波大謝姑，裝成艮嶽一峰孤。瑞雲飛入西園去，誰寫潯陽載石圖？自注：宋朱勔花石綱，採大謝姑頂峰入汴，置御苑艮嶽。明季董尚書份購歸南潯，其壻徐某乞之，移置閶門外之西園，名曰『瑞雲峰』。今園廢而石猶存，四面皆踏布房，石已嵌砌入墻。

琴山　吳時德

片石可盤坐，耳净空明中。清音逐時發，安用絲與桐。悠悠移我情，豈在滄海東？

鷩籃山　吳莊

西來急雨打菰蒲，還趁狂飈走莫湖。要看鷩籃鷩底様，一鼉拍浪奪驪珠。

漫山　前人

起伏岡巒自有情，兩峰相抱水盈盈。太平荒盡藏軍洞，總有丁夫不籍兵。自注：山有吳時藏軍洞二處，中峰有石平亘，名『望夫臺』。

衡山　前人

平抽玉笋見頭尻，北走洪湖敵怒濤。神異使君傳漢世，至今遺廟枕山坳。自注：太湖諸山多南向、東向，惟衡山、小貢山北向。衡山有漢郁使君廟。

思夫山　前人

思夫畢竟是蜘浮，吳語音訛世莫求。採藥不歸誰鑿空，誤人咏古到青邱。自注：思夫乃蜘浮也，高青邱詩亦誤於俗説。

鴨山　葉松

吳王闔國政，遊戲悉有法。涇裏采香湖種菱，坡上鬬雞山養鴨。山之東西設兵甲，晝乃駈狸夜防獺，鴨正肥時越來伐。霸圖如夢湖流咽，殘繪成魚鴨飛蹴，山頭風雨聲沓沓。

南烏北烏東鴨西鴨　吴莊

爲烏爲鴨亦何分，拳石中流似趁群。試問山靈堪一笑，從來所見不如聞。

五石浮　明　葛一龍

誰着煙空青五點，狂瀾東下何曾轉。奎躔歷歷應浮沉，河漢遥遥帶清淺。山祇舊是匡廬翁，幾年來借馮夷宫。落日中流棹歌發，春風一片桃花紅。

煉藥洲　本朝　葉松

學仙惟釋累，累釋仙可求。試觀古仙人，其跡同浮漚。如何華屋士，黄金盈牀頭。擁姬煮丹砂，日暮崑崙游。

獨山　施隨

太湖西第一峰，中流兀立勢且雄。千峰萬峰不可並，上許一老廬其東。形如龍虎自盤踞，朝雲暮雨相冥濛。山翁出入無停蹤，芒鞋踏徧山花紅。

大帆山　吴莊

紅樹邨莊白板扉，廿家同井盡牛衣。羨他一姓能偕隐，不出桃源話是非。自注：居民二十家，皆朱姓，山田百畝，共耕而食。

錢堆米貯磯　前人

鳥盡已藏機智深，浮家變姓出湖潯。能將敝屣看分國，耶有堆錢貯米心。自注：舊説范蠡浮家，遺棄錢米於此。

北嶠山二首　前人

煙樹微茫認北嶠，禹功底定世難忘。如何廟食憑漁子，丁祭曾無一瓣香？

北嶠山外起神砂，西指雷山兩道斜。一似玉蚪争戲水，滚開細浪作銀花。自注：北嶠西南九里，有神砂二道，在洪波中。

竹山原注：一名竺山，以其似天竺也。或曰足山，山之奇在足云。　明　史懋錦

巋然竹山當湖衝，上有古刹凌空濛。登峰放眼渺無際，浮乾盪坤開心胸。秋雲明净秋飈爽，三萬六千平入掌。水天相接涵虚無，點點青螺波下上。冥搜攜伴窺山腹，鬼斧神工眩心目。黿鼉之窟蛟龍宫，飛仙羽客紛遊踪。莫向桃源問仙客，石牀丹竈在幽矚。誰道竹山無所奇，竹山之奇在山足。

前題　本朝　吴莊

沙塘一水出湖遥，二竹修眉似對描。憶得西青遊記在，盡

收美景入詩瓢。自注：錢孝有《遊竹山記》。

林屋洞　葉松

自混沌未分，此石闢已久。古佛宅其中，實將先覺守。君看冥冥色，皆為刼前有。深入試莫還，窮年那能究？靈幻又其餘，篆書出僞手。聖人徒疑猜，天地非一剖。昨聞盤古翁，掉斧進稽首。微功不敢居，但嗟生太後。

前題　汪琬

自少誦真誥，識有幽虚天。中藏不死方，挍定凡幾篇。丹砂凝爲牀，石髓滴爲泉。琳花拂雲根，藥草紛芊眠。來游若干輩，名氏繞壁鐫。始入頗偪側，稍深益幽妍。白蝠大如烏，嘗撲松明煙。别户久牢扃，剥啄空鏗然。千年或一開，幸得逢真仙。岧嶤出絳闕，平衍分璚田。此境天所閟，值此何由緣。我行甚多憊，挾策未能前。欲探既瑟縮，欲去仍遷延。靈蹤不可見，一任樵人傳。

前題二首　朱彝尊

洞天傳第九，林屋是吴根。地户真官守，塗泥太古存。雜花春瑣細，仙鼠晝飛翻。二客思深入，囊衣换犢褌。

出谷衣争曝，盤坳炬已灰。仙居無路到，石扇幾時開？題壁思前事，窮源誠後來。不如神景觀，松下且徘徊。

前題　沈德潛

夙慕幽虚天，來尋古巉壑。沿溪覺履溼，披霧嫌裘薄。洞口境偪側，稍深漸開廓。石壁翻仙鼠，青泥産靈藥。牀竈今依然，天工絶雕琢。想見古仙人，於此棲寂莫。俯看雲煙凝，仰聽波浪作。幽邃得石門，塵凡此間却。仙蹤時往還，徑路通蓬弱。當年門一開，千載封扃鑰。吾生本凡骨，悵望空緬邈。朗誦真誥文，出險如夢覺。

鹿城　葉松

四望皆絶壁，中間如平疇。草木豐且美，真堪麋鹿遊。吁嗟麋鹿徒爲爾，霸業將成子胥死，孰令遊到吴宫裏？

練瀆　明　吴愷

練瀆水，照兩峰，闔閭於此侈軍容。舳艫飛出馮夷宫，旌旗影射波光紅。臺荒鹿走吴沼空，黄蘆捲霧生悲風。

毛公壇小遊仙詞　本朝　汪琬

群石參差滿路横，黄芝赤箭逐年生。只疑猶有遺丹在，絳氣通宵徹太清。

檄取山靈掃洞門，歸來重訪舊壇雲。月明時節開清讌，先約南鄰墨佐君。

五節珠幢去已遥，獨留殘石鎮山椒。愁渠變化成羊後，嘌盡黄精數頃苗。壇上亂松高百尋，松花堆積丹池陰。劉郎一去不知處，滿樹白雲啼翠禽。

消夏灣　明　王世貞

掛帆秋色太空低，縹緲峰迴上與齊。別借五湖天一曲，中分雙崦地東西。松杉翠合家堪隱，橙橘黄縈路不迷。莫問吴王消暑事，采芳春徑草萋萋。

前題　本朝　張鵬翀

山脚湖心傍畫橈，棹歌聲引緑迢迢。澄波皓月荷香裏，清絶疑無夏可消。

前題　汪琬

湖雨生緑波，數尺秋瀰瀰。青蒲間紅蓼，動摇微風裏。伊昔吴王時，畫舸柳邊檥。宫人唱采蓮，人花兩相似。誰知千年後，緯蕭障流水。

歸雲洞　吴偉業

歸雲何孱顔，雕斫自太古。千松互盤結，托根無一土。呀然丹崖開，蒼茫百靈斧。萬載長欹危，撑拄良亦苦。古佛自為相，一身雜仰俯。依俙莓苔中，葉葉青蓮吐。仙翁刺船來，坐劈麒麟脯。鐵笛起中流，進酒虬龍舞。晚向洞中眠，叱石開百武。牀几與棊局，一一陳廊廡。翩然自兹去，黄鵠瀟湘浦。恐使吾徒窺，還將白雲補。

玄陽洞　潘耒

玉洞閟靈府，萬古丹泥封。搜剔自近代，乾坤豁壺中。想像衆山腹，一竇潛相通。朱明啓南牖，林屋開窗東。諒無靈威術，神怪疇能窮？禪房倚絶壁，俯視雲容容。湖天白無影，明濤盪我胸。小舟如伏檻，遠嶼如張篷。宛宛海浸月，稍稍林受風。此中有奇趣，吾將問支公。支公不我答，冥色來疎鐘。

一線天　葉松

鬼斧誠多事，深山破混茫。奇分天左右，險列石低昂。日月流無影，煙雲蓄有鄉。可容魂夢入，兩壁看青蒼。

暘谷洞　汪琬

洞中耀陽烏，益覺煙景媚。緩緩松陰移，人間已千歲。

曲巘　周公贊

側身層石間，修藤掩絶壁。摩挲舊題名，滿前空翠滴。

東村　顧超

包山名勝聞九州，可以卜居非一邱。昔人競誇西蔡麗，予來獨愛東村幽。梨紅柰紫櫻桃赤，雨後落花紛五色。腰鐮手甕鮮游民，出入無非灌園客。桃源去俗僅一塵，孤花片水猶迷人。此間高峙浪千尺，無怪從來寡問津。

葑山龍首亭　吴莊

峭壁千尋上，孤亭亂石扶。山形真拔地，龍氣欲吞湖。碧水流吴越，紅蕖點畫圖。不因來往慣，疑煞是方壺。

飲月亭　張鵬翀

古磴盤幽曲，孤亭瞰渺茫。傍空無四壁，乘月飲湖光。

長圻覽勝石弔王文恪公自注：『覽勝石』三字，文恪公所題　吴兆鯉

太傅風流何處尋，當年遺蹟寄高岑。非關筆法追顔柳，想見文章冠古今。日落煙荒迷草色，風吹濤沸起龍吟。山中宰相誰能匹，巖谷曾傳有足音。

化龍池　陸燕喆

瀑泉惟嵩嶺，勝甲五湖峰。亂石穿雲綫，清池墮玉龍。流侵浣女石，潤入挂衣松。橋上何時坐，須遲雨後蹤。

蔡仙鄉　明　蔡昇

洞庭山上横岡東，蔡經故址莓苔封。洞庭山下茂林木，蔡經丹竈遺靈踪。因思蔡君昔日群仙遇，金鼓聲中輿馬駐。黄麟仙人傳異方，白晝乘雲不知處。悠悠一去數百霜，麻姑仙傳疑荒唐。不有東山古丹竈，伊誰復識仙人鄉？蔡仙之鄉白門里，碧瓦高低傍湖水。神仙雖去有遺風，居人樂住仙鄉裏。清明時節融融春，桃花深處多通津。捕魚野叟放舟入，仿佛武陵溪上逢秦人。

丹竈　葛一龍

石上仙人竈，正對煉藥洲。相距百餘武，湖中水悠悠。水寒煙自起，擊石火不滅。仙人何時來，烹雲煮明月。

避暑宫　宋　真桂芳

銀漏迢迢夜未晨，管絃聲裏綺羅春。飲闌方擁名姬醉，豈料稽山正卧薪。

題伍子盟頂　本朝　吴仲正

歷盡滄桑不計年，山名還藉昔賢傳。臣心可剖盟如日，石骨長撑劍倚天。壯志自完當日事，剛腸寧許後人憐。忠魂不逐鴟夷没，静夜深林泣杜鵑。

邵公墩原注：相傳宋時晉陵邵公協宰新昌，歸隱於此。　丁澈

荒墩留得邵公名，天棘薔薇滿眼生。獨有無名枝上鳥，啼

來渾似讀書聲。

静觀樓成衆山忽見　明　王鏊

山居盡日不見山，樓上山來自何處？中峰獨立群峰隨，頭角森森出林樹。澄湖萬頃從中來，浪捲三山欲飛去。得非奮迅從地出，無乃飛騰自天下。我來樓上何所爲，長日觀山與山語。東風吹醉還吹醒，山自爲賓我爲主。

陪錢牧翁登朱珩璧縹緲樓　本朝　許元功

好山何必峰全露，最喜初登霧未開。林屋雲霞常映帶，石公風雨欲飛來。白蘋漁艇炊煙出，紅葉人家夕照回。對酒放歌應不惜，凄凉直北是蘇臺。

湖亭翁園故址　葉方標

名園縹緲若地湧，結搆絶妙般與倕。千夫耶許立危石，百金掉鞅成曲池。灧灧川原入鏡閣，渺渺雲霧生山眉。玉笙哀怨夜堂雨，金鈿委墮春衫垂。一朝屑越落人手，東家移置西家基。泉壑彌縫傅脂粉，樓臺層叠增肥癡。新者豈如故者勝，因山架屋湖作柢。眼前滄桑知幾變，坐令華屋成荒陂。千年壯觀不復睹，今之存者盖已卑。草間翁仲夜相語，平陂往復皆如斯。牧人野火燒不盡，鬼雀飛出青棠枝。

王文恪公宅　陸燕喆

當時甲第盛歌鐘，少傅文章四海宗。堂上舊巢新燕子，門前枯澗老芙蓉。賜書增得湖山重，繪竹依然筆墨濃。二百年來風景古，碧紗籠字有苔封。

招隱園自注：令屬席氏　前人

受爵三朝老澗阿，當年手澤竟如何？但存舊額清風在，更繼高賢勝事多。擊壤有堂忘帝力，倚樓觀稼樂農歌。不須拓地蒐泉石，自與先生共薜蘿。

酌於南村草堂　徐元文

四海昇平會，東山似小山。夔龍方佐治，巢許可投閒。富有花千品，清餘水一灣。飲和歌聖德，擊壤酒循環。

訪吴允緄留宿薜蘿書屋　杜詔

别君經七載，悵望已多時。祗爲一湖隔，恍如千里思。筍輿朝度嶺，草閣夜譚詩。落魄猶然是，疎狂老牧之。

周隱遥廬　施珵

死生三度貌如常，萬乘親求却老方。正對何曾及修煉，至今芝草繞廬香。

張祐別業　顧超

寂寂巖前花，香散春無奈。當年作賦人，啼笑生秋籟。抱犢溪澗中，尋僧水雲外。天子不見收，名交竟何賴。留得草青青，相傳作書帶。

題西青小隱　陳端甫

夫椒西山顏色好，排闥送青青未了。琴書静對世慮忘，玻璃倒浸湖光淼。依依日夕群峰低，望望雲邊一螺小。紫崖赤城杳莫尋，竹杖芒鞋此中老。

卷十一

集詩二

夜宿祥符寺曉鐘有感　宋　許琮

一枕松風入夜寒，曉窗殘月隔簾看。夢回竹榻聞鐘後，悵絶浮生出世難。還念將軍能捨宅，何妨陶令未之官？此身合向山中住，邱壑由來號易安。

晨詣祥符寺　明　劉基

入谷雞始鳴，到寺鐘未歇。草際起微風，林端淡斜月。僧房湛幽寂，假寐待明發。松徑斷無人，經聲在清樾。

祥符寺松　宗臣

喬松萬樹總長材，護日清陰一徑開。雲氣直從天竺去，濤聲長傍海門來。人行道上依濃樾，子落僧前點嫩苔。山水清暉增偉觀，托根原不愧徂徠。

翠峰寺　汪琬

翠峰擁出太湖東，峰上樓臺架碧空。曾拂豐碑讀文字，將軍第宅改禪宫。

前題　本朝　葉松

一峰生衆塢，一塢一菴存。分卻諸天去，終推古寺尊。泉誰曾悟道，法恐或多門。且與嘗香茗，同尋碧澗源。

春日能仁寺　明　金燔

古寺一山盡，隔溆生孤島。人煙雜深樹，雲帆落飛鳥。去年曾此宿，風光自然好。古人讀書處，花落無人掃。

能仁寺　本朝　顧超

黛墨霏微耿夕曛，疎鐘清梵隔煙聞。僧穿鳥道巢香雪，客竚龜趺讀薛文。龍未可馴松負氣，羊堪留牧石呼群。攜舟放鶴他年事，襆被於今半水雲。

上方寺　明　王寵

山水雲門會，林篁石道微。毫光空翠落，花雨瀑泉飛。麋鹿參金鏡，莓苔積寶衣。浮沉竟何益，轉覺此生非。

包山寺　王世貞

山名從鮑靚，寺榜尚蕭梁。地擁諸峰合，天容一刹藏。松楸深自老，橘柚早能香。隨意嘗僧供，支笻禮上方。

前題　本朝　葉松

禪室藏雲壑，來先別塢經。石皆從徑曲，松不漏天青。盡謂遊宜選，玆焉屐可停。山深僧自朴，慮減佛能靈。樹影榻前長，泉聲厨下聽。坐令幽興適，樵斧遠丁丁。

前題　汪琬

風物最清妍，禪棲已有年。當門重澗曲，匝屋衆峰圜。竹是先師植，碑元勝國鐫。鐘樓雖擅勝，零落半無椽。

冬日同王少谿重遊法海寺　明　吴橋

歡聚憶當年，笙歌列梵筵。今來人已老，僧寺亦蕭然。古木荒煙外，寒山落照前。不知方外月，能更幾回圓。

興福寺　葛一龍

山中有九寺，九塢藏其一。草色雨吹來，松聲水流出。嘗新掘泥笋，代餉剥枯栗。春遠酒船渡，常在惟古佛。

高峰寺　本朝　葉松

驅石安蘭若，開軒對雪泉。販過收果候，樵唱采茶天。一佛唤難醒，兩峰青入天。無生可無論，詩是惠休禪。

晚過卧佛寺　姜森玉

策杖陟高嶺，磴轉俯幽谷。樹杪出古寺，秋氣已蒼肅。佛卧僧未歸，白雲暮相逐。遥望竹林深，山山静寒緑。

横山夫子偕同張岳未沈歸愚談雲兮錢立三潘語冰諸同學遊高峰卧佛寺　葉士鑑

重陪杖履過山門，事憶他年跡半陳。隔嶂松風仍别調，當前春色屬閒身。餐分齋鉢留餘飯，話續禪房去後因。舊日壁間題句在，蘚墻今復記同人。

入靈源寺　孔貞明

古寺在境内，來生人外心。嵐光雨餘濇，樹色門前陰。施食舞山鼠，繙經馴野禽。問春春已去，苔徑石深深。

福源寺　顧超

數僧能食力，課畢事耕鋤。葺箬囊山果，梯籐摘澗蔬。鉢傾龍去後，燈散鳥歸初。始信偷安客，從來學道疎。

水月寺雨後漫興　明　秦嘉銓

快雨宵來動竹關，蒼茫秋在兩峰間。野花獨立精神醒，馴鴿雙棲飲啄閒。無意得詩疑到夢，有時讀古宛尋山。荒寮茗椀供僧外，只許高雲自往還。

彌勒寺西隱堂　葉松

西方到中國，畢竟何處好？竊謂法律禪，莫先温醉飽。如何西來意，一堂深杳杳？

春日集雨花菴山亭　鄭階

虚亭倚雲開，下瞰南湖渡。三點五點帆，千家萬家樹。峰迴松葉静，村遠桃花聚。老宿六時閒，林香三月暮。殘經幽處畢，疎磬吟餘度。裊裊遊絲飛，幻作天花鶩。青陽過嶺背，陰景催暝酤。疊空情有餘，長歌取樵路。

仲冬遊角菴　秦嘉銓

數椽毘耶菴，獨踞煙波島。屋荒佛疑寄，景曠客頻討。無僧境轉清，有花寒更好。風篷飛堦前，蒹漪吹樹杪。凫聚忽成沙，煙疎漸如草。水落石痕新，木脱山容老。緬惟四先生，古道在懷抱。

真勝菴嶺西口號　吴時德

山開古刹雨新晴，吹面香風細細生。萬樹梅花三里路，斷人行處一人行。

過翠微菴　葉方標

踏葉响幽境，珊珊綦履平。梵魚雲際出，松瀑石邊生。古佛有寒色，空山無世情。懶殘真解脱，煨芋傍花鐺。

紫金菴　本朝　顧超

山中幽絶處，當以此居先。緑竹深無暑，清池小有天。笑啼羅漢像，文字道人禪。最好梅花候，高窗借過年。

橘香菴　汪琬

菴借橘爲名，門前古路横。竹侵衣裓潤，雲繞脚根平。勝概畫難似，高臺營未成。主人能楚頌，島可遂才情。自注：時岑公方築招隱臺。

神景宫　張鵬翀

洞天神景邈虚空，肅肅千年有閟宫。古壁寒生苔蘚緑，疎松翠壓繚垣紅。左神玉牗蒼茫雨，天后雲旗寂歷風。三宿尚懷皮陸侣，金庭清夢渺何窮。

寒山菴里中朱葉周三貞女焚修所創有王少傅碑記歲久漫漶家别駕謀重鐫之作詩勸募屬和二首　吴曾

禪關卜築自何時，前事堪爲後事師。物換星移梵唄在，動人景仰是殘碑。

遺文寧獨記林泉，磨石重鐫足久傳。識得宰官垂示意，滿庭荒草放青蓮。

題水平王廟　明　李鼐

帝德傳耕稼，王功佐濬川。湖流三萬頃，廟食百千年。春港魚蝦美，秋林果蓏鮮。漫誇風土異，努力種桑田。

分水嶺神祠　錢孝

神王后稷子，佐禹平水土。震澤賴底定，厥功垂萬古。荒祠叢木間，春秋載酒酤。中祔宋將軍，義烈劉平甫。赤心歸朝廷，破賊試神武。駐兵保此山，配享居西廡。前元亂亡日，像毀祠并腐。後來雖繼作，所祀非其主。居民莽蚩蚩，褻諂求陰祐。予心獨不然，好古慚無補。敢發芻蕘言，幸為賢尹取。下令復厥功，廟貌還可覩。

楊灣廟遠眺　葉傑

千門花氣上蓬萊，八極風從望目來。山外夕陽孤鳥下，雲邊秋水片帆開。南當越絶争衡國，北顧吴王歌舞臺。詎意草生麋鹿走，蛾眉還棄子胥才。

四皓祠　本朝　葉松

高賢所遊止，往往説不一。吾聞有四皓，本是商山逸。漢祖莫能臣，而為太子客。片言已定儲，子房亦辟易。伊昔魯仲連，鮮紛轍同跡。乾坤偶戲玩，飄然任所適。東海死可蹈，西山生可歷。矧兹季札地，仍多好泉石。黄獨雜紫芝，日夕供采摘。樂斯則忘返，相視嘻莫逆。冥冥天邊鴻，慕者奚以弋。土人高其風，建祠自疇昔。千秋萬歲後，波靡猶能式。

伍相祠　吴莊

木末起悲風，荒祠勁草叢。深心吴霸業，遺恨楚王宫。將母生全孝，捐軀死效忠。變名湖上客，機智自奸雄。

路公祠　前人

擾攘干戈際，江淮任獨擔。回天誠力盡，浮海豈心甘。遺像瞻風望，孤忠播美談。文孫看鵲起，綵筆壯東南。自注：浙撫王度昭題『令名不朽』四字，揭公祠宇即命公耳。孫壎書之，字大如斗。

莫釐將軍墓　明　葛一龍

莫釐峰下故將軍，戰骨蕭蕭瘞白雲。大樹不凋前代葉，垂陰連盖幾家墳。

過故狀元施宗銘墳　王鏊

後生何敢望餘芬，斗酒還過董相墳。行指岡巒低偃月，公葬偃月岡。坐疑文彩上成雲。兩山已雪將軍耻，原註：舊傳東、西洞庭，皆將軍始居之。故兩山無文士。四海猶傳制策文。賈誼天年人莫恨，孔光張禹亦徒云。

過東山拜王文恪賜塋　本朝　吴偉業

舊德豐碑冷，吴天悵寂寥。勳名高故相，經術重前朝。致主帷堯舜，憂時在豎刁。百年人世改，野唱起漁樵。

過金德父墓　明　葛一龍

相送心曾到，言尋路不迷。草齊封鬣起，山跌浪痕低。片石看人拜，孤花奈鳥啼。夜長誰慰藉，應有鹿門妻。

鄭駙馬墓　本朝　顧超

南國錦織愁，花草春如剪。要裊女蘿叢，陰風落紅蘚。非無十畝宫，漸逐耕犁轉。石馬嘶入潭，金蠶不成繭。夜半玉簫鳴，焄蒿發淒泫。

路公墓　吴莊

落日荒煙過客哀，萬人留葬廣平來。五湖不藉公屏障，多少山林付刼灰。

酌悟道泉　明　吴恪

久踏翠峰路，今嘗悟道泉。淡中偏有味，妙處欲生蓮。石鼎誰聯句，松根手自煎。堪嗟陸鴻漸，未喻雪公禪。

無礙泉　勞堋

無礙居士剔，即名無礙泉。千年仙醴出，一勺俗情蠲。好借孤雲幰，還將白石煎。更生蒲九節，采服學彭佺。

柳毅井　吴時德

橘樹無踪證往年，寒泉村落尚依然。青鬟罷汲猶相聚，閒坐銀牀語舊緣。

鹿飲泉訪雲鴻上人　本朝　顧超

挈甕尋高隱，名泉亦所思。樹陰籠屋遍，岩曲到門遲。清梵聞蟬鳥，幽踪見鹿麋。篆香兼茗話，相對輙移時。

石漸泉　吴大本

誰為浚靈根，涓涓月一痕。寒香冬不竭，清冽夜難昏。自有本原在，非徒古蹟存。水經猶未悉，識此示兒孫。

海眼泉　吴曾

深沉一勺碧淵淵，誰鑿坤輿着底穿。定是水源通萬里，故教峰頂出雙泉。泛來只合舟如芥，填處難容石似拳。挹取漫期珠滿掬，鮫人清淚不輕圓。

蠶桑里諺　明　秦嘉銓

五畝之宅樹以桑，採桑祁祁春載揚。五十衣帛非所望，聊輸縣官實筐筐。吁嗟邇來民力竭，殘冬賤售來春葉。桑價沃釜鬻，桑芽未萌蘖。賣新絲，復二月，戮力蠶桑足苦辛。剥膚剜肉那可説，况乃今春興蕭索。蠶婦愁看葉沃若，官税私逋兩無托。蠶繭成，葉黄金。蠶不起，葉犬矢。吁嗟里諺古如此。

戴勝降桑鳩拂羽，春蠶三眠更三起，子規驚夢勞蠶女。蠶不起，仍不眠，陌上桑，葉翻翻。諺有言：無春莫養蠶。人言立夏日，不宜風西南。斧斨閑，曲薄束，石壕吏，虎其目，未五月，糶新穀。女紅蠶績將何支？陌上桑，猗儺枝，吁嗟樂子之無知。

紡織謠　葉方標

吴中諸邑皆工紡織，惟山中人不善，且弗習也。席舍人文輿憫之，傭工人，教以紡織之法，人稍習焉。又以麤惡難售，其業終廢。吾悲夫人有禦寒具而不知，自廹於寒也。爲作詩以傷之。

男耕田，女織布，不令無襦復無袴。山人解耕不解織，妻子伶仃度朝暮。安得種棉如白雲，精可作綸麤作緡。若能紡雲作衣着，世上應少飢寒人。

搗線詞　鄭階

井水搗線黑，湖水搗線白。約束向前溪，臨流坐隄石。涼風吹蓬鬢，顧影惟自惜。雙臂不停敲，敢辭鮮筋力。歸來幽窗下，撫線思遠客。心淚如可穿，寄君勞相憶。

績婦歎　本朝　陸燕喆

一縷絲三四，低頭信手忙。惜陰遲溉釜，計日少盈筐。與客争銖兩，比鄰任較量。膝前小兒女，猶是繞中腸。

接樹　葉松

不害生成質，難圖脱換功。人居多事裏，藝落後天中。自分根荄別，誰知造化同。明年隨衆卉，一樣領春風。

觀葬　陸燕喆

飾終典事尚靡文，路祭樓臺似綵雲。滿案色聲香味列，霎時成住壞空分。溝中臭腐粱如雪，堂上讙呶醉待曛。春相巷歌多不解，祇贏童婦笑聲聞。

觀嫁　前人

數歲經營服器良，明珠瑟瑟滿衣裳。綺羅耀日連牀艷，繡幔如雲引路長。欲賦催裝煩陸暢，却疑遺嫁出同昌。貧家吉語惟和敬，舉案高風羨孟光。

觀博進　前人

撈蒲百萬古英雄，未許貪癡興致同。一片氍毹鋪似錦，百年第宅捲如風。小施香餌魚吞鈎，忽發潛機鳥墮弓。俗敝不知何日挽，樂天諷諭總無功？

南京鄉試喜濟之壻發解　明　吴鎮

月桂高攀第一枝，紅羅傳報老夫知。今朝屐齒應爲折，快壻乘龍破壁時。

濟之會試連捷得元　前人

文戰風雲早着鞭，巍然名姓冠群賢。生平温飽曾非志，好把功名繼孝先。

濟之殿試欽賜探花及第　前人

金門對策絲綸手，玉殿傳臚台鼎司。點得探花應一笑，太湖原欠狀元旗。自注：王氏祖塋在化龍池，形為鳳凰展翅。湖中案山稍偏，地師云『可惜狀元旗不正，他年應作探花郎』。今竟符其言。

陸鳳封股愈母疾　王鏊

病居母，痛在兒，兒生無母生曷爲。千方百禱總無驗，精誠一點天或知。夢非夢，覺非覺，若有神人默相告。由來母子本一人，母如可贖寧百身。槃水加刀刀自躍，一片紅綃如玉落。遺羹未似潁封人，宿瘢潛瘉如水沃。人言孝行真難作，以禮律之無乃過。君不見，世間吴起輩紛紛，母病在牀如不聞。

顧烈婦馬蹟山人　丁致祥

吴氏女，顧郎婦，嫁郎郎病不出户。禮乖婚媾尸者誰，居貨濡時要善賈。堂前禮畢歸洞房，慘不成歡事辛苦。調糜和藥悄無言，婦服於人是其所。郎言再偶是何人，色不見嗔心則怒。强顔笑語苟如此，泉下何堪復相睹。吞聲死别情未洽，百年無幾先朝露。尋思事定惟有死，掩户自經翁計左。同牢日短同穴長，口碑不斷青山路。吁嗟乎，堂堂意氣偉丈夫，平生自許可托孤。一朝事變失所守，肝腸臭腐成污塗。顧郎婦，出天賦，截鼻投崖堪並數。山人歌罷面發赬，丈夫難事裙釵做。

錢節婦　李庸

猗彼錢淑人，及笄歸姚氏。貞性本天成，卓然邁諸姊。厥夫死客鄉，時年尚少只。聞訃哀慟絶，歸櫬候河涘。不獲睹生顔，欲速見蒿里。躃踊投清流，所親援出水。伯氏何不仁，奪志計卑鄙。淑人懼不免，從容竟縊死。嗟哉夫婦倫，非可輕易視。一醮終不移，喪節同犬豕。寧忍偷餘生，致遺君子耻。淑人意何決，不啻奇男子。惜哉無旌揚，幽光掩塵土。我心爲惻然，灑淚記終始。非直闡潛德，因以正人紀。閨筆倚山窗，萬壑悲風起。

陸孝子　本朝　翁詒

不道尋親世有人，麻鞋徒步事猶新。此心久已無生死，一路何曾見苦辛？帀〔一〕地干戈難托足，窮荒瘴癘易纏身。可憐更作孤臣伴，忠孝相看淚滿巾。自注：時有才君，偕行之粵，大兵下廣州，方君死之。

弔顧烈婦　東山人　施績

乾坤流正氣，忠與孝義節。世道日沉淪，人情視如蔑。豈意巾幗中，生此萬人傑。氏本名門秀，幽閒慕往哲。二十歸顧門，于飛相頡頏。何然天降災，二豎爲夫孽。封股暗和湯，籲天祈代切。三載竟長眠，一朝成永訣。大淚本無聲，肝腸已寸絶。不憚爲其難，無如少瓜瓞。頸血膏青鋒，黄泉遨同穴。凛然匪石心，可掬瑶池雪。

弔葉節婦　陸燕喆

弱草化輕塵，綱常屬婦人。闔棺留一指，同穴隔三春。許字麻如雪，靡他竹有筠。禮魂燈不滅，千古薦溪蘋。

輓徐烈女　金礪

柏舟未賦矢靡他，幽壺偏存大義多。止水如心常並潔，沉淵決計肯隨波。生前伉儷空成約，身後碑銘永不磨。死孝死貞元自合，芳名千載繼曹娥。

吴烈婦施氏　前人

倫紀日以斁，勢如廣夏傾。大義誰扶持，乃在閨中人。姑惡克承順，厥德惠而温。所天痛早背，久擬從九京。念兹葬嗣故，忍死暫吞聲。茹荼歷五載，剥牀且及身。姑惡終不悛，婦烈寧再更。數行絶命筆，夜夜泣鬼神。婉貞名果信，山嶽同峥嶸。寄語儒冠徒，奈何多偷生。

讀吴烈婦施氏遺詩　顧嗣立

絶命詞終山鬼呼，可憐薄命遇嚴姑。四年血淚知多少，盡逐東風入太湖。

輓節烈符氏　嚴茂初

節烈侔忠孝，何人副此名？晚蓮應獨秀，秋月與雙清。誓訣同衾穴，情堅一死生。旌閭他日事，傳語已心傾。萬古綱常任，深閨一力肩。軀捐設奠後，心許盖棺前。溪曲聲同咽，樓清節並懸。自注：曲溪上清□閣爲氏殉節處。秋官舊門第，冰雪有因緣。

〔一〕據意似當作「市」。

蔡將軍歌　沈德潛

蔡侯人世飛將軍，身長九尺勇絶倫。左射右射開六鈞，上馬下馬舉百斤。生兒更似李亞子，一門驍勇非常人。時逢猺獞反藤峽，草木爲屋山爲門。猿猱出没肆攫奪，青天白日誅平民。將軍奉詔入重地，膽大直欲通於身。十蕩十決勢莫敵，生鶻横入烏鴉群。峽深路險援兵絶，漫山賊衆如蜂屯。將軍願死不願生，呼聲動天雙目瞋。伏劍血流體僵立，義憤上薪天爲昏。郎君慟哭召死士，拔刀誓衆風雷奔。前驅遇賊氣欲吞，殺賊不異屠雞豚。深人巢穴縛渠寇，揮刃刲膾何紛綸。餘黨拘攣夾碪斧，一火木石俱遭焚。埽清藤峽只旦夕，報主差足酬先臣。當年平播砼朝楝，史書劉綎昭殊勳。將軍父子闕紀録，雖經贈爵終沈淪。敢告史右秉特筆，臣忠子孝光乾坤。

鄭烈婦　和分宁高公韻　吴曾

豈惟巾幗恃干城，子孝臣忠即此誠。死亦職隨完我分，節堪稱烈任人評。奇花異卉難爲瑞，白日青天倍覺明。名教有防瀾有障，鉅公椽筆樹風聲。

壽蔡母殷太君百歲　李果

又見麻姑降蔡經，孫曾五葉卜盈寧。柏舟節可垂千禩，仙醴筵方慶百齡。消夏灣頭通閬苑，重陽節後覩瑶星。旌廬更荷龍綸寵，佳話他年記洞庭。

和守溪相公苦雨二首　明　施鳳

前年春夏交，淙淙雨不止。一月無日晴，溜聲常在耳。黄潦朝夕趨，溪壑浩瀰瀰。田疇一太湖，岸浸波濤裏。人家無完居，十室九壁圮。山塗泥没脛，跬步如千里。父老相與言，從來無此水。麰麥穗垂黑，民食更何倚？偉哉王相國，憂民似憂己。賦詩寫中情，傳誦諒無已。

今年交夏來，霪雨似前年。正當麥熟時，滂沱復連綿。雲氣起如蒸，迷漫暗山川。昏晝亦難辨，村墅疑變遷。林喧鶉鳩語，壁篆蝸牛涎。引領望開晴，簷溜轉潺湲。貧家割薦爨，幾處無炊煙。相逢惟嘆嗟，聽之應惻然。忽忽經三旬，恨無陽石鞭。誰能掃陰翳，得睹蒼蒼天？

橘荒歎　王鏊

我行洞庭野，萬木皆葳蕤。就中柑與橘，立死無子遺。借問何以然，野老為予説。前年與今年，山中天大雪。自冬徂新春，冰凍太湖徹。洞庭苦無田，種橘充田税。霜餘樹樹金，寄此萬木奴。悠悠彼蒼天，三白望為瑞。如何為橘災，斬伐如劒利。飣餖索賓筵，貢篚缺王事。曾聞后皇樹，不過淮之郊。他處豈獨無，洞庭號珍苞。衢州徒菌蠢，湘潭亦寥稍。地氣信有偏，天災曷仍遭？物貴固難成，難成復易槁。遂令洞庭人，為計恨不早。從今原隰間，只種桑與棗。

憫松歌　前人

翠峰洞庭，古刹也。自寺門至官道，皆雙松夾峙，大可數圍，如葆盖，如虬龍，每風動，聲聞數里，盖宋元故物也。予甚愛焉，每至，輒坐其下移日。今年夏至，則無復孑遺。予甚愕焉，召其僧，尤之，僧曰：『縣官征徭急，身之不存，松於何有？』盖鬻之以充徭費也。吾聞釋氏爲出世法，謂世網不能加也。徭且不免焉，非獨人之加，而剪伐及於兹松，千年故物，且不能逃。於乎，苛政之害如是哉！是歲正德十五年也。

洞庭古寺名翠峰，山門夾道皆長松。蒼皮鱗皴根詰屈，風動十里聞笙鏞。團欒下蔭翠羽葆，夭矯上聳蒼髯龍。不知當年誰手植，云是宋家三百年前之舊物。每當赤日坐其下，時有清風吹鬢髮。因思古人不可見，重是甘棠無翦伐。兹來忽見怪且驚，倒卧道塗縱復横。可憐堂堂十八公，盡與官家充踐更。神跳鬼趡競遮護，崕摧壑陷難支撑。我傷佳樹因久立，封植有懷何所及。顛僵力與風雷争，昏暗如聞龍象泣。龍象泣，何所爲，縣官催租如火急。伊昔秦王法最苛，猶有封爵來山阿。如何今日值刼數，大斧長鋸交摀呵。深山更深無避處，豈若社櫟長婆娑？年來征税總類此，誰采野老民風歌。

嘉靖二年七月三日大風拔木，漂溺民居。　前人

去年七月颶風作，駕海驅山勢何惡！沿江濱海萬人家，一半漂流餧蛟鱷。今年七月仍颶風，驅山駕海勢略同。人家有備幸多免，禾偃木拔歲則凶。我聞有道唐虞世，風不鳴條雨霑塊。休徵五事來應時，西穀用成民用乂。當今公道如天開，金縢既啓群公來。賓賢養老天子聖，風伯爾獨何爲哉？

望雨歎　秦嘉銓

大江以南俗多窳，每值歲儉嗟二鬴。比來屢稔得所怙，有年婦子安衡宇。雖則囊空窘阿堵，劬勞幸不嗷鴻羽。今春水耗數尺許，山根齒齒石縷縷。中谷暵及湖之滸，月令芒種交端午。秧田搰搰勤水戽，黄梅霢霂雷不怒。夕虹朝隮絢雜組，芟作徒然疲犍牯。喃喃太息聞田父，云自正月數至五。每月之朔火爲主，自註：正至五，朔皆火，或云旱兆。夏甲子雨兆赤土。五月二十分龍雨，雨濕龍衣潛水府。哀哉老農與老圃，糴穀醫瘡將何補？或謂鄰翁勿咨苦，上帝聰明聽且睹。况兼宵旰厪衮黼，頃者飛輓賑鬬輔，我任我輦賦靡盬。更憫東南方瘠瘉，佇望年豐多稌黍。行見降康秋斯祜，澍雨激如射潮弩。豐隆虩虩震鼉鼓，旱魃匿影不敢舞。隴畝懽騰逮工賈，憂者以喜疾者愈。我倉既盈億我庾，以輸高廩供簋簠。有椒其馨酒可沽，有捄其角

牡可脯。琴瑟擊鼓迓田祖，索饗迎猫更迎虎。我儕小人足仰俯，耕鑿何有帝力普。望歎釋，頌前古。

謁雨謠　前人

黃冠日謁請，切切一何佞。隴上桔槔聲，寧不動神聽。

弋虎　陳履儼

夫椒之山家比屋，可以群遊可以獨。暇日行吟恣所如，石徑松陰時放足。何為忽有寅將軍，來嘯高崕震林木。腥風簸蕩白日昏，童叟驚聞有似鵠。弱肉之食盡犬羊，豈僅耽耽麋與鹿。雨餘雪後睹行踪，臣細縱橫滿山麓。謂爲母子或其然，跳梁三載家無畜。陽羨有獵技最高，醵金往聘何辭勞。獵徒四輩來吾里，藐彼虓虎同稚羔。殲厥兩魁并四子，三日之間矢已櫜。昔謂二凶今乃六，幸茲一舉誅其族。群然獻與邑大夫，虎不渡湖今被戮。四民作息已無虞，任我徜徉秦履隩。虎兮虎兮害雖除，猶恐泰山問婦哭。

乙酉五月避亂湖中　本朝　鄭元亨

五月竄湖陰，溪深水涵毒。觸之即死亡，五絲不能續。蛟龍正爭鬬，豈分石與玉？是處無安流，滔滔鬼晝哭。

打冰詞　葉方標

朔月北風吼十日，太湖一夜冰三尺。骨堅勢厚稜稜高，去楫來舟空歎息。前船賈勇亦莫行，後船啣尾排似織。船頭賈客秦復陶，欲去勢難生羽翼。買醉長年亂舞篙，白棓雨點椎難入。擊玉鳴球雖有聲，斷機裂帛曾無迹。仰視天地正沉冥，霜花草上如錢積。寒光日射增嚴威，試一把椎面深墨。龍潭縱有蛟螭蟠，轣轆冰車行不得。

紀異二首　吳兆鯉

甲辰秋，飛蝗蔽天，食湖濱蘆葦葉殆盡，而不害稼，民有望歲之心矣。未幾，忽大風拔木，雨急如注，太湖水湧丈餘，田禾盡偃，而瀕海地方尤甚，民居多被漂没，作二詩以紀之。

何計可驅蝗？農人空自忙。漫勞群鳥啄，不礙稻花香。雲浄天逾黑，風清月倍黃。高飛應化去，蘆荻失蒼蒼。

驀地暴風發，天心驟降殃。樹隨屋共拔，人與稻俱僵。急雨撼山谷，怒潮矗海塘。災黎何太苦，不待舞商羊。

後刈麥行　吳曾

昨日欲刈麥，大雨降盈尺。今日欲刈麥，午餘尚濛霢。濛霢庶幾明日晴，晴無半日雨彌旬。低田場岸白浪起，短鐮卧地青苔生。婦姑唧唧相向泣，老翁倚門長歎息。幸逢曠典免田租，何來淫雨奪民食。呼天怨天天有辭，怪汝風俗奢且漓。來牟率育莫非德，災祲示警亦是慈。惟皇用福天用威，意在激勸均無私。急將淳朴答朝宁，穰穰還汝秋收時。

蟋蟀篇 明 蔡羽

露蟬盡抱枝頭枯，黃葉已逐秋風去。空山夜静深閉門，何事啾啾達霜曙。候蟲變，時序更，江湖催促遊子情。户之樞，床之足，愁人不寐起秉燭。十月未授衣，九月未築場，歲寒始怪農家忙。嘻嘻夏屋爾何爲？欲祭先農無酒漿。一粒須辛苦，萬鍾戒怠荒。聽我蟋蟀歌，瞿瞿無太康。

徐我庭葬師 本朝 吴曾

一抔黄土報揚雄，獨任劬勞不任功。無復旅魂悲夜月，足令過客仰高風。恩酬絳帳三年雨，名寄青山萬樹楓。好義如君真僅事，漫將氣誼説宣崇。

橘 明 王世貞

曾因騷客稱嘉樹，從此名留貢篚間。淮浦孤蹤一水隔，洞庭千樹兩峰殷。煙霞自與長生液，霜霰翻來漸老顔。碁局便須相伴住，未煩塵世訪商山。

柑 本朝 張鵬翀

久信南柑勝北橙，蔗漿萍實敢相争。蠟封乍破浮香嫩，金瓣微含冰齒清。三寸擘來休抵鵲，一雙攜去好聽鶯。更須滿甕浮春色，坐對寒霜細細傾。

枇杷 尤侗

摘得東山紀革頭，金丸滿案玉膏流。唐宫荔子誇無賽，恨不江南一騎收。

角里梨花 吴時德

時逢風雨中，花發高士境。遊人倚棹看，湖光增一頃。

曹塢李花 許章光

午煙十里春濛濛，芳姿斜照青溪中。雙横石板瑩如玉，伊人却限西與東。梅花有香桃有色，豈若李根具仙骨？墓門屋角翻素波，青山紅寺非疇昔。穿林不認粉蝶飛，出籠不見馴鶴歸。願爾結實百千斛，普救山中廉士飢。

芡實 宋 楊萬里

江妃有訣煮珍珠，菰飯牛酥軟不如。手擘雞腮金五色，盤傾驪頷琲千餘。夜光明月供朝嚼，水府靈宫恐夕虚。好與藍田餐玉法，編歸辟穀赤松書。

菱 本朝 唐東嶼

交遊萍藻侶菰蒲，懷玉藏珍類隱儒。葉底只因頭角露，此生不得老江湖。

太湖采蓴二首　鄒斯盛

春煖冰芽茁，秋深味更精。有花開水底，是葉貼湖平。野客分雲種，山厨帶露烹。橘黄霜白後，贏得晚盤清。

風静緑生煙，煙中蕩小船。香絲縈手滑，清供得秋鮮。荇葉分圓缺，鱸魚相後先。誰云是千里，采采自今年。

采蓴歌　吴時徳

采菱采蓮兒女情，年年不斷横塘行。獨有西山采薇者，千秋誰得同芳聲。我今采蓴太湖沚，紫絲牽向清波裏。任爾漁郎笑我爲，野鷗亦漸成知己。歸來月下放歌頻，一片幽心照古人。

菰米　施珵

無煩耕耨力，獨秀晚秋天。波冷漂香遠，霜清綻粒圓。擷來光自潤，炊出味尤鮮。始信仙家飯，何曾不火煙？

芋　吴莊

山中誰置力田科，不種香粳種芋婆。那識龍團黄線美，蘇揚行得大頭多。自註：馬跡山芋，以龍團、黄線二種爲佳，而行於蘇揚者惟貴大頭，山中稱爲『芋婆』，弗尚也。

蘆菔　元　許有壬

性質宜沙地，栽培屬夏畦。熟登甘似芋，生薦脆如梨。老病消凝滯，奇功直品題。故園長尺許，青葉更堪齏。

蠶虫　本朝　繆慧遠

豆畦堆碧雜桑麻，稔歲相傳一面花。入夏每先盧橘熟，得名偏爲繭絲加。翠茸欲老初垂筴，露液中涵未滿沙。田舍新嘗風味勝，祇應石鼎配春芽。

豇豆　吴偉業

緑畦過驟雨，細束小虹蜺。錦帶千條結，銀刀一寸齊。貧家隨飯熟，餉客借糕題。五色南山豆，幾成桃李谿。

王瓜　前人

同摘誰能待，離離早滿車。弱藤牽碧蔕，曲項戀黄花。客醉嘗應爽，兒涼枕易斜。齊民編月令，瓜瓞重王家。

鱠殘魚　前人

棄擲誠何細，夫差信老饕。微茫經七箸，變化入波濤。風俗銀盤薦，江湖玉饌高。六千殘卒在，脱網總秋毫。

銀魚　明　王叔承

冰盡溪痕緑，銀魚上急湍。縈波迴旭日，溜藻破春寒。色動青絲網，鮮浮白玉盤。未須探丙穴，江女擢輕蘭。

移居包山　唐　麴信陵

重林將疊嶂，此處可逃秦。水隔人間世，花開洞裏春。荷鋤分地利，縱酒樂天真。萬事更何有，吾今已外身。

丁巳解組歸山自述　明　姜節

五馬來爲五老遊，薰風滿泛五湖舟。疎慵正愜懸車志，衰朽猶懷負乘羞。公論在人元不悮，私情於我亦何求？十年吏隱今真隱，湖上青山笑白頭。

歸夫椒山　陳睿謨

山清雲白太湖濱，十畝桑間托此身。看慣兒童忘笑語，每逢耆舊一逡巡。官梅落落傷心麗，翠竹娟娟過眼新。不自風塵潦倒後，那知珍惜故園春。

還山拜母　葛一龍

久客今來歸，喜極涕交泫。入門拜慈母，白髮被於面。是兒身上衣，結結臨行線。是兒足下履，業業春冰踐。塤篪既寡和，竽瑟俱不善。謬以魯縞矢，亦備東南箭。升斗乃君食，七箸幸親健。毛義果何人，茅容有餘羨。

出山拜母　前人

暫歸如旅宿，行止亦貿貿。厥身吾母身，於養未能就。斂涕飾好容，再爲膝下壽。中婦前致詞，吾門眷天厚。君無念晨夕，婦能力左右。黽勉登修途，參前屢行後。晷影戀車隙，山光浣衣垢。一鮓未敢請，三橘寄懷袖。

洞庭雜興　陸鍾呂

楊梅爲夏橘爲秋，國計家園總此謀。但使堂前皆樹果，何妨客到即登樓？水中僻壤兵戎少，山裏荒田賦稅稠。倘得陽城勞撫字，唐勤魏儉自風流。

己巳正月即事　陸燕喆

翠華聞已過青齊，畫艦迎鑾盡向西。是處行宮皆掛錦，何方水道不刳泥？虎邱悟石移高下，鄧尉梅花待品題。却異兩山深僻地，也曾翹首六龍蹄。匝月紛紛待幸忙，司存無日不飛航。黃衫侍衛前騶少，白髮將軍後騎長。塵沸席湖昏不散，錦連唐服夜猶張。誰知忽得回鑾信，依舊雲山寂寞鄉。

讀葛震甫先生詩集有感　吴兆鯉

震甫詩名遠，曾登海内壇。一時推宿將，多士總衙官。争結王生襪，羞彈貢禹冠。石麟埋未久，故里歎荒寒。

長圻探梅　張士枋

一白千山失曉青，冰魂雪魄自冥冥。微風小艇清晨出，泛得寒香滿洞庭。

席采若兄弟招集湖舫同李客山沈我瞻陸研皋吳云謙諸子拈風荷二字　杜詔

要我看花去，瀕湖曲港通。暑消河朔飲，秋起洞庭風。路轉分山翠，舟移夾岸紅。莫教仙夢遠，人在水晶宫。小泊葑山下，歸來路不多。嫩涼過驟雨，清響滴圓荷。有水通香徑，無心問苧蘿。聯吟休共悵，零落采菱歌。

白沙灣見小池荷花盛開　前人

煙波真萬頃，何處好看花。色艷矜紅粉，香清稱白沙。方塘難放棹，勺水易爲家。秋曉亭亭立，迎風挹露華。

閱文有感兼勗諸君　邱賡熙

共賞雄文共析疑，珠光劒氣燦尋披。諸君不棄問塗馬，老我何須載酒鴟。吳下賢豪三日異，鄴中俊傑七人宜。時作文者七人。大鵬直上青天去，莫忘秦淮水擊時。

法海塢　朱鵬

周遭本是法王城，誰道空存法海名。破壁頹垣來野鼠，凄風苦雨泣山精。殘碑半蝕青蘿長，石徑全荒碧蘚生。極目蕭條增百感，斷橋横處一人行。

信目吟　吳莊

當年設險費深謀，雄視洪湖據角頭。論事要如高處立，周郎獨辨一雙眸。自注：東山周禹請設太湖營，議建營署於西山之角頭，據險扼要，最得形勢。兵氣消沉又幾朝，太湖形勝在夫椒。童年曾見胡戎政，來集舟師訓水操。極目湖波勢拍天，日巡梭織自何年？具區洶是歌清晏，十八直中無哨船。自注：湖舟逆風掉搶，有『往來十八直』之諺。

太湖競渡　吳曾

人洶洶，鼓逢逢，風生水面雲行空，湖中夭矯來群龍。黄頭絶叫龍争怒，撇浪翻波爪牙舞。初時散若鵝鸛翔，忽張兩翼環如堵。銀濤堆裏一聲鉦，掉尾歸來蕩槳輕。一龍前導後魚貫，紅黄碧緑旗分明。奇哉，疾徐進退，彷彿如軍行。洞庭兩山設水師，太湖儼是昆明池。萑苻久靖曷用武，桑土預徹宜長思。控扼三州截偷渡，横戈躍馬功安施。使船自古説南人，善泅此地皆吳兒。何不驅令桓桓衆貔虎，悉來乘風破浪追逐龍舟嬉？君不見，龍舟賈勇興未已，鼓聲又在南湖起？

吳塘　明　史鑑

一水遥遥與海通，舟行渾似入虛空。三江共接朝宗勢，萬古常懷底定功。錫麓人煙帆影外，洞庭山色浪花中。蓬瀛有客頻來往，欲駕雲濤趁便風。

五里湖作 本朝 錢國珩

湖上青山山裏湖，天然一幅輞川圖。不知當日倪高士，曾入空清筆底無。

閶江城 明 金文

霸業已云古，荒城空草萊。可怜城上月，曾照越人來。

雷觜 曹時中

夜雨桃花漲，春風楊柳灣。數船燈火亂，知是打魚還。

蘭山渚 項麒

逶迤石蘭渚，蘭香濃欲滴。念彼種蘭人，徘徊日將夕。

湖城張士誠所築，詳《濱湖山考》。 吳復

柳城夜上看明月，脚踏蒼龍望太湖。一色金波天上下，衆峰林屋路斯須。船頭漁子吹璚琯，水面鮫人弄寶珠。赤壁英雄何處去，萬株寒影重珊瑚。

平沙謡平沙灘，詳《水議震澤志》條。 趙鳴陽

平沙灘頭千畝蓼，萑葦綿芊寡麥菽。泥塗胼胝斫爲薪，踰時偃僂纔盈掬。竟日裝成舴艋歸，借曝秋暘更信宿。攜來市上一肩柴，剜却窮民兩脛肉。支離聊可惜飢瘡，那得餘錢供稅牘。漸有良農闢作田，三時風雨供櫛沐。具區濤浪拍天浮，咫尺隄防不須築。幾番赤地湧鯨波，幾度青苗實魚腹。間值驕陽雨露稀，桔槔無計施輪轂。堯水湯乾兩不宜，三耕一稔猶云福。歲竭瓶罍不輟耕，所幸纖科無吏朴。特加賦額等平壤，誰向天河乞佳穀。吳江沃野百千頃，歲剩餘糧盈萬斛。政肅官清會計明，民依國計俱充蓄。莫向荒郊問水濱，敬採民風告司牧。

萬曆丁巳，吳江令霍維華欲丈量平沙田以定賦額，鳴陽作是謡以規，維華瞿然遂止。

丈湖行 本朝 趙王佐

太湖四萬八千頃，處處波濤漾藻荇。灘淺間將牛牧放，灝漾不見蘆花影。是草出没故無常，居民樵採邀天幸。皇帝三年秋七月，驚聞大舫湖濱歇。指海防。里長逋竄甲首出，相將蕩漾水晶窟。上下從流細丈量，長繩細算牛毛窖。吁嗟乎，河泊編氓居釜底，天賜青青一帶水。但知夏月犁腹倚，不識浮萍官稅抵。檄促承攬急於雷，計畫無復呈佃紙。佃紙入官更可憐，釀錢不夠衙門使。那得精衛朝暮來，驀地滄浪化洲沚。桑麻蔥鬱長子孫，歲歲湖神錫利市。牛車負擔輸乃租，縣官高卧無催比。明知此語絶荒唐，想入非非且妄語。

簡村　吴祖修

皇帝九年夏六月，十有二日颶風發。太湖水挾雷雨飛，鼇蛟走出蒼卞窟。老龍夜奉妖孛牒，噴沫張牙復鼓鬣。勢驅海若走天吴，盡倒官堤與城堞。江村地形真釜底，一生衣食太湖水。常攜笭箵犯風濤，不信身軀還喪此。東鄰覓子西尋耶，前村又見悲無家。雨師憑陵風伯怒，可憐民盡為蟲沙。水晶宫中坐河伯，有司歲歲沉圭璧。此時掩耳胡不聞，前日效靈今助逆。君不見，皇家高官尊於帝，不急災傷急租税。俸薪月費水衡錢，日高鈴閣門還閉。

守唐家湖和韻嘉靖三十四年，吴江令楊芷敗倭於此。芷作詩紀之，和者甚衆。　沈啓

郎官振旅扣吴舷，不脱戎衣帶月眠。唾落澄波摇列宿，氣吞滄海亘春天。江涵飛閣鼋鼉隱，風颭雄旗虎豹聯。鯨鯢不令仍漏網，出車重見賦言還。

出湖推舟二十里達吴家港二首　吴祖修

蒹葭叢處亂舟横，千頃澄波勢頓平。三寸水如平地閣，一帆風似逆流行。何時王勃能前達，此日河神覺世情。記得昔年諸父老，縣東橋上看波生。

憶昨洪流起怨咨，丁錢疏鑿亦何爲。若論故道非難復，欲看桑田漸有期。敗葦叢生淤水勢，濁泥數斗長洲基。鄺經原委無人問，漕粟東南力轉疲。

莫舍漊　明　趙忠重

東林殘雪映寒梅，泉石荒凉徧緑苔。水逝越溪歸震澤，山廻吴岫接蘇臺。雲霄群鴈紛紛下，煙浦孤帆渺渺來。湖北湖南舊遊地，春風停棹重徘徊。

白洋灣　盧雍

一棹西來自義金，清風篷底恣長吟。芙蓉不斷千峰秀，松檜相連五塢陰。落日蒼波横塔影，平蕪白鳥度雲陰。持杯試酹天隨子，千古風流共此心。

百瀆　本朝　吴莊

蘆荻蕭蕭入望遥，荆溪百瀆水滔滔。銀濤却向雷山湧，蜃氣都從日底銷。自注：百瀆口外盡漲蘆洲。

夾浦　前人

日落平沙夾浦深，漁舟鱗比軋寒潯。將魚换酒呼盧飲，廟下桅檣似鄧林。自注：夾浦爲三廾篷漁船集處。湖口有王二相公廟，行舟遇險，呼之靈應。

大錢　前人

苕雪争流出大錢，玉龍兩兩赴湖天。小雷一點如珠樣，攫

取誰能稳抱眠。

胥口　朱彝尊

胥口如繩直，吴船比屋高。往來陵雨雪，歌笑涉波濤。淺碧摇新柳，天紅露小桃。近年浮宅慣，未覺此身勞。

罛船竹枝詞　前人

村外村連灘外灘，舟居翻比陸居安。平江漁艇瓜皮小，誰信罛船萬斛寬。

具區萬頃匯三州，點點青螺水上浮。到得石尤風四面，罛船打鼓發中流。

黄梅白雨太湖棱，錦鬣銀刀牽滿罾。盻取湖東販船至，量魚論斗不論秤。

幾日湖心趄趄風，朝霞初歛雨濛濛。小姑腕露金跳脱，帆脚能收白浪中。

灣頭茱萸紅十分，湖中鷺鷥白一群。儂船縱入采菱隊，不濕青青荷葉裙。

十歲癡兒兩髻梳，漁娃不放柁樓居。新年判費金三鎰，聘取村夫子説書。

櫂郎野飯飽青菰，自唱吴歈入太湖。但得罛船爲贅壻，千金不羡陸家姑。

東溟大艑也嵯峨，滅渡橋頭銜尾過。一樣風波湖海別，黄魚争比白魚多。

船頭腥氣漉魚籃，船尾女兒十二三。染就纖纖紅指甲，新霜愛擘洞庭柑。

莫釐峰下鳳舟回，望見高帆六道開。傳語羽林郎莫射，漁翁元爲進鮮來。

卷十二

集文一

集文之例與集詩同，而於文尤慎。非惟涉二氏者不録，即紀遊諸名作，亦割愛焉。至若水利兵防，已各從其類，具録於前，茲不再見。前略而未詳者，仍録其全文。

五湖賦　吳　楊泉

乃天地之玄源，陰陽之所徂。上値箕斗之精，與雲漢乎同模。受三方之灌溉，爲百川之巨都。居揚州之大澤，苞吳越之具區。南與長江分體，東與巨海合流。太陰之所毖，玄靈之所遊。追湖水而往還，通蓬萊與瀛洲。爾乃詳觀其廣深之所極，延袤之規方，邈乎浩浩，漫乎洋洋。西合乎濛汜，東苞乎扶桑，日月於是出入，與天漢乎相望。左有包山，連以醴瀆，岸雒崔嵬，穹窮紆曲。右有平原廣澤，漫延旁薄，原隰陂阪，各有條格。茹蘆茭薍，隱軫肴錯。衝風之所去，零雨之所薄。見《藝文類聚》。王文恪云：『上下疑有缺文訛字。』重其古也而録之。

太湖賦　明　朱右

客有鄱陽生，號遠遊公子，俶儻玫瑰，超奇拔偉。衣白雲之翩翩，峩危冠之韡韡，神悦悦以欲逸，風飄飄而凝佇。於是上會稽，探禹穴，訪遺蹤，超洞壑，軺車前驅，輜重紛錯。王子進之以笙鶴，江令贈之以芍藥。遂乃揚帆錢塘，鼓檝中吳，將欲窮覽山川，壯遊江湖。

造松陵主人而懽然從予，主人曰：『子號歷覽，亦嘗聞澤藪之大，有三萬六千頃者乎？』生曰：『未也。可得而聞歟？』

主人曰：『唯唯。夏名震澤，周曰具區。下屬三江，實爲五湖。右接天目、宣歙，出溪之源，左通松、婁、中江，入海之泇。衆流之委，群利之儲。苕溪出其南，溧水經其西，五灣瀦其東，垂虹界其隄。流甘泉之清液，隱雪灘於北隈。洞庭中起，林屋天開；渺彭蠡，吞雲夢，駕雷夏，軼孟瀦，杳不知其幾千里之爲遠，疇能計夫三萬頃之有餘。其澤則汪洋浩瀚，洶湧奫潾。瀰漫滓溟，涣涣沄沄，流飈吹波，結絡龍鱗，日光玉瀠，澄泫氤氳，清瀾凝漪，錦花成文，浪濤噴瀆，澎湃泫粼，出雷騰虹，蒸雨生雲，呼吸陰陽，吞吐乾坤。如潮汐之不測，或早暮而異觀。飛揚蕩薄，迅澓汩淪，千態萬狀，不可殫論。其藪則碧沙曼衍，黄石斌玦，莎薜蒹葭，白蘋青蒲，荇芹薀藻，茭菰荻蘆，蔓青杜若，江籬蘼蕪，芡實雞頭，草長龍須，芰荷翠沃，蓮藕芬敷，衆物居之，何可勝圖？其土埂則塗泥微露，埤溼就乾，葳菥蓏蒿，莔芒蘅蘭，菖蒲馬荔，荃蓀射干，圬楊絮白，水柳葉丹，蘋蓼早緑，榆楓暮殷，朱橘火齊，黄柑金丸，連枝並秀，駢集乎其間。爾乃風流梗概，溥覽闌斑，兩兩相峙，鬱乎崇山。其山則層巒崑崙，叠嶂嶙峋，岑嶔參差，如陵如墳，崔嵬嵳崒，陂陀糾紛，上拔仞岡，下臨湄濆，控地軸以磅礴，逐水曲而折旋。馬跡屹立以嶷嶷，翠峰峻拔以盤桓，戛浮雲之流景，俯蛟龍之深淵，空谷谽谺以無底，磴道蜿蜒而相連。其中乃有奉真之祠，供佛之堂，琳宫道觀，梵宇禪房，煙雲縹緲，金碧焜煌。黄冠緇衣，往來而徜徉，談玄讚空，學幻言嚨； 或高堂以演武，或擊鮮而稱觴。駕白魚之飛艎，泝重湫之流光。水産則黏蠔旋螺，土蛤石花，鮨鱧鯽鯉，鱖鱮鰌魦，縮項之鯿，頳尾之魴，細鱗之鱸，紫甲之蝦，稻蟹盈尺，巨黿專車，長蛟潛鱷，穹龜靈鼉，周游涵泳，其樂無涯。羽禽則晨鵠莊雞，鶬鸛鳧鷺，鵁鶄鶬鴰，鸂鶒鴿鶩，群鴻來賓，陽鳥攸居，駕鵝遠舉，鷗鷺忘機，王雎並騖，鸀鳿交飛，振翮刷羽，以敖以嬉，來如雲集，去若煙睎。若乃絶岸之濱，漸水之石，或伏或倚，或卧或立，或方如珪，或圓如璧，或矗如峰巒，或平如几席，或滑若脂肪，或廉若劍戟，或赭而赤，或蒼而碧，或縞如玉，或黝如漆。爲中流之砥柱，若逆河之碣石。 怪怪奇奇，熒熒礫礫。斯又天造之神工，而出乎兹水之蕩激也。 思昔夫差，競霸圖勳，鏖戰於此，勝負未分。旌旗蔽空，舴艋如雲，始魚鼈以爲樂，終麋鹿而成群。 廼若歸釣之徒，著書之士，去國鴟夷，泛舟西子，亦復渺渺滄波，茫茫白水。』

主人之辭未終，鄒陽生肅乎改容，喟然而歎，曰：

『甚矣！世道逾下而人心之不古也。吾子好學，頗識典策，不述職方之經邦，而盛稱兹澤之庶殖，不思禹蹟之胼胝，而徒歎英賢於戰國，皆非所以極遊覽之願望，而擴夫五性之至德也。遐思往古，擊節太息，請誦主人所聞而陳予所得。嗚呼，噫嘻！浩蕩方割，懷襄未平，九域混而莫辨，百潦壅而不行，支祈倔强於淮甸，天吴猖獗於海溟。時維兹水，震蕩靡寧，浡浡洶洶，砉砉轟轟，疑撼天而動地，猶駕雷而鞭霆，類不周觸而天柱折，若巨鰲抃而洲島傾，斯震澤之所以錫名也。迨夫九載暨南，庶土交正，波神受職，川后奉令，應龍畫地以效功，庚辰持戟而制命。導吴淞以安流，別淮海而表境，於時澤安其所，水順其性，鳴者自停，動者自静，斯震澤之所以底定也。千載而下，美哉禹功，昏墊之害既遠，灌輸之利無窮。 故漁人舟子之出入，豪商薄宦之經從，擊楫鼓浪，引帆隨風，莫不連檣接舳，往來乎其中，斯又具區之藪以萬民惟正之供也。方今海宇清明，朝廷静謐，内宣民化，外脩貢職，農安其耕，女効其織，工習其業，商估其值，士守遺經，民食餘力。 風不揚波，水不濫泆，方鎮以寧，土地墾闢，開禹之疆，廣禹之績，是以九州之外，咸仰聖育。 沾濡乎仁義，涵泳乎道德，浹洽恩波，沐浴膏澤，漸摩浸潤，流衍洋溢，天無亢燥之災，人樂沃土之逸。試言其故，則辟雍湯湯，聖化行矣，靈沼洋洋，聖澤汪矣，御溝溶溶，生意茫矣，溥德川流，達道荒矣。下視一隅，寧不隘杯水於坳堂矣？』

主人於是聳然樂聞，憮然自失，仰神功之長存，慨餘子其何益。相與鼓枻乎滄浪，曾不芥蒂乎胸臆。迺起爲詩，歌以頌德，詩曰：『於赫禹功，配天比隆。生我遺氓，宅我土中。原隰畇畇，江漢爲東。萬世永賴，維禹是崇。於皇禹德，立我民極。手胼足胝，救焚拯溺。鑿井而飲，耕田而食。靡謝天功，焉知帝力。於昭太上，示民以應。眷佑我皇，與民立命。開禹疆土，繼禹作聖。其混合四大，維民之正。於穆聖皇，維上帝不常敬哉，有土亹亹弗敢康。五嶽四瀆，七澤九罔，罔不佫其職，來享來王，來享來王。受天之祐於萬斯年，睠我有土，有土有民，有子有孫。有引勿替，以頌兹文。』

廣通壩考

明　韓邦憲

廣通鎮在高淳縣東五十里，世所謂『五堰』者也。西有固城、石臼、丹陽、南湖，受宣、歙、金陵、姑孰、廣德及大江水；東連三塔蕩、長蕩湖、荆溪、震澤；中可三五里，頗高阜。春秋時，吳王闔閭伐楚，用伍員計，開河以運糧，今尚名胥溪，及傍有伍牙山，云：《左傳·襄公三年》：『楚伐吳，克鳩兹，今蕪湖。至於衡山。』今烏程。《哀公十五年》：『楚子西、子期伐吳，至桐汭。』今建平。蓋由此道。鎮西有固城邑遺址，則吳所築以拒楚者也。自是湖流相通，東南連兩浙，西入大江，舟行無阻矣。而漢唐來，言地理家者遂以爲水源本通。桑欽《水經》云：『中江在丹陽蕪湖縣南，東至會稽、陽羡入於海。』《前漢書·地理志》於《丹陽蕪湖志》云：『中江出西南，至陽羡入海。』應劭、顔師古註『溧陽』云：『溧水出南湖。』《後漢書·郡國志》：『蕪湖，中江在西。』孔穎達《書義疏》亦引漢史爲證，蓋皆指吳所開者爲《禹貢》『三江故道』耳。後不知何時漸湮。

景福三年，楊行密據宣州，孫儒圍之，五月不解。密將臺濛作魯陽五堰，拖輕舸饋軍，故得不困，卒破孫儒。魯陽者，銀林、分水等五堰壩左右是也。壩西北有吳漕水，言吳王行密所漕也，至宋時不廢，故高淳易洩，民多墾湖爲田者。而蘇、常、湖三州承此下流，水患特甚。宜興人進士單鍔，採錢公輔議，著《吳中水利書》，以爲築五堰，使宣、歙、金陵、九陽江之水不入荆溪、太湖，則蘇、常水勢，十可殺其七八。元祐中，蘇軾稱其有水學，并其書薦於朝，詳具《東坡奏議》中。時用事者方欲興湖田，未之行也。故永豐等圩，官司所築無慮數十萬，而固城、石臼、丹陽之間，大抵多圩田矣。宣和中，待制盧襄奏罷湖田及言開銀林湖爲非切務。於時田方屬蔡、秦、韓諸將相家及隸行宫，不便塞河，卒未行也。乾道中，周益公《南歸録》尚謂由鄧步、東壩、銀樹可通舟至固城、黄池。景定《建康志》及《祥符圖經》亦謂瀨水西承丹陽，東入長蕩湖，足可徵胥溪尚通云。元伯顏攻臨安，三道並進，叅政阿剌罕攻破銀樹、東壩，至伍牙山敗宋兵，實出此道，而河流亦就塞。

明興，高皇帝定鼎金陵，以蘇浙糧運自東壩入，可避江險。洪武二十五年濬胥溪，建石閘啟閉，命曰『廣通』，鎮設巡檢司、税課司、茶引所。當是時，湖流易洩，湖中復開河一道，而尚阻溧水胭脂岡，乃命崇山侯鑿山通道，引湖水會秦淮河入於江，於是蘇、浙經東壩直達金陵，爲運道云。崇山侯者，李新濠人也，初以建孝陵功封侯。焚石而鑿之，費油麻不貲，石盡赤。岡脊本易通，有嚴氏者，慮損其田，以女賂侯，故迂其路，侯坐極刑死。時洪武二十八年也。文皇帝遷都於北，運道廢。永樂元年，蘇人吴相五以水之爲蘇常患也，引單鍔議奏，改築土壩，增設官吏，歲僉溧陽、溧水人夫各四十看守。自是，宣、歙諸水希入震澤矣。而壩猶低薄，水間漏洩，舟行猶能越之。正統六年，江水泛漲，壩大決，蘇常潦甚，國税無所出。周文襄、楊賀一大集夫匠重築之。欽降板榜，如有走洩水利淤沒蘇松田禾者，壩官吏，處斬，夫鄰充軍。十二年，張惠等奏復故河道，勘行屢歲，未決。成化四年，普施奏阻之。十二年，牟都御史俸溧陽知縣靳瑋又議復，常民張端又奏阻之。大抵利塞者壩下諸郡，利開者壩上也。後車夫與商爭利於陸行。正德七年，給都御史俞諫以税利，乃令鎮江府通判齊濟舟督責，增築壩三丈，自是水盡壅，高淳之圩田日就圮矣。顧其時，愬辭往復，在開壩未有言減税者，里甲傾敗其半。嘉靖初，宫保李公充嗣奉勅行詢水利，有白子俊者呈復壩河，乃命應天府治中周某、通判吕某勘行開濬，會歲歉止。歐、夏兩撫臺時，程儀鳳再愬之，然意在通舟耳。三十五年，倭入寇，商旅由壩行者絡繹不絶，沿壩居者利其盤剥，復自壩東十里許更築一壩。即古分水堰處。兩壩相隔，湖水絶不復東。今壩官及溧陽壩夫俱不存矣。

蓋余他日，按輿圖原本山川，金陵地脈歷閩、浙，踰東壩，至茅、蔣，勢本聯絡。秦漢以前，高淳固魚龍之宅也。自有胥溪，三湖東歸震澤，民始得平土居，稍稍墾湖田爲業，宋時煙火最盛。今冬春水涸時，湖中往往見磚石井階，蓋舊民居云。自築壩以來，水勢壅遏，田漸淪没多矣。而賦額日增，户口視前僅十之三，則惟壩之故。嘉靖戊戌，覈田致虚懸米八千，由今而後，田之將圮爲湖者，未有紀極也。父老言湖底與蘇州譙樓頂相平，假令水漲時壩一決，蘇常便爲魚鼈。當庚申、辛酉間，大浸稽天，淳民紛紛欲掘壩，會下壩偶決，溧陽、宜興而下，勢若懷襄。有以聞於華亭徐相國階，會知縣方沂入覲，召諭重禁之。余時在京師。韓子曰：『廣通壩者，所以障宣、歙、金陵、姑孰、廣德及大江之水，使不入太湖者也。自前代皆云中江故道，近内閣王鏊記太湖，以此一源最巨，爲蘇常患。而伍餘福著《三吴水利論》，亦諄切言之。』嗟乎！以蘇、常、湖、松諸郡所不能當之水，而獨一高淳爲之壑，其至於洪漲，而廢田也決矣。而稅又弗捐，民何以堪之？自蘇軾、單鍔之言行，所以爲墕下諸郡者甚善，而未有爲墕上發明者。余觀淳民之日耗，且困於虚糧也，作《廣通墕考》。

太湖二名解　本朝　吴莊

太湖爲吴中名勝，古稱震澤，《禹貢》所謂『震澤底定』者是也。一稱具區，《山海經》『浮玉之山，北望具區』者是也。或曰：『二書皆出自禹手，一水二名，何歟？』曰：據時勢以立言，先後數十載之不同也。稽之古史，帝堯六十有一載，洪水爲災，咨四岳，俾鯀試可，三載績用弗成，殛鯀於羽山。七十有二載，使禹平水土，益掌火，棄教民播種，契爲司徒。禹傷先人功之弗成，勞心焦思，忘其身家，八年於外，乘四載，敷九土。是時揚州之域，彭蠡爲西偏之患，震澤爲東偏之患。彭蠡瀦而西患息，惟是三吴一壑，震蕩靡寧。掘地注江注海，乃底於定，至八十載而告厥成功。叙揚之治績於東偏，據其實而書曰『三江既入，震澤底定』，蓋重在水患之平治也。帝舜三十有三載，命禹敘《洪範》九疇，以明治水之次。孔安國曰：《洛書》者，禹治水時，神龜負文而列於背，九前一後，三左七右，四前左、二前右，八後左、六後右，禹法而陳之，次第相乘爲九疇，彝倫攸敘。畫州井地之法，其倣於此。《山海經》之作，雖史無明文，大約亦此時事也。經之總結曰：『天下名山，經五千三百七十山，六萬四千五十六里居地也。』是重在山川之脈絡，與土地之高下，故據其實而書曰『浮玉之山，北望具區』。具區云者，水平之後地皆顯出，若者可居，若者可田，若者宜陶漁，若者宜橘柚，孰爲浸，孰爲藪。人慶安瀾則壤成賦，又何震之足云？計禹告成之歲至敘《洪範》九疇之歲，相去五十有五載，《山海經》之作，或更在塗山、玉帛之後。二書之成，一先一後，地勢滄桑，輿圖徵實，一水二名以是故歟。厥後《爾雅》《周禮·職方》皆稱『具區』而不稱『震澤』，據今之實而不襲古之名也，周公旦豈不遵《禹貢》者哉？

大缺口水利論　前人

太湖吐納衆流，地勢東南下，其經行之道宜通暢，不宜阻遏。故凡有興作，當以無礙水利爲主。夫利之爲義，順其自然之勢而導之，不可妄有作爲以害其性，此禹行水之大要，而講太湖水利，當思此旨。大缺口者，北湖入南湖之咽喉也。北湖水勢浩渺，一從黄茅門而下，一從長沙門而下，一從余山門而下。黄茅門一股，當北風大作，巨浪奔騰，菱湖觜適當其衝，圩岸田地歲有坍塌，吴縣之三十一都胥淪於水。其長沙門、余山門二股，截流於東太湖，挾東太湖一半之水，而總由菱湖以下大缺口。缺口之寬，只五十六丈，以五十六丈之口，而出二百餘里之水，猶恐其隘，而行之不速也，况又阻遏之。今之鄉愚以缺口渡船，不便行人，議建一橋達大村，引胥江萬年橋之例，勸人捐輸，具呈各憲，查議在案。此無論費無所出，揆之水利有大不便者。試以吴江之長橋論，潘應武云：『吴江長橋，通長數十里。舊係木橋立柱，通徹湖水入江，由江入海。』曩時非不能運石築隄，蓋因地之險，故作此數十里之橋，以洩湖水，衝激三江之潮淤也。今則礌石成隄，雖爲堅固，而橋門窄狹，不能通徹湖水。前都水監於石隄下作小洞門一百五處出水，然水勢既分，不能通洩，又被横塘占，種菱荷障礙，難以衝激，隨潮沙上，於是淤塞三江，致令水勢轉於東北，迤邐流入崑山塘等處，由太倉劉家港一二處入海。此吴中所以多水患也。夫以十里之長橋一百五洞之出水，昔人尚以爲有阻滯之害，今乃欲以九門之橋洩北湖、東湖二百餘里之水，其能無漫溢潰決者乎？倘遇水發，橋下不能暢流，勢必漫溢，則武山、水東一帶田畝必遭沉没，而大邨塘岸皆當潰決，不可不深慮也。古人措置以數百里之形勢爲規畫，疏瀹決排，以利爲主。今人眼光如豆，宥於方隅，曲防架橋，小智穿鑿，矜詡爲人間利濟之善事，是利其所利，而非水之所爲利也。有地方之責者，任勿輕許人利濟哉。

洞庭兩山賦并序

明　王鏊

楚之湖曰洞庭，吴之山亦曰洞庭，其以相埒耶？將地脈有相通者耶？郭景純曰：『包山洞庭，巴陵地道，潛達傍通。』是未可知也。而吾洞庭實兼湖山之勝，始山特爲幽人韻士之所棲，靈仙佛子之所宅，至國朝，名臣徹爵往往出焉。豈湖山之秀，磅礴鬱積，至是而後泄於人耶？東岡子曰：『山川之秀，實生人才，人才之出，益顯山川。顯之維何？蓋莫過於文。兩山者，秘於古而顯於今，其實有待，子無用辭。』予曰：『然。』乃爲之賦，其詞曰：

吴越之墟有巨浸焉，三萬六千頃，浩浩蕩蕩，如滄溟澥渤之茫洋。中有山焉，七十有二，渺渺忽忽，如蓬壺方丈之彷佛。日月之所升沉，魚龍之所變化，百川攸歸，三州爲界，所謂吞雲夢八九於胸中，曾不蔕芥者也。客曰：『試爲我賦之。』夫太始沕穆，一氣推遷，融而爲湖，結而爲山。爰有群峰，散見叠出於波濤之間，或現或隱，或浮或沉，或吐或吞，或如人立，或如鳥騫，或如黿鼉之曝，或如虎豹之蹲。忽起二峰，東西雄據，有若巨君彈壓臣庶，又若大軍之出，千乘萬騎，旌幢寶蓋，繚繞奔赴。東山起自莫釐，或騰或倚，若飛雲旋飇，不知幾千百折，至長圻蜿蜒而西逝。西山起自縹緲，或起或伏，若驚鴻翥鳳，不知幾千萬落，至渡渚廻翔而北折。

試嘗與子登高騁望，近則重岡複嶺，嵱嵷㢝豁，縈洲枉渚，蜿蟺緬邈。遠則煙蕪渺瀰，天水一碧，帆影見而忽無，飛鳥出而復没，靈巖則返照孤稜，弁山則輕煙一抹，此亦天下之至奇也。若乃長風駕浪，歕山欲野，足使人魂驚而汗駭。及其風日晴熙，縠紋漣漪，又使人心曠而神怡。至於瑤海上月，流光萬頃，星河倒懸，盪漾山影，又一奇也。遥山霽雪，凝華萬叠，玉鑑冰壺，上下相合，又一奇也。風雨晦明，頃刻異候，煙雲變滅，咫尺殊狀，雖有至巧，莫能爲像。

試嘗與子弔古尋幽，則有廻巘穹壑，窈窱相通，琳宫梵宇，暮鼓晨鐘。壽藤靈藥，美箭長松。金庭玉柱，石函寶書，靈威丈人之所闚也；貝闕珠宫，綃縠鳴璫，柳毅書生之所媲也。翠峰杜圻，范蠡之所止息，黄村角頭，綺皓之所從逝也。而闔閭夫差之跡，尤多存者。翫月之渚，消夏之灣，牧馬之城，圈虎之山，練兵之瀆，射鴨之巒。出金鐸於淺瀨，逸梅梁於驚湍。他若毛公燒丹之井，蔡經煉藥之墩，聖姑絶雉之塘，雪竇降龍之淵。其石則崖嶭嶙峋，瘦漏嵌空，牛奇章有甲乙之品，宋艮嶽有永固之封。其泉則困淪觱沸，甘寒澄碧，墨佐君表無礙之名，天衣禪留悟道之跡。

斯地也，孫尚書欲卜居而不能，范文穆思再至而不果。豈如吾人，生長兹土，依巖架棟，占野分圃，散爲村墟，湊爲闤闠。桑麻交蔭，雞犬鳴吠，里無郭解劇孟之俠，市無桑間濮上之音。婚姻相通，若朱陳之族；理亂不識，若武陵之源。佛狸之馬跡不到，周顒之俗駕自旋。星應五車，地絶三斑。盧橘夏熟，楊梅日殷，園收銀杏，家種黄甘，梅多庾嶺，梨美張谷，雨前芽茗，蟄餘萌竹。水族則時裏之白，鱠殘之銀，魴、鱸、鮒、鰲，自昔所珍。吾且與子摘山之毳，掇野之茸，割湖之鮮，釀湖之醴，泛白少傅月夜管絃之舟，和天隨子太古滄溟之歌，弔吴王之離宫，扣隔凡之靈窩，凌三萬頃之瓊瑶，覽七十二之嵯峨，其亦足樂乎？彼岳陽、彭蠡，非不廣且大也，而乏巍峩之氣；天台、武夷，非不高且麗也，而無浩渺之容。蓋物不兩大，美有獨鍾，兹謂人間之福地，物外之靈峰，是固極游觀之美，而未知造化之工。

且夫天地之間，東南爲下，非是湖為之尾閭，洩之瀦之，則汎濫横溢，江左之民其爲魚乎？懷襄之世，湖波震盪，非是山爲之砥柱，鎮之繞之，則奔激暴嚙，湖東之地其爲沼乎？惟夫天作之寛，以納以容，地設之隘，以襟以帶。禹順其流，分疏别派，三江既入，萬世允賴，而後吾人乃得優游於此，蓋至是而後，知造化之意深，神禹之功大。

馬蹟山賦

明　鈕慶

容有掛席兮蘭舟，藉天風兮東遊，望震澤兮揚艫，倚桂棹兮彝猶，顧艮山而欲駐，睨巨武而相攸，仰峰巒兮軒豁，俯波瀾兮忘憂。於是艤舟停棹，惟類是求，踵予前而長揖，語未終而情投。察其志之可與，諗斯來之奚由。客乃告予曰：『歷湖山之勝處，獨斯境之最幽，兹非具區之澤馬蹟之山乎？曷不攄子宏思研辭，記之今古，爲佳境之雄雌，以會晤之清談，爲贈吾之良詒，庶不負吾之周爰咨諏也。』予乃奮髯長嘯，攜手坐石，呼童索楮，操管泚墨，而爲賦曰：

乾坤闔闢，陰陽凝流，元圖授而鰲極立，坤輿奠而兑澤浮。轇轕兮吴楚之墟，摩盪乎東南之州。賴是澤之爲瀦，免昏墊於龍湫。況丹崖之戟列，氣相接於蜃樓。若夫春日載陽，晴空醮碧，倒浸巑岏之影。横吞崒嵂之壁，上有松杉檜柏之挺秀，下有蛟螭蜥蜴之潛宅。鱗族乘暖兮變化，羽族鳴春兮嚄唶，滌俗慮兮訪漁樵，弔世情兮問商客。於斯時也，逸興振鷺，窮一眄兮瞬息，收群青於阿堵。瞻涯涘兮無垠，渺微茫兮恐怖。茫茫襟懷，巖巘矩度，居民出没，葦航杯渡。祖龍爲之留蹟，赤心爲之保固。於戲！此其天造地設、神呵鬼護之大略也。

乃若體順承坤，和氣充盈，仙凡品彙，吐葩含英，草木鳥獸，化育生成，生齒繁殖，灣居塢甍，桃花軟藤，舖張錦棚，竹塢苦竹，散布幽清。扭連屬兮東西，伴奴耿兮分明。新城言言，寨前縈縈，張青西村，饒沃恢宏，鴈門雄開，牛塘將迎。涉檀溪，越蓬坑，望内閶，迷踏青。墅分大小，撟架孤根，東西扭埼，灣岫峥嶸，古刹行祠，祥符水平，宫殿苕蕘，樓觀飛驚，妙湛棲雲，泉石琮琤。緇衣黄冠，秉行同貞，漁樵問答，商賈經營，人傑地靈，女織男耕，中有俊髦，養素登名，稜稜直節，烈烈英聲。厥靈固無愧於四岳，封禪乃見厄於天京。嗚呼噫嘻！此豈茲山之自高與？抑一元之宅占偶未遭與？夫何終朝夕兮，出没翔烏，掃蕩塵囂，奔走兔靈，顧瞻牛毛，寒暑晦明，四時甄陶。遇大旱兮，飛騰川澤，駕馭風濤，鞭笞雷霆，變化腴膏，沃彼焦枯，活我倪旄，處變處常，不貳其操。奠群芳於下土，保貞潔於層霄。如此耶言觀其色，蒼素可別，載辨其形，千仞壁立，沚水寒霜，白雲並潔，木石與居，煙霞固結。夫然後低嵩華，褊滕薛，脱塵紛，甘冷冽，息交絶遊，養退藏拙，金石同盟，堅剛不折，顒顒昂昂，耿耿孑孑，於萬斯年，與世遼絶。

噫！此殆所謂在彼無惡，在此無斁，庶幾夙夜以永，終譽者也。吾何庸乎排金闕，絡紫緌，呈琅玕，饒頰舌，控彼崎嶇，補其欠缺。

七十二峰記

明　王鏊

太湖之山，發自天目，邐迤至宜興入太湖，融爲諸山。湖之西北爲山十有四，馬跡最大。又東爲山四十有一，西洞庭最大。又東爲山十有七，東洞庭最大。馬蹟、兩洞庭，望之渺然如世外，即之茂林平野，閭巷井舍，仙宫梵宇，星布棊列。馬蹟之北，津里夫椒爲大，夫差敗越處也。西洞庭之東北，渡渚黿山横山、陰山、葉余、長沙山爲大，長沙之西，衝山、漫山爲大。東洞庭之東武山，北則余山。西南三山，厥山、澤山爲大，此其上亦有居人數百家，或數十家。馬跡、兩洞庭分峙湖中，其餘諸山，或遠或近，若浮若沉，隱現出没於波濤之間。馬跡之西北，有若積錢者曰『錢堆』，稍東曰『大帆』『小帆』，與錫山若連而斷，舟行其中曰『獨山』，有若二鳧相向者曰『東鴨』『西鴨』。中爲『三峰』，稍南『大墮』『小墮』，與夫椒相對而差小爲『小椒』，爲『杜圻』，范蠡所嘗止也。西洞庭之北貢湖中，有兩山相近曰『大貢』『小貢』，有若五星聚，曰『五石浮』，曰『茆浮』，曰『思夫山』。有若兩鳥飛且止者，曰『南烏』『北烏』。其西兩山，南北相對而不相見，見即有風雷之異，曰『大雷』『小雷』。横山之東曰『干山』『紹山』，曰『瞳浮』，曰『東獄』『西獄』，世傳吴王於此置男女二獄也。其前爲『粥山』，云吴王飼囚者也。其若琴者曰『琴山』，若杵『杵山』，曰『大竹』『小竹』，與衝山近。若物浮水面可見者，曰『長浮』『癩頭浮』『殿前浮』。與黿山相對而差小者爲『龜山』。有二女娟好相對曰『謝姑』，有若立柱巀嶭『玉柱』，稍却『金庭』，其南爲『峐山』，爲『歷耳』。中高而旁下者『筆格』，驤首若逝者『石蛇』，有若老人立『石公』『石蛇』，『石公』石最奇，與黿山、龜山南北相對曰『鼉山』，旁曰『小鼉』，若螺者『青浮』。二鼉之間，若隱若見曰『鷺鷥』。東洞庭之南，首鋭而末岐者曰『箭浮』，若屋欹者曰『王舍浮』『苧浮』，又南爲『白浮』，厥、澤之間，有若笠浮水面者曰『蒻帽』，有逸於前後追而及之者曰『猫鼠』，有若碑碣横者曰『石牌』，是爲七十二。然其最大而名者，兩洞庭也。

山分三等説

本朝　吴莊

太湖中七十二山之名，不知始於何時。緣道書有『七十二福地』之語，强爲指目以合其數，其實不止於七十二也。王文恪公有《七十二山記》，載諸《震澤編》，與文集者又微有不同。後之文士過爲侈張，號爲七十二峰，詩歌記叙，摹寫高深窅渺之狀，靈奇恍惚之境，如海上三神山，令人讀之色飛神往。更有好事之徒，造爲小説，借境眩俗，如《後水滸》者，是亦湖山之大不幸也。世人耳食，不知太湖之廣如何，七十二峰之大如何，合七十二峰之高深廣大又如何，直以綿亘三州，潛通五岳，爲吴中第一盗藪。噫，過矣！余嘗往來太湖諸山，徵文考獻，見山之大小懸殊，有什百千萬者。兹又以志局圖繪湖山之役，徧歷高深，靡不記載，以宛在水中者入圖，而濱湖之山不與焉。凡大小九十有七，有可以山名者，有不可以山名者，差等品量，以著其實，破千古之疑團，解斯世之大惑，作《山分三等説》。

其山有居民、有官、有汛、有賦税者，若馬跡一百二十里，居民萬餘户，設千總一員，設汛六。若西洞庭八十餘里，居民一萬五千餘户，設太湖營遊擊一員、角頭司巡檢一員，設汛七。若東洞庭五十餘里，居民二萬户，設太湖營副將一員、太湖同知一員、東山司巡檢一員，設汛五。若三山三十七里，若長沙、若黿山、若武山、若漫山、若余山，大不及二十里，次不及十里，其上居民或五六百家，或二三百家，或一二百家，俱設汛一。若禹期、若葉余，若横山、陰山、雞山、衝山，若渡渚，若大貢、大帆，大不及十五里，次不過六七里，居民百十家。若大鼉居民二家，西嵎居民五家，北嵎居民一家，即廟祝吴紹文也。有居民之山，凡二十有一。其次，無居民而有柴薪者，若紹山、獨山、瓦山、猫山、鼠山、大干、大竹、小竹、大雷、小雷、三峰、金庭、石蛇、錢堆、津里，凡十五山，爲二等。又其次，爲小帆、小干、小椒、小鼉、小貢、男獄、女獄、東鴨、西鴨、南烏、北烏、鷲籃、筆格、玉柱、歴耳、石駝、石蟹、石牌、大謝姑、小謝姑、粥山、峐山、琴山、杵山、鍊墩、陰墩、雁墩，又爲長浮、青浮、白浮、苧浮、箭浮、蛳浮、疃浮、唐浮、箬帽浮、黄茅浮、王舍浮、殿前浮、癩頭浮、五石浮、米篩浮、石排浮，又爲紹磯、雷磯、蘭座磯、陶竈磯、岸粤磯、米貯磯、漁息磯、拗折磯、九星磯、東沉磯、楊公磯、姑蘇磯、吴梁磯、甑蓋洲、匾擔洲、牛舌洲、於家洲、余洲，此六十一者，或爲山脚入湖之餘氣，或爲來龍奔洪之過脈，亂石一叢，砂土數丈，隱現水面，烏得以『山』名之？

《震澤編》云：『湖中之山，其最大而名者，馬跡、東西兩洞庭也。』以西北之小山，十有四爲馬跡之從，以中央之小山，四十有一爲西洞庭之從，以東南之小山，十有七爲東洞庭之從。《震澤編》叙山，原分主從，自七十二峰之名著，世人遂無所分别，疑爲峰之廣大高深不可紀極，足以納污而藏垢，豈知其不足以名山有若此哉？余持論豈敢與前人立異，然泰山土壤，固自有别，正名定論，所冀破疑而解惑者，竊有微意。山靈有知，當不以吾説爲誣也。

移置角頭巡檢司狀

元祐八年，勅兵部狀，准吏部關准都省府付下兩浙轉運提刑浙西鈐轄司奏，據湖州申，究得太湖四面各二三百里，分屬蘇、湖、常，地雖逐州邊湖縣分尉司分管，地界自來只是水面約貌，無緣的確。民或被刼告官，地分耆壯，并捕盗官司遞相推注，養成群惡，風波之内，肆為剽掠。與有蘇州洞庭之隅，地名角頭，處太湖中，欲添置巡檢司，與馬蹟、香蘭巡檢司同，太湖内巡捕賊徒，北嵎山更置巡鋪，逐季輪差兵級人船守巡。其本州長興縣吕山頭巡檢，止是一縣盗賊，縣有縣尉，亦非控扼，可罷，乞徙角頭山。其角頭、香蘭若依常例差官，恐少願就者，仍乞定酬獎，令蘇、常、湖三州，各於公庫支與供給。遂差秀州司户向子雍相度，本官狀稱利便。將吕山頭廨宇兵器，悉徙角頭。酬獎之格，乞依湖州所申，逐司保明詣實，關六部動支勘合，已得朝旨本部依所奏，及逐部勘當事理施行。司有碑石勒此狀，王丈格時猶及見之。今司署廢而碑已亡矣，録之以存建司之原始。

角頭巡檢司序　宋　朱俊民

角頭山據太湖。湖之廣三萬六千頃，周五百里，逕二三百里。唐白樂天詩云：『十隻畫船何處宿，洞庭山脚太湖心。』蓋太湖山若洞庭者七十二，按，『若』字誤，用此未到太湖人語也。角頭山又據其心，乃山之勝境。漢四皓角里先生家焉，角山之名始。此山廻百餘里，按此就西山而言，非專指角頭。然即西山，亦無百餘里。谷邃川廣，盜徒剽掠，往往有之，民遭患者數。元祐八年，有司請罷吕山巡檢，徙角頭，與馬跡、香蘭事例同，立酬獎。經百八十餘載，兩山之民咸受其惠。營寨兵級固壯，善於水勢，長於勇敢，雖有盜徒，無所施其暴。噫！朝廷之置寨者，爲民禦盜患也。人民之獲安生者，賴朝廷之有營寨也。角頭自創建迄今，四境寂然，不復聆剽掠，若然，則寨之有益於民，豈淺淺哉？寨級柯瑫等具始末，求序，且刻石焉。乾道七年，中秋後三日。

湖防公署記

明　申時行

吴，水國也，而震澤匯其中，洪流巨浸，襟帶三州，漸洳數百里，所産魚蝦、螺蛤、薪茭、果木之饒，民衣食之，網罟於是，斧斤於是，故稱利藪。然而洲渚盤互，島嶼紆廻，逋逃亡命椎剽之奸，亦往往窟宅於是，故亦稱盜藪，有司者蓋嘗憂之。然自國家經略以來，沿江置戍，歲時操閱，海上備倭，壁壘相望，其防最嚴密，而獨太湖之防闕如，曰斯内地無動爲大爾。而頃年多盜，閭閻村塢之間，抶闗胠篋，越人於貨者，所在竊發，官司逐捕，逸之太湖，風檣浪舶，騰踔出没於煙波浩渺之中，莫可踪跡，蓋防之爲尤難。都御史曹公，時聘來撫東南，周視四封，興修百度，江介海壖防禦既飭，則計所以防湖者。乃籍兵壯，治舟楫，嚴追捕，謹哨巡，遴屬弁中廉勇有幹局者，曰『總練官』，以指揮僉事朱汝忠爲之。已復念曰：湖去郡治遠，而兵水宿野次，觸風濤犯，不測爲難。遠者耳目不加，而難者易規避，是使爭爲偷惰而相欺謾也。計莫如扼要害，審便宜，列營建署，莅而守之，可以經久。乃相地得黿山之麓，鳩工伐材，創立廨宇，凡爲屋若干楹，前堂後寢，翼以廊廡，繚以周垣，樹纛建牙，規制悉備。工始萬曆辛丑十月，訖壬寅四月而成，費取諸省，存虚冒爲銀若干，則汝忠所請於兵使鄒公墀，郡守周侯一梧，以聞於曹公而允行之者也。

署成，周侯來屬余記。余曩在政地，所司嘗以湖盜聞，詔遣兵搜緝，經歲無所得。始失之張皇，終失之疏宕，寧獨以地險故哉？夫事至而備，孰若未事而備之爲慮遠也？患生而防，孰若未患而防之爲謀預也？今艅艎既具，組練既集，公署既設，上有所申令，下有所禀仰，若立標而示望的而趨，體統以正，軍容以肅。履斯地任斯職者，盍亦趯然深思，孜孜户牖之圖，而永絶萑苻之釁也乎？《具區志·文震孟記》。按，震孟天啓二年及第，崇禎八年入閣，建署在萬曆二十九年，不應作『曩在政地』語，今查邑志，是申時行，從之。

重建東山巡檢司剏立太湖營把總公署碑記

本朝　繆彤

余徃時恒遊洞庭東山，見其山川淳朴，民風愿慤，秀者謹事詩書，質者服賈四方，盡力農畝，求其即慆淫扞法網者，未嘗一二見。歲時租賦力役，人能率先急公，不待徵發期會而後赴。吏吴邑者，惟兹土爲可不勞而治。顧又立之巡徼士伍，俾各率其屬而分董之，奚爲也？蓋嘗考之，具區之廣，周五百里，襟帶三州，通苕、霅、荆溪、滆湖、韭溪諸大澤，形勢遼廓。元之季，不逞之徒有自長興而窺洞庭肆掠者，守令遣巡司禦之，其後設義兵千百户以居守，得無恐。明成化十有八年，御史大夫王公恕撫吴，奏請設巡司衙署於渡水橋圮下。國朝康熙四年，浙省督臣趙公廷臣，題請添設太湖遊擊守備等官，而分委千把總六員，其一則駐於東山，凡以控扼江浙接壤水道，偵伺笠澤之支流，俾姦宄不得竄伏於山斎水窟，爲狗鼠竊。蓋設備以扞牧圉衛編民，如此其亟而大，部之置巡司，與長官之分遣把總，爲不徒也。顧渡水橋之司署燬於鼎革，受事者至，僦民舍以居，而把總初，設未有爰處，則居停於翠峰之招提。夫以游徼之卒，與齊民雜處，勢固非便。至於設兵以備湖，而深居邃處，與香燈禪版、赤髭白足爲侣，不已盭乎？吾友武峰吴斌雯，夙負才略，慷慨任事，起而謀，所以庚之出橐中裝，率先倡導，里中諸右姓咸捐金佽助，庀材鳩工，爲費不下千緡，爲時不逾數月，而兩公署次第告成，一於橋之左，一於湖之口，崇庳合宜，無隘無侈。

事既竣，里之三老士夫謁余，請曰：『願乞一言記之，以垂示後世。』而余因有諗焉，方今功令嚴明，民生事無問鉅細，一其權於長吏，而副貳不得專决。今兩署之所司，惟是稽察非常，使居者安堵，爲循分稱職爾已。若或不檢其躬，不繩其下，出位越俎，有如微風動摇，輙以諱匿給罔爲計。得時有勾稽，郡邑符下，轉諉其責於督賦之里役，勒片紙文狀爲他日憑藉，如是日靡錢粟，坐享四民輸將之所供，殿呵昇兀而無所愧怍。斯豈國家設官分兵之意，與斌雯諸君子奠寧幹止之初心哉？於是三老輩合辭曰：『今文武兩君，行事皆承憲典，盡厥職，而無有類乎先生之所戒者。然先生言之，吾里人識之，以爲後來者告，使循理者以勸，而不績者用以爲鑒，其亦可也。』余曰：『有是哉！諸君子之盡心於枌榆，而計其周且遠也。』遂書之以爲記。

新設江南太湖營記

本朝　王紹緒

嘗聞設險山川，盛王不廢而厚德漸摩，兵萌益以永息。粤稽太湖，爲東南巨浸，《禹貢》所云『震澤底定』是也。界連二省，波撼三州，周遭八百餘里，勢寛三萬六千頃，上承宣、歙以及潤州、荆溪諸水，下達吴淞各路，匯歸於海，其間支流繁汊，八達四通，難以枚舉。考自春秋以迄元明，皆爲用兵之地，或借此以習水師，或爲餉道，爲間道，其出入隘口，紀之志載，班班可考。湖之中有峰七十二，高下遠近，參差布置，最爲稽察難周之地。康熙二年間，巨寇如赤脚張三，盤據於中，殊費當事憂，後相繼授首。四年間，浙督趙題設江浙太湖營，以遊擊兼轄駐劄西山，廵查防範，稍云寧謐。而終緣汛廣兵單，不敷防禦，間有宵小竊發之事。

雍正二年甲辰八月，恭逢皇上披圖覽勝，念太湖遼闊，勅江南督臣查撫臣何、提臣高等，會議部覆，准以浙江湖濱一十六汛，分歸浙江遊擊掌管，駐劄西山，雖浙員仍轄本山，汛務江南另設叅將一員，駐劄東山，以備弁八員隸之，分駐險要，共領兵九百三十九名，廵船三十一隻，派汛分防，星羅碁布，議列周詳，仰見聖天子設險山川，安益圖安之至意。予愧疎庸，蒙上憲知遇，以壁壘新開，務在經營，首善題准調任斯營。是冬之杪，即扁舟涖此。其時，衙署有司方在鳩工，暫僦民居爲休息地。百務未備，次第詳請舉行外，時減從輕舟，往來於波濤之上，履查汛口，改易增添，以期至當，故冒嚴寒風雪，殊不爲苦也。各兵漸次募足，亦暫稅僧舍民廬以蔽風雨，而尤以新集之兵，紀律未嫻，撫恩示法之下，時更惕惕。至乙巳春仲，衙舍營房落成，始與士卒慶栖息焉。覩維新之輪奐，仰璀璨之榱題，益念天恩，報稱愈難。惟勤閱兵徒，嚴查汛口，閭閻有安枕之風，萑苻無藏迹之地，庶幾不愧厥職。急謀訓練，紳士好義，捐湖亭旁隙地爲教塲，聚訓三月而步伐嫻。制提兩憲臨營閱驗，大犒軍士，一時樹裏湖光、楹前山色，莫不以軍容之肅穆、萬姓之歡呼，更覺灎瀲青葱矣。

顧洞庭昔蒙聖祖廵遊駐蹕，爲千秋奇遇。兹設營之初，蒙兩臺節鉞按臨，宣布聖澤，自益山水秀靈，炳耀耳目，能使宵小不軌，皆潛消默化於畏威懷德之中。故兩載於此，盜警無聞，民歌安堵，實荷廟算精詳憲畫周晰及諸同事協力共勷，予不過奉奔走而已，兹仰沐恩綸，移協茗郡，伏思川左微材，謬承德意，顧斯營缺略，殊多未備，漫爾匆匆言去，願後之賢者恕予不逮，裁過益損，更圖善後之宜，以掩疏陋，庶三萬六千頃湖光及七十二峰山色，疎内益沐皇仁憲德於無既矣。將鼓棹啓行之際，深愧始事無善，因述創始之由以記。

太湖同知公署記

本朝　高廷獻

太湖爲東南巨浸，界連江浙，跨蘇、常、湖三郡，分隸十邑。湖中多山，大半屬吴縣，惟東洞庭最號繁庶，距城百里，稽察難周。雍正十三年，大中丞高公，題請太湖同知移駐東山，加督捕銜，專理東山民事，重職守所，以資彈壓也。其署即以吴江同里舊署，易文、褚兩令房屋之在東山者爲之，估需修改工料銀四百六十九兩零，題准在案。乾隆辛酉，余承乏兹土，見署猶仍舊，夫戴星出入，税桑田而憩棠下，是長民者之爲也。雖鶉居鷇食，心亦甘之。前任諸君子之因循未改者，可以想見其意之所存。雖然，體統未稱則觀瞻不肅，觀瞻不肅則無以作民矜式。有閎其門，有潭其府，豈以爲榮觀燕處哉？爰於乾隆八年動文領帑，卜日鳩工，凡八閲月而告成，計改造頭門、廊廡、土祠、賔舘若干間，規制俱備，而其資已踰於所估之數。人謂苟足飾觀，以公濟公而已。何鞏固周密必若此？噫，此正余之所慨也。夫遇事苟且，而無慎重之思、久大之志，是蔑視一官，以衙署爲傳舍者也。是朘民以生，借官衙爲賈肆者也。余慨之，敢躬自蹈之？

然自公署成，而余懷滋懼矣。署者，出政之地也。太湖周廣七百餘里，同知職司水利，居斯署也，當使泛溢不聞，耕鑿常安，則必窮源竟委而利導之，非是則曠。民風剛健，湖面遼闊，同知又職兼督捕，居斯署也，當使鼠雀不争，萑苻無警，則必拊循而稽察之，非是則溺。况賦性愚魯，見事遲鈍如余者，而膺斯任，雖矢公矢慎，難免顛覆失墜，能無懼乎？仰垣墉之巍辟，對榱桷之翬飛，展轉於懷，思圖報稱於訖工之後，而惟恐久而或懈也。故既懸『補拙』二字於退食之室以自警，復不自諱其不文之辭而爲之記。

新建洞庭東山漕倉碑記

前人

洞庭東西兩山之隸吴邑也，相隔至百里，又孤峙太湖中，非舟楫不得越，每當惡風白浪，與航海等。居民歲輸粟於縣倉，往返必候風利，動輒經旬，徵限孔迫，冒險而往者往往不測。山農苦於地之遠且險，而無如何也，非一日矣。余莅兹土，民有疾苦，悉陳上官，不敢匿。乾隆十一年，蒙督部院尹撫都院安彙題請，將兩山應納税糧，歸太湖同知徵收，幸邀俞允，計每年應收糧米五千七百八十石有奇，向無倉廒，儲貯無所，正勞籌畫，而東山紳士王金增、席紹董等入言，曰：『兩山之民之輸粟縣倉者，久爲風波所苦。兹荷皇仁憲德，俾得舍遠就近，去險就夷，所以惠我桑梓者甚厚。夫同井士農，皆上赤子也，士之於農，猶昆弟也。父母恩及赤子，爲之昆弟者，竟袖手膜視，忍乎哉？區區建倉費，吾儕分任之，毋貽父母憂。』於是訪署之東二里，得隙地及一畝，鳩材召工。凡置廒十四間，疏櫺以泄米之氣，藉板以遠地之溼，中構廳事三楹，爲莅事者出納所，繚以周垣，謹以重門，規模完具，不嘗於素經。始於乾隆十二年秋七月，至仲冬工告訖，工費皆出於東山紳士，董厥事者，尤王、席兩君之力居多。余莅斯倉，見夫稛載者、負戴者相望於道，載抃載歌，即西山隔衣帶水，亦一葦可杭，無過涉之凶。因感我皇上子惠元元，無遠弗届，大憲勤恤民隱，無利不興，故能圖民之便，以通地之窮。而東山紳士，又能廣上德意，捐貲創建，民不知勞，官不知費，俾余得藉手以告成功，豈不休哉？故樂爲記，而刻諸石。庶後之爲政者，知是倉之所由始，且時其脩葺，謹其出納，相與保之，以毋隳其成，是則吾民所永賴也夫。

平糶碑記

前人

余分守兩山，七年於兹矣。民皆勤於力作，家給人足，頗稱樂業。然山園之殖，饒於田疇，食浮厥産，即素封之室，倉箱不盈百，是以終歲食米，外藉者多。今年春，斗米易銀三錢，倍於往歲者過半。是合兩年所出之資，不敵一載所需之用。民不聊生，其何能淑？余維本山社倉，積貯有限，求其拯民之苦者，計惟平糶一舉，接濟以待西成，庶幾少舒困乏。爰與紳士鄭啓稼、金友玠、席紹董等倡其義風，相助爲理，而紳士之好善樂施者，俱能鑒余之志，各出槖金買米，減價以周貧民。自夏徂秋，民不知有粟米騰貴之苦。彼古指囷之誼，豈能專美於前哉？嗚呼！爲善不可忘，立法期其久，諸紳士之尚義於桑梓者，例得書名於石，以爲恤災睦鄰者勸。且以明余勤恤之隱，得藉手以告無過於百姓，因勒其説於社倉之側云。時乾隆十三年十月。

卷十三

集文二

重脩水平王廟碑記

明　唐鶴徵

水平王者，舊傳后稷庶子，佐禹治水有功，廟於震澤之夫椒，豈其功獨著於震澤間也？夫禹之智神矣，其勞於外久矣，然九州之勢，豈能以一耳目周之？其治之也，又豈能以一手足之胼胝焉身之？其有藉於人之智與力也必矣。用其智與力以集事，則必還其智與力使食報，理也。況不矜伐如禹，烏能貪其功而攘之乎？則廟而食王者，固禹之心也，亦所以報禹也。余以嘉靖丙寅過夫椒，謁王於廟。廟之建也久矣，殿寢門廡無弗飭也，惟道士實起而新之，鳩工於某年月日，畢功於某年月。凡募而集者，纖悉畢效之用，故事易集而抅可久。余自頻年竭走南北，覩水神之祀，在在有之，或請之朝廷，或領之有司，咸足以妥神明而答靈響。竊有感於兹廟之興廢焉。

《般》之詩曰：『允猷翕河』，則不翕者，河之性也。《禹貢》獨以『底定』言震澤，則震而不定者，毋亦湖之性乎？河災衍溢，勝國以前無論也。即我明興，決魚臺，決金龍，決張秋，自趙皮寨以下，不可計數。嘉靖末，昭陽一決運道，幾費天子用以宵旰，廩廩懼無以稱塞徼福於神，鑿河百十七里有奇，而流稍安，是時司農水衡，幾爲一空，而徐邳上下竟無寧歲。邇者議，濬下流草灣之役，費亦鉅萬，當事者復神其功，請之朝而廟食之，而運道猶未敢報無恙也。震澤自禹以來，數千餘年未嘗泛溢，當宋之南，稍稍爲患，夫亦宣、歙、九陽之水，注之過驟，而茭蒲圍田之壅，洩之或緩耳，昔人所謂人事而非天意也。是王之大造於吾民也，蓋百倍於河之神矣。河之神食報如彼，兹廟乃僅領之道士，獨何説歟？嗟夫！曲突徙薪，不得與焦頭爛額者論恩澤，桑土綢繆，無能與補苴罅漏者程捷功。其來久矣，於斯乎何怪？且余讀《封禪書》：『其在秦中，最小鬼之神者，各以歲時奉祀。』『郡縣遠方神祠者，民各自奉祀，不領於天子之祀。』則兹廟之不得與河神等，亦勢也。

往余舟過徐邳，環堵者僅一版未浸耳，猶守之弗去，詢之，則曰：『自河流不常，而歲比不登，欲適蒼莽，而腹猶果然也，難矣，況宿舂糧也？與其轉填異域之溝壑，毋寧聽命於河之神乎？』其慘怛無聊之狀，蓋可知已。藉令震澤不定，吾其不爲徐邳之民者與有幾？然則室而安，耕而粒，無震驚，無昏墊，在三吴之民，尤首被王之祐者，其何可忘？余從禮官之後，不能援河神以爲王，請姑記之以俟云。

重脩馬蹟山劉龍圖祠碑記

明　陳玉璂

昔聖王制禮，能禦大災，捍大患，以勞定國，以死勤事，則祀以報功，非是爲瀆倫奸度，君子無取焉。而余鄉之人，尤素重禮義，不惑於鬼神，故環山之地無淫祠。即佛老之宫，一二存者，皆唐宋時故物，日就圮壞，亦未嘗肯竭財力增修之。獨於忠臣義士之祠，夙昔有功德吾土者，則歲歲血食靡懈，其棟楹梁桷甎瓦之屬，稍致撓折破缺，又必葺治以爲常。噫！馬跡固窶鄉也，豈好爲是以瀆民財哉？亦迫於其中不能自已也。

里故有劉龍圖祠，祀宋龍圖閣待制劉公晏。按史，公字平甫，嚴州人，入遼舉進士，宣和四年帥兵歸宋。建炎間，寇犯常州，太守請援於公。公率精鋭七千人，出奇破之，保馬蹟山以捍寇。寇至，公又出奇迎戰，大破之，降其衆千五百人，而追潰黨戚方等於宣城，方圍宣城急，公又出奇，方大驚却走。公欲生致方，單騎追之，遂遇害。事聞，詔贈龍圖閣待制，官其子四人，立祠死所，歲時祀之。嗟乎！具區東南巨浸，自古用兵之地也。傳載夫差敗越於夫椒，數千百年後，龍圖又奮武其間。今日之陂陀水涯，皆昔之連艫麋艦、斬將搴旗處也。雖已灰飛煙燼，而驚濤駭浪之聲，若與劍槊相摩者，其靈爽不至今猶在耶？又考公嘗從劉正彦擊丁進於淮西，進不戰而降。及正彦反，公謂部從曰：『吾豈從逆者？』以衆歸韓世忠。世忠追正彦及苗傅于浦城，公設疑兵浦山之陽，正彦就擒。蓋宋至是時而敝極矣，文臣以理學相矜，既無裨國事，武臣偷生惜死，巽懦無能，平時意氣自豪，謂富貴可坐致，一旦臨敵，鳥驚獸竄。其毅然以身許國者，指不數屈。又或中於奸人，不克竟其用。

余讀史至此，未嘗不廢書三歎。使盡得如公者，以國事委之，或天不喪公，公自愛重其身，不死追逐，則宋之天下，豈遂至亂與亡哉？然則龍圖之祀，固可以媿當日之人臣而勸後世，春秋俎豆即徧天下可也，又何況於吾鄉井所謂禦災捍患者耶？是爲記。

太湖神廟碑記

明　陸燕喆

原夫在天成象，咸池列於五潢，在地成形，江漢環於四瀆。魚龍之所出没，舟檝之所往來，莫不覩河洛而思禹功，歌瓠子而悲漢武，所從來矣。震澤為東南之巨浸，莫鼇尤商賈之淵藪，家藏猗頓之書，人抱鴟夷之智。六周四達，遥通牛斗之區；九塞三韓，直走塵沙之地。出門而滔滔滿目，祖道而迢迢一帆，身命輕於鴻毛，踪跡等於萍梗。雖復蚨飛子母，青鳧赤雀之船，鶴跨王孫，桂棹蘭橈之舫。孰不沸波駴目，驚湍怵心。涉鼋鼍之梁則險能負嶽，入鮫人之室而淚可成珠。其或颶母吹風，江豚鼓浪，奔如白馬，氣擁紫蜃，吞舟於一甲之間，墮劍於睡龍之側。於斯時也，勇如秦帝，莫辨頳山之威；辯似韓公，幾阻馴鱷之力。然而一念冥依，寸心默矢，甫濱九死，俄動百靈。崩雷曳電，如揚子胥之濤；卷旆廻旌，遂彌錢塘之怒。河伯之婦不娶，牛女之槎可歸，不必連弩以射大魚，然犀以照水族。而方其震蕩也如彼，及其恬息也如此，此神之所以有叩必答、無觸不應者也。

茲山之民，習焉已久，望氣知寶，獲母呼珍，亦有橘社桑麻，桃源雞犬。仙人黿鼎，留遺蹟於千秋，少傅文章，擅高名於四海。華宗列望，並世而昌；子姓同居，百傅無恙。思其所自，莫非神貽。乃好事者有池臺絲管之娱，爲善者惟祇舍玄宫之建。黄蕉丹荔，寂耳無聞；澗藻溪毛，闕焉靡薦。遂使湘靈鼓瑟，徒觀江上之峰，屈子吟騷，莫降雲中之駕。曝牲雞卜，無由致其精禋，三老長年，用是窮於祈穀，豈所以彰明信昭奏假乎？太僕寧侯席公暨彼里中善士，奮焉鳩庀，刻日落成，飾諸神於前楹，位三元於後寢。合樂則高閣臨流，施茶則小亭當道。橋名渡水，涇號具區，門挹風帆，堤迎沙鳥。朝吞暮吐，濤聲韻於神絃；黄犢青旗，石碣題其廟貌。輕舟短棹，如遊新婦之磯；水遠山長，彷彿黄陵之蹟。其有船頭澆酒，棹尾舞鴉，村社鳴鉦，漁榔擊鼓，剖洞庭之霜橘，繪笠澤之鱸魚。盼霓旌之飄遥，驂文虬而欲下。椒堂葯棟，於此憑依，水虎鱗蛟，茲焉效順。若乃秋羅紅樹，春汛白蘋，苦竹横溪，蒼煙捲岫，籃輿之所登眺，畫舫於以栖遲，無不覓逕瞻容，捫蘿禮像，亦可謂闡斯幽貺，表厥靈符者矣。爰爲送迎神曲以歌之，其詞曰：

木葉脱兮洞庭波，衝風起兮廻九河，河伯騁兮揚素戈。神鴉舞兮飛軻峨，激黄葦兮啓紫蘿，奠椒漿兮發浩歌。泣泉客兮聳黿鼉，神嗜飲食兮朱顔酡，千秋萬歲兮降福孔多。

吴相伍公廟碑記

本朝　陳瑚

吾郡東洞庭山楊灣里，有伍公子胥祠焉。公之廟食茲土也久矣。當夫差之賜死，浮之於江，吴人憐之，立祠江上，名之曰『胥山』。今去郡西三十里地入太湖，名胥口者即其處，祠尚存，而祠前古墓松檜參差，相傳以爲公葬其下。楊灣之祠，則里人奉爲土神，有事禱焉。而又稱之曰胥王廟，王爵之封，始於宋高宗南渡時，後人由此遂仍其號云。壬子夏，山中士周宗魯，述其建祠本末，屬予記之，伐石以俟。

今天下佛老子宫，所在都有，國家禁令扞格不得行。而吾吴習俗，楞伽之山，無少長男女，舟車鼓吹，奉牲醴以邀福者，春秋無間日。至於聰明正直而爲神者，則或黍稷不馨，廟貌不治，淪落於荒煙蔓草之中。嗚呼！不有君子，何以反其俗也？唐狄梁公廢江南淫祠，而公之廟獨與泰伯、季札並垂天壤者，何哉？予嘗考公之爲人，其始也出萬死一生，忍怨數十年而卒行其志，其既也竭心於所事，犯顔强諫，被讒殺其身而不悔。由前言之則爲孝子，由後言之則爲忠臣，豈非砥柱人倫，而争光日月者哉？往者巡撫大臣治舟師習水戰，大閱於胥口祠中，必祭告然後入。萬曆間，某巡撫不禮公，坐少頃，若有撻其背者，嘔血，歸竟死。一武弁守洞庭，矢溲公墓旁，入舟狂叫，不踰時亦死。乙酉秋，黄蜚兵泊太湖，將不利於洞庭，夜見神火滿山，疑有備也，不敢動。蓋其靈異如此。嗚呼！公之精誠氣燄足以感人者，赫赫在天地之間。豈其與山魈澤怪較長短，争有無，而喑啞叱咤，以禍福驚動恐懼人以食其土？然匹夫匹婦多好以此稱公，予故不得而略也，於是書其事而系之銘曰：

烈哉伍公，萬夫之雄。以子則孝，以臣則忠。殁爲明神，簡在蒼穹。楊灣之里，洞庭之東。波濤喧豗，草木蒙戎。其來如雲，其去如風。神所憑依，環堵幽宫。孑孑周生，即鹿林中。震不於鄰，而於其躬。卜告於廟，後吉先凶。信而有徵，神誘其衷。乃樹斯碑，酬德報功。於千萬年，廟食攸崇。

重建渡水橋碑記

明　楊循吉

東洞庭峙太湖中心，厥惟吴邑之重鎮。民居鱗次，隨高下結屋，若古桃源，耕田樹果，殆無寸地隙。人力作耐勤苦，以儉朴爲事，廛陌經絡，不下萬井。其往來上城邑，日憧憧然，在途摩接，無棄陰而晏處者，是故道路之宜修，急於通都，弗可以荒遠視也。具區港界二峰之間，西五里曰莫釐峰，東二里曰武峰，其南北貫於太湖，本具區也，以其水恒出，是故以爲號焉。其流廣而且急，隔越行旅，爲必由之要津，故有石梁曰『渡水』，廢四十年矣。里人慮其工鉅弗敢圖，架木以濟，高危凜凜，每風雨晨夕，人之提攜負荷過者，多恐怖兢業，或仆而溺。居武峰下者，有前賦長吴天檜，謹愿人也，病人之厄，慨然思作之。邑令酈侯美其志，白之郡守史公，公善之，遣吏獎勞曰：『汝必亟成乃績，無終懈，惟汝名。』侯亦曰：『汝成，予其義汝。』天檜感勵，益勉厥事。舊石材惡弗可用，盡棄之，别購巙村之良者甃焉。遂以弘治九年之九月告成，凡長一十六丈，高二丈九尺，東西爲石堤，延袤又各四十餘丈，其費金將百鋌而不吝。工部姚公方督水利事，亦懿而旌之。然後山之人大悦，弗憂於雨，弗惕於夜，化艱虞爲坦途，下視風濤，不我能即，懽焉咨嗟，以為盛舉。而今賦長吴愘、周元鼎實具石以來，願有書也。

余聞立政以澤人爲大，澤而不費，抑又善焉。若夫利害非其獨有，而欲使之傾財以濟衆，非勸其孰能成之？於此以見是役之舉，雖營於下，而實出乎上，以二三執政之仁，而成斯人之義，皆永永不可刊已，其能無述乎？然天檜之為是不遺其力，而務廣其惠，故又有餘績者三：若遷傍溼之梁出之堤上，而道不迂；若作屋三楹，其西以迓來往，而客有息，若濬其東之故井且亭之，而渴者弗病，皆其事也。是宜得牽連而書，余故弗敢略焉。

震澤編序

前人

《尚書禹貢》列震澤於揚州之境，在今蘇城西南四十里，環帶三郡上通咸池。海内稱藪者九，此其一也。蓋宣、歙、苕、霅之水，下奔海而不及，則停於是，是故浩淼汪濊，侔於雲夢。而群山以百數浮其中，東西洞庭爲之長焉，則所以控洪波而砥中流者也。二山之人，因地開圃，用種藝自業，風俗洵美，殆與世隔，其來非一日矣。然秦太虚以爲靈氣之聚而為寶，必先人而後物，今於少宰守溪先生王公徵之信然。

公，吾鄉大君子也，實生東山鍾其秀異，至乃起巍科，列廟堂，德業昭顯，爲時宗工。夷考其致，莫非流峙之淑之發。而公亦睠焉，惟桑梓是念不忘，思欲標其所居者之勝，乃用舊《志》，芟其繁蕪，稍括以文章家法，釐定之爲八卷，凡所登載，若水陸事物，皆澤所有，故據經語，總名之曰《震澤編》云。觀夫掾觚之妙，天機獨運，中間有似《爾雅》者，有似《山海經》者，有似柳子厚諸山水記者，用能繪畫造物，陳諸簡牘，使人不必身造，可一覽盡，而敦本抑末，每寓言表，由是是澤之大，由融結以來秘而未宣者，率露於公之書，而亦非徒作矣。然始也生賢本以資世，至是而山水若自託焉。其攸繫不既廣乎？公博洽窮天下書，金匱石室之史屢預裁纂，高文碑板照耀四方，是編直其三餘之一事耳。而舘閣大手筆亦自可見。至於神仙幽怪之事，舊録所載，仍存罔遺，尤非負含物之道者不能執是以往，斯亦竹頭木屑之推也。他日居端揆地，屹立沛施，以籠群材，將於是乎在。然後樹功庸，垂聲光，且與宇宙之蹟同，其永永，顧不偉歟？

公書既成，適會郡守嶺南林公方興文教，雅意脩述，乃捐俸請而繡諸梓，以序屬予，遂不獲辭，而敬書卷端。

太湖石賦

宋　陳洙

客有嗜太湖石者，圖其形示余，命爲賦。其辭曰：

江之東直走數百里，有太湖兮澄其清。湖之浪相擊幾千年，有頑石兮醜其形。徒觀夫風撼根折，波流勢横，神助爾怪，天分爾英，駭立驚犀，低開畫屏。素煙散而復聚，蒼苔死兮又生。譬夫枯槎浮天，黑龍飲水，鬼蹲無狀，雲飛乍起，稚戲携手，獸眠盤尾。大若防風之骨，竅如比干之心，蜜房萬穿，秋山半尋。子都之戟前其鐓，韓稜劍利於鍔。若乃湖水無邊，湖天一色，露氣曉蒸，蟾津夜滴，伊爾堅姿，峭兮寒碧，千怪萬狀，差難得而剖悉。我將弔范蠡於澤畔，問伍員於波際，原君厥初，何緣而異。公侯求之，如張華之求珠，衆人獻之，如卞和之獻玉。植於庭囿，視之不足。噫！爾形擁腫兮，難琢明堂之礎；爾形中虛兮，難刻鴻都之經。用汝作礪兮，汝頑厥姿，攻汝為磬兮，汝濁其聲，亡所用之，而時人是寶。余獨掩口胡盧，而笑子之醜。

甃舟記　明　王鏊

仲兄滌之既倦遊，築室洞庭之野，穹焉如舟，因曰是宜名『甃舟』，屬弟鏊記之。甃舟之義，蓋取諸莊周。周之言，予不能悉也，而舟之爲用則知之。《易》曰：『舟車以濟不通。』書曰：『若濟巨川，用汝作舟楫。』舟固爲水設也，而寘之甃，舟也，寘之甃，則車也。吾將寘之水，鼎也。以柱車梁，麗以窒穴，臼以炊，釜以舂，裘以禦夏，葛以禦冬，其亦可乎？夫不可違者理也，不可廢者用也。若之何其紊之？無已則物將各復其分，車也復於陸，舟也復於水，則之秦、之楚、之吴、之越，無不如吾意者，孰與塊然守一甃哉？

兄曰：甃舟固不祈於用也。不祈於用者，祈於安。昔者吾嘗泛舟涉江湖，傲然枕席之上，一日千里，固自以爲適也。不幸怪雲歘起，颶風陡作，魚龍出没，波濤如山，而吾方寄一葉以為命，茫然不知所歸，幸而獲濟，猶心悸神懾而不能已，故曰『水以載舟，亦以覆舟』。今老矣，尚安能以不貲之軀，試不測之險乎？故予有取於甃也。子不見武夷之山乎？其厓有舟焉。雖世變屢遷，舟自若也。吾舟蓋庶幾似之，其視江海之舟，不差安乎？雖有力者，又安能竊之？鏊曰：『兄之見遠矣。』遂爲記於舟上。

靜觀樓記　前人

太湖之山七十二，其最大者兩洞庭。兩洞庭分峙湖心，望之渺渺忽忽，與波升降，若道家所謂方壺、圓嶠者，湖山之勝，於是爲最。樓在山之下，湖之上，又盡得湖山之勝焉。山自莫釐起伏邐迤，有若巨象奔逸，驤首還顧，遂分爲二：一轉而南爲寒山，鬱然深秀，樓枕其坳；一轉而北復起雙峰，亭亭如蓋，末如長虵夭矯，蜿蜒西逝。西洞庭偃然如屏障列其前，湖中諸山，或遠或近，出没於波濤之間，煙霏開合，頃刻萬狀。登斯樓也，亦可謂天下之奇矣。自昔臨觀之美，莫若滕王閣、岳陽樓，以彭蠡岳陽之廣也，然二湖所見，廬山五阜而已，君山一峰而已。若夫三萬六千頃之波濤，七十二峰之蒼翠，有若是之勝者乎？有若是樓之兼得者乎？語有之：『知者樂水，仁者樂山。』吾雖未及乎仁知，而於山水則若有宿契焉，心誠樂之，而患其難值也，乃於是樓焉得之。又幸其不界於通都要津，適值予故土，予得專而有之。豈天設地造，特以爲拙者之適，靜中之觀乎？故名其樓曰『靜觀』，而爲之記。

巡檢李禎像贊　明　王鏊

正德五年，吴下大水，飢莩載途。有司奉命檢災賑飢，而往往旁緣以爲利。予伏林下，竊傷之，竊恨之。甪頭巡司李禎領檄，財散於鰥寡，甚均而公，且有憂民之言，予甚多之，乃因其像贊之曰：

勿謂位卑，其才乃充，勿謂惠小，其心乃公。屏盗之迹，時乃之職。拯民之恫，時乃之功。蓋一命之士，存心於愛物，則九重之仁，不隔於困窮。噫彼貪濁，位都顯榮，受若直，怠若事，瘠其民，肥其躬，雖曰侈然莅其上，得不赧爾愧於其中耶？

復黄總河書　明　路振飛

前自金沙返棹，以小事急行，夜趁風帆，未遑叩謁，帆影下未嘗不頻回首也。時勢至此，天下之安危關心，一身之是非爲緩。但吾輩已失家鄉，又無即次，百口嗷嗷，四望蹙蹙，欲覓居停，未得其所。有人言浙東者，初欲就之，近聞其民不堪苦疾，視長上足，欲前而趦趄，因與舍親白涵三相商，欲以船爲室，依水爲天，就士民避難者，聯腙結鄰，效范大夫歸湖計，寇少則敵，寇多則避，水國蒼茫，或不似天地之狹促也。老父母若得仁塢，可招携隱，不孝即裹糧徃從。若猶無着，望命舟來蘇，同漁湖上，匪惟遠亂，亦可相慰藉矣。不孝負土郊外，爲母築壠，不能多及疏揭奉覽，當爲人言發慨。歸湖之説，幸勿與人言，恐小人尾之也。

題周伯昌詒燕録　本朝　金礪

予與周翁伯昌，雖里居相近，未獲一欵洽也。今歲冬杪，予友陳子欽念以其所爲《貽燕録》者視予，予既覽其小引，并讀諸公題詞，感翁之意，不猶乎俗，因走筆書數語，以副其請。

蓋人情貧則生勤，勤則生富，富則生靡，靡則生貧，理有固然，無足怪者。然此特所以致貧富之由，而非所以處貧富之道。使其貧無立錐，而行已有耻，與人無失，雖貧何害？使其富擬王侯，而殘忍生於骨肉，倨侮及於鄉黨，雖富何爲？故曰：素富貴行乎富貴，素貧賤行乎貧賤。又曰：貧而無怨，富而無驕。吾告翁以處貧富之道如此，翁之後人，誠由斯言而進之，以毋忘翁今日拳拳之意，則其於詒燕也，將無既矣。不識陳子其以予言爲然乎否也？

附：東山社倉記　金友理

東山孤峙太湖，民稠田寡，室鮮蓋藏，一遇凶荒，輒呼『庚癸』，或再遇風波之險、盗賊之阻，舟販不能期至，且不得通，老稚轉溝壑，姦宄效脱巾矣。故積穀備荒，東山視他處尤爲要務也。

雍正十一年，先君子遂偕山中同志者數人謀捐積，凡得穀若干石，斂散之法，悉依朱子當日行於崇安者，而人共樂出納之便。行之數年，穀歲增，司事者益踴躍焉。乾隆七年，大中丞徐公來撫吴，檄州縣，親行下里，諭紳士捐積建倉，用朱子遺法。東山遂以所有穀數聞於官，於黄濠鼐建倉而貯焉。邑侯金公屬山中父老，而告之曰：『此大中丞軫念民瘼，爲地方計長久備不虞也，爾等其無忘公德。』又曰：『紳士好義，先有成模，故不煩勸説，而穀已盈倉，遂立爾等，亦無忘紳士義。』又曰：『予不敏，承乏兹邑，簿書期會，日無寧晷。今又掌社倉事，將必慎選社長，職司斂散，每歲出陳易新，俾爾等得永享積儲之利。』其時父老咸感激相慶，謂吾山中可常免凶荒之患矣。迄今歷有年所，而倉穀不加多，社長且以爲深苦。因竊究其故，蓋以穀之出納，向也民主之，今也官主之。官主之，歲時之斂散，必稟憲令，社長不得專行出納，即多所不便，且連歲奉文停止借給，既少息米。又節次撥給公用，撥給輒數十石，此倉穀之所以不加多也。多年封鐍，穀有朽蠹，社長任其咎，歲時官查，迎送供給，社長任其費，此社長所以深苦之也。積本地之穀，無補本地之飢，反貽累於司事之人，豈朱子社倉之遺法歟？

將恐徐中丞所以軫念之情盡湮也，金邑侯所以慎選之意盡失也，故著其顛末而爲之記。若夫諸君子所以捐積之故，昔皆自謂此特相周桑梓之義，類無足稱者，故今亦承其意，而不列其姓氏云。

太湖受水辨

葉燮

莫旦《吴江志》引郡《志》曰：『太湖三萬六千頃，西北有荆溪、宣、歙、蕪湖、溧陽、深水數郡縣之水，西南有天目、富陽、分水、湖州、杭州之水，俱聚瀦於湖，而由吴江長橋東入松江、青龍江以入海。』沈啓曰：『太湖之源，由天目分而爲二：一入固城湖，合金陵、常、潤之水爲百瀆、荆溪。一從獨山至荻浦，納宣、歙、臨安之水，合苕、霅、梅溪，俱入太湖。』唐宋以來，吴中多水患，由不爲之分殺也。自築五堰以節金陵、宣、歙之水，盡由分水、銀林二堰趨蕪湖，以入大江，是殺太湖承受之半矣。王文恪鏊曰：『吴郡西南有巨浸，東南諸水所歸，其大者有二：一自寧國、建康等處入溧陽，至長蕩湖，并潤州、金壇、延陵、丹陽會於宜興以入，今寧國、建康之水不由此矣；一自天目、宣、歙諸山下杭之臨安、餘杭，湖之安吉、武康、長興以入，而皆由吴江分流以入海。』竊謂以上三家之説，互有異同，同未必盡是，異亦有各非也。

莫氏云『西北有荆溪、宣、歙等水』，即沈氏云『天目之源一合金陵、常、潤之水爲百瀆、荆溪也』。莫氏於西北之水言宣、歙，而沈氏不言也，莫氏之言宣，是也；言歙，非也。沈氏不言歙，是也；并不言宣，非也。此言北流之異同，各有是非也。莫氏云『西南有天目、富陽、分水、杭州、湖州之水』，即沈氏云『一從獨山，合宣、歙、臨安之水』也。莫氏於西南之水，言杭、湖，不言宣、歙，是也。言分水、富陽，是而非也。沈氏於西南之水言宣，非也；言歙，益非也。此言南流之異同，莫近是，而沈全非也。何也？蓋吴中西北之水，其自寧國者，與大江稍遠，與溧陽諸邑稍近，故宣之水，與建康諸水異派，而會於高淳、溧水之間，併東南下。自五堰築，而此水俱從蕪湖以入大江矣。自是而宣郡、建康之水不入太湖。至若歙之水，從未有會建康而東下者，固與五堰無涉也。故曰莫氏於北流言歙，非也，沈氏於北流言金陵而不言宣，亦非也。

又，吴中西南之水，源自天目，而分出於杭、湖、常三州，太湖所納者得湖之全，杭之半，常僅一支而已。若杭之分水僻遠，富陽瀕錢江，縣境大半在江東，頗與吴地無涉，莫氏何得類舉之？沈氏既於西北云築五堰以節金陵、宣、歙之水，於西南則又云納宣、歙、臨安之水，一宣、歙也。倏與金陵竝提，忽與臨安並貫，相去何啻千餘里，竟若同條共派者，何也？果若是，當云：宣之水源發於某處，歙之水源發於某處，一支從某歷某，一支從某合某，或從上游以南行，或從萬山以東注，而同會於太湖，可也。豈得漫無剖晰而臆斷乎？故曰：莫氏於南流置宣、歙是也，言分水、富陽是而非也，沈氏於南流盛言宣、歙以下合苕、霅，更非也。

而王氏之説，庶爲近之。其言東南之水歸於太湖，最大者有二：一自寧國、建康等處而下，會於宜興以入，今寧國、建康之水，不由此矣。此則截然於五堰之説也。一自天目、宣、歙諸山，下杭之臨安、餘杭、湖之安吉等州縣以入湖。其並言宣、歙非矣，然止云宣、歙諸山，則與專言宣、歙者稍異。蓋天目與宣、歙諸山，連峰屬嶺，山脉千里不斷，其諸山東面之水，與湖州鄰者，則由安吉等州縣以入湖。其諸山東南面之水，與杭州鄰者，半由臨安、餘杭以入湖，半由桐廬、富陽等縣以入錢江矣。錢江之源，溯流至歙之屯溪而上，千有餘里，歙之水安有近舍肘腋之錢江，越萬山、激行千餘里，以入太湖者乎？昔宋人郟僑言：『太湖積十縣之水，一水自江南諸郡而下，一水自杭、睦、宣、歙諸山源，合天目等山，衆流而下。』其言諸山源，蓋言山之所自始耳，若以爲即受其全郡之水，僑言睦州，睦三面枕錢江，亦將謂太湖受睦州之水乎？故謂歙水斷不入太湖者，此也。且今錢江受全歙并浙、金、衢、嚴之水，每至春夏，雨潦驟發，水或高出瀕江城郭上者，風帆在睥睨間過。若令太湖全受宣、歙并蘇、松、常、鎮、杭、湖之水，僅以吴淞江一線爲宣洩，吴淞之廣不及錢江之什一，當水潦横溢時，三吴城郭豈特不沉一版已哉？

由此言之，宣水必且待塞於五堰，而歙水可使入湖者哉？其不然必矣。而世不察，徒侈其辭，概云太湖納建康、宣、歙、諸郡之水，何言之無據歟？

明歸太僕有光論吴中水利，言：『太湖自湖州諸溪，從天目西北宣州諸山溪所奔注，而從吴江經華亭青龍江入海。』按，歸氏論太湖之水，僅言受宣州而不言歙，此則爲可據者也。且言諸山溪之水而不言宣州之水，則并略言宣矣。考湖州自四安鎮陸行，從廣德州至寧國二百餘里，其間爲輪蹄孔道，並無帶水可涉，則所云宣州諸山溪之水，此亦概言宣州東南境之山，實與浙之天目相連而分界。其山之面浙者，水入浙，山之面宣者，水自歸宣，而入大江，又可知也。余故爲明辨之，以曉世之耳食者。

是文蒐搜得最晚，不及編次在前，故録於此。其言太湖來水最晰，愚於卷一『水源』及卷三『水議』中，辨郟僑宣歙杭睦處頗與暗合，惜纂稿時未見是文，不獲援據而詳言之也。

卷十四

災異

太湖災異惟水震躬，其他妖祥占應不必在一隅也，故考有詳略。

漢惠帝五年夏，大旱，太湖涸。《吳縣志》

吳太平元年八月朔，大風拔木，太湖溢，平地水高八尺。《具區志》

宋元嘉七年十一月，太湖溢，穀貴民饑。《吳江志》

唐長慶二年，大雨，太湖溢，平地乘舟。《吳縣志》

四年夏，大雨，太湖溢。《吳江志》

太和六年二月，太湖溢，蘇、湖二州水災。《文獻通考》

開成三年，太湖決，蘇、湖二州水溢入城。《文獻通考》

宋太平興國二年八月朔，大風，太湖溢。《吳江志》

咸平四年九月太湖溢，壞廬舍。《吳縣志》

熙寧八年夏，大旱，太湖水退數里，内見邱墓街道。秋無稼，民饑。《常州府志》

元豐元年七月四日，大風雨，水高二丈餘，漂没塘岸。《震澤志》

四年七月，大水，西風駕湖水，浸没吴江民居，長橋亦摧其半。《吳江志》

元豐五年，大水，太湖溢。《長興志》

政和元年冬，大雪，積丈餘，洞庭山橘皆凍死。《具區志》

開禧十六年三月，江湖合漲，累月不洩。《吳江志》

元大德十年七月，大風，太湖溢，漂没田廬無算，充浦沉於湖。《震澤志》

皇慶二年七月，大風，太湖溢。《吳江志》

天曆二祀冬，大雪，太湖冰厚數尺，人履冰行，洞庭橘柑悉凍死。《具區志》

至順元年二月，大水。七月，復大水，太湖溢，害稼，饑疫。《震澤志》

二年八月，大水害稼，十月，大風雨，太湖溢。《具區志》

明永樂三年，久雨，太湖溢，傍湖果木悉浸死。《具區志》

正統三年八月，太湖水忽漲數尺，尋退。父老云：太湖不通潮，又無風雨，必有異。是秋，東洞庭施槃中鄉榜，明年大魁天下。《吳縣志》

九年七月十七日，大風暴雨，晝夜不息，太湖水高一二丈，濵湖廬舍無存，諸山木盡拔，漁舟漂没。《吳縣志》

十四年正月六日，太湖中大貢、小貢二山鬬，開闔數

次，共沉於水，已復起鬭，踰時乃止。是年大水，無秋。杜瑗《耕餘録》

景泰五年春，大雨雪，自四年冬至正月，積雪丈餘，太湖諸港瀆皆凍斷，舟楫不通，禽獸草木皆死。夏大水，秋亢旱，大饑疫。《吴縣志》

天順五年七月，大風雨，太湖溢，漂没民居，死者甚衆。《具區志》

成化十年五月，東山産蛟，水暴漲，法海寺金剛漂出谷口。《具區志》

七月□□夜，迅雷大雨，有肅殺聲來自西北，抵馬蹟山雁門灣東去，壞廬舍，傷人畜，千斛巨舟攝於山麓。《具區志》

十二年八月，大水，十二月，太湖冰，舟楫不通者逾月。《具區志》

十四年四月，太湖諸山有虎。《吴縣志》

十七年，春夏無雨，秋蝗來，八月雨至，冬不止，太湖水溢，平地盈丈，禾稼無遺，明年大饑。《震澤志》

弘治五年春雨，夏大水，太湖泛濫，田禾淹。《具區志》

十五年冬，大雪。《具區志》

十六年冬，大雪，積四五尺，東西兩山橘橼盡無遺種。王文恪作《橘荒歎》。《具區志》

正德五年夏，大風從東南來，太湖東偏水涸三十里，群兒從湖濵拾得金珠器物及青緑古錢，水兩日不返，人共易之，競入淖搜取，至三日有聲如雷，水如雪山奔墜，搜者無少長，皆没。《具區志》

八年十二月，大寒，太湖冰，行人履冰往來。《具區志》

嘉靖二年五月，大旱，不得稼。六月，太湖有龍與蚌鬭，聲震兩山，龍自雲端直下，其爪可數十丈，蚌於水面旋轉如風，仰濆其涎，亦數十丈，三四日夕乃息。久之，漁人於洞庭山側得死蚌殼，可貯粟四五石。七月三日，大風拔木，太湖溢，漂溺民居。《吴縣志》

三年十月七日，有黑白二龍鬭於太湖之濵，白龍敗。《無錫志》

八年六月九日，蝗飛蔽天，捕之東洞庭，得二百餘石。《具區志》

二十年五月，東山有虎傷人，募長興虞人射死於法海塢。《具區志》

二十四年大旱，太湖涸。《吴縣志》

二十八年春，太湖溢。《吴縣志》

三十五年正月，五里湖嘯，中無勺水。《無錫志》

四十年，春夏連雨，大水，高淳壩決，五堰之水下注，太湖横溢，六郡皆災。《吴江志》

隆慶二年正月朔，大風，太湖涸。《無錫志》

萬曆八年冬，大寒，太湖冰自胥口至洞庭山，下埠至馬蹟山，人皆履冰而行。《具區志》

十年七月十三日，大風拔木，太湖嘯，歲祲。《吴縣志》

十五年七月二十一日，大風，湖水驟漲二丈。《宜興志》

十六年夏，霪雨踰月，湖水浮於岸，歲饑，復大疫。《吴縣志》

十七年夏，大旱，太湖涸，民饑。《吴縣志》

天啓四年夏，大水，太湖溢，舟行阡陌間。《無錫志》

七年秋，大風拔木，太湖溢。《長興志》

崇禎十一年秋，旱蝗來，沿湖依山田禾災。《具區志》

十四年夏，旱蝗，米騰貴，斗米三錢。洞庭兩山米販不通，人思亂，知縣牛若麟勸諭監生席本禎出米三千餘石，減價平糶，山民安業。《具區志》

本朝順治八年，大水，米騰貴，斗米四錢五分。夏四月，馬蹟山發蛟共十一穴，穴四圍土石皆紅。《武進志》

十一年冬，大寒，太湖冰厚二尺，二旬始解。《吴江志》

康熙四年冬，大寒，太湖冰斷，不通舟楫者匝月。《無錫志》

九年六月十二日，太湖水陡漲丈餘，間以狂颷，漂没人畜墳墓廬舍無筭。先一夕有漁舟宿太湖濱，夜半見水神列坐煙波間，絳服雕冠，如廷議國事者，久之而散，忽於湖中起一長隄如虹，横截水面，風大作，明旦遂有此異。《吴江志》

十九年八月，大水，太湖溢。《具區志》

二十二年十一月，太湖冰凍月餘，人履冰行。《具區志》

三十九年十一月，大寒，太湖冰月餘始解，兩山橘樹盡死。《吴縣志》

四十六年，大旱。

四十七年，太湖水浮於岸。

五十一年秋，霪雨，太湖溢。

五十三年，地震。

雍正二年七月，太湖中飛蝗蔽天，食濱湖蘆葉，殆盡。

不傷稼。

卷十六

雜記

事有可勸、可懲、可資典故者，聽其放佚則不可，載之又無門，可附作雜記以羅之。宋洪邁《随筆》一書，壽皇謂其議論有裨，今之所載，亦猶此意，非同王子年《拾遺記》也。

東山有唐股村，在王文恪公第宅後，相傳有唐孝子居此，割股療親，因以名村。孝子不知何代人，惜無有爲之立傳者，其名佚，不可考，然『唐股村』三字鐫額里門，至今不改，足以傳孝子矣。

馬蹟山許必勝，宋紹興乙丑科進士，殿試第三人，太守李餘慶號其鄉曰『迎春』以榮之。馬蹟山之稱迎春鄉始此。《武進志》

《吴中殷氏家譜》：『冥契之子，勤其官而水死，有祠在震澤中。』或以爲即馬蹟山之水平王墓廟，然《常州府志》又以水平王爲后稷庶子，未詳孰是。

太湖中小山之名嶓者有四，其上皆有禹王廟，惟北嶓最稱靈異，六桅漁船歲時祭獻，以祈神貺。武山吴友篁曰：『聖莫神於夏禹，祠莫古於夏禹，功德之在揚州者莫大於震澤底定，而嶓上之廟貌卑隘，春秋祭祀缺焉，非所以崇德報功也。吴中祠宇列編祭祀兩丁者甚多，皆有司恪恭其事，四嶓神禹之廟，僅憑漁祭乎！』

北嶓禹廟之右，有鐵色砂粒如菜子畝許，不堪種植，相傳神禹鑄鐵釜，覆孽龍於此，鐵氣上騰，砂色乃爾。山無巨石，四址皆鵞卵石，石有光潤可愛者，人不敢取，取則行舟有風濤之患，漁人恆相戒云。去嶓西九里，有鐵色砂起於洪波中者，曰神砂，首屈曲如鈎，廣三丈許，蜿蜒水面，其長五里，尾随風擺漾，風北則南，風南則北，不出十步之外，距神砂里許，復有暗砂一道，不透水面，風浪至此捍激而返，廻波噴礴，如白龍之戲水者，其長二里。凡三曲二砂，尾皆遥指大雷山。吴莊《四嶓考》

包山神景觀林屋洞院碑，唐開成三年建，石已殘缺。據其所述，蓋唐肅宗時，有自潤州刺史求入道者。又云乃去權位，散禄新知，草屨杖藜，遊乎山嶽，至於此山，於洞之西門造元壇、元室，修元元真容，而石刻斷折，莫知其姓名爲誰氏。其銘有云：毛公唐君，前後出處，蓋唐君斯人也。碑中亦述周息元之事云：止於内殿，帝頻就見，問以道德之門，乃獻諫書，周毗聖化。其文間可見，不能詳知。《圖經續記》

《洞庭記》：宋嘉定初，民於鼀山下採藻，得一銀簡，上刻奠文，有歲月朔日。其文曰：『伏願斗牛分野，吳越封疆，年年無水旱之憂，歲歲有農桑之樂。』蓋吳越王祈稔之意。又《吳江縣志》：明崇禎十七年夏，大旱，太湖底坼，簡村居民淘得鵞眼錢一甃，錢武肅投水府銀簡一道，文曰：『大道弟子天下都元帥尚父守中書令吳越國王錢鏐，年七十七歲，二月十六日生。自統制山河，主臨吳越，民安俗阜，道泰時康，事物和平，遐邇清晏。仰自蒼旻降祐，大道垂恩，今特詣洞府名山，遍投龍簡，恭陳醮謝，上答元恩。伏願合具告祈，兼乞鏐庚申行年，四時履歷，壽齡遐遠，眼目光明，家國興隆，子孫繁盛，志祈元貺，允協投誠。謹詣太湖水府金龍驛，傳於吳越國蘇州府吳縣洞庭鄉東皐里太湖水府告文，寶正二年太歲戊子三月丁未朔二十六日壬申投。』與黿山銀簡詞語稍異，大約歲爲祀事，文随時撰，不必盡同也。

宋淳熙乙未夏秋之交，天久不雨，所在苦旱。吳郡醮祭，逾月不效，通判趙師禹憂甚。適有寓客林通判光祖，自少奉道，得法於路真官，有起龍致雨符，其應如響。趙具詞瀝懇於林，林爲飛牘，奉三境，上言檄告水府，令其子永壽，偕趙客陳擇齊往林屋洞投之，比返郡，雨随至，洞蓋太湖龍窟云。《吳中舊事》

武進縣今陽湖縣。新塘鄉濱湖有地一頃許，浮沉波面，相傳爲開家基被巨浸淹没者。水退時省視，井竈街陌，隱隱可見。又《圖志》載太史橋在新塘鄉南，今無是橋。順治間，忽西北風急，水徙湖南，居民下湖，拾釜鏡農具等物無算。懸岸二里，見石梁宛然，大半没於土，意即志所載太史橋也。《武進志》

萬曆己丑，自五月不雨至七月，太湖胥口去岸數里皆涸，中露一石橋，九洞，上石欄亦有存者。又得石臺於土中，特闕其一足。此地於何時沉水底耶？《續吳録》。按此疑即吳王故城所謂『南宫』者。

西山白塔堰外有一山，北鎮湖心，因湖波吞吐漱出土砂，惟巨石玲瓏、欲落不落者百餘狀，人皆謂之十二獸，蓋其形有相似者。其外更有一石立湖中，與獸石山相去十丈，舟師云：相傳此石在百年前與獸石山相去三十丈，蓋因獸石山長出二十丈，故漸近耳。《槃阿集》。

東南風退水，西北風漲水，此理蓋只是太湖東南之常事。往年初冬，大西北風，湖水泛起，吳江人家俱浸水中，風息復平，謂之翻湖水。纔是東南風連吹數日，便退水二三尺。《田家五行》

西施随范蠡去，不見所出，只因杜牧『西子下姑蘇，一舸逐鴟夷』之句而附會也，心竊疑之，未有可證以決其是非。一日讀《墨子》曰：『吳起之裂，其功也；西施之沉，其美也。』喜曰：『此吳亡之後，西施亦死於水，不從范蠡去之一證。』墨子去吳越之世甚近，所書得其真，然猶恐牧之别有見。後檢《修文御覽》，見《吳越春秋·逸篇》云：『吳亡後，越浮西施於江，令随鴟夷以終。』乃笑曰：

『此事正與《墨子》合，杜牧未精審，一時逞筆之過也。』蓋吳既滅，即沉西施於江，浮，沉也，反言耳。隨鴟夷者，子胥之譖死，西施有力焉，胥死盛以鴟夷，今沉西施，所以報子胥也，故曰『隨鴟夷以終』。范蠡去越，亦號鴟夷子皮，杜牧遂以子胥鴟夷爲范蠡之鴟夷，乃影撰此事，以墮後人於疑網也。楊升菴

《具區志》曰：白居易爲蘇州刺史，有《夜泛太湖》詩：『十隻畫船何處宿，洞庭山脚太湖心。』又《自太湖寄元微之》詩：『報君一事君應羨，五宿澄波皓月中。』則是連五日夜在湖心泛舟，雖白公風格高邁，好事不窘束，亦當時法網太疎，不以爲怪，古今時異事異有如此者。按，白公賢者，必不無事漫遊。考《年譜》：寶曆元年除蘇州刺史，五月到任，二年秋以病免。在蘇年餘，止一泛太湖，爲揀貢橘，其時有詩五首。一《早發赴洞庭舟中作》；二《宿湖中》，即『十隻畫船』句詩；三《揀貢橘書情》，曰『洞庭貢橘揀宜精，太守勤王請自行』，紀本事也；四《夜泛陽塢入明月灣書寄崔湖州》，末句云『爲報茶山崔太守，與君各是一家遊』，言崔揀貢茶而遊山，己揀貢橘而遊湖也；五即《五宿澄波》長律，公事畢，泛湖而歸，寄以傲微之也。揀橘非一日可了，故有五宿，並非好事，曷足爲怪？又《圖經續記》曰：樂天高行美才，居官勤瘁，非旬休不設宴。宴且不暇，而暇遊太湖乎？是故誦其詩，又當知其人論其世。

郡人朱勔以花石得近幸，進奉不絶，謂之花石綱，民不勝其擾。宣和癸巳春，採太湖黿山，得一石，長四丈有奇，廣得其半，玲瓏嵌空，竅穴千百，非雕刻所能成。創造大舟，費錢八千緡，載以獻。詔置之艮嶽。靖康初，以勔擾民，民思亂，誅之。《吳中舊事》

初，江淮發運司於真、揚、楚、泗，有轉般倉，綱運兵各據地分，不相交越。勔既進花石，遂撥新裝運船，充御前綱以載之，而以餘舊者載糧運，直達京師，而轉般倉遂廢。糧運由此不繼，禁衛至於乏食。《中吳紀聞》

王文恪曰：太湖之石聞天下，自唐則然矣。牛奇章致天下之石，而獨以太湖爲甲，貴可知也。而亦孰知其爲害乎？語曰：尤物足以移人，宋艮嶽之事可見矣。朱勔以之殺身，宋以之亡國，固非獨石也，而石預有其愆。宋亡，金人輦石而置之燕。嗚呼，是何異見前車之覆，而復遵其轍乎！

明崇禎末年，有妄男子疏言：西洞庭山産煤，宜開厰；太湖漁船宜徵税，歲可得千萬。因遣中官來勘。吳縣令李實曰：『西山金陵後脈，恐傷祖陵，不可開。太湖盜藪，若徵漁税，是激之變也。』中官懼，其事得寢。《蘇州府志·名宦傳》

明太祖放故元和靖書院山長葉顒還山，敕曰：『孔孟之道，爾幼學壯行，雖在有元，君不爾用。惜哉空懷抱而未舒也。及朕繼大統，物求方正，惟爾顒名播遠邇，特

遺使召至京師，以資啓沃。奈何年已七十。爾數表求歸，然觀其終是年高，不能自强。朕不忍任之以周旋，容爾歸老。嗚呼！孔孟之道，爾能體而導之，名彰今日，亦此道之力焉。既行，當詳審調理，釋結自由，惟智人爲之吉哉。』《葉氏族譜》

當葉顒之奉召辭歸也，太祖密諭長興侯，敕書云：『諭長興侯，卿所舉到人才，内有前元山長葉顒，未見敷陳，數表求歸，其志終不肯仕朕。朕欲誅之，彼何生焉？奈此人已老病。嘗聞人鳥將終，善言哀鳴。聽其歸日，密遣親信，往察此人動静，若多結交，即便發遣來京，若棄人事，山中自在，聽其自由勿拘。』葉石君《詩紀》按此則顒之詩酒佯狂、死於長興而不敢他適者，安知非長興侯默諭以意，爲故人免禍計耶？他書言：顒在長興時，與吴興著姓某某等結納訂盟，恐無其事。

張本少試有司，名在高等，而吏誤書『張木』。適有張木者冒其名，本弗與競。後試輒不利，遂棄去不試。其先世姓沈，曾祖惠，幼育於張，遂仍其姓。隆慶初，郡守延本爲鄉飲賓，乃呈請復姓，中一聯云：『幸際明時，敢效投秦之范叔；隱居樂地，肯爲僭葉之諸梁。』極工切。

陶周望云：余曩年讀蔡羽《洞庭記》，知有是山，又以兹山知羽也。後四年，始至山中，急欲就鄉人問羽。天王寺僧澄源者，好事，知文墨，爲余言：山有東西蔡村，族最盛。而羽怪誕，有三間齋，已處其中，縛藁爲二大儒，令腰膝俱可屈曲，繫兩旁室，朝課《易》，夕課《四書》，自爲解，而置傳註几旁。每開卷便大訴曰：『某甲謬甚！』叱童子牽以來，跽而杖之。而置大鏡南面，遇著書得意，輒正衣冠，北面向鏡拜，譬其影曰：『易洞先生，爾言何妙，吾今拜先生矣！』羽尤以善《易》自負，故稱『易洞』也。少年未知書，日與群兒走山巔放紙鳶爲戲。其母數泣戒之，乃折節讀書，以詩文名。又《金陵瑣事》言：羽爲南院孔目，時同鄉文司城送弓兵二名應役，終日奔走不暇，人摘二石榴與之充饑，曾署院壁云：『草色常留上客馬，花枝不笑冷官衙。』王子新曰：『花枝不笑，冷官矣，石榴非充飢之物，有不笑冷官者乎？』按，羽賦性鄙嗇，猶是小疵；屈辱先儒，罪之大者也。雖能詩文，曷足重哉？

西山消夏灣蔣舉人某，屢試不第，遂棄去，效壟斷之徒，孳孳惟貨賄是急，居積取盈，算入骨髓，周恤義事，雖至親不拔一毛，不數年，稱高貲矣。錢神作祟，盗劫之鞭撻炮烙，慘於官刑，罄其所有，席捲一空。盗喜過望，於是縛牲載酒，即以蔣氏之物賽願於小雷山。山在太湖中，絶無民居，惟荒祠一區。群盗泊舟其下，悉登祭焉。祭畢，酣飲大醉，不虞舟師截纜以去，盗醒，覓舟不得，徬徨無措。凡賈客經過，知其爲盗也，戒弗近，駢首餓死，無一存者。此余得之陳曼年所云。夫蔣之積財誨盗，盗之祈福得禍，舟人晏然而有之，亦不知其何所終也。螳螂捕蟬，雀併啄之，雀未下咽，而彈射及矣。義外之利，意外之虞，

相尋於無窮，豈非嗜利者之明鑒哉？李贄《闇然録》

馬山人，無名氏，以其居馬蹟山，故稱馬山人。洪武初爲柁工，鄱陽之戰脱太祖於厄，不受官賞，惟日求一醉，命光禄官給之。一日天大雪，醉卧屋角上，太祖解衣覆之。俄而竟去，不知所終。見《武進縣・志仙釋傳》。又《常州府志・古蹟門》載馬蹟山邱家園，言邱爲柁工，從明太祖討陳友諒於江中，有功不受官爵，終於京師。其事與馬山人同，意邱即其人耶？然曰終於京師，則非不知所終矣。是一是二，莫可考也。

俞氏爲吴中世儒，居包山，後遷吴城之南園，號南園俞氏。貞木自都昌還，惟一弊筐，以布裹物，甚重，家人啟視之，乃一斫柴斧耳，其清苦如此。無子，以族人子毓爲後。毓孫元，盲，無妻子，入存恤院。見《蘇州府志》。天之報施善人，何至是哉？

王文恪公作《東坡笠屐圖贊》，極佳。其詞曰：『長公天仙，謫墮人界。人界不容，公氣逾邁。斥之杭州，吾因以遊。投之赤壁，吾因以適。瓊崖儋耳，鯨波汗漫。乘桴之遊，平生奇觀。金蓮玉帶，曰惟東坡。戴笠着屐，亦惟東坡。出入諸黎，負瓢行歌。十㝉百卞，其如予何，其如予何！』《湧幢小品》

東山有宋少保葉夢得祠堂，在山頭前巷，世委尼僧司香火。嘉靖中，知縣康搏毁淫祠，以尼故，亦遭毁。尼徙王舍之申明亭，其地官賣於鄰人嚴氏。見《葉氏族譜》。按，嘉靖間吴縣知縣有康世耀，無康搏，《葉譜》疑誤。

王文恪公墓華表，門生唐寅題曰：『天下文章第一，山中宰相無雙』。

文恪公解會連捷，探花及第。相傳已擬狀元，爲商輅所忌，抑置第三人。康熙壬辰，文恪公八世孫世琛，會試時祈夢，夢至一廳堂，其雙雕句云：『雨中春樹萬人，雲裏帝城雙鳳。』初不解其故，臚傳後，始悟隱『家闕』二字，乃狀元也。

成化丁未會試，徐文靖公溥主考，夢至一所，大浸茫茫，忽一物若黿者，昂首登岸，公以三箭插其上。時王守溪新發解，家在太湖，公以爲其應也。拆卷果第一，深以狀元望之，竟爲忌者所抑，未知夢之所應。後謂守溪曰：『吾當時所夢插箭，蓋品字也，其一品之兆乎？』後守溪登政，府秩一品。《世説新語》

長春劉真人賜葬於鳳臺門外。欽差行人吴惠與南營繕某營葬事，各用一堪輿。一云穴在五尺上，一云穴在五尺下，相争不決。吴公曰：『葬者，藏也。其人無子孫，何須風水？』遂酌兩人之中而葬之。人服其有識。《金陵瑣事》

施宗銘改葬，銘乃同年松江錢溥所撰。《具區志》云：楊文貞公，非也。宗銘初葬，文貞曾作哀詞。作墓誌者，楊文定公，亦不在改葬時。《具區志》又以改葬宗銘爲巡撫彭公事，錢溥則曰巡撫萬安劉公孜，亦屬互異。至於吴江僧之爲丞托夢申請，以報粲德，錢溥誌銘中無一語道及，豈溥有所諱而略之耶？抑《具區志》所述非其實耶？錢溥銘載《吴都文粹續集》，今採入集文。

江陰王逢，元末寓居馬蹟山，《山志》載其詩數首，内有《徃太伯瀆與王左丞言馬蹟山漁船非攻守具得釋五百五十人》一詩，左丞不知何名，或仕元、仕僞吴。有何戰守用馬蹟漁船，俱莫可考。要之王逢能言，左丞能聽，兩人皆賢。後之議防湖者輒曰：『太湖攻戰，非漁綱船不可。』謬矣。

贺澤民元忠，爲雲南按察副使，分巡騰衝等處，因染瘴癘，腰腹發脹，甚亟。土人一監生殺犬賁餽，令空心恣食，飲酒數杯，當即溺溲，少候清利，其脹漸消。蓋犬肉能治瘴也。《客座新聞》

馬蹟山二十三灣：雁門、牛塘、内閭、桃花、伴奴、一名盤龍。耿灣、西村、張青、寨前、古竹、新城、西坍、東坍、小墅、大墅、檀溪、鈕埼，此十七灣有民居，餘六灣皆無村落。杭岱宗有《二十三灣圖》，一灣一幅，凡林壑村墟、古蹟名勝，纖悉靡遺。岱宗善丹青，愛山水，每於春秋佳日，登臨摹倣，故能曲盡其致。

夫椒山産泥曰觀音粉，色白性軟，值饑歲，民往往食之。然非凶歲不恆見，非極饑之民食之，反致斃。《武進志》

大業中，吴郡送太湖白魚種子，敕苑内海中，以草把還著水邊，十餘日即生小魚，故東都有白魚。其取魚子法，以夏至三五日，白魚日晚集太湖邊淺水中有菰蔣處産子，綴着草上，至二更産子竟，散歸深水，乃刈取菰蔣草有魚子者，曝乾爲把，運送東都。《圖經續記》

《弇州雜編》云：正德戊辰，大學士王鏊、尚書梁儲主會試，相傳劉瑾以片紙書五十人姓名，欲登第，因展科額三百五十人。《雜編》所言，乃正德三年事。此額先朝行之屢矣，每間一科，則依此數，皆禮部題請而首揆主之。其年李長沙爲政，安得歸之試官？且王文恪與逆瑾抗，卒辭位去，而肯瀾倒一至此乎？傳聞之語，原不足信，又不考其時與人而書之，恐後生小子傳以爲實，文恪受誣不淺，故辨之。《湧幢小品》

《通志》載元末吴縣尹金壇張經陞嘉定州，於其行，諸名士分賦吴中舊蹟送之，共二十六人，錢塘范致大得石湖，江陰張端得林屋館，四明陳桱得太湖石，勾吴周砥得洞庭山，無錫顧常得夫椒山。其他舊跡，非在太湖者，不録。其事甚韻，何必《德政歌》《去思碑》哉！

太湖中水，夜泛出聲，是名湖翻，俗云灰銃，主有大風雨，占驗不爽。

大玑山有居人二十家，皆姓朱，並耕而食，希入城市，桑麻掩映，雞犬閒散，有桃源氣象。

大貢山北巖外有金鵞石。童謡云：『二貢鬬，金鵞升，六龍鬬，金鵞沉。』崇禎末，西華鄉人陸龍者多力，與儕輩至金鵝石遊玩。石如鵞一足立磐石上。或謂龍曰：『爾能推倒，當宰鵝以食。』龍奮身掮之，金鵝竟倒水中，龍於是夕嘔血死。《金庭瑣事》按，此足爲恃力者戒。

東山惟率嘍、俞塢二塢最深。俞塢中有九塢：曰東塢，曰渺塢，曰高峰塢，曰金莖塢，曰霖泉塢，曰絲綸塢，曰梁家塢，曰浪塢，與俞塢而九。今統稱曰俞塢。八塢之名，罕有知者矣。俞塢之右有西塢，不在九塢數内。

翠峰之左，有山如屏而聳照者，曰煙火墩。頂築方土，横闊一丈許，相傳吴王所築以瞭越者。東山遺跡，此爲最古。

鄭駙馬洗馬池，宋鄭釗所鑿，在武山永福寺西，今爲灌畦池矣。

祥符寺僧紀蔭《蓼莪菴》詩：『山脚入湖訛虎背，松顛覓路審茶巢。』自註：『茶巢嶺，陸龜蒙種茶處。蓼莪山脚巉截，入湖名顧渚，俗呼虎背。』

東山碧螺峰石壁産野茶數株，山人朱元正採製，其香異常，名『嚇煞人』。宋商邱撫吴始進上，題曰『碧螺春』。自是督撫提鎮歲來採辦，售者往往以贋亂真。元正歿，製法不傳，即真碧螺春亦不及曩時矣。

西山馬家墳有古松一株，大可合抱。順治甲午，以海警議造戰船，有司行視封樹，古松亦封。其子孫丐免，弗獲，乃相率號泣於墓。是夜，鄰居聞有大聲砉然，如裂百丈帛者，旦跡之，則馬墳古松自末至本破裂死矣。有司異之，馬墳一境樹皆獲免，人稱之爲『烈松』。

消夏灣陸家河有秦存古者，營别墅，鑿池發一石，碣上刻『越大夫諸稽郢之墓』。同里諸姓頗衆，其先世莫可考，存古意即其先世也。即於鑿池處封土竪碣，俾諸姓守祀之，而不求其直，且爲之作墓誌。存古名嘉銓，邑諸生，明季以能詩名。《林屋民風》

東山翁非彦有陸遜墓詩，其序云：『順治間有某姓卜葬於白沙塢，定穴開壙，得石槨，傍卧石碑，有「東吴左丞相陸遜墓」八字，某大恐，急斂土填之，而徙葬於下。不知曩時何以葬此，竟不可考，某亦諱其事，不爲表識。孔石公，某至戚也，親見而述之。』《家山逸響集》

《蘇州府新志》載侯性母田氏墓在東山。性，商邱人，永明王時封祥符侯，田封忠慈貞慧太夫人，卒葬此。今迷其處。

西山石公王氏園中，有異木一本，相傳於廣東帶歸，名鐵樹，形似棕櫚，幹而不枝，葉如鳳尾。雍正七年，忽開花如斗大，色白微黄，瓣似蜀葵，中有孔竅，千層攢簇，花瓣有毳，與枇杷實上毳相似。遂喧傳鐵樹開花，四方來觀者絡繹不絶，日聚數百人。吴邑令某聞之，親至其地，曉於衆曰：『此鳳尾蕉也，廣中多有，無足異。』截其花去，今樹尚存。

集賢圃爲東山第一名園，翁亘寰所構，故俗稱翁園。地濵太湖，故又稱湖亭。來游者多四方賢豪，題詠甚富。亘寰父子歿後，同里安定購得之，惑於匠言，移置他處，即東園是也。故老言其盡失舊時之勝。今集賢圃廢址，人猶稱湖亭云。

東山有二塔，一在金塔村，相傳村故有塔，忽一夕風雨飛去，誕妄不足信。順治十六年，以形家言，重建於村之東，累石而成，高二丈餘，陸燕喆記。一在下楊灣，高得金塔之半。武山有三塔，在下塔村者一，在吴巷者二，一圮。

翁家槍，以翁慧生得名。慧生東山人，喜武略。嘗客蜀，聞峨嵋山異僧善短槍法，往師之。僧初不以槍法授，命入山采樵，歷二年，僧笑謂之曰：『汝採樵久良苦，然身法臂法已寓於是，乃今可教矣。』遂授以『十八扎』、『十二倒手』諸秘法，慧生心領神解，盡得其妙，一時如『沙家杆子』、『馬家六合』、『劉家帶棍』號爲槍中長技者，胥莫能與之敵。於是翁家槍名播天下。然慧生受峨嵋戒，非其人不授，懼或恃技而妄用也。

太湖采蓴，自萬曆間鄒舜五始，張君度寫圖，陳眉公、葛震甫輩歌詩志美，傳爲盛事。康熙三十八年春，聖祖南巡，舜五孫弘志種蓴四缸，作《貢蓴詩》二十首，并家藏《采蓴圖》迎駕進之。上命收蓴，送《暢春苑圖卷》發還弘志，着書館效力。書成，議敘授山西岳陽縣知縣，時人目爲『蓴官』。

東山姚珏，字珮卿；施中，字正甫。皆能詩，皆年登百歲。葛震甫《客雪吟》有《寄懷山中百歲翁姚佩卿施正甫》詩。

乾隆十一年，西山蔡文元母殷氏，現年一百二歲，督、撫、學三院彙題請旌，奉旨給帑建坊，又加賜大緞一端，白銀十兩。

東山姜森玉，年九十五歲，有五代孫三人。西山蔡來信，年八十八歲，見五代孫。來信子汝震，年八十九歲，亦見五代孫。

康熙三十二年春，太湖營遊擊胡宗明，於西太湖訓練水師，山中人無不挐舟往觀，武山吴友篁曰：『曩時，予隨先祖南村公在舟，得[一]一寓目焉。』

乾隆十三年，東山小長巷費友文妻一產三男。十五年二月，武山朱聚昭妻一產三男。

太湖漁船，大小不等，大概以船爲家，父子相承，妻女同載，衣驫食惡，以水面作生涯，與陸地居民了無争競。其最大者曰罛船，亦名六桅船，不能傍岸，不能入港，篙櫓不能撑摇，專候暴風行船，故其禱神有『大樹連根起，小樹着天飛』之語。當夫白浪滔天，奔濤如駛之時，商民船隻不敢行，而罛船則乘風牽網，縱浪自如。若風恬浪静，行舟利涉，罛船則帖伏不能動。故太湖漁船爲盜者鮮聞。近浙撫某疑之，疏請毁禁，奉文查勘，江撫以委太湖分守甘公士瑞。甘泛湖親訪，察其誣，力辨之，事得寢。

[一]得　原作『待』，據此本之先印本改。

罛船向徵漁税丁錢，一船準以一畝田之賦，一户完一人丁。康熙二十年間，江南巡撫湯公斌以漁船冒風波之險而覓衣食，煞爲艱苦。援古澤梁無禁之意，奏免之。昔湯公以一言而罛船蒙其澤，今甘公以一言而罛船免於害，仁人之言，其利博哉！

罛船之制，不知其所自始。其船形身長八丈四五尺，面梁濶一丈五六尺，落艙深丈許。中立三大桅，五丈高者一，四丈五尺者二；提頭桅一，三丈許；梢桅二，各二丈許。其製造也，擇時日，配八字。其造船之處，在胥口之下，塲灣西山之東村，五龍橋之蠡墅，光福之銅坑。其編篛篷，打篷纜，在衝山。其捕魚，聯四船爲一帶，兩船牽大繩，前導以驅石，兩船牽網隨之，常在太湖西北水深處，東南水淺不至也。其住泊無定所，風止則下（猫）〔錨〕湖中，三大桅常竪不眠。其每年編號烙印，各在所屬縣分。蘇屬四十八隻，常屬五十二隻。近年有大三爿篷十餘隻，亦裝六桅。

太湖中北峢山，今稱平臺山，亦稱盎山，宜興、吴縣湖面交界處山，無居民，近時有衝山人吴紹文居其上，爲禹王廟祝。乾隆九年，荆溪縣人蔣祖法誤信匪僧，男婦一十三人駢死盎山，即此山也。

太湖同知初制，兼轄浙省太湖。乾隆八年，浙撫常安題，准湖州府通判移駐南潯太湖水面。按照兩省地方分界，管轄從前，烏程、長興二邑，撥協江省太湖廳之民壯四名，並掣回浙省，撥入通判衙門。

勸農，盛典也。東山土瘠田少，又僻處太湖，故有司勸農，從古未有至者。乾隆丁卯，分守高公廷獻，特捐廉俸，備酒食，躬行阡陌間，勞民勸相，一時傳爲盛事。

乾隆戊辰，春夏之交，米價騰貴，斗米三錢，市販居奇，民不聊生。是時郡城以截漕米平糶，東山民冀亦沾惠，分守高公請憲量撥，不可得，民益惶惶，訛言四起。公不爲動，設法勸諭富室出粟平糶。山前山後設二廠，以均道里，敦請公正紳士主其事，不假胥吏手。自六月至八月，共糶米□千□[一]百石，顆粒無侵欺，閭閻蒙實惠，市價平而民皆安堵。當是時，始則鎮之以静而奸民沮，繼則行之以公而窮民悦，處之得其當也。

歷代役法之弊，本朝革除殆盡，從無擾累於民。惟是徵輸條漕，雖行截票之法，而造册散單，必須一人董其事，緣有經造之設。一名地總。凡摘比欠户，着令切脚。每都每圖將助役公田詳《田賦考》。此田惟吴縣有。歸於經造，收租以抵造册承催工食。又十甲糧户，挨年計畝，出銀津貼。此尚沿舊例，爲當年而貼。經造得此二項，凡圖中錢糧公務，惟經造專司，與糧户無涉。日久弊生，復有私指當年現總舊名，嚇詐鄉愚者。是以康熙三十年、雍正三四兩年，東西

[一] 底本此處闕。

兩山被累鄉民控准，上臺勒碑，禁革當年現總名色，永行遵守。詳《田賦考》。乾隆十二年，東西兩山錢糧劃歸太湖廳徵收，分守高公廷獻復行申禁。十四年，邵武黄公炅準士民條呈，將詳請憲批，照縣署前立碑例，勒石廳治，以杜後患，會黄公病卒，未及行。

葉痴丐，本東山舊家子，産業爲父蕩盡，流爲丐。行於途自言自笑，人問之，掉首不答，狀若痴，故名之曰『痴』。祖墓多喬木，或諷痴伐以給用，痴曰：『我孑然一身，乞餘苟活足矣，不忍奪祖宗之蔭以自肥也。』卒守之。嗚呼！丐猶如此，彼不至於爲丐而公然伐木毁墳，戕其父祖以供飲博者，獨何心歟？

附：湖程紀略

丁卯年，金子玉相，於讀禮之暇，旁及山經地志，慨然欲作《太湖考》，商之於予曰：『《震澤編》《具區志》諸書，於湖中山言之詳矣，而未及湖之邊境；竊意太湖跨連三郡十邑，水利兵防之措置，重在沿湖水口。其中水脈之遠近、港形之大小、地勢之險易，均未可略。兹欲履地細核，一一詳注，以補前人所未備，先生其許我乎？』先是，余叔半園先生與修郡志，奉郡侯傅公命，泛湖圖繪湖山，約余同往，阻於病，頗以爲憾。今玉相有志如此，可以償我素願矣。乃卜日，於戊辰正月之吉，裹糧束裝以行。同行者，漁洋華君振飛，同里卜君允武。華君善丹青，可作太湖圖；卜君熟於湖路，可作鄉導。日行之次，援筆記所經歷，未知與余叔圖記之處，其同異何如也。

正月二十日。舟發具區風月橋，謀所向，僉曰：西北爲太湖上游，宜從西北始。遂出菱湖觜，横渡胥湖，直指黄茅門。黄茅，法華之支山也。與長沙山相望，其缺處爲黄茅門，北太湖水從此入東太湖。法華之陰爲漁洋，其南華君所居，相與登其堂，遂止宿焉。

二十一日。西行過黄茅門，折而北，西風大作，舟過吕坡橋，不得泊，直抵鄧尉。從來游鄧尉者，咸取道光福；從費家河登岸，罕有泛太湖來者，故湖濱無入山孔道。由園塍籬側曲折而行，梅花接路，香襲衣裾。登山俯視，一塢積白。華君曰：『此宋漫堂所稱「香雪海」也。』再上爲聖恩寺，寺中四宜亭最清曠；聖祖臨幸，憩息於此，至今亭中敬設御座，高奉宸翰，而諸臣扈駕詩，亦環列於壁間，仰瞻偏覽，慨乎有餘慕焉。晉青州刺史郁泰玄墓在寺後，墓無塚，惟有華表二、碣石一，埋玉處果在此耶？距墓百餘武，有巨石露泥外，嵌空玲瓏，色質與太湖石無異。吾聞包山地穴，潛通四達，其兹山之來脉與？日暮下山，風勢亦息，若留我作竟日游者。

二十二日。沿岐龍、彈山、潭山，西北行，過蟠螭；又西過西蹟觜，折北稍東，至於銅坑。自蟠螭至銅坑十餘里，沿山皆梅，其疎處若殘雪，其密處若停雲，其高下參差，層見叠出，若飛瀑數萬道，從空噴舞而下，又若太湖中浪花上湧，懷山而襄陵。惜乎，世之游者樂從陸，畏從湖，而罕覩此景也。銅坑西受太湖水，東行至木瀆，與胥口水合流而東，太湖東洩之口自此始。游湖在銅坑北，西蹟、筊觜列於外，安山、游山鎖於内，爲澳最深，太湖風浪至是而力衰，故舟行無險；而西華一帶，咸資其灌溉，爲有利而無害云。湖之北岸有新橋港，港口有菴，一老僧負暄而坐，詢以金墅程，僧回視日色，以手指西曰：『進港轉西，出龍塘橋，路甚近。若從筊觜外行，慮不能到。』遂不出筊背，徑出龍塘橋。橋石有字曰『龍潭』，非龍塘也。橋之南屬吳縣，北屬長洲，外即貢湖。沿貢湖岸北行五里，過禹王廟，至金墅。金墅港外淤内狹，宜加開濬，以便營船出入。

二十三日。出金墅港北行，一路皆淺灘，所過錢溪、仁巷、牡丹諸港，皆不能抵岸。二十里至無錫縣之沙墩港，始寬深可泊。汛兵曰：『自此至吳塘，中間惟大溪深濶，湖西埭次之，餘悉淤淺。』按，《無錫志》，大溪即赤城溪，蠡瀆水自曹王涇，分支南行，過八字橋，名赤城溪，廣數十丈，長五里，出溪橋而入太湖。港口不淤，上流勢盛也。湖灘既淺，不能逐港艤舟，遥望又不能悉，於是水陸兼訪之議興，華、卜兩君願從陸，期至湖西埭會食。復西行，遶竹山屴背而北，湖中有小阜曰米山。過米山，吳塘門矣。吳塘門西向太湖，兩山夾峙，水出其間，内皆平壤，河港四通，其上流之最大者，東爲新安溪，北爲長廣溪。

二十四日。舟發吳塘，自吳塘而北，左湖右山，湖甚深，山綿亘三十餘里，至充山始斷，其斷處爲獨山門。獨山有三峰，一峰東接五里湖，爲上獨；一峰西近三山，爲下獨；中獨居中，最低小，五里湖之外蔽也。按，五里湖一名小五湖，與太湖相連。獨山門内外皆湖水，與河港有別。竊謂濱湖水口，當在五里湖東岸之馬蠡港，南岸之石塘口，北岸之大渲、小渲，不當指獨山門。獨山之北爲管社，從此迤北轉西，歷楊灣而至大雷背，復連亘皆山，與吳塘至充山同，第吳塘一帶列如屏，楊灣一帶兜若箕耳。過閭江，入陽湖縣境，有水溜、毛湖、蘆蓆、新村諸港，連比相接，或淤或釘，惟下埠港爲通渠，臨港有庵曰『羊渚』，汛兵與僧雜處，中有石碑，上横列五大字，曰：『南太湖信地。』下直行二，曰：『東至水溜港，南至馬蹟，西至百瀆港，北至周橋。』年代不載。按，《常州府志》：『明萬曆十六年始設南太湖哨兵，防守沿湖險要，哨官一員駐劄下埠港内之薛堰橋。』碑之立，其在此時乎？

二十五日。晨起望馬山，如拱如揖。有肅客狀嵐翠飛舞，若欲奔赴吾舟，急放舟迎之，頃刻抵古竹灣，馬山之主峰曰『官長』，《志》曰：『雄視一山若官長』也。登官長之路在山南，古竹在北，鄉導者取捷，從山北樵徑而上，荊棘叢雜，砂石犖确，行甚艱。登逾半，樵徑并無，山如壁立，削不受履，念一失足必如走坂丸，不能自止，并不似鄧艾下陰平，猶須推轉也。然進固難，退更險，計惟至巔，或可尋別徑而下，矧登高眺遠固素志，可中止乎？乃奮而上。既登，喘未定，霧四合，茫茫一白，不見山影，異哉！兩洞庭遠矣，近而夫椒、津里，何避客之深耶？峰之東有横岡，鄉導曰：『自岡而下，爲檀溪灣，轉西踰勝子嶺，即古竹矣，路雖迂不險。』如其言而歸舟。卜君在峰頂劚得山楂樹二本，高僅尺許，枝幹虬古，滿綴苔花，百年物也，可以解斯遊嘲矣。

二十六日。霧收，山容盡露。華、卜兩君强予重登官長，談虎色變，弗能從，兩君徑去。土人導予與金子至分水嶺，謁水平王廟。嶺直貫南北，坦若平地，山之中斷處，即山之過峽處也。蓋馬山形勢，自西走東，至此一伏，忽又發爲官長三大峰，向在湖中遥望，但見其連，曷知其斷耶？廟屋前後六間，大半頹破。唐太常碑記不知在何處。水平王佐禹治水，底定震澤，誨人濬導，蓋有功於斯土者，而廟貌祀事，荒廢若此，如報功何？徘徊嘆息而去。沿山轉西，行松林下，里許松盡，祥符寺出焉。門有額曰『小靈山』，蓋馬山舊名靈山，寺亦名『靈山寺』，宋改祥符。本朝又賜號『神駿寺』，而土人稱謂，則惟曰『祥符』云。寺無名勝，惟客堂前修篁萬竿，冷翠逼人，與寺外松可稱二絕。返而登舟，華、卜兩君亦自官長歸，述所見湖中諸山，狀甚悉。

二十七日。自古竹斜渡抵北岸，過虎鞘約十餘里，至百瀆港，華君復陸行。下埠、百瀆之間，濵湖皆山，過百瀆無山矣。瀆口有橋，石板三洞，洞半横置石栅。汛兵云：是港進内五里爲分水墩，分水墩西由黄土河達宜興運河，北從戚墅、採菱等港出常州塘，置栅防漏税也，自此入宜興界。又十五里至大墟港，周鐵橋在其内，太湖右營守備駐防於此，居民二三百家，日中成市，濵湖地無盛於此者。是時南風盛，舟向西南行爲逆風。過竹山，一望皆淤灘，約行四十餘里，不見一港，亦不見有營汛墩堡。方慮無停宿處，忽遥見一人，立夕陽灘上，舉手指劃，若招呼狀，卜君曰：『得無華先生耶？』急攏舟就灘，果華君。蓋此爲大浦港，宜、荆二邑分界處也，港中出水頗駛。自下埠以東，出港之水流皆緩；自百瀆以西，出港之水流皆駛。觀於此，可以得上流水勢之異同矣。

二十八日。西風，退水，舟膠於泥。泥淤爛不能用篙，亦不可置足。舟人出奇計，張帆於船首，推之以風，下（猫）〔錨〕於船尾，挽之以縴，舟從淤泥上滑，滑行出港。金子曰：『異哉！自古無倒使風、逆曳縴者，有之自今日始。』予笑曰：『藏舟於壑，有力者負之而趨，今日方愧不如，奡是奚足云？』離大浦，逆風行三十餘里，抵烏溪，百瀆之將盡處也。河港深濶，水流極駛，舟之行者如織，停者鱗集，多於吾邑之胥口。詢之土人，知湖、嘉、杭三郡之赴常者，從長興夾浦出太湖，不五十里，即達烏溪，湖面最近。又烏溪以東諸瀆，大半不通。其通者，又慮越漏關税，概釘之，獨留此港以通往來，宜行旅之皆出其途也。今港口有營弁，有税使，隱然爲東南鎖鑰云。雖然百瀆爲宜、荆二邑之下流，百瀆之通塞，係二邑之豐歉，故自古言水利者，必曰『疏百瀆』。今塞者塞矣，通者釘之亦必塞，下塞則上溢，一烏溪能洩全境之溢哉？商税之無漏，利於國者幾何？異時水災，告民荐飢，議賑、議蠲、議開濬，病於國者幾何？見其小不見其大，知其利不知其害，是可慨已，抑吾更慮烏溪之亦將塞也。凡出湖重船，必停舟港口，俟夾浦之空船來分載。空船渡湖，懼風波之險，又必載泥而來，至港口則棄泥於水而載貨。約計一船之泥，大者可五六擔，小者亦二三擔，今片晌之間，已見三船，所不及見者，可勝計耶？港非海，能任精衛之填，而不滿哉？此則愚民之咎，而營弁、稅使日在港上，目擊而不之禁，何也？

二十九日。從烏溪南行五里，過籣山，十里至鳳川，十里至斯圻，入浙江長興縣界。又二十五里，遶香山而至夾浦。蘭山外有石磯名『蘭座』，《宜興志》：『石蘭山麓竄入湖中，隨水隱現，行舟每罹其害。』即此磯也。新港、鳳川、董塘三港，皆及山而止，非通渠。江南太湖營汛，始於吳漊，訖於鳳川，兩處皆設把總防守，重交界也。斯圻，春秋時吳王屯戍之處，步軍屯於城曰『吳城』，水軍屯於圻曰『斯圻』。屯水軍之處當必有大河港，而今已成平陸，城之故壘亦無考，陵谷變遷，大抵然耶？進夾浦百餘步，丫分二港，西即夾浦，東曰烏橋。長興北境之水，多從夾浦下太湖，金村、上周等港，皆其支流。烏橋內有橫港，迤運而東，貫沉瀆、新塘諸瀆，以達烏程之小梅。按，浙省濱湖港口，以烏程之大錢、小梅，長興之夾浦爲要地。而夾浦尤爲長興一邑之咽喉，山寇下湖，多由此路。國初，浙營兵制設守備，於夾浦之鼎家橋防守西路，最爲扼要；後設守備於大錢，乃改設把總。二港合流處有平湖侯廟，土人云：侯姓王能護行舟，故祀之。

二月初一日。華君自沙墩港陸行至夾浦，已盡常州之境而稍踰焉，止之弗從，毅然登岸，勇哉！舟逆風行，六十里至小梅。此六十里最遠，所歷諸港口皆淺小，惟有汛之處爲大。內新塘爲箬溪幹流，楊夾浦有七坪漾爲輔，水勢最盛。蔡浦之東有坍缺港，港之左有石隄，遶小梅山麓而達小梅口。明嘉靖間長興署令賀恩開築，以避風濤者也。向之舟楫，皆由蔡浦出湖至小梅，今出坍缺，不復出蔡浦，蔡浦之口遂淤。舟人曰：『小沉瀆產梨果，熟時吾山、豐圻人每來此販鬻。』因指迤東一山以眎曰：『此洞庭也。』兩日在太湖西北，洞庭渺若天外，今聞斯語，忽見故山，舟中人莫不色喜。是夜泊舟小梅港，港屬烏程，離縣治二十里。

初二日，北風大作，不能出湖，移舟至郡。華君欲往南潯訪兄，僅入城，一瞻府署之雄壯，即解維，三里至毘山。《山海經》：『浮玉之山，東望諸毘。』說者以爲諸毘，即毘山。是耶？非耶？山之下爲毘山漾，苕、霅、前溪、餘不諸水畢會於此，以出大錢，形家謂此山塞府城水口，殆非妄語。登山而眺，卞山峙於右，荻塘橫於前，樹杪雲際，隱隱見雉堞。其東則昇、孺、蜀、戴諸山，棋佈於田疇墟落間，歷歷可數。太湖在北，風狂水怒，濁浪排空，若欲吞厥澤而撼洞庭。山雖小，四顧無遁形，勝於霧中登官長矣。晡時到南潯，主人具雞黍，禮甚恭。主人，華君之從兄也。

初三日。南潯在白龍港側，主人曰：『白龍港南，由晟舍通荻塘，北貫橫河下大漊。橫河西自大錢來荻塘，諸橋港水南注之，轉輸以入太湖，蓋沿湖諸港之上流也。』又云：『大漊路近水深，從此出太湖甚便。』舟子弗聽，必欲出楊漊。至楊漊不能出，咎之，則謬曰：『今夜風必轉，水必還，明晨揚帆矣。』噫！此豈能操券而必者耶？然既無可如何，姑停舟以待。華君沿湖西行追訪，未到各口，踰大漊而返，從此不復陸行矣。是日晨雷暮雨，雨達旦。

初四日。雨止風轉，水如故，戒舟人毋出湖。舟人恃有大浦故智在，弗聽。至湖口，舟膠不能出，欲回又不能入，蓋大浦淤泥，此則板沙也。岸有聚觀者，募數人入水舁舟，曰：『出湖乎？入港乎？湖中諸口皆淺，盍從橫河行？』信之，舁舟入港，竟行橫河。雖不得見湖口，然可以察上流之形勢。計未左，東行至北張官橋，橫河之水，由橋内折北而下石橋浦，舟則從橋外折而南，又折而東，經南張官橋，過陸家灣因瀆村，至稽五漾，宿於村港。因瀆之北爲薛埠，震澤境七十二港，自薛埠始。

初五日。出稽五漾東行，歷汪衙、蔣家、迮家、馬耳、大龍諸漾蕩，而至練聚橋。諸漾蕩之水，咸轉輸於橫草路，北由七十二港下太湖。練聚橋之水，則反自太湖來，進港南行。吴江沈憲副啓《水考》謂『湖中水皆北流，惟練聚、烏橋等港南流，東入於唐家湖』，信哉！過練聚橋而北，昔之東湖，今之荽草路，《水考》所謂『西水路』者，是也。

初六日。入荽草路，北行過浪打穿。浪打穿直接大浦港，説者謂即古東江之口，向時浪打穿未塞，西風水湧，大浦水勢最險，今爲平流矣。又北行，貫南潡、中潡二港，出北吴家港而達長橋。南潡港俗呼『南吴家』，中潡港俗呼『中吴家』，北吴家港即長橋河，古吴淞江之口也。按，宋、元時，並無吴家港之稱，蓋今之港即昔之湖，自湖漲成陸，而港之形見。湖愈漲，港愈分，因而名之曰『吴家』，因而分其名曰南、北、中，非其故矣。太湖水勢，自西南而趨東北，簡村適當其衝，東西分流，總會於長橋以入江，此舊跡也。自牛毛墩一帶淤漲，水不行於簡村之東，而盡出簡村西。長橋在簡村東北，水既盡出於簡村西，其直北而趨鮎魚口順而捷，迤東而赴吴家港屈而迂，吴家港所以日淤，長橋之水所以日微。

初七日。雨止，偕華君着屐登長橋。橋實七十二盡塞，惟上下元兩洞出水。所出之水，從愛遺亭左右分流而下。愛遺亭以北，遠不能見。橋上有亭，其『垂虹』歟？抑『鱸鄉』歟？執途人而問之，則以爲水平王廟。蓋廟在南灘，與亭接也。雨復作，返而登舟。出七里港，北行入鮎魚口。鮎魚口水，一派直進五龍橋，達盤門運河，遶城至婁門，東下至和塘；一派在五龍橋外，折而東，入澹臺湖，經寶帶橋而下吴淞江，皆洪流也。太湖之尾閭，其在此乎？鮎魚口之内爲蠡塘，屬吴縣。是夜，舟泊日暉橋。

初八日。出胥口，渡湖歸山。始自胥湖北行，今復自胥湖南歸，太湖之邊境已遍。約而論之，湖之方隅，東西贏，南北縮，周圍七百餘里，屬蘇州者半，常州十之三而强，湖州十之二而弱。境地之延入於湖，吴縣爲多，水東灘、法華山、三洋、洨觜，其最長者也。凡有地延入之處，湖必成灣。水東法華之間灣最大，是爲胥湖。黄茅之北，長岐之南，又一灣，其湖在鄧尉山前，左西蹟，右洨觜，内爲游湖，灣最深。洨觜之北爲貢湖，湖岸遞折而北，亦若灣然一折至沙墩，再折至竹山、劣觜，三折至獨山門。獨山至雷觜又一灣，其灣淺。自此而西，虎觜竹山之間一灣，萬山、香山之間一灣，灣皆淺。長興迤南，歷烏程，東至吴江，湖岸雖有凹凸，然不成灣，亦無山。山之入湖，惟小梅；地之入湖，惟簡村而已。此湖岸之大略也。沿湖港口，自吴縣游湖以北，迤西轉南，歷常、湖二郡，至震澤縣之韭溪止，通計二百四十餘港，其水皆入於湖，爲太湖之來源，南起震澤縣之練聚橋，北至吴縣之銅坑四十餘港，皆受水於湖，爲太湖之去委。其來源諸港之上流，西北一帶，在無、陽二邑爲運河水，其流迂而緩，在宜、荆二邑爲荆溪水，其流徑而疾；西南則皆自天目來，今惟出長興者，全下太湖。烏程、震澤之境，因湖口淤阻，水多東行，北下者少，與昔稍異。亦可知近來太湖水小，非其去之速，乃其來之微也。上流既微，下流易塞，長橋、石塘以南一帶淤漲，職是之故，管窺蠡測，未必有當，姑志之者，亦曰無虚斯遊爾。

敘太湖之邊境，歷歷如繪，起伏節奏，斷續詳略，極得古人謀篇之法。其議論亦精卓，可入《太湖志》以傳千古，非諸名公紀遊文一例也。半園莊閱

整理人：王啓元，復旦大學古籍所博士，復旦大學中華古籍保護研究院助理研究員。研究興趣涉及明清文學及佛道諸宗的文本與歷史。

〔清〕鄭言紹 纂述

太湖備考續編

王啓元 整理

整理説明

前論金友理《太湖備考》（以下簡稱《備考》）一書，有乾隆十五年（庚午，一七五〇年）金氏家刻本傳世，影響頗大。後經太平天國之亂，《備考》全本有所散失，舊版亦淹没不彰。直至光緒二十九年（癸卯，一九〇三年），邑人重新搜羅彙集成全秩。同年，吴縣人鄭言紹續刊《太湖備考續編》（以下簡稱《續編》），大體延續金友理所立之體，記乾嘉後太湖諸務，補綴一二，以續正編。鄭氏早年爲蘇州長洲名士朱泩的弟子，後舉光緒六年進士，曾官至浙江候補知府。鄭言紹致仕回鄉，居於東山，效鄉賢編輯文獻以傳世，所以就有了《續編》一書。然四卷續編文字之中，除兩卷簡略的典章名物之外，有多半篇幅録入《列女》之傳，遍採守貞、節孝之行。可見《續編》不獨於文獻採擷，逐於《備考》正編，而鄭氏於鄉賢前輩多有不及。然續編畢竟有補於《備考》正編年代之餘，遂附於《備考》正編之後。

因時代關繫，《續編》所載事蹟可補正編所缺，且頗爲重要者，乃咸豐年間太平天國之亂對太湖的影響。故不僅可作水情地域志觀，亦可補國史之闕。《續編》卷二『記兵』，即集中記載此事。晚近如元末明太祖擊破張士誠平江城，及嘉靖朝倭寇騷擾太湖，皆未涉及太湖中東西二山，而太平天國之亂，則對兩山，尤其是東山破壞極其嚴重。忠王李秀成破杭州，沿湖州太湖南岸東來，破蘇州，騷擾太湖之中。湖防諸軍曾抵抗，終寡不敵衆，相繼殞命，湖中兩山多次遭太平軍散勇襲擾，被禍近三年，直至『（同治癸亥，一八六三年）八月，肅毅部下會蘇城』，李鴻章的淮軍東來剿滅，太湖方才底定。《續編》中對太湖兩山及周邊民衆遭受之慘狀，記載詳實。

同時，《續編》所記載太湖水情諸條，因去今日僅百餘年，其中諸多狀貌絶類今日之形勢，而遠非古代時情況。如此，則可將《續編》作一太湖百年變遷備忘録觀之。如《續編》卷一『水議』條下，指出清末太湖流域水情最重要的問題：『然近年太湖水病，則無如茭蘆侵佔爲勝。』今按，近日依然生長於江南水塘河道、平日餐桌上之茭白，曾經竟是太湖諸水口淤塞的主要原因。作者慨歎道，那是小民眼中的『自然之利』，而地方政府管理者也視之天經地義，但這些問題若不及時治理，洩洪孔道堵塞，則會後患無窮。比如太湖史上洩洪之水委三江：吴淞江、婁江、東江，除東江在宋代早已湮塞外，晚清時另兩水系也已不通暢。昆山外壕的婁江主航道，已經狹窄得與支流相當。出吴淞口之吴淞江，亦即今日流經上海市區的蘇州河，也逐漸變得狹窄，不復洩洪主航道的大任。就連京杭運河太湖東側段落諸水口，如寶帶橋、鲇魚口、大缺口等處，擁塞也已經非常嚴重。倒是大明永樂朝始開濬的黄浦江，不僅早就取代東江成爲洩洪三江之一，直至晚清依然保持江面寬闊通暢；婁江、吴淞江與之相比，已相形見絀。今日觀上海及周邊水域規模及形態，亦是如此。以水情而觀人情，則當日航道猶未擁塞之東江、婁江、吴淞江邊著名市鎮如宋元之松江府、青龍鎮、瀏河港等，在晚清隨水系擁堵而逐漸没落；以新興黄浦江沿岸上海縣爲代表之新上海城區，則依通暢之黄浦江開始起步，并很快蓬勃發展。拋開近代中國時代大變革的背景，則山川水域、滄海桑田之變遷，亦是左右一方水土發展没落之重要原因。

本編纂單元點校工作由王啓元完成，杜怡順、楊婧、黄宣偉、毛振培審稿。不當之處請批評指正。

整理者

序

粵惟吴中舊志，以《越絶書》爲最古，既而《祥符圖經》出焉，又久之，而陸廣微之《吴地記》、朱長文之《圖經續記》相繼出焉。其文因時遞嬗，未有閲世而不變者。國朝功令，飭通志，三十年一修，洵觀政之要典也。庚子冬，余受太湖丞蒙。太湖延袤八百里，東西山雄峙其中，水産所孕，甲於東南，是爲吴會之奥區。自詔設廳治以來，聲教益著，文物典章，釐然焕然。前人金（子）〔字〕玉相，研心經濟，訂爲一編，名曰《太湖備考》，淵博詳贍，而不以志稱，謙辭也。余下車采風，急爲覓購，乃僅獲一册。蓋兵燹之餘，藏書散佚，存者寥寥矣。今春，鄭君季雅太守，訪知舊版所在，告余索回。缺者八十餘頁，命工鋟補之，重加校印，以成完璧。扶持文獻，已足多焉。太守又虞時事之迭更，繼纂之無人也，復勤加搜輯，著《續編》四卷。年逾古稀，而筆花愈盛，其文律謹嚴，詞恉樸靠，奚待贅贊？昔昌黎有言曰：『莫爲之前，雖美不彰；莫爲之後，雖盛不傳。』繼金子而作者，微鄭君其誰與歸？然余觀太守之意，猶不僅在是。君訪羅人物，搜采軼事，一以勵名節、敦古變爲尚。其與風俗人心相維繫者，隱然溢於楮墨間。余竊願斯土士民，崇先民之式，追隆古之風，以禮讓消陵競，以節儉杜奢華，毋爲異端所誘惑，毋爲浮俗所浸淫，風土清嘉，游於熙皞，使後人覽是編者，不致有今不如昔之慨，庶無負鄭君維世之深心。余向所期於厚民生、正民俗而有志未逮者，於此亦稍慰也夫。

光緒癸卯嘉平月

錢塘程良駇識於五湖官廨

〔自序〕

金玉相先生輯《太湖備考》，成於乾隆庚午，今逾百五十年矣。湖中諸麓，惟洞庭東山爲最著，自雍正間以府佐移駐，簿書期會，幾與州郡埒。今州郡皆有志乘，而太湖獨無，則《備考》一書，固文獻之淵藪也。比年舊版散佚，印本亦不多見，恐寖久湮滅，此書遂廢。今春白諸當事者，葺而完之。又以歷年既久，事與時新，未聞有踵起而續輯者，心竊病焉。或曰：『金君所著，傑作也。自是書出，雖有王文恪之《震澤編》、翁季霖之《具區志》，方且抗古人而奪席，而又奚俟後人之贅筆為？』予以為不然。夫前人所紀述者，時事耳。若時異而事不同，雖有陳編，其如不相沿襲何？竊謂是書至今日，有不可續者，有不必續者，有不得不續者。今以汪洋巨浸，規畫於八百里之中，山源水委，支條繁衍，其間徑道之紆直，形勢之險夷，業已包舉全湖，瞭如指掌。後人學不逮古，輙以一知半解，妄參臆論。酈經郭注，互有異同，設毫釐差謬，反致混淆錯雜，貽誤於來兹，此不可續者也。若夫絶壑尋幽，遺蹤述古，下至都圖之區分，物産之名類，前文備載，今昔無殊，即間有訛漏，亦無關於得失之大，此不必續者也。至於興衰沿革，時事迭更，又經兵燹以後，滄桑頓易，向所生聚者零落幾何，向所建置者廢墜幾何，復有軍制之更張，賦額之蠲減，士夫媍孺之名節，無一不關於政治之經、風化之原。及今網羅蒐采，故老僅有存者，設更遲之又久，淪没無傳，後有作者，雖博物如張華，善文若史遷，亦安能以無徵不信之事，為之憑虚而結撰？而謂今日續辑遺文，以儲為異日典要者，庸得已乎？不佞有志於是，而衰軀孱茶，學殖久蕪，從事訪羅，率多挂漏。顧念見聞雖隘，苟隨時隨事，摭拾而存之，較之遷流澌滅，什不遺一者，不猶愈乎？若頡頏前哲，自附於作者之林，則吾豈敢？

光緒二十九年歲次癸卯嘉平月

莫釐季雅氏鄭言紹自識

時年七十有二

凡例

一、凡修輯志乘，重在增新，不在翻舊。若舊説考證詳明，無可移易者，雖屢經纂修，仍照原本。茲如《備考》所載太湖形勢及湖中水口、諸山、都圖、風俗等條，均可作爲定本，是編概從其舊，不贅一辭。

一、是編接續前編，應仍依《備考》目録逐條標出，以分門類。其不必續增者，亦仍將目録開列，即於本條下申明無庸續增之義，無使閲者疑爲挂漏。

一、太湖諸山向無兵革患，自粵匪肆毒，陸沈三年，此爲山民盛衰所繫，不可不記。其時身經患難，後又博詢故老，各述見聞，所記悉從其實。

一、江南肅清後，綱紀一新，所關涉太湖本境者，如湖防改易軍制，蘇松蠲減漕賦，尤爲一時巨政，其章疏條議，具有匡時經濟，采輯不厭其詳。

一、人物係一鄉之望，須協公評，是編所采，一以綱常品節及出宦有治績可傳者，始登於篇。所采本何志傳，必注明於下，以期徵實，餘不敢濫收。

一、《備考》原本編次，以『列女』編在『人物』之後，今因人數繁多，此次刊本另歸兩册，以均頁數，俟將來彙纂之時，仍當依舊編爲次序。

一、東山始設太湖廳，西山丁漕由廳徵收，故前編都圖、田賦皆兼誌西山。今西山賦役，已歸吴縣版圖，此次續纂，自無庸再行併列。又西山節孝，現亦由吴縣具報，是編采訪列女，亦不復兼及。

一、東山但有節烈祠，無昭忠祠。辛酉粵匪之亂，山中烈士，自不乏人，後有於省城忠義局具報者，得收載蘇府志，或從祀昭忠。本境既無祀典，此項殉難士民，已由府志采入，是編不復重列。

目録 今經續纂有從舊者有增新者均註明於下

是書依原編目次，仍其舊者十一條，續增者十九條，光緒癸卯三月始屬稿，十閲月乃成。里中秦星樓名長烓，有心人也，每涉時事，見聞必録，今采訪所未盡者，深得考證之助。又『列女』一條，舊由吴耕雲茂才，從本著有《東山節烈編》歷經搜采，至同治四年止，厥功非鮮，兹加覆核，略從其舊，後此則以現訪爲繼，應并誌之。

卷一

太湖　沿湖水口　濱湖山

《備考》首列太湖，太湖乃是書宗主也。湖之通洩有源委，故次及於沿湖水口。湖之分隸有界限，故又次及於濱湖之山。作者躬親周歷，胸羅全局，舉舊《志》中源流之混淆、方位之錯亂，及道里之嬴縮不均者，一一釐正之，而又證之以志傳，形之以圖説，洵乎懸諸國門不能增損矣。此三條悉從原編，無所纂易，惟水口通塞靡常，容有變遷，其各境疏濬之工宜加考核者，則有後之水治在。

水治

沿湖者不在湖，凡漊港浦瀆有關於湖之源委者則治之。太湖跨蘇、常、湖三郡，而湖境來源盛，蘇境去委長，故歷來疏濬之功，蘇、湖每急於常郡，地勢然也。原編所誌，至乾隆四年爲止，兹舉其繼治者而備載焉。

乾隆二十七年，湖州知府李堂奉檄開烏程、長興漊港六十四處。烏程三十六港，長興二十八港。

二十八年，蘇撫莊有恭修三江水利。癸未十二月興工，甲申二月竣工，用銀二十四萬三百兩有奇。

三十二年，蘇撫明德濬木瀆、横涇各河。木瀆自塘河至胥口出湖；横（金）〔涇〕自犂尖嘴至徐市村，即大村。一由新涇港，一由黄洋灣，分濬出湖。以義田餘租銀二萬兩，發殷户陶振東等分段疏濬。

嘉慶元年，湖州知府善慶開烏程、長興漊港。

道光四年，湖州知府吴其泰，奉檄開烏程三十六港，估土十六萬二百二十八方。長興二十二港。估土二萬七千五百九十五方。長興境内濬通各港，統經丈量有案：徑山港、二百八十一丈。蔡浦港、七十二丈。竇瀆港、八十八丈。白茅港、二百二十四丈。坍揆港、一百五十丈。蘆圻港、一百八十二丈。竹家港、二百四十七丈。新開港、二百二十六丈。石瀆港、二百七十五丈。福緣港、二百二十六文。百步港、一百四十六丈。徐家港、一百五十丈。金雞港、一百五十四丈。盧瀆港、一百丈。石屑港、五十九丈。杭瀆港、八十丈。長大港、一百二十二丈。上周港、七十二丈。蔣家港、一百三十四丈。金村港、九十三丈。雙橋港、一百五丈。斯圻港。一百九丈。其未丈者爲小沈瀆、楊夾浦、殷南瀆、竹篠港、莫家港、後村港、大沈瀆、雞籠港、丁家港、謝莊港、烏橋港、夾浦，均深通。

十年，太湖同知劉鴻翺濬大缺口、白浮門、鵬鶚河、南望、北望港、油車港、吴瀆港。劉鴻翺碑記略云：大缺口長一千二百四十四丈，寬六丈，口加闊三十一丈，長四十丈，作建瓴之勢。次白浮門，用船載去泥，長二百三十一丈，寬六丈。旁掘芟蘆根，圓三百丈； 立石門，長二十六丈，高四尺二寸，寬四尺，以束草蕩。次鷗鶚河，接石船港築石塘，長一千三百三十四丈，石門口二十丈。次南北望、油車、吴瀆諸港，長七百七十丈。用銀一萬五千一百兩有奇，由紳富集捐，捐不足，徐學巽一人任之。正月既望興工，閏四月工竣。建亭於煉墩，植碑記之。

十一年，蘇撫林則徐濬劉河，經費奏請借帑，工檄崑山、新陽兩縣合辦。又脩寶帶橋，通湖中出水，工料銀六千六百七十兩有奇。濬瓜涇港。用銀二千二百四兩，均於劉河節省項下動支。

同治五年，蘇撫丁日昌濬劉河。工長七千六百九十七丈，平水面濬深八尺。編夫挑辦每土一方，給錢三百文。用錢二十一萬一百八十千文。浙撫馬新貽開濬烏程、長興各溪港。

九年，湖州府修各漊閘座。湖紳沈丙瑩、鈕福皆等請款舉辦。

十年，蘇撫張之萬設水利局，濬江、震各漊港。吴江境內垂虹橋內外六港、上元圩港、翁涇橋、三江橋、沿塘夾河、燒香河； 震澤境內胡漊港、薛埠港、丁家港、吴漊港、張港、葉港、蔣家港、雙板石橋港、西邱廟港、徐楊港、南盛港、大廟港、鴻雁港、南仁港、南舍港、唐家港、馬家港、沈家港、西港、湖墓港。正月開工，次年四月竣，撥用蠶金二萬二千四百兩。又濬吴淞江。九月開工，次年五月竣，用銀十二萬五千一百餘兩，亦於蠶金撥用。浙撫楊昌濬檄湖州知府宗源瀚，重濬烏程三十三漊港，築楊瀆橋、大漊、義皋閘座。烏程境內濬通各港，統經丈量有案： 胡漊、五百八十三丈，歸江蘇開。浙省工程以魯般尺十丈爲一段，江蘇開胡漊係九五尺。喬漊、五百四十七丈。宋漊、四百二十丈。晟漊、八百五十丈。湯漊、九百丈。石橋浦、六百九十丈。新浦、五百四十丈。錢漊、四百九十丈。蔣漊、三百九十五丈。伍浦、四百七十丈。濮漊、五百八十丈。陳漊、二百二十丈。義皋、七百十丈。謝漊、八百二十丈。許漊、七百九十丈。東金漊、六百七十丈。西金漊、七百五十丈。幻漊、五百五十丈。潘漊、七百三十丈。新涇港、五百丈。大漊、七百八十丈。羅漊、三百三十五丈。安港、七百三十丈。沈漊、五百三十丈。諸漊、六百七十丈。泥橋港、五百九十丈。楊瀆橋港、六百三十八丈。宿瀆港、六百二十六丈。宣家港、四百五丈。張婆港、三百九十丈。管瀆港、三百六十五丈。顧家港、二百五十丈。西山港。二百四十丈。其未丈者，小梅、大錢、楊漊三處均深通。

十二年，署蘇藩應寶時重濬吴江分水港。太湖由瓜涇橋出水，與運河南北之水，三派會合，港有分水墩。

十三年，吴縣知縣高心夔濬横金塘河，一自南塘村起，至莊子橋； 長一千八百六十五丈六尺。一自詹家浜東口起，至篁墅港。長一千三百十七丈六尺。一自九曲門至大缺口。長一千一百九十一丈三尺。以上各工，共用錢二萬六千串。正月開工，兩月告成。是款借帑興舉，於明年歲賦每銀一兩、米一石，加征錢一百文，歸還。

光緒十九年，東山民捐濬黄洋灣河。里人鄭言紹記： 太湖之水從西北來，若黄茅、白沙、余山諸疊，皆會合於大缺口，穿石船港，出白浮門，以南湖爲委輸。其間直接石船港，以横截湖流者，爲黄洋灣。使無黄洋以分殺水勢，則眾流爭趨一道，將有奔迅而冒突者矣。由灣河迤東北，過横金，吐白洋灣以入石湖。向時東山出入、欲避太湖風濤者，以是爲內河之孔道，近十餘年，是河湮塞，舟楫、農田，均非所利。壬辰冬，予創濬河之議，訪柳君商賢於水東，與商是舉，願共任之。癸巳正月七日即興工，元夕築壩成，北壩在石塘，南壩抵石船港，兩壩中距十二里，以八十四段分濬，每段長十二丈，廣四五丈不等。石塘河最廣，濬工倍費，不以分段計。募夫至千人，皆近村農氓，以工省而易集也，示以程式，以中泓河槽深三尺爲度，測量不如法者必改作。至二月十八日工竣，費錢二千三百緡有奇，水東協助五百緡，餘皆出於東山。是役也，費節而工速，迨出募資輸者響應焉。工既成，爲勒石於渡船菴。

以上所記，皆蘇、湖兩境之水。其常州府屬無錫、陽湖、宜興、荆溪四邑，均有沿湖水口，而歷年以來，未見濬工。今向常郡查訪，據覆四邑港口通湖者，若無錫之大溪港、吴塘門、獨山門，陽湖之水溜港、下埠港、二港爲薛堰橋之通津。百瀆港，宜興之大墟港、即周鐵鎮。沙塘港、大浦港，荆溪之烏溪港、鳳川港，均深通廣闊，現爲湖中出入之孔道。其舊經湮塞者，若錫之新姑店涇，宜之釣涇、丁卯，荆之凌義、趙莊、邵平橋等港，淤墊已久，今遂廢置。其餘諸港隸在四邑者，情形各殊。如無錫、陽湖境內，則上游之水分入運河，來源已緩，本境山皆瀕河，山水暴注，入河甚近，港少而不爲患，故歷無濬工。宜、荆二邑，號稱百瀆，實則宜屬四十一口，荆屬二十五口，兩境排次相接。其在荆之南境者，自定跨港、烏溪港以南，均上承蜀山河之水，建瓴而下，直入太湖，向無停淤。惟荆之迤北、與宜興相連諸瀆，則積年以來，時或淤淺，而後有横塘一道以衍其流，故港短湖近，濬工易辦，有妨於農田、舟楫者，邑人每自行捐資，不請公帑，其濬治各工，府縣亦不盡有案牘可稽，茲録其説，以俟後考。按，常郡本澤國，自東壩既築以後，宣、歙、池西來之水向所注入太湖者，悉闌歸於江，故來源大減，今水患之輕於蘇、湖者在此。

水議

原編所採治湖諸策詳且備矣，然近年太湖水病，則無如茭、蘆侵占爲甚。草蕩蔓延，在在皆是，小民方視爲自然之利，無干禁令。上之人亦以民利所在，難與苛繩，及今不治，其如後患何？

莊有恭《三江水利議》

太湖分疏之大幹爲三江。三江者，吴淞江、婁江、東江也。東江自宋已湮，明永樂間開濬黄浦，足當三江之一，今亦謂之東江。查太湖入江之道，不特寶帶橋一處，如吴江之十八港、十七橋，吴縣之鮎魚口、大缺口，皆湖水穿運河入江之要道，今泥淤灘漲，淺狹者多；又如吴江之龐山湖、大斜港、九里湖、澱山湖、澉浦等處，向稱寬深，足資宣洩者，邇來小民貪利，徧植茭蘆，圈作魚蕩，亦多侵占。劉河，古之婁江也，今河大非昔比，舟楫往來，必待潮而行；崑山外濠爲婁江正道，淺狹與支港相等；蘇州婁門外江面僅寬四五丈，偶遇秋霖，眾水匯集，江身淺窄，先爲潦水所占，必俟消退，湖水方能傳送而出，而上游則已漫溢矣。今籌治之之法，當於運河以西凡太湖出水之口，皆清釐占塞，俾分流無阻； 其運河以東三江水道，惟黃浦現尚深通，但於泖口挑去新漲蘆墩三處，可資宣洩；其吳淞江自麗山湖以下，婁江自婁門以下，凡有淺阻之處，皆宜濬治寬深，令上流所洩之數，足相容納，所有植蘆、插簖及冒占之區，盡數刪除，嗣後仍嚴爲之禁。諸篇皆節録。

趙振業《吴江占水議》

吾邑環水以居，太湖而外，爲蕩、爲湖、爲漾、爲瀠者以百數，菱、芡、茭、蘆、魚、鱉之利甲一郡，今大半入於富豪。小民漁採者，先歸其利於豪，而後食其餘焉。乾隆二十九年，莊中丞有恭撫吳，以水道壅塞，建言開濬，盡剗沿湖茭、蒲，以決淤漲，費國帑民工幾許，數年後，豪民復賄囑奸胥，先占瀕湖田畝，又納水面糧，縱人植茭其中，蔓延滿湖，更甚於前。以東南財賦之饒，豈惜此區區水面，以爭尺寸之利？而奸豪恣爲水害，罔顧國計，此可歎息痛恨者也。按：菱、蘆因淤泥而滋生，非由種植，惟小民因以爲利，不肯剗除耳。憶昔由貓口港渡南湖，時蘆洲已涨湖面，猶稱十八里，今垂五十年，蔓延更甚，對渡僅將十里矣。

姚興《水利說》

太湖跨江、浙三州十縣，爲衆水蓄洩之所。蘇、松、太、杭、湖之來源則水易涸，常、嘉、湖、無、蘇、松之去委則水四溢，此東南數郡所以共盈歉者也。數郡俱稻田，田外俱河，其間十分之一爲大道。大道向有官塘，今低缺者多。又河旁田塍，高者十有六七，低者亦十之三四，若大水驟至，水從低處入，全圩皆沉陷矣。道光三年以後，江浙屢有水患，二十九年尤甚。興以爲塘塍低缺之處，亟宜加高加深，或官雇修之，或圩中公派修之，傍河低地亦一律增高，必於無事時預加培築，所用之土即就浜兜或小河淺處取之，淤塞去則水道通，塍岸高則田土固，是一舉而兩得矣。河岸宜栽柳，其根能固岸，尤宜種桑，壅桑必取河泥，河身不淤而塍岸日益高，寓疏濬於培築之中，莫善於此。按：諸家治河皆言濬，此獨以修築塘塍爲治，郟亶所謂以治田爲治水，誠良法也。

劉汝璆《湖州漊港議》

浙西三郡水源，來自天目，餘杭爲上流，嘉、湖爲咽喉，東至蘇、松爲尾閭。今餘杭壩已修築，是上流略治，而去路不駛。湖中七十二漊港，皆委輸於蘇境，將欲籌濬下流，自必合江蘇而並舉。自道光二十九年大水，論者以下流壅塞爲言，當事方議疏濬，適粵賊告警而止。今巨憝削平，港漊開復之急，更甚於曩時，乃因庫款支絀，一再籌議，坐視遷延，可爲扼腕。大凡爲國宣力，宜籌其大者、遠者，毋狃於目前之煩費，貽大患於後日也。同治十年，江浙兩省會同開濬漊港，果如其議。

應寶時《分水港記略》

太湖之水，自西北横穿運河，以東注於吴淞。是港西受瓜涇港太湖之出水，與運河南北之流，匯合於兹，而曰分水者，則因墩而名之。夫合衆水以入一港，其勢不能不互有强弱，此强而駛則彼弱而阻，必有受其患者矣。昔之濬是河者，留土爲墩，以居港口，使水之未入港者不驟合，而得順其湍流之性，及其入也，則已入於港而流愈迅，此港所以必有墩，墩所爲以分水名也。後之覽者，知吴淞所以導洩太湖者，於兹港始。兹港所以合受三派，而無强弱争軋以得暢入者，兹墩分水之所爲也。

馮桂芬《張公祠記略》

吾吴於明代中，以能治水聞者，惟張忠敏公國維，任最久，功最大。公撫吴凡六年，講求水利，畚鍤之役，與爲終始。其治水以濬長橋谿之功爲多，大指見《吴中水利全書》，謂吴淞爲太湖入海正脈，故首重之，足爲吴中言水利者之準。同治十有一年，蘇省方設水利局，方伯永康應公寶時實主其役，間爲桂芬縱言水事。桂芬曰：『前人有撤長橋之議，見於忠敏公書，於今可行乎？』方伯曰：『不可。水行今昔不同，目驗始知之。今湖水下注以十分計之，八分由龎山湖東南行，迤邐歸黄浦，一分有半歸吴淞，半分由運河歸婁江。長橋通水者三十九谿，全入龎山湖。雖由瓜涇至分水墩之水，當吴淞正衝，亦半入吴淞半入龎山湖未已也。吴淞迤東大小港汊，節節南滲，莫不以黄浦爲歸，無論剷原陸，敗廬墓，傷財勞民，不可撤。即撤之，其如水不入吴淞何？爲今之計，惟有深濬吴淞下游，使上游水勢剽疾，即不能挽諸水北行，庶幾正流及迤北金鷄、獨墅諸湖之入吴淞者，殺其南滲之勢，引以東行，與黄浦爲表裏而已。』以此，知紙上空談之無足據，而服方伯觀水之術剖析毫釐也。爲之記，以諗後世之留心水利者。

兵防

自庚申蘇省淪陷，營伍散失，嗣以客軍收復，緑營無功焉。肅清以後，改易營章，減兵增餉，不規舊額。而太湖防汛，則以營哨官分領水師，略如楚軍之制。其視原編所載兵防，直等諸覇上棘門矣。搜軍實者不可不考也。

同治七年，總督曾國藩酌改江南水師奏議。疏略：竊惟水師之强弱，應以師船之多少爲斷。無船則兵無用武之地，官爲虚設之員。欲定水兵之額數，必先籌口糧之入款，兼籌修船之經費。如外海船隻須用廣艇、紅單、拖罟之類，每造一船，動費數千金，夾底者或萬餘金，加以繩索、扛具、子藥、炮械所費，更爲不貲，而火輪兵船，用款尤鉅，下而舢板，需費亦繁。竭江蘇之物力，不過辦船百餘號，裝兵三千餘人而止。其不能不大裁舊制之兵，酌改舊設之官者，勢也。至於養兵之餉，舊制水師，亦照陸營之例，有馬糧、戰糧、守糧等名目，平日或小貿營生，或手藝餬口，尚不足以自存，今既責令常住船中，自不得不稍從優厚，故長江兵糧章程，月支二兩七錢，或三兩不等，較戰糧已加一倍，較守糧幾加二倍。今議江蘇水師，亦宜仿照長江之例，外海則尚須略增。自軍興以來，緑營之兵無功，各省之勇著績，兵丁亦頗以平日餉薄爲辭。今欲以一兵收一兵之用，不能不酌增口分者，亦勢也。惟經費出自司庫，斷不能以正額之外，添出無著之款。此時約計，總不欲使新章之銀數，浮於舊制之外，如其不敷，更須酌裁陸兵以補救之。蓋水師久無戰船，非修造兩三年不能集事，陸兵縱有缺額，苟募勇二三月即可成軍，權其緩急，海疆似以水師爲重。其他省但有陸兵並無水師者，縱不遽議裁撤，趁此中原大定之時，亦可將出缺之弁兵，緩至二十年後再議募補，將來重募之日，儘可大減額兵，酌加口糧，此又節省經費而兼籌陸營之計也。按，此疏爲減兵增餉之權輿，後至數年乃議定。

同治十一年，改定營制。

江南太湖左營：副將一員，守備一員，千總三員，把總七員，外委六員。東山陸汛外委一員在内。八團舢板二隻，每船配兵二十名。光緒二十一年減爲十六名。長江舢板十六隻，每船配兵十四名。後減爲十二名。陸汛兵二十五名，馬一匹。每歲共支官弁養廉銀二千九十八兩，俸薪、心紅、紙張、座船雜費等項及兵餉共銀一萬四千七百十一兩三錢五分六釐，兵米八百四十九石六斗，折銀一千一百八十九兩四錢四分，陸防弁兵廉餉等項銀四百五十兩二錢，又米折銀一百十四兩六錢。以上餉銀在蘇藩庫支領，米折銀在太湖廳所徵漕米内撥給。

副將駐東洞庭山。餘分四哨：

左哨駐東山，太湖廳境。

右哨駐簡村，震澤縣境。

前哨駐鮎魚口，吴江縣境。

後哨駐三山，太湖廳境。

江南太湖右營：都司一員，千總三員，把總六員，外委六員。另馬山陸汛額外外委一員。八團舢板二隻，每船配兵二十名。後減爲十六名。長江舢板十六隻，每船配兵十四名。後減爲十二名。陸汛兵二十五名，馬一匹。光緒十六年改章，左右各轄一營，不歸協鎮統轄。

每歲共支官弁俸餉、座船、馬乾、薪蔬、心紅等項銀一萬五千四百三十二兩五錢九分四釐。水兵每名每月支米二斗四升，陸兵支米三斗，兵米折銀與左營同。右營餉俸銀米均在藩庫支領。

都司駐烏溪港。餘分四哨：

左哨駐烏溪，荆溪縣境。

右哨駐獨山門，無錫縣境。

前哨駐馬蹟山，陽湖縣境。

後哨駐丫湖，陽湖縣境。

兵部議覆章程各條

太湖左營巡緝東路之東，南以震澤梅堰塘與淞南營分界；右營巡緝西路之西，北以運河與淞北營分界。其左右兩營水汛巡緝，以沙墩港口爲分界，由運河之望亭至沙墩港口均屬左營，由沙墩港出口均屬右營；以官塘幹河爲專責，支河汊港爲兼巡。其與陸營分汛之處，以近岸十里爲率，湖面仍歸吴塘、馬山、挍椿、沙墩各汛巡緝。

左營副將於東山建署，右營都司於烏溪建署。其各船哨官不准登岸居住，不立衙署。各營官建署後，准給差兵十名，以資照料。

副將准給座船二號，每船每月支銀十四兩。都司亦給二號。都司如係哨官，祇准一號。太湖都司係右營營官，准加一號。各哨官自守備至外委，各給座船一號，每月支銀十二兩。八團舢板每船配礮五尊、洋鎗六桿。長江舢板每船配礮二尊、洋鎗四桿。

各營旗幟、號衣、篷帳，隨船新製，普發一次；以後八團舢板每船每年發銀六十兩，長江舢板每船每年發銀四十兩，各交營哨官採辦修飾。

以上均係江蘇太湖水師營制。

浙江太湖營：遊擊一員，守備一員，千總一員，把總一員，外委四員，戰兵二百四十一名，外委四員在內。守兵二百二十一名，自備坐馬十六匹，兵丁官給馬四匹，沙唬船六隻，快船八隻，小巡船十隻。沙快巡船均未製造。

遊擊駐吴縣境西洞庭山角頭地方。

把總一員，分防西山，兼防東村、後堡鎮、夏明灣、石獅、角頭等處六汛。

協防外委一員，分防角頭汛及湖中險要地方。

餘守備一員、千總一員、把總一員、外委三員，分防湖州烏程、長興各汛。

浙江太湖營舊制兵丁六百五十八名，歷經裁減，至同治八年減兵增餉，案内減四存六，實存三百六十二名，除浙界沿湖各汛分防外，駐西山者實止遊擊所領一百十四名，把總所領四十六名。

湖防論説

有明中葉，倭舶流竄入湖，國初則有長興山賊竊據爲患，故原編所採，皆防倭禦盗諸論。今則籌邊之策專在外洋，不在内湖，至内地萑苻不靖，亦非當年劇盗可比。防汛新章周密，若軍政不至廢弛，辦賊足矣。此條今無可採。

記兵

洞庭以湖環山，山小而僻，非用武之地。明祖攻平江，取道太湖，而兩山晏然。倭寇流突至山，旋即竄逐，亦未深入。迨赭匪之亂，陷爲賊巢，而東山以蘇溧交争，蹂躪尤甚，致五百年之生聚幾無孑遺，覼縷誌之，有餘慨矣。

咸豐三年春，粤逆陷金陵，王師剿之久不下。賊方眈眈瞰蘇杭，而大軍障東南，恃以無恐者且七年。十年三月，賊由四安襲杭州，杭城旋破旋復，賊回軍取道長興。太湖協侯攀鳳聞警，猝辦湖防，此爲湖中兵事之始。會長興民逐賊，賊亦不留，旋陷溧陽，破高淳。閏月，突衢大營，大營潰。四月，常州、無錫相繼陷，直薄蘇城，無一禦者。十三日，城中廣勇啟門，僞忠王李秀成遂入踞。巡撫徐有壬死之。東山猶傳言蘇，亂皆潰兵，中丞已下令矢驅出關。既而難民麕至，東北烟燄徹天，見及百里外，始知蘇垣不守矣。山民一日數驚，意旦暮將及，紛紛爲竄伏計。久之，賊無掠鄉意，惟聞宜興、長興、吴江先後陷，且進攻湖郡。沿湖四面皆賊踪，所不得飛渡者，一太湖耳。時東山守卒僅汛兵，不足恃，值侯協解任，以福山總兵王之敬攝副將事，王固驍將，曉戎機，率所部甯波炮艇八艘來，又令紳士募團丁協助，爲持守計。時蘇鄉民團四起，號白頭，以白纏頭爲號。有游騎出郭輒拒殺之，而横金、水東一帶團衆響應，隱與東山爲脣齒，人心略定。五月，蘇賊掠木瀆，越吴山嶺，將向横金，總戎整軍出禦，鄉團鼓噪從，賊不意此路有官軍，未交綏，輒逸去。八月，賊又掠香山，香山來乞援，五漏未盡即出師，比曉，賊已連檣出胥口，將薄菱湖嘴，炮艇迎擊，碎賊十餘艘，奪四艘，賊望風遁，時以八艇卻數千衆。蓋賊自入關來，未嘗遇此一戰也。山民方倚一旅爲重，忽聞王軍將他調，太湖同知洪焌率紳士稟撫院，乞留得允。時師饟常不繼，山民輸濟之，湖紳趙忠節公景賢方扼守湖郡，聞東山有勁旅，欲藉爲外援，浙撫王壯愍公有齡遂奏請，以東西兩山改隸浙江，軍仗火藥由浙接濟，聲勢聯絡，軍威一振，而蘇賊亦數月不闚山。十一月，溧陽賊出湖襲西山，溧酋僞侍王李世賢與蘇酋不相統，而所隸皆水賊，總戎往禦，賊已踞角頭，晝夜攻戰，擊散復聚，炮丸及總戎衣，戰不利，師退，賊亦不敢逼，然兩峰相望，寇在門庭矣。翌日，諸紳入見，謂衆曰：『此賊船械俱練，頗有能戰者，今得志於西，必來窺東。余所可對諸君者，惟此軀，命不敢惜耳！』衆皆感歎。爰議礮艇兵單，擬向湖郡乞師，湖又自顧不能及，計惟仿海洋捕盗法，以輪船衝駛湖面，擊賊爲利，便急向富家醵資，於上海購之。十一年正月，輪船甫至山。是月晦，諜告西賊將東下，總戎急爲備，以西山逼近後山，調六艇往，令游弋於白沙、長圻間，前山僅留二艇、一輪船。乃二月朔黎明，賊舟徑薄前山，總戎登輪船，輪船未發火，賊舟已蝟聚，艇勇發礮擊之，賊船小且已近附，礮彈高出不能及，艇軍潰。總戎傷，勇目黄裕通、俞春生掖總戎撲水，登岸，欲赴擺渡口民團卡，招後山六艇復戰，行至勒馬橋遇害，二勇亦殉。賊蜂擁登陸，呼嘯馳突，自東而西，凡市廛民居，刦掠無虚户，過官衙及祠廟即縱火，前山各村民團均伏匿不敢出。及日晡，而後山民團至，至王衙前遇賊，賊方四出抄掠，故街市賊甚少，團勇斬數人，街賊盡竄避，而衆遂持賊首歸報功，閧然各散去，實亦中無鬬志也。時群賊或搜房舍，或抄山野，所逢男女，迫逐虜脅，致屍骸横衢巷、填溼港者，莫可悉數。其富家貨貝充斥，賊運赴水次，一日數往返。至薄暮，賊酋即下令招隊，促登舟，故飽掠兩日，猶僅至諸公井而止。凡奔避麥場以西，及以小舟匿湖港者皆得免，而後山尤晏然無事焉。初三日，有鄉老十餘人，赴賊軍見逆酋熊某者，獻禮物，乞安民，酋許之，即日張僞示禁薙髮。山人席明耀、石品三、朱新甫、葉惠凡等，各授僞官，限令納資，號曰進貢。其僞職爲監軍、爲軍帥、爲師帥、旅帥，再下爲司馬、百長，里中無賴子咸樂爲用。乃大索金銀，令剋日彙集，財寶不足準以釵釧，家有瘞藏之物，悉發以應。又子弟虜入舟中者，以人勒贖，其家雖傾資以獻亦願從。旬日之間，又共括民財十數萬。資既足，於十八日揚帆去。總戎之歿也，土人槀葬之，亂稍定，其部下來覓屍，不知處，見所畜犬嘷於教場中，乃跡得之，遺骼徧傷而面如生，鄭紳言煊爲之禮殯，歸其柩於湖州，後返奉化籍。時山中一月無賊，頗以爲安。四月賊酋荅天裕喻某來占大厦爲館，受詞狀，徵錢糧，儼若守土官。錢漕視官賦加五，而徵收外又誅求無已，有門牌捐、煙囪捐，又大小户分等按日捐，其他隨事生風，名目不一。司馬、百長挨户勒派，稍不應，輒引賊至其門。賊中斗米千錢，民方磨蕁根雜糠覈以食，而賊逼鄉官，鄉官逼民，鷹犬之徒，又從而倍取以中飽，敲骨吸髓，民不聊生矣。蘇賊聞東山之富有也，以山屬蘇界，屢與溧争，溧不從。是秋率眾至，甫抵武山，溧賊扼拒渡水橋，蘇賊不得逞，乃荼毒武山而返，此七月二十事。同治元年三月，蘇賊又大隊至，溧眾退入舟，排次湖中，嚴若列陣，蘇眾則徧入人家索供飯，號『打館』。相持月餘，卒以溧歸西山、蘇踞東山，乃定。當溧賊在，山民苦之，然溧眾猶舟居，不常入民舍。蘇賊盡占民屋，肆擾益甚，其酋閔天義、黄某，尤淫縱無約束。又壞人垣牆，用以熬硝，斬墓木開炭窑，山爲之禿，至是廬舍不可保，且殃及林木矣。二年五月，溧舟又大至，若未甘心於蘇者，蘇賊不與競，惟於殿前街中堵築一牆，隱示以界。二十六日，溧賊遂大掠前山東路及葑田、武山諸村，惟占秦巷以西得僅免，從蘇界也。次日又繞豐圻出後山，循山而南，沿村擄刼，直至楊灣，滿載以去。山中安民已久，不虞賊之驟變，故倉猝遇害者甚眾。當是時，李肅毅伯軍駐上海，屢戰克捷，蘇松屬縣以次規復，賊勢寖衰。六月，程學啟克瓜涇，劉士奇克同里，諸軍進逼吴江，守賊開門降。山賊往援，被大創，賊於攏渡口築土圍爲卡，渡水橋架瞭臺曰望妖，氣已餒矣。七月，程軍入太湖，山民憤賊久，望旌旗皆踴躍，潦里、葑田等六村，潛於緑野橋立保衛局，應官軍。初七日，水師衝渡口卡，賊敗退。時守酋爲成天義陳某，惶恐甚。是夜邑衿朱鼎恩、翁丙往見陳，曉以利害，陳遂願薙髮詣軍，降有成謀矣。而初八夜，潦民突起，諸村附從，荷篙挺鋤者列炬而至，約數千眾，猝向賊館搜殺，并殺土人中之助賊爲虐者，自昏至旦，洶洶不已。陳酋疑爲朱翁二人所給，遂宵遁，餘賊死亡竄匿，不見一人。眾知賊去必乞援，欲請官軍留駐山以爲備，乃一衝卡已收隊去，所不料也。民獲賊械甚多，猶團集武山，且堵築渡水橋，將以拒援賊。十一日，僞慕王譚兆洸自蘇率大隊至，伏西金山後。山頂見賊僅及二百人，民輕之，鳴槍登山，賊不動，比近，賊還以排鎗擊之，遂大奔，伏衆盡出，且追且殺。有徐明章者，得賊礮艇一，泊湖濱，見賊追近，發船礮轟之，賊伏避，又起追，徐復發梢礮，賊又伏，因是逃民得倖脱，否則盡殲矣。賊至橋，撟礮亦發，賊蛇行，以長矛攻之，衆又潰，遂衝殿涇港而上，死者枕藉。至殿前，見守賊，譚逆略詢狀，復出隊，夷戮之慘，較辛酉二月初一爲尤甚。前山雖僻巷深塢，無得免者。賊聲言將屠山，鄉官朱新甫伏地哀免。初，譚逆之至，疑東山有重兵，將鏖戰，後知爲民鬨，亦不措意，而聞官軍已逼蘇，乃留賊目號二十一天將者守山，即馳去。漂賊聞東山之變，二十二日，舟隊又蔽湖而至，大掠後山，殘殺較輕，淫擄特甚，前此所得倖免者，至是蹂躪皆徧。葢賊知事勢日蹙，無久踞心，故搜括不稍遺，而東山一百五處村落，遂無完土矣。八月，肅毅部下諸將會蘇城，水陸散布，賊於城外營十壘以抗我師，南至五龍橋，東北至黄埭，西北至滸關、虎邱，皆堅壁深塹，猶屯十萬衆。自九月至十月，諸軍轉戰克捷，十壘盡破，遂合圍，李秀成遁靈巖，從水道逸，譚兆洸誓死守。二十四日，僞納王郜雲官等刺兆洸，以首獻降。二十六日，大軍入城，山民猶未知也。二十八日，突有飛騎自北來，登渡水橋瞭臺，即鳴鑼，賊衆倉皇登舟，皆颺去。旋水師將領江長貴、田名魁、雷樹森率三營至，搜捕餘賊，不及十人。水師向西山，漂賊亦遁，太湖肅清，孑遺黎民，重見天日，計罹水深火熱中，已及三年矣。王總戎事聞於朝，追贈提督銜，賜謚果愍，敕東西兩山建專祠。

職官　附　衙署　倉庾　教場　善堂

原編文武官題名，至乾隆十五年止，距今一百六十餘年矣。其年遠册亡，無稽者概從闕疑。又《蘇州府志》以善堂附於公署之後，葢利濟民生，亦良有司之事也。原編載衙署、倉庾而未及此，兹仿府志例，凡涉鄉邑善舉者，概與附入。

太湖理民同知原編稱水利，今應稱理民。

羅琦，麓西。湖南長沙進士，内閣中書，嘉慶二十二年任。

陳何龍，進士，道光初年任。

劉鴻翱，山東濰縣進士，内閣中書，道光八年任。

劉大烈，安徽舉人，道光十三年任。

吴廷榕，青士。浙江錢塘舉人，道光十七年任。

和齡，滿洲進士，内閣中書，道光二十年任。

靳如匯，山西人，道光二十四年任，在任最久。

黄紹香，安徽人，咸豐二年署。靳引見回，黄交卸，靳在任又三年。

金安瀾，浙江嘉興進士，咸豐五年署。

徐振鏻，式亭，漢軍舉人，國子監助教，咸豐五年任。

莫元遂，憶樓。浙江人，咸豐八年署。

文啟，滿洲舉人，內閣中書，咸豐九年任。
洪焌，莘吒。浙江新城人，咸豐十年署，十一年失守。
邵積善，次佑。福建侯官舉人，同治三年署。
温忠彦，笛樓。山西太谷舉人，同治四年署。
唐翰題，鷦安。浙江嘉興人，同治六年吴縣知縣署。
樊鍾秀，紫石。廣東駐防舉人，同治七年任。
朱守和，浙江山陰人，同治十年署。
聶賡墀，子颺。太常寺博士，同治十一年任。
桂昌，雲酣。滿洲舉人，光緒四年署，即任。
傅懷祖，星槎。浙江山陰人，光緒八年署。
陳章錫，午亭。浙江山陰舉人，光緒九年任。
莫葆辰，嶼香。浙江人，光緒十六年署，父子先後官此。
恩壽，滿洲人，光緒十七年任。
孫毓驥，展雲。直隸鹽山人，光緒二十三年署。
趙毓忠，河南獲嘉人，光緒二十三年任。
吴其昌，安徽歙縣人，光緒二十四年署。
何希曾，滇生。雲南昆明人，原籍浙江，光緒二十五年署。
程良馭，紫縉。浙江錢塘舉人，太常寺博士，光緒二十六年任。
歲支俸銀及吏役工食，原編已詳。惟原載養廉銀八百兩，後增爲一千兩。
司獄司增設之員，原編未列，今補入。
歲支俸銀三十一兩五錢二分，養廉銀六十兩。門子一名，工食銀六兩。馬夫一名，工食銀六兩。皂隸四名。每名工食銀六兩，共二十四兩。
角頭巡檢司
東山巡檢司
歲俸役食原編已詳。

江南太湖副將

王之敬，毅齋。浙江奉化人，咸豐十年署，十一年殉難。
侯攀鳳，江蘇靖江人，咸豐十一年在上海接署。
雷樹森，湖南湘潭人，同治三年署。
田名魁，湖南湘陰人，同治六年署，即任。
雷玉春，樹森，改名。光緒五年任。
綦高會，湖南清泉人，光緒六年署。
廖德旺，湖北黄梅人，光緒十一年署。
徐耀廷，安徽合肥人，光緒十六年任。
朱德明，湖南桂陽人，光緒十七年署。
田明山，湖南湘陰人，光緒十九年署。
余萬興，湖北武昌人，光緒二十一年任。
劉先文，湖北蒲圻人，光緒二十三年署。
余萬興，光緒二十四年回任。
朱德明，光緒二十四年任。
歐陽成祥，湖南祁陽人，光緒二十六年任。
仇志鵬，直隸天津人，光緒二十七年署。
許國祥，湖南桃源人，光緒二十八年署。

韓元孔，湖北黄陂人，光緒二十九年補。

原編所載武職、俸餉、銀米等項，自光緒十一年營制改章，與前不符，另纂入兵防篇內。

太湖左營

守備一員。原駐簡村，今改駐東山，爲副將之中軍。

千總三員。原二员，今增一。

把總七員。原四员，今增三。

外委六員。內陸汛一员，駐東山。

太湖右營

都司一員。舊駐東山，今移烏溪，爲右營營官。右營舊有守備，今裁。

千總三員。增設。

把總六員。增設。

外委六員。馬山陸汛一员，系額外。

西山浙江太湖營，官制仍前未改。

遊擊一員。

守備一員。

千總一員。

把總二員。

以上各官姓名不及備載。

同知衙署，咸豐十一年燬。光緒二十五年重建。光緒十一年，東山抽收茶捐，逐年存積，至二十五年，於同知何希曾任內建造，詳署門碑記中。

司獄司衙署，在同知署之西偏邵公潭之衖內。此署後設，原編未載。咸豐十一年燬，今重建。

巡檢司衙署，一在西山角頭已廢。一在東山渡水橋，咸豐十一年燬。光緒十一年，奉文以東山巡檢改駐後山之楊灣，署未建。

副將衙署，舊在茭田，咸豐十一年燬。光緒十五年，副將廖德旺自行籌捐，建於聯璧橋東沈家巷都司舊署之廢基，大門臨河，爲營船聚泊之所。

都司　同治十一年，新章准於烏溪設署，今未建。

守備千總把總　新章常年住船，不立衙署。

西山游擊衙署　舊在角頭山，今燬。

倉庾　舊在陳家塘，爲徵收糧米之所。自江南肅清，完漕統收折色，舊厫傾廢，光緒四年重修厫房十二間，以儲積穀。

社倉　舊在黄濠嘴，今廢。

教場　舊在湖亭旁，周圍三十畝。向准豁除錢漕。自太湖改練水師，陸操遂廢，漸有於邊地墾種者。

惠安堂　一在前山陽橋，嘉慶十一年葉椿桂堂捐建；一在後山楊灣，同時徐孝標捐建。爲施棺掩埋兼施醫藥之所。堂中共置義地，前山蝦輟嶺八畝零，石家塢九畝零，翁容膝居捐扶字圩地三畝二分，鄭孝安捐西塢地一畝三分，又置武山朱家廟二畝，葛家瀆二畝零後山碧螺峰二十四畝，篛山一座，堂中產息現存前山田六十七畝六分六厘，翁節婦古香堂模林母。捐魚池五畝，後山蕩田十一畝，桑地魚池二十六畝。

固安局　分設前後山，道光二十四年，里人王泰募捐創始。爲衣冠舊族久停棺柩，及無力殮葬不願報堂者，由局代辦，凡收殮、擡埋、墳工等費，均由局中定章平價，其稍有力者收資，無力者不較。今停止。

莫釐三善堂　兼辦惠安、固安、體仁三举，故名。　在上海南門外糖坊巷。同治二年，里人馬正淏始集捐賃屋，爲山人客死安殮停殯之所，並賒棺送柩，以濟同鄉之貧者。後捐款漸裕，於同治七年購地建堂，添造殯房，又許振新捐西門外肇家浜義地一處。現推廣辦及東山賒棺、恤嫠、施醫、義渡、水龍諸善舉，每年於南北卡抽收絲捐，並上海市房收息，以作經費。咸豐辛酉，寇陷東山，有流離死亡之厄，前山鄭尚絅、後山葉問波，始爲賒棺掩埋善舉，葉輔廷與馬鴻甫即正淏，於上海募捐濟之。既而山人避滬者日益衆，患難之後，死亡相屬，鴻甫乃創議於糖坊衖賃屋，爲客死者殮殯所，並仍辦賒棺，時款常支絀，賴席光照稟乞上海道請援松江五善堂之例，抽收過卡絲捐，邀准立案。山商席義泰、葉義茂、朱萬森諸號，又公捐太平街市房收息爲助，經費乃裕。自是，購地建堂，立名『三善』，於上海公用外，并推廣接濟東山諸善舉，惠及桑梓者多矣。惟事更數手，縻費日甚，勢將不繼。光緒十二年，公舉萬梅峰履占董其事，剔除舊弊，加纂新章，重整堂規，冀垂久遠，此皆山人之好善者，並誌之以爲後人勸。

存仁堂　在俞家湖。同治十三年，里人翁大本始購此屋，爲山人送柩還鄉及舟次病故者安殮停殯所。光緒十二年，其子長炳承父志，將屋捐助入公。現三善堂撥濟前山善舉，均由堂經理。

體仁局　在楊灣。同治二年，里人葉問波創辦賒棺，王志雲捐助是屋爲公所，現三善堂撥濟後山善舉，皆由局經理。光緒一十九年七月，堂屋燬於火，大廳及門間僅存。

洞庭會館　在江甯省城水西門內陡門橋徐家巷緣。乾嘉年間，東山在金陵設肆貿易者日益盛，議創會館爲聚會所，由翁怡亭倡捐，集衆醵資，於嘉慶四年購屋建成，奉劉猛將爲福神。凡歲時佳節及有公議事，鄉衆畢集。大比之年，東山士人赴試者，咸弛擔於此。遇同鄉染病無依者，得在館休養，死則殯殮之，無歸者代瘞之，經費所出，取諸商釐，立法甚美備。咸豐三年，粵逆陷金陵，竊據雖久，而此屋未燬。同治三年克復後，因無人領業，遂充爲書局。至六年丁卯，將舉秋闈，山人潘其鈐、周德櫟時方從役於江督曾營，稟請督院乞領是産，得邀准給還，然是時城中山商概行失業，惟賴山人寄籍江甯者席、葉數家，經紀其事，葺屋雖能完整，而前規不可復矣。是屋南向，計大門、廳堂及內樓兩進，旁樓書室餘屋共二十九椽，後通油市街，市房兩所又二十一椽，現司館事者爲葉貢宸名廷璐，寄籍上元，諸生。

洞庭山馬頭　在上海十六鋪浦灘。咸豐二年，王嶼伯等募捐購地建築，爲東山往來商民泊船之處，並購在地市房爲公產。

洞庭東山馬頭　在蘇州閶一圖南洞子門外。光緒二十七年，葉懋鎏捐購是地，由上海三善堂撥款於沿河建築馬頭，爲東山船往來停泊之所，並在地蓋屋，以作公産。

雷公欄　在殿涇港。港長二里許，夜行多失足，相驚溺鬼爲祟。光緒四年，副將雷玉春倡捐募資，於沿河貫木爲欄，又路中建養力亭以憩行人，紳民植碑頌之。後經善堂葺欄，易木爲石，益垂久遠矣。

義渡　前山舊設於廣濟菴前，向稱渡船菴，通水東，往來即通蘇陸行之道；今仍其地，由善堂置渡船一，雇夫一人，支發工食，不取渡資。前太湖廳桂，以大缺口無主蕩一區給與墾種，以資津貼。光緒十九年，又於菴旁構屋一椽，給爲棲息所，常年渡夫工資及修船經費，均由三善堂撥發，於前山存仁堂領。後山設於石橋村，通東西山，往來渡至西山鎮，夏晨開晚歸。道光五年，由徐學巽、葉長福創始，向時鄉民以小舟渡湖，常遭險厄，二紳易製巨舟，捐養渡夫，不取渡資。前太湖廳羅有碑記，亂後中廢。光緒二年，王仲鑒等又募造大船，仍復舊規。現修船經費及渡夫三名，日給工資并食米亦由三善堂撥發，於後山體仁局領。

湖中山

前記濱湖山，此復舉山之在湖中者。原編不沿七十二峰之舊説，而於山之大小明暗，辨證綦詳，訂《山經》者，無能易其説矣。

泉

山皆有泉，原編所舉惟東西山及馬蹟數處，餘無所誌，此存其名耳，不必入山而徧考也。

港瀆

前記沿湖水口，此復舉港瀆之在山者。山水下注，通於外湖，溪澗之道皆名曰港，斷港謂之浜，直流謂之涇，故道具在，今猶昔也。

都圖

都圖乃鄉井之遺意，隸其中者，村市各有名，田圩各有號，官司守故籍以稽户役，至今宗之。以上四條，無庸續著，均從其舊。

田賦

蘇松賦額之重，元明積困已久，國朝諸名臣建言，屢乞蠲除。至粵逆削平，特沛恩綸，永減漕額。我山彈丸黑子，歲輸幾何？而同被皇仁，無施不逮。原編所輯，至乾隆十三年清造版圖爲止，茲踵前例，謹誌之。按，乾隆十二年，東西兩山錢糧均歸太湖廳徵收，故原編田賦兼誌西山。今西山已歸吳縣，賦役是編不再録入。

乾隆四十年，續訂《賦役全書》。太湖廳田地山蕩，廳境所轄衹屬東山。除奉豁衙署、教場、營房、公地外，實共七百二十七頃三十六畝四分一釐九毫，凡十七則。

田二則。三斗四升四合則，一百二十二頃六十三畝一分九厘。一斗則，六頃十八畝八分五厘。

地五則。三斗則，二十畝五分六厘四毫。二斗五升則，五畝四分三厘一毫。二斗則八十九畝二分八厘八毫。一斗五升則，十八畝五毫。六升三合一勺則，一百八十頃五十七畝四分五厘六毫。

山三則。五升三合五勺則，四頃七十二畝四分四厘六毫。三升二合一勺則，十四頃七十九畝四分二厘九毫。一升五合則，一百九十頃四十八畝五分三厘五毫。

蕩七則。二斗五升則，三畝四分一毫。二斗則，六頃三十四畝一分四厘。一斗五升則，十一頃七十四畝七分七厘九毫。一斗則，二十八頃二十二畝二分四厘九毫。五升則，十七頃八十一畝五分二厘五毫。三升則，三十二頃六十一畝。一升五合則，一百九頃八十六畝一分二厘九毫。

共科平米六千七百四十四石二斗四升六合八勺，應徵本色米三千三百五十三石五斗八升六合二勺，遇閏加徵三石一斗一升九合二勺，應徵折色銀二千九百二十四兩一錢七分五釐，隨正耗羨銀一百四十六兩二錢一分，遇閏加徵五十九兩七分六釐，加徵耗羨二兩九錢五分四釐。

按，太湖廳折色額徵外，加人丁、雜辦等項，統共應徵銀三千二百二十六兩三分，隨正耗羨一百六十一兩三錢二厘，爲實徵之數。

道光十年，重訂《賦役全書》。太湖廳田地山蕩額徵銀米，與乾隆四十年數同。

同治二年，總督曾國藩、巡撫李鴻章請減蘇松浮賦。

疏略：『竊惟《大學》理財之道必曰平，《周官·土均》掌土地之征必曰均。今天下之不平不均者，莫如蘇松太之浮賦。上溯之，則比元多三倍，比朱多七倍；旁證之則比毘連之常州多三倍，比同省之鎮江等府多四五倍，比他省多一二十倍不等。以肥磽論之，則江蘇一熟，不如湖廣、江西之再熟；以廣狹而論，則以二百四十步爲畝，不如他省或以三百六十步、五百四十步爲畝。而賦額獨重者，則以沿襲前代官田租額也。宋籍蔡京、韓侂胄等莊爲官田，又賈似道廣買公田，元代續加官田，明祖平張士誠，又没入諸豪族田，皆據租籍收糧，至嘉靖中，令各州縣盡括境内官民田裒益之，分攤定額，此蘇松太賦重之源流也。國初賦額雖重，大都逋欠準折，有名無實而已，嗣是承平百餘年，海内殷富。乾隆中年以後，能辦全漕數十年者，民富故也。至道光癸未大水，元氣頓耗，民漸自富而貧，然猶勉强支吾者十年。迨癸巳大水而後，始無歲不荒，無縣不緩，以國家蠲賦曠典，遂爲年例。夫鄰境皆不歉，而蘇松太獨歉，何也？誠以賦重民窮，有不能支持之勢。部臣職在守法，自宜一切不問，堅持不減之名。疆臣職在安民，實因萬不得已，爲此暗減之術，意謂減賦則永不能加，災緩則後不爲例，原冀民氣漸甦，猶可復舊，初不意年復一年，且年甚一年，而不可返也。自粵逆竄陷蘇常，焚燒殺掠之慘，遠接宋建炎四年金兀术故事。蓋七百有三十年，無此大劫，臣親歷新復州縣，向時著名市鎮，全成焦土，連阡累陌，一片荆榛。凡田一年不耕，便爲荒田，今已三年矣。各州縣册報拋荒者，居三分之二，而欲責以重賦，責以數倍他處之重賦，向來橫征暴斂之吏，所謂敲骨吸髓者，至是而無骨可敲，無髓可吸矣，臣蒿目時艱，悉心籌畫，上體宵旰憂民之切，下維軍國待用之殷，於萬難偏重之中，求兩不相妨之道，似宜用以與爲取、以損爲益之法。比較歷來征收各數，酌近十年之通改定賦額，不許捏災，不許挪墊，於虚額則大減，於實徵則無減，窮變通久，於此時爲正辦，惟有籲懇殊恩，俯準減定蘇、松、太三屬糧額，以咸豐七年較多之年爲準，折衷定數，期於舊額，本輕無庸議，減之常、鎮二屬，通融核計，著爲定額，下延災黎垂盡之生，上收公家實濟之效，民生幸甚，國計幸甚！』按，此疏不下十萬言，不能全録，節敘十分之五六。

户部遵旨，議覆江蘇減免漕糧一摺，應如所奏，無分留支起運一體並減。時督撫猶并請將錢糧減十分之二，旋經部議，以地丁礙難準行而止。

同治四年，重訂《賦役全書》。太湖廳田地山蕩，共七百二十七頃三十六畝四分一釐九毫。

原三斗四升四合則，實徵米一斗七升一合，今減爲一斗二合六勺。田一百二十二頃六十三畝一分九釐五毫。

原三斗則，實徵米一斗四升九合一勺，今減爲九升九合九勺。地二十畝五分六釐四毫。

原二斗五升則，實徵米一斗二升四合三勺，今減爲九升八合四勺。地五畝四分三釐一毫，蕩三畝四分一毫。

原二斗則，實徵米九升九合四勺，今減爲八升六合。地八十九畝二分八釐八毫，蕩六頃三十四畝一分四釐。

原一斗五升則，實徵米七升四合五勺，今減爲六升七合。地十八畝五毫，蕩十一頃七十四畝七分七釐九毫。

原一斗則，實徵米四升九合七勺，今不減。田六頃十八畝八分五釐，蕩二十八頃二十二畝二分四釐九毫。

原六升三合一勺則，實徵米三升一合三勺，今不減。地一百八十頃五十七畝四分五釐六毫。

原五升三合五勺則，實徵米二升六合六勺，今不減。山四頃七十二畝四分四釐六毫。

原五升則，實徵米二升四合八勺，今不減。蕩十七頃八十一畝五分二釐五毫。

原三升二合一勺則，實徵米一升五合九勺，今不減。山十四頃七十九畝四分二釐九毫。

原三升則，實徵米一升四合九勺，今不減。蕩三十二頃六十一畝。

原一升五合則，實徵米七合四勺，今不減。山一百九十頃四十八畝五分三釐五毫，蕩一百九頃八十六畝一分二釐六毫。

原若干則者，原舊科平米之額也。實徵米若干者，未減時之完數也。今減爲若干者，已減後之數也。

以上共減米八百五十九石七合七勺，實徵本色米二千四百九十四石五斗七升八合五勺，遇閏例加。

九年，太湖同知樊鍾秀奉文，清丈通境田地山蕩，清見各則溢額一百三十八頃八十七畝八釐二毫，又清見缺額十九頃九十一畝六分一釐六毫。同治九年，省城設輿圖局，飭各屬舉辦清丈。時嘉定、青浦有習熟丈量之技者，邀至東山，里人翁丙董其事。田地墳房悉施丈尺，並繪魚鱗圖册，甚工緻，方位參錯，坵號分明，瞭如掌紋。業户分領方單，亦各繪一圖，惟水蕩從略。漁户種蕩，向以船基度寬窄，不計畝分，且茭蘆逐歲蔓延，湖即成蕩，尤不能以尋丈計。惟坵號比次相接，不至紊亂而已。清丈至三年餘方畢。

光緒元年，頒造《賦役全書》。太湖廳清糧案内清見各則，以溢額缺額相抵，實增出一百十八頃九十五畝四分六釐六毫，共田地山蕩八百四十六頃三十一畝八分八釐五毫；共應徵本色米二千五百六十五石二斗三升五合九勺，内溢額陞增米七十石六斗五升七合四勺。應徵丁田、雜辦等項共銀三千四百二十九兩八釐，内溢額陞增銀二百二兩九錢七分八釐。隨正耗羨銀一百七十一兩四錢五分一釐。内溢額陞增銀十兩一錢四分九釐。遇閏銀米例加。

二年，太湖廳詳報，查出清糧案内溢報田地，應除一頃三十九畝六分五釐二毫，又續報拋荒故絶田地，應豁除十一頃六十五畝九分二釐，實在成熟田地山蕩，共八百三十三頃二十六畝三分一釐三毫。以後逐年領墾，續報成熟，不在此數。

卷二

選舉

原編選舉至乾隆初年止。今鄉會榜及五貢薦舉，悉踵前例誌之，以鄉飲附於後，亦從其朔也。按，原編凡例云：考試籍貫自山外徙未久者收入，若外徙已久及外籍寓山者，概不收載。茲仿其例。

進士原編至乾隆七年壬戌會試。

乾隆四十年乙未吴錫齡榜

東山嚴福，愛亭。會元，編修，入直上書房，典試河南。

六十年乙卯王以銜榜

東山嚴榮，少峰。編修，浙江杭州知府。

嘉慶十六年辛未蔣立鏞榜

東山鄭長籙，紀鄉。甘肅會甯知縣。

道光十二年壬辰吴鍾駿榜

東山嚴良訓，迪甫。編修，河南布政護理，巡撫。爲福之孫、榮之子，三世清華濟美，科目稱盛。

二十年庚子李承霖榜

東山鄭大誠，通甫，原名言鼎，又改名啟掄。編修，始入河南祥符籍。

同治十三年甲戌陸潤庠榜

東山鄭思賀，黼門。祥符籍，編修，陝西鳳邠道。

光緒二年丙子曹鴻勳榜

東山鄭思贊，廷襄。祥符籍，禮科給事中。

六年庚辰黄思永榜

東山鄭言紹，季雅。河南祥符知縣，歷保知府，改發浙江。

十五年己丑張建勳榜

西山鄭熾昌，橘泉。山東臨朐知縣。

二十九年癸卯並補辛丑壬寅王壽彭榜，是科廢八股試帖，改策論。

東山翁長芬，江甯籍，直隸即用知縣。

舉人原編至乾隆九年甲子科鄉試。

乾隆十五年庚午科

東山王錞，元音。陝西定邊知縣。

東山鄭璇，尊村。四川三臺知縣。

東山鄭世焘，蔚莊。山陽縣教諭。

二十七年壬午科

東山嚴福，順天榜，見進士。

東山席世縣，樸園。順天榜，內閣侍讀記名，御史。

四十八年癸卯科

東山嚴榮，順天榜，見進士。

五十一年丙午科

東山劉恕，蓉峰。順天榜，廣西右江道。

五十三年戊申預行正科

東山鄭緒章，始齋。陝西甯羌知州。

嘉慶三年戊午科

東山葉長福，受茲。順天榜。

東山張薰，煦谷。順天榜，來安教諭。

九年甲子科

東山鄭長籙，見進士。

道光二年壬午科

東山鄭長昕，雅三，又號少萊。順天榜，江西德化縣知縣。九江同知。

五年乙酉科

西山鳳覲宸，竹塘。冀州直隸州知州。

東山嚴良裘，夢華。雲南永昌同知，麗江知府。

十一年辛卯恩科

東山翁尊三，問樵。

東山王承楷，石琴。順天榜，浙江温州知府。

東山嚴良訓，順天榜，見進士。

十二年壬辰科

東山鄭大誠，見進士。

十七年丁酉科

東山嚴家承，蔚生。順天榜，浙江象山知縣。

咸豐八年戊午科

東山鄭懋勳，畬香。順天榜，户部主事。

九年己未恩科並補乙卯科江南借浙闈。

東山嚴福保，蔚軒。湖北武昌知縣。

同治三年甲子科

東山鄭思贊，見進士。

六年丁卯科並補辛酉科

東山鄭言紹，見進士。

九年庚午科並補壬戌恩科

東山錢允純，江甯籍，原居豐圻，河南大挑知縣。

東山鄭思賢，汝齊。河南庚午正科，祥符籍，安徽懷甯縣知縣。

十二年癸酉科

西山鄭熾昌，見進士。

西山徐寶晉，蔚生。順天榜。

東山鄭思賓，熙門。河南解元，祥符籍，直隸知縣。

東山鄭思賀，見進士。

光緒元年乙亥恩科

東山鄭思贊，受山。祥符籍。

二年丙子科

東山劉昌熙，季質。

五年己卯科

東山周邦翰，季謙。順天榜，江西上饒知縣，候選知府。

東山王拱裳，咏霓。順天榜，河南睢州知州。

十五年己丑恩科

東山葉夢熊，紫纛。沛縣訓導，現任桃源訓導。

西山秦紹益，少逸。

十九年癸巳恩科

西山葛泰林

二十年甲午科

西山徐沅，芷生。

東山鄭於琮，穎芝。祥符籍，新蔡教諭。

二十三年丁酉科

東山翁長芬，見進士。

二十九年癸卯恩科是科廢八股試帖，改策論。

東山鄭其藻，伯芹。祥符籍。

貢生原編至乾隆七年，捐貢不載。

東山鄭尚忠，德傳。乾隆十六年歲貢。

東山劉金省，原名緒敬，字訥菴。乾隆丙子順天副榜，刑部主事。

東山孔繼純，錫周。乾隆乙酉拔貢，崇明教諭。

東山鄭鍠，瑶青。嘉慶庚午副榜，彌沙井鹽大使。

西山蔡習安，改名嘉玉，字聽香。道光元年優貢，浙江温州知府。

東山葉鈞，敏齋。道光壬午副榜。

東山嚴慶齡，道光甲午副榜。

西山徐治朝，桐生。道光二十七年歲貢。

東山金相，挹泉。道光三十年恩貢。

東山朱懋漢，改名丙滢，字伯泉。咸豐壬子順天副榜，四川汶川知縣。

東山鄭思賢，同治甲子副榜，見舉人。

西山徐敦仁，藹山。光緒五年優貢。

東山朱文豹，子蔚。光緒乙酉副榜。

東山翁堃，來青。光緒十四年恩貢。

東山嚴國芬，吾馨。光緒二十二年歲貢。

薦舉

東山嚴晉，裕初。國學生，道光元年舉孝廉方正，賜六品秩。

東山嚴良勳，子猷。縣學生，由廣方言館保送，現官福建福甯知府。

西山徐沅，舉人，光緒二十九年，以經濟特科應舉，召試授職直隸知縣。

鄉飲

東山潘良敬，筠坡。道光十九年舉。

人物

十步之内，必有芳草，山陬雖僻，安得無人？然臧否或失其實，寛則濫，隘則遺，必其人行誼品概，有足表見於鄉國者，可爲閭里式，斯可爲志乘光矣。

王奕仁，字魯公，號志山。康熙辛卯舉人，癸巳進士，選庶吉士，授編修。雍正二年，督學黔中，奏請許苗人入義塾，歲科試，量取以示勸，又請以界楚之五開、銅鼓二衛隸黎平，使杜兩籍弊，皆報可。旋晋左春坊左贊善，任滿當代，上廉知其清慎，命再任三年。時母年七十九矣，乃陳情乞終養，疏略曰：臣家世寒素，自幼孤單，臣母周氏辛勤持家，俾臣專心誦讀，倖博科名，濫居清職，奉命視學黔省，即遣人迎母。臣母因嶺高水湍，難勝跋涉，雖有妻子在家侍奉，但途遠音隔，往返動經數月。臣每一念及，或竟夕不寐，或對食忘餐。身爲士子表率，而温（清）〔凊〕定省之節，臣先曠廢，不特莫慰倚閭之望，亦恐上負朝廷之豢養，下慚多士之儀型。倘蒙垂憐孤苦，許臣解任，俾一母一子，團聚庭幃，夕膳晨餐，歡承菽水，則舉家頂戴，生成永永無斁矣。疏上，得（俞）〔諭〕旨歸里。後逾二年卒，葬寒山。焦廣期銘其墓曰：『出爲勞臣，處爲孺子，君親所求，如斯而已。』吴莊《足徵集》。

施昭庭，字筠瞻，康熙乙未進士，知江西萬載縣。萬載地險僻，山嶺緜亘，有客民自閩粤來居之，累數十年，積三萬餘人，曰棚民。温尚貴者，臺灣逸盗也，其黨亦散處山中，爲拳勇師，與棚民往來。雍正元年，閩中移捕盗黨急，尚貴度不免，謀爲變。始昭庭之至也，以棚民爲慮，縣民易廉野富而才，昭庭厚禮之，使交於棚民，而偵其所爲。廉野出積粟貸貧民，不取息，或免償，如是者數年，棚民大悦。棚民之材者嚴林生等，數從廉野游，由是盡得山中要領。尚貴將舉事，召棚民，林生遽告廉野，以聞於昭庭。昭庭集勇敢三百人，即以林生統之，謂曰：『賊易破也，然吾慮其擾旁近縣。旁近縣無備，使向萬載，破之必矣。』會得賊諜四人，厚撫之，使告尚貴曰：『萬載人盡逃，城可得也。』賊遂決意向萬載。棚民受林生計，分曹持刀梃，伏要道。賊過，突出擊之；賊驚走，則追殺之。伏數起，賊疑駭欲卻，又懼棚民躡其後，於是濡被爲盾以進。昭庭望見，笑曰：『彼已懾矣！』使火鎗迭擊之，一戰獲尚貴。尚貴起二日而敗。又二日巡撫調兵至，道路洶洶，言將捕棚民。昭庭謂林生曰：『吾以免死帖給諸降者，汝趣棚民具不從賊結狀來，其免乎。』如其言，兵至不戮一人。時巡撫初到官，驟聞警，即張其事。入奏，既見申文不合，欲改之。昭庭曰：『吾不忍迫棚民，使叛而殺之以爲功也，不可改。』巡撫又欲驅棚民歸本籍，昭庭請於督撫曰：『棚民者，閩粤之貧人，來居山中，種麻自給，歷年多，生齒日衆，與居民間有告訐，皆細故不足懲。今日之亂，由臺灣逸盗,不關棚民。而探賊動止,誘賊就縛,悉賴棚民力。請核户口、編保甲、列齊民爲計。』便總督許之,巡撫亦悟,如昭庭策,棚民乃安。事聞,世宗諭九卿曰:『知縣以數年心力辦賊,巡撫到官幾日,豈得有其功耶?』獨下總督疏,昭庭交部議,敘以主事知州用,尋引疾歸,後十餘年卒。李元度《國朝先正事略》。

鄭楝,字迂公,號樵谷。康熙戊子省試舉第三,任婺源縣教諭。婺故名邑,顧晚近士習波靡,鮮務實學,楝至,以明理學、正文體自任,每集生徒講貫,環席以聽,累歲不倦,諸生奉如家塾師,士風爲之丕變。俸滿,右遷國子監典籍。乾隆二十年,婺人修邑志,列入名宦學職類,其條編云:『胸懷坦直,表裏洞達,司鐸二十餘年,談經論文,兩端必竭,受其飫益者良多。』後續修志佚其名,楝孫緒章,上書於安徽朱撫軍,呈原刻本,得飭縣增正。《婺源志》,參譜傳。

金友理,字玉相,邑諸生,家世敦謹,兄弟四人,恂恂相友愛,人以比萬石君家風。友理有文名,尤留心經世之學,以太湖水道今昔變遷,事蹟亦日新,乃徵文考獻,廣爲蒐輯,又裹糧周歷於湖中,源委險夷,一一考證,著《太湖備考》一書,以補《震澤編》、《具區志》所未逮,後之講水利、設兵防者,奉爲指南焉。

鄭尚忠,字德傳,幼有奇表,好讀書,入郡庠食餼。沈大宗伯德潛予告歸,主講紫陽書院,與論詩合,曰:『德傳,其吾後勁乎?』某歲,吴中大饑,發賑濟,吏胥侵蝕,民多道殣。尚忠作《凶歲歎》,冀動上官聽,沈公曰:『此鄭俠《流民圖》也。』持示撫軍某。撫軍怒曰:『民衆矣,不憂盡餓死,何物鄭生,妄議時政?』欲得而甘心焉。沈公起謝,怒不解,沈亦拂衣出。會撫軍以他故去,事乃寢。時遐邇皆聾尚忠名,尚忠益斂跡,遂以明經終。施杓傳。

鄭璇,字璣在,號蕁村,乾隆庚午舉人,截取四川三臺知縣,治獄號廉平。三臺地接緜川,有惠澤、堰匯、龍安、仙魚諸水,東注樊溝,灌田萬頃,兩界之民爭水鬭訟,垂數十年。璇爲立石,平鑿石口,齊廣狹,以均取水,水有定則,不得占分寸,争訟以息。縣民侯懷詰一家四命被殺,疑爲仇人石功贊,而未得實。往驗,距村數里,有一犬來輿前,若迎導然。至屍所,犬作嗚咽聲,麾之不去。詢知爲侯氏畜犬,心異之,令役尾犬,聽其所之,行數十里,犬徑入鄉民李泰華家,不肯去。役詰李,李固石友,三日前石以衣裹存其家,言將赴德陽,出衣視之,有血跡,始大駭,偕役偵得之,一訊而服。功贊實始謀,侯族無賴子懷恩同加刃,均伏法。邑中頌爲神明,璇爲作《義犬記》,載家乘。《蘇府志》,參譜傳。

吴莊,字友篁,讀書砥行,尚氣節,平日留心文獻,著有《七十二峰足徵集》。乾隆間,重修《蘇州府志》,莊與采輯之任,當事咸信之。尤長詩、古文辭,繼吴時德、葛一龍後,爲東山風雅之選。

鈕樹玉，字匪石，號藍田，家貧，淡於榮進而嗜古不倦，通六書之學，著《説文考異》。時金壇段氏注初行，多以己説强傅古義，樹玉别著《段氏説文注訂》，以正其謬，爲阮文達公所賞契。其他著述尤富，後之考據家多宗其説。又精音律，與青浦王侍郎昶，欲以八音調宫、商，俾合古樂而未果，以布衣終。《蘇府志》

徐金霖，字翔千，增貢生，通經力學，爲篤行之士。母嚴臥病四載，喜怒時失節，金霖朝夕在側，惟恐拂母意，時或彈詞歌演，以博其歡。家本寒素，母所欲者，必百計以奉，至調飲食、滌厠牏，亦躬親之。身殁四十年，鄉人始條列其孝行，上於有司，蓋公論久而不泯也，道光三年旌。《蹇舟園稿》

王仲鎏，號亮生，邑諸生，屢試不遇，喜考據之學，成《鄉黨正義》《四書地理考》《毛詩多識篇》，又因陳確《聖學入門書》，著《演義》十二卷。其爲文以闡道、明倫、經世、考典爲主，所最自信者，乃《錢幣芻言》一書，謂三代下，惟鈔法可以通井田之窮，宋金元明雖行之，而實未得其術也。時林文忠公撫吴，見而韙之。同邑顧通政莼勸其梓行，未果。自言生平有三恨、三幸：親在日不能侍養，一恨也；不得爲諫官盡言天下事，二恨也；欲刻天下好書而無力，三恨也；父母命我讀書，一幸也；天資非下愚，觀書時有心得，二幸也；遊覽四方遇通人，三幸也。晚年隱於書肆，自號荷盤山人。《蘇府志》，參張履傳。

徐學巽，字震東，號春帆，以勤儉起家，而好施若不及，置義田以贍族。又儲社穀，建善堂，設義塾義渡，里中有善舉，必首爲之倡，散財以累萬計。其最著者，爲開鵬鶚河，河久湮，山中出入，須涉太湖四十五里，每以風濤爲患，長吏籌疏濬，非巨資不克濟，學巽董其事，捐不足，願一人任之，功乃成。其殁也，鄉里以善人稱，同治九年旌。《蘇府志》，參《蹇舟園稿》。

徐振緒，字樹勳，生四歲，父客遊，十九年無音耗。振緒依母，母死，依叔父。既長，欲求父不得，常欷嘘流涕。一日，其叔閱邸抄，見陝西某官李大窿名，咋曰：『渠尚在耶？昔吾兄依其幕也。』致書往詢，半年得覆書，言其兄久别去，聞寓長沙之某村，今不識如何矣。振緒見書，憂喜交集，決意尋父，其叔止之曰：『汝意固大好，然走數千里外，不能具旅費，奈窮途何？』振緒不顧，持數日糧徑去。中途大困，幸遇鄉人振給之，竟達長沙，入某村，問父名，人無知者。後乃悉流寓長沙城，有眷屬，父入京病卒，柩已南歸矣。振緒仰天大慟曰：『吾備嘗艱苦，至此竟不得見吾父，豈非天耶？』有同鄉戚瞿某助以資，乃得奉父柩與父遺妾一女歸。《蹇舟園稿》

王仁福，字岱梁，號竹林，任河南祥河同知。同治六年八月，於河次搶辦險工。二十八日戌刻，堤毁過半，人夫盡逃，仁福獨立埽上，兀不動，埽裂隨溜入中泓，時身旁置官銜燈二，猶遥見燈影明滅，須臾沈没，河水陡落，殘堤得保。事聞，照陣亡例議恤，賜祭葬，建專祠。後封河神，錫號溥佑將軍。光緒年，以工次屢著神異，河臣請晉加封號，硃筆圈出『保民』二字。《汴梁省志》。以上東山。

鳳世昂，字仲宏，賈於楚，豁達好施。嘗行湘潭道中，獲遺金百兩，偏訪而還其人。賈數年，家漸饒，凡濟人利物之事靡不爲。居久之，逆藩吴三桂亂。世昂行商荆襄間，遘吴逆兵被執，忤僞帥王琪。琪怒，以索貫其趾，倒懸於竿，自引弓射之，不中而索絶。再易新索，亦然。僞帥曰：『此人宜有陰德，殺之不祥。』乃釋而遣之。《韓菼傳》

周公贄，字覲侯，居林屋山中，讀書嗜古，放情高蹈，而詩名藉甚，同時汪琬、葉燮相與賡和，雅重之。其詩疏放似眉山，清婉似石湖，晚年自作風格，亦時有見道語。《足徵集》

鳳汝傳，字紹芬，六歲父疾，即旦夕憂涕，寢食俱廢。乾隆三十三年，父自西山赴城，渡至半湖，風作，冰四合，汝傳計父舟必膠中流，未明趨水所跡父舟，舟幸無恙，遂負父履冰歸。又母病思食菌，菌非春秋不生，時方盛夏，汝傳徧歷叢莽，卒得之以進。父客湘楚，汝傳偕弟往省，舟泊江干遇盜，搜行篋，無長物，將殺其弟，汝傳哀請殺己而捨弟，弟亦争死，盜兩釋之。妻徐氏亦賢孝，姑病垂絶，徐氏以口通呼吸，引出黄水升餘，尋愈。姑老艱食，以己乳哺姑，歷數年。同治九年，夫婦同以孝旌。

徐宗德，字龍光，世居棠里。乾隆中，其父賈於楚，因家益陽。父母既歿，或勸之娶，不應，遂入峨嵋山。後返益陽，有從兄死，妻子無以爲活，宗德故工畫，有名楚中，乃賣畫，得錢二百緡付其嫂。重入峨嵋，不復出。咸豐中，有人於峨嵋見之，閉目趺坐山洞中，呼之不應，計其年，近百歲矣。

徐璋，字傳衡。乾隆五十五年，官四川瀘州州判，白蓮教匪作亂，將犯州，州牧棄城走，璋率團丁禦之，賊至，設疑兵擊賊，城獲全。量移隆昌縣，值歲饑，悉心籌賑，全活甚衆。署天全知州，調河南陳留知縣，以老乞歸，卒於家。

費孝友，字仲行，居包山，讀書不就，以服賈養親。母久病，痰塞於胸，孝友用蘆管吸之，出痰盈許，旋愈。親歿葬虎邱，遂結廬於墓旁，居之終身。嘉慶二十三年以孝旌。

徐德修，居西山東園里。父正琳，安徽鳳臺知縣，德修随宦久，遂僑寓蕪湖。咸豐六年，賊據蕪湖，奉母避窮鄉。賊聞德修名，索之急，言不出將縶其母，德修仰天喈曰：『吾豈畏賊哉？徒以父喪未葬，母老多病，冀少緩須臾死耳！』遂麻衣哭於賊酋之門。酋致禮頗恭，德修不顧，嫚駡。衆賊交刃礪其頸，德修曰：『徐七好男子，必不從賊！願速殺我！』賊怒，杖之數百，臀肉腐脱，駡益厲。賊亦曰：『此獠真鐵漢！』於是邑人斂錢贖歸，嘔血數升，泣拜母曰：『兒不得長侍膝下矣。』呼二役夫，舁榻

至父厝所，坐風日中督畚锸，瘗其父，自爲穴於墓側，曰：『此一片乾净土，得埋骨於此，幸矣！』嘔血大慟而絶。《昭忠録》

勞徵，字在茲，性好奇，慕屈子之遠遊，每謂：『人生六尺軀，天地間一粟耳。足不踰閾，烏知天地之變態，人事之錯迕？終其身，鄉里小兒而已。』遂浮江，由洞庭、雲夢、瀟湘達巴蜀，入黔滇之隩，五嶺八蠻皆身歷，輒發感歎，即以詩與畫寄意。遊南荒萬里，二十餘年歸吴，課徒餬口，絶不談天下事。嘗曰：『昔嚴君平垂簾講《易》，猶有近名心，我則異是。』晚年自號林屋山人。葉燮傳。

徐維撰，字栗菴，由西山遷居木瀆，廪生。昆季八人析産時，推肥取瘠。倡立義莊以贍族，晚年出親族借券悉焚之，曰：『勿留此爲他人累。』道光元年，薦舉孝廉方正，力辭之，卒年八十有一。

以上西山。

集詩

原編集詩，於明代以前概不采入，以唐宋諸作有登選於《震澤編》《具區志》者，避習見也。今是編所輯，欲舉東西山靈區異蹟，薈爲大觀，使身不入山者，亦得一覽而知其勝。爰變前例，集名人紀遊諸詠，不拘時代，悉彙録之。風景歷歷，恍入壺天矣。

宿湖中　唐　白居易

水天向晚碧沈沉，樹影霞光重疊侵。浸月冷波千頃練，飽霜新橘萬株金。幸無案牘何妨醉，縱有笙歌不廢吟。十隻畫船何處宿，洞庭山脚太湖心。

汎湖　宋　范成大

古來此地快蓬心，天繞明湖月照臨。一雁雲平時隱現，兩山波動對浮沈。衰髯都共荻花老，醉面不如楓葉深。罾户釣徒來問訊，去年盟在可重尋。

望太湖　宋　蘇舜欽

杳杳波濤閲古今，四無邊際莫知深。潤通曉月爲清露，氣入霜天作暝陰。笠澤鱸肥人膾玉，洞庭柑熟客分金。風煙觸目相招引，聊爲停橈一楚吟。

翠峰寺在東山　范成大

來從第九天，橘社繫歸船。借問翠峰路，誰參雪竇禪？應真庭下木，説法井中泉。公案新翻出，諸方一任傳。

前題　明　文徵明

空翠夾輿松十里，斷碑横路寺千年。遺蹤見説降龍井，裹茗來嘗悟道泉。伏臘滿山收橘柚，蒲團倚户泊雲煙。書生分願無過此，悔不曾參雪竇禪。

雨中遊包山精舍 在西山 唐 皮日休

松門亘五里，彩翠高下絢。幽人共躋攀，勝事頗清便。翣翣林上雨，隱隱湖中電。蘚帶輕束腰，荷笠低遮面。濕屨黏烟霧，穿衣落霜霰。笑次度巖壑，困中遇臺殿。老僧三四人，梵字十數卷。地稀無夏屋，境僻乏朝膳。散髮抵泉流，支頤數雲片。坐石忽忘起，捫蘿不知倦。俗態既斗藪，野情空眷戀。道人摘芝菌，爲余備午饌。渴飲石榴羹，饑歷胡麻飯。如何事于役，玆遊急於傳。卻將塵土衣，一任瀑絲濺。

水月寺 在西山縹緲峰下 蘇舜欽

參差峰岫晝雲昏，入望茭蘆濁浪奔。震澤湧山來北岸，華陽連洞到東門。日深樹挂紅霞腳，風定波搖白石根。聞有上方僧住處，橘花林下采蘭蓀。

積翠湖心迤邐長，洞臺蕭寺兩交光。鳥行黑點波濤白，楓葉紅連橘柚黃。人我絶時依樹石，是非來處接帆檣。如何遂得遨遊性，解脱營營不急忙。

水月寺酌無礙泉 宋 李彌大

寺東入小青塢，至縹緲峰下，有泉澄泓瑩澈，酌之甘冷，異於他泉，以『無礙』名之。

甌研水月先春暖，鼎煮雲林無礙泉。將謂蘇州能太守，老僧還解覓詩篇。彌大知平江府被劾，遂築室於西山，名『易老堂』，自號無礙居士。

上方寺 在西山葛家塢 范成大

艤棹古消夏，撍筇新上方。珠灣鎖圓折，冰鏡空澄光。楓纈醉晴日，橘黄明早霜。閉門松竹徑，隨處有清凉。

小西湖寺 在西山縹緲峰北 白居易

湖上山頭別有湖，芰荷香亂占仙都。夜涵星斗分乾象，曉挾雲霓作畫圖。風動白蘋天上浪，鳥棲寒沼日中烏。若非物外多靈跡，爭得長年永不枯。

前題 明 謝晉

太湖山上小湖開，半畝瀠渟絶點埃。翠浪涵風生皺縠，紅蕖承露放重臺。僧嘗出定清禪悦，客每尋幽喜到來。既有沈香曾渡海，豈無高士再浮盃？

下縹緲峰小憩西湖寺 明 徐禎卿

歷盡嶔崎馬倦行，長松迎路寺門平。生蔬薦雨僧齋薄，寒榻眠雲客思清。龍藏護深高閣静，佛燈光照小池明。西來爲訪靈仙蹟，併與禪家結晚盟。

資慶寺在西山涵村之湯嶋　明　王世懋

籃輿歷歷度飛梁，路入雲林古法堂。錦樹半銜山徑出，金砂細吐石泉香。盂蘭客至供秋色，樵採人稀報夕陽。解道禪宫最深處，不知猶在水中央。

華山寺在西山之龍頭山。覿以平江知府罷政，寓西山。

宋　孫覿

千丈銀山屹嵩華，浪湧雲騰天一罅。榜舟夜並黿鼉窟，杖藜曉入雞豚社。處處人家橘柚垂，竹檐茅屋青黄亞。牛羊出没恠石走，蛟龍起伏蒼籐挂。樓殿青紅隱半山，兩腋清風策高駕。飢鼠窺燈佛帳寒，華鯨吼粥僧趺下。世味久諳真嚼蠟，老境得閒如噉蔗。山靈知我欲歸耕，一夜築垣應繞舍。

前題松年自序：罷自平江遇此寺，有挂冠終老是山之意。

宋　胡松年

小舟乘風飛鳥過，萬頃波濤縱掀簸。此行要足快平生，無數青山笑迎我。山根隱約見人家，槿籬茆屋藏煙霞。宛似秦人種桃處，川原遠近紛香葩。杖藜徑踏華山去，試問蓮開今何許。路迷絶壑蔭松雲，身到半山聽漁鼓。道人爲我開雲堂，是中境界渾清凉。幽磬時和野鳥鳴，飛泉暗瀉巖花香。文書照眼本吾事，雁鶩排行敗人意。造物似憐厭世囂，挈置湖山煩一洗。何人夜呼隱去來。向時得喪真山厓。金庭玉柱永不改，人間烈火空刼灰。

仙壇觀在西山毛公壇　范成大

松蘿滴翠白晝陰，七十二峰中最深。緑毛仙翁已仙去，惟有石壇留竹塢。竹陰埽壇石嵯岈，漢時風雨生蘚花。山中笙鶴尚遠響，湖外人烟驚歲華。道人眸子照秋色，邀我分山築丹室。驅丁役甲莫見嬉，渴飲隱泉飢餌术。

前題　明　高啟

欲觀漢壇符，東上縹緲峰。葛花墜寒露，夕飲清心胸。月出太湖水，鶴鳴空澗松。真境久寂寥，蒼苔閟靈踪。嘗聞緑毛叟，變化猶神龍。世人豈得見，偶爾樵夫逢。攀險力易疲，探玄志難從。歸出白雲外，空聞仙觀鐘。

宿神景宫在西山林屋洞旁，至宋時改題爲靈佑觀。

唐　陸龜蒙

靈蹤未徧尋，不覺谿色暝。迴頭問棲所，稍下杉蘿徑。巖居更幽寂，澗户相隱映。過此即神宫，虚堂愜雲性。四軒盡疏達，一榻何清零。仿佛聞玉笙，敲鏗動凉磬。風凝古松粒，露壓修荷柄。萬籟既無聲，澄明但心聽。希微辨真語，若授虚皇命。尺宅按來平，華池漱餘净。頻窺宿羽麗，三吸晨霞盛。豈獨冷衣襟，便堪遺躁進。徒探物外趣，未脱塵中病。舉手謝靈峰，徜徉事歸艇。

入林屋洞　皮日休

齋心已三日，筋骨如煙輕。腰下佩金獸，手中持火鈴。幽塘四百里，中有日月精。連亘三十六，各各爲玉京。自非心至誠，必被神物烹。顧余慕大道，不能惜微生。遂招放曠侶，同作幽邃行。其門纔函丈，初若盤薄硎。洞氣黑眣眖，苔髮紅鬡鬤。試足值坎窞，低頭避崢嶸。攀援不知倦，怙異焉足驚？匍匐一百步，稍稍策可横。忽焉白蝙蝠，來撲松炬明。人語散澒洞，石響高玲玎。腳底龍蛇氣，頭上波濤聲。有時苦伏匿，逼仄如見綳。俄而造平淡，豁然逢光晶。金堂似鑄出，玉座如琢成。前有方丈沼，凝碧融神情。雲漿湛不動，矞露涵而馨。漱之恐減算，勺之必延齡。愁爲三官責，不敢携一罌。昔云夏后氏，於此藏真經。期之以萬祀，守之以百靈。焉得彼丈人，竊之不加刑？石匱一以出，左神俄不扃。蘚縫纔半尺，中有怪物腥。欲進既嚄唶，將迴又伶俜。卻遵舊時道，半日出杳冥。屨泥沾石髓，衣溼透雲英。元籙乏仙骨，青文無絳名。雖然入靈府，不得朝上清。對此神仙窟，嗟哉厭濁形。

遊石公山　吳偉業

真宰劚雲根，奇物思所置。養之以天池，盆盎插靈異。初爲仙家囷，百仞千倉閉。釜高炊雲中，杵臼鳴天際。忽而遇嚴城，猿猱不能鎚。遠窺樓櫓堅，逼視戈矛利。一闗當其中，飛鳥爲之避。仰睇微有光，投足疑無地。循級登層巔，天風豁蒼翠。疲喘千犀牛，落落誰能制？傴僂一老人，獨立拊其背。既若拱而立，又疑隱而睡。此乃爲石公，三問不吾對。

登莫釐峰 東山主峰　明　王鏊

微雨發春妍，東風花外軟。良朋約佳遊，遥指莫釐巘。平生山水心，老腳肯辭繭。壺觴紛提携，曲磴屢迴轉。小憩山之腰，祕境漸披蕆。紫翠蓋幢翻，青黄繡裀展。須臾造其巔，四顧目盡眩。太湖小汀瀅，風帆時隱現。吳門俯可掇，越嶠杳難辨。摩挲舊題名，斑駁半苔蘚。日斜下山椒，窅爾迷近遠。問途值樵夫，失腳悔已晚。懸崖颺伶俜，絶壑歸泓澳。蒼茫認前村，山寺吠鳴犬。解衣得盤礴，仰視坐猶喘。韓公鐫華嶽，正自恐不免。登高弗知厭，持用戒軒冕。

洞庭新居成 俗稱閣老廳　前人

歸來築室洞庭原，十二峰巒正繞門。五畝漸成投老計，三台誰信野人言？郊原便自爲鄰里，水木猶知向本源。莫笑吾廬吾自愛，檐間燕雀日喧喧。

登西馬塢 在東山翠峰塢之南　前人

一上高峰望五湖，雲飛盡處是姑蘇。人家隱隱煙中有，帆影依依天外無。俯仰兩間雙短鬢，往來千古一蘧廬。仲淹自是多憂者，廊廟江湖恐未殊。

歸自西洞庭阻風登鼋山絶頂　前人

親朋挽衣留不住，逆風舟向平灘駐。灘頭寂寞誰與言，青鞋飛縱顛厓步。鼋頭戴山山不崩，東望東海西吴興。群峰羅列七十二，如拱如立如奔騰。我行天下亦多矣，所至有山或無水。其間有水或無山，何處能兼山水美。蒼茫萬頃浮孱顔，惟有海上三神山。杳然可望不可到，不如此地日夕隨我往與還。胡爲十年纔一到，風乎爾知吾所好。

宿華巖寺在東山楊家灣　前人

歸來每向招提宿，心若閒雲着處安。已到家山無去住，偶聞人世有悲歡。煙霞自古通禪觀，草木還應識宰官。少小來游今白髮，幾回欲去更槃桓。

沈石田寄太湖圖　前人

遠寄蕭蕭十幅圖，霞明雨暗霧模糊。眼中覺我無雲夢，胸次知君有太湖。溪壑懷人如有待，煙雲入手若爲逋。黄金萬樹秋風裏，撥棹西來莫滯濡。

縹緲峰西山主峰　明　葛一龍

五湖一勺水，涵毓皆名山。龍翔鳳翥曷勝數，惟是縹緲特立難躋攀。莫釐據其東，對拂雙煙鬟。兩山之靈伯與仲，日跨飛虹共往還。下有空洞不測禹時穴，玉書金簡藏其間。靈氣秀結芙蓉斑，千盤百磴擘空上，曜靈倒挂篠蘿閒。側身倚石壁，揮手排天關。茫茫人世在何處，恍惚渾沌未始開荆蠻。

登廣濟庵之渡頭閣在東山，即今擺渡口　前人

樓起斷人烟，重登二十年。到山方是我，垂老得聞禪。緑滿秧田水，香清梅雨天。暮鐘無恙古，迎送渡頭船。

福源寺古松在西山攢雲嶺下　國朝　歸莊

福源建自梁大同，創寺之年植此松。歷千餘年寺再廢，此樹不改青葱蘢。大二十圍高難度，攫拏天際如虯龍。石根鐵幹苔斑駁，狂風摇動聲錚鏦。夜然長明燈，晨撞萬石鐘。聲光照耀生靈怪，柯葉常有白雲封。天王柏，上方松，昔年來遊有題詠，何況此樹六朝之遺蹤。松之名者，今有報國寺，古有泰岱宗，彼以神京名嶽顯，此獨晦匿於震澤之濱縹緲峰？大材僻處自矜貴，賞識不辱於凡庸。天挺植物有如此，人生何必皆遭逢。嗟哉！人生何必皆遭逢？

寒碧莊雜詠爲劉蓉峰在東山岱心灣　潘奕雋

讀書貴明心，詳説要反約。六經如罇尊，深淺隨人酌。於

中如有得，諸子可屏卻。君家守世業，豈爲博人爵？卻笑噉名子，紛紛矜著作。傳經堂。

流華軒窈且曠，結構依平林。春風一以吹，衆綠森成陰。流波漾倒影，時鳥送好音。欄邊花氣聚，柳外湖光沉。自非餐霞客，誰識幽居心？綠蔭軒。

小樓春睡足，檐溜聲方長。遥想東西塍，沃我麻與桑。耳根既已浄，恍疑聽笙簧。槽牀新蒭滴，相和聲淋浪。我亦將飲酒，雨行簾幕濊。聽雨樓。

拳石洵幽奇，一一羅窗户。根含莫釐雲，穴滴太湖雨。秀色分遥岑，煙光來隔浦。幽人不出門，嵐翠環廊廡。疑有舊題名，剜苔坐懷古。卷石山房。

傑閣出林間，卓立企幽致。蕭蕭青琅玕，藹藹團空翠。側想古高士，於中遺世累。我未散塵氛，清風灑然至。坐久身已忘，何況身外事。空翠閣。

古雪居留題在東山翠峰塢　陶澍

古翠峰標妙墨留，禪房深處徑通幽。窗連樹色雲生案，澗瀉濤聲雨入樓。遠有明湖窺一角，來從絶頂豁雙眸。匆匆莫笑無鴻影，一夜青山借枕頭。翠峰寺額係董文敏公題，首句指此。

古雪居和陶韻　彭玉麐

運甓勤餘寶墨留，我來憾晚漫尋幽。輕煙細雨籠雙屐，山色湖光吸一樓。黄果芳甘酥病齒，紫泉清冽沁詩眸。莫釐未許遊蹤到，天遣癡雲壓上頭。道光庚寅，陶文毅公到寺，題此詩，書直幅以付寺僧。同治己巳，彭剛直公繼至，見而和韻，亦書一幅留寺。四十年中，後先輝映，偉人傑作，不期而合，足爲湖山生色矣。剛直復撰書一聯，云：『古香自有梅花在，雪色時看野鶴來。』亦名句。

翠峰塢山居訪陳眉公　葛一龍

山開積雨後，行拂翠氤氲。未到客投處，已無人語聞。閣鳴松偃瀑，花盡鳥啼雲。片石澗流上，結茅知待君。

六桅漁船竹枝詞選十二首　國朝　吴莊

少伯功成早見幾，杜圻洲上竟忘歸。遺將六扇移家具，儘與漁郎覓食衣。相傳此舟，范蠡移家所製。

憑仗天風縱與横，更無櫓槳可飛行。蘆花淺渚難爲泊，帶得方舟便送迎。船不能近岸，各隨一小船便行。

一年生計三冬好，喫食穿衣望有餘。牽得九囊多飽滿，北峬山上獻頭魚。北峬禹廟，冬月以網得第一大魚獻。

賜鈔傳來敢使令，子孫傳掌似蘭亭。驅除瘧鬼同符篆，漁户家家荷寵靈。康熙三十八年南巡，四月幸東山，漁人蔣漢沖等獻銀魚，賜銀二十七兩，分金授子孫，戒勿用。後舟中有病瘧者，以金縛臂上，瘧即止。

好風忽發五更時，放腳湖心似馬馳。旋折六帆騎浪走，使船本事屬吴兒。船遇大風則行，行時曳巨網於船後，獲魚多至千尾。

每憑雲氣卜陰晴，風角占來老大精。試問天文都不省，滿湖星斗任縱橫。老漁知風雨，而不知星辰。

幾家骨肉一家人，泥飲船頭任率真。禮法豈爲吾輩設，不妨蓬跣對尊親。妻女終年椎髻，不知有華飾也。

兒曹識字亦何求，讀得毛詩也便休。事業只知漁利息，功名世上等浮漚。舟子亦讀書識字。

扯索看篷仗阿婆，元妻把舵去如梭。興來自唱漁家傲，不學吴娃蕩槳歌。

尋衣覓食利希微，仗得神明水上飛。三月廿三逢社祭，角頭山下拜天妃。

百年託命在浮舟，物化偏能遂首邱。湖上青山好埋骨，羞他水葬用緜兜。湖中小山無主者，漁人多葬此，不似湖鄉，以緜兜盛骨灰墮水中也。

樵夫招隱指巖阿，掉首船頭不一睃。漫説此中堪架屋，怕他平地有風波。

湖冰行　秦敏樹

銀濤翻起朔風緊，洞天栗烈雲房冷。瑶姬侵曉試凝妝，玉鏡新鋪三萬頃。天將一水化冰壺，芙蓉七二青模糊。夜來冰上燐火颭，漁人驚作神燈呼。千點萬點蕩寒燄，妖雹啖啖時有無。豈有禹書發光怪，龍威秉燭紛馳驅。江心炬火悵坡老，而此靈昱彌躊躇。陰極陽戰堅冰義，頗疑是物鬬兵氣。吴楚干戈那復愁，踏凍湖心拚一醉。莫唱狂歌驚老龍，恐掀腳底琉璃碎。

橘荒歎　前人

洞庭朱實漫山垂，采貢曾見香山詩。我朝免貢崇儉德，吴民久沐皇恩慈。揭來青犢竄山谷，璇精玉液饕賊腹。長洲烽火徹天紅，巨室豪家盡奔逐。田園荒廢囊橐拋，飄泊無從覓饘粥。豈有餘錢市珍果，千頭孤負秋風熟。老翁抱樹獨聲吞，日望官兵洗游氛。留得本根承雨露，他年活計長兒孫。那知兵氣凝陰結，吴天萬里連朝雪。雪凍風寒樹介成，松竹堅貞且摧折。況兹橘本甘脆姿，葉葉彫青皮碎裂。可憐兵火已無家，劫餘數樹即生涯。人既罷兵樹亦槁，滿湖淚雨落悲笳。此同治壬戌年事，自是東西兩山不復培橘，盡改爲植桑，乃風土之一變。

集文

原編集文，類以誌名勝之流傳，資興建之考據，其他弗尚焉。兹於舊碣中得一篇，復增入之，餘所采勒工紀事之文，皆乾隆以後續著者。

興福寺山居記碑在寺壁　明　王鏊

浮圖氏之道，有合乎吾儒之所謂静，何也？達摩西來傳佛語，心心或撓焉，則安得而寂？或淆焉，則安得而清？或翳焉，則安得而明？是故亦有資乎靜也，靜斯定矣，慧矣。然後惟其所之，靜亦靜也，動亦靜也。洞庭有湖山之勝，而恒患於逼，獨所謂俞塢者，窈然而深，坦然而夷。長松攙天，嘉花異果，紛峙羅列； 而興福寺又據其勝，占其幽。勤上人又擇其巉絶之處，作山居焉。旦暮焚修，終年蔬食，年且九十而貌如少壯者，非有得於靜耶？若吾人之所治者，何靜而安、而慮、而得？其素講也，顧擾擾焉日馳乎外，非名而利，有若勤之靜且專乎？是不能無愧於彼也。然吾有問焉，勤之靜也，惺惺然專一之中，其有所主乎？其無所主乎？有所主則倚，無所主則蕩，則所謂靜而定者，其亦難乎？故因其居之成，爲記諸壁，而因以問之。

重建古金塔記　國朝　陸燕喆

千山之北有村焉，其名曰金塔。故老相傳，此地舊有塔，一夕風雨失去。今吳興北郭有塔名『飛英』，或曰是洞庭飛來者，固未知即是塔否也？守溪《震澤編》臚述甚備，而此獨不詳，豈非以年代既遠，無從考其信實，而事涉幽奇恍惚，難以憑臆而斷耶？夫天下靈怪之跡，何所不有。紀載中凡爲古佛飛錫、神龍聽法所在，往往有雷振電舉、移山負岳之事，即吾山中，如蔡仙之煉墩，雖汛不没，莫釐之海眼，雖旱不枯，亦猶是也，何至於此塔而疑之？獨是山水之會，其氣脉之聚散，形勢之崇庳，於居人必有利不利焉。形家言此地，如龍之有首，而地勢反下，居此土者，欲以幽妥營兆，而家固苞桑難，因是建一塔以鎮之。一時之勞，百世之利也，則地名金塔，昔人必有其創建之，故豈可以爲風雨所攝，而疑其或然也耶？里中耆碩，於是尋其故址，鳩工庀材，成此勝事。其領緣、施財、任勞與費者各有差，皆得勒石，與巋然鹿碧，並垂不朽。蓋欲以宅吉而遠祲，扶瘠而厚植，以奠安厥居也。若夫釋氏之言阿育造塔八萬四千，供養者生兜率； 僧道某造塔，有三龍護之。此又邀福於不可知者，有不敢述。是爲記。順治十六年。

王、陸二碑，流傳已久，而《備考》未載。按原編『集文』例，云：『語涉二氏者不録』，其以此故歟？然篇中雖涉緇流，而義歸崇正，文恪一篇尤爲見道之言，應仍録之，以存名蹟。

太湖源委考　吳莊

太湖之水，其源有三： 一自天目山之陽，由浙之臨安、餘杭，合德清之餘不溪，匯於烏程之苕水，至大錢口而入湖； 一自天目山之陰，合宣州諸山之水，至長興之箬溪，分流爲二，其出弁山之陰者，至夾浦而入湖，其由弁山之陽者，至小梅口而入湖； 一從溧陽長蕩、金壇、常州，匯於宜興荆溪之下埠而入湖。大抵太湖所納者，得湖州之全、杭州之半，出常州者僅一支而已。舊《志》載有七十二漊，又有百瀆。今沿湖之曰港、曰浦、曰門、曰口者，共二百八十有五。其北在無錫者，自新姑港至閭望港，凡十八處； 其西在陽湖者，自水路港至百瀆，凡六處； 又其西在宜興者，自周鐵橋至符瀆，凡三十九處； 在荆溪者，自後河港至鳳川港，凡二十二處； 皆常境也。 西南在長興者，自斯圻港至蔡浦口，凡二十七處； 其南在烏程者，自小梅港至吴漊，凡三十九處； 皆湖境也。 其東南在震澤者，自丁家港至河廟港，凡五十九處； 在吴江者，自南港至白洋灣港，凡二十三處； 其東在吴縣者，自高坑港至西華橋，凡三十四處； 其東北在長洲者，自三塘河港至仁巷港，凡七處，皆蘇境也。 凡西北群山衆壑之水，皆注於湖； 獨東一面洩水入海，吴江居其下流，吴淞江、黄浦爲入海之要道，而胥口、五龍橋二處，乃蘇郡之門户也。

太湖考，諸家説甚夥，而吴君友篁此作最明晰，惟文出已晚，從前『水議』中未及采，誌此以備後考。

翠屏軒記　王鳴盛

吴山之奇，盡於西洞庭； 西洞庭之奇，盡於石公。 蓋洞庭之南麓，其一支斗入湖中，舟行遥望之，譬若巨人褰裳昂首而將涉也。 山之陽有石板，可坐千人，石公石姥相對立，呼之則應山谷聲也。 有劍樓焉，嶄絶若劍劈，高竦層叠若樓居。 循崖而行，曰雲梯，曰連雲棧，曰夕光洞，曰歸雲洞，皆詼詭殊狀，可喜可愕。 其石之面湖而矗立者，高下絡繹，拔地如數十百丈，袁中郎目爲翠屏者也。 湖波乘風駕空而來，銀轟雪湧，石與之拒，終日百戰而力適相敵。 巖腰有石公菴焉，菴之西鳳君杏村，築一軒爲遊憩之所，遂取中郎語，署曰『翠屏』，而屬予記之。 予遊歷名山多矣，以三萬六千頃之波濤，七十二峰之蒼翠，固域中所僅見也。 而石公奇勝，尤目不給賞，游者登臨甚勞，雖奇景之交於前，洞心駭目，然腰脚已憊，不得不興盡而阻，則兹軒之築，其可少歟？ 竊憾山之在城市者，冠以朱堂，翼以傑閣，佳處輒爲所掩； 而奇勝如石公，偏以荒寂少屋宇爲歉，二者往往不能均。 今是軒也，瞰湖而負山，前與浮玉草堂相對，後臨鶴澗，峭壁聳拔，瓊列如屏。 以一軒踞一山之勝，將使尋幽捫險者，至此得所芘庥； 而嵐靄湖光，呈奇獻異，皆得歷覽而無所遺。 是非具豪興而多雅懷若杏村者，其曷能肩此勝舉也？ 至軒中景色，他日倘與君遊，尚能爲君賦之。 乾隆癸巳三月。

林屋洞記　汪琬

余至西山，間日以遊，得覽包山石公之勝。 又明日，登洞山，始至林屋洞。 洞門庳隘，非傴僂不能入，余病臂，未能也。 一輿夫、一童子賈勇，攜炬而前，得見所謂石牀與神鉦者，出爲予道之。 客或問曰：『洞果四通乎？』余曰：『然。 是謂地胏，抑道書云「山腹中空，謂之洞庭，猶身之有腧穴，神氣之所行」是也。』『然則所通道里幾何？』曰：『言其西達峨嵋，南接羅浮，北連岱嶽者，《郡國志》也； 言其北通琅邪、東武，西通長沙、巴陵者，《元中記》

與《輿地記》也。其言雖或有本，顧世人未嘗有至者，莫能悉其然否也。』『然則洞中果有靈異乎？』曰：『昔之得石函《素書》及得《嶽瀆經》者，已久遠不可徵矣。近世有村人入洞，嘗獲銅龍二，持以歸家，闔門疾疫大作，村人懼，仍投諸洞中而愈，此山家所共見聞也。其非靈異而能之乎？大率巉巖窈窕，奇絶可喜之境，道書所謂洞天福地者，不有仙真，必有鬼神，從而呵護之，時出光景以震耀愚俗，固其宜也，又何惑焉？』

西洞庭山風土記

沈德潛

西洞庭去郡城百里，山之奇者石公，邃者包山，靈秀者林屋，高者縹緲峰，險而幽者大小龍渚、石蛇，總名西洞庭云。風俗淳樸，居民傍山，村落連綴，無堡塢廛市。耕稼外雜植花果，人煙雞犬在花林中，四時果實成熟，偫具衣食，瀕河者業漁。民多聚族，家有宗祠。敬耇長，老者出，子弟追隨扶掖。煢獨者，眾扶掖之。路無婦人，無輿馬，無丐者。無奇邪，無勃谿色、詬誶聲。秀者誦習，不專干禄，廢誦習者服賈。子弟蔑棄先矩，雖富貴，眾鄙之。婚嫁擇對輕財，家饒裕者爲媒氏，兩姓或遭故慫嫁娶期，媒氏佽助之。人雖貧，無爲僕妾者。辦賦税早，經年無催租吏。歲時親朋觴酌，物儉情厚。里有逸民故老畏榮耽寂者，嘗津津道之，瑣細莫詳，其大都如此。予慕洞天名，偶踐其地，居人競來相邀，摘園蔬，網湖魚，淹留款浹，數日別去，因得悉其風俗。從來遊洞庭者，輒談幽虚左神、金庭玉柱，誇神仙蹤跡；記風土之異者，又謂境無蛇、虎、雉、兔，別於他山。而俗之淳樸，近古概未之及，予表而志之，以俟世有采風者。

北嶋山水平王廟碑記

薛起鳳

《周禮》：揚州之澤藪曰具區，其浸五湖。樂史《太平寰宇記》云：『今州西六十里，太湖是也。』湖中杜圻山，一名北嶋山，在洞庭、馬蹟之間。山澤氣逆，風濤四會，上有神廟，莫紀歲年。乾隆二十二年冬，士人會於廟下，謀作新廟，踰二年，冬十月工乃成，記者蓋以爲禹廟云。案，蔡昇《太湖志》、王文恪《震澤編》、翁澍《具區志》太湖小山名嶋者四：北杜圻洲，南眾安洲，西角頭洲，東三洋洲，皆有水平王廟，不載禹廟。至金友理《太湖備考》，四嶋山始稱禹廟，然不載改置年月。考之舊《志》，即古水平王廟也。舊傳后稷庶子，佐禹平水有功，墓在馬蹟山，因立廟分水嶺。宋慶曆間，知州事胡宿奏列祀典，後杜圻諸洲皆立廟焉。明季三洋洲没於湖，神像浮於衡山，衡山人奉像祀郁使君廟，或遂以郁使君爲水平王，非也。昔在帝嬀臣唐之代，天綱渟濝，洪泉失道，古大禹疏川導岳，偏日月之下，疇其土而生之，烝民乃粒，萬世永賴。自中國外薄四海，所過名山大川，莫不湮祀。當時贊厥元功，於書則有若益稷暨朱虎熊羆；於傳記則有若河伯、雲華、庚辰、虞余、童律、烏木田、陶臣氏、烏陀氏、鴻濛氏；其以功封吴者，則有若繇余氏、知伯。禹治水土，作司空，會群神，其間山國澤國分命以治者，皆爲生民禦大災，捍大患，各以功廟食於其疆土。禹之德配天地，水平王之功在江湖，《夏書》曰：『三江既入，震澤底定。』太湖宜有禹廟，立禹廟而以水平配食，禮也。以水平之廟襲稱禹廟，不可也。虞夏之書渾渾，其詳不可得而聞。嘗覽方輿之勝，稽諸地記，案之圖經，夏后氏之蹟見於東南者，會稽、壽春、當塗皆有塗山廟，廬江古城有皋陶冢，淮陰龜山鎖無支祁之神；吴興武康，古防風汪芒氏國，其嵎山即帝嵎所居也；大越之山，無餘所守祀也；長興夏駕山，帝抒所遊豫也；宛委陽明之洞，洞庭幽虚之天，繡衣使者所授圖，靈威丈人探禹書處也。江山萬古，文獻無徵，將欲求古文之遺書，考秩宗之典禮，時又無博物如鄭子產、好古如韓退之者，與之讀岣嶁之碑，辨河汾之祀，其何以正之？乃述所聞刊之石，以俟後之君子。乾隆二十三年。

新建文昌宫碑記　羅琦

凡天神之載在祀典者，類非大夫士之所得祭，而文昌之神獨異焉。文昌，《史記》所謂『斗魁戴匡六星：一曰上將，二曰次將，三曰貴相，四曰司命，五曰司中，六曰司禄』是也。小司馬《索隱》引《孝經援神契》曰：『文者精所聚，昌者揚天紀。』又引《春秋元命包》曰：『上將建威武，次將正左右，貴相理文緒，司禄賞功進士，司命主老幼，司中主灾咎。』則天道精嚴顯赫，統見於斯，而無一人一事不在其中矣。宜乎自古以來，無上下貴賤，皆得祀之也。今上御極之六年，命京師立文昌廟於地安門外，詔禮部、太常寺議，春秋歲祭如制，使天下所在，咸得奉祠，豈非天道之統著於斯，而又由虞迄周皆載在祀典者乎？嘗考《尚書》『禋於六宗』，鄭康成以文昌司命、司中當其二，《周禮·大宗伯》『以槱燎祀司中、司命』，鄭亦以文司之星釋之，然則文昌之祀兆自有虞，至於《周禮》，由來遠矣。漢、唐、宋嘗以文昌從祀郊壇，《漢儀》以立冬後丑日祀司中、司命於南郊；唐《開元禮》以立冬後亥日祀司民、司中、司命、司禄於國城西北；宋史禮制，熙甯同唐，元豐同漢，政和以司民、司中、司命、司禄分立四壇；此又虞周以後祀典不廢者也。至於大夫士庶，統得祀之，則《祭法》『王爲群姓立七祀』，『諸侯爲國立五祀』，皆首司命。皇侃以爲文昌星，非其所從來歟？然而後世文昌之位，往往移於蜀梓潼神。蜀梓潼神者，居劍州之七曲山，仕晋戰殁，人爲立廟，恒著靈異。常璩《華陽國志》、崔鴻《後秦録》，李商隱、張亞子詩，孫樵《祭梓潼神君文》可按也。而道家以其靈異科目，因謂上帝命梓潼神掌文昌府事及人間録籍，元時遂加號爲帝君，不免於迂誕矣。故陸清獻公修文昌祠曰：『吾知祀文昌而已，他非所聞也；吾知祀《周禮》《史記》之文昌，爲道之宗主者而已，他非所知也。』

今日恭逢朝廷重道右文，特立專祠，凡在臣民，罔敢不修正祀典以崇正道？況三吴爲人文之藪，包山乃靈秀所鍾，蜿蜒扶輿，旁薄鬱積，水土所生，神氣所感，俊逸如林，才德輩出。琦不佞承乏其間，樂與切磋而淬厲之，於是與邦之諸君子，議建文昌祠於莫釐峰下，以歆動群志，而即於祠之兩廊分置齋舍，以爲肄業之所。鳩工庀材，七閲月而祠成。祠既成，相率拜祀，尊爵浄潔，登降雍容，雲日祥龢，山川清淑，耋艾歌咏，人士抃躍，文昌之神將以斯道昌是邦，而士庶之德行道藝，遂駸駸乎其日隆也。琦因稽其事之由來，以刻諸石。嘉慶二十三年。是碑在門外東壁，其西壁又一碑，係燬後復建所立，僞託俞太史撰，其文近鄙，未足與羅碑並傳，兹不録。

太湖廳修濬鸜鵒諸河碑記　陶澍

道光七年，余既奏請疏濬吴淞，爲吴民萬世之利，而濰水劉君鴻翺，來爲太湖同知。同知治在洞庭東山之下，有鸜鵒河、黄洋灣，由内港以達蘇州之要道也；有大缺口，西北諸河下達南湖之咽喉也；有南北望河，分湖水以灌吴瀆、油車諸港者也。東山衣冠殷盛，物産阜蕃，往時居民交易有無於蘇，道鸜鵒河甚便，歲久而淤，改爲外湖涉風濤四十餘里，人病其險。嘉慶之季年，善化羅君琦爲同知，嘗一濬焉，以費不繼而輟。劉君至則稽成謨，詢衆欲，於渚瀉慮淫瀨，計揵菑，量畚挶，自十年正月賦工，至閏四月之末畢役，總堤長五千七百有四丈。余既列君名，登之薦牘，并以好義紳士徐學巽、葉長福、葉運鵬、劉運蓁等各請敘，得旨報可，君旋擢淮安守，再擢福建臺灣道，陳臬秦中，去太湖數年矣。道光十七年。

王果慤公祠記　陳倬

洞庭兩山峙太湖中，東山居民數萬户額，設水師九百餘名，太湖營副將治之，隸江蘇。咸豐十年三月，粵賊自江甯東竄，大營潰，州縣相繼陷。賊以吾蘇爲巢，日出郭焚掠，始近郊，繼遠郊。當是時，四鄉各起團練，兵與賊相持，而衆寡不敵，數月間非潰即降，惟東山拒賊最久，賊且畏之，則皆總戎力也。總戎姓王名之敬，浙江奉化人，由行伍累功至福山鎮總兵官，攝副將事，平日簡徒卒，精訓練，得將士心。聞賊逼蘇、常，與紳士添募丁壯，作戰守計。四月丁丑，蘇州陷。五月，賊分道出城，一由木瀆掠胥口，一由全莊掠横涇。總戎部署兵勇，渡湖禦之，賊見官軍旌旗，從他道逸。八月乙丑，賊竄香山，焚掠村落，總戎率衆五鼓渡湖，黎明見賊帆由胥口出，圍繞山麓，逼近水東之臨湖觜。總戎所部僅炮艇八，乘風轟擊，碎賊十餘艘，奪獲四艘，陸路賊聞風潰。是役也，以一當百，轉危爲安，厥功偉矣。太湖汪洋八百里，北距常州，西距湖州。湖紳趙忠節公，憑險殺賊，爲東南守城第一，視東山爲門户，相與聯絡聲勢，浙撫王忠愍公聞總戎忠勇，時以軍仗火藥接濟，並奏明兩山改隸浙江，自是軍威大震，蘇郡賊艘不敢窺湖濱。十一月乙巳，常州賊襲西山，總戎往擊，鏖戰三晝夜，殺獲相當，會所部有失利者，收軍回，山賊亦不敢逼，然而脣亡齒寒，人心餒矣。十一年二月朔，賊復大至，登岸縱掠，居民四散，總戎麾兵巷戰，力盡被戕，士人槀葬之。封翁鄭言煊於教場，收得遺骼，刀痕徧體，血漬模糊，歷四十餘日面如生，遂與紳士葉純殯殮成禮，送其櫬於湖州，適其孤祖培至湖，扶柩去。事聞，天子震悼，賞加提督銜，賜謚果愍，卹贈優異，敕於太湖東西兩山建專祠。越二年，官兵收復諸郡，江浙肅清。越六年，祠落成，封翁郵書京師，將泐其事於石，乃作迎神送神曲以祀焉。神之來兮，赤駟兮文虬，韡刀一戰兮鼎鼎千秋。陳椒漿兮斛鑾，颭靈旗兮想像。羅拜吾神兮神其有靈，橘奴千頭兮草木皆兵。神之歸兮，風輪兮雲蓋，念我父老兮來會。昔鶖鶬兮今鳫鳩，士食德兮農服疇。湖容與兮如砥，山嶔崎兮如壘，神之降福兮永佑享爾。同治六年。

書路文貞儗唐内侍張承業傳稿附澹歸書撰文貞別傳合裝卷後為太湖吴書樵翰上舍作

唐翰題

予讀《明史》至《路文貞傳》，竊歎明社方屋時，公與巡按御史王公燮同心共濟，屹鎮淮徐，挽已去之人心，力持殘局，東南生靈，繄公是賴，而卒中蜚語以去。同時賢如戢山，尚不能不惑於浮言，碌碌餘子，更何足深責？荀卿子云：『傷人之言，甚於矛戟。』吁！可畏也。方公之去淮也，遭母袁太夫人憂，西北路梗，家無可歸，乃奉喪渡江入太湖，卜葬東洞庭山莫釐峰下法海塢。公遺集《復黄總河書》有云：『負土郊外，爲母築壠。』斯其明證。《太湖備考》書公墓，不書袁太夫人，疏矣。同治丁卯十月，翰題以吴縣令調權太湖丞篆，得拜公祠於葑山麓，爰集山中人繕葺頽廢而新之，既落成，於祠西偏小廋，取公《太湖偶作》詩顔曰『訴月』，猶公志也。公生以萬曆八年九月二十日，我朝順治六年己丑四月二十二日，正命廣州順德之陳村，乃卜是日，率屬官，會山中人士，爲文祭於祠，書其事於牘，歲以爲例。既謁公墓法海塢，墓門斷碑僅存『路公』二大字。聞昔年守墓尚有後人，召而詢之，則曰：『路氏久乏祭掃，自遭寇亂，更無過而問者。』徘徊久之，不勝展壠樵蘇之感，乃巡視繚垣，履正界畔，仍給守墓後人守之。塋地爲兆域三：中域崇封，體制甚尊，規模壯麗，公奉安袁太夫人窀穸也，歸元功撰行狀，稱刻石像跽殯宫前，其在斯乎？右域封稍殺，即公歸葬所，異代孤臣，飾終從貶，宜也；左域封又殺之，則公子若孫之祔於是者。皆以無碑文可稽，又後人寥落無徵，未敢妄題，懼其久而湮也，乃即正域石欄，手篆『路氏先塋』四大字，刻而誌之。鄭君言煊、翁君丙，善士也，以是舉有合於崇德報功之義，出其公舉節省羨餘，置田六畝有奇，爲歲修計，所以圖永久者，用心良厚。爲科其新置田畝，并路氏塋地額糧，屬惠安堂，堂中多義舉，故二公董理也。并書於牘，以告後之來者。事甫集，予謝事去，行有日矣，書樵吴君持是卷索一言，遂公倚裝書以復之。卷首爲公擬《唐内侍張承業傳》手稿，公遺墨罕傳，此蓋公感時事而作，草草屬稿，真氣自不可掩。附以澹歸所撰公别傳，傳以公中蜚語去位發端，而卒歸於『運會之莫可如何』，此古詩人呼日月而訴意也，俯仰千古，能無浩歎？澹歸與公同事行朝，於公生平知之尤詳，足證異辭。或疑字涉悖謬，宜斥勿録，竊以爲當謹遵四庫書採録勝國遺民文集例，墨其字而存其文，以推廣我朝寬大之仁，亦讀書尚論者所宜審慎也。書樵精識，必有以窺其微矣。其善藏之，永以爲山中寶，不獨吴氏一家寶也。

同治八年。

重建太湖廳署碑記

何希曾

蘇州太湖同知，特設於雍正八年，舊駐吴江同里鎮，專司水利。至十三年，巡撫高公以洞庭東西山户籍繁而去縣遠也，請於上，以同知移駐，就理民事，是爲東山建署之始。署在前山，本席氏故宅，屢易主，歸於官，凡地五畝三分五釐八毫，屋六十六楹。後高司馬廷獻復增葺之，建重門，設東西廊，官衙規制始大備矣。咸豐辛酉，赭寇之亂，斯署燬焉。紳士屢籌復建，而難於集資。有議行茶捐者，於茶肆每甌增一錢，由肆主月輸於公，此浙撫王壯愍公官蘇藩時成法也，東山仿行，約歲獲數百緡，請於大府，得報可。乃於光緒十一年八月，始以錢給典商生息，積十有四年，得錢九千四百緡有奇。己亥秋，余來攝篆，乃議啟工，會程君良馭授斯缺，未受代，先奉檄勘估。余得與程君會籌之。詳覈規度，悉如曩制，建重門若堂、若齋、若室及庖湢諸舍，凡六十二楹，以光緒二十五年己亥十月經始，於二十六年庚子八月落成，費銀圓一萬三百枚，準與捐錢略平，幸不重煩民力矣。諸紳請余爲文勒諸石，余思吴中郡縣能集資重建官衙者，自東山始，喜斯土士民之急公，而余乃適觀其成也，爰臚舉顛末，使後有徵覽焉。紳士籌捐者爲翁丙、鄭長標、鄭衵煦，監工者爲嚴辰、鄭言晨，而萬君履占總其成，備誌之以無没其成勞云。

書目

原編臚舉書目，合東西兩山，不下四百餘種。亂後原書不皆見，繼起者亦少作家。今就所知，續舉數十種，或家有藏本、訪羅未及者，尚俟補輯焉。

丁允亭《太湖志》

李備《太湖志》字嶺西，馬蹟山人。

金友理《太湖備考》

翁天游《古香堂存稿》六卷

蔣尚義《包山社稿》十卷

陳友炳《四書合參》子綸續成之。

陳之桂《擷芳集》字香巖。

朱濟世《自鳴草》字德聞。

翁栻《釣采吟》字猶張。嗜古書，得宋元善本輒録其副，見《足徵集》。

席啟寓《唐詩百名家全集》

王洪緒《卜筮正宗》

葉灼棠《庚辛涉筆》《學古編》《志行草》《燕山草》《存餘稿》《平海吟》

葉時從《拜石居稿》二卷二人俱見《足徵集》。

陸啟蒙《金庭百刻》

葛士範《鍊洲山人集》一卷

鄭茂協《吟香集》

鄭棟《聊復集》

王奇佶《石公山志》

王錞《小輞川詩鈔》

嚴榮《禹貢補註》《桐花館筆記》《寶儉堂詩集》

劉恕《茶花説》《挂漏編》十卷

鈕樹玉《群經古義》一卷，潘錫爵輯。《説文考異》十五卷，洪亮吉序。《説文新附考》六卷、《續考》一卷錢大昕序。《段氏説文注訂》八卷、阮元序。《匪石居吟稿》六卷同縣金蘭輯樹玉及張紹松、徐筠詩，名《三布衣詩存》。《匪石日記》一卷《匪石雜文》一卷並葉昌熾、王頌蔚輯。

周綵《清籟閣詩稿》二卷

王仲鎏《毛詩多識編》十二卷、《毛鄭異同考》二卷、《四書地理考》十四卷、《鄉黨正義》十六卷、《大學衍義再補》十二卷、張履傳作《聖學入門書衍義》，卷數同。《漢宋學求》十卷、《學海蠡聞》四卷、《錢幣芻言》、《國朝文述》文擬爲十集，第一集即止。《國朝詩持》《壑舟園詩文稿》

徐桂榮《息舫合刻》

蔡九齡《西洞庭芳徽録》集名人所作孝貞節烈傳記爲此書。羅琦序。

鄭啟掄《水流雲在軒全集》

葉承桂《太湖竹枝詞》有《五湖漁莊圖》十二册，徧徵詩畫極精。

顧春福《隱梅樂》

鳳友麟《漢書辨證》二卷

鄭言紹《慎餘録》二卷、《禹貢圖注彙纂》一卷、《拜庚隨筆》二卷

災異

災祥不繫乎一隅，就山中所見，則於山中記之。原編記至雍正二年止，以後有采諸軼編者，有得自故老傳述者。若近數十年中，則皆親歷之事矣。

雍正四年八月，霪雨敗稼。

乾隆二十一年，大疫。

二十九年正月，地震。

三十四年，夏雨，太湖溢。

四十年，自三月至八月不雨，東太湖涸。

五十年，大旱，蝗蝻生。

五十一年，大疫。

五十九年，龍鬬，風雨驟至，壞濱湖房舍無算。

嘉慶九年，夏雨，積水傷稼。

十九年，大旱，地生毛。

二十一年，大水。

道光元年，大疫。

三年，大水，歲大饑。

十八年除夕，大雨，雷電。

十九年九月，地震。

二十二年夏，翠峰塢發蛟大雨，山水暴注，壞翠峰寺金剛。蛟窟在六角亭側，巨石奮起，長十餘丈。

二十七年夏，有鼉千百浮太湖，來聚豐圻白馬廟前湖灘，數日乃去。

二十九年夏，大水，爲江南奇災，街市水溢數尺。

咸豐三年三月，地震，有聲；越日又震，四月又震。

六年，夏旱，小北湖涸。六月蝗從西北蔽空來，以官錢購捕，食蘆葉，未傷稼。

十一年十二月，大雪，平地積四五尺；太湖冰，半月乃解。時粵賊踞東西山，湖州水軍扼守大錢口，冰堅，營艇悉膠，賊遂入口。

同治元年，東山有野猪壞塚墓，食田蔬。或云上年自長興山渡冰來。孳生歲益繁，鄉人群出捕逐，十餘年乃絶。

十一年三月雨雹大如拳。

十二年，夏旱，小北湖僅通河槽，旁盡涸。

光緒二年六月，地震。七月，民訛言紙人魘魅，徹夜自驚擾，蘇城獲妖人馮阿士，伏法乃定。

十四年，秋疫。

十五年，霪雨，自八月至十月，穀熟未穫，淹沒成災。

二十八年，大疫，自春至冬。

雜記

凡郡邑志，有正編所未備載者，作雜記以存之。原編亦云：事無門類可附，則羅於雜記中。茲仿其例，凡遺文軼事、方技雜流及故事可備考據者，悉臚誅之，彙爲一編，此稗蕠之説也。

董文敏公其昌未達時，假館茭田爲許氏師，故東山手筆甚多。翠峰寺額留鎮山門，惜赭寇之亂，已化刼灰。翁巷遂初堂劉宅，有所書《樂志論》，鈎摹於屏壁，今尚存。又陽橋『居仁里』三字，亦公書。當時未知其名重，村閭門巷，隨處留題，今則奉爲墨寶矣。

宋駙馬鄭釗，字季一，尚哲宗女順德公主，高宗時扈蹕南渡，始居東山，爲鄭氏鼻祖，墓在武山官莊。乾隆間吴邑修志，誤作唐郭駙馬，鄭族子姓呈縣更正。地稱官莊，蓋宋時官家所給之莊田，後人妄言公身殉沙漠，以衣冠歸葬，故墓稱『冠葬』，悠謬之談，不知何據。此音義傳訛，如以杜拾遺作『十姨』之類。相傳公主墓在西山，今莫詳其處。

明正統四年己未，施槃廷對擢第一。先是蘇州知府況鍾遷建吴縣學，戊午夏蓮生泮池，一莖三花，其年學之士舉者三人，槃連登第魁天下，於是吴中士大夫置酒合樂爲太守慶，郡人翰林院侍講劉鉉紀之以詩。

東山沙嶺化龍池，爲王氏故塋，相傳先世得此地，知爲吉壤，而莫識其正向，乃曰：『我子孫當排比以葬，必得佳穴。』因是各壠葬次不分昭穆，而相聯如貫珠，人稱爲念珠墳。後文恪以解會元、廷試第三入文淵閣，殆發祥有徵矣。至國初，又有堪輿家相之曰：『可惜鳳皇旗不正，他年僅出探花郎。』鳳皇旗乃此墳之對面山。人問『其尚可挽回否？』曰：『當於墳前作饗亭以合正向，或冀有應。』王氏從其言，築一亭，而文恪八世孫世琛，果於康熙壬辰狀元及第。

朱允恭禽劇盜赤脚張三，《備考》前編已記其事，但稱允恭設盛讌，陳聲伎，潛伏壯士於席間捕之，而猶未詳盡。聞諸故老云：張三驍悍趫捷，人莫能近，是日會飲至晚，允恭密使人徧布黄豆於地，洒以油，伺張酒酣，突出掩捕。張騰躍起，方欲展技，遽傾跌仆地，乃就禽。其讌飲處，即今王氏之縹緲樓也。

洞庭少婦，未詳姓氏，嘉靖間倭寇竄山，婦爲賊所掠，過獨板橋，二倭前後扶曳，側足而行。至橋心，婦兩手堅握倭臂，奮身踴入水，二倭爲所牽，俱溺斃。此婦不僅全身，而能制二賊之命以洩其忿，其智勇爲不可及。

順治二年，大兵南下，明敗將王蜚、卞勝遁入太湖，擁眾侵掠，將不利於東山。時路文貞公振飛方寓山，團勇爲備，使山村聯絡，列炬周巡，以防宵警。陳瑚撰《楊灣伍公廟碑》，記其事云：『寇見神火滿山，不敢近。』此乃託言伍公靈佑，故神其説耳。今逢正月賽會，大小村落必户出一燈，以長竿挑持，繞市而行，望若燭龍，鑼聲喧沸如行十萬軍，見者嗤爲村野，實則名臣保障，功在一方，故至今沿爲故事，非如他處，火樹銀花，徒侈游觀之盛耳。

陸稼書先生自嘉定罷職，東山席氏聘爲師，先生樂就之。時東山官惟一巡檢，每出鳴鑼，先生在塾，聞門外鑼聲，必肅起拱立。嘉定民有訟，久不決，來就質於先生，先生曰：『予今非官，不能判訟。』無已，爲解紛可乎？』兩造各陳詞，爲剖析曲直，皆曰：『陸太爺云然，必無謬矣。』其爲民信服如是。山中居停爲席啟圖，太僕卿本禎子。啟圖所著《蓄德録》，乃先生手定也。

林屋洞，爲十大洞天之第九洞，有三門：一雨洞，一丙洞，一暘谷。雨暘洞小，惟丙洞可入。人初入甚仄，後漸寬，上結石蓋，雜禽魚鼓磬等狀，下滑，滑多乳珠。愈進愈黝，秉炬以入，有白蝙蝠無數來撲。人蛇行數十武，又闢一洞，入洞凡六七起伏，抵巨石，署曰『隔凡』，乃不可入矣。有石鐘，叩之清越，其他怪石錯列，莫可名狀。洞中可至者約六七里，餘不能窮也。

翠峰塢山腰有六角亭，道光十年，江督陶文毅公澍以勘河至東山，登翠峰憩斯亭，賞其幽勝，奉宣宗御書所賜『印心石屋』四字鐫橫碣，嵌置亭壁。此亭舊係席姓建，今將頹圮，宸翰所在，宜敬謹珍護也。

鄭錦宗，字尚絅，以子長桂官膺資政封，五世同堂，親見七代，同治十一年恩賞緞疋、銀兩及『書帶長春』匾額，時年九十有六。

同治間，兩山重遊頖宫者二人，東山爲金相明經老宿，西山爲鳳觀宸，以舉人官冀州刺史告歸，年皆八十餘，聰明矍鑠，爲耆碩之望。

同治戊辰，西山匯上村民婦沈秦氏，一百六歲，夫名成，時已卒。長子建勳亦八十五歲，孫吉祥、曾孫欣順、元孫二人，鄉居務農，不知有榮慶□〔一〕錫賚之事。會吴縣訓導以宣講聖諭至西山，訪得之，白於上官，題奉恩賞，給旌如例。

嚴壽母徵祥妻，朱氏女，一百有一歲，光緒壬寅賜壽如例，旌其廬曰『貞壽之門』，舊居東山。其子選於木瀆，購葺潛園，奉母以居，即於瀆市建百歲坊。

光緒辛丑，楊灣民葉惟勤妻，一産三男。

東山著姓，户族較繁，皆有義莊以贍族，席氏始於席啟圖，翁氏始於翁大業，鄭氏始於鄭永昌、永和，嚴氏始於嚴徵喬。百餘年來，其子孫皆能恢廓前模，有興無廢。而翁氏尤盛，大業孫新熙，慷慨承先志，至同治年，族裔大本又屢捐田産益之，邀旌建坊。敦本之風，惟四族爲能弗替焉。

葉基本妻，周耀文女也，封臂肉療父病。又，葉基璿妻，朱曙光女也，母病，革斷一指入藥，皆道光年事，山人罕知者，予與親串，特表之。

前明畫家以丹青著名者，爲東山沈周。周性高潔，遊京師，徵爲供奉，不就，郡邑延請亦不應。爲王文恪微時故交，文恪捐相印歸，方抵家，使人問周，周已病，革取片楮題云：『勇退歸來説宰公，此機超出萬人中。門前車馬應如許，那有心情問病翁？』文恪得詩即趨至，周語曰：『林間大學士，地下修文郎，自此一訣矣。』一笑而瞑。

周祖禮，字人儀，少讀書，母病瘻，遂精於醫術。會江督高公晉得奇疾，諸醫皆不效，祖禮治之而愈，名遂大噪。生平善行多可紀，以醫掩其行誼云。

王洪緒，精於易理，善卜課，決人休咎如神，著有《卜

〔一〕底本此處漫漶。

箍正宗》行世。

金翼蟬，習拳勇，膂力絶人，屢爲行商保貨財，故名聞於江湖。凡拳力高出人者，必有强者來角技，名曰訪道。一日，有外來僧突造翼蟬家，冀蟬款留之，數日不言技。值晚餐，僧遽起滅燭，遂相撲於暗室中。支格逾時，絶無譁鬥聲。俄僧逼翼蟬於室陬，翼蟬自其胯下出，僧呼燭，歎服曰：『君長者也，方余逼君時，度君無脱理，君能出胯下而不傷余要害處，是以讓德服我矣。』乃拜謝訂交而去。又，山中饑，翼蟬出，購米太湖之南天宫寺，米埠也，村衆方遏糴，肆主不敢付，翼蟬曰：『無妨，米但入舟，即被奪亦必償價。』乃以數百斛運舟中，將解維，衆已集。翼蟬持篙立鷁首，有惡少當先躍登，翼蟬以篙挑之擲空際，踣出數丈外，衆懾伏，莫敢近，乃從容刺艇歸。翼蟬嘗言，好勇者，技不精必自傷。晚年改字逸禪，葢進於道矣。令其子相讀書爲文人。

王朝忠，字蘊香，工書，目短視，而能於粒麻上作數十字。戚友索書，以筆剖數毫，書之可立就。有書『黿鼉蛟龍』二句者，有書『九五福』一節者。余所見乃寫『白日依山盡，黄河入海流』五絶一首，并志年月及小石山人款，以顯微鏡窺之，字畫分明，洵稱神技，如《江南野史》所載錢上寫《心經》、粒麻上寫『國泰民安』四字，方此未足爲異矣。

朱書麟，字詩舲，邑諸生，屢試不得志，就小官，尋又棄去。以善書名，持縑素求者無虚日，作擘窠字尤雄偉遒勁，山中堂額碑題多出其手。蓄硯甚多，自號『三十六硯主』。

鄭杰，字仕卿，工山水，蕭閒静遠，以氣韻勝。曾寓劉氏之寒碧山莊，主人藏名畫甚多，杰日向探討，於王、黄、倪、吴諸家，盡得其筆妙，遂稱能品。

王摩，字也詰，居西山，爲蓬心太守族昆，善山水，能用枯毫重筆，有題句云：『二月江南雪未消，萬枝寒玉碧迢迢。東風吹老春城色，一片煙光畫六朝。』可謂詩中有畫矣。

女史周綺，字緑君，爲王雪香希濂箍室，工韻語，能篆刻，兼擅山水花鳥，得蕭遠生動之致。常戲寫荷花水仙合幀爲《炎涼圖》，題云：『水佩風裳一種清，兩花應恨不同生。炎涼任爾輕分判，香國何嘗有世情?』著有《擘絨餘事詩稿》。

周日蕙，字佩兮，朱子鶴和羲室，善花卉，以靈慧得生趣，小楷學晉唐，尤深得歐法，著有《樹香閣詩集》。題《三春競艷圖》云：『闌裝七寶護芳姿，淺碧深紅競一時。同向九霄分雨露，春光偏屬最高枝。』又題《秋花》小幅云：『幽芬簇瑶階，摘助曉妝靚。未許涼風吹，雲霞滿仙鏡。』秀麗中有寄托之致。

葉淑貞，適周世濬，早寡，自號『鐵琴』，以見志。工寫生，設色鮮妍。因乞畫者衆，自爲例，以一箑易米券三斗，儲至歲暮，出以饋貧。字學簪花格，詩亦逸，而一生清操淑行，不以此爲重。馮中允桂芬爲作傳。

異僧無名，人以『無名和尚』稱。棲消夏灣破庵，不知所自來，語音類台州人。不諷經，不乞食。與之食，能盡米三升、酒一斗。嘗登莫釐縹緲之巔，忽痛哭，又大笑，人目爲狂。示以字，瞪目不能識。有文人會於包山寺，咏梅押雲字，未成，和尚諦視笑，衆曰：『爾能詩乎？』曰：『何不能？』脱口吟云：『椒眼幾粒裹青霰，鐵骨一條眠斷雲。』衆大奇之。一日謂人曰：『明日我將去矣。』人意其將回天台，翌晨趺坐作偈曰：『雹光三癸丑，住世無可住。青山萬壑雲，是我來時路。』遂化。時雍正十一年癸丑也。三癸丑，當是明神宗時人。沈德潛有傳。

乾隆四十年，夏秋無雨，太湖龜坼，有龍骨一具横陳湖底，頭角皆備，餂之黏舌，與藥肆所貨者不同，以治刃傷神效。又，香山相近湖底見穹碑一、巨鐘一。碑字漫漶不可辨，後舁置范村，改爲砌石，鐘陷泥中不可舉。此不知何代沈没者，事載《吴門補乘》。

同治元年正月，大雪，太湖冰厚數尺。每夜冰上見火𤈦閃鑠，漁人稱爲神燈。西山秦敏樹有《湖冰行》云：『陰極陽戰堅冰義，頗疑是物關兵氣。』時粤賊方踞山。詩頗近理，《易》曰：『陰疑於陽必戰。』舊解『疑』字本作『凝』字，蓋陰氣凝結，陽爲之遏，其言『戰』者，即水火相搏之義。所現光怪之象，疑或因此。

東山係石戴土，故山質厚而無奇産，比年西洋人屢來相度，幸中無五金，得免劖鑿。一日洋人至大園席墳，見巨石，熟視久之，以鐵管鑽石中，後繫革囊，須臾囊中鼓滿，拔鑽攜去。究不知所取何物。

尚錦村有一泉曰天池，此原編所載，而泉之異未述。其源出於小潭，下注數十武，又瀦爲一潭。下潭稍廣，村人濴汲胥賴之。惟上潭之水，相戒不得入穢物，遇穢即涸而他徙，能徙至十餘里外，下潭無源亦旋竭。村人尋聲往求，見他處澗壑中有澄清泛濫，無因而盛漲者，則得之矣，必備物供獻，迎以鼓吹，乃返故處。近二十年中，曾見其兩徙。

殿前街中有紫籐一本，横亙數百步，架木爲棚，支以巨石，貫以鐵絙。花時如纓絡下垂，散芳滿地。是處成市，已不知幾何年，當時植此本，必不在市中。大椿春秋，殆莫可紀矣。曾詢諸故老，云自幼及耄，未見其增長，今又數十年，樹身依然。凡物不枯不菀，乃得長生，可於斯理悟之。

戴家嶺有巨松，合抱數圍，每舟行南湖，二十里外已望之若蓋。旁有松數十株，亦蒼虬老幹，然在巨松側，俯視皆兒孫矣。粤匪之亂，殃及林木，徧山濯濯，而巨松獨存。同治癸亥七月，賊物色及之，斧斤甫施，適官軍自吴江下太湖，賊望見駭散，樹猶矗立，根際已傷，越二年而槁。以數百年物而不能逃半日之刼，殆有數焉。

紫金菴十八羅漢，係雷潮裝塑。諸佛各現妙相，軒渠睇睨，奕奕有神，相傳與西湖净慈羅漢塑出一手，惟此供養深山，不敵西湖名顯耳。庵後净因堂院玉蘭一株、山茶一本，皆百餘年物，花時每有入山尋賞者。

高峰寺眠佛，以丈六金身曲肱側臥。《涅槃經》云：『如來背痛，於雙樹間北首而臥。』此乃佛之病狀。蓋釋家以莊嚴之相，人所習睹，故又作此以示詭異耳。昔庾亮見而嘲之曰：『此子疲於津梁』，乃知臥佛像晉代已有之。

西山西小湖寺有一池，池中水能與太湖波濤同湧，故名小湖。唐乾符中，有沈香觀音像，汎湖而來，寺僧迎得供奉之，草繞像足，投之小湖，遂生千葉蓮花。其説似近於附會，然宋孫覿爲作贊云：『良哉大士，溢此靈泉，世有熱惱，一酌而痊。方池何有，三級紅蓮。無實可味，有根弗傳。汝心如泉，泓然弗遷。汝身如蓮，離垢芳鮮。大士可之，詎曰舍旃？一彈指頃，超證無邊。』

東西山古碣，於《吳郡金石目》所載，類無所遺。好古家入山以求唐碑，或僅見自宋以下，猶可什得六七。蓋塵刼所經，未及深山深處也。又有磨崖勒石，留題數字者，如『偉觀』二字，王文恪書，在林屋洞南。今年石忽圮，聲震數里外，兩字没矣。『覽勝石』三字，在石公山。『嘯巖』二字，在白豸嶺石壁，俱文恪書。『吟風岡』三字，文徵明書，在翠峰之南巨石上。『吟壇』二字，葛正佩書，在武山翔翥山石室。『歸雲洞』三字，嚴徵書，在石公，因洞口有石下垂如雲之方歸，故名。『縹緲雲連』四大字，在石公山壁，或云羅琦書，其款高遠不可辨。『天下第九洞天』六字，在林屋洞口，未題名。『雨洞』『丙洞』『暘谷』各二字，在洞口外。『隔凡』二字，在洞内，均文恪書。『空山無人，水流花放』八大字，錢泳八分書，在雞籠山壁。其餘蒿掩苔侵，或有未及徧訪者，聊誌所見，以備金石之考。

康熙庚午，崑山徐公乾學來寓洞庭。公以大司寇領各館總裁，屢疏乞骸，上允所請，命攜《一統志》及《宋元通鑒》即家纂輯，並御書『博學明辨』四字以寵其行。南旋後欲屏謝塵囂，殫心從事。夙慕東西山之勝，遂僦寓於此，啟館修書。有《山居》詩云：『湖山佳處静安居，且喜門無熱客車。』蓋紀實也。時黄子儀鴻、顧景范祖禹、閻百詩若璩，諸名流皆就徵預分纂漢、史，稱五百里内賢人聚，殆踵其盛。尋又奉頒『光燄萬丈』之額，宸翰輝煌，山靈亦增焜耀矣。

鄭公少萊司馬軼事

王頌蔚

光緒初年，蘇州修郡志，以頌蔚預纂校事。頌蔚祖籍東洞庭山，得山人采訪，知鄭蕁村先生諱璇，宰蜀三臺，有異政，爲列入《吳縣人物志》第十卷。先生傳後附載子長昕，道光壬午舉人，江西永新知縣，誌名誌官而未及事，實子附父傳，亦通例也。迄庚辰，與季雅鄭君言紹爲禮闈同年，且締姻好，始知鄭公諱長昕者，乃季雅同年先德，實爲蕁村先生之文孫。當日采訪失實，誤孫爲子，而秉筆者亦第弗深考，疏矣。頌蔚因是得讀公家傳，公字雅三，號少萊，以孝廉由實録館議敘，出宰江右，始授永新，後調德化，又權篆七邑，擢九江郡丞，歷宦二十餘年，所至多循績，於永新建書院，大庾平夫役政，豐城築杜家門首堤，均載各邑志。尤以聽訟名，傳記所録，弗克殫述，而事有尤著者，則不可以不誌。公之任德化也，先一月，盜刼西門外譚福泰錢肆，得巨贓，並拒傷鄰人蔡某。舊令尹適因事被譴，將瓜代，置不問，而公猶未履任。同城九江郡守劉君熾昌引爲己事，勒捕嚴緝，旬日獲六盜，日夕研訊，俱承服，以待公至即定讞。劉勇於任事而性操切，方自喜其嚴明而神速也，及公覆訊，犯供殊參差。初福泰呈失贓實銀十八錠、洋九百圓，劉以贓過鉅，勒事主改減，故續呈報洋，不及銀而盜供得贓，乃適如所改數，公以是爲疑。未數日，鄰人蔡某因傷死，公往驗，胸左一傷青腫墳起，閱前供，盜稱係鐵槍所戳，公以鐵槍乃利器，應破損，不應青腫，命取死者當日所服絮衣驗之，衣亦完善，愈知歷供非信讞。據情白守，守恚，以公爲迂拘，益敦促具牘，公益堅持不肯發，惟密遣購訪另緝而已。案係道光二十八年九月事，臘月鎮江移牒至。鎮江因案獲盜，盜供先於九江犯案，刼錢肆銀洋，數與肆主原報符，又供以堅木桿搠路人，踣於地，歷歷若繪。公懷牒見守，守大慚。後復訊，盜俱伏叩曰：『非得見青天，我等皆斷頭鬼矣。』然六人固非良民，因劉督捕急，役拘平日有過犯者以塞責，役逼拷教供，劉復以刑求，遂誣服。公惟不徇上官意，卒與平反，此豈世俗巧宦所肯爲者？又三年，任九江同知，屬邑彭澤有疑獄，兩造俱控省，省發府訊，累年不能決。時太守陳君景曾知公老吏也，以屬公，案爲彭澤富人羅某，以佃欠索償急，佃母挺身出，語侵羅，羅嗾僕衆縶縛之，尋絶吭死，乘夜棄屍於野塘。越數日，子來尋母，羅紿以早歸，子於塘中得屍，疑爲失足，及見縊痕，乃以羅威逼斃母控於官，羅亦控佃以子縊母，藉屍圖詐，互控久不決，而羅以財勝每得直。公涖縣集訊，時案懸已久，鄰里屢被逮，雖有知者莫敢言，證佐俱無，惟任狡展而已。公置案不問，而日出覽山水勝，係客官，人無識者。徐偵知佃母至羅家，羅適作佛事，所延爲某寺僧，遂微服易裝，屢至寺遊，與僧談，日益狎，問及羅事，僧言是日見老嫗來，抵觸羅，羅盛怒，縶嫗頸及手足，縛置於檻外，而未知其後之死也。復訊，羅不承縛嫗事，傳僧證之，無可遁。再鞫衆僕，乃悉吐實。羅抵法，佃得釋公之判獄明允類如斯。竊念蓴村先生以伸雪奇冤感及物類，志傳已詳，乃洽譜家傳及公，而又克繩武，且精密詳慎，有足爲聽訟法者，方將貽示官箴，而志乘安可闕如？頌蔚昔忝纂校，於公世系既誤，又以未輯專傳爲憾，直廬偶暇，謹誌崖略，以貽季雅同年，冀異日陳諸大府，爲郡志正訛補軼，以贖昔年舛漏之愆，幸孰甚焉？

此王侍御獻卿同年爲先大夫作也，光緒己丑郵書寄鄴，殷殷以更正郡志爲言，讀之欽感無地。記有之曰：先祖無美而稱之，是誣也；知而弗傳，是不仁也。後乃悉蘇郡志，已於壬午歲刊成，不可易矣。是篇謹藏之，俟後之□[一]君子續修郡志，幸蒙鑒及前事，爲更定而采録之，則世世子孫感且不朽。

言紹謹識

整理人：王啓元，復旦大學古籍所博士，復旦大學中華古籍保護研究院助理研究員。研究興趣涉及明清文學及佛道諸宗的文本與歷史。

[一] 底本此處漫漶。

〔明〕伍餘福　撰

三吴水利論

湯志波　整理

整理説明

《三吴水利論》一卷，明伍餘福撰。伍餘福，初字君求，更字疇中，號寒泉，吴縣人。生卒年俟考。正德十二年（一五一七年）進士，授長垣知縣，頗有政績。嘉靖初，遷工部營繕主事，歷刑部員外郎、兵部車駕、兵部職方、武庫司郎中。嘉靖十年（一五三一年）以讒謫安吉知州，再遷建昌府同知，以鎮遠知府致仕。歸隱後日以簡册自娱，著有《莘野纂聞》《三吴水利論》《北馳録》《西山探梅集》《處行録》《安吉州志》等。生平事蹟可參見袁袠《中順大夫鎮遠府知府伍公行狀》（《衡藩重刻胥臺先生集》卷十七）。

伍餘福推崇單鍔之説，其在嘉靖十一年所作《北川橋碑銘》即引單鍔之説：『按浙西水利，單鍔論之，首以天目一派爲宗。其源遠其流長，盈科則行，行至霅川，則四水激射之，蕩爲苕溪，出震澤、崇明，靡有底極，其扶危拯溺之功，蓋自桃城始，可無書乎哉！』（《（嘉靖）安吉州志》卷八）《三吴水利論》亦多據單鍔所論，全書共八篇，一論五堰，二論九陽江，三論夾苧干，四論荆溪，五論百瀆，六論七十三溇，七論長橋百洞，八論震澤，皆記吴中水利要害。四庫館臣指出其『大旨本宋單鍔所論，而推廣之』（《四庫全書總目提要》）。明代袁袠稱讚《三吴水利論》『援證精覈，議論通達』，對當今太湖水利工作亦有參考價值。

《三吴水利論》現存最早刻本爲明嘉靖二十八年吴郡袁氏嘉趣堂刻本，《金聲玉振集》之一，末有袁褧跋曰：『因梓伍君之論，附姚公之記，以見時政之急。』清《借月山房彙鈔》第八集、《澤古齋重鈔》第七集亦分别收録，是爲清刻本。民國二十五年商務印書館以《借月山房彙鈔》本排印，編入《叢書集成初編》。本次整理，以《四庫全書存目叢書》影印首都圖書館所藏明嘉靖吴郡袁氏嘉趣堂刻《金聲玉振集》本爲底本，校以《叢書集成初編》本。清文淵閣四庫全書本《吴中水利全書》亦全篇收録，故亦作參校。是書後附姚文灝《開浚七鴉浦記》、嘉靖二十八年袁褧所作跋，一併録入。

本編纂單元點校工作由湯志波完成，由賽瑞琪、黄宣偉、王英华審稿。不當之處請批評指正。

整理者

目録

一論五堰

古者宣、歙、金陵九陽江之水，皆入蕪湖，以五堰爲之障也。其地在今溧陽縣界。自隋景福三年有楊行密者，作此以爲拖舸饋糧之計，而蘇軾奏議稱五堰所以節前項諸水，其後販賣簰木以入東西二浙者，又以五堰爲阻，遂廢去，而東西二壩列焉。於是前項諸水多入荆溪，間有入蕪湖者。亦西北之源，而非東南之勢也。其故道尚在，去溧陽八十里。而宋進士單鍔亦嘗言之，雖蘇軾尚有不能必行於仁宗之朝者，其他可知也。

二論九陽江

九陽江，或以爲中江者，非也。或以爲東江者，亦非也。考唐仲初之賦、薛士龍之説，未復折衷於《禹貢》，則知淞江七十里分流東北入海者，爲婁江，東南流者爲東江，併淞江爲三江。而九陽江乃出三江之外，正溧陽之所謂潁陽江者是也。其源出自曹姥山，流爲瀨渚。昔子胥避楚乞食於一婦，餔之，卒投千金不報之義，以酬七日不火之恩。至今有李太白碑在焉。

三論夾苧干

夾苧干，《宜興志》無也。惟宋進士單鍔遺書論及其事，而今無復有知故道者。近抵其地，始得聞其詳，半在宜興，半在金壇，半在武進。東抵滆湖，北通長蕩湖，西接五堰，蓋古人以泄長蕩湖之水以入滆湖，泄滆湖之水以入大吴瀆、塘口瀆、白魚灣、高梅瀆四瀆及白鶴溪，而北入常州運河以歸大江，於水勢甚便。自五堰既廢之，而後其所謂夾苧干者，亦復湮塞，皆爲桑麻之區。雖有清東、清西，相去百里，終非水道。至於橋名，亦訛爲鴨嘴之呼。將掩其舊，以圖其新，去其不利，以冀其利。而其鄉父老亦有能知利害者曰：是禹之利也。爲鯀壅之，是欲去鯀以就禹也。始信鍔之言不誣。而今縣尹谷繼宗者，相與通議，以爲一勞永逸之計。蓋此計一行，上可以接滆湖而運河有功，下可以遠荆溪而震澤無害。鍔稱深利於三州，以予觀之，豈獨三州然哉！惜乎自宋以來，一奪於滆湖之田户，再奪於兩浙之豪民，良法美意，寢而不行，至今識者惜之。而三縣之民，亦置之何有？噫！

四論荆溪

宜興之水，爲溪者九，而荆溪正當縣治東西之間。按

《志》稱中江出蕪湖之西，荆溪又受宣、歙等數郡之水，流注震澤，以入海，而西溪尤其要者。蓋中外諸水之會也。夫何近年以來，蘆葦壅其流，溪田擅其利，大非汪洋無畔之區，而牧民者又不能去害以就利，一遇大潦，輒復狂瀾如之，何其可也！若夫疏瀹排決之責，則有司存。

五論百瀆

按，《縣志》稱百瀆在宜興者七十四，在武進者二十六。顧其亦有不能盡如古者，何則時異而勢亦殊，利盡而弊亦起，安能爲之一哉！就如志有五千瀆而册則亡，册有大墟瀆而志則少，其名號已不能無魯魚之訛，而況古之所謂瀆者，吾恐未必然也。或者勢家豪族有去彼取此之意乎？不然，何另立一名，以淆之也。吾觀其地勢，縣東南爲上瀆，縣東北爲下瀆。古人以荆溪不能當衆流奔注之勢，遂於震澤之口疏爲百泒，各有分域，而有開横塘以貫之，約有四十餘里。蓋横塘者，水之經也，所以直南北者也。百瀆者，水之緯也，所以列東西者也。然則荆溪之害，可以謂之無而未必無；震澤之利，可以謂之有而未必有。豈其天作而人壞之耶？

六論七十三漊

按，諸漊界烏程、長興之間，岐而視之，烏程三十有九，長興三十有四。總而論之，計七十有三。其畫圖所載名號，今古不同，訪之父老，亦鮮有知其詳者。初入其境，大者如溪河，小者如石澗，塞者如陸沈，通者如神瀵。湖塘皆有桑麻、蘆葦之類，以扼其流，而民之利其業者，又憚於疏濬以積其弊。無恠乎儲之者有湖，而泄之者無漊也。蓋浙西之水皆從天目，天目據上游之地，而十二龍潭出焉。或時雨大至，四野奔流，其注廣德者，由四安以入方山清泉，其注餘杭者，由德清以合銅峴諸山，其注孝豐者，由廣苕以入小溪。沿之爲苕溪，射之爲雪川，萃之爲江子匯。皆自七十三漊，通經遞脉，以殺其奔衝必潰之勢，而今則有不能盡然者，是可嘆也！

七論長橋百洞

宋單子論吴江長橋爲三吴諸水之足，以承震澤之腹，而往來吐納之勢，率田於此，爲其出淞江以入海故也。蓋自唐刺史王仲舒先築石堤，以順牽挽。至宋慶曆間，邑宰李問始駕木以橋其上。又至泰定間，州判張均、叅知政事馬思忽、郡守殷鵬翼輩，白諸丞相答剌罕，遂捐萬緡爲首倡，而士民胥應者駢集，竟成鉅功。夫古人豈不知東流滔滔之勢，而故爲之障哉！障之所以節之，節之所以利之，非直爲美觀而已。吾蘇本爲水國，而非此障，則狂瀾倒矣。狂瀾倒而何有於浙西哉！吾嘗登垂虹亭而望之，其浩淼無涯，牛馬莫辨，長橋河西南以上皆納數郡之水，以備旱潦。而今淤塞有如此河者，已過其半，大則瀼爲圩田，小則散爲草梗，居民比屋，沃墅連疇，此治農者之所當患也。說者謂以東則泄至麗山，以東北則泄至同里，由此歸海。而不知淞江盤龍一曲，沮塞者多。先臣范文正公蓋嘗有行之者，而況此哉！爲今之計，去其泥沙以伐其葦草，仍令佃之者經野分守，以時蕩滌，而后水有餘利，久無滔天壅積之患矣。

八論震澤

今之所謂太湖，古之所謂震澤也。《書》曰『震澤底定』，謂其振撼不定之勢，何以殺之。曰三江有所歸也。三江而上，有堤阜焉。昔也截其流，今也順其利，爲禹鑿之也。其利民也深，而民之飲其利也亦深。於是由三江以入海，自古皆然。而今三江僅通其一，所謂吳淞江者是也。其瀕湖之地皆卑，猶在江水之下，與江湖相連，何以乾封？其沿海之地皆高，反在江水之上，與江湖相遠，何以潤澤？是故環湖者多水患，沿海者多旱菑，無怪其然也。蘇、湖、常三郡，皆隸太湖，而吾蘇獨當太湖之中，若一盂然，藏垢納污，何所不有。吾生長其地，每有望洋之嘆，而亦不能無探源之心。按：圖論之中有七十二峰，襟帶三州。而夏屋仙宮多出東西洞庭馬跡之上，其爲勝可取也，其爲害亦可慮也。上入而下自洩，西納而東自流，是故汎觀之則有縱有横，約取之則有倫有要。其間有自石湖洩之者，有自鮎魚口洩之者，有自管瀆洩之者，有自小溪港洩之者，有自張家河洩之者，有自北車橋洩之者，有自漾湖溪洩之者，有自上瀆港洩之者，有自陸家浜洩之者，有自虎山橋洩之者，有自石家浜洩之者，有自南宮洩之者，有自蒯家涇洩之者，有自九曲江洩之者，有自后塘橋洩之者，有自梅梁溪洩之者，有自龍塘河洩之者，有自迎城山洩之者，有自菱湖港洩之者，有自太平橋洩之者，有自澤塘浜洩之者，有自灌瀆浜洩之者，有自和尚浜洩之者，有自長洛浜洩之者，有自王家漾洩之者，有自山涇港洩之者，有自渡水港洩之者，有自黄瀆港洩之者，有自後保河洩之者，此其大略也。其他支流餘裔，不可枚舉，而繪事者錯綜陳之，亦贅矣。是故舉此例彼，而具區爲藪之大者，源流在焉，可忽乎哉！蓋太湖之水本以瀦水，将以潤田。三州之田，将以利田。先以資水通則百脉皆和，不通則百病皆至。此單子手足之喻，深爲有見。而或有不能盡如其意者，古今之勢異也。說者謂宣、溧以上西北之水可入於蕪湖，而不可使注於荆溪；蘇、常以下東南之水，可趨於盤龍，而不可使積於震澤。其道無他焉。曰：疏之濬之，循其故也。故者，以利爲本。

附録　主政姚文灝開浚七鴉浦記

吴洩水之大道，三江之外，蘇有三十六浦，松有八匯，常有運河十四瀆。然自海塘作於東南，而東江以微，水乃北折，併於婁江，而溢於七鴉、白茅二浦。故今之七鴉、白茅，在三十六浦爲最鉅而要。近自大司空受命治水，拳拳乎此者有以也。然白茅海口，漲沙爲梗，似非人力之可爲變而通之。宜必有其道，惟是七鴉獨無他妨，且當陽城諸湖之衝而入海，又徑可恃以爲利也。但其間亦頗爲村市居民所扼塞，水性未遂。余之有意於是也亦久矣，顧未有所儲，不忍驅無食之民以就役。弘治九年，乃請於上，設導河夫於沿江，既又議收其直，隨時募工。十年冬，始以斯役詢於通判陳暐、常熟知縣楊子器、崑山知縣張鼐，遂籍二縣近浦之户，得二萬二千三百人，疏自尤涇東至木樨灣，凡五千五百九十丈有奇，旬有五日而成。計工受直，實用夫銀五千二百七十兩。上闊如舊而深倍之，下闢直塘兩崖市肆所侵，其闊倍舊。決放之日，衆流奔注而沙頭圍築之處日以崩頽，水益洶湧。郡人歡傳，或有道余之績者，然不知三子之勞也。蓋陳以職專水事，晝夜經理，雖監司以他務督趣，至被譴怒不爲去。楊則舊治崑山，素達水道之要害，而張又果於疏導之事，是以動順而成易也。成之日，陳以紀述爲言，余曰：『不足以煩作者。』乃自書其槩如此云。

吴，水國也。軍國之需，仰給於東南，而東南之要，莫切於水利。寒泉君之八論，殆有見乎？吴之水利論述，詳於郡志，兹未暇悉。弘治八年，吴大水，國計告乏。工侍徐公貫奉勑開濬白茅港，水始有歸。繼之者主政姚公文灝，議築沙湖隄，用治河卷埽法。而事協濟迄今賴焉。五十餘年來，水災屢見，大約二十年。港浦堙塞，水始瀦積汎濫。議者云：『必開白茅港、七鴉浦數支，而災至稍可免。』然開濬之費浩繁，殆難悦以使民乎。正德初，郡守林公廷棉具奏濬之，嘉靖初，巡撫李公充嗣奉勑開府太倉，又一濬。今又將其期矣。今歲之水，時届沍寒，不縮不涸，歲歉已見。意者開濬兹其時乎？在掌國計者，之所當急講也。因梓伍君之論，附姚公之記，以見時政之急。

嘉靖己酉歲小除夕，吴汝郡袁生裴題于嘯傲軒。

整理人：　湯志波，復旦大學古籍所博士，華東師範大學中文系講師。已出版古籍整理《弇州山人題跋》《沈周集》等著作。

〔明〕歸有光 編撰

三吴水利録

湯志波 整理

整理説明

《三吴水利録》四卷《續録》一卷，明歸有光編撰。歸有光，明蘇州府昆山人，字熙甫，號震川，又號項脊生，世稱震川先生。生於正德元年臘月（一五〇七年初），卒於隆慶五年（一五七一年），享年六十五歲。嘉靖十九年（一五四〇年），歸有光舉應天府鄉試第二名，聲名大振。然其後八試不第，徙居嘉定安亭江上，直至嘉靖四十四年（一五六五年）方中進士。其後歷任長興知縣、順德通判、南京太僕寺丞，留掌内閣制敕房，與修《世宗實録》，卒於南京。歸有光推崇唐宋散文，與唐順之、王慎中並稱爲『嘉靖三大家』，有《震川集》《易經淵旨》《文章指南》《三吴水利録》等著作傳世。

明中後期吴中堤防廢壞，水旱災害不斷，歸有光彙集前人之説并加以評點，於嘉靖四十年（一五六一年）編成《三吴水利録》四卷。前三卷分别輯録郟亶、郟喬、蘇軾、單鍔、周文英、金藻等有關三吴水利之論著七篇，第四卷爲歸有光自作《水利論》等水利論著九篇，并繪有《禹貢三江圖》《松江下三江口圖》。《續録》一卷，爲歸有光與友人論水利書劄，與《水利論》可互爲表裏。歸有光之子歸子寧又作《慎水利》《論東南水利復沈廣文》等文，編爲《附録》一卷，附於書後。

前代治理太湖之説，諸家論争，各有不同。歸有光所選取郟亶等數人之説，將宋元以來關於太湖流域水利問題的主要内容收羅在内，堪稱是一部太湖流域的水利學説史著作。在此基礎上，歸有光對前人之説多有評論，辨析其中的合理與不足之處，指出太湖流域水災的原因，并提出治理的根本思路與具體方案：『以治吴中之水，宜專力於松江。松江既治，則太湖之水東下，而他水不勞餘力。』（卷四《水利論》）歸有光此書，後世評價甚高，如四庫館臣評曰：『有光居安亭，正在松江之上，故所論形勢脈絡，最爲明晰。其所云宜從其湮塞而治之，不可别求其他道者，亦確中要害。言蘇松水利者，是書固未嘗不可備考核也。』（《四庫全書總目提要》）對於當前的太湖流域水利工作，亦有可資借鑑之處。

本編纂單元整理，以清别下齋校本《三吴水利録》爲底本，校以影印清文淵閣四庫全書本《三吴水利録》、民國間《叢書集成初編》本《三吴水利録》。前三卷之内容，《吴都文粹》《（同治）蘇州府志》等亦有收入，故亦間作參校。第四卷之内容亦見於歸有光之孫所編《震川集》中，後者是歸氏著作之通行本，但文字出入較多，爲避繁瑣，在内容不存在歧義的情况下，不再出校勘記。底本原有目録，但與正文之題目多有不同，今將其原目録删除，正文中個别題目或依原目録修改，已在校勘記中註明。底本中避諱字（如『丘』作『邱』、『曆』作『歷』）、明顯錯誤（如『己』『已』『巳』、『太』『大』混用）據意徑改，不再出校勘記。底本後有清道光間蔣光煦所作跋，今一併録入。

本編纂單元點校工作由湯志波完成，由賽瑞琪、黄宣偉、王英华審稿。不當之處請批評指正。

整理者

目録

第一卷

《夏書》曰：『淮海惟揚州。彭蠡既瀦，陽鳥攸居，三江既入，震澤底定。』《周禮》：『東南曰揚州。其山鎮曰會稽，其澤藪曰具區。其川三江，其浸五湖。』世言震澤、具區，今太湖也。五湖在太湖之間，而吴淞江爲三江之一。其説如此，然不可攷也。漢司馬遷作《河渠書》，班固志《溝洫》，於東南之水略矣。自唐而後，漕輓仰給天下，經費所出，宜有經營。疏鑿利害之論，前史軼之，宋元以來，始有言水事者。然多命官遣吏，苟且集事。奏復之文，搯引塗説，非較然之見。今取其顓學二三家，著於篇。

郟亶書二篇

天下之利，莫大於水田；水田之美，無過於蘇州。然自唐末以來，經營至今，未見其利者。其失有六：

一曰，蘇州東枕海、北接江，東開崑山之張浦、茜涇、七鴉三塘而導諸海，北開常熟之許浦、白茅二浦而導諸江。不知此五處去水皆百餘里。近三四十里，地形頗高，高者七八尺，水盛時決之，或入江海，水稍退則向之欲東導於海者，反西流。欲北導於江者，反南下。故自景祐以來，屢開之而卒無效也。

二曰，蘇之厭水，以其無隄防也。故崑山、常熟、吴江皆峻其隄，設官置兵，以巡治之。是不知塘雖設而水行於隄之兩旁，何益乎治田？故徒有通往來、禦風濤之小功，而無衛民田、去水害之大效。

三曰，《書》云：『三江既入，震澤底定。』今松江在其南，可決水而同歸於海，崑山之下駕、新洋、小虞、大虞、朱塘、新瀆、平樂、戴墟等十餘浦是也。夫諸浦雖有決水之道，未能使水之必泄於江也。何則？水方汗漫，與江俱平，雖大決之，隄防不立。適足以通潮勢之衝急，增風波之洶怒耳。

四曰，蘇州之水自常州來，古者設望亭堰，所以禦常之水，使入太湖，不爲蘇害。謂望亭堰不當廢也。蘇聚數郡之水，而常居其一。常之數路，望亭居其一。豈一望亭之水，能爲蘇之患耶？望亭堰廢，則常被其利，蘇未必有害。存之，則蘇未必利，常先被害矣。故治蘇州之水，不在望亭堰之廢否也。

五曰，蘇水所以不泄者，以松江盤曲而決水遲也。古之曲其江，所以激之使深也。激之既久，其曲愈甚，故漕使葉内翰開盤龍匯，沈諫議開顧浦，謂松江之曲若今槎浦及金竈諸浦，皆可決也。是説僅爲得之，但蘇之水與江齊平，決江之曲，足以使江之水疾趨於海，未能使田之水必趨於江也。

六曰，蘇本江海陂湖之地，謂之澤國，自當漫然。容納數州之水，不當盡爲田也。國初之税，纔十七八萬石，今乃至三十四五萬石，此障陂湖爲田之過也。是説最爲疎闊。國初逃民未復，今盡爲編户，税所以昔少而今多也。借使變湖爲田，增十七八萬爲三十四五萬，乃國之利，何過之有？且今蘇州除太湖外，有常熟昆、承二湖，崑山陽城湖，長洲沙湖。是四湖自有定名，而其闊各不過十餘里。其餘若崑山之邪塘、大泗、黄瀆、夷亭、高墟、巴城、雉城、武城、夔家、江家、柏家、鰻鯬諸瀼，及常熟之市宅、碧宅、五衢、練塘諸村，長洲之長蕩、黄天蕩之類，皆積水不耕之田也。水深不過五尺，淺者可二三尺，其間尚有古岸隱見水中，俗謂之老岸。或有古之民家階甃之遺址在焉。其地或以城，或以家，或以宅爲名，嘗求其契券以驗，皆全税之田也。是古之良田，而今廢之耳。

已上六説，皆執一偏之論，而未能通其理也。必欲治之，當去六失，行六得。曰：辨地形高下之殊、求古人蓄泄之跡、治田有先後之宜、興役順貧富之便、取浩博之大利、舍姑息之小恩。

一、何謂地形高下之殊？曰：蘇州五縣，號爲水田。其實崑山之東，接於海之岡隴，東西僅百里，南北僅二百里。其地東高而西下，向所謂東導於海，而水反西流者是也。常熟之北，接於江之漲沙，南北七八十里，東西僅二百里。其地皆北高而南下，向所謂欲北導於江，而水反南下者是也。是二處皆謂之高田，而崑山岡身之西，抵於常州之境，僅一百五十里，常熟之南，抵於湖、秀之境，僅二百里。其地低下，皆謂之水田。高田常欲水，今水乃流而不蓄，故常患旱也。唯若景祐、嘉祐中，則一大熟爾。水田常患水，今西南既有太湖數州之水，而東北又有崑山、常熟二縣堽身之流，故常患水也。唯若康定、至和中，則一大熟爾。但水田多而高田少，水田近於城郭，人所見而税復重。高田遠於城郭，人所不見而税復輕。故議者唯知治水，而不知治旱也。

二、何謂古人蓄泄之跡？曰今崑山之東，地名太倉，俗號堽身。堽身之東有塘，西徹松江，北通常熟，謂之横瀝。又有小塘，或二里三里，貫横瀝而東西流者，多謂之門。若所謂錢門、張堽門、沙堰門、吴堽、顧廟堽、下堽、李堽門及斗門之類是也。夫南北其塘，則謂之横瀝，東西其塘，則謂之堽門、堰門斗門，是古者堰水於堽身之東，灌溉高田。而又爲堽門者，恐水之或壅，則決之入横瀝，所以分其流也。故堽身之東，其田尚有丘畝、經界、溝洫之跡焉。是皆古之良田，因堽門壞，不能蓄水，而爲旱田耳。堽門之壞，豈非五代之季，民各從其行舟之便而廢之耶？此治高田之遺跡也。若夫水田之遺跡，即今崑山之南，向所謂下駕、小虞等浦者，皆決水於松江之道也。其浦之舊跡，闊者二十餘丈，狹者十餘丈。又有横塘以貫其中而棋布之。是古者既爲縱浦以通於江，又爲横塘以分其勢，使水行於外，田成於内，有圩田之象焉。故水雖大，而不能爲田之害，必歸於江海而後已。以是推之，則一州之田可知矣。故蘇州五門舊皆有堰，今俗呼城下爲堰下，而齊門猶有舊堰之稱。是則隄防既完，則水無所瀦容。設堰者，恐其暴而流入於城也。至和二年，前知蘇州吕侍郎開崑山塘，得古閘於夷亭之側，是古者水不亂行之明驗也。及夫隄防既壞，水亂行於田間，而有所瀦容，故蘇州得以廢其堰，而夷亭亦無所用其閘也。爲民者因利其浦之闊，攘其旁以爲田，又利其行舟、安舟之便，決其隄以爲涇。今崑山諸浦之間，有半里或一里、二里而爲小涇，命之爲某家涇、某家浜者，皆破古隄爲之也。浦日以壞，故水道陻而流遲；涇日以多，故田隄壞而不固。日隳月壞，遂蕩然而爲陂湖矣。此古人之跡也。今秀州濱海之地，皆有堰以蓄水，而海鹽一縣，有堰近百餘所。湖州皆築隄於水中以固田，而西塘之岸，至高一丈有餘，此其遺法也，獨蘇州壞之耳。

三、何謂治田有先後之宜？曰： 地勢之高下既如彼，古人之遺跡又如此，今欲先取崑山之東、常熟之北凡所謂高田者，一切設堰瀦水以灌溉之，又浚其所謂經界、溝洫，使水周流於其間以浸潤之，立堽門以防其壅，則高田常無枯旱之患，而水田亦減數百里流注之勢。然後取今之凡謂水田者，除四湖外，一切罷去。其某家涇、某家浜之類，循古今遺跡，或五里、七里而爲一縱浦，又七里或十里而爲一横塘，因塘浦之土以爲隄岸。使塘浦闊深，而隄岸高厚。塘浦闊深，則水通流而不能爲田之害也；隄岸高厚，則田自固而水可擁而必趨於江也。然後擇江之曲者，若所謂槎浦、金竈子浦而決之，使水必趨於海。又究五堰之遺址而復之，使水不入於城。是雖有大水，不能爲蘇州之患也。如此則高低田皆利，而無水旱之憂，然後倣錢氏遺法，收圖回之利，養撩清之卒，更休迭役，以浚其高田之溝洫與水田之塘浦，則百世之利也。

四、何謂興役順貧富之便？曰： 蘇州五縣之民，自五等已上至一等，不下十五萬户。可約古制而户借七日，則歲約百萬夫矣。又自三等已上至一等，不下五千户。可量其財而取之，則足以供萬夫之食與其費矣。夫借七日之力，故不勞，量取財於富者，故不虐。以不勞不虐之役，五年而治之，何田之不可興也？

五、何謂取浩博之大利？蘇州之地，四至三百餘里，若以開方之法約之，尚可方二百餘里，爲田六同有畸。三分去一，以爲溝池、城郭、陂湖、山林，其餘不下四同之地，爲三十六萬夫之田，又以上中下不易、再易而去其半，當有十八萬夫之田，常出租税也。國朝之法，一夫之田爲四十畝，出米四石。則十八萬夫之田，可出米七十二萬石矣。今蘇州止有三十四五萬石，借使全熟，常失三四十萬石之租。又況水旱蠲除者，歲常不下十餘萬石，甚者或蠲除三十餘萬石。是遺利不少矣。今或得高低皆利，而水旱無憂，則三四十萬之税可增也。

六、何謂舍姑息之小惠？曰：是議之興，或者必曰：向者蘇州或治一浦，或調一縣而役一月，則民勞且怨矣。今欲盡一州之境、役五縣之民，五年而治之，其工力蓋百倍於向時。是役未興，而數千百萬之民已呶呶矣。非養民之道也。曰：向者之興役也，多興於大水方盛之際，是時公私匱乏，疾厲間作，故民勞且怨也。今於平歲無事之時，借力以成利，何勞怨之有？《傳》曰：『使民以時。』又曰：『以佚道使民，雖勞不怨。』又曰：『悦〔一〕以使民，民忘其勞。』雖至治之世，未嘗不役民以使之也。唯近世不求所以養之之道，使躋於富庶，但務其姑息之末，使至於飢餓而不能相生，然後從而賙之，故上〔愈〕〔二〕乏而下益困，有可以除數百年未去之患，興數百里無窮之利。使公私皆獲其利，豈可區區計國家五歲之勞，惜百姓七日之力耶？

一論古人治低田、高田之法。昔禹之時，震澤爲患，東有堽阜以隔截其流，禹乃鑿斷堽阜，流爲三江，東入於海，而震澤始定。震澤雖定，於環湖之地，尚有二百餘里可以爲田，而地皆卑下，猶在江水之下，與江湖相連，民既不能耕殖，而水面又復平闊，足以容受震澤下流。使水勢散漫，而三江不能疾趨於海，其沿海之地，亦有數百里可以爲田。而地皆高仰，反在江水之上，與江湖相遠，民既不能取水以灌溉，而地勢又多西流，不得蓄聚。春夏之雨澤，以浸潤其地，是環湖之地，常有水患，而沿海之地，常有旱災。如之何而可以種藝耶？古人遂因其地勢之高下，井之而爲田。環湖卑下之地，則於江之南北爲縱浦，以通於江，又於浦之東西爲横塘，以分其勢，而棋布之，有圩田之象焉。其塘浦闊者三十餘丈，狹者不下二十餘丈，深者二三丈，淺者不下一丈。且蘇州除太湖之外，江之南北，别無水源，而古人使塘浦深闊若此者，蓋欲取土以爲隄岸，高厚足以禦其湍悍之流。故塘浦因而闊深，水亦因之而流耳。非專爲闊其塘浦以決積水也。故古者隄岸，高者須及二丈，低者亦不下一丈。借令大水之年，江湖之水，高於民田五七尺，而隄岸尚出於塘浦之外三五尺至一丈。故雖大水不能入於民田也。民田既不容水，則塘浦之水自高於江，而江之水亦高於海，不須決泄，而水自湍流矣。故三江常浚，而水田常熟。其堽阜之地，亦因江水稍高，得以畎引以灌溉。此古人浚三江、治低田之法也。至於沿海高仰之地，近江者，既因江流稍高，可以畎引；近海者，又有早晚兩潮可以灌溉，故亦於沿海之地及江之南北，或五里、七里而爲一縱浦，又五里七里而爲一横塘。港之闊狹，與低田同，而其深往往過之。且堽阜之地，高

〔一〕悦　底本作『説』，據清文淵閣四庫全書本改。
〔二〕愈　底本原闕，據《吴都文粹》補。

於積水之處四五尺至七八尺，遠於積水之處四五十里至百餘里，固非決水之道也。然古人爲塘浦闊深若此，蓋欲畎引江海之水，周流於堽阜之地。雖大旱之歲，亦可車畎以溉田。而大水之歲，積水或從此而流泄耳。非專爲闊深其塘浦以決低田之積水也。至於地勢西流之處，又設堽門斗門，以瀦蓄之。是雖大旱之歲，堽阜之地，皆可耕以爲田。此古人治高田、蓄雨澤之法也。故低田常無水患，高田常無旱災，而數百里之内，常獲豐熟。此古人治低田高田之法也。

二論後世廢低田高田之法者。古人治田高下，既皆有法。方是時也，田各成圩，圩必有長。每一年或二年，率逐圩之人，修築隄防，浚治浦港。故低田之隄防常固，旱田之浦港常通也。古之田雖各成圩，然所名不同。或謂之段，或謂之團〔一〕今崑山低田皆沈在水中，而俗呼之名，猶有野鴨段、大泗段、湛段及和尚團、盛熟團之類。至錢氏有國，而尚有撩清指揮之名。此其遺法也。洎乎年祀綿遠，古法隳壞。其水田之隄防，或因田户行舟及安舟之便，而破其圩。古者人户各有田舍，在田圩之中，浸爲人家，欲其行舟之便。乃鑿其圩岸以爲小涇小浜，即臣昨來所陳某家涇、某家浜之類是也。説者謂浜者，安船溝也。涇浜既小，隄岸不高，遂至壞田圩都爲白水也。今崑山柏家瀼水底之下，尚有民家階甃之遺址，此古者民居圩中之舊蹟也。今崑山富户，如陳、顧、辛、晏、陶、沈等，田舍皆在田圍之中。每至大水之年，亦是外水高於田舍數尺。此今人在田圩中作田舍之驗也。或因人户侵射下脚而廢其隄，或因官中開淘而減少丈尺。臣少時，見小虞浦及至和塘，並闊三二十丈。累經開淘之後，今小虞浦闊十餘丈，至和塘闊六七丈。此目所覩也。或因田主但收租課而不修隄岸，或因租户利於易田而故致渰没。吴人以一易再易之田，謂之白塗田。所收倍於常稔之田，而所納租米，亦依舊數。故租户樂於間年渰没也。或因決破古隄，張捕魚蝦，而漸致破損。或因邊圩之人，不肯出田與衆築岸。或因一圩雖完，傍圩無力，而連延隳壞。或因貧富同圩，而出力不齊。或因公私相吝，而因循不治。故隄防盡壞，而低田漫然，復在江水之下也。

每春夏之交，天雨未盈尺，湖水未漲二三尺，而蘇州低田一抹盡爲白水。其間雖有隄岸，亦皆狹小，沈在水底，不能固田。唯大旱之歲，常、潤、杭、秀之田及蘇州堽阜之地，並皆枯旱，其隄岸方始露見，而蘇州水田，幸得一熟耳。蓋由無隄防爲禦水之先具也。低田既容水，故水與江平，江與海平，而海潮直至蘇州之東一二十里之地，反與江湖民田之水相接，故水不能湍流，而三江不浚。臣伏覩昨來議狹汴河者，詔汴河闊處，水面散漫，不至深快，故汴河淤澱。今蘇州水面，動連一二百里，而太湖之水又不及黄河之湍迅，而欲三江不淤，不可得也。今二江已塞，而一江又淺，倘不復完隄岸，驅低田之水盡入於松江，而使江流湍急，但恐數十年之後，松江愈塞。震澤之患，不止於蘇州而已也。此低田不治之由也。

高田之廢，始由田法隳壞。民不相率以治港浦。港浦既

〔一〕團　《吴都文粹》《(同治)蘇州府志》均作『圍』。

淺，地勢既高。沿於海者，則海潮不應；沿於江者，又因水田隄防隳壞，水得瀦聚於民田之間，而江水漸低，故高田復在江水之上。至於西流之處，又因人户利於行舟之便，壞其堽門而不能蓄水。故高田一望盡爲旱地。每至四五月間，春水未退，低田尚未能施工，而堽阜之田已乾枯矣。唯大水之歲，湖、秀二州與蘇州之低田，渰没浄盡，則堽阜之田，幸得一大熟耳。此葢不浚浦港以畎引江海之水，不復堽門以蓄聚春夏之雨澤也。此高田廢之之由也。

三論自來議者，但知決水，不知治田。葢治田者本也，本當在先。決水者末也，末當在後。今乃不治其本而但決其末，故自景祐以來，上至朝廷之縉紳，下至農田之匹夫，謀議擘畫三四十年，而蘇州之田，百未治一二。此治水之失也。惟嘉祐中，兩浙轉運使王純臣建議，謂蘇州民間一概白水，至深處不過三尺以上，當復修作田位，使位位相接以禦風濤，則自無水患。若不修作塍岸，縱使決盡河水，亦無所濟。此説最爲切當。又緣當時建議之時，正值兩浙連年治水無效，不知大段擘畫，令官中逐年調發夫力，更互修治。及不曾立定逐縣治田年額，以辦不辦爲賞罰之格，而止令逐縣令佐，概例勸導，逐位植利人户一二十家，自作塍岸，各高五尺。緣民間所鳩工力不多，葢不能齊整。借令多出工力，則各家所收之利，不償其所費之本。兼當時都水監所立官員，賞典不重，故上下因循，未曾併聚公私之力，大段修治。臣今欲乞檢會王安石所陳利害，將臣下項擘畫，修築隄岸，以固民田。則蘇州水災，可計日而取效也。議者或謂曩年吴及知華亭縣，常率逐段人户，各自治田，亦不曾煩費官司，而人獲其利。今可舉用其法以治蘇州水田，不須重煩官司也？曰：蘇州水田與華亭不同，華亭之田，地連堽阜，無暴怒之流。浚河不過一二尺，修岸不過三五尺，而田已大稔矣。然不踰三五年間，尚又堙塞。今蘇州遠接江湖，水常暴怒。故崑山、常熟、吴江三縣，隄岸高者七八尺，低者不下五六尺。或用石甃，或用椿篠。或二年一治，或年年修葺。而風濤洗蕩，動有隳壞。今若以華亭之法治之，或水退之後，一二年間，暫獲豐稔，葢不可知。求其久遠之效，則不可得也。夫以華亭之法，治蘇州之高田則可矣，若治蘇州水田，譬之以一家之法治一國也。其規摹法度則近之，至於措置施設之方，則小大不可同也。貼黄自來人所議，欲開通諸大浦，盧瀝浦、松江諸匯，并決水入江陰軍等，亦皆治水之一説。但隄防未立，行之無功。候隄防既成之後，前項諸説，又不可不行。葢水勢湍急，却要諸處分減水勢故也。臣今得窮究古人治田之本，委可施行。若令臣先往兩浙相度，不過訂之於諸縣官吏，考之於諸鄉父老而已。諸縣官吏乍來倏去，固不若臣之生長鄉里，世爲農人，而備知利害也。父老之智，未必過於范仲淹、葉清臣。范仲淹、葉清臣尚不能窺見古人治田之跡，父老安得而知？望令臣略到司農寺陳白，委不至有誤朝廷。候敕旨。

四論今來乞以治田爲先，決水爲後。田既先成，水亦從而可決。不過五年，而蘇州之水患息矣。然治田之法，總而論之，則瀚漫而難行；析而論之，則簡約而易治。何也？今蘇州水田之最合行修治處，如前項所陳，南北不過一百二十餘里，東西不過一百里。今若於上項水田之內，循古人之跡，五里爲一縱浦，七里爲一橫塘，不過爲縱浦二十餘條，每條長一百二十餘里。橫塘十七條，每條長一百餘里，共計四千餘里。用夫五千人，約用二千餘萬夫。至和中，開崑山塘，每里用夫二千五百人。塘面闊六丈，底闊四丈，深四尺。每里積土計三十萬尺，分爲兩岸。底闊一丈四五尺，面闊四五尺，高不及六七尺。故不踰一二年，又至隳壞。故曰，總而言之，則瀚漫而難行也。

今且以二千萬夫，開河四千里而言之，分爲五年，每年用夫四百萬，開河八百里。蘇、常、秀、湖四州之民，不下四十萬。三分去二，以爲高田之民。自治高田外，尚有二十七萬夫。每夫一年，借雇半月，計得四百餘萬夫，可開河八百里。却以上項四百餘萬夫，分爲十縣，逐縣每年役夫四十萬，開河八十里。以四十萬夫，分爲六箇月，逐縣每月計役六萬六千餘夫，開河十三里有零。以六萬六千夫分爲三十日，則逐縣每日止役夫二千二百人，開河一百三十二步。將二千二百人又爲兩頭項，止役一千一百人，開河六十六步。雖縣有大小，田有廣狹，民有衆寡，及逐日所開河溝，所役夫數，多少不同，大率治田多者頭項多，治田少者頭項少。雖千百項，可以一頭項盡也。臣故曰：析而論之，則簡約而易治也。如此而治之，五年之內，蘇州與鄰州之水田，殆亦盡矣。

塘浦既浚，隄防既成，則田之水必高於江，江之水亦高於海，然後擇江之曲者而決之。及開盧瀝浦，皆有功也。何則？江水湍流故也。江流既高，然後又究五堰之遺址而復之，使水不入於城。是雖有大水，不能爲蘇州之患也。此治水田之大略也。昔有七堰，今復五堰者，今止有五門故也。蘇州設堰，固亦舊矣。劉著作嘗引唐白居易《九日蘇州登高》詩云：『酒酣憑檻起四顧，七堰八門六十坊。』是唐之世，已有堰矣。至端拱二年，轉運使喬惟岳方始廢之。蓋隄防既壞，水得瀦容於民田之間，水勢稍低，故可廢其堰也。其旱田則乞用上項一分之夫，浚治港浦，以畎引江海之水。及設堽門，以瀦春夏之雨澤，則高低皆治，而水旱無虞矣。

五論乞循古人之遺跡治田者。臣昨來所乞蘇州水田一節，罷去其某家涇、某家浜之類，五里七里而爲一縱浦，七里十里而爲一橫塘。因塘浦之土，以爲隄岸，使塘浦深闊而隄岸高厚，塘浦深闊則水流通，而不能爲田之害。隄岸高厚，則水田自固而水可必趨於江。今具蘇州、秀州及松江沿海水田旱田，見存塘浦、港瀝、堽門之數，凡臣所能記者，總七項，共二百六十五條。并臣擘畫將來治田，大約各附逐項之下。謹具下項：

一、具水田塘浦之跡，凡四項，共一百三十四條。

一、吴淞江南岸自北平浦，北岸自徐公浦，西至吴江口，皆是水田，約一百二十餘里。南岸有大浦二十七條，北岸有大浦二十八條，是古者五里，而爲一縱浦之跡也。其横浦在松江之南者，臣不能記其名。在松江之北六七里間，曰浪市横塘。又下北六七里，而爲至和塘。是七里而爲一横塘之跡也。松江南，大浦二十七條：北平浦、破江浦、艾祁浦、愧浦、顧匯浦、養蠶浦、大盈浦、南澥浦、梁乾浦、石臼浦、直浦、分桑浦、内勛浦、趙屯浦、石浦、道褐浦、千墩浦、錐浦、張潭浦、陸直浦、甫里浦、浮高浦、塗頭浦、順德浦、大姚浦、破墩浦、盞頭浦。松江北，大浦二十八條：徐公浦、北澥浦、瓦浦、沈浦、蔣浦、三林浦、周浦、顧墓浦、金城浦、木瓜浦、蔡浦、下駕浦、浜浦、洛舍浦、楊梨浦、新洋浦、淘仁浦、小虞浦、大虞浦、馬仁浦、浪市浦、尤涇浦、下里浦、戴墟浦、上顧浦、青邱浦、奉里浦、任浦。松江北，横塘二條，浪市横塘、至和塘。已上松江塘浦五十七條，並當松江之上流，皆是闊其塘浦，高其隄岸，以固田也。久不修治，遂至隳壞。每遇大水，上項塘浦之岸，並沈在水底，不能固田。議者不知此塘浦原有大岸以固田，乃謂古人浚此大浦，只欲泄水，此不知治田之本也。臣今擘畫，並當浚治塘浦，修成隄岸，以禦水災。不須遠治他處塘浦，求決積水，而田自成矣。

一、至和塘自崑山西至蘇州，計六十餘里。今其南北兩岸，各有大浦十二條，是五里而爲一縱浦之跡也。其横塘南六七里，而有浪市塘是也。其北皆爲風濤洗刷，不見其跡。臣前所謂至和塘，徒有通往來、禦風濤之小功，而無衛民田、去水患之大利者。謂至和塘南北縱浦、横塘皆廢故也。謹具下項。至和塘南，大浦十二條：小虞浦、大虞浦、尤涇浦、新瀆浦、平樂浦、戴墟浦、真義浦、朱塘浦、界浦、鳳皇涇、任浦、鱟塘。至和塘北，大浦十二條：小虞浦、大虞浦、尤涇浦、高墟浦、雍里浦、諸昌涇、界浦、任浦、上雉瀆、下雉瀆、鱟塘、官瀆。横塘在南者曰浪市塘，已具松江項内，更不再出。在北者皆廢。已上至和塘兩岸塘浦二十四條，在塘北者，今猶有其名，而或無其跡。在塘南者，雖存其跡，而並皆狹小斷續，不能固田。其間南岸，又有朱涇、王村涇，北岸又有司馬涇、季涇、周涇、小蕭涇、大蕭涇、歸涇、吴涇、清涇、譚涇、褚涇、楊涇之類，皆是民間自開私浜，即臣向所謂某家涇、某家浜之類是也。今並乞廢罷，止擇其浦之大者，闊開其塘，高築其岸。南修起浪市横塘，北則或五里十里爲一横塘以固田。自近以及遠，則良田漸多，白水漸狹，風濤漸小矣。

一、常熟塘自蘇州齊門，北至常熟縣一百餘里，東岸有涇二十一條。西岸有涇十二條，是亦七里十里而爲一横塘之跡也。但自今並皆狹小，非大段塘浦。蓋古人之横塘隳壞，而百姓侵占，及擅開私浜，相雜於其間，即臣所謂某家涇、某家浜之類是也。謹具下項目。今兩岸涇浜之名，常熟塘東，橫涇二十一條：闕墓涇、楊涇、米涇、樊涇、蠡涇、南湖涇、北湖涇、朱涇、永昌涇、茅涇、薛涇、界涇、吴塔涇、尚涇、川涇、黄土涇、圃涇、廟涇、卞莊涇、新橋涇、黄母涇。常熟塘西，橫涇十二條：石師涇、楊涇、王婆涇、高姚涇、蘇宅涇、蠡涇、皮涇、廟涇、永昌涇、野長涇、潭涇、墓門涇。已上常熟塘兩岸橫涇三十三條，蓋記其略耳。今但乞廢其小者，擇其大者，深開其塘，高修其岸。除西岸自壁畫爲圩外，其東岸合與至和塘北及常熟縣南，新修縱浦，交加棋布以爲圩。自近以及遠，則良田漸多，白水漸狹，風濤漸小矣。

一、崑山之東至太倉堽身，凡三十五里，兩岸各有塘浦七八條，是五里而爲一縱浦之跡也。其橫塘在塘之南六七里，而爲朱瀝塘、張湖塘、郭石塘、黄姑塘。在塘之北，爲風濤洗刷，與諸湖相連，不見其跡。謹具下項：崑山塘南，有塘浦七條：次里浦、新洋江、任里浦、下駕浦、下吴浦、上吴浦、太倉橫瀝。崑山塘北，有塘浦七條：婁縣上塘、婁縣下塘、新洋江、低里浦、黄翦涇、上吴塘、下吴塘。橫塘四條：朱瀝塘、張湖塘、郭石塘、黄姑塘。已上塘瀝十八條，除新洋江、下駕浦曾經開浚，餘並未嘗開浚。今河底之土，反高於田中。每遇天雨稍稀，則更不通舟楫。天雨未盈尺，而田盡渰没，今並乞開浚以固田。已具下項：

一、具旱田塘浦之跡，凡三項一百三十三條。一松江。南岸自小來浦、北岸自北陳浦、東至海口，並是旱田。約長一百餘里。南有大浦一十八條，北有大浦二十條，是五里而爲一縱浦之跡也。其橫浦之在江南者，臣不能記其名，在江北者七八里，而爲雞鳴塘、練祁塘，是七里而爲一橫塘之跡也。謹具下項。松江南岸有大浦一十八條：小來浦、盤龍浦、朱市浦、松子浦、野奴浦、張整浦、許浦、魚浦、上燠浦、丁灣浦、蘆子浦、滬瀆浦、釘鉤浦、上海浦、下海浦、南及浦、江苧浦、爛泥浦。松江北岸，有大浦二十條：北陳浦、顧浦、桑浦、大黄肚浦、小黄肚浦、章浦、樊浦、楊林浦、上河浦、下河浦、仙天浦、鎮浦、新華浦、槎浦、秦公浦、雙浦、大場浦、唐章浦、貴州浦、商量灣。橫塘二條：雞鳴塘、練祁塘。已上塘浦四十條，各是畎引江水以灌溉高田，因久不浚治，浦底既高，而江水又低，故逐年常患旱也。議者乃謂於此諸浦，決泄蘇州崑山、長洲及秀州之積水，是未知古人設浦之意也。今當令高田之民，治之以備旱災，則高田獲其利也。一太倉堽身之東至茜涇，約四五十里。凡有南北大塘八條，其橫塘，南自練祁塘，北至許浦，共一百二十餘里，有堽門及塘浜約五十餘條，臣能記其二十五條。旱田而橫塘多，欲水之周流於其間灌溉之也。今皆淺淤，不能引水以灌於田，謹具下項。南北之塘八條：太倉東橫瀝、半涇塘、青堽橫瀝、五家堽橫瀝、鴨頭塘、支涇、楊墓子涇、茜涇、東西之塘及堽門等二十五條：方秦塘、錢門塘、劉塘、張堽門、薛市門、黄姑塘、吉涇塘、沙堰門、太倉塘、包涇、古塘、吴堽門、顧堽門、廟堽門、岳瀝、李堽門、丁堽門、湖川門、黄涇、杜漕塘、雙鳳塘、斟門、直塘、支塘、李墓塘。已上堽身以東，塘、浜、門、瀝共三十三條，南北者各長一百餘里。接連大浦，並當浚治，以灌溉高田。東西者，横貫三重堽身之田，而西通諸湖，若深浚之，大者則置閘、斟門，或置堰，而下爲水函。遇大旱，則可以車畎諸湖之水以灌田。大水，則可以通放湖水以灌田，而分減低田之水勢。於平時則瀦聚春夏之雨澤，使堽身之水常高於低田，不須車畎而民田足用。一沿海之地，自松江下口，南連秀州界，約一百餘里。有大浦二十條，臣今能記其七條。自松江下口，北繞崑山、常熟之境，接江陰界，約三百餘里。有港浦六十餘條，臣能記其四十九條。是五里而爲一縱浦之跡也。其横塘，在崑山則爲八尺涇、花莆涇，在常熟則爲福山東横塘、福山西横塘。謹具下項。松江口下，南連秀州界，有大浦七條：三林浦、杜浦、周浦、大臼浦、卹瀝浦、戚崇浦、羅公浦。松江口下，北繞蘇州、崑山常熟縣界，至江陰軍界，有港浦四十九條：北及浦、下田浦、崛浦、上夾浦、下練祁浦、桃源浦、練祁浦、顧涇浦、六岳浦、採桃浦、穿沙浦、下張浦、新漕浦、茜涇浦、楊林浦、七丫浦、郎港浦、北浦、尹公浦、甘草浦、唐相浦、陳涇浦、錢涇浦、澨湖浦、吴泗浦、鐺腳浦、下六河浦、黄浜浦、沙營浦、白茅浦、金涇浦、高浦、許浦、鄔溝浦、千步涇、耿涇浦、新涇浦、崔浦、水門浦、鰻鱺浦、吴涇、高涇、西陽浦、新涇、陳浦、張涇、湖涇、奚浦、黄泗浦。横塘四條：八尺涇、花浦涇、福山東横塘、福山西横塘。以上沿海港浦共六十條，各是古人東取海潮，北取揚子江水灌田，各開入堽阜之地。七里十里或十五里間，作横塘一條，通灌諸浦，使水周流於高阜之地，以浸潤高田，非專欲決積水也。其間雖有大浦五七條，自積水之處，直可通海。然各遠三五十里至一百餘里，地高三四五尺至七八尺。積水既被低田隄岸隳壞，一時漫流瀦聚於低下平闊之地，雖開得上項大浦，其積水終不肯遠從高處而流入於海。唯大水之年決之，則暫或東流爾。今不拘大浦小浦，並皆淺淤，自當開浚。東引海潮，北引江水以灌田。臣所擘畫治蘇州田至易曉也，水田則做岸防水以固田，高田則浚塘引水以灌田。此衆人所共知也。但自來治水者，舍常而求異，忽近而求遠，而反謂做岸固田浚塘引水之説爲淺近，而不肯留意，遂因循至此。今欲知蘇州水田旱田不治之由，觀此篇可見其大略。

以上水田、旱田、塘浦之跡共七項，總二百六十四條，皆是古人因地之高下而治田之法也。其低田則闊其塘浦，高其隄岸以固田。其高田則深浚港浦，畎引江海以灌田。後之人不知古人固田、灌田之意，乃謂低田、高田之所以闊深其塘浦者，皆欲決泄積水也。更不計量其遠近，相視其高下，一例擇其塘浦之尤大者十數條以決水，其餘差小者更不浚治。及興工役，動費國家三五十萬貫石，而大塘大浦，終不能泄水，其塘浦之差小者，更不曾開浚也。而議者猶謂此小塘小浦亦可泄水，以致朝廷愈不見信，而大小塘浦，一例概不浚治。積歲累年，而水田之隄防盡壞。使二三百里肥腴之地，概爲白水，高田之港浦皆塞，而使數百里沃衍潮田，盡爲荒蕪不毛之地，深可痛惜。臣竊思之，上項塘浦，既非天生，亦非地出，又非神化，是皆人力所爲也。然自國朝統御以來，百餘年間，除十數條大者間或浚治外，其餘塘浦，官中則不曾浚治，今當不問高低，不拘小大，亦不問可以決水與不可以決水，但係古人遺跡而非私浜者，一切併合公私之力，更休迭役，旋次修治。低田則高作隄岸以防水，高田則深浚溝浦以灌田。其堽身西流之處，又設斗門或堽門或堰閘以瀦水，如此則高低皆治，而水旱無憂矣。

郟喬書一篇

浙西昔有營田司，自唐至錢氏時，其來源去委，悉有隄防、堰閘之制。旁分其支脈之流，不使溢聚，以爲腹内畎畝之患。是以錢氏百年間，歲多豐稔。唯長興中一遭水耳。暨納土之後，至於今日，其患始劇。蓋由端拱中轉運使喬維岳，不究隄岸、堰閘之制，與夫溝洫畎澮之利。姑務便於轉漕舟楫，一切毀之。初則故道猶存，尚可尋繹，今則去古既久，莫知其利。營田之局，又謂閒司冗職，既已罷廢，則隄防之法，流決之理，無以考據，水害無已。至天禧、乾興之間，朝廷專遣使者，興修水利。遠來之人，不識三吴地勢高下與夫水源來歷，及前人營田之利，皆失舊聞。受命而來，恥於空還，不過遽採愚農道路之言，以目前之見，爲長久之策，指常熟、崑山枕江之地，爲可導諸港而決之江。開福山、茜涇等十餘浦，殊不知古人建立隄堰，所以防太湖泛溢，渰没腹内良田。今若就東北諸瀦，決水入江，是導湖水經由腹内之田，瀰漫盈溢，然後入海。所以浩渺之勢常逆行，而瀦於蘇之長洲、常熟、崑山，常之宜興、武進，湖之烏程、歸安，秀之華亭、嘉禾，民田悉已被害，然後方及北江、東海之港浦。又以水勢之方出於港浦，復爲潮勢抑回，所以皆聚於太湖四郡之境，當潦歲積水，而上源不絶，瀰漫不可治也。此足以驗開東北諸瀦爲謬論矣。又況太湖，蓋積十縣之水，一自江南諸郡而下，嶺阪重復間，當其霖潦積貯，溪澗奔湍，迤邐而至長塘湖。又潤州之金壇、延陵、丹徒諸邑，皆有山源，併會於宜興以入太湖。一自杭、睦、宣、歙山源與天目等山衆流，而下杭之臨安、餘杭及湖之安吉、武康、長興以入太湖，即古所謂震澤也。

昔禹治水，凡以三江決此一湖之水，今則二江已絶，唯吴淞一江存焉。疏洩之道，既隘於昔，又爲權豪侵占，植以菰蒲、蘆葦。又於吴江之南，築爲石塘，以障太湖東流之勢。又於江之中流，多置罾斷，以遏水勢，致吴江不能吞來源之瀚漫，日淤月澱，下流淺狹。迨元符初，遽漲潮沙，半爲平地。積雨滋久，十縣山源，併溢太湖，當蘇、湖、常、秀之間，陂堰浦港，悉皆瀰漫，四郡之民，惴惴然有爲魚之患。凝望廣野，千里一白，少有風勢，駕浪動輒數尺。雖有中高不易之地，種已成實，頃刻蕩盡。此吴民畏風，甚於畏雨也。吴淞古江，故道深廣，可敵千浦。向之積潦，或尚壅滯。議者但以開數十浦爲策，而不知臨江濱海，地勢高仰，徒勞無益。

臣今者所究治水之利，必先於江寧治水[一]陽江與銀林江等五堰，體勢故迹，決於西江。潤州治丹陽練湖，相視大堈，尋究函管水道，決於北海。常州治宜興滆湖、沙子淹及江陰港浦入北海，以望亭堰分屬蘇州，以絶常州輕廢之患。如此則西北之水，不入太湖爲害矣。又於蘇州治諸邑限水之制，闢吴江之南石塘，多置橋梁，以決太湖，會於青龍、華亭而入海。仍開浚吴淞江，官司以鄰郡上户熟田，例敷錢糧，於農事之隙，和雇工役，以漸闢之。其諸江湖風濤爲害之處，並築爲石塘，及於彭匯與諸湖瀼等處。尋究昔有江港，自南經北，以漸築爲岸隄。所在陂淹，築爲水堰。秀州治華亭、海鹽港浦，仍體究枯湖、澱山湖等處，向因民户有田高壤，障遏水勢，而疏決不行者，並與開通，達諸港浦。杭州遷長河堰，以宣、歙、杭、睦等山源，決於浙江。如此則東南之水，不入太湖爲害矣。此前所謂旁分其支脈之流，不爲腹内畎畝之患者此也。

水爲東南患，其來久矣。治之者大抵二説。一則以導青龍江、開三十浦爲説，一則以使植利人户、浚涇浜作圩垾爲説。是二者，各得其一偏，未必俱是。何以言之？若止於導江開浦，則必無近效；若止於浚涇作垾，則難以禦暴流。要當合二者之説，相爲首尾，乃盡其善。但施行先後，自有次第耳。必不得已，欲兩者兼行，以規近效，亦有其説。若欲決蘇州、湖州之水，莫若先開崑山之茜涇浦，使水東入於大海。開崑山之新安浦、顧浦，使水南入於松江。開常熟之許浦、梅里浦，使水北入於揚子江。復浚常州、無錫界之望亭堰，俾蘇州管轄。謹其開閉，以遏常潤之水。則蘇州等水患可漸息，而民田可治矣。若欲決常州、潤州之水，則莫若決無錫之五卸堰，使水趨於揚子江，則常州等水患可漸息，而民田可治矣。

世之言水利者，非不知此。然開浦未久，而淤泥尋塞；決堰未多，而良田被患。何也？蓋雖知置堰閘以防江湖[二]，而不知浚流以泄沙漲，故有堰塞之患。雖知決五卸堰水，而不知築隄以障民田，故有飄溺之虞。且復一於開浦決堰，而不知勸民作圩垾，浚涇浜以治田，是以不問有水無水之年，蘇、湖、常、秀之田不治，十常五六。臣故曰，要當合二者之説，相爲首尾，則可盡其善。臣所乞開

[一] 水　底本作『九』，據《吴都文粹》《吴中水利全書》改。
[二] 湖　《吴都文粹》《吴中水利全書》均作『潮』。

崑山、常熟縣之茜涇等浦，必置堰閘者，以茜涇浦在蘇州東南，去海止二十里，泄水甚徑。然其地浸高，比之蘇州及崑山地形，不啻丈餘。而往年開此浦者，但爲文具，所開不過三四尺、一二尺而已。又止於以地面爲丈尺，而不知以水面爲丈尺。不問高下，而勻其淺深，欲水之東注，不可得也。水既不東注，兼又浦口不置堰閘，賺入潮沙，無上流水勢可衝，遂致浦塞。臣故乞開茜涇等浦須置堰閘，所以外防潮之漲沙也。聞范參政仲淹、葉内翰清臣昔年開茜涇等浦，亦皆有閘。但無官司管轄，而豪强者保利於所得，不時啟閉，遂致廢壞。鄉人往往能道其事。若推究而行之，則所開之浦，可久而無弊。臣所乞復常州、無錫縣界望亭堰閘俾蘇州管轄者，蓋以常、潤之地，比蘇州爲差高，而蘇州之東，勢接海岸，其地亦高。蘇州介於兩高之間，故每遇大水，西則爲常、潤之水所注，東則爲大海岸道所障，其水瀦蓄，無緣通泄。若不令蘇州管轄望亭堰閘，則無復有防遏之理。故臣先乞開茜涇等浦以決水，有東流之便。次乞謹守望亭閘，俾水無西衝之憂。既望亭之西，自有五卸堰可以決水，徑入於北江。若使常、潤之水，決下此堰，則不唯少紓蘇州之水勢，而常、潤之水，亦自可以就近順流而入於江矣。臣所乞決常州、無錫縣界之五卸堰，使水北入於揚子江者，此堰決水，其勢甚徑。往者官吏非不施行，然決堰未多，而民田已没。何也？蓋止知決堰，而不知預築堰下民田之隄岸，以防水勢故也。五卸地形，與民田相去幾及丈餘，平時微雨，水即溢堰而過，已有浸溺之憂，今直欲決去其堰，使諸路之水，舉自此而出，又不增高其民田圩岸，以爲隄防，則決堰未多，而民田已没。臣嘗論天下之水，以十分率之，自淮而北五分，由九河入海，《書》所謂『同爲逆河入於海』是也。自淮而南五分，由三江入海，《書》所謂『三江既入，震澤底定』是也。而三江所決之水，其源甚大，由宣、歙而來，至於浙界，合常、潤諸州之水，鍾於震澤。震澤之大，幾四萬頃，導其水而入海，止三江爾。二江已不得見，今止松江，又復淺淤不能通泄。且百姓便於己私，於松江古河之傍，多開溝港，故上流日出之水，不能徑入於海，支分派别，自三十餘浦北入吴郡界内。即先臣比部水利奏中，所謂向欲導諸江者，復南而北矣。雖於崑山、常熟兩縣，開導河浦，修築圩岸。然上流不息，諸水輻輳，或風濤間作，或洪雨繼至。所開浦河，必皆壅滯；所築圩岸，必有衝蕩。蓋沿江北岸三十餘浦，唯鹽鐵一塘，可直瀉水，北入揚子江。其餘皆連接乎江湖河瀼，合而爲一，非徒無益，爲害大矣。

今乞措置，一面開導河浦，即便相度松江諸浦，除鹽鐵塘及大浦開導置閘外，其餘小河，一切並爲大堰。或設水竇，以防江水，即吴淞江水，徑入東海，而吴之河浦，不爲賊水所壅。諸縣圩岸，亦免風濤所破。臣聞錢氏循漢唐法，自吴江沿江而東至於海，又沿海而北至於揚子江，又沿江而西至於常州江陰界，一河一浦，皆有堰閘，所以賊水不入，久無患害。

嘗考漢、晉、隋、唐以來《地理志》，今之平江，乃古吳郡。至隋平陳，始置蘇州。漢時封境甚闊，隋開皇中，始移於横山下。唐正[一]觀中，復徙於闔閭舊城。而又湖州乃隋時仁壽中於蘇之烏程縣分置，秀州乃五代晉時，吳越王以蘇之嘉興縣分置，所謂錢、塘毗陵，在古皆吳之屬縣。以地勢卑下，沿江邊海，有爲隄岸以防遏水勢。如《唐志》所載，秀州海鹽令李諤，開古涇三百有一，而又稱去縣西北六十里，有漢塘。大和中再開，疑即臣今所謂開鹽鐵塘以泄吳淞江水者也。又載，杭州之餘杭令歸珧築甬道，高廣徑直百餘里，以禦水患。又載，杭州鹽官縣，亦有捍海塘隄二百十四里。即知古人治平江之水，不專於河，而築隄以遏水，亦兼行之矣。故爲今之策，莫若先究上源水勢，而築吳淞兩岸塘隄，不唯水不北入於蘇，而南亦不入於秀。兩州之田，乃可墾治。

今之言治水者，不知根源，始謂欲去水患，須開吳淞江。殊不知，開吳淞江而不築兩岸隄塘，則所道上源之水，輻輳而來，適爲兩州之患。蓋江水溢入南北溝浦，而不能徑趨於海故也。倘倣漢唐以來隄塘之法，修築吳淞江岸，則去水之患，已十九矣。震澤之大，纔三萬六千餘頃，而平江五縣積水，幾四萬頃。然非若太湖之深廣，瀰漫一區也。分在五縣，遠接民田，亦有高下之異、淺深之殊，非皆積水不可治也。但與田相通，極目無際，所以風濤一作，回環四合，無非水者。既非全積之水，亦有可治之田。瀦瀉之餘，其淺淤者皆可修治，永爲良田。況五縣積水中，所謂湖、瀼、陂、淹，若湖則有澱山湖、練湖、陽城湖、昆湖、承湖、尚湖、石湖、沙湖。瀼則有大泗瀼、斜塘瀼、江家瀼、柏家瀼、鰻鱳瀼。蕩則有龍墩蕩、任周蕩、傀儡蕩、白坊蕩、黄天蕩、雁長蕩。淹則有光福淹、尹山淹、施墟淹、赭墩淹、金涇淹、明杜淹三十餘所。雖水勢相接，略無限隔。然其間深者不過三四尺，淺者一二尺而已。今乞措置，深者如練湖，大作隄防以匱其水，復於隄防四傍，設爲斗門水瀨，即大水之年，足以瀦蓄湖瀼之水，使不與外水相通。而水田之圩垾，無衝激之患。大旱之年，可以決斗門水瀨以浸灌民田，而旱田之溝洫，有車畎之利。其餘若斜塘瀼、大泗瀼、柏家瀼之類，深不過三四尺，淺止一二尺而已，本是民田，皆可相視，分勒人户，借貸錢糧，修築圩垾，開導涇浜，即前所謂湖瀼三十餘處，往往可治者過半矣。臣聞江南有萬春圩、吳有陳滿塘，皆積水之地。今悉治爲良田，坐收苗賦，以助國用。此治湖爲田之驗也。

[一] 正　應爲『貞』。

第二卷

蘇軾奏疏　單鍔書

元祐六年七月二日，翰林學士承旨左朝奉郎知制誥兼侍讀蘇軾狀奏：右臣竊聞議者多謂吴中本江海太湖故地，魚龍之宅，而居民與水争尺寸，以故常被水患。蓋理之當然，不可復以人力疏治。是殆不然。

臣到吴中二年，雖爲多雨，亦未至過甚。而蘇、湖、常三州，皆大水害稼至十七八，今年雖爲淫雨過常，三州之水，遂合爲一，太湖、松江與海渺然無辨者。蓋因二年不退之水，非今年積雨所能獨致也。父老皆言，此患所從來未遠，不過四五十年耳，而近歲特甚。蓋人事不修之積，非特天時之罪也。

三吴之水，瀦爲太湖，太湖之水，溢爲松江以入海。海水日兩潮，潮濁而江清，潮水常欲淤塞江路，而江水清駛，隨輒滌去，海口常通，故吴中少水患。昔蘇州以東，官私船舫皆以篙行，無陸挽者。古人非不知爲挽路，以松江入海，太湖之咽喉，不敢鯁塞故也。自慶曆以來，松江始大築挽路，建長橋，植千柱水中，宜不甚礙。而夏秋漲水之時，橋上水常高尺餘，況數十里積石壅土築爲挽路乎？自長橋挽路之成，公私漕運便之，日葺不已，而松江始艱噎不快。江水不快，軟緩而無力，則海之泥沙隨潮而上，日積不已。故海口埋滅，而吴中多水患。近日議者但欲發民浚治海口，而不知江水艱噎，雖暫通快，不過歲餘，泥沙復積，水患如故。今欲治其本，長橋挽路固不可去，惟有鑿挽路於舊橋外，别爲千橋，橋谼各二丈，千橋之積爲二千丈，水道松江，宜加迅駛。然後官私出力以浚海口，海口既浚，而江水有力，則泥沙不復積，水患可以少衰。臣之所聞，大略如此，而未得其詳。

舊聞常州宜興縣進士單鍔，有水學，故召問之。出著《吴中水利書》一卷，且口陳其曲折。則臣言止得十二三耳。臣與知水者考論其書，疑可施用，謹繕寫一本，繳連進上。伏望聖慈深念兩浙之富，國用所恃，歲漕都下米百五十萬石，其他財賦供餽，不可悉數。而十年九澇，公私凋弊，深可愍惜。乞下臣言與鍔《書》，委本路監司躬親按行，或差强幹知水官吏考實其言，圖上利害。臣不勝區區。謹録奏聞，伏候敕旨。

竊觀三州之水，爲患滋久，較舊賦之入，十常減其五六。以日月指之，則水爲害於三州，逾五十年矣。所謂三州者，蘇、常、湖也。朝廷屢責監司，監司每督州縣，又間出使者，尋按舊迹，使講明利害之原。然而西州之官求東州之利，目未嘗歷覽地形之高下，耳未嘗講聞湍流之所從來，州縣憚其經營，百姓厭其出力，均〔一〕曰：『水之患，天數也。』按行者駕輕舟於汪洋之波〔二〕，視之茫然，猶擿埴索途，以爲不可治也。間有忠於國，志於民，深求而力究之，然犹〔三〕知其一而不知其二，知其末而不知其本，詳於此而略於彼。故有曰：『三州之水，咸注之震澤，震澤之水，東入於松江，由松江以入於海。自慶曆以來，吴江築長隄，横截江流，由是震澤之水，常溢而不泄，以至壅灌三州之田。』此知其一偏者也。或又曰：『由宜興而西，溧陽縣之上有五堰〔四〕者，古所以節宣、歙、金陵九陽江之衆水，由分水、銀林二堰，直趨太平州蕪湖，後之商人，由宣、歙販賣簰木，東入二浙，以五堰爲艱阻，因相爲之謀，罔紿官中，以廢去五堰。五堰既廢，則宣、歙、金陵九陽江之水，或遇五六月山水暴漲，則皆入於宜興之荆谿，由荆谿而入震澤，蓋上三州之水，東灌蘇、常、湖也』。此又知其一偏者耳。或又曰：『宜興之有百瀆，古之所以洩荆谿之水，東入於震澤也。今已堙塞，而所存者四十九條，疏此百瀆，則宜興之水自然無患。』此亦知其一偏者也。

三者之論，未嘗參究，得之既不詳，攻之則易破。以鍔視其迹，自西五堰，東至吴江岸，猶人之一身也，五堰則首也，荆谿則咽喉也，百瀆則心也，震澤則腹也，旁通太湖衆瀆，則絡脈衆竅也，吴江則足也。今上廢五堰之固，而宣、歙、池九陽江之水不入蕪湖，反東注震澤，下又有吴江岸之阻，而震澤之水，積而不泄，是猶有人焉桎其手、縛其足、塞其衆竅，以水沃其口，沃而不已，腹滿而氣絶，視者恬然，猶不謂之已死。今不治吴江岸，不疏諸瀆，以泄震澤之水，是猶沃水於人，不去其手桎，不解其足縛，不除其竅塞，恬然安視而已，誠何心哉？

然而百瀆非不可治，五堰非不可復，吴江岸非不可去，蓋治之有先後。且未築吴江岸已前，五堰之廢已久，然而三州之田，尚十年之間，熟有五六，五堰猶未爲大患。自吴江築岸已後，十年之間，熟無一二。欲具驗之，閲三州歲賦所入之數，則可見矣。且以宜興百瀆言之。古者所以泄西來衆水，入震澤而終歸於海。蓋震澤吐納衆水，今納而不吐。鍔竊視熙寧八年，時雖大旱，然連百瀆之田，皆魚遊鼈處之地，低污之甚也。其田去百瀆無多遠，而田之苗，是時亦皆旱死。何哉？蓋百瀆及傍穿小港瀆，歷年不遇旱，皆爲泥沙堙塞，與平地無異矣。雖去震澤甚邇，民力難以私舉，時官又無留意疏導者，苗卒歸乎槁死。自熙寧八年迄今十四載，其田即未有可耕之日，歲歲淫潦，民益憔悴。

〔一〕均　底本作『鈞』，據文淵閣四庫本《吴中水利書》改。
〔二〕波　文淵閣四庫本《吴中水利書》作『陂』。
〔三〕犹　底本作『有』，據文淵閣四庫本《吴中水利書》改。
〔四〕五堰　文淵閣四庫本《吴中水利書》作『伍堰』。

昔嘉祐中，邑尉阮洪，深明宜興水利。方是時，吳中水，洪屢上書監司，乞開通百瀆。監司允其請，遂鳩工於食利之民，疏導四十九條。是年大熟。此百瀆之驗，歲水旱皆不可不開也。宜興所利，非止百瀆而已。東則有蠡河，橫亘荆谿，東北透湛瀆，東南接罨畫溪。昔范蠡所鑿，與宜興之西蠡運河，皆以昔賢名，呼爲蠡河。遇大旱則淺澱，中旱則通流，又有孟涇泄滆湖之水入震澤，其他溝瀆澱塞，其名不可縷舉。夫吳江岸界於吳淞江、震澤之間，岸東則江，岸西則震澤。江之東則大海也，百川莫不趨海。自西五堰之上，衆川由荆谿入震澤，注於江，由江歸於海，地傾東南，其勢然也。自慶曆二年，欲便糧運，遂築北隄，横截江流五六十里。遂致震澤之水，常溢而不泄，浸灌三州之田。每至五六月之間，湍流峻急之時視之，則吳江岸之東水常低岸西之水，不下一二尺。此隄岸阻水之迹，自可覽也。又覩岸東江尾與海相接之處污澱，茭蘆叢生，沙泥漲塞，而又江岸之東自築岸以來，沙漲成一邨。昔爲湍流奔湧之地，今爲民居民田，桑棗場圃。吳江縣由是歲增舊賦不少。雖然，增一邑之賦，反損三州之賦，不知幾百倍耶？夫江尾昔無茭蘆壅障流水，今何致此？蓋未築岸之前，源流東下峻急，築岸之後，水勢遲緩，無以滌蕩泥沙，以至增積而茭蘆生，茭蘆生則水道狹，水道狹則流洩不快。雖欲震澤之水不積，其可得耶？

今欲泄震澤之水，莫若先開江尾茭蘆之地，遷沙邨之民，運其所漲之泥，然後以吳江岸鑿其土爲木橋千所，以通糧運。每橋用耐水土木棒二條，各長二丈五尺，横梁三條，各長六尺，柱六條，各長二丈，除首尾占閣外，可得二丈餘徑道。每一里，計三百六十步，一里爲橋十所，計除占閣外，可開水面二十三丈，每三十步一橋也。一千條橋，共開水面二千丈，計一十一里四十步也。隨橋徑開茭蘆爲港走水，仍於下流開白蜆、安亭二江，使太湖水由華亭、青龍入海，則三州水患必大衰減。常州運河之北偏乃江陰縣也。其地勢自河而漸低。上自丹陽，下至無錫運河之北偏，古有泄水入江瀆一十四條：曰孟瀆、曰黄汀堰瀆、曰東函港、曰北戚氏港、曰五卸堰港、曰梨溶港、曰蔣瀆、曰歐瀆、曰魏瀆涇、曰支子港、曰蠡瀆、曰牌（一作碑）涇，皆以古人名或以姓稱之。昔皆以泄衆水入運河，立斗門，又北泄下江陰之江，今名存而實亡，今存者無幾。二浙之糧船不過五百石，運河止可常存五六尺之水足可以勝五百石之舟。以其一十四處立爲石碶斗門，每瀆於岸北先築隄岸，則制水入江。若無隄防，則水泛溢而不制，將見灌浸江陰之民田民居矣。昔熙寧中，有提舉沈披者，輒去五卸堰，走運河之水，北下江中，遂害江陰之民田，爲百姓所訟，即罷提舉，亦嘗被罪。始欲以爲利，而適足以害之，此未達古人之智，以至敗事也。

竊見近日錢塘進士余默，兩進三州水利，徒能備陳功力瑣細之事，殊不知本末。惟有言得常州運河晉陵至無錫一十四處，置斗門泄水，北下江陰大江，雖三尺童子，亦知如此可以爲利。然余默雖能言斗門一事，合鍔鄙策，奈何無法度以制入江之水，行之，則又豈止爲一洸披耶？又覩主簿張實進狀，言吴江岸爲阻水之患，涇函不通。其言然則然矣，雖言吴江岸，而不言措置水之術。蓋古之所創涇函，在運河之下，用長梓木爲之，中用銅輪刀，水衝之，則草可刈也。置在運河底下，暗走水入江。今常州有東西二函地名者，乃此也。昔治平中，提刑元積中開運河，嘗開見函管，但見函管之中皆泥沙，以謂功力甚大，非可易復，遂已。今先開鑿江湖海故道堙塞之處，泄得積水，他日治函管，則可。若未能開故道而先治函管，是知末而不知本也。竊見常州運河之北偏，皆江陰低下之田，常患積水，難以耕殖。今河上爲斗門，河下築隄防，以管水入江，百姓由是緣此河隄，可以作田圍，此泄水、利田之兩端也。宜興縣西有夾苧干瀆，在金壇、宜興、武進三縣之界，東至滆湖及武進縣界，西南至宜興，北至金壇，通接長塘湖，西接五堰。茅山、薛步山水，直入宜興之荆溪，其夾苧干瀆，蓋古之人亦所以泄長塘湖東入滆湖，泄滆湖之水入大吴瀆、塘口瀆、白魚灣、高梅瀆四瀆及白鶴溪，而北入常州之運河，由運河而入一十四條之港，北入大江。

今一十四條之港，皆名存而實亡，累有知利便者獻議朝廷，欲依古開通，北入運河以注大江，自滆湖、長塘湖兩首，各開三分之二，爲彼田户皆豪民，不知利便，唯恐開鑿己田，陰構胥吏，皆柅而不行。元豐之間，金壇令曾長官奏請乞開，朝廷又降指揮，委江東及兩浙兩路監司相度，及近縣官員相視，又爲彼豪民計構不行。倘開夾苧干瀆通流，則西來他州及震澤之水，可以殺其勢，深利於三州之田也。

鍔熙寧八年，歲遇大旱，竊觀震澤水退數里，清泉鄉湖乾數里，而其地皆有昔日丘墓、街井、枯木之根，在數里之間。信知昔爲民田，今爲太湖也。太湖即震澤也。以是推之，太湖寬廣，愈於昔时。昔云有三萬六千頃，自築吴江岸，及諸港瀆堙塞，積水不泄，又不知其愈廣幾多頃也。鍔又嘗見低下之田，昔人争售之，今人争棄之。蓋積年之水，十無一熟，積空頭之税，或遇頻年不收，則飢餓丐殍，鬻妻子以償主租，或置其田捨其廬而逋。至於酒坊，處在水鄉，沽賣不行，以致敗闕者，比年尤甚。皆緣水傷下田不收故也。鍔又嘗遊下鄉，竊見陂湇之間，亦多丘墓，皆爲魚鼈之宅。且古之葬者，不即高山，則於平原陸野之間，豈即水穴以危亡魂耶？嘗得唐埋銘於水穴之中，今猶存焉。信夫昔爲高原，今爲污澤，今之水不泄如古也。昨熙寧間，檢正張諤命屬吏殿丞劉懿相視蘇、秀二州海口諸浦瀆，爲沙泥壅塞，將欲疏鑿以决流水。懿相視回申，以謂若開海口諸浦，則東風駕海水倒注，反灌民田。鍔謂懿曰：『地傾東南，百川歸海，古人開海口諸浦，所以通百川也。若反灌民田，古人何爲置諸浦耶？百川東流則有常，西流則有時，因東風雖致西流，風息則其流亦復歸於海，其勢然也。凡江湖諸浦港，勢亦一同。』愨雖信其如此，然猶有說。

蓋以昔視諸浦無倒注之患，而今乃有之。蓋昔無吴江岸之阻，諸浦雖暫有泥沙之壅，然百川湍流浩急，泥沙自然滌蕩，隨流以下。今吴江岸阻絶，百川湍流緩慢，緩慢則其勢難以蕩滌沙泥。設使今日開之，明日復合。又聞秀州青龍鎮入海諸浦，古有七十二會。蓋古之人以爲七十二會曲折宛轉者，蓋有深意，以謂水隨地勢，東傾入海，雖曲折宛轉，無害東流也。若遇東風駕起，海潮洶湧倒注，則於曲折之間有所回激，而泥沙不深入也。後人不明古人之意，而一皆直之，故或遇東風，海潮倒注，則泥沙隨流直上，不復有阻。凡臨江湖海諸港浦，勢皆如此。所謂今日開之，明日復合者此也。

今海浦昔日曲折宛轉之勢，不可不復也。夫利害掛於眉睫之間，而人有所不知。今欲泄三州之水，先開江尾，去其泥沙茭蘆，遷沙上之民；次疏吴江岸爲千橋；次置常州運河一十四處之㪷門石𥕢隄防，管水入江；次開導臨江湖海諸縣一切港瀆，及開通茜涇。水既泄矣，方誘民以築田圍。昔郟亶嘗欲使民就深水之中，疊成圍岸。夫水行於地中，未能泄積水而先成田圍，以狹水道，當春夏湍流浩急之時，則水當湧行於田圍之上，非止壞田圍，且淹浸廬舍矣。此不智之甚也。欲乞朝廷指揮下兩浙轉運司，擇智力了幹官員，分布諸縣，則不越數月，其工可畢。所有創橋疏通河港置㪷門利便制度，不在規規而言也。今所畫《三州江湖谿海圖》一本，但可觀其大略，港瀆之名，亦布其一二。且欲見其詳，莫若下蘇、常、湖諸縣，各畫谿河溝港圖一本，各言某河某瀆通某縣某處，俟其悉上，合而爲一圖，則纖悉若視於指掌之間也。鍔又覩秀州青龍鎮有安亭江一條，自吴江東至青龍，由青龍泄水入海。昔因監司相視，恐走透商税，遂塞此一江。其江通華亭及青龍。夫籠截商税利國，能有幾耶？堰塞湍流，其害實大。又况措置商税，不爲難事。竊聞近日華亭、青龍人户，相率陳狀，情願出錢，乞開安亭江。見有狀在，本縣官吏未與施行。近又訪得宜興西滆湖有二瀆，一名白魚灣，一名大吴瀆，泄滆湖之水入運河，由運河入一十四處㪷門下江。其二瀆在塘口瀆之南。又有一瀆名高梅瀆，亦泄滆湖之水入運河，由運河入㪷門，在吴瀆之南。近聞知蘇州王覿奏請開海口諸浦，鍔竊謂海口諸浦不可開，今開之不逾日，或遇東風，則泥沙又合矣。嘗觀《考工記》曰：『善溝者，水嚙之；善防者，水淫之。』蓋謂上水湍流峻急，則自然下水泥沙嚙去矣。今若俟開江尾及疏吴江岸爲橋，與海口諸浦同時興工，則自然上流東下，嚙去諸浦沙泥矣。

凡欲疏導，必自下而上。先治下，則上之水無不流，若先治上，則水皆趨下，漫滅下道，而不可施功力。其理勢然也。故今治三州之水，必先自江尾海口諸浦，疏鑿吴江岸，及置常州一十四處之斟門，築隄制水入江，比與吴江兩處分泄積水，最爲先務也。

然鍔觀合開三州諸溝瀆，不必全藉官錢，葢三州之民，憔悴之久，人人樂開，故半可以資食利户之力也。今略舉其一二。若開江尾，疏吴江岸爲橋，遷吴江岸東一邨之民開地，復爲昔日之江，置一十四處之斟門，并築一十四條隄，制水入江。開夾苧干瀆、白鶴谿、白魚灣、大吴瀆、塘口瀆，宜興東蠡河已上，非官錢不可開也。若宜興之横塘、百瀆，蘇州之海口諸浦、安亭江，江陰之季子港、春申港、下港、黄田港、利港，宜興之塘頭瀆，及諸縣凡有自古泄水諸溝港浜瀆，盡可資食利户之力也。莫若先下三州及諸縣，鈔録諸道江湖海一切諸港瀆溝浜自古有名者，及供上丈尺之料功力之費，或係官錢，或係食利私力，期之以施工日月，同日開鑿，同日疏放。若或放水有先後，則上水奔湧東下，衝損在下開浚未畢溝港，以故須同日決放也。

或者有謂：『昔人創望亭、吕城、奔牛三堰，葢爲丹陽下至無錫、蘇州，地形東傾。古人創三堰，所以慮運河之水東下不制，是以創堰以節之，以通漕運。自熙寧、治平間，廢去望亭、吕城二堰，然亦不妨綱運，何耶？』鍔曰：『昔之太湖及西來衆水，無吴江岸之阻，又一切通江湖海故道，未嘗堙塞。故運河之水，嘗慮走泄入於江湖之間，是以置堰以節之。今自慶曆以來，築置吴江岸，及諸港浦，一切堙塞。是以三州之水，常溢而不泄。二堰雖廢，水亦常溢，去堰若無害。今若泄江湖之水，則二堰尤宜先復。不復，則運河將見涸，而糧運不可行，此灼然之利害也。又若宜興創市橋，去西津堰。葢嘉祐中，邑尉阮洪上言監司，就長橋東市邑中創一橋，使運河南通荆谿。初開鑿市街，乃見昔日橋柱尚存泥中，咸謂古爲橋於此也。又運河之西口，有古西津堰，今已廢去久矣。且古之廢橋置堰，以防走透運河之水，今也置橋廢堰，以通荆谿，則谿水常倒注入運河之内。今之與古，何利害之相反耶？鍔以謂古無吴江岸，衆水不積，運河高於荆谿，是以塞橋置堰，以防泄運河之水也。今因吴江岸之阻，衆水積而常溢，倒注運河之内，是以創橋廢堰，見利而不見害也。今若治吴江岸泄衆水，則運河之水，再防走泄，當於北門之外，創一堰可也。其利害葢如此也。』

或又曰：『竊觀諸縣高原陸野之鄉，皆有塘圩，或三百畝、或五百畝爲一圩。葢古之人停蓄水以灌溉民田。以今視之，其塘之外皆水，塘之中未嘗蓄水，又未嘗植苗，徒牧養牛羊畜放鳬鴈而已。塘之所創，有何益耶？』鍔曰：『塘之爲塘，是猶堰之爲堰也。昔日置塘蓄水，以防旱歲。今自三州之水久溢而不泄，則置而爲無用之地。若決吴江岸泄三州之水，則塘亦不可不開以蓄諸水，猶堰之不可不復也。此亦灼然之利害矣。苟堰與塘爲無益，則古人奚爲之耶？蓋古之賢人君子，大智經營，莫不除害興利，出於人之未到。後人之淺謀管見，不達古人之大智，顛倒穿鑿，徒見其害而莫見其利也。若吴江岸止知欲便糧運，而不知遏三州之水，反以爲害。又若廢青龍、安亭江，徒知不漏商旅之税，又不知反狹水道以遏百川。今之人所以戾古者，凡如此也。』

鍔竊觀無錫縣城内運河之南偏有小橋，由橋而南下，則有小瀆，瀆南透梁谿瀆有小堰，名曰單將軍堰，自橋至梁谿，其瀆不越百步，堰雖有，亦不渡船筏，梁谿即接太湖。昔所以爲此堰者，恐泄運河之水。昔熙寧八年，是歲大旱，運河皆旱涸，不通舟楫。是時鍔自武林過無錫，因見將軍堰，既不渡船筏，而開是瀆者，古人豈無意乎？因語與邑宰焦千之曰：『今運河不通舟楫，竊覩將軍堰接運河，去梁谿無百步之遠，古人置此堰瀆，意欲取梁谿之水以灌運河。』千之始則以鍔言爲狂，終則然之。遂率民車四十二管，車梁谿之水以灌運河，五日河水通流，舟楫往來。信夫古人經營利害，凡一溝一瀆，皆有微意，而今人昧之也。嘗見蘇州之茜涇，昔范仲淹命工開導，泄積水以入於海。當時諫官不知蘇州患在積水不泄，咸上疏言仲淹走泄姑蘇之水，蓋不知其利而反以爲害。今茜涇自仲淹之後，未復開鑿，亦久堙塞。

鍔存心三州水利，凡三十年矣。每覩一溝一瀆，未嘗不明古人之微意，其間曲折宛轉，皆非徒然也。鍔今日之議，未始增廣一溝一瀆，其言與圖符合。若非觀地之勢、明水之性，則無以見古人之意。今并圖以獻，惟執事者上之朝廷，則庶幾三州憔悴之民，有望於今日也。貼黄其圖畫得草略，未敢進上。乞下有司計會單鍔別畫。

一、先開吴江縣江尾茭蘆地。

一、先遷吴江沙上居民，及開白蜆江通青龍鎮，又開青龍鎮安亭江通海。

一、先去吴江土爲千橋。

一、先置常州運河㪷門一〔一〕十四所，用石𥗼并築隄，管水入江。

一、次開夾苧干、白鶴谿、白魚灣、塘口瀆、大吴瀆，令長塘湖、滆湖相連，走泄西水，入運河，下㪷門入江。

一、次開宜興百瀆，見今只有四十九條，東入太湖。

一、次開蘇州茜涇、白茅、七鴉、福山、梅里諸浦〔二〕。

一、次開江陰下港、黄田、春申、季子、黿子諸港。

一、次開宜興東西蠡河。

一、次根究諸臨江湖海諸縣，凡泄水諸港瀆，並皆疏鑿。

〔一〕一　清文渊閣四庫本《吴中水利書》作『二』。

〔二〕底本『梅里諸浦』後有『及茜泾』三字，據文意及清文渊閣四庫全書本删。

伍堰水利。昔錢舍人公輔爲守金陵，嘗究伍堰之利。雖知伍堰之利，而不知伍堰以東三州之利害。鍔知三州之水利，而未究伍堰以西之利害。一日，錢公輔以世之所爲伍堰之利害，與鍔參究，方知始末利害之議完也。公輔以爲伍堰者，自春秋時，吴王闔閭用伍子胥之謀伐楚，始創此河，以爲漕運，春冬載二百石舟，而東則通太湖，西則入長江，自後相傳，未始有廢。至李氏時，亦嘗通運，而制牛於堰上，挽拽船筏於固城湖之側。又嘗設監官，置廨宇，以收往來之税。自是河道淤塞，堰埭低狹，虚務添置者，十有一堰。往來舟筏，莫能通行，而水勢遂不復西。及遇春夏大水，江湖泛漲，則園頭、王母、龍潭三澗，合爲一道，而奔衝東來，河之不治，愈可見也。

今若開深故道，而存留銀林、分水二堰，則諸堰盡可去矣。所欲存二堰者，蓋本處地勢自銀林堰以西，地形從東迤邐西下，自分水堰以東，地形從西迤邐東下，而其河自西壩至東壩十六里有餘，開淘之際，須隨逐處地形之高下以濬之，然後江東寧兩浙可以無大水之患。然銀林堰南則通建平、廣德，北則通溧水、江寧，又當增修高廣，以俟商旅舟船往還之多，可以置官收税，如前之利。此伍堰所以不可不復也。今莫若治伍堰，使上之水不入於荆谿，而由分水、銀林二堰，直歸太平之蕪湖，下治吴江之岸爲千橋，使太湖之水東入於海中，治百瀆之故道，與夫蘇、常、湖三州之有故道旁穿於太湖者。雖不可縷舉，而概可以迹究也。難者曰：『雖復伍堰，奈何伍堰之側山水東下乎？復堰無益也。』鍔答曰：『由伍堰而東注太湖，則有宣、歙、池、廣德、溧水之水，苟復堰，使上之水不入於荆谿，自餘山澗之水，寧有幾耶？比之未復，十須殺其六七耳。』難者乃服。

第三卷

周文英書一篇　附金藻論

江浙錢糧，數倍各省。取辦之本，多出農田。蘇、湖、常、秀，四路田土，高下不等。田之得糧，十分爲率，低田七分，高田三分。故謂天下之利，莫大於水田；水田之美，無過於浙右。五代之末，吴越錢王獨居東南，專饗此利。經營修治，國家之資，實基於此。宋范文正公嘗論於朝曰：江南圩田，每一圩方數十里，中有河渠，外有門牐。旱則開牐，引江水之利，潦則閉牐，拒江水之害。旱澇不及，爲農美利。浙西地卑，常苦水沴。雖有河渠可以通海，惟時開導，則潮泥不得而湮之。雖有隄塘可以禦患，惟時修固，則無摧壞。嘗訪高年，云曩時兩浙未納土時，蘇州有營田軍四都，共七八千人，又有撩清夫之名，專爲田事，導河築隄，以減水患。於時歲熟，民間錢五十文糴米一石。自歸宋之後，江南不稔，則取之浙右，浙右不稔，則取之淮南。故慢於農政，不復修舉。江南圩田、浙西河塘，大半隳壞，失東南之大利。今江浙之米，石不下一貫文。比之當時，其貴十倍，而民不得不困，國不得不虛矣。此范公夙昔之論也。

謹按三州太湖三萬六千頃，西北有荆谿、宣、歙、蕪湖、宜興、溧陽、溧水江東數郡之水，西南有天目、富陽分水，湖州、杭州諸山諸谿分注之水，宗會瀦聚於湖，由震澤、吴江、長橋東入松江、青龍江而入海。古制通泄水勢，自有源委。故溧陽之上有五堰，以節宣、歙、金陵九陽江之水，宜興之下有百瀆，以疏荆谿所受諸水，皆源也，而久不治。江陰而東，置運河一十四瀆，泄水以入江。宜興而西，置夾苧干與塘口、大吴等瀆，泄西水以入運河，皆委也，亦久不治。震澤固吐納衆水者也，源之不治，既無以殺其來之勢；委之不治，又無以導其去之方。是納而不吐也，水如之何不爲患也？吴江長橋，舊址斷續，通長四十里。南北相亘，並以木橋立柱，通徹湖水入江，每有西風，西北風湍決太湖水過，橋下源源混混，不舍晝夜。由江入海，以此三江水源勢大，日夜衝洗，渾潮沙泥，隨水東流，不能停積。曩時非不能運石築隄若今之固，蓋自古沿革，因地之險，故作此數十里之橋，以泄太湖都會之水，衝激三江之潮淤也。今則以長橋舊址累石成隄，比之昔日，雖爲堅固，便於徒行，而橋門窄狹，不能通徹湖水。前都水監又於石隄下作小洞門一百五處出水，然水勢既分，又且淺澀不能通泄太湖奔衝之水。塘岸之東，又有占種菱荷陂塘障礙，以致上流細緩，難以衝激。每日隨潮沙泥，日積月累，淤塞三江。致令水勢支分派析，轉於東北，迤邐流入崑山塘等處，由太倉劉家港一二處港浦入海。

竊思以太湖蓄聚數郡山谿，晝夜奔注，都會之水，求泄於一二浦漵而入海，則浙西數郡之田，每遇澇歲，惡得而不爲水廢也？考之《禹貢》，『三江既入，震澤底定』，故知泄具區之水，亦由江而入海。然而猶慮潮沙淤塞，江之南北，爲縱浦五十餘條，以通於江。浦之東西，爲横浦以分其勢，棋布於江之左右。每日潮之入江，得兩旁縱浦以分其來勢；潮退入海，得兩旁横浦衝其淤泥，不致停積。水勢順流，未嘗泛濫。歸附之初，田無巨浸，歲有豐穰。至正二十四年之後，因太湖水源有阻，江水勢緩，潮泥積漸淤淺，又以江口河沙匯觜至趙屯浦，相連七十餘里，地勢塗漲，日漸高平，此所謂海變桑田也，即非人力可勝。

前都水監開挑所漲江面，置牐節水，此欲以人力勝天，終非經久利益良法。何者？古今之地勢不同，天人之氣運莫勝，豈可以今之地勢而執行古之法，豈可以區區人力而勝天也？且如見置牐三處，本意潮來則拒入江之水；潮退則放江水決潮。殊不知江水之源築塞，水勢細緩，内水外水，高低無幾，牐之相去，地勢不遠，決放之水不長，既澀且緩，又烏能衝激潮沙而不積於江也？施之常年，初無損益。設遇澇歲，覬其傾泄江湖巨浸，則見其不能。此所謂徐行拯溺，緩步救焚也。

而欲振復古制，逮置沿海堽身堽門斗門，旱歲瀦水澇則放水，再行開挑吳淞江青龍江以泄水，則非惟事大體重，動衆勞民，抑且地勢不齊，人力不能勝天，恐不集事。文英嘗究思至元十四年間，海舟巨艦，每自吳淞江、青龍江取道，直抵平江城東葑門灣泊。商販海運船户黄千户等，於葑門墅里涇，置立修造海船場塢，往來無阻。此時江水通流，滔滔入海，故太湖數郡之水，有所通泄。雖遇天雨霖霪，不致積潦害田。海者，百川之宗，水有所歸，則不泛濫。善觀水者，必識其源流可也。又嘗經行太倉劉家港、吳淞江之左右，登高眺遠，隨流尋源。爲今之計，莫若因水勢之所趨，順其性而疏導之，則易於成效。

劉家港南有一大港，名田南石橋港。近年天然闊深，直通劉家港。見有船户楊千户、范千户等三五千料海船，於此灣泊。正係太倉、嘉定南北之間，於中正過堽身，西南通横塘、郭澤、張涇，以至夏駕浦、齑子港，入吳淞江。水深處相去約三五十里，中間通連小港。即遇水淺，間有迂迴窄狹。若使疏浚深闊，可行數百料海船，直抵葑門。則太湖泄水一大路也。又有鹽鐵塘一帶，南北相貫，跨涉崑山、嘉定、常熟三州，從東北通連杜漕、横塘、白茅浦塘、茜涇入海，西接芝塘、直塘、昆城湖、華蕩、練塘，所瀦常州界運河諸處之水。及婁門官瀆、楊城湖所接太湖之水，爲芝塘橋門窄狹，多有權豪僧寺田莊。强霸富户，將自己田圩得便，河港填塞，郮遏通流水路。及吳淞江通横塘諸處，涇港淺淤，盤折若龍。開闊浚深，亦太湖泄水之一大路也。自松江下口，北遶崑山、常熟，抵江陰界，約三百餘里。有港浦六十餘條，在崑山則爲八尺涇、花浦涇，在常熟則爲福山東横塘，有港四十九條。北及浦、下田浦、堀浦、上夾浦、練祁、桃源、顧涇、六岳、採桃、穿沙、下張、新漕、黄涇、楊林、七丫、郎港、北浦、尹公、甘草塘、相陳涇、淺涇、涖涇、吴泗、鐺腳下、六河浦、黄浜、沙營、白茅、金涇、高浦、許浦、鄔溝、千步、耿涇、新涇、崔浦、水門、鰻鱳、吴涇、高涇、西陽、新涇、陳浦、張涇、胡涇、奚浦、黄泗諸港浦。皆係西南泄水，入海之一大路也。

文英今棄吴淞江東南塗漲之地，姑置勿論，而專意於江之東北劉家港，即古婁江。三江既入，此其一也。謂之入者，入於海也。近年潮汛東朝，水深港闊，每歲數百萬糧艘，宗會於此。三吴東北泄水之尾閭，斯所謂順天之時，隨地之宜，因民之所利而利之者也。更有東南松江，不漲可通諸浦，及東北沿海一帶，如所謂耿涇、福山、東西横塘、吴泗、許浦等處，可以通海。港浦正古制泄水之要津，農田之大本。今則淤淺，亦須從宜開浚疏通，以泄水勢。入海有歸，則浙間數郡可無積水遺患，縱遇澇水，亦不致巨浸。惟開浚之法，付之有司。例將有田之家，差夫動擾，猶爲未便。蓋浙間富户，年來消耗，實不稱名。

乞從省府差委諳通地理水利官員，詣沿海各處追究，相視舊通浦港江海，合該挑浚港浦，具數計工，深闊定式，圖畫貼說，擬議申聞。或都水監分官前來，或選省府能官，於浙間富户内不以是何户計勸，率百十家，斟酌遠近功績巨細，照捨糧賑濟飢民例，優以官禄，擬定功績品級，令其開浚。迄其成功，考其等第，如工役輕省者，酌量優敘，工力浩繁，功績重大者，優以一官，激勸勉勵。庶幾勞而無怨，擾不及衆。假如凶年，勸令富户捐糧賑濟，不過捄一處一歲之災，尚優以官，推此恩例，成此東南之利，則可弭浙西數郡久遠之災，甯不偉與？

外有吴江石隄，亦須相視遠近。將見有橋門添闊浚深，及將一切富强填塞水路，照依舊址，開挑疏通，決放水源，由吴淞江深處入夏駕浦，及新浚港浦入海。似此經治之後，更須都水監差官按行，嚴督各州縣每歲疏浚隄防，則使水利經久不廢。或委行省官一員，提調水政，庶得專司守職，敦篤事嚴，免得有司樂歲則玩視以爲常程。設遇澇歲，則手足無措，敗事傷農。《詩》所謂徹桑土於未雨者此也。水利有成，則樂歲相仍，國家之海運無虧，生民免罹昏墊。國富民安，誠非小補。

成化間，上海金藻論治水六事，曰探本源、順形勢、正綱領、循次序、均財力、勤省視。其形勢綱領之說，可謂深識東南之水勢。今之有司，徒知開一浦一港，規規尺寸之間，而反爲水之害者多矣，因附著其略。

所謂正綱領者，臣愚以爲七郡之水有三江，猶綱之有綱，裘之有領也。昔者東江既塞，而澱湖之水無所泄，故人以爲千墩浦等處可泄澱湖之水，殊不知此處雖通，但能利此一方之水道耳。而澱湖之水，乃屬東江，終不可逆入於松江。松江既湮，而太湖之水無所泄。故人以爲劉家河可泄太湖之水，蓋不知此河雖通，但能復此婁江之半節耳。其南來之半節，與夫新洋江及千墩等浦，反被其横衡松江之腰腹，而爲害莫除。此則舉其一而遺其二者也。或又以爲浦者，導諸處之水，自江以入海。殊不知山水下於太湖，湖水分於三江，江水入於大海，初無與於浦也。然而浦不可無者，如古井田之有澮也。水漫則泄溝水以入江，水涸則引江水以入溝，此乃古人之水利，非若後人反藉導湖水以趨江也。此皆綱領之不正者也。若其溝洫既深，浦瀆既通，然後尋東江之舊跡，以正東南之綱領，而澱湖所受急水港以來之水，與夫陳湖所接白蜆江之水，皆得以達於東南以入海，則黄浦之勢可分，而千墩浦等水不横衡於淞江，而淞江可通矣。又開淞江之首尾，以正東西之綱領，則黄浦之勢又可分。而蹌口既通，吴江石竇增多，而松江可以不塞矣。又開婁江之崑山塘，以至吴縣胥塘，另接太湖之口，添置石竇，則新洋江之潮勢可分，而不使横衡松江，而東北之綱領又正矣。

所謂順形勢者，臣見今人之論，有以爲黄浦即是東江，而黄浦通，松江通矣。爲此説者，蓋不知江浦之子母縱横，水勢之大小順逆也。臣愚以爲，松江乃東西之水，其勢大而横，譬則母也；黄浦乃南北之水，其勢小而縱，譬則子也。太湖之定位在西，大海之定位在東，必藉東西之江以泄之，則爲順而駛，若藉南北之浦以泄之，則爲逆而緩。蓋松江之塞，西由吴江石門之少，中由千墩浦等與新洋江之横衡，東由黄浦竊權之盛，而蹌口所以不通也。又譬則松江正嫡也，黄浦衆妾也，今衆妾尊顯而正嫡幽微，謂之家道順，可乎？況黄浦不獨北爲淞江之害，而南又爲東江之害。蓋其中段南北勢者，乃是黄浦，其至北而反引松江迤邐東北達於范家港以入海者，又名上海浦也。臣愚以爲，江有入海之名，浦無上海之理。而今皆反之者，此即江變爲浦之明驗也。其至南而折於西以接横潦涇者，又名華涇塘也。華涇塘東去有閘港，此皆東江之東段也。但欠西與華涇塘接續而東入於海耳。大泖西北有爛路港，陳湖西去有白蜆江，此即東江之西段也。但東南與朱涇斜塘橋等處欠通順耳。三江既通，則太湖東之形勢順矣。然後尋曹涇入海之閘河、金山衞入海之閘河、海鹽縣入海之閘河，以泄嘉興秀水塘等處，以來湖、杭之水。而謂之南條者，則太湖南之形勢順矣。修溧陽之五堰，以節九陽江之水，浚宜興之百瀆，以疏荆谿所受之水，則太湖西之形勢順矣。疏江陰下港等河、常熟白茆等港，復常州運河斗門一十四處，走泄夾苧干等瀆，築隄管水入江，而謂之北條者，則太湖北之形勢順矣。

第四卷

有光既録諸家之書，其説多可行，然以爲未盡其理，乃作《水利論》。

水利論

吴地庳下，水之所都，爲民利害尤劇。治之者皆莫得其源委。禹之故迹，其廢久矣。吴東北邊境，環以江海，中瀦太湖。自湖州諸谿從天目山西北宣州諸山谿水所奔注，而從吴江過甫里，經華亭青龍江以入海。蓋太湖之廣三萬六千頃，入海之道，獨有一路，所謂吴淞江者。顧江自湖口距海不遠，有潮泥填淤反土之患。湖田膏腴，往往爲民所圍占，而與水争尺寸之利，所以松江日隘。議者不循其本，沿流逐末，取目前之小快，别浚浦港，以求一時之利，而松江之勢日失。所以沿至今日，僅與支流無辨，或至指大於股，海口遂至湮塞。此豈非治水之過與？

蓋自宋揚州刺史王濬以松江滬瀆壅噎不利，從武康紵谿爲渠浛，直達於海，穿鑿之端自此始。夫以江之湮塞，宜從其湮塞而治之，不此之務，而别求他道，所以治之愈力，而失之愈遠也。太倉公爲人治疾，所診期決死生，而或有不驗者，以爲不當飲藥針灸而飲藥針灸，則先期而死。後之治水者，與其飲藥針灸何以異？孟子曰：『天下之言性也，則故而已矣。故者以利爲本。』『禹之治水，所以行其所無事也。』欲圖天下之大功，而不知執其利勢以行其所無事，其害有不可勝言者。嗟夫！後世之論，徒區區於三十六浦間，或有及於松江，亦不過浚蟠龍、白鶴匯，未見能曠然修禹之跡者。

宜興單鍔著書，爲蘇子瞻所稱。然欲修五堰，開夾苧干瀆絶西來之水，不入太湖。殊不知揚州藪澤，天所以瀦東南之水也，今以人力遏之，夫水爲民之害，亦爲民之利。就使太湖乾枯，於民豈爲利哉？太史公稱：『禹治水，河菑衍溢，害中國也尤甚，惟是爲務。』禹治四海之水，而獨以河爲務，此所謂執其利勢者。故余以爲治吴之水，宜專力於松江。松江既治，則太湖之水東下，而餘水不勞餘力矣。或曰：『《禹貢》「三江既入，震澤底定」，吴地尚有婁江、東江與松江為三，震澤所以入海，明非一江也。』曰：此顧夷、張守節註《地理》之誤。其説云：太湖一江西南上爲松江，一江東南上至白蜆湖爲東江，一江東北下曰婁江。不知二水皆松江之所分流。《水經》所謂長瀆歷河口，東則松江出焉，江水奇分，謂之三江口者也。而非《禹貢》之三江。惟班固《地理志》南江自震澤東南入海，中江自蕪湖東至陽羨入海，北江自毗陵北入海。郭景純以爲岷江、松江、浙江，此與《禹貢》之説爲近。蓋經言『三江既入，震澤底定』，特紀揚州之水，今之揚子江、松江、錢塘江並在揚州之境，故以告成功。而松江由震澤入海，經蓋未之及也。

由此觀之，則松江獨承太湖之水，故古書江、湖通謂之笠澤。要其源近，不可比儗揚子江，而深闊當與相雄長。范蠡云：『吴之與越，三江環之。』則古三江並稱無疑。故獨治松江，則吴中必無白水之患，而從其旁鉤引以溉田，無不治之田矣。然治松江必令闊深，水勢洪壯，與揚子江埒，而後可以言復禹之跡也。

水利論後

單鍔以吴江隄横截江流，而岸東江尾茭蘆叢生，泥沙漲塞，欲開茭蘆之地，遷沙邨之民，運去漲土，鑿隄岸千橋走水，而於下流開白蜆安亭江，使湖水由華亭青龍入海。雖知松江之要，而不識《禹貢》之三江，其所建白，猶未卓然，所以欲截西水，壅太湖之上流也。蘇軾有言：『欲松江不塞，必盡徙吴江一縣之民。』此論殆非鍔之所及。今不鐫去隄岸，而直爲千橋，亦守常之論耳。

崇寧二年，宗正丞徐確提舉常平，考《禹貢》三江之説，以爲太湖東注，松江正在下流，請自封家渡古江開淘至大通浦，直徹海口。當時唯確欲復古道，然確爲三江之説，今亦不可得而考。元泰定二年，都水監任仁發開江，自黄浦口至新洋江，江面財闊十五丈。仁發稱：古者江狹處猶廣二里。然二里，即江之湮已久矣。自宋元嘉中，滬瀆已壅噎，至此何啻千年？郟氏云：『吴淞古道，可敵千浦。』又江旁縱浦，郟氏自言小時猶見其闊二十五丈，則江之廣可知。古故江蟠屈如龍形，蓋江自太湖來源不遠，面勢既廣，若徑直則又易泄，而湖水不能蓄聚，所以迂迴其途。使如今江之淺狹，何能蟠屈如此？

余家安亭，在松江上。求所謂安亭江者，了不可見。而江南有大盈浦，北有顧浦，土人亦有三江口之稱。江口有渡，問之百歲老人，云：『往時南北渡一日往來僅一二迴。』可知古江之廣也。本朝都御史崔恭鑿新道，自大盈浦東至吴淞江巡檢司，又自新涇西南蒲匯塘入江，自曹家河直鑿平地至新場江，面廣十四丈。夫以郟氏所見之浦，尚有二十五丈，而都水所開江面，財及當時之浦。至本朝之開江，迺十四丈。則興工造事，以今方古，日就卑微，安能復見禹當時之江哉？

漢賈讓論治河，欲北徙冀州之民當水衝者，決黎陽遮害亭，放河北入海，當敗壞城郭田廬塚墓以萬數。以爲大禹治水，山陵當路者毁之，墮斷天地之性，此迺人功所造，何足言也？若惜區區漲沙茭蘆之地，雖歲歲開浦，而支本不正，水終横行。今自嘉靖以來，歲多旱而少水，愚民以爲不復見白水之患。余嘗聞正德五〔一〕年秋，雨七日夜，吳中遂成巨浸。設使如漢建始間，霖雨三十日，將如之何？天災流行，國家代有。一遇水潦，吾民必有魚鼈之憂矣。

或曰：『今獨開一江，則其餘谿港當盡廢耶？』曰：『禹決九川，距四海，濬畎澮距川。江流既正，則隨其所在，可鉤引以溉田畝。且江流浩大，其勢不能不漫溢。如今之小江，尚有勦娘江分四五里而合者。則夫奇分而旁出古婁江、東江之跡，或當自見，且如劉家港，元時海運千艘所聚，至今爲入海大道。而上海之黄浦，勢猶洶湧，豈能廢之？但本支尊大，則支庶莫不得所矣。』

〔一〕五　清文淵閣四庫本《三吳水利録》作『四』。

〔禹貢〕[一] 三江圖

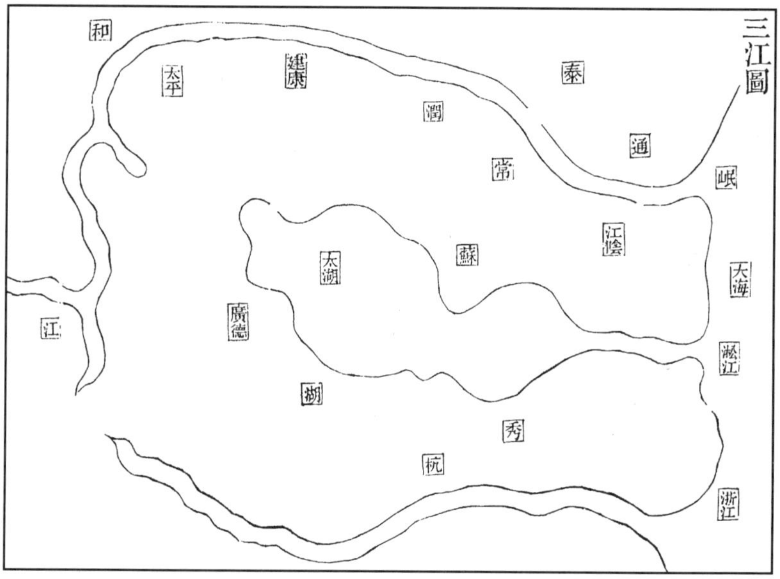

序説

古今論三江者，班固、韋昭、桑欽之説近之。但固以蕪湖東至陽羨入海，昭分錢塘江、浦陽江爲二，桑欽謂南江自牛渚上桐水、過安吉、歷長瀆，爲不習地勢。程大昌辨之詳矣。然孔安國、蘇軾所論，亦未必然也。今從郭璞，以岷江、松江、浙江爲三江。蓋自揚州斜轉東南，揚子江、吴淞江、錢塘江三處入海，而皆以江名。其爲三江無疑。但松江湮塞細弱，無復江之形勢，世遂忽之而不論耳。宋淳熙中，直學邊實修《崑山志》，言大海自西沺分南北。由轉斜而西朱陳沙，謂之揚子江口。由徘徊頭而北黄魚垜，謂之吴淞江口。浮子門而上，謂之錢塘江口。三江既入，禹跡無改。此今日之所目見。諸儒胸臆之説，不足道也。

[一] 原文無，依原録加。

松江下三江口圖

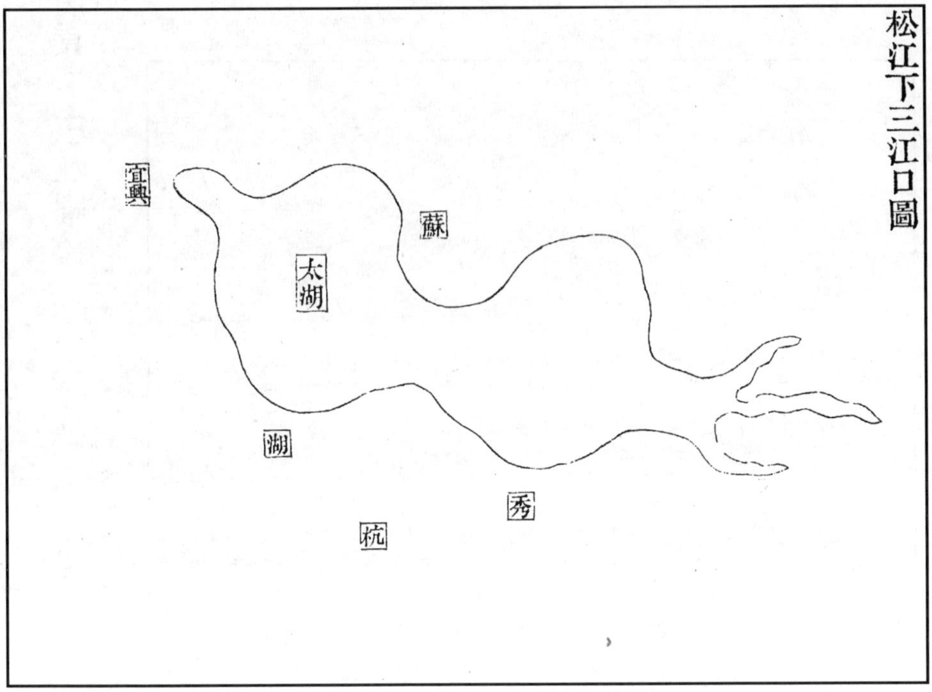

序説

《史記正義》曰：　在蘇州東南三十里，名三江口。一江西南上七十里至太湖，名曰松江，古笠澤江。一江東南上七十里白蜆湖，名曰上江，亦曰東江。一江東北下二百餘里入海，名曰下江，亦曰婁江，其分處號三江口。顧夷《吴地記》：　松江東北行七十里，得三江口。庾仲初註《揚都賦》：　太湖東注爲松江。七十里有水口，流東北入海爲婁江，東南入海爲東江。蓋松江之有婁江、東江，如岷江之中江、北江、九江，其實一江耳。昔賢以此解松江下之三江口，非以爲《禹貢》之三江也。《吴郡續志》云：　松江受太湖，一自長橋流入同里稡湖瀼，由白蜆江入薛澱湖。一自甘泉橋由松江尾東華澤湖自急水港至白蜆江入澱湖，而注之海。以《正義》《吴地記》求其所在，則松江北行七十里分流者，當在今崑山之境。説者徒欲尋求二江，而不知由松江細弱，所以奇分之水，遂不可見。《續郡志》云：　崑山塘自婁門歷崑山以達於海。以劉家港爲婁江，意亦附會也。

〔松江南北岸浦〕[一]

吳淞江南岸

張家浜　戴家浜　青浦　古江　南蹌浦　上海浦　大盧浦　西盧浦　新涇　魚浦　小許浦　盤龍江　儼儻浦　周涇　西舊涇　赤眼浦　華潮浦　淮浦　朱墅浦　艾祁浦　青龍江　浦家江　大盈浦　梁乾浦　南瀨浦　直浦　趙屯浦　内勛浦　石浦　道褐浦　金竈浦　蕭市浦　陸虞浦　千墩浦　任浦　漳潭浦　同邱浦　諸天浦　張浦　帆歸浦　大直浦　少里浦　東齊浦　刹力浦　吳浦　界浦　角直浦

吳淞江北岸

江灣浦　坊浜　唐莊浦　東彭越浦　西彭越浦　趙浦　大場浦　桃樹浦　下槎浦　中槎浦　上槎浦　石橋浜　新華浦　封家浜　李墅浦　上棧浦　何浦　陸皎浦　東黃渡浦　裘浦　西黃渡浦　桑浦　顧浦　安亭港　徐公浦　北瀨浦　大瓦浦　小瓦浦　蔣浦　三林浦　金城浦　顧幕浦　木瓜浦　下駕浦　天明浦　新洋浦　馬仁浦　小虞浦　大虞浦　良里浦　新瀆浦　下里浦　黃瀆浦　及墅浦　界浦　曹涇　六市浦　管廉浦　張浦　戴墟浦　陸涇　廟涇　箭涇　青邱浦　索路港

右宋嘉祐所開之新江，其諸浦名互見郟氏書中。松江自湖口來，入海兩岸皆浦形如百足，今有見在通流者，或填淤僅如溝澮，或没不復見，而地名猶存，皆可尋究。酈道元注《水經》云：東南地卑，萬流所湊。濤湖泛決，觸地成川。故川舊瀆難以悉取。酈氏生長北方，未嘗親見，蓋以意度之如此耳。

觀吳淞江兩岸港浦，具見治水綱領。永樂二年，夏忠靖公掣崑山、嘉定諸塘，引吳淞江入劉家河。於上海濬范家浜接黃浦，而於江之東段初不施工，蓋已失水之勢矣。

元大德八年都水監開江丈尺

吳淞江東南黃浦口起至大盈浦口，止一萬五千一百丈。

大盈浦口起至永懷寺東，止一千六百丈。

永懷寺東起至趙屯浦口，止一千五百丈。

趙屯浦口起至陸家浜，止二千三百五十丈。

陸家浜起至千墩浦口新洋江，止一千六百丈。

通計長二萬二千一百五十丈，廣二十五丈，深一丈

[一] 底本無，依原目録加。

五尺。

天順四年崔都御史開江丈尺

大盈浦東至吴淞江巡檢司二萬二千丈。

新涇西南蒲匯塘入江四千丈。

曹家河平地至新場三萬丈，廣十四丈，深二丈。

按：　夏忠靖公治水，不全用力吴淞江者，蓋時江水猶通流也。正統六年，周文襄公始修吴淞江，立表江心，盡去壅塞。天順四年崔都御史恭、弘治七年徐侍郎貫、嘉靖元年李尚書充嗣凡三浚，迄今四十餘年不治矣。經國者所當留意也。

續録

奉熊分司水利集并論今年水災事宜書

某生長東南，祖父皆以讀書力田爲業，然未嘗窺究水利之學。聞永樂初，夏忠靖公治水於吴，朝廷賜以《水利書》。夏公之書，出於中祕，求之不可得見。獨於故家野老搜訪，得書數種，因盡閱之。間採其議尤高者，彙爲一集。嘗見漢世，國家有一事，必令公卿大臣與博士議郎雜議。始元中，諸儒相論難鹽鐵。及宣帝時，桓寬推衍之至數萬言，而盛稱中山劉子、九江祝生之徒，欲以究成治亂，定一家之法。某所取《水利論》，僅止一二。然以爲世所傳書，皆無逾於此者。

郟大夫考古治田之跡，蓋濬畎澮距川，瀦防溝遂列澮之制。數千百年，其遺法猶可尋見如此。昔吴中嘗苦水，獨近年少雨多旱，故人不復知其爲害，而隄防一切廢壞不修。今年雨水，吴中之田，淹没幾盡。不限城郭鄉村之民，皆有爲魚之患。若如郟氏所謂塘浦闊深，而隄岸高厚，水猶有大於此者，亦何足慮哉？當元豐變法，擾亂天下，而郟氏父子，荆、舒所用之人，世因以廢其書。至其規畫之精，自謂：『范文正公所不能逮，非虛言也。』

單君鍔本毗陵人，故多論荆谿運河古跡、地勢蓄泄之法。其一溝一港，皆躬自相視，非苟然者。獨不明《禹貢》三江，未識松江之體勢，欲截西水入揚子江上流，工緒支離，未得要領。揚州藪澤曰具區，其川三江，蓋澤患其不瀦，而川患其不流也。今不專力於松江，而欲涸其源，是猶惡腹之脹，不求其通利，徒閉其口而奪之食，豈理也哉？

近世華亭金生綱領之論，實爲卓越。然尋東江古道，於嫡庶之辨，終猶未明。誠以一江泄太湖之水，力全則勢壯，故水駛而常流；力分則勢弱，故水緩而易淤。此禹時之江，所以能使震澤底定，而後世之江，所以屢開而屢塞也。松江源本洪大，故别出而爲婁江、東江。今江既細微，則東江之跡，滅没不見，無足怪者。故當復松江之形勢，而不必求東江之古道也。

周生勝國時，以書干行省及都水營田使司，皆不能行。其後僞吴得其書，開浚諸水，境内豐熟。迄張氏之世，略見功效。至論松江不必開，其乖謬之甚有不足辨者。尋周生之論，要亦可謂之詭時達變，得其下策者矣。

某迂末之議，獨謂大開松江，復禹之跡，以爲少異於前說。然方今時勢財力，誠未可以及於此。伏惟執事秉節海上，非特保鄣疆圉，且以生養吾東南之赤子，生民依怙之者切矣。邇者風汛稍息，開疏瓦浦，五十餘年湮没之河，一旦通流連月，水勢泛濫，凡瓦浦之南，相近二十餘里，水皆向北而流，百姓皆臨流歎誦明公之功德。葢下流多壅水，欲尋道而出，其勢如此。不得其道，則瀰漫横暴而不制。以此見松江不可不開也。松江開，則自嘉定、上海三百里内之水，皆東南向而流矣。頃二十年以來，松江日就枯涸，惟獨崑山之東、常熟之北，江海高仰之田，歲苦旱災，腹内之民，晏然不知。遂謂江之通塞，無關利害。今則既見之矣。吴中久乏雨水，今雨水初至，若以運數言之，恐二三年不止。則仍歲不退之水，何以處之？當此之時，朝廷亦不得不開江也。

天下之事，因循則無一事可爲，奮然爲之，亦未必難。明公於瓦浦，實親試之矣。且以倭寇未作之前，當時建議水利，動以工費無所於出爲解，然今十數年，遣將募兵，築城列戍，屯百萬之師於上海，事窮勢迫，有不得不然者。若使倭寇不作，當時有肯捐此數百萬以興水利者乎？若使三吴之民，盡爲魚鼈，三吴之田，盡化爲湖，則事窮勢迫，朝廷亦不得不開江矣。弘治四年、五年大水，至六年，百姓饑疫，死者不可勝數。正德五年亦如此。今年之水，不減於正德五年，尚不及秋，民已嗷嗷矣。救荒之策，決不可緩，欲望蚤爲措置米穀，設法賑濟，或用前人之法，召募飢民，浚導松江，姑且略尋近世之跡，開去兩岸茭蘆，自崑山慢水江迤東至嘉定、上海，使江水復由踰口入海。放今年停瀦之流，備來年洊至之水，亦捄時之策也。某蹇拙非有計慮足以裨當世，獨荷執事知愛，盡其區區之見，或有可備末議者，伏惟裁擇之，幸甚。

寄王太守書

某昨承明府論及水利，匆遽辭别，不及盡言。某非能知水學者，然少嘗有意考求，見盧公武《郡志》，止鈔録事跡，略無綱要。今新志因之。而近來言水利者，不過祖述此耳。嘗訪求故家野老，得書數種，獨取郟氏二三家，斷以爲專門之學。遂彙録成書，非能特有所見也。唯以三吴之水，瀦於太湖，太湖之水，泄於松江。古今之論，無易此者，故著論以暢前人之旨。

嘗又讀《禹貢》，注三江者，説無定論。惟郭景純及後來邊實之論爲是，故定以爲三江之圖。明府見諭，謂吴淞江與常熟縣無預，某所論三吴之水，非爲常熟一縣之水也。江水自吴江經由長洲、崑山、華亭、嘉定、上海之境，旁近之田，固藉其灌溉。要之吴淞江之所以爲利者，葢不止此。獨以其直承太湖之水以出之海耳。今常熟東北，江海之邊，固皆高仰，中間與無錫、長洲、崑山、接壤之田，皆低窪多積水。此皆太湖東流不快之故。若吴淞江開濬，則常熟自無積水。然則吴淞江豈當與許浦、白茅並論耶？明府又謂：揚子江、錢塘江，何與於吴中水利？某之意，特欲推明三江之説。葢自來論吴中之水，必本《禹貢》『三江既入』之文，自孔安國以下，以中江、北江爲據，既失之泥，班固、韋昭、桑欽近似而不詳，故當從郭景純。唯三江之説明，然後吴中之水可得而治也。《經》曰：『三江既入，震澤底定。』先儒亦言三江自入，震澤自定，文本不相蒙。然吴淞一江之入，震澤底定，實係於此。《經》文簡略不詳耳。某誠恐論者，不知此江之大，漫與諸浦無别，不辨原委。或泥張守節、顧夷之論，止求太湖下之三江，用力雖勞，反有支離湮汨之患也。但欲復禹之跡，誠駭物聽。即如宋郟亶時之丈尺，時力亦恐未及。而水勢積壅爲害，欲求明府先令所在，略據今日河形，開挑茭蘆，使自崑山夏駕口至嘉定栅橋尋入海之口，則江水有通流之漸矣。

今春量撥賑饑之穀，召募飢民，或可即工代賑。又旁江之民，積占茭蘆，指以告佃爲名。所納斗升之税，所占即百頃之田。兼之漲灘之税，亦多吏胥隱没，官司少獲其利。昔宋時圍田，皆有禁約。今姦民豪右，占江以遏水道，更經一二三年，無吴淞江矣。若責所占之人，免追花利，止令隨在開挑，以復舊跡，則官不費而姦有所懲矣。某二十年屏居江上，未嘗敢獻書當事者。異日吕公有意水利，然以平日非相知，不敢有所陳。前以分司舊識，因開瓦浦問及之，而明府親屈二千石之重，敦行古誼，虚懷下接，且惓惓以吾民之魚鼈爲憂，故特有言耳。然區區所望於明府，有大於此者。

昔魏王召史起問：『漳水可以灌鄴田，子何不爲寡人爲之？』史起曰：『臣恐王之不能爲也。』王曰：『子誠能爲寡人爲之，寡人盡聽子矣。』史起敬諾，言之於王曰：『臣爲之，民必大怨臣。大者死，其次乃籍臣。臣雖死籍，願王之使他人遂之也。』王曰：『諾。』使之爲鄴令。史起因往爲之，鄴民大怨，欲籍史起。史起不敢出而避之。王乃使他人遂爲之。水已行，民大得其利。由此言之，興一世之功，不當恤流俗之議也。區區之見，要以吴淞江必不可不開。即日渡江，違離節下，豈勝瞻戀。因還船附此，不宣。

附録

慎水利

上撫臺志齋周公時議七條，此其一也。公不久離任，未及施行。

夫揚州之區，其浸曰三江五湖，其藪曰具區。具區者，太湖也。水固為民利，亦足為民害。治之者，貴得其要而已。故或汨陳五行，或時敘九疇，善用之者，以佚道使民，不善用之者，以生道殺人。可不慎與！

先君著《水利論》，多取蘇氏、單氏、郟氏之説，可謂詳矣。然大要以開吴淞江為本，次則塘浦闊深，而隄岸高厚，此其綱領也。太湖之水，惟吴淞一江承之以入於海，使其受納之處，稍有障礙，則水勢微緩，而下流所以日湮，湖水必至於泛溢，為民害不小矣。故為今之計，必先開浚其下流，更去其上流之壅閼，使水勢湍急，直達於海。則雖大潦之歲，潮水不能為害矣。今之開江，不可不亟為之處，而其先後緩急之序，又不可不講也。在高鄉，則當在開枝河之閼塞者。在低鄉，則先築其隄岸之崩坍者。責令各鄉畫圖，并書其原額深闊幾許、今見存幾許、長短幾許，及其旁業田某人，或荒或熟，務得其實。隨區別界，各分信守。責令旁河得利之人，自行疏築。因其廣袤，柱石為額，以防淤塞。次則塘浦之淺隘者，則官為之開浚以及於江。江之長幾二百里，亦度其丈尺，計其工力，令沿江居民棋布其上，每工給銀若干，米貴則量加之，無使稍有乾没其間。則不惟公事易舉，而飢民亦獲所濟。往時海忠介公大略倣先君遺意，而飢民大得所濟。兹則已然之明驗也。至若千橋之易，未可輕議疏鑿。其兩旁大開水門，必不可已也。長橋亦當決去，更建浮橋。其沙洲亦皆開鑿，無使上流稍閼。則下流自然通流駛迅，不致沙水壅遏矣。夫興百世之利，必當有獨斷之明。若因循苟簡，惑於尋常之論，徒竭帑藏，未見其可也。考之古人，一溝一港，皆所致意。所謂禹『盡力於溝洫』『濬畎澮距川』是也。若大旱之時，塘浦既乾，則吴淞江雖深無益也。枝河既乾，則塘浦雖深無益也。故開吴淞江，必先之開塘浦，開塘浦，必先之開枝河。枝河與塘浦之深稍埒，而塘浦之深與吴淞江之深稍埒，則雖大旱不至枯涸，而可以車救矣。往歲吴淞江未嘗不通，而田多不能播種，此則枝河不開不深之驗也。夫枝河既開，可以承受塘浦之水，塘浦既闊，可以容納大江之流。則枯旱之時，既可以積瀦，而水潦亦可宣泄矣。隄岸既高，則雖大水之歲，塘浦之流，徑趨於江，江水亦速達於海。水雖高於田，而亦不為害矣。此實平常之論，無足爲奇。若飢之於食、寒之於衣，舍此更無他術也。此其大略，苟可便於施行，更有一二詳言之。大抵吴中言水利者甚多，然緩急先後，恐不可易此者。謹著之於篇，以備採擇。

論東南水利復沈廣文

昔禹平水土而則壤成賦，『六府孔修，九州攸同，萬邦作乂』。周公以『六典』致太平，而尤以田賦爲首務。故孟子言王道必自經界始。春秋以後，井田之法漸壞，而溝洫不廢。朝會攻伐，各自取足，未聞借資於他經也。夫今之天下，猶古之天下；今之民力，猶古之民力也。乃今西北之水田既廢已久，而惟仰給於東南之一隅。假使一旦有梗，其弊有不可言者。而東南治田之法，復置不講，而專望乎天時，又豈足恃哉！古之治天下，如人之一身，榮衛貫通，運臂使指，不勞餘力。今之天下，若痿痺不仁者，賈生所謂病辟且痱，不待扁鵲而知之者也。

永樂間，夏忠靖公以奉命，得賜水利集，治水吴中。於是疏壅滯、修隄防，水患乃息。兼以振賚災眚，召募耕佃，國用既益，而民被其利。正統中，周文襄公奉敕修舉江南預備之務，乃治吴淞江。及湖池、陂塘、隄岸、橋梁皆已疏築，又以均耗䘏民，民用賴之。二公之遺澤，至今長老猶思慕焉。然忠靖尤為朝廷之所倚重，雖加意於東南，而未及乎西北。文襄遺愛甚深，而疏河治田，亦未能盡如古法。夫豈當時猶有所扞隔，而不得自遂耶？抑亦有慮不及此耶？

先君嘗有志於經國之務，因居吴淞江上，訪求故家遺書，得郟氏、單氏與任氏諸書，擇其最要者，編爲《水利録》四卷。隆慶間，海忠介公得是書，倣而行之，飢民全活者甚衆。而海口至栅橋，皆已堙塞爲平地，不期月而開鑿通流，潮水復如昔時之洶湧，大為民便。惜乎其功之未竟也。繼而開江者，以江三分之二起稅，而濬其一為江身，是與水争尺寸之利，而不知所害者多矣。名為開江，而實以塞江也。萬曆丁亥之歲，子甯偶過京師，謁大司空石公。言及東南水利，略陳其一二。公慨然即欲開吴淞江，然奉行者亦未能稍副其望，不徒無益，而害之甚矣。夫欲爲國家建一時之功、興百世之利者，自古已難。即今東南為朝廷之所仰給根本重地，而於水利建議而行之者，非無其人，然未能克底厥績。

又若徐公子徵，以諫垣復授御史之任，開西北之水田，誠百世之利，亦中止而不行。豈天時尚未欲生民享樂利之休，國家建久安之業乎？今東南民困已極，不盡人力，惟坐待天時。即恒雨而卑田没，恒暘而高田枯。若之何而可常稔耶？夫使治西北而能不賴於東南，治東南而不必倍加輸挽之費於西北，則猶一人之身而榮衛貫通矣。非國家無疆之休，而為萬世之永賴哉！子甯瓠落無成，然每懷杞人之憂。偶閲先君遺稿，及頗究昔人水利之説，稍撮其要者，緝之以備當道明公採擇焉。

書三吳水利録後

天下之利有故，而害有由，不明其故，而妄以私智規小利，失大利而遺大害，至於累世不息者，斯其首禍何如？東南澤國，水非大利乎？今時被其災，反爲大害。空思神禹舊跡，莫知所以措，悲夫！亦思水何以泛濫？知其泛濫，則可底定矣。何以底定？審其底定，宜無失其故矣。

三代後，漢與唐獨略於東南之水者，時江水猶循其道，莫為患也。至宋而言水事者紛紛矣，由慶曆時築長隄於江水之上流，截其入海之勢故也。至於腹内之堰閘不可廢者，反一切廢之。皆爲一時轉運之便，不顧失大利而貽大害，壅遏上流之水，而瀰漫腹内之田。於是四郡之民，居卑者盡為魚鼈之宅。治之者又往往不得其領，不惟無益，而反滋其害，以迄於今也。先太僕務經濟之學，於今古遺書，無不研究。明禹跡之舊，爲《禹貢》註。至於東南之水，復具論於三吳水利中，詳其入海之道，定三江之圖，録水學之最者，彙為一集。能自得其領，而後其法可備用。蓋東南之水，既匯而為具區，具區實由吳淞一江，東入於海，其流迅駛。左右南北之水，五六里而為一浦者，皆旁支也。更横之，每十里而為一塘。塘浦棋布，治水治田之道在是矣。是以原委分而支庶明，先後緩急，皆有其序。始知宋元以來之治水，皆不得其分明而失其次序也。

隆慶間，海忠介公喜得是書，倣而行之。時歲大飢，公多方處費，聽有罪者入贖，助工勤力者加其稟餼。飢民大濟而江大開，海口至栅橋，盡堙爲平地矣，不期月而遂通，江濤如昔，民誦便利。惜功未竟而公去任，繼之者不復行公之事。公爲人廉敏勤毅，親巡視事無虚日，謂大禹神聖，勞身焦思，胼胝於山水泥陸，我輩何人，食朝廷之禄，而勞民自逸，矧又有因而掊克耶？時或有給餉不即應者，公嚴刑以儆，無不奮勵。功故垂成，而不意有媢嫉者，亟奪公去。今幸蒙聖明，深維國計，洞晰民隱，謂天下財賦仰給東南，治東南之水爲今經國利民首務。而吳淞一江，則水之綱領也。今多湮塞而僅存遺跡，不若旁水之流。此湖之所以時時泛溢，而吳民水旱蒙災也。敕行疏濬，採酌事宜。聖謨如此，何愁無忠介公以成之乎？玆猶懷杞人之念者，謂古草茅亦切當世之慮。今廟廊之上，憂及江湖，處江湖者，安敢隱其見聞，不罄芻蕘狂瞽之愚以所聞？

吳淞之入海，禹鑿堙阜，後無宋之吳江岸，亦猶岷浙之至今長流也。曩時故跡深廣，可敵千浦，今堙者已為平地。而通者反從南北支流，紆迴入海。昔之塘浦，廣猶三十丈，今嫡屈於庶，日失其勢，而震澤焉有安流。必廣復其故，而與岷江相埒，即狹處猶當數里。斯言也，如以為迂狂，則昔日之三江何如耶？古聖王經營天下，九州、九道、九澤、九山爲之開通陂障，况東南一水乎？思天下之泛濫，可底於平成。則治一澤之水，不得視為迂闊艱難矣。為之者功期必成，上答天子，下澤蒼生，當仁可讓。與凡江故跡，載自前人，歷有其証。今其為茭蘆阡陌者，何得不悉返東流。俾澤有安瀾，而後江之旁浦與塘可漸次疏治。復置腹内之堰閘，四郡水田蘇為最，仍設吴越錢王時之營田司，督營田軍，專為田事。導河築防，上流之壅截，既盡疏徹。而腹内之堰閘，又時其啟閉。則不惟水永無患，而旱亦無災，歲歲豐稔。建一時之功，垂萬世之利，拭目以望。

崇禎元年戊辰季秋　男輔世書

〔跋〕

東南言水利者，莫大於三江震澤。而松江之壅滯，自晉、宋間始。梁時以滬瀆不通，欲於太湖之上流，分殺其埶。宋郟亶、單鍔並有著書，以濬松江為第一義。單鍔書爲蘇文忠所稱。明歸震川先生采郟、單諸人之論，爲《三吴水利録》，言治吴之水，宜專力於松江。松江既治，則太湖之水東下，而他水不勞遺力矣。夫水爲民之害，亦為民之利。下流雝塞，或遇暴漲，水因泛濫横溢。兼有圍田爲阻，民田皆受其患。若疏濬下流，江尾不至淤漲。蓄洩以時，旱潦有備，可無凶荒之慮。丘文莊云浙東西之賦居江南十九，而蘇、松、常、嘉、湖五府，又居兩浙十九。當今之時，三吴之水利，不可不亟爲講求。是書實有繫於國計民生之大者已！

道光丙申春孟　海昌蔣光煦跋

整理人：湯志波，復旦大學古籍所博士，華東師範大學中文系講師。已出版古籍整理《弇州山人題跋》《沈周集》等著作。

〔明〕佚名　撰

吴中水利通志

杜怡顺　整理

整理説明

《吴中水利通志》十七卷，佚名撰，成書於明嘉靖初年，現存明嘉靖三年（一五二四年）錫山安國銅活字本。

該書前七卷分别記叙吴中七府：蘇州、松江、常州、鎮江、杭州、嘉興、湖州之湖泊、河流及歷代水利工程；八、九二卷爲『考議』，擇要選録了歷代有關吴中各地治水方法的論著；卷十至十二爲『公移』，選録了歷代中央及當地有關治理吴中水道的公文；卷十三至十五爲『奏疏』，選録了歷代吴中地區官員和當地士紳有關當地水利的奏文、上疏；末二卷爲『紀述』，分别記載了七府歷代水利工程的進行情況。各類文獻記載迄於嘉靖二年。在形式上，本編纂單元採用類似『綱目體』的編排形式，前七卷的河湖及水利工程用大字表示，其流經及修治情況則用小字形式分注於其下，後十卷的篇題和正文也使用這一形式。這樣，全書就有了『綱舉目張』的閲讀效果。

該書現存的嘉靖三年錫山安國銅活字本是目前所知的唯一版本，且僅見藏於中國國家圖書館，可見該書是相當稀見的詳細梳理吴中水利的著作。現即以該本爲底本標點、整理。然原本存在部分缺頁的情況，全書共缺十數頁，又部分文字已漫漶不清。由於無别本可校，在整理過程中，對缺頁情況在當頁以校勘記形式予以説明，並指出缺失内容在其他相關文獻的收録情況，以便讀者核查。對漫漶不清的文字則根據其他相關文獻進行描補，實在難以辨認之字則以『□』表示。同時，對原書中的明顯錯字、避諱字等，徑行改正。根據其他文獻所校改的文字則撰寫簡要的校勘記予以説明。

本編纂單元校勘記引用書目如下：梁沈約《宋書》（中華書局，一九七四年），元脱脱等《宋史》（中華書局，一九七七年），元潛説友《（咸淳）臨安志》（清道光十年錢塘汪氏振綺堂刻本），明張内藴、周大韶《三吴水考》（清文淵閣四庫全書本），明張國維《吴中水利全書》（清文淵閣四庫全書本），明姚文灝《浙西水利書》（清道光四年江聲帆影閣刻本），唐白居易《白氏長慶集》（四部叢刊影印明嘉靖壬子董氏刊本），宋范仲淹《范文正公集》（四部叢刊影印明翻元刊本），宋蘇軾《蘇詩文集》（中華書局，一九八六年），明顧清《（正德）松江府志》（明正德七年刊本），明沈朝宣《（嘉靖）仁和縣志》（清光緒刻《武林掌故叢編》本），明張衮《（嘉靖）江陰縣志》（明嘉靖刻本）。

限於識見學力，在整理過程中難免存在疏誤之處，尚祈方家指正。

整理者

目録

卷第一　蘇州府

叙水

太湖在郡西南三十餘里。即《禹貢》之震澤，《周禮》之具區，《左氏傳》之笠澤。又謂之五湖，而其説不同。一云周行五百里，故名。一云太湖東通松江，南通霅溪，西通荆溪，北通隔湖，東連韭溪，凡五道，故名。一云太湖上稟咸池五車之氣，故一水五名。然今湖亦自有五名，自莫釐山東與徐侯山相值者，中爲菱湖。莫釐西北，與菱湖連者，爲莫湖。南連莫湖，東逼胥山者，爲胥湖。長山東曰游湖。長山西北連無錫者，曰貢湖。別有金鼎湖、梅梁湖、東皋里湖，其浸則通謂之太湖。昔范蠡乘舟入五湖口，司馬遷登姑蘇臺而望五湖，則五湖之爲太湖明矣。湖東西二百餘里，南北一百二十里，周五百里，占蘇、湖、常三州。北有百瀆，納建康、常潤数郡之水，南有諸漊，納宣歙、臨安苕、霅諸水，其東入于松江，又東二百餘里，以入于海。

三江，松江、婁江、東江也。《禹貢》云：『三江既入，震澤底定。』在郡東南三十里，名三江口。一、江西南上七十里，至太湖，曰松江。一、江東南上七十里，至白蜆湖，曰上江。即古之東江。一、江東北下三百餘里，入海，曰下江。即古之婁江。

按：今三江，一自太湖從吳縣鮎魚口北入運河，經郡城之婁門者，爲婁江。一自太湖從吳江縣長橋東北，合龐山湖者，爲松江。一自大姚分支過澱山湖，東至嘉定縣界，合上海縣黄浦，經嘉定、江灣、青浦東北流，曰吳淞江者，爲東江。其支流東出香山、胥山之間，曰胥口，又東出吳山南，曰白洋灣，又東北曰鮎魚口。

胥口之水自胥口橋東入東西醋坊橋，曰木瀆，香水溪在焉。又東入跨塘橋與越來溪會，曰横塘。由跨塘折而南，爲走狗塘。自香水溪分派，遶西山而東，爲上沙。其北落星涇、東沙涇。

白洋灣折北，匯於楞伽山下，曰石湖，湖界吳縣、吳江之間。相傳昔范蠡入五湖，處其東，一溪北流横塘，曰越来溪，自北與木瀆水合。出潰塘橋，東入胥門運河，曰胥塘。北入閶門運河，曰綵雲港。自横塘北入運河，曰洞涇。自綵雲港北折，出洞涇西，曰白蓮涇。又西出江村橋(一)……

黄天蕩東爲獨墅湖、王墓湖、朝天湖，又東尹山湖、赭墩湖一名蛟龍潭、東坊漾。

陳湖東爲闔閭浦、章練塘、北陸直浦。

金涇堰南爲麋瀆、北龍漊。

厖山湖在澹臺湖東，其南入甘泉橋，下流爲黎湖、菱湖、葉澤河、新湖。華澤湖東爲九里湖、急水港、杓頭潭，而清水蕩在焉。又東姚城江、白蜆江，而小龍港在焉。杓頭潭西契跨笑面湖，與汾湖接。

汾湖一名分湖，以其分屬吳江、嘉興也。其東入謝宅蕩尊菜蕩、南陽港。又東通三泖，入華亭界，北入三白蕩。又北受曹龍港，通鶯

(一) 以下原書闕一頁。

瓳湖。

鶯瓳湖在太湖南。自荻塘會㶉溪水，併出乎望，匯於此。其下流爲穆和溪、黄家涇、白蕩。蕩西掘城湖、蠡澤湖，而北麻漾在焉。又西沈張湖，而九曲港在焉。北麻漾而入，爲後練塘、雷墩蕩、西溪、骨池潭。自澹臺諸水而来，衆水互流，並入松江。

松江，《禹貢》三江之一，自古笠澤江也。自太湖分派。從吳江長橋北合龐山湖，折而東，入長洲界。已上諸水，並屬吳江及長洲之南，其北一派，亦自鮎魚口入運河，經婁門而東，爲上雉瀆、下雉瀆，又東爲沙湖。

沙湖與松江諸水合，而青丘、戴墟二浦在焉。自婁門北折，出齊門塘，爲楊涇、蠡口、五瀆涇、施澤湖。其西尚澤蕩、漕湖。

漕湖本名蠡湖。《寰宇記》云：『范蠡伐吳，開此，故名。其称漕者，或以其通漕運也。』湖西接無錫。其東永昌涇、黄埭塘、東錢涇、西錢涇，北冶長涇、鵓鴣蕩。諸水互流，入元和塘。

元和塘，一名常熟塘。南接運河，北入常熟界。塘西爲尚湖，湖南爲柴涇、朱涇、徐墅涇、西湖橋塘、張墓塘，東南白蕩。自白蕩而出，爲羅墩蕩、六里塘。自張墓塘而出，爲大和塘。自柴涇而出，爲南塘。又自大和而出，爲官禄塘、黄莊塘。諸水互流，其西吐納江陰、無錫諸水，其東仍流入元和塘。

元和塘東爲崑承湖。湖之東五丫涇、西陳涇、漊涇、魏涇、東横涇、黄墓涇、徐涇塘、莫門塘、衛涇塘、南張涇、周涇、黄涇、龍涇。又南桑浜、曹家浜、時涇塘、北艾涇。自五丫涇而出，爲七浦。自周涇而出，爲朱堰塘。自陳涇而出，爲斜橋塘、嚴含涇、懸涇。自黄涇而出，爲徐涇、楊涇，而華蕩在焉。草蕩西爲宛山塘、戈莊涇。自戈莊而出，爲五瞿塘，而華渭蕩在焉。已上諸水，或南或北，其流梅李塘者，東北入許浦。流李墓塘者，東入白茆港，流福山港者，北入揚子江。

梅里塘自雉浦入耿涇、千步涇，迤邐常熟縣，東出許浦，入於海。其西弓連涇、錢涇，其東哮塘。塘之南焦莊涇、黄莊浜、李家浜，西福山塘。

福山塘自常熟縣北四十里入揚子江，爲福山港。其西鵓城港、通暢塘、九折塘，南富平塘。富平北河陽塘、奚浦。

李墓塘自周涇而來，至白茆塘入於海，又有蕭涇、蔡涇、胡澄涇、鳳凰涇、東山涇、蓮涇、東婁涇、站浜、沈浜、嚴洞浜、黄浜、雙浜、黄姑浜、石墩塘、支塘、三丫港、黄沙港、南港、北港，俱流入白茆塘。白茆塘南一水東南流，曰鹽鐵塘。西接江陰，東入崑山界。

崑山之水皆自陽城湖而來。湖界長州、崑山之間。其西納元和塘、尚澤蕩、南納吳涇、真義浦、黄浦、朱昌涇，又南通大虞浦、梁里浦，北納張茜涇、上元涇，湖之東包湖、傀儡蕩二水合而爲一。東巴城湖、北鰻鱺湖自巴城而入，爲尤涇、温焦涇。自鰻鱺湖而入，爲栢家瀼、大洒瀼、牛尾涇、江家瀼。自施澤而入，爲碧澤潭，曰至和塘。

至和塘一名崑山塘。其西自郡城婁門，東經沙湖，又東入夷亭諸水。或南或北，並東入吳淞江。

吳淞江即古之婁江，亦名下江。又有新江，宋嘉祐間所開，其西接松江，南入陳湖，北入鰻鱺湖。新江南爲石浦、道褐浦、蕭市浦、金竈浦、千墩浦、陸浦、張浦、凡規浦、甫里浦、渡頭浦、東齊浦、利刀浦，北爲界浦、真義浦、黄瀆浦、薛莊浦、藥浦、續浦、華翔浦、梁舍浦、大虞浦、小虞浦、社城浦、廣浦、馬仁浦、天明浦、下駕浦、木瓜浦、顧墓浦、金城浦、三林浦、瓦浦、北矮浦、徐公浦、安亭浦、顧浦。已上諸浦，或接勡娘江，或通老丫涇，或通車塘，通張涇，或接磧礇塘，或通大慈涇。而北之陽城湖、南之澱山湖，水皆納焉。

澱山湖界長洲、崑山、吴江之間，吐納東南諸水，水較之他湖特大。今屬華亭，惟北岸屬崑山。湖北大范青漾、盛蕩、湓浦、東宿浦、西宿浦，其東朱沙港、漕港。范青東合浦，西陸直浦，西南度城湖，皆北入新洋江。

新洋江在吴松江北，出自松江，而其流溉於岡身。中有横通塘、小虞浦。其北合栢家諸瀼，入清水港，通櫻桃塘，接鰻鱺瀼。其東自湖川塘會鴨頭塘入太倉界。

太倉之水，七鴉浦爲最。其西接崑承湖，通常熟、崑山諸水，東入於海。浦南鴨頭塘、吴塘、摩羅涇、涇南陶源涇、東陸竈塘。又南茜涇浦、又有塘西徹松江，北接常熟，曰横瀝。有東西横瀝，中小塘貫横瀝東西流，曰岡門。有錢岡、張岡、殷岡、沙岡、吴岡等門。岡門北有花浦涇、東陽涇、西陽涇、弓泊涇，並北入浪港。自浪港東出七鴉口爲大海，其南自鹽鐵塘出六皎浦，入嘉定界。

嘉定之水出於松江，自大姚江分支經澱山湖入江灣、青浦，轉入松江東口。

松江東口亦名吴淞江。古之東江也，其南白鶴江。西與青龍江合。青龍北爲大盈浦、馮浦，又南接黄浦，與上海縣分界。其北何浦、新華浦、黄渡浦、桑浦、秦公浦、雙浦、桃樹浦、趙浦、東西彭越二浦、蘆涇浦、江灣浦、裘涇新華浦而出，爲葑村塘、封家浜。蘆涇浦而出爲沙涇。江灣浦而出爲小塲浦。沈浦、大塲浦裘涇而出爲顧浦。其東婁塘、南黄泥涇、項涇並南入練祈塘。

練祈塘，又名練川。界縣市中。其西承吴淞江水，後江水不通，別開水道，與海潮接，非復昔之練祈矣。其北爲蒲華塘、蓧澤塘、吕墅涇、華亭涇、黄姑塘、新涇南爲趙涇、楊涇、荻涇、門涇、倪家浜。東爲漳浦、浦西鷄鳴塘、南安亭涇。吕墅東爲東西横瀝。第二、第四横瀝、糜長横瀝、中横瀝、外横瀝即太倉横瀝之支流也。南北互流，並入于海。

崇明在大海中。其東南曰張家港、青潭港、穆家港、下椿港、海兒港、下家港、第八港。其東北曰第九港、界溝港、道堂港、象沙港、民墅港、鍾家港、東滑港、第五港。西南曰曾姚港、沈浜、潭子港、千家港、富民港、永安港、上港、蝦港、徐公浜、川洪港、秦墳港、小洞板港、丘家港，西北曰水竇港、清水港、沈匾洪、予奭港、北滑港、薛家港、陳家港、石家港、大套港、下界港、出水港、南大港、施沙洪、陳八港、天僊港、通營港、楊樹港、長沙洪、長敢洪、長明溝、軍營港、陳殊港、馬家浜港。

東沙曰東官港、西官港、盤船港、川套港，西沙曰南沙港、第四港、雙港、垂虹港、徐家港、盤船港、黄家港、安樂潭、王界港、北川洪、胡椒沙、通流港、南川浜、張成港、下川港、上川洪。

治績

《禹貢》云：『三江既入，震澤底定。』司馬遷云：『昔禹之治水於吴，則通渠三江五湖。』

宋元嘉二十二年，欲穿渠浛。揚州刺史王濬以松江滬瀆壅噎不利，欲從武康紵谿直出海口穿渠浛，功(境)〔竟〕[一]不立。

梁大通中，漕大瀆。吴郡水災，有上言當漕大瀆以瀉浙江者。詔遣前交州刺史王奕候節發吴、吴興、信義三郡人丁就役。

隋大業六年，穿江南河。自京口至餘杭郡八百餘里，以備東巡。

唐貞元中，決水溉田。蘇州刺史丁頔善完隄防，疏鑿畎澮，列樹以表道，決水以溉田。

元和中，開常熟等塘。觀察使韓皐、刺史李素開常熟塘，胡州刺史范傳正開平望官湖。

元和五年，隄松江。王仲舒治蘇隄，松江爲路。

五代吴越錢氏募撩淺夫。錢氏嘗置都水營田使以主水事。募卒爲都，號曰撩淺。

宋天禧間，疏五湖。江淮發運副使張綸疏五湖，導太湖入海。

乾興元年，疏導壅閼。五月，以蘇、湖、秀州積水害稼，詔發鄰郡兵疏導壅閼，令發運使董之。

天聖初，築隄浚潦。蘇州水壞太湖外塘，又海旁支渠堙塞。詔轉運使徐奭、江淮發運使趙賀董其事。自市涇以北，赤門以南，築石隄九十里。起橋十有八，浚積潦自吴江，東赴海，復良田數千頃。

景祐初，議疏導諸水。范仲淹守郡，議疏導諸水，上書宰臣，具言水利。見公書移類。時轉運使亦委平江節度推官張，官張去惑，分捍水道。

寶元元年，疏盤龍匯等。葉清臣爲两浙轉運副使，疏盤龍匯及港瀆入海。

慶曆中，隄太湖，浚金涇等浦。通判李禹卿隄太湖八十里爲渠，以益漕。時知常熟范琪浚金涇、鶴瀆二浦。

慶曆二年，築隄。以松江風濤，漕運多敗，官舟遂築長堤，界松江、太湖之間，横截五十六里。

至和二年，開塘。崑山主簿丘與權開崑山塘。又名至和塘。

嘉祐三年至六年，開浦修塘。轉運使沈立開崑山、顧浦。五年，轉運使王純臣請令蘇、湖、常、秀作田塍以禦風濤。六年，轉運使李復圭、知崑山韓正彦大修至和塘，卯彦正又開松江，也曰鶴匯。

熙寧三年，蘇州水利。崑山人(夾)〔郟〕亶[二]自廣東安撫機宜上言蘇州水利，具書于圖首，言六失六得，因上其所著書數千言，及治田利害七事。五年，除亶司農寺丞，提舉興修。亶興役，調夫，民以爲擾。或有言其措置乖方者，詔命停工，亶遂罷官。既没，其子將仕郎僑嗣緝其説，亦有建明。亶、僑之説，具考議類。

熙寧六年，浚修浦瀆。八月，檢正中書刑房工事沈括言浙西江

[一] 竟　原作『境』，據《宋書》卷九十九改。
[二] 郟亶　原作『夾亶』，據本編纂單元改。

浦淺涸者當濬，浙東隄防、川瀆堙塞者當修。請下司農貸錢募役，從之。仍命括相度兩浙水利。

元祐六年，導湖。閏八月，知杭州林希言太湖積水爲患，詔佐朝奉郎郤光興本路監司同導決之。

元豐三年，開運河。六年，定開江兵級。三年，賜米三萬石，開蘇、杭州運河淺澱。六年，樞密院裁定蘇州開江兵級八百人，專治浦閘。

紹聖中，開浚湖浦。浙部水溢，轉運副使毛漸請起長安堰，至鹽官徹清水浦入海。浚無錫芙蓉湖、武進廟堂港、常熟疎涇梅里以入揚子江。又開崑山七鴉、丁張諸浦，東北道吴淞江，開大盈、顧匯二浦，柘湖、新涇下金山小官浦，悉入于海。

崇寧元年，置提舉司。二年，淘江。元年，置提舉淮、浙澳牐司于蘇州，以知崑山縣鮑朝懋提舉管幹。二年，宗正丞徐確提舉常平，請自封家渡古江開淘大通浦，直徹海口。

大觀元年，疏導松江。三年，開江置閘。元年九月，中書舍人許光凝言：太湖入海，然後水有所歸。願委官詳究利害。十一月，詔委本路監司撿按松江古迹疏導，及命發運司屬官相度蘇州積水。三年，兩浙監司奏請開淘吴淞江，復置十二牐。

政和六年，興修水利。宣和元年，修港浦。二年，修圍。政和六年四月，差户曹趙霖具逐浦涇久利害，赴尚書省指説。霖既上其説，九月，有詔，差霖充兩浙提舉常平，興修積水，開浦置閘。仍差童師敏充承受奏報文字。霖既受任，復條具事目以聞，就平江置局。群官以宣和元年正月役夫興工，則後修一江二港四浦五十八瀆。二年十月，霖又應詔修圍常湖。霖書見考議類。

重和四年，浚塘。知崑山縣吴昉浚至和塘。

紹興中，開白茆港。紹興二十四年，大理丞周環言臨安、平江、湖、秀四郡低田，多爲太湖積水浸灌。緣溪山諸水連接，併歸太湖。東南由松江入海，東北由諸浦入江。其沿江洩水，惟白茆浦最大。望令有司相視開決。二十八年，詔以御前激賞酒庫錢，平江府如数給之。二十九年正月興工，從常熟東栅至雉浦，入丁涇，開福山塘。自丁涇口至尚墅橋，北注大江，分殺水勢。

隆興二年，開諸浦。詔江浙勢家開田堙塞流水諸州守臣，按視以聞。其平江府委陳彌作相度，彌作乃上其宜先治者十浦，并合開圍田一十三處。詔令守臣沈度開決許浦。自梅里塘雉浦口東開，至白蕩橋白茆浦，自黄沙港開，至支塘橋崔浦；自丁涇塘開，至浦口黄泗浦；自十字港開，至奚浦口茜涇浦；自界涇開，至鴨頭塘下張浦；自東海沺開，至千步涇七鴉浦；自梅浦開，至李漕涇川沙浦；自海沺開，至六鶴浦、楊林浦；自楊林橋開，至陶家港、掘浦；自海口開，至五聖港。

隆興六年，《治田三議》。監進奏院李結獻《治田三議》，曰務本，曰協力，曰因時。詔令胡堅常相度，諭有田之家，各依鄉例出錢米，與租佃之人更相修築。

乾道初，浚白茆等浦。守臣言疏濬崑山常熟縣白茆等十浦，令依舊招置闕額開江兵卒，次第開濬。從之。

淳熙中，浚浦。淳熙元年，詔平江守臣與許浦駐劄戚世明開濬許浦。二年，兩浙運副姜詵奏開常熟黄泗浦、崔浦、許浦、白茆浦，而許浦最急。時兩浙運判陳峴言偏歷平江、常州、江陰，諭民併力開濬川港。尋命提舉薛元鼎相親太湖沿流利害，詔馮湛開濬茜涇、下張、七鴉、許浦、白茆五大浦，峴開決許浦，自雉浦至梅里道通橋三十八里，自道通橋至許浦口一十六里。是歲，元鼎又奏開運河五十四里。

淳熙六年，疏至和塘。發運使魏峻疏至和塘東自夾潮塘，西至戴墟浦，亘四十餘里。

淳熙十三年，浚澱山湖。提舉浙西常平羅點以澱山湖水壅不洩，奏乞開濬。並湖巨浸，復爲良田。

淳熙十六年，開河。提舉詹體仁開河，置斗門，爲旱潦之備。

元大德二年，立都水庸田司。司立於平江，專董修築田圍，流浚河道。仍仰於二、八月内依時督責疏浚。

大德八年，立行都水監，并浚吴淞。前千夫長任仁發奏立行都水監，仍於平江路設置。及命行，各平章徹里提督疏浚，以吴淞江故道湮塞，西自上海縣界，東抵嘉定石橋洪迤邐入海，袤三十有八里。

泰定元年，修治河道。江浙行省以平江、松江通海，河道壅塞，奏請命行省左丞朶兒只班知永利都水少監，任仁發董督修治。

至正元年，復設庸田司，并浚河塘。是年，復設都水庸田司於平江。冬，撩漉吴淞江沙泥，浚各閘舊河，與漕渠、張涇，及風波、南俞、北俞，鹽鐵官、紹盤、龍蒲匯、六磊、石浦等塘。

國朝洪武九年，設立堰壩。以白茆四近崑承湖、南諸涇及至和塘，北港汊盡爲堰壩，本府遣官相視，計工開浚，從長洲縣俞守仁之言也。

永樂二年，治水。朝廷以蘇松水患爲憂，命户部尚書夏源吉疏治。自崑山縣東南下界浦掣吴淞江水，北達婁江。復挑嘉定縣四顧浦南引吴淞江水，北貫吴塘，亦由婁江入海。又浚常熟白茆塘，導諸水入揚子江。

正統五年、七年，開浦修圩。五年，廷臣言蘇州之田卑下，常有水患，宜設法疏浚，以利生民田。詔巡撫侍郎周忱兼總其事。忱以吴淞江東連大海，西接大湖，而北平坦，民因開墾成田，江水壅塞。乃督民開修崑山顧浦。自是水得疏洩。七年，吴中大水，継以颶風，忱復奏請命官修田圩，開通河道。

景泰五年，浚白茆等塘。是年夏大水，渰没田禾，巡撫侍郎李敏、知府汪滸議開浚白茆等塘以洩之。滸躬往相視，挑濬青墩浦、横瀝塘，以通白茆。開三堰，引水通鮎魚口，仍去海口淤塞約千餘畝。

天順三年，浚吴淞江。巡撫都御史崔恭命工浚吴淞江，分江爲三：崑山縣自下界口至白鶴江四千六十七丈，上海縣自白鶴江至卞家渡四千六十七丈，嘉定縣自卞家渡至莊家涇五千五百六十七丈。

成化五年，浚九曲港。吴縣知縣樊瑾謂太湖近胥口，人出入經此，屢遭覆溺，以香山西南有九曲港者，淤塞已久，重加開濬，共三千八百五十餘丈。

成化八年，甃堰築堤。吴縣知縣雍泰見采香徑傍田数千頃，遇旱禾槁，尋源得於穹窿山腰，所謂法雨泉者，上流爲堰，下分二道，近采香逕，瀦之成潭。仍甃三百石，堰各置一牌，隨水旱啓閉。復市山石，由馬跡山西南而東，築堤千丈，而湖田籍以無恙。

成化十年，開吴淞江。巡撫都御史畢亨與知府丘霽議開吴淞江，自夏界口至西莊家港。嘉定分浚六千三百五十三丈，袤共一萬一千七百七丈。

弘治四年至七年，開浚湖港。時吴中大水，工部侍郎徐貫奉勑與主事祝萃會同巡撫都御史何鑑、知府史簡開濬吴江長橋水竇，疏太湖之水以及吴淞江。蓋江口叢生葦荻，蔓延数千畝，至是悉墾除之。以長洲、吴崑山、常熟、嘉定等縣人夫濬白茆港，并斜堰、七浦塘，袤共二萬四千餘丈。并東開鹽鐵塘十八里，西濬尤涇七里。

弘治九年，築沙湖堤。提督水利工部主事姚文灝見沙湖風浪頗惡，且多盜賊，築堤横截其中，廣三丈，袤三百六十丈。

弘治十二年，浚許浦塘。常熟知縣楊子器以塘壅塞，浚之。廣十二丈，深八尺，長四千三百二十丈。得舊石閘於雙墩，移置海口，謂梅李居於上流，復浚之。長六千一百三十丈，深、廣減許浦十之二。

弘治十三年，重浚湖川塘。太倉州民吴賢見塘水淤塞，田失灌溉，陳於巡撫都御史彭礼及水利郎中傅潮。命蘇州府通判陳暐率州判官黄譜浚。自徐昌橋至金鷄口，凡八千五百十丈，入崑山西段又六百丈，其廣十丈，深九尺。

正德十六年，開白茆塘。詳見公移及奏疏類。

嘉靖元年，浚吴淞江。詳見公移及奏疏類。

嘉靖二年，開塘港、河浦。提督水利林郎中文沛命吴縣開光福塘、胥口塘，共長四千九百四十六丈，以洩太湖之水入于婁江。吴江縣開王家田港、東庄港、王家港、方家港、白浦港、倒闕港、夏姚河、盛市港、南盧港，共長一千五百八十七丈，以通富陽、天目、嘉興諸水歸太湖。出白蜆江，入澱山湖，太倉州崑山縣開楊林河，長八千四百十五丈，以洩陽城湖之水于海。崑山縣開南大虞浦，長一千八百二十二丈，以洩陽城湖水，使入婁江。常熟縣開市河、梅李塘、福山港，共長一萬一千四百九十八丈，以洩尚湖之水於揚子江。開鹽鐵河一段，長二千六百六丈，以疏白茆支流。嘉定縣開鹽鐵河，接西練祁，長四千三百九十八丈，使北達太倉劉家河東，通本縣練祁河，各入于海。本縣又與崑山、上海同開吴淞江於淺處，二段共長四千三百七十七丈，使澱山等湖之水由是入海。

卷第二　松江府

叙水

大海環郡東南，其東混茫無際，松江與黄浦會而入焉，海處其會處蹌口。

松江在郡治北上海縣界，郡因以名。舊名吴淞江，後以水災，去水從松。其源出太湖，東注于海，即《禹貢》三江之一。其入海處曰滬瀆，其別派自吴江分流，由急水港鍾爲大澤，曰澱山湖。

澱山湖在郡西北，其源自長洲白蜆江，經急水港而來。北由趙屯浦，東由大盈浦，瀉于淞江。東南由爛路港以入三泖。今湖之南有瓢湖，其傍有金銀、東清、東白、西陳、大葑諸蕩漾。北即蔓萊洲，其西有西黿蕩、雪落漾。

趙屯浦在澱山湖北，受湖水，瀉于松江。其東南入曹港者，曰南小趙屯浦。東北入松江者，曰北小趙屯浦。其北爲望湖涇，西爲烏背塘，望湖北孔宅涇、蘇溝並西通趙屯，東入大盈浦。趙屯之西，爲内勛，爲仙二浦。蘇溝之北，爲直浦、盧浦、古盤、南澥、梁紇諸浦。並自蘇溝左右分流，入于松江。

内勛浦，其上流曰古塘，其西爲石浦，入崑山界。

白鶴江，宋嘉祐間自其北開爲直江，瀉太湖之水，東注于海，今僅同溝澮。其南浦曰西霞，俱東入大盈，與青龍江對。

大盈浦在澱山湖東，自南曹港至唐行鎮，絶横泖與北曹港合，歷唐行倉，至大盈橋，經青龍江、白鶴匯，北入利濟橋，南爲柘澤塘。

青龍江，昔吴孫權造青龍戰艦於此，故名。其上流西接大盈，東接顧會，下流合浦家江，浦家之西，爲趙浦。

顧會浦在大盈浦東，其上流曰通波塘，出郡城北，爲五里塘。又北爲祥澤塘，遂別爲崧子浦。北出鳳凰橋，絶横泖，至幹山入上海界。又北通新江塘，西合青龍江，東接艾祈浦，以入松江。

崧子浦，舊名崧塘，自顧會浦分流，下注舊江口。今入江處爲嘉定高家浜。

盤龍浦在崧子浦東，其上流曰盤龍塘，自郡城東華陽橋北流，絶俞塘，歷横塘，又經蒲會塘，以入松江。

沙岡塘在盤龍浦東，其南絶黄浦，至捍海塘。北入松江塘之東，曰竹岡塘。至蒲匯塘而北，別名小萊浦。

横瀝塘在竹岡東，其北絶松江，入嘉定界。

許浦南與横瀝通，北入於江。

新涇舊名新涇浦，在横瀝東。其北通松江，上有巡檢司。浦之支渠，東有石橋浜、周家浜、菖蒲涇、野奴涇、彭家浜、横清涇、交紋涇、漁水窪、劉家浜、蕭師浜。又東有上澳，西有陶涇、師家浜、陸家浜、金家浜、上江涇、唐子涇、横涇。

西上澳浦、東上澳浦，並南通烏泥涇，北入松江。西蘆浦、大蘆浦並北入松江。

上海浦，即黄浦上流。

南蹌浦在上海東北，其支流爲東溝浦、西溝浦、馬家浜。今縣東北爲蹌港、大蹌浜。其南都臺浦。自内勛至此，爲郡境，通江諸浦之水，南蹌以東有古江、青浦、戴家浜、張家浜，内勛以西有道楬浦、金竈浦、蕭墅浦、陸虞浦、千墩浦、佳浦、漳潭浦、同丘浦、諸天浦、張浦、帆歸浦、大直港、少里浦、東齊浦、剎力浦、吴浦、界浦、六直浦。

北曹港，自澱山湖北爲新河，入趙屯浦，東入大盈浦，又東南爲橫泖。其西爲三分蕩，在崑山界。自蕩而東，至西虹橋，以泄湖水。其北有白瀼，南有叢基浜。

橫泖自北曹港分流，經唐行鎮，東過崧宅塘，絶顧會、崧子二浦，接湖涇，爲東橫泖。南至張管山，前爲橫塘。望龍菴，斜入盤龍浦，東貫竹岡塘。

崧宅塘，自橫泖北西折，爲界涇、孔涇、東施浦、管浦。北七匯港、秋末涇、蓧涇。

孔涇，東通烏塘，入嘉定縣界。

南曹港，自澱山湖東南爲何家港，東流納龍河之水，東北爲斜瀝，入北曹港。自東而北，爲大盈浦。南接柘澤，東諸家塘。

諸家塘東流，歷潘塘，抵陳坊橋。納神山塘水，歷佘山東南，爲柘溪塘。入顧會浦，又入橫泖，爲印涇、千步涇、苧墩涇。已上澱山湖東諸浦上流之水。

三泖在郡西華亭境，有上、中、下三名。《祥符圖經》云：谷泖、古泖俱在縣西，今自泖橋出，東南至廣陳，又東至當湖，抵捍海塘。俗傳近山涇者，爲上泖。近泖橋者，爲下泖。縣圖以近山涇水益圓，曰團泖。近泖水益闊，曰大泖。自泖橋而上，縈繞百餘里，曰長泖。此又三泖之異也。或併胥顧、謝家二泖爲三泖，非也。陸機云：三泖冬温夏凉。今谷水在其北。金澤、章練、小蒸、一名貞溪。大蒸、白牛諸塘在其西，葑澳、走馬諸塘在其東。泖橋之外，橫絶而東者，嘉興塘也。

谷水，一名谷泖。《寰宇記》云：華亭水谷下通松江。《水經注》云：松江東南行七十餘里而入小湖，自湖東南出，謂之谷水，南接三泖。一云：由拳、長水縣陷爲谷水。

爛路港，自澱山湖東南入泖，其東山涇港，西金林蕩、連湖蕩、鄒家蕩。

金澤塘在澱山湖西南，其東北入泖，其東東清漾，接東白、西陳諸蕩漾。西北屬長洲界。

章練塘在金澤南，出陳湖東入泖。其南濮陽塘，其西通白牛塘，東入于泖。北爲毛練蕩、王家涇。

白牛塘自當湖來，至楓涇，北入長洲界，茱萸港在其東。自爛路港以下，爲三泖西界諸水。

葑澳塘在澱湖、三泖東南，北通南曹港，西爲龍河。

西山涇在葑澳東，崑山、橫雲之間，南通古浦塘，經崑山，至秀溪塘，北入曹港。

東山涇北入橫雲、小橫二山間，至機〔三〕〔山〕〔一〕南，別爲秀溪塘，西

〔一〕山　原作『三』，據《吴中水利全書》卷四『東山涇』條及《（正德）松江府志》卷二『東山涇』條改。

入竹管涇。至千山北，別爲察樹涇。東與柘澤塘合，西亦入竹管涇，合爲曹港。

秦皇走馬塘自圓泖，東至橫雲山前，爲橫山塘、東橫浦。南接丘涇、八曲諸水，又東七里涇，入顧會浦。

沈涇塘在郡西南，接嘉興塘，北流西黃泥漕、浪墩涇，東沈村涇，北楮菴港。至富林，西合橫山塘，東合橫浦。自此北爲神山塘，又東北八曲港，自富林西北入鍾賈山，北柘澤塘，入大盈浦。其一西流爲橫浦塘，櫻珠灣在焉。經山涇，爲秀溪塘，西入於蔣澳。

楮菴港自沈涇，東爲丘涇，南接採花涇，東入顧會浦。其入處曰二里涇，其傍近曰練家浜、黃家浜、沈家浜、大塔浜、浦家浜。

神山塘水北至佘山，西入諸家塘、八曲港，東北爲黃蠻涇。一水出塘，循佘山南麓來會，並入顧會浦。

五里塘在顧會浦東，其東與洞涇合。

祥澤塘在五里塘北，自顧會浦分流，北與崧子浦合，東爲泗涇。

泗涇自祥澤塘北，而東納通波涇、外涇、同涇、張涇四水，東合蟠龍塘，北絶橫塘，折而東，爲蒲匯塘。

蒲匯塘受蟠龍、泗涇二水，東經少竹岡、橫濼諸水，又東龍華港。

龍華港接浦東，流經漁水窪東西上澳，東南入于黃浦。已上泖東、山南至城北之東流水。

嘉興塘在郡西南，其水自杭，歷嘉興，而東經楓涇鎮，至万安橋北入古浦塘，東入市，爲沈涇塘。至平政橋，入西水門，與諸水合出東門。入官紹塘，東北合顧會浦，折而東，經朱涇，自此入於黃浦。又自李塔匯，東爲南錢塘。

黃橋門水自大泖來，入嘉興塘。舊於此植木爲水竇七十餘，以泄泖水，今塞。西有六百畝蕩。

斜塘自大泖來，東入潢潦涇，自黃橋門塞水，併入此塘。

石湖塘出自大泖，合嘉興塘北流。

古浦塘自圓泖來，歷東西山涇，出跨塘橋，與嘉興塘水合。

小清河在秀野橋東，循西林寺，北入白龍潭。

白龍潭在郡谷陽門外，南通小清河，北通二里涇，東出，與城河合，北爲採花涇。

採花涇南接城濠，北通二里涇。

集賢涇在通波門東，自城濠分支北折，而東合于洞涇，其北五里塘也。已上官唐西界至郡以北之水。

倉河西南通豐樂橋，東與丘家灣水合。

通波塘自郡治西中亭橋下，北流出通波門，合嘉興塘諸水，北爲顧會浦。

丘家灣自郡治東南出東亭橋，與米市橋、莊老橋二水合流，出於東門。已上俱城中諸水。

朱涇自嘉興塘分支，貫自橋東，絶驅塘至張涇，又東爲橫涇。蕩涇當市橋回折處，曰落照灣。

黃浦爲南境巨川，自潢潦涇受黃橋、斜塘及嘉興塘水，東爲瓜涇塘。折而北，入上海縣，又東北會吳淞江，以入于海。瓜涇塘有東西二渡，入上海界，有黃浦渡、高昌渡。

南錢塘自李塔匯而東，爲呂巷港。出秀南橋，爲蔣涇。自此入嘉興塘，東匯爲莊港。北爲斜涇、琩湖。東入城河，與張涇合。

張涇自郡治，南接新運鹽河，北經前、後岡塘，至泖港，出瓜涇塘，北爲駱家浜、鶴塘涇蘆涇東北，與米市塘合。折而北，與城河合。

米市塘自東泖港，北經蘆涇，與張涇合。折而東北，合城河，東入南水門。北與丘家灣東門水合，泖港之南，爲鄉界涇。

官紹塘在小張涇東，受城河及斜涇諸水，又東經御史涇，與泖涇合。自此分流而南，入瓜涇塘者，曰小官紹塘。

御史涇在東門外，北爲斜塘。

泖涇在御史涇東，其北曰三里汀，南合官紹塘，入於黃浦。

南俞塘自東門，經三里汀，南入鹽鐵塘分流。東南爲語兒涇，入于黃浦，華亭、上海於此分界。

鹽鐵塘自吕塘廟，南入黃浦涇簫塘港、上下橫涇，至捍海塘。其止處爲漕涇。

北俞塘自東門涇、張涇，至橫濼新涇，東入黃浦。

洞涇自張塔橋北，至北俞塘，入於泗涇。

張涇在洞涇東，其南接斜塘，北入泗涇，東盤龍塘。

駟馬塘、紫岡塘並在盤龍塘東，其北通六磊塘、紫岡之西、沙岡、東竹岡、横濼、新涇。

六磊塘自盤龍分支，東車溝，東北新村塘、吴店塘，又北夏家浜，東廟涇新港，烏泥涇東南，華漕港，北八尺港，並入于黃浦。

烏泥涇、北鄭家漕、曹湖涇，又北灌涇、日赤浜、陸家浜、薛家浜、徐巷港、肇嘉浜、坊浜、侯家浜、南楊涇、北楊涇、矴溝浦，並自西東入于黃浦。坊浜、肇嘉之間，上海縣治在焉。已上官塘以東，郡城以西至南北入浦之水。

界涇在郡治西南，其東直胥浦塘，北大茫塘、麫杖港，東西徐涇、洋涇、游涇，北諸港、梅林涇、蔣巷港、莊公塘、西野涇，經白牛塘，接嘉善縣界，並北通嘉興塘，東爲橫泖。

橫泖自當湖、長泖來，介平湖、華亭之間。其支流爲華家涇、丁家洋、泖港，其東秋涇。丁家洋之東爲惠高涇、彭巷港。其東朱家漊。北處士涇、謝墳涇。西帆涇。又北瀝濆塘。

瀝濆塘自長泖東，經惠高涇，至西帆涇，又東經東帆涇，北入胥浦謝墳涇，東南丘涇。其南白涇、東山涇。西帆涇之東，橫涇入石臼浦。

胥浦塘，相傳昔伍子胥所鑿，自長泖接界涇，而東盡納惠高、彭巷、處士、瀝濆諸水，絶石臼浦，至張涇東前岡塘，北出朱涇、西徐涇、東驅塘、掘撻涇。

歸涇在胥浦，北自長泖來，西接大茫塘，東爲橫塘。又東後岡塘，南有水，五岐合流，貫徐涇。東入掘撻涇，曰五丫港。

驅塘自胥浦北，經朱涇北，入橫瀝涇。

掘撻涇出胥浦北，至潢潦涇。

白涇自平湖乍浦來，惠高、彭巷諸涇港皆所自出，東南通山涇。

山涇在泰山西，其北通石臼浦，北折通新河，東北落河潭，北沈涇、曹涇、楮涇。

石臼浦接山涇，北絶胥浦，入潢潦涇。未至胥浦，爲曹港、前鳳涇、東西松浜。東松北蔣松涇，東與張涇合蔣松，北入市涇者，曰小張涇。張涇東北新運鹽河。

新運鹽河在裏護塘外，自金山衛城北，至張堰鎮西張涇，其東通徐浦塘、張堰，東高家涇。

徐浦塘自舊運鹽河，東歷浦東場，止崇闕閘，其南通海，支渠曰湖家港、金港、菊花港、曹涇港。

高家涇自張堰東護塘，北爲後涇、黃泥漊，西入張涇。其東白茅涇、沈湖涇、洮港、護塘，北潘涇、白茅涇，西黃墳涇。東通洮港，西合後涇，北顧胥塘。

顧胥塘自白茅涇，東絶沈湖、洮港，爲善涇。至奉賢涇北上橫涇，西北前岡塘。

前岡塘自張橫接胥浦塘，東至白茅涇，折北而東，入方西塘。其西入張涇，曰丫叉涇。東自沈湖涇，東北爲千步涇。楮石涇經廟涇，爲吳家溜、小官紹塘，北入瓜涇塘。

後岡塘西接橫塘，東與前岡塘合。

橫涇西接市涇，自張涇東，爲蕩涇，入千步涇。北高蔣涇、廟涇，又北泖港。

高蔣涇自張涇東，北爲鄉界涇、米市塘，又東北蓮花朵，與廟涇俱入小官紹塘蓮花朵之南。南洋涇，北中洋涇、北洋涇，並南入方西塘，北入祝家港。

泖港自張涇，東經錢港，絶米市塘，爲東泖港，入小官紹塘、米市塘。西南盛家灣，東北張蕩。紹塘盡處，一水通廟涇，爲古謝家泖。東右胥顧泖，南窑涇。

奉賢涇在洮港東，北入於運河。其西新港，北入善涇。西北楊樹漊、吳塔涇，至亭林鎮，與運港合，北入方西塘、善涇。北何家溜，東界涇，又北鹽河、趙巷港，東下橫涇。

招賢涇在奉賢涇東，其東龍泉港，與招賢並北通運港。

鹽河在界涇北，東入鹽鐵塘。(一)……

金匯塘在從令涇東南，南接和尚塘，北而西倪家灣，又北岡涇塘，入於黃浦。其支渠曰百曲港。

和尚塘自捍海塘西北折，而東通陸江塘，及青村港，西入金匯塘。

百曲港自金匯塘東折而南爲車溝塘，入郭家塘，北雪塔港、蘆菴港，並東入運鹽河。已上楓涇以南循海，而東北流入黃浦之水。

運鹽河，其一自青村，北納百曲港、蘆溝之水。北橫港、蒲撻涇，西合倪家灣，由岡涇塘出黃浦，自蒲撻涇北爲魯家匯，由閘港出黃浦。其一自下沙場東循海塘，海塘北通諸團鹽運，每團各有支渠，其北至於青浦。

閘港自新場西入黃浦，其東去海不遠，或者指此爲東江入海之故道。

下沙浦亦名鹽鐵塘，北爲鹹塘，塘之東都臺浦。

鹹塘自下沙場，北爲三林塘，至橫眠港，西入黃淄漊。三林之北北鹹塘，又北曲鹹塘。

都臺浦在鹹塘東，其北連家漕、水僊塘、郁家港、官路港、邵瀝港，並西通鹹塘、邵瀝，東翁家港，北陶河港，並東通運鹽河。

沈莊塘在下沙浦北，其東連家漕，南折鶴坡塘，並西入黃浦。

周浦塘東通木塘，塘西入黃浦。

三林塘在周浦北，自鹹塘西，其南橫臯，北杜涇，西入於黃浦。

楊淄港在三林北，自北鹹塘西入黃浦。其北黃淄漊、馬家浜，其左

(一) 以下原書闕一頁。

右東溝浦、西溝浦。

入海浦在范家浜北，其東大蹌浜，自馬家浜以下，並西入黄浦。其東北至界浜，嘉定、上海分界。已上下沙以北，西流入黄浦之水。

治績

唐開元元年，築捍海塘。起杭州鹽官縣，抵吴淞江，袤一百五十里。

宋寶元元年，開盤龍匯。兩浙轉運副使葉清臣開淞江盤龍匯，從滬瀆入海。

慶曆元年，開浦。知華亭縣錢貽範開顧會浦。

嘉祐六年，浚白鶴匯。轉運使李復圭、知崑山韓正彦浚白鶴匯，如盤龍之法。崇寧中，郟亶又浚治之。

元祐三年，浚青龍江。常平使者調蘇、湖、常、秀之人濬青龍江。

崇寧二年，淘江。提舉常平徐確□太湖東注于海，淞江在其下流，潮泥湮塞，請自封家渡古江開淘，至大通浦，直徹海口七十四里。

大觀元年，導江置閘。中書舍人許光(疑)〔凝〕〔一〕奏：太湖入海，然後水有所歸。詔委本路監司檢按淞江古迹疏導。

紹興中，開河浦。紹興四年，鹽官丞王珏開華亭海河二百餘里。十五年，通判曹永重開顧會浦。

乾道中，開浦修堰。乾道二年，轉運副使姜先開顧會浦，置張涇堰閘。七年，知秀州丘密修華亭瀕海十八堰，移新涇於運港。九年，置監堰官於亭林。

淳熙十三年，浚澱山湖。羅點提舉浙西常平，以澱山湖洩諸水道，豪强占以爲田，奏乞濬之。有旨，命點相視開掘。

元大德八年，開吴淞江。自上海縣界，抵嘉定縣石橋洪。

至大初，治田。江浙行省督治松江田園。

泰定元年，開江。是年，復立都水庸田司，開吴淞江，置石閘。

至順、後至元間，開河。水因閘患，復開元堰，直河置斗門於張涇、盤車二堰。

至正元年，浚江并渠堰。是年冬十月，撈漉吴淞江北南岸下沙泥，浚各閘舊河。郡西門外漕渠自秀野橋至跨塘橋一段，石湖橋、五舍橋二段，及張涇風波塘、南俞塘、北俞塘、鹽鐵塘、官紹塘、盤龍塘、蒲匯塘、六磊塘、石浦塘一十處，自郡南門外太平柵至張涇堰，長六十三里，役夫一十九万八百四十〔名〕，用米四千七百四十七石，鈔三千一百六十四錠，各有奇。

至正二年，修塘。都水庸田司修華亭捍海塘。

國朝永樂二年，治水。時蘇松大水，朝廷遣户部尚書夏原吉治之。華亭人葉宗行上言治之方略，蘇州者已見治績。原吉用其言，於上海東北浚范家港，接黄浦，通流入海。

正統八年，修浚諸河。巡撫工部侍郎周忱修浚金山衛獨封營至刘家港口邊海諸河。

景泰間，築湖堤。知府葉冕修築澱山湖堤万餘丈。

天順四年，浚蒲匯等塘。巡撫都御史崔恭浚蒲匯塘及新涇四千丈，鑿曹家溝，南抵新埸二万丈。浚六磊塘、鶯竇湖、烏泥涇、沙竹岡諸水，入於黄浦。

成化七年，築海塘，浚吴淞江。是年秋，大風海溢，漂流人

〔一〕凝　原作『疑』，據本編纂單元卷一及《宋史》卷四九改。

畜，淹没禾稼。巡撫都御史畢亨、巡按御史鄭銘、水利僉事吴瑞僉議復築海塘。知府白行中承檄督工，自海鹽抵上海界，築三萬四千七百六十九丈。又爲外隄，起戚崇至平湖界，五十三里。上海自華亭抵嘉定界，築一萬七千七百四十八丈。是歲，僉事瑞復浚吴淞江，東自徐公浦，西抵下界浦，凡一百三十里。

弘治初，浚江及諸浦塘。水利僉事伍性浚吴淞江四十餘里及顧會、趙屯、都臺諸浦，蒲匯、楊林、新涇諸塘。

弘治七年，浚吴淞江。工部侍郎徐公治水東南，通判郝希賢承徼浚吴淞江，自帆歸口至分莊七十餘里。

弘治十二年，浚浦。通判原應宿浚崧子浦。

嘉靖二年，開華亭、上海塘港。提督水利林郎中文沛命華亭縣開南橋塘、金匯塘、官路港、站舡浜、北蟠龍塘、南嵩塘、北嵩塘、官莊涇、青村港、黄泥漕、尹山涇、米市塘，共長一萬九千四百九十五丈。上海縣開舊江走馬塘、周浦塘、站舡浜、鹽鐵塘、陸磊塘，共長一万六千五百五十丈，以洩當湖、三泖、澱山湖諸水，使各通黄浦、吴淞江，以入於海。

卷第三　常州府

敘水

揚子江在郡治北五十里，西接丹陽，東抵江陰。江岸繞郡境一百八十八里，水東出巫山門，入於海。

太湖在郡東南八十里，自湖州長興縣經宜興抵郡，至無錫南入蘇州吴縣。

滆湖一名西滆沙子湖，在郡西南，中與宜興分派。郭璞《江賦》云『具區洮滆』是也。《圖經》云：昔有滆姓者居此，携龍卵歸，地遂陷成湖。因名。

陽湖在郡東，其東南至閶江，東北自花瀆港入運河，西通塘門、洛陽二河，北入梅港河。

宋建湖在郡東南，世傳宋高宗南渡過此。其東南接周陳、殷墅二河，西至蘆莊浜，入落花蕩，其南經方莊村，入具莊河，其西北由上陳港，入運河。

運河在郡東，其東自望亭風波橋經郡外城河，西至奔牛閘，入轉水河。

城河一在舊外子城，環遶郡治，自西水關歷甘棠橋北，出行春橋。一在舊羅城外，東西皆接運河。其一即今之城濠也。

惠明河西北引荆溪水，自南水門，經郡治前，稍東出化洞橋，與後河合，入於運河。

綱頭河在郡北青山門外，其支流有四：一自通江橋之北經鎗頭橋入江，曰澡子港。一自楊頭鄭六橋直東入江，曰利港。一自後塘東北入江，曰申港。一自三山入堰東北入江，曰新溝。

白龍河在郡西北，其東通澡子港，西接得勝新河。

得勝新河舊名烈塘，在郡西，自丹陽運河而來，西北入揚子江。

申浦大灣河在郡北，其東接綱頭河，西出洞子河。

洞子河在郡西，其南運河，北剩工河，東北入澡子港。

孟瀆河在郡西奔牛鎮東。《圖經》云：此瀆以郡孟城山得名。或云：唐刺史孟簡所浚。其南接運河，北入揚子江。

剩銀河在郡西北，其南得勝新河，北入揚子江。

鳴鳳河一名直瀆，在郡西奔牛鎮東。其北運河，南通白鶴溪。

平原河、談村河、羅澤河，並在郡西南，東入滆湖。

孟津河在郡西南，其北入滆湖，南入宜興界。

西蠡河在郡南，其北接運河，南經陳度橋，入滆湖。相傳爲者㈠范蠡所鑿，今宜興有東蠡河，則此爲西蠡明矣。

順隆河在郡南，其東通採菱港，西接西蠡河。

青河在郡東，自永安河西至運河入於滆湖。

永安河有三：一在郡西北，自白鶴溪東南至蕭港入於郡湖。一在郡東北，自老鴉浜西南通運河，亦入滆湖。一在郡南，自無錫運河東北

㈠者　不通，《吴中水利全書》卷四『西蠡河』條無此字，疑衍。

至三山港，經紫溝河，入揚子江。

興隆河在郡南，其南通華渡河，北接采菱港。

灣瀆河在郡西北，自運河東南通宜興運河，以入太湖。

永興河在郡南，其東接順隆河，西通青河。

蠡瀆河在郡西北，自白鶴溪東南至運河，經蠡瀆港，入於滆湖。

青城河在郡東南，其西興隆河，東通戚墅港。

澡港河在郡東南，其西北入揚子江。

小新河在郡東南自澡港，經大河口，入揚子江。

虎穽河在郡東南，其東接戚墅港，西與興隆河合。

利大河、通濟河皆在郡東南，東自龍窟塘，西北通澡港河，入揚子江。

歡塘河在郡東南，其南入揚湖，北戚墅港也。

剩功河在郡西北，自大溝東南通洞子河，入順塘河。

順塘河在郡西南，其東北至三塘河，入江陰界。

黄堰河在郡東南，北接華渡，東南合太平河。

漕橋河在郡。河自永安河西至運東，入於滆湖。

太平河在郡東南，鑿於洪武一十八年。北接七里港，南與黄堰河合。

華渡河在郡東南，其東接七里港，西南入於滆湖。

丁堰河在郡東，其南接運河，北經楊橋，至綱頭河。

陳墅河在郡東，其南接運河，東北至三山港，經紫溝河，入揚子江。

水礎河在郡横林鎮東，其南接運河，北經無錫界，入江陰青暘鄉。

黄汀河在郡東北，其東入江陰界，西接綱頭河。

白鶴溪在郡西南，其北接運河，南經三溪口，一入滆湖，一入丹陽界。

三涓溪在郡南，其北通運河，南入於滆湖。

邗溝在舊羅城内，一自太平橋西繞城南，出臧橋，首尾俱枕運河。一自通吳門，沿城匯歸斜橋，至虹蜺橋，與後河合。

采菱港在郡東南，其北接運河，西南入徐湖洊。

戚墅港在郡東，其北接運河，東南入於太湖港之南，曰三山港。東北與江陰分界，西北入申、利二港，至揚子江。

蠡瀆港在郡南，洪武三十年鑿。其南入滆湖，北通白鶴溪。

羅澤港在郡西南，其東南入於滆湖。

徐湖洊在郡南，其西接西蠡河，東南通采菱港。

伯牙瀆在郡犇牛鎮西，其南接運河，北入揚子江。

蘭陵瀆在郡犇牛鎮北。

孝感瀆在郡西南，其東南通滆湖，西入羅澤河，北通運河。

黄土瀆在郡西南，昔伍子胥築。闔閭城取此土也。

余柯瀆在郡西南，其東通滆湖，西入宜興界。

白馬涇在郡南，其南通太湖，北接戚墅港。

夾涇在郡東北，其北與綱頭河接，南止於横山。

閶江在無錫縣西，太湖之濱。相傳昔吳王闔閭嘗築城於此，故名。

五部一作步湖，在無錫縣東北。《南徐記》云：其源濁而流清，溉田百餘頃。

漕湖在無錫縣東南，與長洲分界。

濠湖，俗名鵝肫蕩，在無錫縣東，中與常熟分沠。其東漕湖，西入蠡湖，又東入吳縣界。

五里湖在無錫縣南，其南自太湖而東入長廣溪，西與大渲渰合，又西則梁溪也。

弓河在無錫縣東運河之側，其旁有九河，號九箭。

閘口河在無錫縣北，其東經蔡家渡分流，一入泰伯瀆，一入江陰界。

五瀉河在無錫縣北，其南枕運河，出上湖大陂。北至江陰、武進界，又北至申浦，入揚子江。宋元祐間，嘗開堰置閘。

雙河，舊名雙溪，在無錫縣北。一通錢橋，貫直湖港，入武進界。一東南與梁溪合。

咸塘河在無錫縣北，由五丫浜北入江陰界。

新河在無錫縣北，相傳宋建炎間金兀术爲韓世忠所困，開此河通大江，遁去。上有馮、梓二堰，今廢。

羊尖河、嚴埭河俱在無錫縣東北，嚴埭，由閘口河北入江陰界。

鴨城河在無錫縣東，自運河東至甘露鎮，入于濠湖，其旁曰潭塘河。

破塘河在無錫縣東，其北接鴨城河，南入蠡湖。

橫塘河在無錫縣東，由信義瀆東行入常熟界。

梁溪在無錫縣西，源出慧山，繞歷山，西南入於太湖，北流與運河合。《吴地記》云：古溪極隘，梁大同中重浚，故名。

長廣溪在無錫縣南，其南流至開化鄉，一出吴唐門，一出獨山門，皆入太湖。

赤城溪在無錫縣南，新安溪在無錫縣東南，皆南通太湖，東入運河。

烏角溪在無錫縣東南，其東出望亭，西入太湖，與蘇州分界。

花渡港、直湖港、雙牌港俱在無錫縣西，北俱接運河。花渡西貫直湖，與雙牌皆入陽湖。惟直湖南入太湖。

漆渰在無錫縣西南。

太渲渰、小渲渰俱在無錫縣西南，自梁溪至孤瀆口始分而爲二。其西大渲，東即小渲，又南至青祁渰始合。青祁南通五里湖，出浦嶺獨山門，入於太湖。

塘于渰在無錫縣南，其東接五里湖，南通洪丘渰，入於太湖。洪丘之水自太湖入，北出蠡河。

馬金渰、西謝渰俱在無錫縣東，謝渰與蘇州分界，今名謝蕩。

蠡瀆在無錫縣南，其水通太湖，由梁墓涇達於運河。

太伯瀆在無錫縣東，其西接運河，東達於蠡湖。

歐瀆在無錫縣西北，宋元祐間既治芙蓉湖爲田，嘗於此置閘，水由江陰以入大江。

胥湖在江陰縣東，昔伍子胥亡入吴，至此擊劍而歌，湖因以名。

運河在江陰縣南，北引江流入黄田港，橫貫城中，南截蔡涇，經青暘達五瀉河。

庭塘河在江陰縣南，其西接運河，東入無錫界。

長河一名東河，在江陰縣東南，自運河分流，入由里涇，出新河。其西北曰清溪河。

馮涇河、倪塘河俱在江陰縣東南。倪塘西接谷瀆港，東南入常熟界。

橫河在江陰縣東，由黄田港出春暉門，東流入令節港。

南山塘河、北山塘河俱在江陰縣西南，山塘自運河分流，南入武進三山港，北山塘南引江水至夏港，亦入武進。

立埭河在江陰縣西北。

崇溝河在江陰縣西南，由夏港南經三山石堰，達武進界。

黃田港在江陰縣北，昔春申君開以灌田。港東引長河，西至九里河口，折而北〔達〕〔一〕城中，出黃田閘，北入大江。其支流曰五斗港，曰趙港，曰白沙港，曰石牌港，曰石頭港。

谷瀆港在江陰縣東北，引江水南行，經三河口，分而爲二：一入新河，達無錫界，一接長河。又有范港，與谷瀆合。

夏港在江陰縣西南，引五瀉堰水，過青暘北止，由塘河口折而東出蔡涇閘，北入大江。

申港一名申浦，在江陰縣西。其水自江之南至武進東，入無錫五瀉河，西入三山港。

利港、桃花港俱在江陰縣西，利港引江水，南行至（葵）〔蔡〕〔二〕涇，入武進界。桃港自大江入，南與立埭河合。

黃山港、雷溝港、陳港、蔡港俱在江陰縣東，水俱從大江入，南達橫河。

洮湖一名長蕩湖，在宜興縣西北，與溧陽、金壇之水分派。其東通蓬塍河，北接滆湖。

運河在宜興縣北，其西接荆溪，北通滆湖。

東蠡河在宜興縣東，其南入橫塘河，北東九溪也。

白龍河在宜興縣西北，自運河抵梅村。

後袁河在宜興縣洴浰濟西，其南自覩鶴樓，東抵城下。

荆溪在宜興縣南，受歙、蕪湖之水，注太湖，達松江，以入於海。水之通此溪者，曰洑溪，在縣東北曰塞溪，在縣西北曰慈湖溪，亦名西陽溪，在縣西南曰章溪，在縣西南。

東九溪在宜興縣東，其東由百瀆入太湖，西合荆溪，南爲蠡河、梅村河，北折通運河。

西九溪在宜興縣西，其中貫土干、九里二河，并洴浰濟，東合荆溪，西接白雲涇，入溧陽界。

新溪在宜興縣南興門外，宋縣令司馬旦所鑿。

東瀉溪在宜興縣東，兩岸多花，每春時照映水中，又名罨畫溪，亦曰五雲溪。

忻溪在宜興縣東南，其東北入於太湖。

朋溪在宜興縣東北，即下張港之支流也。

蓮花溪在宜興縣西，其東接白雲涇。

爛溪在宜興縣西，其北流至臨津，入於塞溪。

湯溪、沙塘港俱在宜興縣東，其東俱入太湖。

大浦在宜興縣東南太湖之濵，一名太湖浦。

章浦在宜興縣西。

餘皮濟一名餘皮湖，在宜興縣東，其南通橫塘河，北入草塘瀆。

滄浦在宜興縣東。

洴浰濟在宜興縣西，荆溪貫其中，西通白雲涇。

洋濟在宜興縣西，塞溪貫其中，號南北洋濟。其北曰青魚蕩。

都濟在宜興縣西，其西通長塘湖，東接西莊湖，北入於孟涇。

黃土濟一名白魚蕩，在宜興縣北，其南接運河，西北入滆湖。

百瀆在宜興縣東南，舊以荆溪居數郡下流，於太湖口疏爲百派以分

〔一〕達　原爲空格，據《吳中水利全書》卷四補。
〔二〕蔡　原作『葵』，然常州府似無『葵涇』，兹據上書同卷改。

其勢，故名百瀆。又開橫塘貫之，引荆溪下太湖，入松江，注之於海。舊志載瀆名，僅七十有二。宋縣令樓閎嘗浚四十二瀆，餘悉堙塞。今之堙塞，又不知其幾矣。

周瀆在宜興縣南，其東西與荆溪接。

東湛瀆在宜興縣北，其南通運河，東入橫塘。又有西湛瀆，與此瀆接，俱入運河。

黄瀆、楼公瀆俱在宜興縣北，又有草塘瀆，在縣東北。湫瀆在縣西北。

同渚、張渚俱在宜興縣西南，又有湖洑渚在縣西，與張渚皆北入荆溪。

孟涇在宜興縣西北，唐刺史孟簡所浚，以殺滆湖風濤之勢。其南入於塞溪。

癸涇在宜興縣西，自洴瀏湇入從善鄉。

白雲涇在宜興縣西，西入溧陽界。

蝦涇在宜興縣西南函山，入於荆溪。

靖江之水，爲港者六十有三： 其在縣東曰東新港； 在縣東南曰東雙港，曰西雙港，曰開沙港，曰汊港； 在縣東北曰流水港，曰孤山港； 在縣西曰展蘇港，曰南新港，曰爛港，曰劉家港，曰祁朱港，曰申家港，曰西樹港，曰唐家港，曰東張夾港，曰西張夾港，曰界港，曰千家港，曰東丘家港，曰西丘家港，曰中丘家港、汊港，曰新港，曰西新港，曰張港，曰東夾港，曰西夾港； 在縣西南曰焦山港，曰大新港，曰大新東汊港，曰楊機港，曰西楊機港，曰蠟塔港，曰東張湖港，曰西張湖港，曰新湖港，曰陳公港，曰西添港，曰柴埸港，曰西小新港； 在縣西北曰西水洞港，曰繆家港，曰陳灣港，曰掘港，曰茅莊港，曰小新港，曰千婆港，曰北新港，曰魯家港，曰水洞港，曰大水洞港，曰顧港，曰廟樹港，曰蔡家港，曰東水港，曰嚴家港，曰楊鉄港，曰祁家港，曰韓港，曰范家港，曰徐港； 在縣北曰童灣港。

治績

宋元嘉中，修陽湖。當時因湖之廢修之，成良疇数百頃。

梁大同中，浚梁溪。

唐元和中，開太伯瀆，浚孟瀆。刺史孟簡既開太伯瀆，復浚孟瀆，袤四十一里，溉田四十餘頃。

南唐保大初，修孟瀆水門。

宋慶曆二年，浚港。知常州許恢以申港、澡子、戚墅三港廢不復治，浚申港凡三十八里，澡子港自江口浚之，凡四十里，戚墅港自湖口浚之，凡九十里。

慶曆三年，浚孟瀆。知武進縣楊瑍諭民疏治孟瀆，復通江流。

慶曆中，浚河。知常州李餘慶浚顧塘河，經大市，益引惠明河水注之漕渠，復開浚河，曰『三十年當有魁天下者』。後果如其言。

皇祐中，浚運河。知武進縣葛閎以運河積水害田，疏導四十里，募里豪，得粟二萬斛，以給役。

嘉祐中，浚運河。知常州陳襄以太湖積水橫遏運河，不得入江，爲民所患，襄立法浚之，其患遂息。

元祐間，開堰置閘。有司既治芙蓉湖爲田，因開五瀉堰置閘，後駕梁其上，以通往來。

大觀中，重建黄田上下二閘。有紀，見紀述類。

政和中，修江陰縣河港堰閘。有紀，見紀述類。

淳熙間，浚後河。初，崇寧元年，知常州朱彦浚後河，未幾復塞。淳熙十三年，林寔繼之，重浚河，復故道，袤三百丈闊三十尺，深五尺。後繼寔者史能之、林祖洽，俱再加修浚。

淳熙中，浚烈塘河，并置閘。

淳熙中，重浚運河。時董其事者，武進丞韓隆胄、尉秦膺剛也。

嘉泰三年，修奔牛閘。知武進縣丘壽儁見奔牛閘久壞，修之，易木以石。

嘉定中，浚九里河。知常州邢壽與知江陰縣張宗濤浚九里河面之闊爲丈者八，底則五之，深如其底十之一。

乾道中，浚申、利二港。轉運使姜詵與知江陰軍徐藏浚申港、利港，共三十九里，深九尺，闊六丈，而下流之廣倍焉。又蔡涇閘舊惟用木，至是復以石易之。

咸淳中，重浚東蠡河。捐金募工者，郡人靈甫也。

元至順中，江陰縣浚河。江浙行省謂江陰之水由蔡涇北出江口十里，一百五步，委同知州事萬某挑浚下閘以西一千八百五十餘丈。

國朝洪武七年，浚澡子港，并置閘。常州知府孫用以武進澡子港歲久淤塞，用四邑丁夫開浚，臨江置閘。

洪武二十年，浚江陰縣申港。二十八年，浚江陰縣横河。

洪武二十四年，浚得勝新河。深二丈，廣十二丈。

洪武二十七年，復浚運河。

洪武三十年，築蠡瀆河堰。時武進縣蠡瀆河淤塞，復築瀦水，以資灌溉。

永樂四年，浚孟瀆河。初洪武二十七年，嘗浚孟瀆，止通輕舟。後閘官陳讓具陳江南漕運之利。至是，朝廷命通州趙居仁率常、蘇、松三郡丁夫浚導，視舊倍加廣。

永樂十一年，重浚江陰縣運河。

天順間，浚江陰濠。

成化間，浚便民河，并觀鶴楼。宜興知縣袁道奉巡撫尚書王公恕之命，募工浚便民河五千四百丈，延袤三十里。又於觀鶴楼積淤成陸，浚之。復闢其東小河達縣城南，以避西九溪之險。

弘治三年，浚江陰城濠。初，江陰知縣周斌重浚城濠，歲久爲市民所塞，築屋以居。至是，知縣任良才撤屋浚河，還於舊觀。

弘治四、十六年，浚宜興諸瀆。四年，水利僉事伍性命宜興縣浚湯溪等瀆，凡五百五十六丈。八年，復命縣浚五賢等瀆，凡二千六百六丈。

弘治六年，浚宜葛瀆等港。凡一千四百九十丈。

弘治七年，浚申港。江陰知縣黄傅。

弘治九年至十七年，宜興重浚河瀆。九年，工部主事姚文顯命浚仕瀆等四瀆，凡八百五十五丈。十一年，文顯復命浚白龍河。是年，工部郎中傅朝命浚黄瀆等五瀆，凡八百四十五丈。知縣張偉亦以是年浚運河。十四年，工部郎中臧麟命浚莊前港，并丁山等瀆，凡六百六十丈。麟復命浚盛瀆，鴉瀆，凡六百八十丈，在十六年。命浚後河等三瀆，在十七年。

弘治十五年，重修黄由閘。江陰知縣徐禎。

正德七年，宜興浚河瀆、浜港。先是，宜興、永安等河瀆港浜俱淤塞，都御史俞公命知縣劉一中、縣丞李廷珏重浚，凡七萬二千四百三十二丈。

正德六年、七年，江陰縣浚河港。六年，都御史俞公命通判温應璧、縣丞黄霆浚利港。七年，應璧復浚新溝港，知縣王鉼浚九里河，及馮涇河。

正德八年，浚運河。知府李嵩以運河淤塞，復加疏治，民甚利之。

嘉靖二年，開各縣河瀆。提督水利林郎中文沛命宜興縣開南朱瀆、洋會瀆、溜溝瀆、菱瀆、辛瀆、下澤瀆、長凌瀆、丫瀆、盛瀆、山瀆、丁卯瀆、辛瀆、叁千港、洞霄圩、北枝河、點魚河、莊河、萬壽河、烏背瀆、永安河、興旺河、長受河、匡屑河、雙橋瀆、蘆長河、窨莊河、盛瀆、張墅河，共長九千五百八十六丈，以洩東西二九荆溪之水，入於太湖。武進縣開得勝南新河，長七千七百五十丈。江陰縣開青陽河、西山塘、九里河，共長九千四百六十一丈，以洩運河之水于揚子江。無錫縣開閭江港二百四十五丈，又開西新河、永安河、包沿河、蘇塘河，共長一萬二千五百三十一丈，亦以洩運河之水，使歸常熟宛山蕩，散出白茆諸港。

卷第四　鎮江府

叙水

揚子江在郡北，其西接上流，東注於海，北距廣陵，所謂天限南北，險過湯池者也。江水至金山分。南泠、中泠、北泠，謂之三泠。其中泠煎茶最佳，爲水品第一。

新豐湖舊名新豐塘。鄭湖、杜墅湖俱在郡東南。

寺湖在郡南。

漕渠自江口至南水門，又南至吕城堰。水道所經，大小夾岡，一在京峴之南，一在丹陽之北，其勢委曲周折，皆鑿山爲之。

郡市河有三。其一城西諸山之水匯而爲澳，由水西門經唐埴山，後達京口港，以入于江。其一由鶴林門經道人橋，分流右折者，由社壇至右軍寨，與澳水合。左折者，由皇祐橋至大圍橋，亦達京口港，以入於江。其一由清風橋至朝真橋，北流與皇祐橋水合者，則漕渠之溢水也。

海鮮河在郡京口閘外。宋嘉定八年，郡守史彌堅請於朝開之，以泊防江之舟。

夢溪在郡朱方門外子城下，又有蜃溪，自郡境入於金壇。

潤浦在郡東，隋置潤州，以此浦得名。又有徒兒浦，亦在郡東。

下鼻浦在郡西，其北入江，其西曰樂亭浦。

鮮海港在郡通津門外。

京口港在郡西北江口。

甘露港在郡東固山下，在京口、甘露之間者曰新港。

丹徒港二，在鎮之東西。

歸水澳在郡中閘之東，宋元符間，漕臣曾孝藴置，崇寧間，設官管幹。

練湖一名練塘，在丹陽縣北。晉陳敏據江東，令弟諧遏馬林溪，今在郡南，引水爲之，以溉雲陽，即丹陽也。號曲阿後湖。唐時近湖居民築堤，横截一十四里，取湖下地作田，遂分上下二湖。

丹陽市河自練湖至西斗門分流：其一經三思橋，至灣頭，以達漕渠；其一經仁智橋，至土地橋，亦達漕渠。

珥瀆河在丹陽縣南，自漕渠經珥瀆村，入金壇界。

白鶴溪在丹陽縣東南，自縣之右荆城，通金壇縣，北入常州界。其分派曰丁義瀆，南折北行凡十里，灌民田数千頃。

吴塘在丹陽縣東南，其半入金壇界。

簡瀆在丹陽縣南。唐置簡州，以此瀆得名，今俗呼瀆河。其東南曰相瀆、蕭港，在丹陽縣東。又有蕭塘港，在縣東北。

長蕩湖在金壇縣南，又名姚湖，即五湖之一。舊有八十浦口，後所存二十有七，今亦皆淤塞不通矣。

思湖在金壇縣南，其東北受荆溪之水，西南入於大溪。

高湖在金壇縣西北，其北通五中瀆，南入大溪。

大溪在金壇縣西，其東南入長蕩湖。水之通此者，曰唐王溪。在縣西南曰直溪，在縣西與唐溪皆受茆山之水。直溪東、東南亦入長蕩湖。

南謝塘、北謝塘、莞塘俱在金壇縣東南。

單塘在金壇縣東北。

謝塘在金壇縣北。

南洲瀆、古速瀆俱在金壇縣南。

甓橋瀆在金壇縣西。

湖口瀆、北洲瀆俱金壇縣北。

白龍蕩在金壇縣南，其東曰錢資蕩。

北渚蕩在金壇縣北，又北曰柘蕩。

湖頭港、燕子港、下湯港俱在金壇縣東。

方洛港、新河港、湖溪港俱在金壇縣南。

治績

秦鑿阿曲。

吳赤烏八年，開破岡瀆。《建康實録》云：吳赤烏八年，使校尉陳勳發兵三萬，鑿句容中道，至雲陽西城，以通吳會船艦，號破岡瀆。上七埭入延陵界，下七埭入江寧界。於是東郡船艦不復行京江矣。晉、宋、齊因之，梁廢破岡瀆而開上容瀆，在句容東南五里。至陳，堙上容瀆，復脩破岡。隋既平陳，詔平廢之。

晉大興四年，創新豐塘。晉陵内史張闓所部四縣，並以旱失田。闓乃立曲阿新豐塘，灌田八百餘頃，計用二十一萬一千四百二十工，以擅興造免官。後公卿並爲之言，詔以闓爲大司農。

梁天監九年，造謝塘。彭城令謝法崇。

隋大業六年，穿江南河。自京口至餘杭八百餘里，廣十餘丈，使可通龍舟。

唐開元中，開河。刺史徐某以郡北隔江，舟行繞瓜步，多風濤之險，乃於京口埭下開河二十五里，渡江立埭，歲利百倍，舟不漂没。

唐永泰二年，重開練湖。從轉運使劉晏、刺史韋損之請也。

南唐昇元中，浚練湖。知丹陽縣事吕延真既浚練湖，復作斗門，以通灌注。

宋天聖七年，開新河。《宋會要》：天聖七年五月，兩浙轉運使言：潤州新河工畢，降詔獎之。

慶曆中，疏蒜山河。兩浙轉運副使鄭向疏：蒜山漕渠抵於江，人便利之。

治平四年，脩夾岡河。都水監言兩浙相度到潤州，至常州界，開淘運河，廢置堰閘，乞候今年住運開修夾岡河道，從之。

元祐中，置吕城堰并閘。後嘉定間，乃築於中閘。未幾，移築犇牛。宝祐中，再築實堰。

紹聖中，重浚練湖。知丹陽縣蘇京募民重浚練湖，易置斗門。

政和六年，開新泊河。六年八月，勑鎮江府旁監大江，舟楫往來，每遇風濤，無港河容泊。聞西有泊河，可以避急，歲久堙廢，宜令發運同計度深行浚治，以免沉溺之患。

紹興中，浚練湖，易置斗門，知丹陽縣郭京以漕渠歲久堙塞，因募民浚湖，度地易置斗門十數。

紹興七年，置吕城石磋及夾岡二斗門。兩浙運使向子諲。

乾道六年、八年，浚河。六年，郡守蔡洸自丹陽南浚河至夾岡。八年，郡守宋晛自利涉門北浚至江岸。

淳熙二年，浚河。郡守張津浚河，自京口閘以北至於江口。

淳熙中，重脩練湖横堨及諸斗門。初，練湖横堨及東西斗門、順瀆斗門、南北斗門俱創於唐刺史韋損，後屢廢屢修，至是總領錢良臣復爲脩之。

紹熙中，重開丁義瀆。後復淤塞，土人袁某率衆開浚，至今賴之。

紹熙中，創黄水䃮。郡守陳居仁。

慶元四年，浚導市河。郡守萬鐘以夾岸居民一遇大雨，往往被浸，至是隨宜浚導。越十六年，淤土壅閼，郡守史彌堅復疏潔之。

嘉定元年，修築練湖。丹徒縣主簿馬榮祖以湖岸低狹，不能蓄水，修築堤。其長四千七百八十二丈，下廣三丈六尺，上廣一丈二尺。

淳祐二年，修練湖。郡守何元壽以練湖淤塞，請於朝，報可，遂修湖復閘，闢淤而深。功完，自爲之記。

景定三年。修築練湖岸埂。湖自淳祐以來，狹小堙塞者多。至是，朝廷以此委之浙西憲，憲委之倅宰。時丹陽知縣趙必棣建議上聞，遂支撥安邊太平庫會子二萬二千五百七十一貫，及平江府支米九百石，收買竹木，顧募人工，以爲修築之計。

咸淳六年，改作程公上下二壩。郡守趙溍。

元至元十三年，作金壇南壩。

至元三十一年，浚練湖。疏浚湖水及修築堤岸、斗門、石䃮、函管，咸一新之。

大德九年，重浚練湖。陳膺有記。

泰定元年，修浚漕渠及開挑練湖。先自至治三年，以練湖漕渠俱成淤塞，相視漕渠，自江口至吕城一百三十一里，合用人夫一萬五百一十二名，六十日可以修浚。練湖淤塞去處，合用人夫三千名，九十日可以開挑。中書省以聞，制可。行省、行臺分官臨視，本路、常州、平江、建康、江陰五郡差倩人夫，自泰定元年正月庀役，至三月浚事。

國朝洪武三十四年，重浚練湖。知府刘辰、知縣董復。

正統六年，築練湖堤，及脩斗門。知縣陳誼。

景泰中，脩練湖。

天順三年，浚漕河，作閘。當時有司既鑿社稷壇西隙地，使通濠塹，達之漕河。復於南水関外作新閘，以殺水勢。

天順三年，作奔牛、吕城壩閘。壩有官守之。

成化初，築練湖堤，及斗門函管。知縣蔡寔。

弘治四年，修浚漕河。

弘治十二年，浚新港。水利郎中傅潮。

弘治十三年，修築練湖。知縣高謙。

弘治十六年，修河溝壩堰。凡一百四十處。

正德三年，作博望新閘。閘舊在九曲河口，其圮已久。正統間，邑人孫某捐貲，别建於嘉山下，歲久復圮。至是，有司即博望故基東数十步，建新閘，與嘉山閘相攝，水利始通。

卷第五　杭州府

敘水

浙江一名浙河，又名錢唐江。在郡東南。《山海經》云：禹治水，至於浙河。《史記》云：水至會稽山陰，爲浙江。郭璞云：其水出歙縣東玉山，過嚴州，合婺溪，至富春山爲浙江，入于海。今每晝夜潮再上，則水漸長，小不至數尺，大則濤山浪屋，雷轟霆碎，有吞天沃日之勢，亦天下之奇觀也。

西湖在郡西，源出武林泉州三十里，瀕湖東北有石函，南有筧湖。山水秀發，景物妍麗，自唐以來，爲東南遊賞勝處。

像光湖在郡東北。唐神龍中，湖有五色光，掘之得石佛像，因立佛（殺）〔剎〕，而名其湖曰像光。

臨平湖、御恩湖俱在郡東北。御恩云者，相傳昔秦始皇東遊憩此，因名。

運河一名裏河。由郡候潮門南經欏木橋，至衆惠橋，有清水閘，又南經簫公橋，有渾水閘，又南至跨浦橋，有閘視二閘，差狹。

龍山河由郡鳳山水門至龍山閘，凡十二里。

下湖河由郡溜水橋，沿東西馬塍，至賣魚橋。西合餘杭唐河一派，有打水樓。南折至江漲橋河一派，由八字橋至古塘橋，下折入餘杭塘河一派，由西堰橋西至飲馬山，亦折入餘杭塘河。

西溪在郡武林山北。

九溪在郡煙霞嶺西，其南通徐村，入錢塘江。

安溪在郡北，其北曰鳳口溪。

硤石南湖在郡寧縣東。茶湖南經麻溪港，西南入洛唐河，東達海鹽縣界。湖之西南曰彭墩湖。

竹浦湖在海寧縣東，其在縣東北者，又有高湖、谷湖。

建興湖在海寧縣西北，湖建興中開，因名。

市河在海寧縣城中，自城北拱辰門東南，經勝安橋，至安肅門，與淡塘河合，入運塘河。

園花塘河在海寧縣東，自吴姚塘港南通，曰彈港，西入於城濠。

新塘河在海寧縣東北，自德清縣大麻港，經縣之莊港，東至城濠，東北入嘉興界。

洛塘河在海寧縣西北，其東入硤石南湖，北入嘉興長水塘河。其支流曰硤石鎮市河。

二十五里塘河由海寧縣市河北出拱辰門西南二十五里，會於運河，自此達長安壩。

郭店塘河在海寧縣北，自新塘河抵縣城濠。

夾山港在海寧縣東，其北入彭墩湖，又有吴姚、石祺、秋門三港亦皆在縣東，并此皆園花塘之支流也。吴塘東北入海鹽縣黄道湖石碁，北通彭墩湖，東入海鹽界秋門，北入於茶湖。

麻經港在海寧縣東北，乃新塘河之支流也，北入硤石南湖。

東陳村港在海寧縣西北，自新塘河南抵運塘。

天門港、馬牧港、楮家港、運水港、赭山港俱在海寧縣西，俱運塘河之支流，南抵海塘岸。

運塘在海寧縣西，自崇德界經，許村西，入仁和縣。

范蠡塘在海寧縣西。

湖塘在海寧縣西北。

六十里塘、新塘俱在海寧縣東。新塘自天妃廟，東抵黄山。

洛塘在海寧縣北。

淡塘在海寧縣西北，宋嘉定間，縣南海岸沙崩，築此以障潮水。

李六堰在海寧縣東。莊堰、黄家堰俱在海寧縣西。長安堰、長安新堰、通浦堰、凌家堰、莫家堰俱在海寧縣西北。

南上湖、南下湖俱在餘杭縣南。兩湖相接，瀦洩水勢。漢熹平二年，縣令陳渾所開。

查湖在餘杭縣北，即漢所封摇秦之湖，溉田甚廣。

北湖在餘杭縣北，唐縣令歸珧所開。

南渠河在餘杭縣南，水舊出南上二湖，今湖塞，不與河通，大旱則涸。自南渠經縣橋，至杭之運河者，曰餘杭塘河。

閑林河在餘杭縣東南，舊名五福渠。其水通錢唐界。

仇溪在餘杭縣東北，一出南陸山東，至仇山水北。一出獨松嶺東，至仇山下。二水合流於盧公橋，東入苕溪。

東溪、横溪俱在餘杭縣西南，其水同出由（奉）〔拳〕青障山東北，經錢唐，又北入德清界。

雙溪在餘杭縣西北，一自天目諸山，一自高陸山，至雙橋合流，入經山。〔一〕……

深浦在新城縣南。

柳溪在昌化縣東南，上名小柳，下名大柳，及一邑衆水合流之口。其下柳曰紫溪。

濾溪在昌化縣東，自黄蘗山鎮，凡涉数村，皆此溪之上下流也。

雙溪在昌化縣南，其中有洲，水分南北，過縣復合於一。其西曰合溪。

晚溪在昌化縣西，上有許遊灘。蓋以晋仙人許邁遠遊，嘗隱於此故也。

覽溪在昌化縣南，自蕭浦二源合流而出，迂回九曲，達於柳溪。

雲溪在昌化縣西，其下流合衆水，達於雙溪。水之自石門南入者，曰顔口溪，自龍塘山東南入者，曰楊溪。

上博溪在昌化縣南，合湍塢塘溪之水，東北入於伽溪。

蒲溪在昌化縣，南自浦溪嶺，東至覽溪。

櫃溪、杜溪俱在昌化縣西南。櫃溪自蕭源南入伽溪，杜溪則自峽山東北入上博溪也。

巨溪在昌化縣西北，其北接上溪，東南合無他溪，經洗耳灘下爲晚溪。

平渡溪在昌化縣南，自佛子嶺東至平葛村，以達雙溪。

沈溪、下阮溪俱在昌化縣南。沈溪合湍塢、唐梁二溪，入於柳溪。下阮上接雙溪，經下阮村南，亦入柳溪。

歷溪、董溪俱在昌化縣西，俱自百丈山，東南達洗耳灘。

灌湖在於潛縣南。

浮溪在於潛縣西，自天目山至縣，入桐廬界。又有交溪，亦在縣西，以浪山、柳源二水合流，故名。

〔一〕以下原書闕一頁。

紫溪在於潛縣東，自天目山龍湫、昌化、柳源合流，入分水縣界。藻溪在縣東，自落雲山南，亦入分水。

虞溪、零溪、豊陵俱在於潛縣北。

元豊、唐樂、平官塘、清漣、上塘俱在於潛縣長安鄉。

治績

唐萬歲登豐元年，富陽縣築隄捍水。縣令李浚築隄，東自海江，西至筧浦，以捍水患。貞元七年，縣令鄭早復增修之。

開元九年，築捍海塘。海在海寧縣南十里，西接浙江，潮汐往來，衝激不常。舊有捍海塘二，後添築鹹塘，又有塘在縣南三里，闊二丈，高一丈，長一百二十四里，開元九年重築。

大曆中，鑿杭州六井。李泌刺杭州，以城中水鹵惡，引西湖分爲六井，以便民汲。

貞元十八年，開於潛縣紫溪。縣令杜沫溪開，凡三十里。

長慶中，築西湖堤。刺史白居易築堤捍潮，鍾洩其水，溉田千頃。

寶曆中，餘杭縣重浚上下二湖。縣令歸珧既浚二湖，復築西北大道凡百餘里，行者便之。

咸通二年，開杭州沙塘河。刺史崔彦曾以潮水衝激江岸，奔軼入城，開三沙河以決沙塘之水。三沙者，外沙、中沙、下沙也。

五代梁開平四年，築捍江塘。錢武肅以海潮爲杭人患，築塘，候潮通江門外。初，潮水衝激，版築不就，武肅命强弩数百射之。既而潮水退避，乃造竹絡，積巨石，植以大木。堤既成，久之遂成平陸。凡今之城邑聚落，皆昔時之江也。

宋大中祥符初，增置西湖斗門。郡守王琪。

太中祥符五年至九年，修捍江塘。五年，郡守戚綸與兩浙轉運使陳堯佐疏請以岸易石，雖免水患，而衆頗非其变法。七年，詔江淮發運使李傅復依錢氏制，專其事。時水方大溢。九年，郡守馬亮禱於子胥〔祠〕（詞），明日，潮爲之却。又漲横沙數里，堤逐以成。

景祐中，修捍江塘。两浙轉運使張處作堤十二里，因置浙江兵士五指揮，採石修塘，隨損隨治，杭人德之。

慶曆初，築捍江堤。先是，大風驅潮，堤再壞。郡守楊偕、轉運使田瑜協力築堤二千二百丈。

慶曆中，闢西湖。郡守鄭戩發屬縣数萬人盡闢僧寺規占西湖之地，仁宗嘉之，降詔奬諭。

元祐五年，開西湖築堤。郡守蘇軾既浚湖水，因以所積葑田草築爲長堤，綿亘数里，横截湖面，中爲六橋，以便往來。嗣守林希爲名之曰『蘇公堤』云。

宣和中，復開餘杭上下二湖。縣令江袤躬訪利害，紹復前績。後紹熙中，纖漕黄黼復加修浚。

紹興十年，招填捍江軍額。從轉運副使張匯之請也。

紹興十九年，開撩西湖，修砌六井。詔郡守湯鵬舉措置開撩西湖，及修砌六井陰竇水口，增置斗門閘板，量度水勢，通放入井。

紹興中，鑿於潛縣燕尾灘。縣令邵文炳以紫溪之下有燕尾灘，最爲惡。鑿去銛利之石，其害遂除。

紹興中，增築餘杭上下湖岸。縣令李元弼。

紹興中，於潛縣重築元豊等塘。縣令邵文炳。

乾道五年，增置撩湖軍兵。安撫周淙增置撩湖軍兵百人，就委錢唐縣尉并本府濠寨官，專一管轄，不許人户佃種茭菱，及因而包占堤岸。

嘉定中，築海寧縣海堤。海寧海岸崩陷，縣官築堤，以障潮水，自市西至秧田廟，長六七里。

紹定中，修永和塘。杭人學諭范武、學録任安世倡義修築，塘成而歲免水患。

嘉熙二年，築捍江堤。先是，海潮傷壞民廬，凡四十里。知臨安府趙與懽自水陸寺下至江家橋，近江港口築壩一，南北長一百五十丈。自團圍頭石塘近江築捺水塘一，長六百丈。自六和塔以東石堤添新補，廢四百餘丈。

淳祐七年，開杭州運河。是年值旱，運河枯涸，郡守趙與𥫩奏開之，自梁渚至北新橋，共三十六里。以久所掘之土增築塘岸，人皆稱便。

淳祐中，開浚西湖。當時大旱，詔郡守趙與𥫩開浚西湖，自六橋至錢塘門、上船亭、西林橋、北山第一橋、高橋、蘇堤、三塔、南新路、柳洲寺前，凡菱荷、茭蕩悉薙去之。

元延祐三年，浚杭州龍山河。江浙行省丞相脱脱命民浚龍山河，造石梁八以跨其上，仍立上下二閘。至正六年，其子達識帖睦邇來爲平章，復疏之。

延祐、泰定間，重築海寧縣捍海塘。先是，大德三年塘崩。延祐、泰定間，爲患尤甚。嘗築修塘，以防衝激。外有沙塘二十餘里，皆没於海。行省丞相脱歡、平章高貫躬臨按督郡縣官吏，庸田副使任仁發、都水少監張仲仁役東西浙民百萬数，國用大費。天曆初，其役始罷。

至正末，浚杭州運河。張士誠據蘇州，軍船往來，以舊河之隘，復自巨林港口開浚，至江漲橋，廣二十餘丈。

國朝洪武七年，開杭州運河。浙省參政徐本、李質，都指揮徐司馬以河道窄隘，運舡難於出江，拓廣十丈，浚深二丈，仍置閘以限潮水。

永樂十四年，修築海塘。仁和、海寧地瀕海者日淪於海，所司以聞。詔兩浙民夫數萬捍築。歲久，績用弗成。朝廷復遣保定侯孟英礼部侍郎〔易英設〕〔二〕壇致祭，其患始息。

正統四年，富陽縣臨江築堤。知縣吳堂。

正統七年，築杭州運河下塘。初，新開運河，未有塘路，爲盜淵藪。正統七年，杭州通判易輗聞之，巡撫侍郎周忱相度便宜，自北新橋迤北而東，至崇德縣界，修築塘岸一萬三千二百七十二丈，爲梁七十有二。由是水陸並行，永無盜憂。

天順間，浚杭州運河。知府胡浚、仁和知縣周博以運河歲久壅塞，移文浚之。

成化八年，修捍江塘。是年八月九日，江潮大溢，塘壞特甚。詔工部侍郎李顒督有司修築。

成化十年，重開西湖。盡毁居民所占田地。

弘治十六年，開浚西湖。知府楊孟瑛。詳見公移及奏疏類。

〔二〕『礼部侍郎』下三字原漫漶，據《（嘉靖）仁和縣志》卷六補。

卷第六　嘉興府

叙水[一]

又有麻溪，在郡西，亦入太湖。

錢溪、芝溪、瀾溪、夾溪俱在郡西北。

麒麟塘在郡東，其南通漢塘，北通[二]……

漢塘在郡東南，自海鹽縣西北至此，今又名新坊塘。

華亭塘在郡東，其東通松江華亭，故名。

練塘在郡南，其東通横塘，西通長水塘，世傳吴王練兵之所。

横塘一名海鹽塘，在郡南，自澉湖經路馬橋，南至海鹽縣。

長水塘在郡南，其西南爲洛塘，北入鴛鴦湖。

東郭湖塘在郡東北，其西通楸涇，東入華亭塘。

新城塘、蘆瀝塘俱在郡西北。

馬塘涇在郡南，分流東北，經鳳凰洲合流，入於雙溪。

六里涇、吴涇俱在郡東，俱西自雙溪河，東達華亭塘。

王江涇在郡北。

楸涇在郡東北，其東通東郭河。

六萬涇在郡南。

菜花涇在郡東，其西接楸涇，東入於相湖。

天荒蕩在郡東北，其南接許蕩，西接菜花涇。

陳蕩、官蕩、六百畝蕩俱在郡東北，其南俱通東郭河，北入梅家蕩。

南北和尚二蕩、鴈蕩俱在郡西北，其西南俱入横塘河，北入吴江縣楊溪。

青龍港在郡南，其南通横塘，北入馬塲湖。

汾湖在嘉善縣西北，又名分湖，以其半入吴江界也。

平川在嘉善縣北，一名西塘，又名斜塘。永樂初，遷陶莊税局於此。

魏塘河在嘉善縣，後又名武塘。

茜溪在嘉善縣北，又有松溪，在縣西北。

伍子塘在嘉善縣西，其南接胥山，相傳昔伍子胥經管伐越之地。

章練塘在嘉善縣北。

大雲塘、白水塘俱在嘉善縣南。

甓竈塘、蘆墟塘俱在嘉善縣西南，蘆墟南通石井塘，北入夏墓蕩。

楓涇在嘉善縣東北，舊名白牛涇，即宋陳舜俞跨白牛往来之處，鄉人仰之，因名曰清風涇，後遂訛爲楓涇。

蓮花涇在嘉善縣東。

[一] 原書此卷闕第一頁。據下文可知此卷叙嘉興府之水利，兹將卷端題名補入。

[二] 『通』字下疑有闕文。

東莒蒲涇、西莒蒲涇俱在嘉善縣東北，涇之两涘皆産莒蒲，故名。

査家蕩在嘉善縣東北。

許家蕩、南北夏墓二蕩俱在嘉善縣西北，夏墓二蕩俱北入汾湖，東入西白蕩。

北尤里港在嘉善縣西北，其東祥符蕩，西王秀涇。

雙葑港、章家港俱在嘉善縣北。

永安湖在海鹽縣西南，澉浦城西，乃無源之水，久雨則東入於海。舊志云：此亦田也，後浚爲湖，以灌三村十六保之田。

鷓鴣湖、長湖、上谷湖俱在海鹽縣西南。

天仙湖、橫湖、宋坡湖俱在海鹽縣西。

秦溪在海鹽縣南，上接運河，與豐山港通。

海塘在海鹽縣東半里，一名捍海塘，又名太平塘。南自澉浦，北抵乍浦，皆甃石爲之，以禦潮汐。

招寶塘在海鹽縣西南，宋淳化元年鑿。

官塘、烏丘塘俱在海鹽縣西。

橫塘在海鹽縣西北，其北通郡之鴛鴦湖。

淘涇塘在海鹽縣北。

藍田浦在海鹽縣南。

澉浦在海鹽縣西南。《水經》云：谷水出於縣，爲澉浦，以通巨海。

橫浦在海鹽縣東，其西通宋坡湖，南入於海。元番舶皆輳集於此，今已湮塞。洪武十九年，築城浦上，以備禦焉。

清通港在海鹽縣西南。

當湖在平湖縣東，又東爲倪莊港。

東泖在平湖縣東北，其南出泖橋，東南至廣陳，西至當湖，東至捍海塘。

西市河左平湖縣西，上接漢塘，由新豐至於嘉興。

漢塘在平湖縣西。

南涇塘在平湖縣南，由轉塘經師姑橋，入海鹽縣界。

獨山塘、柳莊塘俱在平湖縣東南。

橫浦塘、沈塘、余塘俱在平湖縣東。

官莊塘、方塘、北吴塘俱在平湖縣北。

乍浦在平湖縣東南，自官河入於海。

蘆蘼浦在平湖縣東北。

楊樹港在平湖縣西南，其西北通冷橋港。

東南渭港在平湖縣，與獨山對，由徐家帶經五丫涇，入於乍浦。

語兒溪一名沙渚塘，在崇德縣東。其南通郡之南谷湖，吴越時爲栖兵之地。

運河塘在崇德縣。

包堰在崇德縣南。

羔羊堰、石門堰俱在崇德縣北。

車口堰在崇德縣東北。

橫湖在桐鄉縣南。

運河在桐鄉縣北。

車溪在桐鄉縣西北。

皂林塘在桐鄉縣北，其東接嘉興，西抵崇德界。

永新涇在桐鄉縣東北，其東爲〔一〕……

康涇在桐鄉縣北。

治績

唐長慶中，開海鹽涇。涇凡三百，皆縣令李諤所開，以通舟楫。然不析其名，今無考矣。

宋咸平六年，重開海鹽縣藍田浦。知縣魯宗道重開是浦，以爲民利，民德之，易其名曰魯公浦。

淳熙九年，浚海鹽、烏丘、招寶等塘。縣令趙善悉。

紹熙三年，浚藍田浦。縣令李養直既浚是浦，又自藍田廟開至鮑郎場，以便鹽運。

元至正二十四年，重修海塘。縣尹顧泳。

國朝洪武三年，重築海鹽縣塘。先是，海水泛溢，塘岸頹圮，縣民潘允濟言於朝，遣署令宋某監築石塘二千三百七十丈。

洪武二十年，復築海鹽縣塘。是年六月，塘復爲潮水所壞，布政司參議閻察復修築之。

洪武二十七年，置海鹽縣夾塘閘。閘在海寧衛城東南，指揮僉事趙鎧達之上官設置。

永樂三年，增修海塘。塘爲風潮圮壞，適右通政趙居仁按浙，以蘇州、松江等九府之民增土修築。

宣德間，增築海鹽石塘。巡撫工部右侍郎周忱以海塘歲久復圮，增培土石，其患遂息。

正統九年，築海鹽新塘。塘屢爲風潮所壞，是歲尤甚。知府黄懋欲於塘内重築新塘，馳疏以聞。命工部移檄布、按二司，勘計物料。僉事陳永綜理其事，而參政謝輔繼至，相與協力，因舊址廣狹，鳩工役民，起土運石，撤其舊而新之。外甃巨石，中實瓦礫，頗爲完固。

成化六年，浚海鹽淘涇塘。參政何宜。

成化八年，修海鹽塘。是年七月十七夜，風潮大作，平地水深丈餘，塘石悉皆傾圮。參政邢簡、僉事趙銘躬臨按視，督府同知楊冠等仍用舊石修築。

弘治元年。海鹽縣重浚淘涇塘。僉事伍性、知縣譚秀。

正德八年，修海鹽塘。通判韓士賢與知縣辛九齡重築海塘，自教場迤邐而周一百四十丈，翁家塘、土塘共六百五十丈，丫叉塘三千三百丈，澉浦塘一千三百丈，龍王塘、談家塘又数千丈。

嘉靖二年，重修海鹽塘。先是，塘爲風潮所壞，提督水利林郎中文沛督率有司修築，其長共一千三百七十丈。

〔一〕『爲』字下疑有闕文。

卷第七　湖州府

叙水

太湖在郡北烏程、長興之間，苕溪諸水之所入也。其東爲松江，又東入於海。

碧浪湖一名峴山漾，在郡南，納諸山之水，北入運河，西通苕、霅二溪。

凡常湖在郡西，其東北合苕、霅之水，入於太湖。

菱湖在郡東南，唐刺史崔元亮開，即凌波塘也。南通餘不溪，北入湖趺漾。

運河在郡東，其一自峴山漾分流，至定安門外，繞城而東。一自城内霅溪分流，出迎春門，合爲一河，徑潯溪入吴江縣界。

月河在郡東南，其東入運河，西合江子匯。

苕溪在郡西，一自天目山之陰，經安吉州邵渡北至丘渡。一自獨松嶺西，會諸山之水，亦至丘渡，二水合流，抵郡城西。一入清源門，至江子匯，爲善溪。一自清源門，至臨湖門外，合霅水，入於太湖。

霅溪在郡西，其南自餘不溪、前溪北合於峴山漾，入定安門。其西經苕溪，自清源門入。四水俱聚於江子匯，以其霅水有声，故名。其西南曰貴涇浦。

潯溪在郡東，自運河東接太湖罨湖諸水。

施渚溪一名小溪在郡西北，出上强山，合北流水。

花溪在郡東南，其北出洪城塘。

竇溪、練溪、思溪俱在郡東南。

荻塘在郡南，晉太守殷康所開，今在城者謂之横塘，惟城外者乃荻塘耳。

青塘在郡北，其東北接龍溪，入於太湖。

謝塘在郡西。蒲帆塘在郡北，一開於晉太守謝安，一開於唐刺史楊漢公。

雙林塘、洪城塘、含山塘、横城塘、保稼塘俱在郡東南。

黄浦在郡西南，出黄蘗山，漢司隸校尉黄向嘗於此築陂溉田。

撩浦在郡東北。

官瀆在郡西，晉咸和中，都督郗鑒開。

漕瀆在郡南，即儀鳳橋溪也。又有旱瀆，亦在郡南。

防瀆一名范瀆。橋瀆俱在郡東南。

梅涇一名東梅堰，在郡西南。

西余港在郡東，其西接運河，入江子匯。

栖賢港、潘店港俱在郡西，自清源門入儀鳳橋。

妙喜港、黄墅港俱在郡西南，其東爲何山蕩，西入長興界。

盛家港、横涇港俱在郡北，俱南接苕溪，北入太湖。

和尚蕩在郡東南。

西湖漾、褚墓漾、娜兒漾、西余山漾、上湖漾俱在郡東。

謝村漾、錢山漾、新興漾、後莊漾、重兆漾、土山漾、青水漾俱在郡東南。大包漾、小包漾俱在郡東北。衙山漾、洛舍漾、馬林漾、東泊漾、龍開漾俱在郡南。西風漾在郡西。湖趺漾、夾山漾俱在郡西南。吳山漾在郡西北。

包祥湖在長興縣北，其東入於太湖。

罨畫溪在長興縣西。每花時，遊人競集，如在畫中，故名。

合溪在長興縣西北，出蒼雲嶺，分而爲二，繞猔獅塢南，復合爲一。

四安溪一名周瀆，在長興縣南。

邸閣溪在長興縣邸閣山下。

餘罌溪在長興縣東南。

蠡塘在長興縣東。皐塘在縣西。荆塘、孫塘俱在縣南。已上四塘，皆因所築之人而名。蠡塘以越范蠡，皐塘以漢高士皐伯通，荆塘以漢荆王賈，孫塘以吳孫皓。

官塘在長興縣南，晉太守謝安築，一名謝公塘。

青姥塘在長興縣西南。

方塘、毛賢塘、胥塘、沙干塘、周村塘俱在長興縣南。

盤塘、陶坑塘俱在長興縣西。

餘吾浦在長興縣東南，即宜興之東鄉也。其東入於太湖。

郜浦在長興縣東。

顧渚在長興縣西北，出顧渚山，至水口東入太湖。其地産茶甚佳。

防瀆、喬瀆俱在長興縣東南。

盛瀆、楊瀆俱在長興縣東，盛瀆東通運河，楊瀆自苕溪分流，北與餘吾浦合。

周瀆、荆瀆俱在長興縣西，其西北俱通合溪。

弁山塘港在長興縣南。

吳山塘港在長興縣東南。

隔塘港在長興縣西南。

西莊漾在長興縣東北，其西通包祥湖。

楊子湖在安吉州北，出丹陽湖，與邸閣水分流，合於苕溪。

五湖在安吉州，其東曰四龍湖，東南曰五龍湖，南曰獲湖，西南曰姚湖，北曰西畝湖。

梅溪在安吉州東北。

僊溪在安吉州西南佛子山下，其水清澈，魚蝦不産。

小山塘在安吉州東南。

廟山塘在安吉州南。

富山塘在安吉州西。

魏塘、朱塘、吳塘俱在安吉州北。

石鼓堰、東海堰俱在安吉州北，石鼓之水出天目山。

餘不溪在德清縣南。《圖經》云：其水清澈，餘溪則不，故名。其支流曰內河，在縣南，曰馬厄河，在縣西南，曰烏山港。在縣東南。

北流水在德清縣前，自餘不溪至縣東，分派入清河橋北，至沙村，與武康前溪水合。又北至峴山漾，合餘不溪入定安門，至江子匯，爲霅溪。

石塘在德清縣東，即古武承塘也。

三里塘在德清縣。

三丈瀆在德清縣。

大麻瀆在德清縣東。

孔愉澤在德清縣南。晉孔愉以功封餘不亭侯，後人名之。

荷葉河在德清縣東北。

苧溪漾在德清縣東。

風渚湖在武康縣東南。

箭溪在武康縣前，其上流曰阮公溪，曰余英溪。

餘英溪在武康縣南，自銅峴山東至縣前，又東至縣學，分而爲二：其一北經黄隴山，東抵沙溪，與德清北流水合，入郡定安門，經前溪匯爲霅溪；其一東至下渚湖，南與餘不溪合。

後溪在武康縣後，出烏回山，經龍尾橋，至豐橋，東入新溪。其北與前溪合。

封溪在武康縣東，出前溪東南，即風渚湖也。

砂溪在武康縣東，舊爲两溪之支流，今半已淤塞。

長安溪在武康縣東北，合衆流東入砂溪，又東北接餘不溪，入於郡。

湘溪在武康縣南，其東通下渚河，西入石馬池。

埠溪在武康縣北。

雙溪在武康縣西北。

直塘在武康縣東。

仙人渚、錢渚、費渚俱在武康縣西。

五官瀆在武康縣北。

横瀆、湛星瀆俱在武康縣東南，湛星與風渚湖通。

鄱陽汀在武康縣北，宋鄱陽太守沈雍之所開，故名。

董嶺水在孝豐縣西，其東入寧國，西入安吉州。

南嶼水在孝豐縣西南，其東北至下昇舘，入於苕溪。

偃溪在孝豐縣西南，自佛子山抵下洛溪，與苕水合。

景溪在孝豐縣西南。上接深溪。

深溪在孝豐縣西南，於潛之水自北而出。

五山溪、陳安溪俱在孝豐縣東北。(一)……

淳熙五年，浚武康縣新溪。知縣蔡霖以此溪沙磧漲塞，自汊溪口廢舊港，徙水道，東北注五里，合長安大溪，邑人便之。

慶元間，浚武康縣後溪。知縣丁大聲以溪淤塞，不利舟楫，募民浚之。自龍尾橋至獅子山，長一千二百丈。

國朝洪武二十八年，置安吉縣劉家、西鄉等壩。

洪武二十八年，開安吉縣五沸、石山等溝。

天順四年，重建湖州長橋。知府岳璿以長橋歲久圮壞，鳩工重建，三洞環之，以通水利。

(一) 以下原書闕一頁。

卷第八　考議

宋宜興進士單鍔水利書

其略云：蘇、常、湖三州之水，爲患兹久，較舊賦之入，十常減其五六。以鍔視之，自溧陽五堰東，至吴江岸，猶人之一身，五堰其首，宜興荆谿其咽喉，百瀆其心，震澤其腹，旁通震澤衆瀆，其絡脉衆竅，吴江則其足也。今上發五堰之固，而宣、歙、池、〔九〕〔水〕陽江之水不入蕪湖，反東注震澤。下又有吴江岸之阻，而震澤之水積而不洩。是猶人桎其手，縛其足，塞其衆竅，以水沃其口，腹滿而氣絶，視者猶不謂之已死。且未築吴江岸已前，田堰之廢已久，然而三州之田，十年之間，熟有五六。自吴江築岸，十年之間，熟無一二。鍔視熙寧八年雖大旱，然連百瀆之田，低汙之甚。是時苗亦皆旱死，何哉？蓋百瀆及旁小港因不遇旱，皆爲泥沙湮塞，與平陸無異。雖去震澤甚邇，迄今其田即未有可耕之日。昔邑尉阮洪上書監司，乞開百瀆，遂鳩工於食利之民，疏導四十九條，是年大熟。則百瀆雖遇水旱，皆不可不開也。夫吴江岸界於吴松江、震澤之間，岸東則江岸，西則震澤，江之東則大海也。自慶曆二年欲便糧運，遂築北隄，横截江流五六十里，遂致震澤之水溢而不洩，每五六月間湍流峻急，視之，則吴江岸之東水常低於岸西之水一二尺，此隄岸阻水之迹可見矣。又觀岸東江尾，茭蘆叢生。自築岸以來，沙泥漲塞，昔湍流奔湧之地，今爲民居民田，吴江由是歲增舊賦，蓋築岸之後，水勢遲緩，泥沙增積而生茭蘆。則水道狹而流洩不快，雖欲震澤之水不積，其可得耶？今欲洩震澤之水，莫若先開江尾茭蘆之地，迁沙村之民，運其所漲之泥。然後以吴江岸鑿其土爲木橋千所，橋洪各闊二丈，每十橋可開水面二十丈，千橋共闊水面二千丈，隨橋洪開茭蘆爲港走水，仍於下流開白蜆、安亭二江，使湖水由華亭青龍江入海，則三州水患必大衰減。常州運河之北，右有孟瀆等一十四瀆，皆洩衆水北下江陰入江，今存者無幾。二浙粮船不過五百石，運河常存五六尺之水，足可勝舟，以一十四瀆立爲斗門，每瀆於岸北先築隄岸，以制水入江。若無隄防，則水必泛溢而浸灌江陰之良田矣。宜興縣西有夾苧干瀆，洩長塘湖，東入滆湖，由大吴等瀆及白鶴溪而北至常州運河，由此經一十四港，北入大江，今皆名存實亡。儻開夾苧干通流，則西来入震澤之水可以殺其勢，深利於三州之田也。熙寧八年，歲大旱，太湖水退数里，中有丘墓、街井，知昔爲民田，則湖之寬廣倍於昔矣。昨檢正張鍔命屬吏張懃相視蘇、秀二州海口諸浦，將欲疏鑿。懃以爲若開諸浦，則東風駕海水倒注，反灌民田。鍔曰：百川東流則有常，西流則有時，因東風雖致西流，風息則其流亦復歸海，勢則然也。又觀秀州青龍鎮有安亭江，自吴江東至青龍，洩水之海。昔監司恐走透商税，遂塞此江，其害實大。又聞青龍人户情愿出錢開浚，官吏未與施行。鍔觀合開三州諸港瀆，不必全籍官錢。蓋三州人人樂開，故半可以資食利户之力也。或謂昔人創望亭、奔牛、吕城三堰，慮運河之水不制，故節之以通漕運。自廢望亭、吕城二堰，然亦不妨綱運。鍔曰：　太湖及西來衆水，無吴江岸之阻，通江河道，未嘗湮塞運河之水，慮其走洩，是以置堰。自築江岸及諸港浦，一切湮塞，使三州之水常溢而不洩，二堰雖廢無害。今若洩江湖之水，而二堰不復，則運河枯涸而粮運不行，此灼然之利害也。或曰：　高原陸野，皆有塘圍，蓋古之人蓄水以灌田。今塘之外皆水，塘之中未嘗蓄水，又未嘗植苗，徒牧養牛羊，畜放鳧鴈而已。鍔曰：　昔置塘蓄水，以防旱歲。今自三州之水又溢不洩，則置塘爲無用之地。若決江岸，洩三州之水，則塘不可不開以蓄水，猶堰之不可不復，此亦灼然之利害也。苟堰與塘爲无益，則古人奚爲之耶？嘗見蘇州之茜涇，昔范仲淹命工開導以洩積水。當時諫官不知蘇州患在積水不洩，言仲淹走洩姑蘇之水，不知其利而反以爲害。鍔每觀溝瀆，知古人之意，曲折宛轉，皆非徒然。惟執事者上之朝廷，庶幾三州之民有望於今日也。

宋郟亶言蘇州水利六失六得

其略云：　所謂六失者，一曰：　水性就下。蘇東枕海，北接江，但東開崑山之張浦、茜涇、七丫、三塘，而導諸海。北開常熟之許浦、白茆二浦而導諸江。殊不知此五處去水皆遠，地形頗高，方水盛時決之，則或入江海。水稍退則向之，欲東導於海者反西流，欲北導於江者反南下。故自景祐以來，屢開之而卒無效也。二曰：　蘇之壓水，以其無隄防也。故崑山、常熟、吴江皆峻其堤岸，設官置兵，以巡治之。是不知塘雖設而水行於堤之两旁，何益乎治田？故徒有通往來、禦風濤之小功，而無衞民田、去水害之大效也。三曰：　松江在震澤之南，可決水而同歸於海，崑山之下駕、新洋等十餘浦是也。殊不知水方汗漫，於江俱平，雖大決之而隄防不立，適足以通潮勢之衝急增風波之洶怒耳。四曰：　蘇州之水自常州來，古設望亭堰，所以禦常之水，使入太湖。殊不知蘇聚数郡之水，而常居其一，常之水数路，而望亭居其一。故望亭堰廢，則常被其利，而蘇未必有害；　存之，則蘇未必利，而常先被害矣。故治蘇州之水，不在乎望亭堰之廢否也。五曰：　蘇水所以不泄者，以松江盤曲而決水遲也。古之曲其江者，所以激之而使深，激之既久，其曲愈甚。昔人謂松江之曲，若今槎浦及金竈等浦，皆可決也。是説得之，但未知水與江平，決江之曲者，足以使江之水疾趨於海，而未能使田之水必趨於江也。六曰：蘇謂之澤國，自當容納数州之水，不當盡爲田也。故國初之税，纔十七八萬石。今乃至於三十四五萬石，是障陂湖而爲田之過也。殊不知國初之逃民未復，今乃盡爲編户税，所以昔少而今多也。且今蘇州除太湖外，惟有四湖，其餘若崑山之邪塘、大泗等瀼，及常熟之市宅、五衢等村，長洲之長蕩、黄天蕩之類，皆積水不耕之田也。其間尚有古岸，隱見水中，是皆古之良田，而今廢之耳。已上六説，皆執一偏之論，而未能通其理也。必欲治之，固當去六失，行六得，取浩博之大利，舍姑息之小惠可也。一何？謂地形高下之殊。曰：蘇州立縣，號爲水由。崑山之地，東高而西下，向所謂東導於海而水反西流者是也。常熟之地，北高而南下，向所謂欲北導於江而水反南下者是也。二處皆高田，而崑山岡身之西抵于常州之境，常熟之南抵于湖、秀之境，其地低下，皆水田也。高田常欲水，今乃流而不蓄，故常患旱。低田患常水，今西南既有太湖数州之水，東北又有崑山、常熟岡身之流，故常患水。但水田多而税復重，高田少而税復輕，故議者唯知治水，而不知治旱也。二何？謂古人蓄泄之跡。曰：今崑山之東，太倉俗號岡身，東有一塘，西徹松江，北過常熟，謂之横瀝。又有小塘貫横瀝，而東西流者多謂之門，是古者堰水於岡身之東灌漑高田，而人爲岡門者，恐水或壅，則決之而横瀝，所以分其流也。故岡身之東，尚有丘畝經界之跡，是皆古之良田，因岡身之壞，不能蓄水而爲旱田耳。若水田之遺跡，今崑山南下駕、小虞等浦，皆決水入於松江之道。其浦舊闊二十餘丈，狹者十餘丈，中又貫以横塘而棋布之。是故既爲縱浦以通於江，又爲横塘以分其勢，使水行於外，田成於内，故水雖大，必歸於江海，而不能爲田之害也。蘇州五門，舊皆有堰，水無所瀦。及隄防之壞，水乱行田間而有所瀦，故堰因以廢。民利浦之闊，攘其旁以爲田。又利行舟、泊舟之便，決其堤以爲涇。故水道陻而流遲，田隄壞而不固，遂蕩然而爲陂湖矣。今秀州濵海之地，皆有堰以蓄水，而海鹽一縣有堰近百餘所。湖州皆築隄水中以固田，而西塘之岸，至有高一丈有餘者。此其遺法，獨蘇州壞之耳。三何？謂治田有先後之宜。曰：今欲先取崑山之東，常熟之北，凡所謂高田，一切段堰瀦水，以灌漑之。又浚其經界、溝洫，使之周流其間，以浸潤之。立岡門以防其壅，則高田常無枯旱之患，而水田亦減流注之勢。然後取今之水田，除四湖外，一切罷去某家涇、某家浜之類，循古遺跡，或五七里爲一縱浦，又七里、十里爲一横塘。因塘浦之土以爲隄岸，使塘浦闊深，堤岸高厚，則水通流而不能爲田之害，田自固而水可必趨於江。然後擇江之曲者決之，使必趨於海。又究五堰之道址而復之，使水不入於城。如此，則高低皆利，而水旱無憂，然後倣古遺法，收圖回之利，養撩清之卒，以浚高田之溝洫與水田之塘浦，則百世之利也。四何？謂興役順貧富之便。

曰：　蘇州五縣之民，自五等已上至一等，不下十五萬户。户借七日，則歲約百萬夫矣。　又自二等已上至一等，不下五千户，量其財而取之，則足以供萬夫之食與費矣。　夫借七日之力，故不勞，取財於富者，故不虐。　以不勞、不虐之役，五年而治之，何田之不可興也！五何？謂取浩博之大利？曰：　蘇州之地四至餘三百里，方可二百餘里爲田，六同有畸，三分去一以爲溝池、城郭、陂湖、山林，其餘不下四同之地，爲三十六萬夫之田，又去其半，當有十八萬夫之田，常出租税也。　國朝之法，一夫之田爲四十畝，出米四石，則十八萬夫之田，可出米七十二萬石矣。　今蘇州但有三十四五萬石，借使全熟，則常失三四十萬石之租，又況因水旱而蠲除，則遺利亦不少矣。　六何謂舍姑息之小惠。曰：　是議之興，或者必曰向者蘇州或治一浦，或調一縣，而役一月，則民勞且怨矣。　今欲盡一州之境，役五縣之民，五年而治之，其工力蓋百倍於向時，是役未興而數千百萬之民已啾啾矣。　曰：　向者之役，多興於大水之際。　是時公私匱乏，疾癘間作，故民勞且怨。　今於無事之時，借力以成利，何勞怨之有？唯不求所以養之之道，使躋於富庶，但務其姑息，使至於饑餓，然後從而賙乏。　故上乏而下益困，有可以除數百年未去之患，興數百里無窮之利，豈可區區計國家五歲之勞，惜百姓七日之力邪？

宋郟亶治田利害七事

其略云：　一論古人治低田、高田之法。　古人因地之高下，井而爲田。　其環湖卑下之地，則于江水南北爲縱浦，以通于江。　又于浦之東西爲横塘，以分其勢。　其塘浦闊者三十餘丈，狹者二十餘丈，深者二三丈，淺者不下一丈。　古人使塘深闊若此，蓋欲取土以爲堤岸高厚。　是以禦湍悍之流，故古之堤岸，高者二丈，低者一丈。　借令大水，江湖高于民田，堤岸出於塘浦，民田既不容水，則塘浦之水自高于江，而江之水亦高于海，不須决泄而水自流矣。　故三江常浚而水田常熟，其堽阜之地亦因江水稍高，可以畝引，近于海者又有早晚兩潮，可以灌溉。　故亦于沿海之地及江之南北，或五七里爲一縱浦，又五七里爲一横塘。　港之闊狹與低田同，而其深往往過之。　且堽阜之地，高于積水，而其相遠四五十里至百餘里，固非决水之道。然古人爲塘浦闊深者，蓋欲引江海之水周流堽阜，雖大旱，亦可以車溉田，而大水之歲，或從此而流泄耳。　至於地勢西流之處，又設岡門、斗門，以潴蓄之。　是雖旱歲，堽阜地皆可耕。　故低田常無水患，高田常無旱甾，而数百里之地獲豐熟矣。　二論後世廢低田、高田之法。　古人田各成圩，圩必有長，每一年，或二年，率逐圩之人修築浚治。故低田之隄防常固，旱田之浦港常通也。　年祀綿遠，古法隳壞，水田之隄防，或田户行舟之便，破其圩岸以爲涇浜，或人射下脚，而廢其隄；　或官中開淘，而減少丈尺；　或田主但收租課，而不加修築；　或租户利于易田，而故欲渰没；　或張捕魚蝦，而漸破古堤；　或一圩雖完，傍圩無力。而連延隳壞，或貧富同圩，而出力不齊；　或公私相吝，而因循不治。故低田漫然，復在江水之下也。每春夏之交，雨未盈尺，而蘇州低田，盡爲白水。雖有堤岸，亦皆狹小，不能固田。唯旱歲，常、潤、杭、秀之田及蘇州堽阜之地，其堤岸始露，而蘇州水田，幸而一熟。蓋由無隄防爲禦水之具也。田既容水，水與江平，江與海平，而海潮直至蘇州，反與江湖民田之水相接，故水不能湍流。今三江，二江已塞，而一江又淺。儻不完復堤岸，驅低田之水盡入松江，使江流湍急，恐数十年之後，松江愈塞，震澤之患不止于蘇，用此低田不治之由也。其高田之廢，始由田法隳壞。港浦溉淺，池勢既高，沿于海者，海潮不應；　沿于江者，又因田無隄防，水得潴聚，而江水漸低，故高田復在江之上。至于西流之處，又因人户利于行舟，壞其堽門，不能蓄水。故高田尽爲旱地，每春水未退，低田未能施工，而堽阜之田已乾枯矣。唯大水之歲，低田渰没争盡，則堽阜之田幸一大熟，此盖不浚港浦以引江海之水，不復堽門以蓄春夏之雨，此高田廢之之由也，故蘇州不有旱菑，即有水患。但水田多，旱田少，議者惟論治水，而不論治旱，非也。三論自來議者，但知决水，不知治田。景祐至今，蘇州之田，百未治其一二。今官中每年調發各縣人户一二十家，自作塍岸，各高五尺，緣民間所鳩工力不多，不能齊整。借令多出工力，而各家所收不償所費，上下因循，未曾大段修治。臣惟蘇州遠接江湖，水常暴怒，崑山、常熟、吴江三縣，堤岸高者七八尺，低者不下五六尺。或二年一治，或年年修葺，而風濤洗蕩，動有隳壞。或謂宜用昔吴及治華亭之法治之。夫以華亭之法而治蘇州之高田則可，若概治蘇州之田，臣固知其不可也。貼黄：　自來人所議欲開諸大浦、松江諸匯，并决水入江陰軍等，蓋因水勢湍急，卻要諸處分減故也。臣世爲農人，備知利害。伏望令臣略到司農寺陳白，不至有誤朝廷，候勑旨。四論今來乞以治田爲先。田既先成，水亦從而各决。今蘇州水田合行修治者，南北不過百二十里，東西不過百里。今若于水田之内五里爲一縱浦，七里爲一横塘，不過爲縱浦二十，每浦長一百二十餘里，横塘十七，每塘長一百餘里，共計四千餘里，每里用夫五千人，約有二千餘萬夫。今以二千萬夫開河四千里，分爲五年，每年用夫四百萬，開河八百里。蘇、秀、常、湖四州之民，三分去一，以高田之民自治高田，外尚有二十七萬夫，每夫一年借雇半月，計得四百餘萬夫，可開河八百里。却以上項，四百餘萬夫，分爲十縣，逐縣每年當夫四十萬，開河八十里。以四十萬夫分爲六月，逐縣每月計役六萬六千餘夫，開河十三里，以六萬六千夫分爲三十日，則逐縣每日役夫二千二百人，開河一百三十二步，將二千二百人又爲兩項，但役一千一百人，開河六十六步，所役夫数多少不同，大率治田多者頭項多，治田少者頭項少。雖千百頃，可以一頭項而尽也。塘浦既浚，隄防既成，則田之水必高于江，江之水亦高于海，然後澤江之曲者而决之，雖有大水，不能爲患，此治水田之大略也。昔蘇州設堰，唐世已然，至端拱中始廢。其旱田則乞用上項一分之夫浚治港浦，以引江海之水。及設堽門以瀦春夏之雨，則高低皆治，而水旱無虞矣。五乞循古人遺跡治田。臣昨所乞蘇州五里、七里而爲一縱浦，七里、十里而爲一横塘，因塘浦之上以爲隄岸，使塘浦闊深，則水流通而不能爲田之害，堤岸高厚，則田自固而水可必趨於江。今蘇州、秀州及沿江沿海水田，旱田見存塘浦、港瀝、堽門之数，總七項，共二百六十五條，并臣擘畫。將來治田，大約各附逐項之下。一、吴淞江南岸，自北平浦北岸，自涂公浦西至吴江口，皆是水田，約一百二十餘里。南岸有大浦二十七，北岸有大浦二十八，是古者五里而爲一縱浦之跡也。其横浦在松江之北六七里間，曰浪市横塘，又北六七里而爲至和塘，是七里而爲一横塘之跡也。松江南大浦、北平浦等二十有七，北大浦、徐公浦等二十有八。已上塘浦，並當松江上流，皆高其隄岸，用以固田。因久不修治，遂至隳壞。每遇大水，塘浦之岸並沉水底，議者不知塘浦元有大岸，乃謂浚浦惟欲泄水，此不知治田之本也。今並當浚治其浦，修其隄岸，以禦水菑，不須求决積水，而田自成矣。一、至和塘南北兩岸，各有大浦。是五里而爲一浦，惟横浦不見其跡。今塘南小虞浦等大浦一十二，北大虞浦等大浦一十有二，在塘北者已廢，在塘南者亦皆狹小断續，不能固田。其間南岸又有朱涇、王村涇，北岸又有司馬涇、季涇之類，皆是民間自開私浜，今並乞廢罷。擇其浦之大者闊開其塘，高築其岸，南修起浪市横塘北，則或五里、十里爲一横塘以固田，則良田漸多，而水漸狹矣。一、常熟塘東岸有涇二十有一，西岸有涇一十有二，是七里而爲一横塘之迹也。今並狹小，百姓侵占及擅開私浜相雜於其間。今塘東横涇二十有一，西横涇一十有二，兩岸横涇但乞廢其小者，擇其大者，深開其塘，高修其岸。除西岸自擘畫爲圩外，其東岸合與至和塘北及常熟縣南新修縱浦交加棋布，以爲圩則良田漸多而水漸狹矣。一、崑山之東至太倉，堽身凡三十五里，兩岸各有塘浦七八，自五里而爲一縱浦之跡也。其横塘在塘南六七里，爲朱瀝等塘。在塘北爲風濤洗刷，不見其迹。崑山塘南有塘浦七，北有塘浦七，横塘四。已上塘瀝，多未經開浚。今河底之土反高于田，每遇天雨稍闕，則不通舟船，天雨未盈尺，而田盡淤没，並乞開浚，以固田。一、松江南岸，自小来浦北岸，自北陳浦，東至海口，並是旱田，約長一百餘里。南有大浦一十有八，北有大浦二十，是五里而爲一縱浦之跡也。其横浦之在江北者，七八里爲鷄鳴塘、練祈塘，是七里而爲一横塘之迹也。松江南岸有小來浦等大浦一十有八，北岸有北陳浦等大浦二十，横塘二。已上塘浦，各是引江水以溉高田，但久不浚治，浦底既高，而江水又低，故年常患旱。今當令高田之民治之，以備旱甾，則高田獲其利矣。一、太倉堽身之東至茜涇，約四五十里，凡南北大塘八，其横塘南自練祈塘，北至許浦，共一百二十餘里，有堽及塘浜約五十餘。今皆淺淤，不能引水灌田。南北之塘，太倉東横瀝等八，東西之塘及堽門，方秦塘等二十有五，已上堽旁以東塘浜門瀝南北者，各長一百餘里，接連大浦，並當浚汜，以溉高田。東西者横貫堽旁之田，而西通諸湖。若深浚之，置閘堰、斗門，遇旱則車水以灌田，大水則通放湖水而分減低田之水勢，于平時則豬春夏之雨，使堽旁之水常高于低田，不須車水，而民田足用。一、沿海自松江下口，南連秀州界，約一百餘里，有大浦七。自松江下口，北繞崑山、常熟之境，接江陰界，約三百餘里，有港浦四十九。是五里爲一縱浦之迹也。其横塘在崑山，則八尺涇、花蒲涇在常熟，則福山、東西横塘、松江口下南連秀州界，有三林浦等大浦七，松江口下北繞蘇州、崑山、常熟縣界，至江陰軍界，有港浦四十有九，横塘四。以上沿海港浦，是古人東取海潮，北取揚子江水灌田，各開入堽阜之地，七里、十里，或十五里，間作横塘，通灌諸浦，使相周流於高阜之地，以浸潤高田。其間雖有大浦，直可通海，然各遠三五十里至一百餘里，地高(一)……

〔宋郟僑再上水利書〕(二)

……後方及北江東海之港浦，人以水勢方出，爲潮勢抑回，所以皆聚於太湖。四郡之境，潦歲積水，而上源不絶，弥漫而不可治也。况太湖積十縣之水，一水自江南諸郡而下，出嶺阪重複間，當霖潦積貯，谿澗奔湍，迤邐而至長塘湖。又潤州之金壇，延陵之丹陽、丹徒，皆有山源併會於宜興，以入太湖。一水自杭、睦、宣、歙、天目等山衆流而下。杭之臨安、餘杭及湖之安吉、武康、長興，以入太湖。昔禹治水，以三江決此一湖之水。今則二江已絶，唯呈淞一江存焉。又於吴江之南築爲石塘，以障太湖東流之勢。又於江之中流多置罾断，以遏水勢。致吴江不能吞來源之瀚漫，日淤月澱，下流淺狹。迨元符初遽漲潮沙，半爲平陸。積雨滋久，一縣山源併溢太湖。當蘇、湖、常、秀之間，陂淹浦港，悉皆彌漫。千里一白，少有風勢，駕浪数尺。雖有中高之地，種已成實，頃刻蕩盡。吴淞故道深廣，可敵千浦，向之積潦，尚或壅滯。議者但以開數千浦爲策，而不知臨江濵海，地勢高仰，必先於江寧治水陽江與銀林江等五堰，决于西江。潤州治丹陽練湖，相視

(一) 以下原書闕一頁。
(二) 以下文字爲宋郟僑《再上水利書》，參《吴江水考》卷三，篇題據《吴中水利全書》卷十三補。

大岡，尋究水道，决于北海。常州治宜興滆湖沙子淹及江陰港浦，亦入北海，以望亭堰分屬蘇州，絶常州輕廢之患。如此，則西北之水不入太湖，而田無害矣。又鬬吴江石塘，多置橋梁，决太湖之水，會于青龍、華亭，以入於海。仍濬吴淞官司，以隣郡上户於農事之隙和雇工役，以漸鬬之。其諸湖瀼等處，並築爲堤岸。所在陂淹，築爲水堰。秀州，華亭、海鹽等處澱山等湖，向因民户有田高壤，障遏水勢者，並與開通，達諸港浦。杭州迁長河堰，以宣、歙、杭、睦等山源决于浙江。如此，則東南之水不入太湖，而田無害矣。大抵欲决蘇湖之水，莫若先開崑山之茜涇浦，使水東入大海。開崑山之新安浦、顧浦，使水南入松江。開常熟之許浦、梅里浦，使水北入大江。復浚無錫縣界之望亭堰，俾蘇州管轄，以遏常、潤之水，則蘇州水患可漸息，而民田可治矣。若欲决常、潤之水，則莫若浚無錫之五卸堰，使水趨於大江，則常州水患可漸息，而民田可治矣。言水利者，雖知置堰閘以防江潮，而不知浚流以泄沙漲，故有堙塞之患。雖知决五卸堰而不知築堤以障田，故有飄溺之虞。又不知勸民作圩岸、濬涇浜以治田。是以不問水旱之年，蘇、湖、常、秀之田不治者，十常五六。某所乞開崑山、常熟、茜涇等浦，必置堰閘者，蓋以其在蘇州東南，去海甚近，泄水甚徑。然其地北之蘇州、崑山，高有丈餘，而往年開者，不過三四尺、一二尺而已。欲水之東注，不可得也。兼又浦口不置堰閘，賺入潮沙無上流、下

勢可衝，遂致浦塞。聞昔年開茜涇等浦，亦皆有閘，但无官司管轄，豪强利於所得，示時啓閉，遂致廢壞。某所乞復望亭堰閘，俾蘇州管轄者，蓋以常、潤之地比蘇州差高，而蘇州東接海岸，其地亦高。以一州而介兩高之間，故每遇大水，西則爲常、潤之水所注，東則爲海岸所障。其水瀦蓄，無緣通泄。若不令蘇州管轄望亭、堰閘，則無復有防遏之理。今望亭之西有五卸堰，不唯少洩蘇州之水勢，而常、潤之水亦可就順流而入大江矣。决堰未多，民田已没，蓋不知預築堰下民田之堤，以防水勢也。五卸地形高民田丈餘，遇雨水即溢堰，已有浸溺之憂。今欲决去其堰，使諸路之水舉自此而出，又不高其民田圩岸，以爲堤防，則亦無怪乎民田之没也。今雖於崑山、常熟開導河浦，修築圩岸，然上流不息，諸水輻輳，或風濤間作，洪雨繼至，所開浦河必皆壅滯，所築岸圩必有衝蕩。蓋松江北岸三十餘浦，唯鹽鐵一塘可直瀉水，北入大江，餘皆接連乎江湖瀼，合而爲一。若開導河浦，相度松江諸浦，除鹽鐵塘及太湖開導置閘外，其餘小河並爲大堰，或設水竇以防江水，使吴淞徑入于海，則吴之河浦不焉賊水所壅，而諸縣圩岸亦免爲風所破矣。爲今之策，莫若先築吴淞兩岸塘堤，不唯水不北入于蘇，而南不入秀。兩乃可治，去水之患已十九矣。夫三州水勢相接，略無限隔，然其間深者不過三四尺，淺者一二尺而已。今乞措置深者如練湖，大作隄防，以匱其水。復於四傍設爲斗門水瀨，即大水之

年，足以瀦蓄湖瀼之水，使不與外水相通，而水田圩岸無衝激之患。大旱之年可以決斗門水瀬浸灌民田，而旱田有溝洫之利。其餘若斜塘瀼、大泗瀼之類，本皆民田，皆可相視，分勒人户，借貸錢糧，修築圩岸，開導涇浜，湖瀼雖多，其可治者殆過半矣。

卷第九　考議

宋監進奏院李結治田三議

其略云：　蘇、湖、常、秀自紹興十三年以来，屢被水害。議者皆歸積水不決之故。第以工役浩大，事皆中輟。臣有管見治田便利三議。一曰敦本，二曰協力，三曰因時。司農丞郟亶云：『古人治塘浦闊深者，蓋欲取土以爲堤岸，非専爲決積水。若堤岸高厚，借今大水之年，江湖之水高於民田五七尺，而堤岸尚出於塘浦三五尺。故雖大水，不能入於民田。民田既不容水，則塘浦之水自高於江，而江之水亦高於海，不須決泄而水自湍流矣。』此古人治低田之法也。若知決水而不知治田，則所開浚不過積土於两岸之側，霖雨蕩滌，復入塘浦，不五七年，填淤如舊。乞詔監司、守令，相視諸州水田塘浦緊切去處，發常平義倉錢米，量行借貸。與田主之家，令就農隙作堰車水開浚塘浦，取土修築田岸。且民間築岸，所患無土。今既開浚塘浦，積土自多，田岸既成，水害自去。此臣所謂敦本之議也。結又以爲百姓非不知築堤固田之利，然而不能者，或因貧富地同而出力不齊，或因公私相吝而因循不治，非協力不可。百姓所鳩工力有限，必頼官中補助。官中非因飢歉，難以募民興役，非因時不可。

宋丹陽縣知縣趙必棣修復練湖議

其略云：　湖原有斗門三，石礎六，亟口一十三，多被風水衝坍。上湖則褰裳可涉，下湖則如履平地。今水道久已湮塞，未可卒復亟管，取以備蓄洩也。若湖中水滿，須資亟以洩之，淺則不須。舊年傾頹處，止是下湖西埂四百餘丈。今上湖横埂三百六十丈，上金斗門三十五丈，南石礎基七丈，皆先後坍壞。官府若復悠悠不恤，非惟水無所蓄而頑民倣傚侵耕，其來未艾。今霜降水涸，正宜用工。乞量支錢米，募夫運土，補築壞埂。然後植松插柳，候措置樁石，陸續釘砌。若失此時，後悔無及。憲司上其説，遂支撥安邊太平庫十八界會子二萬二千五百餘貫，及於平江府新收義米内支撥九百石，差官修築。

元都水少監任仁發水利議答

其略云：　議者曰：　吴淞江前時深通，今日何爲而塞？答曰：　太湖東岸出水之處，因人作爲堰栅，或築狹爲橋。又有湖泖港汊，盧鹽舡往來，多因塞断，所以渾潮日盛，沙泥日積，而吴淞江日淤塞也。議者曰：　錢氏有國及宋南渡，水災罕見，今或数年水災頻仍，何也？答曰：　錢氏有國，亡宋南渡，全藉蘇、湖、常、秀数郡所産以爲國計。當時盡心經理，制水有法。其間水利興革，合役軍民，不問繁難，合用錢粮，不吝浩大。董以重臣，又復七里爲一縱浦，十里爲一横塘，田連阡陌，位位相接，悉爲膏腴之産，以（攻）〔故〕二三百年之間，水灾罕見。近来居位者視浙西水利與諸處無異，地之高下不分，天之水旱不恤，所以一二年間，水旱之頻仍者此也。議者曰： 蘇州地勢卑下，與江水平，故曰平江，又稱澤國，其地不可爲田。今欲圍築，毋乃逆土之性乎？答曰： 自古倉廪所積，悉仰給與浙西，故曰『蘇湖熟，天下足』。蓋浙西之地低於天下，而蘇湖又低於浙西，澱山湖又低於蘇湖。彼中富户，每歲種植茭蘆，圍築埂岸，豈非逆土之性？何爲今日之田盡成膏腴，此效驗之不可掩者。夫澱山最下之處尚可經理爲田，而謂澤國不可作田，何其愚也。議者曰： 水旱天時，非人力可勝，自來討究浙西治水之法，終無寸成，何也？答曰： 浙西水利治之之法有三： 浚河港必欲其深闊，築圍岸必欲其高厚，置閘竇必欲其衆多。設遇水旱，就三者而乘除之，自然不能爲害。儻人力不盡而一切歸数於天，可乎？議者曰： 河渠圍岸、閘、竇三者俱備，則水旱可無，誠爲久遠之計，今何爲而廢之？答曰： 國家收附江南三十餘年，浙西河港、圍岸、閘竇無官整治，遂致廢壞，一遇水旱，則田盡荒蕪，深可痛惜。今朝廷廢而不治者，盖募夫供役，取辦於富户； 部夫督役，責成於有司。二者皆非其所樂，所以猾吏豪民，必欲沮壞而後已。人亦但厭目前之擾，是以成事則難，壞事則易，而不能成久遠之利也。議者曰： 行都水監，是有益衙門，何衆口一詞，皆謂無益而議罷之？答曰： 事之利害，久而始明。彼小民但見工〔一〕……惰於巡防，則密置樁橛，矧以茭蘆魚簖等物障遏。必得官司於州處，榜示告戒，使之咸知利害可也。又按，太湖東至松江，有白鶴匯者，宋嘉祐、崇寧、宣和間三次開浚，又有顧浦匯、盤龍匯、千墩、金城諸匯，推原其故，皆由上原閉塞，湖流遲緩，潮沙積聚而成。今有河沙匯者，漲塞江心，阻水尤甚。及有新華嘴、分莊嘴、嚴家嘴暴漲爲害，俱合開鑿，盖『嘴』即『匯』之異名也。

元周文英三吴水利

其略云： 蘇、湖、常、秀之田，高下不等，大率低田十其有七。高田十其有三。吴越錢氏之在東南，專享此利。嘗詢之高年云： 曩兩浙未納土時，蘇州有営田軍四部，共七八千人，又有撩清夫，專爲田事，導河築堤，以減水患。于時歲熟，錢五十文糴米一石。自歸宋之後，農政不修，田圍河港，大半墮壞。今江浙之米，比之當時，其貴十倍，民不得不重困矣。前都水監於江面置閘節水，終非經

〔一〕以下原書闕一頁。

久良法。且如今置閘三處，本意潮来則拒入江之水，潮退則放江水决潮。殊不知閘之相去不遠，决放之水既淺且緩，又烏能衝激潮沙而不積於江也。爲今之計，莫若因水勢之所趨，順其性而疏導之，即易於成功。刘家港南有南石橋港，通刘家港，西南通横塘，至夏駕浦入吴淞江。其中間迂迴窄狹處，使疏浚深闊，即太湖洩水一大路也。今棄吴淞江東南塗漲之地，而專意於刘家港、白茆浦等處開浚入海者，蓋刘家港即古之婁江，水深港闊，此三吴洩水之尾閭。乞從省府差委諳通水利官，詣沿海各處相視合濬港浦，具数計工，擬議申聞。或都水監分官前来，或選省府能官於富户内勸其開濬，考其成功。工役輕省者量行優叙，功績重大者優以一官，激勸勉厲，庶幾勞而無怨，擾不及衆，經治之後，更須都水監差官按行嚴督各州縣每歲修葺，使其經久不廢，或委行省官專一提督，庶幾敦督事嚴，免致玩視，則水利有成，國富民安，誠非小補。

國朝浙江布政使何宜水利策略

其略云：一、修築圍岸，苦於無土。若圍外河水淺狹，即將外河車乾取土。若外河深闊，則將圍内溝洫車乾取土，此一舉兩得之術也。一、凡圍内有徑塍者，遇澇易於車戽，是以常年有收。其無徑塍者，遇澇难於車戽，是以常年無收。宜諭令田户，凡人圍有田三四百畝者，須築徑塍一條。五六百畝者，築徑塍二條。十八百畝以上者，如数增築。一、圍岸田畔或土脉處，浮外水滲入，晝雖車乾，夜復漲溢者。宜於岸塍中心開掘一槽，深及外河之底，隨篇河泥填及一半，俟其稍乾，用杵築令堅實。又復篇泥築滿，則水無自而入矣。又有圍岸，因鰍鱔窟穴，或樹根朽爛，遂成漏洞者，亦依前法築之。若田中有泉水爲害者，可用磚灰圍砌泉口，如井欄狀，則泉不漫散。或將泉口掘作深坎，用大缸覆之，却以泥土圍築缸上，而泉亦不能出矣。一、高田去河撩遠，無人可車者，須於田内計畝開塘。如田一畝開塘一分，二畝開塘二分。其三畝、四畝以上，各依数開之，庶可防旱。

梁寅論田中鑿池

其略云：嘗觀之畝畝之間，若十畝而費一畝以爲池，則九畝可以無灾患。百畝而費十畝以爲池，則九十畝可以資灌溉。民非不知此也，蓋以膏腴之壤，人之所惜，一家之田止十数畝，或二三畝，百畝之中孰能棄十畝之地，以爲衆人之利乎？民知與水争地，而不知與田蓄水，一遇亢旱，則坐視苗槁，見小利而失大利，愚亦甚矣。

工部主事姚文灝河渠私議

其略云：舊見《毘陵志》叙沿江諸港，皆自外而内，自下而上，倒置源流，不識水道。江陰舊志亦然。夫三吴水道皆西出于山，瀦于澤東，北注于江海，何乃類云自大江而入南，經某處某處。即以諸港皆出于江，而流入于漕渠，悖亦甚矣。然觀其初，似亦知諸港之不可以江爲源，故於黄田港、夏港，猶云北引江潮而入，至於石頭蔡港而下，遂略去潮字，直云自大江入矣，可乎哉？由僕觀之，記黄田者，當云東引長河，西至九里河口，折而北貫城中，出黄田閘，北入江。舊志乃云北引江潮，貫城南出，折而西截蔡涇，與夏港合流，以達于漕渠。記夏港者，當云南引五瀉堰，至青晹，北止山塘河口，折而東過峷鎮，出蔡涇閘，北入江。舊志乃云北引江潮，南出蔡涇，折而西過峷鎮，截山塘，又[一]折而南歷青晹，至五瀉堰，以達于無錫。且夏港自西南来，出蔡涇而入江。黄田自東南來，貫縣城而入江。二港相距九里，各自入江。昔人於其間鑿渠以通舟楫，遂以九里多河。舊志之記黄田，乃舍其東南之源而假以西南之派，且并吞九里，又以上下各二閘，若本爲一港者。彼豈知二水各有派，而二閘本不相沿乎？《嘉定開河記》云：暨陽北大江，其支港與河接者，多置水門。意謂黄田、夏港皆大江之支港也。又云：導河自城闉，南出黄田，西距五瀉。《大觀記》亦云：黄田港北引大江貫城中，南出于郭，逶迤截蔡涇。又云：昔人即港口爲上閘，又即蔡涇爲下閘。夫以黄田爲上閘者，謂水於此来也。云導江水而南由黄田港，距五瀉堰而爲漕渠。吁！漕渠果江水之所爲乎？若是者，皆支派混殽，似宜删去，但存其廢置歲月可也。最後得曹密之説云：江陰當運河下流，其水自常州，經申港、利港，以入于江。又云：丹陽練湖、白鶴溪諸水，西自常州而來，入于江陰。其南太河、梁溪皆溢于運河，自五瀉堰奔衝而下申利、夏港，以出于江，可(記)〔謂〕深明水道者矣。

工部主事姚文灝九里河議

其略云：東南諸河，惟此易壅。推原其故有三：一曰黄田潮來，自東而西，蔡涇潮來，自西而東，交衝互激，會趨斜涇，湧滚泥沙，積聚腰腹。一曰：淩起浮土，堆積两厓，風雨淋洗，漸復入河。且河形曲隘，厓勢高陟，疏鑿既深，黄沙壁立，復水之後，遇没輒崩，少剥一隅，便壅数丈。一曰：中吴地勢，沿江有山，爲之包防，近山土壤迤邐隆起，山脉引帶，生氣流通，日漸增長，如古之所謂息壤。坐此三故，人不之察，以致此河湮廢。今欲開挑各一二丈坡陁其勢，以漸入河，如馬槽狀，期以两年功程成就。先年惟是修岸，次年方可開河。且農民力不任事，官府拘役，心不樂趨合。無量令該役人夫出辦錢物，官爲收貯，雇倩專僕土工包辦開挑，取其所必費而免其所不欲爲，庶幾官省程督，民不失農，两皆便益。再有不敷，查支在官銀錢輳助。如此施行，必有明效。但削壓土田過多，

[一] 又　原作『人』，據《（嘉靖）江陰縣志》卷七改。

或至寒細失業，惟有才良吏，爲政久而得民深，徐依原議，以漸爲之，而又相度形便，攻鑿河口，別出蔡涇之南，拒却蔡涇潮流不使東行，以相衡鬪，則百數十年流通可必，而江陰之民亦或少息肩矣。

前刑部主事張衎總論水利

其略云：一、蔚湖之水爲上流之下者，嘉興松江之水，爲下流之下者，宜所先。常州、鎮江之水爲上流之上者，常熟、平湖亦似之，宜所後。其淞江爲衆流之就下蹌口，又爲吴淞江之入海，施功所當先者。一、在元嘗有水監之官，專理其事，每年開挑，各置水閘，作大舟，横鐵箒，隨風流行，掃蕩沙漲，此最良法。其置閘，每處一座。以愚計之，水閘之處，當置水洞千兩，傍置閘于中，此亦前人經理有迹可見者也。其吴淞江橑淺夫必用蘇州、嘉興等衛，不防海軍士及囚役之徒，常時看守，有淺則挑。一、吴淞、黄浦之入者皆大江之尾，其水和淡，鹹潮小入，無害田稼，故河在東北者宜濬。若邊南海，則外灘低而鹹潮易入，内地高而淡水不去，故在南者，不宜濬也。一、秀州塘抵松江城西，受湖泖之水，今已淤淺。其岸爲官塘，凡旱歲，舟必涉淺。不若自今冬取其塘中之土而爲堤岸，一年一濬，誠爲至要。今乃仍取土於岸，泥益深，岸益孤，而塘之淺自如也。然疏鑿其塘，宜多列水洞，以通西來之水。如旱潦，皆可閉之。蓋自楓涇至松江府，不過泖橋塍港、斜塘、石湖塘，跨塘通流，岩不置水洞，則水之来處甚大，去處甚少，不能去之速也。一、凡小河曲港，每年九月半爲始，皆令有田之家自行開濬。如有豪户阻占者，令其一年一開。其官河中川如畎澮者，令附近人户二年一開。其大川責令有司申請別縣開之。五年爲率。所開之泥停積兩岸者，不許大户取築房基，止許小民挑修圩陌。一、水利之職，督於粮老，糧老督於圩甲，其農隙每區每圩修之，務必堅厚，則自久遠。其土取之荒蕩，不必取之田中。其夫用之本圩，不必取之他所。自九月半起工，至正月初畢工，庶幾不廢農事。其修圩之際凡官塘處所，盡爲修築。腹内地方，全不經心，不知官塘水易車戽腹内，田仍渰没，此粮里、圩甲之罪也。爲今之制，必曰：今日之不修，他日之渰没，其稅粮、差役，何從而辦？如是，人孰不具而爲之也。其有不修者，毋問官勢、土豪，呈之於官，治之以罪。一、茭蘆宜於湖蕩之濵，每年種之，可以當白浪之衝岸，又使小民之得魚，今萬小河、曲港，多被大户占種覔利，一遇水旱，則阻河道。大户田在河口者，車戽得所，則民田在中心者勺水無求，此茭蘆之利與害也。一、松江東鄉地高，每年慮旱，春雨方行，倂壩儲水，一遇天旱，田地俱荒。莫若仰令有田之家，十畝開池一畝，百畝開池十畝。既能救旱，亦可蓄魚。一、松江東鄉懼旱，宜偃水以種田。西鄉懼潦，宜作堰以截水。然堰之外，固沮外潦，不能入堰之内，其水何從而出？蓋截水必在於水未長大之先，當下樁作堰，止流一河。通舟既可禦水，又能禦盗，泥土易取，樁木易辦。若臨時，則費力多而成功少矣。一、湖泖之傍，多有水瀕田土，旱則止見舊岸，水則全爲巨浸，人户逃絶，每歲里甲陪糧。此當奏聞，請蠲其税，其勢豪傍湖，積葑成田者，當痛禁止。蓋成田者多，則蓄水者少，潢潦之際，何以容受？一、出水之口，名曰水洞，開閘多置木栅，上則通行，下則滯水，合於府縣將官錢預收磚石，積於附近，專人督管，觀其水通之處盡爲水洞，或磚或石，圍砌爲之，不宜深厚。旱則流通，水則泄閉，不可以木爲之，不久則朽，又不能無盗之者。一、塘岸種樹，上可以行人之蔭，下可以堅塘岸之脚。必於農隙之時，命水利耆老，取水楊之枝，用附近之夫，每一丈而種一枝。蓋水楊多鬚，盤根則能護岸，其餘不可用也。附近田家鋪舍朝暮視之，如有損盗者，治之以罪。一、水利之興，不能不費財用。莫若今河泊所并新漲沙塗、新開蕩田，或官倉借米之息，三者之中，取而用之，庶功可成而績可久矣。

松江學生金藻三江水學

其略云： 《禹貢》曰： 三江既入，震澤底定。又曰： 九川滌源，九澤既陂。今東江已塞，而松江復微，是川源無滌也。太湖泛濫，隄防不修，是澤無陂障也。惟其無陂，所以靡定。惟其無滌，所以靡入。東風則西决，西風則東潰，一雨連旬，數月如海，此頻年水患所以不可救治者，良由備之不預，慮之不周也。愚以爲《禹貢》之法，萬世當守，治水者順此而行則有無窮之利。然順之之道有六： 曰探本源也，順形勢也，正綱領也，循次序也，均財力也，勤省視也。所以行之之要，又在任得其人而已。任得其人，而六事不舉者，未之有也。六事舉矣，而水不爲利者，亦未之有也。夫治水救民，莫大之事，今之治水，惟總之以僉憲。凡百舉動，不得自爲，是以事功難成。愚謂若欲水患消除，必專任大臣，而輔之以所屬，責成於守令，而催辦於粮里，不宜泛遣他官而墮失厚利，添設者塘而擾害良民也。土有高識遠慮，剛明果断，不恃一己之聰明，而採納天下之公論，不恤一己之勞逸，而體悉萬夫之凍餒，斯可以膺大任而成大功也。所謂勤省視者，官靡能矣。或不省視，與無廉能同。省視不賞罰，與不省視同。賞罰不繼，與不賞罰同。省視之時，預與民約： 某月至某鄉，某月至某縣，三月一周，一年三徧，非大塞暑不休息，非大風雨不易期。大約省視一年二年，圍岸可成。三年四年，溝洫可深。五年六年，浦瀆可通。七年八年，三江可入。至於九年，閘竇可完，石隄可備。 一圖水利，省視在里長； 一區水利，省視在粮長。治農縣丞則省視一縣，治農通判則省視一府，而守令則兼之也。提七郡之綱而以水功分數爲殿最者，大臣也。叅贊乎上，綱紀乎下者，大臣之佐也。若夫相與調劑，以成其事者，巡撫也。相與糾舉，以正其法者，巡撫也。如此，而水利不興，吾未之信也。所謂均財力者，財不均則無食，無食則多怨，力不均則無功，無功則徒費，愚圍岸溝洫，隨其田旁而責其户，以自修之。一尺一步，皆有歸著。今之修圍者，不令自爲，須要起倩，其弊甚多。往年開河，每里起夫二三十名，傷於太多在家人户，又無所助。雖或有之，亦是弱者。官府給米，不過数斗。爲今之計，莫若每甲明出長夫一名，三時治水，一冬休養。其餘九户，分爲九等，每月一户貼錢三百六十文，十夫一舟，往來宿食。百夫十舟，千夫百舟，自正月發運已畢，水工方興。至十月開倉，水工又止。千夫修一處，萬夫修十處，各自立功，以憑賞罰。惟是石隄閘竇，或憂浩費，欲乞。朝廷暫將七郡魚課、舡課、竹木、雜課量停起解，留充水用。待功成之後，悉依原議，所謂循次序者。昔人以開江置閘圍岸[一]……之以除千百之害。救已然一二年之災，倉廩府之庫是也；救未然千百年之災，江湖田野是也。江湖濬治，然後田野開闢，田野開闢，然後百穀豐登，倉廩盈溢，尚何災害之足憂哉？

金藻三江水學或問

其略云：　或曰：　三時治水，一冬休養，此今古之通誼也。近者開河，亦冬月也，如何成功？曰：　幸而冬暖，故功亦成。然嘉定人夫亦多有死者。曰開河役夫衆多，焉能保其不死。曰：　冬月不役，老弱不用，衣食温飽痛革暴虐，有疾即與之藥而遺之回，舡舍近便，足蔽風雨，皆求生之路也。如此而猶不免於死，是誠當死者也。然亦不可不爲之祭埋而厚恤其家也。曰：　不用耆塘可也，又用糧里可乎？曰：　糧里，舊所置也。耆塘，今所增也。不足而增，可也。既足而增，可乎？曰：　上得其人，雖用耆塘，亦不爲害。曰：　與其上得人而下不得人，孰與其上下皆得人乎？曰：　隨其田旁，自修溝岸，不若計其畎畝，均其工程爲善。蓋田有長倚涇者，有横出涇者，有不出涇者。用子之法，則長倚涇者用工太多，横出涇者用工太少，不出涇者無工可用，安得爲均乎？曰：　甲治乙田，丁修丙岸，非惟不肯盡心，抑且無憑賞罰。蓋不出涇之田，澇則不得洩，旱則不得溉，糞則難於入，斂則難於出。凡有此者，必貧難下户也。若其横出涇者，與長倚涇者，旱則易於溉，澇則易於洩，糞則便於入，斂則便於出。凡有此者，必殷實有力之家[二]……

〔金處和《論疏水種茭》〕

[三]……江海潮水出入，賴以灌田。況潮水之河淺狹，必一年一浚，若亦種茭，阻遏水利，害民不小，治水者當責令耆塘糧里，將低鄉去處照舊種茭，其高鄉潮水河溝，每

[一][二] 以下原書闕一頁。
[三] 以下文字屬『金處和《論疏水種茭》』，篇題名據《吴中水利全書》卷二十一補。

年秋間，許各人户將自己茭草悉皆樵去，毋容阻遏潮水。

顔郎中如環議開吴淞江

其略云：吴淞江一帶，流至新洋江口、夏駕河口二處交會。二處因通婁江潮水倒入江内，淀積泥沙，又因地勢卑近，遂引江水順趨北下，併入婁江，以致吴淞江易成游淺，累經開浚，不久復塞。或謂此江出海一百餘里，累濬累塞，而此二處相去婁江不過三十里，因而疏濬深闊，使此江中水并入婁江出海，似爲便易。不知此江乃三江之一，與婁江各自通洩。當夫旱乾，固可合而爲一。及至水溢，則婁江自洩所受之水方且不暇，又安能併吴淞之水而皆洩乎？故昔人有言，使二江河併爲一，則神禹先併之矣，何必又有三江？此誠不易之論。然而先年累次修浚，皆以此江之水可併婁江爲便，惟於新洋、夏駕修浚，樂簡易而畏煩難，以致二處淤塞不通，而弃此江爲可不必用。即今雖已開浚深闊，應該設法區處，以爲經久之計。本職詢訪耆民，咸謂當於新洋、夏駕口各置一閘，冬春常閉，若遇夏秋淫澇，開之以分泄水勢，或旱乾開之，以通引灌溉，庶幾江流長通，旱澇有備。又看得夏駕口闊止一十六丈，深止四五尺，潮勢亦緩，造閘無难。其新洋口闊四十丈，深一丈五尺，潮勢頗大，難以作堰。但事體重大，及廢用錢糧數多，必須委官勘議停當，方可施行。

卷第十　公移

宋范文正公上呂相書

其略云：　姑蘇四郊略平窊，爲湖者十之二三，西南之澤尤大者，謂之太湖，納数郡之水。湖東一派入于松江，積雨之時，湖溢江壅，横没諸邑。雖北壓揚子江，東抵巨浸，河渠雖多，湮塞已久。惟松江退落，漫流始下，或一歲大水，來年暑雨，復爲灾沴，人必荐饑。今疏導者，不惟使東南入于松江，又使東北入于揚子，其利在此。或曰：江水已高，不納此流。某謂不然。江海所以爲百谷王者，以其善下。江流若高，則必滔滔旁來，豈復姑蘇之有乎？或曰：　且有潮來，水安得下？某謂不然。大江長淮，無不潮也。來之時少，退之多時[一]，故大江長淮，會天下之水，畢能歸於海也。或曰：　沙因潮至，數年復塞，豈人力之可支？某謂不然。新導之河，必設諸閘，當時扃之以於來潮沙不能塞也。每春理其閘外，工減数倍。旱歲亦扃之，駐水溉田，可救熯涸澇。歲則啓之，以疏積水。或謂開畎之役，重勞民力。某謂不然。東南之田，所植惟稻，大水一至，秋無他望，灾沴之後，必有疾疫，謂之天灾，實由飢耳。如能導達溝瀆，保其稼穡，俾百姓不饑而死，曷爲其勞哉？或謂力役之際，大費軍食。某謂不然。姑蘇歲納苗米三十四萬斛，官司之糴，又不下数百萬斛。如豐穰之歲，春役萬人，日食三升，一月[二]……

宋蘇文忠公申三省起請開湖六條狀[三]

……無由淤塞。而餘杭門外亦有清河堰，意亦愛惜乎水，不令走下。自天禧中始壞此堰，今湖面半爲葑田。霖潦之際，流溢害田，而乾旱之月，湖自咸涸，不能復及運河。軾自到任，首見運河乾淺，米薪亦缘此暴貴。尋刻刷捍江兵士及諸色廂軍，得千餘人。自十月興工，至今年四月終開浚茆山、鹽橋二河，各十餘里。見今舟舡通利。然潮水日至，淤填如舊，則三五年間，前功復棄。軾方講問其策，而臨濮縣主簿蘇堅建議，亦以二河今於城外，北抵長河堰下，宜於鈐轄司前創置一閘，每遇潮上，則暫閉此閘，今龍山浙江潮水，徑從茅山河出天宗門。候潮平水清，然後開閘，則鹽橋一河過闤闠中者，永無潮水淤塞之

[一] 多時　疑爲『時多』之誤。

[二] 以下原書闕一頁，本文内容可參《范文正公集》卷九《上呂相公並呈中丞咨目》。

[三] 原書此文前半部分闕，其内容可參《東坡文集》卷三十，茲據以補入篇名。

患。而茅山河縱復淤填，乃在村落之中，雖不免開淘，而泥土有可堆積乃爲大患。潮水自茅山河至梅家橋下，始與鹽橋河相通。潮已行遠，沙泥澄墜，雖入鹽橋河，亦不淤填。茅山河既日受潮水，而鹽橋河抵低茅山河底四尺，則鹽橋河亦無涸竭之理。今湖水貫城，以入清湖河者，大小五道。皆自河而下，北出餘杭門，不復與城中運河相灌輸，此最可惜。宜於湧金門内小河中置一小堰，使暗門、湧金門所引湖水皆入法慧寺湖東溝中，南行九十一丈，則鑿爲新溝二十六丈，以東達于承天寺東之溝。又有南九十丈，復鑿爲新溝一百有七丈，以東入于猫兒橋河口，自此至新水門，以入于鹽橋，則咫尺之近矣。此河下流，則江流清水之所入。上流〔一〕……

〔宋衛涇與提舉鄭霖論水利書〕〔二〕

田者大半，無非豪右之家。旱則獨據上流沿湖之田，無所灌溉，反爲不耕之地。淳熙間，令僉書羅丈爲使者，開掘山門溜五千餘畝，由是數十年之害一旦盡除，灌溉之利亦漸以復。後間有水旱，果不爲灾。紹熙初，忽爲中天竺寺指占子宜徐丈因民詞得旨開掘事，雖施行，緣冒佃者不曾行遣，無所忌憚。今春復有頑民数輩，約從毁徹，復來禁約若碑，公然圍築。浙西多仰陂湖之利，非他處比，前後圍裏陂湖，禁戢甚嚴，且載申命，臣僚申請尤多。某昨得准東陛辞日曾論此事，或檢尋得當求教也。

宋權華亭縣黄震申嘉興府論修田塍狀

其略云：　竊見本縣管下，圍田盡在西鄉，見今尚成巨浸，未可施工，向後水退，各有田主，自係己事，不待官司監督。縱使官吏到鄉，僻村小港，何緣遍及？縱小處可監，其餘鄉圍，安得一一而監之？今歲荒歉，被害最甚，諸司重疊差官檢澇，耆保以上，迎接不暇，吏卒之擾，爲官者耳目不及，或所差不得其人，則其爲擾，朝廷又安得而知？惟有省事，即是便民。况田岸之事小，水利之事大。必欲利民，使之蒙福，則莫若講求水利。竊考本縣南北東西，各有放水之處。東以蒲滙通大海，西以大盈浦通吴淞江，南至通波塘直至極，北亦通吴淞江，此華亭所以常熟。自小人將泄水之地塞爲沙田，朝廷不知，一時聽信，安邊所得毫末，而華亭多被渰没。今若準舊開浚，則百姓自然利賴，其爲修田岸也大矣。

宋黄震代平江府回馬裕齋催泄水書

其略云：　本郡西南受荆溪以上江東数郡之水，既高而建瓴，東北自崑山之太倉連亘常熟，其勢又亢若仰盂，

〔一〕以下原書闕一頁。

〔二〕以下文字屬『宋衛涇與提舉鄭霖論水利書』，篇題據《吴中水利全書》卷十七補。

水亦反流，蓄而不泄。故近郭之田，雖茫爲一壑，而濵海之田，則枯涸自如。古人於宜興以西、金陵管下設爲伍堰，使西南水不入荆溪，而由分水、銀林、伍堰入於運河，以至大江。東北則於崑山、常熟以東之横塘設堽門、斗門，閉高地之水以溉高田，使水不得反流而趨内。若中間地卑水聚，不能以時入海，則又設爲塘浦焉。蓋吴地不時，太湖爲大。若尹山、昆承等湖，斜塘等諸瀼，黄天等諸蕩，市宅等諸村，皆蓄水深處，脉絡與太湖貫通，止籍吴淞一江通注入海。水去不速，而所籍者又在塘浦。其如元計一百三十又二，浦之闊率三二十丈，塘之高率二丈，大要使浦高於江，江高於海，水駕行高處，而吴中可以無水灾矣。國朝南渡以來，生衆益繁。伍堰既以不便木簰往來而壞，江東數郡之水盡入太湖岡門、斗門，又爲則近勤畊而壞崑山、常熟之水，反入内地。凡今所謂某家浜、某家涇者，皆古塘浦舊地。蕩無隄障，水勢散漫，與江之入海處適平，退潮之咸未幾，長湖之曾已至，往來洄洑，水去遲緩，一雨即成久浸。自景祐以來，歲歲講求，迄無成功。蓋但之泄水，而海口既高，水非塘浦不能泄。故東坡常請去吴江百塘，王覿嘗奏開海口諸浦，朝廷皆疑而不行。范文正公守吴，嘗開茜涇，亦主一時一方之利。今浦閘盡廢，而海沙壅漲，又前日之所无。惟復古塘浦，駕水歸海，可冀成功。然未可倉卒議也。若止縱人户，就近泄放，則彼此皆水。雖欲以隣田爲壑而不可得。議者多謂圍田增多，水无歸宿。然亦但見近來之弊。古者治水有方，污下皆成良田。其後隄防既壞，平陸亦成川澤。就使圍田盡去，水之未能速入于海，固自若也。爲今之策，惟有告諭田主，多發者夫工就塍岸漸露處次第修築，各於水中自爲隄障，即車水出隄障之外而耕種之。此事昨已施行，更望熱議，再賜指授。

元都水少監任仁發言開江

其略云：太湖納百川之水而注之三江，三江洩太湖之水而入於海。水既有所歸，復有所洩，雖有淫潦，無足憂矣。会二江已塞，僅有吴淞一江。然下流壅滯，及早開浚，易爲工力。若数年之後，愈久愈湮，工費倍而难爲功，此所當預爲者也。大抵治水之法，須識潮水之背順，地形之高卑，沙泥之聚散，隘口之緩急，尋源泝流，各得其當，庶不徒勢民力，虚費錢粮。昔之大非下修浚，或吝於費繁，或惑於浮議，往往始行而終輟，因循歲月，少見實效，歸附以來，缺官董治，愈見湮塞。二十餘年，水利大壞，以致蘇、湖、常、秀之田，多棄爲荒蕪之地，深可痛惜。區區管見，惟以開江、圍岸、置閘爲第一義也。

元潘應武言決放湖水

其略云：浙西地勢極下，自福山而下，有岡身以限滄溟。岡身之間有港浦一百五十餘處，太湖納三川之水，溢流而下，至吴淞江二百六十餘里抵海，又自急水港五十里下澱山湖，由港浦入海。古人開港、漊、涇、瀝之類，無非爲水去計，使民居無昏墊而土可耕種。民居常修築圍塍，官府常修浚水路，澇則車水以出，旱則車水以入，官私之利，豈不傳哉？歸附後，河港湮塞。澱山湖中有出水港，曰斜瀝，曰汊港，曰小曹港，曰大瀝口，曰小瀝口，各闊十餘丈，通潮水往來。潮退則引湖水，下大曹、大盈等浦，入青龍、蟠龍二江出海。宋法，禁人占湖爲田，爲洩水之路故也。後權勢占據爲田，雖有港漊，悉皆淺狹，潮水、湖水不相往來，東南風水回太湖，則長興、宜興、歸安、烏程、德清等處泛溢。西北風水下澱山湖，則崑山、常熟、吴江、松江等處泛溢。皆因下流不決，積水爲害之故。去年夏大水，澱山湖、太湖四畔良田，不可耕種。今年可耕者，皆自人力與天時争勝。若積水不決，圍塍坍壞，再遇淫雨，悉爲漁池。比加修治，用費既廣，民力困之，悔亦无及。愚昨隨營田司官相視水勢，及與老農講究，得澱山湖東大小曹港斜瀝等，皆走洩水之處。今爲權勢占據，卒難復舊。湖北有道褐浦、石浦、千墩浦、小瀝口四處，與江頗近，水勢順便。今若先於此四處開浚放水，以救貧民，實居安慮危久遠之計。候水稍退，然後次第開浚諸處河港，此即古人所謂下流既通，上流可導也。

元潘應武言水利便宜

其略云：浙西道自歸附，官慮哨船入境，擄掠鄉村，將河港釘在吴江。長橋係太湖衆水之咽喉，橋南龍王廟後，被築塞五十餘丈，沿塘三十六橋，實鄉村衆流之脉絡，多被釘斷，亦有築爲壩者。所以水流不疾，不能滌去淤塞，以致澱山湖東小曹、大瀝等處潮沙壅積。數十里之廣被權勢占據爲田，湖水、潮水不相往來，四年两澇，朝廷失粮数百萬石，百姓離散大半。今蒙参政相公敷奏，决放湖水入海。百姓聞風鼓舞，已有更生之望。續見諸人陳言，俱非救弊良策，切恐有誤國聽，徒費錢粮。爲今之計，以决放湖水爲急。澱山湖北道褐浦、石浦、千墩浦小瀝口四處，實湖水入江下海要處，宜先浚此，使湖水通流。然後開浚沿塘橋道，鄉村河港，謹條具事宜于後。一、澱山湖北自廟港至趙屯浦一百餘里，共有港浦一十三條，今皆淤淺。惟有道褐浦、石浦最下，取江頗近，水勢順便。耆老曰：十年前潮水往來，近方湮塞。此處宜及早修浚。一、沿塘三十六橋及葑門外至吴江七里橋、上下塘橋道俱塞，数内第四橋下水來自湖州大錢港，東入笠澤分湖白蜆江下急水港，至澱山湖，水甚洶湧。歸附後被人占據，又造橋築隄，水益淺狹。宜委官相視，仍復通放。一、舊時長橋南垙水至龍王廟側。歸附後壩塞五十餘丈，蓋房與軍居住，以致湖口狹小，水不通徹，宜委官往視，曉諭軍人移入營中，仍舊造橋相接。一、吴江長橋實三州太湖之咽喉，沿塘橋道實鄉村港河之脉絡。前宋立水軍三四千人，吴江知縣銜帶提督湖塘河渠，縣尉銜帶巡視湖塘河渠，設官田米三千餘石，名『修橋米』。歸附後，凡有橋道坍毁，水路湮塞，本縣即行支米修治。自此，浙西並无水害。今參政爲浙西生靈，陳請决放湖水入海，此百年一遇，深恐去後沿塘橋道河渠失於修濬，望以官田撥付吴江縣管隸，選委經任好人充吴江縣尹、縣尉及崑山縣尉，照前職銜，常切點視。但有圮壞湮塞，隨即修濬。如此，自然永無水患，實公私無窮之利也。

元都水庸田使麻哈馬治水方略

其略云：　浙西田土多籍太湖灌溉，所利甚大。若河港閉塞，稍遇大雨，湖水泛溢，渰没田禾，爲害不輕。吴淞江原受太湖、澱山湖諸水，近年以来，上源吴江州橋塘椿釘壩塞，流水艱澀。又沿江左右并澱山湖等處，權豪種植蘆葦，裹爲田，及河港沙灘則滋生茭蘆，阻遏水勢，致湖水無力，難滌潮沙不流於江。而北流經致河塘，由太倉出刘家港入海，并澱山湖水東南流，由太曹港歷新涇、上海浦注江達海。今有司講議論，合相其地宜，順其水性，分数派洩，庶消湖水泛溢之患。將上源吴山石塘橋洞，每處展闊一丈，使太湖水勢快便。將澱山湖迤東湮塞河道，濬令深闊，以洩湖泖之水。及將平江路崑山嘉定應而湮塞河道，亦開挑，分洩湖水，注刘家港入海。又將各處河港椿壩并圍裹成田魚簖茭蘆阻水去處，盡行起除，禁約諸人不得以前侵據阻遏水利。

元都水書史吴執中言順導水勢

其略云：　浙西水澤之藪，外高内低，勢若盤盂。但遇霖淫，水輒泛溢。欲使泄於江海，其江海日有兩潮，抑遏湖水，渾流倒注，日積月增，漸致淤澱。導之有方，則有無窮之利。古之智者，蓋未嘗不尽力乎是也。江南收附之初，年穀屢登，不聞水患。所司因循，失於經理，積而至于至元之間，三遭大水，所在膏腴悉成巨浸。後書省奏准大興工役者，開挑太湖、練湖、澱山湖等處，并通江達海河港，又加以修築圍岸。自此歲仍豐熟，所在官司宜將已開河道時常拯治，庶幾不廢前功。奈何牧民者不知大盈等浦漲塞如舊，吴淞江面淤澱愈增。幸而雨水頗調，不覩其患。儻值淫潦，爲害非輕。近蒙朝廷設都水庸田司專督其事，每年勤率百姓修築田圍，拯治河道，粗有成效。然而数年之間，事功齟齬，識者固已憂之。去年春夏，淫雨頻作，平江、松江大被水災，溝洫滿盈，田圍損壞。今都水庸田司又已革去，修濬之責，歸于有司。且吴淞江两岸漲沙，將與岸平。其中僅存江洪，比之舊時，百不及一。雖汪洋之勢見於上海，而太倉刘家港豈能盡洩諸郡之水？又丹陽縣練湖亦被權豪於湖面高處圍裹成田，侵奪衆利。浙西水鄉，農事爲重。今修圍一事，有司已有定式，澱山、練湖亦有原定界畔，必須嚴切申明，常加浚治。吴淞古江已被潮沙湮漲，役重工多，似非人力可及。其澱山舊湖，多爲豪户圍裹成田，恐亦未易除毁。即今太湖之水迂迴宛轉，多由新涇及刘家港流注于海。合無於上海、太倉等處相視可開河港，盡行開鑿，務使之用貫通流泄順便。復設撩淺人夫，專一修理，以防向後淤塞之患。斯民幸甚！

元立都水庸田司

大德二年春二月，中書省奏立浙西都水庸田使司於平江路，專一修築田圍，疏浚河道。澱山等湖已有官定界畔，諸人不得似前侵占，違者聽庸田司追断。又潮沙淤塞河港，亡宋時設撩洩軍人，專一撩洗，仰庸田司於二、八月内依時督責，如法疏浚，毋致壅遏。合用人工，可以常久通行，行省更爲從長計議，又浙西官田数多，俱係貧難下户種納。春首闕食，無田主借貸，圍岸缺壞，又自行修理，官司不爲存恤，以致逊竄。今後管民官司並不得將此等佃户差充里長，及當一切催甲等役，妨廢農務，失誤官租。如違，仰庸田司究治。又澱山、練湖諸人占湖爲田，歲納租米，另行收貯。若有合用修浚，工料從庸田司募工支用。

元立行都水監

大德八年夏五月，中書省准江浙江省咨任仁發言：吴淞江淤塞，奏立行都水監於平江路，隸中書省，及命行修平章徹里提督疏浚。繼降詔條，修省河道閘壩，合用物料，行省即於官錢内收買應付。又浙西苗糧户内起夫一萬五千名，自備什物，每名工役一年，免糧一十五石。其軍站除贍役地外，依上起科。僧、道、也里可温、答失蠻，不分常住，并權勢官員，下納官糧之家，以地五頃，著夫一名，從行都水監選委廉幹官部夫督役。其有釐立事功，廉能稱職者，行都水監具迹舉明。其著夫人户雜泛差役，權行蠲免。

元至大初督治田圍

其略云：行省以去歲灾傷，田禾不收，米價湧貴，百姓艱食。即今春首，農作將興，各處田圍，合修陂塘、岸塍、溝渠，曉諭農家，依法修治。旱則車水，澇則洩之。會集行都水監季都水講究，得修浚之際，田主出米，佃户出力，係官圍田。若貧窮不能修濬者，量其所須，官爲借貸。收成之日，抵数還官。事有成效，勸農官定擬奏聞陞賞，失誤者治罪。其抛荒水田，多因租額太重，無人承佃，勸諭當鄉富户自備工本，修築成圍。聽令本户佃種抛荒官田，止約原租初年免徵，次年准半，三年後但係民田。輸税諸人，不得争奪，俱照庸田司五年圍岸體式修築。

元泰定初開江

其略云：泰定元年，江浙行省以平江、松江通海河道壅塞，軍民侵占水面爲田，頻年水旱相仍，虧失大利，委官司本處正官踏視講議，到吴淞舊江二道、烏泥涇、大盈浦二河合挑。緣癸巳歲禁止動土，請諸工部論報，云上項河道，江浙省已嘗講議修，則官無虧粮，民可足食，难與其餘土木之工一體停罷。内是中書奏命行省左丞朶兒只班知水利，前都水少監任仁發董督常州、湖州、嘉興、吴江與本府，不分是何人户，實有納苗田一頃五十畝，差夫一名，計名四萬有奇。每名日支口糧三升，中統鈔一兩。始於是年冬十二月，次年正月訖功，仍令講究久遠，不致淤塞良法。

元至順後復開堰河

其略云： 府請于行省，以爲太湖吞吐百川之水，連接澱山湖、長泖，俱由六閘而出。每閘上闊二丈，總計一十二尺，欲洩浩蕩無窮之水，豈無滯乎？兼以隨潮啓閉，一日之間，不過數時。去歲天雨連綿，湖泖水漲，緣諸港閉塞，不能急洩，致將田苗一槩渰没。今歲又值淫雨，水復盈溢，盖因石閘啓閉有時，水勢不能直達故也。其烏泥涇閘内，舊有河徑直入浦，合趁此農隙，將舊河直道開挑，以導宿水。不然，入春雨水，田苗必復被渰，小民愈困，深係利害。未報。未幾，臬司按部府，復請而行之。次年二月開浚，凡旬有三浹，計庸工萬一千九百有奇。二、三年間，水勢流通，其患遂息。閘吏陳乞于府，開堰如初。至元四年，復水爲患，華亭尹郭也先不花又復鑿之。六年，知府楊伯野台復決潘家浜閘内舊堰直河。迄今農賴其利。

元復立都水庸田司

其略云： 至正元年，中書以江浙行省左丞欽察台言： 浙西水利，近来隄防廢弛，溝港湮塞，水失故道，民受重困。今後莫若都水監官歲一委官分治，仍令各處農事正官帶知園田署銜，責任有歸。及監察御史言，宜復立都水庸田使司，慎選諳曉水利之人，討論舊治必合開挑之處，將原額租税除豁合用工本，官爲支給，使專其任，責以成效。於是奏立使司，復於平江路説署命工部尚書秃魯、行省平章只里兀歹、南行臺與浙西廉訪司客各一員，選知水利之人，與各處農事正官結銜知渠堰事，聽受司使節制。各官既集，嘉興郡堂尚書與平章持論不合而罷。吴人陸行直者，承平章風指，上書有司，曰：『辛巳太歲，位在東南。浙間下有方位，修管動土，曆家忌之。』言達於朝，尚書知之，怒繫行直，請中書規駁論罪。報曰： 寰宇茫茫，难擬方位。由是肇工於是年冬十月，撩漉吴淞江沙泥，浚各閘舊河直道，與漕渠、張涇及風波、南俞、北俞、鹽鐵、石浦等塘。爲夫一十九萬八百，用糧四千七百石，鈔三千一百錠，各有奇，次年春二月訖功。

卷第十一　公移

國朝夏忠靖公治水始末

其略云：　永樂四年四月，上以蘇松水患爲憂，命户部尚書夏原吉特往疏治。八月，遣都察院僉都御史俞士吉賫水利集賜元吉，使講究極治之法。原吉於是上奏云。上從其言，命集民丁開浚。原吉每身先勞之，布衣徒步，晝夜經營，不遑寢食。或勸原吉少休，原吉曰：『吾自安之。』雖盛暑不張蓋，或持蓋至，原吉曰：『衆暴體赤日，吾忍獨求凉乎？』時役兵民数萬，曲盡撫恤之道，疏壅滯，修隄防，浚溝洫，水患乃息。既而有所干澤于上者，奏以水退淤肥，宜召民佃種，以益國用。文移抵原吉所，原吉歎曰：『民疲極矣，救死且不暇，况復役乎？』即馳奏曰：『車戽則徒勞民力，耕種則已失時，何益于國？』上悟，事遂寢。

工部左侍郎徐公貫相視水利曉諭

其略云：　國家財賦仰給於東南，而直隸之蘇、松、常，浙江之杭、嘉、湖六府，實居其太半。数年以来，六府屢被水灾，圍田渰没，廬舍漂溺，民既無以聊生，財賦何自而出？近者吏科給事中葉紳、巡按御史刘廷瓚各奏其地衆水入湖、入海之處堰壩港瀆年久湮塞，故一遇水潦，無從宣洩，泛濫爲灾，乞差官相視，通行修濬。事下工部，會議以爲可行，命本職前來，會同巡撫右副都御史何鑑看得前項地方連年水患，蓋因各該府縣視爲泛常，堙塞者不即疏通，坍塌者不即修築，積成今日之患。若不大爲區處，則此患終無可弭。雖興工舉事，未免勞民傷財。然成大事者不惜小費，圖遠功者不計近勞。爲此今將合行事宜開坐通行，除外，劄仰本府着落，當該官吏，即委府縣正官督同各該水利官員，各尽心所事，毋得畏難，務底成績，以圖經久。敢有違慢乖方及徇私廢事者，定行究治不恕。一仰府縣委官督，同水利官各要親曆地方，將一應河港、涇瀆等處，務要尋訪故跡。某處湮塞，某處坍塌，或漿泥壅積，或被人侵占，某處當挑濬，某處當修築，約有幾里，該用人夫若干，物料若干，先行申報，以憑區處。一仰府縣遂將地理誌書并前代治河事跡可考者，一一呈送，以憑參用。其倉庫收貯錢糧等項，亦要查出數目，先具手册申報，以憑支用。一仰府縣曉諭軍民之家，有先因水道壅塞，請佃納粮者；有因他人填塞，用價置買爲業者；有將湖泖瀆口沙漲去處霸占，栽種茭蘆，養魚覔利者；又有因而造成房屋居住者。以致水道不通，渰没田禾，皆是官司不能常加點視修治，積久成患。文書到日，許令陳首，聽其改正。如有愚頑豪横不服者，輕則拿問，重則奏請，治以重罪。一府縣有殷實之家，願出錢粮以助工役者，具各開報，以憑獎勵。

吴僉事瑞牒

其略云：巡督河道水利浙江按察司僉事吴瑞故牒：奉巡撫都察院右副都御史畢亨劄付前事，據當職呈，據蘇州府類繳吴江、嘉定、崑山三縣，勘到開江圖説前來，將吴、崑二縣各處淺狹放分河道另行外，後按視嘉定縣，將吴淞江踏勘丈量，内地各大盈浦起至艾祁浦，其深止五六尺。過東，又自蟠龍江起，至北溜浜，其深止六七尺。隨問彼處鄉民，皆言淺塞歲久，相應疏浚。今照崑山縣原開本江，自下界口起，至顧浦，止二十餘里，淺狹應疏。及大盈浦起，至北溜浜止，深亦不過五六餘尺。緣係通連太湖緊要，洩水大江潮汐淤塞，以致上源之水急不能洩，旱澇均爲民患，理該崑山、嘉定、上海三縣出夫開，開緣係起派人夫動支錢粮，未敢擅便，合行具呈等。因到院，參照呈稱勘量。過大盈浦，起至艾祁浦等處。又蟠龍江起，至北溜浜止，俱各淺狹。要起崑山、嘉定、上海三縣人夫，候冬農隙之時，擇日開挑。工程浩大，其夫給粮食用一節，合准相應擬合就行。爲此，除行蘇、淞二府各委官一員前去，將前項該挑河道再行踏量明白，候農隙之時，起倩附近得利人夫，督工開挑外，合行劄仰本職，再行催，督委官會勘明白，開報施行。蒙此牒，本府着落當該官吏，即行委官督同上海縣委官及會彼府縣委官，各帶粮耆塘長人等親詣本江，將淺狹應挑去處，丈量筭計，要見共該丈尺若干，合用人夫若干，某縣分該某處，至某處止若干丈尺，共該用夫若干，每夫日給粮米若干，期在某月某日興工，其開挑闊視兩岸舊額爲則，仍須斟酌某處頗高，某處稍卑，各該挑深丈尺若干，務要處置停當，趁農隙之時起倩相應人夫，編立總小甲名目，選平昔曾經管挑河道公勤、耆老、粮長人等，每三百餘步一名，分投管督，約日興工，併力開挑。將完之日，府縣委官，同沿岸驗看，無有淺窄處遺缺，方許開壩散工，毋得妄將未完朦朧報称先完，以致彼深此淺，徒勞工力。事發，定治以罪。

吴僉事瑞開挑吴淞江禁約

其略云：一、吴淞江淺塞處，應挑地方，西自下駕口起，東至徐公港止，通長一萬七千六十一丈，共該用夫六萬八千二百四十五名。一、崑山縣西第一段，該五千三百五十三丈七尺，用夫若干。嘉定縣中二段，并加多一千丈，共該六千三百五十三丈六尺，用夫若干。上海縣東第三段，該五千三百五十三丈七尺，用夫若干。一面闊，須用一十四丈五尺，底闊八丈五尺，深一丈二尺五寸。一、每夫一百一十一名，編立小甲一十名，總甲一名。每小甲一名，管夫十名。每十名内選動謹老實一名，着令做飯。

如有遲悮，許管人等者懲治。合用物料，俱令置（辨）〔辦〕完備，應用一人夫宿歇做飯，須得處所如傍近有人家房屋方便者，令其借宿做飯。若人家住遠，許每一小甲共搭窩鋪一大間，衆人宿歇，傍作小舍，安頓鍋竈，務要墊土高厚，用防卑褐。合用器皿，令各夫𨱔（辨）〔辦〕，一令人量計，每三百餘步完爲一工，選素熟管挑河道，或耆老，或粮塘長一名分管，每九百步内，仍選義官或耆民一人，總管三人。撥與在官甲首一名隨從，令其時常往來，點閘責治。一、人夫数多，中間或有奸詐愚頑，棄工在逃，仰各縣置枷数面，送本府，委官收掌。如遇在逃人墮悮工程，即行拿前來決，責四十枷，號三日疎放，罰補原工。府官仍將管工、總小甲并該管粮里通查，照依定則責治。中間若有受財賣放者，依律問罪。一、人夫做工，多係鄉民，不知調理。儒生疾癘，必悮工程，須用醫生，方保無虞。各縣惟選老成醫士十數人，令訓秆管領。無醫官者，縣官親自管领，各令將帶藥餌。若有上工人等一時感冒疾病，即便對症用藥調治。一、各縣照依分定地方選平日熟於伏水之人，令其依法打量。某處起至某處，其深若干，可挑若干尺寸。某處起至某處，其淺若干，可挑若干尺寸。就立木牌，明書其上。令小甲各用一十四丈五寸長繩一條，隔河两岸，釘樁拴住，使管工并人工視此爲則。一、所挑泥土，俱令於岸傍量留一丈二尺空地，外邊堆積，以便往来巡看，亦免日後雨水流滯河内。一、各管工人役，每五日旱一次，將所管挑過深闊丈尺呈報府縣，先查功程多寡，府官就行通類手本開報，以凴勸懲。一、功完之日，府縣委官，沿岸逐一驗看。通長一樣深闊，無有淺狹遺缺。就具不致扶同結狀開報，方許開壩散工。若或通同作弊，查出，定治以罪。

伍僉事性禁約公文

其略云：當職往來於嘉、湖、杭、蘇、松、常、鎮七府，所屬地方提督治農，并管屯官挑濬河道，修築圩岸。奈何地方人民往往爲淫役不均，差科不法。兼以去年旱傷无收，當職按臨去處，告開河者不下数百，餘人只得准行整理。工少者令該都自行挑濬，工多者令槩縣僇力併工。其間奸懶惡家、无狀之民，不服差遣，輙赴當道處告訴，多方阻遏。殊不知民食不足，由乎水利之不興。水利之不興，由河港之淤塞。今開河道，所以興水利以足民食。目今農務將興，已往者不必追究。仰各府并行屬縣省諭治農官員，并耆老人等，各盡職掌，毋爲浮言動摇，庶使水利可興，民食可足。不然，惟有叅提問罪而已。

蘇州府學教授林智奉都憲牟公委巡水道呈文

其略云：蘇州地形卑下，其西南有太湖，上受杭、嘉、湖、天目諸山之水，下流吴淞江、刘家港等處，東至于海。又一派由白茆、福山等港北洩於（洋）〔揚〕子江。前代設撩淺夫，專爲導河築堤，以防水患。近年以来，白茆、福山、許浦、七塘等處，潮泥湧淺，久不疏浚。及被豪右將尤涇口攔作斜堰，向東有新村，下射去處汊港湮塞，又被直塘人家占出半河。其陽城湖東河港，叉港，壩断，以致上流不通，稍遇霪雨，水無分洩，田盡渰没。爲今之計，莫若委官親詣許浦、白茆、七塘等處，相度起夫，挑開深闊。及將斜堰、尤涇口并新村、直塘、陽城湖壩斷等處，照舊開通，分殺水勢。今浦河水道舊迹，尚有存者，可令尋究開決，亦疏通水患之一助也。又於河浦去處，仍舊設撩淺夫，時常開浚，免其差役。冬月遣官巡視遇淺即浚。如此，則水有所洩，庶不爲患。不然，縱修圍岸，隨修隨壞，徒費無益矣。

長洲儒士趙同魯上巡撫尚書王公書

其略云：吾蘇昔在《禹貢》揚州之域，繇漢歷唐，其賦皆輕。宋元豐間，苗爲斛者，止三十四萬九千有奇。元雖互有增損，亦不相遠。我朝止增崇明一邑耳，其賦加至二百六十二萬五千九百三十五石。地非加闢於前，穀非倍收於昔也。特以國初籍入僞吴義兵頭目之田，及撥賜功臣，與夫豪强兼并没入者，悉依租科税。故官田有每石九斗、八斗、七斗之額，此吴民世受其患也。洪武間，例多近運，故耗輕易舉。至永樂中建都北京，漕運轉輸，始加其耗。由是民不湛命，逋負死亡，動億萬計。宣德中，詔減官田三分之税。時格於國用不足之議，前守况侯，抗章上請，得遵優旨，其減税粮凡七十二萬餘石。又獲巡抚周文襄公存恤惠養二十餘年，歲豊人和。自後水旱相仍，加以漕運虧折，陪賍不旹，民復困瘁。然使節臨吴，見其習俗之侈靡，財用之充斥，人物之旁務，孰不以爲庶矣富矣。殊不知此皆商賈之雲集，其盡力南畝之人，處乎窮鄉僻壤，頽簷矮屋，啼飢而號寒者，皆吾蘇務本之民也。且田之負郭者，悉皆高阜麰麥，稼穡芃芃，其盛孰不以爲膏腴之壤乎？殊不知沿江傍湖，圍分積水，不耕不獲，而小民破家鬻子，歲償官税者，皆吾蘇重額之田，此吾民積久之患也。至於今年，自春徂夏，大旱千里。六月以來，陰寒爲沴，禾皆稿死。復生螟螣，所食之處，靡有孑遺。逮七八月，以及九月，狂風怪雨，拔木發屋。田禾之高者風秕，低者腐爛，全無獲者，又過半焉。此吾民今日之切患也。伏惟明公垂大造之思，槩減税額，以活東南一方之民，幸甚幸甚！

姚主事文灝水利事宜

其略云：本職節該欽奉勑諭，專一往來蘇、松、常、鎮及浙江杭、嘉、湖七府，并蘇州、鎮江等處衛所，地方提督各該官員修理湖塘，疏通河道，開浚溝渠，及一應圩岸未經修築者，及時修築。各處閘埧，未尽修理者，隨宜修理。合用木石等料，於各該田多有力之家從公勸諭。或別爲措置人夫，於所在附近軍衛有司相兼起用，仍須督役以時，調度有法，使蓄洩有備，旱澇無虞，以爲地方經久之計。洩之无方，尚賴所屬同心協力。所有合用事宜，仰各遵守施行。一、不論低田、高田，俱以十分爲率。低田以一分爲隄岸，高田以一分爲溝池，則餘九分可以永無旱澇。其五等圩岸，田低於水者，底闊一丈五尺；田與水平者，底闊一丈四尺；田高於水一尺者，底闊一丈二尺；田高於水二尺者，底闊一尺；田高於水三尺者，底闊九尺，面闊比底各減半高，亦以水爲準。外面各離水八尺。一、各圖圩岸，俱着排年分管。若本圖原有十圩，則每甲一圩。若不及十圩，則將大圩分畴之。若十圩以上，則并小圩兼管之。分管既定，然後立封牌爲誌。一、封牌以石爲之，長五尺，闊四方，各一尺五寸，皆竪於圩南。上二尺五寸，四面刻字，前云其字圩，後云其縣幾都圖幾甲排年某人，左云官民田若干，右云糧若干。下二尺五寸，培而築之。一、應修圩岸，該管排年，量田高下，照依五等岸式，督率圩户，各就田所修築。假如田頭闊五丈者，即修岸五丈。闊十丈者，即修岸十丈。或有貧难并逃絶人户，田頭及溝頭岸則衆共修築。其圩心田户，若有徑塍者，自修徑塍。無徑塍者，與衆同修。逃户及溝頭岸，排年則管修一圖圩岸，粮耆則管修一區圩岸，各縣治農官則提督一縣，各府治農官則提督一府。若一圖圩岸不修，罪坐排年。一區圩岸不修，罪坐糧耆。等而上之。一縣一府，責各有歸。或不論田頭闊狹，但論有田多寡，照田出人，照人分岸，一總修築，亦可一高鄉溝渠粮耆同里老相勘本區，該開河渠幾處，某渠爲急，某渠次之，依次併工開浚。工程小者，或今年開幾渠，明年開幾渠。工程大者，或今年開半段，明年開半段。一二年之後，無不通之渠矣。一、低鄉有等大圩，一遇雨水，茫然無收。該管人員務要督率圩户於其中，多作逕塍，分爲小圩。大約頻湇去處，一圩不過三百畝。間湇去處，一圩不過五百畝。如此，則人力易齊，水潦易去。一、取土修圩，所毀田畝，衆共簽泥填補。若不可補，議將田那補。其毀田之家有本在本圩多者，亦不必補。一、圩田外有等坦田，往之被灾而不敢作灾。今後俱要築爲圩岸，所補田畝，一體那補。其低圩岸内，再幫子岸一條，高及一半，如階級之狀。一、圩岸上俱要砌内外車場，高低水洞，不得因車水放水，輒便掘岸。一边臨湖蕩圩岸外，須種茭蘆以禦風浪。其狹河宣洩去處，却不許一槩侵種，以遏水勢。一、高鄉田畝去水頗遠，無從車灌者，令田户於田内開塘，蓄水備旱。或滲漏不蓄水者，於他處挑取黏土，和灰築底，自然蓄水。一、近山高田，無水車灌者，令得利人户於山拗田尾共買地開岸，以收蓄泉源及雨水，亦可備旱。一、開河修圩，其間有工役重大，非糧耆所能獨管者。須委有才幹義官，或本地有行止得業之人，相兼管督。一、高鄉河港，臨水二三丈間，不許人耕種，以致浮土。下河止許栽桑棗等項。一、凡緊要洩水河内，但係古人建造木橋，宣洩快便，不得輒造石橋，遏束水勢。一、軍衛屯田坐落應修圩内及應開河道，俱照民家協同修濬，不許坐視，管屯官一體及時提督。一、所屬七府，人才淵藪，豈無懷抱嘉謀？可以興修水利，裨益農田者，有司宜用心推訪。

杭州府修復西湖呈文

其略云：據仁和、錢塘二縣申称，本府西湖周三十餘里，用藉蓄水溉田。以西湖北上塘之田，則西湖高數尺。以上塘比下塘之河，則上塘高數尺。水少而旱，則泄湖水以溉田；水多而潦，則泄田水以入河。故瀕河千頃之田，歲無潦乾之患。自宋至今，被隣湖之民占爲田蕩，湖面日狹。瀕河田土，一遭水旱，灌溉难資。又況運河乾涸，舟楫不通，合城内外，軍民米負柴擔，脚價騰湧。乞爲查考舊額及今各人填塞田畝，揑收税粮一二分豁開復便益等因。到府，考之郡志，西湖自宋至今，並苦湮廢。但宋之湮廢，止緣葑田之充塞。今之湮廢，則由勢家之侵占。葑田之害易爲開除。勢家之侵難爲禁治。蓋其方圖占買，則詭收册税以自堅。及聞開通，則扇摇浮議以相阻。此前代之開湖所以易於成功，而今日之濬湖所以难底績。及查得成化間鎮守太監李義、巡撫都御史刘敷各因本府申呈委官查理力圖浚復，劉敷調巡湖廣前事遂寢。後巡按御史吴元甫奏行工部，轉行布政司劄，仰本府依原擬，如法開浚。事功未就而文案具存。竊惟西湖興廢，事関地方，但湮塞既久，人樂因循。一旦舉行浮議横出。是不知欲成大功，難惜小費，而今之民業，即古之官湖。民侵於官以肥其家，固以干紀。官取於民以復其舊，豈謂厲民？況上塘萬頃之田，俱仰西湖十畝之水。水既湮塞，田盡荒蕪，利歸於数十家，害貽於千萬户。輕重利害，較然著明。如蒙准呈，乞爲申奏，選委官員，踏勘丈量，將官民侵占田蕩并葑田、洲阜，尽行開浚，以復舊額。如有權豪不服，或扇摇浮議，故行阻碍，致誤事機，悉聽察院緝拏，從重究治，痛除積久之害，聿成修復之功。下有利於生民，上有裨於國賦，不勝幸甚。

杭州府議浚西湖事宜

其略云：本府通判朱麟勘報湖面量該三十餘里，被占湖地計該三千八百餘畝，揑報税糧查該九百三十餘石。本職考之，西湖舊只是葑草湮塞，今則爲人所侵，積土爲田，築塍爲蕩，開闢浚治。比之葑草，功加数倍。竊議約以一百五十二日爲期，每日合用人夫七千名，每名一日合用工銀二分七厘，共該銀二万八千七百二十八兩。本府官庫止有節省水馬夫銀二万五千兩，無碍查得紹興府先築海塘，借去本府官銀五千兩。今照嘉興府見有空閒海塘餘銀二萬兩。此照前例，亦合借用。其湖田揑報税糧，近蒙察院清理錢粮，仁和、錢塘等九縣，增出未報粮米九百七十石。以彼補此，尚有餘剩。但事出因循，人懷封殖，一旦開毀，情或不堪。今查得崇善、崇興、禪智等廢寺，并銅錢局，共有腴田一萬餘畝，多被附近豪民占管。今議隨寺大小，量留百畝，以奉香火。其餘田畝，逐一清查，撥與應開湖田人户，就令管業量免本年差徭，本府仍給印信、帖文，有照東湖。惟是淤泥填塞，合雇隣湖民衆三百餘隻，并本府短遞便民船十隻，裝送錢塘門外昭慶寺，并孤山等處□地堆積，聽令民取蔭田。西湖田蕩浮上尤多，看得舊堤日漸卑下，合取近堤之土增築其上。其湖西隣山一帶，舊因未有封疆，以致頑民侵占。今將田蕩塍土搬運其下，更築一堤，周遭環議，永爲界限，以杜重侵。及慮堤岸既成，山水無路疏泄，仍爲造橋六座，以通水勢。惟錢粮出納，最爲重事。合送本府枰對明白，封送水利道驗。發仁和、錢塘二縣掌印官眼同管，工官各拘夫役，點名給散，其畚揷器具，並令傭夫自辦。如此，竊謂事頗周悉，人亦協順，水功之成，可以計月，而當道憫念地方之意，亦少副矣。

高僉事江議復西湖

其略云：看得杭州府所議，顧倩夫價項補田粮搬運泥土，增高舊堤，及更築一堤以爲界限，再造六橋以泄山水，俱頗周悉，合依所擬。但欲那借嘉興府海塘銀兩，緣前銀係備急切不虞之用，及訪得杭州府水馬夫銀兩數多，合無先儘夫銀用盡不敷，再爲議處。其人夫八千名，計工六箇月，亦恐人少工長，日久易懈。且傭價既備，赴役自多，合量添募人力，計地分工，行取九縣能幹官員，前來管理。本府水利官，專一在彼，提調掌印官，往來督視，併工合作，期在速成。及查各户占佃湖地，中間果係陞科日久，已成世業，或用價買者，聽將前項廢寺及銅錢局田地，從公撥還。若係近日私自侵占，不許一槩汎給，及照占湖人户見在室廬園池與一應浮土之利，折卸搬移，亦难卒辦。仍須出給告示曉諭，務在正月之內，各自遷改完備，於二月初二日興工。如有延捱遲悞，即係强梗頑民，就便拿問。如此，則工程易就，民利用興，公法既盡，而人情亦無不順。其招募人夫，必須編成排甲，定撥管工人員，設立稽考簿籍，并將工價作何分給，毋致侵欺作弊。勒限三箇月内完報，及行該縣將下塘民舡，盡數報官，挨定日期，每船借倩二日，或三日，同本府便民船隻搬載泥、土，一面出給告示，於瀕河去處及府縣門首，曉諭占湖人户，使知西湖倏復有無窮之利，毋得倡爲浮議，阻撓事機，自取罪譴。其見占有室廬園池，與一應浮土之利，可以迁改者，俱限正月以裹折卸搬移，如有延捱遲悞，即係强梗之民，聽從府縣官拿問如律。再有恃頑抗法，即便挐解本道，從重發遣。承委官員，尤須秉公效勞，毋得依違顧忌，及先勤後懈，取罪不便。

杭州府修復西湖工完關文

其略云： 本職奉上司明文，選委知縣毛忠、余經等，雇募夫役，將六橋以西，并湖東長橋灣等處，次第開浚，計工六个月，合用人夫八千名，每名一日計工銀二分四厘，通該銀三萬四千五百六十兩。 續據余經呈称： 西湖地面高阜者土硬，低窪者泥深，挑浚工役辛苦，呈要每工量加工食銀三厘。 鎮巡衙門并本道准擬，通計加增挑濬去後今查用過工該一百五十二日，每日用夫七千名，該銀二萬八千七百二十八兩，中間除計扣，實給過銀二萬三千六百七兩。 收買椿木、青竹及人户拆卸房屋、搬移工食等項銀一百五十八兩，二項通支過銀二萬三千七百六十五兩，俱係本府節省水馬銀內，先將七千兩開送水利道查驗封發。 仁和等縣人銀一萬六千六百七兩，後因本道出巡，各夫告要工食，本府徑發該縣，俱係知縣金賢等同各該管工官員眼同給散，夫役前後開過被占田蕩三十四頃八十一畝，兑給過崇興等寺并銅錢局田地九百三十七畝，內有不願給田者，行仁錢二縣委官通查，領買寺田人户，量其田地價值徑自追給，過銀二千四百四十九兩，開除田蕩税糧九百三石九斗八升，俱將近日清理。 各縣禾報粮長照數填補。 其湖東泥土葑草，俱令搬頓六橋蘇堤之上。 湖西泥土，搬頓西山涯岸，築成外堤，以爲界限，使人永遠不得再圖侵占。 自本年二月初二日興工，至六月初十日酷熱暫停，仍於八月十九日上工，至九月十二日止工。 功程完備，委官夫役俱各散遣去訖。

方知縣豪上都憲俞公書

其略云： 近者奉府檄，領公命，往相昆承、陽城二湖。 今於昆承十日湖之梗槩，粗得之矣。 試爲公言之： 湖在常熟東南五里，亦名昆湖，竊意『承』當作『城』，陽城、巴城皆此城字，可以例也，後人訛城爲承，故有二湖之説爾。 豪初至湖上，遍詢故老，咸云自鮎魚口以西，皆湖故址。 湖去鮎魚口遠，似不可信。 因思郡縣二志，皆云湖縱横各十八里，乃用二小舟，以百步繩互牽之。 自南至北，得步五千四百有奇。 古称三百步爲里，五千四百步爲里十八，所謂縱十八里者是已。 然後自西至東，如其法，儘其數，樹木以表識之。 東有黄涇，去所表木不及二百六十步。 閲其東岸，甚老而古。 意湖之故址在是也。 登岸瞻眺，見一父老，問之曰： 『岸之西即田耶？』曰： 『儂生来第見此岸，岸西皆茭蕩，非田也。』鄙見遂決。 蓋人之利於湖也，始則植茭蘆以引沙土，而享茭蘆之利。 久而沙土漸積，乃以之爲田，而享稼穡之利。 故湖之東爲田者，舊漲也。 田之外爲蕩者，新漲也。 先度其新漲之蕩，得五千畝有奇。 後度其舊漲之田，得九千畝有奇。 其度新漲也，孰弗譊之，然曰吾於某年報賦者也，吾得之於某人且收賦者也。 豪廉其曰報賦者，以它賦影射之也。 其曰須之於某人且收賦者，其人以他賦影射之，欲其得之甘而且有以分其重賦也。衆咸賦曰：某有罪，某有罪，實新漲，未常賦也，今不敢欺天。及其度舊漲也，則據各區所呈之賦而行之。得於賦外者，則曰遺漏，凡九百畝有奇。其所謂已賦者，未可信也。閲之于縣，縣弗答也。問之於人，人不知也。籍之于册，册無據也。乃索其中有田者青由〔一〕……

方豪勘視陽城湖復治水都御史俞諫揭〔二〕

……畢，即之陽湖，適母病告劇，不得已而歸。三月以來，病母稍瘥，乃暫釋縣事，由官續入周旋量度，凡十八日殆遍。雖有圖册，恐弗能詳，復准舊爲書以獻，願公覽焉。夫吴之諸湖，自太湖以下，陽城爲大，大則吐納之功多，而疏浚之所宜先者也。湖雖一而實分爲三，自横涇以西，蓮花朶以東，夷亭以北，陽城村以南，界于崑山、長洲之間者爲東湖。東蓮花朶陽城村，西有石獅涇、承天莊者，爲中湖。官瀆在其南，相城在其北，承天莊在其東，邢店港在其西者，爲西湖。中湖爲大，而東湖次之，西湖又次之。人言湖廣七十里，以豪計之，始不止此。東湖通于中湖，其最要者，則蓮花、陽城之間。次則孫墓、白龍庵之間，又次則蓮花朶、下營田之間。今唯蓮花朶、陽城村之間故道猶在，餘皆漲爲田蕩，凡五頃有奇，而漸成平陸矣。中湖通於西湖，其最要者，則南埈茆塔之間。今漲爲田蕩者，幾二頃而亦成平陸矣。西湖通中湖之水，唯官瀆最大。今則瀆口亦有阻矣。東湖去官塘止四五里，其相通非一涇也。近塘者雖通而近湖者不多塞矣。其它沿湖之漲，固皆足以爲碍，而東湖玄珠村之北，漲幾五頃。西湖陸墓塘之南，漲幾三頃。又其碍之大者也。據豪愚見，當先開孫墓、白龍庵之間，蓮花朶、下營田之間，南埈、茆塔之間，使三湖各自相通。次開官瀆口及官塘諸涇，使諸水與湖相通。次開玄珠村、陸墓塘之大漲，次開沿湖之小漲，以其土加岸，使岸益高。而又年設管潮之役，俾其不時巡邏，以防再侵。而又月遣水利之官，俾其躬自踏勘，以防虚應。庶乎水有吐納之地，民無旱潦之憂。上裨國賦，下足民食，而公之功名當與湖而俱永矣。

朱郎中衮水利興革事宜

其略云：裕民足國，莫先於務農。禦災捍患，在急于治水。矧江澤之地，實財賦之區。往者朝廷念旱澇相仍，由隄防久廢，特降璽書，復設部署，付以列郡。又恐軍衛有司抗違悞事，特授參拿之權。聞權豪勢要侵占阻壞，尤嚴鋤治之法。自惟庸愚，仰服明訓，雖節有督諭，恐未通知。今續得見聞，合併申示。朝廷於圩岸、陂塘、橋梁、

〔一〕以下原書闕一頁。
〔二〕此文前半部分闕，可參《吴中水利全書》卷十五，兹據以補入篇名。

路道，俱仰府州縣官常川勸諭於江南，又各設治農官以佐理之。但昧於治體者，正官或忽而不理，該職又棄而之它。甚有索取常例，啓塘圩之科害；濫受詞狀，縱胥吏之吹求。下鄉督役，則民畏其擾。入境問農，則事仍久廢。似此治農，適以病農。仰各砥礪興修，毋怠職業。一、每區都選有行止者爲塘長，以圖圩之田多者爲圖長，圩甲俱聽塘長調度有等。營充之人，或指饋送農官，科歛圖圩。或假開河築塘，賣索夫役。又有市民冒充，全不下鄉勸率，止令佃僕應官。其諸粮老，雖曾督責，慢不協理。仰各奉公守法，勤緊興修，待候巡歷，訪驗賞罰。一、吳田下下，使無高圩，旱澇何備？近年水利漸湮，雲潦難洩，財賦虧額，軍國失仰，良由政弛而農墮耳。仰治農官遇農少隙，隨即與修，論田出夫，分段堅築。其圩大頻澇者，多添徑塍，或分作三四五圩，田低久滂者，中開十字港，或二十字、三十字形内外俱窪，四面開溝，所取之土，就便築岸，廢田之税，攤派本圩。所損少而利澤長，此實養民之要務也。一、築圩先量本圩周圍若干丈，堅固若干丈，坍壞若干丈。圩内每田十畝，或二十畝，出夫一名。數少者、朋力孤貧者，量免。各主分段，立界插標。大段面闊六尺，脚闊倍之。如宜高厚，相地加增，或車港取泥，或高鄉運土，從便填築。田多之家，派出樁笆，或用板坊夾築，築畢，復移築其餘，務令杵舂堅實。圩心若修徑塍圩岸，田頭自築修完，仍禁牛馬踐踏。一、各屬有應開河道，或奏告而未勘，或報而未行，或開挑未完而停工，或案候再議而未處者，官吏喜於無事，下人憚于輪勞，遂多停閣不舉。仰各治農管屯官備查應開河道，每處深通若干丈，淺塞若干丈，某處應先，某處應後，合用人夫若干，或起得利人夫，或合派十年里甲明白開具，以憑施行。一、開河工程近小者，照舊得利之人出力。若係重大，或於圍起夫，或計畝徵粮，或軍民協力。興工之時，每塘長一名總領若干夫該開若干丈，每夫分定幾尺，用竹板標插夫各，每塘長幾名，委一屬官或義耆分投監督，各立旗號，以齊作息。各照面底深闊置竿，時常較量，修岸栽樹，仍禁種荳麥，以致浮土淋河。一、看得吳田，大約高者七分病澇，低者三分病旱。故每忽於高田，以致拋荒陪粮。古人或築壩堰而蓄水貫通，或置陟閘而隨潮啓閉。離水遠者，復開溝渠，所以防亢旱而利灌溉。今皆久廢，仰各治農管屯官相度某處，應復舊績。或即估價興修某處應增新塘，或令廢田開掘，在民者從宜督率，係官者開報詳處。一、各處港浦涇瀆等縱横聯絡，通洩江湖。有或假護岸而遍種茭蘆，成圖魚利而張釘簾箔，久成淤塞。告佃起科，又有起造大樣舡坊填築出河剥岸，有未改正，即便起掘拆除。果係瀕連泖蕩，堤圩頻坍去處，方許栽種茭蒲。其一切堤岸，每丈栽榆柳桑柘一株，俱要大幹深培。未種者，冬月補栽。一、城市河道，本自淺狹，居民日將糞土傾撒在河，又造跨河橋棚。或出岸水閣，致阻絶舟航，壅塞水脉。該坊里老、總甲歲取常例，不行至舉。除將蘇州城河差官拆卸外，仰各軍衛有司即便省論犯者，一一改正，其諸淺溢去處水涸，排門撈洗淤泥，暫堆兩岸，河通用船運出。一、各處橋梁多有坍損。漕河要路，固宜急修，鄉村渡頭，亦不可緩。仰經該官各查境内橋梁，幾處應該重建，幾處應該修葺，從實勘報。或委耆民勸募，或於官府措置，俱要作急修完。其洩水要道密樁防盗者，即爲起除。至於浮橋擺渡，隨敝修理，乃見惠濟。一、蘇、松、常、鎮舊徵有導河夫價，并茭蘆銀，專備募夫開河。衙門裁革之後，價亦停止。原貯庫者，盡那别用。其嘉興各縣海塘夫銀，多被下人侵欺拖欠。除將犯人紙米并原存之數令各半年填簿，倒換查考外，仰各屬正官清查那移應還者。原欠本項，追補侵欠。應追者嚴限各主併完，并各佐貳官，但有事干水利，詞訟贓罰，俱要附入簿内，不許輕擅支動。其先年有被各役領銀，在外脩理未完，開報埋没者，許諸人出首。一、查得卷内先年首告侵占，阻塞官河浜漊，及圍裁湖蕩等項，多已批發各屬開報。或本衙門親理，應該拆卸入官改正者，俱經仰照擬施行。中間有罪已決贖，而奸弊仍舊，人未發落而文案揑完，近多事發查連，官吏一體重治外，仰各該官吏不拘新舊事件，一一追究下落。責取委押人員，重甘結狀回報。一、各處馬頭，有人營充埠頭招集船隻雙幫灣泊阻碍河道。遇有客商雇舡，主張雇價多取入己。或因官府討舡，又不挨次得財即放。況官府討舡，或非尽因公務。仰各屬今後選有行止者充埠頭，聽令客商平價雇船，不許聚幫取利。仍將各舡輪差給與，鈐簿填数。官若用舡，如行百里，與米五升，以充口食，不許科貼。一、各處河道被竹木，商人多募兇惡水手，聯簰横撑。或依牙家門首攤泊聚賣攔阻運河，致碍舡隻不能两過。仰各屬巡捕官督令地方，總小甲人等，曉諭客商。如仍舊故違，及地方乘機詐財容隱者，事發，一體治罪。一、漕河一帶，驛遞應付使客，先年巡河衙門題有禁例。今後如有違法人員爲害河道者，仰指實申来，小則拿治，重則參奏。一、各處閘壩巡司税課等衙門，遇舡一到，或督夫挨次車放，或照例盤抽批驗，隨即放行。其官吏夫牌人等，敢有詐取客商貨物，多方停阻，以致怨流河道者，訪出，官吏挐治贓罪，積年查例問發。一、各處河港，多有死屍暴露川流，烏鳶争食，傷和召沴，未必非此。仰各地方如遇有此，即時撈起。近城郭者，官爲措置棺木，收附義塚。在鄉落者，勸令附近大户，或棺或席，葬在荒丘。務要深埋，以防犬侵。一、長安市鎮多有軍人興販私鹽，賣與過往船户。稍不承領，逞兇歐害。其丹陽、武進交界，埠頭大户，每遇販牛客商，因禁踐踏塘岸盡行兆回，不容各舡分攬。仰巡捕，巡司嚴加究治。一、各處衛所官軍，前來蘇、湖等府，地方交兑粮米有等。强横旗甲，不問民舡有無貨物，槩行拿捉。或使載粮，久不交卸。已通行禁約，但照錢粮交兑，原有剥船加耗，自宜两平。雇覔今後敢有似前致妨粮運者，許被害之人指實陳告。一、南北河道中有茭蘆叢生去處，網舡成群，曉散夜聚，遇船行刧，無從挨拏。除行屬編號給牌釘稍嚴禁外。今後若有未盡編給者，仰即時盡数編給，使舡各釘牌盜。或难容各河泊所，尤要嚴加約束。一、水利文册，每遇年終，各屬報到，興修事績，類造奏繳，訪得各屬官吏間有全不調度而妄報興修，或本無事績而捏虛搪塞，據此進呈欺上之罪，誰其任之。今後經該官吏各要，看實舉行，年終覈實造報，毋再輕犯，自招罪愆。

朱郎中衮禁處海塘奸弊告示

其略云：看得海鹽縣城東南一帶海塘，日被洪潮衝齧，歲潰各縣修理。今該縣官吏只守派分丈尺，而餘盡諉之他人，附塘居民歲用修葺之利，而不思自保田廬，大坍小缺，任其自壞。既不早爲關白，又不及時完修，故新塘之工未畢，舊塘之壞已継，前工之價未償，後修之料復估。歲耗錢粮，展轉欺飾，蓋非一朝一夕之故矣。本部巡歷因事究弊，若不立法禁處，何以防患將來？仰該府嚴督各縣掌印水利官，將原派海塘見今坍壞去處，責令原經包工人役緊限修築完固。自正德十三年爲始，除嘉興、秀水、崇德、桐鄉、嘉善五縣，毋歲塘夫照舊徵銀，解府貯庫。遇塘木坍，支買樁石，顧倩人夫支用，不許別項動支。其海鹽夫價一千两，不必徵銀。每年編夫五百名，每名定銀二兩，聽令近塘居民承募給帖。每千名爲一甲，每十甲爲一總，不分本縣、各縣塘界，盡數均派。每甲地界立木標名，令各有守。凡遇大汛風潮，侵損塘基，初易爲力，取土填補。若遇坍壞深闊，工多力寡，□築各總人夫併力協濟，俱要杵築堅固。鎚驗虛實，不許似前虛應故事。該縣水利官每五日一次巡視，毋容廢缺。每歲農隙，不分有壞、無壞，督令槩塘加土一層。如有塘脚虛斜，沓石將崩，即便早爲申稟，委官覆驗，應該重修，就便估計，申詳支銀發縣，買料興工。府官提督，合用粗大松樁長八尺，圍二尺者，離沙就上，深釘密排，然後用六尺長石，闊尺八，厚尺五，四面方正，橫直閒沓，以次漸縮，狀如階級，亂石填內，共高三丈。塘面一層，鐵錠相啣，所用樁石，召商運納，驗中給價。其沿塘一帶原設墩臺，分軍備委。舊多盜石決塘，今應照地協守。若有坍壞，亦要助力。仍行該衛備倭官互相巡督，毋得坐視縱奸。其平湖相近乍浦，海塘亦照此規，於原編銀内以三百两派夫一百五十名，許令承募分管。餘銀七百两，徵收縣庫，庶幾事無推托，官有責成，禦患成經久之規，用財免浪費之弊矣。

卷第十二　公移

巡撫工部尚書兼副都御史李公劄付應天等府州并杭嘉湖

其略云：各該治農官員，各宜恪守職業，及時勸課農桑，修築圩圍，防固隄岸，不許管求别項，差占需索。塘長年例銀兩科，害圍田河夫。人户各該掌印官先將各治農水利官員開具揭帖，填注賢否實跡，差人送部，再行查訪，以定去留。各府知府仍□總添註賢否，手册送部稽考。其每年崩塌圩岸壩閘等項，備□各該掌印治農官員親詣踏勘，應該修濬挑築者，不必拘泥秋冬，但係農隙，即便隨宜區畫停當，督令糧塘圩甲人等各自爲足食之計，照田多寡出力分工□以修築挑濬。其治農官不待往來督理務臻實效，毋得怠忽。候工完之日，備造文册呈遞，以憑覈實，量行勸懲。各府掌印官仍將所屬有能興舉水利民□實惠應該旌舉人員，指名據實，申來舉薦。如或工程浩大，所費不貲，逐一議擬明白，呈來定奪。

巡撫工部尚書兼副都御史李公興修水利告示

其略云：委官赴工力役軍民人等，俱宜上緊齊心，協力催儹。工程各照分定，地方開濬，早收成功。但恐法〔行〕[一]弊生，奸人梗化〔阻滯〕[二]大工，今將合行事宜出給告示，曉諭通知。一、仰各處水利委官及管工人員，俱各自辦蘆蓆舡、蓬草扇，用心盖造。夫厰務期堅厚，足備風雨。仍措處稻草鋪墊，以便宿歇。安設鍋竈，使人不致凍餒。一、挑運上泥，務離河岸遠去三十丈之外。若地方原有堤埂低窪去處，許於堤外安頓，挨次平鋪，毋致堆積成崗，致雨水淋洗，入河日久，仍復淤塞。一、管工官開挑深闊，俱要遵照郎中原定丈數，先挑河心一帶，禦防雨水，以便疏泄其兩傍。以原舊水平取則開濬，不許短狹淺少尺寸。一、千長人等，務要常在工頭，催督工程。但有放肆遊蕩，飲酒賭博，妨娛職業者，許巡視官訪拏，送院重治。在逃人夫徑行該管官司提解枷號示衆，仍追工食銀錢還官。每逃一名，罰本户人夫二名，解赴工頭着役。一、各處解運粮錢柴米等項，俱要告報本院及欽差官處，轉發各委官監收支放，不許留難，致生奸弊。其間如有無知小人，抵換冒濫，花銷尅落，許被害之人指實陳告。一但有

〔一〕行　原無，據《吴中水利全書》卷十五補。
〔二〕阻滯　原爲空格，據上書同卷補。

勤幹人員奉公守法，僨併工程，撫來人役，久皆得所樂於効力者，重加犒賞，案候采訪，另行旌奬，擢舉擢用。其恣肆科擾，怠職悮事者，定行查究重治。

顔郎中如環治水事宜

其略云： 當職欽奉勑諭，先該都御史許廷光、都給事中吴巖各奉要添設大臣，專管江南水利，且命總理糧儲，兼巡撫應天等府。地方工部尚書兼都察院左副都御史李不妨原務兼理前事。近該李奏要添設官屬，協修水利。巡按御史馬禄亦奏要添設官員，專一管理。准該部覆議添設郎中二員，已經通行去後。切惟東南財賦當天下之半，水利實爲政之先。往者疏濬有法，旱澇無虞。後水利衙門革復無常，政令不一，以致水道湮塞，灾害頻仍。近該言官論列工部尚書總理其事，復增置部署，假以事權。蓋欲大舉以收全功，顧以庸劣，叩蒙任使，亦惟所屬相與協心綜理，庶幾贊襄有托，修濬可圖。所有合行事宜，疑合通行。一、仰蘇、松、常、鎮、杭、嘉、湖等府經歷司抄案行本府并所屬掌印水利官，各將後開事宜應議處者，即便議處。應回報者，即便回報，務要着實舉行，毋得虚應故事。一、各府河道應該修濬者，仰各水利官拘集糧塘里老，審令盡数報出。除尋常工程，各鄉都自能開濬者，督令趂時興工責限，併力修完。其餘俱各分投委官，或義民老人，丈量長短，并深闊丈尺，計筭某處該用幾萬幾千工，人夫幾萬名，該幾十日可完。某處該用幾千幾百工，人夫幾千人，該幾十日可完，分別第。如工程最大，必須隣近州縣協助，某處工程亦大，必須合縣人夫協助。某處工程稍大，必隣近某鄉某都協助。定爲三等，年州縣大役，酌量分投者。若夫役有限，今冬明春難盡修完，即將三等河道議處緩急次第： 某河幾處所宜急修者，俱在今冬。所當緩者，暫候下年方修。計處停當，備造手册，送水利官申呈定奪。一、各處水利官，務要親詣所屬，嚴督各塘圖長圩甲人等，督率得利人户將各圩岸併力興工修築。應該增置者，即便增置，俱要高厚。仍自本年十二月起，至次年三月止。每月初旬，將前月督率修築過圩岸數目，開具申報。一、各處江湖泖蕩浦塘涇瀆，通洩水利去處，多被大户强占，或朦朧告官，起科承佃。亦有曾經告發，官断掘折，仍舊私占，阻壞水利。仰各府將此條翻刻告示，發所屬州縣市鎮去處張掛曉諭，限一月之内，許各出首，免其問罪。其已起科認粮者，即與開豁。不肯自首者，仰各糧塘圖長及被害之人指實呈首，以憑拏問，并監追積年得過花利。其各處小民，張釘簾箔取魚者，一體禁治。一、河道修濬，工程重大，應合隣境府州縣鄉都協助者。查得先年或驗田粮出夫，有二十畝起夫一名之例。而富豪派至千百，勢不能辦，往往阻令。或令十排年出夫，有每里三十名、六十名之利，而勞力者多非有田之家，享利者及無供事之勞，以爲欠當。議者謂用排年出夫，衆輕易舉，但驗糧以出工食，或每畝出米若干，就於秋糧會計內帶徵，以供夫役工食，庶貧民出力而無裹糧之苦，富家出錢以免荷插之勞，似亦可行。仰各府掌印官從長計處，務俾情法兩尽，而經久可以作，急回報定奪。一、吴淞江白茆港見議修濬，仰各掌印水利官虚心詢訪，務求至當，以爲一勞永逸之計。若果别有該修大於此者，亦必求講而行之。其各河道應該增置閘堰及添設撈淺夫斂財物者，許出錢之人指實陳告，以憑問治，仍追贓給賞。一、各府委官，每五日一次查考，各千長總甲工程分數開具，手本呈遞，以憑查考。其或夫役嬾墮，全無工程者，呈報查究。一、堆土務要在两岸三十丈之外，若两岸原有高崗者，堆放崗傍之外，不許高過於崗。一、仰崑山、上海、嘉定三縣，多備稻草。查照各該地方人夫棚内，俱要覆蓋厚密，可蔽雨雪，鋪墊高厚，可隔寒濕，聽候本部驗看，仍仰千長嚴督人夫，先將河心開闊七丈，直下至底深一丈完備，方纔開挑两傍斜河，庶幾雨雪之時，放水河心，可以两傍施工，且無下水做工之患。一、大工肇興，庶民雲集，沿河店鋪，商人販賣魚肉酒茶鹽等項，俱許两平交易。敢有委官夫隸人等，狹勢減價强買，及牙行人等高擡時價貴買者，許被害之人指實陳告，以憑拏問。

顔郎中如環開浚吴淞江工完揭帖

其略云：本職奉巡撫工部尚書兼副都御史李劄付分管松江、杭州、嘉興、湖州四府，及蘇州府嘉定一縣。其太倉州、崑山、吴江縣與館中林文沛共管依奉，親詣吴淞江督同蘇州府掌府事河南左參政徐讚、松江府知府孔輔等相度，得吴松江上流自吴江縣長橋起，至崑山縣夏駕口止。下流自嘉定縣舊江口起，至上海縣黄浦口止。俱各通流無碍，惟夏駕口起至龍王廟舊江口止，共長六千三百三十六丈，計二十九里，俱已淤塞。議該開闊一十八丈，深一丈二尺，該用人夫、工食、犒賞等項，逐一議處。蒙本院行委同知冷宗元等分投督工，於嘉靖元年正月初七日興工，至本年二月二十二日工完，又看得夏駕口新洋口，乃吴淞江交會去處，横引江水，斜趨婁江，以致吴淞江水勢小弱，不能衝洩潮泥。且二河通引渾潮，倒流入江，與本江下流正潮日相抵撞，易於淀積，遂致淤淺。合於二河交會去處置造石閘，節制江流，使不斜趨，阻遏渾潮，使不倒流，庶幾此江永無復塞之患。備呈本院，行令蘇州府估計物料委官。見今夏駕口興工造閘，其新洋江口閘挼候冬月再議外，又看三湖之水，悉由太湖。其上源西北自宜興、荆溪、百瀆以入西南，自潮州苕、霅二溪分流七十二漊港以入，而其下流則自吴江、長橋、澱山、昆承、陽城等湖以入三江，而澱山湖則分入趙屯、大盈、道褐、大石等浦，以入吴淞，並洩於海。頃因水政不舉，前項漊港、湖泊、浦瀆，俱久湮塞，而吴淞江之塞，實因上流不快所致。又經督率開浚節據原委湖州府同知徐鸞等報，開浚過大錢、小梅等河，并大十二漊港。蘇州府通判孔賢呈報開浚過趙屯、大盈、道褐等浦，俱吳淞江上流已盡開通，及據杭、嘉、湖、蘇州等府，并所屬太倉等州縣，各申呈疏浚修等過，各枝河、港浦、涇浜河道并圩岸等項，俱照本院月文，就令各得利人户自備工食，修築於嘉靖元年正月，俱已完工。到職又躬親巡歷，勘驗相同，到令造册，徑自繳報。今照本職該管松、杭、嘉、湖并蘇州府嘉定一縣，及太倉、崑山、吳江等州縣督修過河道圩岸，用過人夫錢糧總數，擬合開具回報。吳淞江夏駕口起，至龍王廟舊江口止，開浚過六千三百三十六丈二尺，闊一十八丈，深一丈二尺，用過人夫四萬三千七十八名，官給工食、銀米、柴薪等項共支過銀一萬三千三百九十五兩九錢，米二萬五千三百三十二石二斗，夏駕口造閘估計物料工食共該銀一千五百兩，俱蘇州府支用。

林郎中文沛興修水利呈文

其略云： 奉巡撫工部尚書李劄付仰本職，專管蘇州、常熟、長洲、吳縣及常州、鎮江府并太倉、鎮海、鎮江、崇明等衛所，蘇州府除嘉定縣該郎中顔如環獨管外，更有太倉州、崑山、吳江縣係兩相關涉地方，各與顔如環督同蘇州府掌府事河南左參政徐讚、常熟縣知縣刘乾亨等親詣白茆港，逐一相度，得本河海口至雙廟河形略在，緣海灘漲沙填壅，難以用工，隨議改就東南方陸地開挑，共起行該府所屬七州縣并崇明沙千户所，軍民人夫三萬七千七百二十二名，分委同知徐乾等督開平地三千三百五十六丈八尺。其雙廟西至官庄匯，河形淺窄，幾如平陸，又起過蘇、松、常等三府，太倉、鎮海、蘇州、金山等四衛，軍民人夫三萬七千二百八十八名，分委通判指揮傅朝、翁仁廣等督開過六千一百七十七丈。又官庄匯河西[一]……荆溪之水會太湖亦入白茆港。續據常州府通判王嶽呈報久塞應浚，又經行委本官起調宜興得利人夫，分浚烏涇等瀆，共六十三條。并督同該府知府王教、知縣暢華、王泮，縣丞徐璣等，起到武進、無錫、江陰三縣得利人夫，開過龍蕩、桃花、九曲、龍河、城墅河、申港、利河、横河、市河共八條。其原蒙劄委獨管蘇州等府，常熟等縣并興，郎中顔如環分管太倉州及崑山、吳江二縣，又經浚過枝河，并前共五百六十二條，長三十七萬七百三十四丈四尺，築過宫塘圩岸共三千五百八十一段，長一百九十一萬八千七百一十五丈五尺，造過堰垻共九十六座，長六百六十丈四尺，并橋梁一座，通用人夫一十一萬二千二百九十四名，俱於正德十六年十一月初六日興工，至嘉靖元年五月初九日工完。

林郎中文沛水利興革事宜

應興事宜，其略云： 一、太湖爲患，病在下流不通。

[一] 以下原書闕一頁。

疏常熟之白茆港、梅李塘、福山港、耿涇、奚浦、黄泗浦，太倉之七浦湖、川塘、楊林塘，所以導之也。其爲太湖患者，則練湖與西滆、沙子湖，而二湖亦有枝流涇趨入海者，如丹陽之九曲河，武進之舊孟子河、德勝南新河、澡港、新溝，江陰之夏港，今皆歲久淤塞，遂貽深患。爲今之計，疏太湖下流，莫急於開常熟之梅李塘、福山港、奚浦、耿涇、黄泗浦，太倉之湖川塘，楊林塘諸河。減太湖上流，莫急於開丹陽之九曲河，武進之德勝南新河、舊孟子河、澡港、新溝，江陰之夏港諸河。仰府州縣治農官，各要查照，及時計處，興工開濬。一、各處河道宣洩入海者，俱應置閘。白茆病在河闊泥泛，無可施工。其餘入江河形，闊不過七八丈上下，因而建造一閘或二閘，潮至則閉，潮退則啓。使渾水不得入而清水蓄積，得以洗其閘外之淤。其主灌溉之河，地形多是中高兩下，非天雨水，無由積。仍須兩頭或閘，或設竇，斯可爲利。各計所費銀，過不過百兩，治農官俱要親詣相度，逐一估計，照詳本部查於導河夫銀内動支辦料，委廉幹官督理創造。有得利居民情愿出力自造者聽。一、蘇州府長洲、崑山、常熟縣，常州府無錫、武進縣，各有地形抵窪，瀕連湖蕩之處，頻年淹没。今各處水道疏通，抵窪淹没者俱易退洩。各治衆官務要常川遍歷，但有圍岸坍盡，不能修理者，丈量数目，逐一申報。候農畢之時，拘集得利之家修築。仍查在庫導河夫銀，或無碍官錢，量支貼助。一、各處圩岸塌坍者，圩甲開報得利之家，照田出夫，協同修理泥土，就於傍圩田内起，取本鄉都内有義民爲衆信服者，治農官舉報，委之管理。或四五圩，或六七圩，有工者通行奬勞，怠廢者治之。工完，府縣治農官取其修築数目造册，以憑查考。其圩内石礙無存者，圩甲置補圩人者分乏，或作積水溇横亘於中，闊約一丈，两頭加闊，用石砌作車口，過潦車救。一、白茆既通，沙泥隨潮，最易淤塞。查得舊有銕掃箒，置之舡尾，裝載如櫓之狀。待潮落時，銕箒一齊摇動，刮揚沙泥，隨潮入海。今之治黄河者，又有爪江龍法。仰府縣治農官各查制度，創造督撈淺人夫常川演習，務經久可行以善其後。應革事宜，其略云：一、河道除白茆、吴淞江，其餘有專主宣洩者，有專主灌溉者。宣洩之河，正吞湖流，或東或北，直趨入海，其勢爲縱爲經，其開挑宜深宜闊。太倉之七浦塘、湖川塘、楊林塘，常熟之梅李塘、福山港、黄泗浦、奚浦、耿涇，江陰之角上河、谷瀆港、蔡港、夏港、蘆埠港，武進之舊孟子河、德勝南新河、澡港、順塘河、新溝，丹陽之九曲河是也。溉灌之河則入海，河之□流其勢爲横爲緯，其開挑，僅使水能浹治，可備旱乾。一、爲河之患者，無如石橋。而石橋之洞有圓有方，洞圓者塞河道五分之二，洞方者塞河道五分之三。今後除不開水道者不毁，其餘但有坍塌，將基址起折，易水爲之。若坍塌未甚，欲行修理，須酌量闊狹。原有一洞者，或添二洞，或三洞，務水易退洩。其原無橋梁，富豪勢要之家欲徇己便，妄意添設，以致阻礙河道者，府縣治農官緝訪禁治。如橋木不在禁限，一洩水涇港去處有等，刁詐之徒，往往築壩阻截，非占作魚池，則取便往来，遂致旱潦成灾。今後有此，許被害之人指名赴告。一、各處湖蕩塘浦，多有或假護岸而遍種茭蘆，或圍取魚利而張釘簾簖，遂成淤淺，告佃起科，深爲民害。仰各水利官嚴加禁治，敢有仍前似此，致河淤淺者，拿問重治。若果濱連江湖泖蕩頻坍去處，方許種植茭蒲。其一切堤岸之上，每丈許栽榆柳，或桑柘一株。治農官常川查究，毋得虚應故事。一、各處河道，多被居民立釘樁石閣板盖房。繼以石砌，剗岸占闊之後復又立樁占出。又有起造舡房，日漸淤塞，以致河道狹隘，阻遏水勢。治農官通行查勘，不礙水勢者，姑且停免。其新砌未成，與岸外復立樁石者，不俱新舊，俱令拆卸，抗違者申来拿問。一、各州縣塘長，各該掌印官，查遠年額数，編僉應多者多，應少者少，永爲定則，仍通將槩縣人户查審。但丁糧相應，材堪幹辦者，如每區應該一名，務多編至四名，或五名内將一名應役，餘皆聽缺補用，庶里書放富差貧之弊，可常革矣。

卷第十三　奏疏

唐轉運使劉晏停免修築練湖狀

其略曰：得刺史韋損、丹陽耆壽等狀，上件湖按圖經，周廻四十里，比被丹陽百姓築堤，橫截一十四里，開瀆口洩水，取湖下地作田，其湖未被隔断已前，每春夏雨水漲滿，側近百姓，引溉田苗。官河水乾淺，又得湖水灌注。租庸轉運及商旅往來，免用牛牽。若霖雨泛溢，即開瀆洩水入江。自被堤築以來，湖中地窄，無處貯水。橫堤壅礙，不得北流。利夏雨多，即向南奔注丹陽、延陵、金壇等縣，良田常被滂没，稍遇亢陽，近湖田苗無水灌溉。所利一百一十五頃田，損三縣百姓之地。今已依舊漲水爲湖，官河又得通流，邑人免憂旱潦。奏聞，中書門下牒浙西觀察使韋損，勿使更令修築，致有妨奪。

南唐知丹陽縣事吕延貞浚治練湖狀

其略云：當縣有練湖，源出潤州，高麗長山，下注官河一百二十里。臣考之碑志，訪諸鄉老，當爲湖日，湖水放一寸，河水漲一尺，旱可引灌溉，澇不致奔衝，其利田幾逾萬頃，昔環湖而居，衣食於漁老凡數百家，有十門四所。谿前唐末兵乱之後，民殘湖廢。近湖人户，耕湖爲田。後農家失恃，漁樵失業，民思復湖以禦灾，而無所置力。臣頻承條制，修葺陂塘，切度其湖，爲利甚博。遂聚材役工於斗門基上，以土堰偃捺及填補破缺處。初謗議震動，謂臣不良圖，且廢湖豊己者不十餘家，有湖無災者四縣之地。臣明知利害，獨如弗聞。自今秋後不雨，河道乾枯，累放湖水灌注，使商旅舟船往來免役。牛牽當縣及隣縣人户，請水救田，臣並掘破湖岸給水。如將久遠，須置斗門，方得通濟。其斗門木植，須用楠木。乞給省場板木起建，下所司處分。

宋蘇文忠公乞開西湖狀

其略云：唐長慶中，湖溉田千餘頃。及錢氏有國，置撩湖兵士千人。國初以來，稍廢不治，漸成葑田。熙寧中，臣通判本州，則湖之葑合，盖十二三。至今十六七年，遂湮塞其半。蓋杭本江海故地，水泉鹹苦。自唐李泌始引湖水作六井，然後民足於水。今湖狭水淺，六井漸壞，若二十年之後，盡爲葑田，則舉城之人復飲鹹苦。白居易云：放水溉田，每減一寸，可溉十五頃，每一丈時，可溉五十頃。若蓄洩及時，則瀕湖千頃，可無凶歲。又西湖深闊，則運河可以取足於湖水，若湖水不足，則必取足於江潮。潮之所過，泥沙渾濁，不出三歲，輒調兵夫十餘萬功開浚，而河行市中，泥水狼藉，爲居民莫大之患。臣已差官打量湖上葑田，計二十五萬餘丈，度用夫二十餘萬功。伏望賜臣度牒一百道，使得盡力畢志，□目見西湖復唐之舊，臣不勝大願。

宋蘇文忠公乞開石門河狀

其略云：　錢塘江，天下之險。臣昔通判此邦，今又忝郡寄，親見覆溺無数，自温、台、明、越往來者，皆由西興逕渡，時有覆舟，然尚稀少。自衢、睦、處、婺、宣、歙、饒、信及福建路八州往來者，皆出入龍山，沿泝此江，乗湖而行。潮自海門東来，勢若雷霆，而浮山與漁浦諸山犬牙錯入，以乱潮水，洄洑激射，其怒自倍，雖舟師不得知其深淺。以故公私坐視覆溺，能自全者百無一二。而衢、睦等州，人衆地狹，歲常漕蘇、秀米至桐廬，散入諸郡。錢塘億萬生齒，待上江薪炭而活，以浮山之險，覆溺留碍之故，此数州薪米常貴。又衢、婺、睦、歙等州及杭之富陽、新城二邑，公私食鹽，取足於杭、秀諸塲，以浮山之險，覆溺留碍之故，官給脚錢甚厚。此最其大者。臣見前權知信州候臨建議，自浙江上流地名石門，並山而東，或因斥鹵棄地，鑿爲運河，以達石門新河。若出定山之南，則地皆斥鹵，不壞民田。又自新河以北，潮水不到，灌以河水，皆可化爲良田。然近江土薄，萬一江水轉移，河不堅久。不若自石門並山而東，出定山之北，則地堅土厚，久遠無虞。然度壞民田五六千畝，田之良者不過畝二千，以錢償之，亦萬餘緡而已。此二者，更乞令監司及所差官詳議其利害。引浙江及谿谷諸水凡二十二里，以達於江。又並江爲岸，度潮水所向則用石，不向則用竹木，凡八里，以達于龍山之大慈浦。自浦北折，抵小嶺下，鑿嶺六十五丈，以達于嶺東之古河，稍加浚治，東南行四里，以達于金龍山之運河，以避浮山之險。度用錢十五萬貫，用捍江兵及諸郡廂軍三千人，二年而成。凡福建、兩浙士民，聞開此河，萬口同聲，以爲莫大無窮之利。

宋蘇文忠公進單鍔水利書狀

其略云：　臣到吴中二年，而蘇、湖、常三州皆大水害稼。今年淫雨過常，三州之水遂合爲一，太湖、松江與海渺然無辨。蓋三吴之水瀦爲太湖，太湖之水溢爲松江，以入於海。海日两潮，潮濁而江清，潮水常欲淤塞江路，而江水清駛，隨輒滌去，海口常通，故少水患等。蘇州船舫，皆以篙行，無陸挽者。自慶曆以來，松江始大築挽路，建長橋，漕運便之，而松江始艱噎不快。海之泥沙，隨船而上，日積不已。故海口湮滅，而吴中水患如故。今長橋挽路固不可去，惟有鑿挽路於舊橋外，別爲千橋，橋硔各二丈，千橋之積爲二千丈。水道淞江，宜加迅駛，然後官司出力，以浚海口，則泥沙不復積，水患可以少衰。臣舊聞常州宜興縣進士單鍔著《吴中水利書》一卷，與知水者考論其書，疑可施用，謹繕寫進上，伏望聖慈念兩浙之富，國用所恃，而十年九澇，公私凋弊，乞下臣言：與鍔書，委本路監司躬親按行，考實其言，圖上利害，臣不勝區區。

宋提舉浙西常平羅點乞開澱湖圍田狀

其略云：　浙西圍田，湮塞所在。　昔有獨澱山湖一處，爲害最大。因姦民包裹圍田，築断堰岸，致水勢無由發洩。此湖上通蘇、湖、秀三州之水，全藉斜路等港通洩下徹，大小石浦出吴淞江入海，遂委吴縣同崑山縣官看視。據申到澱山湖東西三十六里，南北一十八里，華亭在湖之南，崑山在湖之北，湖水自西南趨東北，所賴洩水之處，東有大盈、趙屯、大石三浦，西有千墩、陸虞、道褐三浦，並湖，以北中爲一澳，係吐吞吴水之地。今各山門溜正當湖流之衝，其中又有斜路港，上達湖口，當斜路之半，又西過爲小石浦，上達山門溜，下入大石浦，殺洩湖水，通徹吴淞江。曉夕往来，以此浦港通利，無有壅塞。今頑民輒於山門溜南，東取大石浦，西取道褐浦，並緣澱山湖北築成大岸，延跨数里，盡將山門溜中圍占成田，所謂斜路及大小石浦洩放湖水之處，並皆築塞。今大小石浦并斜路港口既被圍断，其浦脚一日二潮，泥沙隨潮而上，湖水又不下流，無緣蕩滌其淤塞，反高於田。遇水則無處洩瀉，遇旱則無從取水。大抵水性趨下，下流既壅，勢不潰裂，散入民田，無可疑者。

宋兩浙提舉常平趙霖治水利害狀

其略云：　浙西六州之水，注於太湖，流入松江，接青龍江東入于海。平江地勢與太湖、松江水面相平，而瀕海之地特高於他處，謂之岡身。東西與北三面勢若盤盂，積水南入，注乎其中，所以沿海環江，鑿開港浦者，籍此以疏積中之水也。今瀕海之田皆作堰坝，以隔海潮裹水，使不得流。外沙日積，此崑山諸浦湮塞之由也。岡身之民，每闕雨則悉爲堰坝，以止流水。臨江之民，每遇潮至，則於深浦開鑿小港，以供己用。或爲堰断，以留餘潮。此常熟諸浦湮塞之由也。法當置閘限水，内外隨潮啓閉，而太湖、松江之水，與積水爲一，沉没民田者，一遇風作，則高浪萬頃，愈泄愈來。爲之計者，莫若順其性而狭其流，大築圩岸，高圍民田。如此，則積水日削，衆浦日耗矣。大抵開治港浦，置閘啓閉，築圩裹田，三者闕一不可。其開浦篇曰：　古人大小縱横，設爲港浦。詢究古跡，得其大者三十六浦，區爲三等。上等工大而利博，在所當先。中等工費可減上等三之二，下等間於上中之間。或自大浦而分派工料之数，又少損焉。其置閘篇曰：　古者港浦盡於地勢高處淤澱，若一旦開通，未易施力。今於三十六浦中尋究古曾置閘者四浦，惟慶安、福山兩閘尚存。蓋開浦莫急於置閘，置閘莫利於近外。置閘而又近外，有五利焉。江海之潮，日兩漲落。今開浦置閘，潮上則（閘）〔閉〕〔一〕，潮退即啓。外水無自以入，裏水日得以出，一利也。外水不入，則泥沙不淤閉，内使港浦常得流通，免於堙塞，二利也。瀕海之地，仰浦水以溉高田，每苦鹹潮，多作堰断，决之，則害苗稼，築之，則障積水。今置閘啓閉，水有泄而無入，閘内之地盡宜稼穡，三利也。置閘必近外，去江海可三五里，使閘外之浦日有澄沙淤積。假令歲事積治，地里不遠，易爲工力，四利也。港浦深闊，積水通流，貨舡木伐得以住泊，官司或可拘收税課，以助歲計，五利也。復有二説。崑山諸浦，通徹東海，沙濃而潮鹹，當先置閘而後開浦，一也。閘之側各開月河，以堰爲限。遇閘閉，小舟不阻往來，二也。其築圩篇曰：平江之賦，多出低鄉。當時田圩未壞，水有限隔。今田圩既廢，水通爲一。遇東南風則太湖、松江與崑山積水，盡奔常熟。西北風則常熟之水東赴者亦然。况平江之地低於諸州，唯高大圩岸，方能與諸州地形相等。昔人築圩裏田，非謂得以播殖也，將恃此以殺水勢耳。至和、常熟二塘爲風浪衝擊，塘岸漫滅，往来者多有覆舟之虞，是皆積水所致。今若開浦置閘，先自南鄉大築圩岸，圍裏低田，使位位相接，以禦風濤，以狹水源，治之上也。修作至和、常熟塘岸，以限東西往来之水，治之次也。凡積水之田，盡令修築圩岸，使水無所容治之終也。今積水之中，有力人户間能作塍岸，圍裏低田，禾稼無虞。盖積水本不深，而圩岸皆可築，但民無力爲之。官司借貸錢穀，集植利之，衆督以必成，或十畝，或二十畝，地之中弃一畝，取土爲岸，所取之田令衆户均價償之，其貸借錢穀，官爲置籍，責以三年六限，隨税輸還，此治積水之策。若其當開之浦，則崑山、常熟共三十六浦。除滸浦、白茆、福山三浦，不須開治其三十三浦。崑山十有（二）〔一〕〔二〕：掘浦、下張浦、七丫浦、茜涇浦、楊林浦、六鶴浦、顧逕浦、川沙浦、五嶽浦、蔡浦、琅港浦，常熟二十有（一）〔二〕〔三〕：黄泗浦、奚浦、西成浦、東成浦、水門浦、崔浦、耿涇浦、魚碑浦、鄔溝浦、瓦浦、塘浦、高浦、金涇浦、石撞浦、陸河浦、北浦、甘草浦、千步涇、司馬涇、金涇、錢涇、黄鶯漕，皆積久不浚，當分爲三等開修。

宋兩浙轉運副使趙子潚相視導水方略狀

其略云：近被旨，相度水利。訪得浙西諸州，平江最爲低下，而湖、常等州水皆歸於太湖，自太湖以導于松江，自松江以注于海。是太湖者，数州之水所潴，而松江又太湖之所洩也。然以数州潴水巨浸，而獨洩於松江，宜其勢有所不逮。是以昔人於常熟之北開二十四浦，疏而

〔一〕閉　原作『閘』，據《吴中水利全書》卷十三改。
〔二〕一　原作『二』，據下文改。
〔三〕二　原作『一』，據下文改。

導之揚子江，又於崑山之東開一十二浦，分而納之海，皆所以決壅滯而防泛濫也。後因潮汐往来，泥沙積淤，舊置開江之卒，尋亦廢去。此太湖所以湮塞，而民田有漂没之憂也。自天禧迄今四十年，諸浦湮塞，又非前日之比。遂致民田告澇，十歲八九。今相視合開緊切去處。常熟縣：梅里塘、白茆浦、崔浦、福山浦、黄泗浦。崑山縣：新洋江、小虞浦、顧浦、郭澤塘。總計役夫三百三十七萬四千六百工錢三十三萬七千四百貫，米一十萬一千五百石，各有奇。崑山縣四浦工力不多，上用本縣食利户開浚。常熟縣五浦工力浩瀚，係與吴、長等縣利害相及，欲於三縣募人充當。緣平江積水，今經兩月未退，已妨種麥。若不於農隙之際支給錢米，雇夫開治，恐来歲春雨，積水愈甚，虧失常賦不便。望使指揮施行。詔從之。

宋兩浙運判陳彌作相度水利狀

其略云：常熟之浦二十有四，皆北入于江。崑山之浦十有二，皆東入于海。今諸邑之間，並江瀕海，小川故道，往往淤滯不特，所謂三十六浦而已。瀦水過多而瀉之過少。重以今歲淫雨汎溢，識者皆知開浦之利，特以工費甚廣，不敢輕議。今若併舉大役，切慮歉歲民無餘力，官無羨儲，反至勞擾。輒擇其宜先治者凡十浦，而其緩急又半之。興工之日，仍乞以緩急爲先後。又言勢家請佃冒占，合開掘圍田十三處。詔命守臣沈度依其到項目，限兩月開掘。如有未便事件，具狀開奏。

宋史才、陳正同言圍田利害

其略云：紹興二十三年，諫議大夫史才言：浙西民田最廣，而平時無甚害，太湖之利也。近年瀕湖之地，多爲兵卒侵據，累土增高，長隄彌望。旱則據之以溉，而民田不沾其利，澇則遠近泛溢，而民田盡没。欲乞盡復太湖舊迹，使軍民各安田疇。二十九年，知平江府陳正同言相視到常熟諸浦，舊來雖有潮沙之患，每得上流迅湍，可以推滌，不致淤塞。後來被人户圍裹湖瀼爲田，認爲永業。乞加禁止。户部奏：在法，瀦水之地，衆共溉田者，不許人請佃承買，并請佃承買人各以違制論。乞下平江府，明立界，至約束人户，毋得占射圍裹。有旨從之。

宋提舉常平薛元鼎相視水利狀

淳熙二年春，平江大水，元鼎被命相視太湖沿流利害，言太湖之水獨，泄以松江之一川，其勢有不能勝。並湖数州，皆受其害。景（泰）〔祐〕間，范仲淹就常熟、崑山之間浚五大浦，以殺其勢，爲州之利。近並湮塞。前提舉陳舉善勸諭人户，以漸開濬。獨滸浦正係泄水去處，尚未施工。昨水軍統制馮湛乞用兵開掘，因與守臣不協，遂已。臣切見滸浦至梅里約三十餘里，湮塞不通。其水軍舡運錢糧，亦自艱阻。乞詔馮湛候農隙日，從所請開濬。

宋鎮江府兵馬鈐轄王徹奏開五浦狀

其略云：徹言：紹興二十八年，因積水泥濫，欲泄入大江，宜自常熟縣東開鑿至淮，浦五十里入滸浦，縱水入江。即自雉浦之西就民創河二十五里，引水入福山浦，使二浦復歸一浦，上近縣田，稍獲灌溉。且鎮江以往地勢極高，至常州地形漸低。錢塘江北地勢尤高，秀州地形極低，而平江在最下之處，歲有一尺之水，則湖州、平江之田悉皆渰没。聞江瀕海岸常列三十六浦，各置巡檢寨捍衛浚治。故数十年前，浙西不聞每歲被水。今三十六浦最急者平江五浦，就五浦之内黄泗浦之中，大抵於福山通，不用特鑿外，崔浦、滸浦、白茆浦沙泥壅積，幾與岸平，使千里之水不達江海，所鑿陂塘亦狹。要使江與海瀕注水如舊，然後百川之流断有歸宿。謹圖地形水利附奏以聞。

宋監察御史任古言水利狀

其略云：平江府崑山等縣耆宿言：所開浦四處，緣今歲積雨，東北風潮并太湖衆水相會，渰没民田。春間人户圍田，自當開撩。所有小虞浦、新洋江、顧浦雖合開浚，見今盡爲松江大水漲過其外，發洩遲緩，是致諸浦蓄水，難以興工。欲候江水潮落，岸塍出露，人户自行開掘。若内有貧乏無力之人，乞量借常平官糧，寬立年限，分料送納，乞從民便。已行下本縣，命預將興工之具候江水減退，即行開浚。又言：臣同徐康與常熟縣官詳究，得東栅至雉浦，入丁涇，通徹福山塘，下注大江，委是快便。若依趙子潚申請五千人爲率，於來歲正月入役，約計一月餘日，可畢此浦。使湖塘一帶并被傷民田内。水通注於江。然後濬治黄泗浦、三里江，至十里港，工力亦不甚多。併趂農隙，先畢二浦，其餘合開港浦，再候將來次第興工。又言：趙子潚昨計料開濬崔浦，係決泄昆承湖及民田内水，南自梅里塘，距浦口迤邐，北入大江，今已乾涸，緣浦身迂曲，泄水不快，是致積沙高厚，開浚工倍。欲於雉浦口別開一涇，徑入福山大浦，通于大江，名曰丁涇，北之崔浦，並無回曲，不惟開浚省費，實以泄水爲便。

宋兩浙運判陳彌作開諸浦狀

其略云：常熟之浦二十有四，皆北入于江。崑山之浦十有二，皆東入于海。盖以太湖君其上流，昔人患松江之不能勝，而使衆水徑得其歸者也。諸澤之興，始於天禧，成於景祐。逮政和間，稍已湮廢。嘗命趙霖濬之，僅能復常熟两浦、崑山二浦而罷。今三邑之間，並江瀕海，小川故道，往往淤滯，不特所謂三十六浦而已。豬水過多，而瀉之過少。重以今歲淫雨泛濫，識者皆知開浦之利，特以工費甚廣，不敢輕議。故近浦置閘，在政和已不能成；　開江置卒，在中興已不能復。自紹興二十八年以後，朝廷屢委監司守臣及遣御史親行案視，竟爾中輟。今若併舉大役，切慮歉歲，民無餘力，官無羨儲，反至勞擾輟擇。其宜先治者凡十浦，而其緩急又半之。興工之日，仍乞以緩急爲先後之序。

宋運副趙子潚開浚塘浦狀

紹興二十九年，子潚言：　被旨開浚平江府常熟縣東栅，至雉浦，入丁涇，徹福山塘，已於正月五日興工。據常熟縣父老稱：　福山塘與丁涇地勢相等，今開丁涇，更深三尺，若不浚福山塘，則水必致倒注于涇。今與平江府縣官同往相視，宜依父老陳乞開浚。又見開東栅至雉浦口河面，並合闊八丈，並雉浦港底四丈二尺，皆得泄水通快。詔令疾速興工。

元丞相旭萬傑奏立水利衙門

其略云：　吴淞江等處若不設立衙門管領，每次挑洗，甚費錢粮，兼損民力。松江府止管兩縣，別無親管事務，欲將松江府革罷兩縣，撥與嘉興路，依前設立都水庸田使司，專掌在先所管勾當。直隸省部以山南江北道肅政廉訪使密蘭、江南浙西道肅政廉訪使張友諒爲使。任仁發雖七十致仕，還着爲副。從之。

任仁發奏立行都水監

其略云：　仁發言：　吴松江故道淤塞，宜立行都水監於平江路，隸中書省，修治河道閘壩，合用物料，行省即於官錢内收買應付。又浙西苗糧户内，起夫一萬五千名，自備什物。每名工役，一年免粮一十五石。其軍站除贍役地外，依上起科。僧、道、也里可温、答失蠻，不分常住，并權豪官員不納官粮之家，以地五頃著夫一名從行。都水監選委廉幹官部夫督役，其有蠹立事功，廉能称職者，行都水監具迹舉明。其著夫人户雜泛差役，權行蠲免。

卷第十四　奏疏

國朝夏忠靖公治水奏

其略云：浙西諸郡，蘇、松最居下流。太湖綿亘數百里，受納杭、湖、宣、歙諸州溪澗之水，散注澱山等湖，以入三江。頃爲浦港湮塞，匯流漲溢，傷害苗稼。拯治之法，要在浚滌吴淞江諸浦，導其壅滯，以入于海。按吴淞江舊袤二百五十餘里，廣一百五十餘丈，西接太湖，東通大海。前代屢浚屢塞，不能經久。自吴江長橋至夏駕浦約百二十餘里，雖云通流，多有淺狹之處。自夏駕浦抵上海縣南蹌浦口，可百三十餘里，潮沙漲塞，已成平陸。欲即開浚，工費浩大，难以施工。臣等相視，得嘉定之刘家港，即古婁江逕通大海，常熟之白茅港徑入大江，皆係大川，水流迅急。宜浚吴淞南北两岸安亭等浦，引太湖諸水入刘家、白茆二港，使直注江海。又松江大黄浦乃通吴淞要道，今下流壅遏难疏。傍有范家浜，至南蹌浦口，可徑達海。宜浚令深闊，上接大黄浦，以達湖泖之水。每歲水涸之時，修築圍岸，以禦暴流。如此，則事功可成，於民爲便。

巡撫侍郎周文襄公水災奏

其略云：據直隸常州、松江、鎮江，浙江嘉興、湖州等府，并所屬江陰、崑山、海鹽等縣，蘇州等衛所，横浦、下砂等塲鹽課等衙門申開，本年十七日，狂風驟雨大作，接連晝夜不息，折拔樹木，掀捲屋瓦，海湖潮浪，一時漲起，漫入平地，衝坍圩岸，渰没房舍，田禾尽死，人畜漂流。各處軍衛、有司、衙門、倉厫、城垣、船隻等項，坍壞打破数多。沿海邊湖，崇明、江陰等縣，高明、巫山、馬駝等沙，人民有全村淹没下海者。及鹽塲所積鹽課，客商支出引鹽，消折數多。至本月二十五日，又加驟雨，一晝一夜不息。天目等山發洪，太湖等處水勢漲滿，低者田圩禾稻見被渰没，人力难救云云。

工部侍郎徐公治水奏

其略云：東南地勢低下，水患自古有之。永樂初，水復漲溢，朝命户部尚書夏原吉大加疏治，方得止息。逮今九十餘年，各處港浦仍復湮塞，爲患滋甚。皇上軫念地方，命臣等會同修浚。臣等用是不遑寧處，相度施工。竊見嘉、湖、常、鎮，水之上流；蘇、松，水之下流。上流不浚，無以開其源；下流不浚，無以導其歸。於是督同委官人等，將蘇州、吴江、長橋一帶茭蘆之地疏浚深闊，導引太湖之水，散入澱山、陽城、昆承等湖。又開吴淞江，并大石、趙屯等浦，洩澱山湖水，由吴淞江以達于海。開白茅港，并白魚(洪)〔港〕、鮎魚口等處，洩昆承湖水，以注于江。又開七浦、鹽鐵等塘，洩陽城湖水，以達于海。開湖州之溇涇，洩天目諸山之水，自西南入于太湖。開常州之百瀆，洩荆溪之水，自西北入于太湖。又開各十門以洩運河之水，由江陰以入江。自弘治七年十一月興工，至八年二月工畢。

蘇州府通判應能興修水利奏

其略云：姑蘇一郡之水，西南散流太湖，湖東浚入松江，以至於海。但遇久雨連綿，湖溢江壅，諸邑抵下之田，悉皆浸没，不堪耕種。雖北壓大江，東抵巨浸，河渠固多，而年久湮塞，勢莫能分。嘗觀古人疏導，必使諸水往東南入於松江，東北入于大江，以至於海，則各郡之水皆可濬流而下，雖有久雨，必自各港分於太湖，自太湖漫流於江，自江又分散，以至於海。爲今之計，莫先於禁曠職、擇耆老，則官得人以專職而無曠，耆得人以領工而無廢矣。合用人工，必擇農隙，就於有田之家，每百畝修岸三丈，淘沙亦然。無田之處亦於正二三月該賑飢之時，每日驗口給米三升三合，亦照丈數分撥挑築。及水利詞訟衙門問犯徒杖罪名，俱照後開丈數勒限，押發修築，不容收贖。食既有糧，而工又有力，若粮塘一年以上，該里仍有岸壞沙積者，罰修水岸一十丈，革役做工。二年疏放。縣官一年以大功不及三處者，罰俸三月。三年無功者，須知之年，註以罷軟考語。府官一年以上，功不及五處，罰俸五月。三年無功者，須知年，亦註罷軟。府官一年以上，功績不及七處者，罰俸七月，三年無功須知之年，與州官同註罷軟。中間若果有功績顯著，超異衆職者，乞勅撫巡并水利憲臣等官，量才旌擢，以勵其餘。若有豪强占吝，不服清理者，乞勅工部轉行撫巡憲臣，與臣等同心糾察，以警將来。如此，則旱澇可防，秋成可望，東南財賦供餽，皆足，以充其用矣。

吏科給事葉紳請賑飢治水奏

其略云：臣惟直隸之蘇、松、常，浙江之杭、嘉、湖，約其土地，雖無一省之多，計其賦税，實當天下之半。若水道不通，爲六郡農田之害，其所係亦不輕矣。蓋天目諸山之水瀦爲太湖，而太湖之水又由江河以入于海。聞昔人於(漂)〔溧〕〔一〕陽則爲堰壩而遏其衝，於常州則穿港瀆以分其勢，於蘇松則開江河以導其流。惟是入海之處，潮汐往来，易於湮塞。故前代或置開江之卒，或設撩淺之夫。歷歲既久，其法廢弛。遂制諸湖巨浸壅遏於中，江河故導淤漲於外。土民利其膏腴，或堰而爲田，或築而爲

〔一〕溧　原作『漂』，據《吴中水利全書》卷十四改。

圃。上源之來者不衰，而下流之去者日滯。是以川澤浸盈，經冬不涸，圍田沮如，終歲不乾。加以秋夏淫雨浹洵，山水横發，洊没田疇，漂淪廬舍，固其所也。方弘治四年一澇，五年復澇，幸而六年頗收，稍得蘇息。而今歲大水，視昔尤甚。六郡人民流離困苦，不可勝言。即今撫按等官，相繼論奏，伏望聖明以糧儲爲國家之大用，水患爲東南之大害，於廷臣之中選差有才力、通曉水利者一二員，重其委任，即日前去，會同抚按官講求民瘼，設法賑恤。俾民心稍定，民困蘇，然後指定地方，分投相視，何地爲山水入湖之衝，何港爲太湖入海之道。自源徂流，一一按究，然後相與度其經費，量其事期，大加浚治，務使下流得以宣洩，而上源不致泛溢可也。

舉人秦慶請設淘河夫奏

其略云：臣惟國家財賦，多出東南，而東南財賦，盡出水利。近年以來，列郡数被水災，民不聊生。推原其故，皆由於太湖之溢。而太湖之所以溢，則由於三江衆浦之失其道。撫按之臣皆相繼論列，蒙皇上軫念地方，特命工部侍郎徐貫來總水事。凡通湖達海隘口支川，無不疏治，一時水患十去八九。然臣以爲疏導之利雖已弘於一時，而經制之宜猶未及於永久。惟昔之善治水者，每於平成之後，必立宣防之法。如近代撩淺、開江等卒，亦皆制置有定，浚治有常。是以當時利興而害去，國富而民安。臣以爲今當略倣前制，乞勑該部轉行巡撫及水利官，督率府縣治農官徧詣三江各浦地方，相視要害，講求便宜，用其土著之民，專習捜淘之事，免其别差，著爲定令。仍須往来勸督，驗其工程，以行賞罰。務使水道不(服)〔復〕[一]壅遏，旱澇不能爲災可也。

車御史梁復西湖奏

其略云：杭之有西湖，乃一郡形勢所關，萬民生計所係，非特爲遊觀之具而已。訪得近年以来，豪右强宗，往往侵占，作爲園圃池蕩，種植桑柘茭藕，蓄養魚鮮，甚爲填塞爲田，畚築爲居，又欲固爲己業，妄於遞年册内捏收税糧，私下清佃，給帖影射。官府因循，不爲禁防。比之十數年前，通占三分之二。及聞有司要行闢通，則扇摇浮議，請托私書，以阻其事。致使利民之湖，僅存其名。其爲河運之塞，六井之廢，以破壞山川形勢，阻塞軍民生計，又有不可言者。臣目覩前弊，心切憤激。若不早爲除防修浚，則西湖將来必爲平陸，地方之害，莫此爲甚。除行設府掌印正官踏勘丈量，勢豪官民侵過田蕩，捏報税粮，繪圖造册，具有實数。竊惟西湖興濟，事関地方。古人行之，既有成傚，今日修浚，尚復何嫌？但湮廢已久，人樂因

[一] 復　原作『服』，據《吴中水利全書》卷十四改。

循。一旦舉行，浮議横出。殊不知欲成大功，難惜小費，而今之民業，即古之官湖，民侵於官以肥其家，固以干紀，官取於民以復其舊，豈謂厲民？況上塘萬頃之田，宿仰西湖千畝之水。本既湮塞，田盡荒蕪，豈可惜数十家之占業，而壞一郡之形勢，圖九百石之佃税，而廢萬民之生計？以此觀之，輕重利害，較然著明。如蒙准奏，乞勑該部轉行臣等，仍委水利僉事，督同該府掌印正官盡力開浚，以復舊額。如有權豪不服，恃勢霸占，或扇摇浮議，故行阻碍，致誤事機，悉聽臣等究問處治。其原報佃税，則查有空閒田地，分派輸納；挑浚夫役，則動支無碍官錢，雇倩傭工。不敢重勞民力，擅派民財。數月之間，務俾水功有成，積澤盡復，以資國賦，而萬民之生業遂矣。

工部覆開西湖奏

其略云：竊惟天下之務，莫重於農田，農田莫先於水利，水利之通塞，實一方旱潦之所関，而爲民生國計之大本。今御史車梁等所奏前因，誠興利除害之端，阜民固本之要，不爲無見。合無准其所奏，行移都察院，轉行御史車梁仍委水利僉事，督同府縣正官查照西湖舊額，勘量中間果被隣湖及勢要之家侵占作爲園圃，種植桑柘茭藕等項，甚而填塞爲田爲屋，以爲己業者，宜從逐一查究還官。該傭人工聽從動支，無碍官錢雇倩。若有捏報佃税，就將相應空閒田地，分派頂補，輸納照額區處停當，尽力併工開浚，復舊成湖。務俾水澤不湮，旱潦有備，毋致重勞民力，徒應故事。果有權豪不服，恃勢霸占，妄議阻碍者，許巡按御史等官究問如律。工完之日，將支過官錢、浚過湖地、補過佃税、田地頃畝數目，徑自造册，奏繳青册一本，繳部查考。

巡視浙江都御史許公廷光水利奏

其略云：切照蘇杭等府，本三吴澤國，厥田下下。賴自昔興修水利，所出財賦甲於天下。國家供億，仰給於此。近年以来水利官員裁復不一，興修事宜，因革靡定。遂使有司視爲不急之務，豪强大肆侵阻之姦。震澤不流，三江失道。白泖累議而無功，海塘隨修而旋廢。每遇小水，輙成大灾。國賦虧陪，官民困弊，未有甚於此時者也。今蘇、松、常、鎮、杭、嘉、湖七府，雖設有管理水利郎中，緣地遠權輕，官民積玩。若寧、紹、金、衢、台、嚴、温、處八府，水利所関亦重。顧無一官管理，誠爲缺典。伏望皇上憐念東南郡縣，實國家萬年供億地方，乞勑該部從長計議。合無將寧、紹等八府水利，仍行屯田捕盗僉事帶管。其蘇、松等七府水利，果應郎中照舊管理。則宜量加舉剌之權，以便行事，用警積玩。不然，或效昔年運河故事，特設通政一員專管，則事體尤便，所費亦不加多，而國民利益，當不可以数計矣。

工部都給事中吳巖興修水利奏

其略云： 國家財賦多出東南，而東南財賦皆資水利。蓋水利不修，則田疇不治，五穀不登，而國用不足。其所關係，誠非細故。近年東南地方，夏秋淫雨，山水橫發，田疇渰没。諸郡之民，流離困苦，不可勝言。揆厥所由，蓋以下流淤塞，圍岸傾頹，疏導不得其法，董治不得其人之所致耳。臣備員該科，謹將東南水利之切要者四事： 曰疏浚下流，曰修築圍岸，曰經度財力，曰隆重職任，開坐上陳。伏望皇上軫念東南爲財賦所出，民遭墊溺，勑下該部議處施行。豈惟臣等之幸，東南幸甚，天下幸甚。一、疏濬下流。浙西諸郡，蘇、松最下，太湖綿亘数百餘里，納諸山溪澗之水，散注瀼蕩間，由三江以入於海。是太湖者，諸郡之水所瀦，而三江又太湖之所洩也。若下流淤湮，匯水泛溢，渰没禾稼，爲害匪輕。爲今之計，要在相其利害，爲之區處。如白茆港、七浦塘、刘家河，皆蘇州東北洩水之大川。如吳淞江、大黄浦，皆蘇、松南北交境，洩水之大川，而吳松南北與白茆諸港浦之两傍，又各有支渠，引上流諸湖瀼之水，以歸於其中，而並入于海。就其中論之，蘇之七浦塘、刘家河，松之黄浦，並皆深闊通利。惟白茆自弘治七年疏浚之後，今入海之處，潮沙壅積，勢若丘阜。而吳淞之傍渠港亦多湮塞。加以淫雨，能不泛溢。今誠能浚白茆一港，使之通利如七浦、刘家河，則蘇州東北之水有所歸而不積矣。浚吳淞一江通利如大黄浦，則蘇、松南北两界之水有所歸而不積矣。蘇、松之水既各有歸，則引吸上源，太湖之水不至壅溢，而向来瀼蕩沮洳渰浸之土，皆出而可耕矣。一、修築圍岸。臣考之宋范仲淹嘗論於潮曰： 江南圍田，中有河渠，外有門閘。旱則開閘引江水之利，潦則閉閘拒江水之害。旱澇不及，爲農美利。雖然，圍田全仗乎岸塍，岸塍常利於修築。修築堅完，旱澇有備，否則反是。臣願自今以後，每歲農隙，治農之官督令田主、佃户，各將圍岸取土修築。水漲則專增其裏，水涸則兼築其外。務令高闊堅固，遇旱則車水以入，澇則車水以出。如此，則水旱有備，而高低之田皆熟矣。一、經度財力。臣惟興水利必資乎財力，而財力必取之民間。凡遇工程，一槩科歛，則未免府縣派之里甲，里甲派之細民，騷動鄉村，鮮有不怨。臣以爲水利爲田而興，則財力亦必計田而出。凡有田之家，不拘官民，每田一畝，科錢一文，每田一頃，科錢百文。若田至萬頃，則該錢百萬。不但積少成多，抑且衆輕易舉，實爲經久之計。又必於每歲秋成之時，折收白銀，徵觧各府官庫，仍將数目造報水利官處。遇有興修，聽候動支，不許别官借貸。倘工程浩大，支用不敷，聽於官庫無礙錢糧内動支輳用。如再不敷，會計明白，備由奏聞區處。如此，則費有所出，而功易成矣。一、隆重職任。臣聞永樂初年，東南嘗大水，命户部尚書夏原吉治之，著有成績。至弘治間，東南又屢有水患，工部侍郎徐貫總理其事，有司迎合，惟圖目前，曾未幾時，而白茆等處已皆湮塞。連年災荒，未必不由於此。自是以後，水利官員裁復不一，然位小權輕，官民玩愒，職業不舉，無怪其然。近該巡視浙江都察院右僉都御史許廷光奏，乞欲倣運河故事，特設通政一員，專管水利，誠爲有見。伏望皇上勑下該部，推舉素有才望，諳曉水利大臣一員，兼以憲職，專一督理水利，大加挑浚，圖惟永久。其中利所當興，弊所當革者，悉聽便宜處治，不許各官沮撓行事。又必務見成效，方許不次超迁，以旌其功。如此，則官有特設而人不玩，責有所歸而功易成矣。

工部水利覆奏

其略云：臣等看得都御史許廷光題，稱江南水利，數年以來，官員裁復不一，事宜因革靡定，一遇小水，輒成大災。要將寧、紹等八府水利，仍令管屯僉事帶管。蘇、松等七府水利，添設通政一員，專管一節，與都給事中吴巖所議前項水利，要推大臣一員，兼領憲職，前去專管，大意與許廷光所議相同。淤内指陳白茆港、吴淞江二處，尤係緊急，水患修治之所當先。其所條陳疏浚下流、修築圍岸、經度財力等事，區畫周悉，皆興利除害至計，相應依擬。然爲政在人，其所擬推選大臣職專其事，尤爲水利首務。前此或委僉事，或差郎中，非不用心，但勢輕事多，掣肘人玩，以此迄無成功。失今不爲善處，則水患日深，民瘼日甚，關係匪輕。合無候命下之日，本部會同吏部，從公推舉識見宏遠，諳曉水利，素有風力憲臣二員，疏各上請簡命一員，本部備開各官所題事件，請勑一道，令其前去，會同彼處巡撫、巡按，督同各該司府衞州縣掌印及水利等官，親詣白茆港、吴淞江等處地方，拘集土著年高士民，尋訪水勢利害源委，相度地里，下流作何疏浚，圍岸作何修築，合用工料、人夫，逐一估計停當。物料作何措辦，人夫作何起倩，選委能幹軍衞有司會同水利官員，分投督理用工。應挑浚者，務要深闊。應築砌者，務要堅厚。使(早)〔旱〕澇有備，水利疏通，田疇無恙，生民樂業，一勞永佚，刻期成功，斯稱委任。其承委官員，果有勤能出衆，先行成功者，從公會舉，以憑陞賞。不職僨事，因而科擾軍民，及勢利之家霸占河灘水利，沮撓行事者，徑自究問參奏。一應河道利害，所當興革。議有未盡者，悉聽從宜，計處施行。重者具奏定奪。其浙江寧、紹等八府水利，合依都御史許廷光所擬，仍行管屯僉事帶管，亦聽差去大臣節制。如有築浚事宜，亦要從長計處。施行工完之日，將起倩過人夫築浚過塘岸丈尺、用過錢糧數目，備造黄册一本，奏繳青册一本，送部查考。

卷第十五　奏疏

宫保尚書兼副都御史李公預處財用以興修水利奏

其略云：臣查得松、常、湖等府，太倉州等地方，如吴淞江、刘家港等處橋浦河瀆，各有應該挑濬疏泄，修築整理去處。每處閘壩、椿草、灰石、物料、人夫、工食，各動以萬計，銀亦不下千餘兩，皆當於每年農隙水涸之後次第舉行。而震澤之衝，衆水所會通，泄下海以收東南諸郡之利，最大且急者，則當以白茆港爲首務。若非假之以財力，濟之以寬紓，固未有能濟者。况白茆港横沙淤塞之久，排决利道之難，則凡人夫、工食、財用之費，顧不大倍往昔哉！臣查照給事中柴奇奏准事例，備行各府，每里編僉導河夫一名，每名出銀六兩。如其不足，預編一二年，以周急用。又查照給事中吴巖奏奉，欽依每田一畝，科錢一文，每田一頃，科錢百文，秋成之時，折收白銀解府貯庫支用，其實衆輕易舉。行據各府申称，適當民窮財盡之秋，若復如此，差徭愈加繁重。臣又復杖併追徵，以資急用，不惟緩急及事，抑恐民命不堪。乞勑該部仍准將滸墅鈔関船料銀两，并两浙、两淮運司鹽銀，或抄没叛賊錢寧等入官贓銀，量爲給發十餘萬两，以充前項工食物料支費。如或不敷，聽臣仍查所屬各衙門應支椿草銀錢，并無碍贓罰官銀及量行增添均徭銀兩，或催河夫田畝銀錢充用，庶幾臣得以分工勤限，畫力畢志於溝洫畎畝之間。若果僥倖成功，一勞永逸，量此之所出者，不過十百之一二，而較彼之所入者，循年作貢，輓輸運納，殆源源其無窮矣。

宫保尚書兼副都御史李公乞添差官員以興修水利奏

其略云：臣惟自古建立事功者，多敗於自用之人，常成於多賢之助。顧臣以獨力而興大工，兼以文移浩繁，不可乏人書辦。乞添差工部素有才幹官二三員，以協修水利。及添撥書辦吏二名，幹辦文移，庶幾贊襄有人，而修浚可圖矣。

馬御史禄議處水利奏

其略云：竊照蘇、松地方爲天下財賦之所自出，近年以來，若爲水患，粮運缺乏。臣訪得常熟地方，舊有白茆港，通於大海。数十年來湮塞。此港一開，則澇可注於海，而旱可引之。顧此舉工程浩大，工部尚書李充嗣才望固可責成，但巡撫地方，百責所萃，且興工之地，非其久居。合无查照舊例，推舉所有才望風力郎中或員外一員，請勑差遣，住劄常熟等處，相時度勢，專一總理其事，則水利有可興矣。

宫保尚書兼副都御史李公興修水利奏

其略云：臣受命以來，夙夜競惕，深慮前項事情重大，非獨力所能成。乞添差官，共圖供職。吏部以工部署郎中林文沛、顔如環督同掌蘇州府事河南左參政徐讃親詣白茆港、吴淞江等處，相度會議，以白茆工役繁重，蘇州當任其二，常州、淞江分任其一，嘉興、湖州則協任其一，而常熟以附近獨當其半，以吴淞江利歸蘇、松二府。其工役之費，則分派二府所屬州縣，與之協濟。杭、嘉、湖、蘇、松、常、鎮各府地方，應該開濬河道、河泊、港汊及應修築圩岸、堰壩等項，分委署郎中林文沛、顔如環，督率各該掌印水利等官，次第舉行。白茆港自海口至雙廟，河形略在，緣海灘漲沙填壅，難以用工，隨議改就東南方平陸開挑，共起到該府所屬一州七縣并崇明沙千户所軍民、人夫三萬七千七百二十二名，委官管督開過平地三千五百五十六丈。自雙廟西至官莊匯，河形淺窄，幾如平陸。又起過蘇、松、常三府所屬州縣，太倉、鎮海、蘇州、金山等衛所，軍民、人夫三萬七千二百八十八名，委官管督開過故道六千一百七十七丈。自官莊匯西至常熟縣東倉，河形雖在，亦極淺塞，又起該縣附近人夫二萬二千九百八十二名，委官管督開過舊河二千六百五十八丈。通計長一萬七千三百九十二丈，深始八尺，加至一丈五尺，闊始二十八丈，加至三十三丈。俱於正德十六年十月興工，至嘉靖元年四月工完。議照本河舊有備軍營及巡檢司，應該（託）〔遷〕改新開河口防禦。又新添設水利衙門、倉房、龍王廟，共計屋一百二十三間，亦支官錢修蓋。及照海口潮沙易壅，應置石閘一座，以備旱澇。伺秋盡水落，方可興工。又勘得白茆上流尚湖、昆承、陽城各湖涇瀆，係本港咽喉。督府縣官，以常熟、崑山、長洲三縣得利人夫開過昆承（洪）〔湖〕[一]口時涇塘、新開洪、草鞋浜、蘇家洪、南北上洲洪、中洪、周家洪、東西錢港、尚湖口、朱涇河、界港、陽城湖口、雙漕浜、姚曹漕、新開〔洪〕[二]、稍廟涇、東横涇、西横涇、張莊溇、武城涇，共一十九處，緣陽城湖水，經斜堰，枝分七浦塘，則白茆流勢，因之少殺。又委官，以常熟、崑山二縣人夫築斜堰壩，仍備銀一千兩，發蘇州府貯庫候壩造閘支用。其宜興縣百瀆受荆溪之水會太湖，亦入白茆港。續又委常州府，調宜興人夫，分濬烏涇等瀆，共六十三處，以武進、無錫、江陰三縣人夫開過桃花港、龍蕩港、九曲龍河、城墅河、申港、利港、横河、市河，共八處。其原委獨管蘇州府〔及〕[三]常熟等縣，并分管太倉州及崑山、吴

〔一〕湖　原作『洪』，據《三吴水考》卷十、《吴中水利全書》卷十四改。
〔二〕洪　原爲空格，據《三吴水考》卷十補。
〔三〕及　原爲空格，據《三吴水考》卷十補。

江二縣濬過枝河，共五百六十三處，共長三十七萬七百三十四丈，築過官塘圩岸共三千五百八十三段，共長一百九十一萬八千七百一十五丈，造過堰壩九十六處，共長六百六十丈，并橋一座。通用人夫三十一萬四千四百二十八名，於正德十六年十一月興工，至嘉靖元年五月工完。及據署郎中顏如環呈称督同左參政徐讚、知府孔輔等覆相度吴淞江，上流自吴江縣，止崑山縣下駕浦，下流自嘉定縣舊江口，止上海縣黄浦口，俱涌滿無碍。惟下駕浦至龍王廟止，舊江口俱淤塞，幾如平陸。應該開濬，共量長六千三百三十六丈，議開一十八丈，深一丈二尺。以蘇、淞二府人夫共四萬三千七十八名，委官分投管督。於嘉靖元年正月興工，至本年二月工完。其下駕浦、新洋江二河與吴淞江交會之處，横引江水，斜趨婁江，以致吴淞水弱，不能衝激漸泥。抑且二河通引渾潮，倒流入江，與江下流日相抵撞，易成淤積。合於二河交會之處，創造石閘，節制江流，使不斜趨，阻遏渾潮，使不倒流。庶幾此江永無後塞之患。及看得三吴之水西北自宜興、荆溪、百瀆入，西南自湖州苕、霅二溪，分流七十二漊港以入。其下流則自吴江、長橋等處流入澱山、崑承、陽城等湖，以入三江，而澱山湖則分入趙屯、大盈、道褐、大石等浦，以入吴淞江，並洩於海。頃因水政不修，前項漊港、湖泊、浦瀆俱久湮塞，以致湖水泛溢，不由故道。又經督率湖州府官開濬過大錢、小梅等河，并七十二漊港，蘇州府官開浚過長橋等處湖河，崑山、上海二縣開濬過趙屯、大盈、道褐等浦，及據杭、嘉、湖、蘇、松等府，并所屬太倉等州，歸安等縣，各申呈開挑過各該管也，方東七千，西八千，及疏濬過各枝河、港浦、涇浜、河道，共長七十萬六千七百九十丈，并修築過田圩江湖塘岸共三千八百四十二段，通長二百七十六萬四千四百九十三丈，閘座、壩堰五十處，共長七千七百二十七丈，共用過人夫三十二萬六千五百五十五名，俱於本年正月興工，至三月終工完。再行探索，窮究水利源委通塞利害，以至古今修理因革事宜、舉措方略，分別綱領條目，纂集成書，以彰陛下嘉惠東南維新之盛治，俱另行外。臣惟三吴水利，興廢不常，設或再行舉措，不無乏財之慮。臣欲行令蘇、松、常、鎮所屬州縣，每年量派導河夫銀，掌印官，同治農官徵收貯庫，專備水利修理支用。再倣古制，備行該府造小船二十雙，每年於均徭内查編撈淺水夫四十名，置鐵掃箒、浚川杷各二十副，專委水利官監督，不時爬洗，庶潮沙不致壅積。每遇農隙，各治農官督工修浚，仍通行約束，不許别項差占及營求管事。其水利郎中循行提督七府地方，凡有益於水利事宜，及関係運河重事，以時修浚，悉聽巡撫官節制。仍乞勑巡按御史，年終親臨閲視一次，稽考勤惰，據實奏報，以爲黜陟。庶人知警畏，法立能守，二河之利，民將永賴於無窮矣。

卷第十六　紀述

唐左威衛録事參軍劉允文雲和塘碑

其略云：常熟塘南北之曲，自城而遥，百有餘里。旁引湖水，下通江湖，左右强家大族，疇接壤制，動涉千頃，年登萬箱，實由灌溉之利，故名常熟。貞元以來，時屬大旱，郡守隴西李素原始覩弊，則曰：『在穿導之。』遂聞於本道廉使吏部尚書韓公秉文。吴縣主簿李仲方稟其成規，請事踈鑿。於是叅并邑之役，則，徑費其力，而長洲當三之一，縣宰李暵復善供命，乃計工量日，候陳庀徒，爲利涉之宜，蔽反壤之害，詢蓄泄之勢，增遠近之防。人不告勞，事爲永逸，塘開地中，工畢泉出，山澤作氣，江湖發源，積爲長流，實自新制。舟楫鱗集，農商景從，春秋有施，水旱斯備。

宋崑山主薄丘與權至和塘記

其略云：吴城東闉距崑山縣七十里，俗謂之崑山塘。北納陽城湖，南吐松江，由隄防不立，風波馳突，廢民田以瀦魚鼈。皇祐中，發運使許公建言：蘇之田膏腴，而地下常苦水患，乞置官司，以畎洩之。請令舒州通判殿中丞王安石先相視焉，朝廷從之。王君既至，盡得其利害，順其故道，施之圖繪，請議如許公，朝廷未之行也。至和初，今太守吕公有意疏導。明年，與權爲崑山主簿始陳五利：一曰使舟楫，二曰闢田疇，三曰復租賦，四曰止盗賊，五曰禁姦商。願約古制，役民興作。既而令錢君復言之，太守於是列而上聞。乃誠庸力經遠邇，興屯舍，宿餱薪。既成，以授有司，邵相元君實總之。粤十月治役，先設外防，遏其上流，立横埭以限之。乃自下流，浚而決焉。畚鍾所至，皆於平陸，蓋旬有九日而成。深五尺，廣六十尺，用民力一十五萬六千，工費民財若干貫，米四千六百八十石，爲梁五十三，蒔榆柳五萬七千八百，其二河植茭蒲、芙蕖稱是。治卜虞，自嚴村至于鰻鯏瀼。治新洋江，自朱瀝至于清港。治山塘，自山南至于東滄。諸涇六十四浦，四十四塘，六杓。是陽城諸河若瀼皆道而及江，田無洿瀦，民不病涉。於是論請更之曰至和，識年號也。

宋提舉常平鄭霖重修至和塘記

其略云：吴爲澤國，自城婁門至崑山，其塘曰至和。南吐新洋江，北納陽城湖，又有沙湖、鰻鱺湖介乎東西之間。唯亭以東隸崑山，西隸長洲，支派連亘，澱山湖、吴淞江接顧涇、吴泗浦，以達于海。自馬泗橋至金童橋，乃新洋江、陽城湖两水交擊之會。自黄墓至夾潮塘，民並河而居。潮水往來，淤泥易塞。考之圖志，厥初水勢茫無畔岸，行旅病涉，田夫病耕。自至和迄今，舊跡雖存，而修治之功不加。故憧憧往來，非復由行之舊，則不從新洋江出吴淞以至葑門城，必自明水港泛陽城湖，取蠡塘港，以達婁門。颶風怒濤，不有葬魚腹之憂，陰霾蓄盜，又有罹鴻網之懼。方泉魏公濬以發運節領郡，復至和舊規。自界牌東至崑山駟馬橋，凡二十七里，計三千四百二十一丈。西至戴墟浦，計九百五十四丈。又自黄墓至夾潮塘七里，計九百三十八丈。始於季春，不越四旬而竣事。公又慮港汊紛錯，盜夫潛影，鹽徒借逕於修葺之暇，自涇橋至陸涇港，凡三十二處，立柵三層，防築堅固，禁不踰越。共闊一百六十丈，用椿木一萬一千七百四十根，横欄柵木五百八十八丈。是役也，前後工費出於官者，錢二萬三千二百緡，米二百一十石有奇。

宋范文穆公成大崑山縣開塘浦記

其略云：隆興二年，浙西大水，吴之屬縣崑山爲甚。長老以爲三江具區，占揚州地勢最下，其東地益下爲崑山。又東愈益下海也，故崑山常受三海具區之委，以入于海。霖潦時至，則水多高，居必以横塘縱浦，疏瀹四出，然後民得汙邪而稼之。今歲久弗浚，塗泥滿溝，其沉澮獨甚於他邑。河陽李結適爲邑長，按農田令甲荒歲得殺工直以募役浚浦五，曰新洋，曰小虞，曰茜涇，曰下張，曰顧浦。濬塘三，曰郭澤，曰七鴉，曰至和。王旬而告休，用民之力役，凡十有三萬四千六百有奇，糜緡錢萬一千二百有奇，稻麥以鍾計七千七百有奇，而官儲不知，公定無與焉。

宋范文穆公水利圖序

其略云：崑山之東諸鄉稻田瀕積水處，歲歲築隄，隨即漂没。嘗與老農計之，欲爲救災扞患之術。其大概二，曰作隄，曰疏水。其小概一，曰種茭。今之塍岸率去水二三尺，人單行猶側足。其上既卑且狹，有坎坷断裂，佃户貧下，至東作時質舉以備粮種，勢無餘力以及畚臿。婦子持木杴，探污泥，補綴缺空，累塊亭亭，一蹴便隕。雖終歲勤動而不念四雜之不足，恃秋水時至，相以飄風，莫之障防，與江湖同波。農人轉徙，而他長民者不爲檢較，永爲曠土。今宜考被水之田，其邊隣湖瀼之處，增築長隄，使高五六尺基廣七八尺以上。秋冬之交，潢潦乾源，土皆可取。至秋雨風潮，土已堅定，草茅生之，可恃爲安。築隄當以邊湖瀼處爲急，如一頃之田，南高北下，水必先自北入。其中央與三面之田，不能禦浪，漸次吞蝕，一二日間，全頃皆沉。今當先築北隄。北邊有田之人，固當悉力，三边衆户，亦合併工同作。其邊岸或稍高及不頻大水，則量因舊增崇，令與北邊相當。崑山之田，從昔號爲下濕，十種九澇。兩潮之來，潢流泥渾。若河脉疏通，則水之暴至者，一溢而退，人又併力車而出之，猶可望歲。

今宜行視，凡出江之港，皆決而疏之，使水得肆行，而隄岸始爲田用。蓋田之所恃以拒水者以隄，隄之所恃以殺水者以茭。崑山附田，舊皆有之，近歲斬刈殆盡，明年陳根復茁。第葉已微而牧者又至矣。明立表識，使樵斤無得過此。其茭所不產處，即置葑田。夫既作隄以杆水，植茭以護隄，又疏港浦以利水，三者具舉，無遺策矣。

宋程公許重開支川記

其略云：始蘇產甲兩浙，支邑、常熟復甲姑蘇，即名可知已有。湖、昆承江浦發源也，分爲支川，橫貫于中，挾以東鶩周涇、園塘、白茆浦、李王涇，咸匯焉。南渡前居甿占冒，脉絡弗宣，乾弗克潴，溢弗克洩，爲甽畝大棘。百數十年間，鄉耆豪右咸思開治，竟怵異議。淳祐癸卯，陶侯任道，以爲是川與諸涇交會，爲湖海喉襟，而堙閼乃爾。爰咨于衆，於是揆延袤，視窊隆。經始於甲辰中春之七日，一指顧頃，荷鍤雲，如鼓袂風動。侯表衆勞來，咸勇於力。甫一月濬事，長四千尋，廣一丈一尺，深倍廣之数。凡用工六千，糜泉若干。

宋平江府學教授謝原重浚運河記

其略云：平江郡闔有城四十七里，夾以兩河，環帶中外，涇源港脉在在流通，歷時變遷，主聚蕃塞植蘆託處，遥遥河流失其故道，雨潦時至，逆澝不行，上者湫湿，下者沮洳，漱齧之害，幾及公庚。歲丁丑，侍郎趙公出藩于此，曾未喻時，州民以開浚涇河爲請。公於是亟徇民欲，條其事于部使者，乃約經費，量工力，捐公帑之餘，聽富室之助，役以募召，用從官給，無科配之擾，而有偕作之樂。基事於秋，閱月而功以畢矣。前後以工計幾二萬，而糜財凡三千餘緡。自錦帆涇經始，衡從四丈，出跨橋五十有五，爲河一千一百九十丈有畸。淺深廣狹，以丈爲率，而隨其地勢稍有損益。窒者既通，淤者既行，源達派流，脉絡相貫。暵則導清流而繚於中，潦則釃游波而洩於外，以利通濟，以備其功，不既遠哉！

元袁文清公桷吴江重建長橋記

其略云：震澤東受群川，汪洋巨浸，至吴江尤廣行地爲南北衝，千帆競發，駛風怒濤，奮激噴簿。一失便利，卒莫能制。唐刺史王仲舒築石堤以順牽挽，宋慶曆八年，邑宰李某始建長橋。繇是各舍舟以途，來往若織。水齧木腐，歲一始葺，益爲民病。泰定元年冬，州判張君顯祖始莅事，曰茲實首政。稽工程財，欲易以石。參知政事馬思忽以督運至吴，首捐貲以勸，仍委之郡守郭侯鵬翼。役未興，丞相答剌罕公朝京師，回道繇吴江郡白橋，議丞相節捐萬緡，而府縣士民相胥以勸。平章高公、貫公繇湖廣、江西來江浙，力屬張君，俾終是工。二年閏正月建橋，明年二月橋成。長一千三百尺有奇，捷以巨石，下達層淼。積石既高，環若半月，爲梁六十有一，釃以剽悍廣中三梁，爲尺三百，以通巨舟。層欄狻猊，危石贔屭，甃以文甓，過者如席。舊有亭名垂虹，周遭崖峩，因名以增榮觀焉。

元名臣事略吴淞江記

其略云：　前海道千夫長任仁發，以吴淞江故道湮塞，爲浙西民害，上疏條其利病疏道之法。中書省以聞命，平章徹里公董其役。民歡呼四集，樂於趨事。始大德八年冬十一月，西自上海縣界吴淞舊江，抵嘉定石橋港，迤邐入海，長三十八里，深一丈五尺，闊二十五丈。役夫爲數一萬五千，爲工一百六十五万一千六百有奇，至九年二月畢工。

國朝進士范純重修滬瀆龍王廟記

其略云：　滬瀆龍王廟者，祀吴淞江之神也。吴淞江爲太湖咽喉，吐納湖水，且資以溉田，而民食賴之，以足江界。今崑山、嘉定、上海三縣而淤塞不通，已百四十餘年。故滂無所洩，旱無所捄，水患滋甚，民食屢艱。天順二年，都察院左副都御史崔公巡撫南畿，咨詢民隱，首及平江。嘉定縣尹龍君晋力請治之，公是其議，即率君親臨其地，觀視咨嗟。遂檄三縣，各出夫三万，擇日興役，且責成於君，君至，止爲二邑倡，迺選夫長，迺立稾舍，迺賑錢米，迺時作輟，子来雲集，歡喜趨事。始於庚辰春二月，至三月而畢功。夫工計一百九十八萬，米石計二萬七千錢，文計二十萬五千。江深一丈一尺，闊十丈二尺，長起自夏駕口，至孫基浜，出舊港一萬三千七百一丈。江復通流，迤邐入海，而神之靈將日昭赫，其祀事亦有所託而相爲無窮也。

王祭酒與吴縣新建石塘記

其略云：　西華在邑西两舍許，其地瀕湖，環五千畝，皆沃壤。獨以其故無防止，水驚風駭浪，日三面至，漱朘成瘠，民罔依濟。時京兆雍侯爲令，思爲民捍患。重以成化壬辰秋淫雨瀰旬，而所謂西華者持甚。侯迺躬履其地，經畫布置，厥有成筭。爰上其事於郡守丘侯時雍，侯曰：『吾志也。』乃揆日庀徒役工於水利所及之民，採石於湖中旁有諸山，他凡廪食之費，皆取諸公帑羡錢。以癸巳二月肇工，蓋四月而成。凡爲塘三千一百丈有畸，博其址廣十丈，而殺其上，得廣八尺，高如其上之數。所謂五千畝者，皆在所必(獲)〔護〕[一]。又闢湖壖之地，得二百畝，斥爲新畲塘成，是夏復澇，而西華獨免，民以爲吾得遂西成之望者，皆侯之惠也。雍侯名泰，字世隆，成化己丑進士。抑

〔一〕護　原作『獲』，據《吴中水利全書》卷二十四改。

又聞其嘗鑿穹窿山渠，以溉上田。復置三牐，以備水之蓄
泄。此亦利民事也，遂牽連書之。

吴文定公長洲縣沙湖堤記

其略云：距郡城東二十里白沙湖，其廣袤各数十
里，旁有盜藪，以行刼爲業。客舟爲風波所阻，集于岸下，
多不能免，人益患之。弘治丙辰，工部主事姚君文灝來督
水利，始白于巡撫右副都御史朱公。謀既協，姚君迺專任
其事。先時，君從工部侍郎徐公浚常熟江口，獲葦利之占
於民者，以爲公用，乃是遂賴其濟。一時夫卒盡力，材用
畢具，工垂成而君移疾去矣。今郎中傅君潮來代，他日行
至沙湖，嘆曰：『是隄之功，其可已乎？』至是巡撫爲左
副都御史彭公，復勸相之，而隄竟以完告。其闊爲丈三
尺，其長爲丈三百六十。隱然如城，堅壯可久，而水勢汪
汪，安流成渠，人皆称便。

楊主事循吉治水紀績碑

其略云：弘治甲寅，吴、浙之間数被水患，黎民阻
飢，工部左侍郎徐公會同巡撫都御史何公，經略其事，浚
築惟便，而員外郎祝君惟貞從行賛畫。公深惟大江之南，
自鎮（德）〔徂〕[一]杭，膏腴千里，而震澤潴聚其間，壅遏不
導。乃率司府僚吏周巡列郡，得其利害。公與巡撫公度
地計功，當用人二十萬乃足事。因創差夫之法，一甲三
人，而以其餘爲資給。又別給米人一萬先食後役，凡在守
令，罔敢逸待。以是年十一月經始。惟蘇之松陵爲震澤
喉襟，而吴淞、七浦、白茆則奔海之大道，利博而治最急
者。乃先以萬六千人之長橋，疏其竇八十有五。又於其
外薙荻去澱凡千畝，決爲通波，隨流址折而東。又以萬五
千人開七浦四十里，及鹽鐵塘，凡涇各十余里。又以人八
萬開白茆六十里。其上曰鮎魚口者，湖流之出。是凡四
渠，爲新開河爲龍潭（洪）〔港〕，爲白魚（洪）〔港〕，爲落星
港。盡昔疏之，悉徹海焉。以吴松三江要道，水下最捷，
乃以人四萬五千開其下流，凡七十里，以復江之舊。常州
之境，宜興百瀆及江陰入江諸港，歲久湮塞。乃開瀆五
十，放之太湖，又開港三，導運河入江，用人亦五萬。公又
以諸漊不通，則苕、霅之水不得入于太湖；通而不爲之
隄，則水乘風泛溢，爲其傍災。則發人二萬，開漊七十有
二，作石堤七十里，以利湖州。又濬西湖利杭。又作石隄
三十里利嘉興。蓋上源下流均修，並治水以大通，六郡人
士莫不胥慶。歷觀前代致力於斯者，非不甚衆，然未有若
今日之大者。則稔歲之臻，有不加於前乎哉？

姚主事文灝重浚七鴉浦記

其略云：吴中洩水之大道，三江之外，蘇有三十六

〔一〕徂　原作『德』，據《三吴水考》卷十六改。

浦，松有八匯，常有運河十四瀆。然目海塘作於東南，而東南以塞。松江以微水，乃北折併於婁江，而溢於七鴉、白茆二浦。故今之七鴉、白茆，在三十六浦爲最鉅而要。然白茆海口漲沙爲授，惟七鴉獨無他妨，當陽城諸湖之衝而入海又徑。但其間爲居民厄塞，水性未遂。弘治九年，乃奏設導河夫於沿江，既又議收其直，隨時募工。十年冬，始以常熟、崑山二縣近浦之户得二萬二千三百人，疏自尤涇東，至木樨湾，凡五千五百九十，丈旬有五日而成。計用夫銀五千二百七十兩，上闊如舊而深倍之，下闢直塘兩崖。市肆所侵，其闊倍舊。決放之日，衆流奔注，而沙頭圍築之處，日以崩頽，水溢洶湧，郡人歡博，以紀述爲言。乃自書其概如此。

倪文毅公常熟濬許浦塘記

其略云：四明楊君子器，以成化丁未進士，來知常熟事。孳孳治理，事関有病民者，次第罷去。以縣治濵海，其東北有許浦塘，上接梅李塘，會昆承諸湖，以達於海。前代常立水軍寨於此，洪武中更置巡檢司，以事防守。歷歲滋久，海水衝激，至今浦口已三十六里，巡司亦三易其地。旱則潮汐弗通，澇則沮洳弗洩，民两病之。適水部郎中新喻傅君曰會來司水政，君謀之而協，遂命治農丞趙祥董其役，濬許浦之壅者，闊十二丈，深八尺，長四千三百二十丈，分占工作，稍食称事。爲力易者人三尺，爲力難者人一尺有奇。工畢即擇，不計早暮。上不踰月而造成，凡役二万二千人，鑿地之紆者十有二所，除兩崖積土以爲垣，植柳崖上，俾土不崩，以蔭行者。得舊石閘于雙墩，移置海口，俾啓閉以時，蓄洩有節。易置巡司於閘，用便巡邏。復爲梅李實居上流，水不通舟，仍以萬二千人浚之，長六千一百三十丈，深闊減許浦十之二。始浚許浦，繼濬梅李。盖自城東門抵海口七十里，凡爲工三萬三千，木石、工食之費僅二千緡。始工於弘治己未之十一月，訖工於庚申正月，爲費省而成功速，有如此哉！

祝貢士允明重浚湖川塘記

其略云：太倉洲北數里有塘曰湖川，延袤九万七千一百尺，西分源於太湖，歷婁江而下，由巴城湖新塘以來匯。東運小塘，貫石婆港，以達刘家河。海潮西突，巴城東注，清濁交囓。又刘家港潮之緯州而西出者，由益鎮塘至是。而東北自七丫港、花浦、楊林塘，潮之來亦及是。而泥渾沙迎，合淀壅澱，洿可立而待。傍田藉沃洩者頻病之。歲庚申，民吴賢等陳於今巡撫都御史彭公、提督水利郎中傅公屬之治農官，蘇州府通判陳君暐率太倉州判官黄譜往相度，得其理。乃推州萬有五千夫，崑山千二百夫，挑扶塗泥，畚鍤雲集。二公躬臨視之，初塘身既闊，而兩岸夾立，相去直與下等。彭公曰：『是不然。岸稍遇潦，當即潰塘立塞耳。』乃命削其廉隅，俾夷而固。啓役於冬十二月，訖事明年春三月。中凡濬自徐昌橋，至於金鷄之口八萬五千二百尺，入崑山西段又六千尺。廣一百尺，廣底四十四尺，深九尺。尤以民積勞，日給導河夫銀縻三千二百五十兩。於是水道流利，而田野辟，舟楫便，租賦復，上下賴之。是役也，承引而提挈者，知府曹公鳳、知太倉州李侯端。董莅於成者陳君，專職之力及黃君也。

已上俱蘇州府

宋許正言克昌華亭縣浚河置閘碑

其略云：蘇、湖、常、秀四郡，涇渠數百畝，澮数千，脉絡交會，旁注側出，更相委輸自太湖、松江而注于海，而所入之道歲久填閼，雨少過差則泛濫瀰漫，決齧隄防，浸灌阡陌。洒隆興甲申秋八月，淫雨害稼。明年大饑，會有言蘇、秀勢最下，華亭尤近海，十八港皆有堰捍潮，可一切決之，四湖所潴水宜爲斗門，以便節減。上命两浙轉運使姜詵與令丞行視其宜。姜侯既受旨，即馳布德意，諏訪故老，周覽川野，盡得其便利以聞曰：『今宜浚通波大港，以爲建瓴之勢。』又即張涇堰傍增痺爲高，築月河，置閘其上，謹視水旱，以時啓閉，則西北積水順流，以達于江，東南鹽潮自無從入。即丐以常平之帑贍其後，且與守臣鄭聞會其事。制許焉，則相與(尤)〔庀〕徒，揆日賦財，計功既具，以綏縣令，待其銓。乃浚河自榦山達清龍口二十有七里，其深可以負千斛之舟，因其土治岸，護青墩傍，故水所敗田数萬畝，還爲膏腴，爲閘於邑東南四十有八里。始於仲冬之朔，凡五十有五日而畢。盖斂未常及民，而民亦若不知有是役也。

宋章峴開華亭縣顧會浦記

其略云：慶曆辛巳六月，彭城錢君以九棘丞來綰縣章，凡積政間有因仍未遑者改焉如恐不及。直縣西北走六十里，趨青龍鎮浦白顧(會)〔滙〕。南通漕渠，下遠松江，舟艎去來，實爲衝要。平疇芳甸，傍羅迤邐，灌溉之厚，民斯賴焉。自榦山之陽，地形中阜，積淤不決，漸與岸等。每信潮吐納，才及半道而止者，垂三十年。康定建元之後，愆澤仍歲，榜人其咨，舍舟而徒。錢君惻然，遂以議白府。府公集仙錢侯深然其請，乃籍新江、海隅、北亭、集賢四鄉之民，得役夫三千五百五十人，以慰孫君專董其役，募邑之夫姓洎頻浦豪居，力能捐金助庸者，得錢一百三十六萬。繇是揆日戒告，荷鍤雲集。始于邑郛，終于江澨，增深四尺，槩廣八丈。役二十萬二千九百五十畚，上平道者不預焉。距縣半里，舊設堰埭壅其上流，今則仍貫按縣塘浦大而居其最都五，顧會其一，(坎)〔次〕〔一〕曰盤

〔一〕次　原作『坎』，據《吴中水利全書》卷二十四改。

龍、曰崧塘、曰趙屯、曰大盈，而崧塘首源與顧會合，俱支流股引，環瀆民壤。錢君又喻墾田，乘農之隙，户出壯丁，咸〔至〕〔一〕顧會疏導之。其或歲苦淫雨，則敗去防庸，縱其澶漫，自浦而泄，匯于大川。若驕陽盛怒，則瀦渟潮波，分注壚畎，由浦而入。潤之所及，殆千頃焉。

宋陽炬重開顧會浦記

其略云：三江東注，震澤介其間，潦集川溢，畎澮皆盈，而浙右数被水患，蘇、秀、湖三州地形益下，故爲害滋甚。紹興甲子夏大水，吴門以東沃壤之區，悉爲巨浸。部使者飭郡邑詢求故道，導源决壅，以洩水勢。於是監州曹公以旁任責，慨然興嘆，以爲雲間之爲縣者達亘百里，彌望皆陂湖、沮澤，每當春，農事方興，則桔槔蔽野，必盡力於積水，而後能樹藝。訪於父老，得顧會浦，自縣北門至青龍鎮，凡六十里，久不浚，淪塞淤澱，行爲平陸。遂請于朝，籍食利之民以疏治之，官給錢糧而董以縣令。興工始於十月，役三月而河成。起青龍，及于北門，分爲十部。因形勢上下，爲級十等。北門之外，增深三尺，下至青龍，極于一丈，面横廣五尺有竒，底通三丈。據上流築两夾隄，復于河之東闢治行道，建石梁四十六，通諸小涇，以分東鄉之渟浸。不旬浹，水落土墳，自榦山東西，民田数千頃，昔爲魚鼈之藏，皆出爲膏腴。役以工計二十萬，糧以石計七千二百，錢以緡計二萬五千。

國朝刑部員外郎潘暄新鑿都臺浦記

其略云：都察院左副都御史崔公撫巡畿甸，咨詢利病，謂農畝所資，水利爲急。惟松郡上海，東南有田萬頃，歲入萬石，舊有漕溝，蜿蜒横亘浦之左右，里凡百二十，區計一十有六，人民数百萬家，引潮灌田，素爲生業。淤塞日久，民食用艱。先是，郡侯葉公、邑令李君欲事疏鑿，以瀕歲荒歉未果。兹遇都臺下采民言，遂選郡判洪公景德職司其事，率夫萬有五千，統制千夫長若干名，百夫長若干名，調度勞來，翕然趨事。時以兼疏吴松江，統夫又幾二萬，乃分委鹽司副使司寧等賛襄其事。經始於天順四年正月二十六日，畢工四月八日。河之長計三萬餘丈，闊二十餘丈，深二丈。於是萬姓交歡，忘其勞勩。目之曰『都臺浦』云。

錢文通公溥浚松江蒲匯塘記

其略云：三江既入，震澤底定。水至吾松，則人分二道而入海。蓋西北窪下，則自太湖入澱山湖，經吴淞江以入海。東北高仰，則受杭木之水，達黃浦以入海。然旱惟東北受病，其患小，潦則西北列郡無所歸洩，其患大。吴淞江自勝國湮塞，迨今稍遇淫雨，即成巨壑。天順二

〔一〕至　原爲空格，據《吴中水利全書》卷二十四補。

年，都憲崔公巡撫東南，首(洵)〔詢〕水患，以松爲甚。乃舉府判洪侯景德暨二縣尹楊昕、李紋治之。侯等相視，以爲江之故道，雖浚必合，不若從新地鑿之，力易爲而功不壞。起自大盈浦東，至吴淞江巡司，計二萬二千丈。又自新涇西南至蒲匯塘入江，計四千丈。闊皆一十四丈，深皆二丈。而低鄉之潦可洩，東北則自曹家河平陸鑿及新場，計三萬餘丈，深闊皆與江同。又自華涇塘、六磊塘、嬰竇湖、烏泥涇入浦，而高鄉之旱亦免。用工總三萬五千，民雖勞而不怨，則圖本垂末之計，孰愈於此哉？

錢修撰福上海縣捍患隄記

其略云：吴故多水患，而近時尤数且甚。新昌何公世先以右副都御史撫巡南畿時，則有若鄞進士董君啓之出尹上海，承公之意，詢之父老曰：邑分東西鄉，高下迥絶，東抵海障，類高亢，患旱，利于浚。西跨五湖，鍾震澤下流，類卑窪，患潦，利于防。玆浚則擇其人，嚴其戒而已。而防爲艱，請以民之義孚力贍者督其役，且令履畝計防，程其工而分督之。地闊而防遠者，多爲之畛以折之，以拒漫延，使食其地者各效其力而無勞于官。役于官者，官食之。又曰：農罔穫，冬愈隙矣。毋俟春溢，且因而食之，有助斂不給之義焉。何公聞而賢之，授以區畫。君奉令惟謹，相利庀材，如其策築之，應期而成。延袤〔凡〕[一]百餘里，其崇丈有二尺，其廣加崇尺者三，而其殺三分去一。其側值楊揷茭以護之，析竹織蘆而匝之以餘。其財悉出於官，凡奪田益隄，防于藝者，官計其地而鈞其賦于其疆之人，而東之濬者不與焉。

已上俱松江府

宋胡文恭公宿晉陵浚渠記

其略云：常領四邑，治吴西境，晉陵列爲大縣。慶曆之元，高陽許君恢以大理丞治於斯。環按四封，周咨野老，得申港、戚墅、竈(于)〔子〕三港，皆往時溉田之川，廢不復治，因作圖言狀列于外計。司從其請，始籲厥衆。其集如雲，乃畚乃鍤，自二年冬十月浚申港凡三十八里，引潮水抵城之西北隅。潮再至，爲竈子港，去申港三十里，自江口濬之，凡四十里，斜趣縣之東北，不與申港合。戚墅港東南去縣二十里，自湖口濬之，凡九十里，太湖之舟艑至焉。三港之溉，申港最博，繇大港之測，聽民自射其便，股引支水分注運瀆，東函等十九小港，以醲其利。長波之所貫，衆渠之所殺，凡溉田萬頃，計工二十六萬，前後凡三月而罷。

宋教授鄒補之毘陵重開後河記

其略云：毘陵郡城大抵西仰而東傾，漕渠貫其中，故

[一] 凡　原爲空格，據《浙西水利書》卷下補。

水悉東下。獨南水門受荆溪之流注之惠明河，道舜宜橋，抵迎秋門。釃二股： 一自月斜橋以達于金斗橋，一自迎秋水門入，經狀元橋略州倉後，接于縣橋，與金斗水匯。慶曆中，李公餘慶守州，始穿顧塘河，經大市，益引惠明水東注之曹渠。郡人既以漕渠爲前河，遂指顧塘爲後河，其中稍填淤。崇寧元年，太守朱公彦浚之，未幾復塞。淳熙十三年，太守林公㝎来視事。夏六月，屬時不雨，於濬治爲宜。迺斥帑藏之遺餘，命其屬治之。役不浹旬，河復故道，袤三百丈，闊三十尺，深於舊，爲尺者五，而向之壅者闢矣。

宋直院祕監王應麟毗陵重濬後河記

其略云： 毗陵爲股肱郡，文物彬蔚。太守四明史公以儒稚飾吏事，謂郡城之南曰後河，實繫斯文氣脉。自淳熙間太守林公疏浚之後，積以填閼。公昔爲尉時，講聞利病甚悉。二十五年來，守亟欲疇初志，乃樽浮費以度工，而民不擾，率伍籍以賦役，而民不勞。浚源釃流，無有壅塞，再閱月迄事。計功程七千八百有奇，費緡八千五百有奇。東西三百餘丈，照舊深七尺。士民訴勸焉。

宋華文閣待制陸游重修武進奔牛閘記

其略云： 江行数千里，至廣陵丹陽之間，是爲南北之衝，皆疏河以通餫餉。北爲瓜洲閘，入淮、汴以至河、洛。南爲京口閘，歷吴中以達浙江。而京口之東有吕城閘，猶在丹陽境中。又東有奔牛閘，則隸常州之武進。今趙侯善詢來爲郡，郡之人僉以閘請，侯既以告于轉運使，乃以其役畀之知武進丘君壽儁。丘君於是伐石於山，舊用木者皆易去之。凡用工二萬二十，石二千六百，錢以緡計者八千，米以斛計者五百，皆有奇。又爲屋以覆閘。自鳩材至訖役，閱三時，其成之日蓋嘉泰三年八月乙巳也。

宋試大司成蔣静江陰河港堰牐記

其略云： 江陰之地，爲河港以十數，港之中又有港焉。派而爲溝洫，衆而爲畎，遂若身之血脉，失其節宣則病或衆之。此皆崔屯田立、楊都官士彦所以汲汲於横河、市墩、令節、蔡港以下車，政治之先務。盖導江水而南，由黄田港牐距五卸堰爲漕渠，而其東有河曰市墩，又東曰新河。新河受令節港之水，市墩承蔡港之下流，皆北引大江，南匯代洪港，而震澤之餘波暨焉，猶或滯而不周。崔乃西起漕渠，中絶蔡港，而東至令節，鑿河以貫之，與百瀆相經緯，而暨陽遂爲沃野，此士彦之功也。由楊距今，河道湮没，具區之水由無錫而入者既不得洩，北江之潮，由令節、蔡港、黄田牐而注者，又遏而不逝。於是白鹿、化成等十鄉之田，始多旱潦。政和甲午，縣丞楚執柔行視水道，謂當創牐馬師、唐市二橋之旁，而仍堰邑東門之外，以南洩震澤，北節大江，視二水之盈虚而爲之啓閉。經畫既定，陳之。郡侯、部使者得請，遂因農隙，以常平錢穀，得夫一萬四千七百六十七，延袤深廣，計夫授步。二河一港，同日皆作。於是市墩、新河、代洪港環亘七十里，新流逶迤溉田，以頃而數，四千六十。明年將浚橫河，會知縣事王有來，遂自邑之回塘堰出建寅門，東至石牐港，凡二十三里，皆令之所董。由石牐以達令節，凡二十六里，則丞之所部。合四十九里之所溉又爲田二千三百一十三頃，不逾月工就，而東門之堰亦完。雖積工亡慮四十萬，而民亦不以多辞；散緡斛亡慮二萬二千三百，而官不以費嗇。乃知令、丞此舉不爲無補，與夫職爲民官而恬不以民爲念者，不可同日而語矣。

宋僉書江陰軍判官廳公事蔣惟曉江陰開河記

其略云：嘉定己卯春，刑侯焘以扈丞出守。越明年，乃浚九里河以疏游土。會水澤腹堅，而漕河亦病於膠舟，爰即其所酌從其宜，命縣令張君宗濤董其役。起自崇鎮之擦橋，極于青暘之屠墅。地以里計者倍十，而徭役以鄉受者纔四而足。面之闊爲丈者八，底則五之。深如其底十之一。又自擦橋而上逆于朝宗門，陸續鳩工。城外內河渠，頓还舊觀。是役也。爲丁夫九千三百二十有七，始事於仲冬晦，歲除而工畢。

宋教授章洽江陰治水記

其略云：轉運副（史）〔使〕姜公詵按視浙西水利，次于江陰，知軍事徐公葴相與研究利病，以爲江陰北臨大江，地執洿下，潮汐往來，浮沙停淖，港瀆盡淤。夏秋淫雨，瀕港七鄉，並湖三山低卬之田，混爲一區。申港、利港宜治蔡涇之牐，西通夏港，大江之潮，由之上下，東運漕渠五瀉之水，因之盈縮推廢既久，亦宜治。乃並銜上奏。有旨，以丁亥歲興申港二役，己丑歲浚利港，輟（爲）〔馬〕[一]御之資以充經費。越孟春正月，鳩工舉役，迨仲春訖工。起三河口以西，折北抵江，地與毘陵犬牙相錯，分治其在吾境者二十九里。深九尺，廣六丈，下流之廣幾倍焉。用工三十六萬有奇，牐之故基，距河差遠，兩翼迫蹙，波流悍急，易以頹壞。乃移基並東，直抵漕渠，斥而大之。易木以石，屹然對峙，長各十有三丈，高一丈八尺。洪之闊二丈三尺，岸之西北匯爲通轟分殺水怒。土木鐵石之工萬有九百，費錢以緡計者三萬二千三百有奇，米以石計者一萬一千四百有奇，而二利興焉。

宋顯謨閣待制蔣静江陰重建黃田牐記

其略云：暨陽城北一里許有港，曰黃田，世傳以爲楚黃歇開以溉田。北引大江橫貫城中，南出于郭，截蔡涇，過崇鎮，至五瀉堰，凡七十五里，距二浙之漕渠而溉

[一] 馬　原作『爲』，據《吳中水利全書》卷二十四改。

田，頃以萬計，皆資潮汐爲膏腴。昔人即港口置上牐，以啓北江之潮。又即蔡涇爲下牐，以節制旁浦之水。於是旱無焦枯之憂，霪無漂墊之患。比年以來，港浸及壞，牐亦破毁。大觀戊子，徐侯申來守毘陵，會令尹徐君充、邑丞于君溥踵至。會歲事稍登，人樂自效，得錢三百萬，市材命工，以庚寅季冬下上牐之良址，於舊基之北百步外爲之，而成於明年政和改元之正月。其板築剛實，規制宏壯。反觀舊址，若坐魏阜視培塿焉。乃更濬上下流之積沙，去支港之游土，復以餘材作新下牐，而闔境之民亡凶歲憂，漕輸者亦省率而功培矣。

元鄉貢士陸文圭江陰浚蔡涇閘記

其略云：　暨州瀕江，受蘇、常以北之水，鵝鼻灣西折入黄田港，出上閘，通五卸堰，凡九里一曲。第二曲至新橋，夏浦之潮自蔡涇，與港横出，匯爲泥沙。閘廢土堙，水淤不洩，至順以來，暵澇相仍。行省謂江陰居(湘)〔湖〕[一]下游，首議挑浚，分委官吏，差募人夫，由蔡涇北出江口十里一百五步，積壤翻高，用力尤艱。同知州事萬侯慨然任責，專督下閘以西一千八百五十餘丈，用夫一千八百餘名。壬申二月起工，至三月而竣事。

國朝楊文敏公重建武進孟瀆閘記

其略云：　工部侍郎周君忱巡撫蘇、常諸郡，常之武進故有孟瀆河閘，以通東南漕運及商販之舟，且溉旁近田數千頃。歲久閘壞，公私病焉。常守莫君愚圖改作之，以役費繁重，謀於周君，議以克合。遂發往歲節省税賦浮費，以市材僦工，礱石於姑蘇洞庭之山，而舟致之。郡民皆歡忻趨事，作於舊址之南丈餘。其下先錯列巨栰，貫以長(松)〔椿〕，而後宜石焉。東西石甃，縱以丈計，爲十有六，崇以丈計，爲二有五，中廣視縱當八之一。南北爲鴈翅狀，以殺水勢，中夾木石，鑿以納懸板而上下之。經始於宣德八年九月，畢工於是年之冬。用徒匠以日計二萬三千七百六十，木以株計八千九百，石以丈計三千五百，灰以斤計二十二萬，磚以斤計十有二萬。始終董其役者，知縣朱恕也。

學士尹公直宜興後袁河碑

其略云：　宜興邑之西有巨浸曰九渺瀰，踰舍許邑之山亭八鄉泊，鄰邑溧陽所屬水道所必由。公私商旅之舟浮乱沿泝，卒值風濤，覆溺漂潰，乃成化癸卯夏，袁侯道以名進士再調来尹，顧西氿之南有古鶴鸛漊，積淤成陸，其東復有小河達縣城，南淮中隔澗，北七千两材，僅十里耳。侯曰：『苟闢此成河，上泝洴浰淹，下達小河，將不去西

[一] 湖　原爲『湘』，據《吴中水利全書》卷二十四改。

沆之害乎？』遂具圖白諸上官。即計徒庸，辯高下。其最下而易濬，若鶴鸛溇者，入一尺有五寸。南華淹者，入一尺。稍高而難鑿，若澗北村者，入五寸。土干村者，入七寸。凡役夫二萬五千，爲河長一千五百四十餘丈，廣爲尺七十，深視廣僅三之一。兩岸各廣十尺，復溝二十六橋於河上，以通阻絶，而下流小河亦疏浚之。其開毁官民田百八十畝有奇，皆公償其值而別丘其税。自始事至訖工，甫匝月，而河成。遐邇永賴，頌聲載道，咸曰：漢袁玘令兹邑，常溝長橋以利涉，千載之後，乃復有今若侯，姓與玘同。因命之曰『後袁河』云。

已上俱常州府

宋李壆鎮江漕渠記

其略云：嘉定甲戌仲冬，有詔京口漕渠歲久湮閼，爰命守臣史公彌堅總領軍賦，錢公仲彪行視疏瀹。二公程功計費，列上于朝。越明年春，賜可，乃擇良日，分飭王旅，會于渠上。畚梮雲興，綆鍤麇集，統師臨督，相率勸功。自城南以抵江口，爲里者九。先是，居民侵冒，臨跨刮腐，輦壤布於近岸，一雨驟至，旋復於渠。今分積塗泥，高埒丘阜，並渠之家，咸歸所侵，開空沙澱，呈露垠涯，層碕修聳，清波演溢。閘舊有五，乃命更葺跨渠，而橋前後唯六公，曰：惟城之東，歸水有澳，以匯積流。堙壅既入，復命疏鑿，折而西抵通津門，回環軍廪東行，繇甘露港注之於江。復建二閘，以時啓閉，繇南城入抵朱方門，悉甓其〔岸〕[一]，繇城南出，達於吕城。間石其途，挽夫上下，妥視安行，以至市溝，蠲濁而清。東抵黄泥，浚淺而逶，小利微害，隨力所及，以興以除。迨及奏功，甫一周旬，民不預知，官不告勞，豈惟輓餉繫此之賴，流惡達壅，宜民孔多。

宋郡守史彌堅重浚歸水澳記

其略云：南徐地高卬，漕渠貫城中，爲西津，斗門達于海，以出納綱運。昔之爲渠謀者，慮斗門之開而水走下也，則爲積水歸水之澳，以輔乎渠。積水在東，歸水在北，皆在閘爲渠，滿則閉，耗則啓，故渠常通流而無淺淤之患。歲久澳廢，渠亦告病。余至，視渠湮塞且盡，斗門不開，公私之舟跬步不進，率由江陰五瀉而去。父老言二澳不可不復，則按故蹟水，爲居民膠固盤錯，獨歸水澳，而隍防略存。澳之西南，則轉般倉東北，則甘露港引而環之倉垣，因以護倉。受者在渠，給者在壕，以便綱運之出納。引而接之甘露，别爲斗門，以通于江，亘三水爲之長壕。於是度工改修，歸水故閘，以通于渠。其倉壕則取其土，以廣倉垣之北覘爲〔廣闊〕[二]，益受灌輸。其達于甘露港者，則爲上、下二閘。且慮其不足以容多舟也，視閘之址有

[一] 岸　原爲空格，據《吴中水利全書》卷二十四補。
[二] 廣闊　原爲空格，據《吴中水利全書》卷二十四補。

陂澤，則又通之爲秋月之潭，以藏舟焉。其下閘之外，則浚浦百八十丈，客舟浮江乘便，艤泊以避夫風濤之害。

宋教授陳伯廣練湖增置斗門磋函記

其略云：自長山合八十四流布爲辰溪，自辰溪而爲練湖，湖又自别爲重湖隄，環湖四十里而築，高於舊者六尺，加厚四十尺，而半殺其上。舊疏爲斗門者五，爲石磋者三，爲石函者十有三，皆以備蓄洩也。今加板於磋十有二寸，加函之管数倍之，而易十門之柱以石者，抵函之数。均用民力二十一萬六千二百九十有七，總爲米一萬八千八十一石，爲錢二千一百三十一萬四千八百，皆有奇，而錢出於郡帑者五之三。鳩工於冬之十二月，越明年三月朔而畢其役。

元海陵陳膺重修練湖記

其略云：先是至元三十一年，嘗記經於湖。當時莅事者痛抑浮靡，存其大綱，工亦不下六千四百餘人，粮亦不下(吾)〔五〕[一]千石，錢称是。然則湖之濟民也雖大，而其弊民也亦爲不細。夫以幅員数千里之巨浸，而欲使之大旱不減，大潦不溢，可溉而田，可運而河，可使爲利而不可使爲害，厥六艱哉！牢捍禦以防衝决，深浚導以通填淤，多門函以備蓄洩，堅木石以伺悠久，勞逸省而趨疾，試省勤而集易，期限蹙而費均，丁徒少而工多。凡此八者，倘非儉以體國，勤以恤民，深知利病者，孰克臻其具羡哉？大德乙巳春，都水溢丞來相湖，鎮江路總管史公寔重修役，懲昔太奢，酌今便宜，作於仲春之初，息於暮春之首。環湖上下，峻捍巍然，厚且完固。斗門石磋暨諸函竇，視舊制無毫髪遺。然計工度財，纔及曩時三之一耳。將成，平章政事徹里公臨視称善。既畢工，父老来言，請壽諸石。

元翟思忠鎮江路濬運河練湖記

其略云：京口漕運迤逦夾岡，微奔牛、吕城閘堰之，捍瀉不日。以南去数百里，皆無水源，仰給練湖。自長山八十四汊流爲辰溪，瀦而爲湖。丹陽、金壇之田袤廣勢下，微湖之承，匯有年矣。若夫春淫夏亢，瀦之洩之，此湖得用，而河得濟也。然歲迁月改，湖不可不疏，河不可不浚，隨勢上下，中埂一，爲湖二，函磋斗門，一一有法，旱不枯，潦不没，湖水放寸，運河注尺，其功何如哉？泰定冬，湖河淺塞，公私病之。浙首平章剌罕、光禄暨僚屬僉謀，委前都水任少監、路總管毛公計其工程。適平章兀伯都剌赴召，旋得上聞，命行省参政董中奉、行臺侍御史忽都

[一] 五　原作『吾』，據《吴中水利全書》卷二十四改。

魯參阿親臨之，廉司副使管不八、僉事和尚董督之。凡募五郡夫萬五千二十二人，工六十日，廢錢六十二万七百三十緡，米萬八千九百餘石，皆出於〔官〕〔一〕。繇程公壩抵浦河口百二十里，深浚四尺，廣上五尺，廣下三尺。畚壤培岸，霖潦不貫河抵。半高置函五十四，一利舟漕，一利田溉。於是河流瀰漫，行無膠澁。又役三千人，舟千隻，工九十日，廢錢二十七萬緡，米八千一百石，堤埂爲斗門一石，磋六石，函十有三，一備啓閉，一備蓄洩。於是官溝民田，悉得灌溉，而無旱澇之虞矣。

國朝吴祭酒節鎮江重開漕河記

其略云：鎮江邊臨大江，通江有河，舊名京口，有閘有壩，南通常郡，地名奔牛，亦有壩有閘，皆潛通潮汐以濟漕舟。國朝洪武初，舟經此者尚衆。比年淤塞不通，重載之舫，多從孟瀆出入，必由大江，風濤不測，每致顛隕。天順改元，尚寶□節陵佶言之。朝廷且欲于丹徒七里港開道，以接舊河。詔下巡撫大臣勘議。時左副都御史崔公恭撫臨其地，乃偕巡按御史鄭祐、鎮江知府林鶚親詣七里港，相其地勢，載詢父老，咸以爲宜止浚舊河，則工用較省，具題以聞。上可其奏，於是以常、蘇三萬人，自京口起至奔牛，計百六十里，各委官分授。復懼有損民居，令河岸惟仍其故，崇者深丈餘，卑深八尺。又設法得公，餘白金九百八十兩，俾修砌京口甘露、吕城、奔牛舊閘，於郡城西南二門各置浮橋，以通往来。於朝陽門外增建新閘，以防水〔涸〕〔二〕。經始於是年春正月，甫三月而訖工。

已上俱鎮江府

〔一〕官　原爲空格，據《吴中水利全書》卷二十四補。

〔二〕涸　原爲空格，據上書卷二十五補。

卷第十七　紀述

唐杭州刺史白樂天錢塘湖石函記

其略云：錢塘湖北有石函，南有筧，凡放水溉田，每減一寸，可溉十五餘頃，每一復時，可溉五十餘頃。北州大抵春多雨，夏秋多旱，若隄防如法，蓄洩及時，即瀕湖千餘頃，田無凶年矣。自錢塘至鹽官界，應溉夾官河田，須放湖水入河，從河入田，又須先量河水淺深，待溉田畢，却還元水尺寸。往往旱甚則湖水不充。今年修築湖隄，高加数尺，水亦隨加，脱或不從，即便決臨平湖，添注官河，若官河乾淺，俾放湖水添注，可以立通舟舡。其郭中六井，李泌相公典郡日所作，與湖相通，中有陰竇，往往湮塞，亦宜通理。則雖大旱，而井水常足。湖中有無稅田約數十頃，湖淺則田出，湖深則田没，人多盗洩湖水，以（私利）〔利私〕[一]田。其石函、南筧闐，非灌田時，並須封閉。若霖雨三日以上，往往隄決，須預爲之防。其筧之南，舊有闕岸，若水暴漲，即於闕岸洩之，又不減，於石函、南筧洩之，防隄潰也。大約水去石函口一尺爲限，過此須洩之。

宋蘇文忠公杭州六井記

其略云：凡今州之平陸，皆江之故地，其水苦惡，惟負山鑿井，乃得甘泉。唐宰相李公長源始作六井，引西湖水以足民用。後刺史白公樂天治湖浚井，至于今賴之。始長源六井，其最大者在古清河，爲相國井。其西爲西井，少西而北，爲金牛池，又北而西附城，爲方井，爲白龜池，又北而東至錢塘縣治南，爲小方井。嘉祐中，太守沈公文通絶河東至美俗坊，爲南井。出湧金門，並湖而北，有水牐三，注以石溝。貫城而東者，南井與相國、方井之所從出。若西北，則相國之派，而白龜池、小方井皆爲匿溝湖底，無所用牐。此六井之大略也。熙寧五年秋，太守陳公述古發溝易甃，補葺鐔漏，而相國之水大至，坎滿溢，南而注於河。千艘更載，瞬息百斛，以方井爲近於濁惡，而迁之少西，疏湧金池爲上、中、下，使澣衣洗馬，不及於上池。列二牐於門外，其一赴三池而決之河，其一納之石檻，比竹爲五管以出之。並河而東，絶三橋以入於石溝，注于南井。凡爲牐四，皆垣墻扃鐍以護之。

宋安撫使周淙重修六井記

其略云：乾道三年五月，淙自西浙轉運副使改知臨

〔一〕利私　原作『私利』，據白居易《白氏長慶集》卷五十九改。

安府，奉承德意，不敢循默，因奏于上，面奉玉音，遂以六月經始于惠迁井，易用新石，堅厚高廣，過昔数倍。以次至方井、沈公井、相國井、白龜池，而蘇公所記之六井畢修。捍蔽周密，可支数百歲。水脉大至，率皆盈溢，則又治古井之有泉者，曰瑞石，曰中棚，曰義井。自清湖牐井，城内外莫不足於水矣。

宋盧侍郎鉞重修六井記

其略云：六井者，杭人之所利賴。矧南渡駐蹕以来，百司庶府，六軍万姓，仰於水者，視昔何啻百倍。咸淳六年，太傅平章魏公受任之久，衆廢具興，而功緒始及。于井曰惠迁者，溝低爲河，汎不可食。筧舊用木，歲久輒壞，乃倍而高之。復治石爲渠，以尺計一千七百有奇，表捍裏錮，既廣既深。水始大至，覆之巨石而竅其上，可用汲流。溢而南至于金文橋之河舟者，載以粥焉。然猶慮衆流之合污也，迺浚受水以澄其源，鑿別溝以疏其惡。如惠迁以至相國、南井、大方、小方，水口之所自入，莫不（未）〔表〕[一]而出之，流福居、六井之外，於府治爲近，其源自聚景園，導湖灌輸，後填淤成陸。迺自學士橋別開大港水脉以通。他如衆河之支分派别，壅者疏之，狹者廣之，梁之圮者造之，隄之夷者築之。而又推本六井之故始，於是鄴侯之廟，隘以拓之大，卑而增之崇，像設嚴如，塗雘焕如，過者改視，工告役備。

宋丁寶臣杭州石堤記

其略云：江界吴越間，杭據其右而地勢下，生聚数十万，廬舍隱鱗，號天下最盛。而歲苦蕩潮，於夏秋尤暴，常與堤平。城中望隄，不百数步。不幸一壅而潰，犹決山而注于井，其病於民也数矣。景祐中，轉運使張公伯起請，故是率（新）〔薪〕[二]土雜治，不一二歲輒壞，雖勤繕補，卒不足恃。乃作石堤，袤一十二里，民賴以安。後十年夏六月，大風驅潮，晝夜不落。隄之土石，嚙去殆半。時知府翰林楊公偕轉運使田公瑜條上方略以聞，詔以隄事付之，兼命通判屯田錢君尚、余君貫，兵馬都監閤門祇候杜君正平分董其役。發江淮南、二浙、福建之兵，調十縣丁壯，合五千人，輦石于山，畚土于丘，持秉節杵之役，相屬于数十里之外。是年冬十二月，新隄成，長二千二百丈，崇五仞，廣四丈。自龍山至官浦二千丈，修舊而成。增石五版，爲十三級，自御香亭下創爲二百丈，石堅〔土〕[三]厚，相爲膠錮，欄上而方下，外疆而内實，形勢遂安，可恃而無恐矣。最捍激處，更爲竹絡，實以小石布其下。及圓折其岸勢，務以分殺水怒。大率究之前謀，所未盡者，益以新

〔一〕表　原作『未』，據《（咸淳）臨安志》卷三十三改。
〔二〕薪　原爲『新』，據《（咸淳）臨安志》卷三十一改。
〔三〕土　原闕，據上書同卷補。

意而爲之也。

宋參政許應和修築杭州運河塘記

其略云： 運河有塘，衣帶浙水，自帝都簿吴頭楚尾，綿亘千餘里，閔提封者六州十縣，仁和首當其一。郵遞輦運，憧憧旁午，惟永和堤阻鼎湖、白龍潭之險，卯風湍流，寅夕鼓蕩，一有綫留，則膏腴数百頃，瞬刻就浸。邑有范、任二君，倡爲義役，〔率〕[一]衆僦工，築以木石，成二百五十丈，爲錢数千緡。范君爲費，獨當什伍。肇始於紹定己丑之春，告成於是歲良月之望。蓋民間曾無勞動之苦，而公家坐收興築之利也。

宋餘杭縣丞成無玷水利記

其略云： 苕水發源天目，經兩都六邑，以入具區者二： 當天目之麓，山隘地高，水經三邑，處其下流，奔放不可爲力。餘杭縣其間，當苕水之衝，横流歲嘗一再至。或久雨，倏忽瀰漫，至二丈許。故隄防之設，比他爲重。東漢熹平中，陳渾爲是邑，始築兩湖，以爲水瀕，並溪者曰南下湖，環三十四里，並山者曰南上湖，環三十二里。洪流從高赴卑，其勢悍甚，得所謂石門函者，折而匯於湖。徐引而東洩於南渠河，東接東溪五福渠之水入於吴興。其派別而北者，爲黄母港之十二里，與苕溪會。於其會處，節以石埭，曰西函。溪流方漲，則閉以固東鄉之田，俟其稍落，則啓函以走渠港之潦。其爲塘岸，規制甚工，歷年寖遠，堤堰傾圮，水或逆行，漂没廬舍。西函既自踈罅，守者竊以渡舟，水因大至，官趣救目前，遽塞之以弭患。自函之塞，十歲九潦，殆成棄地。今大夫江公以宣和四年夏来臨，睠民瘠甚，思所以振之。以是年冬度工賦事，始於西函，次五畝塍，次緣湖之岸，當溪之衝者，曰紫陽灘、尹家塘。次護郊之堤，曰中隔塘。次緣溪之岸，當西函左右者，西踰明星瀆，東接廟灣之塘，次上湖可〔洩〕[二]者南渠河，受水處曰石檽橋。次緣溪之岸，當石門函之，左曰閑林塘。南岸既全，凡北岸之塘，與南對修，由西門之外，曰五里塘。西山横隴，當溪之衝者曰龜塘，及東鄉十四壩之防，一皆圓治。於是渠岸無偏强之患。其下流遠近與錢塘接境之田，犬牙相錯，而塘在吾邑者曰廟灣，曰許家埧，曰茭蕩，曰塘口，曰唇潭，曰化湾，與其西岸石瀨、曹橋間十餘壩之岸，亦皆增葺。徑始於十二月，落成於明年三月。其高七〔仞〕[三]，其袤一百三十丈，两崖横敞相去尋有半，加膚寸〔馬〕〔焉〕。石之工九百七十，役庸萬有六千三百，用緡錢四十三万。自餘隄防由東塘而上，分委邑佐董之。由廟灣而下，則因其塘長而語之，靡不聽令，洎成如

[一] 率 原爲空格，據《（咸淳）臨安志》卷三十八補。
[二] 洩 原爲空格，據上書卷三十四補。
[三] 仞 原爲空格，據上書同卷補。

期。其南岸皆與西函相爲表裏，而西函最爲要會。夫南湖之利，自古迄今，比歲民因湖之塞稍耕其田，利水之速去也。故隄防有盗決者。往時湖與溪皆有塘長，俾專繕治。今稍復增置塘長，又於五畝塍舉條令爲約束，以絶盗決之弊。民之蒙惠當無窮矣！

宋徐安國重修餘杭縣塘記

其略云：　餘杭縣南五里有上湖，西二里有下湖。昔歸珧宰縣，築甬道，西北大路廣徑直百餘里，行旅無山水之患。國朝以来，隨時修築。熙寧中，水勢衝激，其岸漸低。紹興中，縣令李元弼增築三尺，州司差捍江兵士及濠寨官助之，塘漏則以藁爲谄捍護，得免者屢。以南湖東廟、嶽廟之側有石檑橋及五畝塍，父老云昔湖深水低，則引两湖之水，由此入安樂鄉。其塍上下，各廣丈餘。後湖湮塞，欽德、招德二鄉之民侵湖成田，於是塍與橋毁而勿修。後縣令江衮躬訪利害，紹復前蹟，民賴其賜。紹熙甲寅，畿漕黄輔重修，慶元丙辰正月訖事。

宋於潛令邵文炳重築元豊塘記

其略云：　於潛隸於杭，水之發源自天目而来，至其境，旋轉合附，環邑左右，勢傾而南下，行群山間，廣不能三十丈，或束而約，纔數尋尔。淺灘鳴瀬，五日不雨，田未病而溪固涸矣。昔人視其勢而約之以埭，導其流以溉田。後稍增益之，凡爲大堰百四十有七，其細流爲堰者，又二百二十有三。山狹窮處，溪流不逮，亦疏鑿以爲塘。然而潛之地，山居其六七，窮谷之民無曠土平澤，以廣其灌注。田事將興，予勸耕於郊，大堰各立長，率共利之人察其決壞而增築之。相畎畝之枯潤，時其疏瀹而均注之。先後有次第，高下有承接。約則有罰，甚則有刑。小堰各從民便，使自爲之。總之，溉六鄉、十二管之田凡四萬九千七百七十畝有奇，非溪塘之所及，止於此地之傾側，山之重峴，而不得盡其利也。

宋邵文炳重開元豊塘記

其略云：　長安之鄉，小嶺之下，有塘曰元豊。謀始於治平之元，久弗克就。元豊庚申，縣令崔君乃力興之，塘成而獲其利。歲月寖遠，稍就廢弛，而塘之所存，隱然成陸矣。咨訪耆老，求其故而疏〔闢〕〔一〕之，取田户百二十家之夫，以用其力，給其食用，凡三十有四日而罷。其廣百有四丈，其深丈有五尺。於是别爲三渠。其東之深與塘抵直，覆以大石，鑿方竇，廣八寸許，水自石竇旋轉而下入于渠。其西高可五尺餘，爲第二渠，如前之制。又高五尺，累石門於二渠之中，石板横亘其〔二〕〔下〕〔三〕。又積石

〔一〕闢　原爲空格，據《（咸淳）臨安志》卷三十八補。
〔二〕下　原作『一』，據上書同卷改。

水門之外，釃三流以注之。田植板幹，以謹其閉。小旱則啓其中之水門而縱之，中旱則慎其西，大旱則慎其東。已洩而復閉，逾三日則塘水復盈，旁行曲折於三流之分，又不止今所灌之田而已也。

宋邵文炳重築樂平官塘記

其略云：去元豐塘而西里許，地名樂平，受閤湖之源而屬于大溪。舊有官埭，溉並溪之田僅千畝。山溜旁衝注埭澳，奔洪暴漲壅沙以遏其上流，溪源亦激射，而埭乃隨壞，溪涸立待。往歲官一用其力，既成數月，隨即廢壞，禾稼就稿。耆老咨嗟，求以新之，乃伐石作址，累石爲□[一]，橫絶溪流，厚丈有六尺，長十有二丈，高與岸等。列木作□[二]以護其旁，使奔流不得嚙。導渠自埭口南東而下，渠之两旁又釃爲輔渠。由近而遠，無不霑溉。責之長以謹視之，歲補而加勤焉，則又異時爲政者之所當念也。

宋邵文炳清漣上塘記

其略云：度上豪溪而南爲范家塢，增山之麓，細流所瀦，曰清漣塘。其深丈餘，東狹而西長，周廣九十有一丈，堅高可以衞山，水雖奔流，亦不得而衝嚙也。塘之下鑿渠而深之，東流爲溪，又北東接于樂延，其地専連塘之利，西又有上塘，周廣視清漣殆有加焉。水行地中，別爲二梁，其一自塘東，徑北而下。其一自塘西，循村巷宛轉而北，又折而西。水之所及，視東渠頗遠。二塘皆日就壅，不足爲旱乾之備，而民亦無有告其上者。夫長安之人困於荐飢，號啼疏徒，宜知溪塘之利也，然視之邈然。今雖盡力以次興，復竊懼夫民猶以爲徒役而後日之不加修也。故申其説以告之。

國朝大學士謝公脩復西湖碑

其略云：西湖爲杭西山諸水之所瀦，歲久規防侵弛，湖葑蔓不可治，有力者復相竊據，高者爲田疇，下者爲沼蕩。其中若孤山之坳，長橋之港，亦漸爲人所侵。長夏歲旱，則上塘之田無所於溉，而運河亦阻，公私病之。間有圖修復者，每爲浮議所奪。弘治癸亥，酆都楊侯孟瑛自刑部郎擢守杭郡，深惟兹水之利，鋭意修復，白諸監司。巡按監察御史車公梁爲請于朝，命下，車公以其成專委于侯，藩臬諸重臣皆協相主之，而僉憲高公江職在水利，尤切注意。侯奉行惟謹，懼民力弗堪，乃發帑藏餘積，募民從事，許日給直。民争負畚鍤赴工，所占田蕩尽斥去之。慮民無所於業，乃取廢寺田若干頃，與之相易，不願易者，酬其直。人慮其舊税無所歸，則以他新增税充其額，用是富不失業，貧不告勞，怨讟潛消，事遂克濟。湖東餘土附

[一][二] 此處疑闕字。

益蘇堤，高二丈，廣五丈有奇。湖之西則薄西山爲新堤，亦爲六橋，以通諸山水。兩堤之上，植萬柳以爲障蔽，其餘葑草淤泥，盡置孤山諸隙地。西湖全景，式復其故，而上塘之田及城中運河，始無旱乾之憂矣。蓋經始於正德丙寅之二月，四閱月而畢。以工計者八十七萬四千，聽斥田蕩以頃計者三千有五百。嗚呼！功亦偉矣。

已上俱杭州府

宋秀水縣三塔白龍潭記

其略云：漕渠出通越門，直西三里斗折以北面，其曲爲今景德寺。前有三塔枕其流，流之深俗左右四尺，龍之所宅也。寺有伽籃祠，號順德龍王。舊俗云：風檣雨擢，淪溺不側。往来者謂險瓨江湖間，乃相與琢石韞舍利，建浮圖鼎足鎮之，所謂三塔者也。塔初成，靈光夜明，險害乃已。或云：近歲有艤舟河上，夜半風雨晦冥迂之數十步，櫂夫幾殆。淳熙元年夏五月，潭之所大雨雹，已而不雨。至于七月，郡刺史毘陵張公元成從僚吏出禱，小雨隨之。越三日禱畢，蜿蜒雲端，不終朝，大雨。翼日，又雨雹，繞佛廬，不涸不流，不萎不蘇，歲以大熟，邦人咸喜。

國朝魏文靖公驥海鹽重修捍海塘記

其略云：大海去海鹽城東一里許，而洪濤巨浪，晝夜舂撞。古有塘岸，專以捍禦潮汐，其保障軍民之功，不止海鹽一邑，而浙西諸郡皆賴之。永樂初塘壞，有司以聞，上遣通政使趙公居仁董蘇、松、嘉、湖數郡軍民修築僅元。宣德中，巡撫侍郎周公忱復使民于塘之内增土五丈，仍令嘉興府役夫七百人分方守候，遇壞即修，歲以爲常。正統九年，秋風，潮大作，塘復衝決，水溢四境，傷民禾稼。知府黄懋復請于朝，下有司相勘於塘内，重築新塘，用銀且四十萬。因令所屬有罪人納贖以充費。景泰五年夏四月，僉憲陳公永實領其事，乃因塘故址，外砌大石，内實瓦礫，勞來工役，曲盡恩意。於是人争効力，費省而功倍。塘之廣十有二丈，高二丈八尺，真足以障怒濤而捍居民矣。

刑部尚書屠公勳重修海鹽塘記

其略云：海之塘在縣東一里，今僅半里。自昔至今，屢修屢壞。弘治間，勳爲大理少卿，不忍民之墊溺，嘗上疏極言海塘之弊，詔下工部議，行有司禁革如法，募工督理。下施木樁，上加巨石，從横交疊，内外收縮。通計重築塘，南自藍田鋪，北至丫叉塘，以丈計者凡九百餘，而居民可賴矣。正德辛未，河南韓君士賢通判嘉興，專司水利，而海塘其大患也。韓君上承監司吴公之檄，督同海鹽令辛九齡暨居民、耆老熟思審處，於是計財傭工，隨海之勢，順地之宜。經始於正德八年癸酉，訖工於九年甲戌。爲費四千两有奇，石六萬四千，樁木二万六千，石功一萬二千，役夫三萬九百。視昔之費，十省八九。自教場迤運而周一百四十丈，翁家塘土塘皆六百五十丈，丫叉塘三千三百餘丈，澉浦塘一千三百餘丈。他如龍王塘、談家塘，又数千丈。塘高二丈八尺，疊石一十八層，視昔之功，十倍六七。黧老童穉舞躍歡呼，咸願建碑紀德，俾來者知修之所始。

林郎中文沛重修海鹽石塘記

其略云：浙西海鹽塘，古制外石、内土，自海底植基，砌石層累而上，而頑鈍弗稜者，裹之層之多寡，視地之高下，而層多者止於十有□。然植基欲長，砌石欲穩欲實，護土欲高欲厚，欲槌固，欲内不貼水。如是者皆古法也。邇来官帑之所給，民丁之所役，而土著之徒利之於土石之功，大率中空内泛，有不旋踵而坍潰隨之者。嘉靖壬午秋，潮大作，癸未繼之，塘圮視昔加倍，潮乘隙以進，泛濫及百里許。有司以急切民害告，適巡撫大司空西蜀李公柄水利權，而文沛承公命以涖之。既至，則率屬鳩工，而知府蕭世賢已具有章程。文沛因搜坍窮圮，督衆肇工。舊制，石多縱者，更之而縱横參錯，使聯屬而不解散。又痛革其乱裹之弊，必擇其廉隅可縫之石，募民指授布置，使牢穩而不空虛。其植樁以四千八百計，皆去朽短而易新長。其層石以萬六千計，皆拾遺於海與陸，運於数程之外。塘北自丫叉，南抵宋庄，撤其舊而新之。有自四至七曰小坍者二十八處，有自八至十二曰半坍者四十處，有自十三至十八曰全坍者五處，共七百五十七丈，而土工尋亦就緒，共一千三百七十丈。經始於嘉靖二年八月，至冬十一月而告成。用銀一千五百两有奇。

已上俱嘉興府

元吴興新復清塘記

其略云：吴興爲江表名郡，烏程古秦縣也。霅水自天目來，縈紆曲折，過清塘門，東北與苕水合而入于太湖。汎濫岸溢，故爲長堤数百里，西抵長興，以截水勢之奔潰。先是，堤皆土築，數十年來，失於修治，堤外水決，往來者病於徒涉，而沿堤之田亦成巨浸。至元載紀元之初，真定宋君來丞烏程，暇日行視田里，顧瞻太息曰：『此非長民者之責乎？』乃議易以石甃，足支永久，首捐己資，畚土輦石，召匠庀工，民歡趨之。富者輸財，貧者輸力，郡之緇流亦皆捐金而助。爰築爰削，如鑄如埏，爲之橋梁，以通水道。夏秋漲潦，屹有巨防，奔轂走蹄，旁午于道。沿堤之田，歲喜有秋。郡之人士相與伐石以紀成績。

國朝翰林檢討方謨吴興重建長橋記

其略云：郡城之内有水，横貫於南北曰霅溪。溪之上游有長橋焉，舊名伏龍。其下之水，一自天目之陽出，出餘杭，經德清，會銅峴諸山水入定安門。一自天目之陽入苕溪，薄城南，亦入定安門。二水合流，橋下漫衍，爲江子匯，從臨湖門直趨太湖。每春夏，霖潦暴至，則深廣陪常。故橋屢圮屢修，比年以來，遂偃仆而不可支矣。景泰癸酉，郡守程侯謀及歸安令李君，役工方興，屬時飢費倍，程侯致仕歸，李君亦代任，其功遂輟。天順改元春，令河南岳侯来守，如前工直，俾裕其力。橋成三洞，覆以砥石，上翼以闌，其高二十四尺，立於水者如之。前後計費白金共若干兩。

已上俱湖州府

吴中水利通志十七卷浙江巡撫採進本

不著撰人名氏。前七卷分序蘇、松、常、鎮并杭、嘉、湖諸府之水，而各以歷代修濬之跡附載於後。次爲考議二卷，次爲公移三卷，次爲奏疏三卷，次爲紀述二卷，其敘事皆至嘉靖二年止。每卷之末題『嘉靖甲申錫山安國活字銅板印行』〔一〕。安國嘗翻刻留元剛所編《顔真卿集》及《年譜》，蓋亦好事之家也。

整理人：　杜怡順，二〇〇六年畢業於復旦大學中文系，獲文學學士學位。二〇一二年畢業於復旦大學古籍整理研究所，獲文學博士學位。現爲復旦大學出版社編輯。曾參與《海上文學百家文庫》《浦東歷代要籍選刊》等叢書的整理工作。

〔一〕本編纂單元整理時每卷末尾省略以上十四字。

吴江水考

〔明〕沈啓　撰

杜怡順　整理

整理説明

《吴江水考》五卷，明沈啓撰，是一部涉及吴江周邊江河湖泊及相關水利建設的著作。

作者沈啓（一四九一——一五六八年），字子由，號江村，吴江人。嘉靖十七年（一五三八年）進士，官至湖廣按察司副使。爲人崇德好義，且博學多才，對諸經子史、陰陽曆律、水利洪範、紫薇堪輿等學皆有研習，尤精於《易》學。身前著有《家居稿》《西臺浄稿》《越吟稿》《楚吟稿》《雞窠嶺稿》《南廒志》《南船志》《牧越議略》《吴江水考》《杜律七言註》《晴川便覽》等多種著述，今僅《吴江水考》一種傳世。傳詳見本編纂單元卷末附王世貞《湖廣按察副使沈公傳》。

據作者嘉靖四十三年（一五六四年）自序，此書是他『歸田數年，躬睹鄉國之艱辛』而作。顧名思義，全書是對吴江一地歷代水利之總括。作者認爲，吴江『邑之西窪而廓如者爲太湖，承受源水之來；　邑之東紆而條如者爲吴淞江，導引委水之去』，故而該地爲『源委之要，瀦泄之樞』。全書共分水圖考、水道考、水源考、水官考、水則考、水年考、隄水岸式、水蝕考、水治考、水栅考、水議考等十一個類目，所徵引文獻上起先秦，下至嘉靖末，其中尤以水議考爲詳，共佔據了三卷篇幅。可以説，以一地爲中心，勾連起太湖、吴淞江等重要河流湖泊及歷代的水利工程，本編纂單元無疑是一個良好的典範。清代學者，也是作者的同鄉徐大椿稱讚此書『非特爲吴江水利之書，乃蘇、松、常、鎮、杭、嘉、湖七郡水利之書。……其書最爲典核，後之談水利者，如林應訓《三吴水利考》、張國維《吴中水利全書》，皆取法公書，以此頗有條理，真東南水利不刊之典也』（見本編纂單元卷末徐大椿乾隆二年識），是有一定道理的。

此書雖完成於嘉靖末年，但刊刻於明代的版本早已散佚，直到清雍正六年（一七二八年），『朝廷遣大臣修治東南水利，偏求諸書，遂有掩取是編以獻者』（見本編纂單元沈守義雍正十二年書後）。後經作者八世孫沈守義詳加校勘，遂於雍正十二年重刻該書。乾隆間，此書又經重刻。之後在編纂《四庫全書》時，此書被收入到《存目》中。光緒二十年（一八九四年），該書又經重刻，並增入了黄象曦所輯《附編》二卷。

本次點校，以清乾隆五年沈守義刻本爲底本。凡底本模糊不清楚，據原本描潤。原書卷首的目録，與書中內容略有小異，現重新編制。底本闕雍正十二年沈守義的《書後》一篇，現據上海圖書館藏同一版本補入。在校勘過程中，對原本中的明顯錯字及避諱字等，徑行改正。書中所涉水道名詞，間有前後不一致者，爲謹慎起見，均保留原貌，不予校改。此外，還參考了其他相關文獻，對本編纂單元中少數文字進行了校正。凡他校所改文字，均撰寫簡要校勘記予以説明。在整理過程中，所參考的相關文獻如：〔唐〕姚思廉，《梁書》（中華書局，一九七三年）；〔元〕脱脱等，《宋史》（中華書局，一九七七年）；〔清〕張廷玉等，《明史》（中華書局，一九七四年）；《明孝宗實録》，（『中央研究院』歷史語言研究所，一九八三年）；〔明〕張國維，《吴中水利全書》（清文淵閣四庫全書本）；〔明〕張内藴、周大韶，《三吴水考》（清文淵閣四庫全書本）；〔明〕王世貞，《弇州山人四部稿》（明萬曆五年經世堂刻本）。對書中原文進行了一定的校正。凡他校所改文字，皆撰寫簡要校勘記予以説明。

本編纂單元點校工作由杜怡順完成，由楊婧、黄宣偉、毛振培審稿。限於識見學力，此次點校難免存在疏誤之處，尚祈方家指正。

整理者

序

東南水政有書，更何考焉？考者，考吴江水也。吴江奚考？蓋源委之要，瀦洩之樞也。何言乎要樞？夫東南之水，源者天目，委者東海，相距數百里間，瀠洄澎湃，而值其中為吴江。吴江，邑也。邑之西窪而廓如者為太湖，承受源水之來；邑之東紆而條如者為吴淞江，導引委水之去。太湖不能盡容也，亞而為湖，為蕩，為漾，為堰，為坑，為池者二百有奇，皆翕受而分瀦太湖之不盡者也。吴淞江不能盡引也，亞而為川，為瀆，為溪，為浦，為河，為港，為渠，為涇，為漊，為衖，為浜，為洪者千計有奇，皆連絡而分洩江之不駛者也。東南之區莫是窟焉，故曰澤國。而邑當夫交會之衝，苟有小水囊納，獨先諸他郡。是以歲之豐凶，民之利害，國計之絀伸，恒是乎先。節宣之法，孰兹為最？故善觀水者，觀吴江，思過半矣。觀之善者，孰如古聖人？其始之憂水也，曰昏墊，曰阻飢。及其治之也，決九川，瀹溝澮，後先有序，大小不遺。要其終底於績也，務奠居，務迺粒，務成賦，中邦而後已。修弛之間，利害攸判，天下治亂所從出也，而肯末焉視乎哉？繼是迄今，知國之本恒於斯者，必寬農詔，重農官，以修水政，以濟民飢，以裕國用，吾未見其有改也。迨至我明，尤致重焉。初責守令，繼總撫臣，小潦必除，微堙必濬，共享豐亨，胥忘德恩。久而守令弗遑從役也，添設倅丞，撫臣難親細勞也；添設工官或憲官，於是撫循郡邑，各有所委，水之利害，不入於心矣。官水者未必皆不舉職也，每或以節費汰冗，疏而革之，必待極潦大祲另請復設。寒後索裘，無救卒歲，河清之俟，能免胥溺也乎？方革而設，方設而革，彼間設者客也，暫差者寄也，帶攝者他人之田也。修節宣之政，以為豫遠之圖者，誰歟無怪乎？民逋日竄，而督税之使時遣，而歲不能復命也。嗚呼！政修奚遺為哉？議者猶歸罪夫天時而不察人政之未修，墜久遐遺，識無什一，可憫也。邇來湖承於源者，賴堰壩之節也，或崩或占，奔潰日注而無掣；江洩於海者，在汀渚之决也，或萑或葦，淤淰日淺而不通。猶之人也，口鼻浸灌不停，膀胱窒滯不洩，胸腹能不蠱脹以至於斃者幾希矣。

余歸田數年，躬覩鄉國之艱辛，今不圖存，後將焉考？為緝《吴江水考》五卷，凡十條，間為箋庶前賢之心與政，不盡泯也。若以不合於舊，或陵谷移形，名號易故，猶《水經》之不同於《職方》，《職方》之不同於《禹貢》，勢則然矣。司農者執而裁制之，斯考或不為東南覆瓿也。噫！

嘉靖甲子春日，江村七十四翁沈啓序

目録

卷一

吴江水利全圖

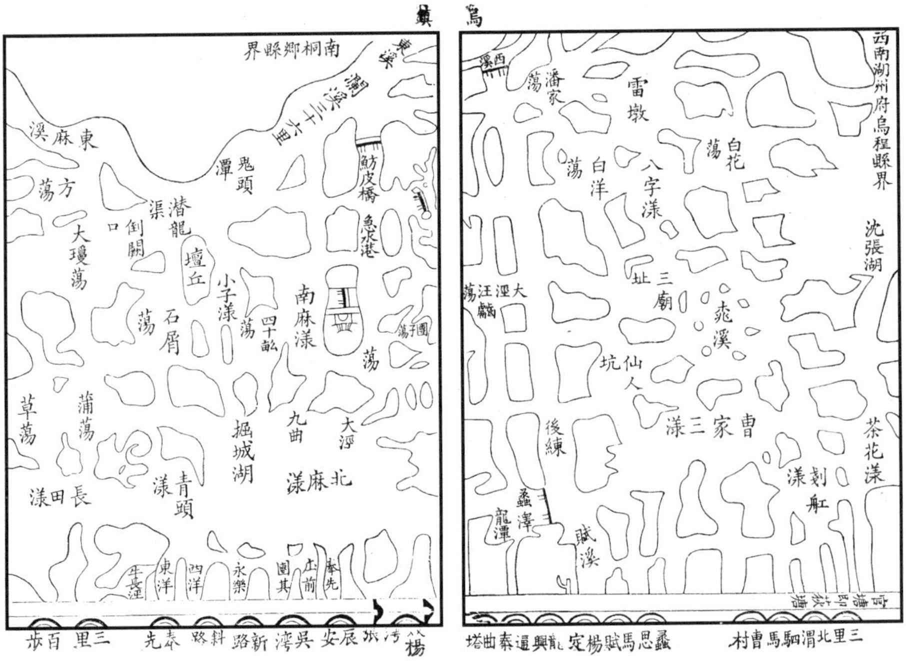
西南湖州府烏程縣界
雷墩
潘家蕩
白花蕩
白洋蕩
八字漾
沈張湖
三廟址
大涇汪𤀹蕩
菀溪
仙人坑
曹家三漾
後練
茶花漾
剗䑡漾
蠡澤
龍潭
賦溪
官塘即荻塘
三里北渭駟馬曹村
蠡思馬賦楊定龍興逼秦曲塔
南桐鄉縣界
東麻溪
方蕩
大瓊蕩
潛龍渠
倒關口
鬼頭潭
魴皮橋
急水港
壇丘
石屑蕩
小子漾
四千畝蕩
南麻漾
大浮
九曲
北麻漾
掘城湖
蒲蕩
草蕩
長田漾
青頭漾
奉先
庄前
圓其
永樂
四洋
東洋
牛長涇
三里百步
先奉路斜路新灣吴安辰

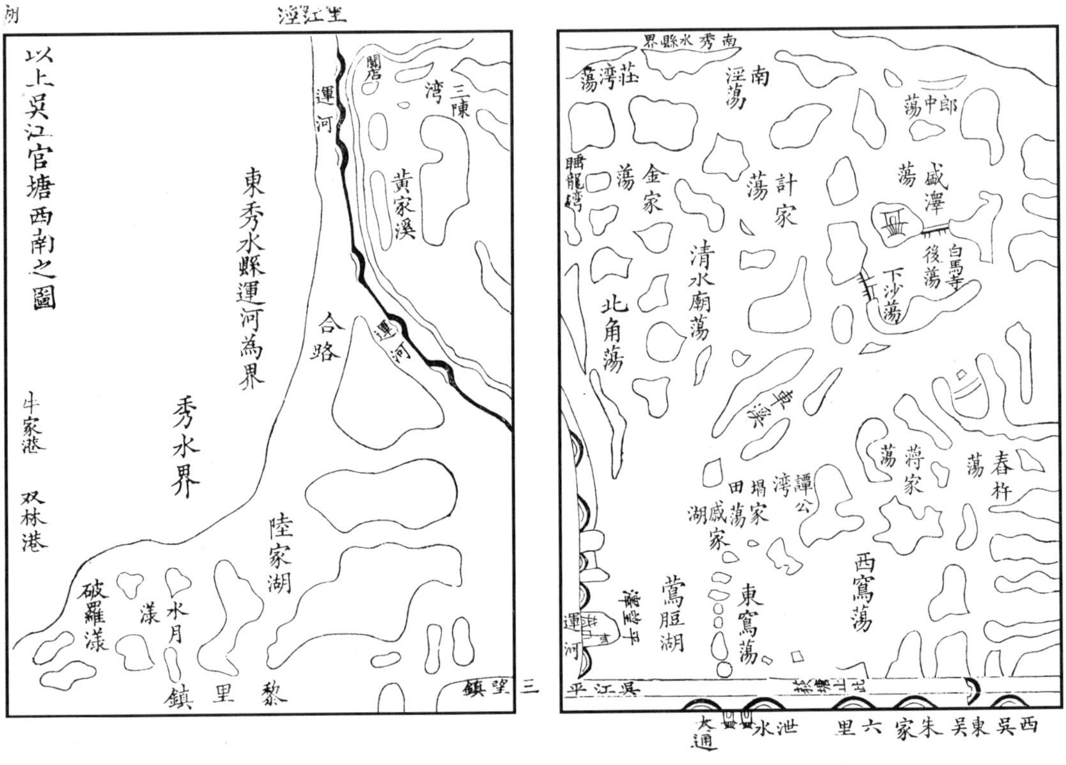
南秀水縣界
莊灣蕩
南涇蕩
中郎蕩
金家蕩
計家蕩
盛澤蕩
後蕩
白馬寺
下沙蕩
清水廟蕩
北角蕩
東溪
譚公灣
塌家田蕩
盛家湖
蒋家蕩
春杵蕩
東鴬蕩
西鴬蕩
鴬脰湖
運河
吴江平
西吴東吴朱家六里泄水大通
以上吴江官塘西南之圖
黃家溪
運河
合路
東秀水縣運河為界
秀水界
牛家港
双林港
陸家湖
破羅漾
水月漾
黎里鎮
三望鎮

此吳江縣太湖以南之圖
湖州界
南潯
曾村
太湖
以上十四港屬六都
太湖北洞庭山
南江吳

縣南以塘荻地方
楊篊
道成
長漾
橫草路
以上三十五港屬五都
以上三港屬十都
金砂灘
太湖
四

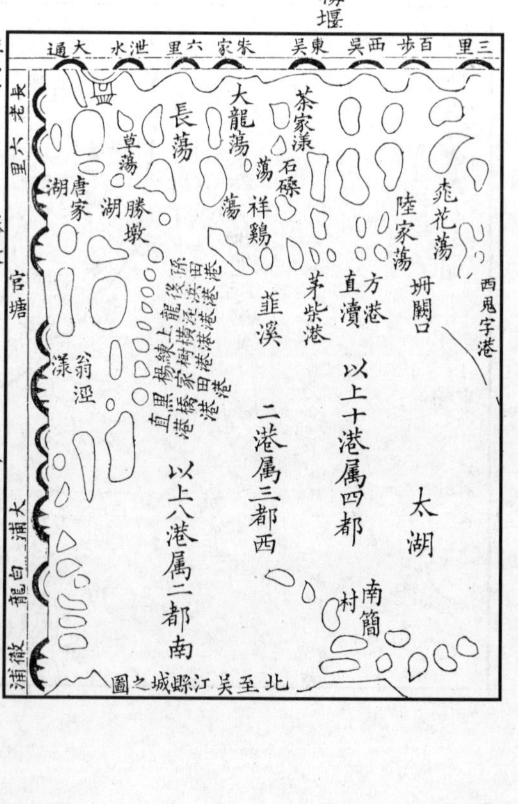
梅堰
平望
勝墩
八斥
太湖
以上十港屬四都
二港屬三都西
以上八港屬二都南
北至吳江縣城之圖

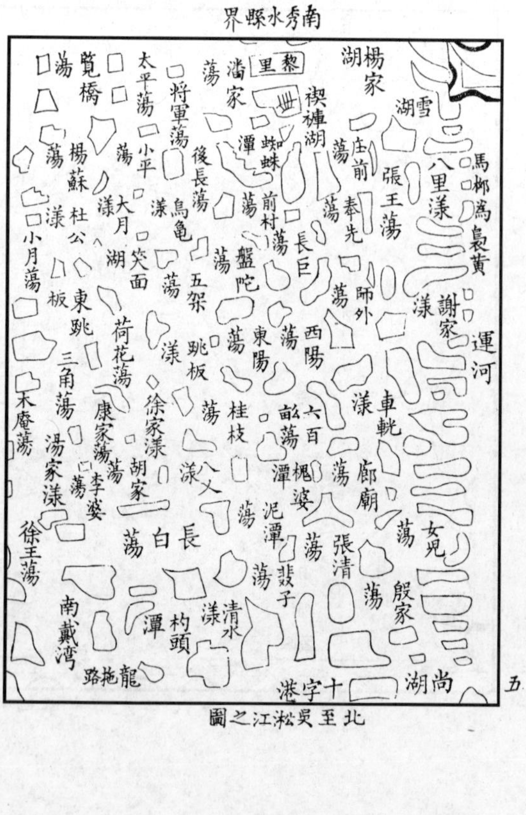
南秀水縣界
黎里
運河
五
北至吳淞江之圖

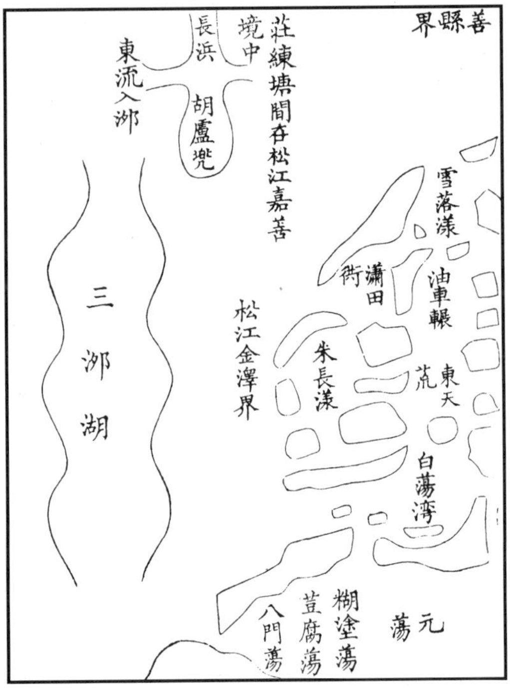
善縣界
莊練塘間存松江嘉善
境中
長浜
胡盧兠
東流入泖
三泖湖
松江金澤界
雪落漾
油車輾
瀟田
朱長漾
東天荒
白蕩湾
元蕩
糊塗蕩
苴腐蕩
八門蕩

六

泗洲寺

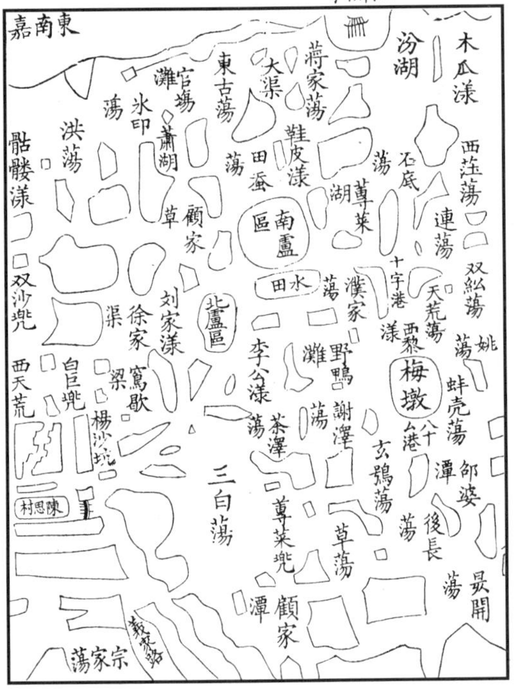
東南嘉
汾湖
木瓜漾
蔣家蕩
大渠
東古蕩
官蕩
灘
氷印
洪蕩
髑髏漾
鞋皮漾
田蚕
蕭湖
南盧區
顧家
草
西荘蕩
連蕩
双紘蕩
蕁菜
湖
十字港
天荒蕩
漢家
水田
北盧區
刘家漾
徐家
渠
双沙兠
西天荒
梅墩
蚌壳蕩
李公漾
野鴨
謝潭
玄鶴蕩
三白蕩
楊沙坵
陳思村
草蕩
後長蕩
吴開
潭
顧家
宗家蕩

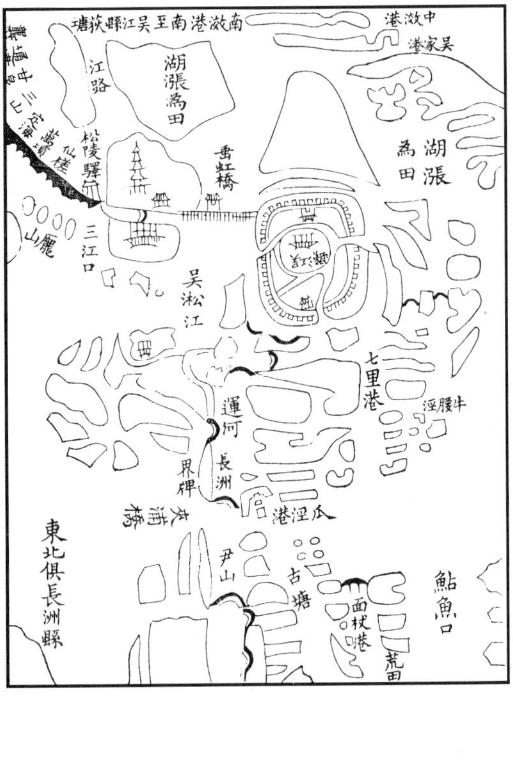
南澉港南至吴江縣荻塘
中澉港
吴家港
湖漲為田
江路
松陵驛
垂虹橋
湖漲為田
三江口
吴淞江
七里港
運河
長洲
界碑
夾浦橋
瓜涇港
尹山
古塘
鮎魚口
東北俱長洲縣

七

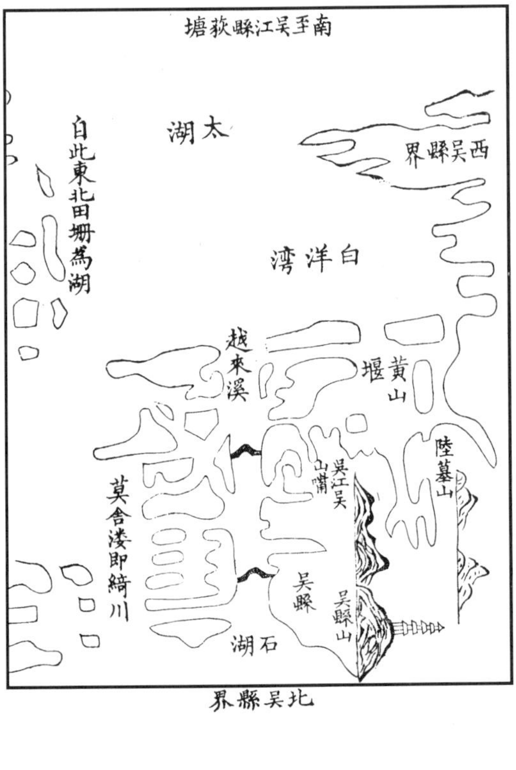
南至吴江縣荻塘
太湖
自此東北田堋為湖
西吴縣界
白洋湾
越來溪
黄山
堰
陸墓山
吴江吴山嘴
莫舍溇即綺川
吴縣
吴縣山
石湖

北吴縣界

南吳江斷在前

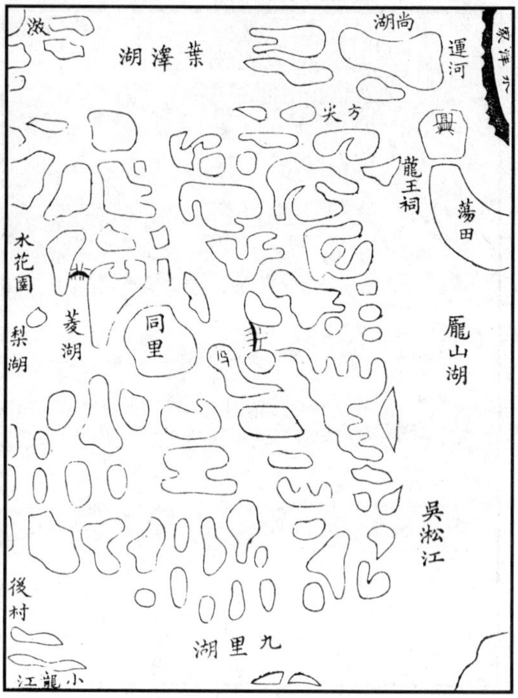

南吳江圖白前

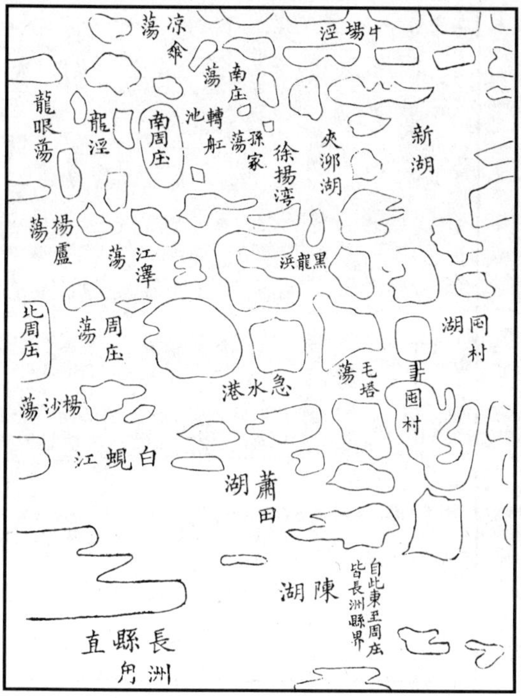

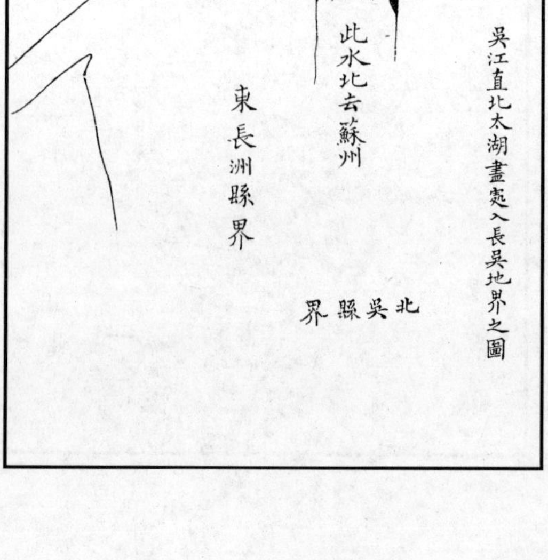

太湖全圖
蘇州府全圖
東南水利七府總圖
吳淞江全圖
婁江全圖
白茆江全圖

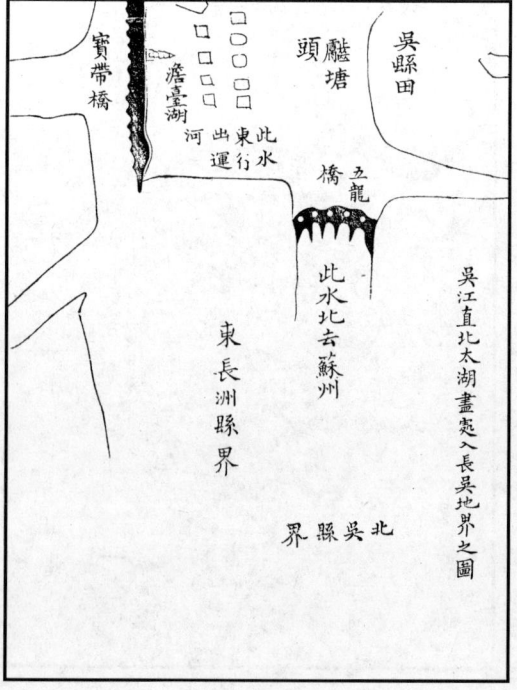

太湖全圖

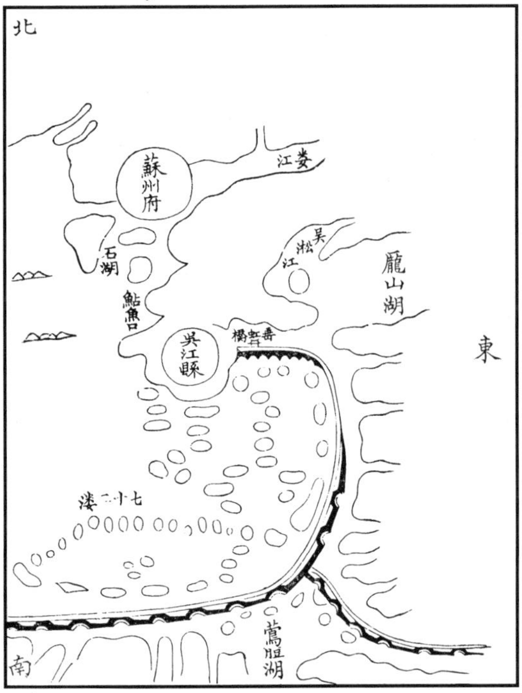
北
蘇州府
婁江
吳淞江
龎山湖
石湖
鮎魚口
吳江縣
東
七十二漊
鶯脰湖
南

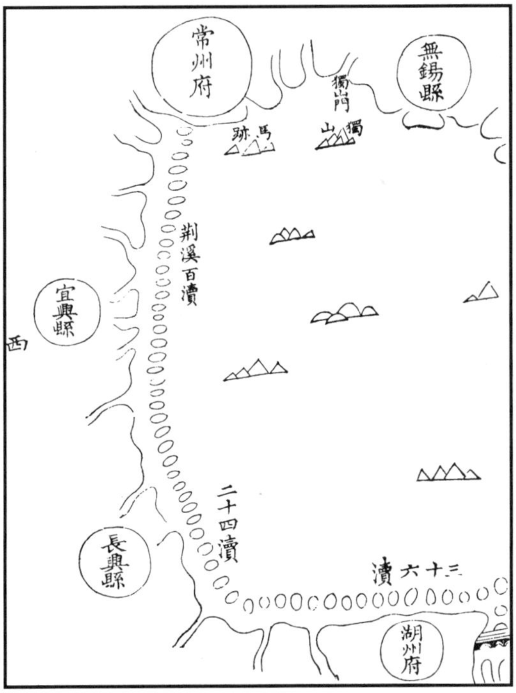
常州府
無錫縣
獨山
馬跡
荊溪百瀆
宜興縣
西
二十四瀆
長興縣
三十六瀆
湖州府

蘇州府全圖

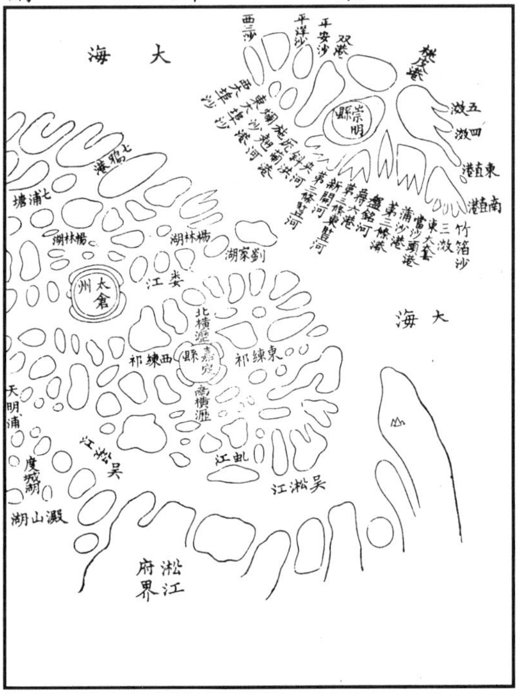
大海
西沙
平洋沙
平安沙
崇明縣
太倉州
婁江
劉家河
吳淞江
大海
澱山湖
松江府界

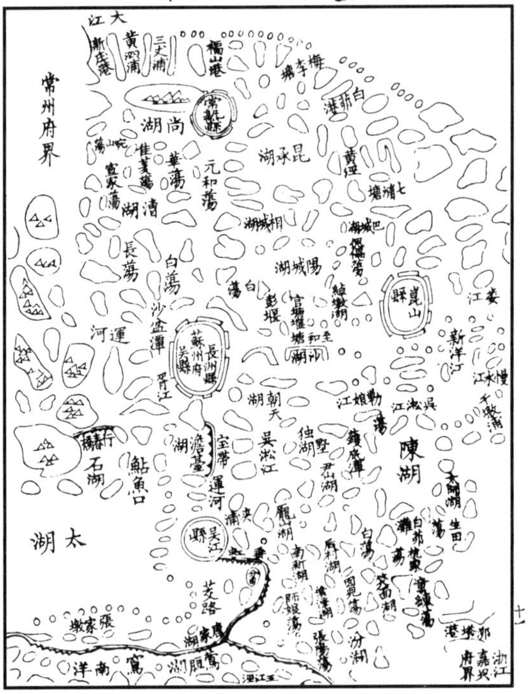
大江
常州府界
尚湖
昆承湖
陽城湖
白蕩
運河
蘇州府
崑山縣
陳湖
鮎魚口
石湖
太湖
吳江縣
嘉興府界
浙江

東南水利七府揔圖

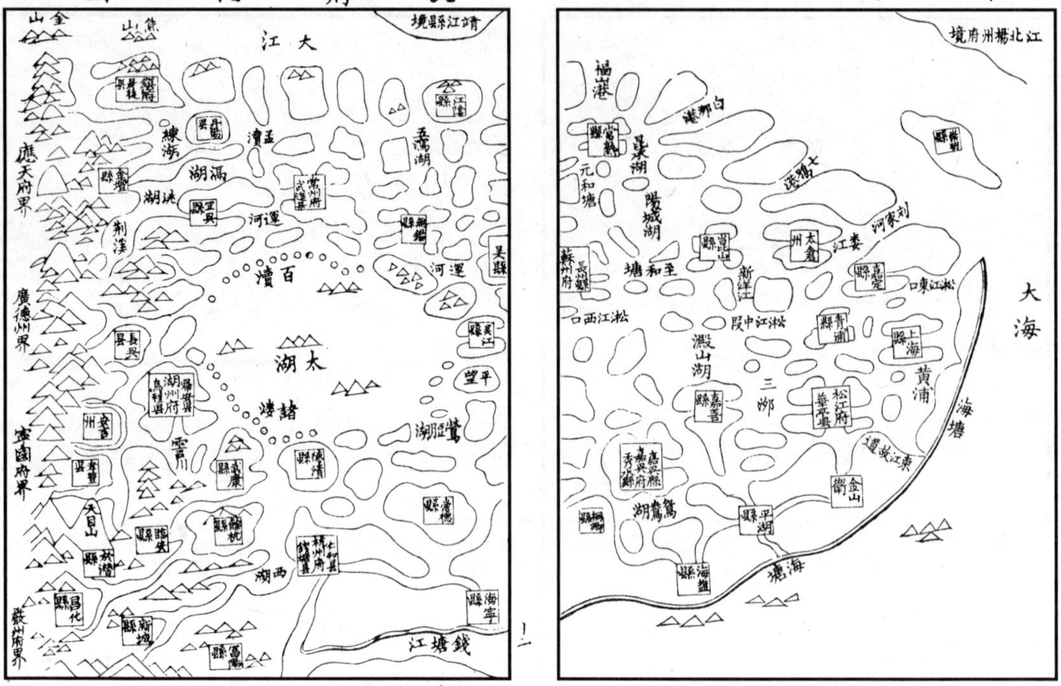

吳淞江全圖

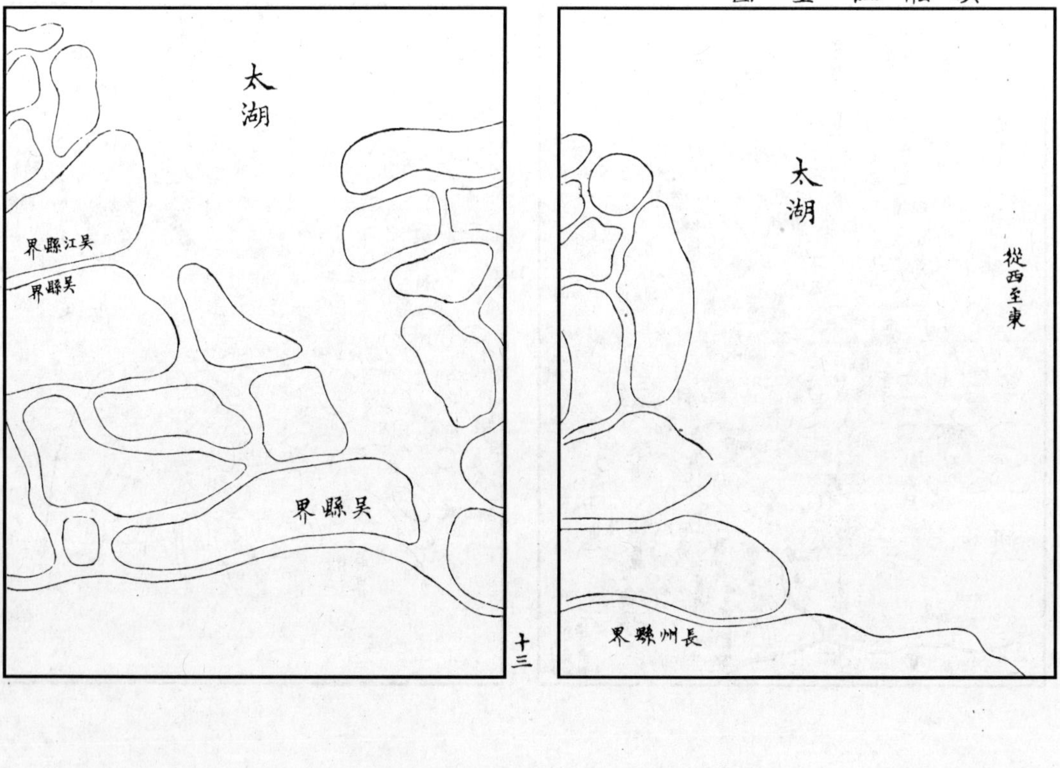

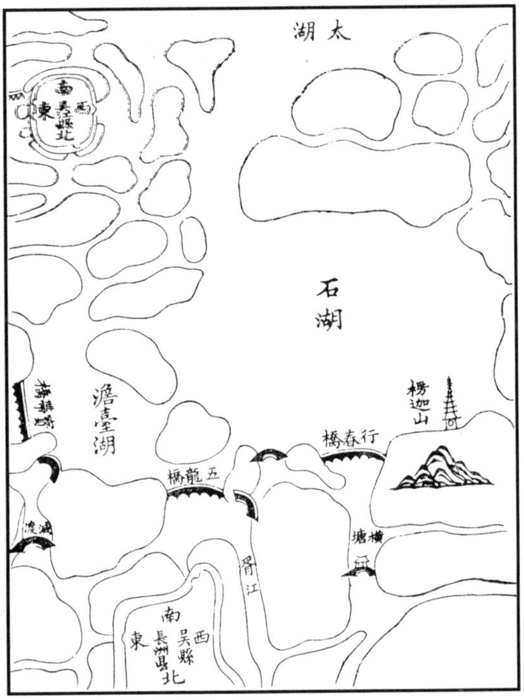
太湖
石湖
楞迦山
行春橋
五龍橋
胥江
横塘
渡滅
吴縣
長洲县
西
南
東
北

十四

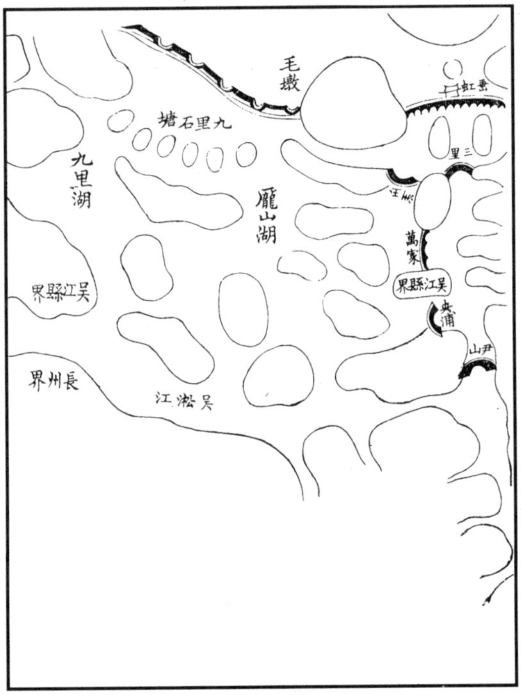
毛鐵
九里石塘
九里湖
龐山湖
吴江縣界
長洲界
吴淞江
萬家
吴江縣界
尹山
三里

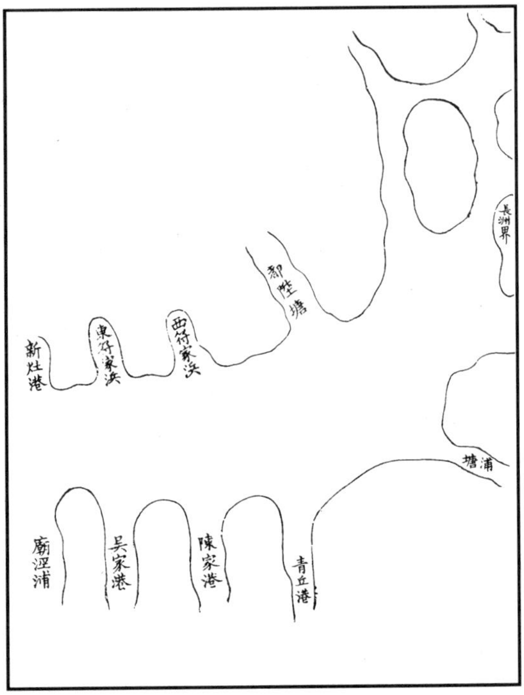
長洲界
郭巷塘
西符家浜
東符家浜
新灶港
塘浦
青丘港
陳家港
吴家港
廟涇浦

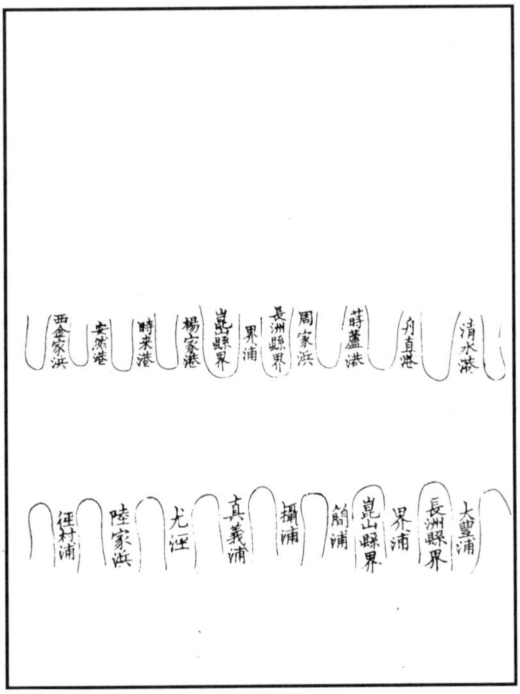
清水港
舟直港
蒔蘆港
周家浜
長洲縣界
界浦
崑山縣界
楊家港
時来港
安然港
西金家浜
大豐浦
長洲縣界
界浦
崑山縣界
箭浦
獨浦
真義浦
尤涇
陸家浜
徑村浦

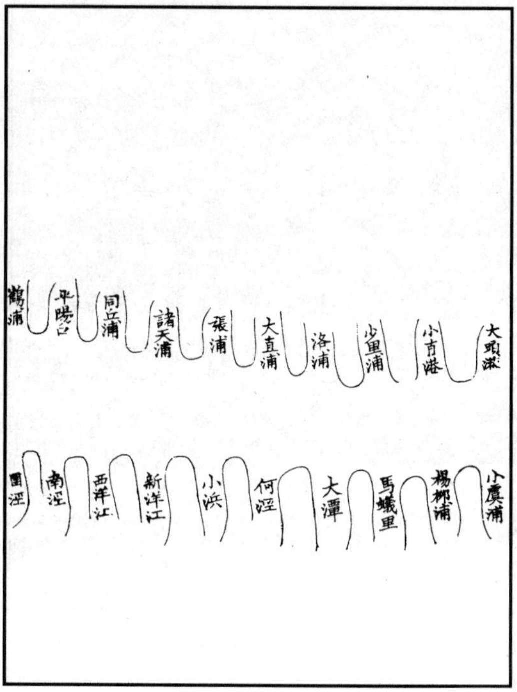
少里浦
洛浦
大直浦
張浦
諸天浦
小虞浦
楊柳浦
馬蟻里
大潭
何涇
小浜
新洋江
西洋江
南涇
圍涇

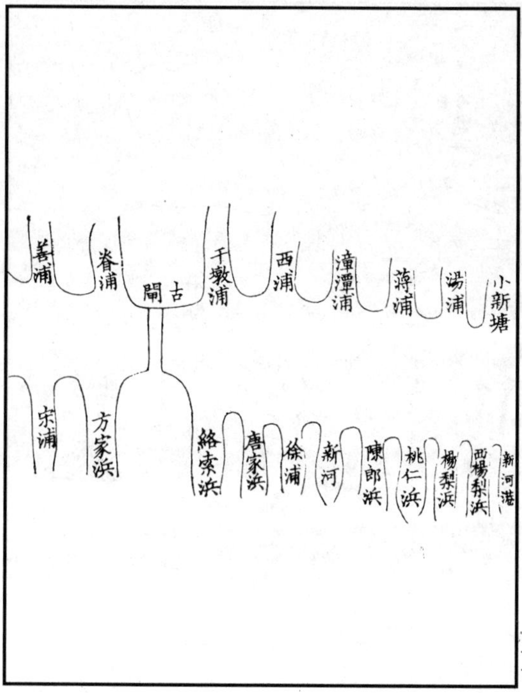
小新塘
湯浦
蒔浦
潼潭浦
西浦
千墩浦
善浦
新河港
西楊梨浜
楊梨浜
桃仁浜
陳郎浜
新河
徐浦
唐家浜
絡索浜
方家浜
宋浦

十六

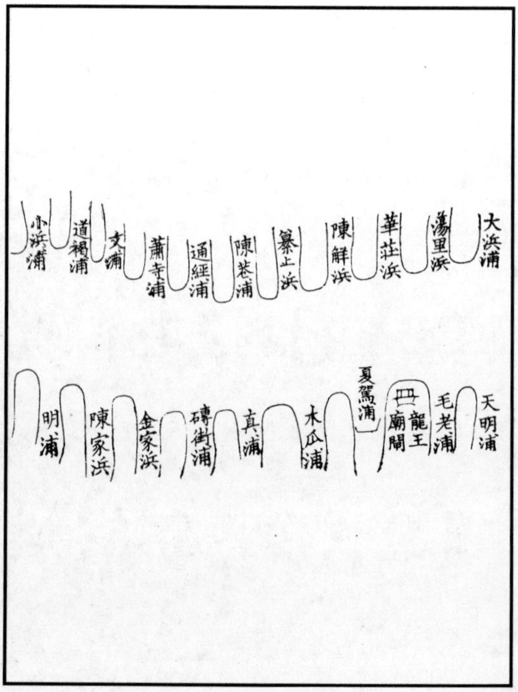
大浜浦
蕩里浜
華莊浜
陳鮮浜
陳巷浦
通經浦
蕭寺浦
文浦
小浜浦
天明浦
毛老浦
龍王廟閘
夏駕浦
木瓜浦
真浦
磚街浦
金家浜
陳家浜
明浦

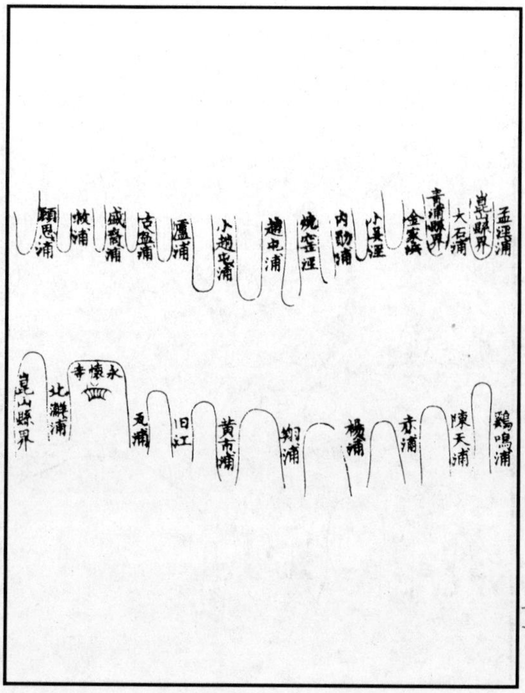
孟涇浦
大石浦
青浦縣界
姚窑涇
趙屯浦
小趙屯浦
盧浦
鷄鳴浦
陳天浦
日江
永懷寺
崑山縣界

十七

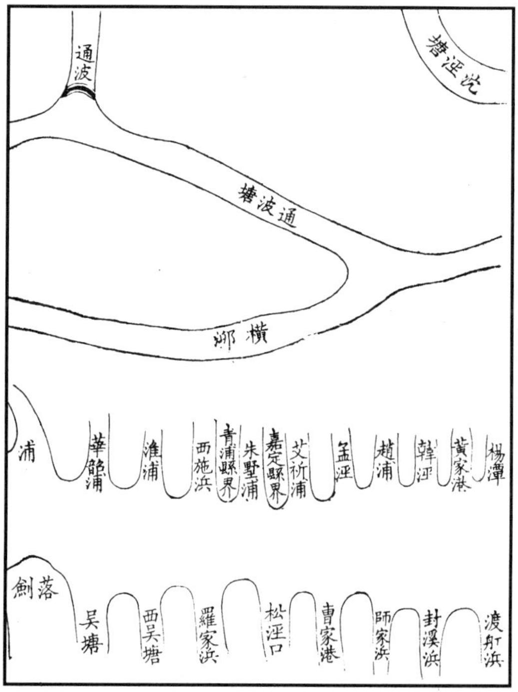
通波
沱涇塘
通波塘
橫泖
浦
華飽浦
淮浦
西施浜
青浦縣界
朱野浦
嘉定縣界
艾祈浦
盃涇
趙浦
韓涇
黄家港
楊潭
劍落
吴塘
西吴塘
羅家浜
松涇口
曹家港
師家浜
封溪浜
渡舡浜

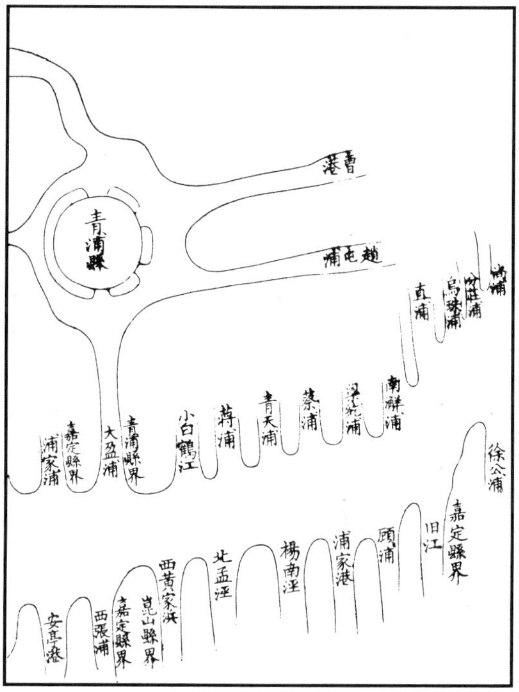
曹港
青浦縣
趙屯浦
直浦
浦家浦
嘉定縣界
大盈浦
青浦縣界
小白鶴江
蒋浦
青天浦
葉浦
南靖浦
徐公浦
嘉定縣界
旧江
顧浦
浦家港
楊南涇
北孟涇
西黄家浜
崑山縣界
嘉定縣界
西張浦
安亭港

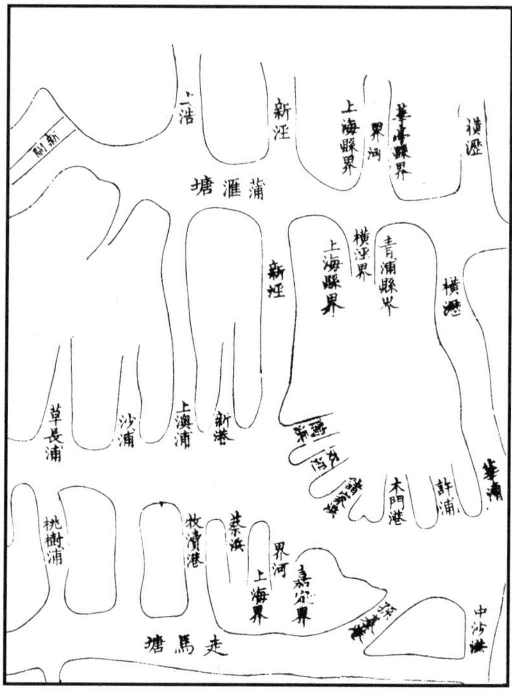
新涇
上海縣界
界河
華亭縣界
橫瀝
蒲滙塘
上海縣界
橫涇界
青浦縣界
新涇
橫瀝
草長浦
沙浦
上澳浦
新港
木門港
許浦
桃樹浦
枚濟港
界河
上海界
嘉定界
中沙港
走馬塘
十九

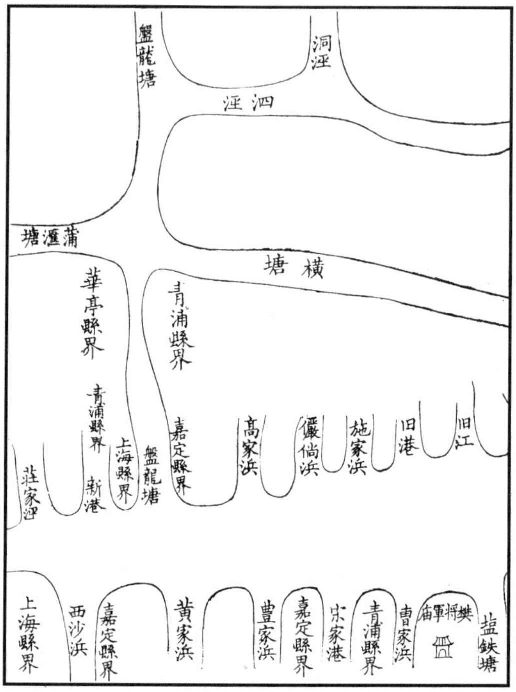
盤龍塘
洞涇
泗涇
蒲滙塘
橫塘
華亭縣界
青浦縣界
青浦縣界
上海縣界
新港
盤龍塘
嘉定縣界
高家浜
施家浜
旧港
旧江
莊家涇
上海縣界
西沙浜
嘉定縣界
黄家浜
豊家浜
嘉定縣界
宋家港
青浦縣界
曹家浜
樊將軍廟
塩鉄塘

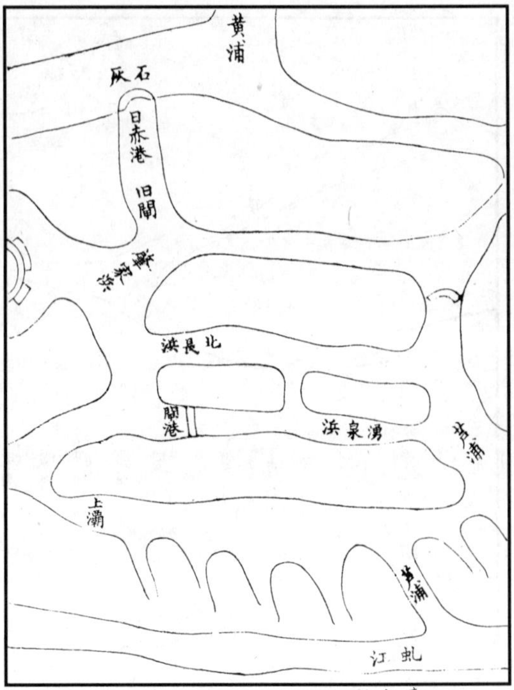
黄浦
石灰
日赤港
旧閘
䕫家浜
北長浜
閘港
湧泉浜
上瀚
芦浦
芦浦
虬江

嘉定縣界

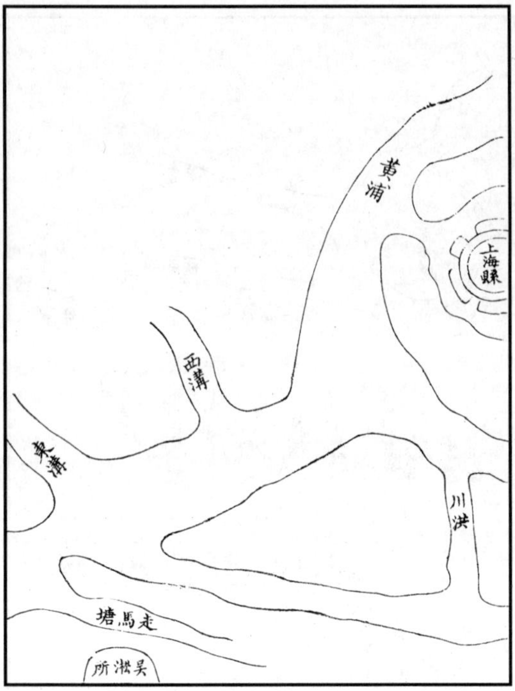
黄浦
上海縣
西溝
東溝
洪川
走馬塘
吴淞所

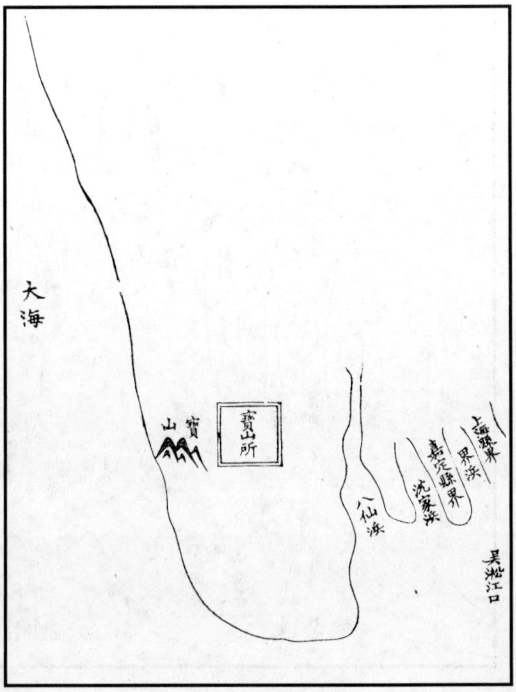
大海
寳山
寳山所
八仙浜
沈家浜
嘉定縣界
界浜
上海縣界
吴淞江口

婁江全圖

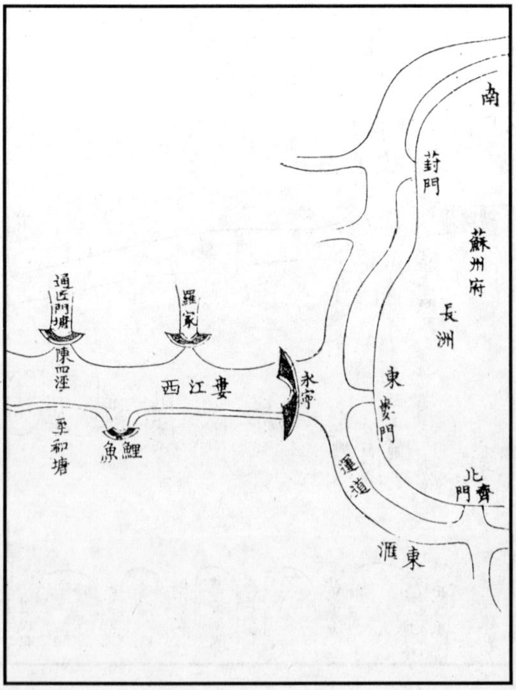
南
葑門
蘇州府
長洲
東
婁門
北
齊門
運道
東匯
永寧
婁江西
羅家
通匠門塘
陳四涇
至和塘
鯉魚
二十一

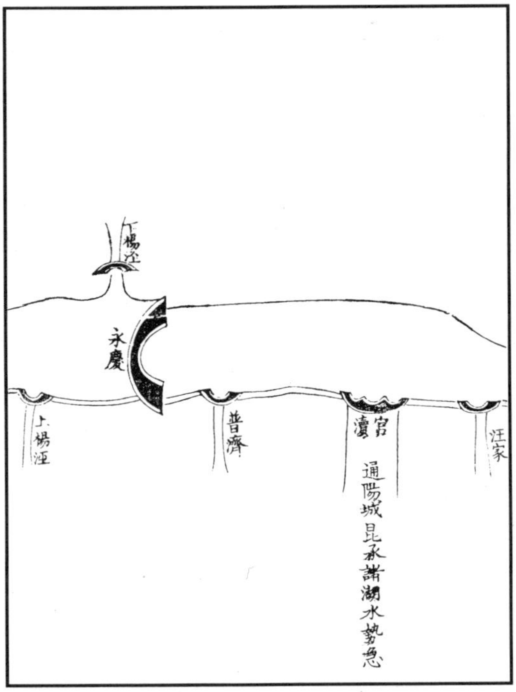
下楊涇
永慶
上楊涇
普濟
官瀆
汪家
通陽城昆承諸湖水勢急

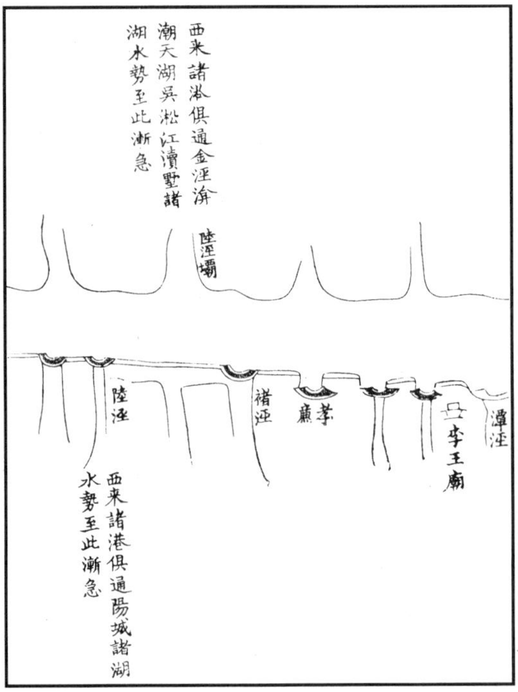
西来諸漎俱通金涇斧潮天湖吳淞江瀆墅諸湖水勢至此漸急
陸涇壩
陸涇
褚涇
李王廟
潭涇
西来諸港俱通陽城諸湖水勢至此漸急

二十二

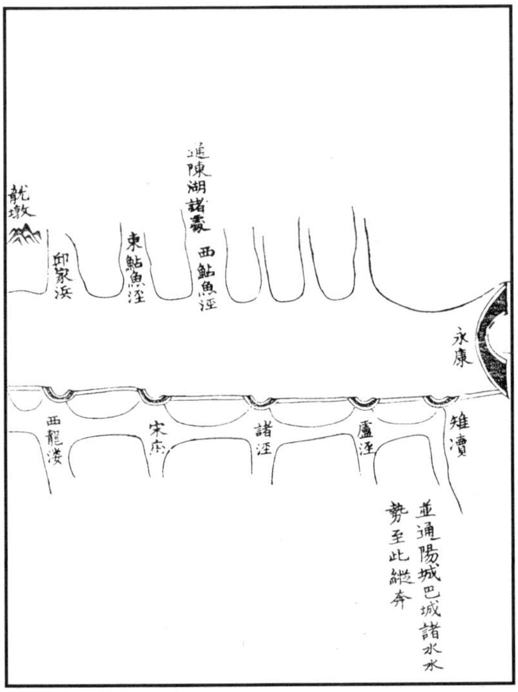
通陳湖諸蕩
龍墩
東鮎魚涇
西鮎魚涇
印家浜
永康
雉瀆
盧涇
諸涇
西龍漊
並通陽城巴城諸水水勢至此縱奔

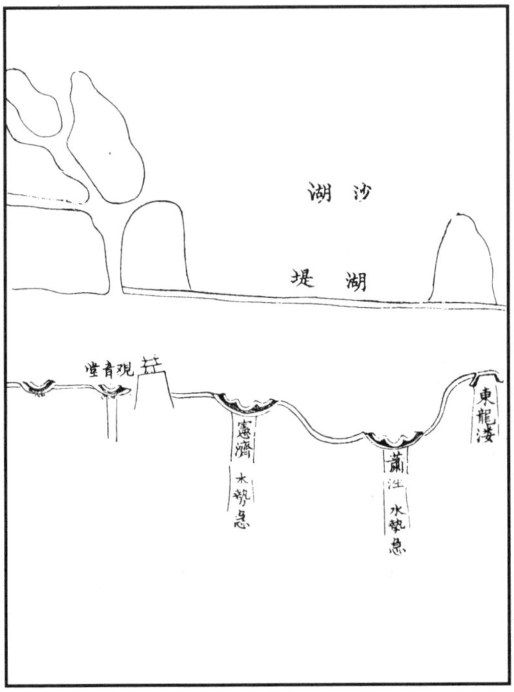
沙湖
湖堤
觀音堂
東龍漊
水勢急
水勢急

二十三

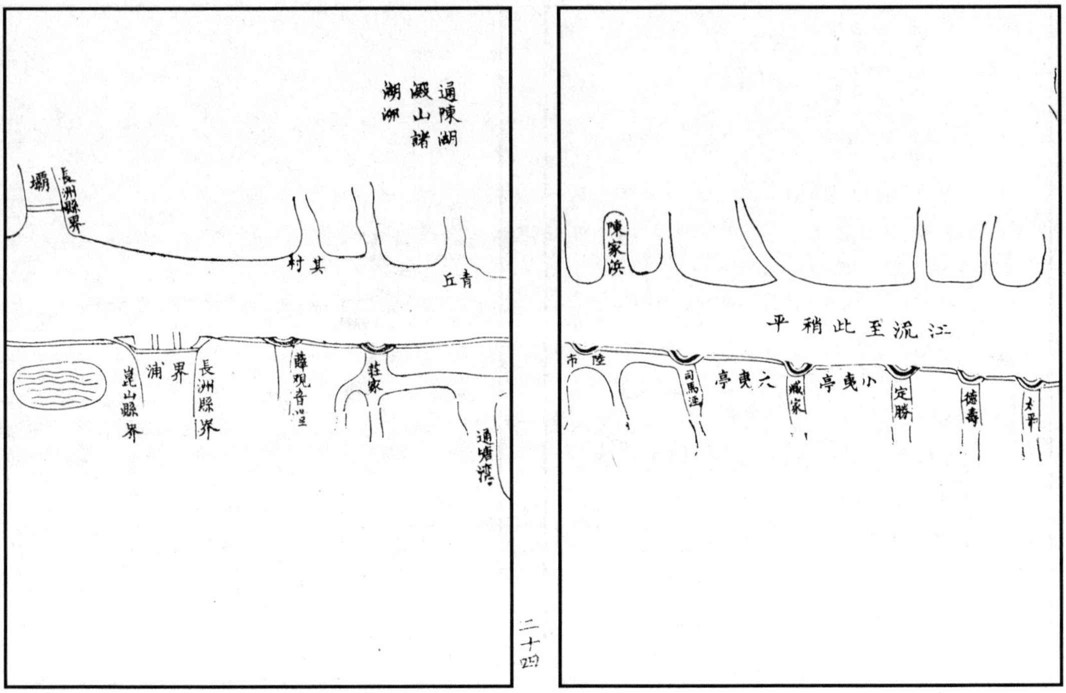
江流至此稍平
小東亭
六東亭
陳家浜
太平
積壽
定勝
臧家
司馬涇
陸市
通陳湖澱山諸湖
長洲縣界
其村
青丘
莊家
界浦
崑山縣界
通塘灣
二十四

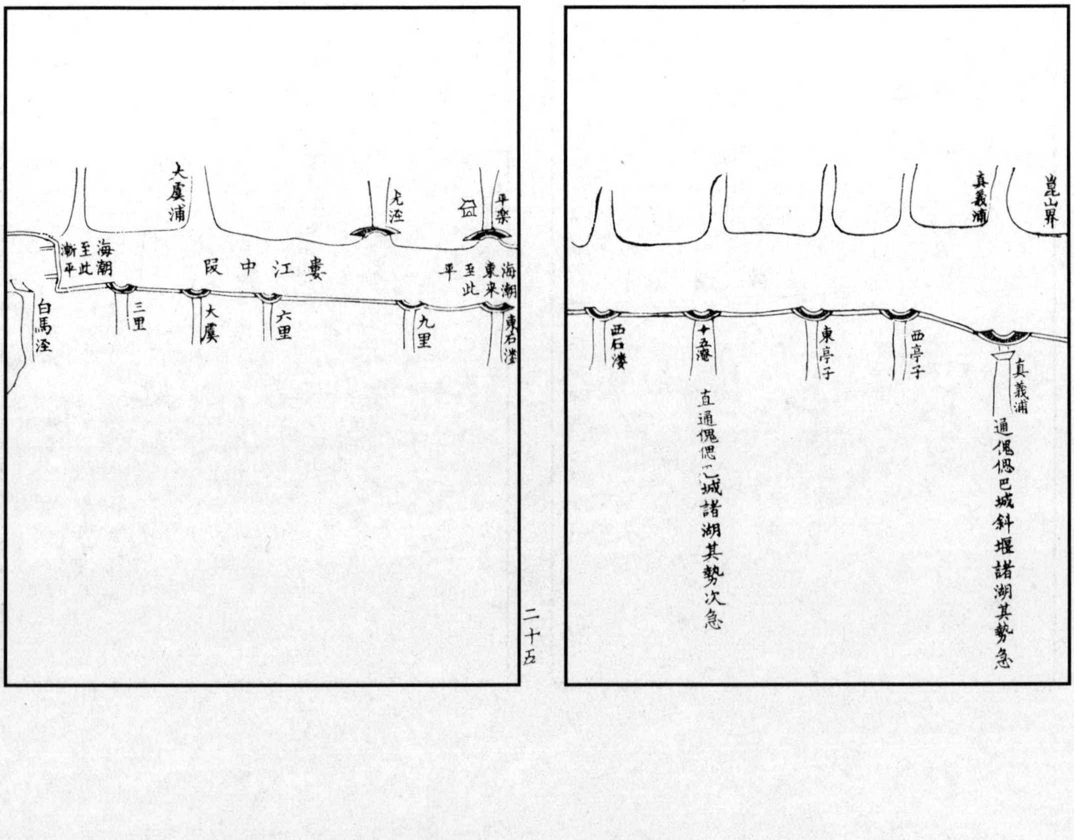
崑山界
真義浦
西石瀆
十五灣
東亭子
西亭子
直通偶偲巴城諸湖其勢次急
通偶偲巴城斜堰諸湖其勢急
平樂
尤涇
大虞浦
海潮東來至此平
婁江中段
海潮至此漸平
東石瀆
九里
六里
大虞
三里
白馬涇
二十五

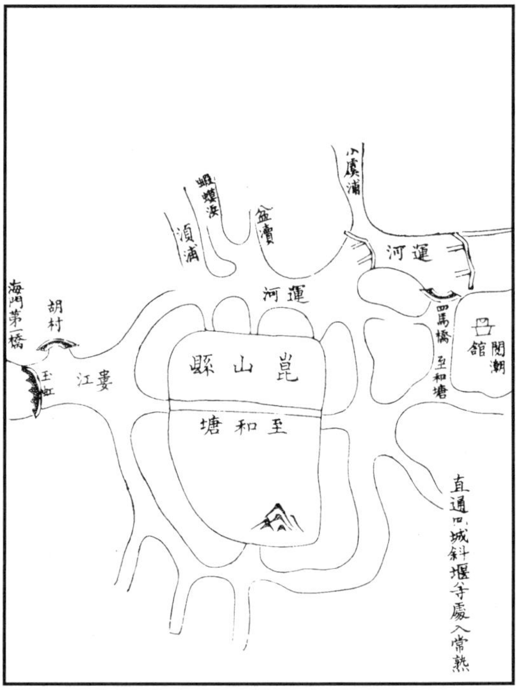
崑山縣
至和塘
運河
小虞浦
運河
盆瀆
蝦蟆浜
須浦
胡村
海門第一橋
婁江
玉山
四馬橋
至和塘
閲潮館
直通口城斜堰守處入常熟

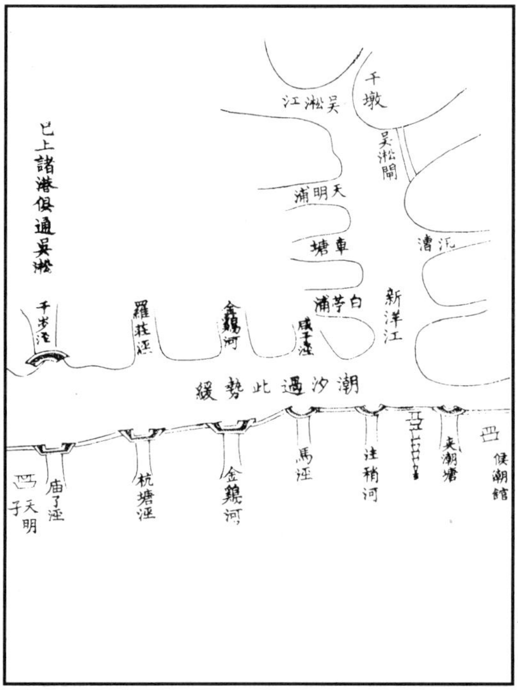
已上諸港俱通吴淞
千墩
吴淞江
吴淞閘
天明浦
車塘
白苧浦
新洋江
潜沉
潮汐過此勢緩
千步涇
羅莊涇
金雞河
咸寧涇
庙了涇
天明子
杭塘涇
金雞河
馬涇
注稍河
夾潮塘
侯潮館

二十六

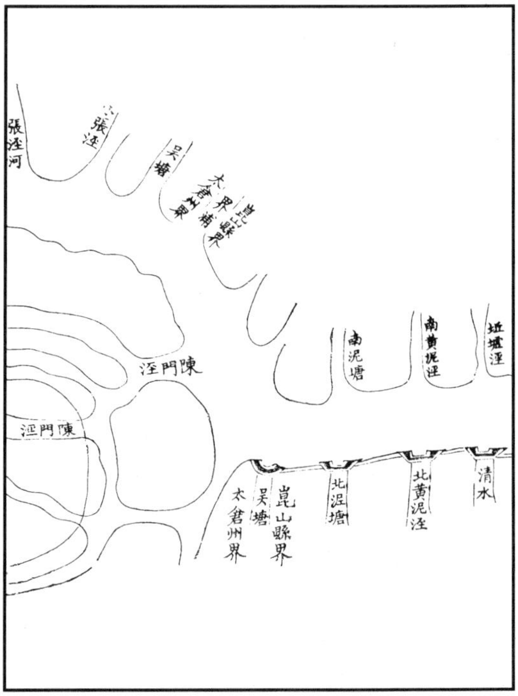
張涇河
吴塘
太倉州界
南泥塘
南黄泥涇
陳門涇
陳門涇
清水
北黄泥涇
北涇塘
崑山縣界
吴塘
太倉州界

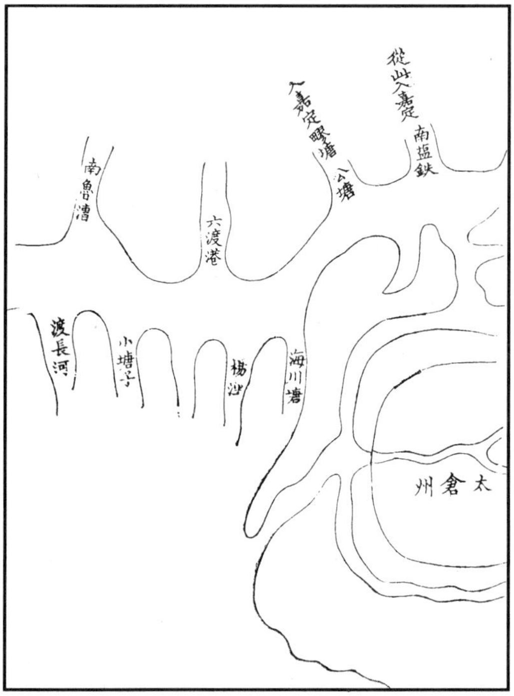
從此入嘉定
入嘉定界
南鹽鐵
南魯漕
六渡港
渡長河
小塘子
楊林
海川塘
太倉州

二十七

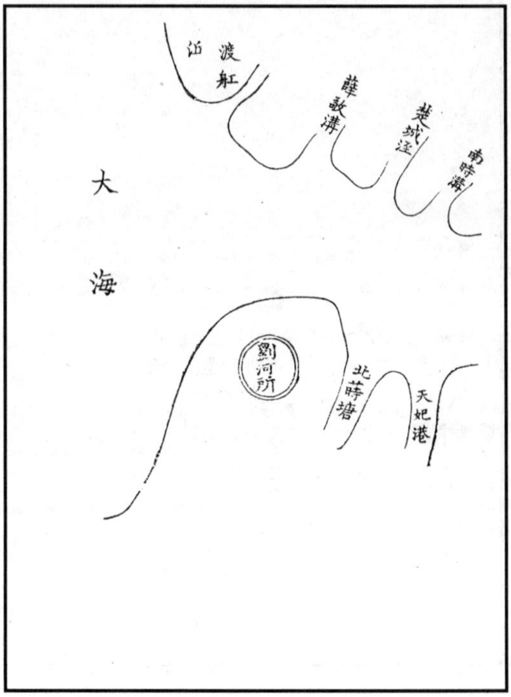

白茆江全圖

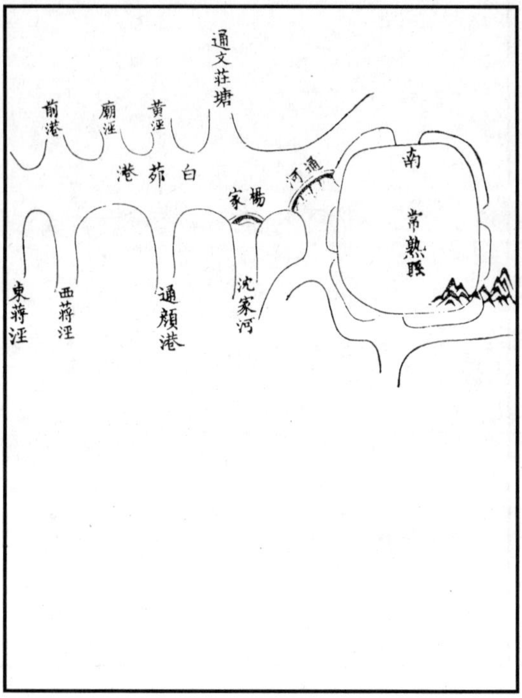

二十八

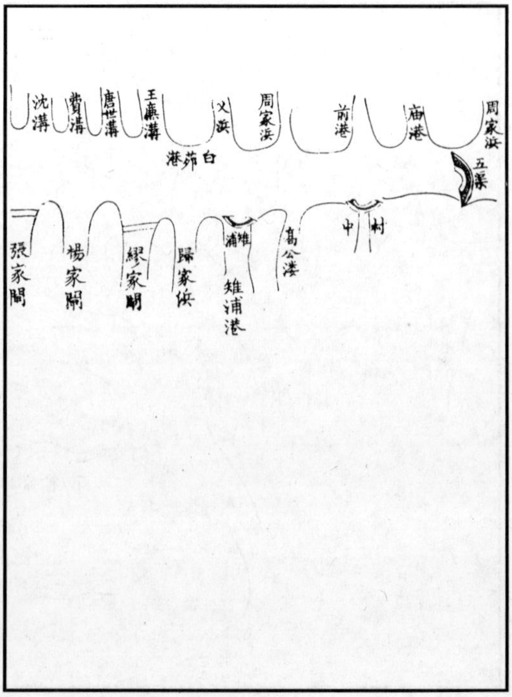

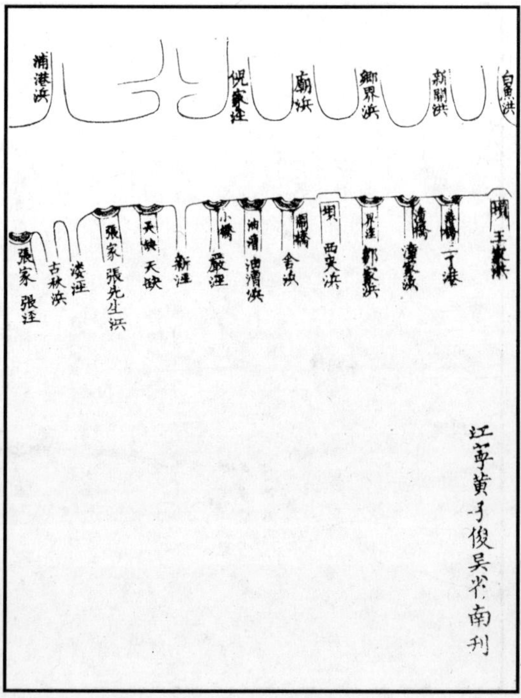

江寧黄子俊吳光南刊

二十九

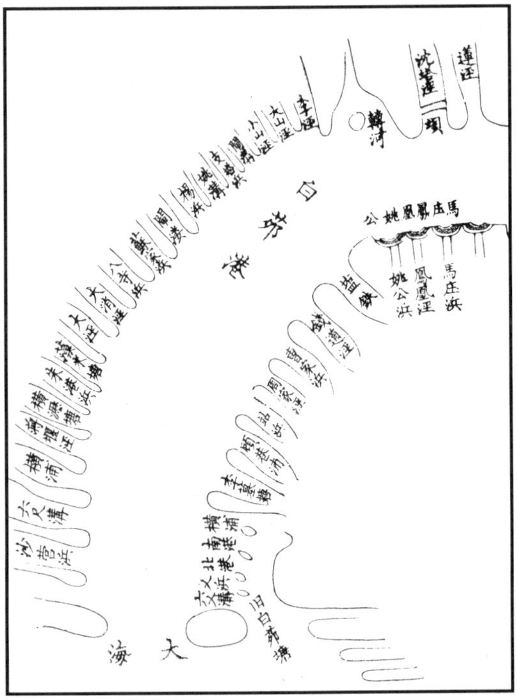

水道考

水道者，水之道也，由地中行而無不下之謂也。激之者石，窒之者土，留滯之者草梗，皆水害也。害貴決之，以循其流行之道，道得則瀦洩之政可舉，灌溉之利可興，貢賦之職可修，是皆水道乎始也。爲作《水道考》。

太湖西去縣城三里許，南臨城堧，人稱曰南湖。稍東曰東湖，即其所見云，實皆太湖也。跨蘇、常、宣、湖四郡，其廣三萬六千頃，其周五百里東西三百餘里，南北一百二十餘里。又名曰震澤，曰具區，曰笠澤，曰五湖。北有百瀆，南有諸溇，悉注於茲，東南之澤無大於此。王文恪公鏊云：吳郡之西南有巨浸焉，廣三萬六千頃，中有山七十二，襟帶三州，東南之水皆歸焉。其最大者二：一自寧國、建康等處入溧陽，迤邐至長塘湖，并潤州、金壇、延陵、丹陽諸水，會於宜興以入；今寧國、建康之水不由此矣。一自宣歙、天目諸山下杭之臨安、餘杭，湖之安吉、武康、長興以入，而皆由吳江分流以入海。一名震澤，《書》所謂『震澤底定』是也。一名具區，《周禮·職方》『揚州之藪曰具區』，《山海經》『浮玉之山，北望具區』是也。一名笠澤，《左傳》『越伐吳，吳子禦之笠澤』是也。一名五湖，范蠡乘舟出五湖口，太史公『登姑蘇臺望五湖』是也。五湖者，張勃《吳録》云：周行五百里，故名。虞仲翻云：太湖東通長洲、松江，南通烏程、霅溪，西通義興、荆溪，北通晉陵滆湖，東連嘉興、韭溪，凡五道，故名。陸魯望云：太湖上稟咸池五車之氣，故一水五名。然今湖中，亦自有五湖。今計莫釐之東周三十餘里曰菱湖。西北周五十里曰莫湖。長山之東周五十里曰游湖。沿無錫老岸周一百九十里曰貢湖。胥山之西南周六十里曰胥湖。五湖之外，又有景湖，夫差山東曰梅梁湖，杜圻之西，魚查之東曰金鼎湖，林屋之東曰臯東里湖，而吳人稱謂，則惟曰太湖云。

沈啓曰：按太湖之源，由西天目天目有二：西者入太湖，東者分入鶯脰湖。分而爲二：一散入固城湖，合金陵、常、潤之水爲百瀆、荆溪；一從獨山至狄浦，納宣、歙、臨安之水，合苕、霅、梅溪，俱入太湖。唐、宋以來，水患多而難治，未爲之分殺也。國朝修漢故事，築五堰於溧陽，以節金陵、宣、歙之水，盡由分水、銀林二堰趨蕪湖，達大江，是殺太湖承受之太半矣。一堰有崩，五郡爲窟，蒞彼土者，不達此意，輒以通商便民爲利，私塹通河，致水奔決，不可藥救，可不預爲之慎而嚴爲之所哉？自堰而南，百瀆、荆溪與諸入湖之水，非境内不録。其近而太湖與東南二湖通貫之港，凡一十有八。其遠而西南受水入太湖之漊，凡七十有二。備列如左：

湖中一十八港，曰石里後港，曰糞船港，俱屬石里村。曰廟港，曰梅里港，曰五方港，屬梅里。曰湖墓港，曰西港，屬湖墓。曰吴家港，曰中溆港，曰南溆港，曰沈家港，曰麗家港，曰陸家港，曰小清港，今塞。曰馬家浜，曰唐家港，曰南舍港，其東曰南仁港。俱屬簡村。諸港樞紐湖心，朝夕吞吐，利害最大。其西之田日蝕於湖者謂之坍湖，其東之沙日漲爲田者謂之新漲，各以萬計。東南二湖俱成原隰，則壤爲科，亦以萬計。城南高壤俱成民居，其諸坍湖新漲之議，備後《水利考》〔一〕下。

湖南七十二漊，一名七十二瀆。曰牛家港，曰槐家港，曰鐵家漊，三者爲上港。曰雙林港，曰薛埠港，曰西丁家港，曰吴漊，惟此通渠不堰，但淤小耳。曰南路字港，曰薛家港，曰方港，曰張港，曰葉港，即妙花港。曰曹家港，曰蔣家港，以上俱屬六都，内葉港頗大，通船。曰丁家港，曰五界亭港，曰雙石橋港，曰陸家港，相傳陸龜蒙曾此出湖，故名。有甫里橋。案唐陸龜蒙有別業在震澤。其《自遣詩》云：『數尺遊絲墮碧空，年年長是惹春風。爭知天上無人住，亦有春愁鶴髮翁。』震澤今無遺跡，此去不下十里，餘蓋即此云。曰西邱廟港，曰更樓港，曰撈蕪港，曰小楊港，曰王家溪港，曰徐楊港，曰五齊港，曰南盛港，曰沈家港，曰張家港，曰通浦，曰大廟港，曰郎家港，曰新開港，曰湯家扇港，曰廟橋亭港，一名東盛港。曰烏梅港，曰寰聯港，曰鷺鶿港，曰時家港，曰羅家港，曰練樹港，曰麥家港，曰鴉鵲港，曰趙家港，曰白浦，曰破車港，曰百婆亭，曰打鐵港，曰西朱家港，曰東朱家港，已上俱屬五都，内惟王家溪一港通船。曰葉家港，曰張其港，曰甘泉港，已上屬十都。曰宋家港，曰雪落洪，曰戧港，曰吴家涇，曰西潘奇港，曰東潘奇港，曰西鬼字港，曰坍闕口，闊數丈，通大小船。曰方港，曰直瀆，亦闊數丈，通大小船。曰茅柴港，曰韭溪。越伐吴，方會食，諜知吴殺子胥，即進兵，棄韭於溪，故名。案虞仲翻曰：太湖東通嘉興韭溪，此溪正傍太湖，嘉興韭溪窄且遠，豈地變遷歟？尚有直港、烏橋、楊家、黄沙、上横、新涇、後浜、孫田八港，共七十二。但此八港昔爲來水，今爲去水，故附後唐家湖下。

按：諸漊自西而東，聯比相屬，俱授水於太湖。内惟吴漊、雪落洪、坍闕、直瀆、韭溪爲大，餘甃石爲堰，築土爲壩，僅闊尋丈，以備節宣。遇北風，太湖外

〔一〕水利考　疑當作『水議考』，因底本後卷僅有『水議考』之名。

家漾，爲迮家漾，或曰柵家。爲東西骨塔蕩。又北與橫草路會，分播於五都東丁家至烏梅，凡二十三港，以出太湖。內有馬路河、清凉港、清池河、邵家港、曹溪渡、船港、打鐵港、匠人港、陶家港。俱屬九都。

沈張湖一名沈張漾。去縣治西南一百二十里，屬十四都。西南受湖州諸水。東播爲白花漾，爲八字漾，爲白洋蕩，爲桃溪，爲仙人坑，爲三廟址漾、屬十三都。雷墩蕩、在沈張湖南，屬十五都。潘家蕩，在雷墩蕩南。各受湖州西南之水，與前沈張湖至桃溪水俱入後練塘。內有茶花衖、清隱寺港、賣香港、秀才港、水家港、吴橋港、章澳港、黄家灣、橫涇、新橋河、長萌河、顧莊河、湯家港、淮南水柵、沙後興河、俱屬十四都。蔣家港、八八柵港。俱屬十五都。

後練塘去縣治西南一百里，南北長十五里《歸安志》有練市練溪，正當其南，去不三十里。意昔相爲首尾歟？姑俟考古者。南受烏鎮蒜溪、洪家灣諸水，北行與雷墩水會，東折者凡五：其南一折，經覽橋，入爛溪。二折由嚴墓港，經師姑橋，出爛溪。其北折爲魴皮啓詩附緬余昔此釣魴魚幾滿尺。日得魚數尾，間有二三赤。茲來盡日求，一魚不可獲。約覩寸許長，潛伏草之汭。爲命致深波，尾絶將焉適？豈以清水故，可爲長嘆惜！爲徐、田二港並行，南北俱長九里。同瀦爲南麻漾。有南麻寺。其三折者爲九曲港，爲後塘港即寂照菴港。爲盛家蕩，北折爲茭草路，東流爲西溪。其四折者，由航船港東爲黄沙涇，東西長十三里。與汪鱌蕩俱會於南麻。其北五折者，過應天寺港，東瀦爲蠡澤

泛，則塞以捍之；遇淫雨，西水內溢，則啓以洩之。或春開秋閉，或大蓄小瀉，各以其時爲治田計，古人所謂堰石以備旱僚者是也。然諸漊又源於湖州、嘉興諸界而來，分條於左：

洚一作降。溪古名。去縣治西一百十五里，與南渡船港、荳腐港各西受烏程湯、漊等涇水，東分爲橫古塘，爲虞八港，爲黄家壩，復合瀦爲虞家漾。其荳腐港東瀦爲白田漾，爲劉家後漾、西漾，又爲蔡家蕩。

夜字港與兩字港南受湖州運河之水，北瀦爲塘網漾，一名唐蒙。又東爲蔣家漾，爲斜尖漾一名邱家。內有鱉櫃、黄家、虞家三港，俱屬八都。南潯荻塘即運河。西受湖州苕、霅之水，經三里、北渭二橋爲古漊港，瀦爲稽五漾一名金魚，一名雞魚。與前洚溪至斜尖諸漾分入六都、牛家，至蔣家等十四港，以出太湖。其東分一支爲橫草路，東行二十餘里，最爲深闊。

案：此水傍太湖而行，南納諸河、諸漾之水，纚入諸瀆，以注太湖。

金花漾去縣治西南一百里，與剗船漾、長灘漾、曹家三漾共五漾，俱西南各受湖州之水，散而北行。入荻塘，即運河。過駟馬、曹村、蠡思三橋港，俱北行，與稽五、斜尖等漾水會。其東行者俱入後練塘，西北折爲賦溪，亦過荻塘馬賦、楊定二橋，北與前蠡思港等水合，播爲青魚溲，爲周勝蕩，爲南新漾，爲和尚漾，爲鉢頭漾，爲賀家灘，爲徐

湖一名斬龍潭。相傳大禹治水，斬黑龍於此。歲旱，居民往往於灘間得龍骨爲徵。史鑑《西村集》：成化間，有巡撫廣東李公謁廟畢，問於諸生曰：『昔大禹治水，至震澤，斬黑龍以祭天。大明永樂間，此土大獲龍骨，可詳乎？』諸出不能對，以諉於鑑。鑑按龍塡在秀水縣小律原，永樂間有左鐺李黄子見鄉人賣龍骨者，因掘得龍骨角齒牙數十艘，貢於朝云。按西村之説，則永樂間所獲信矣。唯巡撫李公之言不知何本，而與震澤斬龍潭之説相合。又按：蠡澤，古震澤也。後范蠡養魚於此，故名。姑待考古者。啓詩附：大澤震洪濤，蛟龍互相窟。驅放禹之神，可事飛劍術。千載覯奇徵龍蜕齒齒櫛。底定功遥遥，潭光耀赤日。何彼鴟夷子，攘作豢魚室。貪夫狗其名，誇蠡忘禹績。黷貨風滔滔，清世俱成汨。至今歸田人，假以爲口實。試言名與利，清濁有差秩。逃名既爲高，射利能無黜。安借斬龍劍，紛將利徒劈。其東行一支，瀦爲北麻漾。其北折普菴、蒯家二港，俱入震澤河。內有朱行、十字、穿雞、西清橋、行孝、集賢、現頭、戴龍、涇山、家廟、東濠、中濠、西濠諸港。俱屬十七都。

震澤河去縣治九十里，內有市鎮，有古跡，有巡司，屬十都。西來會曹村之水。東流十里，爲雙楊，其北流爲新興、通泰、一名觀音。曲橋、張灣四河之水，播爲荒浦涇，爲船兒扇。瀦爲唐白漾，爲葫蘆兜，爲長漾。一名牛娘湖，一名牛羊湖。中有浮玉墩，長十里。北爲馬耳漾，一名馬尾漾。爲翁周漾，一名荒邱。與前横草路水會，分播於五都，寰聯至東朱家十三港，又十都葉家，至甘泉三港，以出太湖。內有東莊蕩、范蠡河、張鴨河、東長河、西斗河、西勝、東勝、郎家、安塍、霸漆、匠宴、花莊、胡家港、西楊匯諸港。

南麻漾去縣治西南八十里，屬十七都。啓詩附：滄浪能濯纓甘谷能長生。塍茲清且冽，寧無薦禋礿。顧天之一涯，菰蒲繚爲家。鷗影沉碧落，龍吟隱白沙。方憐鑒素髮，忽出梵王閣。色相何從知，寒波印孤月。蘋末不生風，吾心亦隨止。無端漫有聞，快洗一雙耳。東注爲麻溪，十五里出爛溪。其分東北流爲小子漾，爲四十畝漾，爲石屑漾，即小官蕩。爲蒲蕩。其北流九曲、大涇二港，出北麻漾。

北麻漾去縣治七十里，內有掘城湖，屬十九都。周凡三十里。啓詩附：雄擬太湖匹，奫泓莫可虞。喙吞烏鎮水，腹隱掘城湖。曝日黿鼉吼，迷雲鸛鶴呼。寄言長路客，風浪莫輕逾。湖北分流爲奉先港、莊前港、團旗港、永樂港、西洋港、東洋港、牛長涇、裴家港，同入荻塘。自雙楊東行至梅堰，凡二十里。其北流過衆安、吴灣、新路、一名花光。斜路、奉先、三里、百步七橋港，合而北瀦爲寶蘇湖，一名沙港。與前長漾、翁周漾水會，復東北瀦爲包家蕩，爲桃花漾，北折分播於四都宋家港，至坍闕等八港，以出太湖。其桃花漾之東行者，復瀦爲陸家蕩，分播於四都方港、直瀆，以出太湖。北麻之東注者，播而爲青頭漾，爲長田漾，爲草蕩，爲春杵蕩，爲西鴍蕩，鴍，莫《志》作烏，下同。爲東鴍蕩。啓詩附：二水清不淺，東西貫珠聯。弱冠苦奔役，三櫓飛梭船。有物小於蛇，遄往常我前。蜓蜿湖之心，口吐青青煙。直上細於線，倏焉接上玄。四擭雲翕聚，余心默迍邅。命僕奮櫓力，迅登彼岸顛。把纜剛及槩，怒風捲奔泉。揮雨大如扇，震浪將翻天。吞吐水伸縮，高下六尺懸。蛟龍得雲雨，宇宙信轉旋。亂帆陡相失，不知敗與全。堵觀者無色，慰我後禄緣。淹忽復晴霽，驚魂衹自憐。禍福不可測，前知孰期佺？別後幾風波，於茲五十年。重來添慨慷，今昔兩茫然。又東爲周家蕩，會於爛溪。鴍蕩之北與梅堰荻塘之水合者，北流過西吴、東吴、諸家、六里、四橋港，北播而爲茶家漾，爲石𥕢漾，爲西草蕩，爲大龍蕩，爲長蕩與溝瀆。並九曲之水合爲祥雞蕩，入韭溪，以出太湖。內有烏橋港、賣鹽港、朱家河、囤皮港、祈塘港、中濟港、東濟港、西濟港、西古塘、東古橋、南園、陳思、南盛、北盛諸港。

平沙灘去縣治西南三十里，湖心浮漲，周可三十里許。蒲荻、葦蘆，年産其一，民頗利之。東至三都、西二都南，南至四都、五都，西北俱湖。彼灘此漲，變徙不居，科則有定，蓋利而不能常有也。

爛溪去縣治西南四十里，至七十六里南受嘉興崇德、桐鄉石門、斗門諸水，源出東天目，經臨安、杭州，合西湖水而南。由烏鎮分爲東溪、西溪，數里復合，逶迤經鬼頭蕩東北行。又西受麻溪，復東北行，經濟龍渠，又東北爲倒閼口，經大瓊蕩，凡三十六里，與周家蕩會。又經譚公灣，一名塘古。經戚家湖，經塌家田蕩，又北與荻塘、寫蕩東注之水俱合，入鶯脰湖。內有車溪，亦受爛溪水，出鶯脰湖。

麻溪去縣治南六十里，受南麻漾水，東流過爛溪，復東南行至王江涇、聞店橋，出運河。其三十里間，南受嘉興秀水縣諸水，由東天目來。北播而爲方蕩，爲郎中蕩，爲盛澤蕩，爲白馬寺後蕩，爲下沙蕩，爲清水廟蕩，爲金家蕩，爲將家蕩，爲春杵洋，爲南涇蕩，爲三陳灣，爲莊灣蕩，爲計家蕩，爲北角蕩。又其東爲睡龍灣，宋高宗南渡，嘗宿於此，故名。其下有泉。爲黃家溪，爲穆和溪，吴赤烏祠司馬佃濠寨盛武建渭作田，自青草灘分築至野和塘者即此。俱入鶯脰湖。內有三家、烏鵲、破鑼、白龍、石撞、涇門、榆樹七港，屬十八都。十字、圓明寺、六家潭、白洋、南龔、烏橋六港屬二十都，急水溪、東仁、里橋、三家村、安德龍、陳林、前姚七港，屬二十一都。大中、下姚、六里、上沈、下涇、雙里、莊塔七港，屬二十二都。西青龍、南霄、謝天、鉢頭、殺人、盛家、中三橋、路字、磨東、大基、東溪、莊橋諸港。屬二十三都西。周恭肅公用詩：江湖無地著漁簑，白石青蘋柰爾何。眼見涓涓作東海，欲將赤手挽天河。

鶯脰湖去縣治南四十里，枕平望鎮，屬二十四都，有巡檢司，有水驛，有殊勝寺，有清真道院。唐張志和昇仙於此，有望仙亭。以其形色似鶯脰，故名。又曰：二鶯相鬭，名鶯鬭湖。分納荻塘，全納爛、車、黃、穆、急五溪之水，瀦而爲湖。東西適均，吞吐樞要，太湖之亞也。其爲泄水者凡五：北曰泄水，曰大通，二橋俱北馳爲後溪，爲溝瀆。西分韭溪，出太湖，東分出唐家湖。鶯脰東曰百星，曰下湖，曰安德。三橋港俱入前溪，即北折爲運河，東流爲雪湖。

沈啓曰：自此以前皆來之，所以瀦。自此以後皆去之，所以洩。竊惟凡湖而蓄者皆瀦，凡江而條者皆洩，而顧獨分於此者何？以邑而言，在前爲西南，在後爲東北也。

王江涇土塘一名黃江涇。去縣治八十里，界吴江、秀水之間，西受聞店橋麻溪，南受嘉興運河水，北至合路，稍西迤運，至下湖橋，復北流而抵平望。其三十里間受西水者凡十曰： 楊橋港，曰排涇港，一名七里。曰雙里港，曰積善橋港，即三陳灣水。曰上匯橋港，曰無名橋港，曰三里橋河，曰南六里港，曰百星橋港，曰安德橋河。俱西入官河，爲前溪，北流至勝墩。其東岸自合溪而北，一黎涇，二三里小河，三曹龍涇，俱東流入陸家蕩。與秀水分屬； 四翁家港，五翁思路，六石灰窖港，七石灰橋港，八興平橋港，俱東流爲雪湖。

雪湖去縣治東南三十七里，屬二十三都東。東流瀦爲楊家蕩，十里許爲黎川。

黎川即黎里市河，有鎮，有羅漢寺，有東嶽廟。東流三里許，爲覽橋蕩。又東經徐洪港，爲木瓜漾。市河內有施家浜、花園港、褚學士所居。劉家池、秦家浜、秦家灣、傅浜，並鬼頭潭在焉。俘越兵，首級埋於此，故名。其南有溉潭浜、禦兒溉，越伐吳，御於此。道院浜、焦牙兜、吳家洋，俱二十三都東。楊家蕩。南支東流，與陸家蕩會，南受秀水水，人謂陸龜蒙別業。北折爲鴨欄涇，謂養鴨處。爲月灣漾。東南與水月漾會南受秀水，嘉善水經北斗港，東陵港，與覽橋蕩水合。南與破鑼漾南受嘉善水水會，俱入木瓜漾。內有西陵港、蕭家浜、大洛港、屬二十三都東。楊家蕩，北流爲褉袴湖，爲蜘蛛潭，爲後長蕩，爲潘家漾，元潘學士居此，故名。爲大平蕩、小平蕩，亦與覽橋蕩合，內有包家池。其潘家漾北爲將軍蕩，爲莊前蕩，爲前村蕩，爲烏龜漾。北爲五架蕩，爲笑面湖。南爲杜公漾，爲大月蕩、楊蘇蕩，一名楊舒，一名楊師。爲西忙蕩，亦入木瓜漾，東北流。其南破鑼漾水經五舍、北洋二港亦來會，同瀦爲汾湖。

汾湖去縣治東南六十里。其南支東折爲蔣家蕩，爲大渠，爲東古蕩，爲官場灘，爲冰印蕩，爲白渠兜，爲雙沙兜，爲蕭湖，爲洪蕩，爲骷髏漾，爲西天荒，爲東天荒，爲雪落漾，爲油車輾。東出華亭縣金澤三泖湖。其北支爲連蕩，爲石底蕩，爲天荒蕩，爲茶澤蕩，爲蓴菜蕩。過蘆墟爲東石塘，十五里播爲顧家草，爲劉家漾，爲徐家渠、寫歇梁，爲楊沙坑，爲陳思港。即陳思村，蓋元王原傑所居，號貞白先生，因旁有潭，故橋有錦里、萬里等名，蓋倣於杜云。內有殷家潭，穿心、站船浜，浜以站名聞。故老云： 東數里爲松江金澤寺，在元親王爲僧，封尉貢問，驛站不絕，故有此。里巷、龔家旱浜、師姑、薛家、蕩頭、朱虎、楊家、石家、吳家、水清、鑾子、東岳等浜。北有九曲港，南有曲尺港，東有張金港、吳江路灣、轉路夾港。又東瀦爲白蕩灣，爲朱長蕩，爲蕭田衖，出三泖。內有張橋河、金涇溪、徐橋港、尤家港、北洋港、大港，屬二十八都。鞋皮漾、田鵞蕩、府字港、蔣家港、茶澤港、十字港、邱家港、來秀港、沈家扇港、小油車輾港、廟港、橫港、大樹下港、高字港、通窑港、莊家圩港、大塔港、趙田港、許田港、南傅港、芸田港、南莘塔、北莘塔、東張港、鹽田港、陸家橋港、胡家港、八埠港、姚家港、槐字港、兵家港、賣鹽港、徐婆港、廟漕港、楊樹港、菱塘港、蘇家港、五娘子港，馬家路。屬二十九都。

莊練塘去縣治東南八十里，屬二十九都。奠華亭界內。西受南陽港、葉舍蕩水，華亭界。東流入三泖湖。其南爲長浜，嘉善界。北爲葫蘆兜。華亭界。內有周涇港、葉舍港。

唐家湖去縣治南三十四里。嘉靖三十四年，海寇侵犯，縣斷其塘，横運河而壩之，以管水寨，殲賊於此，皆稱天險，三吴所恃以爲命也。惟公私之船，小有未便，旱潦之年難稱無礙，姑俟亂殄民安而後，議復其舊。楊令君芷詩：三載風煙扣小舷，勝墩時伴水雲眠。湖光一攬浮空日，樓影孤峰傍遠天。南海俯窺千瘴落，北辰遥望五星聯。即看餘孽終宵遁，萬里昇平奏凱還。陳椿次：湖上樓船問扣舷，仙梟卻對水鷗眠。三千組練明滄海，百萬旌旗拂遠天。地勢近隨兵勢勝，郎星遥接帝星聯。何當直擣天狼穴，斬得樓蘭振旅還？姜玄次：不見滄浪歌扣舷，鳴金伐鼓攪人眠。水清吞海樓前月，浪遠横江館外天。酒對軍容聊劍舞，詩傳仙侣盡珠聯。披星幾逐驃姚隊，好得瓜時報凱還。啓次：郎官振旅扣吴舷，不脱戎衣帶月眠。睡落澄波摇列宿，氣吞滄海亘青天。江涵飛閣黿鼉隱，風颺雄旗虎豹聯。鯨駭不令仍漏網，出車重見賦言還。西連勝墩，舊名盛墩。嘉靖三十四年御海寇於此，大勝之，遂易今名。及夾馬路，俱太湖下流。其南受太湖水以洩於此，凡八港：曰直港，曰烏橋，一名黑橋。曰楊家田，曰黃沙，一名練樹。曰上横，一名尖田。曰新涇，曰後浜，曰孫田。吴中水皆北流，惟此八港水皆南流。蓋太湖下流甘泉等處壅塞，則水漫波溢，惟隙是求。唐湖之東，諸蕩駢集，宜其舍彼而就此也。八港條分，訾於監盜，或埧或開，有通有塞矣。又西南祥雞蕩水亦來會，迺東從石塘洪水橋而洩，爲竇者凡十二，俱出運河北流，與梟腰水合。北行至八斥，一名八尺。運河東洩，爲港凡六：曰馬家，曰柳字，曰爲字，曰梟腰，曰黃家，曰六里，同瀦而爲八里漾。又瀦爲張王蕩，分播爲奉先蕩、即周仙蕩。師娘蕩，東爲長巨蕩，爲盤佗蕩，爲西陽蕩、東陽蕩，爲西跳板漾，爲荷花蕩，爲東跳板漾，爲康家漾，爲小月蕩，爲西黎漾，一名西蠡。爲雙絲蕩，爲濮家蕩，爲野鴨灘，爲李公漾，爲姚蕩，爲謝澤湖，爲蕁菜兜。北瀦爲三白蕩。其跳板漾東北爲徐家漾，爲胡家蕩，爲湯家漾，爲徐王蕩，爲後長蕩，一名東跳板漾。爲墳前蕩，爲邵婆潭，爲木菴蕩，爲三角蕩，過梅墩。

梅墩港，屬二十八都。北分爲玄鶴蕩，一名倒鶴。東爲草蕩，爲顧家潭，亦與三白蕩水會。啓詩附：一邁征帆歲月徂，煙波猶擬洞庭湖。遥村雨暗燈明滅，低樹天連岸有無。喚客春愁三蕩草，可人秋味十斤鱸。方舟不競懷先德，推讓遺風獨在吴。

三白蕩東北流，爲江家灣，爲南莊蕩，爲凉傘蕩。過南周莊港，有村。爲東西龍涇，爲龍眼蕩，爲宗家蕩。又東爲元蕩，周可二十里。爲楊扇蕩，入松江華亭界。內有糊塗蕩、荳腐蕩、八門蕩、轉船池。在周莊。又有青石莊、西浦、同字、高家、賣香、牌田、南尤、楊家、上舍、直下，北印、薛家、蕭莊、北舍、舍灣、穿心、新莊、東莊、仲家灣、長葑、木菴、楊莧、莊家、西朱、西塘民諸港。屬三都，東與二十八都。

翁涇漾去縣治南二十三里，爲橋一，爲竇十九。其受太湖來水凡三：曰錢家港，曰牛尾涇，曰巴涇。與八斥、大浦港水同出運河，大浦橋港西風湖漲，極爲險惡，蓋下流甘泉塞也。合而東播，爲謝家漾、車軏漾，爲泥潭蕩。又東爲六百畝蕩，一名三百畝蕩。爲女兒蕩，爲廊廟蕩，一名蛾蜂廟蕩。爲槐婆潭，爲李婆蕩，爲桂枝蕩，爲南戴蕩，爲晏開蕩，爲東長蕩，爲蚌殼蕩，一名蜊殼。俱合爲長白蕩，與玄鶴蕩水會，爲楊墳蕩，一名王墳。爲孫家蕩，爲江澤蕩，爲楊盧蕩。東經義家路，亦出元蕩。其北爲楊家蕩，爲白蜆江。東爲急水港，出松江澱山湖。

勝墩運河北至白龍橋，其東洩之港凡十一：曰何家，曰廟涇，水勢最險。曰賣魚，曰壇角，曰翁家，曰南何，曰北何，曰長浜，曰和尚，曰千步涇，曰翁涇。屬三都東。其東北有直路、九曲、急水、王家、南石橋、北石橋、袁家、菜園、莊嵩、北政、鍾家、錫作、籠桶、大齊、石鐵、黑龍、田長、巨官田、唐家、飯籮、永福寺、施家諸港。俱屬三都東。又有牛埸涇、任家灣、徐家灣、西潘江、澤墩頭、盧里、沈舍、蛇埭、東勝、太平、萬家、北朱、東長、翁家、梅家、戴家八十畝涇塘、沈張頭溪、西雲諸港，屬二十八都。北周莊等港。屬二十九都。

白龍橋港，一名水濠。去縣治南十二里，由東水路沈家港西洩太湖牛茅墩之水。牛茅墩在簡村東，即東湖是也。今漲爲田，無遺水矣。東經運河，潴爲殷家蕩，爲張清蕩。又東爲清水衖，爲杓頭潭。東與龍拖路水會，北爲葉澤湖，又北爲南新湖，東爲夾泖蕩，爲周莊蕩，爲羊沙蕩。東北入白蜆江。

徹浦橋港去縣治南九里，北至南津口皆石塘。爲竇凡一百三十六，多有塞者。爲橋凡九：舊志所謂橫湖心而爲塘者是也。一曰徹浦橋，二曰龔家橋，俱西泄東湖水，東過運河，爲十字港，爲尚湖。甚小而深。其又東入葉澤湖。三曰通津橋，四曰甘泉橋。一名七洪橋，下有泉。《一統志》云：唐陸羽品爲第四泉，張又新品爲東南第六泉。清激甘冽，烹茗極佳。極深者有龍窟焉。河東有甘泉祠，典祀龍神，旱禱輒應。波流湍汛，舟病其險，過必焚紙而禱之。今上下淤沙日漲爲田，湖水南泛，險移於八斥之大浦矣。五曰三山橋，四洪橋。六曰定海橋，呼七洪橋。七曰萬頃橋，呼六洪橋，即麗山灣。塘折而西北。八曰仙槎橋，呼四洪橋。九曰三江橋。蓋三江口也。史鑑《西村集》：《吳越春秋》謂范蠡乘舟入三江口，疑即此。自通津以下六橋，同洩太湖之水東流，各有港。東潴而爲麗山湖。內萬頃橋東流，一支入麗山湖，一爲方尖港，入葉澤湖。西有觀瀾港，有舖，在醋坊橋北。受南湖水，北經太湖廟下，入麗山湖。廟架於水上，今塞。湖神或曰郁使君，封水平王。或曰：后稷庶子，佐禹治水，至會稽，教人浚導有功，封之。見祀典。

案：昔人築塘湖心之說，則無塘之前二湖合一，有塘之後風隱水謾，上下皆淤，爲蕩爲田，湖始分矣。如麗山塊土，四面皆湖，因其土高，遂呼爲山。意宋、元以來，浚掘淤沙，堆以成阜云。

松江一名吳淞江，即吳江。《禹貢》三江之一，古笠澤也。枕縣治東門，東北行二百六十里至海，此其首也。其南接太湖，即東湖。長橋當其交，橫跨於上，名曰垂虹，舊名往利。爲長一百三十丈，爲竇六十有四。宋慶曆八年，知縣李問、尉王庭堅建，上有亭，祀三忠。郡誌謂橋竇七十二。宋、元以來，議水利者往往以橋爲礙。邇來浚水者賴此知水面之數，無此則上無此湖，下無此江矣。能式此丈數，以爲江湖開浚之則，南遡太湖，北達麗山湖，何礙之有？洩水北流，東過雪灘，有三高祠。北過顧野王祠，陳侍郎，有捍潮功，即其居而廟祀之。與麗山湖合而東北流。橋之東北有渚，曰葉家匯，淤泥所積。沿城漲爲民居。太湖下流爲松江吞水之咽喉，居民千計，似難加議，但須節制，毋令日填月築，東塞其江口云。內有東城河，葉家匯界在江心，分有此河。北過大通橋，東折過廣運橋，至顧野王祠。又本河中分，蕩上小港亦來合，同入麗山湖。徐獻忠《吴淞江議》：考吴淞江所以湮塞之故，蓋海水有潮沙之害，必大湖東下之流迅急，方可敵住渾潮，潮退則因上流蕩滌淤沙，不致停住。今吴江長橋既多堙塞，則水流不疾，而潮沙停滯，日復一日，遂致漲塞如此。夏忠靖公親履其地，遂將吴淞上流引入婁江，而以黄浦改入范家河，誠爲達權通變之利。至今黄浦通利，雖吴淞東半截竟堙，而夏駕以入安亭江，以達於婁江，至今猶通。自後惟照此疏導，自然太湖之水可泄，以免湖州、宜興之患矣。若不探其本末利害，必欲開通吴淞，使與黄浦會而入海，則不惟工力煩難，將併黄浦堙塞，則東南之害，有不可勝言者矣。愚嘗以吴淞與黄浦如人兩足，吴淞之塞，已廢其一，而黄浦尚堪達海。如人雖跛一足，猶可跟蹌而行也。或曰：開通吴淞，工力雖大，何至既通而併黄浦塞之？此必有說。予曰：黄浦與吴淞其勢相敵，此盛則彼衰者也。往時吴淞通利，黄浦之勢甚小。及吴淞既塞，而其勢始大，今則與錢塘江之迅急相上下矣。若開通吴淞，則其流直出黄浦，曲轉之勢不容不緩。況吴江長橋及寶帶橋之流，入於吴淞甚遥，而入黄浦甚紆遠。若欲挽回其勢，非百千鉅萬之錢穀不可辦。況今松江二縣之税，黄浦所利者居其八九，吴淞堙塞之患止居其一二。與其捄一二之害而廢八九之利，此不待智者可辯矣。

案：吴淞江引太湖入海，即《禹貢》三江之一也。始於湖，終於海，凡二百六十里。昔人以吴江爲首，後議者以入海爲首，改吴江爲尾，今從昔稱。今入海處界上海、嘉定間，有吴淞所爲徵。水猶通流，但勢微耳。首尾遥遥，其間堙塞非一，爲田，爲村，爲鎮，各以地名呼。代易人更，遂忘爲吴淞故道。議者以爲吴淞全失，豈其然乎？況支流孽派，分泄未泯，若小龍江、新洋江、大直港之類是也。惟不能全受太湖之水耳。松江徐獻忠議謂夏公引上流入婁江，顔郎中環嘗辯其非，素通各注不必爲引也。又謂黄浦通利，勢足代淞，似矣。夫水勢自西南而東北者，古也。數年來，水勢日徙而南，蓋以黄浦在南，日決而大，吴淞在北，日墊而微。此去水之緩急，因之而遷徙，固有由耳。然黄浦遠而吴淞近也，黄浦之利盡歸華、上，而蘇州之利，宜不能不求其下流於崑、常、嘉、太之河浦云。且四縣諸河各居其縣之下流，疏常熟者不關於崑山，疏崑、太、嘉者亦各不相關，惟吴江與長吴在上游，靡不涉焉。

城中河西受南湖，并東塘、四濠二港之水入西門，過永定橋，一名大倉橋。直出北門。其東洩者三：一曰前河，由西門內南分過新橋西寺前，東折過庶寧橋，一名周橋。經縣治東，有看波橋。其水從中河南分過縣治來會，同過仙里橋，出東門。二曰中河，由利民橋東流，過六子吴興橋，又東通利、順利、亭利橋，出小東門。三曰後河，由治安橋東流，有中河塘水由駱駝橋南來會，過城隍廟稍南重慶橋，又有城東北一隅洗馬池及二浜，合而南行，過惠民橋來會，同過太平橋，出小東門，與前河、後河水合。俱出東城河。

江與麗山湖之東洩者凡五港：曰樊家港，內分東南支，合糠雞橋港受槽家浜、洗馬浜、荷花蕩水，東出葉澤湖北行，爲大葉港。其東支受陳公浜、麗家浜水，爲牽橋港，東入大葉港。內有龍家港北行，左右有西小葉港、東小葉港、楊家港、前湖港。其二曰井亭港，湖口無名。受長涇濠、白米浜水，東入犬葉港。其三曰西居港，即紅廟港。東行受大脚浜水，過張仙涇，會於同川前河。其四曰謝寮港，受謝寮浜水北行，來會於塔菴港。其五曰塔菴港，南受謝寮港及沈家浜，北受塔菴浜、金思浜、宋家浜水東行，至西津，即通濟港。分支西北行，出吳淞江中，又分支北行，爲北雲港，出九里湖。其正支東行，分前、中、後三河，爲同川。其六曰宋墓港。其七曰新開涇，俱出通濟港。內有南麋浜、北麋港。

同川即同里，一名富土。去縣治東十里，有市鎮，有巡司，有寺，有觀。其河東行者三：如川字，故名。內有會川，升平港、荷花蕩、廣仁橋港、大通港交織於中。其前河受錢家浜、張仙涇水爲南栅港，又南受大葉港水來，皆會於東溪。即東栅港。其東南行者受馬菴浜、八畐浜水，爲何家港，瀦爲新湖。其北行者受牽婆浜水，爲水花園。莫《志》云：元末大姓葉振宗架聚書樓，有小垂虹池閣石梁，故名。通濟港分支東北行者，爲長板橋港，出九里湖。其北行者受陸家浜水，爲張塔，爲烏浦，俱出吳淞江。其北河分二支：北行其西，自大通河北受方浪浜水，過古涇，過石壩頭，爲西葉灣，受冷家浜水，出九里湖；其東自斜橋港東北流，受師姑浜水，與東栅港水合爲菱湖。今淤爲蕩田。水花園之東北與九曲港、菱湖水會，爲同里湖，一名黎湖。又東爲囤村湖，一湖東西分名。東散入蕭田等湖。屬長洲縣。

江東行二十里，北分爲小龍江，東爲九里湖，復合而東，爲後村湖，又與囤村湖水合，東北爲搖一作姚。城湖屬長洲。又東北爲陳湖，亦屬長洲。過角直，爲新洋江。過崑山，至吳淞江出海。內有大乂錢家涇、盧家港、楊家漊、竹橋蕩、下東港、東舍港、薛塔港、浦塘、池家港。俱屬二十六都。內沈舍港、囤村港、沐莊港、西操港、東栅港、羅田港、韓字港、新河港、王塔港、葛家灣、梅花灣、馬家匯、楊巷浜、北河浜、潭子裏。俱屬二十七都。內徐楊灣、蕩毛塔、田蕩、姚路港、孫家長港、西步塘、直港、蕭莊港、北尹港、直下港、吳家港、龍溪橋港、賣鹽港、張家浜、五爪黑龍浜。俱屬北二十八都。

案：吳江惟二十八都爲水窟，東抵周莊，西抵囤村，南抵牛塲涇，北抵白蜆港。聞勝國時大姓堤湖爲田者，故小水即淯云。

七里港枕縣治西門外，南自流虹橋，即弔橋。過東濠，沿太湖而北，凡七里。故名。內西受太湖之港凡四：曰牛腰涇，一名義窑。曰烏埠，曰西渠，曰大姚渠。其牛腰涇又分爲三：一從南，爲北沈田港；一稍南，爲西濠；

一又南，爲東塘港。其東洩入吴淞江之港凡六：一爲北城河，東流過永濟橋、即弔橋。廣運橋，爲南倉河；一爲書院前河，東流過大有橋，爲北倉河；一爲新港，一名深港。東流，內有新浜，浜口分折而南，復東折過小橋，出運河，與北倉、南倉之水俱合於三里橋之南，出吴淞江。其新港一支東流，過運河七里橋，一名萬家橋。四分爲洪漕、徐家、茅柴、無名四港，出吴淞江。一爲南柳胥港，內吴沙灣、大姚渠水亦來合，出界牌運河北流。一爲北柳胥港，出柳胥浦東流。與界牌水俱入長洲運河，北流夾浦橋，出吴淞江。

瓜涇港，人呼花涇。去縣北九里，東過古塘，入長洲縣界，經運河而南，由夾浦橋東出吴淞江。內有姚家莊、潘其、王家匯三港，俱附而同行。

案：吴淞上流南漸漲而爲田，去水惟瓜涇爲速，故夾浦最險。今夾浦之下，沙亦漸淤矣。

鮎魚口去縣治北十八里，屬一都。南受太湖水北流，匯爲鱩塘。又北過五龍橋，入吴縣界盤門運河。其鱩塘之東折者，至分水墩爲古塘口，入長州縣澹臺湖，過寶帶橋，與運河合。鮎魚口之東，有麵杖港相附同行，其東洩入古塘之港。屬長洲。

莫舍漊，一名綺川。范成大有綺川亭，因易其名。舊名石舍，後莫氏盛，人遂呼莫云。去縣治西北二十里，南受太湖水，北匯於楞伽山下，爲石湖。北過吴縣越來、行春二橋，入橫塘。其漊之東折者爲九曲港，石湖之東注者曰邵巷港、一名邵昂，相傳有石刊『邵、昂』二大字，在水中。里市港，屬吴縣。俱出鱩塘合焉。

白洋灣去縣治西二十里，即太湖與吴縣分轄。北注越來溪，舊志云：越伐吴，從此入。溪上有越城遺跡。《史記》云：越自松江北開渠，至橫山東北。西受楊池、張家、筆管三浜，屬吴縣。北行。溪之東曰小溪，莫《志》云：白泥可塗壁。曰何家溪，同受白洋之水，與越來溪合而北行十里許，出石湖。溪之西有金梟腰渠，今於爲田。亦受白洋水匯於黄山之下，爲黄山蕩。一名周家尖蕩。更受吴縣管瀆、橫金二港，走馬、興福二塘，並堯封、寶華、王山、陸墓、吴山諸澗之水，東分於張墓、陸巷二港，俱洩越來溪。溪之東泄者凡四：前朱村港，復出太湖馬墓港、姚灣港，二俱出莫舍漊。

土塘河，一名南塘，以下運河。南自王江涇，北至平望三十三里。史鑑《運河志》云：吴江縣運河之源有二：一從錢塘諸山發源，下流爲西湖，東出北關，又北逾仁和及嘉興之崇德、桐鄉、秀水諸縣，至於王江涇。而縣中運河起於此河之西，爲石塘。有橋曰聞店橋，內有市鎮，蓋秀水、吴江之民雜居焉。橋之下衆水奔凑，東入於河。自南徂北十里，而至於市涇，又八九里而至合路。折而西流又一二里，而至於黎涇，而四里到南六里皆有橋，臨塘西南受穆溪之水而入於河溪之源。又出其東南曰睡龍灣。前見麻溪下。河由六里橋而西，又四五里而至於百星橋，又西至於下河橋，折而北流數百步，爲平望鎮云。

西塘河，即荻塘。西自南潯而東，至平望五十三里。唐貞元中，蘇州刺史于頔繕，或名頔塘，未知孰是。元和五年王仲舒隄，宋慶曆通判李鳳卿修。《運河志》云： 河水源於湖州之天目山，分爲苕、霅二溪，東北流至湖州復合。又東流爲荻塘，經烏程，過南潯鎮東一里，入吴江縣界。水東北流至曹村駟馬橋，又五里而至蠡思橋，又二里至於楊定橋，皆在河陽土塘上。又三里而至於震澤鎮，蠡澤之水自河陰來會焉。河之陽有四橋： 曰新興，曰通泰，曰曲橋，曰張灣，以分泄水勢。中爲大石橋三，皆横跨河上： 東曰底定，西曰思范，中曰慶源。水由三橋下東行十里，而至雙楊村，過柳塘橋。河陽有永安、衆安、斜路三橋，又十八里而至梅堰，東吴、西吴二橋在其北，而中濟一橋貫其中。又十里而至平望鎮。諸家、六里、泄水三橋界其側，而鶯脰一湖在焉。東納穆溪，西通麻溪，南吞爛溪諸水，與運河合流。而東經大通橋，又東道安德橋，東出市中，與南塘之水會爲一焉。

按： 今運船遇旱，爲震澤、梅堰積瓦阻淺，改從烏鎮白米蕩，由爛溪出平望。平望市中前溪復淺，多從後溪行。

官塘河自平望北至縣治四十里，南三十里爲土塘，北十里爲石塘。唐元和王仲舒隄，宋祥符八年，知縣李椿添石重修。元天曆〔一〕二年，知縣孫伯恭加以巨石，至正九年，知縣那海又修。本朝永樂九年，趙通政居仁修，正統五年，周文襄忱再修。《運河志》云： 一塘之水既合，北流至通安橋，橋甚高大，跨踞東西兩岸。水從其下過，循石塘北行經長老橋，又七里而至於洪水橋。國朝嘗有備倭船自太湖來道，此人因呼爲海船闕云。又三里而至於盛墩，有橋在河西，曰梟腰。又六里而至於翁涇橋，又四里至於八斥之塘。南有橋曰廟涇，北有橋曰大浦。由大浦益北可十里許，爲白龍橋，又一里，爲徹浦橋，又一里，爲龍家橋。自此河折而西北流，又四里即甘泉橋也。下有泉甚深且甘，湛湛寒碧。唐陸羽嘗品爲第四泉，故又呼爲第四橋。橋之東有龍王祠，又北行爲三山、定海、萬傾、仙槎四橋。河益折而西，又六里而至於三江橋。范蠡乘舟入三江口，疑即此也。蓋太湖之水東注吴淞而入海，實由於此。知縣那海修石塘，長千八十丈，廣一丈四尺，高如廣而殺其四。又相度水勢，鑿竇一百六十，各爲引水，東洩于河。澇則用平上流之勢，旱則資以運舟。歷歲既久，濤衝水齧，日就傾圮。國朝永樂九年，通政使趙居仁治水東南，始奏修之，躬親督視，灰石增崇，築壘堅密，視舊有加。後工部侍郎周忱、郡守邢宥雖兩修之，不能復如疇昔之固，隨葺隨壞，竇有傾者輒隨而堙之。加以沿湖之人多種茭草，淤而爲田，而水道日微矣。

附： 郭運河由三江橋北折一里許，至唐家坊，西折二里，經顧野王祠，南爲三里橋，西北行七里。舊有東城河、城中河，二水今俱淺塞。

北塘運河自三里橋西北行七里，入長洲縣界，遇旱水

〔一〕天曆　原作『大曆』，按元朝僅有『天曆』年號，據改。

涸。從三里北西行，過大有橋，又北經七里港、柳胥港，出古塘。

案史《志》：附近運河自三江橋分而爲二〔一〕，其一曰從南關前北流入吴淞江，折而西流，至三里橋；其二曰從南津口過江南，至垂虹入麗山湖，爲站船路；其三曰從垂虹西流至縣城，東循城址北行三里橋；其四曰從福民橋入東門，逾北門而出。引四河之志，可謂詳矣。而今止存其一，以下三者皆塞而不通。夫史之志此也在弘治間，不六十年而陵谷之變若此。所存之一且又淤淺，適今不治，運道不知其所改矣。抱國憂者，盍垂念云！

水源考

治水自下流始，人咸知之。故識者曰：蘇州之於十郡，猶九州之兖也，其治之固矣。獨不謂嶓冢、岷峨、龍門、積石，奚所遺乎？夫源一也，而委未嘗不百也。孰謂太湖爲委而源則不止於百乎？況環太湖之源而爲地者幾倍於湖，則環太湖之地而爲雨之積者更幾倍於湖矣。洩太湖而爲委者，不亦艱哉？議者謂下流之導其十，不若上流之殺其一，爲功倍也。爲作《水源考》。

東吴水源，天目爲大。源不止於天目。《湖州郡志》曰：安吉西南六十里曰天目，其高三萬六千丈，其廣八百里，上有三十六洞天，有十二龍潭。其巔有仙人丈、千丈巖，其東南有瀑布下注，其匯曰蛟龍池。其東北一峰曰翔鳳林，上有平地，其方一千五百丈，有兩湖。天目由名。《一統志》曰：道家謂第三十四洞天山下兩湖若左右目。然《杭州志》于於潛縣曰：西天目山，去縣四十五里。左目高二千丈，右目高二千五百丈，名太微玄蓋洞天。又謂《寰宇記》云：高三千九百丈，廣五百五十里。水因山曲折，東西有源，東出臨安爲大溪，溢東流爲苕水。《寧國志》曰：去縣東南一百五十里，本浙西巨鎮，面杭背宣，東溪之水出焉。各志所載不同，俟考。

屬湖州安吉者曰西天目，爲陰；屬杭州臨安者曰東天目，爲陽。

杭州水源

杭州諸山，名各不同，皆自天目發祖。郭璞《地記》曰『天目山前兩乳長，龍飛鳳舞至錢塘』是也

天竺諸山杭州湖西。發玉泉等源，凡十六，武林山泉、冷泉、茯苓泉、白河泉、大悲泉、寒泉、參寥泉、後僕夫泉、玉泉、一勺泉、寒光泉、惠泉、噴月泉、法華泉、真珠泉、虎跑泉。匯而爲西湖。中亘六橋，湖分上下。二派東洩：一由城堧石函以入杭城運司前，分布諸河；一由昭慶寺橋北行西折，歷三閘爲下湖河，分支

〔一〕二 據下文，疑當作『四』。

入武林水門，爲大河。即運河。與運司水會，散衍流濩，河皆盈溢，從鳳山門即正陽門。出。東十二里到龍山閘，又渾水閘。北與候潮門水會，爲外沙河，循城而北至永昌門。東南通錢塘江有壩，內水大則溢出，江潮大則溢入。永昌壩，節而復注。復北過清泰、節螺螄門。慶春即菜市門。二門，與內河合，仍循城轉西無星橋，至會安壩下注艮山河，西入泛洋河，北轉至德勝橋，爲德勝壩，是爲上塘河。下湖河即運河，在郡城東北。四派皆合於餘杭塘河。一派由郡溜水橋沿東西馬塍至賣魚橋西，合餘杭塘河；一派由打水樓南折，至江漲橋入；一派由八字塘，至古塘橋下折入；一派由西堰橋西，至飲馬亦折入。是河由餘杭來，凡七十里。

上塘河由東南外沙河北行，爲後沙河。艮山門外。北達蔡官人塘，北去艮山門九里。東由何衢店、湯鎮、赭山，又東北達赤岸河，去郡城東北三十里。通高塘、橫塘北十五里，達施河村河。又東北十五里，達方興河，至臨平鎮東，爲長安壩。

案：附郭德勝等五壩，東臨平與長安等五壩，皆高二三仞。自上塘河水日溢，而各瀉於下塘河也無停晷。一遇霖潦，駕壩襄塍，牛馳馬逸，橫入崇德、桐鄉、嘉興、松江，以入吴淞江、黄浦諸港。凡下流皆先爲漫漲所占，太湖無歸宿之路矣。

下塘河自武林門水，由西湖過吴山水驛，接清河上、中、下三閘，至德勝橋，與城東外沙河等水合，分爲二派：一由東北至長安壩；一由西北過德勝橋壩下，注至江漲橋，與子塘河合流，至北新橋北入湖州界，東北接新開運河。通蘇松。

宦塘河去城西北三十五里。南達北新江漲河，北達奉口河。

南上湖、南下湖在餘杭縣，南漢時所開。源發自天目，由臨安至縣南，從石門入兩湖，東流爲南渠河，又東爲餘杭塘河。塘河説見前。

案：《通志》謂兩湖相接，瀦洩水勢。可見但可爲湖，不可爲田也。民間占佃爲科田，嘉靖二十二年，巡按御史傅公鳳翔知其居嘉、湖、蘇、松之上流，爲害甚大，痛爲釐革，掣其浮糧，改入嘉、湖代辦，仍復爲湖，畫界樹碑，犯者有法，頗與宋郟僑之論所謂杭州遷長河堰，以宣、歙、杭、陸等山源決於浙江，則東南之水不入太湖之意相同。今查水不入浙，何由而減？溧陽五堰，事體最爲相類，未有能正之者，將無待乎？

天目又一源，東發而爲南溪，臨安縣。過縣東南，入餘杭界。

天目又一源，南發而爲馬溪，又高陸山去臨安北二十五里。源發而爲猷溪，各入餘杭，至雙橋合流而爲雙溪。又東過徑山港，徑山源水來會，東入河港，過靈源港入錢塘，通會於塘河。

溁水臨安。出雙林山半瀑，入大溪。開林河。餘杭東南二十里，一名五福渠水，入錢塘。由拳青嶂山餘杭西南十里。發源二，一爲東溪，俱東北經錢塘，又折而北，入德清縣。高陸山去臨安八十六里。一源發而東過仇山，餘杭。之北獨松嶺，八十里。一源發而東至仇山之下。二水合流而北過盧公橋，東行十二里入苕溪。

案：諸水自西南來，錯綜彌漫，由桐鄉、崇德，合德清、武康之水皆入吴江西鄉，半由七十二漊以入太湖，半由鸊鵜湖過汾湖。

天目之陽臨安縣東天目。發源而爲餘不溪，東過縣治，又東過餘杭縣入錢塘界，爲安溪。屬錢塘。又爲鳳口溪，東南入德清縣界，仍爲餘不溪。有吴羌山屬德清。之石壺泉，匯而爲黿溪。又越山之瀑布泉、石壁山之月泉皆來會，而東又散入桐鄉縣。運河車溪、橫湖、皂林諸涇。又分支爲北流水，其施諸溪水亦來會。溪源出上强山。

本溪東行二十里，入歸安，至敬山漾，漾水合焉。又過菱湖，湖水合焉。西北過荻港，折而西，爲大灣，與前溪水合，有黄蘗山屬烏程。源發而爲黄浦，又妙喜山屬烏程。源發而爲妙喜港，又王村諸山烏程。源發而爲黄墅港，又菁山烏程。諸山源發而爲澤水，皆來會。北經峴山漾，歸安，即碧浪湖。入江子匯，是爲霅溪。

湖州水源孝豐、安吉、武康、歸安、烏程、武康、長興。

天目之陰爲廣苕山，屬孝豐，去縣西南三十里。發源是爲苕溪，一名西溪，一名大溪，一名龍溪。郡志曰：水至長潭、險潭，與石相嚙，淙淙然類吕梁傾倒之勢，故名。至狄浦，狄浦溪水來合。溪在廣苕鄉，去縣三十五里，亦出天目諸水，有景村來者，有五港來者，有澤口下者，有石柱村下者，有黄圩溪來者，各有壩節以灌田，灌足而後洩。又過除口，至山公潭，潭水來合。潭源出天目。至歸山下，洛溪水來合。溪在魚池鄉，即歸山潭。其源發廣德州石溪，又董嶺水亦分入。至西嶼，橫溪水來合。溪在靈奕鄉，由大領發源。過孝豐縣而東下，沿干如湖水來合。溪在魚池鄉，去孝豐縣北十里，源發廣德州金雞嶺，有葛溪，有青山口，出中館溪有奚埠，皆相通貫。入安吉州境。南過邵渡，而邱渡獨松嶺水來合。獨松屬安吉，出爲五溝，令衆山之水，東過浮石山。嶼山水亦合焉。山與浮石相接，有白水池泉。《志》所謂苕溪之水有二源是也。南者爲裏溪，本溪爲外溪。即苕溪，又大溪。裏溪之行也，至石埭，埭水來合。埭源發湖南山，去州北十里。又西，龍湖水來合，至石鼓堰，堰水、曹埠水、堰埠水皆出天目。西坑瀆水皆來合。其外溪東北行也，楊子湖源出楊子山。《安吉通志》謂其水西出丹陽湖，東與邸閣水分流入苕。邸閣水源出廩山，屬長興。同來合。至馬家瀆，瀆水來合。瀆去州東三里。瀆有三源：曰由千山，曰樊塢，曰峴山。又至丁埠前，岡水來合。岡水發源昆、銅二山，去州北三十里。過富山塘，紫谿之水來合。內有姚湖、五湖、四龍湖、五龍湖、南獲湖，皆貫通交組於其中。至浮石山，裏溪之水復來合。至梅溪鎮，梅溪與渾水、瀆水皆來合。梅溪山去州北三十里。其源有二：一自崑、銅山發，一自蘇州山影蘇池發。又樂平山發者爲薛坦，浮山發者爲潭，入魏塘，匯爲東海堰而達焉。瀆水發源金雞嶺，俱入魚池、晏子、安福三溪而來。是爲總溪。即西溪，因諸溪之合，故名。分西北一支，與荆溪接。荆屬長興。一支又爲龍溪，北行入歸安縣，入凡常湖，湖源出長興石城山，去長興南五十里，和平諸山水合。潘店水、出烏程和平諸山。樓賢水出烏程樓賢山。皆來合。又過罨畫溪，即箬溪。又四安塘諸水皆來注之，四安溪屬長興，一名周瀆，出石澗，經善岸塘，與廣德水俱來。匯而仍爲西溪。北過釣魚臺而分者三：其一經小梅湖入太湖。其中一過郡城東北，入江子匯。其南一過定安，與峴山漾即碧浪湖。南來水會，亦入江子匯，是爲霅溪。

銅峴山屬武康縣。發源爲前溪，一名餘英溪。東過縣治，北過黃隴山，東抵砂溪，兩溪之支流，長流溪之下流。德清之北流水注焉，餘不溪支流。後溪之水亦注焉。發源德清烏回山，過龍尾來會。北經峴山漾，入江子匯，爲霅溪。霅溪受諸溪之水，苕溪、餘不溪、前溪北流水。迤邐北行，散入於烏程大錢、小梅等二十七瀆，紹興二年，知縣王回浚而更其名曰豐登、稔熟、康寧、安樂、瑞慶、福禧、和裕、年通、惠澤、吉利、泰興、富足，冠以常字。其俗但記其舊名，如楊溇、沈溇者，以自爲便，而官名不甚知也。以入太湖。又霅溪折而東過倉橋溪灣，又東出迎春門，與峴山漾合。東入烏程界，大會諸水於昆山漾，過八里店，是爲運河，即荻塘。東流爲舊館，爲潯溪。入吴江縣界北，分流諸溇入太湖。東循荻塘，至平望入鸎鵡湖。

內孝豐之壩三十七，安吉之壩三十六，武康之堰七十二，德清之堰九、湖一、浦一，歸安湖二、漾十，烏程之漾十，皆所以瀦而後洩於太湖者也。

白峴山源，去長興西北八十里。諸山之水東過懸脚嶺，嶺水入焉。去縣西七十里。又爲楊店水，東過蒼雲嶺之梓，方澗之水匯而爲合溪。與荆溪水通。南過竹山塘，塘水入焉。又東過罨畫溪，即箬溪。溪水分入焉。東北過趙瀆，出太湖。

顧渚山北去長興縣西四十里。金河泉，達而爲水口，水東南歷紫花澗，分折東北成德橋，入太湖。其水口鎮東分爲盧祥湖，一名巴澤。折而東北，出新橋，入太湖。

白石山西去長興七十里。發源，達而爲青山港，南會於苕溪。

川山與北川山北去長興二十五里。二水合流，爲常豐澗，歷黃沉潭，入太湖。

花渚泉從落石澗，經砂埠，入荆溪。

五山發源，經合溪，至州境，入荆溪。

長興荆溪以下泄入太湖之港，凡三十有四。

案：自杭西天竺至此，皆西南之水源也。

宜興水源

東瀉溪。一名罨畫溪，一名五雲溪，去宜興縣南三十六里。宜興、長興鄰界相出入，故名同。

君山發源爲洑溪，去宜興縣東三里。入荆溪。

章山去宜興西南七十里。爲張渚，合流於童渚，以入荆溪。

𠄘山去宜興西南六十里。發源而爲暇涇，入荆溪。又一源發爲蓮荷溪，東爲白雲涇，北分，受長蕩湖之水，又東爲西九溪。西溧陽界，中貫土于九里。東與洴浰合，入荆溪。

洴浰埝去宜興西二十七里。受溧陽諸水，注於荆溪。

荆溪宜興南，以在荆南山之北，故名。《漢・地理志》曰：中江出蕪湖，湖之西南至陽羨入海，此也。周信侯斬蛟於此。《通志》曰：南受宣、歙、蕪湖之水注太湖，内有塞溪、慈湖、章溪。東分而爲百瀆，達於太湖。昔人以荆溪居數郡下流，於太湖口疏爲百派，以分其勢，故名。縣之東南七十五里爲上瀆，北六十里爲下瀆。又開横塘，袤四十里以貫之。單鍔所謂『荆溪爲咽，百瀆爲心』是也。舊志載瀆名止七十有二，單鍔又謂邑尉阮洪疏導七十九條，是年大熟。又誌曰：宋令梅閼浚四十一瀆，餘皆湮塞。至國朝正德間，都御史俞公諫亦嘗疏之，而宜興大熟。然不知湮多少也。

東九溪承荆溪，入百瀆。餘皮滜，一名餘皮湖，與上同。曰陽溪，曰沙塘灣，曰太浦，曰東蠡湖皆縣南，通水入湖。

運河宜興北。西接荆溪，北爲黄土滜，即白魚灣。北通武進滆河。

西湖。宜興南。

按：唐元和中，刺史范正傳命縣令黎逢吉去湖中田，決堰以復古跡。唐時必科占爲田，水不可蓄，故云而決之。范其達於節宣者與！今考誌，無此湖名，亦無其跡矣。

建平水源

案：廣德與湖州連界，其東南發源入湖之水，俱已備湖州考下，此則東北者。

梅渚河去建平縣北三十里。歷溧陽三塔堰入長蕩湖，屬溧陽、金壇、宜興。出太湖。

宣城水源

南湖。宣城縣南。《寧國志》曰：周廣四十里，東受溧陽、廣德、建平諸水，宣城諸溪，漲亦瀉入焉。諸溪由南入者曰洪林河，西曰西溪，南曰兵嶼溝。湖泛則自西南出曲河，至油榨溝，西北出湖北河，至渾水港，俱與大河合，北至於水陽慈溪，亦東合高淳水入焉。由牛兒港，有方家港。泝流而進，東通五堰，以達於三吴。

案誌，李公默所輯者曰泝流以進云者，言泛也，不泛則水不入。以常年論之，泛時多，不泛時少，三吴其能免諸？

應天水源高淳　溧水　溧陽

固城湖。去高淳縣南五里。《溧水志》曰：大山水發源爲固城湖，經五堰，入三塔港，過宜興，以達太湖。《一統志》曰：有水四派，與太平府分界。《南畿志・高淳》曰：丹陽、石臼、固城三湖匯合，其流分二派，一出蕪湖，一出姑熟。固城者，東經宜興，入太湖。又謂源出東廬山，又謂遮軍山北有水入焉。

案：《志》謂三湖匯合。夫所謂匯合者，言相流通也。又謂丹陽、石臼之流西出大江，而固城者出太湖，蓋不澇之年，水之分流固也。使大江泛溢，或宣、歙發洪，其漲每高幾丈，有不倒奔而逆馳，以灌於太湖者乎？竊謂苟能於湖之連處堤而截之，不相通貫，則震不于其躬，于其鄰矣。害有不杜哉？

廣通壩。在廣通鎮，原屬溧水縣。弘治四年，割溧水地分建，高淳今屬焉。與建平縣連界。《建平志》曰：胥溪去建平北四十里。上接廣通鎮，下通三塔堰。《南畿志》曰：余家堰去溧水東南一百五十里。東通太湖，西入大江。

按：昔吳王伐楚，開此運糧。而《溧水志》不載，於丹陽湖下注曰：西南桐水出自白石山，屬廣德州。白石之水衝突，則三湖丹陽、石臼、固城。泛溢。此水由五堰，自宜興入太湖，昔已堙塞。故老云：當時慮後人復開此道。則蘇、常之間，必被水患，遂以石窒五堰，又液鐵以固石。至洪武二十五年開通河道，永樂元年復築云。但一曰胥溪，一曰余家堰，不知一地而二名，不知各有其地。考《三塔橋碑》，生員姚思行撰。其略曰：春秋吳將伍員爲復楚之役，穿地爲胥溪，以通餉道。由蕪湖而廣通，而溧陽，而震澤。後楚水泛濫，溧陽之桑田爲瀨江矣。瀨水即子胥投金處。歷世以來，雖置閘以時起閉，而溧之險阻未遠。迨我成化改元，用守臣之議，廢閘爲壩，百川皆暫瀦於邑西之五堰，而分散於荆溪之百瀆，溧始爲成平之鄉。由是而觀，則一地二名可信矣。廣通有壩，其來已久，屢築而毁，屢毁而築。舊有壩官，亦皆汰去，廨址猶存。嘉靖三十二三年，壩猶無恙。其闊一十五里，路皆平陸，走馬負擔。今奸豪之家就中開港，剥船邀貨，以規商利。日夜山水傾注，漸成大河。於四十年大澇，則宣、歙之水懷襄而過，東吴被害，可勝言哉？雖然，昔人立壩，不知果此地否耳。

五堰。去溧陽縣西八十里。自廣通壩而東十五里，曰新壩。因將廣通毁鑿成河，故從東復築。此亦不堰水。自此而東九里，第一堰曰昇平堰。又南九里，曰三塔湖堰。又東九里，曰南渡堰。又東九里，曰沙漲堰。一名馮等。又東九里，曰前麻堰。

按：五堰在廣通壩下流，半受廣德、建平、高淳之水。其溧水、溧陽、丹陽、句容之水，又在五堰之北。其水相平，霖雨稍積，山源略沸，則諸水奔逸東馳，連五堰所受者同入太湖，沛如也非，五堰所能節也。宋郟僑書曰：今究水利，必先於江寧治水陽江與銀林江等五堰故跡，決入西江。單鍔書曰：由宜興而西有五堰者，所以節宣、歙、金陵、九陽江衆水，直趨蕪湖。後廢去五堰，則水皆入於宜興之荆溪，而入震澤，東灌蘇、常、湖三州矣。由是觀之，則昔人所節，似連五堰之水俱堰，入於蕪湖。又宋黄震《答泄水書》云：古人於宜興以西，以金陵管下設爲五堰，使西南水不入荆溪，而由分水銀林五堰，入於運河，以至大江。國朝南渡以來，五堰既以不便木簰往來而壞。又射林曰：唐末商販簰木，由宣歙以入，兩浙迺病，五堰艱阻，給官中廢。則金陵、九陽數郡之水，不西入蕪湖，而東入震澤。由前後之言觀之，則五堰在所堰之中無疑矣。今壩設五堰之上，所拒之水，固是宣、歙。蓋拒水不入於五堰，而非築五堰，邀其水以出蕪湖也。前言皆以五堰爲節水之具，則古昔之所築者，恐在五堰下流别有切要等處，而非今之所壩者也。又聞國初欲藉五堰節水分流，以入蕪湖。可見五堰者但可爲湖，而不可爲田也。又恐其賦税爲累，啓後人復堰之謀，乃掣其賦於蘇州代辦。蓋期諸堰以次蓄水，而不疾趨於東吴也。耆舊猶能言之，今歲更路遠，莫爲典守。聞五堰豪家隱其水利有關蘇、松情節，於嘉靖三十五年乘其縣尹入覲，攝者通判，欺佃陞科，盡占爲田，夾築土梗於諸湖之中。壩東之水不容餘瀝停佇，渴其流而決入於太湖，太湖豈爲辭哉？不知下流二三百里之田，陰受其汩没之禍而莫之計也。兹欲興利去害，以爲東南足食之圖，非風憲重臣，抱經綸之素，切拯援之深，灼是非之幾，等利害之分，辯物土之勢，決因革之宜，操與奪之權，忘恩怨之顧者，其孰能釐而正之耶？

胭脂湖。湖去溧水縣西十里。洪武中疏通，西北通大江，東通兩浙。

中江，一名永陽江，一名水陽江。去溧陽西北三十里，即《禹貢》之三江也，下流入宜興。

千里湖。去溧陽東一十五里。

長蕩湖，一名洮湖。去溧陽北五十三里，中分三界，東南屬金壇，西屬宜興。周處、韋昭、酈道元皆以爲五湖之一。中有浮山，東連震澤。

鎮江水源 金壇　丹陽

茅山去金壇西五十里。發源之水二：一爲唐王溪，一爲直溪。東北行，入長蕩湖。

思湖去金壇南六里，北通荆溪。又高湖，北經五中瀆來會，同入長蕩湖。其曰白龍蕩，曰錢資蕩，曰北渚蕩，曰柘蕩，與諸瀆、諸港皆經緯乎其中，溢則南奔長蕩，以入太湖，東則俱入運河。

練湖，一名練塘。古名曲阿，後河北去丹陽縣五里。唐劉晏爲刺史，上疏曰夏秋雨多，即向南奔注，入丹陽、延陵、金壇、宜興等處，淹没良田，乞禁湖中作埂爲田。從之。又嘉靖二年，工部郎中林公文沛曰：今之爲太湖害者，非練湖與西滆沙子湖乎？

珥瀆河。去丹陽縣南七里漕河，由珥瀆入金壇。

吴塘。縣南，入金壇。

白鶴溪。亦名荆溪，去丹陽東南十里，自古荆城通金壇，北入常州。

丹徒以北至京口，皆漕渠。閘外大江，冬水退落，則內水相平，時或放出。春、夏、秋三時江水漲滿，未有不入者。孟瀆亦然。

案：自宜興東瀉溪至京口，皆西北水源也。昔人謂西北自寧國、建康等處入溧陽，迤邐至長塘湖，並潤州、金壇、延陵、丹陽諸水，會於宜興，以入太湖。王文恪公鏊之水議，與張文公治之水策，皆同爲然。竊惟太湖雖廣而能容，而來水幅員，其授尤廣。正猶人家，闢一畝方庭而外周二畝房舍，加以一尺之雨，則簷溜並傾，庭起三尺之潦無疑矣。溝非盈尺，則滲洩不速，芥舟於堂，立待可見。使簷設竹瓦，引他注而殺之，庭潦或可稍減一二，不待智者而後知也。此上流分殺之説，豈可謂其無益乎？宋單鍔之書曰：宜興有夾苧干瀆，所以洩長塘湖東入滆湖，由大立瀆、塘口瀆、白魚灣、高梅瀆及白鶴溪而北入常州運河，運河而下，分入一十四港，皆入大江。今皆名存實亡。儻開夾苧干通流，則西來入震澤之水可以殺其勢，深利於三州之田也。自是以往，直至正德間，工郎林公文沛曰：欲減太湖上流，莫急於開丹陽之九曲河，武進之德勝南、新舊孟子河、澡港、新溝江陰之夏港諸河。夫爲是説者，非誠心以厚東南之民生者，未能探訪若是之精切也。彼漠然不加意於國本民天者，不曰迂腐之談，則曰荒疎之見，不目爲俗吏，則鄙爲濁流。是《禹貢》大田，孔子不删，爲可咎矣。雖然，户科給事葉公紳之疏曰：聞昔人於溧陽則築五堰以遏其衝，於常州則穿港瀆以分其勢。又湖州郡守張公鐸之志曰：疏其源，使水之入者有所分；導其流，使水之往者有所歸。是天下亦不謂無其人。

分殺湖勢之河

武進之港二十。

無錫之港十。

案：水源略備矣。睇覽地形，緒紬元論，潤、杭爲南北之極峻，嘉、常以次第而漸卑，最下姑蘇，密連滄海。天目障萬峰於西麓，岡身亘百里於東陲，信謂仰盂，端猶欹器，注則腹蟲，盈則趾顛。欲事均調，必先分殺。單鍔傷西北之廢堰，郟僑乞西南之遷河。義興最據上游，刺史猶圖節泛。所計大事，豈愛良田？雅知大智之覽遥縣，正慮下流之波濫及也。久來農官瀟汰，水政全荒，薄海盡堙，漫成平陸。遡源無節，總屬迷途。夷考百泉，緣知七郡。竊懼淪亡，難逃蠹簡。聊爲詮次，且殫蝦箋。若彼下流之縱横，備於水治、水議之下，無敢溝渠之或遺也。

卷二

水官考

水之有官肇於唐，詳於周，重於宋、元蓋農之本也。重農者設，不重農者不設，代有因革。因革之間，雖斯民氣運所關，而宰相裁成以左右民之意，亦是乎占矣。

水利監官

三代虞舜時，僉曰：『伯禹作司空。』帝曰：『俞！咨禹，汝平水土，惟時懋哉！』禹拜稽首。帝曰：『俞！汝往哉！』

五代吴越錢氏置都水庸田使，以主水事，募卒爲部，號曰撩淺。

宋仁宗嘉祐四年，招置蘇州開江兵士，立吴江等縣城下指揮。

神宗元豐六年，極密院裁定蘇州開江兵級八百人，專治浦閘。

徽宗崇寧元年，置提舉司。置提舉淮浙澳牐司於蘇州，以知崑山縣。鮑朝懋提管幹。

孝宗幹道九年，置監堰官於亭林。

元成宗大德二年，立都水庸田司。司立於平江，專董修築田園，疏浚河道，仍仰於二、八月内依時督責疏浚。

八年，立行都水監，仍於平江路設置。

泰定帝泰定元年，復立都水庸田司。

順帝至正元年，復設庸田司。見《水議考》。

國朝成祖永樂二年，命户部尚書夏原吉治水。四月，上以蘇松水患爲憂，命户部尚書夏原吉特往疏治。八月，遣僉都御史俞士吉賫『水利集』賜原吉，使講究拯治之法。

英宗正統五年，詔巡撫侍郎周忱治水。奏請添設水利官。未幾，御史何永芳奏革。又行奏討量，撥原經任過辦事官一二十員。

憲宗成化八年，改設水利僉事。浙江按察帶銜。

九年，添設蘇、松、常、嘉、湖五府勸農水利通判屬縣縣丞各一員。

孝宗弘治七年，僉事伍性。本年，仍差工部主事姚文灝。

八年，差工部侍郎徐貫與主事祝萃治水。吴中大水，吏科給事中葉紳請賑饑治水，故有此命。本年，改差浙江僉事伍性。

九年，差工部郎中傅朝。

十四年，差工部郎中臧麟。

武宗正德七年，改設浙江兵備副使謝琛帶管水利。住劄太倉。

八年，差都御史俞諫治水。

十四年，差工部尚書李克嗣治水。五年大水，都御史俞諫、工科給事中吴巖、巡按御史謝琛各奏請。　本年，添差郎中林文沛、顔如環。李尚書同巡按馬禄各奏請。見《水議考》。

今嘉靖三年，取回郎中林文沛劄，僉事熊允懋帶管。

四年冬，差水利僉事蔡乾。浙江帶銜。

九年，仍差工部郎中朱衮。不久巡按奏革，仍兵備道帶管。

二十三年，改兵備副使、山東按察司帶銜帶管水利。

二十八年，仍兵備副使，添設糧儲參政一員，河南布政司帶銜帶管水利。

三十五年，革糧儲參政，仍改設兵備副使，湖廣帶銜帶管水利。

四十年，兵備副使王道行。輯《三吴水利圖考》。

四十五年，改差巡鹽御史兼管。

沈啓曰：　司空治水，古制也。東南水國，官可設乎？可不設乎？嘗聞三農生九穀，穀生於水，水得其性則穀生而爲利，水失其性則穀不生而爲害。殖利以芟害，非官不可。朝廷念東南國本，何嘗不遺而不設哉？其不能久者，非朝廷意也。何以知之？觀之鹽、馬、屯田，非有重於玉食之地也。既設運河，又差巡鹽御史，既設太僕寺、行太僕寺、苑馬寺，又差巡馬御史，各省設按察司、屯田官，兩直隸差巡屯御史，是朝廷豈靳水利一官之設哉？其不容於久設者，有故也。且是官也，職在必專，專則法有定守；任在必久，久則績可責成。觀之八年胼胝而不一入三過之門，可知已。而豈謂今之官水者速如傳舍，寄如贋疣者哉？其不能專且久者，惟監司之不相能焉耳。昔如文襄周公，天下第一流人品也。其於民情國事，真如恫瘝乃身。當時治水奏請，官屬多非監司所轄，御史何永芳一疏而盡革之。周公正當旁午之際，手足不能一轉，孰謂責以地平之業，而與奪若是之輕，可乎？幸周公方當君相屬心，否則不能安其位矣。周公又且不動於心，復疏懇請，仍給官屬以畢，乃緒以是例之，則今安得不利於帶攝哉？又嘗見監司亦有以天下事爲己任，如御史吕公光洵者，累疏東南水利，力任而勇圖之，功竟不立，何哉？瓜期不可逾也。余故曰：　必專官久任而後可，豈徒曰可有可無也哉？

蘇州府水利判一員。

吴江縣水利丞一員。徐獻忠《掌故集》：　忠按：　成化九年，添設蘇、松、常、嘉、湖五府勸農通判所屬縣，縣丞各一員，近復革去。今世冗官，理應裁省者甚衆，惟蘇、松、湖、三府勸農官獨不可少。所謂勸者，專管水利以興農功者也。蘇、松在震澤下流，淤澱日甚，加以海潮，漲沙日積，故吴淞江已爲平陸。今之爲郡邑者，誰復以水利爲念哉？而税額日重，加派不息。今之蘇、松，視昔之蘇、松，何如也？吴興居於上流，其入太湖之水既爲吴江所遏塞則其南各之流，所係亦甚重。而圈爲菱藕之蕩，塞爲桑麻之區，日已加多。苟無專官治之，其誰已哉？若徒以區區冗官之議概例之，其可哉？

沈啓曰：　修水興農，守令法典，朝更代歷，政無改權。茲焉設二弼丞，將以代勞，非侵其秩而分其權也。知此協恭，胥濟共美。苟主曰有弼，弼曰有主，不免各有餘責矣。仰觀一統輿圖，添設者僅東南五郡邑，建立之意，顧不深哉？尚圖重其官，榮其選，賢借甲科，精明水政。何意每每裁革？司權者動必先以應命，大違建置初意，豈於國重民艱有未討歟？

塘長九十三名。

圩長即圩甲。　一千一百五十八名。

沈啓曰：　二長之設，即《周官》『土均』、『稻人』之意。嘗觀稻人以瀦蓄水，以防止水，以溝蕩水，以遂均水。土均爲掌其平水土之政而率以治之。然則今之塘長遇田塍傾圮，溝澮湮微，梁塘崩損，非所當率其圩長而經葺者乎？緬惟朔望結報於官之法猶存，則植塗通水，修復文襄之政，以裨耕稼，以還流移，不在茲與？

導河夫一百名，每年徵里甲，銀三百兩。每名銀三兩。

沈啓曰：　導河之役，始於吴越錢氏之撩淺卒，繼以宋之節置開江兵。迨至國朝，額定派徵若銀，而本縣歲徵里甲，以備浚瀹修築之需。惟嘉靖十六年均一田糧，時無水患，盡蠲革之。至二十六年，議復派徵如其前。三十六年，郡改爲驛遞修船之費，餘待水利之用焉。附賦役册：　本府先年派定各屬，分管胥門遞運，各驛座船、紅摇、站船共一百隻，每年派修驗光九百一十石，折銀四百五十五兩，不彀各屬修造，或責之糧長，或編之均徭，每輒陪銀百兩，民甚苦之，相應議處。今查各州縣自嘉靖二十六年均徭内，有導河夫銀二千兩聽備水利，有派無徵，不得實用。合無議將此項改作修船銀兩，用有存剩，仍聽水利支用，則錢糧有歸矣。

水則考

土圭測景，玉衡步天，制者聖也。吴江水則，式穀似之，不出户庭，而四郊水勢漲落、原隰高卑，罔逃目睫，伊誰制也？今則淪亡，安起伊人而與之論水？

横道水則石碑

碑長七尺有奇，樹垂虹亭北之左。二碑建置俱無考。

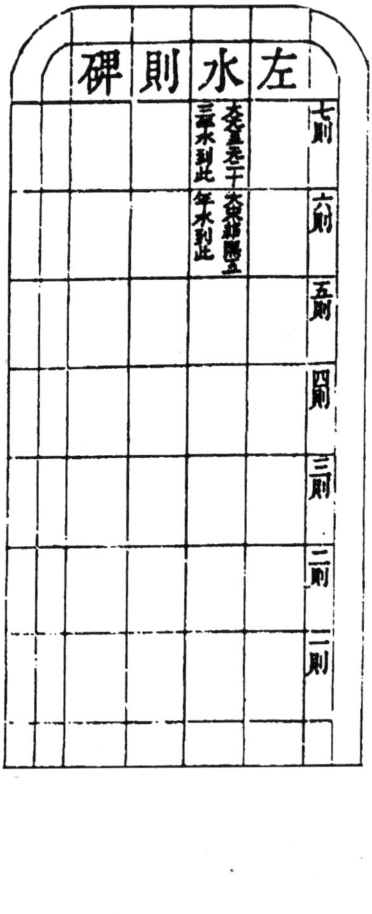

左右一碑，面横七道，道爲一則，以下一則爲平水之衡。水在一則，則高低田俱無恙；過二則，極低田渰；過三則，稍低田渰；過四則，下中田渰；過五則，上中田渰；過六則，稍高田渰；過七則，極高田俱渰。如某年水至某則爲災，即於本則刻曰：某年水至此。凡各鄉都年報水災，雖官司未及遠臨踏勘，而某等之田被災、不被災者，已豫知於日報水則之中矣。長民者時出垂虹以驗之，俱得其實，而虚冒者無所容也。

直道水則石碑

碑長七尺有奇，樹垂虹亭北之右。

右石一碑，分上、下爲二横，每横六直，每直當一月。其上横六直刻正月至六月，下横六直刻七月至十二月。每月三旬，月下又爲三直，直當一旬。三季一十八旬，凡一十八直。其司之者，每旬以水之漲落到某，則報於官，其有過則爲災者刻之，法如前意。當時必有掌水之人較晴量雨，體陂經疇，時爲呈報，俾長民者因爲捍患之圖，而今不可見矣。

按：二碑石刻甚明，正德五年猶及見之。其横第六道中刻『大宋紹熙五年水到此』，第七道中刻『大元至元二十三年水到此』。正德五年大水，城中街路皆斷。稽其碑刻，水到六則，與宋紹熙中同，則元之水猶過也。今石尚存，而宋、元字跡與横刻之道盡鑿無存，止有『減水則例』四字，亦非其舊。乃於大直刻『正德五年水到此』『六年水到此』。既無横道，何以爲則？且增六年而遺四年，繆矣哉！失古建置之意，不知伊誰之過也。今石猶樹水旁，追憶所見，識之亦存羊云。

水年考

渰田者潦，積潦者雨，助雨潦以害田者風。風雨者，吴江所獨爲災者也。在《春秋》所必書，故特係之《水則》之下，以見邑壤之卑，雖小水亦不能禁，矧大乎？

宋文帝元嘉中，三吴水潦，穀貴人飢。詔會稽、宣城二郡米穀賜遭水人。寶《志》。

梁武帝大通中，吴郡水災。上言當洩大瀆以瀉松江。

宋真宗祥符四年九月，吴江泛濫，壞廬舍。《宋史》。

仁宗天聖初，蘇州水壞太湖外塘，浚積潦，自吴江赴東海。《郡志》

景祐初大水，范仲淹上宰相書，導諸邑之水。

神宗元豐元年七月四日夜，蘇州大風雨，潮高二丈餘，漂蕩尹山，至吴江塘岸，洗滌橋樑、沙土皆盡，惟石僅存。竇《志》

四年七月，蘇州大水，西風駕湖，水漫没民居，邊湖者皆蕩盡，或舉家不知所在。吴江長橋亦推去其半，橋南至平望皆如掃，内外死者萬餘人。翼日水退，村人漸獲流屍焚殯，云：吴江以北露地而哭，吴江以南刈禾而歌。竇《志》

哲宗元祐六年，吴江水災。詔賜米斛及錢賑濟。竇《志》

紹聖元年秋，蘇、湖、秀等風害民田。《宋史》

元符二年六月，久雨，蘇、湖、秀等尤罹水患。《宋史》

徽宗大觀元年十月，蘇、湖水災。《宋史》

政和五年八月，蘇、湖諸郡水災。《宋史》

高宗紹興二年，詔吴江等處一應積欠租賦並蠲免。竇《志》

二十八年七月，平江大風雨，駕湖漂溺數百里，壞田廬。《宋史》

孝宗隆興元年八月，大風水，蘇、湖爲甚。《宋史》

二年七月，蘇、湖、秀皆大水，侵城郭，壞廬舍，圩田、軍壘操舟行市者累日，人溺死甚衆。越月積陰苦雨，水患益甚，民流淮東。《宋史》

光宗紹熙五年八月，大雨水，平江江溢，圮田廬甚衆。《宋史》

寧宗嘉定十六年五月，江潮大水，平江爲甚，漂民廬舍，害稼，圮城郭隄防，溺死者衆。《宋史》

元世祖至元二十三年六月，平江屬縣水，壞民田一萬七千二百頃。《元史》

二十七年，大水。潘應武疏。

二十九年六月，平江大水。《元史》

成宗元貞元年五月，長洲等縣大水。九月，又大水。《元史》

大德二年，吴江雨水。民日記。

五年六月，平江水。《元史》

十年五月，平江水害稼。七月，大風，海溢，吴江大水。《元史》

武宗至大四年，吴江雨，田半渰。

仁宗延祐三年，吴江雨，田半渰。

五年、六年、七年，吴江雨，田渰過半。俱民日記。

英宗正治二年十一月，平江大水，損民田四萬九千六百頃。《元史》

三年，吴江雨水。民日記。

泰定帝泰定三年，吴江水，田半淹。民日記。

致和元年，吴江水，田淹過半。民日記。

文宗天曆元年八月，平江水没民田萬計。《元史》

至順元年七月，平江大水，壞民田萬計。十月，吴江大風，太湖水溢，漂民居一千九百七十餘家。《元史》

三年，吴江水。民日記。

順帝元統二年，吴江水，田淹過半。

至元三年、四年、五年、六年，吴江水，田俱半淹。俱民日記。

至正二年，吴江水。

四年，水。

六年，吴江水，半淹。

七年，吴江大水，無秋。俱民日記。

八年四月，平江大水。《元史》

十年，吴江雨，田淹過半。民日記。

大明太祖洪武共三十五年，俱無災。《啓運録》：十八年，山東、北平雨水愆期，詔今歲秋糧，盡行蠲免。此後凡有水旱災傷去處，有司若不來聞，許本處耆宿連名赴京申訴災由，以憑優恤，罪有司極刑。仰覩詔旨，吴中三十年間，必無災傷明矣。

成祖永樂二年五月，大雨，吴江田禾盡没。農飢，車水救田，仰天而哭。子女索食，繞車而哭。壯者相率借糠，雜藻荇食之。老幼入城行乞，不得即投於河。六月，詔賑濟，始蘇。《實志》

三年，水。

五年、六年，水。

七年，大水。

九年、十年、十一年、十二年、十三年、十四年，俱水，半淹。

十六年，大水。

二十年、二十一年，俱大水。

二十二年，水。俱民日記。

宣宗宣德元年，大雨水，無秋。

二年、三年，水。

六年，水。

九年，大水，無秋。九月，有寬恤敕賑荒，停止物料。

英宗正統元年，水。

四年，雨水。

七年，吴中大水，繼以七月十七日颶風大作，圩岸俱坍。

巡撫周忱奏留官糧一十二萬賑濟。《水利志》

八年八月，大風雨，壞稻。

十年，水。

十一年五月，大水。

十二年，旱。

十三年，水。

十四年，大水，無秋。俱民日記。

景帝景泰元年，大水。

三年，水。

五年春，吳江大雪，平地積丈餘。太湖諸港連底凝凍，舟楫不通，鳥獸草木死者無算。入夏大水，田地、房屋漂没過半，升米百錢，餓殍相枕。物價騰貴，盜賊蜂起，兩稅無徵以濟。農倉積米三十餘萬賑盡，又納粟補官以繼之。莫《舊志》

七年秋，水，農乘船而刈。

英宗天順元年，大水，無秋。

三年、四年，水。

六年、七年、八年，水。俱民日記。

憲宗成化元年，大水，無秋。

二年、三年，水。

七年、八年，水。

九年，大水。

十一年，水。

十四年，大水。

十七年，大水。

十九年春，大水，不害稼。

二十年，水。

二十二年，大水。俱民日記。

孝宗弘治元年，水。

四年、五年，水。葉疏。

七年，大水，田渰幾盡。知縣金洪勘災，向民泣曰：『民傷已甚，可重傷乎？』爲准全災，奏允。民免流，田免荒，至今談者德之。

十八年，水。

武宗正德四年七月初七日，雨。至二十三日，大水，無秋。

五年，舊水未消，春雨連注。至夏四月，横漲滔天，水及樹杪，陸沉連海。官塘、市路瀰漫不辯，舟筏交渡。吳江長橋之不浸者，尺餘耳。浮屍積骸，塞途蔽川，凡船户悉流淮、揚、通、泰之間。吳江田有拋荒，自此始。

沈啓曰：前此水渰田，稅勘一分准免一分，勘二分准免二分。時非無起運也，每依奏免，且有優恤。惟此年災，糧官司先聽起運糧四百萬，災從存留内扣免，而存留不及十之二。又先復熟三分，則所准免者名雖七分，總概縣全數而計之，不過十分中之一分四釐而已。追念永樂、弘治以來，豈無起運，而每年災糧何以俱得優免哉？自此年以起運全派四府，至今災年皆准爲例。或謂此例自户部各書秦□[一]所題。或謂起運原概派於徽州等各府，因彼府旱災之年，巡撫改派於蘇、松四府，初不過借辦一年爾。適改者去位，而嗣撫者不知改移之故，執爲典常。二説紛然，日久人亡，莫稽其由。吳民冤苦，其有既哉！此年不免之糧，在所必徵，司權司慮民有變，調停每

[一] 底本此處闕。

年帶徵三分，皆白水也。村鎮人家，自此千不存百，百不存十，蚩蚩流民，反以淮、揚、通、泰爲樂土，久竟不歸。吴江荒田，安得不積而多也哉！

十三年六月，大雨水，渰田十之七。撫按與有司皆以起運者不免，自是聞災，不復題知，但將高田下渰者加派以足其數，熟田人户更多陪補徵比之寃矣。後遂爲例。

今嘉靖元年七月廿五日，大風起自辰，東北而西北而西南。至酉駕太湖，水高丈餘，漂没吴江城外及簡村邊湖去處三十里内茅茨萑壁、人畜器貲無算。翼日覓流屍，十無二三。間有附木隨風著岸得生者從遠歸，問之，但見滿湖皆火云。吴江南門外某避水門樓，見風濤中漂一女子附一箱，當樓乞命。某利其箱，以長竿擊，女墮浪去，獲其箱，啓無長物，惟一帖，乃其先年爲子聘湖西某女爲婦禮單也。始悟所擊者，蓋其婦云。里人謂某不良，天之報亦奇哉！

三年，先旱蝗，後多風雨。民艱食，米貴。

十年，雨，不害田，無秋。

十三年，夏旱，秋潦，半收。

二十三年，大旱，河底皆拆。

二十四年，旱，升米百錢，人食草根、木皮。大疫，路殍相枕。

二十八年，大水。

三十七年，雨水，渰中下田。吴江二十八都最低，知縣曹一麟往勘，至渰處，圩大而水深。曹怒曰：『湖也！』責引路者三十。民泣曰：『此田從春蒔苗，可证』。命隷人沉水底取出爛苗，視之，不信，復行復取，數處皆然，始歸。猶謂無傷於稼，以復府院。人謂與弘治間金公勘災異矣。

四十年，宿潦自臘，春霆徂夏，兼以高淳東壩決，五堰下注太湖，襄陵溢海，六郡全渰。秋冬淋潦，塘市無路，塲圃行舟，吴江城崩者半。民廬漂蕩，墊溺無算；村鎮斷火，饑殍無算；幼男稚女，抛棄津梁，汨没無算；寒士貞婦，假貸不通，刎縊無算；枵腸食粥，仆斃無算。疫癘癘仍，殀札無算；較水者謂多於正德五年五寸，國朝以來之變所未有也。巡撫都御史方奏災一疏自六月上，時巡按御史陳以送母歸閩，方未再請，户部故執無巡按，疏不爲覆免，止改折銀。至十一月，巡按始到，目擊被災非常，上疏雖切，過時不行，糧銀不蠲。自是累年徵併，户絶村空，縣官爲累。且部差郎中分年坐守，不完不許回部，豈仰體優恤之旨、宵旰之憂者哉？

案：吴江建置以來，代更朔改，被水歲年，於何爲據？謹稽之宋、元《五行》《河渠》二志與故家之遺録、先獻之緒談，編年如右。夫史所載，災之大者也。若夫遺録、緒談，則小者亦非所遺矣。何也？吴人所記，吴江云爾。啓考水吴江，而敢舍諸？觀者幸止以吴江觀之。

隄水岸式

案：圩岸田塍，關係水旱最切。高田車水而入也，賴其如筐而承，毋令泄也； 低田車水而出也，賴其如垣而捍，毋令侵也。昔人謂有一尺之隄，障一尺之水是已。無此而田蝕於水，謂之坍湖； 水積於田，謂之抛荒。因成積荒溝塗之講，非禹之所急與？岸高六尺，以平水爲定，高下增減。基闊八尺，面闊四尺，謂之羊坡岸。其内有丈許深者，於大岸稍低處植以桑苧，謂之抵水。環圩植以茭蘆，謂之護岸。其遇邊湖、邊蕩，甃以石塊，謂之攩浪。又於圩外一二丈許列栅作埂，植茭樹楊，謂之外護。今盡廢無遺焉。此周文襄公定制，尤詳於二十八九都，蓋此最低也。每年縣官於農隙時詣看坍損，督塘長、圩甲修之。後官不出，民亦不舉，乃遂廢焉。謹以坍湖積荒開列於左。

水蝕考

田蝕於水，水之害也。流其土以自塞其下流而爲梗，非水之貽害乎？又嫁其稅於他田，而並未蝕者以嫁之，水之爲害，無有既也。昔人謂沙漲一尺，太湖水面少一尺。不知田蝕一尺，太湖水面增一尺，數固未嘗不調停也。一水不蝕，數害皆除。欲修利者，不可不先根究其害。

坍湖田五百八十九圩，稽舊誌，缺此數。共該田一百六十五頃七十七畝六分五釐。見賦役册。另會計數該一百六十六頃四十畝三分八釐七毫。原額湖坍田一百二十頃七畝三釐九毫。見賦役册。另會計内一百一十七頃五十九畝四分一釐。吴耆史鑑《答巡撫侣公書》： 吴江草莽生史鑑承德音賜召，問以生民疾苦，令條具上陳。凡三件，其二坍荒田糧宜與分豁： 江南諸州縣北枕大江，東瀕滄海，而太湖一水瀦其中。近水之田，風濤吞嚙，日削月朘，十亡四五，而糧額尚存，未經免放。貧民包陪，歲歲無已。雖曾具告官司，勘申待報，動閲歲年，迄無了結。胥吏邀求百端，及膚及髓，反以爲射利之資，謡有『錦灰堆』之目，此之謂也。而貧民意幸除豁，欲罷不能，寧賣廬舍、鬻子孫以副其求，是則困窮之中又添一厄也。今造册在邇，適當其時。若不開除，又遲十載，是民之困苦，無有息端之時也。宜選清疆官屬履行勘報，奏請開除，則吾民百年深痼之疾，庶乎其有瘳也。

續勘坍湖田一十九頃九十一畝九分七釐，又續告二十八頃八十九畝六釐五毫。附録先君子《委勘坍湖田呈詞》： 蘇州府吴江縣委官醫學訓科沈經爲公勘量修水利以蘇民困事。弘治十一年□[一]月□日，蒙縣遵照欽差總督糧儲巡撫都御史侣□批開，仰縣選官從公勘量造册，具由詳報繳粘連告詞帖，仰本職云云，以憑轉詳等因。本職遵依備查。某人等所告坍湖陪糧數多，帶同糧塘里書、弓手，前詣坍湖去處勘量，間看得各都田今昔坍入湖中者，有全圩俱坍，有一圩半坍不等，俱在水中。年坍年告，有前勘已完而糧未豁，有前勘已明而未報，有前勘未明而尚勘，渾亂其中。所據各役指點某處，水中原無疆界爲準，難以爲據。況各糧虚實多寡，止據書手册底，亦多改抹。若照各詞勘報，不無移虚作實，有負委選本職。早夜細思，計有四條可以清查，並杜後累。勘時必須先查黄册以究其根，復量實田以覈其數，勘後通勘新漲以攤其糧，復修圩岸以杜其壞。事干重大，俱屬案牽，非委官所敢擅便。爲此計開上陳，如有可采，伏乞轉詳，另

[一] 底本此處闕。余同。

委施行。一曰先查黄册以究其根。照得人户、田地，俱載黄册，若據册以查其户，據户以查其田圩字號，則何圩見存，何圩已坍，自無隱蔽。然後將其已坍者，分别已勘、未勘各該多少，庶彼不得將未坍之田捏作已坍，已勘之湖捏作未勘矣。册籍俱貯庫中，委官安敢查對？如蒙乞發查明，事畢還庫。二曰量實田以覈其數。照得今昔坍湖，田在水底，立標水面，疆界難明。本職思得各户之田有數，查其黄册既明，即將見在之田丈該多少，則知坍田在水多少矣。查其先勘該多少，則如今勘該多少矣。庶數得其真，無影捏之弊矣。實田不入詞內，未敢擅量。三曰通量新漲以攤其糧。照得坍湖告勘，年積歲繁，以田日攤而愈少，糧日陪而愈多也。虚糧非經奏請，焉得除免？切思本縣西有坍湖，東有新漲，東漲之土，即西坍之田。是坍湖者，新漲之原額，新漲者，坍湖之後身，非有二也。今坍湖之民日苦陪糧，貧困愈甚；新漲之民日享其利，國課不需。利害不均，莫此爲甚。使新漲之田若復陞科，則坍湖之陪終無了日。不若就將新漲通行丈量，驗其高低，照依民田，則例或一升，或三升、五升、八升，盡賦以補坍湖之虚税，就入實徵，不待十年造册而後推收，不必上司奏請而後開豁，誠一舉兩得其便矣。事干重大，非上司特委府縣正官，或佐貳官員親詣湖中，丈量酌處，不免强梗弊多。伏乞采納轉達，萬民仰望。四曰修田圩以杜其壞。照得太湖風浪，勢如排山，岸遇輒崩，日就成浸，非人所能禦也。又查有等低灘，形如鱉裙，風趕浪衝，反不坍損。因求其故，站岸壁立，與浪相抗，必傾斜坡不深，隨浪相迎不鬬。爲今之計，不若令各有田之家，各於其站立之處，或石塊，或瓦屑，或煤鐵等灰，填滿其處，一如斜坡之式，加之泥沙，或植茭蘆、楊柳等樹，以殺其奔突之勢，則其圍塍未必如往年崩塌之易矣。况有水利專官督其工程，不甚爲難。果得舉行，萬民幸甚。啓按：此呈嘗致中丞，簡命委勘，盡得舉行，糧歸新漲。今湖岸莫修，坍者未已，新漲升科，不敢不存爲例。

積荒田三百九十六頃七十八畝三分九釐二毫。見蘇州府賦役册，縣册又不同。

按：積荒者，皆窪下之田，其端肇於圩岸之不修，以非開闢時阪隰也。觀其深窪，田身恒與河底相等，中心潭田深陪於河。審形度勢，蓋昔人占江湖水面，承時旱涸，破波築土，崇圍設隄，爲此畝頃，動以萬計，非所謂圩田、壩田者與？是非大集人力以勝於天不能也。是以今當欲蒔之先、已耕之後，一遇淫雨，潦漲必多。集桔槔以戽之，名曰大棚車，動以百數。蓋計田派人，計人派車，計車料水，建標立限，時驗刻量，更番戽踏，日夜無休，聚散有時，催督有法。此又非大集人力以勝天亦不能也。是故塘老圩長，沿隄分岸，糾察巡警，岸之漏者塞，疎者實，衝者捍，坍者繕，低者崇，隘者培，亦日夜無休。些毫失慎，水走岸崩，百力皆廢，民無爲生，謂非民以岸爲命與？弘治以前，能舉此政，縣無荒田。正德五年，一遭水沴，土荒民流，千家無十存者，百家無一存者。則岸既罔修，車安復集？逃者不歸，官不爲理，無怪其爲抛而爲積也已！

又按：積荒之糧，民之償者素矣。嘉靖十七年來，王郡侯丈量均耗，始得開派，概縣包補。是糧雖曰衆輕易舉，尚累縣陪，特非積荒人户陪耳。至二十一年，復派積荒糧，每畝五升，不知其所自也。夫積荒亦多，有開墾者，但當以原額之糧復還其身。設以糧重量復其半，庶不貽累一縣之人，何開墾者畏人之脇已也？每告陞科，縣復從而科之，又起一倍之糧，未必溢於原額而歸於朝廷。及未幾年，開墾人亡，田復積荒，此糧仍派，概縣包補。夫開墾無窮，則縣之增派亦無窮，而皆歸於總書。是積荒者，吴江一縣增糧之厲階，總書，射利之金穴也。田非新漲，糧有原科，當事者幸鑒。

水治考上

考爲吴江輯，宜毋旁及諸郡邑也。惟東吴之水，十州流通，猶一身也。自吴江視之，則上流、分流、下流，居然三停之具也。上不節，中不分，下不利，病也。善治者，上之病治湧泉，下之病治百會，中之病治手足三里，無弗驗也。古人治水之績，已驗之方也。按之而治，三停之病無難也。湖之上爲上流，湖之旁爲分流，湖之下爲下流。

《禹貢》：三江既入，震澤底定。司馬遷云：昔禹之治水，於吴則通渠三江五湖。下流。

晉吴興太守沈嘉重開荻塘。

宋文帝元嘉二十二年，欲穿渠浛。揚州刺史王濬以松江滬瀆壅噎不利，欲從武康紵谿直出海口，穿渠浛，功竟不立。又修陽湖。屬武進縣。

梁武帝大通中，漕大瀆。吴郡水災，有上言當漕大瀆以瀉浙江者。詔遣前交州刺史王奕假節，發吴興、信、義三都人丁就役。

隋煬帝大業六年，穿江南河。自京口至餘杭郡八百餘里，以備東巡。

唐玄宗開元中，重開荻塘。烏程令嚴謀達建議。

德宗貞元中，決水溉田。蘇州刺史于頔繕完隄防，疏鑿畎澮，列樹以表道，決水以溉田。

憲宗元和中，開塘湖。觀察使韓皐、刺史李素開常熟塘。湖州刺史范傳正開平望官湖，并疏去長興西湖中田及決諸堰，以復古跡。

五年，隄松江。王仲舒治蘇，隄松江爲路。本年，又開太伯瀆，屬無錫。濬孟瀆。屬武進，刺史孟簡開浚，袤四十一里，溉田四千餘頃。

宋真宗天禧中，導五湖。江淮發運副〔史〕〔使〕張綸經度於崑山、常熟，疏五湖，導太湖入海，復歲租六十萬斛。

乾興元年，詔蘇、湖、秀疏導。三州積水害稼，其發鄰郡兵疏導壅閼，仍令發運使董之，職方員外郎楊及催督。

仁宗天聖初，築隄浚潦。蘇州水壞太湖外塘，又海旁支渠堙塞。詔轉運使徐奭、江淮發運使趙賀董其事。自市涇以北，赤門以南，築石隄九十里，浚積潦，自吴江東赴海，復良田數千頃。

寶元元年，疏盤龍匯等。葉清臣請言：太湖有民田，豪右據上游，水不得泄，請疏龍盤匯及滬瀆入海。民賴其利。

慶曆二年，築隄。通判李禹卿言：松江風濤，漕運多敗官舟。遂築長堤，界淞江、太湖之間，横截五六十里。又修荻塘通湖州，凡九十里。常州許恢浚申港凡三十八里，澡子港自江口浚之，凡四十里，戚墅港自湖口浚之，凡九十里。

三年，浚孟瀆。知武進縣楊瑒諭民疏孟瀆通江。

慶曆中，浚顧塘河。知常州李餘慶浚。又浚金涇等。知常熟范琪浚金涇、鶴瀆二浦，松江開顧會浦。

皇祐中，常州浚運河。

嘉祐三年至六年，開浦修塘。轉運使沈立開崑山顧浦，五年，轉運使王純臣請令蘇、湖、常、秀作田塍，位位相接，以禦風濤。令縣官教各户自作塍岸，定其殿最爲勸課，時推行之。六年，轉運使李復圭大修至和塘，又開松江白鶴匯。

四年，常州浚運河。知常州陳襄以太湖積水，横遏運河，不得入江，爲民田患，立法浚之，其患遂息。

神宗熙寧六年，浚修浦瀆。先三年，崑山人郟亶上《水利書》。八月，檢正中書刑房工事沈括言：浙西江浦淺涸當濬，浙東堙塞者當修，請下司農，貸錢募役。從之。仍命括相度兩浙水利。

元豐三年，開運河。賜米三萬石，開蘇、杭州運河淺澱。

哲宗元祐三年，浚青龍江。先宜興人單鍔上書言水利，常平使者調蘇、湖、常、秀之人濬青龍江。

六年，導河。閏八月，知杭州林希言太湖積水爲患，詔左朝奉郎邵光與本路監司同導決之。

紹聖中，開浚湖浦。浙部水溢，詔賜緡錢二百萬以振之。轉運副使毛漸奏數州被害，即損二百萬，儻仍歲如之，將何以繼？請官貸錢七十萬緡，起長安堰，至鹽官徹清水浦入海。浚無錫芙蓉湖、武進廟堂港、常熟疏涇、梅里以入楊子江。又開崑山七鴉、下張諸浦，東北道吳淞江開大盈、顧匯二浦，柘湖新涇，下金山小官浦，悉入于海。

元符三年二月，詔蘇、湖、秀州，凡開治運河、浦港、溝瀆，修疊隄岸，開置斗門、水堰等，役開江兵卒。

徽宗崇寧二年，淘江。宗正丞徐確提舉常平，考《禹貢》三江之説，以爲太湖東注於海，松江正在下流，向來潮泥湮塞，水溢爲患，請自封家渡古江開海，至大通浦直徹海口七十四里。以常平緡、錢、米十八萬三千餘充調夫之費。

大觀元年，疏導松江。三年，開江置閘。許光疑奏，見《水議考》。

政和六年，興修水利。宣和元年，修港浦。二年，修圍。政和六年，差户曹趙霖具逐浦經久利害，赴尚書省指説。霖上其説。九月，詔差霖充兩浙提舉常平，興修積水，開浦置閘。仍差童師敏充承受奏報文字。霖受任，復條具事目以聞。宣和元年興工，前後修一江、二港、四浦、五十八瀆。二年，霖又應詔修圍常湖。書見《水議考》。

宣和四年，浚塘。知崑山縣吳昉浚至和塘。

高宗紹興二年，湖州修浚沿湖二十七漊水，達太湖。知州王回濬。

紹興中，開白茆港。紹興二十四年，大理丞周環言：臨安、平江、湖、秀四郡低田都爲太湖浸灌，緣溪山諸水連接，東南由松江入海，東北由諸浦入江。其洩水惟白茆最大，望令有司開決。二十八年，詔以御前激賞酒庫錢，平江府如數給之。二十九年興工，從常熟東栅至丁涇，開福山塘，自丁涇口至尚墅橋，北注大江，分殺水勢。

孝宗隆興二年，開諸浦。詔江浙勢家圍田湮塞，流水諸州，守臣按視以聞。其平江府委陳彌作相度，彌作乃上其宜先治者十浦，并合開圍田一十三處。詔令守臣沈度開決許浦，自梅里塘口東開至白茆浦，自黄沙港開至崔浦，自丁涇塘開至黄泗浦，自十字港開至茜涇浦，自界涇開至下張浦，自東海泙開至七鴉浦，自梅浦開至川沙浦，自海泙開至楊林浦，自楊林橋開至掘浦，自海口開至五聖港。

乾道初，浚白茆等浦。守臣陳彌作又言疏濬崑山、常熟縣白茆等十浦，令依舊招置闕額開江兵卒，次第開濬。從之。

乾道中，開浦修堰。乾道二年，轉運副(史)〔使〕姜詵開顧會浦，置張涇堰閘。七年，知秀州丘〔一〕密修華亭濒海十八堰，移新涇河於運港。

淳熙中，浚浦。淳熙元年，詔平江守臣與戚世明開濬許浦。二年，兩浙運副姜詵奏開常熟黄泗浦、許浦。尋命提舉薛元鼎相視太湖利害。詔馮湛開濬許浦，自雉浦至梅里道通橋三十八里，自道通橋至許浦口一十六里，元鼎又奏開運河五十四里。

淳熙六年，疏至和塘。發運使魏峻疏至和塘，東自夾潮塘，西至戴墟浦，亘四十餘里。

十三年，浚澱山湖。提舉浙西常平羅點以澱山湖洩諸水道，戚里豪强占以爲田，水壅不洩，民田病之，命點親視開掘。農民聞命歡躍，不待告諭，各裹糧合夫先行掘鑿。於是並湖巨浸復爲良田。

十六年，開河。提舉詹體仁開河，置斗門，爲旱潦之備。

理宗紹定五年，修吴江長橋。知府吴淵言：吴江石塘橋梁摧圮，給錢三十萬，米一千二百石，命邑令李桃修葺，植蒲葦、楊柳以爲捍。

元世祖至元二十四年，導婁江。本年水澇爲災，宣慰朱清喻上户開浚，自婁門導水入於海。

成宗大德八年，浚吴淞。命行省平章徹里提督疏浚，以吴淞江故道湮塞，西自上海縣界，東抵嘉定石橋洪迤運入海，袤三十有八里。

泰定帝泰定元年，修治諸河。浙江行省請命都水少監任仁發修治。平江、松江通海河道壅塞，開吴淞江鎮江浚漕渠，自江口至吕城一百三十一里，并練湖。用建康等五郡人夫。

泰定中，浚九里河。知常州邢龎浚九里河，面之闊爲丈者八，底則五之，深如其底十之一。又開吴淞江，置石閘。

文宗至順中，江陰縣浚河。江浙行省謂：江陰之水由蔡涇北出江口，委同知挑濬下閘以西一千八百餘丈。

至順間，開河。復開元堰直河，置斗門於張涇、盤車二堰。

順帝至正元年，浚江并渠堰。是年冬十月，撈摝吴淞江北南岸下沙泥，浚各閘舊河、郡西門外漕渠至張涇堰，凡一十二處，長六十三里，役夫一十九萬八百四十。用米四千七百四十七石，鈔三千一百六十四錠，各有奇。

二年，修塘。都水庸田司修華亭捍海塘。

國朝太祖洪武七年，浚澡子港。知常州府孫用以澡子港淤塞，用四邑夫開濬，臨江置閘，西北通揚子江。本年，開杭州運河。浙省參政徐本拓運河，廣十丈，深二丈，仍置閘以限江潮。

九年，白茆等處設堰壩。蘇州府從長洲民俞守仁言，開白茅港、劉家港、崑城湖、南諸涇、至和塘、北港汊，盡爲堰壩。

二十年，浚江陰申港。一名申浦。水入大江，東入五瀉，西入三山港。

二十四年，浚得勝新河。舊名烈塘，西北入揚子江。

二十七年，浚常州運河。

二十八年，置安吉縣劉家、西鄉等壩，五沸、石山等溝。

三十年，常州築蠡瀆河堰。

三十四年，重浚練湖。知府劉辰。

成祖永樂二年，治水。朝廷以水患爲憂。二年四月，命户部尚書夏原吉使計究拯治之法以聞。既得其請，遂集長丁疏治蘇州，開崑山下界浦，以掣吴淞江水，北達婁江，挑嘉定四顧浦，引吴淞江北貫吴塘，因婁江以

〔一〕丘　原作『兵』，據《吴中水利全書》卷十及（萬曆）《嘉興府志》卷十三改。

入海。常熟浚白茆，導諸水入揚子江。松江從葉宗行言，浚上海范家浦，接黄浦入海。

四年，浚孟瀆河。先洪武七年嘗浚，不深。後從聞官陳讓言，遣通政趙居仁率常、蘇、松三郡丁夫開浚。

十一年，重浚江陰運河。

英宗正統五年，浚崑山顧浦。廷臣言：蘇州常有水患，當設法疏浚。詔巡撫侍郎周忱兼總其事，許以便宜處置。忱看得吴淞江壅塞，親往江上，立表江心，督民挑修顧浦，水得疏洩。

六年，築練湖堤，修斗門。知縣陳誼。

七年，修田圩，通河道。本年大水，七月十七日颶風。忱預奏留官糧府一二十萬石、縣六萬石賑濟。各處低圩岸塍俱衝坍，時水利等官先被巡按御史何永芳奏革，忱復奏取各官來任，未半，修治事完。

八年，修浚邊海諸河。巡撫侍郎周忱修浚，由金山衛獨樹營至劉家港口諸河。

景帝景泰間，築㵎山湖堤。知松江府葉冕修，萬餘丈。鎮江修練湖。

景泰五年，浚白茆等塘。是年夏，大水，渰没田禾。巡撫侍郎李敏、知府汪滸躬往相視，挑濬青墩浦、横瀝塘以通白茆，開三堰，引水通鮎魚口，仍去海口淤塞約千餘畝。

英宗天順三年，蘇州浚吴淞江。巡撫都御史崔恭命工浚吴淞江，分江爲三：崑山縣自下界口至白鶴江四千六十七丈，上海縣自白鶴江至下家渡四千六十七丈，嘉定縣自卞家渡至莊家涇五千五百六十七丈。

本年，鎮江浚漕河，作閘。從尚寶少卿凌信言，命都御史崔公恭浚，自京口至奔牛一百六十里，各置閘。信，吴江人。

四年，浚松江蒲匯等塘。巡撫都御史崔恭浚蒲匯塘及新涇四千丈，鑿曹家溝，南抵新場二萬丈，浚六磊塘、鶯竇湖、烏泥涇、沙竹岡諸水入於黄浦。

憲宗成化七年，浚吴淞江。僉事吴瑞復浚吴淞江，東自徐公浦西抵下界浦，一百三十里。

八年，山鄉甃堰築堤。知吴縣雍泰。穹窿山腰法雨泉。

十年，開吴淞江。巡撫都御史畢亨與知府邱霽議開吴淞江，自夏界口至西莊家港。嘉定分浚六千三百五十三丈，袤共一萬千一七百七丈。

孝宗弘治元年，浚海鹽陶涇塘。

四年，浚宜興諸瀆。水利僉事伍性命宜興浚湯溪等瀆，凡五百五十六丈。

六年，浚宜興葛溪等瀆。僉事伍性命縣浚，凡一千四百九十丈。

七年，江陰縣浚申港。知縣王傳浚。申港北大江，東入無錫五瀉河，西入三山港。

八年，開浚湖港。工部侍郎徐貫與主事祝萃開濬吴江長橋水竇，疏太湖之水以入吴淞江。蓋江口叢生葦荻，蔓延數千畝，至是悉懇除之。以長洲、吴、崑山、常熟、嘉定等縣人夫濬白茆港、并斜堰、七浦塘，袤共二萬四千餘丈。并東開鹽鐵塘十八里，西濬尤涇七里。

九年，築長洲縣沙湖堤。工部主事姚文顥築，廣三丈，袤三百六十丈。又浚宜興盛瀆等四瀆，凡八百五十五丈。

十一年，浚宜興諸河。主事姚文顥浚白龍河，郎中傅朝浚黄瀆等五瀆，凡八百四十五丈，亦浚運河。

十二年，常熟浚許浦、梅李塘。知常熟楊子器以浦壅塞，浚之。廣十二丈，深八尺，長四千二百二十丈。又以梅李居於上游，復浚之。長一千六百二十丈，深、廣減許浦十之二。又松江浚崧子浦。松江通判原應宿。

十三年，浚太倉州河。巡撫都御史彭禮、工部郎中傅朝因太倉民吴賢陳言，浚太倉州，自徐昌橋至金雞口，凡八千五百一十丈。崑山西段六百丈，其廣十丈，深九尺。

十四年，浚宜興港瀆。工部郎中臧麟浚莊前港、并丁山等瀆，凡六百六十丈。又浚盛瀆鴉瀆，凡六百八十丈。

十七年，浚宜興後河三。郎中臧麟。

武宗正德六年，浚江陰利港。都御史俞諫命通判浚。

七年，浚常州溝港。都御史俞諫命通判應璧浚江陰新溝，知縣王鉼浚九里河。又命宜興知縣劉一中浚永安等河、瀆、浜、港，凡七萬二千四百丈奇。

八年，常州浚運河。知府李嵩。

十六年，開白茆塘。十四年，廷臣以東南水澇爲災，巡按御史謝琛請修江。十六年，差工部尚書李克嗣治水東南，奏請屬官，巡按御史亦以爲請。差郎中林文沛、顔如環分浚。

今嘉靖元年，開吴淞江。顔郎中如環、徐參政讚相度疏浚，於元年正月興工，至次年二月工完，凡開六千三百六十六丈。

二年，開塘港河浦。林郎中文沛命吴縣開光福塘、胥口塘以洩太湖之水，吴江縣開王家田港、東聖港、方尖港、白浦港、倒斶港、夏姚河、盛市港、南盧港，并嘉興諸水，歸太湖，入澱山湖。太倉州崑山縣開楊林河，以洩陽城之水於海。崑山縣開南大虞浦，以洩陽城水入婁江。常熟縣開市河、梅李塘福山港，以洩尚湖之水於揚子江，開鹽鐵河一段，以疏白茆支流。嘉定縣開鹽鐵河，接西練、祁，達劉家河，東通本縣練祁河，各入於海。本縣又與崑山、上海同開吴淞江二段，使澱山等湖之水由是入海。又開常州河瀆。林郎中文沛命宜興縣開南朱瀆、洋會瀆、溜溝瀆、茭瀆、辛瀆、下澤瀆、長凌瀆、丫瀆、盛瀆、山瀆、丁卯瀆、三千港、洞霄圩、北枝河、鮎魚河、瀆莊河、萬壽河、烏嘴瀆、永安河、興旺河、長受河、瓦屑河、雙橋瀆、蘆長河、窖莊河、張墅河，以洩東西二九荆溪之水，入於太湖。武進縣開得勝南新河，江陰縣開青暘河、西山塘、九里河，以洩運河之水於楊子江。無錫縣開閶江河，又開西新河、永安省、包沿河、蘇塘河，亦以洩運河之本，使歸常熟宛山蕩，散出白茅諸港。又開松江塘港。林郎中文沛命華亭縣開南橋塘、金匯塘、官路港、站船浜、北蟠龍塘、南嵩塘、北嵩塘、官莊涇、清村港、黄泥漕、尹山涇、米市塘，上海縣開舊江、走馬塘、周浦塘、鹽鐵塘、六磊塘，以洩當湖、三泖、澱山湖諸水，使各通黄浦、吴淞江以入於海。

五年，浚蘇州塘港、河浦。蔡僉事乾督太倉州，浚閘頭塘，長洲縣浚市河三段，自葑門善教橋起，至打急路橋止。吴縣浚市河七段，盤門新橋北起，至石灰橋止，又興福塘一段。崑山縣浚黄昌涇、上社塘、注浦、道褐浦，常熟縣浚十三丈浦溝、横瀝塘，嘉定縣浚西練祁河、趙涇、北横瀝河、桃木浦、虹江、木瀆港、舊江、界河、南鹽鐵河、雙塘河，修海岸。又浚常州河港，修閘。蔡僉事行江陰縣，浚脱水港、馮涇河、白蕩河、應天河、泥塘河、蔡港、黄山港，修黄田閘。動支官銀二百一十五兩六錢。又浚松江上海浜、塘、江。蔡僉事督上海縣，浚張家浜、陳村塘、馬家浜、舊江、青龍江。

二十三年，巡按御史吕光洵兩疏題請修治水利。巡按吕公奏請治水，非不勤渠詳懇也，而功竟不建，何哉？時值嘉靖乙巳、丙午之旱，承事者不知有水之害，一也；巡撫又不知有水之利，二也；公雖專任其勞，以一年之期而圖三四年之事，三也。

三十八年，巡撫都御史翁大立題請差官興修水利，不行。見《水議考》。

水治考下

江湖非丈尺可計，計丈尺於江湖間，非得已也。何也？昔水而今於爲田也，浚則奪其田以爲江湖，不有章程，人焉遵信？若吳江之牛茅墩，以及甘泉之上下吳家港，以及垂虹橋之上下，皆嘉靖二十三年察院呂公所勘，應濬之丈尺而未浚者也。是固可徵也。然今亦可執以爲的乎？曰：觀元之水道不同於宋，今之水道又不同於元，其可泥乎？但當相江湖以施丈尺，不可執丈尺以爭江湖。

牛茅墩。即東湖。湖水東北流，由廟涇、甘泉、三江等塘二十里，直達龐山湖，入吳淞江。今東湖盡淤成田，止存三大河洩水，其由南仁河入者爲西水路，東水路由十家斷入者爲江漕路。

南仁河，一名南勝，一名和尚。闊一百二十丈，弘治九年定。後闊二十三丈，正德十三年定。北折而爲西水路，闊七丈，長十八里。至長橋河，又東北折而爲東水路，闊二十三丈。正德十三年定。凡十八里，至白龍、甘泉、三江等橋。又附南仁、洩水、南舍等港凡十，俱闊四五丈。其附南潊港，闊五丈。東出徹浦，又附中潊港，闊九丈，東出甘泉。

江漕路闊一百二十丈，弘治九年定。北流至廟涇、太浦，廟涇港闊六丈。嘉靖二十三年定。東入葉澤湖、大浦港，闊七丈，長三百丈。嘉靖二十三年定。

八斥運河北段，東西各長一百三十三丈，中北闊九丈，南段東西長七百五十二丈，南北闊一十九丈三尺。

白龍橋西二港，各闊六七丈，東行闊六丈。

徹浦西接東水路，長五十丈。東入尚湖，闊十丈。

甘泉橋西闊六十丈，東入龐山湖，闊六十六丈。正德十三年定。後南北長八十丈，東西闊十八丈，嘉靖二十三年定。運河闊十三丈。諸橋洩水，此尤爲要。

三山橋港闊四丈，定海橋港闊十八丈，萬頃橋港闊一十一丈，仙槎橋港闊六丈，同北流入龐山湖。俱嘉靖二十三年定。

三江橋南段，東西各闊三十四丈，南北各長五百二十丈。其北段東西各闊二十丈，南北各長一百丈。嘉靖二十三年定。亦北流入龐山湖。

水竇一百三十六，闊各倍其竇。

觀瀾港闊一丈，北入龐山湖。

按：自牛茅墩至此，爲東南泄水第一要處。其間支河漫衍，介然用之則通，間然舍之則塞，不可不詳。

吳家港闊四十三丈，弘治九年定。後闊二十四丈，正德十三年定。西接太湖，東流不半里。即南湖。北至長橋、吳淞江，入龐山湖。今盡漲，南湖皆爲蕩，分爲三港：一港東流十里，至甘泉，闊亦如之。中分一支，北折復東，至三江橋；闊亦如之。 一港東北流八里，至長橋三汊口；闊亦如之。 一港北流爲斜路，八里至縣西門，闊五丈。俱正德十三年定。內湖墓、梅里、石里、八港，俱四五丈。今淺隘。東行合於斜路，斜路以東俱塞。

按： 此闕係非小，合多開河渠，以洩湖勢。

長橋，闊一百三十丈。其南即湖，今於爲田，止有牛茅墩、東西江漕等路并吴家等港，數漲數浚。弘治四年，浚還爲湖。嘉靖元年浚，南至十字港，即三汊港。長一百九十九丈，闊如舊。北至顧公廟，闊五十六丈。嘉靖二十三年浚南灘，上段東長三百九十二丈，西長二百四十九丈，南闊一百三十四丈，北闊一百丈。下段垂虹亭基之東西各長八十四丈，各闊七十八丈。長橋之北養濟院，東西長三百七十丈，南闊九十一丈二尺，北闊九十五丈。養濟院至顧公祠，東西各長四百一十丈，南北闊三百一十丈。自顧公祠至龐山湖口，東西各長三百一十八丈，闊一百五十五丈。其唐家坊迤邐西北運河，南北各長一百七十丈，東西各闊九十丈。

自吴家港至此，爲東南洩水第一要處。

瓜涇港闊二十五丈，東入吴淞江。內附柳胥、潘奇、王家匯港，俱五六丈，同行。

鮎魚口闊一百三十丈。內有麵杖港，闊八丈。

莫舍漊闊一百三十丈。內附越來溪，闊十丈。

牛腰涇三分，各闊七丈五尺。

市河三道，洩水入吴淞江： 一自西門至縣治前，闊二丈三尺，縣治前至東門，闊二丈二尺； 一自利民橋即亭橋。至小東門，闊一丈二尺； 三自治安橋即小倉橋。至小水東門，闊一丈六尺。今皆淤。

平望運河長一百二十六丈，闊狹不等，開深三尺。

震澤運河。

梅堰運河。二河俱淺塞，二十三年有數未開。

按： 新漲阻塞水利，請求修浚者自古以迄今，則其爲害也無疑矣。然利害所關，不在上流，必在下流，而古今又不相沿。如宋單鍔謂增吴江一邑之賦，反損三州之賦不知幾百倍也。所謂三州者，指湖、常、秀而言。稽之常州之水，在宋入太湖，在今已堰入大江，歲久法廢，不知堰尚至今存乎否也。秀州即嘉興，在縣東南，其入界之水僅由爛溪、汾湖以出三泖，與太湖眇不相涉。所關者惟湖州一郡在縣上游，與本縣四五至十五等都壤界相連，俱在太湖西南，水源之所由來也。下流一阻，上流爲潦，勢所必然。此疏浚之說不容於不講者。而今官司視爲迂緩，細民苦於工役，而利己者又懼其奪削也。故凡遇當事者，一則曰江湖水平，不爲阻礙； 二則曰蚤開暮漲，浚之何益； 三則曰所掘泥土，堆置何處。又好事者鼓舞之曰： 昔人治水，欲決吴江一邑。嗟乎！使盡決吴江以利湖州，湖州一郡之賦不若吴江一邑之多，握賦權者必不惑也。惟所阻三說，在通變宜民者亦能辯之。夫百畝之田，多分河港，且猶爲利，而況利在本縣西鄉，旁及鄰郡者乎？浚吴江，利在湖州，然則吴江之利何求？亦曰：浚華、上、崑、常云耳。此上流下流之别也，復何疑？

又按：以上開浚丈尺之數，惟嘉靖二十三年者爲未遠。時所委各縣，無一任事立功之人，多以虚數復巡院。此吕公所以切抱遺限也。後有作者，幸更詳而酌之。

又按：開浚之利，匪獨淤塞者便之，凡諸田圍廣大者，尤以爲便。蓋圍大則水不中，及旱潦俱病，車戽苦之，議者每欲從中開渠闢洫，或十字，或廿字，隨圩大小爲之，以爲通水、均水之計。苟能與行，何拋荒之有？

水栅考

甃石築土爲壩，列木通水爲栅，於水何利而置之？端爲鹽盜防，故皆屬之巡司。建置之初，或出鄉村之自衛，或出院司之求備，倉卒應命，未必皆險要之地。及縣每年差屬官點查，更陪其數多寡應否，不知何以復命。且邇年海寇内犯，編氓守望。鄰邦設險，倉皇不暇爲水謀也。其創建於四封之内者，尤多亂已，自當釐正。若彼豪右欲擅江湖之利，逋逃欲拒勾攝之人，國有法焉。姑存各司所轄，以俟能考潘應武之説者。

屬長橋司

大浦港　六里港　直路港　裊腰港　翁涇港　長浜港　吕家港　白港　湯大壩　黎里鎮　長田港　延壽橋　無石橋　王家港　劉船港　萬頃港　甘泉港　三江橋　嚴家港　惠港　仙槎橋　廟涇橋

屬簡村司

瓜涇港　鮎魚口　廟港　龐港　直港　黄沙港　坍闕口　直瀆港　溪港　烏橋　梅堰鎮　賣沙港　中北港

屬平望司

白龍港　榆樹港　涇門港　石幢港　破鑼港　烏壩　山家港　麻溪港　陳灣港　東陽港　盛澤港　陸家港　金堂港　舍港　急水橋　翁思港　翁思路　陳家港　薄荷港　烏橋港　赤青港　六里港　漕龍港　積善港　白蔣港　百家港　渭家港　上橋　麻溪　雙里橋　七里橋　韭溪港　上橋以下五港，栅毁年久，河深水闊，不能修。

屬震澤司

蠡思橋　普安橋　陶家港　東楊定　西楊定　東馬

路　西馬路　張灣橋　蒯家港　斜路橋　衆安橋　沈家橋　新路橋

屬因瀆司

更樓港　邱廟港　徐行港　姚家港　大廟港　丁家港　雙石港　吳漊港　黄家港　談澤港　吳漊涇　太平橋　盧家橋

屬爛溪司

蔣家港　後興橋　集賢橋　顧莊橋　馮家港　淮南港　八八港　永通橋　平石壩　九里橋　北宮橋　老龍橋　迎春橋　周嚴橋　寺西橋　永倉橋

屬汾湖司

盧里橋　牛長涇　龍溪橋　江澤港　蛇蜈港　新莊港　北洋港　汝家港　梅家港　小月港　西蒲塘　木菴壩　東朱港　南陽港　菱蕩港　西天荒　南盤港　周涇

屬同里司

塔菴港　通濟港　池家港　平家港　北雲港　南柵港　東柵港　東橋港　湯家橋　庵村　沈舍港　西港　沐莊港

水課 魚課應屬食貨，惟取之於水，故并及之。

姑蘇河泊所。官一，吏一。

魚頭目三十三名。用魚甲之有力者催課，今非魚户光矣。

一都至六都七名。八都至十一都四名。十三都至十六都四名。十八都至二十都三名。二十一都至二十三都三名。二十四都二名。二十五都至二十六都二名。二十八都至二十九都八名。

魚船户二千四百六十二。

鈔課官叢蕩四十一所。名曰官蕩，民不敢取魚。

小官蕩　賀家灘　死人甕　餛飩兜　北曹蕩　熟字蕩　黑虎兜　牛腸涇　天荒蕩　白花漾　曹阡蕩　東西茶池　八字蕩　藩家蕩　雷墩蕩　姚清之蕩　南麻漾　新官蕩　倒闕蕩　野坑蕩　上下蕩　泥潭蕩　三陳蕩　北角蕩　章灣蕩　戚家蕩　火煬蕩　和穆溪　東官蕩　水花園　徐陽灣　法字下腳蕩　桂枝蕩　倒鶴蕩　白駒灣　水月院蕩　葫蘆蕩　長浜蕩　八門蕩　南勝蕩　東天荒

額辦魚課銀四十三兩。

賦役册開，本府本色鈔五萬七千一百三十二貫五百六十三文，每貫折銀三分；折色鈔五萬七千一百三十二貫五百六十文，每貫折銀二分。共銀三百四十二兩七錢九分五釐一毫八絲九忽，魚户出辦。

案此册數，舉一府言，派分吴江該銀六十四兩。嘉靖十三年均糧，減二十兩，輸河泊所。又查賦役册内魚油黄白麻料已派丁田收取，至嘉靖三十六年，仍改入均徭，未知所處也。

又案：魚課既派於丁田均徭，今豪家棍子尚多謀充頭目名色，白取諸漁家，動以百計，而漁人不知，猶謂輸課，可哀也已。水乎，水乎！利乎？害乎？

卷三

水議考上

夫議者，擬議其事理而論之之謂也。論之有文，行之必達於治。若奏疏，若公移，若上書，皆前賢因地討察之精，隨時匡救之略，水治典章，是乎徵矣。

梁〔中〕[一]大通三年，昭明太子上疏曰：伏聞當吴興郡水災，遣王奕等役上東三郡人丁開濬溝渠，導泄震澤，以瀉浙江，使吴興一郡無復水災，塹勞永逸，必獲厚利，未萌難睹，竊有愚懷。所聞吴興累年失收，人頗流移，吴郡十城亦不全熟。即日東境穀貴，刼盜屢起，所在有司皆不奏聞。今征伐未歸，强丁疎少，此雖小舉，竊恐難合。吏一呼門，動爲人蠹。又出丁之處，遠近不一，比得齊集，已妨蠶農，復兹失業，慮恐爲變更深。且草竊多侯候人間虚實，若善人從役，則抄盜日增，吴興未受其益，内地已罹其敝，不審可得權停，待優實以否。武帝鑒疏，優詔諭免。

唐轉運使劉晏《停免修築練湖狀》。其略曰：得刺史韋損狀上件，練湖經周四十里，比被丹陽百姓築隄，横截一十四里，開瀆口泄水，取湖作田。其湖未被隔斷已前，每春夏雨水漲滿，側近百姓引溉田苗，官河水乾淺，又得灌注。租、庸、轉運及商旅往來，若霖雨泛溢，即開瀆洩水入江。自被堤築以來，吴中地窄，無處貯水，横堤壅礙，不得北流，雨多即向南奔，注丹陽、延陵、金壇、宜興等縣，良田常被淹没。稍遇亢陽，近湖田苗無水灌溉，所利一百一十五頃田，損三縣百姓之地。今依舊漲水爲湖，官河又得通流，邑人免憂旱潦。奏聞，勿更修築。

宋景祐初，范仲淹守鄉郡，議導諸邑之水，上書宰臣吕夷簡，具言水利。其略曰：姑蘇四郊略平，窊而爲湖者什之二三，西南之澤尤大，謂之太湖，納數郡之水。湖東一派，流入於河，謂之松江。積雨之時，湖溢而江壅，横没而已。雖北壓揚子江而東抵巨浸，河渠至多，湮塞已久，莫能分其勢矣。惟松江退落，漫流始下。或一歲大水，久而未耗，來年暑雨，復爲沴焉。人必薦饑，豈可不爲之經畫乎？今疏導者不惟使東南入於松江，又使東北入於揚子江，至於海乃爲利耳。夫水之爲物，蓄而停之，何爲而不害？決而流之，何爲而不利？或曰：江水已高，不納此流。某謂不然。江海所以爲百谷王者，以其善下耳，豈獨不下於此邪？江流若高，則必滔滔旁來，豈復有

[一] 中　原缺。按南朝梁年號有『中大通』：據《梁書》卷八《昭明太子傳》，蕭統於中大通年間上疏。因據補。

姑蘇乎？矧今開畝之處，下流不息，亦明驗矣。或曰：日有潮來，水安得下？某謂不然。大江長淮，無不潮也。來之時刻少，而退之時刻多。故江淮會天下之水，能畢歸於海也。或曰：沙因潮至，數年復塞，豈人力之可支？某謂不然。新導之河，必設諸閘，常時扃之，以禦來潮，沙不能塞也。每春僅理閘外，工減數倍矣。旱歲亦扃之，可救熯涸之菑；澇歲則啓之，可疏積水之患。或謂開畝之役，重勞民力。某謂不然。東南之田，所植惟稻，大水一至，秋無他望，災沴之後，必有疾疫，乘其羸憊，十不救一，謂之天災，寔由饑耳。如能使民以時，導達溝瀆，保其稼穡，俾百姓不饑而死，曷爲其勞哉？民動而生，不猶愈於惰而死乎？或謂力役之際，大費軍食。某謂不然。姑蘇歲納苗米三十四萬斛，官司之糴又不下數百萬斛，去秋蠲放者三十萬，官司之糴無復有焉。如豐稔之歲，春役萬人，日食三升，一月而罷，用米九千石耳。荒歉之歲，日以五升，召民爲役，因而賑濟，一月而罷，用米萬五千石耳。量此之出，較彼之入，孰謂費軍食哉？或曰：陂澤之田，動成渺瀰，導川無益也。某謂不然。吴中之田，非水不植。減之使淺則可播種，非必決而涸之，然後爲功也。昨開五河，洩去横水，今歲平和，秋望七八，積而未去，猶有二三。未能播種，復請增理數道以分其流，使不停壅。縱遇大水，其去必速，而無來歲之患矣。又淞江一曲，號曰盤龍，父老傳云出水尤利。如總數道而開之，災必大減。蘇、秀間有秋之半，利已大矣。畎澮之事，職在郡縣。不時開導，刺史督縣令之職也。然今之世，有所興作，横議先至，非朝廷主之，則無功而有毁，守土之人，恐無建事之意矣。蘇、常、湖、秀膏腴千里，國之倉庾也。浙漕之任及數郡之守，宜擇精心盡力之吏，不可以尋常資格而授，恐功利不至，重爲朝廷之憂，且失東南之利也。時轉運使亦委平江節度推官張去惑分捍水道，以功授將作監丞。

寶元元年，葉清臣爲兩浙轉運副使，病太湖有民田，豪右據上游，水不得泄，而民不敢訴。遂請疏盤龍匯及滬瀆入海，民賴其利。

崑山人郟亶《上兩府并司農書》。其略曰：謀謨廟堂，非遠方疏外之人所宜擬議。若夫畎畝之事，則亶固蘇人，生長田野，訪求遺跡，輒得一二。然功大者衆必懼，利博者效必遲。夫以大功博利言於衆人，以求速效，其不見諒也必矣。閣下方欲舒澤民之術，立太平之基，士有知當世之利害者，必采而行。况京師倉廪，悉仰東南，水田之利，莫大於蘇州。一歲之輸，不翅三四十萬石，而尚未能盡其地利之半。望察其爲利之大，主張而力行之，不惟蘇州被其利，而天下亦被其賜。又一書，意同，不録。

神宗熙寧三年，詔天下陳理財、省費、興利、除害之策。郟亶自廣東安撫機宜上言：蘇州水利，具書與圖，首言六失、六得及治田利害七事，大略以爲古人治低田之法，或五里、七里而爲一縱浦，又七里、十里而爲一横塘。

因塘浦之土以爲隄岸，使塘浦闊深而隄岸高厚。塘浦闊深，則水流通而不能爲田之害；隄岸高厚，則田自固而水可必趨於江。非專爲闊其塘浦以決積水也。故隄岸高者須及二丈，低者亦不下一丈。借令大水之年，江湖之水高於民田五六尺，而隄岸尚出於塘浦之外三五尺至一丈。故雖大水，不能入於民田也。民田既不容水，則塘浦之水自高於江，而江之水亦高於海，不待決洩而水自湍流矣。方是時也，田各成圩，圩必有長。每一年或二年，率圩之人修築隄防，浚治浦港。故浦港常通而隄防常固。至錢氏有國，而尚有撩淺指揮之名者，此其遺法也。洎乎年祀綿遠，古法隳壞，水田隄防，或因田户行舟及安舟之便而破其圩，古者人户各有田舍在田圩之中，欲其行舟之便，乃鑿其圩岸，以爲小涇、小浜。説者謂浜者，安船溝也。今所謂某家涇、某家浜之類是也。或因人户侵射下脚而廢其隄，或因官中開淘而減少丈尺，或因田主只收租課而不修隄防，或因租户利於易田而故要淹没，吴人以一易、再易之田爲白塗田，所收倍於常稔之田，而納租亦依舊數，故租户樂於閒年淹没也。或因決破古隄張捕魚蝦而漸致破損，或因邊圩之人不肯出田興衆做岸，或因一圩雖完，傍圩無力而連延隳壞，或因貧富同圩而出力不齊，或因公私相吝而因循不治。故隄防盡壞，每遇春秋之交，天雨未盈尺，湖水未張二三尺，而低田一抹，盡爲白水，反在江水之下。民田既容水，故水與江平，江與海平，而水不復洩矣。且以吴江言之，隄岸高者七八尺，低者不下五六尺。或用石甃，或用椿篠，或二年一治，或年年修葺。而風濤洗蕩，動有隳壞，雖水退之後暫獲豐稔，求其久遠之效，則不可得也。

朝廷始得亶書，以爲可行。有旨，令亶至兩浙運司，與本路提舉倉司同共相度。亶乞先詣司農陳白利害。五年十一月，除亶司農寺丞，提舉兩浙，興修水利。亶至蘇，比户調夫，同日舉役，民以爲擾，多逃移。會呂惠卿被召，言其措置乖方。元豐元年正月一日，有旨停工，令官吏各具利害聞奏，人皆驩然。十五日，庭下方張燈，吏民二百餘人交入驛庭，喧鬨斥罵，燈悉蹂踐，驛門亦破。亶幞頭墮地，一小兒在傍，亦爲人所掔。諸縣令被遣出郊者，皆鳴鐃散衆。遂罷役，奪亶司農寺丞，送吏部流内銓。内縱浦横塘之説，獨詳於崑、常、太倉、江陰與治旱田之法，皆未録。

亶既殁，其子將仕郎僑又嗣緝其説，大略云：浙西昔有營田司，自唐至錢氏時，其來源去委，悉有隄防堰閘之制，旁分其支脈之流，不使溢聚，以爲腹内畎畝之患。是以錢氏百年間，歲多豐稔，唯長興中一遭水耳。暨納土之後，至於今日，其患方劇。蓋由端拱中轉運使喬維岳不究堤岸堰閘之制，與夫溝洫畎澮之利，姑務便於轉漕舟楫，一切毁之。又謂營田之司爲冗職，既已罷廢，則堤防流決之法無以考據。至乾興、天禧之間，朝廷專遣使者興修水利。遠來之人，不識三吴地勢高下與夫水源來歷，及前人營田之利，皆失舊聞，但以目前之見爲長久之策，指常熟、崑山枕江之地爲可導諸港而決之江，開福山、茜涇等十餘浦。殊不知古人建立堤堰，所以防太湖泛溢，淹没腹内良田。今若就東北諸港決水入江，是導湖水經由腹内之田，瀰漫盈溢，然後入海。所以浩渺之勢常逆行而潴於蘇之長洲、常熟、崑山，常之宜興、武進，湖之烏程、歸安，秀之華亭、嘉禾。民田悉已被害，然後方及北江東海之港浦。又以水勢方出於港浦，復爲潮勢抑回，所以皆聚於太湖。四郡之境當潦，歲積水而上源不絶，瀰漫不可治也。此足以驗開東北諸港爲謬論矣。又况太湖蓄積十縣之水，一水自江南諸郡而下出領阪重復間，當其霖潦積貯，溪澗奔湍，迤邐而至長塘湖。又潤州之金壇、延陵、丹陽、丹徒諸邑，皆有山源，併會於宜興，以入太湖。一水自杭、睦、宣、歙山源與天目等山衆流，而下杭之臨安、餘杭及湖之安吉、武康、長興，以入太湖，即古所謂震澤也。昔禹治水，凡以三江決此一湖之水。今則二江已絶，唯吴淞一江存焉。疏洩之道既隘於昔，又爲權豪請占，植以菰蒲、蘆葦；又於吴江之南築爲石塘，以障太湖東流之勢；又於江之中流多置罾斷，以遏水勢。是致吴江不能吞來源之瀚漫，日淤月澱，下流淺狹。迨元符初，遽漲潮沙半爲平地，積雨滋久，十縣山源併溢太湖。當蘇、湖、常、秀之間，陂渰浦港，悉皆瀰漫，少有風勢，駕浪動輒數尺。雖有中高不易之地，種已成實，頃刻蕩盡。此吴民畏風甚於畏雨也。吴淞古江，故道深廣，可敵千浦。向之積潦，尚或壅滯。議者但以開數十浦爲策，而不知臨江濱海，地勢高仰，徒勞無益。愚今究水利，必先於江寧治水陽江與銀林江等五堰體勢故跡，決於西江；潤州治丹陽練湖，相視大岡，尋究函管水道，決於北海；常州治宜興滆湖、沙子渰及江陰港浦，入北海，以望亭堰分屬蘇州，以絶常州輕廢之患。如此則西北之水不入太湖爲害矣。又於蘇州治諸邑限水之制，闢吴江之南石塘，多置橋梁，以決太湖，會於青龍、華亭而入海。仍開竣吴淞江，官司以鄰郡上户熟田例，敷錢糧於農事之隙，和雇工役，以漸闢之。其諸江湖風濤爲害之處，並築爲石塘，及於澎匯與諸湖瀼等處。尋究昔有江港，自南經北，以漸築爲堤岸。所在陂渰，築爲水堰。秀州治華亭、海鹽港浦，仍體究枯湖、澱山湖等處，向因民户有田高壤，障遏水勢而疏決不行者，並與開通，達諸港浦。杭州遷長河堰，以宣、歙、杭、睦等山源決於浙江。如此，則東南之水不入太湖爲害矣。此前所謂旁分支脈之流，不爲腹内畎畝之患者此也。水爲東南患，其來久矣。若欲決蘇州、湖州之水，莫若先開崑山縣之茜涇浦，使水東入於大海；開崑山之新安浦、顧浦，使水南入於松江；開常熟縣之許浦、梅里浦，使水北入於揚子江；復浚無錫縣之望亭堰，俾蘇州管轄，謹其開閉，以遏常、潤之水。則蘇州等水患可漸息，而民田可治矣。若欲決常、潤之水，則莫若決無錫縣之五卸堰，使水趨於揚子江，則常州等水患可漸息，而民田可治矣。世之言水利者非不知此，然開浦未久而汙泥循塞，決堰未多而良田被患，何也？蓋雖知置堰閘以防江潮，而不知浚流以洩沙漲，故有堙塞之患。雖知決五卸堰水，而不知築隄以障民田，故有飄溺之虞。且復一於開浦決堰，而不知勸民作圩埠、浚涇浜以治田，是以不問有水、無水之年，蘇、湖、常、秀之田不治，十常五六。愚故曰：要當合二者之説，相爲首尾，則可盡其善。夫『震澤底定』，是三江所決之水，其源甚大，由宣、歙而來，至於浙界，合常、潤諸州之水鍾於震澤。震澤之大幾四萬頃，導其水而入海，止三江爾。二江已不得見，今止松江。又復淺汙，不能通泄。且復百姓便於己私，於松江古河之外多開溝港，故上流自出之水不能徑入於海。支分派别，自三十餘浦北入吴郡界内，即先父比部《水利奏》中所謂向欲導諸江者，復南而北矣。某聞錢氏循漢、唐法，自吴江縣沿江而東至於海，又沿海而北至於揚子江，又沿江而西至於常州、江陰界。一河一浦，皆有堰閘，所以賊水不入，久無患害。爲今之策，莫若先究上源水勢而築吴淞兩岸塘隄，不唯水不北入於蘇，而南亦不入於秀，兩州之田乃可墾治。今之言治水者，不知根源，始謂欲去水患，須開吴淞江。殊不知開吴淞江而不築兩岸堤塘，則所導上源之水輻輳而來，適爲兩州之患。蓋江水溢入南北溝浦，而不能徑趨於海故也。儻效漢、唐以來堤塘之法，修築吴淞江岸，則去水之患已十九矣。震澤之大纔三萬六千餘頃，而平江五縣積水幾四萬頃。然非若太湖之深廣，瀰漫一區也。分在五縣，遠接民田，亦有高下淺深之殊，非皆積水不可治也。但與田相通，極目無際，所以風濤一作，回環四合，無非水者。既非全積之水，亦有可治之田。瀦瀉之餘，其淺於者皆可修治，永爲良田。況五縣積水中，所謂湖瀼陂淹，僅三十餘所。雖水勢相接，略無限隔，然其間深者不過三四尺，淺者一二尺而已。今乞措置大作隄防，以匱其水，復於隄防四傍設爲斗門、水瀨，即大水之年，足以瀦蓄湖瀼之水，使不與外水相通，而水田之圩埠無衝激之患；大旱之年，可以決斗門、水瀨以浸灌民田，而旱田之溝洫有畎畝之利。坐收苗賦，以助國用。

哲宗元祐中，宜興人單鍔著《吴中水利書》。其略云：蘇、常、湖三州之水爲患滋久，較舊賦之入，十常減其五六，蓋逾五十年矣。朝廷屢責監司，監司每督州縣，又間出使者尋按舊跡，使講明利害之原。然知其一而不知其二，故有曰：三州之水咸注之震澤，震澤之水東入於松江，以至於海。自慶曆以來，吴江築長堤横截江流，由是震澤之水常溢而不洩，以至壅灌三州之田。或又曰：由宜興而西有五堰者，所以節宣歙、金陵、九陽江之衆水，直趨太平州蕪湖。後廢去五堰，則水皆入於宜興之荆溪，而入震澤，東灌蘇、常、湖。或又曰：宜興之有百瀆，所以洩荆溪之水東入於震澤也。今所存者四十九條。疏此百瀆，則宜興之水自然無患。此皆知其一偏者也。

以鍔視其跡，自西五堰，東至吴江岸，猶人之一身也。五堰則首也，荆溪則咽喉也，而瀆則心也，震澤則腹也，旁通震澤衆瀆則絡脈衆竅也，吴江則足也。今上廢五堰之固，而宣歙、金陵、九陽江之水不入蕪湖，反東注震澤。又有吴江岸之阻，而震澤之水積而不洩。是猶人焉，桎其手，縛其足，塞其衆竅，以水沃其口，沃而不已，腹滿而氣絶，欲不死，得乎？五堰久廢，而三州之田十年尚熟五六。自吴江築岸以後，十年之間熟無一二。驗之三州歲賦所入，可見矣。夫吴江岸界於吴江、震澤之間，岸東則江，岸西則震澤。江之東則大海，百川莫不趨海，其勢然也。自慶曆二年欲便糧運，遂築此隄，横截江流五六十里，遂致震澤之水溢而不洩，每五六月間湍流迅急之時視之，則吴江岸東之水常低岸西之水一二尺，此堤岸阻水之迹，自可覽也。又覩岸東江尾與海相接處，茭蘆叢生，泥沙漲塞。自築岸以來漲成一村，昔爲湍流奔湧之地，今爲民居民田。吴江由是歲增舊賦不少。雖然，增一邑之賦，反損三州之賦，不知幾百倍矣。夫江尾昔無茭蘆壅障流水，今何致此？蓋未築岸之前，湖流東下迅急；築岸之後，水勢遲緩？泥沙增積，茭蘆生矣。茭蘆生則水道狹，而流洩不快，雖欲震澤之水不積，其可得乎？今欲洩震澤之水，莫若先開江尾茭蘆之地，遷沙村之民，運其所漲之泥，然後以吴江岸鑿其土爲木橋千所，橋洪各闊二丈，千橋共開水面二千丈，隨橋洪開茭蘆爲港走水，仍於下流開白蜆、安亭二江，使湖水由華亭青龍江入海，則二州水患必大衰減。常州運河，古有瀆一十四條，皆洩運河，北下江陰入江，今存者無幾。兩浙糧船不過五百石，運河止可常存五六尺之水，足可勝舟。以十四瀆立爲斗門，每瀆於岸北先築堤岸，以制水入江。否則泛溢而浸江陰之民田民居矣。宜興縣西有夾苧千瀆，所洩長塘湖東入滆湖，由大吴瀆、塘口瀆、白魚灣高梅瀆入白鶴溪，而北入常州運河，今皆名存實亡。儻開夾苧千瀆通流，則西來他州入震澤之水可殺其勢，深利於三州之田也。熙寧大旱，太湖水退，有丘墓、街井、枯木之根在，信知昔爲民田，今爲湖也。以是推之，昔云有三萬六千頃，又不知其愈廣幾多頃也。或謂開海口諸浦，則東風駕海水倒注，反灌民田。鍔曰：百川東流則有常，西流則有時。因風西流，風息則其流亦復歸海，勢則然也。江湖浦港，勢亦一同。觀秀州青龍鎮有安亭江，自吴江東至青龍，由青龍洩水入海。昔監司恐走透商税，遂塞此江，其害實大。竊聞人户情願開浚，不必全藉官錢，半可以資食利户之力也。或謂望亭、奔牛、吕城三堰，蓋謂丹陽下至蘇州，地形東傾，古人慮運河之水不制，故堰之以通漕運。熙寧間廢望亭、吕城二堰，然亦不妨綱運，何耶？鍔曰：昔之太湖及西來衆水，無吴江岸之阻，又一切江河未嘗湮塞，故運河之水常慮走洩，是以置堰以節之。自築置吴江岸及諸港浦，一切湮塞，是以三州之水常溢而不洩，二堰雖廢無害。今若洩江湖之水，則二堰尤宜先復，不復則運河涸而糧運不可行，此灼然之利害也。或謂：塘圍何益？鍔曰：昔置塘蓄水，以防旱歲。今三州之水久溢不洩，是以置爲無用之地。若決吴江岸洩三州之水，則塘不可不開，堰之不可不復也，嘗見蘇州之茜涇，昔范仲淹命工開導以洩積水。當時諫官不知蘇州積水不洩，咸上疏言仲淹走洩姑蘇之水，不知其利而反以爲害，惟執事者上之。

元祐間，蘇文忠公《進單鍔水利書狀》。其略曰：臣到吴中二年，而蘇、湖、常三州皆大水害稼。今年淫雨過常，三州之水遂合爲一，太湖、松江與海渺然無辨。蓋三湖之水瀦爲太湖，太湖之水溢爲松江，以入於海。海日兩潮，潮濁而江清。潮水常欲淤塞江路，而江水清駛，隨輒滌去，海口潮通，故少水患。昔蘇州船舫皆以篙行，無陸挽者。自慶曆以來，松江始大築挽路，建長橋，漕運便之，而松江始艱噎不快，海之泥沙隨潮而上，日積不已。故海口湮滅，而吴中水患如故。今長橋挽路固不可去，惟有鑿挽路於舊橋外，别爲千橋，橋洪各二丈，千橋之積爲二千丈，水道松江，宜加迅駛。然後官司出力，以浚海口，則泥沙不復積，水患可以少衰。臣舊聞常州、宜興縣進士單鍔著《吴中水利書》一卷，與知水者考論其書，疑可施用；謹繕寫進上。伏望聖慈念兩浙之富，國用所恃，而十年九澇，公私凋弊。乞下臣言與鍔書，委本路監司躬親按行，考實其言，圖上利害，臣不勝區區。

徽宗崇寧二年，宗正丞徐確提舉常平，考《禹貢》三江之説，以爲太湖東注於海，松江正在下流，向來潮泥湮塞，水溢爲患。請自封家渡古江開淘至大通浦，直徹海口七十四里。以常平緡錢、米十八萬三千餘充調夫之費，因令饑民就食。確躬操畚臿以先之，水道遂通。或言饑民就役多死，降三秩。確曰：『此役不興，饑者當駢首就死。以此獲愆，吾所願也。』

大觀元年，中書舍人許光凝〔一〕奏：『蘇州之患，莫若開江浚浦。蓋太湖入海，然後水有所歸。今境内積水視去歲損二尺，前歲損四尺，良由開松江，浚八浦之力。吴人謂開一江有一江之利，濬一浦有一浦之利。願委官詳究利害。』遂詔吴擇仁相度，而開江之議復興矣。十一月，詔委本路監司檢按松江古跡疏導，及命陳仲方爲發運司屬官，相度蘇州積水。三年，兩浙監司奏請開淘吴淞江，復置十二牐。

政和六年，兩浙提舉常平趙霖《治水利害狀》。其略曰：浙西六州之水注於太湖，流入松江，接青龍江，東入於海。平江地東西與北三面勢若盤盂，積水南入，注乎其中，所以沿海環江鑿開港浦者，藉以疏積中之水也。今瀕海之田皆作堰壩，以隔海潮裹水，使不得流，外沙日積，此

〔一〕凝　原作『疑』，據《宋史》卷九十六《河渠志六》改。

崑山諸浦堙塞之由也。岡身高田，每闕雨則悉爲堰壩以止流水；臨江之民每遇潮至，則於深浦開鑿小港以供己用，或爲堰斷以留餘潮。此常熟諸浦堙塞之由也。法當開治港浦，置閘啓閉，築圩裏田。三者闕一不可。

其《開浦篇》曰：古人大小縱横，設爲港浦者三十六浦，區爲三等。上等工大而利溥，中等工費可減上等三之二，下等間於上中之間。自大浦分派工料之數而第損焉。

其《置閘篇》曰：三十六浦古置閘有四，惟慶安、福山，兩閘尚存。蓋開浦莫急於置閘，置閘莫利於近外。置閘而又近外，有五利焉。江海之潮上則閉，潮退即啓，外水無自以入，裏水日得以出，一也。外水不入則泥沙不淤，閘内港浦常得疏通，二也。瀕海之地，每苦鹹潮，置閘啓閉，内地盡宜稼穡，三也。置閘近外，歲事修治不遠，易爲工力，四也。港浦深闊，貨船木栰得以住泊，官司税課以助歲計，五也。復有二説：崑山浦通東海，沙濃而潮鹹，當先置閘而後開浦，一也。閘之側各開月河，小舟不阻，二也。

其《築圩篇》曰：平江之賦，多出低鄉。今田圩既廢，水通爲一，遇東南風，則太湖、松江與崑山積水盡奔常熟，西北風則常熟之水東赴者亦然。唯高大圩岸，方能恃此以殺水勢耳。至和、常熟二塘爲風浪衝擊，塘岸漫滅，皆積水所致。今若開浦置閘，先自南鄉大築圩岸，圍裏低田，使位位相接，以禦風濤，以狹水源，治之上也；修塘以限東西往來之水，治之次也；凡田盡築，使水無所容，治之終也。今積水之中，有力人户間能作塍岸，圍裏低田，禾稼無虞。蓋積水本不深而圩岸皆可築，但民無力爲之。官司借貸錢穀，集植利之衆督以必成。或十畝，或二十畝之中棄一畝，取土爲岸，所取之田令衆户均價償之，此治積水之策。若其當開之浦，則崑山三十三，常熟二十有一，當分爲三等開修。

高宗紹興二十三年，諫議大夫史才言：『浙西民田最廣，而平時無甚害，太湖之利也。近年瀕湖之地多爲兵卒侵據，累土增高，長堤彌望，名曰壩田。旱則據之以溉，而民田不沾其利；澇則遠近泛濫，而民田盡没。欲乞盡復太湖舊迹，使軍民各安，田疇均利。』

二十四年，大理丞周環言：『臨安、平江、湖、秀四郡低田多爲太湖積水浸灌，缘溪山諸水連接，併歸太湖。東南由松江入海，東北由諸浦入江。其沿江洩水，惟白茆浦最大。望令有司相視開決。』

二十九年，知平江府陳正同言：『相視到常熟諸浦，舊來雖有潮沙之患，每得上流迅湍，可以推滌，不致淤塞。後來被人户圍裏，湖瀼爲田，認爲永業。乞加禁止。』户部奏：『在法，瀦水之田，衆共溉田者，不許人請佃承買，并請佃承買人各以違制論。乞下平江府明立界，至約束人户，毋得占射圍裏。』有旨從之。

黄震《代平江府回馬裕齋催泄水書》。其略曰：本郡西南受荊溪以上江東數郡之水，既高若建瓴。東北自崑山之太倉連亘常熟，其勢又亢若仰盂，水亦反流，蓄而不泄。故近郭之田雖茫爲一壑，而濱海之田則枯涸自如。古人於宜興以西、金陵管下，設爲五堰，使西南水不入荆溪，而由分水銀林五堰入於運河，以至大江。東北則於崑山、常熟以東之横塘設岡門、斗門，閉高地之水以溉高田，使水不得反流而趨内。若中間地卑水聚，不能以時入海，則又設爲塘浦焉。蓋吴地不特太湖爲大，若尹山、昆承等湖，斜塘等諸瀼，黄天等諸蕩，市宅等諸村皆蓄水。深處脈絡與太湖貫通，止藉吴淞一江通注入海，水去不速，而所藉者又在塘浦。其如元計一百三十有二浦之闊率三二十丈，塘之高率二丈。大要使浦高於江，江高於海，水駕行高處，而吴中可以無水災矣。國朝南渡以來，生聚益繁，五堰既以不便木簰往來而壞，江東數郡之水盡入太湖。岡門、斗門又爲側近勸耕而壞，崑山、常熟之水反入内地。凡今所謂某家浜、某家涇者，皆古塘浦舊地，蕩無隄障，水勢散漫，與江之入海處適平。退潮之減未幾，長潮之增已至。往來洄洑，水去遲緩，一雨即成久浸。自景祐以來，歲歲講求，迄無成功。蓋但知洩水，而海口既高，水非塘浦不可泄。故東坡嘗請去吴江石塘，王覿嘗奏開海口諸浦，朝廷皆疑而不行。范文正公守吴，嘗開茜涇，亦止一時、一方之利。今浦閘盡廢，而海沙壅漲，又前日之所無。惟復古塘浦，驅水歸海，可冀成功，然未可倉卒議也。若止縱人户就近泄放，則彼此皆水，雖欲以鄰田爲壑而不可得。議者多謂圍田增多，水無歸宿，然亦但見近來之弊。古者治水有方，汙下皆成良田。其後隄防既壞，平陸亦成川澤。就使圍田盡去，水之未能速入於海，固自若也。爲今之策，惟有告諭田主多發夫工，就塍岸漸露處次第修築，各於水中自爲隄障，即車水出隄障之外而耕種之。此事昨已施行，更望熟議，再賜指授。

孝宗隆興六年十二月，監進奏院李結獻《治田三議》：一曰敦本，二曰協力，三曰因時。敦本之法，要在治田，當如郟亶所議，取塘浦之土以爲隄岸。若但知決水而不知治田，則所開浚之地，不過積土於兩岸之側，霖雨蕩滌，復入塘浦，不五七年，填塞如舊，前功盡棄矣。詔令胡堅常相度以聞。其後户部以三議切當，但工力浩瀚，欲諭有田之家，各依鄉例出錢米，與租佃之人更相修築，庶官無所費，民不告勞。從之。

兩浙轉運副使趙子潚《相視導水方略狀》曰：近被旨相度水利，訪得浙西諸州，平江最爲低下，而湖、常等州水皆歸於太湖，自太湖以導於松江，自松江以注於海。是太湖者，數州之水所瀦，而松江又太湖之所洩也。然以數州瀦水巨浸而獨泄於松江，宜其勢有所不逮。是以昔人於常熟之北開二十四浦，疏而導之揚子江。又於崑山之東開一十二浦，分而納之海，皆所以決壅滯而防泛濫也。後因潮汐往來，泥沙積淤，舊置開江之卒，尋亦廢去。此太湖所以湮塞，而民田有漂没之憂也。自天禧迄今四十年，諸浦湮塞，又非前日之比。遂致民田告澇，十歲八九。今相視合開緊切去處：常熟縣梅里塘、白茆浦、崔浦、福山浦、黄泗浦，崑山縣新洋江、小虞浦、顧浦、郭澤塘。總計役夫三百三十七萬四千六百，工錢三十三萬七千四百貫，米一十萬一千五百石，各有奇。崑山縣四浦工力不多，止用本縣食利户開浚。常熟縣五浦工力浩瀚，係與吴、長等縣利害相及，欲於三縣募人充當。緣平江積水，今經兩月未退，已妨種麥。若不於農隙之際支給錢米，雇夫開治，恐來歲春雨，積水愈甚，虧失常賦不便。望賜指揮施行。詔從之。

兩浙運判陳彌作《相度水利狀》。其略曰：常熟之浦二十有四，皆北入於江。崑山之浦十有二，皆東入於海。今諸邑之間並江瀕海，小江故道往往淤滯，不特所謂三十六浦而已。瀦水過多而瀉之過少，重以今歲淫雨泛溢，識者皆知開浦之利。特以工費甚廣，不敢輕議。今若併舉大役，切慮歉歲，民無餘力，官無羨儲，反致勞擾。輒擇其宜先治者凡十浦，而其緩急又半之。興工之日，仍乞以緩急爲先後。又言勢家請佃占，合開掘圍田十三處。詔命守臣沈度依具到項目，限兩月開掘。如有未便事件，具狀開奏。

淳熙二年春，提舉常平薛元鼎《相視水利狀》曰：平江大水，元鼎被命相視太湖沿流利害，言太湖之水獨泄以松江之一川，其勢有不能勝，並湖數州，皆受其害。景祐間，范仲淹就常熟、崑山之間濬五大浦以殺其勢，爲州之利，近並湮塞。前提舉陳舉善勸論人户，以漸開濬。獨滸浦正係泄水去處，尚未施工。昨水軍統制馮湛乞用兵開掘，因與守臣不協，遂已。臣切見滸浦至梅里約三十餘里，湮塞不通，其水軍、船運、錢糧亦自艱阻。乞詔馮湛候農隙日，從所請開濬。

鎮江府兵馬鈐轄王徹《奏開〔一〕五浦狀》。其略云：徹言紹興二十八年，因積水泛濫，欲泄入大江，宜自常熟縣東開鑿，至雉浦五十里，入滸浦，縱水入江。却自雉浦之西，就民創河二十五里，引水入福山浦，使二浦復歸一浦，俾近縣田稍獲灌溉。且鎮江以往，地勢極高，至常州地形漸低。錢塘江北地勢尤高，秀州地形漸低，而平江在最下之處。歲有一尺之水，則湖州、平江之田悉皆渰没。聞江瀕海岸，常列三十六浦，各置巡檢寨捍衛浚治。故數十年前，浙西不聞每歲被水。今三十六浦，最急者平江五浦。就五浦之内，黄泗浦尤甚。大抵與福山通，不用開鑿。外崔浦、許浦、大茆浦，沙泥壅積，幾與岸平。使千里之水不達江海，所鑿陂塘亦狹，要使江與海瀕注水如舊，然後百川之流斷有歸宿。謹圖地形、水利附奏以聞。

〔一〕開　原作『聞』，據《吴中水利全書》卷十三改。

監察御史任古《言水利狀》。其略曰：平江府崑山等縣，耆宿言所開浦四處，緣積雨東風，湖水相會渰没。春來圍田，自當開撩。所有小虞浦、新洋江、顧浦雖合開浚，見今盡爲松江大水漲遏，難以興工。欲候潮落岸出，人户自行開掘。内有貧乏無力之人，乞量借常平官糧，寬立年限，分料送納。已行下本縣，命預將興工之具，候江水減退即行開浚。又言：臣與常熟縣官詳究，得水自雉浦入丁涇，通徹福山塘，下注大江，委是快便。計一月餘日可畢此浦，使湖塘一帶通注於江，然後浚治至十里港，工力亦不甚多。其餘合開港浦，次第興工。又趙子潚計開浚崔浦入大江，今已乾涸，開浚工倍。欲於雉浦口徑入福山，通於大江，並無回曲。不惟開浚省費，實以泄水爲便。

元年宗大德八年五月，都水少監任仁發著《水利議答》。大略曰：東坡有言，若要吴淞江不塞，吴江一縣之民可盡徙於他處。庶上源寬闊，清水力盛，沙泥自不能積，何致有湮塞之患哉？自歸附後，將太湖東岸出水去處，或釘柵，或作堰，或立橋，及有湖泖港汊，又慮私鹽船往來，多行塞斷。所以清水日弱，渾潮日盛，沙泥日積，而吴淞江日就淤塞也。錢氏有國、亡宋南渡，全藉蘇、湖、常、秀數郡所産以爲國計。當時盡心經理，制水有法。其間利害興革，合役軍民，不問繁難，合用錢糧，不吝浩大。又使名卿重臣專董其事，乃復七里爲一縱浦，十里爲一横塘，田連阡陌，往往相接，悉爲膏腴之産，以故水災罕見。議者謂蘇州地勢卑下，與江水平，故曰平江，不可作田。答曰：晉、宋以降，悉仰給於浙西，故曰：蘇、湖熟，天下足。蓋浙西之地低於天下，而蘇、湖又低於浙西，澱山湖又低於蘇、湖。彼中富户，每歲種植茭蘆，編釘樁篠，圍築埂岸，豈非逆土之性，何爲今日盡成膏腴？此效驗不可掩也。夫澱山最下之處，尚可經理爲田，却説已成之田不可作田，何其愚也？大抵治之之法有三：浚河港，必欲其深闊；築圍岸，必欲其高厚；置閘竇，必欲其衆多。設遇水旱，就三者而乘除之，自然不能爲害。儻人力不盡而一切歸數於天，寧有豐年邪？

是年十一月上疏疏導，至九年二月工畢。

泰定帝泰定元年，江浙行省以平江、松江通海，河道壅塞，軍民官勢侵占水面爲田，遞年水旱相仍，官民虧失大利，委官同本處正官踏視講議，到吴江舊江二道，烏泥涇、大盈浦二河合挑。奏命行省左丞朶兒只班知水利，前都水少監任仁發董督常州、湖州、嘉興、平江與本府，不分是何人户，實有納苗田一頃五十畝差夫一名，計四萬有奇。每名日支口糧三升，中統鈔一兩。賜仁發銀一錠，襖子二領。始於是年冬十二月，次年正月訖功。仍令講究久遠不致淤塞良法。其略云：太湖納湖州、宣州諸溪之水，而南、北、東江海之岸皆高。水積其中，勢若盤盂。設遇雨潦，則環湖低田悉皆淹没。若欲導洩積水，在乎時時點檢太湖東北兩岸通江河之道，不致閼塞可也。蓋環湖低田，利在洩潦。兼沿江傍海高田，亦仗湖流奔注，衝散潮沙，使江河通利，乃可引潮澆灌。諸小湖在太湖迤東及北者甚多，皆能接洩太湖，注江達海。數內澱山湖自大盈、趙屯等浦以出吳淞江，與渾潮相接最近。若上源所注不急，則潮沙注湖，漸成淤澱。富家因淤澱圍裹成田，由是湖水與諸浦漸遠，而所洩益微。若非就湖內圍田多開河渠，及時修浚諸浦，則此湖之塞，恐不止於是也。又按吳江石塘障遏東流之勢，致潮沙日漲，半爲平地。此乃太湖洩水下吳淞江第一要處。古來於隄間多置木橋與鑿水洞，上則通行，下則洩水。蓋欲仗其急流衝滌潮泥，免致水患。人不知此，或便於行路，則壩塞河口；或惰於巡防，則密置樁橛。矧以茭蘆、漁簖等物障遏，必得官司於此處榜示告戒，使之咸知利害可也。

順帝至正元年，中書以江浙行中書左丞相欽察台開府言：浙西水利，近年有司失於舉行，隄防廢弛，講港湮塞，水失故道，民受重困。今後莫若都水監官歲委一員分治，仍令各處農事正官帶知圍田署銜，責任有歸。及監察御史言：宜復立都水庸田使司，慎選諳曉水利、恪守官箴之人，按披圖志，討論舊治，於必合開挑之處，將原額租稅除豁，合用工本，官爲支給，使專其任，責以成效。於是奏立使司，復於平江路設置，命工部尚書禿魯、行省平章正事只里瓦歹、南行臺與浙西廉訪司官一員，選知水利之人，相其舊迹，必合開挑各處農事正官結銜知渠堰事，聽受使司節制。由是肇工於是年冬十月，撩漉吳淞江沙泥，浚各閘舊河直道與漕渠等塘。役夫一十九萬八百人，用糧四千七百石，鈔三千一百錠，各有奇。次年春二月，訖功。

至正中，潘應武言決放湖水。略曰：太湖三萬六千頃，受納三州之水，溢流而下。一路徑下吳淞江，二百六十餘里抵海；又一路自急水港五十里下澱山湖，由港浦而入海。古人開港浦漊涇瀝之類，無非爲去水計，使民居無昏墊而土可耕種。居民常常修築圍塍，官府常常修浚水路，澇則車水出田，旱則車水入田，公私之利豈不博哉？仁宗朝，范文正公開浚五浦，置營田水利使者，專管湖塘河渠。理宗朝，創立水軍，專修江河湖塘，僅免水患。歸附後，軍散營廢，河港湮塞。其澱山湖中有山寺，宋時在水中心，東有出水港，曰斜瀝口，曰叉港口，曰小曹港，曰大瀝口，曰小瀝口，各闊十餘丈，通潮水往來，潮退則引湖水下大曹、大盈等浦，入青龍、蟠龍江而出海。古人爲之尾閭門，宋法禁人占湖爲田，爲洩水路故也。歸附後，權勢占據爲田，今山寺在田中，雖有港漊，悉皆淺狹，潮水、湖水不相往來，攔住去水。東南風水回太湖，則長興、宜興、歸安、烏程、德清等處泛濫；西北風水下澱山湖泖，則崑山、常熟、吳江、松江等處泛濫。皆因下流不决，積水往來爲害。

復言便宜。伏詳東坡先生曰：　三吳之水瀦爲太湖，太湖之水溢爲松江以入海。海水日兩潮，潮濁而江清，潮水常欲淤塞江路，而江水清駛，輒隨滌去，海口常通，則湖中少水患。此數句，包盡浙西水路；　下一駛字，斷盡浙西水性。駛，疾也，言水要活、要疾、要流、要駛，如萬馬之奔驟也。浙西水道，自丙子年歸附時，招民官慮恐哨船入境，據掠鄉村，將河港釘塞。吳江長橋係太湖衆水之咽喉，其橋南堍，古來水到龍王廟後，被築塞五十餘丈，沿塘三十六洞橋洪，實鄉村衆流之脈絡，多被釘斷，亦有築實爲壩者。所以不流、不活、不疾、不駛，不能滌去淤塞，以致澱山湖東小曹、大歷等處湖沙壅積，數十里之廣被權勢占據爲田，湖水不相往來，如人便溺不通，水滿胸腹間。四年兩澇，朝廷虧失米糧數百萬石，浙西百姓離散大半。今日蒙政相公敷奏，決放湖水入海，百姓父老聞風鼓舞，已有更生之望。續見諸人陳言，俱非救弊良策，切恐有誤國聽，徒費錢糧。爲今之計，以決放湖水爲急務。澱山湖北道褐浦、石浦、千墩浦、小瀝口四處，實係今日湖水入江下海。要令先浚此，使湖水通流，然後開浚沿塘橋道、鄉村河港。謹條具事宜於後。

一、澱山湖北一帶有港浦河一十三條，今皆淤淺。惟有道褐浦、石浦最低下，取江頗近，水勢宜及早修浚。

一、沿塘三十六座橋道及葑門外至吳江七里橋，壩塞不通。數內第四橋下水路來自湖州大錢港，衝出塘東，入笠澤，分白蜆江下急水港，直至澱山湖，水甚洶湧，被人占據，宜委官相視通放。

一、舊時長橋南堍，水至龍王廟側後，壩塞五十餘丈。見蓋民房與軍户，以致太湖出口狹小，水不通徹，易致泛濫，宜委官諭會軍移入營内。

一、吳江長橋實三州太湖之咽喉，沿塘橋道實鄉村河港之脈絡。前宋立水軍三四千人，吳江知縣職銜帶提督湖塘、河渠，縣尉職帶巡視湖塘、河渠。設官田米三千餘石，名修橋米。歸附時，又名修浚縣河米。凡有橋道坍毁，水路堙塞，本縣自行支取，隨即修治。浙西三十年來，立無水害，此范文正公治水議乞敕諸路行勸課之法，此養民之政、富國之本也。今日爲參政浙西生靈陳請，決放湖水入海，此三百年一遇，深恐去後仍舊廢弛。如蒙以官田撥付吳江縣管隸，選委經任好人充吳江縣尹，職銜帶提領河塘、湖岸，勸農事；　縣尉職帶巡視湖塘、河岸，但有圮壞湮塞，隨即修浚。如此則自然永無水患，實爲公私無窮之利也。

都水書吏吳執中言順導水勢，曰：　浙西，古揚州之域，厥土惟塗泥，厥田惟下下，得水之利雖博，而被水之害亦大。宋有郟僑者，嘗論大江而南五分，由三江入海，《書》所爲『三江既入，震澤底定』是也。大抵浙西水澤之藪，外高内低，勢若盤盂。但遇霖淫，水輒泛濫，欲使洩出江海。其江海日有兩潮抑遏湖水，渾流倒注，來速去遲，日積月增，漸致淤澱。導之有力則有無窮之利，古之智者蓋未嘗不深察於此，而盡力乎溝洫也。國家收附江南之初，年穀屢登，不聞水患。所司因循，失於經理。積而至於至元二十四年、二十七年、二十九年、六年之間，三遭大水，所在膏腴，悉成巨浸。中書省奏准大興工役，開挑太湖、練湖、澱山湖等處，並通江達海，河港又加修築岸圍。自此歲獲豐收，今都水庸田司又已革去，修浚之責歸於有司。且吴淞江東自河沙匯，西至道褐浦，兩岸漲沙，將與岸平。其中僅存江洪，比之舊時，百不及一。雖上海新涇、太倉劉家港，豈能盡洩諸郡之水？浙西水鄉，農事爲重。河道田圍，必常修浚，可以兼行而不可偏廢。今修圍一事，有司已有定式。澱山、練湖亦有原定界畔，必須嚴切申明，常加浚治。如吴淞湮漲，役重工多。澱山舊湖，多爲豪户圍裹成田，俱恐未易開毁。即今太湖之水迂迴宛轉，多由新涇及劉家港流注於海。合無順其必趨之勢，可開河港，盡行開鑿，照會通惠河撥户差軍，設立撩淺人夫，專一修理，以防向後復淤之患，官民幸甚。

周文英《三吴水利書》。略曰：蘇、湖、常、秀土田高下不等，以十分爲率，低田七分，高田三分，所謂天下之利莫大於水田，水田之美無過於浙右。五代末，吴越錢王獨居東南，專享此利。宋范文正公嘗論於朝，曰江南圍田，每一圍方數十里，中有河渠，外有門閘。旱則開閘，引江水之利；潦則閉閘，拒江水之害；旱潦不及，爲農美利。嘗詢訪高年，云曩時兩浙未納土時，蘇州有營田軍四部，又有撩淺夫，專爲田事，導河築隄，以減水患。文英嘗經行太倉劉家港及吴淞江之左右，隨流尋源。劉家港南有一港，名南石橋港，近年天然深闊，直通劉家港，西南通横塘，以至夏駕浦，入吴淞江。其中間有迂迴窄狹處，若使疏浚深闊，則太湖洩水一大路也。某今棄吴淞江而勿論，專意於劉家港，即古婁江三江之一也。水深港闊，此三吴東北洩水之尾閭，斯所謂順天之時，隨地之宜也。惟開浚之法，照依捨糧賑濟例，優以官禄，擬定品給，考其成功，優以一官，激功勉勵。庶幾成此美績，則可弭浙西數郡久遠之災，寧不偉歟！

卷四

水議考中

本朝洪武九年八月，長洲縣民俞守仁等詣府狀訴：蘇州之東、松江之西皆水鄉，地形洿下，上流之水迅發，雖有劉家港，難泄衆流之横潰。張氏開白茅港、劉家港分殺水勢，彼民隨開隨堰，本府遂差官會同相視淤塞港汊，丈量計工開浚。

永樂元年，以蘇、松水患爲憂，命户部尚書夏原吉特往疏治。八月，遣都御史俞吉齎《水利集》賜公，使講究拯治之法。公於是上奏，略云：臣與共事官屬及諳曉水利者參攷輿論，得其梗概。蓋浙西諸郡，蘇、松最居下流，太湖綿亘數百里，受納杭、湖、宣、歙諸州溪澗之水，散注澱山等湖，以入淞江。頃爲浦港湮塞，匯流漲溢，傷害苗稼。拯治之法，要在浚滌吴淞江諸浦，導其壅滯，以入於海。按吴淞江舊袤二百五十餘里，廣一百五十餘丈，西接太湖，東通大海。前代屢浚屢塞，不能經久。自吴江長橋至夏駕浦約百二十餘里，雖云通流，多有淺狹之處。自夏駕浦抵上海縣南蹌浦口，可百三十餘里，潮沙障塞，已成平陸。欲即開浚，工費浩大，且灩沙淤泥，浮泛動盪，難以施工。臣等相視，得嘉定之劉家港即古婁江，徑通大海；常熟之白茆港徑入大江，皆係大川，水流迅急，宜浚吴淞南北兩岸安亭等浦，引太湖諸水入劉家、白茆二港，使直注江、海。又淞江大黄浦，乃通吴淞要道，今下流壅遏難疏。旁有范家浜，至南蹌浦口，可徑達海，宜浚令深闊，上接大黄浦，以達湖、泖之水。此即《禹貢》三江入海之跡。每歲水涸之時，修築圍岸，以禦暴流。如此，則事功可成，於民爲便。

上從其言，命集民丁開浚。公每身先勞之，晝夜經營，不遑寢食。或勸公少休，公曰：『吾自安之。』雖盛暑不張蓋。或持蓋至，公曰：『衆暴體赤日，吾忍獨求凉乎？』時役兵民數萬，曲盡撫恤之道，疏壅滯，修隄防，浚溝洫，水患乃息。

正統五年六月，廷臣奏言：『江南賦税，多取給於蘇州。其田卑下，常有淹溺之患，宜設法疏浚，以利生民。』從之，令巡撫侍郎周忱等兼總其事，許以便宜處置。本年水災奏，其略曰：據直隸常州、松江、鎮江，浙江嘉興、湖州等府，并所屬江陰、崑山、海鹽等縣，蘇州等衛所，横浦、下砂等場，鹽課等衙門申開：本年七月十七日，狂風驟雨大作，接連晝夜不息，折拔樹木，掀卷屋瓦。海湖潮浪，一時漲起，漫入平地，衝塌圩岸，淹没房舍，田禾盡死，人畜漂流。各處軍衛、有司、衙門、倉厫、城垣、船隻等項，坍壞打破數多。沿海邊湖，崇明、江陰等縣，高明、巫山、馬駝等沙，人民有全村淹没下海者。及鹽塲所積鹽課、客商支出引鹽，消折數多。至本月二十五日，又加驟雨，一晝一夜不息。天目等山發洪，太湖等處水勢漲滿，低者田圩、禾稻見被淹没，人力難救云云。

蘇州府通判應能《興修水利奏》。其略曰：姑蘇一郡之水，西南散流太湖，湖東流入松江，以至於海。但遇久雨連綿，湖溢江壅，諸邑低下之田悉皆浸没，雖北壓大江，東抵巨浸，河渠固多，而年久湮塞，勢莫能分。嘗觀古人疏導，必使諸水往東南者入於松江，往東北者入於大江，則各郡之水可至於海。爲今之計，莫先於禁曠職，擇耆老，則官得人以專職而無曠，耆得人以領工而無廢矣。合用人工，必擇農隙，就於有田之家，每百畝修岸三丈，淘沙亦然。無田之處，亦於正、二、三月該賑飢之時，每日驗口，給米三升三合，亦照丈數分撥挑築。及水利詞訟，衙門問犯徒杖罪名，俱照後開丈數勒限押發修築，不容收贖，食既有糧而工又有力。若糧塘一年以上，該里仍有岸壞沙積者，罰修水岸一十丈，革役做工二年，疎放。縣官一年以上，功不及三處者，罰俸三月。三年無功者，須知之年，註以『罷軟』。州官一年以上，功不及五處者，罰俸五月。三年無功，須知之年，注與縣同。府職一年以上，功績不及七處者，罰俸七月。三年無功，須知之年，註與州同。中間若果有功績顯著，超異衆職，乞敕撫巡并水利憲臣等官量才旌擢，以勵其餘。若有豪强占恡，不服清理者，乞敕工部轉行撫巡憲臣，與臣等同心糾察，以警將來。如此，則旱潦可防，秋成可望，東南財賦供餽皆足以充其用矣。

成化七年，僉事吴編《開挑吴淞江禁約》。其略曰：

一、吴淞江淺塞處應挑，西自夏駕口起，東至徐公港止，通長一萬七千六十一丈，共該用夫六萬八千二百四十五名。

一、崑山縣西第一段該五千三百五十三丈七尺，嘉定縣中二段共該六千三百五十三丈六尺，上海縣東第三段該五千三百五十三丈七尺。面闊一十四丈五尺，底闊八丈五尺深一丈二尺五寸。

一、每夫一百一十一名，編立小甲一十名，總甲一名。小甲每十名内一名做飯。

一、人夫宿歇做飯，近借人家，遠搭窩鋪。

一、每三百餘步爲一工塘長分管，每九百步耆民總管。

一、人夫在逃，決責枷號，罰府官總管。

一、人夫倘生疾病，醫士十數人，令訓科管領。

一、選平日熟於伏水之人，令其打量各處深淺、可挑尺寸，就立木牌，明書其上。令小甲各用一十四丈五寸長繩一條，隔河兩岸釘樁拴住，使管工人夫視此爲則。

一、所挑泥土，俱令於岸傍畱一丈二尺空地外邊堆積，以便往來，亦免日後雨水流滯河内。

一、各管工人五日一次，將挑過丈尺呈報府縣查功，就行通報，手本開報，以憑勸懲。

一、工完之日，府縣委官逐一驗看，就具結狀開報，方許開壩散工。

弘治七〔一〕年，給事中葉紳《請賑饑治水奏》。其略云：　竊惟直隸之蘇、松、常，浙江之杭、嘉、湖，約其土地，雖無一省之多，計其賦税，實當天下之半。況他郡所輸，猶多雜賦，六郡所出，純爲粳稻。郊廟之粢盛在此，内府之珍膳在此，百僚之俸給、六軍之糧餉亦在此。至於京師士庶以億萬計，亦皆待飽於給餉之餘。是六郡之賦税，誠國家之基本、生民之命脈，不可一日而不經理也。若水道不通，爲六郡農田之害，所係亦重矣。夫天目諸山之水，瀦爲太湖，而六郡環乎其外。太湖之水，又由江河以入於海。聞昔人於溧陽則爲堰壩，以遏其衝；於常州則穿港瀆，以分其勢；於蘇、松則開江河，以導其流。惟是入海之處，潮汐往來，易於湮塞。故前代或置開江之卒，或置撩淺之夫，以時浚治，僅免水患。歷歲既久，其法廢弛，遂致諸湖巨浸壅遏於中，江河故道淤漲於外。土民利其膏腴，或堰而爲田，築而爲圃。是以淹没田疇，漂淪廬舍，固其所也。方弘治四年一潦，迨五年復潦。今歲大水，視昔尤甚。人民困苦流離，不可勝言。即今撫按等官相繼論奏。伏望聖明思念東南大害，於廷臣中選差有才力、通曉水利者一二員，授以節鉞，重其委任，前去會同撫按，講求民瘼，設法賑恤。軍需之可停者停之，逋負之可蠲者蠲之，俟民困稍甦，然後指定地方，分投相視何地爲山水入湖之衝，何港爲太湖入海之道。自源徂流，一一講究，相與度其經費，量其事期，然後大加浚治，使下流得以宣洩。然當此饑歉之際，欲興大役，若非任事者處之得其道，則民力不堪，不能不重困也。葉，吴江人。

弘治八年正月，遣工部侍郎徐貫奉敕諭，與從行主事祝萃，會同巡撫都御史何鑑、知府史簡，尋記水道通塞之由。以吴江萬六千人開浚長橋水竇，疏太湖之水以入吴淞江。蓋江口被民田之及叢生葦荻蔓延數十畝，至是壐除之。以長、吴、崑山、常熟、嘉定等縣十萬五千餘人挑浚白茆港，并斜堰、七浦塘，共長二萬四千餘丈。并東開鹽鐵塘十八里，西浚尤涇七里。民夫皆給以口糧，計八萬八千二百六十餘石。由是諸涇港首尾皆貫於白茆，而水有所歸矣。工完具奏。其略曰：　臣等竊惟東南地勢低下，水患自古有之。永樂初元，水復漲溢。太宗文皇帝命户

〔一〕七　原作『三』。按《明孝宗實録》卷九十，弘治七年七月丙午，吏科給事中葉紳言：『國家糧餉，率仰給東南，而頃者蘇、松、常、杭、嘉、湖諸郡水道湮塞，其爲農事之患，乞命官往治之。』又本奏内言及弘治四年、五年水潦事，則原文『三年』爲誤，兹據《明實録》改。

部尚書夏原吉大加疏治，方得止息。逮今九十餘年，各處港浦，仍復湮塞，爲患滋甚。仰惟皇上軫念地方，命臣等會同修浚，用是夙夜不遑，相度施工。竊見嘉、湖、常、鎮，水之上流；蘇、松，水之下流。上流不浚，無以開其源；下流不浚，無以導其歸。於是督同委官人等，將蘇州府吴江長橋一帶茭蘆之地疏浚深闊，導引太湖之水，散入澱山、陽城、昆承等湖。又開吴淞江，并大石、趙屯等浦，洩澱山湖水，由吴淞江以達於海。開白茅港，并白魚洪、鮎魚口等處，洩昆承湖水，以注於江。又開七浦、鹽鐵等塘，洩陽城湖水，以達於海。下流疏通，不復壅塞。開湖州之漊涇，洩天目諸山之水，自西南入於太湖。開常州之百瀆，洩荆溪之水，自西北入於太湖。又開各斗門，以洩運河之水，由江陰以入江。上流疏通，不復湮滯。自弘治七年十一月十七日興工，至八年二月十五日工畢。今將修濬過港瀆畫圖，貼説，謹具奏聞。

主事姚文灝治水奏。其略云：臣聞自古聖帝明王，功莫有大於禹者，以其遭洪水而致平成也。四五年來，黄河決於北，三江溢於南，患亦甚矣。蒙遣大臣奔走治理，臣幸得備使令。今在三江之間謹講求得六事以聞，伏乞裁擇：一曰宜設導河之夫，二曰宜發濟農之粟，三曰宜給脩閘之錢，四曰宜開議水之局，五曰宜重農官之選，六曰宜專農官之任。

《水利事宜》。其略曰：本職節該欽奉敕諭，專一往來蘇、松、常、鎮及浙江杭、嘉、湖七府，并蘇州、鎮江等衛所地方，提督各該官員修理湖塘，疏通河道，開濬溝渠，及一應圩岸未經修築者，及時修築，各處閘壩未盡修理者，隨時修理。合用木石等料，於各該田客有力之家從公勸諭，或别爲措置。人夫於所在附近軍衛、有司，相兼起用，仍須督役以時，調度有法，使蓄泄有備，旱澇無虞，以爲地方經久之計。洩之無方，尚賴所屬同心協力。所有合行事宜，仰各遵守施行。

一、不論低田、高田，俱以十分爲率，低田以一分爲隄岸，高田以一分爲溝池，則餘九分可以永無旱澇。其五等圩岸田低於水者，底闊一丈五尺，田與水平者底闊一丈四尺，田高於水一尺者底闊一丈二尺，田高於水二尺者底闊一丈，田高於水三尺者底闊九尺。面闊比底各減半，高亦以水爲準，外面各離水八尺。

一、各圖圩岸，俱著排年分管。若本圖原有十圩，則每甲一圩。若不及十圩，則將大圩分轄之。若十圩以上，則并小圩兼管之。分管既定，然後立封牌爲誌。一封牌以石爲之，長五尺，闊四方各一尺五寸，皆竪於圩南。上二尺五寸四面刻字，前云『某字圩』，後云『某縣幾都圖幾甲排年某人』，左云『官民田若干』，右云『糧若干』。下二尺五寸，培而築之。

一、應修圩岸，該管排年，量田高下，照依五等岸式，督率圩户各就田所修築。假如田頭闊五丈者，即修岸五丈。闊十丈者，即修岸十丈。或有貧難并逃絶人户，田頭及溝頭岸，則衆共修築。其圩心田户若有徑塍者，自修徑塍； 無徑塍者，與衆同修。逃户及溝頭岸，排年則管修一圖圩岸，糧耆則管修一區圩岸。各縣治農官則提督一縣，各府治農官則提督一府。若一圖圩岸不修，罪坐排年。一區圩岸不修，罪坐糧耆，等而上之，一縣一府，責各有歸。或不論田頭闊狹，但論有田多寡，照田出人，照人分岸，一總修築亦可。

一、高鄉溝渠，糧耆同里老相勘本區該開河渠幾處，某渠爲急，某渠次之，依次併工開濬。工程小者，或今年開幾渠，明年開幾渠。工程大者，或今年開半段，明年開半段。一二年之後，無不通之渠矣。

一、低鄉有等大圩，一遇雨水，茫然無救。該管人員務要督率圩户，於其中多作徑塍，分爲小圩。大約頻渰去處一圩不過三百畝； 間渰去處，一圩不過五百畝。如此，則人力易齊，水潦易去。

一、取土修圩所毁田畝，衆共篰泥填補。若不可補，議將田那補。其毁田之家有田在本圩多者，亦不必補。

一、圩田外有等坦田，往往被災而不敢作災。今後俱要築爲圩岸，所補田畝，一體那補。其低圩岸內再幫子岸一條，高及一半，如階級之狀。

一、圩岸上俱要砌內外車塌，高低水洞，不得因車水放水輒便掘岸。

一、邊臨湖蕩圩岸外須種茭蘆，以禦風浪。其狹河、宣洩去處，却不許一概侵種，以遏水勢。

一、高鄉田畝，去水頗遠，無從車灌者，令田户於田內開塘蓄水備旱。或滲漏不蓄水者，於他處挑取黏土，和灰築岸，自然蓄水。

一、近山高田，無水車灌者，令得利人户，於山坳田尾共買地，開塘堰，蓄泉源、雨水，亦可備旱。

一、開河修圩，其間有工役重大，非糧耆所能獨管者，須委有才幹義官，或本地有行止得業之人，相兼管督。

一、高鄉河港，臨水二三丈間，不許人耕種，以致浮土下河，止許栽桑棗。

一、凡緊要洩水河內，但係古人建造木橋，宣洩快便，不得輒造石橋，遏束水勢。

一、軍衛屯田坐落應修圩內，及應修河道，俱照民家協同修濬，不許坐視，管屯官一體及時提督。

一、所屬七府，人才淵藪，豈無懷抱嘉謀，可以興修水利，裨益農田者？有司宜用心推訪。

《水性辯議》。其略曰： 舊見《毘陵志》敘沿江諸港，皆自外而內，自下而上，倒置源流，不識水道。江陰舊志亦然。夫三吴水道，皆西出於山，瀦於澤，東北注於江海，何乃類云自大江而入南，經某處、某處耶？以諸港皆出於江而流入於漕渠，悖亦甚矣。且蔡涇、黄田二港，相距九里，各自入江。昔人於其間鑿渠以通舟楫，遂以九里名河。舊志之記黃田，乃舍其東南之源而假以西南之派。且併吞九里，又以上下各二閘，若本爲一港者。彼豈知三水各有派，而二閘本不相沿乎？最後得曹宻之説云：江陰當運河下流，其水自常州，經申港、利港以入於江。又云：丹陽練湖、白鶴溪諸水，西自常州而來，入於江陰。其南太河、梁溪皆溢於運河，自五瀉堰奔衝而下申、利、夏港，以出於江，可謂深明水道者矣。

《九里河議》。其略曰：東南諸河，惟此易壅。推原其故有三：一曰黃田潮來自東而西，蔡涇潮來自西而東，交衝互激，會趨斜涇，湧滚泥沙，積聚腰腹；一曰浚起浮土堆積兩厓，風雨淋洗，漸復入河。且河形曲隘，厓勢高陟，疏鑿既深，黃沙壁立。復水之後，遇没輒崩，少剥一隅，便壅數丈；一曰中吴地勢，沿江有山爲之包防。近山土壤迤邐隆起，山脈引帶，生氣流通，日漸增長，如古之所謂息壤。坐此三故，人不之察，以致此河湮廢。今欲開挑各一二丈，惟有才良吏，爲政久而得民深，徐依原議，以漸爲之。而又相度形便，攻鑿河口，別出蔡涇之南，拒却蔡涇潮流，不使東行，以相衝鬬。則百數十年流通可必，而江陰之民亦或少息肩矣。

弘治中，舉人秦慶《請設淘河夫奏》：竊惟國家財賦，多出東南，而東南財賦，盡出水利。近年以來，列郡數被水災，民不聊生。推原其故，皆由於太湖之溢。而太湖之所以溢，則由於三江衆浦之失其道。撫按之臣皆相繼論列，蒙命工部侍郎徐貫來總水事。凡通湖達海，隘口支川，無不疏治，一時水患十去八九。然臣以爲疏導之利雖已弘於一時，而經制之宜猶未及於永久。惟昔之善治水者，每於平成之後，必立宣防之法。如近代撩淺、開江等卒，亦皆制置有定，浚治有常，是以當時利興而害去，國富而民安。臣以爲今當略倣前制，思患豫防。乞敕該部轉行巡撫及水利官，督率府縣治農官，徧詣三江各浦地方，相視要害，講求便宜，用其土著之民，專習搜淘之事，免其別差，著爲定令。仍須往來勸督，驗其程工，以行賞罰，務使水道不復壅遏，而旱澇不能爲災可也。經久之宜，莫善於此。

松江學生金藻《三江水學》。其略云：《禹貢》曰：『九川滌源，九澤既陂。』今東江已塞而松江復微，是川源無滌也。太湖泛濫，隄防不修，是澤無陂障也。惟其無陂，所以靡定；惟其無滌，所以靡入。東風則西決，西風則東瀆。一雨連旬，數州如海。此頻年水患所以不可救治者，良田備之不豫、慮之不周也。愚以爲，《禹貢》之法萬世當守，治水者順此而行，則有無窮之利。然順之之道有六，曰：探本源也，順形勢也，正綱領也，循次序也，均財力也，勤省視也。所以行之之要，又在任得其人而已。夫治水救民，莫大之事。今之治水，惟總之以僉憲，凡百舉動，不得自爲，是以事功難成。愚謂若欲水患消除，必專任大臣而輔之以所屬，責成於守令，而催辦於糧里。不宜泛遣他官而墮失厚利，添設耆塘而擾害良民也。夫不恃一己之聰明而採納天下之公論，不恤一己之勞逸而體悉萬夫之凍餒，斯可以膺大任而成大功也。所謂勤省視者，在官廉能，預與民約，某日月至某縣鄉，三月一周，一年三遍，非大寒暑不休息，非大風雨不易期。大約省視一二年，圍岸可成；三四年，溝洫可深；五六年，浦瀆可通；七八年，三江可入；至於九年，閘竇石隄可完。一圖省視在里長，一區省視在糧長，治農縣丞省視一縣，通判省視一府，而守令則兼之。提七郡之綱而以水功分數，爲殿最者，大臣也，巡撫也。糾舉以正其法者，巡按也。如此而水利不興，吾未之信也。所謂均財力者，財不均則無食，無食則多怨；力不均則無功，無功則徒費。夫圍岸溝洫，隨其田旁，而責其户以自修之，一尺一步，皆有歸著。往年修圍者，起倩之弊甚多。開河每里起夫二三十名，人户又無所助，官府給米不過數斗。爲今之計，莫若每甲明出長夫一名，三時治水，一冬休養。其餘九户，分爲九等，每月一户貼錢三百六十丈。十夫一舟，往來宿食。百夫十舟，千夫百舟。自正月發運，水工方興。至十月開倉，水工又止。千夫修一處，萬夫修十處，各自立功，以憑賞罰。惟是石隄閘竇，或憂浩費，欲乞暫將七郡魚課、船竹木雜課量停起解，留充水用，待功成之後，悉依原議。所謂循次序者，昔人以開江、置閘、圍岸爲東南第一議，又以河道、田圍二事可兼修而不可偏廢，此皆確論。但惜其失先後之序，故議之者率多以開江爲急，而圍岸、溝洫漫不之省，是以用力多而成功少。愚以爲江固當開，閘固當置，圍岸、溝洫，則在開江置閘之先，而圍岸又當先於溝洫也。修圍之法，水漲則專增其裏，土不狼藉；水涸則兼築其外，岸方堅固。圍大者其中須畫界岸，但今低鄉圍岸蕩無根基，須得樁笆方可修築。若乃震澤之湖，須用石隄，宜專任大臣經理其事。況江南運河資震澤諸湖之利，豈可不加之意乎？開溝無他法，惟在深廣而已。開河之法，疾流搔乘，緩流撈剪，污泥盤弔，平陸開挑。開江之法與開河同。但各處積荒田土與夫沙塗水蕩，却用長夫，開以溝洫，畫以疆界，墾辟成田，召人耕種，抵足原租，餘充閘費。待開江之時，遇有所損，即以此償之。如此，則上不煩官，下不損民，而事濟矣。老農云：種田先做岸，種地先做溝。蓋高鄉不收，無溝故也；低鄉不收，無岸故也。至若池塘，又高鄉急務。大約有田一頃，開塘十畝，可以蓄水而防旱矣。所謂探本源者，天下之事有利於民，則當厚其本、深其源；有害於民，則當拔其本、塞其源。況水之利害，尤當深探其本而窮究其源者也。竊見弘治五年，江南久雨，湖泖相運。六年，疫癘大作。七年大水，菜麥禾苗，極目沉淪。今欲救其已然之災，不若因之以救未然之災。除一二年之害，不若因之以除千百年之害。救已然一二年之災，倉廩府庫是也；救未然千百年之災，江湖田野是也。江湖浚治，則田野開闢，然後百穀登、倉廩溢，何災害之足憂，非本源哉？

弘治四年，巡撫都御史侶□[一]禮聘布衣史鑑，問東南水利事宜。鑑議略曰：吳江之地，土疏水緩，左江右湖，故水之爲患也特甚。太湖東南巨浸，即《禹貢》之震澤也。其西北納荊溪、宣歙、蕪湖、宜興、溧陽溧水數郡之水，西南合天目、富陽、分水、湖州、杭州諸山、諸溪奔注之水，瀦聚於湖，汪洋浩瀚，不可涯涘。而松江承其下流。松江即《禹貢》所書『三江既入』之一也。逶迤曲折，洄流洑逆，行百餘里始入海。而吳江據江湖之會，屹然中流，每遇霖雨積旬，潦水漲溢，渺然無際。或風濤大作，吞嚙衝擊，其害又甚於雨。東風則江水西浸，西風則湖水東泛。俄頃數尺，人力莫施。故瀕江之人謂之賊水者此也。議者徒欲開一渠，浚一涇，置一牐，以爲治之之方，是皆狥一偏之見而無救患之益也。何則？吳江水多田少，溪渠與江湖相連，水皆周流，無不通者，特有大與小、急與緩之異爾。假令南置一牐而北流者自若，東開一渠而西溢者如故，固不當與諸縣治法同也。切以爲今日措置之方，其要有四：

一曰築隄。吳江之田皆居江湖之濱，支流旁出蕩漾，不可以名計。苟不致力於隄防以御捍之，則未見其可也。國朝永樂中，治水東南，尚書夏忠靖公創於前，通政使趙君繼任於後，無不注意於隄防，皆妙選官屬，分任諸縣，而二公則周爰相度而考課焉。其法常於春初編集民夫，每圩先築樣墩一爲式，高廣各若干尺，然後築隄如之。其取土皆於附近之田，又必督民以杵堅築，務令牢固。隄既訖工，令民篙泥填灌取土之田，必使充滿。復於隄之內外增廣其基，名爲抵水。蓋隄既高峻，無基以培之，則歲久必頹矣。又課民於抵水之上，許其種藍而不許種豆。蓋種藍必增土，久而日高，種豆則土隨根去，久而日低矣。此雖爲繁碎難行，然亦可使民由之，而不可使知之也。厥後二公去任，二三十年間豈無水患，而不至於大害者，良由隄防猶存之力也。然人亡法廢，隄日就傾，水患復作。正統間，尚書周文襄公請求二公之法而損益之，由是水患漸平，民安其業。近來法廢，每年府雖下縣，縣雖下鄉，率皆以僞應之。所任糧長、耆老之屬，不過頭會箕斂以賂姦吏，其於隄防，略不加省。壞者十七八，欲求水之無害者難矣。且自戊子而至丁卯，其間稔者纔二，而旱者一，水者七，固由天災流行，然亦隄防圮壞，水不能禦，旱不能蓄，有以致之。自國初以來，水之爲害，未有甚於今日也。

一曰審分洩。吳江之地當太湖東南，其在南者分衆流以入湖，吳漊港、東宋家港、朱家港、蠡思港、直瀆港、黄沙港、韭溪是也。居其東者，引湖水以入江，花涇港、七里橋、柳胥港、虹橋、長橋、三江、三山橋、定海橋、萬頃橋、仙槎橋、甘泉橋、白龍橋是也。又自縣治至平望四十里間，

[一] 底本此處闕。

亦係分洩湖水之所。今爲石塘，雖便往來，前輩嘗言其有害水道，故鑿竇以通水流。近年傾圮，俗吏鄙夫不知大計，輒堙而築之。又湖水之渾，易爲停積，沿湖之人，多種茭蘆，歲久成田，咸登糧額，遂致水道日微。又花涇港、長橋正當太湖東流入江要道，至爲深闊。而花涇港居民慮盜賦所侵，輒寅緣巡捕官爲之築堰。長橋又爲豪家堙塞，規爲田宅，爲患極大。今則入湖者泛濫而南流矣，入江者洄流而西浸矣。日滋月長，其害將見甚於今日。伏乞一切疏濬，不許踵襲前迹。

三曰務車救。夫水之泛濫者，既築隄以障之；水之壅遏者，又疏渠以導之矣。而水之停積者，若不竭力以車戽，則何從而減之乎？然民之貧乏者或無力而弗供，豪獷者又恃頑而不服，以致互相推調，坐視陸沉。在上之人激勸而安集之？水患初作，上自長、貳，下至簿吏，無不躬親看視，奔走道路，未嘗寧居。故諺有『救水如救火』之言。此言當急不當緩也。自近年設立水利官後，一切委之。然地既廣遠，居東則西不知，在南則北罔卹。欲求其無悮，難矣。夫軍國之需所係，伏望著爲令典。凡後水潦，任牧民之任者，悉令分投巡視督民而力救之。

四曰專委任。永樂間，凡興建水利，皆責成糧長而官自節度之。蓋糧長之任，職在農功賦稅，而其用心必專。近年添設塘長，又立耆老，復革去塘長而立圖長，又有屬官、義官之委，紛紛多制，十羊九牧。乞令糧長管其都，圩長管其圩，縣之佐貳，分管巡視，幸甚。

正德五年，巡按御史謝公琛《水利奏》。其略云：臣惟朝廷以貢賦爲重，百姓以耕稼爲本。照得蘇、松、常、鎮四府地方，先因正德四年七月被水爲災，淹没禾稼，已該巡按、管糧御史節次奏蒙，准免正耗糧米數百萬石，臣切爲朝廷憂之。饑民至食草根、樹皮，傷損成疫，死亡無數，臣又爲百姓苦之。今年三四月間，前項積水不見盡消，近湖邊江之田尚爲巨浸。至五月初旬，又遭大雨，十日十夜，不少停止。新舊之水併力爲凶，淹没在田秧麥，漂壞官民房舍，不可勝言。除已具題外，近因巡歷各該地方，獲覽地形高下之勢，參對前人水利之論，而略知一二。臣謹俯伏爲陛下陳之。

浙西爲區，勢本卑下。天目諸山西來之水，衆多深長。然皆歸之太湖，即古之所謂震澤也。震澤之水再流，而入於陽城、昆承、澱山、三泖等湖，其性本皆欲東也。三代以前，土廣人稀，專以治水爲急。故神禹相地分流，疏其東北入海者爲婁江，東南流者爲東江，併松江爲三江，以分洩之。自是不聞有水患之説矣。後世人稠地少，海塘一築，其近江淤肥之地悉成膏腴之田，而東江之故道塞矣。由是欲使東江之水逶迤北旋，會入松江，而趨下之性遲矣。故後人於常熟縣之北開二十四浦，疏而導之揚子江，又於崑山縣之東開一十二浦，分而納之海，皆所以補東江不通之力也。又慮潮沙易於淤塞，各於浦口置立板閘，潮來則扃之以禦其泥沙，歲旱亦扃之以備其灌溉。又於閘外或設開江之卒，或設撩淺之夫，皆所以決壅塞而防泛溢也。宋、元以來，累累差官督治，動經費用錢糧數百餘萬。蓋凡有興作，必有利害。大抵智謀經畫之士，就其彼重於此者而舉行之。國朝永樂年間，尚書夏原吉奉命專理其事，區畫經度，如開浚劉家、白茅二港，甚合古人之法。自後七八十年，朝廷之貢賦不虧，百姓賴以安堵者，先朝任用夏原吉之力也。弘治七年，工部侍郎徐貫亦奉命繼理其事，比有主事姚文灝以輔之，一時疏浚之法，亦有次第。惜乎小就自畫，而不能爲轉身之計。舊制板閘夫卒之設，圍岸之築，皆未全備。是以迄今十二三年，而諸浦之壅塞如故，識者恨之。近年雖有帶管僉事，官既不專，名亦虛設，以至一二年來水利日廢，水患歲甚。若不及時整理，將見諸浦之壅塞日堅，而後日之工程愈大、朝廷之貢賦歲虧，而各府地方將爲魚遊鱉處之地矣。近者朝廷因見各府錢糧不完，盜賊漸起，而於管糧、捕盜之官特設專理。臣愚以爲，水利一興，則稼穡歲登；稼穡歲登，則貢賦自完。而百姓將有含哺鼓腹之樂，豈肯故冒督徵之刑，與夫追捕之法耶？伏望皇上垂念各府財賦所貢，上而爲郊廟内府之供，下而爲百僚六軍之給，乞命廷臣計議。或敕見差僉都御史魏□兼整前事，或選命該部大臣一員前來專理。趁今秋收之後，該前代疏浚之規，爲來年水患之備。或憫被災疲民之動勞也，令其召收爲役，因施賑濟之惠。或計各府錢糧之空乏也，容其借取滸墅、北新等關課鈔以輳支用。開諸浦以洩諸湖之水，復板閘以嚴啓閉之規，立夫卒以常其疏濬之功，築橫岸以防其橫流之勢。錢糧、工力雖日費用浩大，然量此之出，計彼之入，或相倍徙，或相千萬。姑即去年被災免徵之數以較之，其所得所費之孰爲多寡，從可知矣。

正德七年，都御史俞公諫《水利奏》。其略云：皇上以國家財賦所出，多仰給於直隸之蘇、松、常、鎮及浙江之杭、嘉、湖七府，近年以來屢被水災，圍田淹没。命臣前去，會同巡撫、都御史張鳳親詣其地，逐一踏勘，以次興修。臣奉敕陛辭，逾江而南，即徧七府所屬地方，相形度勢，尋源泝委，而有以知東南水之大略矣。蓋太湖受廣德、溧陽、宣、歙、常、鎮、杭、湖諸州之水匯爲巨浸，廣袤三萬六千餘頃，東溢爲澱山、昆承、陽城、巴城諸湖，由三江入海。而湖之衍溢，則流注於蘇、松列郡之間。昔人以環湖地卑，築圍防以禦水，名曰圩田。沿海地高，開涇浜以通灌，名曰坦田。圍防、通灌之利興，而田稱沃壤，賦甲天下矣。自吴江長橋挽路作，而湖之咽喉失其利。自海塘南障，三江北折，而湖之尾閭失其勢。失利、失勢，能無壅溢之患乎？昔人開龍溪七十二溇、荆溪百瀆以疏上流，開松江十八港，常州十四瀆，崑山、常熟三十六浦，并福山、白茅港以洩下流。又有塘以行水，有渠以均水，有隄以捍水，有溇以豬水。大小縱橫，聯絡通貫，皆所以利圍防，資灌溉，決太湖淫潦而達之江海也。然爲之者人耳，不能無廢塞之弊，亦不能不賴於修浚之功。故當時都水有監，營田有使，開江有卒，撩淺有夫，隨時浚治，一方賴焉。近年以來，水患相仍，水利無官經理，圍防湮没，涇浜壅滯。上流如諸漊、百瀆，下流如三江、諸浦，率多淤淺，以及昆承、陽城諸湖，爲太湖之所瀦蓄者，又被居民圍填侵占，日就窒塞。遂使水無止宿，潦則難泄，旱則難灌。一方之民坐受其弊，公私困乏，莫甚於此。是宜有以來該部修復之議，廑九重宵旰之憂也。然其間有壅塞之甚，力役之殷者。如崑山縣吴淞江至和塘、常熟縣金涇瀆、福山港，太倉州楊林塘、湖川塘、楊家浜、浪港、太平涇、張浦塘、薛涇塘、北海岸，嘉定縣練祁河，吴江縣長橋挽路内外河，華亭縣官路港、運鹽河、陳村塘、王家港、都臺浦、馬官浜，上海縣馬路塘、劉家河，武進縣桃花港、澡子港、古塘涇、洞子河、利大河，江陰縣石頭港、利港、新溝河，宜興縣百瀆、烏程縣大錢口、小梅口等處，皆工費浩繁，合用夫力，各以數千萬計。而費之最大者，莫如白茅港。查得白茅港開自僞吴張士誠，横廣三十餘丈，長亘九十餘里，藉以宣洩湖瀼，通引潮汐，備旱澇，爲一方之利。迨入國朝，尚書夏原吉、侍郎周忱相繼浚治。弘治七年水患，命工部侍郎徐貫大加開浚，僅得一通，尋復淤塞。嗣是弗葺，隱然成隄矣。臣往來海濱，徘徊港所，廉得所以塞之之故。蓋是港勢趨東北，吞逆海潮，其入處爲横沙所梗，承納處爲新田所礙，中流又爲鹽鐵灑諸河分流減勢，居三之二，而潮汐泥沙一日再至，港之命脈迂曲微緩，不足以衝滌之。遂致停積凝滯，日就淤塞，亦其勢有不能不然者。今不避横沙，疏障礙，均别派，棄迂從直，則隨浚隨塞，蹈前日之覆轍矣。臣看得是港離海約十五里許，旁有姚家浜者，舊開通灌支河也。東通小湖漕、六尺溝，於淘涇入海。其地形頗下，其勢趨東南，頗順其水道，視舊港頗徑直，其去横沙亦遠。若因而廣之深闊，與白茅稱復疏通障礙，分决中流，會趨駛疾，計必可以滌潮沙而垂久遠。此議一出，皆以爲然。隨督同委官逐一勘量，得是港自常熟縣東倉至姚家浜深淺不等，共長一萬三千五百八十丈，面闊三十五丈，每丈用夫七名，計用夫九萬五千六十名；自姚家浜至淘涇口長二千六百五十丈，開闊三十丈，深一丈五尺，每丈用夫一十五名，計用夫三萬九千七百五十名。通計夫一十三萬四千八百一十名，約四十日而成。每夫每日工食銀二分，共該銀一十萬七千八百四十八兩。築壩置閘，該木石灰、鐵料銀一千餘兩。該開壞民田二十餘頃，查有新漲沙田撥補。遷該民居、墳墓百十餘所，官爲給助，民亦願從，欲便起工開浚。但查蘇、松等府倉庫多虚，見在堪動官銀不過四千餘兩。況地方人民連遭災疫，逃亡數多，凋瘵之餘，瘡痍未復。今歲雖得稍收，中間尚有包賠荒棄之累。加以數年逋負，追併一時，若又重加前役，派取前費，不無逼民失所，致生他患。臣等酌量緩急，備行各屬委官，先將高鄉淤塞涇漕浜漊、低鄉坍没圩岸隄防逐一查勘，照田多寡分派丈尺，督令得利之人趁時浚築。及將前項諸漊、百瀆、江塘、河港以次開浚，隨宜修舉。其白茅港等處，欲候下年農隙興工。緣前項工費無從措辦，查得蘇州府庫見有户部委官收寄聽解滸墅鈔關正德六年春、夏、秋三季船料銀一萬二千四百八十九兩九錢三分，冬季并正德七年四季船料約有一萬三千餘兩，及兩浙、兩淮運司俱有存積餘鹽等銀。伏望陛下念東南財賦之重，憫斯民墊溺之難，特敕該部從長議處，合無將前項二年鈔關已、未經收料銀照數存留，仍於淮、浙運司查給官銀，以充前項工食之需。數内不敷，於蘇、松等府徵收正德六年分免剩餘米數内，量支補助，工完之日，通行造册奏繳。此疏屈於時用，未曾開浚。

崑山知縣方豪《上都憲俞公水利書》。其略曰：近者奉府檄，領公命，往相昆承、陽城二湖。今於昆承十日，湖之梗概粗得之矣。試爲公言之。湖在常熟東南五里，亦名昆湖。竊意『承』當作『城』。陽城、巴城皆此『城』字，可以例也。後人訛『城』爲『承』，故有二湖之説。爾豪初至湖上，遍詢故老，咸云自鮎魚口以西皆湖故址。湖去鮎魚口遠，自不可信。因思郡、縣二志皆云湖縱横各十八里，乃用二小舟，以百步繩互牽之，自南至北，得步五千四百有奇。古稱三百步爲里，五千四百步爲里十八，所謂縱十八里者是已。然後自西至東，如其法，儘其數，樹木以表識之。東有黄涇，去所表木不及二百六十步，閲其東岸，甚老而古，意湖之故址在是也。登岸瞻視，見一父老，問之曰：『岸之西即田耶？』曰：『儂生來第見此岸，岸西皆茭蕩，非田也。』鄙見遂決。蓋人之利於湖也，始則植茭蘆以引沙土，而享茭蘆之利。久而沙土漸積，乃以之爲田，而享稼穡之利。故湖之東爲田者，舊漲也；田之外爲蕩者，新漲也。先度其新漲之蕩，得五千畝有奇；後度其舊漲之田，得九千畝有奇。其度新漲也，孰弗譊譊然？曰：吾於某年報賦者也，吾得之於某人且取賦者也。豪廉其曰報賦者，以他賦影射之也。其曰得之於某人且收賦者，其人以他賦影射之，欲其得之甘而且有以分其重賦也。衆咸服曰：『某有罪！某有罪！實新漲，未嘗賦也。今不敢欺矣。』及又度舊漲也，則據各區所呈之賦而行之。得於賦外者，則曰遺漏，凡九百畝有奇。其所謂已賦者，未可信也。關之於縣，縣弗答也。問之於人，人不知也。稽之於册，册無據也。乃索其中有田者情[一]由而觀之。擇其賦少之户，執其賦，度其田，儘其他田若干，而以其餘抵茲田，則果已賦矣，然亦未可信也。何者？蘇州之賦有舊額，准各縣而一之也。常熟之賦有舊額，准各區而一之也。各區之賦有舊額，准各圖而一之

[一] 情　原作『青』，據《三吴水考》卷十四改。

也。各圖之賦有舊額，准各户而一之也，今既報賦於官，則圖之額當加矣。圖之額加，則區之額、縣之額以至於郡之額，皆當加矣。如是而後謂之已賦也。今人户圖長以及區長皆曰已賦，不知郡縣之額加乎否也。郡縣之額，舉無所加，而曰已賦，賦之誰也？縱於額不加，則以之補坍與荒可也，而一有坍與荒，則又以概縣之賦餘補之，此非吏書之埋没，必糧長之侵尅，雖賦與不賦等爾。然此非昆承一湖然也。明公由一湖以及他湖，由一縣以及他縣，一掃而空之。凡有所賦，必以補坍與荒，是於水利外興莫大之利也。昆湖新舊之漲凡萬餘畝，爲仕宦所得者十之九，小民所得者十之一。若新漲者非湖之故址，何以專於仕宦而弗徧於小民耶？及今不速去之，豪恐新漲之外復有漲焉，而湖廢矣。今玆富，歲傍湖之田尚多，災者凶歲可知也。湖塞之害且爾，湖廢可勝言邪？然欲盡去之，亦未易也，去其太甚者耳。故豪以舊漲者爲無礙。而以新漲者爲有礙。欲明公酌其緩急而爲之也。

《再上都憲俞公書》。其略曰：去年昆湖事畢，即之陽湖。適母病告劇，不得已而歸。三月以來，病母稍瘥，乃暫釋縣事，由官瀆入，周旋量度，凡十八日殆遍。雖有圖册，恐弗能詳。復准舊爲書以獻，願公覽焉。夫吴之諸湖，自太湖以下，陽城爲大，大則吐納之功多，而疏濬之所宜先者也。湖雖一而實分爲三，自横涇以西，蓮花朶以東，夷亭以北，陽城村以南，界於崑山、長洲之間者爲東湖。東蓮花朶、陽城村，西有石獅涇、承天莊者。爲中湖。官瀆在其南，相城在其北，承天莊在其東，邢店港在其西者，爲西湖。中湖爲大，而東湖次之，西湖又次之。人言湖廣七十里，以豪計之，殆不止此。東湖通于中湖，其最要者則蓮花、陽城之間，次則孫墓、白龍菴之間，又次則蓮花朶、下營田之間。今唯蓮花朶、陽城村之間故道猶在，餘皆漲爲田蕩，凡五頃有奇，而漸成平陸矣。中湖通於西湖，其最要者則南坟、茆塔之間，今漲爲田蕩者幾二頃，而亦成平陸矣。西湖通中湖之水，唯官瀆最大，今則瀆口亦有阻矣。東湖去官塘止四五里，其相通非一涇也。近塘者雖通，而近湖者亦多塞矣。其他沿湖之漲，固皆足以爲礙，而東湖、玄珠村之北，漲幾五頃。西湖、陸墓塘之南，漲幾三頃，又其礙之大者也。據豪愚見，當先開孫墓、白龍菴之間，蓮花朶、下營田之間，南坟、茆塔之間，使三湖各自相通；次開官瀆口及官塘諸涇，使諸水與湖相通；次開玄珠村、陸墓塘之大漲；次開沿湖之小漲，以其土加岸，使岸益高。而又年設管湖之役，俾其不時巡邏，以防再侵；而又月遣水利之官，俾其躬自踏勘，以防虚應。庶乎水有吐納之地，民無旱潦之憂，上裨國賦，下足民食，而公之功名當與湖而俱永矣。

巡視浙江都御史許公廷光《水利奏》。其略曰：切照蘇、杭等府，本三吴澤國，厥田下下。賴自昔興修水利，所出財賦，甲於天下。國家供億，仰給於此。近年以來，水利官員裁復不一，興修事宜因革靡定，遂使有司視爲不急之務，豪强大肆侵阻之姦。震澤不流，三江失道。白茆累議而無功，海塘隨修而旋廢。每遇小水，輒成大災，國賦虧陪，官民困弊，未有甚於此時者也。今蘇、松、常、鎮、杭、嘉、湖七府雖設有管理水利郎中，緣地遠權輕，官民積玩。伏望皇上憐念東南郡縣實國家萬年供億地方，乞敕該部從長計議，合無將蘇、松等七府水利果應郎中照舊管理，則宜量加舉刺之權，以便行事。不然，或效昔年運河故事，特設通政一員專管，則事體尤便，所費亦不加多，而國民利益當不可以數計矣。

正德十四年，工科都給事中吴巖《水利奏》。其略云：國家財賦多出東南，東南財賦皆資水利。蓋水利不修則田疇不治，五穀不登而國用不足。其所關係，誠非細故。近年東南地方夏秋淫雨，山水横發，田疇淹没，諸郡之民流離困苦，不可勝言。揆厥所出，蓋以下流淤塞，圍岸傾頽，疏導不得其法，董治不得其人之所致耳。臣備員該科，謹將東南水利之切要者四事開列上陳。

一曰疏浚下流。浙西諸郡，蘇、松最居下流。太湖綿亘數百餘里，受納天目諸山溪澗之水，由三江以入於海。是太湖者，諸郡之水所瀦，而三江，太湖之所洩也。《禹貢》所謂『三江既入，震澤底定』是也。若下流淤湮，則衆水泛濫矣。爲今之計，要在相其源委，别其利害，以爲之區處。如白茅港、七浦塘、劉家河，此蘇州東北洩水之大川。如吴淞江、大黄浦，爲松江南境洩水之大川。其間各有旁港支渠，引上流之水歸於其中，而併入於海，此所謂源委也。白茅一港自弘治七年疏浚之後，已二十五六年。吴淞一江自天順間疏浚之後，六十有餘年。聞之白茅潮沙壅塞，勢若丘阜；吴淞江僅如溝洫，舟楫艱行。其旁渠支港，亦多湮塞。下流既壅，上流曷歸？此其利害之可見者也。今能浚白茅，則蘇州東北之水有所歸；浚吴淞江，則蘇、松東界之水有所歸。水各有歸，則太湖不溢，而向來沮洳瀳浸之土皆出而可耕矣。

二曰修築圍岸。浙西之田各有成圍，宋儒范仲淹嘗曰：江南圍田，中有渠，外有門閘。旱則開閘，引江水之利；潦則閉閘，拒江水之害。旱潦不及，爲農美利。是知圍田全仗乎岸塍，岸塍常利於修築。水漲則專增其裏，水涸則仍築其外，務令堅固高闊，可通往來，隨其旱潦而車戽出入，如此則先事有備而田皆成熟矣。

三曰經度財力。財力必取之民間，凡遇工程，一概科斂，則未免府縣派之里甲，騷動鄉村，鮮有不怨。臣以爲水利爲田而興財力，亦必計田而出。凡有田之家，不拘官民，每田一畝科錢一文，每田一頃科錢百文，不但積少成多，抑且衆輕易舉，實爲經久之計。於每歲秋成之時，折白銀徵解各府官庫數目，造報水利官處動支，不許别官借貸。

四曰隆重職任臣。聞永樂初年東南嘗大水，命户部尚書夏原吉治之，弘治間東南屢有水患，工部侍郎徐貫治之，各著成效。近該巡視浙江右僉都御史許廷光奏乞欲做運河故事，特設通政一員，專管水利，誠爲有見。乞賜詳議，幸甚。

正德十四年，工部尚書李公充嗣《興修水利以預處財用奏》。其略曰：臣查得松、常、湖等府，太倉州等地方，如吴淞江、劉家港等處橋浦河瀆，各有應該挑濬疏泄、修築整理去處。每處閘壩椿草、灰石物料、人夫工食，各動以萬計，銀亦不下千餘兩。皆當於每年農隙水涸之後，次第舉行。而震澤之衝，衆水所會通。泄下流以收東南諸郡之利，最大且急者，則當以白茆港爲首務。若非假之以財力，濟之以寬紓，固未有能濟者。况白茆港横沙淤塞之久，排決利道之難，則凡人夫工食日用之費，顧不大倍往昔哉？臣查照給事中柴奇奏准事例，備行各府，每里編僉導河夫一名，每名出銀六兩。如其不足，預編一二年，以周急用。又查照給事中吴巖奏奉欽依，每田一畝科錢一文，每田一頃科錢百文，秋成之時，折收白銀，解府貯庫支用，其實衆輕易舉。行據各府申稱，適當民窮財盡之秋，若復如此，差徭愈加繁重。臣又復杖併追徵，以資急用，不惟緩不及事，抑恐民命不堪。乞敕該部仍准將滸墅鈔關船料銀兩并兩浙、兩淮運司鹽銀，或抄没叛賊錢寧等入官贓銀，量爲給發十餘萬兩，以充前項工食物料支費。如或不敷，聽臣仍查所屬各衙門，應支椿草銀錢，并無礙臟罰官銀及量行增添均徭銀兩，或催河夫田畝銀錢充用。庶幾臣得以分工勒限，盡力畢志於溝洫、畎畝之間。

工部尚書兼副都御史李公《乞添差官員以興修水利奏》。其略曰：臣惟自古建立事功者，多敗於自用之人，常成於多賢之助。顧臣以獨力而興大工，兼以文移浩繁，不可乏人書辦。乞添差工部素有才幹官二三員，以協修水利，及添撥書辦吏二名，幹辦文移。庶幾贊襄有人，而修浚可圖矣。

御史馬録《議處水利奏》。其略曰：竊照蘇、松地方乃天下財賦之所自出，近年以來苦爲水患，糧運缺乏。臣訪得常熟地方舊有白茆港，通於大海，數十年來湮塞。此港一開，則澇可注於海，而旱可引之灌。此舉工程浩大，工部尚書李充嗣才望固可責成，但巡撫地方，百責所萃，且興工之地，非其久居。合無查照舊例，推舉素有才望風力郎中或員外一員。請敕差遣住箚常熟等處，相時度勢，專一總理其事，則水利有可興矣。

郎中顔如環《治水事宜》：切惟東南財賦當天下之半，水利實爲政之先。往者疏濬有法，旱澇無虞，所有合行事宜，擬合通行。

各府河道應該修濬者，仰各水利官拘集糧塘里老，審令盡數報出。除尋常工程，各鄉都自能開濬，餘各分投委官，丈量長短、深闊，計算某處該用幾萬幾千工、人夫幾萬名、該幾十日可完，分別等第。如工程最大，鄰近州縣協助； 工程亦大，合縣人夫協助； 工程稍大，鄰近鄉都協助。定爲三等，即將三等河道議處緩急次第，某所宜急修在今冬，某所當緩下年方修，申呈定奪。

各處水利官親詣所屬，嚴督各塘圖長、圩甲人等，率得利人户，將各圩岸併力興工修築。應增者增俱要高厚，仍自本年十二月至次年三月，開具申報。各處江湖、泖蕩，浦塘、涇瀆通洩水利去處，多被大户强占。或朦朧告官，起科承佃。亦有曾經告發，官斷掘拆，仍舊私占，阻壞水利。許各出首，免其問罪。其已起科者，即與開豁。不自首者，指實呈首，以憑拿問，監追積年花利。

各處小民張釘簾斷取魚者，一體禁治。修濬協助，查得先年或驗田糧出夫，有二十畝起夫一名之例，而富家派至千百，勢不能辦，往往阻滯。或令十排年出夫，有每里三十名、六十名之例，而勞力者多非有田之家，享利者反無供事之勞。但驗糧以出工食，或每畝出米若干，就於秋糧會計內帶徵，以供夫役工食。庶貧民出力而無裹糧之苦，富家出錢以免荷插之勞，似亦可行。

《開濬吴淞江告示》。其略曰： 見今開濬吴淞江河道，動衆數萬，工費不貲。所據合行事件，理宜條示禁約。是我官民必須遵守，共成大工，毋或故違，自罹愆責。

各委官府總千長，嚴督總小甲率令人夫，每日昧爽上工，至黄昏時歇工，不許一人一時藏躲。本部差官查點，責在千長、總甲。欠夫數多者，坐以賣放之罪。

各千長總甲嚴督人夫，照依分定地界丈尺深闊開挑。工完者登時釋放，先完者仍加犒賞，遲悮者痛加責治，甚者枷號示衆。

人夫每五十人住棚一座，飲食宿歇，風雨時候，俱要不離本棚，以便查點。如有私去人家借歇及偷盜、强搶人物者，事發除正犯從重問治枷號，其千長、總小甲俱坐以罪。

各夫役應得工食犒賞之物，或管放人員短少抵換，與千長、總小甲扣減侵尅者，俱許指實陳告，以憑拿問。

人夫上工日久，若果力乏患病者，許户丁更替。無人更替，千長驗實，呈報處置。若無病而詐圖脱免者查出，千長、總小甲俱坐賦罪。

千長、總小甲務要倡率人夫，併力開挑。敢有鈐束不嚴，致夫逃回者，五名以下量加責治，十名以下定坐賣放罪名。其逃夫問罪，枷號示衆，仍以兩月爲率。每欠一日，罰銀五分，并追原領過銀米。給付總小甲，雇夫上工。

管工人員及鄉都、糧塘里老人等，敢有指稱打點使用科斂財物者，許出錢之人指實陳告，以憑問治，仍追贓給賞。

各府委官，每五日一次查考各千長、總甲工程，分數呈遞，以憑查考，其懶惰無工者懲治。

堆土務要在兩岸三十丈之外，若兩岸原有高岡者，堆放岡身之外，不許高過於岡。

仰崑山、上海、嘉定三縣多備稻草，查照各被地方人夫棚內，俱要覆蓋厚密，可蔽雨雪，鋪墊高厚。可隔寒濕。聽候本部驗看。

仰干長嚴督人夫，先將河心開闊七丈，直下至底深一丈完備，方纔開挑兩傍斜河，庶幾雨雪之時放水河心，可以兩傍施工，且無下水做工之患。

大工肇興，庶民雲集，沿河店鋪，商人販賣魚肉酒茶鹽等項，俱許兩平交易。敢有委官夫隸人等挾勢減價强買，及牙行人等高擡時價貴賣者，許指實陳告，以憑拿問。

工部郎中林文沛《水利應興事宜》。其略曰：一、太湖爲患，病在下流不通。疏常熟之白茆港，梅李塘，福山港，耿涇、奚浦、黄泗浦，太倉之七浦塘、湖川塘、楊林港，所以導之也。其爲太湖患者，則練湖與西滆沙子湖，而二湖亦有支流，徑趨入海者。如丹陽之九曲河，武進之舊孟子河、德勝南新河、澡港新溝，江陰之夏港，今皆歲久淤塞，遂貽深患。爲今之計，疏太湖下流，莫急於開常熟之梅李塘、福山港、奚浦、耿浦、黄泗浦，太倉之湖川塘、楊林塘諸河。減太湖上流，莫急於開丹陽之九曲河，武進之德勝南新河、舊孟子河、澡港新溝，江陰之夏港諸河。仰府州縣治農官，各要查照及時，計處興工開濬。

各處河道宣洩入海者，俱應置閘。白茆病在河闊泥泛，無可施工。其餘相江河形闊不過七八丈上下。因而建造一閘或二閘，潮至則閉，潮退則啓，使渾水不得入，而清水蓄積，得以洗其閘外之淤。其主溉灌之河，地形多是中高兩下，非天雨無由積水，仍須兩頭或閘，或設竇，斯可爲利。

各處圩岸坍塌者，圩甲開報得利之家，照田出夫，協同修理。泥土就傍圩田起取，工完開數，造册查考。大者作積水漊，横亘於中，兩頭用石砌作車口，遇潦車救。白茆既通，沙泥隨潮易塞。查得舊有鐵掃箒置之船尾，裝載如櫓，潮落一齊摇動，刮揚沙泥，隨潮入海。今之治黄河者，又有爪江龍法。仰府縣治農官各查制度創造，督撈淺人夫演習，務經久可行。

《應革事宜》。其略曰：河道除白茆、吴淞江外，其餘有專主宣洩者，有專主灌溉者。宣洩之河，正吞湖流，或東或北，直趨入海，其勢爲縱爲經，其開挑宜深宜闊，太倉之七浦塘、湖川塘、楊林塘，常熟之梅李塘、福山港、黄泗浦、奚浦、耿涇，江陰之角上河、谷瀆港、蔡港、夏港、蘆埠港，武進之舊孟子河、德勝南新河、澡港、順塘河、新溝，丹陽之九曲河是也。溉灌之河，則入海河之支流，其勢爲横爲緯，其開挑僅使水能浹洽，可備旱乾可也。

爲河之患者，無如石橋。洞圓者塞河道五分之二，洞方者塞河道五分之三。除不關水道者不毁，其餘但有坍塌，欲行修理者，酌量闊狹。原有一洞者，或添二洞，或添三洞，務令水易退洩。其原無橋梁，勢要欲狥己便，妄意添設，阻礙河道者，農官緝訪禁治。木橋不在禁限。

洩水涇港，去處有等。築壩阻截，或占作魚池，或取便往來，致旱潦成災。許指名赴告。

各處湖蕩、塘浦，多有或假護岸而遍種茭蘆，或圖取魚利而張釘簾斷，遂成淤淺。告佃起科，嚴加禁治。敢有仍前致河淤淺，訪出拿問重治。田果濱江湖頻坍去處，方許種植茭蒲。其岸或栽榆柳，或栽桑柘，毋得虛應故事。

各處河道，凡被占造水閣、船房、剥岸，日漸淤塞，以致河道狹隘，阻遏水勢。通查拆卸，抗違者申來拿問。

卷五

水議考下

正德十六年，工部尚書李公充嗣《興修水利奏》。其略曰： 臣受命以來，夙夜兢惕，乞添差官，共圖供職。吏部以工部署郎中林文沛、顔如環督同掌蘇州府事、河南左參政徐讚親詣白茅港、吴淞江等處，相度會議。以白茅工役繁重，蘇州當任其二，常州、松江分任其一，嘉興、湖州則協任其一，而常熟以附近獨當其半。以吴淞江利歸蘇、松二府，其工役之費則分派二府所屬州縣，與之協濟。杭、嘉、湖、蘇、松、常、鎮各府地方，應該開濬河道、港汊及應修築圩岸、堰壩等項，分委署郎中林文沛、顔如環，督率各該掌印水利等官次第舉行外，白茅港自海口至雙廟，河形緣在海灘，漲沙填壅，難以用工，改就東南方平陸開挑。共起到該府所屬州縣并崇明千户所軍民人夫三萬七千七百二十二名，開過平地三千五百五十六丈。自雙廟西至官莊匯，河形淺窄，幾如平陸。又起過蘇、松、常三府所屬州縣衛所人夫三萬七千二百八十八名，開過故道六千一百七十七丈。自官莊匯西至常熟縣東倉，河形淺塞，起該縣人夫二萬二千九百八十二名，開過二千六百五十八丈，通計長一萬七千三百九十二丈。深始八尺，加至一丈五尺。闊始二十八丈，加至三十三丈。其宜興縣百瀆受荆溪之水，會於太湖，委常州府宜興縣人夫分浚烏涇等瀆，共六十三處。以武進、無錫、江陰三縣人夫開過桃花等港共八處。其原委等處用常熟、太倉、崑山、吴江人夫浚過支河共五百六十三處，共長三十七萬七百三十四丈； 築過官塘、圩岸共三千五百八十三段，共長一百九十一萬八千七百一十五丈； 造過堰壩九十六處，共長六百六十丈，并橋一座。通用人夫三十一萬四千四百二十八名。俱於正德十六年十一月興工，至嘉靖元年五月工完。

又據署郎中顔如環呈稱，督同左參政徐讚等覆相度吴淞江上流自吴江縣至崑山縣夏駕浦，下流自嘉定縣舊江口至上海縣黄浦口，俱通利無礙。惟夏駕浦至龍王廟江口淤塞，量長六千三百三十六丈，議開廣一十八丈，深一丈二尺。以蘇、松二府人夫共四萬三千七十八名，於嘉靖元年正月興工，至本年二月工完。其夏駕浦、新洋江二河與吴淞江交會之處，合造石閘，節制江流，使不斜趨，阻遏渾潮，使不倒流，庶幾此江再無後塞之患。又看得三吴之水，西北自宜興荆溪白瀆入，西南自湖州苕、霅二溪分流七十二漊港以入。其下流則自吴江、長橋等處入澱山、昆承、陽城等湖，以入三江，而澱山湖則分入趙屯等浦，以入吳淞江，並洩於海。頃因水政不修，前項漊港俱塞，以致湖水泛溢，不由故道。又經督率湖州府官開浚過大錢、小梅等河，并七十二漊港；蘇州府官開浚過長橋等處湖、河，及杭、嘉、湖、松等府并所屬各開挑過，各該管地方東七千，西八千，以及各河港浦，共長七十萬六千七百九十丈。并修築過田圩、江湖、塘岸共三千八百四十二段，通長二百七十六萬四千四百九十三丈；閘座、壩堰五十處，共長七千七百二十七丈。共用過人夫三十二萬六千五百五十五名。俱於本年正月興工，至三月終工完。再行窮究水利源委、通塞利害，以至古今修理因革事宜，舉措方略，分別綱條，纂集成書。俱另行外，臣惟三吳水利，興廢不常，欲行令蘇、松、常、鎮所屬州縣，每年量派導河夫銀，徵收貯庫，以備水利支用。再倣古制，造小船二十隻，每年於均徭内查編撈淺水夫四十名，置掃箒、浚杷各二十副，水利官監督，不時爬洗，庶潮沙不致壅積，不許別項差占及營求。管事水利郎中循行提督七府地方關係運河重事，以時修浚，悉聽巡撫官節制。仍乞敕巡按、御史年終親臨閱視一次，稽考勤惰，據實奏報，以爲黜陟，庶人知警。

案：治水工程，此舉最大，止開白茅一港，其他河港無浚，圩塘無築，虚數奏報，是以疏内所開江湖水道間有舛錯。徵諸宋、元及本朝夏尚書等疏，不辯自明。萬計工食，堪爲深惜。

嘉靖□[一]年，大理寺左寺丞周鳳鳴《水利奏》。其略曰：臣惟今日之計，固惟西北爲急，其患實在於東南。東南之患，固惟賦稅爲難，其病實在於水利。夫所謂水利者，除水之患以通溝洫之利也。是故蓄洩以時，旱澇有備，賦稅不虧，則國用自足。今天下賦稅大半出於東南諸府，而蘇州一府歲輸稅糧二百八十萬九千餘石，比之諸府，居十之七八。其在水利，比之諸府爲尤急。蘇、松所屬地方，承受震澤下流，田最下下，一遇水澇，受患尤深，實惟水利不修之故。臣謹條陳水利六事。

一曰復專官以圖責成。臣惟蘇、松等府州縣，原俱設有治農官管理水利，近令浙江僉事帶管。但本省地方廣闊，蘇、松窵遠，勢難兼理。每歲經由一次，不過取治農官執結。況係隔省，直隸知府等官亦不甘心奉行，以是日見廢弛。以臣計之，府州縣正官職守繁重，治農佐貳事權既輕，必須專官督理，合無查復弘治年間事例。或照姚文灝主事一員，或照傅潮郎中一員，或照謝琛副使一員，專一督理，仍乞特敕巡撫應天等府都御史加意提督。抑復查照都御史俞諫事例，乞簡命素有才望大臣一員前去督理，假以事權，寬其期限，務令著實興修，果有成效，方許回京復命。

[一] 底本此處闕。

二曰疏海口以導下流。臣惟治水之法，必下流通利爲先。近歲尚書李充嗣浚白茅港以入海，而白茅之水尤爲駛急，實惟吴中之利。但白茅新浚之時，工程甫畢，海潮驟至，原留海口堰壩一時開浚不及。數年以來，渾潮日淀，積有淤沙，橫障海口，以致上流勢緩，日漸且窒。夫三江惟婁江、吴淞通利，東江久湮，所謂白茅港者，足補三江之一。乃者海口漸淤，失今不疏，竊恐將來愈難爲力，必須設法疏浚。仍查撥導河、撈淺等項夫役，隨潮掃滌，務使海口常通，則吴中水患自少矣。

三曰浚支河以修圩岸。臣惟吴中之田，近湖沿江，地皆卑下。平時積水已多，一遇久雨，衆水畢集，常有水患。近山沿海，地皆高阜，不能引江湖之水以資灌溉，常有旱災。然以大較論之，畏澇者十之七，畏旱者十之三。高田少而治易，低田多而治難。昔人治高田之法，有塘，有漊，有潭，凡瀦水以灌田者，皆是也。其治低田之法，則遶田四圍築隄，謂之圩。圩者圍也，内以圍田，外以圍水。蓋低鄉支河之水容受衆流，比田反高，而田反在支河水面之下。若非圩岸以圍之，而支河不通，則蕩然巨浸，遂不可田。是故低田賴圩岸支河，甚於都邑之賴城池也。吴中賦税歲多逋負，固由災傷，不可盡諉之天時，亦由人力未盡，正謂浚支河、修圩岸是也。近歲既浚吴淞、白茅，以洩震澤之水，爲今之計，必須開浚支河積淤之土，因以修築舊坍之岸圩，務令堅實高厚，足禦湍急之流。工程簡易，則隨田出夫； 十分浩大，則通融處置。在當事之大臣任之，實今日水利第一切務也。

四曰浚長橋以決壅滯。臣惟吴江有長橋，其長數里，橫跨震澤東南之濱。舊本木柱駕橋，以通陸行，疏徹湖水，衛激三江水潮淤以入于海。元季易爲石橋，爲洞門一百五處。洞門既狹，水勢復分。門狹，故上流阻遏； 勢分，故下流散緩。以是吴中常有水患，迄今二百餘年，石橋漸淤，止有三四洞門可通舟楫，其餘茭蘆叢生，漲爲平田，遂致水勢轉於東北以入海。上流愈狹則水勢逾遏，下流愈遠則水勢愈緩。竊謂吴中大患，必須從長勘處。或易爲水橋，或重加疏浚，務使一勞永逸之計，此實決壅滯之一策也。

五曰均夫役以便貧民。臣惟吴中水利，固惟浚友河、修圩岸爲急。究其本原，則支河淤塞，由圩岸坍塌，圩岸坍塌，由人力怠惰。而怠惰之弊，其故有三： 小民一遭水澇，困於工力難繼。大户田連阡陌，病於顧理不周。間有小民佃種大户之田，謂非己業，在大户止圖取租，彼此耽誤，更不葺理。今欲興修水利，必先飭惰勸農。若使夫役不均，益滋民害。合無一應築圩工程，簡易者就於本圩有田得利人户，不分官民，一體計畝起撥。若工程浩大，通融處置，官爲雇募，亦不得尅減工價。勢家不得假借名色，討夫以便私圖，亦不得賣放營利。在官人不得包攬。違者督理官參究提問發放。

六曰禁侵占以節豪右。臣惟瀕江瀕湖去處，風浪險惡，因種護隄茭蘆，以防坍塌，本爲障水。邇來豪右假以護隄爲名，不分河港寬狹，輒種茭蒲、蘆葦，占爲茭蕩、蓮蕩。或勾接商人，堆貯竹木、簰筏。或希圖魚利，張打攔江綱斷，停積泥沙，阻壞水利。甚者霸占灘塗，築成塍圍，因而墾爲良田，止將十之一二報官起科，每畝亦止三升、五升，徵之官者不多，而水道日隘，爲下流數十州縣之害。其又甚者，則將傍田河港私築堰壩，阻截行舟，秖知利己，致使鄰圩之田蓄洩無所，其害尤深。若不嚴加禁治改正，恐害不除則利不興矣。臣生長東南，目覩積習之弊久矣，此大臣不可不設也。

嘉靖四年，僉事蔡乾《專責任以興水利呈文》。其略曰：竊惟江南財賦素甲於天下，而財賦充裕，實資于水利。先年於蘇、松七府特命風憲官員提督之，而猶未也。又於各府專設治農通判等官分理，良法美意，至精至備。故膺此職者，在不識時務，觀之則不免有閒官之議。欲稱此職者，雖使俊傑居之，亦恒虞素餐之誚。夫何邇年以來，各該治農官員往往差占，或便其身爲私圖而終年遠出者有之，曾不知本等職業爲何物。各該府縣掌印官每遇差委乏人，朦朧定擬，申呈允行，不曰已奉某衙門選委，則曰不妨原務帶管，習以爲常，遂成故事。獨不思此官未設之前，亦不聞有官少事廢之日，致使治農之虚名，翻成害農之蠹政，殆有不可勝言者矣。今不爲之計，誠恐上焉有負設官之德意，下焉有妨提督之政務。況近年欽差巡撫尚書李□總理修濬白茆等港，奏添工部郎中林文沛工完取回，經今已踰三年。本職近日巡歷地方，看得前項諸港日見湮塞，其他應修處所在在有之。即今秋成農隙，方圖相度，次第興工，必須治農各官專理，庶克濟事。若不預爲呈請，嚴加禁諭，不惟各屬難以遵奉，抑且本職動相掣肘。合無候明示至日，通行蘇、松等七府，并轉行所屬州縣各掌印官，除治農通判等官差委兩京公務者行文催促，作急完事回任外，其見委署印及帶管別事者，通行查出，申呈原行衙門詳奪改委。嚴督各官在任盡心管理水利，今後不拘大小，治農官員並不許別項差委，致妨本等職業。中間敢有欺公玩法、任意營求、蒙蔽上司及闒茸廢事、貪汙不職者，體訪得出，或被告發，一體究問。庶幾職業以專，人心思奮，而水利或少裨於萬一矣。

《計處導河夫銀呈文》。其略云：據直隸蘇、常二府，太倉、武進等州縣，各申繳正德十五年起至嘉靖五年止導河夫銀册揭，并華亭、上海、崇明三縣未經派徵緣由到道，案照前事，已經通行，及該本道巡歷督查去後，今據繳到，除丹徒、凡陽、金壇三縣另行催報外，查得各報數目中間已完者少，未完者多。支銷者漫無憑據，侵欠者不行監追，積習之弊，不可枚舉。爲照前項夫銀，專爲水利急缺應用而設，故每年於均徭内編僉，收銀貯庫，以備不時之需，係是屢經議處，停當奏准，永爲定例。況遇工程浩大之際，仍許動支別項官銀應用。近年以來，各該掌印官員往往視水利爲末務，空爲立此一騙局。編僉之後，不肯如法趁時追納，致縱奸徒輾轉囊括，以歸私室。及至上司查理，捏補花户文册，妄稱小民拖欠。況官吏之更代無常，弊源之鼠穴難考，以致起滅詞訟之徒，動輒以前項夫銀訐告，一人之事乃至連逮百十人之衆，一年之事甚至蔓延十餘年之遠。是本爲利民之計，而反爲殃民之禍。因循至此，愚民何罪？乃有司不肯設徵收之良法，以圖經久可行耳。爲今之計，合無隔别選委廉幹官員，親詣各州縣，從公查審。要見已完者見貯，支解那移，未完者侵欠停徵，務究下落，申呈詳示。而於導河之策，必且受實用，而不徒負虛名矣。

《水利須知事宜》。其略曰：竊惟浙西水利爲重，莫不皆知。柰所司督理無方，使古人遺法蕩無復存。甚至官稱治農，而水鄉之高下莫辨；役充塘長，而圩岸之至到莫分。今若不嚴加點視，豈可望水利興修？爲此仰鈔案回縣著落，當該官吏照依案驗内事理，即將發去，後開水利須知條款，著令各塘長備將該管河道、圩岸等項逐一開寫，書裝册内，送縣印鈐面寫『水利須知』四字，給與賫帶講究，候按臨查考。今後如遇支河淤塞，圩岸坍塌，即諭得利人户出夫，一年一次修濬。如大河橋閘工程浩大者，具申本道，酌處施行。各水利官仍造一樣文册，一本披覽，俱毋違錯不便。

一、某都保、區、啚、塘長某人，年貌籍貫。

一、該管大河幾處，某河自某處起，至某處止，共長若干丈尺。水源上從何來，下從何往。灌溉田若干，橋梁閘若干座，有無通潮，有無茭蘆，有無樹木。

一、支河共幾處，俱照前開，無則不必。

一、圩岸長短，亦照前開。

一、仍畫圖于各册之後。

嘉靖九年，工部郎中朱衮《水利興革事宜》。其略曰：裕民足國，莫先於務農；禦災捍患，在急於治水。矧江澤之地，實財賦之區，往往旱潦相仍，隄防久廢。復設部署，付以列郡，又恐軍衛有司抗違，特授參拿之權。雖節有督諭，恐未通知，續得見聞，合併申示：

一、府州縣有正官，又各設治農官以佐理之。正官或忽而不理，該職又棄而之他，甚有索取常例，啓塘圩之科害；濫受詞狀，縱胥吏之吹求。下鄉督役，民畏其擾；入境問農，事仍久廢。仰各砥礪興修，毋怠職業。

一、每區都選有行止者爲塘長，田多者爲圖長，圩甲俱聽塘長調度。有等營充之人，或指饋送農官科斂圖圩，或假開河築塘賫索夫役。又有市民冒充，全不下鄉。勸率協理，仰各奉公興修，候巡訪賞罰。

一、吳田下下，遇農少隙，隨即興修，論田出夫，分段堅築。其圩大者，多添徑塍，或分作三四圩。或中間十字、二字、三字形開港，內外俱涇。四面開溝所取之土，就便築岸。廢田之税，攤派本圩。

一、築圩先量本圩丈尺，每田十畝或二十畝，出夫一名。數少者、朋力孤貧者量免。各主分段插標，面闊六尺，脚闊倍之。如宜高厚相地加增，或車港取泥，或高鄉運土。田多之家派出椿笆，務令杵舂堅實，仍禁牛馬踐踏。

一、各屬河道或奏告而未勘，或勘報而未行，或開挑未完而停工，或案候再議而未處者，仰各治農管屯官，備查應開深淺、應該先後、合用人夫里甲，明白開具，以憑施行。

一、開河工程，每塘長一名，總領若干夫，該開若干丈，每夫分定幾尺，用竹板標插夫名。每塘長幾名，委官耆監督，各立旗號，以齊作息。量岸栽樹，禁種荳麥。

一、看得吳田，大約低者七分病澇，高者三分病旱。或築壩堰，或置陡閘。離水遠者，復開溝渠。今皆久廢。仰各治農管屯官，相度應復舊績，或應增新塘，或令廢田開掘。在民者從宜督率，係官者開報詳處。

一、各處港浦涇，不許遍種茭蘆，張釘簾簖，告佃起科，起造船坊，填築剥岸。有未改正，即使起掘拆除。果係瀕連泖蕩、堤岸，方許栽種茭蒲。

一、城市河道，本自淺狹。居民日將糞土傾撒在河，又造跨河橋棚、出岸水閣，致阻絶舟航，壅塞水脈。該坊里總歲取常例，不行呈舉。除將蘇州城河差官拆卸外，仰各軍衛有司即便省諭，犯者一一改正。其諸淺澀去處，水涸排門，撈洗淤泥，暫堆兩岸，河通，用船運出。

一、各處橋梁多有坍損，漕河要路固宜急修，鄉村渡頭亦不可緩。仰經該官各查應該修葺，從實勘報。要作急修完其洩水要道、密樁防盜者，即爲起除。至於浮橋擺渡，隨敝修理，乃見惠濟。

一、蘇、松、常、鎮舊徵有導河夫價并茭蘆銀，專備募夫開河。衙門裁革之後，價亦停止。原貯在庫者，盡那別用。其嘉興各縣海塘夫銀，多被下人侵欺拖欠。除將犯人紙米并原存之數，令各填簿半年，倒换查考外，仰各屬正官清查，嚴限併完。并查各佐貳官，但有事干水利，詞訟贓罰，俱要附入簿內，不許輕擅支動。其先年有被領銀在外，修理未完，開報埋没者，許諸人出首。

一、查得卷內先年首告侵占官河湖蕩等項，多已批發各屬問報。或本衙門親理，應該拆卸入官改正者，俱經仰照擬施行。中間有罪已決贖而奸弊仍舊，人未發落而文案捏完，近多事發，查連官吏，一體重治。外仰各該官吏不拘新舊，一一追究下落，責取甘結回報。

一、各處營充埠頭，集船雙帮，阻礙河道，客商雇船多取入。已仰各屬選有行止者充當，聽令平價雇船，仍將各船輪差，給與鈐簿。官用如行百里，與米五升，不許科貼。

一、竹木商人，多募兇惡水手，聯簰横撑，依牙門首攤泊，攔阻運河。仰各巡捕官督令地方曉諭客商。如仍故違及地方乘機詐財，一體治罪。

一、漕河一帶，驛遞應付使客，先年巡河衙門題有禁例。今後如有違法人員爲害河道者，指實申來，拏治參奏。

一、各處閘壩巡司、税課等衙門，遇船一到，或督夫挨次車放，或照例盤抽批驗，隨即放行。敢有停阻，訪出查例問發。

一、河港死屍暴露，地方即時撈起。近郭者官措棺木，收附義塚； 在鄉者勸令大户棺蓆，埋葬荒丘。

一、訪得長安軍人興販私鹽掗賣，過往船户不領，逞兇欺害。丹陽、武進埠頭每遇販牛客商，盡行兜回，不容各船分攬，仰巡捕究治。

一、各衛所官軍至蘇州等府交兑糧米，强横旗甲，不問民船有無貨物，概行拏捉。或下糧久不交卸，原有剥船加耗，自宜兩平雇覓。今後敢有似前者，許被害陳告。

一、南北河道中，有茭蘆叢生去處，網船夜聚，遇船行刧。除行屬編牌嚴禁外，有未盡編給者，盡數編給，使盜無所容，各河泊所尤嚴加約束。

一、水利文册，年終各屬開報興修事績，類造奏繳。

嘉靖二十年，巡按御史吕光洵《乞水利以厚民生以裕國用疏》。其略曰： 據蘇、松、常、鎮等四府經歷司各呈稱，該府所屬各州縣，水利湮塞，旱澇無備，以致連年荒歉，民生困悴，常賦虧損，呈乞轉達，及時修理等因。到臣，除將工費輕小處所行令各府州縣掌印、治農等官，責令塘長及食利人户漸次修浚外，查得蘇州府所屬太倉州有七浦塘、楊林河、湖川塘、小塘子，吴江縣有八斥鎮、平望鎮、三江橋、長橋，常熟縣有白茅塘、許浦塘、福山塘、崑山縣有瓦浦、雞鳴塘，嘉定縣有吴淞江、顧浦，凡十有五所； 松江府所屬華亭縣有蒲匯塘、運鹽河，上海縣有横港、都臺浦、陳付塘、馬家浜，青浦縣有通波塘、艾祁浦、横茆，凡九所； 常州府所屬武進縣有澡港河，江陰縣有桃花港，凡二所； 鎮江府所屬金壇縣有臧村港、荷花港、新瀆港、太浦港，凡四所。俱各工費浩繁，民間不能自治，必計處錢糧，募集夫役，然後可以成功。臣會同巡撫應天等府都御史丁汝夔議，照方今天下大計，在東南莫重於財賦，而蘇、松等府地方不過數百里，歲計其財賦所入，乃略當天下三分之一。由其地阻江湖，民得擅水之利，而修耕稼之業也。近歲水利漸堙，民間不能自出其力，隨宜修治，遂至於大壞，而瀦泄之法皆失其常。自嘉靖十八年以來，頻遭水患，而去歲尤劇。今年又值旱災，其始高阜先枯，至七八月間，河浦絶流。雖素稱沃壤之田，皆荒落不實，而耕稼之民困餓流離，無以爲命。萬一來歲雨暘少愆其候，民復告饑，又將何以繼之？此臣之所以私憂而過計也。臣聞救患者必探其原，水利之興廢，乃吴民利病之原也。臣嘗巡歷各該地方，相視高下，詢問父老，頗得其原，輒敢條爲五事。

一曰廣疏浚以備瀦泄。蓋三吴之地，古稱澤國。其西南翕受太湖諸澤之水，形勢尤卑。而東北際海岡隴之地，視西南特高。大抵高者其田常苦旱，卑者其田常苦澇。昔人治之，高下曲盡。其制既於下流之地疏爲塘浦，導諸湖之水由北以入於江，由東以入于海，而又畎引江潮，流行于岡隴之外。是以瀦泄有法，而水旱皆不爲患。近年以來，縱浦横塘多堙塞不治，惟二江頗通，一曰黄浦，一曰劉家河。然太湖諸水源多而勢盛，二江不足以泄之。而岡隴支河又多壅絶，無以資灌溉。於是高下俱病，而歲常告災。臣據各府所報河浦湮塞之處，在下流者以百計，而其大者六七所；在上流者亦以百計，而其大者十餘所。治之之法，當自要害者始。宜先治澱山等處一帶茭蘆之地，導引太湖之水散入陽城、昆承、三泖等湖，又開吴淞江，并大石、趙屯等浦，洩澱山之水以達於海，浚白茅港并鮎魚口等處，洩昆承之水以注於江。開七浦、鹽鐵等塘，洩陽城之水以達於江。又導田間之水悉入於小浦，小浦之水悉入於大浦。使流者皆有所歸，而瀦者皆有所洩，則下流之地治而澇無所憂矣。於是乃浚艾祁通波以溉青浦，浚顧浦、吴塘以溉嘉定，浚大瓦等浦以溉崑山之東，浚許浦等塘以溉常熟之北，濬臧村等港以溉金壇，浚澡港等河以溉武進。凡岡隴支河堙塞不治者，皆浚之深廣，使復其舊，則上流之地亦治而旱無所憂矣。此三吴水利之經也。

二曰修圩岸以固横流。蓋四府最居東南下流，而蘇、松又居常、鎮下流，其水易瀦而難洩。雖導河浚浦，引注於江海，而海遇秋霖泛漲，風濤相薄，則河之水逆行田間，衝齧爲患。宋轉運使王純臣嘗令蘇、湖作田塍禦水，民甚便之，而司農丞郟亶亦云治河以治田爲本，其説多可採行。臣嘗詢問故老，以爲二三十年以前，民間足食無事，歲時得因其餘力營治圩岸，而田益完美。近年空乏勤苦，救死不贍，不暇修繕，故田圩漸壞而歲多水災。蓋吴下之田以圩岸爲存亡也，失今不治，則坍没日甚而農業日蹙矣。宜令民間如往年故事，每歲農隙，各出其力以治圩岸。圩岸高則田自固，雖有霖澇，不能爲害，且足以制諸湖之水不得漫行，而咸歸於河浦。則河浦之水自高於江，江之水自高於海，不待決洩，自然湍流，而岡隴之地亦因江水稍高，又得畎引，以資灌溉，蓋不但利於低田而已。

三曰復板閘以防淤澱。昔人權其便宜，去江海十餘里，或七八里，夾流而爲閘。平時隨潮啓閉，以禦淤沙。歲旱則閉而不啓，以蓄其流；歲澇則啓而不閉，以宣其溢。志稱置閘有三利，蓋謂此也。以是推之，凡河浦入海之地，皆宜置閘，然後可以久而不壅，蓋不獨數處爲然也。

四曰量緩急以處工費。夫經略得宜則事易集，施爲有漸則民不煩。爲今之計，宜令有司檢勘水之利害、大小緩急。其最大而急者即今歲修之，次者明年修之，次者又明年修之，則興作有序，民不知勞，而其工費之資，亦可以爲先時而集矣。但今歲歉，不可加斂於民，而內帑又不敢望。乞將見查節年未完錢糧係糧解大户侵欺者，督令有司設法清追。自嘉靖二十一年以前者，量支千餘兩，存留在官，略倣宋臣范仲淹以官糧募饑民脩水利之法，行令有司查審應賑人數，籍其老病無力者爲一等，日給米一升，聽其自便；壯健有力者爲一等，日給米三升，就令開濬。造册查考，則官不徒費，民不徒勞，所謂一舉而兩利者也。以後年分，每於冬月募民興作，次年二月而罷，其費用皆取於侵欺，不足繼之以贓贖，大約三年而止。通計所費，不過二三十萬，而水利大治矣。夫計利害者必權其輕重，四府所入，歲不下數百萬，而一年災傷放免者即三四十萬，他日流亡逋負者，又不知幾十萬。以疏濬之費準之，其孰多孰寡，皆不待較而知也。

五曰重委任以責成功。夫論事非難，而建事爲難。建事非難，而成事爲難。臣嘗仰稽先朝大臣，奉命經理吴中者凡數十餘人，其有功於水者，惟正統間巡撫侍郎周忱最著，吴民至今思之。夫忱之才固過人，亦委任專而歷年久，故得盡行其志。近遣大臣疏治，不暇爲國遠慮，所謂成事之難也。臣願申明周忱事例，特敕撫臣，務爲長久之計。一應錢糧、夫役、疏治、經略之宜，聽其便宜從事而責其成功焉。其府州縣官員，凡遇陞遷、行取、給由者，皆必考其水利有效，方許離任。其遷延而乖方、費財而僨事者，仍聽糾治，以懲不恪。如是，則事有定規，人有定志，而成功可期矣。此五者，治水之要也。

臣嘗會集蘇州等府知府范慶等嘉定等縣、知縣張重等面議可否，皆以爲便，乃敢冒死上聞。然臣猶有三慮焉。臣聞群志難集，浮言易興。是以事每阻於旁撓，功多毁於垂成。臣竊見上流喉咽之地，淤澱豐衍，多爲民間所據，一旦欲取而疏之，是必游揚其説，以爲興作不便，此臣之所慮者一也。工役之費，出於侵欺，而善侵者類多豪猾，憑藉根連，堅不可破。臣嘗廉治二十餘人，而有司者皆畏其口語，莫敢窮究。今欲悉治其類而清之，亦必游揚其説，以爲興作不便。此臣之所慮者二也。郡縣有司，咸受約束，而責以成功，其志在生民者，固欣然樂從，其隨俗俯仰以規速化者，亦必游揚其説，以爲興作不便。此臣之所慮者三也。臣愚以爲屏此三者，而後五事之功可成也。

《再乞委任以興水利疏》。其略云：節該工部題奉欽依，咨劄到臣，依奉曾委松江等府同知、通判、知縣分詣原議應浚河港、應造閘堰等處，逐一查勘。得太倉州等縣七雅浦等河港凡三十二所，鹽鐵浦等塘閘凡一十五所，工費繁大，俱應官爲開造；其新港等河凡三百九十七所，大小雙塘等堰壩凡三十八所，工費差小，俱應民自開造；石浦等河凡八十七所，工費大小不等，俱應官民合力開濬。臣照得內開江陰等縣桃花等港湮塞，工費易集，隨各委官開濬，見底功成外，其餘各縣相應疏治之處，雖一時未能集事，而各官查勘已明。凡地形高下之宜，源流分合之勢，古今通塞之由，延袤深淺之度，與夫土方之多寡，工費之輕重，咸著圖册，較然可考矣。其累歲積逋，如原派導河夫銀及存留撥剩銀米，撫按等各衙門贓贖與夫應解錢糧堪以那借，久爲豪猾所侵者，不啻數千餘萬，已經委官清查造册，各有可稽之數。若使諸臣同公體國，按籍而行之，則底績之期可指日而待也。而議者或以旱澇相仍，公私俱匱，不宜興作。夫旱澇相仍，正由水利湮廢。若復因循不治，則旱潦之災將日甚一日，而東南之民終無安飽之期矣。即如今歲災祲民窮，則量發在官銀米，募民不能自食者開浚支河，因寓賑施之法。若二三幹河，則稍候年豐，追理逋賦，大集財力，然後治之，隨事擇便，而不併役於一旦，此無不可爲之時也。其所役之人，各因其水之所利，利在一鄉，即役一鄉之民；利在一縣，即役一縣之民；利及傍縣、傍府者，則傍府、傍縣助之。召募工役之費，皆官爲會計條畫，而無追呼拘迫之煩，此無不可役之人也。若夫疏濬之法，又皆因其自然，求其故道，淺者深之，狹者廣之，縮者延之，使各復其前日之舊而已。初非鑿山堙谷，壞田園，毀盧墓，創爲決裂難行之事，以拂民之所欲，此無不可成之功也。夫以無不可爲之時，用無不可役之人，圖無不可成之功，是宜朝議而夕報也。而事顧有不然者何哉？蓋委任責成之道未至也。

臣嘗稽之故籍，唐、宋以來置治水治田之官甚具，至我國家，永樂初水溢爲災，特令尚書夏原吉治之。正統時，則侍郎周忱治之。景泰、天順時，則侍郎李敏、都御史崔恭治之。成化、弘治時，則都御史畢亨、侍郎徐貫、都御史何鑑治之。正德時，則巡撫李充嗣治之。有功皆委任責成之效也。頃年以來，故道漸堙，先後諸臣建議水利，蒙下部議其可者下之撫臣，撫臣下之府縣，其議論甚悉，行移甚備，而府縣有司類多視爲常談，漫不加省。即有省者，亦不過舉一二易行者略加疏治，以塞責應令，銷繳勘劄而已。言者雖勤，亦何益哉？近蒙俯納臣言，特命原巡撫臣某某督屬舉行，自春徂秋，數月之間，堙廢漸舉，亦有端緒。今某欽陞協管院事，臣恐離任之後，有司仍蹈故習，凡應浚之水，勘計已明者，輒罷而不治；而積負宿逋，清查在籍者，復縱而不問。隳垂成之緒，廢可期之功矣。此臣所以夙夜拳拳，不能自已也。伏望皇上俯念財賦重地，特賜璽書一道，專責今巡撫都御史某查照節題事理，臣查勘相應疏治之處，如法修治，無奪於浮議，無急於近功，期以三年畢事。如果勳勞懋著，乞照先臣周忱等故事，量兼部堂職銜，仍留在任督理，仍責巡按御史每歲親歷工所檢勘。

《水利工計議》：一曰估計土方之則。凡天下之工算計見效者，惟土工尤難。試以民間起工之法擬之：假如四面深闊各一丈，名曰一方，大約須八工可辦。以今工食計之，每方須銀二錢。但民間開塘起土，相去不遠，而深亦不過數尺，爲力省而見效易，故如前所計足矣。若官府開挑江浦，其闊者無慮四五十丈，而狹者亦不下一二十丈，其深入又得一二丈許。則其往來上下不啻數倍，而工食亦須量加。查得先年開浚吳淞江事例，每土一方約計二十工，每夫工食銀五錢，今當節縮，倍於民間足矣。是每方須工食四錢，十方則該銀四兩，積而至於百千萬方，亦皆如此。姑以一里校之：若面闊十丈，底闊六丈，上闊下狹，折而算之，實該八丈，每方一丈合用人夫一十六工，一帶八方則該人夫一百二十八工，一里則該土一千七百二十八方，合用人夫二萬七千六百八十八工，動支工食銀六百八十九兩二錢，十里則該銀六千八百九十二兩，百里則該銀六萬八千九百二十兩。使其闊倍之，則人夫工食亦倍之，是爲銀一十三萬六千五百四十兩。夫費此銀以開百里之河，其利於兩旁之田，當不下億萬畝矣。夫土方定，則若此而丈量驗派，又不可無法也。蓋土之爲方，凡當河底者必深，近河岸者必淺，難於牽折均平。則須每方一帶之中，通力合作，務令深淺均攤。又民之負土河有闊狹而路隨之，近者便而遠者艱，則須差爲等級。如河闊十丈者，每方派夫一十六工，十五丈者加一工，二十丈者加二工。更有闊于此者，亦當如數加之可也。其有未及限而完工者，應得工食，必盡給之。踰限而不完者，必治以法而去之。至于開挑之法，則姚公有歌云：『遠堆新土方希罕，盡露黃泥始罷休。兩岸馬槽斜見底，中間一線水通流。』其法不可易也。但役夫河底，負擔而上，已極費力，欲其遠堆，不更難乎？合於兩旁各造木車三乘，每乘可載土十擔，二人挽之，一車可當十人，土去遠而民力省矣。工食比諸役又當少加，無勞逸之殊也。

二曰召募夫役之方。頻年以來，三吳之地旱澇相仍，饑饉薦至。倣雇募賑饑之法而行之，各府州縣凡有水利者，先措置錢糧，計費已足，然後量河渠之大小，定土方之深闊，料灘岸之遠近，爲夫役之多寡，先期明示。每都每啚，限名報官雇募。假如一啚十甲，每甲報夫二名，通啚該夫二十名。即以蘇州合府州縣爲里三千八百七十有六，應出夫七萬七千五百二十名。每夫用力一月，是爲二百三十二萬五千六百工，可開河一百里，兩月可開二百里，三月可開三百里。小小支河，固餘事耳。其有因貧赴召者，不拘多寡，亦於各該都啚編管衞所軍丁，就令千百户鈐束，並須擇其精壯，取具各該啚甘結。每名給竹木小牌一面，其一面寫『委官夫長某下人夫某』，一面寫『本管』字樣，用掌印官火烙花押，以便稽考召募各須。附近各府州縣，將應募銀兩牒解浚河所在，自行附近雇募，誠兩便之策也。然大衆烏合，必建次舍置井竈，薪芻並給，醫藥有備，死者葬埋而厚恤其家，非惟可以成大功，而東南亦可無饑矣。若夫經久之計，必倣前代撈淺開江之制，每年於均徭定撥土著之民，專習淘搜之事，免其別差，著爲定令。沿江沿浦要害之處，置爲浦舍，或募貧民之壯健者，每舖或五人，或十人，給以前銀。附近荒田，與之開墾，官給耕具種穀，使有恒業可居，則江浦永無淤塞之患矣。又思在官人役，惟民壯之。設有損於民，無益於官，其必量革以供是役，設或不堪移其工食別募，亦一舉而兩得矣。

三曰給散糧餼之規。《傳》云：『餼廩稱事，所以勸百工也。』凡應用錢糧，攢聚一處，府佐掌之，計河派夫，計夫給餉，遵照先年開浚白茆事例，每工給銀二分五釐。若凶年穀貴，則每工給米一升，銀二分。府佐給之丞簿，丞簿給之千長，千長分給百長，百長零散各夫。或五日，或十日，一次關支。每遇將散之前，丞簿等官各赴錢糧官處開計夫數，每夫長關給關防號票一張，該支工食銀米若干執照，臨期憑票關支。既訖，設有尅減插和者，嚴加究治，計贓賠補。其銀每兩加耗三分，米每石加耗三升，抵補虧折。至於犒勞酒肉、魚鹽之類，亦照白茆事例舉行。

四曰督責考驗之法。惡勞好逸，人之常情。偷惰影射之弊，有所不免。切照先年開浚吴淞江事例，每夫一萬名，委府佐一員爲巡視官。夫役各令該管丞簿等官用《千字文》照數編號簿記。每畨，各夫長照依原分字號，如『天一』起，至『天十』止，寫在面上，候巡視官至，挨號排立，以便查點。仍用水牌一面，大書夫長姓名，并人夫若干與號，竪立旗竿一根，懸牌其上。旗色，百長用藍，千長用黄，寫各長姓名，以便趨赴。即工之日，與民約信。假如每方派夫二名，則以八日爲限。每方派夫四名，則以四日爲限。積而上之，皆如此限，踰限者鞭箠示衆。非大寒暑不休息，非大風雨不更期。又置爲循環簿二扇，紀其陰晴，以稽作輟。經始之時，隨所開河身淺深，樹木爲的。工畢之日，量河底闊狹，有滚木一根，以索挽之，循河而往，稍有窒礙，罰其再行開挑，勿給工食。決壩之後，拔去的木，復以鐵足木鵝浮于水面，驗其淺深。其制：大河深一丈二尺，幹河深一丈，支河深八尺。隨流而下，稍遇淺淤，必即傾仆。于是計其淺淤丈尺之數，各追工食，丞簿等官以枉法論。其有勵精者，優勞有禮，丞簿等官加以旌奬。大抵考驗百夫在百長，百長在千長，千長在丞簿等官，丞簿等官在府佐，而守令則兼之也。

五曰催徵會計之條。水利爲三吴之急務，而計費實興修之大端。各縣原有導河夫銀，在官視爲不急之務，别項支銷。河夫不復雇募，焉足興修？必須先事儲財。凡一應無礙錢糧，如賦役册所謂備用丁田銀、裁革民壯銀、各衙門贓罰銀、官吏缺員存支俸糧、柴薪、馬夫等銀，即此貯積待用。一縣不足，取諸他縣，一府不足，取諸他府，或可供是役矣。設有不足，則或取船料，或取魚鹽，或取椿草銀錢。如又不足，則當奏請，或取北新、滸墅二關船鈔，或取兩淮、兩浙運司鹽銀，或取存留餘米，如周文襄國初舊額，或折銀解運，如嘉靖十年恩詔，耗贈所減，亦數十萬矣。此所謂經費也。經費又竭，查究各年侵欺，追徵備用。而追徵之法，由近及遠，第爲三等，如嘉靖二十年、十九年，每十分追六分；十七年、十六年，十分追四分；

十五年，十四年，十分追二分。重役年久，人死家貧，取具甘結而已。

六曰施爲緩急之序。太湖爲東南巨浸，湖流入海之要，吴淞爲最先。今江口以東至長洲縣，規方約二十餘里，茭蘆叢生，泥沙滯積，民因據而爲業，江之故跡十不存一。然此實與潮沙無預，秖緣湖流不快，豪右從而加功，取魚者又張釘簾斷，以致淺塞耳。皆謂以鐵鑄鏟，密釘横木，如犁之狀，重石墜其兩端，使深入土，巨艘挽之，隨風上下，抉去茭蘆，則泥沙隨湖流而蕩滌矣。迤東至于崑山縣夏駕浦口，直抵嘉定栅橋，計八十餘里，幾成平陸。緣夏忠靖公開夏駕浦之水達于劉家港以入海，由是劉家港之勢日張，夏駕浦之潮反東注于吴淞，而黄浦之潮又復西迎停積，以至于此。故昔年於此並置二閘，障蔽海潮，使湖流得專注于江，不久旋廢。今宜移置于此，又於上流半里置淺水石壩，一令湖水清者在壩上，海水濁者在壩下，可免衝激之患也。又東至于闞橋，直抵黄浦口，計五里，沙張漸廣，當即日施工者也。其七浦亦成平陸，而白茆尚可通流，則七浦次于三江，而白茆又次于七浦也。其楊林、鹽鐵、湖川塘、福山港、許浦、梅李浦、耿涇塘、奚浦、黄泗浦、白魚洪、新開洪、山涇、尤涇、瓦浦、石浦、走馬塘、蒲華塘等處，則又在白茅之次矣。

凡此大河既治，然後經理幹河，如雞鳴塘、大小虞浦、道褐浦、蓮涇、顧浦、川沙塘、雙塘、横瀝、練祁塘等處，務令廣深。然後開決太湖之口，使皆通利。然後及臨江湖海諸縣洩水諸港，如車塘港、漢浦塘、金雞河、雙塘、桃樹浦、華亭涇等處。凡此幹河既治，然後及支河，首尾相應，何水足患乎？若其處置規模，吴淞、七浦、白茆則應動支七府錢糧，楊林河等處則動支蘇、松四府錢糧，雞鳴塘等處則動支各該府錢糧，而車塘港、漢浦塘等處則止動支各州縣錢糧足矣。其他支河，則官府估計土方，量出工食，給與兩旁得利人户，督率開挑而已。開河俱聽巡司鈐束。是六者皆水利之要也，事當隨時隨地舉行，不可廩禄虚糜，財賦徒竭。小民雖任胼胝之勞，不沾永久之惠，其與今日之事，何以異哉？

嘉靖三十八年，提督軍門、巡撫都御史翁大立《題爲懇乞差官亟興水利以脩荒政以裕國儲事》。其略曰：臣前爲督糧參政，每見蘇、松之民，倭奴在前，耘耔在後，寧罹鋒鏑，不肯罷其生理。今來爲巡撫，曾幾何時，乃今周行海上，但見彌望荒原，廬井盡廢。此皆東南沃土，國儲二百萬石所自出。前罹倭患猶如彼，今去倭患却如此，其故何哉？臣考東吴之地，古稱澤國，以其外環江海，内注湖陂，渠道縱横，海潮上下。故三江既入，震澤底定，在《禹貢》時已言水利矣。國初，遣尚書夏原吉疏水道，周忱定田租，東吴之民世享其利。考其遺事，皆自震澤濬源以注江，三江導流以入海。而又姑蘇爲三十六浦，松江爲八匯，毘陵爲十四瀆，旱則引水溉田，潦則循渠赴壑。是以墾田之入倍於四方，轉漕所輸萬世永賴。歲月既久，旋復湮塞。天順年間，都御史崔恭嘗開吳淞江；正德年間，尚書李充嗣嘗開白茆港；嘉靖丙午年間，都御史歐陽必進嘗開七清塘。此皆水利最大者，今復湮塞，民甚病之。然猶轉緣南畝，未忍棄去者，以黄浦、婁江湧潮而入，支河細渠，猶得引注其中，資溉植也。但倭寇初來，慮其奪舟以濟，凡於港汊之交釘柵築隄，截其衝突。

大凡水之爲性，急則迅流而去滓，緩則停瀦而成淤。年復一年，淤滓日積，渠道之間，仰高成阜矣。雖有腴田，無救於旱。此水利不興其故一也。具區、湖泖並水而居者，雜蒔茭蘆，積泥成蕩，遂自起圩岸，量報陞科。上流既微，水勢日殺。而又邇年以來，黄浦、婁江之口爲舟師所居，下流亦淤，海潮無力。此水利不興其故二也。府縣原有治農官，歲編導河夫銀兩。軍興以後，官或裁革，銀亦借支。民間貧難，豈能自濬？是以積荒者日多。此水利不興其故三也。

今府藏空虚，閭閻困瘁，臣乃以治水爲言，時詘舉嬴，若爲迂遠。但臣聞功不百者不久安，勞不倍者不永逸。蘇、松、常、鎮、杭、嘉、湖七府，皆臣總理糧儲，此國家之左藏也。田日捐瘠，民日逃去，賦税安所從出？臣甚懼焉。水利既興，旱潦有備，即不能爲萬年之計，而數十年之間民可免饑。況今年大旱遍於江南，冬、春之交，恐其盗起。水利既興，則更得傭賃爲活，消其邪心。故不獨裕國儲，亦荒政所先也。如蒙乞敕下工部，選差風力老練郎中一員，前來駐劄適中處所，將七府地方，會同臣與巡按御史周爰相度通融處置，如吳淞江、白茆港、七浦塘等處，大者倣紹興府陡門之制，造成石閘，啓閉以時。而又於鎮江、常州運河一帶挑濬深廣，使輸輓無礙，可歲省過江米一十萬餘石，實爲萬世之利。然非户部深惟至計，大破常格，量留七府折白銀數萬兩以贍匱乏，則區區導河夫銀，未見其能濟也。

浙江布政使何宜《水利策》。其略曰：

一、修築圍岸，苦於無土。若圍外河水淺狹，即將外河車乾取土。若外河深闊，則將圍内溝洫車幹取土。此一舉兩得之術也。

一、凡圍内有徑塍者，遇澇易於車戽，是以常年有收。其無徑塍者，遇澇難於車戽，是以常年無收。宜諭令田户，凡大圍有田三四百畝者，須築徑塍一條；五六百畝者，築徑塍二條；七八百畝以上者，如數增築。

一、圍岸田畔，或土脈虚浮，外水滲入，晝雖車乾，夜復漲溢者，宜於岸塍中心開掘。

一、槽深及外河之底，隨簖河泥填及一半，俟其稍乾，用杵築令堅實，又復簖泥築滿，則水無自而入矣。又有圍岸因鰍鱔窟穴，或樹根朽爛，遂成漏洞者，亦依前法築之。若田中有泉水爲害者，可用磚灰圍砌泉口，如井欄狀，則泉不漫散。或將泉口掘作深坎，用大缸覆之，却以泥土圍築缸上，而泉亦不能出矣。

一、高田去河遼遠，無水可車者，須於田內計畝開塘。如田一畝開塘一分，二畝開塘二分。其三畝、四畝以上，各依數開之，庶可防旱。

嘉靖三十三年，知湖州府張鐸《志郡之溝洫》。其略曰：凡湖州之水，太湖最大，實則受水之壑也。《書》曰：『三江既入，震澤底定。』言震澤之水由三江以入海，故底定而不爲害也。太史公謂於吴通渠三江五湖，其震澤底定之時乎？後漢桑欽叙《水經》，於東南獨略，乃謂南江自牛渚，上桐水，過安吉，歷長瀆，出松江入海，則謬亦甚矣。豈其得於傳聞者之誤耶？夫湖州居太湖之上流，計惟導水以疾趨太湖而已。太湖受三吴諸郡之水，浩瀚不可涯涘。其底定也，則有灌溉之利；其泛濫也，則有浸淫之患。古人之治之者，惟疏其源，使水之入者有所分，導其流，使水之往者有所歸，然後民得平土而食矣。故置五堰於溧陽，以殺宣歙、九陽之水，所以節其入也；開百瀆於宜興，置㪷門於江陰，建千橋於吴江，所以宣其出也。單鍔之論，要不越此。

夫治水以爲田也，治田以防水也。治田之法有三：曰築岸塍，曰修壩堰，曰分大圩。全吴之地，古稱澤國，田多低窪，所藉以防水者岸塍也。岸塍不固，則雖有沃壤，亦棄之爲沮洳矣。古人制田之法，率因水道以正經界。曰涇，曰漊，曰浜，曰溝，縱橫曲直，有井田之象焉。其通也以泄水，其塞也以瀦水，使不爲田害而已。彼乃破古堤以通江湖，專小利，而風濤之入獨倚於岸塍，故民日益勞而增築日益煩矣。范仲淹有曰：江南圍田，每方數十里，內有河渠，外有門閘，旱則啓之，澇則閉之，旱澇不及，爲農美利。今門閘不可復矣，而修舉壩堰之策獨不可行耶？圩田之制，隨地形之廣狹、水道之遠近而爲之大小。圩之小者，岸塍易完，民工易集，時有浸澇，則車戽之功可以朝夕計也。圩之大者，岸塍既廣，工力不及，積水經月，而實粟者將化爲腐浥矣。度其勢而分之，使一勞而永逸，事半而功倍，民其不有賴乎？

夫岸塍譬則城郭也，壩堰譬則關隘也，小圩譬則三里五里也。關隘固，城郭堅，則內有所恃，而寇不能入。三里之城、七里之郭，則小而易守，綽然應敵無虞矣。我湖之所當講者，舍是其奚以哉？昔者錢氏有國江南，擅利數世，亦惟仰給蘇、秀、湖三州而已。當時上下盡心經理，高田、低田各有制水之法。軍民勇於應募，工直贍於支給，必然爲之，又使名卿重臣專董其事。又復七里爲一縱浦，十里爲一横塘，深耕蒔種，膏沃既望。百餘年間，僅有水災一二次。即今涇漊溝瀆，似亦錢氏之遺也。

我朝弘治中，工部侍郎徐貫奉命來治東南水患，逾年而功畢。乃上疏，其略曰：臣惟嘉、湖、常、鎮水之上流，蘇、松水之下流云云。嗚呼！貫之疏，讓之上策也，其爲蘇、湖慮詳矣，舉而行之無難也。余不佞，濫守是邦，竊以其所嘗究心者著之於篇。

原任江西布政使司左參政、今起復臣凌雲翼《謹奏爲東南水利積廢懇乞聖明專設督理憲臣以拯民生以裕國賦事》：竊惟我國家財賦取給東南，而蘇、松等府地方古稱澤國，必須水利興修，旱澇有備，斯歲事得以常稔，而賦稅有所自出也。先朝如尚書夏原吉、侍郎周忱等皆久任地方，累歲經畫。伊時百姓樂業，庫藏充盈，誠有所自。迨日久因循，漸成湮塞，至於今則廢壞極矣。臣居憂四年，目擊民患。茲獲瞻拜闕庭，敢以膚見陳之。

蓋蘇、松地方，延袤不過千里，計其財賦所入，乃略當天下三分之一，良由外濱大海，内阻江湖。其大河之環列於郡縣者，不啻數十，所以吐納江海之流者也；其支河之錯綜於原野者，不啻千數，所以分析大河之派者也。故雖窮鄉僻壤，灌溉無遺，誠東南財賦之源本也。邇年以來，淤塞日甚，江海之水不達於大河，其甚者不異於溝渠矣。大河之水不達於支河，其甚者悉履爲平地矣。故當春耕之時，百姓皇皇，無所適從。遇旱則一望枯槁，遇水則立成巨浸。由地利不修而惟聽命於天時，則雨暘之期，豈能適當而無愆乎？故十年之間，水旱之災嘗居五六，此田地之所以日荒蕪也。今東南州縣，所在荒田動連阡陌，漸如西北景象。科額既重，出辦不支，此小民之所以日逃移也。田地日荒，逃移日衆，故雖有力之家一充糧運，輒因賠貱荒糧，傾家蕩產，富者日貧，貧者不逃移不止。此逋負之所以日多，而有司之所以日苦不給也。臣嘗反覆思惟，以爲東南之水利，猶人身之血脈也；東南之財賦，猶人身之脂膏也。善養生者，必使血脈流通，百節不滯，而後支體豐腴。今東南之民困於征求，而水利置之不講，亦猶養生者不先治其血脈，而日望其脂膏，將立以待斃而已矣。臣之愚見，以爲今日東南水利，必須專設御史一員督理，則事乃有濟耳。臣亦知今日之時勢，多一事不如省一事，添一官不如少一官。然在水利，則有萬不可已者。

臣竊思南京監察御史，如巡江，如巡倉，如屯田，雖各因事設差，然以水利較之，爲更切於時務。如將前項三差擇其可併者併之，而以一員專督水利，則地方既無添官之擾，而水利遂有興修之望，此誠簡易可行者耳。或以水利事宜嘗責之巡撫、都御史矣，不知承平之世，積貯有餘，海洋無警，力或可及。自倭患以來，兵革之務，加派之征，日不暇給。臣謂以水利責之巡撫不可也，亦嘗兼之兵備副史矣。然上有撫按之掣肘，下有軍民之繁劇，奔走支持，恒恐不逮。臣謂以水利兼之兵備，猶不可也。

臣惟謂設御史有五便，何以言之？東南水利廢而不修，已非朝夕之故矣。矧今南北多虞，司計告匱，如欲疏請官錢，命官開濬，則當事者必以爲闊於時務，故相率諱言之耳。如以御史專理，則責有所歸，必將留心考求某河當先，某河當緩，孰當大開，或俟積貯錢糧，孰當小開，或就設法措處，量力而動，以次經理，積以日月，漸獲實效。

其便一也。

有田之家，薦罹水旱，利害切身，捐貲挑濬，亦所樂從。顧以統率無人，異同惑衆。臣每見春耕之時，撫按留心民事，亦嘗行文郡縣矣。然掌印官員温不經心，不過轉行州縣。佐貳職既卑微，才復譾劣，其不才者坐索塘長之常例，鞭撻閭閻之窮民，上下相欺，搪塞了事，非徒無益，而更有害。故民間相率避忌，莫敢以休戚聞於撫按，有司遂益致廢壞。如有御史往來巡察，則掌印官員不敢視爲虛文。加以區畫得宜，鼓舞有法，俾得業人户，富者出財，貧者出力，疏通一年，即有三年之利，官銀不費而民利可興。其便二也。

興治水利，未免動衆費財，惟御史行事，撫按有司皆無阻撓。或動支衙門之贓罰，或查處無礙之官錢，或量罰有罪之豪右，或激勸尚義之巨室，應奏請者奏請施行，應便宜者便宜行事。即如淘河夫役銀兩，額徵在官，原備每年挑淺之用，今皆那移支銷，致失初意。如有御史查得，專備河工，不無少裨。中間設法處分，尚多良策，顧其人何如耳。其便三也。

東南水利，以江湖爲巨區。其有坍漲不一，要在隨宜修治。今官豪富室，每遇漲灘，輒圖承佃，甚者割江湖之界限，興築隄岸，墾成圩畋，名曰蕩田，報官給帖，遂爲己產。報者什一，漏者什五，陞科甚微，獲利甚厚，防壞水利，恒必由之。如有御史釐刷，則人情知所畏忌，可以杜絶將來。其佃成熟田，果於水利或無大礙，亦當酌其年之遠近、利之厚薄，量納官價，以充開河之費，誠爲一舉兩得。其便四也。

東南自倭患以來，加派兵餉，每府動踰萬計。臣竊計海上之警，將來或未可知。目前數年，保無大患。水陸官兵坐靡廩食，當事者懲鑒往轍，諱言汰兵。以有用之財悉置之無用之地，獨不可通融一處乎？臣每思農隙之時，正非風汛之候也。如將官兵月糧裁省三四月，移爲河工項下支用，於海防未爲有妨。且今所募兵夫，率多市井無賴。如以解散不便，即用以充開河夫役，亦無不可。古人寓兵於農，原非二事，矧行師之際挑塹掘濠，亦兵夫責也。乘其閑而用之，不愈於偷安游食而坐銷壯氣乎？此在巡撫所不敢言，而惟御史得以酌議題請。其便五也。

夫國家北有醜虜，南有島夷，添設官員，加派兵食，無少吝惜，以倭虜有荼毒之慘也。今東南水利積廢，田地抛荒，徵科之急，追呼逮繫，小民流離失所，其害甚於倭虜。然無荼毒之形，故當事者姑置之耳。此猶人身雖未見流毒之患，而元氣日索，扁鵲、倉公將望而驚走矣。臣又以今日漕河之事言之。黄河之害原非一日，亦以積廢因循，致成潰決。今特遣重臣，不惜浩費，以事關運道，乃南北命脈，上厪皇上之憂故也。今東南之患不啻漕河，顧民間隱憂無由上達耳。臣食禄公朝，尺素已久，小民所不敢言者，臣知而不言，爲罪大矣。故寧言而不用，不敢避而不言，所以懇懇焉陳於君父之前也。如蒙可採，敕下工部，會同都察院，議將東南水利專設御史一員。或慮添官之擾，就於南京監察御史內，將巡江、巡倉、屯田三差議併其一，而以一員專督水利。掌院都御史掄選資望深重、才識練達者，疏請敕書、印信，稍重其權，往來蘇、松、常、鎮，專一提督水利。其差必以三年爲期，果有勞績懋著，不次陞擢京堂，以激勵人心。將見數年之後，水利日興，旱澇無患，穡事豐而百姓日殷，賦稅充而逋欠日清矣。

附録

湖廣按察司副使江村沈公贊

沈公啓，吴江人。狀貌不踰中人，而有氣幹。爲吏，喜興作功業，不自便安而已。爲司空，屬典作，能節財費。及爲法，比亭輕重，得刑之衷，不肯狥權貴意有所出入，大司寇倚以聽。爲守紹興，尤以信義得民。賦舊爲胥穴焉故亂其籍無以稽。爲斥山澤，準量沃衍，裒次高下，定其征，無得淆。又令役力視田，繇惟畫一，故更賦遂爲經法，至今賴之。進楚憲，無幾，罷歸。其强力心計，足以大毗治，惜未竟。余嘗見其《治田賦書》及《吴江溝洫志》，言水道甚詳。吴以水爲國，其利害皆繫焉。即連年潦民黿黽之與同堵，故爲吴，應有急焉者也。若其言支流，皆言所從出，亦有所滙爲澤，往往爲勢家因其沮洳壅爲田，奪水道，使蓄洩靡所，浸淫爲患，由各自爲，不虞天災，非嚴明之長深督厲之，無以爲吴也。

贊曰：吏道多虚僞，以苟一切固習性，然乎！其懇欸爲事，必致於理，可經遠爲後來者利，非强幹實心在事者不能。若沈公所爲必克終，非文法吏倖一時者比。而彼務便安妄、附和取名者，反破壞之，見爲俗吏，事田穀雜碎。嗚呼！使從容文雅，善結納，賔客徧海内。其爲交亂，可勝道哉！

沛國子威劉鳳拜撰

湖廣按察副使沈公傳

世宗朝，甌閩海之賈于舶者，挾島夷以通我奸民。詔故中丞朱公紈治之。朱公嚴于屬〔守〕[一]，吏鮮當意，〔顧〕[二]獨賢紹興守，而紹興守亦慨然與朱公合筴，思盡剔其奸弊。守固以三尺奉朱公，然内調劑之，不使盡聽法，而又不欲以己見德。當事者爲中朱公以快諸奸民，因併中紹興守，遷爲湖廣按察副使矣。竟用守事罷守，固紹興所稱循吏沈公啓者也。沈公雖失官，然不失循吏聲。以老壽終，而諸子孫亦多顯者。嗚呼！沈氏之天定哉。

沈公字子由，蘇之吴江人。自其誕時，而母吴若麟爲廌者，寤生公。弱而父見背，爲諸生，朗儁有聲。嘗搆失

〔一〕『屬』下，明萬曆五年世經堂刻本王世貞《弇州山人四部稿》（以下簡稱《四部稿》）卷八十一有『守』字，據補。
〔二〕『獨』上，《四部稿》卷八十一有『顧』字，據補。

產勢家，且訟且讀書，訟勝而書亦就。舉應天鄉試，更七舉，始成進士，授南京工部營繕司主事。亡何，而世宗皇帝當幸楚，所從水道，則南京具諸樓船以從。具而上，或改道，耗縣官金錢；不具而上，猝至且獲罪。尚書周公用意疑之，以問公。公曰：『召商需材，於龍江關急驛偵上所從道，以日計舟可立辦。夫舟而歸直於商，不舟而歸材於商，不難也已。』上果從陸，得不匱水衡，周公乃大賢公矣。中貴人請修皇陵，錦衣朱指揮者往視之，而尚書宋公請公與偕往來。指揮謂公竊有請也。錦衣故當遜部曹，而指揮秩高於曹郎，請以秩坐，公唯唯。朱指揮大悦。有間，公曰：『竊有請于公。高皇帝制，皇陵不得動寸土，違者死。今脩，不能無動土而死，可畏也。』朱指揮色攝，曰：『請如教。』已見中貴人，而公具以前語對，朱指揮從旁臾之，乃見爲飭垣屋以報，所省復巨萬萬。宋公益賢公，不以官稱，而恒稱先生。當三載考北上，宋公餞於郊曰：

『主事自不當餞，自爲國士耳。』

既考最，留主事刑部，轉員外郎、郎中。時尚書爲聞公淵，積已賢公，後先所承詔獄三十餘事，讞亭情法，間至損上威以信所守，而聞公亦時時從中調護，得不罪。無何，用〔一〕能舉爲紹興守。紹興轄縣八，獨會稽、新昌、蕭山田與賦左，累其長，至賠産以償。公平其額而殺之里，〔俾〕〔二〕輕而易完，蓋久之，人人稱便矣。郡田于山多，苦旱；室廬櫛比，苦火；又濱海，苦鯊爲虎者。公禱於神，輒應，至虎復爲鯊，渡海去。其他政績，往往類是。而賈舶之議起。蓋舶客許棟、汪〔三〕直輩挾萬衆、雙與諸港郡要、縉紳，利互市陰通之，而持中旨恫喝公，且授疏稿曰：『公第上，必郡受其利。而公得善遷去。』公持不可，要薦紳怨之刺骨，公所以調劑朱公不見德，而與朱公俱中者也。公副使湖廣時，督撫侍郎張公岳屬紀功，公即請從軍中往。張公不懌，曰：『捷至，不遺若也，戰危事而一旦叵測，奈吾何？』公起謝曰：『故事也，即不在行，而以級請賞，誰爲辨者？』遂與監軍張副使偕之軍所。卒狼跳挾一首至云：『此黑苗酋某〔四〕也。』公絀之曰：『黑苗酋某久著勇，而此僅踰冠，必詐也。』監軍不自得，引去。俄而黑苗酋〔某〕〔五〕復出抄掠，監軍乃前謝曰：『公實德我。』時官兵利級賞，多所縱殺，公令生獲口與級同，自是全活者衆矣。張公亦遂賢公，且有薦，而公已用紹興守，罷。公前後四爲南北曹屬守郡〔六〕監司，五受其大吏知，而五公者，皆海內稱名臣碩佐，其賢公不啻口出。然不能勝其郡

〔一〕用　原作『周』，據《四部稿》卷八十一改。
〔二〕『里』下，《四部稿》卷八十一有『俾』字，據補。
〔三〕汪　《四部稿》卷八十一作『王』。
〔四〕某　原作『首』，據《四部稿》卷八十一改。
〔五〕『酋』下，《四部稿》卷八十一有『某』字，據補。
〔六〕『郡』下，原重一『郡』字，《四部稿》卷八十一無，據刪。

之要縉紳與一二用事者，至使與苛墨選、愞吏俱罷，可歎也。

公既歸，築室仙人山，結詩社以自娱快。出入倪素，若不爲官者。其教子弟治經術、孝弟力田，斬斬有法。不輕出入官府，而使者干旄，以時至詢，即爲露見利病，佐其守攤税已，佐其令築城度行，而有私損弗恤也。惟好義，急人之急甚于己。嘗與計偕，還道，遇其師盧生癘，傳其從者舟人業棄之矣。公要之所載舟，旦夕謹視湯藥，未柢舍而愈，癘竟不染也。

公博學，無所不窺。諸經、子、史、陰陽、曆律、水利、《洪範》紫微、堪輿家言，而尤邃于《易》。所著有《家居稿》《南北稿》《西臺浄稿》《越吟稿》《楚吟稿》《雞窠嶺稿》《南厫志》《南船志》《牧越議略》《吴江水考》《杜律七言注》《晴窗便覽》若干卷。公年七十有八，至考死視履不衰。四丈夫子，一爲鄉貢士，二爲太學生。十三孫，登進士者二人，領鄉薦者二人。繩繩未可量，所謂天定者也。

賛曰：蓋沈公嘗爲十二議，議海云具集中。自舶難起，當事者以重屬朱公，朝報可而恨夕不能致之。迨朱公稍欲爲所欲，爲諸惡朱公者朝報聞，而恨夕不得去之。夫以朱公才大，吏人所望，而佐之以沈公，而俱不免，何也？築室道傍，三年不成，厥亦有居其罪者哉！蓋又十餘年而舶禍大作，乃稍稍稱朱公，晚矣。即沈公十二議，始固落落萃之黽筴蓍筮，何異焉？然朱公矜峻，重名節，厚責士大夫而深誅小人，卒之義不受獄吏辱以死。沈公恢恢，雖晚達而早困，其所施於後者宏矣！

弇州山人王世貞撰

書後

江村先生《吴江水考》，非特爲吴江水利之書，乃蘇、松、常、鎮、杭、嘉、湖七郡水利之書也。惟支流小港，則于吴江尤詳耳。盖七郡之水皆瀦湖流江，以歸于海，而吴江適當太湖之委，三江之首，爲江湖之揔匯。治吴江者，必上窮湖之所出，下究江之所入，則其關連于七郡者無遺焉。故曰七郡水利之書也。其起例也簡而括，其議論也詳而審，其去取也嚴而精明。嘉靖年間，家魯菴先生修吴江邑志，其《水利》志属之公。故其書最爲典核，後之談水利者，如林應訓《三吴水利考》、張國維《吴中水利全書》，皆取法公書，以此頗有條理，真東南水利不刊之典也。雖然，讀是書者，尤貴乎善體公意焉。今夫水亦何常之有？雨水暴下，則山泉奮激；風力鼓盪，則沙泥隨湧；茭葦叢生，則湖口阻塞；怒濤奔注，則岸土傾崩。東流急則西流緩，南流盛則北流衰。故夫盈縮者天之道也，開塞者地之運也，變徙者水之情也，徐疾者風之勢也。遏其流而阻之者，行之汩也。因其性而道之者，功之修也。不知其理，而宜通者塞，宜塞者通，以勞民傷財者，國之蠹也。既不可執古以律今，亦不可泥今而忘古，總以不害水性而有益田疇爲本。此公所以著是書之意也。

是書向有録本，今惟藏書家閒有抄録而已。公之後，又有周斗墟《水利節略》，其書亦足傳，今亦駸駸不可得見。余向擬續爲一册，悉變遷之故，以附公書之末，因循未果。今公之八世孫守義重爲開雕，校讐備至，使後人得藉是以行善政，寧止顯揚祖烈而已？是可嘉也。

乾隆二年丁巳仲夏，邑後學洄溪徐大椿拜手謹識

書後

先憲副江村公仕明嘉靖朝，敭歷中外，熟諳政理，多所撰述。晚歲家居，悼鄉國水政之不修，輯《吴江水考》五卷，以資當事採擇，尤卓然表著。及今幾二百年，板多散軼，謀重雕而力未逮。戊申之春，朝廷遣大臣脩治東南水利，徧求諸書，遂有掩取是編以獻者。守義恨付梓不早，幾墜先緒，爰取舊藏本較勘重梓，庶先祖經世之略不終湮没。至二百年來水之遷變不一，當考者多矣。續是編而成書，不能無望於同志者。

雍正十二年四月朔，八世孫守義謹記

四庫全書總目提要

吴江水利考五卷 江蘇巡撫採進本

明沈啓撰。啓字子由，號江村，吴江人，嘉靖戊戌進士，官至湖廣按察司副使。是書大旨以吴江爲太湖之委、三江之首，凡蘇、松、常、鎮、杭、嘉、湖七郡之水，其瀦於湖，流於江，而歸於海者，皆總匯於此。故述其源委之要、蓄洩之方，輯爲一編。前二卷曰水圖考、水道考、水源考、水官考、水則考、水年考、隄水岸式、水蝕考、水治考、水栅考，後三卷皆水議考。乃啓晚歲家居所輯，至國朝雍正中，其八世孫守義復爲校正刊行。《江南通志》稱其於水道最爲詳核。今觀其書，於治水條規頗爲明備，於支派曲折，尚不能一一縷載也。

整理人：杜怡順，二〇〇六年畢業於復旦大學中文系，獲文學學士學位。二〇一二年畢業於復旦大學古籍整理研究所，獲文學博士學位。現爲復旦大學出版社編輯。曾參與《海上文學百家文庫》《浦東歷代要籍選刊》等叢書的整理工作。

〔元〕任仁發 撰

浙西水利集

盧康華 整理

整理説明

《浙西水利集》十卷，元任仁發撰。

任仁發（一二五四—一三二七年），字子明，號月山，松江青龍鎮（今上海青浦境内）人。南宋末年曾在家鄉應科舉，入元後，歷任宣慰司吏、海道副千户、正千户、海船上千户等職。大德七年（一三〇三年）起，歷任都水監丞、都水少監、都水庸田司副使等職。任氏多才多藝，工書善畫，功力深厚，在元代畫壇佔有一席之地。尤爲重要的是他極其重視民生，關切民瘼，學擅專門，究心於水利事業，除了浙西吴淞江的修治外，他還在大都通惠河的開掘以及黄河決口的治理等工程中做出了巨大貢獻。有多年的治水經驗爲背景，同時熟知前代水利故實，任仁發編撰《浙西水利集》一書，不僅在當時起到了廓清輿論質疑、指導水利治理的作用，也爲後人留下了寶貴的元代水利文獻。

《浙西水利集》在歷代書目記載中，多有異名，如稱《水利書》《水利集》《水利文集》《浙西水利集》《浙西水利議答録》等，所指皆是該書。考慮到該書的整體内容構成比較豐富，以及該書所涉及的水利地域集中於浙西太湖流域，此次點校整理本即從諸多異名中選取《浙西水利集》作爲標題，以期名實更爲相符。該書今存明代抄本，藏於上海師範大學圖書館。《四庫全書存目叢書》與《續修四庫全書》所收《水利集》，即是以之爲影印底本。據抄録者在書末所附跋語稱『前七卷爲元刻，後三卷即閣中亦是抄本矣』，可知該書在當時即已不復爲完整的原始本子。又據劉春燕的研究分析，該抄本雖是泰定年間重編，但絶大部分内容還是延祐四年（一三一七年）元刊本的翻版（《上海師範大學學報・元代水利專家任仁發及其〈水利集〉》二〇〇一年第二期）。

《浙西水利集》卷首有任氏至大元年（一三〇八年）自序，並附趙孟頫、許約延祐年間所作二跋。最初成書也是該書較核心的部分爲卷二，收入大德十一年（一三〇七年）至至大元年（一三〇八年）之間任仁發所撰《水利問答》二十條，以一問一答、針鋒相對的形式，一一駁斥朝野各方對興修浙西水利、設置專門機構行都水監的種種誹謗與質疑，較爲全面地反映出任仁發關於浙西水利治理的具體思想與舉措，也足以可見當時所承受的來自各種利益群體的壓力。其他諸卷，如卷一、卷三、卷四、卷五、卷八、卷十，收録至元、元貞、大德、至大年間潘應武、張桂榮、任仁發等人興言浙西水利修治的上書、奏議以及政府部門之間往來的聖旨、詔令、諮文、牒文等公文資料，並摘録《尚書》《周禮》《營造法式》《吴郡誌》《宋會要》諸書關於水利溝洫的内容；卷六、卷七、卷九則摘録宋代范仲淹、蘇軾、單鍔、郟亶、郟僑、趙霖、蔣璨、朱熹、楊万里、韓元吉等人有關浙西水利的議論、奏章、視察報告、詩文等文獻。總之，任仁發的《浙西水利集》雖存在一些編撰上的缺憾，卻仍具很高的文獻價值。該書一方面保存了多位元代水利專家關於興修浙西水利的意見、方案，詳細記載了宋元時期太湖流域主要河塘港浦名稱、疏浚吴淞江的工程記録以及政府往來文書的原始資料，可供後人直觀瞭解元代水利情况與政府決策過程；另一方面，該書通過摘録前代尤其是宋代諸賢有關浙西水利治理的文獻，呈現出宋人治水經驗在元代的接受與影響；同時，該書也有利於瞭解後代水利著作如姚文灝《浙西水利書》、徐光啟《農政全書》等書的資料來源，可供研究者從歷時的角度考察浙西水利的治理及相關文獻的傳播。

本次點校以《續修四庫全書》影印明抄本爲底本。除標點句讀外，盡可能地核對所引文獻的原始出處，校正異同。校勘所用文獻包括：〔春秋〕管仲《管子》；〔漢〕班固《漢書》；〔宋〕范仲淹《范文正公文集》、蘇軾《蘇文忠公全集》、單鍔《吴中水利書》、李誡《營造法式》、范成大《吴郡誌》、楊万里《誠齋集》、朱熹《晦庵先生朱文公文集》、韓元吉《南澗甲乙稿》、黄震《黄氏日抄》、鄭虎臣《吴都文粹》；〔元〕脱脱等《宋史》、司農司《農桑輯要》；〔明〕黄淮《歷代名臣奏議》、張内蘊《三吴水考》、姚文灝《浙西水利書》、徐光啟《農政全書》；〔清〕徐松《宋會要輯稿》、孫承澤《元朝典故編年考》、嘉慶間阮元校刻本《十三經注疏》等。該抄本偶有錯漏衍誤，除明顯的傳抄錯誤徑改之外，其他簡單出校，以供讀者參考。

本編纂單元點校工作由盧康華完成。由楊婧、鄒寶山、范成泰審稿。因底本多有字迹模糊漶漫處，也因點校者水平有限，疏誤在所難免，敬請廣大讀者批評指正。

整理者

任仁發序

嘗考之《書》：『三江既入，震澤底〔一〕定。』三江者，吴淞江、東江、婁江也。震澤者，太湖也。太湖納江東、浙西百川之水而注之江，三江洩太湖之水而入於海。水有所納，復有所洩，則震蕩者平定矣。

古謂太湖形勢如盤盂，四維高而中低。自大禹平成之後，世代相仍，經營修浚，千涇萬潰，棋布縱横，注江達海，即非天造地設，皆由人力所成。參稽載籍，成周則有小司徒營溝、行水、止水、蓄水，職之匠人、稻人，俾專任浚導瀦蓄之事，故無旱澇之患也。漢有少府、水衡、水司空、都水使者。京師則有池監、三輔太常官。九江則有陂湖官。南海則有淮浦官。江夏則有雲夢官。内外分職，故無壅塞之憂也。傳至隋唐，則有都水臺諸司，講明水利，尤極詳備。自宋則設三司及司農寺、撩清指揮使、水監提舉司。州有守倅，邑有令佐，皆得以行其浚導瀦蓄之利。又有范文正公、王荆公、蘇文忠公、朱文公、胡安定公諸賢輩出，有志事功，悉以治水為有國者之急務。故得水之利，唯宋為多。

凡倉廩之儲，無非仰〔二〕給蘇、湖水田之利。唐、宋每歲，浙西轉運粮米數百萬碩，給餉諸處軍民。國家混一，江南創開海道，亦歲運糧米二三百萬碩，息師内郡，賴以足食。所謂『蘇湖熟，天下足』者此也。若水利無益於國，無濟於民，則前聖後賢，胡爲而為哉！前聖作之，後賢述之。今則不以為結，以致三江達海之道，堙塞不通。浙西數郡之内，每遭雨溢，則江湖數百里膏腴之水田，皆為魚鱉之鄉。或值旱乾，則枕江千萬頃沃潮之陸地，盡作蒿萊之境。盖無河港、圍岸、閘竇為之隄防蓄洩之備也。此故連年水旱，五穀不登，餓莩盈野，弱肉强食，妻子不保，有仁心者所不忍聞。大德八年，設立行都水監。朝廷以為利，群議以為害。工役未興，謗議先起，形聲附和，沮攪百端，不容盡人力而為之。未及三年，卒廢弗置。奸吏於是乎肆貪，豪民於是乎恣横，湖復成田，江復成蕩，水脉湮塞，尤甚於前。深慮夫因循苟且，坐縻歲月，人事不修，天灾倏至，備禦失度，生民塗炭。雖有智者，不可救藥，有失朝廷愛民恤灾之初意。

《傳》曰：『國以民為本，民以食為天。』又曰：『佚道使民，雖勞不怨。』又曰：『使民以時。』又曰：『脱以使民，民忘其勞。』則甚古者之於民也，非宜養之而已，役之所以養之也。苟役之作無益之事，聖人所誡。至於農

〔一〕底　據《十三經注疏》本《尚書正義·禹貢》作『厎』。
〔二〕仰　疑當作『仰』。

桑衣食之本，未嘗不勸之諄諄，而使之役役也。若不耕蠶，衣食從何所出？飽食暖衣，未有不勤勞而得者也，亦盍思其甚矣。舍本不為，愚甚惑焉！

故摭議者之論而為之篘，以俟明識之士。倘推由己之心，援拯溺之手，覽其辭而推其意，取至有利於民者，舉而行之，非惟浙右之幸，亦國家天下之大幸也。知我罪我，其惟《春秋》！

時至大改元春二月初三日　雲間任仁發序

趙孟頫跋

自神禹平成之迹熄，浚〔一〕後世為司水之官，行治水之事，非無人也，難其人也。自非智足以行水，仁足以澤民，豈能共濟川之重事哉！

都水少監任公，出示《水利議答録》，似讀數過。蓋摭議者之言，荅議者之問，講究精詳，議論超卓，治水之方略，井井有條。凡地形之高下，水勢之逆順，河道之廣狹，潮汐之往來，與夫天時、人事、農務、民情有關於官守者，纖惠〔二〕同知。知無不言，言無不盡。使議者之惑迎刃而解，可謂深曉水利者矣。《録》中所載治水之法，其要有三：一曰濬江河以洩水；二曰築隄岸以障水；三曰置閘竇以限水。時其疏浚，不至於湮塞；固其隄防，不至於坍潰；謹其啓閉，不至於失時。三者不可偏廢。三者俱備，治水之能事畢矣。捨此三者而言治水，吾未之信也。

任公佩詩書，服禮義。世居江鄉，素諳農務水利之〔三〕。轍環四方，從士大夫游覽名山大川。聞見廣而涉歷多，學識〔四〕而講究熟。胸中有《禹貢書》，筆下有《太史記》。真當世之通儒，有用之宏材也。慨念水為吴淞患，其來久矣，皆河道不通之故。推視溺由己之心，不避怨謗，極力陳言，以開江為第一義。有司聞于朝，將頒詔旨，一力講行，命宰臣董其役。萬夫雷動，衆鍤雲合。走江鄉，冒寒暑，忘寢食，靡憚勞瘁，期年而事竟成。繼而久雨，水不為害，連年豐稔，皆開江之力也。當時富家巨室，惟吝起夫之費，遂萌沮壞之心。異議蠭起，同聲附和。或謂勞民動衆，徒費錢粮，無益於事。殊不思民以農事為生養之本，水之利害，實有關於農事之成壞。倘不思預防，未免因循歲月。或遇霪潦，江久塞而水暴漲，吴地其沼乎？吴民其魚乎？豈不大可憂哉！所以役民拯治，有備無患。役之力〔五〕，所以利之也；勞之，所以佚之也。陳言獻策，切中時病，豈無益於事哉！

聖上知其敢言，嘉其成績，授以水衡之官。始焉拯治浙西，繼而分監東平、汴梁等處，備殫七八年之勤勞，不憚數千里之跋涉，按行所部，隨處拯治，罔有□〔六〕失。水順其性，民蒙其福。利澤在人心，名聲滿天下。豈尸位苟禄

〔一〕浚　疑是涉下『後』字形近而衍。
〔二〕惠　字誤，當作『悉』。
〔三〕『之』下疑脱『方』字。
〔四〕『識』下疑脱『博』字。
〔五〕『力』字疑衍。
〔六〕此處有闕字。

可同日而語哉！公能以東川、古汴治水之法，施於青、徐、兖、豫、荆、冀之間，則天下之江河川澤，何患不能復禹舊迹耶！惜乎美晉來歸，姑袖濬川之乎〔一〕，行膺召命，設施濟川之材，亦未晚也。

僕嘗詳閱《水利議荅》之録，推原當時開江之策，事未成而謗興，事已遂而利博。昔以為非，今以為是。昔日之怨謗，轉為今日之歌□〔二〕。私心去則公道明，事體久則議論定。此水利之事，不容於不録也。然事固難於成，尤難於久。成之者有人，繼之者得人，則淑浚固〔三〕，終不至於癈弛。今日佩都水印綬者，能以任公憂民之心為心，以任公治水之法為法，倣而行之，守而勿失，千載猶一日也，何患不能久乎！故併及之，以俟来者。

吴興趙孟頫謹跋

〔一〕『乎』字誤，當作『手』。
〔二〕此處有闕字。
〔三〕底本原作『淑浚固』，疑爲『疏浚固』之誤。

許約跋

昔歲在甲辰，今都水少監任公以吴松江故道堙塞，使震澤之勢，失其就下之性，泛濫四出，為浙西居民害，垂三十年。公慨然上疏，條其利病、疏導之法。中書以其議上聞。聖天子惻然憫下民昏墊，命江浙行中書省平章政事董是役。爰諏爰度，惟公之言是聽，相其山川形勢之宜，高深廣狹之度、工役之數、錢穀之費、畚鍤之用、飲食之需。工以誠感下，下以誠應上。民乃歡呼四集，而樂於趋事赴功。物無疵腐，民無夭閼，而事竟集。由是震澤無壅，與三江之勢接，復潮于海。水勢既縮，瀕江上下田為水壞者，垠堮既見，復為上腴。至今無水潦患，誰之力歟？因歎自神禹治三江以泄震澤之勢，至錢氏興江塞□導之，而迷者復令再塞。公又導之，而堙者通。使天地山川之氣，呼吸吐吞，與潮汐上下者，絶而復續，鬱而復伸。由是觀之，旱乾水溢，豐穰饑饉，匪降自天，亦人之力也。公之為謀也深，其用心也專，故其利人也厚。公其仁矣人乎！是書為導江澤，為世法。水利邊防，胡學設科條以誨人，良有以也。

延祐乙卯六月廿有五日　河内許約跋

目録

卷第一

大德二年立都水庸田司

江浙行省准中書省咨：　大德二年二月初八日，奏過事內一件：　去年也速答兒、明里不花等江浙行省官人每，教賽典赤叔叔説將來有，收附江南之後，亡宋時田地，有氣力的富户每影占著有麽道，奏了，尋出四萬頃田地來，那地內每年出産四十萬石粮、絲、綿、布、鈔等物。這田地并種田水利勾當，專一管辦，合立司農司衙門麽道，説將來呵。去年夏裏，俺商量了奏來，在先立行司農司衙門，管著四省地面來，不得濟麽道。近聞革罷了也。如今復立呵，不宜也者。又則這田地內有太湖，亡宋時修理河道，教水往海裏流入去呵。田禾根底多得濟來，收附江南之後，富豪人户每將那湖泊水築堤堰當住，做了旱地，種田的上頭。那水漲漫出來，係官并有姓的田禾瞰損壞麽道。世祖皇帝根底奏了，教二十餘萬人，將那堤堰挑開修理來。自修理之後，錢粮辦集。因那河道的上頭，俺有一箇商量。如今教使臣囲去到大都，俺衆人商量了奏呵。怎生奏呵，那般者麽道。聖旨有來，俺和理會的人每一處商量來。若立衙門呵，多得濟有。不教五行司農司，立一箇都水庸田使司，三品衙門，委付六箇人，教也速答兒省官的地面裏，專一提調田土河道呵。怎生？這言語裏面，俺的一半伴當説，為衙門官吏多麽道。欽依聖旨，見行商量裁減有，却創立衙門呵，宜麽。又俺一半伴當説，不得濟呵，衙門官吏裁減有，這衙門若立呵，説多得濟有，雖那般呵，咱每奏者，教立的、不教立的，皇帝識者，商量來奏呵。奉聖旨，如今教立者，行一年不得濟呵。那裏説將來，那其間理會也者。欽依施行。准此。省府除外，仰欽依施行。

大德二年都水庸田司條劃

江浙行省准中書省咨：　欽奉聖旨，設立浙西都水庸田使司，合行事理，中書省定立條劃，所在官吏咸各遵奉，江浙行省添力提調，諸人不得撓攘，違者究治等事。欽此。今議擬到下項事理，都省除外，咨請遍行合屬。欽依施行。准此。省府除外。今將聖旨全文抄録在前，仰欽依施行。

一、江西練湖、澱山等湖已有定立官湖界畔，諸人不得似前侵占，復為民害。違者，都水庸田使就便追斷。

一、浙西海水，晝夜兩潮，随帶沙泥入港，漸成壅遏。

亡宋時，另設撩清軍人，專一撩洗。今仰都水庸田使司於二、八月内，依時督責，如法疏浚，毋致壅塞，與民為害。據浚治河道，修理堤岸，閘垻合用人工、如何措置，更為從長議擬咨省。

一、浙西間農種圍裹成田。若雨水傷田，則車水出圍；或值天旱，則車水入圍。其圍岸損壞，并車水救田之時，本處官吏頭目人等，驗圍内不以是何户計種田佃户，務要人力均齊，日夜併工，不致爲害。如有田不即救禦之人，所在官司就便勾斷； 各管官吏頭目，若有怠慢去處，以致傷害田禾，都水庸田使司依例究治。

一、浙西官田數多，俱係是貧難佃户種納。春首闕食，無田主借貸。圍岸缺壞，又自行修理，官司不為存恤，以致逼臨在逃，荒廢官田，深為未便。今後官田佃户，若委無已業，亦無請射田主，貧難下户止種官田，自赴官倉送納租者，管民官司並不得將此等佃户差充里正、主首，雜當一切催甲等役，妨廢農事，失誤官租。如違，仰都水庸田使司取招究治。

一、浙西諸湖、河道、塘岸、并所在閘垻、房舍，各處管民官常加修理完備，委官看守，依時啓閉，以節水勢。仰都水庸田使司往來巡視，但有廢墮作弊，就便究治。

一、澱山、練湖，諸人占湖為田，頃畝所納租已收入官，仰所在官司另行收貯。若有合用修浚，人工、物料，從都水庸田使司募工支用。年終行省通行考較。

一、都水庸田使司年江路設立司官，分輪巡視。其官員月俸職田及往復行移等事，並與肅政廉訪司一體定給。

一、都水庸田使司官員專一疏浚河道，督責修圍，不許別(一)差占。

一、都水庸田使司凡行公事，若各路府州司縣不為奉行，仰都水庸田使司明取招狀，自首領、官吏以下，就便與決，正官開申行省究治，各投下另委管户人員。若有占恡阻當，亦行治罪。其路府州縣官吏勤惰，亦仰都水庸田使司具各各能否實跡，通申行考較，年終擬咨中書省定奪。

一、若有該載不盡，便宜事理，從行省與都水庸田使司一同擬定咨省。

江浙行省添力提調

皇帝聖旨，諭江浙等處行中書省、行御史臺、行宣政院、通政院、肅政廉訪司、轉鹽運使司、財賦總管府、海道運粮萬户府、路府州縣達魯花赤、管民官、鎮守軍官、各投下另委管户人員，及應管公事不以是何官吏、僧道軍民諸色人等： 中書省奏，浙西水鄉田粮浩大，亡宋浚水治田，另有專設官府。近年責付有司，此法廢墜，有力之家占湖

(一)『別』下疑脱『待』字。

為田，民被水害。世祖皇帝特命與修，俾水通流，官民有益。然河道田圍，雖常修理，沿河上下，彼疆此界，州縣不相統屬，圍内田土別管，佃户民官不能勾攝。人力不齊，事功難就。准奏。擬設浙西都水庸田使司，總行督責。乞降聖旨事。准奏。據本司合行事理，中書省定立條畫，所在官吏咸各遵奉，江浙行省添力提調，諸人不得撓壞。違者究治。都水庸田使司却不得生事擾民。准此。

大德二年三月　日

庸田司通管江東兩浙

皇帝聖旨，諭江浙等處行中書省、行御史臺、行宣政院、通政院、致用院、宣慰司、肅政廉訪司、轉運鹽使司、財賦總管府、海道運粮萬户府、路府州司縣達魯花赤、管民官、鎮守軍官、各投下另委管户人員、但管公事不以是何官吏、僧道諸色人等：中書省奏，江浙行省言，浙西都水庸田使司設立以來，修築圍岸，疏浚河道，田農得濟。其浙東江東等處，多有興修水利，合令都水庸田使司通行整治。乞降聖旨事。准奏。據江東兩浙地面應有諸河道、陂塘、堤岸、閘堨，遇有興工去處，所在有司於不以是何户内，隨即併工修理。若田圍損壞，并車水救田時分，各處管民官驗圍内諸色有田主佃户計，儘力修治。都水庸田使司通行督責，俾水道通流，圍岸堅固，毋致為害。如不即救禦，應役之人，其各處官司占悋阻當，府州司縣廢墜作弊，仰都水庸田使司就便究問。年終提本司通行考較，開坐各處勤墮實跡，申呈上司。如有合行事理，依照中書省已定條畫施行。凡在所屬，咸各遵奉，江浙行省添力提調，務要成就，諸人不得撓壞。違者治罪。都水庸田使司不得生事擾民。欽此。

大德四年二月　日

大德八年五月中書省照會設立行都水監

都省准來咨平江等處河道。五月二十一日奏過事内一件：江浙省官人每説將來，江南浙西地面裏諸處雨水、山水聚於太湖、澱山湖，經由吴松江通流入海。吴松江海口的故道被海潮往來，日漸淺塞了一百有餘里田地，不曾開挑呵，哏損着田禾。麼道説將來呵，合怎生開挑麼道。差人去江浙省裏講究去來，他每和省得的人一同商量了，説將來有，吴松江流水去處，若不開挑呵，哏損着田禾。浙西諸色苗粮户内起夫開挑，管水利的勾當，立一箇行都水監。説將來有。俺商量來，每年海運的粮斛多在浙西有。吴松江淤塞地面若是有人種田，或別占着的，不揀甚麼人，休教阻當。合開挑處，教浙西諸色苗粮户内起一萬五千名夫，自備什物，工役一年呵。每一名夫，免粮一十五石，軍站除贍役地外，依上科着僧道、也里可溫、答夫蠻，不分常住、并權豪官員，不以是何投下、不納苗粮之家，利害都一般有，五頃為率，着夫一名，這般開挑呵。為衆人得濟官粮，也不誤了應有合行水利的勾當，立一箇行都水監專管着。更委徹里提調行御史臺廉訪司也。教添氣力成就呵。怎生奏呵。那般者。欽此。

立行都水監整治水利

皇帝聖旨，諭行中書省，行御史臺、行宣政院、宣慰司、廉訪司、轉運司、管軍官、管民官、應管大小公事官員、各投下人員、諸色軍民、僧道人等：浙西近年以來，屢遭水患，百姓飢餓流移，不勝艱苦。推原其由，盖因吴松江等處故道淤塞，每遇霖雨，潦水漲溢，不能通泄，以致渰没田禾，民被其殃。今立行都水監，專以整治水利，相其地形，從宜疏導，庶幾水不為灾，民得安業。所有合行事理，條列于後：

一、應係溝渠、河道。舊有官湖，因其淤塞，人民侵占爲田。今次興工，但有防碍，即便開浚。諸人不得阻滯，違者從行都水監究治。應有圍岸，督責修理，務要不致爲害。

一、開挑修浚河道。委行省平章政事闍里提調供給，仍斟酌差軍鎮遏，行臺、廉訪司添力成就。

一、開挑修浚河道、閘垻等，合用一切物料，行省即於官錢内收買應付，毋致闕誤。

一、行都水監直隸中書省，於平江路置司，行移與廉訪司一體。凡有關碍行省公事，轉令各路行移，回報其關碍水利。各路府州司縣不為奉行，及税户合着夫役，擾而不辦，官吏因緣作弊，行都水監明白取招受宣官，議擬呈省，受敕以下，就便治罪。

一、浙西苗粮户内起夫一萬五千名，自備什物，每名工役一年免粮一十五石，其軍站除贍役地外，依上科着僧道、也里可温、荅失蠻、不分常住、并權豪官員、不以是何投下、不納官粮之家，以地五頃，着夫一名，從行都水監選委廉幹官員部夫督役。其有意立事功、廉能稱職者，聽行都水監具實跡舉明。其着夫人户，雜泛差役權行蠲免。

一、吴松江淤塞去處，仰行都水監與元陳言人任仁發一同監視，商議開挑，務要成就。其餘河道、閘垻，可以疏浚興修者，本監從便施行。

一、該載不盡，凡可以興除利害者，行都水監就便從長整治。事重者，闗部呈省。

大德八年七月　日

行都水監添氣力

皇帝聖旨，行中書省、行御史臺、行宣政院官人每根底，宣慰司、廉訪司、轉運司、海道運粮萬户府官人根底、軍民管根底、各投下頭目每根底、和尚、也里可温、先生、答失蛮每根底，宣諭的聖旨，中書省官人每奏：　行都水監官人每，俺根底題説，近年以來，江浙省所轄地面裏，吴松江等處，舊有河道淤塞的淺了，那水漫流。　這幾年湮没田禾，百姓闕食生受的，上頭立了行都水監衙門，行了聖旨，交開挑舊河道的時分，干礙着官豪、勢要、富户每的田地。　其間入來阻壞有，可憐見呵，上頭便見識俺的勾當。　添氣力的聖旨麽道，奏來。衆百姓每根底，得濟的大勾當〔一〕有，江浙省官人内提調着開挑者，行省、行御史臺、廉訪司等軍民官每，不揀誰，添氣力交成就者，不揀是誰，他每勾當，其間休入去者。　道來這般宣諭了呵。　別了的人每，有罪過者，其餘不揀甚麽合行的勾當，依着在先聖旨體例行者。　這行都水監官人每，因着這般宣諭了也麽道。做無體例勾當，交百姓每生受呵。　他每不怕那甚麽。　聖旨！大德十年三月十六日先八兒委有時分寫來，五月十三日行監開讀。

泰定元年十月中書省劄付奏准開挑吴松江

皇帝聖旨裏，中書省工部呈奉省判江浙省咨：　近為平江等處河道，比年以來，通海溝港湮塞。　軍民官、豪勢户侵占水面，插蒔芦葦，復為蕩田。　遞年水旱相仍，官民虧失大利。　為此就委嘉興路治中高朝列等本處正官，挨究踏視，講議到合開挑河道處所工物，若便開挑。　緣癸亥歲禁止動土，如候下年咨禀，慮恐臨時失於措置。　今差本省掾史鄧川賫咨計禀，咨請照詳可否，聞奏施行。　准此。　送據本部，呈得至治三年九月十四日，欽奉詔書内一款，節該：　但凡係官工役造作停罷者。　欽此。　除欽遵外，本部議得上項吴松江河道，江浙行省已嘗選官相視，講議得修，則官無虧粮，民可足食。　若與其餘創興土木之工，一體停罷，切恐溝港迤漸湮塞，官民失利。以此參詳，合依已擬，宜從都省明白聞奏開挑相應，具呈照詳，得此施行。　間又准本省咨，亦為此事。　就元差開挑運河、練湖。　前都水少監任奉政、本省所委李都事等官，前去平江路松江府，同本處正官再行相視，講究到合開挑河道四處，計料所用人夫、工物浩大，止令平江路松江府人户開挑，不能獨辦。　擬作二年兩次興工。照依運河、練湖例，與隣近州路軍民、站竈、僧道諸色田多上户，納驗收成，納粮田數每田三頃，科夫一名為則，每名官為日給粮三升，鹽菜錢中統鈔一兩。　田多者不過二百名，令各路正官部領。　自今歲十二月興工，次年二月農作罷散。　下年一體興修。　工畢置閘設官，差人

〔一〕『常』字誤，當作『當』。

看管，依時啓閉。興工時，行省行臺官親臨其事。本道廉訪司往來董督。依舊設立行都水監，或依東平、汴梁等處例，令都水分監專以整治水利責任。知州任奉政遴選壕寨人等，指分開挑，庶幾官無虧粮，民可足食，誠為便益。本省就差宣使孟居仁賫咨前去計稟外，咨請照詳可否，聞奏施行。准此。

泰定元年十月十九日也可性薛〔一〕第一日光天殿裏有時分，火兒赤、答失蠻、速古兒赤、阿散火者、阿思蘭出、月魯帖木兒、伯要兀歹、寶兒赤、兀奴忽等有來，旭邁傑右丞相，例剌沙左丞相、禿滿迭兒平章、善僧右丞、朵朵參政、塔剌海參政、章吉帖木兒尚書、買驢郎中、脱脱員外郎、咨省使欽察歹、直省舍人捏迭千〔二〕、蒙古必闍赤、脱脱木兒等，奏過事內一件：脱歡荅剌罕等江浙省官人每，俺根底與將咨文來，屬俺所轄的平江、松江等路分裏，吴松江等處河道壅塞，不能通流。雨水頻併時，松江、嘉定等處百姓每田苗渰没了，旱呵乾涸了，交省得的人每相視呵。壅塞淺澁了的河道合挑洗，立閘的地面裏立閘。似這般修理呵，教四萬有餘人興工呵，今年十二月為頭，至正月終，六十日了畢，交二萬有餘人興工呵，二年可畢。道說將來有。又說興工時分，於附近路分裏，不以是何百姓內，不教偏負均平，起差人夫，依修練湖的例，與他每工錢口粮。交行省、行臺、廉訪司、并有司官一同提調者合修理說有。俺商量來，是於官便民的勾當有。依着他每說將來的，與將文書去交修理。若迭辦呵，交一年修理了者，交脱歡荅剌罕等行省官人每，一同提調者，專委朵兒只班左丞，又知水利前都水任少監一處親詣各處，交挑洗呵。怎生？奏呵。奉聖旨，那般者。欽此。都省除外，今差本職將引都水監豪寨二名，馳驛前去。合下仰照驗欽依，與江浙行省提調官一同督責挑洗。設法關防，毋致因而擾民生事。路府州縣拘該去處，若有怠慢，就便究治。仍講究已後久遠，不致淤塞良法。呈省，須議劄付者。

泰定元年十一月江浙行省劄付開挑吴松江

皇帝聖旨裏，江浙等處行中書省准中書省咨：泰定元年中月二十五日旭邁傑怯薛事〔三〕一日，嘉德殿後寢殿裏有時分，速古兒赤、怯烈該、鎖禿、阿兒思蘭出、哈只火者、寶兒赤阿散、禿忽魯等有來，旭邁傑右丞相、倒剌沙左丞相、禿滿迭兒平章、兀伯都剌平章、張平章、乃馬歹平章、善僧右丞、潑皮左丞、朵朵參政、楊參政、章言帖〔四〕兒尚書、脱亦納參議、塔剌海參議、李家奴郎

〔一〕『性薛』誤，當作『怯薛』。
〔二〕『千』字誤，當作『干』。
〔三〕『事』字疑當作『第』。『□□怯薛第一日』爲元代文獻慣用語。
〔四〕此處脱『木』字。

中、忙兀歹都事、直省舍入捏迭干、蒙古必闍赤、脱脱木兒等，奏過事内一件：　江浙省所轄練湖等河道挑洗時分，奏准交知水利姓任的少監提調，賜與了兩表裏段子，那裏工程完備了時分，商量與賞賜名分麽道。　奏了來，他去將那勾當好生完備了來了有。　江浙省官人每，如今又交挑洗吴松江等河道的説將來呵。　俺依着他每説將來的奏了也。　這河道挑洗時分，只教舊知水利的任少監提調去者，名分合商量的是來，這河道的勾當完備了呵，常川不致似這般澁滯，合怎生立法計較的行，與本省官人每文書去了也。　若合立衙門呵，他的名分至日與也者，目今且賞與他一錠銀子呵。　怎生？　奏呵。奉聖旨，那般者。　欽此。

照得泰定元年正月十四日，旭邁傑右丞相、倒剌沙左丞相等奏過事内一件：　江浙省所轄鎮江路練湖并運河，教挑洗的上頭前去。　俺奏了，行將文書去來。　如今江浙省官人每，俺根底與將文書來，根元講議挑洗練湖的任知州，深知水利有。　他往大都去了有。　教他指分挑洗，疾忙教廻來的説將來有。　俺商量來，與他兩表裏段疋叁、疋鋪馬裏差將去，教那勾當裏指分做伴。　若他公謹完備了呵，其間與名分賞賜呵。　怎生？　奏呵。　奉聖旨，那般者。　欽此。　已經移咨本省，欽依施行去訖。　咨請欽依施行，准此。

照得先准中書省咨，奏准開挑吴松江，已經咨請本省左丞資政與都省差來官一同欽依，督責挑洗。　行下各處，依上施行。　仍講究已後久遠不致淤塞良法，開申去後。今准前因，省府除外，合下仰照驗，欽依施行。　須議劄付者。

泰定二年八月立都水庸田使司

江浙等處行中書省泰定二年八月二十日准中書省咨，泰定二年六月二十九日奏過事内一件：　大都省官人每，各衙門裏合委付的總定擬了六十二員人，奏將來了有。　於内受宣的三十五員，受敕的二十七員，合題名奏的，為挑洗吴松江上深知水利任仁發名字人根底。　前者，俺奏着賜與了一錠銀、兩領襖子，差使交挑洗去來。　他年及七十歲，合致仕有是，深知水利傳用的人有。　從新整治，設立衙門的時分，不為例，休教致仕，做庸田副使，委付其餘的，依着他每，定擬將來的委付呵。　怎生？　奏呵。奉聖旨，那般者。　欽此。

除庸田使密蘭張友諒、學士鄧文原、修撰周仁榮，差人馳驛，欽賫各官起馬御寶聖旨，前去各處禮請外，開坐咨請照驗。　禮請各官疾早之任施行。　准此。　又據掾史孛顔呈，近因迁調福建，官員賫咨赴都。　泰定二年七月十二日起程，間奉都堂鈞旨，中書禮部省會仰孛顔收領都水庸田使司印信一顆，前來投呈。　蒙此，今將領到前項銅印隨呈見在，乞施行得此。

照得近准中書省咨： 泰定二年閏正月二十一日，也可怯薛第一日奏過事内一件，節該： 江浙省所轄吴松江河道，於官民勾當裏，哏有益濟的上頭。 前者俺奏了，教挑洗來。 如今工程完備也。 這河道，世祖皇帝時分，行司農司衙門管着有來在，後革罷了。 那裏有一箇松江府，止管着兩縣，别無親管事務。 革罷松江府，將兩縣撥屬嘉興路，設立庸田使司衙門，專掌在先所管的勾當。 直隸省部行省為頭官提調呵。 怎生？ 奏呵。 奉聖旨，那般者。 欽此。 除外，咨請欽依施行。 准此。

照得： 副使任仁發、僉事李居仁郎目嘉興修置閘堰。 除已差委提控宣使傳忙古歹賫領本司銅印一顆，發下各官收管，先行開司，其餘官員差人分頭禮請之任外，省府合下仰照驗，就便施行。

中書省劄付開江立閘

皇帝聖旨裏，中書省來呈，為吴松江置立閘座等事，得此施行，間准江浙行省咨，亦為此事。 都省議得吴松江既已開通，置立閘座，所據本職，除充江陰州尹年將致仕，闕期相近，例合之任。 緣上項閘座，即係欽奉聖旨事意，已經差委本職馳驛前去，與江浙行省左丞、朶兒只班資政一同親詣各處督責，拘該有司，依上修置外，據復立庸田使司，遴選諳知水利廉能官員。 除已另行早為銓注，仍咨江浙行省，照驗去訖，合行仰照驗，依已行事理施行。 看守閘座人夫與行省官一同議擬。 呈來須議劄付者。

中書省劄付開江立閘

皇帝聖旨裏，中書省工部呈奉省判江浙省咨： 近准中書省咨，平江、松江等處河道，比年以來，通海溝港湮塞，軍民、權豪、勢户侵占水面，插蒔芦葦，復為蕩田。 近年水旱相仍，官民虧失大利。 泰定元年十月十九日奏過事内節該： 平江、松江等路分裏吴松江等處，河道壅塞，不能通流。 雨水頻併時，嘉定等處百姓每田苗渰没了，旱呵乾涸了。 交省的人每相視呵。 壅塞淺澁了的河道合挑洗，立閘的地面裏立閘。 以這般修理呵，教四萬有餘人與工呵。 今年十二月為頭，至正月終，六十日可畢。 起差人夫，依修理練湖的例，與他每工錢。 交脱歡答剌罕等行省官人每，一同提調者，專委朶兒只班左丞，又知水利前都水任少監一處親詣，各處挑洗呵。 怎生？ 奏呵。 奉聖旨，那般者。 欽此。 都省差委前都水少監任奉政，時引濠寨，馳驛前去，欽依與本省提調官一同督責挑洗。 咨請欽依施行。 仍講究已後久遠不致淤塞良法。 咨來准此。 移咨本省左丞、資政與都省所委任少監親詣，欽依督責挑洗，及劄付平江等路，差撥人夫計稟。差來官指分地界，分土挑洗。仍講究已後久遠不致淤塞良法，開申田〔一〕。准左丞、資政咨，於泰定元年十二月初四日破土興工。開到平江等處人夫、着役日期、工程次第，已經二次開咨。中書省照驗去訖。

今據平江路申准，本路監工官治中教化的奉訓牒。泰定元年十二月，據司吏曹文昞狀呈，祗直省府官，蒙發下松江府印押牓文。該蒙省府官立案，擬到各項關防事理云云。本省今將料到夫匠、工食、錢粮、木石等物，彩畫圖本，就委宣使周溢賫咨前去計稟外，合行開坐移咨，請照詳，早為希咨回示。准此。批奉都堂鈞旨，送工部照擬連呈。奉此。

本部議得：江浙省咨稟，開挑吴松等江，若不安置石閘，通泄江水，江湖泛漲，海潮帶沙入港，易於湮塞，虚費工物。擬合立閘六座，節泄水勢。料到夫匠、工食、錢粮、木石等物，以此參詳上項。河道既已開通，今次安置石閘，即係都省先已奏准事理，合准省委官，并行省所擬安置。宜從都省移咨江浙行省，更為照勘。如委便益，就令元委官員一同監督，拘該有司照依已料工物、夫匠、口粮，除就用先次銷用不盡粮鈔外，有不敷，於本省不以是何名項係官錢粮内，依數應付，趁時修置。工畢，開具備細實銷，仍依已行講究已後久遠不致淤塞良法，咨省劄付御史臺，行下本道廉訪司体察相應，具呈照詳得此，都省除外，合下仰照驗，依上施行。須議劄付者。

泰定三年都水庸田使司添氣力

長生天氣力裏、大福蔭護助裏皇帝聖旨：江浙等處行中書省官人每根底、行御史臺官人每根底、行宣政院、宣慰司、肅政廉訪司、轉運鹽使司、財賦總管府、海道運粮萬户府官人每根底、路府州縣達魯花赤管民官、鎮守軍官每根底。各投下另設管户人員、及應管不以是何官吏僧道衆百姓每根底，宣諭的聖旨，中書省奏：浙西水鄉，田粮浩大。昔在亡宋，浚水治田，設官掌之。世祖皇帝時分，一切水利，特命興修有來。在後專設衙門管領，民賴其利。比因責付有司，委任不專，此法遂廢。河道、田園修理之時，州縣不相統屬，人力不齊，事功難就。擬合復置衙門麼道。准奏。今命密蘭張友諒為頭，設置都水庸田使司衙門，專治水利，總行督責官民田園，堤岸修理等事。如遇湮游〔二〕衝決，拘該有司，不即疏洗，救禦怠慢呵，或應役之人，占恡阻當，因而敗公墮事者，仰都水庸田使司，應究治者，随即究治。合行經田行省者，行省究治。

〔一〕『開申田』語意未安，疑有脱字。
〔二〕『游』字誤，當作『淤』。

事重者，申請中書以聞。年終比較勤惰，中書考績。其餘合行事理，從中書省定立條劃施行。江浙行省用心添力成就，諸人不得沮壞，違者治罪。都水庸田使司却不得因而擾民。

卷第二

水利問答

議者曰：『古者吴松江，狹處尚二里餘，猶不能吞受太湖之水。於是添浚三十六浦以佐之，且復時有滰没田疇之患。今所開汛，止濶二十五丈，置閘十座，其能去水幾何？其利則未知也。』

答曰：『所開江身濶二十五丈，置閘十座。每閘濶一丈五尺，可以泄水二十五丈。吴松江係潮水往來之地，古人論閘泄水之法極詳。范文正公曰：「三分其時，損居二焉。」謂如一日十二時，晝夜兩潮，四箇時辰潮漲，八箇時辰潮落。以八箇時辰計之，於内四箇時辰，自可落潮。入之水以此乘除，却止有四箇時辰。水損之數，所設之閘，盡夜皆去水之時也。所以江面雖二里之寬，不如十閘之功也。況今東南有上海浦、新涇，泄放澱山湖三泖之水； 東北有劉家港、耿涇，疏通昆承等湖之水。吴松江置閘十座，以居其中，潮來則閉閘而拒之，潮退則開閘而放之，滔滔不息，勢若建瓴，直趨于海，實疏導潴蓄之上策也。與古之三江，其勢相埒。若天時少雨，雖太湖汪洋瀰漫，其涸亦可待矣。旱則閉閘瀦水，以供灌溉。乃一舉兩得其利也。』

議者又曰：『吴松江自古無閘，今置之，非法也。何不開通，使江復故道，一任潮水往來，豈不便易？』

答曰：『治水之法，先度地形之高低，次審水勢之逆順，尋源溯流，各順其性。古人謂是水歸深源。』又曰：『沙泥隨潮而來，清水蕩滌而去。今新涇、上海、劉家港等處，水深數丈。今所開之河止一丈五尺，若不置閘以限潮沙，則渾潮捲沙而來，清水自歸深源而去。新開江道，水性來〔一〕順，兼以河淺，約住沙泥。不數月間，必復淤塞，前功俱廢。故閘不可不置也。范文正公曰：「新導之河，必設諸閘。」正此謂也。若欲再復吴松江道，須候諸閘啓閉，流順可深，衆水歸源，其洶湧之〔二〕，孰可制禦？當於此時，將諸閘堵閉，開挑一處堰垻，任潮往來，借清水力東衝西决，自復成江矣。《考工記》曰「善溝者，水嚙之」之謂也。』

議者又曰：『吴松江前時通流，今日何為而塞？豈非如海變桑田之説，黄河日走千里，非人力之所可為者歟？』

〔一〕『來』字誤，當作『不』。
〔二〕此處有脱字，疑為『勢』。

答曰：『東坡有言：「若要吴松江不塞，吴江一縣之民，可盡徙於他處，庶使上源寬濶，清水力盛，沙泥自不能積，何至有湮塞之患哉！」歸附之後，將太湖東岸出水去處，或釘木檻為栅，或壅土草為堰，或築狹河身為橋，置為驛道。及有湖泖港江，又慮私塩船隻往來，多行栅斷。所以水脉不通，清水日弱，渾潮日盛，沙泥日積，而吴松日就淤塞也。今日江勢，正合東坡所見。若曰如海變桑田，更如黄河奔突，一付之天，則聖人之手足胼胝，致力溝洫，皆虚言也。聖人豈欺我哉！所當盡人力而為可也。』

議者又曰：『錢氏有國，一百有餘年，止長興年〔一〕一次水灾。亡宋南渡一百五十餘年，止景定年間一二次水灾。今則或一二年，或四三年，水灾頻仍，其故何也？』

答曰：『錢氏有國，亡宋南渡，全藉蘇、湖、常、秀數郡所産之米，以為軍國之計。當時盡心經理，使高田低田，各有制水之法。其間水利當興，水害當除。合役軍民，不問繁難；合用錢粮，不吝浩大，必然為之。又使名卿重臣，專董其事。豪富上户，簧言不能亂其耳，珍貨不能動其心。凡利害之可以興除者，莫不備舉。又復七里為一縱浦，十里為一横塘。田連阡陌，位位相乘，悉為膏腴之産。設有水患，人力未嘗不盡，遂使二三百年間水灾罕見。欽惟國朝四海一統，人才畢集，擢居重任，或者未知風土所宜，以為浙西地土水利，與諸處同一例，任地之高下，任天之水旱。所以一二年間，或（四三）〔三四〕年間，水災頻仍，皆不諳風土之同異故也。』

議者又曰：『蘇州地勢低下，與江水平，故曰平江，古稱澤國。其地不可作田，此必然之理也。今欲圍築硬岸，亦逆土之性耳。』

答曰：『曾宋以降，倉廪所積，悉仰給於浙西水田之利。故曰：「蘇湖熟，天下足。」若謂地勢低下，不可作田，以為必然之理，此誠無當之論。何以言也？浙西之地，低於天下，而蘇州又低於浙西，澱山湖尤低於蘇州。此低之最低者也。彼中富户數十家，於中每歲種植茭蘆，埋釘椿笆，填委葑土，圍築硬岸，豈非逆土之性？何為今日盡成膏腴之田？此明効大驗，不可掩也。既是澱山最低之湖，經管尚可以為田，却説已成之田，不可作田，天下寧有是理也？真如癡人説夢。雖屢千言，豈足取信於有識之人哉！』

議者又曰：『浙西水旱，專係天時，非人力之所可勝。自來討究治水之法，終無寸成。』

答曰：『浙西之水利，明白易曉，特行之不得其要耳，何謂無成？大抵治水之法，其事有三：浚河港必深濶，築圍岸必高厚，置閘竇必多廣。設遇水旱，有河港、圍岸、閘竇隄防而乘除之，自然不能為害。倘人力不盡，而

〔一〕此處疑脱『間』字。

一切歸數於天，天下寧有豐年耶？東坡有言：「浙西水旱，此係人事不修之積，非天時之所致。」即此謂也。昔范文正公親開海浦，時議沮之。公鋭意定見，力排浮議，疏濯積潦，數年大稔，民受其賜，載之方册，昭然可考。乃謂終無寸成，為是説者，皆是苟圖富户財物，聽受富户驅使，而妄為無稽之言也！』

議者又曰：『吴松江既開之後，自合浙西永無水害，何為大德十年、十一年連值水灾，其故何也？』

答曰：『吴松江開濬，所以修人事當為。天灾水澇，豈人意之所能逆料。大德十年，自濟州以南，直至浙右，水害深甚。且以此年浙西所收子粒分數，比之淮北，幾數十倍，皆吴松江三閘并諸堨口子出放潦水之力。以未開吴松江之前比之，大德七年，亦遭水害，所收子粒分數，比大德十年，不及三分之一。以此論之，則水監豈為無功？天灾流行，水潦為害，人力之所至，不過盡備禦隄防之方。若除一分之害，即享一分之利。謂當永無水害，乃不近人情之論。為執政者，不當便聽其言，不察是否，乃真謂無功而輒罷之，正如因噎而廢食也。況自歸附以來，二三十年，所積之病，豈半年工役之所能盡去哉！』

議者又曰：『行都水監，既是有益衙門，何為衆口一辭，皆謂無益，而明議罷之？』

答曰：『民可使由之，不可使知之。」事之利害，久而後明。非高見遠識，熟於世故，通於水利者，安知有久遠無窮之利？彼愚民無知，但見一時工役之繁；豪民肆奸，又吝供輸募夫之費。所以百端沮撓，但謂無益，以敗乃事。殊不知浙西有數等之水，拯治方略，皆不相同，非立專司，何能盡力責成辦事？使水監衙門真無益於事，古有國者，亦廢而不置久矣，何為周、漢、唐、宋之世，未嘗一日不用心盡力經營水利之事？列之史傳，代不乏人。古諺有曰：「水利通，民力鬆。」斯言信矣！若浙西低下之地，不須水監整治，即今中原高阜之鄉，安用水監河道司為哉？然則，高阜之處，水監既不可闕，而低下之地，乃謂不必置立，何不智之甚也！數年之後，河港復塞，水害滋甚，有憂民忠國者出，必復興修水利之事。為横議者，豈能終沮之哉！』

議者又曰：『水利故不可不修。今隴西唐、漢二渠，止是責辦有司修浚，田禾有收，民更不擾，浙西水利与隴西一體，責之有司兼管，豈不便易？』

答曰：『隴西唐、漢二渠，長流水也。浚成溝渠，水自下流，何難整治？浙西地面有江海、河浦、湖泖、蕩漾、溪澗、溝渠、壕塘、港汊、涇浜、漕溇等名；水有長流活水、瀦定死水、往来潮水、泉石迸水、霖霪雨水、風决漲水、潮泥渾水、两来交水、風潮脹水、海嘯溜水等性。河名、水性既異，則整治方法亦殊。豈可以唐、漢二渠長流水例治之哉！略舉浙西治水之具，有水閘、水竇、斗門、堈門、堰門、水碶。水礁、堰堨、水函、石倉、石囤、籧篨、土埽、刺子、水管、銅輪、鐵笆、鐵鍬、木杴、木井、竹簁、木匣、水車、風車、手戽、桔槔等器，隴西未必有也。今說為此策，乃不知地理之人，如醯雞井蛙，豈足与議遠大之事哉！宋賢如范文正公、蘇文公、王荆公、朱文公，皆命世大儒，負經論〔一〕天下之大材，尚各各建策設官置兵，專力經營水利之事，不令有司兼管，必有所見而為之。當時所司，專職乃任，水利尚有未盡，工役尚有未足。若令有司兼管，何往而不敢〔二〕事？為是說者，未必長於蘇、范諸公之議也。況浙西地形高下，水旱不均。古人有言：「東州之官，莫問西州之利。」或利於此，必害於彼，便有彼疆我界之分。若無行監通行管領，一體整治，何能同心叶力，均於水利也哉！』

議者又曰：『富户田産，所仰以為歲計者也。雖無行監，促之使耕，督之使種，孰肯舍己之田，為無用之物哉？不立行監可也。』

答曰：『浙西之田，半非土著之户，往往寄産者多，皆是本處無賴之人，營求管領。間有近理上户，每春修圍浚河，自能給借佃户口粮，秋成尚且一本一利拘收。其或為富不仁之家，唯事侵漁，靠損貧佃而已。至於修浚，痛惜小利，如拔脊筋。官司若不嚴加督勒，誰肯發意出粮接濟？何以言之？富户有田百頃，歲以收米萬石為率，縱使一半無收，此年必荒歉。彼乃深藏閉糴，米價決增一倍。增虧相補，何損於他？及有管莊猾幹，若主家田土渰没未至一分，彼則花破太半，反益於己。所以不肯盡心於田畴水利之事，豪民猾幹，宜其幸灾樂禍。貧民秋收無望，老小何以卒歲？田畴日漸荒蕪，職此之由也。行監官吏知此之弊，親臨點視，追問倚勢不伏出粮之人，彼則買囑官吏、鄉胥人等，或作逃亡，或申事故，根勾到官，厘勒督責，纔肯給借錢粮，農民方就耕作。最是官田佃户無人給付粮本，則束手無措，例成荒白。行監拘勒，不分官民，田土須要一概均熟。有行監如此督促，尚猶頑慢。若無行監所管，其事蓋可知矣！今行監既罷，富豪故無均粮之費，然貧民靠損，受無窮抑鬱之苦，亦何時而可伸乎？且富户有田，既有收粮之利，修圍浚河，理合田主出粮，佃户庸力，自古之通例也，今則不然，故行監不可不立也。』

議者又曰：『江南水利，歸附以來，如忙古臺丞相、燕右丞為頭整理，至不憐吉歹平章、董右丞、趙左丞、張可与參政、張文質郎中嘗以二十萬衆開大盈浦。次則柳大使行庸田司，專任其責。今則答剌罕丞相、徹里平章、李正卿宣慰，力而行之，以興大利，起夫一萬五千人，工役半年，其所成就，不過如此。人力何能勝天，徒病民而已矣！』

答曰：『聖人有言：「禹卑宮室，而致力乎溝洫。」

〔一〕『論』字誤，當作『綸』。
〔二〕『敢』字誤，當據《農政全書》所引，改爲『敗』。

是專志盡力於水利者也。承繇九載之後，又八年于外，三過其門而不入，其勞可知矣！其久可知矣！豈一朝一夕，所可一蹴而就哉？今之治水則不然也。或始行而終輟，或先勤而後惰，或吝於浩費而不行，或惑於浮議而弗講。如前諸公數舉，始焉未嘗不鋭意以為大利，奈何一傅衆咻，沮壞百端，皆不能以終其事。古人有「不急近功，以遺遠害」之戒，其此之謂乎！譬猶人患寒疾，服藥發汗之後，所當時其湯劑，節其飲食，則氣體可以復完。若恣其所欲，不加調攝之功，鮮有不勞復者。又如有人築室，棟宇一新，蓋瓦墻垣，莫不極致，數年之間，鼠雀棲息，風雨震凌，漸致損漏。若不時加修葺，遂至東摧西倒，化為瓦礫之場矣。況水性不常，少失備禦，橫流暴漲，奔迸四出。若不設立專司，假以歲月，時常拯治，未有不成滔天之浸於涓涓之始者矣。兼各官在任，遠者僅一二載，近者止十數月，遷轉更易，靡有定止。及為革罷衙門，悉皆中道而廢。固宜若人之妄議竊毁也。蓋水利之事，須是八年九載工力，滋久方可成功。今則責速效於目前，求水利於數月，匆遽逼迫，倉忙苟且，舍其重而就其輕，成於前而廢於後，一曝十寒，乖政百出。又況豪富上户、司縣官吏生事攪擾，雖欲成就，其可得乎？然天道好還，民豈久溺？後之興水利者，必有其人，索之誌書與諸前賢之所講明，民病庶有瘳乎！』

議者又曰：『開挑河道，既已深濶，圍岸不須修築。修築圍岸，既已高厚，河道不須開挑。河道、圍岸既深既厚，閘竇不須置立。三者兼行，徒勞民力而已。』

答曰：『開挑河道，所以泄水；修築圍岸，所以障水；置立閘竇，所以限水。自古三者兼行而不相悖也。謂如不浚河道，略值久雨，若無河道以泄之，則溝澮皆盈，東風則渰湖西之田，西風則破湖東之岸。驟漲驟落，常有數尺潦水之痕。圍岸高，則無力，難以隄防。故河港不可不浚。及不築圍岸，或遇暴雨，無圍岸以障之，水漲入圍，車戽出田，稻苗渰没，已經數日，根株朽腐，盡成弃物，緩不及事。故圍岸不可不築。閘竇乃防拓水旱之具，遇潦則啓而泄之，遇旱則閉以蓄之，又且遏住渾潮，免致捲沙入河，壅塞水道。攷之誌籍，傍海枕江，一浦一堰，皆有閘竇。蓋欲蓄水於未旱之先，泄水於既潦之後，乃閘竇限水之功也。故不可不立。只此三説，或者已不周知，敢乃輒生妄議，以毁其事，可謂不知量也！』

議者又曰：『河港、圍岸、閘竇三者俱備，自可永無水旱之憂。既無水旱之憂，則民食可足，誠為久遠之利也，朝廷何為而廢之？』

答曰：『范文正公，宋之名臣，極盡心於水利。嘗謂修圍、浚河、置閘者，相為表裏，如鼎以足立，闕一則不可。三者備矣，水旱豈足憂哉！國家收附江南三十餘年，浙西河港、圍岸、閘竇，無官整治，遂致水利大壞。若水旱小則害小，水旱大則害大。是以年年有水渰、旱荒之田，不可作乂，深可痛惜。今謂浚河、修圍、置閘，有久遠之利，朝廷廢而不治者，盖募夫供役，取辦於豪富上户； 部夫督役，責辦，於有司官吏。豪民猾吏，二者皆非其所樂為。所以搆扇旁午，必欲沮壞而後已。朝廷未見日後之利，而但聞目前之擾，奈何圍湖占江豪富之徒，挾厚賄以賂貪官，成事則難，壞事則易，安能迄底于成？東坡亦云：「官吏憚其經營，富户惡其出力。」所以累行而中輟，不能成久遠之利也！』

議者又曰：『浙西累年水患，百姓艱食，何不盡役浙西之民，依亡宋時江河舊跡，盡數開挑，為利豈不博哉？』

答曰：『古者開河之法，濶不過二十丈。今所開之江，已濶二十五丈。富户人等，只此等工役，尚不能供給。若盡役浙西之民，將諸處江浦依舊跡開挑，必動數十萬之衆，百姓何能當此重役？此成虚誕謬尤之論。今次止動一萬五千人夫，豪民猾吏已皆不愛，尚且工役半年而沮，況敢如此大舉乎？試舉事言之。亡宋有司農寺丞郟亶陳言水利，六州三十四縣之民大興工役，其為利豈不博哉？官吏、富豪聚集人衆，於張燈午夜，蹂破驛門，挐去小兒，亶則幞頭墮地。彼乃鳴鐃，散衆罷役。亶追司農寺丞，流內銓。厥鑒不遠，豈可復蹈已覆之轍哉！』

議者又曰：『行都水監官吏泛濫，擾及富户。又與行省及路府、州縣官吏不和。以此諸事争差，有司因而放富差貧，欺詐不便，行監有失糾治之過也。』

答曰：『行都水監設官六員，下至首領官令史，奏差壕寨總三十餘人，所辟官員，皆歷風憲有政聲者，必不容在下人吏乘時擾民。路府州縣官吏，既不相和，或其所行不當，有司焉肯容隱？兼臺憲分官監治，添力成就，緣何竟無一謂？正所謂「仁者見之謂之仁」也。若果詐擾百姓，則被糾彈者、被斷罷者必有其人。苟無其人，則斯言豈足深信？所謂擾及上户，無非督要人夫，監給口粮，俻圍浚河而已。此亦行監所合為者。初非與人讎隙，亦非為己營利。兼此等為富不仁之人，若非從公督促，必至頑慢誤事。所謂「順情官不辦，官辦失人情」者是也。若有司因而放富差貧，詐擾百姓，自有風憲糾察按治，於水監何預焉？虎兕出於柙，是誰之過歟？』

議者又曰：『行監官吏擾民害衆，無益於事。人皆言之，非專豪民猾吏也。』

答曰：『為是説者，不愛之人，有六等焉：路、府、州縣官吏部夫董役於荒野之中，一兩月間，親任其勞。倘工程遲慢，人夫在逃，或簽夫放富差貧，或檢田以熟為荒，行監欽依已降條劃，板招斷罪。彼謂又添一監臨糾治上司。此一不愛也。都省元行每地五頃發夫一名，腹裏官員撥賜田地，俱是江南苟圖之人，幹置管領。凡當夫者，用鈔一兩。彼則虚破十兩，不説行監詐擾，則難花破帳目。腹裏官司聞其蠹幹之言，亦難休問虚實，不知治水乃是田地之利，但見顧夫先有鈔米之費，從而毀説於省臺，以為不便。此二不愛也。行監直隸都省非行省所属，情分已不相接。又路、府、州、縣慮恐連及，又被路府州縣官吏日与豪强設計搆詞，譖毁沮壞。此三不愛也。富户交結官府，不吝貨財。此等之人，言不可信，人亦信之，其或工役之間，倚恃勢力，不伏號令，及違期失悮，必加譴責，於是買使斷罷，永不叙用。并潑皮歹人，誣告禁忌，不利駕飾大惡，凡可以加害者，靡所不至。此四不愛也。僧道有田，不曾納税當差。今寺觀僧道五頃當夫一名，寺觀創生顧夫供役，痛入骨髓。僧道之徒，布滿朝野，陳之當途，所説可知。此五不愛也。江湖技術之士，挾書遊於豪富及郡守之門，受其餽驢之私，不知水利乃農桑之所先，四民衣食之根底，經由四方，聽其所囑，不閲古書，不問損益，從而播説「行監擾民害事」。此六不愛也。嗚呼！民不可与慮始者此也。』

議者又曰：『是役也，此六等人如此不愛，既聞其詳，抑亦有愛之者乎？人愛之言，如可無所聞也。』

答曰：『行監之所愛者，小百姓也。貧民佃種富户之田，春夏之間，青黄不接，多無粮本，遞相盤工食用。且如沿江沿海高阜之鄉，河道壅塞，每歲必須開挑。又有湖泖低窪之處，圍岸被水衝洗坍倒，春間必須修築。奈何佃户貧富不均，心力不齊，以致不能開挑，脩築完備。行監官吏到被喚集上户，即驗各佃地畝，依例給付口粮，併工成就。既是高鄉開成河道，遇旱可以車水；低鄉築成圍岸，遇澇可以障水。不致旱乾水溢，而窮民秋收，有望脱妻子於飢餓，可以保全生息，無溝壑之憂。而又河港通流，舟楫便於往来，米麥荳粟，商賈便於糶糴，實百姓大有益之事也。奈何窮百姓之言，誰人肯聽？北望省臺，杳如天遠。雖欲赴愬，下情曷能上達？唯有呻吟愁歎，抱命聽終而已。吁！可勝痛哉，可勝言哉！』

議者又曰：『「蘇湖熟，天下足」者，不足信也！國朝未破江南，軍民未嘗闕食。今天下如此其大，田疇如此其廣。蘇湖蕞爾之郡，何足賴耶？』

答曰：『浙西産米之地，甲於天下。考之近古，唐自裴丞相以後，每歲運粮四百萬石，給餉長安。宋南渡，每日運粮一萬石，歲計三百六十萬石，給餉两淮。今朝廷每歲運三百萬石。又有裏河客旅興販船隻，尾尾相接，不絶粮道。京師郡縣，官吏軍民，家家食用江南老米。則「蘇湖熟，天下足」之言，信不誣矣！范文正公曰：「蘇之一郡，自可歲收數百萬石，足為國家粮儲。況浙西七郡之廣，其為利又不可勝言矣！」愚故知浙西之地，沃壤千里，實天下生民足食之本。其於水利，豈可不盡心致力於斯？今来國朝官吏俸米、怯薛口粮、軍馬粮料、二匠役粮比，之未破江南之時，豈止增加百倍？若非浙西之米，何以支持不闕？今議者之言，特未之計耳！』

議者又曰：『每歲所滹田土，官粮特多，民粮極少。行監官吏亦曾問及否乎？』

答曰：『官田有公營屯圍諸色名項之夥。亡宋各有承佃管領，縣有籍册及魚鱗圖本，給付承佃。又有田畝字號、租額石斗、印信簿書，種田户每歲又有田帖批銷。如遇承佃告替官拘，一應文籍，交付新佃執照。所以田地不致那换，新種之田，不敢荒蕪。今者膏腴之産，官司盡行撥賜各投下官員及寺觀僧道人等，供報數目、圖籍，既無稽考，奸人從而作弊，移東换西，以熟作荒。有司官吏，略不加省，遇有官粮多而民粮少也。行監官吏知此之弊，不容捏合，從實檢察，追粮問罪。此行都水監之所以罷也。』

議者又曰：『行監官吏知有如此之弊，何不設法預防？如何聽其弊成而後問也？』

答曰：『孟子有言：「今有七年之病，必求三年之艾。苟為不蓄，終自弗得。」行監立於大德八年之冬，九年之秋止辦，修治吴江之役。大德十年春，始行移路、府、州、縣攢報田土數目。每春修築圍岸，分豁官民田土，須要一體成熟，纔一二年，漸次成緒。俾民始少畏忌，而行監已罷。若假以歲月，吾知經界不正，而田萊闢矣。又安有如此之弊哉？今略舉一端，以明前事。大德十年，有司以熟作荒，冒除官粮四十餘萬石。官吏賍賄以千萬計。都省委官与行省追究，未盡，欽遇詔赦釋免。雖不至痛革其弊，然亦可以鈐其口而奪其氣。謂行監無功，可乎？』

卷第三

堯典

帝曰：『咨！四岳。湯湯洪水方[一]割，蕩蕩懷山襄陵，浩浩滔天。下民其咨。有能俾乂？』僉曰：『於！鯀哉！』帝曰：『吁！咈哉！方命圮族。』岳曰：『异哉！試可，乃已。』帝曰[二]：『往，欽哉！』九載，績用弗成。孟子曰：『水逆行，謂之洚水。洚水者，洪水也。』蓋水涌出而未洩，故泛濫而逆流也。極言其人勢若漫天也。言有能任此責者，使之治水也。鯀，崇伯名。蓋鯀之爲人，悻戾自用，不從上令。是以方命圮族，九戰三考，功用不成，故黜之，後舉大禹以平水土。故八年於久，克成厥功。

大禹謨

帝曰：『俞！地平天成，六府三事允治，萬世永賴，時乃功。』水土治曰平，言水土既平，萬物得以成遂也。六府，即水、火、金、木、土、穀也。六者財用之所當為。舜因禹言養民之政，而推其功以美之也。

又，帝曰：『来，禹！洚水儆予，成允成功。惟汝賢。』蓋洚乃山崩水渾，下流淤塞，輒復支流而泛濫。舜既攝位，害猶未息。故舜以爲天警，懼於己。禹能成功，故賢於人矣。

益稷

禹曰：『洪水滔天，浩浩懷山襄陵，下民昏墊。予乘四載，随山刊木。暨益奏庶鮮食。予决九川，距四海；濬畎澮，距川。暨稷播奏庶艱食鮮食。懋遷有無化居。烝民乃粒，萬邦作乂。』夫四載者，水乘舟，陸乘車，泥乘輴，山乘樏是也。蓋禹治水之時，乘此四載，以跋履山川，踐行險阻也。當是之時，播種之初民，尚艱食。暨益、稷奏庶鮮食，播奏庶艱食，君臣上下相與勉力，以保其治於無窮也。

禹貢

淮海惟揚州：彭蠡既豬，陽鳥攸居；三江既入，震澤底[三]定。唐仲初《吴都賦》註：松江下七十里，分流東北入海者為婁江，東南流者為東江，併松江為三江。其地今亦名三江口。《吴越春秋》所謂『范蠡乘舟，出三江之口』者是也。震澤，太湖也。《周禮·職方》揚州〔澤〕[四]

[一]『方』字原缺，據《十三經注疏》本《尚書正義》補。

[二]『帝曰』二字原缺，據《十三經注疏》本《尚書正義》補。

[三]底　《十三經注疏》本《尚書正義》作『厎』。

[四]『澤』字原缺，據《十三經注疏》本《周禮注疏》補。

藪曰具區，《地志》在吴縣之西南五十里今蘇州吴縣地。曾氏曰：『震如「三川震」之震，若今湖翻是也。具區之水多震而難定，故謂之震澤。底定者，言底於定而不震蕩也。』

《周禮》治溝洫之事

稻人，掌稼下地。以水澤之地種穀也。謂之稼者，有似嫁女相生。以瀦畜水，以防止水，以溝蕩水，以遂均水，以列舍水，以澮瀉水，以涉揚其芟，作田。鄭司農云『瀦』『防』以《春秋傳》曰『町原防，規偃瀦』；『以列舍水』，列者非一道以去水也；『以涉揚其芟』，以其水寫，故得行其田中，舉其芟鉤也。杜子春讀蕩為和。蕩謂以溝行水也。玄謂『偃瀦』，畜流水之陂也；『防』，瀦旁隄也；『遂』，田首受水小溝也；『列』，田之畦畤也；『澮』田尾去水大溝。『作』，猶治也。開遂，舍水於列中。因涉之，揚去前年所芟之草而治田以種稻也。凡稼澤，夏以水殄草，而芟夷之。[一]鄭司農說『芟夷』以《春秋傳》曰『芟夷蕴崇』。今時謂禾下麥，為『夷下麥』，言芟刈其禾於下種麥也。玄謂將以澤地為稼者，必於夏六月之時，大雨時行，以水病絶草之後生者，至秋水涸，芟之，明年乃稼。澤草所生，種之芒種。鄭司農云：『澤草之所生，其地可種芒種。芒種，稻麥也。』旱暵，共其雩斂。稻人共雩斂，稻急水者也。鄭司農云：『雩事所發斂也。』喪紀，共其葦事。葦以闉壙禦濕之物。匠人為溝洫。主通利田間之水道。耜廣五寸，二耜為耦。一耦之伐，廣尺，深尺，謂之甽。田首倍之，廣二尺，深二尺，謂之遂。九夫為井，井間廣四尺，深四尺，謂之溝。方十里為成，成間廣八尺，深八尺，謂之洫。方百里為同，同間廣二尋，深二仞，謂之澮。專達於川，各載其名。凡天下之地勢，兩山之間，必有川焉，大川之上必有塗焉[二]。凡溝逆地防，謂之不行；水屬不理孫，謂之不行。梢溝三十里而廣倍。凡行奠水，磬折以參伍。欲為淵，則句於矩。凡溝必因水勢，防必因地勢。善溝者，水漱之；善防者，水淫之。漱，猶嚙也。鄭司農云：『淫，讀為厭，謂水淤泥土，留著助之為厚。』玄謂淫讀為淫液之淫。

至元二十八年任武略言八項事內一項開浚吴松江事

某伏讀《書》云：『三江既入，震澤底定。』三江乃婁江、東江、吴松江也。震澤乃太湖也。太湖納百川之水，而注之江。三江洩太湖之水，而入於海。水有所歸，復有所洩，則震蕩者平定，尚何不霪潦之可憂哉！

二江已塞，僅有吴松一江。今來下源有河沙匯。沙高水淺，不甚湍急。若及早開浚，工費省而易為力。數年之後，愈久愈堙，工費倍而難為功。所當預為之圖也。以節用愛人之道論之，然錢粮固當吝，民力固當惜，於利民之事而用之，何吝惜之有？或以勞民之說，籍口為難行，

[一] 此處脱『殄，病也，絶也』一句，據《農桑輯要・水稻》補。
[二] 此處脱『通其壅塞』，據《周禮・匠人》補。

我以佚道，使之勞而無怨。若早不開浚，則日塞月堙，或遇霖霪之雨，水潦之灾，滔天難遏。不特田為江湖，而民亦為魚鱉矣。實為急務，不可緩也。

今之言水利者，謂水性就下，導而使之通流而已。河港陂塘，狹者廣之，高者下之，塞者浚之，瀰漫者隄防之，人皆能言之也。殊不知治水之法，須識潮水之背順，地形之高低，沙泥之聚散，隘口之緩急，尋源泝流，各得其當。合開者開之，合閉者閉之，合隄防者隄防之。庶不徒勞民力，虚費錢粮。水不傷禾，民享無窮之利，豈非國家之利乎？

昔自唐至宋，陳令公丞相、裴度、范文正公、葉内翰、朱晦庵、蘇東坡、歐陽文(正)[一]忠公等，皆陳言修浚。或吝於浩費而不行，或惑於浮議而弗講，或始行而終輟，或營修不得治水之法，因循歲月，少見實效。歸附以来，江河淮海，闕官管治，愈見堙塞。二十餘年之間，水利大壞，以致蘇、湖、常、秀之良田，多棄為荒蕪之地，深可痛惜。

區區管見，惟以開河、圍岸、置閘為第一義也。謹録連范、蘇二公力排浮議『天時人事不可開江』之説于後：

一、范文正公親至海浚。是時論者沮之。或曰：『江水已高，不納此流。』或曰：『日有潮至，水安得流下？』或曰：『沙因潮至，數年復塞。』或曰：『開浚之役，重勞民力。』公以謂江海善下，故得為百谷王，豈能不下於此？謂『江水已高，不納此流』者，非也。彼日之潮，有損有益，三分其時，損居二焉。乘其損而趨之，勢孰可禦？謂『日有潮至，水安得下』者，非也。新導之河，必設諸閘，常時局之，沙不能塞。每春理其閘外，工減數倍，亦復何患？謂『沙因潮至，數年復塞』者，非也。江南所植惟稻，大水一至，秋無他望。俾之導達溝瀆，脱百姓於饑殍。佚道使之，雖勞不怨。謂『開浚之役，重勞民力』者，非也。於是力破浮議，疏瀹積潦，民受其賜。

又有對東坡蘇公言吴中水患者，乃謂天理之當然，不可復以人力修治。東坡曰：『不然。父老皆言，此患所從来者四五十年耳。蓋人事不修之積，非天時之所致也。』蘇、范二説，愚雖不敏，深以為然。

至元二十八年潘應武决放湖水

切見朝廷數百萬米粮，浙西數百萬生靈口食，皆取給於浙西數郡。而浙西地勢極低，出産米粮豐厚。自圖山、福山而下，有二百八十餘里沙岡身，以限滄溟。岡身之間，有港浦一百五十餘處。潮汛往来，至震澤而定。故名曰平江。有太湖，又名洞庭湖。周圍三萬六千頃，受納三州六縣三吴五湖之水。溢流而下，一路徑下吴松江二百

[一]『正』字衍，據《吴中水利全書》卷二十一所引删。

六十餘里，抵海。又一路自急水港五十里，下澱山湖。周圍二百五十里，由港浦而入海。浙人常苦水灾。

古人開浦、港、溇、瀝、涇、澮之類者，無非所以為去水計，使民居無昏墊，而土可耕種。居民常修築圍塍，官司常常修浚水路。潦則車水出田，旱則車水入田。公私之利，可謂博哉！公私氣力，少有不及，則民蕩析，公私坐失厚利。錢王時，置撩淺軍四部七八千人，專為田事，導河築堤。亡宋初年廢弛，常有水患。至仁宗朝，范文正公親歷海濱，開浚五河，東南入吴松江，東北入于海。用費錢粮一十八萬三千五百九十八貫石。自後置農田水利使者，專管湖塘、河渠。趙運使任内，用錢米四十三萬八千有奇。至理宗朝，創立魏江、江灣、福山水軍三部三四千人，專一修江湖河塘工役，僅免水患。歸附後，軍散营廢，米粮歸之朝廷。有莊田荒蕪，無人經理。河港堙塞，水脉不通，無官修浚。

其澱山湖中，有山有寺，宋時在水中心，東有出水港，曰斜瀝口、曰汊港口、曰小曹港口、曰大瀝口、曰小瀝口，各濶十餘丈，深六七尺，通潮水往来。潮退時，引湖水下大曹港，大盈浦，入青龍、蟠龍等江，出海而去。古人謂水之尾閭門。宋法禁人占湖為田，為泄水路故也。歸附後，權豪勢要之家，占據為田。今山寺在田中心。雖有港溇，濶不及二丈，潮泥淤塞；深不及二、三尺，潮水湖水，不相往来，攔住去水。東南風，水囬太湖，則長興、宜興、歸安、烏程、德清等處，水漲泛溢。西北風，水下澱山湖泖，則崑山、常熟、吴江、松江等處，水漲泛濫。皆因流下不決，積水往来不去。或遇淫雨，渰没田土、室廬。丁亥年水灾後，獨有婁門外至劉家港一帶，得朱宣慰勸諭上户開浚。庚寅年，此處僅免渰没。去冬有游宣慰建言，雖已蒙省府委官相視，又為勢力所阻，且曰待今秋開浚。權奸但知幸灾樂禍，以為己計，何嘗考古問今，為國家經理根本之地。

昔蘇公軾有曰：『夫三吴之水，豬為太湖之水，溢為吴松江，以入海。海水日兩湖，潮濁而江水清。潮水濁，常欲淤塞江路。而江水清駛，隨輒滌去，海口常通，則吴中少水患。』又范文正公有曰：『天造澤國，衆流所聚。或淫雨，不能無灾。而海江之涯，地勢頗高。溝瀆雖多，不決不下。如無所壅，良可減害。若其浚深，江潮及来，愆亢之時，萬户畎溉。此所謂旱潦皆為利矣。』又，范文正公開浚時招募游手，日給粮七升，以三之二賙其家。宋時趙運使任内，科敷本縣食利人開浚。或人夫數少，即於見賑濟人内，選强者充應。

去夏一水，澱山湖、太湖四畔良田，至今不可耕種。家無存立。各家老小，並是船居。有力者，全家往淮上或山鄉，趁作求食；無力者，乘船在本路雜趁仰望賑濟。今年可耕種者，皆是以人力与天時争勝負。農家日夜踏車車水出田，子女脚皮生繭。田外河港水，高於田内水三五尺。近有稻禾將熟，為暴風驟雨激破圍塍，全圍淤没。子女號天慟哭，老農血涙交頰。今秋雖曰大熟，即目菜麥，無土可種。或遇風雨，來歲又是荒歉。建言屢矣，官司未見施行。一月過一月，一年復一年，積久不决，圍塍坍壞，再遇淫雨，悉為魚池。民居蕩析，公私坐失厚利。彼時修治，用費既廣，民力困乏，悔亦無及。

愚昨隨先來营田司官劉副使，親曾相視水勢，与高年老農、知識地里人講究得，澱山湖東大小曹港、斜瀝口、汊港口，固是水之尾閭門，今為權豪勢要占據為田。此處水路，卒難復舊。澱山湖北有道褐浦，俗曰稻褐浦、石浦、千墩港、小瀝口四處，取[一]江頗近，水勢順便。宋時有當地上户衛家年年修浚。近年衛家蕩廢，此港浦亦堙塞淺狹。今來若先於此四處開浚，决放水路，以救百姓生受，以保公私財賦，實為居安慮危，經理根本之計。候潮水減退，然後次第開浚諸處河港，修理閘堰，濟運運河。此即古人所謂『不决不下』，亦謂『下流既通，上游可道』也。自非省府選委廉幹官一員，同平江、嘉興两路正官，親往勸諭占湖為田權勢、食利上户，趁此秋成之際，招集流離船居百姓，併力開浚。無由拯救。累朝皆是官司，委官提調用費錢粮，雇工開浚，决放水路，載在典籍，歷歷可考。今來官府如曰勞民，有司無可雇工。

愚記得至元十五年充吴江縣尉時，上司委選取勘陳七娘告閻貴妃家閻珪占田事，曾擬定閻珪家詐稱，亡宋有旨，强占百姓良田五千三十二畝，一角四十七步，照依亡宋斷，籍為公田，粗追徵租米，修造沿塘两岸橋梁、水路用度續被隱瞞埋没。有朱顯祖等經浙西道勸農营田使司告者，有今柳理問等官公議斷過，備呈行大司農司，有參政燕相公等官公議斷過，照依潘縣尉所擬，籍没歸官。又蒙理算錢粮官追徵租米了當。近年又被强幹黄守謙與裘士秀作营田，互争抱佃，占收租米，賄賂官吏，今已三年，徑不入籍，拘租歸官。今來告蒙已省府就委官下平江路，趁此秋成，省諭種户依公租例，各自運米，赴官倉交納，年可得米四千来石，儘可為雇工修復水路用度。此係官司累年失收公田，官吏隱瞞米粮。今日收此米，拯救百姓，為國家經理根本，實省府不費之惠，全在省府力排浮議，亟圖利之。

應武，亡宋故官，歸附有功，两任縣尉，四受省劄辦課勾當，中間曾奉省劄，以應武在亡宋慣曾提領運河，深知水脉，今與都水監官一同勾當。亦曾建言開浚耿泾河、青暘河，至今漕運通利。又曾著述江南百姓衣食根本圖書，勸人農桑，多有成效。年踰七十，功名絶念，待盡山林。今幸欽遇天日開明，察知江南百姓生受，選命大臣，奉宣德澤，故敢出位一言，少裨仁政之萬一。

[一]『取』字誤，當作『去』。

至元二十八年庸田司大德八年行都水監集吳中之利

太湖，按《吳郡志》，即古震澤，具區五湖之處。〔一〕《越絶書》云：『周回三萬六千頃。』《吳録》云：『周回五百里。』《吳志》又云：『震澤受吳中數郡之水。』西南湖州諸溪，西北宣州諸溪，並下太湖。蓋諸山峙於太湖之西，地形高阜，兼南北東三處，江海之岸亦高，而太湖之四外皆高，水積其中，常若盤盂之盈滿，非藉江河深利，何以通泄？說〔二〕有雨潦，則泛濫四溢，環湖低田，其能免渰没乎？范文正公謂：『太湖乃天開澤國，衆流所聚。』而江海之涯，地勢皆高。若欲導泄積水，在乎時時點檢太湖東岸、北岸通江口諸河道、水洞，不致諸物閉塞可也。蓋環湖皆蘇、湖、常、秀之田，病于低窪，利在泄潦。兼松江傍海，諸高田亦仗湖流奔注，衝散潮沙，使江河深利，乃可引潮流灌。由是言之，凡太湖出水口子宜常通，不宜略塞也。諸小湖在太湖迤東及北者，有昆湖、承湖、陽城湖、尚湖、沙湖、陳湖、三山湖、鱶湖、薛澱湖又名澱山湖，并諸水泖、瀼、淹、蕩，皆能接泄太湖水、注江達海。數內澱山湖關係吳松江注泄，至為切要。論其古跡，周回二百里。此湖之水，自大盈、趙屯二浦以瀉吳松江，既近且便。較之諸湖，惟澱山湖之東岸、北岸与渾潮相接最近。若上源〔三〕所注不急，則潮沙由此以注湖內，漸成淤澱。按《韻略注》，堍路如石塘皆同此處，正是太湖東岸泄水下吳松江入海第一要處。古賢交口立論以曉人者，乃至於三，必是此處不當閉塞。凡先来於堤間多置木橋，多鑿水洞，上則通行，下則泄水者，蓋欲仗其急流奔注江河，衝滌泥沙，免致水患，然尤慮橋柱之阻水。今人多不知此意，或便於行路，則填塞河口，或墮於巡防，則密置樁橛。此又不止於橋柱之阻水也。引以茭荷魚斷等障遏，妨害農耕，必得官司於此處榜示告戒，使之咸知利害可也。

吳江兩橋，長洲、寶帶橋。至元二十九年，據本路詢究得西長橋古跡元長一百八丈，今兩堍築塞四十八丈。所謂東長橋者，古来無之，乃是歸附後添置，元長一百一十七丈，今两堍築塞六十丈。又據詢究得寶帶橋古跡，今於南築塞六十丈。以上三橋，曾議鑿堍添橋，寬展水道，於三十年，雖曾添橋展基，未能深利，如竇帶橋，南堍全未通流，皆合浚治。

崑山、常熟兩塘，昔丘与權記云：『至和塘自吳城東闉距崑山七十里，俗謂之崑山塘，北納陽城湖，南吐吳松江。』《吳郡志》謂常熟塘自齊門北至常熟一百餘里，可接

〔一〕底本『古』下有『者』，『具』作『巨』，據《吳郡志》卷十八改。
〔二〕『說』字疑爲『設』之誤。
〔三〕『源』字原本模糊难辨。據明張內蘊《三吳水考》卷八所引補。

泄太湖水勢入昆承等湖，注江達海。今其兩塘諸河道，姑以知名者言之，各有七十餘條，多有埧塞之處。今合去其埧塞，使之有通無塞可也。各河之名，載於別卷。大盈、趙屯，按《嘉禾志》云：『大盈浦南接淀山湖，自白鶴匯以達吴松江，浦濶三十餘丈。趙屯浦南接淀山湖，北達吴松江，浦濶五十餘丈。』然此二浦注泄湖水，最為切要。常宜深濶通利。忽近年以来，漸至淤塞，有若平地。愚往嘗究其淤塞之因，盖為閉塞住吴江平望沿太湖河道口子，無太湖急流下淀山湖，而淀山湖東向與潮相接，先自東向積淤潮泥，漸為富豪圍占，变其湖為田地。由是二浦与湖相去漸遠，而注泄亦遲，不能衝海渾潮。此即淤塞之因也。今至元甲午年，增工開修。其趙屯浦至今通泄；其大盈浦為因支流溝洫如李墟涇、孔宅涇、顧坊涇、蘇溝、沈麻灑、井亭灑等處，尤欠浚治，兼浦口不曾整置堰閘，隄防潮沙，所以復致漲塞。今宜修浚通泄。

吴松江開匯，按《吴郡續圖經》云：『自太湖東至松江岸，有環曲而為匯者甚多，賴疏瀹而後免水患。』若以今者環曲論之，如崑山、嘉定地面，本在江北，松江府地面，本在江南。今江南有嘉定之白鶴、盤龍，崑山之石浦；江北有松江、楊林等處。夫必不由開鑿，諸匯捨直就曲而然也。及觀嘉禾、吴郡二《志》，有白鶴匯者，乃昔嘉祐年間李兵部復圭、崇寧年間郟漕使亶、宣和年間趙提舉霖三次開浚。又有顧浦匯者，乃沈諫議主之開浚。又有千墩、金城諸匯者，乃儒者傅肱乞行疏决。又有盤龍匯者，按《續圖經》云：『此匯其經纔十里，而洄沉迂遠，逾四十里，江流為之阻遏。值大雨則泛溢旁齧，淪稼穡，壞屋廬。范文正公嘗經度之。至寶元年中，葉内翰清臣按漕本路，釃為新渠，道直流速，水患遂弭。』推原此匯，皆由上源閉塞，湖流遲緩，潮沙積聚而成。今有河沙，匯者漲塞江心，阻水太甚，民尤病之，不比昔年諸匯近在岸傍，可以浚治。却有新華觜、分莊觜、嚴家觜暴漲為害，俱在江边，可以擇其要害者鑿開。盖觜即匯之異名也。鑿而通之，可免水旱二者之患。

常州五卸堰决水，入楊子江，其勢甚盛。《吴郡志》謂徃年决水未多，而民田已没。盖五卸堰地形稍低，雨下未久，即溢岸而通。當於此堰边鄙，高築堤岸，以防水勢。又嘗見其堰門通水處甚是狹小，注泄難阻，遂致江陰州黄田港、利港、申港等處流勢不快，潮沙易塞。今宜相視，增濶其泄水之門，高築其管水之岸。又據單鍔云：『先置常州運河斗門一十四所，所用石碶并築堤管水入江。次開夾苧于白鶴溪、白魚湾、塘口瀆、大吴瀆，令長塘湖隔湖相連，走泄西水入江。』及參考運河走水之説，乃知古者常州與吴江俱曾置經函於運河底，走水入江，乃用長捧木為之，中用銅輪刀，水衝則草可刈也。昔治平年中，提刑元積中開運河，但見函管内皆泥沙，遂不復置。若石碶、若經函，制度不同，宜擇其善者用之。

宜興百瀆，按前輩單鍔云：『荆溪受宣、歙、蕪湖、江東數郡之水[一]震澤、太湖，乃於其口開瀆百條，又開横塘一條，綿亘四十里，以貫百瀆，而通瀕湖阡陌之水入太湖，抵松入海。是以昔年未嘗有水患。』又云：『若歲太旱，則可引百瀆及横塘之水灌溉民田。』今其瀆有知名者六十餘條，具列集中。至元壬辰，官司亦曾修浚。其餘不知名者，皆合尋訪古跡，浚治湖州漊港。按《吴興志》載六十三處，自大錢港以東二十六處。向年於漊港橋門置立閘版，如遇東北風起，閉閘以防潮浪之暴漲。若值雨潦，開閘泄水入湖。若值亢旱，閉閘積水灌田。於至元甲午年，差官相視。據相視得，自紀家橋港、大錢港以西三十七處，不曾置閘。除大錢、荻浦等五處水勢深濶難以置立外，有三十處，今擬一體添置。繼據自私忻港，南至新塘港，置閘二十八處，及修魏瀆、諸漊、西金漊三橋。常熟州許浦乃泄水下楊子江至要之處。雖有十里亭閘，緣月久歲深，看管者不常其職，啟閉失時，遂致每有渾潮，洶湧衝擊。浦内湾曲頗多，水道迂回，流勢不快，見今淺澁。至元二十九年，有當處耆老對相視官講究得，此浦有三十六湾，約該四十来里。今十里亭西南李宅前有舊河，又於舊河迤南，有荒田約六里。若將此處開挑，通於嚴塘、至梅里塘径直止該二十五里，可泄上水入江。仍將其閘修完，随宜啟閉，免致潮泥復淤，可以悠久通流。又免徒勞開北湾曲之處，是亦一說。

丹陽練湖，接[二]《吴郡志》云：『如練湖當大作隄防，以匱其水，復於四旁設為斗門水瀨，至大水之年，足以瀦蓄其水，使不与外水相連，而水田之圩岸，無衝其水患。大旱之年，可以決斗門水瀨以澆灌民田。』至元甲午年差官相視整治，相視得周回八十餘里，分上下两湖。上湖至[三]斗門一、石墶五、凾口五；下湖置斗門二、石墶一、凾口八。受高驪山、長山八十四汊水，自辰溪入上湖，自横垻、石墶减流，下湖水滿，啟斗門入運河，自减水墶入江。旱則啟斗門濟運河，啟凾口溉民田。如此，則圍岸、斗門、石墶、凾口，皆當時時修完。

海鹽古涇，按《吴郡》《嘉禾》二志謂唐海鹽令李諤開通古涇三百有一，盖開之可以瀦水備旱，泄水備潦，誠為耕種之利。又按《嘉禾志》云：『海鹽乃海奠，其東水無源流，獨藉官塘一帶，以灌十鄉之田。十日不雨，車戽之聲一動，其涸可立而待。况又下通太湖、松江，傾注而去，猶建瓴也。』是以堰閘又設為急。自宋嘉祐元年，縣令李惟幾植木為閘，又置鄉底堰三十餘所。後何執中為令，易木為石，續增堰共八十一所。又有安湖，在澉浦鎮，周回十二里，瀦水以灌三村十六保之田，

[一] 據《吴郡志》卷十九所引該文，『震澤』上脱『至』。
[二] 『接』字疑爲『按』之誤。
[三] 『至』字誤，當作『置』。

遂為民利。

以上古涇、堰閘、湖水三項，並宜講究，力為整治。杭州長安迤西諸堰沿運河塘者，則有淩宋堰、莫家堰、胡家堰、梅潭堰、破塔堰、楊堰、善堰等處。若塘中水溢，以至堰破，則所匱之水，未免奔下平江、嘉興等處，勢若建瓴，渰没田禾，須當每歲務令修築堅厚，及關防偷開諸堰之人。杭、湖二路，奉口、化安、烏渚等處斗門，并舊斗門，若雨潦之時，其斗門開，則水盛入湖洲之東與南，凡蘇、湖、秀交接地面，易致渰没。斗門開，則水自北向諸溪入太湖，面〔一〕廣濶河道衆多，末後遽有漲溢渰田之患。今當令各處民户專一看管，隨宜啟閉。旱則閉斗門蓄水，澆田亦可。餘杭甬道，按《吴郡志》謂《唐史》所載餘杭歸縣令築甬道，高廣徑直百餘里，以禦水患，蓋甬道即堤岸也。昔韓信築甬道以築河，其為河堤也明。以及《餘杭圖經》載：『縣令歸珧於唐寳曆年間，經意於南上、南下兩湖塘，承漢舊制而重修之，遂為民利。』又曰：『父老相傳，昔慶曆、紹聖、宣和年間，能率民修築，凡埭、函、塘、垻，一皆完治。如曹塘、石瀨、塘垻，皆在數内。』然今之青山、曹橋、長樂三港，西受天目、大山諸汊之水，下太湖最為奔急，纔遇大水，則三港堤岸易致衝破，渰損田地間禾、麻、菽、麥之類。姑以長樂一港言之，自黄公堰至大溪口，約四十餘里，中間一處名曰破塘，正謂塘堤之易破也。今欲禦其水患，所當由南湖塘与長樂等塘，時時修築堅厚。

至元二十九年正月潘應武條陳水利事宜

伏詳東坡蘇先生曰：『夫三江之水，潴為太湖。太湖之水，溢流吴松江以入海。海日兩潮，潮濁而江清。潮水濁，常欲淤塞江路，而江水清駛，隨輒滌去。海口常通，則吴中少水患。』此數句包盡浙西水路，下一箇『駛』字，斷盡浙西水性。此『駛』字《韻略》注曰：『疾也。』出《文選》『活疾流駛』，言其水要活，要疾，要流，要駛。駛者，如萬馬之奔驟不絶也。即孟子曰『水哉，水哉！何敢於水也？源泉混混，不舍晝夜，盈科而後進，放乎四海。』此之謂歟？

今日浙西水，自丙子年歸附時，招民官慮恐哨船入境，擄掠鄉村，各自釘塞，地分河港。吴江長橋，係三州六縣太湖衆水之咽喉。長橋南塊，古来水到龍王廟側，又被築塞五十餘丈。沿塘三十六座橋道，實鄉村河港衆流之脉絡，多被釘斷，日久歲深，浮穢壅塞。亦有橋道被築實垻，水不通流。所以不流不活，不疾，不駛，不能隨即滌去淤塞，以致澱山湖東小曹港口、大澱口、汊港口等處潮以日壅，積成數十里之廣，三五尺之厚，被權豪勢要占據

〔一〕『面』字上疑闕『湖』字。

為〔一〕。湖水、潮水不相往来，積水不去，往来泛濫。如人之便溺不通，水滿四肢胸腹間。淫雨再作，舊病復至。四年两潦，朝廷虧失米粮數百萬石，浙西百姓離散大半。今日得蒙參政相公憫念生靈，為百姓敷奏，欽選好人去浙西決放湖水入海。百姓父老聞風鼓舞，已有更生之望。

應武愚老，不識進退，去年九月初四日，詣省府陳言，乞委官取勘閻珪没官田米，雇工修浚道合浦等四處，通放湖水入江下海，已蒙行下平江、嘉興路計料，有案可考。續見諸人陳言之文，俱非救弊良策。切恐有誤國聽，徒費錢粮、民力，再於十月初四日詣省陳言外，今抄具浙西治水源流須知并形勢大略圖申呈，伏乞鈞覽。為今之計，以決放湖水入海為急務。澱山湖北道合浦、石浦、千墩浦、小瀝口四處，實係今日決放湖水入江下海緊切去處，元係古来水路，今日淤塞淺狹。此四處取江頗近，水勢順便。今春先修浚道合浦、石浦两處，深濶便湖水通流，出江入海，立見潮水往来，田夫可以做岸，今春可以耕種。然後次第開浚沿塘橋道、鄉村河港，整理堰閘，以防運河走泄。今逐一條具事目于後。

一、道合浦、石浦、千墩浦，正屬崑山縣界，小瀝口屬華亭縣界，澱山湖北一帶，自廟兒頭港至趙屯浦一百餘里，共有港浦一十三條，並皆淤塞，淺狹不通。應武昨来與劉副使即今廉訪司劉僉事，登澱山寺鐘楼上，遠望相視，惟有道合浦、石浦最低下。此二處取江頗近，水勢順便，此即隨其所趨也。叩問當地耆老，俱曰：『十年前潮水往来，近年湮塞淺狹不通。此四處若不及早修浚，滛雨再作，舊病復至。』今来如合鈞意，乞賜委官，一同相視打量丈尺，分作數段，併力開挑。

一、沿塘三十六座橋道，俱屬吴江縣。又葑門外至吴江七里橋，屬長洲縣。多有上下塘橋道，埧塞不通。欲乞委官同長洲吴江縣官抄見數目，就唤集當地人户修浚，通放水路。中間亦有緊切去處，官司闗防盗賊私鹽往來。又難去除釘樁，愚欲移橋下木樁於橋内，河道上釘撒星樁，庶幾橋口两不相妨。

一、吴江縣沿塘第四橋，此處一條水路，来自湖州大錢汊，又名南江衖，出下塘湖泊間，下笠澤湖、汾湖、白蜆江，下急水港，直至澱山湖。自来此水甚險。歸附後，因被占湖泊為荷蕩，造橋築堤，水路狹淺，不甚通徹。今来欲乞委官相視，仍復通放，實為便益。

一、舊時長橋南堍水口，至龍王廟側，歸附後，被填塞五十餘丈，見盖房屋，與軍户居住，以致太湖水口狹小，淫雨一至，水不通徹，多致泛濫，衝損塘岸，行路不時。差夫修治，深為不便。近日開浚處，乃係歸附後添創，長橋三高亭前即非舊来泄水古路，徒費工程。今来乞委官往地所唤集耆老，指定龍王廟基，省會軍户移入营内，計定工

〔一〕此處『為』下脱『田』字。

程，候七八月，日長水涸，農隙之時，雇借上户船隻、佃户，撅取泥土，就便填疊，沿塘道路高牢，此亦两便。中間留一實塊，仍舊造橋相接。此項合用，一併計料木植并塼灰數目。

一、鄉村釘塞築垻，河港皆在田圍中間。古来各圍田甲頭，每畝率米二斤，謂之『做岸米』。七八月間，水涸之時，擊鼓集衆，煮粥接力，各家出力浚河，取泥做岸，岸上種桑柳，多得两濟。近因水澇，圍岸四五年不修治，狀若綴旒，桑柳枯朽，一遇淫雨，全圍渰没，深有可慮。宜下州縣，委官省諭河港口两岸田圍甲頭，候河水減退，不拘時候，隨即告報衆户，浚河做岸，務要圍圍相接，除去釘塞垻斷去處，使水脉流通，岸上仍種桑柳。如有故違，罪及田主。

一、湖州既放通流，宜急防運河走泄。須是修整嘉興路杉青閘堰，宜下嘉興路，計料修整。

一、長洲、常熟縣水路，近年有耿涇、崑山塘两路水通江。此一方頗少水患。唯有東一路楊城湖、昆城湖及夷亭西畔，多有古来橋道坍毁，水路被築塞不通，致被泛濫渰没。乞委官相視，就便修浚，用工不多。

一、崑山縣近日得太倉水路通徹，僅免泛濫。中間亦有未通徹處。宜委官相視，詢訪高年父老，有合開浚去處，就便差工了辦。

一、嘉定縣水路亦曾開浚，中間亦有未辦去處。宜委張提舉開浚，亦一良便。

一、吴江縣長橋，實三州六縣太湖衆水之咽喉；沿塘三十六座橋道，實鄉村河港衆流之脉絡。昔錢王時，置都水營田使，有撩淺軍四部七八千人，專為田事，導河築堤，載在《范文正公文集》，可考。亡宋得國，亦曾廢弛。至仁宗朝，水灾疊至，范文正公開浚五河，令轉運司兼提舉湖塘河渠。續後又置都水使者，又置開江軍。載在《治水論》，可攷。至理廟，平江發運司、節制司，立魏江、江湾、福山水軍三部三四千人，專一修湖塘、河渠工役。應武在亡宋時，曾准淮東總領所差撥魏江游擊軍，令應武修江，浚吕城河，有案卷可驗。舊来亡宋吴江知縣職御帶提督湖塘河渠，縣尉職帶巡視湖塘河渠。為渠塘路被風水損壞，一日不修，坍壞愈廣之故。縣道因申請差軍請料，稽違失時。本縣自行收拾，設官田米三千餘石，名曰『修橋米』。歸附時，又曰『修浚縣河米』。應有橋道坍壞，水路湮塞，本縣自行支用，隨即修治。自此浙西三十来年，並無水害。男種田園，女事桑麻，家給人足。亡宋足食足兵，多有便益。今来若蒙官司以閻珪没官田五千餘畝，撥付吴江縣管隸，同共收支，准備雇工買料，不時修造橋道、塘路。七八月農隙之時，修浚道合浦、石浦等四處水路。應有潮沙淤泥，堙塞河港，常常修浚通徹，自然永無水害，實為公私無窮之利。修浚縣河米一項，平江路官租房見有案名，可以參考。

一、浙西在水中做世界，官司常常深浚水路，居民常常修築圍塍。自丙子年水政廢弛，積水不去，一遇淫雨泛濫，桑柳枯朽，田土荒蕪，百姓離散。亡宋時，范文正公《治水議》乞敕下諸路，行勸課之法，取其簡約易從之術，頒賜諸路轉運使，面賜一本，付新授知州、知縣令等。此養民之政，富國之本也。今日參政為浙西生靈敷陳決放湖水入海。此三百年一遇，深恐去後仍復廢弛。如蒙銓曹選委經任好人，充吴江縣尹職御，兼提領湖塘河岸勸農事，縣尉職兼巡視湖塘河岸，崑山縣尉職兼巡視江湖河岸，常切巡視道合浦、石浦等四處出水港，毋令占據為田，有妨放水入海，違者論罪。浙西水政，廢弛已十七八年。今日雖已修浚了畢，若不常常巡視督励，深恐前功俱廢。倘蒙如此，舉行立見，生意復回，家給久足，實為經理根本之計。

張桂榮言水利事

三江既入，震澤底定。震澤即太湖也。《吴地記》謂：既入者，理三江以入海，非入震澤也。水不逆行，禹實作則。逮漢唐而歷錢王，皆由堤岸堰閘以致水利，所以年穀屢豐也。至宋端拱年間，堤堰既廢於漕舟，故水患頻仍。有志於修浚者，無如吴中范文正公、葉内翰、郟漕使，於五湖、盤龍、滬瀆、茜涇、白岳等處，咸著厥功，遂為民利。愚生吴中一貧士也，寓居則濱吴松，祖塋則隸餘杭，乃知有天目、寺山諸源，自餘杭衆溪深競注太湖。又知自太湖東注吴松江達海，是為浙西水利第一要處。

頃自至元丁亥歲以来，凡吴松江浦皆為潮沙漲淤，致見連遭水灾者，盖以堤閘既虧，加之閉塞，太湖水勢不有活，病流駛，衝滌潮沙，一至於此也。

愚生目擊斯患，心慕前功，遂注意於浙西之〔一〕利之學，設為隄防旱潦之策，陳言浚治。繼嘗被命委用，俾之叶力，規畫修浚，自壬辰之春，洎于甲午，公勤罔替，江河漸深，規畫既効，遷賞無求，自謂未復有修浚之勞。逮丁酉歲，又為阻壞水利人閉塞太湖流勢，而此江復致湮塞，寧無後慮？文正范公有云：『士當先天下之憂而憂，後天下之樂而樂。』愚嘗軫憂於前，叶力浚治，幸躋吴民於樂歲者，迄今六稔，豈料江河復淤，憂復莵焉！甚欲再伸一喙，期底〔二〕吴民於無窮之樂。奈何家貧力微，年老耳聵，行則尼之，徒懷中愛而已。於是援古訂今，興利除害，編成一集，畫成一圖，名《浙西水利要録》，以詒後人。儻能繇此以少效一得之愚，可為將来之補，幸莫大焉！大德二年歲在戊戌仲春既望，張桂〔三〕潛效太史公之自序。

〔一〕『之』字誤，當作『水』。
〔二〕『底』字疑為『厎』之誤。
〔三〕此處疑缺『榮』字。

至元三十年四月平江路准江南浙西道肅政廉訪司分司牒為修築田圍

准本道牒，該為浙西河道閉塞，水害傷田，委官相視，開挑河道，高築圍岸，隄防水患。當司已經行移，催督所屬依上開挑修築去訖，恐有不完，親詣屬縣鄉村催督點視，已見次第。

今訪問得田里諳曉農事耆老説稱，浙間每歲插種之後，比至六月，耘耔已畢，直候秋成，季夏一月，農家頗有閑暇。所修圍岸經值梅雨淋洗，恐有缺損去處。若於此時，稍加修補，庶幾也後設有水漲，不致衝渲坍倒。但農民所懼官吏下鄉，因緣搔擾。若則之圍長從便，勸率農民，自行修補，官司不責工程，不差吏卒，樂然出力，易為成就。

參詳此論，似為有益。切照圍岸一事，為功不細。今歲修築，雖已成就，緣一時旋取濕土堆築，經值春夏，雨水不無沙，有淋損去處。若季夏一月，略加修浦〔一〕，又於秋收之後，十二月及来歲正月為始，載行增修，添用椿笆，低者高之，狹者濶之，缺者補之，損者修之。更令田主從便栽種榆、柳、桑、柘所宜樹木，三五年後，盤結根窠，岸塍賴以堅固。此誠良久之計，請更為講究，申覆省府照詳。

至元三十年四月十四〔二〕書吏王京承

至元三十年八月初十日行省准都省咨文該先於至元二十八年八月十六日江淮行省燕省政呈奏過事内一件：浙西地面裏，太湖、江東、浙西来的水，都那泊裏入去有。在先那湖泊有幾處海裏入去的河道来。收附江南之後，那裏軍官每、有氣力富户每，將那河道閉塞住種田有。為那上頭這幾年百姓每田禾被水渰了来，如今那裏知水利人委付着，將那閉塞住的水開了，交海裏入去呵，百姓每田禾得濟有。俺商量的秋收了呵，這裏差的好人去，與省官人每一處開了呵。便當的一般商量来，聽了道是来省官人每根底説者。麼道？欽此。

都省於八月三十日差委前江淮行省左右司郎中都尔弥失〔三〕前去江淮行省，照依已奏事理，開挑施行。至元二十九年閏六月十八日，准江浙省咨，浙西水渰田禾，人民闕食。准此。為開挑一年，不見次第。又今湖水渰害民田，以此專委前浙西鹽使沙的前去，與都尔弥勢并本省已委燕參政、本道廉訪司官元言水利人等，欽依燕參政已奏

〔一〕浦　疑當作『補』。
〔二〕標題『四月十四』下疑缺『日』字。
〔三〕都尔弥失　下文及其他史籍多作『都尔弥勢』，當據改。

事意，須要將太湖等處閉塞河道，疾早開挑了畢，毋致似前傷田為害。仍先取都尔弥勢并燕參政各看循違慢，招伏并本省官不為催問緣由，去後八月十三准本省咨移准本省參知政事、通奉咨照得當職元奏開挑河道，今已開挑訖三百一十九處，未開挑止有二十三處。為是農忙，權行住役，候秋收了畢，興工，已經摘委本路正官開挑去訖。然此終是遲慢。

咨請照驗，得此：有燕參政到来，於十月初二日奏過事内一件：烏馬兒的伴當南人燕參政題説勾當来有，杭州這壁，浙西多出産錢粮有，太湖等有兩箇大湖有，水大呵，損着百姓每，為那上頭，年時我奏了出水的河道交修理来。今年雨水雖大，因那修理來的上頭，田禾也收了些箇。這合修理的緣故，一日两遍海潮水来，河道泥淤的滿了呵，多損着田禾有。常川着百姓每的氣力裏修理呵。勾當大有，百姓每氣力迭當不得。在先亡宋時，合用着的物，官司添與，交本土軍每修理着来，更近水有的管民官每裏頭交一箇專提調着水的勾當裏，委付来説有，俺商量来，管民官裏專交一員提調的，依着他言語，行挑渠的軍樞密院裏，与文書交他每奏呵。怎生？商量来奏呵。那般者。欽此。都省劄付樞密院，差軍移咨江浙等處行省，欽依施行去訖。

却據所委官沙的囬呈：浙西蘇、湖、常、秀等處，五六月間，驟雨大作，田野之水一漫渰没。若非新開河口，數年不能退落。浙西數郡不見申到闕食流移人户。今歲為灾，非因河道所致。及元言水利人潘應武狀呈該：去冬、今春開浚港浦三百餘處，並無一處通徹。今蒙都省差来官，與江浙行省參知政事一同相視得，僅有曹家門首百来丈挑開深澗，餘外並不開挑。水路淺澁，仍復如故。

得此，除已督勒合屬依上開挑，候見次第，別行具呈都省除外，檢照得南人縣尉潘應武於至元二十九年正月内元言：切見太湖周囬三萬六千頃受納諸水，溢流而下，一路徑下吴松，下二百八十里抵海；又一路自急水港八十里下澱山湖，周囬三百六十里，通江入海。其澱山湖中有山有寺，亡宋時在水中心。東有水港四五處，各濶十餘丈，深六七尺，以通潮水往來。潮退引湖水下青龍等江入海，古人謂澱山湖，乃浙西諸水之尾閭。宋法禁人占湖為田，歸附以来，權豪勢要之家，占據為田。今山寺在陸地中心，舊来港汊潮泥淤塞潮水，湖水不相往來，積而不去。遇東南風起，水囬太湖，則湖州、宜興等處地面，水漲泛溢。西北風起，水下澱山湖泖，則平江松江等處地面，水漲泛溢。皆因下流不决，往来為害。近年雖蒙省府差官相視，每為勢力所阻，權奸但知幸災樂禍，決不肯為國家經理根本。年復一年，積久不決，必致圍岸坍壞，悉為魚池。彼時雖欲修治，悔亦無及。且浙西地勢，如人之有口腹四肢。若口腹受水，尾閭閉塞，水滿胸腹，四肢俱腫。今醫者但於手足頭目上去水，可謂愚甚。澱山湖東小曹等港口即尾閭門出水去處。今既為權豪勢要占據為田，不可得而通泄。昨親相視，与故老講究得，澱山湖比〔一〕有港口，四處取江頗近。十年前潮水往来，近年湮塞，若修浚深濶，使通湖水，乃是於尾閭門側通放水脉也。及有吳江縣沿塘第四橋，名曰『白龍橋』。此處一條水路，来至湖州大錢港，衝出下塘湖泊間，下笠澤湖、汾湖、白蜆江，下急水港，直至澱山湖。自来此水甚險，歸附後，因占湖泊為荷蕩，造橋築堤，水不通徹，合委官相視通放。

照到如此施行間，六月十四日，又准本省咨文二道，俱為擬開太湖河道，添差軍人等事，准此。都省議得：歸附以来，只因數十家土豪勢要，不畏公法，將自来官禁瀦水湖泊，强行占為己田，淤塞出海河道，漂没官民田土，不唯使數百万租粮不能到官，遂致浙西數百万生靈，永被無窮之害。至元二十八年内，燕參政奏准開挑河道，都省兩次委官督責行省併工開挑。經今三年，雖称邊通小港，並不及出水故道，徒費民財，徒勞民力，官民之害，依舊不除，富豪之利，安然坐享。虧官害民，莫此為甚。及鎮江、練湖，即係一體事理。只至元二十九年鎮江實料粮一千萬石，水灾訖，九萬四千餘石餘外，止有合徵粮六千餘石。如此，若不整治，深為未便。

為此，於至元三十年六月二十五日奏過事内一件：

江南杭州這壁，蘇州、湖州、常州、秀州、松江府、鎮江府，這幾處城子裏，百姓每多有出辦的錢粮，在先也多有來，亡宋時分，襄陽府兩淮上應有的惹多軍每的氣力粮食，不揀甚麼用着的，這幾路裏辦有来。亡宋之後，這幾路的百姓每的田禾，每年被水渰了，納官的税粮數目，漸漸的多減了也，渰了田禾的緣故。這幾路的地方中心裏有一箇太湖有，那周圍有的山水，盡都流入那湖裏去有，澱山湖裏轉流入海裏去有来。在先亡宋時分，沿着澱山湖流水的河漕，專委着人交軍每看守着那裏有的田地，不揀誰不交占了。更修理着河道，不交水停住，交流入海裏去了来。那的上頭周圍有的百姓每的田禾，不曾被水渰了来。亡宋之後，安置軍的修理河道的，都不曾整理，則那般罷了来。更有咱這裏去的軍官每，并蠻子有氣力的富户每，將澱山湖、吳松江流水的口子築起堤堰，當住水，將湖并河漕的地面，閃做旱地種田，他每要了有。為那般上太湖的水每年有雨的時節，溢出来，那幾路的百姓每的田禾被水渰了的緣故，因這般有在先忙古臺等行省官每做修理開挑的一般，却於曹總管小名的人根底要了金子，不曾行来，則忙古臺一遍要了的該十九定金有。去年賽因囊家歹題説呵，則委付交他去来，百姓每氣力小，不着軍每相參着呵，成就不的麼道也。不曾行来。俺根底行的張參政小名的首領官，又一箇潘應武小名的南人，文書裏題説

〔一〕比　疑為『北』。

來，軍官哈剌歹也題説来，理會得的漢兒南人多，人每也説道是有益的勾當有。俺商量来，這勾當如今無疑感上位奏了交行呵，怎生修理呵，哏多用着氣力有，則交百姓每氣力辦呵，了不得軍民相參着交做呵，怎生商量来題説着，交做的人每委不當呵，也不中，這裏差的好人去那裏行省官裏，交山住的孩兒行院官裏，交董八都兒大孩兒行臺裏，也着一員官，哈剌歹也是省得的人有，也交它做伴當，交這的每親身踏覷了，斟量着勾當裏合用多少人，百姓裏交多人，軍人裏交多少，它門擬定，説將来時節，奏呵，〔一〕生麼道。商量来，交看圖子。奏呵，是好勾當有。在先早合行来的勾當，休疑感，便那般者。麼道。欽此。

又，張參議題説，有澱山湖、吴松江郡地面裏有氣力的富户占了的田地，元是亡宋係官地来。亡宋之後，他每自由自在占了田地，交損着衆百姓每種了田。這幾年的田禾，它每要了來。今年的田禾，不合與他每種養了的客家佃户每，合得的分例，與他每者餘上的數目，根脚占田地来的人每根底，不與官司收拾了，挑河的軍人、百姓每根底，做粮米呵，怎生？這般題説有。俺也都道它的言語是來擬定那般行呵，怎生？商量来奏呵。也有體例，擬定那般者。欽此。

又靠着鎮江府一箇練湖有，也依那體例裏。亡宋之後，官豪勢要之家，湖中間築起堤堰，把那湖的田地閃做旱地種田有。那湖裏的水為無流出去處，湖裏也着不了溢出来。那周迴有的種田户百姓每年多損着有也。依那體例裏，專委人依亡宋的體例裏，挑開河道，交流水呵。怎生？今年種了的田禾也，依澱山湖的體例，咱每收拾呵。怎生？商量来奏呵，擬定那般者。欽此。

都省除外，咨請照驗，欽依事意，行移本省趙左丞与差官，一同依上施行。准此。省府官與朝廷差来斷事官禿剌思，行院董僉院，浙道宣慰使哈剌歹、金吾行司農司張經歷、行臺張監察等官，一同議擬，選委到所委相視河道官，慶元路韓經歷、浙東宣慰司賈都事、省掾崔瑋、王昨，并知水利人吴伋、張桂荣、潘應武、壕寨許荣等，於八月二十九日，咨請本省趙資善与差去官，一同前去各路，從實相視合開河道；及行下嘉與等路，委正官與差去官，一同用心，從實相視應合疏通修置湖泖、河港、橋梁、閘垻，計料工物開申及委甄千户、無錫石縣尹，取勘澱山湖占湖為田頃畝數目；并委韓千户、德清郝縣尹，取勘練湖占湖為田見數，造册申省去後。准本省左丞咨，該依上與中書省禿剌思、斷事官張經歷、張監察、行院董僉院、行臺傅侍御、浙東宣慰哈剌歹左丞等官，將引元言水利人潘應武、吴伋、壕寨人等，分委廉幹官員，一同親詣浙西地面，議擬應合開浚湖泖、河港，添置閘垻處所，計料合用工

〔一〕『生』上疑脱『怎』。

役、鐵炭、木石等物，畫圖貼說。差委前松江知府僕散翰文與中書省禿剌思斷事官，賚擎赴都外，咨請備咨都省，早乞明降事。准此。開坐移咨中書省定奪，及咨本省左丞，催督已委官千户甄用、韓佐等，疾早取勘占湖為田，完備造册。咨来。至元三十年十一月二十一日，准中書省咨：近為開挑太湖公事，来咨左丞趙資德等官，親詣浙西地面，相視到合修湖泖河港、合置橋梁閘垻九十六處，總用夫匠一十二萬，可修一百日了畢，合該工役錢粮。

都省於至元三十年十一月初二日奏過事内一件：江南杭州、蘇州、秀州、常州、松江府等處，田地中心有一箇太湖名字的，太湖有雨水大呵，但是那周圍山裏的水流入那湖裏去，那裏着不得呵，却流入澱山湖裏去，從那裏轉流入海裏去有来。亡宋時分，流水的港口交軍每看守着，時常修理呵。那周迴的田禾不曾被災来。收附了江南的後頭，不曾似那般整治来。有氣力的富户每把流水的港口塞閉了，把澱山湖閃做旱地種田有，則是於那少的人每得濟有，雨水大呵，太湖的水為塞閉了流水的港口，漫出来，損着周迴有的多百姓每的田禾的上頭，和理會得的人每說了話，舊港口交軍民挑開，澱山湖依舊交做了湖泊，不揀誰，休那裏頭種田者。這般上位奏了，差的人交斟酌上役去来，省官裏頭交山住的孩兒，行院官人每裏頭交董大哥孩兒董拔都兒，行臺官人每，和哈剌歹一處斟酌將来者麽道，說將去来。如今他每親身踏覷了，斟酌了說將来，總用着一十萬人，可做一百日工役有。說將来有，俺商量来，先交軍民一處做麽道。奏来。如今做工役用着的人數多有，不須動軍，周圍路分裏百姓每多有，則交百姓每做着起夫呵，各枝兒裏的百姓、和尚、先生每的種田户每，休教偏負，一概的差撥呵。怎生？奏呵。有損有益呵，衆家交均匀有，休疑惑，一概的差撥者麽道。

又奏一件：海運粮的朱張等南官每的水手等，在那裏住有，交這的每這勾當裏也，添氣力做伴當呵。怎生？說將来有。依着他每的言語，交添氣力做伴當呵。怎生？商量来，奏呵。交那般者。

又奏一件：這勾當裏做工役的人數，多有合做工役的地面，在這壁那壁分着做有。若不交軍每鎖遏着呵，不中這勾當裏，交阿术的孫兒不怜吉歹衆人之上，為頭兒提調着，就將軍去鎮鈐束着這的每呵。怎生？與樞密院官人每也商量来麽道。奏呵，哏是有那般者。欽此。

至元三十年八月初十日

卷第四

武略將軍、前管領海船上千户任仁發竊謂：澱山等湖，百川之水，總歸注於吴松江，導流入海。雖數郡地勢不齊，亦無水澇之患，皆吴松一江之功也。自歸附以來，因吴江縣一帶傍太湖，長橋下垻等七十餘處出水口子，或釘木植為柵，或以石築狹河身為橋，或壅以土草為堰，官司置為驛道。又有澱山湖三泖通接河港，為鹽軍歹人販私鹽，為强盗出没此處。官司為欲禁止，將諸港汊亦皆閉塞。以此清水日弱，渾潮日盛，吴松江日就淤塞也。但遇天雨霖霪，田疇多被水傷。即今大德六年、大德七年，分浙西數郡官民田土，淹没不知其數，此江廢弛乃農民第一害也。且江南之利，莫大於蘇、湖、常、秀四郡之良田。自古設官置兵，未嘗一日肯忘脩治水利之法。

為此卑職目擊江河之弊，在先，累言必合修浚，詞語雖切，不蒙准行。至元三十一年，大興工役，奈所用不得其人，不知地里水勢，當開者不開，合閉者不閉，是猶問盲者索塗指令，北轅適楚，所以愈求愈遠，虚勞民力，徒費錢粮，屢次赴官，力行辨明，多被毁辱。所開之河，欲導東流於海者，反西流，渾潮帶沙而來，不一年間，復行壅塞，與某所言之利病，前後相同。見有呈省文卷，可照大德二年創立都水庸田使司，有本司大使等官，行馬到来再詢問，為某先言已有所驗，今説必然可行。條舉數項事宜，已蒙備呈省府了當，未見准行。今蒙都省差来官行省郎中等官，到来相視吴松江，令某講究便益事理。據某淺見，吴松江係泄太湖衆水之處，即目沙泥壅塞，雖是南有新涇、上海浦，北有劉家港，分流入海，且如霖雨三日，其河港百折迂迴，水勢經月不能通泄。設有梅雨連綿，以致田疇多被渰没。若吴松江開浚其道，徑直順便，勢若建瓴，水有所泄，尚何霪澇之可憂哉！

合用工役，必須於有苗之家，上至百石、下至十石户内為率，僉撥夫匠一萬名，每夫除免税粮一十石并雜泛差役，擬照亡宋撩清軍例，設官管領關防，專工修浚，一年之中，於吴松江内两塗抄直開挑，及脩浚諸河，或閘或垻，畎引太湖百川之水，拘入本江身内，流轉衝滌渾沙，則江河自然深浚。如三年成江，即將元僉夫匠，酌量除減，存留准備行使。若吴松江不行開挑，從令廢弛，亦合疏浚南北两傍諸河，貫接劉家港、新涇、上海浦諸港，注江達海，止可僉撥人夫五千名，專工擘畫管治，脩浚河港，置立閘垻等用，允為從省之良便，且如所僉人夫一萬名，除米一十萬石，盖因為數浩大，難動朝省聽信，某亦嘗以意約度，且舉一圍官民田土計之，大圍不下三四千畆，約收米二三石。又以一鄉人户計之，大鄉不下一二萬家，每家人口三四人。今止用十圍田米，可以較浙西數郡幾千萬石之粮；止用半鄉民户，免為數百萬生靈枵腹之苦。何為吝屑屑小利，以遺年年大害也？良可痛惜！為下情不能上達，尤恐朝廷未知此項潤國澤民之良策，用是再行具陳。方今明良在上，相與察其可否而講行之，實生民之幸也。今將合疏浚人夫、里路、工程、船隻、責具、什物數目，開具于後，合行具呈，伏乞鈞詳施行。

一、開挑吴松江，自趙屯浦至嚴家觜，約一百二十餘里，於江内两塗抄直開挑，面濶五十丈，平岸至底，深三丈。又於新莘下源南北岸開掘一河，約一十餘里，面濶一十丈，底濶四丈，深一丈五尺。各處置閘二座，随宜啟閉，吐水出新涇大□[一]，入江衝沙，共用夫匠一萬名，每月開挑約二十一里，每十日一次分工，約開七里，每里該三百六十步，計一千五百二十步，每步五尺，計一千二百六十丈，展計一萬二千六百尺。每夫十日開一尺二寸六分，每工一寸二分六厘，可半年開成江道。以後合置閘坝，看水勢去順如何，官支物料随宜。設五畝水入江衝沙，其有吴江長橋下坝各處口子河港淺澁阻滯，水勢漸行，仍復舊址疏浚貫接，通江達海。

一、前件必須於有田苗之家，上至一百石、下至十石户内為率，僉撥夫匠一萬名，每夫除免税粮一十石并雜泛差役，專一開浚江河。所僉夫匠，照依亡宋撩清軍例，設法管領關防任用。日就月將，慣習工役，一可當十。又且四時不妨農務，則職專而事易成。慮及潮水往来去處，不免有東坍西漲之患，不可指定何處坍漲用工，既撥定撩清夫一萬名，一月三十萬工，每日專一脩浚，不須計料工役。如有某處坍壞，随即修築作岸，不令潰漫。如有某處漲塞，随即開浚成河。三年之中，將吴松江内两塗抄直開挑，及疏浚諸河，或閘或坝，畎引太湖百川之水，拘入本江身内，流轉滌去渾沙。凡水利之要，須合泝流尋源，疏通貫接，應機而作。如此則江河自然深浚，决無湮塞之患。如三年成江，已後將元僉夫匠酌量除減，存留以備使用。

一、吴松江從令廢弛，合將太湖百川之水疏浚。南出松江府，有新涇、上海浦，導流達海，中有五里塘、廣浦林一帶港汊，及東西横泖等處，沙淺窄狹，阻遏水勢。東北去平江路，有劉家港，導流達海，中有新洋江、下界浦、大虞、小虞等處，接入至和塘，其諸處河港窄狹淺塞，阻遏水勢，擬合疏浚，注江達海。前件止可僉撥人夫五千名，一體用工疏浚。如此三年之中，可復成河。

合用：

夫匠一萬名。如不開吴松江，每事減半。

夫九千七百名，

匠三百名，

[一] 此字模糊不可辨，闕之。

石匠　鐵匠　木匠　泥水匠

醫人

舳舡五百隻，每隻一百料，可安着人夫二十名宿食，及於江河內供撩泥用度。

舡上浮動什物：

鐵猫　蓬檣　櫓舵　竹篙　緪索

開河器具：

鐵鍬一千把　木杴二千把

鐵塔二千柄　土箕一萬隻

匾擔七千條

大德八年江浙行省咨都省開吳松江

本省與都省差来官，并前庸田司副使、今任两浙都轉運鹽使李太中，議得：除嘉定州管下河道百姓自願分工，已行開挑了畢，松江府東江、橫泖已行開挑通流外，據平江、常熟、崑山、嘉定三州管許浦、福山、七浦、浪港、練塘等處河道，既是本省左右司郎中高中議、都省差来官羅宣慰等，親詣河道去處相視，與平江路官、各州正官一同議得，即日衆忙，兼廉訪司申奉御史臺劄付，若候秋成開挑，公私便益。為此擬候大德八年十月內興工開挑，合依所擬。

據任仁發言，開吳松江一節各官講議得，平江管下福山、許浦等五處港浦，開挑之後，止可通泄崑承等處湖水，終不能泄太湖汪洋之巨浸，為久遠之利。其吳松江自古以來泄水之處，亡宋之時，不曾湮塞，然而尚有言其勢有所不能勝，受數州瀦水之巨浸，於常熟等處，開衆浦以疏之，况今湮塞，豈無渰没之患？若依任仁發所言，於近上苗米户內簽撥人夫一萬名，專一開浚吳松、大江諸處泄水港汊，及自来鍾水湖泖，并太湖入吳松江出水古跡，吳江長橋塘岸驛道阻礙閉塞去處，疏復舊址，庶可舒浙西渰没之患，為久遠之便。若欲簽夫，合設司存管領，莫若遴選諳知水利官員，分置都水監，專治開浚河道水利之事。候成功之後，摘撥撩清人夫三千名，常司撩洗，似為相應。今差千户也速歹兒馳馹賫咨，并彩畫到圖本，將引陳言人任仁發一同前去，合行開坐移咨，伏請照詳，希咨回示。

大德八年，前都水庸田司書吏吳執中言順導水勢：

嘗聞利萬物者，莫大乎水。然而水能為利，亦能為害。孟子曰：『搏而躍之，可使過顙；激而行之，可使在山。以勢言也。』又曰：『源泉混混，不舍晝夜，盈科而後進，放乎四海。以性言也。』善治水者，每察其勢而逆其性，故有利而無害。古之人有能之者，禹是也。當堯之時，洪水橫流，下民昬墊，巢居穴處，被害九年，其為患亦酷矣。禹則導河自積石，導淮自桐栢，導渭自鳥鼠，導洛自熊耳，及自嶓冢以導流，由岷山以導江，無不以導言之。導之為言，疏而順之謂也。以至於鑿龍門，排伊闕，疏九河，瀹濟漯，决汝漢，排淮泗，莫非因其性之就下，而順其勢之必趨，故能使溝壑之地，疏而為桑麻；塗泥之鄉，化而為沃壤。地平天成，彝倫攸叙，太平之治，於斯為盛焉。三代迭興，聖王繼作，地不改闢，民不改聚。水由地中行，而其為利固自若也。逮至戰國，土地分裂，高岸為谷，深谷為陵，而古先王之美意良法廢矣！然獨有魏襄王者，用史起為鄴令，引彰水灌鄴田，以致河南之富。鄭國亦鑿涇水為渠，注洛三百餘里，而秦之[一]因之以富强。水之能為利害也，豈不信然。由漢以唐，以迄於宋，隄防之具，代不廢弛。如曰閘、曰壩、曰堰、曰塘、曰脩圍、曰浚河，皆其大端也。以故千有餘年之間，獲水之利多，而被水之害少。

考今浙西之地，即古楊州之域。厥土惟塗泥，厥田惟下下。得水之利雖博，而被水之害亦大。宋有郟僑者，曾論天下之水，以十分為率。自淮而北，五分由九河入海，《書》所謂『三江既入，震澤底定』是也。而三江所決之水，其源甚大，由江東、宣、徽而来，加以天目大山嶮潭，并西南諸山，東注之水，鍾於震澤，即今太湖也。其湖綿亘三州六縣，周廻五百餘里，面濶三萬六千餘頃，導其水而入海，止三江尔。三江已不得見汪洋浩湯之勢，止洩於吴松之一江。當時已有泥淤不能通泄之論。大抵浙西水澤之藪，外高内低，勢若盤盂，但遇霖霔，水輒泛溢。欲使洩於江海，其江海日有二潮，抑遏湖水，渾流倒注，來速去遲，日積月增，漸生淤澱，致使上源太湖之水，急不得洩，遇澇則低田有滽没之患。遇旱則高田有乾涸之危，是豈水之性哉？勢則然耳！所以導之有方，則害可轉而為利；治之無術，則利必轉而為害。古之智者，蓋未嘗不深察於此，而盡力乎溝洫之政也。

國家收附江南之初，年穀屢登，不聞水患。所司因循，失於經理，其弊積而至於至元二十四年、二十七年、二十九年，六年之間，三遭大水。所在膏腴，悉成巨浸。百姓闕食，賣子鬻妻者，不可勝計，官粮更有何望？至元三十一年中書省奏准大興工役，開挑太湖、練湖、澱山等湖，并通江達海河港，又外以脩築圍岸[二]。自此之後歲獲豐收[三]，官粮民食，咸得其濟。所在官司，理宜將已開河道，時常拯治，庶得不廢前功。無奈收民之官，略不顧問，復被海水日夜二潮，將已開大盈等浦漲塞殆盡，吴松江面淤澱愈增。幸而數年之間，雨水調匀，不覩其患。倘值往年霖潦，為害非輕。近蒙朝廷設立都水庸田使司，專一總督其事，敦本防灾，可為良策。爰自本司設立以来，每年勸率百姓，修築田圍，拯治河道，粗有成效。然而數年之間，事功齟齬，猶未全成，識者固已憂之。適值上年春夏之交，霖雨頻作，平江、松江痛被水灾，溝壑滿盈，積而不洩。所在

[一] 此『之』字疑衍。
[二] 圍岸　原本字迹模糊，兹據明張内藴《三吴水考》卷八所引補。
[三] 獲豐收　原本字迹模糊，兹據明張内藴《三吴水考》卷八所引補。

田圍，多致損壞。雖曰天灾之流行，亦人力未盡之驗也。

今都水庸田司已行革去，脩浚之責，歸於有司。訪聞即目，吴松江舊云可敵千浦，今則東自河沙匯，西至道褐浦，六七十里之間，兩岸漲沙，將與岸平。其中僅存江洪，濶不過二三十步，深亦不過三二尺。湖水所至，比之舊時，萬不及言。雖汪洋之勢見於上海新涇、太倉劉家港，通達入海，豈能盡洩浙西諸郡之水？略舉其由：今吴江塘岸，乃太湖喉咽之地。昔人曾以挽路不便，有宜建千橋之説。今積石壅土，數十餘里，雖下有水洞百餘，能泄幾何？况又有東長橋、西長橋、寶帶等橋，植數千柱於水中。及岸之東向，於江口則有富豪之侵占，於江尾則有茭蘆之閉塞。其患又豈止堤岸之為梗也？又松江有湖，名曰澱山，周廻幾二百里。其源亦自吴江分派，由急水港鍾為此湖，復自大漕江出大盈、趙氏等浦，入吴松江達海。去處中有塔寺，昔居湖心，此湖淤澱，其寺已在湖岸之上。今則湖岸又復開拓於六七里之外矣。蓋由此湖東向與海潮相接，積淤成塗，漸為富豪圖占，致使二百餘里湖面，大半為田。大盈等浦，接洩江海，最為快便，去處皆以堙為平陸。至元三十一年，欽奉開挑之時，其上項湖田，嘗官為收係，定立界畔明白。富家嗜利，巧計瞞官，仍復回付。今則澱山之圍田愈廣，太湖之流勢愈遲。每五六月之間，水湧之時，吴江石塘東向之水，每低於塘西之水數寸，可以為驗，無怪乎東向之潮沙，日盛於一日，平江、松江之圍田，常困於渰没。其患蓋由乎此。以今浙西八郡之地，錢粮如此其大，生靈如此其衆，誠不可不為之慮也！又鎮江丹陽縣有練湖一處，周圍八十里，中有土埂，界而為湖，名上下湖。上湖有斗門一，石礎五，函口五；下湖有斗門二，石礎一，函口八。受高驪、長山八十四汊之水，注辰溪入上湖，自横埧石礎減流入下湖，大水之年，足以瀦蓄，使不與外水相連，而水田之圩岸，無衝激之患。大旱之歲，可以决斗，開啟函口，而瀕湖一帶之田，常沾灌溉之益。曩被權豪數家於湖面高卑去處，圍裏成田，侵奪衆利。至元三十一年欽奉開挑之時，盡復為湖，官民得濟。繼而所司失於關防，縱令各户復占為田。都水庸田司設立衙門之初，討論舊制，再復為潮，拯治堤岸，斗門、函口、石礎，節宣水勢，悉有條理，深為一方可久之利。今聞嗜利之徒，復於有司朦朧告佃，若因而廢弛成規，是狥數家之情，而奪萬民之利也。

以此參詳，浙西水鄉，農事為重。河道田圍，必常修理，二事可以兼，而不可以偏廢。今除脩圍一節有司已有定式，澱山、練湖亦有元定界畔，擬合嚴切申明，常加拯治外，太湖一水，乃浙西諸水之上源，萬頃汪洋，必須疏洩。上年霖雨，平江、松江已受其弊，可為龜鑑。若更因循不治，復因霖潦，則泛溢之患，益又甚焉！為今之計，若欲浙西水勢通流，少遇水患，必開吴松之故道，復澱山之舊規，庶乎可以有濟。然而吴松古江已被潮沙湮漲，役重工多，似非人力可及。其淀山舊潮，多為豪户圍裏成田，恐亦未易除毀[一]。即目太湖之水，迂迴宛轉，多[二]由上海新涇、太倉劉家港等處，流注於海。合無因其就下之性，順其必趍之勢，於上海、太倉等處，相視可開河港，挑浚通流，仍踏視吴松江，古應有舊来出水支港，可以容易出海去處，盡行疏浚，務使支脉貫通，出洩順便。開挑之際，就令所司於已開河港之上，訪求古迹，安置閘座，依時啟閉以抑潮。或乞照依腹裏會通河并新開通惠河撥户差軍體例，設立撩清人夫，專一看守脩理，以防向後復淤之患，官民幸甚。

大德九年三月提調官江浙省平章政事徹里榮禄開復淀山湖

行都水監承奉劄付該：　據已委松江府判官南承務狀，申准曹宣慰牒該，并據曹宣慰男曹日起等狀告，將本户元占淀山湖田，合開挑為湖，頃畝情願，自備口粮，僱募佃夫，管得日近開挑完備，不致阻礙水利。申乞照詳得此除外，相度淀山湖，西北吞受太湖，東南吐納於吴松江故道，即係吞吐諸水達海之大淵。權豪侵占去處，却係此湖出水之要道。至元三十年，雖蒙都省奏准開浚，終被奸計夤緣不能成就，止開新港三條，約濶三十餘丈。比之所占頃畝，千中不及其一，豈能泄洋之清水？焉可敵洶湧之渾潮？遇澇則泛漲逆流，值旱則縱横妄注。日就月將，以致吴松江故道堙塞。下則無水灌田，為嘉定、上海諸處之旱災；上則無地瀦水，為平江、嘉興等路之傍溢，復使浙西百姓悉被其殃。元占權豪，坐享其利。自至元三十年至今，水災開除官粮一百七十九萬九千九百九十七石，民租不可勝數，為害如此。今次相視得，水高數尺即可成湖者，三分有二。其侵占之家，情知理短，自願開挑，擬將低下者，欽依仍舊為湖，嚴加禁之。諸人今後毋得似前侵占。高阜者官為收係，令種户承佃，自行上倉輸納官粮。及將已開為湖田内佃户，從宜標撥係官田蕩，安置租種，毋致失所。外據財賦僧寺所占數目，除已移咨本省照驗備咨，都省照詳施行外，仰依上施行。

當年六月，准咨文，一體開挑。

大德十年二月行都水監呈中書省為開挑吴松江乞添力成就

切念本監於大德九年十一月，興工開浚吴松江故道。自今年二月終，農忙輟役，上自大盈浦口，下至石橋浜迄東，總役人夫一萬六千九百餘名，凡四箇月餘，計一百六十五

[一][二]『毀』『多』二字原本模糊，兹據明姚文灝《浙西水利書》卷二所引補。

萬一千六百七十四工，長濶不等，開長三十八里一百八十一步三尺，上引湖水，下通東海，及福山、許浦等河，俱已開通，亦導湖水入江達海，各置閘座，依時啟閉，阻遏渾湖。其餘吴松江故道，尚未全通，并諸處通江達海，河港亦未全開。

今歲浙西稔歲，正是興工時分。今来看詳前後諸人所言浙西水利，大抵無出於都省前議。歸附以来，只因數十家土豪勢要，不畏公法，將自来官禁瀦水湖泊，强行占為己田，淤塞出水河道，漂没官田土，不唯使數百萬租粮不能到官，遂致浙西數百萬生靈永被無窮之害。徒費民財，徒勞民力。官民之害，依舊不除；富豪之利，安然坐享。虧官害民，莫此為甚。詳此，確論累累。欽奉奏准開挑明文，乃諸人陳言利病，其間行止，非筆舌可罄。又當時吴松江浩浩東注，廣約十里，深不可測，尚論如此，况吴松江已塞，斷流諸處，湖泖日狹，侵占通江達海河港，十湮八九，正如患人病在膏肓，雖越人未易為也。且本監人員，今之人夫，比之向日，争懸太甚，雖竭犬馬之力，奈事功浩大，未易速成。兼江湖故區，久為强豪所占，着人户類，皆權豪勢要之家、僧道人等。浙西豪民，平昔恃其富强，恣意行事，傲慢官府，靡所不為。稍咈其意，唆使無藉之徒，撰造虚詞，捃摭官吏，阻壞公法，必欲得意而後已。略舉前庸田司亦甞相視到浙西堙塞河道計料工程，呈奉中書省奏准開挑數内平江路福山、許浦河道，始於大德二年，相視開挑。有司妄構飾説，春云農作將興，夏云農事正殷，秋云收成在迩，冬云天寒地凍，農民納租，百端調發，直至衙門例革，遂寝其事。前後七年，竟未興工。去歲九月，設立本監。十月，監官親詣督併開浚河道，安置閘壩。今年九月畢工。又且開挑吴松江故道之初，萬夫甫集，浮議沸騰。或以為江中淤泇，不可施工；或以為流沙湧溢，陷溺人命；或以為江河變遷，或以為地形難通。扇惑之言，非止一端。幸蒙江浙行省平章政事提調官親臨江表，相其地形，乃謂：『本江自大禹疏鑿以來，吞吐湖海之水，百姓得濟三千四百餘年。因其淤塞，浙西連年為害。見欽奉明白，必須開浚，斷以無疑。若功成在衆，如或不然，我當其責！』衆心方定。仰賴洪福，自興工破土日為始，以至開壩放水，悉無妨碍。今本監尅日興工。伏慮諸人阻撓，合無照依前庸田司體例聞奏，頒降聖旨，明白宣諭，禁止諸人，毋得非理阻壞，庶望事功易為辨集。

大德十年三月行都水監添氣力

欽奉節該，行都水監官人每，俺根底題説，近年以來，江浙省所轄地面裏吴松江等處，舊河道淤塞的淺了，那水漫流幾年，渰没田禾，百姓闕食。聖旨交開挑舊河道的時分，干礙着官豪勢要富户每的田地上頭，使見識俺的勾當，其間入來阻壞者，可怜見呵，添氣力的聖旨。麽道？

奏來。衆百姓每根底得濟的大勾當有，江浙省官人內提調者、交開挑者，行省、行御史臺、廉訪司等軍民官每，不揀是誰，添氣力交成就者，不揀是誰，他每勾當其間，休入去者。道來，這般宣諭了呵。別了的人每，有罪過者。其餘不揀甚麽，合行的勾當，依着在先聖旨體例裏行者。更這行都水監官人每，這般宣諭了也麽道。做無體例的勾當，交百姓每生受行呵。他不怕那甚麽。

大德十年六月行都水監照到大德九年十月二次開挑吴松江故道工程

照得先次開挑吴松江故道，細長七十六里一百四十三步三尺一寸，總該四百一十萬八千九百三工五分，節次入役，夫數、興工月日，各不等，實役一百三十四日。

大德九年，已開西自白鶴江，東至新華三汊口石橋浜，計長三十八里一百八十一步三尺，底面深濶不等，該計一百六十五萬一千六百七十四工，役夫一萬六千八百八十九名，自大德八年十一月十一日興工，至大德九年二月三十日工畢，陰雨妨工三十日外，實役七十五日。

第一料

自新華三汊口至黄渡界樊浦開挑，長一十四里四十八步二尺，河面濶狹不等，計工三十七萬五千七百六十六工，人夫一萬二千九百八十名，不值風雨妨工二十九日，收零了畢。自大德八年十一月十一日為始入役，至十二月二十二日畢工，計四十日，除風雨妨工一十五日外，實用工二十六日。

一處長一十里六步二尺，面濶一十丈，底濶四丈，折停濶七十尺，深一丈五尺。每步積五千二百五十尺，計積一千八百九十三萬三千六百尺。離河岸於二十五步之外，送土作堤。每六十尺為工，計三十一萬五千五百六十工，用夫一萬一千二百六名，自大德八年十一月十一日為始，至十二月二十二日工畢。

一處長四里四十二步，面濶五丈，底濶一丈五尺，折停濶三十二尺五寸，深一丈五尺。每步積二千四百三十七尺五寸，計積三百六十一萬二千三百七十五尺。離河於一十步之外，送土作堤，撤水，挑撅泥土。每六十尺為工，總計六萬二百六工，用夫一千七百七十四名，自大德八年十一月二十四日入役，至十二月二十二日工畢。

第二料

自樊浦至三江口，長九里九十二步二尺，面濶二十五尺〔一〕，底濶八丈，折停濶一百六十五尺，深一丈五尺。每

〔一〕尺　誤，當爲『丈』。

步積一萬二千三百七十五尺，計積四千一百二十三萬八千四百五十尺。離河於二十五步之外，送土作堤。每六十尺為工，計六十八萬七千三百七工半，用夫一萬六千六百六十二名，不值風雨妨工，合該四十一日工畢。自大德八年十二月二十三日入役，間陰雨妨工二十五日，入役為頭，至大德九年二月初三日工畢，除風雨妨工一十二日外，實用工二十八日。

第三料

自三江口至大盈浦，及自新華三汊口至石橋浜，濶長七里一百八十二步，深濶不等，該三十九萬八千七百五工，用夫一萬六千八百八十九名。不值風雨妨工，合該二十四日一分有零了畢。自大德九年二月初四日入役為始，至二十日工畢，計一十七日。除風雨妨工四日外，實用工一十三日。

一處三江口至大盈浦，長五里六十步，面濶二十五丈，底濶八丈，折停濶一百六十五尺，深一丈五尺。每步積一萬二千三百七十五尺，計積二千三百一萬七千五百尺。離河於二十五步之外，送土作堤。每六十尺為工，總計三十八萬三千六百二十五工，用夫一萬六千二十八名。二月初四日入役，至二十日工畢。

三處西自新華三汊口，東至石橋浜，總長二里一百二十二步，停濶不等。計該一萬五千八十工，用夫八百六十一名。二月初四日入役，二十日工畢。

一長一里三百三十步，面濶六丈，底濶一丈五尺，深一丈五尺。除舊有河面濶三丈，底濶五尺深五尺外，實合挑面濶三丈，底濶一丈，折停濶二十尺，深一丈。該每步積一千尺，計積六十九萬尺。撤水，挑掘泥土。離河岸一十步之外，送土作堤。每六十尺為工，計工一萬一千五百工，用夫六百九十名。自二月初四日入役，至二十日工畢。

一長六十四步，面濶六丈，底濶一丈五尺，深一丈五尺。除舊有河面濶二丈，底濶五尺，深三尺外，實合挑面濶四丈，底濶一丈，折停二十五尺，深二丈二尺。每步積一千五百尺，計積九萬六千尺。撤水，挑撅泥土。離河岸一十步之外，送土作堤，每六十尺為工，總計一千六百工，入役夫一百七名。自大德九年二月初四日入役為始，至二十日工畢。

一長八十八步，面濶四丈，底濶五尺，折停濶二十二尺五寸，深一丈二尺。每步積一千三百五十尺，計積一十一萬八千八百尺。撤水，挑撅泥土。離河岸一十步之外，送土作堤。每六十尺為工，計該一千九百八十工，用夫六十四名。自大德九年二月初四入役為始，至二十日工畢。

第四料

總長七里二百一十八步四尺，該工一十八萬九千八百九十五工半，用夫一萬五千九百九十三名。不值風雨妨工一十一日九分畢。自大德九年二月二十一日入役，至三十日工畢。除風雨妨工外，役過八日。

一處東自大盈浦，西至吴松舊江，長一里二百五十八步，面濶二十五丈，底濶八丈，折停濶一百六十五尺，深八尺五寸。每步積七千一十二尺五寸，計積四百三十三萬三千七百二十五尺。離河岸二十五步之外，送土作堤。每六十尺為工，計七萬二千二百二十八工去零，用夫六千二百八十七名。自二月二十一日入役，至三十日工畢。

一處西自封家浜，東至吴松江，接連入海去處，總長五里三百二十步零四尺。該一十一萬七千六百六十七工半，用夫九千八百六名。一展開河長二里一百二十八步三尺，面、底、折停濶六丈，深一丈五尺。每步積四千五百〔一〕，計積一百二萬八千七百尺。撤水，挑撅泥土。離岸一十步之外，送土作堤。每六十尺為工，總計一萬七千一百四十五工，人夫二千一百五十八名。自二月二十一日入役，至三十日畢。

一長三里九十一步二尺，而濶七丈，底濶一丈五尺，折停濶四十二尺五寸，深一丈五尺。每步積三千一百八十七尺五寸，計積三百七十三萬三千八百三十七尺五寸。撤水，挑撅泥土。離岸之外，送土作堤。六十尺為工，總計六萬二千二百三十工去零，人夫四千六百八名。自二月二十一日入役，至三十日畢。

一長二里零四尺，面濶七丈，底濶一丈五尺，折停濶四十二尺五寸，深一丈五尺。每步積三千一百八十七尺五寸，計積二百二十九萬七千五百五十尺。撤水，撅泥土。離岸一十步之外作堤。每六十尺為工，總計三萬八千二百九十二工半，人夫三千四十名。大德九年二月二十一日入役，至三十日工畢。

大德十年，開挑訖東西兩處河道，計長三十七里三百二十二步一寸，底面濶狹不等，俱深一丈五尺。總該二百四十五萬六千四百一十九工五分，役夫四萬一千六百五十七名。自大德十年閏正月初三日興工，至三月二十九日畢工，除陰雨妨工二十七日外，實役五十九日。

一、西自松江府上海縣界趙屯浦，東至大盈浦，計長一十五里三百一步，底面濶狹不等。總積土六千九百九十六萬四千一百二十五尺，以六十尺為工，計該一百一十六萬六千六十八工五分去零，就用平江等處節續發到上年元役免粮等夫，内除无撥看閘人夫五十名外，實役人夫一萬六千七百二十九名。自閏正月初三日節續興工，至三月二十四日工畢。除陰雨妨工二十七日外，於五十四日併訖七十三日工程。為值農忙，已將上項人夫，於三月二十四日責付各處部夫官收管，權行回還，聽以後工程。

〔一〕『百』字下疑脱『尺』字。

元料：西自趙屯浦，東至白鶴江，計長一十四里四十三步二尺，面濶二十五丈，底濶一十丈，深一丈五尺，計六千六百七十一萬九千六百二十五尺。離河岸二十五步之外送土。以六十尺為工，計一百一十萬一千九百九十三工五分去零，以人夫一萬五千五百四十四名。緣各料分五，夫數節次到役不等。自閏正月初三日興工，至三月二十四日工畢。

第一料

東自白鶴江，西至分莊觜，開長八里三十二步，計一萬四千五百六十三尺，面濶二十五丈，底濶一十丈，深一丈五尺。積土三千八百二十二萬七千八百七十五尺，以六十尺為工，計六十三萬七千一百三十一工去零，用夫一萬五千二百五十五名。閏正月初三日為始，至二月十二日工畢，計三十九日，除陰雨妨工一十六日外，實役二十三日。

第二料

東自分莊觜，西至趙屯浦，開到六里一十步四尺，計一萬八千五十四尺，面濶二十五丈，底濶一十丈，深一丈五尺。積土二千八百四十九萬一千七百五十尺，以六十尺為工，計四十七萬四千八百六十二工五分，役夫一萬五千五百四十四名。大德十年二月十七日為始興工，至三月二十四日工畢，計三十八日。除陰雨妨工七日外，實役三十一日。

續料：白鶴江至大盈浦口淺處河道，計長一里二百五十八步，計三千九十尺，面濶一十丈，底濶四丈，深一丈五尺。積土三百二十四萬四千五百尺，以六十尺為工，計五萬四千七十五工，以夫一千三百五十六名。大德十年閏正月初七日入役，二月十二日至二十九日工畢。

一、西自松江府上海縣界樊浦以東，至西浜，計長二十二里二十步三尺一寸，面濶二十丈，底濶六丈，深一丈五尺。計一百二十九萬二百五十一工收零。以添差官，給鹽粮，人夫二萬四千八百七十八名開挑。自二月初一日為始興工，節次至三月二十九日工畢。除陰雨妨工一十二日外，於四十七日并訖五十四日工程。已將上項人夫隨時放令還家了當。

第一料

西自樊浦，東至盤龍舊江，計長一十三里二百九十五步三尺，計二萬四千八百七十八尺，面濶二十丈，底濶六丈，深一丈五尺。積土四千八百五十一萬二千一百尺，以六十尺為工，計八十萬八千五百三十五工。以夫二萬四千八百七十八名，自大德十年二月初一日興工入後，至三月十四日工畢。

第二料

自盤龍舊江迤東，至地名西浜并樊浦河口阻水垻基，計長八里八十五步一寸，計一萬四千八百二十五尺一寸，面濶二十丈，底濶六丈，深一丈五尺。積土二千八百九十萬八千九百四十五尺，以六十尺為工，計四十八萬一千八百一十五工七分五厘。以夫二萬二千三百四十三名，自大德十年三月初八日，至十五日，節續興工，至三月二十九日工畢。

一、續次開挑分水河，存留置閘地面三里三百八十六步一尺九寸。牒請監丞任昭信分監拯治。除置造木閘二座於平江、松江，差撥夫匠安置外，據分水河首存留官給鹽粮，人夫三千三百八十三名，行下松江，起遣承奉參知政事提調官劄付，備本省咨。據張珪代瞿震發狀告見辦鹽課等事，擬依元准中書省咨文，於苗粮夫內斟酌差撥。奉此。移准分監牒，斟酌量用人夫一千五百名，於松江府苗粮夫内摘撥開挑。

一路至江二里三百三十九步一尺九寸，安置木閘一座。

一路至江一里四十七步，安置木閘一座。

卷第五

大德十一年任監丞言：吳松江等處，合脩河置閘。

前後文移，牒呈，切照：浙西太湖，係瀦蓄百川之水而入於江；吳松洩太湖之水而歸於海。水有所瀦，復有所洩，所以不至泛濫，為民之害也。自古以來，有志之士未嘗一日敢忘脩治水利之事。

自歸附至今，吳松江日漸淤塞，河港、塘浦、圍岸、閘竇闕官整治，遂致大壞。如遇水澇，則一二百低下之膏腴，皆無魚鱉之鄉；或值旱乾，則數百里阜高之沃壤，盡成不毛之地。水旱小則害小，水旱大則害大。蓋無以為蓄洩，堤防水旱之備故也。

為此，自至元二十八年至大德八年，累次陳言，蒙江浙行省保咨，都省計稟，欽奉奏准開挑吳松江淤塞去處，仰行都水監與元陳言人任仁發，一同監視開挑，務要成就。於大德八年十一月初八日興工，至大德九年三月初八日，將吳松江故道開通，置閘放水，注江達海外，不謂大德十年自春以来，雨水頻併，數月不止，河港盈溢。又值數次颶風，決破圍岸，上源水勢湍急。遂於鬪涇等處開挑減水河五道，及有吳松江已置石木二閘，泄放上水，方得退落。據當年渰没田圍，比之大德七年水灾，數目止及三分之一。切緣減水河道堵閉生受，擬多廣添置閘座，未曾准行。及有通江達海河道，又行停役，不曾開通。大德十一年，夏雨霖霪，水泛濫，於五月初九日，依准来牒，行下松江府，差撥人夫三百名，於華漕開挑減水河道，泄放上源水勢。據節次倩到人夫，多係老幼并婦女、貧難不堪勢〔一〕役之人。至五月二十四日，纔得開通放水。

切詳古者治水之法，片時不可少緩。若使動工如此稽遲，設有不測風水，束手無措，豈不誤事？咎將誰歸？況元言水利，須是用工三年，方可成就。今来工役未及豐年，止開得吳松一江，置閘三座，其餘通江達海河港，並不開浚，合置泄水閘座，尚未添設。澇水蕩蝕圍岸，亦未脩完。今擬於元科苗粮着夫一萬五千名內，將一萬名先行放免，止存留人夫五千名，專充本監撩清工作。每名工役一年免粮一十五石，與免里正主首雜泛差役。添設壕寨，分頭管領，從本監察其勢之高下，度用工力，官司供給物料。多廣置閘，深濶浚河，仍督責有司高築圍岸，三年之中，人事盡則水旱無虞矣！有此關係利害緊切事理，合無委，自當職赴中書省計稟。伏慮日復一日，遲緩其事，不測雨水浩大，不惟重為民害，抑且虚費前功。

〔一〕『勢』字誤，當作『執』。

今當職擬到華漕等處，堪以添置石木閘座，并展開洩水港浦處所。若不會議呈省，明降行移有司，就於元料苗粮夫内，存留人夫五千名，及准備物料，聽候興工，必致臨期遲誤不便。又准分監牒，據閘官張玉呈，切見已開吴松江道面濶二十五丈，上源通徹江浙諸山，衆水注於太湖，入吴松江，以達於海。今止造閘三座，每閘且以二丈言之，三閘止該六丈，豈能盡泄水勢？照得台州路管下黄岩小州，止蓄洩溪山些小之水，尚然建閘一十有四。今吴松江擬合造閘一十有三，每閘面濶二丈，方可通徹二十五丈之江水。一則閘座水緩可禦，免致衝突之患；二則宣泄多門，可減太湖汪洋之巨浸，免傷田禾。望乞多差人員相視，下源必須置閘去處更造一十座，洩去上水，誠為便益。即令成造閘座，恐緩不及事，乞從權先於新開江道之傍華漕等處，開挑減水河數處，浚泄上源澇水，農民幸甚。

准此，照得：本監先於大德八年十月内，與元言人任監丞一同踏視吴松江淤塞去處，相視過開挑訖吴松江河道里路，并起置石木閘二座，見行依時啟閉，江水通流，舟楫往来。大德十年正月内，又行新開元擬吴松江故道，自樊浦為頭一河，濶二十丈，深一丈五尺，長二十五里，下接新涇舊江入海，元料石閘二座，據壕寨許荣呈，合從元言人任武略指示，安置得此。為任武略赴都省禀事未回，差人取發，蒙都省就除本官受昭信校尉，本監監丞前来之任。以此移准監丞任昭信牒呈：開挑吴松江故道，元擬新涇置立石閘二座，依時啟閉，阻遏渾潮，卒難成就。先置木閘二座，已行完備。内北木閘一座，為上源太湖水勢衝坍。今再相視到小許浦，脩造木閘一座，及於華漕置石閘一座，就用官有在物料。准此，備呈中書省照詳，及就委監丞任昭信賫呈前赴平章政事提調官阿老瓦丁荣禄計禀明降。

大德十一年正月初三日，承奉平章政事提調官劄付，該前項合脩閘垻，即係干碍已開河道急務，欲便准擬，却緣當職不曾親臨相視，已擬安閘地形是否堅牢便益，若便前去，即目本省闕官別難區處。除委少監程奉政及咨本省委官一同相視安閘地形是否堅牢便益。擬定連呈，承此，本監欽詳：元奉開挑吴松江事意，止從本監與元言人一同監視。若便行移少監程奉政，與省委松江賈知府、石萬户相視議擬，伏慮差池，為此再呈奉劄付，委自監丞任昭信與已委少監程奉政，本省所委官依已行，一同相視，擬呈奉此，移准分監官少監程奉政、監丞任昭信親旨：元擬置閘小許浦、華漕二處，相視所擬置閘地形，委是堅牢便益。呈奉平章政事提調官劄付，仰依已行事理，與松江賈知府、石萬户一同相視，擬定連呈，奉此，為元擬小許浦、華漕二處，合置閘座，已經依奉劄付事理，行移少監程奉政、監丞任昭信相視得，前項置閘地形委是堅牢便益。據合用成造石閘物料，已奉前平章政事提調官徹里荣禄，欽依收買足備。見令上海縣、嘉定州收貯聽候，若不早為差撥夫匠，安置閘座，依時啟閉，泄放上源水勢，誠恐霖雨不止，湖水泛漲，不能通流，伏慮為害。又恐元收木植等物，年深損壞，枉費官錢，深為未便。

又照得：大德九年七月初一日承奉中書省劄付，吴松江既已開挑，毋致虚費前工，因而為患。本監看詳：開挑吴松江故道，欽奉事意，監丞任昭信宜任其事。今樊浦至新涇，既已通流一年有餘，止是一閘出水，況復今春水災尤甚，合從本官所擬添置閘座泄水，似望不致虚費前工。為此累呈江浙行省平章政事提調官照詳，不奉明降，擬添置石木閘，計一十二座，先後作三次安置，後看水勢緩急，再行擬添置。

石閘五座，見在物料三座，未辨物料二座。

木閘七座，見在起除衝損木閘木植二座，合添置釘油等物，未辨物料五座。

第一次安置華漕東河石閘一座，用見在物料；小許浦東河木閘一座，用見在木植，添釘油等物；封家浜東河石閘一座，用見在物料；新華南木閘、東北木閘一座，用見在木植，添釘油等物。

第二次安置華漕西河石閘一座，用見在物料。小許浦南河石閘一座，封家浜南河木閘一座，東西橫泖斡山前東河石閘一座，潘蕩港東河木閘一座。

第三次安置東西橫泖南河木閘一座，潘蕩港南河木閘一座，張王届東木閘一座。

又擬展開河道一十二處。

第一次開浚華漕、封家浜、大盈浦、白茅浦。

第二次開浚大曹港、七丫浪港、東西橫泖。

第三次開浚耿涇、蔡盛涇、潘蕩港、月河、張王廟東河。

擬用存留撩清人夫五千名，充造閘開河工役，三年以後議擬裁減。

大德十一年六月初三日為開河置閘等事牒行監呈省

《書》云：『三江既入，震澤底定。』震澤，太湖是也。古人謂太湖形勢如盤盂，四維高而中低。自大禹平成之後，世代相仍，經营脩浚，千涇萬渭，縱横碁布，脉絡貫通，注江達海。初非天造地設，皆人力之所成者。蘇、湖、常、秀之民，一歲之計，所望者稼穡。古者高田則浚河塘，引水以灌之；低田則築圍岸，妨水以障之。一浦一堰，皆有閘竇。載之方册，昭然可考。亡宋時，吴松一江，水勢浩渺，綿綿不息，傳送入海，狹處尚二里餘之寛，猶不能吞受太湖之巨浸。朝廷又浚三十六浦以佐之，大水一至，猶有湮没之患。然則所損田畝，分數有多寡耳。況國以民為本，民以食為天。諺云：『蘇湖熟，天下足。』國家之利，莫大於蘇湖數郡之良田。所以有志之士，未嘗一日忘脩治之利之事。自歸附至今，三四十年之間，江河、塘浦、圍岸、閘竇，缺官整治，遂至大壞。如遇大水，則一二百里膏腴之低田，皆為魚鱉之鄉。或值旱乾，則數百里沃潮之高田，盡為不毛之地。蓋無以為蓄洩隄防水旱之備故也。若水旱小則害小，大則害大。是以年年有水占旱荒不可耕之田矣。

愚謂引水之法，莫先於開河；防水之法，莫急於築岸；限水之法，莫切於置閘。三者相為表裏，如鼎以足，闕一不可。縱使止築圍岸，不浚河港，水無洩處，則溝澮皆盈。東風則渰湖西之田，西風則破湖東之岸。故河港不可不浚也。若止開河港而不築圍岸，或值狂風驟雨，無岸可禦。一時暴漲，水纔入圍，農民便有數日車戽之勞。稻苗渰没數日，根株必腐。故圍岸不可不築也。閘竇用防拓水旱之具，遇水澇，則啟閘竇以泄之；遇旱涸，則閉閘竇以蓄之。又且遏住渾潮，免致捲沙入江，壅塞水道。故閘竇不可不設也。三者備矣，水旱豈足憂哉！近年以來，議者心心相競，喙喙争鳴。舍常而求異，弃近而求遠。不知三者之備，止舉一端。所以累行而不效，宜乎人之不信也。或者便得妄議開河圍岸置閘為淺近、為迂濶，枝蔓其說，延緩其事，日復日，歲復歲，不肯盡人力而為之。此其所以不能成功也。遂至連年渰没，百姓流移之苦，良可歎惜！或謂水旱專係天時，又以蘇州地勢與江水平，故曰平江，素號澤國，不可成田。殊不知古人謂天下倉廩之所積，悉仰給於蘇、湖水田之利。且江南水利，最為易曉。雖三尺之童，皆知其然。但浚河港必深濶，築圍岸必高厚，置閘竇必多廣。遇水旱則有河港、圍岸、閘竇隄防而乘除之。縱有水旱，不能為害。倘人力不盡，而一切歸咎於天時，天下寧有豐年耶？正東坡所謂『此係人事不脩之積，非天時之所致』也。

當職華亭人也，正居水田旱田交接之際。幼而從父兄學稼，知見農務水旱之事，河港深淺之係，諳歷非一日。長而從士大夫遊，凡治水之良策，行水之要法，無不參請而講明之。仍攷覽水圖經、营造方、各郡誌書、亡宋《會要》，并范文正公、蘇文忠公，歐陽文忠公、胡安定公、單鍔、郟亶父子諸賢水利之遺文。遂乘舟，經由太湖百瀆及湖泖蕩漾。又出吴松江、楊子江、錢塘江、沿海三沙、諸浦河港等處，相視地形，以望平地，平測其勢之高下。詢訪故老，搜求古跡，募工脩浚。順潮性，辨土色，首尾十七八年，講究備極詳盡，知無不為，為無不力，纔得一二，試驗可行。

自至元二十八年至大德八年，屢次陳言，得蒙江浙行省咨保，赴都省計稟，欽奉聖旨，節該：浙西近年以來，屢遭水患，百姓飢餓流移，不勝艱苦。推原其由，蓋因吴松江等處故道淤塞，每遇霖雨，潦水漲溢，不能通洩，以致渰没田禾，民被其殃。今五行都水監，專以整治水利，相其地形，從宜疏導。又一款開挑脩浚河道，委行省平章政事徹里提調供給。又一款吳松江淤塞去處，仰行都水監與元陳言人任仁發一同監視，商議開挑，務要成就。其餘河道閘堨，可以疏浚興脩者，本監從便施行。欽此。

於大德八年十一月內，根隨提調官徹里平章與行都水監官軍民官，到吳松江淤塞去處。此時皆曰潮沙潰陷，不可施工。或曰江水已高，不能流洩。如此百端阻惑，幸遇徹里平章力排浮議，聽從當職，與行都水監官商議指分，於當月初八日興工，至大德九年三月初三日，將吳松江故道開通，置閘放水，注江達海外。大德九年，略得豐稔，不謂大德十年，雨水頻併，河港盈溢，兼值數次颶風，決破圍岸。幸有吳松江两閘，并減水河泄於水勢，所以淯没田圍，比之大德七年水灾數目，止及三分之一。以此論之，則吳松江之功，亦不小矣。

照得：當職元言水利，須是用工三年，方可成就。今來工役未及半年，止開得吳松一江，置閘三座，其餘必合整治水利去處，多未興工，而二三十年所積之病，豈半年工役所能盡去？正謂『七年之病，必求三年之艾』也！又況今春官司為數十家上户當夫生受，推古息之小恩，遽停工役，將通江達海河港並不開浚，合置洩水閘座並不添役，澇水蕩蝕圍岸，又不脩完。當此積水未除，加以霖霆之雨，焉得不重為民害也？豈不痛哉！或者反以開吳松江為無效，而竊議之。且開吳松一江，置閘三座，洶湧水勢，晝夜不絕，流注入海，衆所目擊而心知，見存而不可隱者。以有限之閘，泄無窮之水，何為而無益也！議者若以泄水處少，未見全功則可。若曰無益於事，人可欺，天可欺乎？譬如人患傷寒証候，服藥發汗之後，所當時其藥石，節其飲食，養其氣體，則病可愈。若任其所為，不加調攝之功，鮮有不勞復者。為今之計，擬從本監察其地勢之高下，度用工力，官司供給物料，多廣置閘，深濶浚河，仍督責有司高築圍岸。如此經理三年，人事盡而功效見，則蘇、湖、常、秀之田，永享豐登之利，農民幸甚。

有此關繫利害事理，若不早賜定奪，伏慮虚費前功。據此，合行牒呈上，伏請照驗，備呈都省鈞詳，明降施行。

大德十一年六月十九日，牒行都水監，照得：浙西太湖係瀦蓄百川之水，而入于江。吳松江洩太湖之水，歸于海。水有所瀦，復有所洩，所以不致泛濫為民之害也。自古以来，有志之士，未嘗一日敢忘脩治水利之事。自歸附至今，吳松江日漸淤塞，其餘河港、塘浦、圍岸、閘竇，闕官整治，遂致大壞。如遇水澇，則一二百里膏腴之低田，皆為魚鱉之鄉；或值旱乾，則數百里沃潮之高田，盡為不毛之地。水旱小則害小，大則害大。盖無以為蓄洩堤防之備也。

為此，自至元二十八年至大德八年，屢次陳言，蒙江浙行省保咨，都省計稟，欽奉聖旨，節該：吳松江淤塞去處，仰行都水監與元陳言人任仁發一同監視，商議開挑，務要成就。欽此。於大德八年十一月初八日興工，至大德九年三月初八日，將吴松江故道開通，置閘放水，注江達海外，不謂大德十年，自春以來，雨水頻併數月，不止河港盈溢，又值數次颶風，决破圍岸，上源水勢湍急。遂於庙涇等處，開挑減水河五道，及有吴松江已置石木閘二座，泄放上水，方得退落。據當年淹没田圍，比之大德七年水灾數目，止及三分之一，緣減水河道堵閉生受，擬乞多廣添置閘座。當職於十一月内，依准責監牒文，前赴提調官平章政事計稟。去後于今，未蒙准行。及有通江達海河道，又行停役，不曾開通。大德十一年，夏雨霖霪，潦水泛溢。於五月初九日，依准来牒，行下松江府，差撥人夫三百名，於華漕開挑減水河道，泄放上源水勢。據節次倩到人夫，多係老幼并婦女、貧難、不堪執役之人。至五月二十四日，纔得開通放水。切詳古者治水之法，片時不可少緩。若使動工，如此稽遲，設有不測風雨，急於整治，使人束手無措，豈不誤事！咎將誰歸？照得當職元言水利，須是用工三年，方可成就。今来工役未及半年，止開得吴松一江，置閘三座，其餘通江達海河港，並不開浚，合置泄水閘座，尚未添設。潦水蕩蝕圍岸，亦未脩完。為此，擬於元科苗粮着夫一萬五千名内，將一萬名先行放免，止存留人夫五千名，專充本監撩清工作。每名工役，一年免粮一十五石，與免里正主首雜泛差役，添設壕寨，分頭管領。從本監察其地勢之高下，度用工力，官司供給物料，多廣置閘，深濶浚河，仍督責有司高築圍岸。三年之中，人事盡則水旱無虞矣！有此關係利害緊切事理，擬乞會議合無委自當職前赴中書省計稟前項各各公事。伏慮日伏一日[一]，遲緩其事，不測雨水浩大，不唯重為民害，抑且虛費前工。已經牒呈責監，備呈中書省鈞詳去訖。當職今擬到華漕等處，堪以添置石水閘座，并展開泄水港浦處所。若不早賜會議，呈乞都省明降，行移有司，就於元科苗粮夫内，存留人夫五千名，及准備物料，聽候興工，似望不致臨期遲誤不便。據此。

今將擬到添置石木閘座、見在未辦物料，及展開河浦處所，分定先後，起數合行開坐，牒呈上。伏請照驗，早為會議可否施行。

一、擬添置石水閘一十二座，先後作三次安置。後看水勢緩急，再行擬議添置。

石閘五座

見在物料三座；

未辦物料二座。

木閘七座

見在起除衝損木閘木值二座，合添丁油等物。

未辦物料五座

第一次安置

[一] 日伏一日 當改爲『日復一日』。

華漕東河石閘一座，用見在物料；
小許浦東河木閘一座，用見在木值，添丁油等物；
封家浜東河石閘一座，用見在物料；
新華南木閘東比木閘一座，用見在木值，添丁油等物。

第二次安置
華漕西河石閘一座，用見在物料；
小許浦南河石閘一座；
封家浜南河木閘一座；
東西横泖、斡山前東河石閘一座；
潘蕩港東河木閘一座。

第三次安置
東西横泖、南河木閘一座；
潘蕩港南河木閘一座；
張王廟東木閘一座；
擬展開河道一十一處。

第一次開浚
華漕、封家浜、大盈浦、白茅浦。

第二次開浚
大曹港、七丫浪港；　東西横泖。

第三次開浚
耿涇、蔡盛涇、潘蕩港月河、張王庙東河。

一、擬用存留撩清人夫五千名，充造閘開河工役，三年以後，議擬裁減。

大德十一年十一月，行都水監照到元料先合拯治江湖河閘等工程，未了緣故，乞添力

切照：本監始於大德八年十一月內，與監丞任昭信一同踏視吴松江淤塞去處，打量計料，合該工程，起集人夫，先行開挑一河，總長三十八里一百八十一步三尺，上接吴松舊江，導引太湖百川之流，於新華安置木石二閘，放水以達於海。外有上源趙屯、樊浦，以至新涇一帶，合開故道，欲分工間，時值農興，權行輟役。後至秋收農隙，擬於十月再行集夫入役。

間行省改擬大德十年正月興工，於是虚度一冬晴暖。及至交春之後，雨雪併作，人夫凍縮如猬，束手不能興役。前後八十餘日，未嘗一日晴霽。勉諭各處部夫官吏、着夫之家，照管夫衆，供給以時，各得其所，僅於晴日再行開訖故道三十七里三百二十二步一寸，與舊江水勢相接通流。

當其二次興工之際，西自趙屯浦，東抵新涇，首尾七十餘里，悉皆松江府境内。蒙行御史臺侍御史、監察御史、廉訪司謝副使阿昔僉事、鮮僉事、行中書省平章政事右丞，俱各親臨，催併人夫，添力成就。其松江知府周惟惠所授宣命，兼管勸農，興脩水利，正當其任。又係行省委定供給提調開江人員，前後興工，跨越三年，累經勾喚，

恬然不顧，竟不前来供給，所起人夫，或違限七十餘日，或違限三箇月餘，閃下工程。其餘路分，往往與之均分開挑，如此滅裂。又各處部夫官吏，合從木監選委，數内吴江州知州高慶仁輒敢違例，擅自差委老病不堪之人、州判時亨部夫入役。本監恐其耽誤，改委知州高慶仁前来部督，本官百般推調，却指以行省左右司勾喚，委令前去嘉定州取問別事為由，不肯前来，如此不遵。幸賴皇帝洪福，在役部夫官吏董督，一方人夫悦以忘勞，二次開通故道，總長七十六里一百四十三步一寸，用工四百一十萬八千有畸，俱於限内告成。導引太湖百川之水，仍循故道，迄今海艦通行，田禾得濟，悉皆朝廷成算，委任前平章政事闍里榮禄提調得人之效。止有新涇下口元擬置閘地面，必合聽從元言人任監丞指分安置，緣本官蒙前平章政事提調官徹里荣禄差赴中書省，禀説開河公事未回。除已開江道下口存留置閘地面，分水河二道内一路至江，長二里三百三十九步一尺九寸，一路長一里四十七步，聽候本官到来踏視興工。

大德十年四月初十日，取發到監丞任昭信牒，詣既行分監，前去吴松江相視指分，安置閘座，出水河道。去後五月初三日以来，適值霪雨大作，江湖泛漲，正賴溝河出洩水勢之時，委官巡視得吴松江已開故道，水勢浩大深濶，與元挑河身相等，浩然東注，勢甚湍急。下由新華石木二閘，於洩出水小汛時分，晝夜常啟，不曾閉閘。數内南木閘出水尤為駛疾，舟楫不能泝流。外據新開樊浦至新涇南浜一河，比及下口，先置木閘二座，完備放水以来，任監丞於廟涇以西、蟠龍以東，開挑出水口子五處，晝夜洩放，直至河沙匯一帶通潮港汊，東流於海，其勢湍注，與新華二閘之水不殊，亦已具呈牒詳。繼准監丞任昭信牒，該：　閘挑吴松江故道，元擬於新涇置立石閘二座，依時啟閉，阻遏渾潮，為恐卒難成就，先置木閘二座，已行完備。内北木閘一座，為上源太湖水勢湍急衝倒。今再相視到小許浦脩造木閘一座，及於華漕置石閘一座，就用官有見在物料成造。相應就請監丞任昭信赴行中書省平章政事提調官計禀，劄付却該，不曾親臨相視，委少監程奉政、松江賈知府、萬〔一〕户相視。為此，本監欽詳：　元奉開挑吴松江事，意止從本監與元言人任仁發一同監視商議，若便，行移少監程奉政與松江知府、石萬户相視議擬。伏慮差池，為此呈奉劄付，纔委監丞任昭信與已委少監程奉政，本省所委官，依已行一同相視。奉此移准少監程奉政、監丞任昭信牒，親詣元擬置閘小許浦、華漕二處，相視得所擬置閘地形，委是監牢便益。呈奉提調官劄付。又仰與松江賈知府、石萬户一同相視，連呈奉此，為上項合置閘座，已經行移少監程奉政、監丞任昭信，相視得地形

〔一〕『萬』字上闕『石』字。

委是堅牢便益。累累具呈中書省并提調官，未奉明降。

切詳吴松江故道兩次興役，用工四百一十餘萬，公私所費不貲。既已開挑通流，必須多置閘座，依時啟閉，以節水勢，庶幾不廢前工，可為永利。今吴松江已開故道，止有新華二閘泄水，遇潦泄放不迭。元擬安置上項閘座，前後逗留年半有餘，不能興工，有此耽誤，再呈間九月十五日准少監哈散奉議牒，該依准牒文，前赴江浙行省提調官處，計禀公事，就同所委本省令史阿合馬前去松江府，與本處軍民官親詣小許浦及華漕合置閘處，議擬得合依監丞任昭信所擬安置為便。□[一]到松江府申備元委官知府賈中憲、萬户石昭信等官牒，擬相同，亦已具程照詳。近承奉中書省劄付該，除咨江浙行省，如委必合脩理，合用夫匠，依例差撥外，仰依上施行，奉此。却緣先於七月初五日，准元人監丞任昭信牒該，所言水利，須是用功三年，方可成就。今工役未及半年，止開得吴松江，置閘三座，其餘通江達海河港，並不開浚，合置泄水閘座，尚未添役，潦水蕩蝕圍岸，亦未修完，撩清人夫又未撥到。事關緊切，以此就委本官，馳驛賫呈，前赴都省計禀，至今未曾還監。據上項先合安置閘座，必須本官到来，趁時指分成造。除牒杭州路備申行中書省行下，合屬差撥夫匠聽候，并奏差董珪馳馹，賫呈照詳，乞令本官早為還監，至今不見到来。

又松江府有湖名曰澱山，上源吞受太湖百川之水，下吴松江，東入于海。明有奏准，擬定開挑，依舊交做湖泊，不揀誰，休那裏頭種田，實為整治浙西水患去處，及蒙都省議擬，謂歸附以来，只因數十家土豪勢要不畏公法，將自来禁潴水湖泊，强行占為己田，閉塞出水河道，渰没官民田土，不唯使數百萬租粮不能到官，遂使數百萬生靈永被無窮之害。都省两次委官督責行咨，併工開挑。雖稱旁通小港，並不及出水故道，徒費民財，徒勞民力，官民之害依舊不除，富豪之利安然坐享，誠為確論。祇緣當時大興工役之際，所委官員止議剏開新河，仍脩舊港，將諸人占湖田蕩，盡數拘收入官，不曾放水為湖，是致元貞二年曹夢炎、王曄夤縁，不曾明白題說，朦朧回付為主。况諸人占湖為田，不下百有餘户。官租主户，該納米粮，至今徵納，唯獨曹夢炎、王曄回村上項湖田免納官粮，為數不少。前庸田司嘗言，曹夢炎一户每年免粮一萬一千三百八十五石四斗五升，以此較之，自大德元年回付，於今前後九年，計其不納官粮，入己之數，不下十萬餘石。其田自東而西，侵占水面。徃歲澱山寺居湖中央，今寺西成陸者，約七八里。湖西一帶膏腴，徃往悉為渰没，坐享一湖之利，貽害萬民，豈曰小損！大德九年，幸蒙前平章政事提調官徹里榮禄灼見其弊，謂此湖乃吞吐諸水，達海之大

[一] 此字模糊不可辨，闕之。

淵，權豪侵占去處，正係此湖出水之要道。本官親臨相視，督責開浚。其占田之家，情知請托不行，纔方輸情入狀，自願募工開浚。於是用夫數百，不數日間，復還水面六百七十餘頃。往年所司議謂湖田高水丈餘，須用千百萬工，人力難為之説，虚誑十有餘年，至此方見明白。

餘上未開財賦、僧寺等田圍，為數尚多，已奉中書省劄付，準擬欽依開浚。本監非不嚴加督責，奈所司循情顧望，終是虚調，不肯興工。兼奉江浙行省平章政事提調官阿老九丁榮祿移咨都省定奪，未蒙明降。近本監照到：累次欽奉擬定為湖事理，具呈照詳。今亦未蒙行下。又常州、鎮江、江陰等三處，合開河道，元蒙江浙等處行中書省移咨中書省，於大德十年正月初五日奏准，勸率百姓，自行疏浚。欲興工役間，卻准杭州路牒，備奉江浙行省劄付，開坐到元料常州路合開河道七處，該夫一萬八千十名，止坐到六千六百一十二名，比之元料，少夫一萬一千四百三十八名。鎮江路、江陰州河道一十三處，該夫一萬八千二百一十九名，俱各不曾坐到，合着花名。

卻該，常州、鎮江、江陰俱各不係水鄉，如工程浩大，卒難完備，下年農隙，再行脩治。及准分監牒，相視到松江府平江路嘉定州河道六十六處，俱係引水灌田，河道為此通行。移准分監牒，開坐到已開河道外，據常州、鎮江、江陰未開河道十四處，適遇霖雨相妨，又值農忙，兼有江陰州妄言開河作壩，渰死菜麥。致蒙行省委官相視虚妄，將本州官吏取招斷罪，攪壞顯然。是故工程不能舉行。繼時五月以後，霪雨大作，加以疾風晝夜不止，諸處出源灌注，水勢暴漲，比與大德七年之水不殊。平江路地勢最低，被渰尤甚。常州、鎮江、江陰三處，行中書省元稱不係水鄉，往往亦多渰没。委請少監哈散奉議親詣平江，巡視拯治。其餘去處，一體督救。少監哈散奉議回牒，并浙西各路府州節續報到，元被渰數内已車救、并不能車救各圍田畝數目，略比大德七年灾傷田粮十萬，僅及三分。其餘已救田圍，若此去雨水不致愆常，侣[一]有秋成之望。不意七月初八、初九日，西北風大作，湖水泛濫。吴江州申當日水勢暴漲三尺八寸，本州南北道路一概渰没，州市街道亦深一尺五寸。耆宿戴寶等稱，比之至元二十四年、二十七年、大德七年水勢，今歲最大。各人年及七十歲，不曾見此大水。得此，随據本州申，七月初十日寅時以来，水勢退減，至十一日卯時，二日之間，共減二尺九寸。随即行移各處，委官巡視救捜，亦已具呈照詳。

伏慮各州縣豪猾、官吏、鄉胥、里正人等，狃習舊弊，幸灾樂禍，乘其風水，並緣為奸，虚申田圍損壞，妄報灾傷。為此行移各處，令有司正官一圍圍躬親踏視，開坐實被水渰圍岸田畝數目。回報未到間，准吴松江分監牒，松

[一]『侣』字誤，當作『似』，係與俗體字『侣』形近而誤。

江府元報，今歲六月終，被渰不堪車救三百二十六圍，該官民田一千六百二十頃一十八畝二分，粮三萬三千三百二石六斗六合六勺。續據申人户陳告，水災係朱張財賦田，共六千九百二十八頃八十五畝一分一厘七毫，該粮二十萬八千六百八十五石六斗六升。前後不旬日間，徒增一十六萬有畸，別無民産，俱係官田，甚有可擬〔一〕。

委奏差劉榮等前去各處，與本處正官一同相視，去來回：吴松江府所報水渰田圍，或係熟田，或係住屋基地，或係風秕，或係往年積荒，皆作水災。或臨圍方見種户施用泥土，堆作土峰，或有放水入圍田上，深水一二尺，不見形跡；或以稀薄可徵粮内增批損數。如此奸弊，非止一端。又分監照到：本府管下上海縣人户凌瑞告四十九保主首蔣千五提領等，將熟田五頃三十一畝，該粮二百九十八石，捏合灾傷，將別項田移易指引，冒破官粮；及鳳萬四等告七十保主首儲萬十二等，指要佃户告灾，除錢粮中統鈔三百四十五定八錢，伊男儲富一用蘿蔔偽刊檢田官花押，擅批分數；及顧阿九告上海縣吏康子華與各保主首章新一官等商議，許下康令史每石三兩，主薄三兩，主案二兩，通同捏合風灾，有康令史節次要該鈔二百七十五定，俱係顧阿九賫付伊妻康小娘子等。交收本府受理，俱各不行追問。其他如平江路吴縣謝復新告本縣檢踏官林主薄等，下鄉檢灾，每畝或二兩五錢，或四兩五錢，取受鈔二百餘定，盡將得熟晚禾，俱作灾傷；及崑山州貼書施忠告檢踏司吏人等，通同里正增批風水灾傷，冒破官粮一萬三千餘石；常州路録事司徐居仁告武進縣棲鸞鄉里正主首，通同本縣官典司吏，於各保虚檢踏出移易都保，以熟為荒，冒除官粮九百餘石。其餘似此之類，不可枚數。

節次移牒本道廉訪司，并牒杭州路備申行中書省，照詳區處，不見施行。及累累行移各處，取會的實被渰圍數，逗留半年，並無回報，以致本監具呈中書省照詳，差官前来檢踏追問，其各處卻稱元報灾傷田内有復熟，并違例不准争差等田，該粮田十一萬餘石。已行具呈照詳外，據各處未開河道，于大德十年九月秋成農隙，照依元擬合行興工，開坐呈奉行中書省平章政事提調官剳付，浙西今歲田畝灾傷，米粮踊貴，人民生受。仰權且聽候，奉此。照得常州、鎮江、江陰一十四處，該夫二萬八千四百五十七名，即係奏准勸率百姓，合開河道，先為行省差夫不周，又值霖雨農忙，權擬秋收農隙開浚，必合趂時興脩。况着夫之家，俱係附河食利上户。雖今米粮踊貴，彼既食其利，勸之出備口粮，顧夫開挑，回護已業，因以就賑飢貧，惠而不費，一舉兩得，所利莫大於此。昔人嘗論開畎之役，荒歉之歲，添給口粮，召民為役。蓋浚治河渠，正欲消弭水

〔一〕『擬』字誤，當作『疑』。

患。若謂田畝災傷，米粮踊貴，遂致輟役，以待豐收，伏慮未宜。况今水患如斯，若不拯治，来春如何種蒔？

呈奉中書省劄付，節該：　常州等一十四處，未開河道，合用人夫，若擬全差，緣彼中田畝災傷，人民生受，除咨江浙行省，委請本省提調官與本監官，一同相視，令拘該官司斟酌挑浚外，仰依上施行。奉此。繼奉提調官劄付，亦為此事。除差省都鎮撫胡武略與本監官一同相視外，仰與所委官一同仔細相視。若有必合挑浚去處，畫圖貼說，擬定連呈。奉此。緣其時已是三月農興，依上移委少監哈散奉議，與差來官一同相視得各處未開河道一十四處，内除江陰已開二處外，有未開一十二處，俱係奏准必然合開河道，即今雨澤均勻，未見其害，擬到各各興工日期，行移拘該官司。比及開挑以來，常切巡視，若有壅塞泛濫去處，即更疏通，引水灌田。除依上施行外，後至四月中旬，復值霔雨大作，江潮泛漲。委官分頭極力車救，數内平江、松江、湖州地勢最低，衆水輻湊，諸湖河道縱橫如織。其松江被渰不及二分，湖州、平江地面救護復元者，為數亦多。惟常州、鎮江、江陰，先蒙江浙行省以為不係水鄉，今其被渰没田苗，不能車救去處，十居七八。

以此參詳，水患如斯。上項河道，日復一日，遷延不能興工，豈不重為民害？合於今秋農隙，興工開浚。具呈中書省并提調官照詳去後，即日上項河道，自大德九年九月内相視計料，以此呈蒙奏准開挑以来，於今已過二年之上，不能興工，是故復值連年水灾，雖為拯救。近為已及元擬興工日期，伏慮過時及行擔誤，本監專一拯治水利，管領兩浙、江東三道路、府、州、縣百有餘處，略舉數内浙西上項江湖河道閘事功垂成，即係元料必然先合拯治處所。其餘路、府、州、縣應有諸湖河道、陂塘、堤岸、閘垻、田圍次第合脩去處，為數極多。其間興除利害，關碍生民休戚，事理非輕，全藉臺省添力，各路、府、州、縣官吏并不以是何户計有田之家遵守奉行，緣一等不畏公法之人，暗與豪强為地，務欲阻壞，不顧害及衆民。是故工作未興，横議先起。本監官吏雖竭犬馬之力，若非朝廷主之，有毁而無察。如蒙鈞詳，添力成就，免為浮言扇惑，虚費前功，實江浙生民無窮之大幸。

行都水監丞為革行監伸冤

竊以國以民為本，民以食為天。古諺云：『蘇湖熟，天下足。』江南浙西蘇、湖、常、秀之民，所望者稼穡而已。且以錢氏有國言之，一百有餘年，止一遭水患。所以倉有餘粮，民有餘食。亡宋南渡一百五十餘年，两淮所用軍粮，每日過江一萬石。其餘路分，支給尤多。歸附之後，所在倉敖又且多有儲積，止遭水旱一二年耳。其時豈五日一風，十日一兩者耶？皆是盡其人事而為之。歸附三十餘年，累遭水患，此皆水利不治之故也。

自大禹三江既入之後，世代相仍，經營脩浚，千涇萬瀆，注江達海。隋唐則有都水臺，宋有司農寺、都水監、撩清指揮使、興脩水利提舉司，設養軍卒數千人。朝廷未嘗一日敢忘脩治水利之事，如范文正公、蘇東坡、朱晦庵、王荆公、趙霖、單鍔、郟亶諸公，留心脩治，各有水利文籍存焉。若浙西水利無益於國家，前聖後賢，决不為矣。緣土木之工，勞民動衆，起謗惹怨之端，只可與樂成而已。古者役民三日，豈得已而用哉！若是不耕不蠶，衣食從何所出？飽食煖衣，未有不勤勞而得者也。蓋亦思其本矣。

今州縣官吏懼其部夫督役之勞，又有遲誤不職之罪。豪富上户，各於供給當夫之費，又有科差不均之冤，所以誑言扇惑朝廷，妄訴大逆不道者有之，或言開江禁忌不利者有之。夤緣譖毁，靡所不至。且行監官吏既不詐要民財，以為己贏，又不差占民力，以作私第。又[一]與富户有讎，又不與時官争利，職分所守，合為也。若有不公之心，行無益之事。則行臺廉訪司合糾治之，緣何竟無一語？古人謂『仁者見之以為仁也』，或者妄以都水監害民為辭，人可欺，天可欺乎？即今諸處米價騰踊，皆因蘇，湖數年不熟，倉無積粮故也。古之國家，有九年之粮為富足，斯言不誣矣！倘更水利不治，江河復塞，秋無他望，民不聊生，計將安出？病至膏肓，雖藥之何益也！浙西數百萬生靈之命，實係於此，可不慎歟！

照得今春徂夏，雨水頻併，自濟州以南，至两浙之地，四望白水，衆所見聞。唯浙西地形，最為低窪，今歲約計所收田禾，已及三分之二，若非吴松江洩放潦水，秋成百無一二。况两淮以北至濟州地面，並皆淹没。若以彼處所收田禾分數比之，虧數何止百倍，則行監治水之功，亦不小矣！切謂國家以百姓為粮本，百姓以粮食為根本，舍本逐末，非良策也。况每年海運粮米一二百萬石，給餉都城，官民之家多食之。又有裹河客商船隻搬運，不絶粮道。故曰『蘇湖熟，天下足』，豈曰小補之哉！當今明良在上，察其理而行之，實生民之大幸也。

至大二年十一月浙東道宣慰使都元帥李中奉言吴松江利病

照得當職前任行都水監，大德八年五月二十一日，中書省奏奉聖旨一欵，節該：吴松江淤塞去處，仰行都水監與元言人任仁發一同監視，商議開挑，務要成就。欽此。除外，本監始於大德八年十一月内，與元言人任仁發一同踏視吴松江淤塞去處，擬定合開處所。蒙平章政事徹里荣禄躬臨江表，提調供給，督責各處起集人夫，興工開挑。間一時浮議沸騰，或以為陵谷变遷，故故[二]難通；

[一]據上下文意，『又』下脱『不』字。

[二]『故故』誤，以文意考之，當作『故道』。

或以為江中淤陷，不可施工； 或以為流沙莫測，漂溺人命。阻撓多端，衆心疑惑。蒙徹里平章親率本監官，并各路、府、州、縣部夫官，相其地形，謂：『吴松江正係接泄太湖出水要道，欲拯浙田渰没之患，必須開浚，斷斷無疑。省諭各路、府、州、縣官，若功成在衆，不然我當其責！』由是衆心始定。乃以是月之吉，破土興工，萬夫雲集，畚鍤具舉，先從衆云淤陷去處為始，開挑一月迄成，長三十八里八十一步三尺，民不告勞，不期而就。上接吴松舊江，導引太湖百川渟滀之流，直抵壩下，於新華安置石木二閘，欲放水。間横議猶且紛紜，謂江身已高，水安得下？縱然得下，不能過閘。及至開壩啟閘，湍流東下，勢若建瓴。故平章政事徹里荣禄親詣閘，上與各路、府、州、縣部夫官，萬户、千户，軍民、役夫人等，目擊其事，萬口一辭，方信人言之謬。

外有上源趙屯、樊浦以至新泾一帶，合開故道。時值農興，權行輟役。大德十年正月再行集夫入役，開挑故道三十七里三百二十二步一寸，與舊江水勢相接通流。二次興工，西自趙屯，東至新華三汊口，又東至两浜，首尾總長七十六里一百四十三步一寸，用工四百一十萬八千有畸。凡濶二十五丈至十丈，俱深一丈五尺。當年五月以來，霪雨大作，江湖泛漲，正頼溝河出洩水勢之時，本江已開故道，水勢浩大，深濶與元挑河身相等，浩然湍急之勢，東注新華石木二閘，放泄出海，舟楫不能泝流。外據凡浦至西浜一河，於下口安置木閘二座，未完未能放水，遂急於廟涇以西、蟠龍以東，開挑出水口子五處，晝夜泄放，直至河沙匯一帶通潮港汊，東流於於海，其勢湍注，與新華二閘等。此時平江、松江、湖州等路皆稱往年大水，惟大德七年為最，今歲比大德七年之水不殊，各處溝河通流，易為車救，比之大德七年所損田禾，十分僅及三分，可見本江出水之效。繼而七月初八日、初九日，西北風大作，湖水泛溢。其平江路管下吴江州，正係吴松江上源。此日本州飛申水勢暴漲三尺八寸，本州南北道路一概渰没，州市街道，亦深一尺五寸。耆老戴賓等稱，比之至元二十四年、二十七年、大德七年水勢，今歲最大。各人年及七十餘歲，不曾見此大水。随據本州申，七月初十日寅時以來，水勢退減，至十一日卯時，二日之間，共減二尺九寸，亦本江出水駃疾之明驗也。迄今海艦通行，田禾得濟，皆朝廷成算，委任得人之功。備有行中書省據松江府等處軍民等、官耆老人等，舉明闍里平章開江功績，咨文可考。但上項河道，上接太湖百川之水，下通海潮，必須多置閘座，依時啟閉，及依舊例設置撩清人夫，時常撩洗，使上源之水日夜東注於海，海水二潮不能入江為患，庶幾不致虚費前功，可為永久無窮之利。前行都水監元擬於小許浦、華漕等處，先行添置木石二閘，已蒙行中書省依准都省咨文，委官與本監官相視，擬定必合安置，據合用物料，先蒙故平章政事闍里荣禄欽依收買到官。除銷用外，有司見於吴松江上收貯聽候。又擬設立撩清人夫三千名。呈蒙都省依例准設，本監官與行中書省講究定合撥户計。止緣所司故延其事，不為着緊供給，及元言人監丞任昭信赴都省稟事，經年不回。直至至大元年五月，與衙門一例革罷。當職切詳浙西地勢極〔一〕居東南之下，諸湖河渠縱横如織，於内太湖具區，實為諸處雨水、山水聚落之淵藪，萬頃汪洋，必須疏泄。《書》曰：『三江既入，震澤底定。』所謂震澤，即太湖也。自神禹以来，迄今三千四百餘年，二江湮没，已不可考。僅有吴松一江，舊云其濶可敵千浦，歷代拯治有方，禁防周密，雖海水日有二潮，帶沙入江，不能為患。聖旨收附以來，所司失於經理，富豪嗜利，往往於緊切要害所在，侵占為田，率致潮沙壅遏，堙塞断流，泛水逆行，莫可制禦。加以霖雨，膏腴之鄉，屡遭渰没。行中書省處及錢粮根本，咨准都省奏奉聖旨，設立行都水監衙門，專一拯治其事。首命開挑吴松江故道，更委故平章闍里禄荣提調供給。本官不憚泥塗，親臨董督，二次集夫，用工四百一十餘萬，除免有夫人户苗粮二十二萬五千餘石。又官給添差人夫口粮三萬一千餘石。公私所費，為數不貲。開通累年已斷之流，仍循禹迹，誠非易事。即日止有新華、新泾木石閘二座，放水出海。前行都水監管領之時，不時委官往来巡視，猶恐啟閉非時，走透海潮為患，及恐淋潦，各閘出泄不迭，虚費前功。

本監衙門例革以来，各處提調官少肯用心，所委守閘人員不為依時啟閉，遇有損壞，不即脩理，及合添置諸閘，不見施工，并都省准設撩清人夫三千名，不問催撥，日復一日，漸致廢馳，深為可惜。兼詳方今隴右、成都等處，尚設河渠之司，况浙西萬水輻輳之地，國家倉庾所在，水利水害，關係非輕，别無專任之官，得無偏負？當職忝居見職，事屬僭言，但比以疏庸，叨領斯役，目擊利病，不容緘默。

〔一〕據文意，此處有脱字，或爲『低』。

卷第六

宋范文正公慶曆上疏言江南圩田并疏導太湖

吴松江

公於慶曆間上疏曰：『「德惟善政，政在養民。」此言聖人之德，惟在善政；善政之要，惟在養民。養民之政，必在農務。江南舊有圩田，每一圩田方數十里，如大城，中有河渠，外有門閘。旱則開閘，引江水之利；潦則閉閘，拒江水之害。旱澇不及，為農美利。又浙西地卑，常苦水沴。雖有溝河，可以通海。惟時開導，則潮泥不得以堙之；雖有堤塘，可以禦患，惟時脩固，則無摧壞。

『臣知蘇州日，點檢簿書，一州之田，係出産者三萬四十頃。中稔之利，每畝得米二石或三石，計米七百餘萬石。東南每歲上供之數六百萬石，乃一州所出。臣詢訪高年，則云曩時兩浙未歸朝廷，蘇州有營田軍四部，共七八千人，專為田事，導河築堤，以減水患。於時民間錢五十文，糴白米一石。自宋朝一統，江南不稔，則取之浙右，[一]不稔，則取之淮南。故慢放農政，不復脩舉。江南圩田、浙右河塘，太半隳廢，失東南之大利。今江浙之米，石不下六七百，足至一貫省。比於當時，其貴十倍。民不得不困，國不得不虚矣！

『臣請每秋降勅下諸路轉運司，令轄下州軍吏民，各言農桑可興之利、可去之害。或合開河渠，或築堤堰、陂塘之類。虚係本州軍選官，計定工料，每歲於二月間興役，半月而罷，仍具功績聞奏。如此不絶，數年之間，農利大興，下少飢寒，上無貴糴，則東南歲糴輦運之費，大可減省。其勸課之法，宜選官討論古諸，取其簡約易從之術，頒賜諸路轉運使，而賜一本，付新授知州、知縣等。此養民之政，富國之本也。』

又蘇公軾嘗言：『三吴之水，瀦於太湖，[二]之水溢為松江以入海。海日兩潮，潮濁而江清，潮水常欲淤塞江路，而江水清駛，随輒滌去，海口常通，則吴中無水患。昔蘇州以東，公私舡皆以篙行，無陸挽者。自慶曆以来，松江大築挽路，建長橋，以扼塞江路。故合三吴多水，欲鑿於路，為千橋以起江勢，竟不可用，人至今恨之』。又按崇寧蘇州長洲縣進士胡恪上書論三江包於太湖，五匯、三十六浦、四十二灣，當曲為之制，則水有所歸，求不為患，乃

[一] 此處脱『浙右』。
[二] 此處脱『太湖』。

詔給簿尉俸隨司門員外郎李公傳相度，開脩三江積水。後轉運提刑提舉司言開淘吴松江堙塞去處，自大通浦泄水入海，凡用二百二十二萬七千八百一十五工，錢粮十八萬三千五百九十貫石。紹興間大理寺丞周公環言：『臨安、平江、湖、秀四州，低下之田，多為積水浸灌。盖緣溪山諸處併居太湖，水分為二派：東南一派，由松江入於海；東北一派，由諸浦注於江。其江泄水，諸浦中惟白茅浦最大。今為沙泥淤塞，每歲暑雨稍多，則東北一派水必壅溢。遂致浸傷農田。欲望令有司相視，於農隙開決白茅浦故道，俾水勢分派流暢，實為四州無窮之利。近年以來，浙西常有水患，公私交病。崇寧、紹興間疏導，故迹尚可尋訪。乃未有建明者四十二灣。古云九里為一灣，一灣低一尺，二百四十里到三江口，三百六十里到大海。三江口江面濶九里，地勢低於震澤三丈，到震澤底定。震澤即太湖也。所以謂之平江。三江口，吴江水與湖水相會合之地，謂之匯也。』

宋范文正公守平江上臺省官諮目言吴中水利水害

蒙賜鈞翰，訪以疏導積水之事。何岩廊之上而意及畎畆？是伊尹耻一物不獲之心也。天下幸甚！

某連蹇之人，常欲省是。及覩民患，不忍自安。去年姑蘇之水，踰秋不退。計司議之於上，窮俗語之於下。及其〔一〕為民之長，豈敢曲沮焉？然初未甚曉，惑於群説。及按而視之，究而思之，則了然可照。今得一二以陳焉。願隨鈞造，審而勿倦，則浮議自破，斯民之福也。姑蘇四郊略平，窊而為〔二〕者十之二三。西南之澤尤大，謂之太湖，納數郡之水。湖東一派，濬之于河，謂之松江。積雨之時，湖溢江壅，横投〔三〕諸邑。雖北壓楊子江，東抵巨浸，河渠至多，堙塞已久，莫能分其勢矣。惟松江退落，漫流始下，或一歲大水，久而未耗，来年暑雨，復為沴焉。人必薦饑，可不經畫？今疏導者，不惟使東南入於松江，又使西北入於楊子之與海也。其利在此。夫水之為物，蓄而停之，何為而不害？決而流之，何為而不利？

或曰：江水已高，不納此流。某謂不然。江海所以為百谷王者，以其善下之，豈獨不下於此耶？江流或高，則必滔滔旁求，豈復姑蘇之有乎？矧今開畎之處，下流不息，亦明驗矣。或曰：日有潮来，水安得下？某謂不然。大江長淮，無不潮也。来之時刻少，退之時刻多，故大江長淮，會天下之水，畢能入於海也。或曰：沙因潮至，數年復塞，豈人力之可支？某謂不然。新導之河，必設諸

〔一〕『其』字誤，據文意，當作『某』。
〔二〕『者』上脱『湖』字。
〔三〕『投』字誤，據文意，當改作『没』。

閘，常時扃之，禦其來潮，沙不能塞也。每歲理其閘外，工減數倍矣。旱歲亦扃之，駐水溉田，可救熯涸之災；潦歲則啟之，疏積水之患。或謂：開畎之役，重勞民力。某謂不然。東南之田，所植惟稻。大水一至，秋無他望。災沴之後，必有疾疫乘其羸，十不救一。謂之天災，實由飢耳。如能使民以時，導達溝瀆，保其稼穡，但〔一〕百姓不飢而死，曷為其勞哉？民勤其生，不亦愈于隋〔二〕而死者乎？或謂：力役之際，大費軍食。某謂不然。姑蘇〔三〕納苗米三十四萬斛，官私之糴，又不下數百萬斛。秋糴放者三十萬，官私之糴無復有焉。如農〔四〕穰之歲，春役萬人，人食三升，一月而罷，用米九千石耳。荒歉之歲，日以五升，召民為役，因而賑濟，一月而罷，用米萬五千石耳。量此之出，較彼之入，孰為費軍食哉！或謂：陂澤之田，動成渺瀰，導川而無益也。某謂不然。吳中之田，非水不植，減之使淺，則可播種。非必決而涸之，然後為功也。昨開五河，洩去積水，今歲平和，秋望七八。積而未去，猶有二三，未能播植。復請增理數道，以分其流，使不得停壅。縱遇大水，其去必速，而無來歲之患矣。又松江一曲，號曰盤龍港，父老相傳，云出水尤利。如總數道而開之，災必大減。

蘇、秀間有秋之米期已大矣〔五〕。畎澮〔六〕之事，職於郡縣，不時開導，刺史、縣令之罪也。然今世有所興作，橫議先至，非朝廷主之，則無功而有毀。守土之人，亦無建事之意矣。蘇、常、湖、秀，膏腴千里，國之倉庾也。浙漕之任，及數郡之守，宜擇精心盡力之吏，不可以尋常資格而授之，〔七〕功利不至，重為朝廷之憂，且失東南之利也。某已具此聞于相府，仰惟中丞有憂天下之心，亦留意於此焉。

宋兩浙運使趙公子潚、平江知府蔣公璨相視崑山常熟合分導水利方略

趙子潚為兩浙運使，與知平江府蔣公璨言：近被旨相度水利害，遍歷吳江、吳、長三縣民田渰没去處相視，以至常熟。又自常熟北至楊子江，又自崑山東至海口。推究源流，講求利病。今詢訪得浙西諸州，平江最為低下，而常、湖等州之水，皆歸之太湖。自太湖以導於松江，自松江以注於海。是太湖數州之水所瀦，而松江者，又太湖

〔一〕『但』字誤，當作『俾』。
〔二〕『隋』字誤，當作『惰』。
〔三〕此處脱『歲』字。
〔四〕『農』字誤，當作『豐』。
〔五〕此句有誤，核《范文正公文集》卷九該文，原文作『有秋之米，利已大矣』。
〔六〕澮　底本爲『會』，據《范文正公文集》改。
〔七〕『功』字上脱『恐』字。

之所洩也。然以數州瀦水之巨浸，而獨泄于松江之一川，宜其勢有所不勝受，而洩放有所不逮。是以昔人於常熟之北，開二十四浦，疏而導之楊子江。又於崑山之東，開一十二浦，分而納之海。兩邑大浦，凡三十有六，而民間私小涇溝，又不勝數，皆所以決壅滯而防泛濫也。後因潮汐往来，泥沙積淤，舊置開江之卒，尋亦廢去。此大浦所以堙塞，而民田所以湮没也。天禧、天聖間，運使張綸於常熟崑山縣，各開衆浦以導積水。景祐年間，郡守范仲淹親至海浦，開浚五河，使東南入於松江，東北入於楊子江與海。政和間，提舉趙霖將命興脩水利，開浚三十六浦，及〔一〕役江僅開常熟兩浦、崑山一浦而罷。迄今四十年，諸浦堙塞，又非前日比，逐致民田告澇，十歲八九。今相視合行開掘分導緊切去處如後：

一、常熟縣開浦五處。梅里塘泄昆湖并常熟塘一帶積水，自本州東柵由梅里鎮至白蕩橋；　又白泖浦，元係泄放昆、承湖二水，自周涇至浦口；　又崔浦，泄放昆、承湖之水，由梅里塘積水自浦口至雉浦一帶；　又福山浦，係泄放昆湖、承湖之水及府塘一帶積水，自尚墅橋及九折塘至顯星橋；　又黄泗浦，係泄尚湖及昆湖水，自三里汀直至十字港。

一、崑山縣開浦四處。新洋江北接百家瀼，南山吴松江，自百瀼口、太倉塘；　又小虞浦北接鰻鯏瀼，南至吴松江，自鰻鯏口下，南至黄墓村橋；　又顧浦北接斜塘瀼，南至松江，自郭澤塘口下，北及郡迳；　又郭澤塘南，夏駕湖東流顧浦路，徹吴松江。

已上二縣總計工三百三十七萬四千六百六十四工，錢三十三萬七千四百六十六貫三百文，米一十萬一千五百三十九石八斗九升。契勘崑山縣四浦，工力不多，乞止用本縣食利人户支給錢米，委本縣監督開浚。常熟縣五浦，工力浩瀚，係與吴、長等縣利害相及。欲除崑山縣外，有本縣食利人户，以五千人為率，人夫數少，即於三縣見賑濟人内，募强壯人充應。所有差官起工等事，續次脩具申請。緣平江府積水，經今两月餘日未退，已妨種麥，若不於農隙之際，支給錢米，雇夫開治，深恐来歲春雨積水愈甚，虧失常賦不便。望賜旨揮施行。詔從之。

郟正夫言治水利害上两府并司農書

月日具銜獻書某官閤下：　某謂宋有天下，封域輪廣之數，雖不及漢唐，而唐封割裂之餘，天子所使吏治者無幾。而本朝南極嶺表，北抵幽薊，東跨海岱，西極川蜀，天子一切使吏治其税，縣委於令，郡兼于守，漕臺制置以督之，司農計省以總之。以至窮陬竭澤，肩負手提之物，魚

〔一〕據《宋會要輯稿》，此處衍『及』字。

蝦菰蒲之微，凡民之服用飲食之資，官未嘗不收其征，逮今逾百年，宜其財貨豐衍，礼樂興行，而國用迫於上，民力匱於下，顧不及漢唐之盛者，其原安在？宜乎朝廷憂勤念慮，徧詔天下而講求之也。然自詔書之下，議者紛然，謂國用不節者有之，吏員太冗者、利歸民下者、西北太原者〔一〕。夫謂國用不節者何事，能節者幾何？謂吏太冗，則可減者何官？而減之得無廢于事乎？謂利歸于民，則可歸公上者何術？而歸者得無傷於民乎？謂與西北太原，則所與者損，吾之所與者損乎？之所入者幾何？而能不與者何道而無患乎？是皆知其細而不知其大，究其末而不究其本也。孰謂大與本？曰：兵不耕而仰食於民，田不闢而遺利於地也。且國朝之兵，無慮百餘萬，高下相通，賜予相兼。大予率五十緡而給一卒，則歲費約五千餘萬緡。天下二税，纔五百億，而絲綿芻藁之數，遇其半。以計當今養兵之費，僅若未足，指鹽酒山澤之利以助其用矣。此所謂大也。漢唐墾田餘八百萬頃，國朝乃二百萬頃。又自皇祐以来，比景德中田增三十六萬頃，而所入之租，乃減七十二萬斛，則遺利不謂不多也。此所謂本也。

嗚呼！兵戒之防，國之大事，聖君賢相方且謀謨廟堂，非遠方踈外之人，所宜擬議。雖無能省之方，可更之術，不敢妄進。若夫田畝之事，則某固蘇民也，世為農人，幼而見父兄從事於田畝之間，長而聞搢紳議論水旱之事，又嘗訪之故老，求其遺跡，輙得一二，計告可行。然久自鬱結，而不欲輕言者，盖功大者衆必懼，利博者効必遲。夫以大功博利言於衆人，以求速效，其不見諒也必矣。

今者伏遇某宫抱玉質之器，結真主之知，乗時適用，方欲舒伊尹澤民之術，立周公太平之基。士之有知當世之利害者，莫不採收而施行之。况京師倉廩之所積，悉仰於東南，而水田之利，莫大於蘇州，一歲之輸，不啻三四十萬石，而尚未能盡其地利之半。則某安得嘿嘿不獻説於門下耶？伏惟閣下不以微賤而廢其言，不以迂濶而忽其説，察其為利之大，主張而力行之，不惟蘇州被其賜，而天下亦被其賜矣！何也？盖蘇州之水利，天下所共知，而曩者崇公鉅賢又嘗相繼而營之，其遺利尚如此，則天下之遺利，固可知矣。苟蘇州之利興，則天下之利必興，則墾田之盛，可侔于漢唐而興矣。向之所謂細與末者，不可同日而語也。其擘畫條件，已申左右。干冒台慈，不任云云。某再拜。

一、中書劄子

司農寺狀，近准中書批送制置三司、條例司、連廣南東路經略安撫司狀，據守應天府户曹參軍管勾本司文字郟亶申言蘇州水利，制置司已劄付兩轉運司，詳亶所陳，

〔一〕此處語意不暢，『者』下疑脱『亦有之』。

與本路提舉倉司共相度，如合要亶亦具狀申。今據兩浙運司倉司狀本司牒，蘇州勘會亶所言水利，經久利害，本司遂躬親往彼相度，得亶所陳，其間亦有合行開脩去處。緣事體浩大，合要亶同商量相度。欲乞權發遣亶前来申寺，乞指揮事進呈。奉聖旨，令司農依所乞。右劄付郟亶。准此。熙寧四年正月十九日。

一、第二次論列利害狀此係奏狀

准正月十九日中劄子云云者，臣已于五月二十日能〔一〕廣南東路安撫司機宜文字職任，六月十九日起離廣州，今已於韶州出陸，前去两浙。次切緣臣所陳水利，委實浩大，蓋蘇州之水田，東南美利，而隄防不立，溝洫不通，二三百年間，風波蕩蝕，僅若平湖。議者見其如此，乃謂舊本澤國，不可使之為田。上偷下安，恬不為怪。至如堤身之田，皆肥衍農厚，每遇大水，一熟其收，倍蓰於水田。只因隄堰隳壞，不能瀦水，而歲為旱地，深可痛惜！夫天生時，而地生財，人者承天之時，順地之宜，作為衣食，以自資也。今乃不能承時順宜，而止欲随天之水旱，任地之高低，幸其自成。為民者，既不知所以承順〔二〕方；為吏者，又不施所以教導之力，而欲吾民富庶，不可得也。臣籍係崑山，家居太倉，正在水田之間，備知利害。伏見自来治水者，不遇取其舊，所開所治者，隨曲直濶狹浚決之而已。臣之跦陳跌異〔三〕於此方，欲順地形高下之宜，求古人蓄泄之迹，高其隄防，大其溝澮，曲者使直，狹者使廣，通民之往来，而害田者塞之，雖民田而可為溝澮者決之。如此僅可治水。若夫依随故道，而苟免一時之勞，切恐空費公私，終非經久之利。臣今欲乞先詣司農司陳白利害，然後往兩浙運司、倉司、提刑司同商量。謹具狀奏開〔四〕。伏候勑旨。

一、上時相主判司農寺

月日具位。謹裁書，再拜献于某官：某姑蘇一賤儒也，世本農人，晚竊科級，方其少時聞父兄之言，及長又聞士大夫之論議，皆謂蘇州之水，數百年而不能去其患者，莫窮其原。某居自憤悱，曰：『豈由生畎畝之中，而不能知水旱之利？』故常訪之故老，求其遺迹。區區二十餘年，果得其利害，大抵其說近于迂濶，而可見非於衆人，其利似於淺近，而可見笑於童子。惟其可非於衆人、可笑於童子，此所以數百年而不能去其患也。何則？夫田有積水，而旁有江海，衆皆知其決之於江海。今其乃欲堰其決

〔一〕『能』字疑誤，當作『罷』。
〔二〕『順』下疑脱『之』字。
〔三〕跦陳跌異　據明黄淮編《歷代名臣奏議》卷二百五十所録此文，當作『所陳殊異』。
〔四〕開　當作『聞』。

之道，而豬水以養田，豈非所謂迂濶者乎？夫作岸以圍田，童子所共知也，今其乃欲高其隄岸，濶其塘浦，使水行於外，而田成於內，豈非所謂淺近者乎？然考之于古，則存其跡； 行之於今，則得其宜。為工雖大，而為利甚博。故謀于心也詳，而施於外也果。

今者幸蒙朝旨，令徃相度，是其之言粗可施行。然有可慮者，其職在州縣，身為部民，而與本路職司、本州守令較量是非，辨論可否，則勢既不侔，議必難合，不唯使某徒有建言之名，而無立效之實深惧上負聖君求治之心，次負閣下愛民之意，下恐蘇州之田之利畢世不能興也。伏望閣下哀憐其志，特賜奏陳，俾寒賤之吏得趋堂廡之下，按圖指陳，别白利害。果者可采，願賜主張而力行之，則某二十年區區之心，獲遂於一日，而蘇民數百年未除之患，有賴於一言也。干冒台慈，卑情無任戰汗之至。不宣。某再拜。

一、中劄

司農寺狀，准中書批送下廣南東道提刑司狀： 據前守應天府户曹管勾廣州機宜文字郟某狀，准中劄司農寺狀，據兩浙運倉司狀，合要亶同共相度，奉聖旨依奏，亶已前去，此欲先詣司農，陳白利害，見徃洪州。已来聽候朝旨，所據狀後批送司農所准，中書批送下前項，伏乞指揮施行。右進呈奉旨，宜令郟亶候到兩浙路相度到利害，即令赴司農商量，劄付郟亶。准此。熙寧四年十月十七日。

一、郟亶奏治利害狀

臣准中劄節文，奉旨令臣候到兩浙相度利害，即詣司農寺商量。臣今已到池州。切緣臣所言蘇州水利，與自來建議之人不同，盖〔一〕來建議，不知古人治田之法，但循目今決水之末，舍小務大，略近治遠，求効欲速，而久逾無功； 糜費雖多，而水灾仍舊。臣擘畫以治田為先，決水為後，由小以成大，自近以及遠，要利雖久而收功甚速，用工雖大而為役不勞。所以與自來建議者不同也。臣今欲再乞先詣司農，將臣元所上文字地圖與今再陳利害及將来合行事件，曲折辨析，子細陳白，則利可盡於一食之頃，工可定於數月之內，小効可見於一年，大効可成於五歲。臣今徃真州，聽候朝旨，先具到治田利害大概，畫一奏聞。所有將来合行擘畫事件，容臣前路譔成文字，至司農日供上。謹具所陳利害。

（一）論古人治低田高田之法

昔禹時，震澤為患，東有堽阜以隔截其流。禹乃鑿堽

〔一〕此處脱『自』字，當據明黄淮編《歷代名臣奏議》卷二百五十所録該奏狀補。

皐，疏為三江，東入海，而震澤始定。然環湖之地，尚有二百餘里，可以為田，而地皆卑下，猶在江水之下，與江湖相連。民既不能耕植，而水面又復平闊，足以容受震澤下流，使水勢散漫。而三江不能疾趋於海。其沿海之地，亦有數百里，可以為田，而地皆高仰，反在江水之上，與江湖相遠。民既不能取水以灌溉，而地勢之多西流，不得蓄聚，春夏之雨澤以浸潤其地。是環湖之地，常有水患，而沿海之地，每有旱灾。如之何而可以種勢耶？古人遂因其地之高下，井之而為田。其環湖之地，則於江之南北，為縱浦以通於江。又於浦之東西，為横塘以接其勢，而棊布之，有圩田之象焉。其塘浦濶者三十餘丈，狹者不下二十餘丈，淺者不下一丈。且蘇州除太湖之外，江之南北別無水源，而古人使塘深濶若此者，蓋欲取土以為堤岸，高厚足以禦其湍悍之流。故塘浦因而濶深，水亦因之而流耳。非專為濶其塘浦，以使決積水也。故古者隄岸高者須及二丈，低者不下一丈。且如塘面濶三十丈，低濶二十五丈，深一丈，積土二萬七千五百尺分。為兩岸，則每岸積土一萬三千七百五十尺。故岸基可濶五丈，面可濶一丈，而高二丈已上。然其間塘浦亦有淺狹處，并所取之土，未必盡能為岸。故曰高者二丈，低者不下一丈也。今蘇州水田之岸，高者不過四五尺，低者三二尺而已。塘浦濶者六七丈，狹者止三五丈。而欲禦湍悍之水，其可得乎？借令大水之年，江湖之水高於民田五七尺，而隄岸高出于塘浦之外三五尺至一尺。故雖大水不能入于民田，既不容水，則塘浦之水自高于江，而江水亦高于海，不須決泄，而水自湍流矣。故三江常浚，而水田常熟，其堽阜之地，亦因江水稍高，得以畎引灌溉。此古人浚三江、治低田之法也。所由沿海高仰之地，近於江者，既因江流稍高，可以畎引；近于海者，又有早晚二潮，可以灌溉。故亦於沿江之地及江之南北，或五里、七里而為一縱浦，又五里、七里而為横浦。其塘港之濶狹，與低田同，而其深往往過之。且堽阜之地，高于積水之處四五尺、七八尺，遠於積水之處四五十里至百餘里，固非決水之道也。然古人為塘浦濶深若此者，蓋欲畎引江海之水，周流於堽阜之地。雖大旱歲，亦可車畎以溉田，而大水之年，積水或從此而泄之耳。非專為濶深塘浦，以決低田之水也。至于地勢西流之處，又設堽門、堰門、斗門以瀦畜之。事雖大旱，堽阜之地，皆可耕以為田，此古人治高田、畜雨澤之法也。故低田常無水患，高田常無旱灾，而數百里地，常獲農熟也。

（二）論後世廢低田高田之法

古人治田高下，既皆有法。方是時也，田各成圩，圩必有長。每一年率逐圩之人，脩築隄防，治浦港。故低田之隄防常固，旱田之浦港常通。古之田雖各成圩，然所名不同，或謂之段，或謂之圍。

今崑山低田皆況〔一〕在水中，而俗呼之名，猶有野鶴段、大泗段、湛段，及和尚園、盛墩園之類。至錢氏有國，而常撩清指揮之名，此其遺法也。開河之卒，而名之為撩清者，防隄常存而逐年撩治之謂，若今之河清然泊〔二〕乎年祀綿遠，古法隳壞，其水田之隄防，或因田户行舟及安舟之便，而破其圩。古者人户，各有田舍在田圩中，因以為家。欲其行舟及安舟之便，乃鑿為小涇、小浜，即臣昨来所陳某家涇、某家浜之類是也。説者謂浜安泊船也，涇浜既小堤岸，不高，遂致壞卻田圩為白水也。今崑山栢家瀼水底之下，尚有民家堦甃之遺址。此古者民在圩中住居之舊迹也。今崑山富户，如陳新、顧晏、陶湛等，田舍皆在田園之中，每至大水年，亦是外水高于田舍數尺。此今人在田圩中作田舍之驗也。或因人户請射下脚而廢其堤，塘浦久不浚治，故肥泥增漲，人户不顧久遠之利，請射為田，官中利於租税；或因請託逐圩給付，始作小堤於外，終無大堤于内，一遇小潦，遂蕩然隳壞；或因官中開淘而減少丈尺，每州縣擘畫，乞開浚塘浦，不知古人闊其塘浦、高其堤岸之意。乃謂只欲行舟、决水，不須如此深濶。兼恐上司及朝廷不從，多是小破工料，少計日月，比至興役，則將一條塘变為三条塘也。

自小虞浦至和塘，並濶三二十丈，累經開淘，今小虞浦只濶十餘丈，至和塘止濶六七丈。此目所睹也。或因田主只收租課，而不脩堤岸。蘇州租米，上田每畝一石，下田只五六斗。又論納苗税，借使年年遇熟，每畝不過剩得三五斗。若二次做岸，每畝約用錢三二百文。故田主寧肯没田，不肯做岸。或因租户利於易田，而故要渰没。吴人以一易再易之田，謂之白塗田，所收倍于常稔之田，而所納租亦依常數，而租户樂於間年渰没也。或因决破古堤，張捕魚蝦，而漸破損。或因边圩之人，不肯出田與衆做岸，一圩之内，既是衆人之田，边圩之人，往往侵削边圩之田，以為己田。及其圩岸既壞，边圩之人，豈肯更出己田，與衆人做岸？所以無由完復舊堤矣。或一圩雖完，旁圩無力，而連延隳壞。或因貧富同圩，而出力不齊。或因公私相各，而因循不治。百姓既無力浚塘脩岸，官司又謂本是民田，不肯調發夫役，與之脩治。上下因循，遂成白水。故隄防盡壞，而低田漫然，復在江水之下也。每春夏之交，天雨未盈尺，湖水未漲二三尺，而蘇州低田一抹，盡為白水，其間雖有堤岸，亦皆狹小，沉在水低，不能故田。〔三〕唯大旱，常、潤、湖、秀之田，及蘇州堽阜之地，并皆枯旱，其隄岸方始露見，而蘇州水田，幸得一熟耳。蓋由無隄防禦水之具也。民田既不能容水，故水與江平，而潮直至蘇州之東一二十里之地，各反與江湖民田之水相接。

〔一〕按文意，『況』疑爲衍文。
〔二〕『泊』字誤，當作『洎』。
〔三〕此句不通，據《治江文獻輯録》，『低』作『底』，『故』作『固』。當據改。

故水不能湍流，而三江不浚。

臣伏覩昨議狹汴河者，謂汴濶處水面散漫，不至深決，湖汴河淤澱。[一]今蘇州水面，動連一二百里，而太湖水不可及黄河湍迅，而欲三江不淤，不可得也。今二江已塞，一江又淺。倘不完復堤岸，驅低田之水盡入於松江，而使江流湍急，但恐數十年之後，松江愈塞，則震澤之患，不止蘇已矣。此低田不始之由也。其高田之廢，始由田法隳壞，民不相率以治港浦。港浦既淺，地勢既高，沿於海者，則潮不應；沿於江者，又因水田隄防隳壞，水得瀦聚於民田之間。而江水漸低，故高田復在江水之上。至於西流之處，又因人户利於行舟之便，壞其堽門而不能畜水，故高田一望盡為旱地。每至四五月間，春水未退，低田尚未能施工，而堽阜之田已乾枯矣。唯大水年，湖、秀二州與蘇州低田，渰没净盡，則堽阜之田，幸一大熟耳。此盖不浚浦港，以畎引江海之水；不復堽門，以畜聚春夏之雨澤也。此高田廢由也。

蘇州有不旱灾[二]，即有水患。但水田近城郭，為士人所見，而税復重；旱田遠城郭，士人所不見，而税輕。故議者止論治旱也。

《吴郡誌》所載後項，併録於後：

亶既累上其説，五年九月，許詣司農寺陳白。寺以其説上聞詔，以亶為司農寺丞，提領两浙路，興脩水利。六年，亶以其説鏤板，遍下州縣，許諸色人詳議焉。初，亶言蘇州水利，其書與圖大抵以為：環湖之地稍低，常多水；沿海之地稍高，常多旱。故古人治田之迹，縱則有浦，横則有塘，又有門堰涇瀝而棋布之。亶所能記者，總二百六十餘所。今欲略循古人之法，七里為一縱浦，十里為一横塘。又因出土以為堤岸，用度十萬夫，水治高田，旱治下澤，要以三年而數之田治矣[三]。朝廷始得亶書，以為可行，遂直除司農寺丞，令提舉興脩。亶至蘇興役，凡六郡三十四縣北户調夫，同日舉役，轉運提刑皆受約束，民以為擾，多逃移。會吕惠卿被召，言其措置乖方。熙寧元年正月一日，有旨：郟亶脩圩，未得興工，官吏所見不同，各具利害聞奏。人皆驩然。十五日庭下方張燈，吏民二百餘人交入驛庭，喧閧斥駡，燈悉蹂踐，驛門亦破。亶幞頭墮地，一小兒在旁，亦為人所挈前去。此方盡遣諸縣令出郊，標遷圩地，至是，諸令鳴鐃散衆，遂罷役。亶追司農寺丞，送吏部流内銓。

亶既殁，其子將仕郎僑又嗣緝其説，因歲事亦有所建明，今亦録其大略。

僑書大略云：『浙西昔有營田司，自唐至錢氏時，其来源去委，悉有隄防堰閘之制，旁分其支脉之流，不使溢

[一] 此句不通，據《治江文獻輯録》，『決』作『抉』，『湖』作『故』。當據改。
[二] 有不旱灾　語意不通，有缺字。
[三] 要以三年而數之田治矣　『數』當作『蘇』，當據《吴郡誌》卷十九改。

聚，以為腹内畎畝之患。是以錢氏百年間，歲多豐稔，唯長興中一遭水耳。暨納土之後，至於今日，其患方劇。蓋由端拱中，轉運使喬維岳不究堤岸堰閘之制，與夫溝洫畎澮之利，姑務於轉漕舟楫，一切毁之。初則故道尤存，尚可尋繹，今則去古既久，莫知其利。營田之局，又謂閑司冗職，既已罷廢，則隄防之法，流決之理，無以考據，水害無已。

至乾興、天禧之間，朝廷專遣使者，興脩水利，遠来之人，不識三吴地勢高下，與夫水源来歷，及前人營田之利，皆失舊聞。受命而来，耻於空還，不過據採愚農道路之言，以為得計，但目以前之見，為長久之策，指常熟縣崑山枕江之地，為可導諸港而決之江，開福山、茜涇等十餘浦。殊不知古人建立堤堰，所以防太湖泛濫，淹没腹内良田。今若就東北諸渚，決水入江，是導湖水，涇由腹内之田，瀰漫盈溢，然後入海。所以浩渺之勢，常逆行而瀦於蘇之長洲、常熟、崑山，常之宜興、武進，湖之烏程、歸安，秀之華亭、嘉禾，民田悉已被害，然後方及北江東海之港浦。又以水勢方出於港浦，復為潮勢抑回，所以皆聚于太湖。四郡之境，當潦歲，積水而上源不絶，瀰漫不可治也。此足以驗開東北諸渚為謬論矣。又況太湖盖積十縣之水，一水自江南諸郡而下出嶺版重復間，當其霖潦積貯，溪磵奔湍，迤邐而至長塘湖。又潤州之金壇、延陵、丹陽、丹徒諸邑，皆有山源，併會於宜興，以入太湖。一水自杭、睦、宣、歙山源，與天目等山衆流，而下杭之臨安、餘杭及湖之安吉、武康、長興，以入太湖，即古所謂震澤也。昔禹治水，凡以三江，決此一湖之水。今則二江已絶，唯吴松一江存焉。疏洩之道既隘，于昔又為權豪請占，植以菰蒲蘆葦。又於吴江之南，築為石塘，以障太湖東流之勢。又於江之中流，多置罾斷，以遏水勢。是致吴江不能吞来源之瀚漫，日淤月澱，下流淺狹。迨元符初，遽漲潮沙，半為平地，積雨滋久，十縣山源併溢。太湖當蘇、湖、常、秀之間，陂淹浦港，悉皆瀰漫。四郡之民，惴惴然有為魚之患。凝望廣野，千里一白，少有風勢駕浪，動輒數尺。雖有中高不易之地，種已成實，頃刻蕩盡。此吴民畏風，甚於畏雨也。

吴松古江，故道深廣，可敵千浦，向之積潦，尚或壅滯，議者但以開數十浦為策，而不知臨江濵海，地勢高仰，徒勞無益。愚今日所究治水之利，必先於江寧治水，陽江與銀林江等五堰，體勢故迹，決於西湖[一]。潤州治丹陽練湖，相視大崗，尋究函管水道，決於北海。常州治宜興隔湖，沙子淹及江陰港浦，入於北海。以望亭堰分屬蘇州，輕廢之患[二]。如此則西江之水，不入太湖為害矣。又於

[一] 據宋鄭虎臣《吴都文粹》卷六録郟僑《水利書》，原文爲『決于西江』，此作『西湖』，誤。

[二] 核郟僑《水利書》，『輕廢之患』上脱『以絶常州』四字，當據補。

蘇州治諸邑限水之諸，闢吴江之南石塘，多置橋梁，以決太湖，會於青龍、華亭，而入於海。仍開浚吴松江，官司以隣郡上户熟田例敷錢粮，於農事之隙，和僱工役以漸闢之。其諸江湖風濤為害之處，並築為石塘。及於彭匯與諸湖瀼等處，尋究昔有江港，自南涇北，漸築為堤岸；所在陂淹，築為水堰。秀州治華亭、海鹽港浦，仍體究柘湖、澱山湖等處。向因民户有田，高壤障遏水勢，而疏決不行者，並與開通，達諸港浦。杭州遷長河堰，以宣、歙、杭、睦等山源，決于浙江。如此則東南之水，不入太湖為害矣。此前所謂旁分其支脉之流，不為腹内畎畝之患者，此也。

水為東南患，其來久矣。獻其端者，大抵二說：一則以導青龍江，開三十浦為說；一則以植利户浚涇浜、作圩岸為說。是二者，各得其一偏，未容俱是，何以言之？若止於導江開浦，則必無近効；若止於浚涇作垾，則難以禦暴流。要當合二者之說，相為首尾，乃盡其善。但施行先後，自有次第耳。必不得已，欲二者兼行，以規近効，亦有其說。若欲決蘇州、湖州之水，莫若先開崑山縣之茜涇浦，使水東入於大海。開崑山之新安浦、顧浦，使水南入於松江。開常熟縣之許浦、梅里浦，使水北入於楊子江。復浚常州、無錫縣界之望亭堰，俾蘇州管轄。謹其開閉，以遏常、潤之水，則蘇州等水患可漸息，而民田可治矣。若欲決常州、潤州之水，則莫若決無錫之五卸堰，使水趨於楊子江，則常州等水患可漸息，而民田可治矣。世之言水利者，非不知此。然開浦未久，而汙泥尋塞。決堰未多，而良田被患，何也？蓋雖知置堰閘以防江潮，而不知浚流以泄沙漲，故有湮塞之患。雖知決五卸堰水，而不知築堤以障民田，故有飄溺之虞。且復一於開浦決堰，而不知勸民作圩垾、浚涇浜以治田，是以不問有水無水之年，蘇、湖、常、秀之田，不治十常五六。

愚故曰：要當合二者之說，相為首尾，則可盡其善。其所乞開崑山、常熟縣之茜涇等浦，必置堰閘者，是以茜涇浦在蘇州之東南，去海止二十里，泄水甚徑。然其地浸高，比之蘇州及崑山縣地形，不啻丈餘。而往年開此浦者，但為文具所開，不過三四尺、一二尺而已。又止以地面為丈尺，而不知以水面為丈尺。不問高下，而匀其淺深，欲水之東注，不可得也。水既不東注，又浦口不置堰閘，賺入潮沙，無上流水勢可衝，遂致浦塞。愚故乞開茜涇等浦，須置堰閘，所以外防潮之漲沙也。或聞范參政仲淹、葉内翰清臣昔年開茜涇等浦，亦皆有閘，但無官司管轄，而豪强者保利於所得，不時啓閉，遂致廢壞。鄉人往往能道其事。若推究而行之，則所開之浦，可久而無弊。某所乞復常州、無錫界望亭堰閘，俾蘇州管轄者，蓋以常潤之地，比蘇州為差高，而蘇州之東，勢接海岸，其地亦高。蘇州介於兩高之間，故每遇大水，西則為常、潤之水所注，東則為大海岸道所障。其水瀦畜，無緣通泄。若不令蘇州管轄望亭堰閘，則無復有防遏之理。故愚先乞開茜涇等浦以決水。有東流之便；乞守望亭閘，俾水無西衝之憂。既望亭西，自有五卸堰，可以決水徑入於北江。若使長、潤之水，決下此堰，不唯少舒蘇州之水勢，而常、潤之水，亦可以就近順流，而入於楊子江者。此堰決水，其勢甚徑。昔官吏非不施行，然決堰未多，而民田已没。何也？蓋止知決堰，不知預築堰下民田堤岸，以防水勢也。五卸地形，與民田相去幾及丈餘，平居微雨，水即溢堰而過，已有浸溺之憂。今直欲決去其堰，使諸路之水，舉自此而出。又不曾高其民田圩岸，以為隄防，則決堰未多，而民田已没。

某嘗論天下之水，以十分率之，自淮南而北，五分由九河入海。《書》所謂『同為逆河，入于海』是也。自淮而南，五分由三江入海。《書》所謂『三江既入，震澤底定』是也。而三江所決之水，其源甚大，由宣、歙至浙界，合常、潤諸州之水，鍾於震澤。震澤之大，幾四萬頃，導其水而入海，止三江耳。二江已不得見，今止松江，又復淺淤不能通泄。且復百姓便於己私，於松江古河之傍，多開溝港，故上流欲出之水，不能徑入於海。支分派別，自三十餘浦北入吴郡界内。即先户部水利奏中所謂： 向欲導諸江者，復南而北矣。雖於崑山、常熟兩縣開導河浦，脩築圩岸，然上流不息，諸水輻輳。或風濤間作，洪雨繼至，所開浦河，必皆壅滯； 所築圩岸，必有衝蕩。蓋沿江北岸三十餘浦，唯鹽鐵一塘，可直瀉水北入楊子江外，其餘皆連接平〔一〕江、湖、瀼，合而為一，非徒無益，為害大矣。今乞措置： 一面開導河浦，即使相度松江諸浦，除鹽鐵塘及大浦開導置閘外，其餘小河一切並為大堰。或設水竇，以防江水。即吴松江水徑入東海，而吴之河浦不為賊水所壅，諸縣圩岸亦免風波所破。

某聞錢氏循漢唐法，自吴江縣松江而東至於海，又沿海而北至於楊子江，又沿江而西，至于常州、江陰界，一河一浦，皆有堰閘，所以賊水不入，久無患害。嘗考漢、晉、隋、唐以來《地理志》，今之平江乃古吴郡。至隋平陳，始至〔二〕蘇州。漢時封境甚濶，隋開皇中，始移于横山下。唐貞觀中，復徙於闔閭舊城。而又湖州，乃隋時仁壽中於蘇之烏程縣分置； 秀州，乃五代晉時吴越王以蘇之嘉興縣分置。所謂錢塘、毗陵，在古皆吴之屬縣，以地勢卑下，沿江邊海有為隄岸以防遏水勢。如《唐志》所載秀州之海鹽令李諤，開古涇三百有一； 而又稱去縣西北六十里，有漢塘，大和中再開，疑即僑今所謂開鹽鐵塘以泄吴松水者也。又載： 杭州之餘杭令歸某，築甬道，高廣徑直百餘里，以禦水患。又載： 杭州鹽官縣亦有捍海塘堤二百十四里。即知古人治平江之水，不專於開河，而築堤以遏

〔一〕據郟僑《水利書》，『平』當作『于』。
〔二〕『至』字誤，當作『置』。

水，亦兼行之矣。故為今之策，莫若先究上源水勢，而築吴松兩岸塘堤，不惟水不〔一〕入於蘇，而南亦不入於秀。兩州之田，乃可墾治。今之言治水者，不知上源，始謂欲去水患，須開吴松江，殊不知開吴松江而不築兩岸堤塘，則所導上源之水，輻輳而来，適為两州之患。盖江水溢入南北溝浦，而不能徑趨於海故也。倘効漢唐以来堤塘之法，脩築吴松江岸，則去水之患，已十九矣。

震澤之大，纔三萬六千餘頃，而平江五縣積水幾四萬頃，然非若太湖之深廣瀰漫一區也。分在五縣，遠接民田，亦有高下之異，淺深之殊，非皆積水不可治也。但與田相通，極目無際，所以風濤一作，囬環四合，無非水者。既非全積之水，亦有可治之田。瀦瀉之餘，其淺淤者，皆可脩治，永為良田。況五縣積水中，所謂五〔二〕瀼、陂、淹，若湖則有澱山湖、練湖、陽城湖、巴湖、崑湖、承湖、尚湖、石湖、沙湖；　瀼則有大泗瀼、斜塘瀼、江家瀼、百家瀼、鰻鮰瀼；　蕩則有龍墩蕩、任周蕩、傀儡蕩、白坊蕩、黄天蕩、雁長蕩；　淹則有光福淹、户山淹、施墟淹、赭墩淹、今涇淹、明社淹，僅三十餘所。雖水勢相接，略無限隔。然其間深者不過三四尺，淺者一二尺而已。今乞措置：　深者如練湖，大作隄防以匱其水。復於隄防四旁，設為斗門水瀬。即大水之年，足以瀦畜湖、瀼之水，使不與外水相通，而水田之圩垾，無衝激之患。大旱之年，可以决斗門水瀬，以浸灌民田，而旱田之溝洫，有車畎之利。其餘若斜塘瀼、大泗瀼、百家瀼之類，深不過三四尺，淺止一二尺而已，本是民田，皆可相視分勒人户，借貸錢粮，脩築圩垾，開導涇浜。即前所謂湖、瀼三十餘處者，往往可治者過半矣。某聞江南有萬春圩，吴有陳滿塘，皆積水之地。今悉治為良田，坐收苗賦，以助國用。

郟氏再世，有水利之舉，雖不能為必可行，然用心甚專，為説甚詳，故録之，以備論議者之參稽焉。

〔一〕據《吴郡誌》卷十九，『不』下脱『北』。
〔二〕據文意，『五』爲『湖』之誤，當改。

卷第七

蘇文忠公録進單鍔《吴中水利書》

初觀三州之水，為患滋久，較舊賦之入，十常減其五六。以日月指之，則水之害於三州，逾五十年矣。所謂三州者，蘇、常、湖也。朝廷屢責監司，監司每督州縣，又間出使者尋按舊迹，使講明利害之原。然而西州之官，求東州之利，目未嘗歷覽地形之高下，耳未嘗講聞湍流之所從來。州縣憚其經營，百姓厭其出力，均曰：『水之患，天數也。』按行者駕輕舟於汪洋之陂，視之茫然，猶擿植索途，以為不可治也。間有忠於國、志於民，深求而力究之，然有知其一而不知其二，知其末而不知其本，詳於此而略於彼。故有曰：三州之水，咸注於震澤。震澤之水，東入于松江，由松江以至於海。自慶曆以來，吴江築長堤，横截江流，由是震澤之水，常溢而不泄，以至壅灌三州之田。此之一偏者也〔一〕。或又曰：由宜興而西，溧陽縣之上，有五堰者，古所以節宣、歙、金陵九陽江之衆水，由分水、銀林二堰，直趨太平州蕪湖。後之商人，由宣、歙販賣牌木，東入兩浙，以五堰為艱阻，因相為之謀，罔給官中，以廢去五堰。五堰既廢，則宣、歙、金陵九陽江之水，或遇五六月山水暴漲，則皆入於宜興之荆溪，由荆溪而入震澤。蓋上三州之水，東灌蘇、常、湖也。此又知一偏者耳。或又曰：宜興之有百瀆，古之所以泄荆溪之水，東入于震澤也，今已湮塞，所存者四十九條，疏此百瀆，則宜興之水，自然無患。此亦知其一偏者也。三者之論，未嘗參究，得既之不詳〔二〕，攻之則易破。以鍔視其迹，自西五堰東至吴江岸，猶人之一身也：五堰則首也，荆溪則咽喉也，百瀆則心也，震澤則腹也，傍通太湖衆瀆則脉絡衆竅也，吴江則足也。今上廢五堰之固，而宣、歙、池九陽江之水，不入蕪湖，反東注震澤，下又有吴江岸之阻，而震澤之水積而不泄，是猶有人焉，握其手，縛其足，塞其衆竅，以水沃其口，沃而不已，腹滿而氣絶。視者恬然，猶不謂之已死。今不治吴江岸，不疏衆瀆，以泄震澤之水，是猶沃水於人，不去其手桎，不解其足縛，不除其竅塞，恬然安視而已，誠何心哉！然而百瀆非不可治，五堰非不可復，吴江岸非不可去，蓋治之有先後，且未築吴江岸以前，五堰其廢已久。然而三州之田，尚十年之間，熟有五六，堰猶未為大患。自吴江築岸已後，十年之間，熟無一二，欲具

〔一〕據宋單鍔《吴中水利書》，此句作『此知其一偏者也』，當據改。
〔二〕據《蘇文忠公全集》，此句作『得之既不詳』，當據改。

驗之，閱三州歲賦所入之數，則可見矣。且以宜興百瀆言之，古者所以泄西来衆水入震澤而終歸於海，蓋震澤吐納衆水。今納而不吐。鍔竊視熙寧八年，時雖不旱，然連百瀆之田，皆魚游鱉處之地，低汙之甚也。其田去百瀆無多遠，而田之苗，是時亦皆旱死，何哉？蓋百瀆及傍穿小港瀆，歷年不遇旱，皆為泥沙湮塞，與平地無異矣。雖去震澤甚迩，民力難有私舉，時官又無留意疏導者，苗卒歸于槁死。自熙寧八年迄今十四載，其田即未有可耕之日，歲歲訴潦，民益憔悴。昔嘉祐中，邑尉阮洪深明宜興水利，方是時，吴中水洪，屢上書監司，乞開通百瀆。監司允其請，遂鳩工於食利之家，疏導四十九條。是年大熟，此百瀆之驗，歲水旱皆不可不開也。宜興所利，非止百瀆而已。東則有蠡河，横亘荆溪，東北透湛瀆，東南接罨畫溪，昔范蠡所鑿，與宜興之西蠡河，皆以昔賢名呼其蠡河，遇大旱則淺澱，中旱則通流。又有孟涇泄隔湖之水入震澤，其他港瀆澱塞，其名不可縷舉。夫吴江岸界於沿江震澤之間，岸東則江，岸西則震澤，江之東則大海也。百川莫不趨海，自西五堰之上，衆川由荆溪入震澤，注于江，由江歸於海。地傾東南，其勢然也。自慶曆二年，欲便粮運，遂築北堤，横截江流五六十里，遂至震澤之水常溢而不泄，浸灌三州之田。每至五六月之間，湍流峻急之時視之，則吴江岸之東，水常低岸西之水，不下一二尺。此隄岸阻水之迹，自可覽也。又覩岸東江尾與海相接之處汙澱，茭蘆叢生，沙泥漲塞；而又江岸之東，自築岸已来，沙漲成一村，昔為湍流奔湧之地，今為民居民田、桑棗場圃，吴江縣由是歲增舊賦不少。雖然，增一邑之賦，反損三州之賦，不知幾百倍耶！夫江尾昔無茭蘆壅障流水，今何致此？蓋未築岸之前，源流東下峻急，築岸之後，水勢遲緩，無以滌蕩泥沙，以致增積而茭蘆生，茭蘆生則水道狹，水道狹則流洩不快，雖欲震澤之水不積，其可得耶〔一〕？今欲泄震澤之水，莫若先開江尾茭蘆之地，遷沙村之民，運其所漲之泥，然後以吴江岸鑿其土，為木橋千所，以通粮運。每橋用耐水土木棒二條，各長二丈五尺，横梁三条，各長六尺，柱六条，各長二丈。除首尾占閣外，可得二丈餘徙道。每一里計三百六十步，一里為橋十所計，除占閣外，可開水面二十三丈，每三十步一橋也。一千条橋，共開水面二千丈，計一十一里四十步也。随橋徙開茭蘆為港，走水仍於下流；開白蜆、安亭二江，使太湖水由華亭青龍入海，則三州水患必大衰減。常州運河之北偏，乃江陰縣也。其地勢自河而漸低，上自丹陽，下自無錫。運河之北偏，古有泄水入江瀆一十四條，曰孟瀆、曰黄汀堰瀆、曰東函港、曰北戚氏港、曰五卸堰港、曰黎溶港、曰蔣瀆、曰歐瀆、曰魏瀆涇、曰支之港、曰蠡瀆、曰牌一作碑

〔一〕『以致增積……其可得耶』諸句原抄本多有脱文，今據單鍔《吴中水利書》改。

涇，皆以古人名或以姓稱之。昔皆以泄衆水入運河，立斗門。又北泄下江陰之江，今名存而實亡，今存者無幾。二浙之粮船不過五百石，運河止可常存五六尺之水，足可以勝五百石之舟。以其一十四處立為石碶斗門。每瀆於岸北先築堤岸，則制水入江；若無隄防，則水泛溢而不制，將見灌浸江陰之民居民田矣。昔熙寧中，有提舉沈披者，輙去五卸堰，走運河之水，北下江中，遂害江陰之民田，為百姓所訟，即罷，提舉亦嘗被罪。始欲以為利，而適足以害之，此未達古人之智，以至敗事也。切見近日錢塘進士余默兩進三州水利，徒能備陳功力鎖細之事，殊不知本末。惟有言得常州運河，晉陵至無錫一十四處，置斗門泄水，北入江陰大江，雖三尺童子亦知可以為利。然余默雖能言斗門一事，合謬鄙策，奈何無法度以制水〔一〕入江之水行之，則又豈止為一沈披耶？

又覩主簿張寔進狀，言吴江岸為阻水之患，陘函不通。其言然則然矣，雖言吴江岸而不言措置水術。蓋古之所創徑函，在運河之下，用長㮇木為之，中用銅輪刀，水衝之則草可刈也，置在運河底下，暗走水入江。今常州有東西二函地名者，乃此也。昔治平中，提刑元積中開運河，嘗開〔二〕見函管，但見函管之内皆沙泥，以謂功力甚大，非可易復，遂已。今先開鑿江、湖、海故道堙塞之處，泄得積水，他日治函管則可。若未能開故道，而先治函管，是知末而不知本也。切見常州運河之北偏，皆江陰低下之田，常患積水，難以耕植。今河上為斗門，河下築堤防，以管水入江。百姓由是緣此河隄，可以作田圍，此泄水利田之兩端也。宜興縣西有夾苧千瀆，在金壇、宜興、武進三縣之界，東至隔湖及武進縣界，西南至宜興，北至金壇，通接長塘湖，西接五堰，茅山、薛步山水，直入宜興之荆溪。其夾苧干，古之人亦所以泄長塘湖入東隔湖之水〔三〕入大吴瀆、塘口瀆、白魚湾、高梅瀆四瀆及白鶴溪，而北入常州之運河，由運河而入一十四條之港，北入大江。今一十四條之港，皆名存而實亡，累有知利便者獻議朝廷，欲依古開河道，北入運河以注大江，自隔湖、長塘湖兩首，各開三分之二。為陂〔四〕田户皆豪民，不知利便，唯恐開鑿己田，陰搆胥吏而不行。元豐之間，金壇令曹長官奏請乞開，朝廷又降旨揮，委江東及兩浙西〔五〕路監司相度，及近縣官員相視，又為彼豪民計搆不行。倘開夾苧干通流，則西来他州入震澤之水，可以殺其勢，深利於三州之田也。

〔一〕單鍔《吴中水利書》『制』字下無『水』字，當據删。

〔二〕『開』字於義不通，當改爲『云』。

〔三〕泄長塘湖入東隔湖之水　有脱文倒文，故不通，當據單鍔《吴中水利書》改爲『泄長塘湖東入隔湖，隔湖之水』。

〔四〕陂　爲『彼』之誤，當據單鍔《吴中水利書》改。

〔五〕西　爲『兩』之誤，當據單鍔《吴中水利書》改。

鍔熙寧八年，歲遇大旱，切觀震澤水退數里，清泉鄉湖乾數里，而其地皆有昔日丘墓、街井、枯木之根，在數里之間，信知昔為民田，今為太湖也。太湖即震澤也。以是推之，太湖寬廣，愈於昔時。昔云有三萬六千頃，自築吴江岸，及諸港瀆堙塞，積水不泄，又不知其愈廣幾多頃也。鍔又嘗見低下之田，昔人争售之，今人争棄之，蓋積年之水，十無一熟，積空頭之税。或遇頻年不收，則飢餓丐殍，鬻妻子以償主租，或置其田、拾[一]其廬而逋。至於酒坊，處在水鄉，沽賣不行，以致敗闕者，比年尤甚。皆緣水傷下田不收故也。鍔又嘗遊下鄉，切見陂淹之間，亦多丘墓，皆為魚鱉之宅。且古之葬者，不即高山，則於平原陸野之間，豈即水穴以危亡魂耶？嘗得唐埋銘於水穴之中，今猶存焉。信夫昔為高原，今為汙澤，今之水不泄如古也。昨熙寧間，檢正張鍔命屬吏殿丞劉懋相視，蘇、秀二州海口諸浦瀆，為沙泥壅塞，將欲疏鑿，以快流水。懋相視囬申，以謂若開海口諸浦，則東風駕海水倒注[二]。鍔謂懋曰：『地傾東南，百川歸海。古人開諸海浦，所以通百川也。若及灌民田，古人何為置諸浦耶？百川東流則有常，西流則有時，因東風雖致西流，風息則其流亦復歸於海，其勢然也。凡江湖諸浦港，勢亦一同。』懋雖信其如此，然猶有説。蓋以昔視諸浦無倒注之患，而今乃有之。蓋昔無吴江岸之阻，諸浦雖暫有泥沙之壅，然百川湍流浩急，泥沙自然滌蕩，隨流而下。今吴江岸阻截，百川湍流緩慢，則其勢難以蕩滌泥沙。設使今日開之，明日復合。又聞秀州青龍鎮入海諸浦，古有七十二會。蓋古以為七十二會曲折宛轉者，蓋有深意。以謂江隨地勢，東傾入海，雖曲折宛轉，無害東流也；若遇東風駕起，海潮洶湧倒注，則於曲折之間，有所囬激，而泥沙不深入也。後人不明古人之意，而一皆直之，故或遇東風，海潮倒注，則泥沙隨流直上，不復有阻。凡臨江海諸港浦，勢皆如此。所謂『今日開之，明日復合』者，此也。今海浦昔日曲折宛轉之勢，不可不復也。夫利害掛於眉睫之間，而人有所不知。今欲泄二州之水，先開江尾，去其泥沙茭蘆，遷沙上之民；次疏吴江岸為千橋；次置常州運河一十四處之斗門，石碶堤防，管水入江；次導臨江湖海諸縣一切港瀆，及開通茜涇。水既泄矣，方誘民以築田圍。昔郟亶嘗欲使民就深水之中，疊成圍岸。夫水行於地中，未能泄積水，而先成田圍，以狹水道，當春夏湍流浩急之時，其水當湧行於田圍之上，非止壞田圍，且淹浸廬舍矣。此不智之甚也！欲乞朝廷指揮下兩浙轉運司，擇智力了辨官員，分布諸縣，則不越數月，其工可畢。所有創橋、疏通河港、置斗門利便制度，不在規矩而言也。今所畫三州江湖溪海圖一本，但可觀其大略。港瀆之名，亦布其一二耳。欲見

[一]『拾』字誤，當改爲『捨』。

[二] 此處脱『反灌民田』，當據單鍔《吴中水利書》補。

其詳，莫若下蘇、常、湖諸縣，各畫溪河溝港一本，各言某河某瀆通某縣某處。俟其悉上，合而為一圖，則纖悉若視於指掌之間也。

鍔又視秀州青龍鎮有安亭江一條，自吴江東至青龍，由龍青〔一〕泄水入海。昔因監司相視，恐走透商税，遂塞此一江，其江通華亭及青龍。夫龍〔二〕截商税，利國能有幾耶？堰塞湍流，其害實大。又況措置商税，不為難事。竊聞近日華亭青龍人户相牽陳狀，情願出錢乞開安亭江，見有狀在本縣官吏，未與施行。近又訪得宜興西隔湖，其二瀆，一名白魚湾，一名大吴瀆，泄湖之水入運河，由運河入一十四處斗門下江。其二瀆在塘口瀆之南。又有一瀆名高梅瀆，亦泄隔湖之水入運河，由運河入斗門，在吴瀆之南。近聞知蘇州王覲奏請開海口諸浦。鍔切謂海口諸浦不可開。今開之，不逾月或遇東風，則泥沙又合矣。嘗觀《考工記》曰：『善溝者水嚙之，善防者水淫之。』蓋謂上水湍流峻急，則自然下水，泥沙嚙去矣。今若俟開江尾，及疏吴江岸為橋，與海口諸浦同時興工，則自然上流東下，嚙去諸浦泥沙矣。

凡欲疏導，必自下而上。先治下，則上之水無不流；若先治上，則水皆趨下，漫滅下道，而不可施工力，其勢理然也。故今治三州之水，必先自江尾海口諸浦疏鑿吴江岸，及置常州一十四處之斗門，築堤制水入江，此與吴江兩處分泄積水，最為先務也。然鍔觀合開三州諸講瀆，不必全籍官錢。蓋三州之民，憔悴已久，人人樂開，故半可以資食利户之力也。今略舉其一二。若開江尾，疏吴江岸為橋，遷吴江岸東一村之民開地，復為昔日之江，置一十四處之斗門，并築一十四條隄，制水入江，開夾苧千、白鶴溪、白魚湾、大吴瀆、塘口瀆、宜興東蠡河，已上非官錢不可開也。若宜興之横塘百瀆，蘇州之海口諸浦、安亭江、江陰之季子港、春申港、下港、黄田港、利港，宜興之塘頭瀆及諸縣凡有自古泄水諸浦港浜瀆，盡可資食利户之力也。莫非先下三州及諸縣，抄録諸道江湖海一切諸港瀆溝浜自故有名者，及供上丈尺之料，功力之費，或係官錢，或係食利私力，期之以施工月日，同日開鑿，同日疏放。若或放水有先後，則上水奔湧東下，衝損在下開未畢溝港，以故須同日決放也。

或者有謂：『昔人創望亭、吕城、奔牛三堰，蓋為丹陽下至無錫、蘇州，地形東傾，古人創三堰，所以慮運河東下之水不制，是以創堰以節之，以通漕運。自熙寧、治平間，廢去望亭、吕城二堰，然亦不妨綱運者，何耶？』鍔曰：『昔之太湖及西来衆水，無吴江岸之阻，又一切通江湖海故道，未嘗堙塞，故運河之水，常慮走泄，入於江湖之間。是以置堰以節之。今自慶曆以来，築置吴江岸及諸

〔一〕龍青　當爲『青龍』。
〔二〕『龍』字誤，當改作『籠』。

港浦，一切堙塞，是以三州之水，常溢而不泄，二堰雖廢，水亦常溢，去堰若無害。今若泄江湖之水，則二堰尤宜先復，不復則運河將見涸，而粮運不可行。此灼然之利害也。又若宜興縣創市橋，去西津堰。蓋嘉祐中，邑尉阮洪上言，監司就長橋東市邑中創一橋，使運河南通荆溪。初開鑿市街，乃見昔日橋柱，尚存泥中。咸謂古為橋於此也。又運河之西口，有古西津堰，今已廢去久矣。且古之廢橋置堰，以防走透運河之水，今也置橋廢堰，以通荆溪，則溪水常倒注入運河之內。今之與古，何利害之相反耶？鍔以謂古無吴江岸，衆水所積[一]，運河高於荆溪，是以塞橋置堰，以防泄運河之水也。今因吴江岸之阻衆水，積而常溢，倒注運河之內。且以創橋廢堰，見利而不見害也。今若治吴江岸泄衆水，則運河之水再防走泄，當於北門之外，創一堰可也。其利害蓋如此。』或又曰：『切觀諸縣高原陸野之鄉，皆有塘圩，或三百畝、或五百畝為一圩。蓋古之人停蓄水以灌溉民田。以今視之，其塘之外皆水，塘之中未嘗滀水，又未嘗植苗，徒牧養牛馬、畜放鳧雁而已。塘之所創，有何益耶？』鍔曰：『塘之為塘，是猶堰之為堰也。昔日置塘滀水，以防旱歲。今日三州之水，久溢而不泄，則置而為無用之地。若決吴江岸，泄三州之水，則塘亦不可不開以滀諸水，猶堰之不可不復也。此亦灼然之利害矣。苟堰與塘為無益，則古人奚為之耶？蓋古人賢士，大智經營，莫不除害興利，出於人之未到。後人之淺謀管見，不達古人之大智，顛倒穿鑿，徒見其害，而莫見其利也。若吴江岸止知欲便粮運，而不知遏三州之水，反以為害。又若廢青龍安亭江，徒知不漏商旅之税，又不知反狹水道以遏百川。今之人，所以戾古者，凡如此也。』鍔切觀無錫縣城內運河之南偏有小橋，由橋之南下，則有小瀆，瀆南透梁溪瀆，有小堰名曰單將軍堰。自橋至梁溪，其瀆不越百步，堰雖有，亦不渡船筏。梁溪即接太湖。昔所以為此堰者，恐泄運河之水。

昔熙寜八年，是歲大旱，運河皆旱涸，不通舟楫。是時鍔自武林過無錫，因見將軍堰，既不渡船筏，而開是瀆者，古人豈無意乎？因語與邑宰焦千之曰：『今運河不通舟楫，切觀將軍堰接運河，去梁溪無百步之遠，古人置此堰瀆，意欲取梁溪之水，以灌運河。』千之始則以鍔言為狂，終則然之。遂率民車四十二管，車梁溪之水以灌運河，五日河水通流，舟楫往来。

信夫古人經營利害，凡一溝瀆，皆有微意，而今人昧之也。甞見蘇州之茜涇，昔范仲淹命工開導，以泄積水以入于海。當時諫官不知蘇州患在積水不泄。咸上疏言仲淹走泄姑蘇之水。蓋不知其利，而反以為害。今茜涇自

[一] 此句有誤，當作『衆水不積』。

仲淹之後，未復開鑿，亦久湮塞。鍔存心三州水利，凡三十年矣。每覩一溝一瀆，未嘗不明古人之微意。其間曲折宛轉，皆非徒然也。鍔今日之議，未始增廣一溝一瀆，其言與圖符合。若非觀地之勢，明水之性，則無以見古人之意。今并圖以獻。惟執事者上之朝廷，則庶幾三州憔悴之民，有望於今日也。

單鍔別畫。

貼黄：其圖畫得草略，未敢進上。見下有司計會。

一、先開吳江縣江尾茭蘆地。

一、先遷吳江沙上居民，及開白蜆江通青龍鎮，又開青龍安亭江通海。

一、先去吳江土為千橋。

一、先置常州運河一十四處斗門，用石䃮，并築堤，管水入江。

一、次開夾苧干、白鶴溪、白魚湾、塘口瀆、大吳瀆，令長塘湖、隔湖相連，走泄西水，入運河，下斗門入江。

一、次開宜興百瀆，見今只有四十九條，東入太湖。

一、次開蘇州茜涇、白茆、七丫、福山、梅里塘諸浦。

一、次開江陰下港、黄田、春申、季子、竈子諸港。

一、次開宜興東西蠡河。

一、次根究諸臨江湖海諸縣，凡泄水諸港瀆，並皆疏鑿。

五堰水利

昔錢舍人公輔為守金陵，常究五堰之利。雖知五堰〔一〕以東三州之害。鍔知三州水利，而未究五堰以西之利害。一日錢公輔以世所為五堰之利害，與鍔參究，方知始末利害之議完也。公輔以為五堰者，自春秋時，吳王闔閭用伍子胥之謀伐楚，始創此河，以為漕運。春冬載二百石舟，而東則通太湖，西則入長江。自後相傳，未始有廢。至李氏時，亦長通運，而置牛於堰上，挽拽船筏於固城湖之側。又嘗設監官，置廨宇，以收往来之税。自是河道澱塞，堰壞〔二〕低狹，虛務添置十有一堰，往来舟楫，莫能通行，而水勢遂不復西。及遇春夏大水，江湖泛漲，則園頭、王母、龍潭三澗，合為一道，而奔衝東来，河之不治，愈可見也。

今若開深古道，而存留銀林。分水二堰，則諸堰盡可去矣。所欲存二堰者，盖本處地勢，自銀林堰以西，地形從東迆邐西下，自分水堰以東，地形從西迆邐東下，而其河自西垻至東垻十六里有餘，開淘之際，須随逐處地形之高下以濬之，然後江東兩浙可以無大水之患。然銀林堰

〔一〕『雖知五堰』下脱『之利，而不知五堰』，據單鍔《吴中水利書》補。
〔二〕『壞』字誤，當據單鍔《吴中水利書》改爲『埭』。

南則通建平、廣德，北則通溧水、江寧，又當增條高廣，以俟商旅舟船往来之多，可以置官收税，如前之利。此五堰所以不可不復也。今莫若治五堰，使上之水不入於荆溪，而由分水、銀林二堰，直歸太平之蕪湖，下治吴江岸為千橋，使太湖之水東入於海中，治百瀆之水東入於海中，治百瀆之故道，與夫蘇、常、湖三州之有故道旁穿太湖者。雖不可縷舉，而概可以迹究也。

難者曰：『雖復五堰，奈何五堰之側山水東下乎？復堰無益也。』鍔答曰：『由五堰而東注太湖，則有宣、歙、池、廣德、溧水之水，苟復堰，使上之水不入於荆溪，自餘山磵之水，寧有幾耶？比之未復，十須殺其六七耳。』難者乃服。

安撫趙霖奏石倉土垻告成

臣昨已奏聞，於水陸寺前安立石倉，于外築撩土垻，繼後凡雨小汛，併工築撩，率為長水衝斷。臣同漕臣曾穎秀，殿帥田慶宗將帶修江一行官吏，再自今月初一日大汛日分，即便併工，下手躬親監督，日役殿步司官兵五千五百餘人，併募夫工，及修江司軍兵三千餘人，貼已立石倉，夾植椿笆版木，晝夜運土填築土垻，自南北岸，相去計長四十九丈五尺，於初十日早，遂行垻合，仍用石版、滋泥、竹笆、土牛等築壘，卻用沙泥垻(一)平，已不通潮水往来。見此不輟工役，帮築高闊，務令堅固。若此月十五日以後大汛，或免衝擊，則迤邐增帮土塘，直至長生橋作垻。卻於太平橋、無星橋、垻子橋等處，並開掘河港，庶使各安故道，軍民安堵。謹具奏知，伏乞睿照。

安撫趙霖奏進石倉大勢圖本

臣照對：江湖為沴，石牌頭最為要衝，晝夜長水由江家橋而入，城東軍營、民居，俱有浸淫之患，不能安堵。臣相度地宜，遂於江家橋裏水陸寺前，安立石倉，築捺土垻，幸即就緒，及行增闊。又於垻外兩壁倣軍垻，用椿笆、滋泥，防欄潮水。又於長生港口捺垻一條，亦已完備。其石牌頭與江家橋，俱與大江相接，約闊二百餘丈。雖有積沙，受敵未已，且急為托裏之計，增築土垻。所是新廟後浦口緣當潮處，尤不可捺卻。先於潮入處小蒲場港，已行作垻。候十二月初大汛後，徐而用工，於已築土塘之尾，接連觀音塘并亭，築垻一條，以防後害。團圍頭軍垻外石塘，已砌五十六丈，以續舊石塘，亦有積沙，可保無虞。所慮舊石塘仍為潮水衝擊，日事修治，不敢苟於其事。此皆天意助順，人力可施。凡有罅一隙，無不究心。一行官吏

(一)『垻』字誤，當爲『填』。

軍民，殊覺勞苦。今載打畫圖本，逐一點說，謹用繳進。伏乞睿照。

趙霖言水利

政和六年四月日，御筆訪聞平江府三十六浦，自古置閘，隨潮啓閉，歲久湮塞，遂致積年為患。仰郡守莊徽差户曹趙霖具逐浦經久利害，破驛券，遽馬赴尚書省指說。

霖相度之説曰：平江遂縣地形、水勢利害，各不相侔。蓋浙西六州之地，平江最為低下。六州之水，注入太湖，太湖之水，流入松江，接青龍江，東入于海。而平江地勢，自南直北，至常熟縣之半，自東止崑山縣地西南之半，水與太湖、松江水而相半，皆是諸州所最〔一〕之水，泛濫其中。平江之地，雖下於諸州，而瀕海之地，特高於他處，謂之堽身。堽身之西，又與常州地形相等，東西與北三面，勢若盤盂，積水南入，注乎其中。所以自古沿海環江開鑿港浦者，藉此疏導積中之水。由是以觀，則開治港浦，不可不先也。港浦既已浚，則必講經久不堙塞之法。今瀕江之田，懼鹹潮之害，皆作堰壩以隔海潮，裏水不得流外，沙日以積。此崑山諸浦堙塞之由也。堽身之民，每闕雨則恐裏水之減，不給灌溉，悉為堰壩以止流水。臨江之民，每遇潮至，則於浦身鑿開小溝，以供己用，亦為堰斷，以留餘潮。此常熟諸浦堙塞之由也。法當置閘，然後可以限水之内外，可以隨潮而啓閉。浦既已開，閘既已置，而太湖、松江之水，與積水為一派，沉没民田者，一遇風作，則高浪萬頃，愈泄愈来。縱使諸浦瀉之，泄之涓涓，来之浩浩，當斯之時，障之不可，疏之不可，為之計者，莫若慎其性而狹其流，乃為上策。所謂上策者，大築圩岸，高圍民田而已。如此，則積水日削，衆浦日耗矣。大抵三説：一曰開置港浦，二曰置閘啓閉，三曰築圩裏田。三者闕一不可，又各有先後緩急之序。

其《開浦篇》曰：高田引以灌溉，低田導以決泄者，浦也。古人大小縱横，設為港浦，若經緯然。按圖於舊，得九十處，或名港浦，或名涇浜，或謂之塘，或謂之漕。以詢究古跡，得其為利之大者三十六浦，區為三等。上等工大而利博，在前所先也；中等工費，可減上等三之二；下等間於上中之間，或自大浦而分投别派，工料之數，又少損焉。

其《置閘篇》曰：瀕海臨江之地，形勢高仰，古来港浦，盡於地勢高處淤澱。若一旦頓議開通，地里遥遠，未易施力，以拒鹹潮。今於三十六浦中，尋究得古曾置閘者，纔四浦，唯慶安、福山兩閘尚存，餘皆廢棄，故基尚存。古置閘，本圖經久，但以失之近裏，未免易湮。治水莫急

〔一〕『最』字疑爲『聚』之誤。

於開浦，開浦莫急於置閘，置閘莫利於近外，若置閘而又近外，則有五利焉：江海之潮，日兩漲落，潮上灌浦，則浦水倒流；潮落浦深，則浦水湍瀉。遠處積水，早潮退定，方得随流，幾入浦口，則晚潮復上，元未流入江海，又與潮俱還，積水與潮相為往来，何緣減退。今開浦置閘，潮上則閉，潮退則啓，外水無自而入，裏水日得以出。一利也。外水不入，則泥沙不淤於閘内，使港浦常得通利，免為堙塞。二利也。瀕海之地，仰浦水以溉高田，每若鹹潮，多作堰斷。若決之使通，則害苗稼；若築之使塞，則障積水。今置閘啓閉，水有泄而無入，閘内之地，盡獲稼穡之利。三利也。置閘必近外，去江海止可三五里，使閘外浦日有澄沙淤積，假令歲事浚治，地里不遠，易為工力。四利也。港浦既已深闊，積水既已通流，則泛海浮江，貨船木筏，或遇風作，得以入口住泊，或欲住賣，得以歸市出卸，官司遂可以閘為限，拘收税課，以助歲計。五利也。

復也二説：崑山諸浦通徹，東海沙濃而潮鹹，當光置閘而後開浦，一也。閘之側各開月河，以堰為限，遇閘閉，小舟不阻往来，二也。

《築圩篇》曰：天下之地，膏腴莫美於水田，利倍莫盛於平江。緣平江水田，以低為勝。昔之賦入，多出於低鄉。今低鄉之田，為積水漫没，十已八九。當時田圩未壞，水有限隔，風不成浪。今田圩殆盡，水通為一，遇東南風，則太湖、松江與崑山積水，盡奔常熟；遇西風，則常熟之水，東赴者亦然。正如盛盂中水，随風往来，未嘗停息。嘗陟崑山與常熟山之巔，四顧水與天接。父老皆曰水低[一]，十五年前皆良田也。今若不築圩岸，圍裏民田，車畎以取水低之地，是棄良田以為水也。況平江之地，低於諸州，唯高大圩岸，方能與諸州地形相應。昔人築圩裏田，非謂得以播殖也，將恃此以狹水之所居耳。崑山去擊城七十里，通往来者至和塘也。常熟去城一百五里，通往来者常熟塘也。二塘為風浪衝擊，塘岸漫減，往来者動輙守風，往往有覆舟之虞。是皆積水之害。今若開浦置閘之後，先自南鄉大築圩岸，圍裏低田，使位位相接，以禦風濤，以狹水源，治之上也。修作至和、常熟二塘之岸，以限絶東西往来之水，治之次也。凡積水之田，盡令修築圩岸，使水無所容，治之終也。

昨聞熙寧四年大水，衆田皆没，獨長州尤甚。崑山、陳新、顧晏、陶湛數家之圩高大，了無水患，稻麦两熟。此亦築岸之驗。目今積水中之有力人户，間能作小塍岸，圍裏已田，禾稼無虞。盖積水本不能，而圩岸皆可築。但民頻年重困，無力為之，必官司借貸錢穀，集植利之衆，併工戮力，督以必成。或十畒或二十畒地之中，棄一畒，取土為岸，所取之田，衆户均價償之。其貸借錢穀，官為置籍，

[一] 低　似應爲『底』。

責以三年六限，隨税輸還。此治積水成始成終之策。

若其當開之浦，則崑山、常熟，共三十六浦。除常熟之許浦及白茆、福山二浦，見今深濶，水勢通快，不須開治。雖開三十三浦：崑山十有二，謂堀浦、下張浦、七下浦、茜涇浦、楊林浦、六鶴浦、顧逕浦、川砂浦、五岳浦、蔡浦、浪港浦；常熟二十有一，謂黄泗浦、奚浦、西陳浦、東陳浦、水門浦、崔浦、耿涇浦、魚潭浦、鄔溝浦、尾浦、塘浦、高浦、金涇浦、石撞浦、六河浦、北浦、甘草浦、千步涇、司馬涇、金涇、錢涇、黄鶯漕，皆積久不浚，當分為三等開修。

霖既陳其説，是歲九月，奉御筆差趙霖充两浙提舉常平，前去本路措置興修積水。其開浦置閘工料依元相度檢計，逐旋開治，更不候保明，先次施行。去農隙月分不遠，趙霖更不引見上殿，疾速發赴新任。水患日久，占壓良田甚多，一方受弊，應有前後違礙，並依今来指揮合用錢米并辟官置司等，令趙霖速具畫一，聞奏報，並入急遞於入内，内侍省投進。仍差童師敏充承受奏報文字。

霖既受任，復條具事目以聞。悉依御筆，違者以違御筆論。諸路監司州縣，如有稽慢闕誤，以違制論。其合用錢米，越州鑑湖封樁米，支撥十萬石，借支本路諸州常平本錢十萬貫，缺則以常平米及常平封樁錢貼支，并降空名度牒二千道，出賣承信、承節、將任郎官告，各五十道，其命詞並以興修水利為名，別立價直。將合用工料，召有力户備錢米，官為募夫監部開修，候畢工，計實用錢米，紐直給告。或給空名，許令变賣，並與免勘。會有無違礙書填，仍不作進納出身，就平江置局所奏辟官，不拘常制。直牒指差理為在任月日，不許辭免。内選入考第舉官合格，水利職事未畢，未得赴部磨勘。依方田官法，就任改官，幹當公事文武官各四員，准備差遣檢踏官共四員，所用材料木植，專辟使臣三員，分往淮南、江南路，及温、處等州收買，併辟置監轄造堰閘官、俵散錢粮巡視催促檢覆工料官、點檢醫藥飯食官等員，其差辟官屬。其間有才吏理，須旌別以示勸獎，特於提舉常平司舉[一]官數外，改官從事郎一員，縣令二員，武臣陞陟二員。積水之地，正在崐山、常熟兩縣。各權暫添差縣丞一員。今未開修平江諸浦，緣常、湖、秀等州，水勢會聚，以成積水。據所役人夫，先於平江府諸縣僱募。如闕，即分那下常、湖、秀州僱募。

霖以宣和元年正月二十一日，役夫興工，前後修過一江、一港、四浦、五十八瀆，修築常熟塘岸一條，随岸開塘。至宣和二年八月初十日罷役。華亭青龍江自白鶴匯開修，至艾祁塘口，長一十三里，面濶一十五丈，底濶九丈，深一丈二尺，通役六十一萬二千八百餘工。江陰縣黄田港自捺住橋開修，至港口閘，長二十里有奇，面濶六丈五尺，底濶三丈，深七尺，通役六萬四千八百工。崑山縣茜

[一]『舉』字上脱『歲』字，據《吴郡誌》卷十九所引該文補。

涇浦自太倉塘口開修，至青堽坊北，長三十四里有畸，面濶八丈，底濶四丈八尺，深七尺，通役三十一萬工。堀浦自上源開修，接至練祁塘，長十二里有畸，面濶三丈，底濶二丈四尺，深三尺五寸，通役二萬三千五百餘工。常熟縣崔浦自陳家莊開修，至雉浦塘口，出梅里塘，長二十三里有畸，面濶八丈，底濶四丈八尺，深七尺，通役二十一萬四千七百餘工。黄泗浦連小山浦，開修至湖口，長七十里有畸，面濶八丈，底濶四丈八尺，深七尺，通役十二萬六千九百餘工。宜興縣開修百瀆五十八條，長六十二里一十七丈，面濶二丈五尺止一丈，底闊一丈七尺止九尺，各深五尺，通役十萬一千一百餘工。築常熟塘岸一条，長六十二里有畸，其已築岸一萬三百七十五丈，通役三十二萬九千八百餘工，未了一千一百五十九丈。常熟縣界岸長四千七百三十一丈，已築三千五百七十二丈，通役三萬二百餘工，未了一千一百五十九丈。長洲縣界岸長六千八百三丈，並已築了，通役一十九萬九千六百餘工。随岸開淘府塘一條，長九千一百五十丈，紐五十里有畸，面闊八丈，底濶五丈，深八尺，通役六十四萬一千二百餘工。

宣和元年十月四日御筆：訪聞平江府常熟縣常、湖、秀州華亭泖，並可為田。仰趙霖相度，措置召租，限一季了當，具《便民利害圖籍》歳入以聞。霖又應詔，為之修圍，常、湖通役二十四萬七千九百餘工，修築錢涇口止藕蕩村大岸，長五百八十二丈，脚濶一丈五尺，面濶一丈二尺，高六尺。開修張墓塘北徹小山浦，長五百四十二丈，面闊六丈，底濶四丈，深六尺。開修山塘涇自小山浦口止本縣市河，長二千八十一丈，面闊六丈，底闊四丈，深六尺。開修顔家涇徹入小山浦，長一千二百七丈，面闊三丈，底闊一丈五尺，深七尺。刱造小山浦口啓閉泄放水勢斗門二所。又圍裏華亭泖，通役八萬三千七百六十五工。楊泖中心開河三條，共長九百四十八丈，各濶一十丈，水深三尺，随河兩畔築岸高濶六尺。顧亭泖心開十字河，共長一千五百二十九丈五尺，闊七尺，水深四尺，随河兩畔築岸高闊各六尺止七尺，及開六家港小河，長二百丈，闊四丈，水深三尺，築岸高闊六尺。宣和二年八月十一日詔旨罷役，勾收人吏，送平江府右獄，根磨錢物通支錢四十一萬五千八百五十三貫九百二十一文，係度牒官誥坊場市易抵當等名色十九種焉。

續類亡宋國朝會要水利

淳熙二年七月二十八日，浙西提舉薛元鼎言：『太湖之水，獨泄吴松江之一川，其勢有所不勝受，並湖數州，皆受其害。景祐間，范仲淹嘗就常熟、崑山之間，濬五大浦：茜涇、下張、七丫、白茆、許浦，以殺其勢，為數州之利。比年並皆堙塞。前任提舉陳舉善勸諭人户，以漸開濬，獨許浦正是泄水去處，並未施工。昨水軍統制馮湛乞用軍兵開掘，因與守臣不協，遂已。臣切見許浦自梅里約三十餘里，堙塞不通，其水軍般運錢粮，亦自艱阻。乞詔馮湛候農隙日，從所請開濬。』從之。

淳熙三年六月二十九日，詔兩浙漕臣，及提舉常平官，并逐州守臣，常切覺察，自今如有官民户及寺觀，圍築田畝，堙塞水道，即行禁止。如違，具名以聞。從中書門下省請也。

七月二十三日，詔浙西諸州縣：輙敢給據與官民户及寺觀，買佃江湖草蕩，圍築田畝者，許諸人越訴，仍重寘典憲。監司常切覺察。從監察御史傅淇請也。

十年二月二十四日，知秀州趙善悉言：『本州海鹽縣境，近已修築堰閘共八十八處，開濬運河一百四十九里一百步，瀦積水源，以資灌溉之用。』詔可。令縣尉兼管，縣丞提督。

四月九日，大理寺丞張抑言：『浙西諸州豪宗大姓，於瀕湖陂蕩，多占為田，名曰塘田。於是舊為田者，始隔絶水出入之地。淳熙八年，雖因臣僚劄子，有旨令兩浙運司根括。而八年之後，圍裹益甚。乞自今責之。知縣不得給據。責之縣尉，常切巡捕；責之鹽司，常切覺察。仍許人告。令下之後，尚復圍裹，斷然開掘。犯者論如法。』從之。

紹熙二年七月二十二日詔：守令凡到任半年之後，具所部有無水源湮塞合行開浚去處，次第申聞。任滿之日，亦具已興修過水利，畫圖繳進，擇其勞效，著明功垂久利者。特與推賞，以激勸之。據臣僚請也。

嘉泰三年二月十一日，臣僚言：『丹陽練湖囬環四十里，湖面闊遠，蓄水之多，固足為旱乾之備。然其弊有二：斗門之不固，函管之不通是也。為今之計，莫若修築斗門，開掘函管，工用省而惠濟博。乞下鎮江府，差官相度，疾速條具施行。』從之。

嘉定二年十一月四日，臣僚言：『臣聞浙右號為澤國，沿江太湖，控引灌溉，且無旱乾之憂。而比年以来，未嘗患水而多苦旱者，水利不修，而陂塘溝瀆之事不講也。浙西之俗，唯恃江湖溪河非〔一〕天造地設、自然之水，已〔二〕於陂塘之儲蓄，瀆澮之開浚，一切廢而不溝。欲函委監司，下之郡縣，相視水勢之高下，下推尋陂塘之堙塞，雖小小之溝渠，凡利之可以及民田者，悉循行而周視。趁此農隙，責立近限，申聞監司，以達于朝省，然後於合用賑糶錢米之内，分委才敏清强之官，責以開浚疏導之事，募民之無食者，役而食之，分團結甲，如庸僱夫役體例，日役若干人，用錢米若干，皆可稽考。民既執役，朝夕待哺，雖欲不為，不可得也。若胥吏或有減尅，坐以重罪。』從之。

〔一〕據《宋會要輯稿》，『非』字爲衍文，當删。
〔二〕據《宋會要輯稿》，『已』字當改爲『而』字。

浙西切要河港

吳松江北岸

江灣浦　坊浜　唐莊浦　東彭越浦

西彭越浦　趙浦　大場浦　桃樹浦

下槎浦　中槎浦　上槎浦　石橋港

新華浦　封家浜　李墅浦　上棧浦

何浦　陸皎浦　東黃渡浦　裘涇

西黃渡浦　桑浦　顧浦　安亭涇

徐公浦　北澥浦　大瓦浦　小瓦浦

蔣浦　三林浦　金城浦　顧幕浦

木瓜浦　下駕浦　天明浦　新洋江

馬仁浦　小虞浦　大虞浦　良里浦

新瀆浦　下里浦　黃瀆浦　及墅浦

界浦　曹涇　六市涇　管簾浦

張浦　戴墟浦　陳涇　廟涇

箭浦　青丘浦　索路港　安樂港

吳松江南岸

張家浜　戴家浜　青浦　右江

南蹌浦　上海浦　大盧浦　西盧浦

新涇　魚浦　小許浦　盤龍江

儼倘浦　周涇　西舊江　赤眼浦

華潮浦　淮浦　朱墅浦　艾祁浦

青龍江　浦家江　大盈浦　梁紇浦

南澥浦　直浦　趙屯浦　内勛浦

石浦　道褐浦　金竈浦　蕭市浦

陸虞浦　千墩浦　佳浦　漳潭浦

同丘浦　諸天浦　張浦　帆歸浦

大直港　少里浦　東齊浦　剎力浦

吳浦　界浦　六直浦

楊子江南岸

白茆港　石幢港　封窠港　金涇

高浦　唐浦　司馬涇　徐六涇

瓦浦　張涇　鄔涇　許浦

千步涇　茜張涇　野兒漕　耿涇

黃鶯漕　崔浦　水門涇　福山港

虞浦　西洋涇　東陳浦　奚浦

黃泗浦　顧舍涇　范涇　茆令港

蔡港　石牌港　白沙港　趙婆港

黃田港　夏港　申港　利港

五斗港　魏村港　竈子港　烈塘港

九曲河

東海岸

沈浦　白米浦　沙頭浦　吳家浜

渭浦　白條浦　掘浦　下泙港

爛蹌港　顧涇港　五岳港　黃姚港
川沙港　張浦港　劉家港　界涇
新塘　大舍塘　陶家浜　楊林港
七丫港　雙名溝　浪港　周張港
成家港　唐茜涇　陳涇　洪泗浦
榮浦　鐺脚浦　六河浦　黃浜
沙榮浦

太湖東岸上塘，自平望至平江

此正是太湖泄水東流入江要處。

安德橋　長老橋　荷花瀼　北六里橋
水濠　梟腰橋　八里洋　盛墩橋
翁涇　廟涇港　大浦港　小水濠
大濠　蕭家濠　秦家濠　白龍橋
小濠　弓家漊　通津橋　甘泉橋
定海橋　三山橋　萬頃橋　僊槎橋
惠政橋　觀瀾橋　三江橋　嶧橋
西長橋　同橋　虹橋　唐缺口
楊林橋　新港　七里橋　瓜涇橋
張墓橋　吳浜涇　唐光涇　蓮社橋
木新橋　胡家橋　寶帶橋　朱涇橋
白運橋　袁家橋　普濟橋

太湖東岸下塘，自吳江南、昇平橋北至平江

正是太湖泄水東流入江要處。

昇平橋　陳家港　王家港　北六里橋
周家港　南陸家港　中陸家港　北陸家港
梟腰橋　盛墩港　朱家港　南翁涇
翁涇橋　北翁涇　王家浜　何家浜
和尚浜　千步浜　白龍橋　上烏港
弓家港　新開港　通津橋　甘泉橋
定海橋　三山橋　萬頃橋　廟港
仙槎橋　惠政橋　觀瀾橋　三江橋
東長橋　看婆橋　利民橋　三里橋
七里橋　黃水匯　柳胥橋　夾浦橋
唐墩橋　上下渭浜　唐尖浜　官浦橋
長山橋　馮墓浜　邵搭浜　呼鯉橋
朱涇橋　吳涇　白蓮橋　張家浜
徐公橋

太湖北岸下塘，自閶門至常州

施家浜　胡家浜　戈家浜　黃花涇
大姊涇　留家浜　吳家溝　普度橋
寺橋　包涇　新涇　白石港
普竹涇　引家涇　陳市涇　沈浜
模魚浜　河瀆港　何家浜　羊牛浜
南蠡口　新河　馬黃涇　沈瀆
夾瀆　竹村涇　黃千涇　張嫗港
白土巷　周涇　廟涇　百千瀆

橋門河　渡增河　鳳光橋　北門橋
三里港　凌涇　排涇　五卸河
吴臺瀆　上茅瀆　鰲口　黄水瀆
郭瀆　石瀆　楊堰　柳堰
俞瀆　張瀆　蔣瀆　界涇
魏堰港　雙排港　東門港

太湖北岸上塘，自閶門至常州

普安橋　郁家橋　洞涇橋　白蓮橋
鳳凰橋　楓橋　蕭蕩橋　射瀆
杜莊橋　楊莊橋　長塍橋　黄花涇
余橋　錦帆涇　下墩橋　趙黄涇
竹青涇　性通橋　檀道橋　朱涇橋
華表橋　永勝橋　金涇橋　張公橋
瓜涇　青石橋　得勝橋　薛市橋
雙排橋　市木橋　通吴橋　馬殼橋
滎溪　西千涇　徐陶涇　新安溪
卒瀆　鰲瀆　周涇　余瀆
東封瀆　梁墓瀆　曹黄涇　盧村涇
團涇　孤竹港　降橋　水墶橋
梁溪　錢橋港　秋千港　下毛瀆
東張浜　西張浜　秦瀆　志公瀆
余家浜　戚市港　焦家港　採菱瀆
皂角門河　白鶴溪

崑山塘南岸，自婁門至崑山

板木橋　陳師涇　上陽涇　王涇
黄浜　司馬涇　江家涇　鳳凰涇
鰲塘　雞卑涇　顧涇　蘭涇
楊成涇　毛涇

南江上界浦至小虞浦八條，舊時並通至和塘

崑山塘北岸，自婁門至崑山

江家橋　利民橋　錢家橋　官瀆橋
普利橋　楊涇橋　孝廉橋　木板橋
褚家橋　徐家浜　陸涇　西張涇
東張涇　王朱橋　鰲涇　雉瀆
洪涇　和尚浜　錢涇　朱涇橋
賈家橋　白塔涇　盧福涇　朱莊涇
方涇橋　龍江橋　界涇　下陸涇
西蕭涇　張門涇　方港涇　褚家涇
李浜　寺浜　司馬涇　官橋
委林涇　戴墟浦　新開涇　徑山漊
吴涇　界涇　直義浦　雅涇
黄瀆　朱昌涇　尤涇　白塔涇
雍里涇　大虞浦

常熟塘西岸，自齊門至常熟

石獅涇　石巷涇　西洋涇　南市橋
黄婆涇　曾家港　張巷港　黄棣港

蓮池港　廟塘涇　永昌涇　韋涇
冶長涇　楊涇　汝涇　界涇
項涇　安涇　呂涇　錢涇
馬涇　孫涇　平市涇　練塘河
六里堰　謝橋　大岸浜　界涇
朱涇　惠同涇

常熟塘東岸，自齊門至常熟

三步橋　大通橋　廣惠橋　庵後港
古涇橋　楊涇　皮條港　朱漊橋
戴浜　錢浜　徐浜　李通橋
高姚涇　薛橋　廟橋　蠡塘橋
高家橋　胡巷橋　南湖涇　北湖涇
二娘涇　水呂涇　北洋涇　鳳凰涇
盧長涇　顧涇　張岡涇　中譚涇
黄土涇　廟涇　稱亭涇　卞莊涇
和豐涇　寺涇　斜涇　高涇
蔣涇　徐涇　三里橋　顯星橋

宜興百瀆　今擇其知名者載于此，餘不録。

黄塘瀆　辛瀆　皇川瀆　横瀆
烏瀆　定跨港　吴四瀆　新瀆
廟瀆　北黄瀆　土瀆　河瀆
蓮心瀆　朱瀆　張瀆　湯瀆
史瀆　北河瀆　後河瀆　浦港
王堰瀆　辛瀆　北瀆　馮瀆
墓瀆　吴瀆　官瀆　許瀆
南淮瀆　中淮瀆　黄千瀆　後師瀆
徐瀆　朱瀆　趙瀆　馬瀆
毛瀆　彭瀆　歐瀆　夾瀆
砂塘瀆　長令瀆　大塘瀆　吴店瀆
丫瀆　丁瀆　山瀆　激瀆

卷第八

至元三十一年江浙行省為已開河道合設刮除河道人夫事

中書省於八月十一日奏過事内一件：　拜哈納為頭，江浙省官人每，與將文書来。太湖、澱山湖這兩箇湖裏，元有河道，流入海裏去来。後頭被沙淤塞了，水徃海裏去不得，溢漫出来，渰了田禾。合納官的粮拖欠下，依數送納不到。更為百姓每飢餓生受的。

上頭人每題説，在先亡宋時，將這海裏入去河道不交沙淤塞了。修理着来於取了。亡宋後頭，不曾拯治，被沙淤塞了。上頭這的是渰了田禾的緣故。如今澱山湖閃做旱地，有氣力的人每種田，有太湖裏出来的河道溝港，澱山湖裏出来的溝港，交挑的通着海水流入海去，無阻滯，河渰不得田禾，官民有益。這般省官人每根前提説呵，官人每，先皇帝根前奏了，百姓裏起了二十萬夫，挑透通着海，成就了也。如今海裏的水，從那溝港裏一日兩潮出来於呵，擁出沙来有。在先亡宋時，交八千撩清名項的軍屯守着，收捕那溝港裏出来入太湖討虜百姓的海賊，更交除刮那河道的淤沙有来。如今依着那般收捕海賊，除刮淤沙。若不交軍每屯守呵，大工没成就了的勾當壞了呵，百姓每都生受去也。

為這般與將文書来呵，俺商量来，當時樞密院官人每根底工役裏動用的軍索呵，軍每多處差使不敷。麽道。説有這八千軍都交用呵，莫不樞密院官人每説不敷麽？澱山湖閃下的淤地内，五萬石粮納官有，交那粮做雇賃，并粮食百姓裏召募四千，這般相合屯住着，交立都水防田使衙門收捕海賊，修理河道、圍田，那般呵，怎生交道，與伯顔、察兒兩箇樞密院官人每根底商量了呵。

奏着這般，使將樞密院官人每説，在先亡宋時，那裏軍每有来，不得知有大都裏范殿帥、陳右丞、朱、張、那的每理會的也者，省官、院官與那的每一處説了話，擬定奏將来呵。怎生？奏呵。那般着道與伯顔、察兒兩箇傅奉来，俺省官與樞密院官每那懷范殿帥、陳右丞、朱、張等商量来，范殿帥説：『我管着杭州裏頭亡宋近行的軍有来，那裏有軍来的我不知？』朱、張那兩箇説：『這溝港裏大處小處二三百守號軍有来，它每的官人每，是巡檢司名字来，這般説呵。』范殿帥説：『若百姓裏起四千呵，動摇上四十萬百〔一〕生受，則交五千軍屯守，設立一箇萬户，不離

〔一〕原文不通，疑有脱文，或當作『四十萬百姓』。

元管本萬户，交提調這的每呵，莫不中麽？這般説来，俺衆人道他説的是有萬户根底與都水巡防萬户府名分，交行院管着，樞密院官人每根底商量了奏者，這般使將俺来。如今樞密院官人每説，再和知源流的人每，好生的根問了，時合結絶的勾當有，到大都呵，商量這般説来。奏呵。那般者。

再奏：完澤丞相交俺奏除刮太湖、澱山等湖裏出来的河道溝港，并收捕賊盗，合屯守的軍每，樞密院官人每根底商量，不從呵，多人每生受這成就了的勾當有来，咱每在前也，待百姓裏起四千来，再添一千，交做五千，修理屯駐呵，從頭多人每生受這那甚麽。聖旨有呵。百姓裏起呵，是生受也者，成就了勾當。若不修理呵，從頭衆百姓生受去裏這般奏呵。如今一遍除刮的軍每與者到大都時分，交了也者。

聖旨了也。欽此。咨請欽依施行。准此。照得：除刮太湖澱山等湖，係隸貴省提調事理。咨請欽依施行。

元貞二年六月潘應武於行省講究撩清軍事

切照：昨者累言浙西百姓在水中做世界，官司常常深浚水路，居民常常修築圍塍。潮水湖水，日相往来。旱則車水入田，澇則車水出田。公私氣力，少有不及，則居民蕩析，公私坐失厚利。此乃必然之理，古今不易之論也。昔錢王時，置都水營田使，有撩淺軍四部七八十人，專為農田導河築堤。亡宋初年廢馳，至理宗朝歸之浙西發運司，有發運使趙□□[一]招募流移農民，立魏江、江湾、福山水軍三部，三四千人，專一修浚江湖河塘。後因改除，以此軍籍歸隸樞密院。又為水灾復至，又發運使吴淵拘收没官田米，責之州縣自行支用，僱募百姓修浚。歸附後，軍散營廢，田米歸朝廷，被豪强占湖為田，閉塞河港水脉，因此積水下去。農民失修田塍，所以連年水灾，實由於此。伏乞鈞詳。

大德二年十二月庸田司講究設置撩清軍夫事

准都水庸田使麻合馬嘉議牒：浙西八郡，地方千里，上受江東諸山天目来源，外瀕江海，内有太湖巨浸。按之諸書，湖面三萬六千頃，周回五百里。練湖周回八十里，澱山湖周回二百里，其餘湖泖、港浦、河渠，縱横其中，不啻數千里。因通江海，港浦海水，晝夜兩潮，帶沙入港，遂致壅塞，諸湖之水，不能流下，時為水患。為此，亡宋時，另設撩清軍人專一疏浚，常使通流。

歸附之後，此法既廢，諸河港浦，堙塞不通。至元廿

[一] 原本字迹模糊，據《宋史》卷四百二十一，當作『趙與簹』。

四年、廿七年、二十九年，三被水灾，淹没田禾，百姓流離，賣妻鬻子，人不聊生，失陷係官錢粮。至元三十年，欽奉開挑諸河之後，近年以来，獲豐收，官民得濟。今蒙設置本司衙門，專一疏浚河道，督責修圍二事，必要成效。

切照：腹裏會通河自安山至臨清，三百餘里，開挑之後，尚蒙就撥車站户三千名，另設衙門管領。及大都開挑通惠河六十餘里，亦撥車站户一千五百名，及正軍一千名，專一常州修理。其二處河道，止通舟揖往来。今浙西非獨有七百餘里運河，其諸處河港之水，環遶數千里，皆欲通江達海，况兼一道户口繁多，錢粮浩大，甲於天下。歲徵官粮數百萬石，夏税絲綿、租鈔、茶鹽、酒醋諸色課程，為數不少。又民間所收田米，每歲何啻百千萬石，全藉田禾豐收，官民仰給。若是河道常通，不致壅塞，雖值霖雨，不能為灾，民食國計，皆可充足。倘不預為修浚，設值霖雨，臨期卒難拯救。即目雖督責各路、府、州、縣，取勘必合修浚河道，計料工物、鹽粮，開中省給降，止可應一時之役，難作久長之計。以此参詳。若於苗田户内摘撥人夫一萬名，每户除苗一十石，就充夫工鹽粮，閘垻物料用度，更於本處鎮守軍内，量撥數千名叶濟。擬合本司專管領，專一撩清洗河道，修理閘垻，庶幾可為久違之計，官民两便。准此。

照得：《吴郡志》書該載城下開江指揮。宋紹興二十八年，知平江府蔣璨言：『太湖者，數州之巨浸，独泄於松江之一川。昔人於常熟、崑山為開浦港而納之海，後為潮漲沙積，而開江之卒亦廢，民田有淹没之憂。既而委監察御史任古覆視，依浙漕趙子潚所讀，以五千人為率入役，月餘可畢。』又言：『平江四縣，舊有開江兵二千人，今乞止於常熟崑兩縣各招鎮[一]百人。』從之。按府籍元額城下五佰人，崑山、常熟、吴江各五百人，與《中興小曆》今存者百不一二。及平江路牒常熟州，間得壕寨陸旺狀，稱亡宋年間，置立都統司，管領軍人一萬三千名，守把江面。為緣許浦等處湖沙壅塞，每年於十一月為頭，摘撥三千名，於梅李開掘，疏通大勢，軍馬到頭，上項軍人起遣於別處鎮守。又《琴川志》該：亡宋年間錢氏有國時，及趙觀文知平江日，有撩清旨揮之名，在常熟、崑山兩處，專職修浚。因朱勔進花石綱，盡起營卒以往，於是開河之營遂空，而修浚之事廢矣。詳此，可見撩清軍人廢置無定，年遠難以稽考。

以此議得：浙西地勢極居東南之下，西受江東宣徽高源，及天目大山峪潭，并諸山来源之水。中有太湖綿亘三州六縣，周回五佰餘里，湖面三萬六千餘頃，《禹貢》所謂震澤也。沿湖上下，如澱山湖、沙湖、隔湖、楊湖、尚湖、崑城湖、汾湖、練湖、當湖、巴城等湖，其餘湖泖，極其數

[一]『鎮』字誤，當據《吴郡志》卷五改作『填』。

區處，人事既盡，設遇天災，犹望不為大害。今平江路等七路，合挑河道一百四十一處，已擬照依至元卅一年例，於浙西不以是何有田户内，差夫開挑。若蒙上司准許，開挑之後，不立久長法度，又恐數年之後，仍復廢弛。其浙西邊靠江海，并運河上下，合置閘垻五十餘處，擬於浙西平江等路親管户内差取，與免税石一切科役，自備口粮，照依都水監例，差設頭目，發付本司管領，量各處閘垻緊慢，摽撥專一看守啟閉，於閘垻邊起盖房舍居止，及用常川撩洗晝夜二潮沙泥，并其餘河内，若有淺澁，亦行摘撥疏浚。所據撩河合用船隻什物，比依水站户例，始初官為應副。若有損壞，各户自行置備修理。如此似望可以久長通行。准復依數摘撥軍人。就今千户百户管領，專隸本司提調，誠為便益。若不准許撥户差軍，專一撩洗河道，看守閘垻，本司徒有專司之名，而無調用之實。伏慮水利不能成就。非惟本司虚負不職之罪，亦且上失朝廷恤民務本之旨意。然此，乞移咨都省照詳：

一、合差撥人夫五千名，於浙西平江等路苗粮四石以上、五石以下户内差撥，自備口粮應役。

一、合用船隻什物，始初官為應副，已後損壞，各户自行置備修理用度。

船二百五十隻

〔一〕『三百』下疑脱『里』字。

蓄泄清水，差撥人夫，專一看守閘垻，時時疏洗河道，如此道，通行開浚疏挑，及於邊靠江海，置立閘垻，阻遏渾潮，水害，與此二處不同。今次必合將浙西諸處應有淤塞河一千五百，及諸閘撥軍一千，專管看守修理。況浙西水利清，僅三百〔一〕撥户三千，大都新開惠通河，止六十里，撥户治，倘遇大水，何能救禦？切照腹裏會通河、自安山至臨

今蒙設立本司，專掌其任，俾要成就。若不亟為拯泄太湖水勢，此則失於修浚之明驗。

盈等浦漲塞，水勢不通，及將吴松大江亦行堙塞，不能通庶得不廢前功。不謂略不顧問，復被海水二潮，將已開大河築圍拯治之實効。所在官司，宜將已開河道時常浚治，築圍岸，自此之後，歲獲豐稔，官粮民食，咸得其濟。此開元三十一年，中書省奏准，大興土役，開挑拯治，又加以修荒歉，百姓缺食，賣妻鬻子，流離他所，更何望於官粮？至元二十四年、廿七年、廿九年，經值大雨，渰没田禾，遂致京師，次及軍匠口粮，官府所需，四方般販，絡澤不絶。至此百姓富庶。歸附之後，歲得豐收，海運百餘萬石，上供斥鹵為桑麻，瀝泥塗為沃壤，是以水田水利，甲於天下，因與諸處水利不同，又與腹裏大不相侔。前代拯治有方，變子大江，東連大海，東南鄰接錢塘大江，自古号為澤國，其運河七百餘里。諸河港浦，脉絡貫通，其勢如織。北枕楊多。有諸處蕩瀼，周匝圍遶，其間又有苕溪、霅溪之類，并

五十料五十隻　四十料一佰隻
三十料一佰隻
什物
鐵杴二千把　木杴二千把
鐵钁五佰柄　鐵搭伍佰柄

大德三年六月都水庸田使麻合馬加議講議吴松江堙塞合拯治方略

依准来文，與本司經歴高徵仕、平江路總管李通議、嘉定州達魯花赤燕帖木兒、崑山州判官常從仕、長州縣户郝承務、松江府所委上海縣户石承務，將引本司壕寨許營，元言水利人張世榮、何弥、朱文祥、〔徐〕鑄〔一〕一同前到吴松江地面，請集到瀕江土居諳識水利任千户等，親詣相視得吴松江邊沙漲去處，西自道合浦，東至河沙匯，東西長六十餘里，兩岸俱各積漲沙塗，將與岸平，其中雖有江洪水流，止濶三二十步，水深不過三二尺。訪問邊江久居任千户并耆老周才、陳国瑞、陳富等，称吴淞江西接太湖，南引澱山湖，東出大海，正係通流緊要去處。古来江面，迤東河沙匯至封家浜，上下元濶六七里，或三五里；黄渡迤西至道合浦，元濶三二里，水深數丈。亡宋年間，雖有海潮帶沙入江，為有上源太湖之水，流注湍急，随時衝散，不致停積東向。古来雖有河沙匯，不聞堙塞為患。自歸附後，因上源吴江州一帶橋洪塘岸，樁垻釘塞，流水艱澁。又因邊近江湖河港，隘口沙灘，滋生茭蘆，及有權豪設立魚斷，并於沿江湖泖，圍裹成田，及種植蘆葦，阻節上流太湖水勢。其海水晝夜两潮，湧帶沙泥入江，湖水緩弱，不能衝散，連年淤漲堙塞。江邊東至河沙匯，西至道浦，淺澁六十餘里。凡此數端，皆是廢壞吴淞江之由。及本江南北兩岸，應用港浦，俱各沙漲淺澁，使上源太湖、澱山湖之水，不能入江注海，稍遇大雨，低田便有渰没之患。倘值雨澤愆期，高田又被旱涸之危。如此旱潦相仍連年，官府甚費拯治，其患終莫消除。以此與平江路總管李道議、松江府上海縣石縣尹等官，及知水利人張桂榮等，同邊江久居任千户、耆老陳國瑞等講議得：若議修浚吴松古江，西至道合浦，東至河沙匯，打量沙漲江邊六十里一百七十步，且以江邊最狹處顧浦為則，江面元濶六百五十步，量擬面濶五百步，挑深二丈，作六十日為期，日用人夫二百一十二萬七百七十五名，月支鹽半斤，日支米三升，該鹽二百一十二萬七百七十五斤，粮三百八十一萬七千六佰二十五石。所用人夫鹽粮，為數浩大。切詳水性至險而不可測，水力至大而不可禦，雖古之智者，猶不能逆遏其勢。吴松江天設其險，至於通塞，上關天時，人實罔

〔一〕徐鑄　原脱『徐』字，據《元朝典故編年考》卷五補。

測，議者專務人力為之。況所漲之沙，其勢廣遠，日有海湧二潮往来，委是難為用功。若依朱天祥等所言，於近傍此江南岸，東自漁浦口，西至道合浦口，剏開水路一條，且以東西約長七十里，量擬面濶一百步，底濶八十八步，挑深三丈，以六十日為期，日用人夫五十九萬八千五百名，日支鹽半斤，日支米三升，該支鹽五十九萬八千五百斤，粮一百七萬七千三佰石。必須於江岸之傍開挑，地形高阜，水勢未必能行。且如至元三十一年開挑河道內如趙屯、大盈二浦，通引澱山湖水注達海。不料三二年間，又復淺塞。兼之古江面廣千有餘丈，至甚深浚，尚被潮沙漲塞。今若剏開，水路深濶既不如舊，尤恐復如前項已開大盈浦等處，又被潮沙淤塞，虛費鹽粮，徒勞力〔二〕，誠非細事，未敢輕舉。

又兼澱山湖係傳送太湖水勢去處，此湖自從東北，經由千墩、道合、石浦、趙屯、大盈等港，瀉於吳松江，東入於海。今吳松江自河沙滙泛，潮沙淤塞，漲滿江邊。所以湖水不能北流入江，未免順其地形，却往東南諸河港支流注入新涇、上海二浦，從河沙匯之東，達江入海。吳松江之南約二十餘里，古有東南橫泖河道一處，東西長二十四(伍)〔五〕里，上源西接大漕港，數里之西，便澱山湖水下流，東注新涇，泄于江海，甚為快便。官司計料，展開湖泖，以泄湖水。其朱文祥等所議，於江岸之南，另開河道，所用工物浩大，又係邊江堽阜沙漲之地，誠恐徒勞人力，功役難成。莫如循襲古跡，將東西橫泖展開深濶，如古有大盈浦深廣之勢，使湖水徑泄快便，比之剏開河道，所用工役，百分中之一二，實為便益。若依徐鑄所言，欲得江道通流，先將江南榦山前通波塘、大盈、趙屯、石浦、道合、陸虞、千墩、西宿浦八處，用工開挑，及將江南通波塘、大盈浦、直南黑橋邊，江北瓦浦、下駕浦、新洋、小虞浦、界浦、箭浦八處，各置一堰，使諸處之水，併歸江中，衝渲沙泥。工畢日，用艎船一百隻，每隻梢水手一十人，拋泊江中，候潮落，其船自靠閣，落水湧猛衝擊船下，泄去沙泥，甚有深瀉之意。所言開挑港浦，即目俱各通流，不須疏浚。據通波塘等處作垻，挽田水勢。却緣大盈浦、通波塘元通太湖水勢，以泄於吳松江，轉流入海。近年以来，為吳松江潮沙漲塞，反高於外，因此大盈浦等處湖水不准入江，亦被潮沙淤塞。其太湖水勢，即目順其地形，俱由東南新泾入江達海，豈能逆其水性，於順流處，强以人力築堤攔遏？非独不能導其湖水通流入江，尤恐泛濫，反為民害。擬於浦口通江口子置立土垻，阻遏渾潮，瀦蓄清水，灌漑誠為便益，其備辨〔三〕艎船，梢水手，拋泊江中靠閣，沖泄沙泥一節。

今詢衆講究得吳松江西自道合浦，東至河沙匯，約長

〔二〕此句疑有脱字，似當作『徒勞民力』。
〔三〕『辨』字疑誤，當作『辦』。

六十餘里之間，元濶六七里，或三二里。目今兩岸漲沙，將與岸平。其中雖有江洪水流，止濶三二十步，水深不過二三尺，至甚淺窄，湖水通流，比元舊目十分不及一分，海水晝夜兩潮，渾沙日日增多，湖水力弱，潮落之時，船底固是靠閣，水勢淺緩無力，豈能衝泄泥沙？若諸巷之水，果能併歸江中，其勢深廣，船隻自然漂浮，亦難衝擊，况水性就下，人力何能使之逆行？聚歸於江，誠為非便。以此参詳，浙西田土，多藉太湖之水灌溉，所利甚大。若河港閉塞，不能通流湖水，稍遇大雨，便致泛溢，渰没田禾，為害不輕。其吴松江元受太湖、澱山湖諸處湖泖上源，急流衝散潮沙，自古可敵千浦。浙西之水，来既有源，去亦有委，是以不成水患。近年以来，因上源吴江州一帶橋洪塘岸，椿釘垻塞，流水艱澁。又因沿江水面并左右澱山湖泖等處，權豪種植蘆葦圍裏為田，并邊近江湖河港隘口沙灘滋生茭蘆，阻節上源太湖水勢，以致湖水無力，不能渲滌潮沙，遂將東江沙泥塞滿江邊，雖有江洪水勢，不能全復古道。其水性潤下，是故湖水就其地形，順下而行，此天地自然之理。今太湖之水，不流於江，而北流入於至和等塘，經由太倉，出劉家等港，注入大海，并澱山湖之水，東南流於大曹港、柘澤塘、東西横泖泄于新泾，并上海浦，注江達海。今張榮〔一〕、何珍、朱文祥所言，吴松江漸成痼疾，頗難救療。即今江内却有水洪通流，尤當拯治，匱積江邊之水，并每日二潮，不致散漫，止於江道通流，欲得日漸通利。與本江路總管李通議并崑山州官常從仕、嘉定州達魯花赤燕帖木兒、松江府上海縣石縣尹、知水利人張桂榮、朱文祥、何珍、徐鑄、邊江久居任千户等，一同講議，理合相其地宜，順其水性，分流派泄，出江達海，庶消湖水泛溢之患。擬將上源吴江州一帶石塘橋、洪水洞一百三十餘處，每處展濶作一丈，使太湖水勢泄流快便。將太湖東南澱山湖迤東堙塞河道、東西横泖等疏浚深濶，以泄澱山湖、長泖等水。及將平江路崑山州、嘉定州應有堙塞河道，亦行開挑，分泄太湖水勢，添注劉家港，泄於大海。又將各處江湖、河港應有椿垻、并圍裏成田、魚簖、茭蘆、葑埠阻水去處，盡行起除，禁約諸人，不得似前違犯，阻遏水利。仍令拘該吴松江地面平江路嘉定州并松江、上海縣等處，將沿江通徹海潮河港，勸諭近民於港口築疊土垻，安置透水木槽，名曰水竇。潮来閉竇，阻遏渾沙，潮退啓竇，泄放湖水，欲得江道漸有通利。望准此，及准平江路牒吴松江府狀申，與本官所牒，相同申奏行省劄付，除石塘水洞已經另行外，今據見申，除下平江路松江府，依上勸諭修置，及咨都省照驗去訖，仰更為催促施行。奉此。

〔一〕據上文，『張』『榮』間脱『世』字，當作『張世榮』。

大德九年五月行都水監呈中書省乞陞正三品

照得：江南水鄉厥田田下下，圍裹而耕，非水不殖。本監專治諸湖河道、陂塘、堤堰、閘岸、田圍之事，所管江東、浙東、浙西三道，隣接江西、福建，拘該路、府、州、縣一百五十餘處，與江浙行省所管地面不殊。於内浙西九郡，地勢最卑。中有太湖，周囬五百餘里，面闊三萬六千餘頃，旁際平江、湖、常三路，支派分流，大而為江、河、湖、泖，小而為淹、蕩、涇、浦。東連大海，日有二潮，帶沙逆流，淤澱為患。自古以来，專説官府治之有方，則可播種；治之無術，則荒歉立至。厥今每歲本道海運官粮，百有餘萬石，上供支持之外，民間所收，又何啻百千餘石，皆藉水利，然後成功。

大德二年，欽蒙聖朝灼知江南利病，敦本防灾，於浙西平江路萬水所會之地，置立都水庸田使司正三品衙門，設官六員，僉事二員。欽受宣命，五年之間，修圍浚河，非無成效，袛緣於公斂怨，以致騰謗。大德七年，遂承例革。大德八年，又欽奉聖旨，以浙西連年水灾，百姓飢餓流移，不勝艱苦，推原其由，盖因吴松江等處，故道淤塞，每遇霖雨，潦水泛溢，不能通泄，以致渰没田禾，民被其殃。立行都水監，仍於平江置司，專以拯治水利。所設衙門，雖曰隨朝從三，又欽依聖旨事意，行移與廉訪司一體，終是以從三品。今故牒各路正三品衙門，於禮體以為未順。凡有興利除害去處，不能取重，有司難以號召，臨遇大事，豈不擔誤？

本監官僚欽承德意，期於辨事，焉敢較官品之崇卑？以實本監所治蘇、湖、常、秀，水澤之藪，膏腴千里，國家倉腴〔一〕所在，責任非輕。督責三道，興除利害，拘該路、府、州、縣一百五十餘處，成就錢粮，事功浩大，况今隨朝諸監，俱係正三品級，如蒙特賜聞奏，將本監依例陞加品級，似為增重體統，成就事功。

大德十年三月中書省咨行都水監陞隨朝正三品衙門

准都省咨該：大德十年二月十一日，奏過事内一件，節文：江南為提調水利河道堤堰的上頭，立著從三品行都水監衙門来，這裏的都水監，前者奏過，陞做正三品來。江南行都水監所管的勾當多有，依着這裏都水監的體例，陞做正三品。在先委付著四員官来，如今添設兩員，委付六員呵。怎生？奏呵。奉聖旨那般者。欽此。除合换授正三品銀印另行外，欽依施行。

〔一〕『腴』字誤，當作『庾』。

大德十一年七月行中書省會議撩清人夫

本省會到行都水監李太中，就省一同公議得：浙西水鄉，為害至深。河道既已開通，必須以時撩洗。若依元擬摘撥新附軍人，緣行都水監職非軍官，似難管領。又兼事干樞密院，調度卒急，不能成就。今擬於平江、嘉興、常州、鎮江、湖州、松江府江陰州，拘該河道去處，依驗見納苗稅七石以下、六石之上户內，差撥三千名，先儘近河食利之家，次及其餘户計撥，付行都水監管領，除免合納苗粮，常川修理河道。合用修河器具，初年官為應副已後，自行置備。相應本省看詳，若蒙早為准撥撩清人夫，其上年元起苗粮人夫一萬五千名，今行放免。然此宜從都省區處。

嘉興等處分監講議杉青閘如何啓閉

照得：嘉興路見設杉青閘，本以蓄泄上源之水，不見緣何不行依時啓閉。況即今崇德一帶運河，經從本閘，日夕下注，其水漸致乾涸，舟楫艱行。比及兩岸農家用水溉田時，可否權行閘閉，匱蓄河水，以濟舟行。牒請行移本路提調正官，與委去壕塞官徐雄親行相視，從長講究，就便拯治。依已行回報，勿致河水乾涸，阻礙經行。承此，自嘉興縣丞李敦武與分監差来官，親詣杉青閘，相視講究如何便益。回，據狀申准縣丞李敦武牒，與行都水分監所委壕寨官喚集耆宿朱謙、卜成、張清、盛文宥、盛德與本都里正戴千十、主首陳仁、社長姚萬一，講議得本都古置杉青閘隄，備水旱之患。遇澇則下閘板，驗水深淺，從上減放，容水自上細流於下，免有渰没下鄉田禾； 遇旱則閘閉瀦水，灌溉上鄉苗稻，庶幾上下鄉民皆得其便。今来切照，今歲天時久晴，上鄉河道淺澁，势退減，幸得下鄉河水通流於運河，接濟舟楫通行。若將杉青閘下板閘閉，則下水不能上流，亦且阻礙舟楫，經行不便。牒請照驗得此除外，申乞照驗得此牒呈分監照驗外，喚到杉青閘堰夫張百八等，據稱啓閉根由，開坐于後：

遇澇，閘閉杭州路一帶山鄉高源之水，其水紆回於城西崇德州界羔羊橋涇、六里橋涇、三里橋、包角堰涇，發泄於穆河溪、爛溪，流入吴松江太湖之内城東上塘，通轉海鹽州北。一路水勢於本州尚胥橋港、十八里堰，流泄於當湖，回環於長泖通徹松江入海。古置此閘，内水勢洶湧，奔江注下塘，渰没田禾。水向北流，閉閘瀦水，上塘車戽灌田； 水向南流，開閘流水，入上塘運河，接濟舟楫通行。如是閉閘，下水不能上流，阻礙舟楫，經行不便。

卷第九

稽古論

古今水利之制，莫善於周，莫不善於漢。夫水利之在天下，猶人之血氣然。一息之不通，則四體非復吾有。大而江河川澤，微而溝洫畎澮。其小大雖不同，而其疏通導達，不可使一日之壅閼則可〔一〕也。成周之盡力於溝洫，西漢之用功於河渠，不貪小利以害大謀，不急近功以遺遠害。田畝有灌溉之益，川澤無壅塞之憂，此《周禮》述溝洫，迁《史》書河渠之利歟？且成周匠人之職，方井之地，廣四尺者，謂之溝十里之成，廣八尺者，謂之洫百里之同，廣二尋者，謂之澮。夫自四尺之溝積而至於二尋之澮，一同之間，其捐膏腴之地，以為溝洫之制者，凡幾畝也？《禮·冬官》匠人為溝洫，九夫為井，井間廣四尺，深四尺，謂之溝。方十里為成，成間廣八尺，深八尺，謂之洫。方百里為同，同間廣二尋，深二仞謂之澮。小司徒之經土地，而井牧其田野，説者論田税之所出，則百井之地出田税者六十有四，而三十六井則治洫也。萬井之地出田税者四千九十有六井，而五十有奇，則治溝與澮也。夫自一成之地，積而至於一同、萬夫之衆，其捐賦税之入，以治溝洫之利者，凡幾人也？《地官·小司徒》注成周之君，豈不愛〔二〕腴之地、賦斂之入而棄以為無用之溝洫哉？誠以所棄者小，而所利者大，所捐〔三〕於公上者不能毫髮，而所以福斯民而澤天下無窮已也！

自經界不明，而先王溝洫之制，漫無可考。以九河之地，猶失其八支，而莫得其迹。東坡《辨九河》云：以漢許商之言攷之，徒駭最北，隔津最南。蓋徒駭是河之本道，東出分為八，齊小白塞之為一。今河間弓高以東，至平原隔津，往往有其遺處，蓋其八併歸徒駭也。則細而溝洫之屬，可知矣。天下所謂有才之士，始出而以私智經營，雖則其利澤不博，未及古人遍利天下之意，不猶愈於後世與水争地，貪尺寸之利，而遺無窮之害哉！自春秋戰國浚其源，西漢道其流，而河渠之水利祥矣。孫叔敖起芍陂，楚受其惠。文翁穿湔口，蜀以富。《史記》鑿漳之於魏者，鄴旁有稻粱之詠。魏襄王時史起為鄴令曰，魏氏行田以百畝，鄴獨二百畝，是田惡也。漳水在其旁，西門豹為鄴令，不知用，於是引漳水灌田，鄴以富。民歌之曰：『鄴有賢令兮為史公，决漳水兮灌鄴旁，終古瀉鹵兮生稻粱。』導涇水於秦者，谷口有禾黍之謡。班固《西都賦》，又

〔一〕『可』字於義不通，疑當作『同』字。
〔二〕據《農政全書》卷十二，『腴』上脱『膏』字。
〔三〕據文意，『捐』字疑是『損』之誤。

《前漢・溝洫志》：自秦用鄭國鑿涇水為渠，號鄭國渠。至武帝中，大夫白公復奏穿引涇水，一起谷口，以灌池陽，名曰白渠，民歌之曰：『鄭國在前，白公在後』云云，『且灌且溉，長我禾黍。』此見於春秋戰國之時也。自漢以来，講明尤備，內而京師，外而列郡，又遠而邊地。源流派分，原隰棊布，歷歷可見矣。嚴熊穿龍首渠於馮翊之地，漢武帝時嚴熊言臨晋民欲穿洛以溉重泉，於是發萬人穿渠，穿得龍骨，故曰龍首泉渠。兒寬穿六輔渠於左內史之治，武帝元鼎間兒寬為左內史，奏請穿六輔渠。白公引涇水於池陽之〔一〕。見上。決渠降兩，荷鍤成雲，衣食京師億万之口，豈非京師之利乎？《西都賦》。其他郡縣，泰山則引汶，東海則引鉅定，海〔二〕南九江則引淮，朔方、西河、酒泉諸郡，則皆引及山谷以溉田。《溝洫志》：用事者争言水利，朔方、西河、河西、酒泉，皆引河及山谷以溉田，而關中虗枚、成國、漳渠引諸川，汝南九江引淮，東海引鉅定。泰山下引汶水，皆引渠溉田，各萬餘頃。他小渠及陂山通道者，不可勝言也。陂山通道在在相望，豈諸郡之利乎？輪臺以東有渠，溉田五千頃，桑弘羊奏：故輪以東板渠黎皆故國〔三〕地廣，饒水草，有溉田五千頃以上，(處)〔四〕温和，田美，可益通溝渠，種五穀。而鮮水左右，亦有橋七十所。趙充國《屯田奏》云：願留萬二千人屯要害處，繕鄉亭，浚渠治隍，以兩〔五〕道橋七十所，鮮水左右〔六〕。是雖極邊之地，水道源流，無不加意，又豈非邊地之利乎？西漢之君，不計地利之廣狹，不論費役之多寡，不一勞者不永逸，不暫費者不永寧，此漢人之得享溉灌之利也。

然周漢之所以得水利者，治之者非一官，領之者非一人，得以盡心於溝洫河渠之間，是故官營溝行水之制，則職之匠人，俾任浚導之功也；匠人為溝洫，凡溝必因水勢，防必因地勢。止水蓄水之令，則領之稻人，俾專瀦蓄之利也。《地官・稻人》以瀦蓄水，以防止水，以溝蕩水，以遂均水，以列舍水，以澮瀉水。夫惟浚之於其始，積之於其終，又安有旱澤澇之患哉？

漢之京師，則少府總池之事，其屬則有池監，《百官表》：少府掌山海陂澤之税，其屬有上林十池監，有都水長丞。有都水；見上。水衡掌林苑之事，其屬則有水司空，《百官表》：水衡行都尉，水司空長丞屬焉。有都水，前《百官表》奉常註：如淳曰：都水治渠隄水門。又按：太常、少府、水衡，皆有都水長丞。三輔以行京都之職，太常以領巴陵之渠。並《百官表》。郡國則九江有陂湖官，南海則有淮浦官，南郡江夏則有雲夢官。夫惟既任於其内，又分於其外，又安有壅閼之憂哉？《地里志》：九江郡有陂官、湖官。南海郡中有淮浦官。南郡江夏郡有雲夢官。下逮有宋，留心水利，三司則有都水監，宋朝官制，都水監屬三司，員無常，職興役則差。諸路則有提舉，淳熙七年，臣僚乞委提常平築陂塘，

〔一〕疑『之』爲衍文。
〔二〕『海』字疑爲『汝』之誤，九江舊稱『汝南』，下文即作『汝南九江』。
〔三〕此句有脱字，據《漢書》卷九十六下，當作『故輪臺以東捷枝、渠犁皆故國』。
〔四〕據《漢書》卷九十六下，補『處』字。
〔五〕兩　據《漢書》卷六十九《趙充國傳》作『西』，當據改。
〔六〕此句有脱字，據《漢書》卷六十九當作『令可至鮮水左右』。

修堰門，瀦水為備。州有倅貳，邑有丞佐，淳熙七年，又臣僚劄子乞委諸路常平司籍定所隸郡縣公私陂塘川澤之數，專責縣丞，因民暇日勸卒疏導。聖旨依令專一督責縣丞於農隙日浚治疏導，廣行瀦蓄。而又郡有守，邑有令，皆得以行其浚導瀦蓄之利。故修蕭何之故堰，則若許景山，而廢壞之地，復蒙大利，真宗朝知興元府許景山，嘗修漢蕭何所為故堰，顧其屬曰：『酇侯方佐天下，乃暇為此，以灌農田。今豈憚一時之勞，而費萬世之利。』於是因其壞堰而大修之。正『酇公在前，白公在後』之意也；見上。修召信臣之舊渠，則若趙尚寬，而荒瘠之場變為沃壤，仁宗朝有唐州太守趙尚寬者，復修召信臣渠與境内陂堰，向為荒瘠之地，變為沃壤，三司使包拯上其事。上嘉其能，命留再任，且有旌擢之諭。正『前有召父，后有杜母』之意也；後漢杜詩復修召信臣南陽渠，人歌之曰：『前有召父，后有杜母。』築海堤以衛田，而民享其利，則如范文正；范仲淹監西溪倉，建白於朝，請築海堤於通泰海州之境，長數百里，以衛民田。以文正為興化令，專掌役事，發通、泰、楚、海四州民夫治之，既成，民享其利，興化以范為姓。興水利有功，而治累得聲，則如劉公彝。安定胡生有治事齋如治兵水利之類，嘗言劉彝善治水，後累為政皆興水利。得人如是，則其利可勝既邪！

自時厥後，有論水利之事矣，而不蒙其利；有任水利之官矣，而不行其勞。夫湖藪陂澤，水之所瀦，而河渠畎遂，水之所泄。豪民懇之，以獲豐殖之資；官司仰之，以享租輸之入。及其日增歲衍，而水利之故地，皆為創置之良田。曩之仰其水利以耕者，乃至不幸而罹旱溢之害，是固不可以悉舉也。姑以越之鑑湖言之。自漢永和中始闢，其廣二百餘里，而灌溉之利及於民者，為田八千餘頃。及宋熙寧中，盜耕其中者九百頃，至取其田以歸之公上，此未害也，而不知所利者僅數百畝。而利之所入，復未必盡歸之官。所害者凡數千頃，而駸駸不已，則越三郡愈受其弊矣。倘公上不利絲毫之賦，守令不恤豪右之民，毋惑於紛紛之議，毋付於悠悠之事，則何患乎利不興、害不除，而使周漢專其利也哉！雖然，水利固當舉亦未易舉也。才不幹者不足任，心不盡者不足任，苟且順從者不足任。上縻帑庾，下奪農時，隄防一開，水失故道，則有指鄰國以為壑，說《禹貢》而行河者，益以滋其謬耳！不然，『閑送苕溪入太湖』，東坡何托以諷當時興水利者哉！東坡詩譏王安石興水利。

進士胡恪上言三江五匯開修積水

三江包於太湖，五匯、三十六浦、四十二湾。常曲為之制，則水有所歸，永不為患。乃詔給簿尉俸隨司門員外郎李公傳，相度開修三江積水。後轉運提刑提舉司言，開淘吴松江堙塞去處，自大盈諸浦泄水入海，凡用二百二十二萬七千八百一十五工，錢粮一十八萬三千五百九十八貫石。

四十二湾

古云：九里為一湾，一湾低一尺。二百四十里到三江口，三佰六十里到大海。

三江口

吴松江口、白鶴江口、青龍江口，江面闊九里，地勢低於震澤，三丈潮水来時，水高三丈，到震澤底定。震澤即太湖也，所以謂之平江。

五匯

安亭匯、白鶴匯、盤龍匯、河沙匯、顧浦匯。匯者，江湖與水相會合之地之謂匯也。

右司郎中珩乞申敕守令以時修隄防疏畎澮

臣聞隄防所以瀦水也，畎澮所以瀉水也。二者用以待水旱，而資灌溉之利也。一切置而弗問，則農夫之本竭矣。臣願申嚴水利之禁，敕戒守令之官，應民間隄防之廢壞者，必以時修治之，畎澮之堙塞者，必以時疏導之。監司按部躬行阡陌，考其興廢而賞罰。苟遇凶荒之變故，民得以施手足之功，庶幾有秋收之望。此當今之先務也。紹興三年。

侍御史蕭振乞召親民之官措置興修水利

臣讀《周官·職方氏》之書，見三江淮泗之異穎，川淇五湖之異浸。其説以謂可引以溉田者謂之川，不可引以溉田者謂之浸。如涇漳之屬，職方氏所謂川，在成周時可以引溉田者也。至魏襄王時，用史起為鄴令，始引漳水溉鄴旁之田，以富魏之河南。鄭國亦鑿水為渠，注洛三百餘里，秦人因之以富强。是涇漳之屬，後世猶引以浸焉，則水利之在天下，能利導以灌溉，皆無窮之利。臣生長隴畝，見舊堤故堰廢壞而不修，長河大瀆堙塞而不理，愚民規自前之利〔一〕，縣令貪新入之租，往往指射為田，而衆公共之利遂廢。一遇亢陽，民始嗷嗷然，仰首望雨於天，而不知蓄水之無素。今日農田多旱，職此之由也。古之人猶鑿川為渠，以資灌溉，若涇漳之屬是矣。今民間舊有水利，緣官吏失職，遂廢而不舉，誠可惜也！臣愚伏望明詔親民之官，各訪境内之地，集鄉某里，凡係陂塘堰埭民田，共取水利去處，咸籍而記之。若從官中追集修治，則慮致搔擾，不若随其土著，分委土豪，使均敷民田近水之家，出財穀工料，於農隙之際修焉。縣官董其大概而已。仍於縣官罷任之日，書所興脩水利，若於於印紙〔二〕，州為保明申部，量加酬賞，以勸来者，亦今日之急務也。

〔一〕疑『愚民規自前之利』有誤字，或當作『愚民窺目前之利』。
〔二〕於於印紙　語意不清，疑有脱衍之誤。

翰林承旨知制誥兼侍讀蘇軾奏吴中水利事

臣切聞議者多謂吴中本江海太湖故地，魚龍之宅，而民與水争尺寸，以故常被水患。蓋理之當然，不可復以人力疏治，是殆不然。

臣到吴中三年，雖為多雨，亦未至過甚，而蘇、常、湖三州，皆大水害稼，至十七八。今年雖為淫雨過常，三州之水合為一，太湖、松江，與海渺然無辨者，盖因二年不退之水，非今年積雨所能獨致也。父老皆言，此患所從来未遠，不過四五十年耳，而近歲特甚。盖人事不修之積，非特天時之咎也。三吴之水，瀦焉〔一〕為太湖，太湖之水，溢為松江以入海，海水日两潮，潮〔二〕而江清，潮水常欲淤塞江路，而江水清駛，随輒滌去，海口常通，故吴中少水患。昔蘇州以東，官私船舫，皆以篙行，無陸挽者。古人非不知〔三〕挽路，松江入海，太湖之咽喉，不敢鯁塞故也。自慶曆以来，松江始大築挽路，建長橋，植千柱水中，宜不甚碍。而夏秋漲水之時，橋上水常高尺餘，况數十里積石壅土築為挽路乎？自長橋挽路之成，公私漕運便之，日葺不已，而松江始艱難〔四〕不快，江水不駛，軟緩而無力，則海之泥沙随潮而上，日積不已，故海口堙塞，而吴中多水患。近日議者但欲發民浚治海口，而不知江水艱噎，雖暫通快，不過止歲餘，泥沙復積，水患如故。今欲治其本，長橋挽路，固不可去。惟有鑿挽路於舊橋外，別為千橋，橋谼各二丈，千橋之積為二千丈，水道松江，宜加迅駛。然後官私出力，以浚海口，既浚，〔海口〕〔五〕而江水有力，則泥沙不復積，水患可以少衰。臣之所聞，大略如此，而未得其詳。

舊聞常州宜興縣進士單鍔，有水學，故召問之，出所著《吴中水利書》一卷，且曰〔六〕陳其曲折，則臣言止得十二三耳。臣與知水利者考論其書，疑可施用。謹繕寫一本繳連進上，伏望聖慈深念浙右之富，國用〔七〕恃，歲漕都下米五十萬石，其他財賦供餽，不可悉數。而十年九澇，公私凋弊，深可愍惜。乞下臣言與鍔書，委本路監司躬親按行，或差强幹知水利官吏，考實其言，圖上利害。臣不勝區區，謹録奏聞，伏候敕旨。

〔一〕『焉』字衍，當據蘇軾《進單鍔吴中水利書》刪。
〔二〕此處脱『濁』字，當據蘇軾《進單鍔吴中水利書》補。
〔三〕此處脱『為』字，當據蘇軾《進單鍔吴中水利書》補。
〔四〕『難』字誤，當作『噎』。
〔五〕此處脱『海口』二字，據蘇軾《進單鍔吴中水利書》補。
〔六〕『曰』爲『口』之誤，當據蘇軾《進單鍔吴中水利書》改。
〔七〕脱『所』字，當據蘇軾《進單鍔吴中水利書》補。

諫議大夫兼侍講史才奏乞復太湖舊跡以溉民田

臣聞農事所重，莫先於水利，陰陽之數，有雨暘水旱之異，固非人力所能為，而瀦蓄灌溉以為之備，則在乎人事而已。成周之隆，建官分職，所以瀦蓄防止以時蕩洩無所不至，故有年屢豐，見於詩書，雖有旱暵水溢，人不告病，蓋以此也。臣伏見浙西諸郡，水陸平夷，民田最廣，農事倍於他州，歲豐粒米狼戾，旁及遠方，而平時無甚旱之憂者，太湖之利有以為之備也。太湖翕受衆水，旱則取給焉。用力少而見功多，誠豐穰之根本，農夫之寶藏，崇本厚民，萬世無窮之利也。今□[一]年以来，瀕湖之地，多為軍下兵卒侵據為田，擅利妨農，其害甚大，蓋隊伍既衆，易為施工，號召之行，畚築並興，積土增高，長堤弥望，名曰壩田。水源既壅，太湖之積，漸與民田隔絶不通，旱則據之以溉壩田，下治其利水則遠近泛濫，不得入於湖。又且決壩田之餘於民田，而民田盡没矣。為害如此，臣恐不為之禁，則水利寖廢，浙西民田不復有水旱之備，其害有不可勝言者。臣愚欲望聖慈特降睿旨，專委本路監司躬親究治，盡復太湖舊迹，使軍民各安其職，田疇盡蒙其利，農事有頼，富庶可保，萬世無窮之利，幾廢而復存，實天下幸甚！紹興二十三年七月　日。

知杭州蘇軾奏乞開西湖

臣聞天下所在陂湖河渠之利，廢興成毁，皆若有數。惟聖人在上，則興利除害，易成而難廢。昔西漢之末，翟方進為丞相，始決壞汝南鴻隙陂，父老怨之，歌曰：『壞陂誰？翟子威。飯我豆羹芋魁。反乎覆，陂當復。誰言者？兩黄鵠。』蓋民心所欲而託之天，以為神下告我也。孫皓時，吴郡上言臨平湖自漢末草穢壅塞，今忽開通，長老相傳：『此湖開，天地平。』皓以為己瑞，已而，晉武帝平吴。由此觀之，陂湖河渠之類，久廢復開，事關興運，雖天道難知，而民心所欲，天必從之。

杭州之有西湖，如人之有眉目，蓋不可廢也。唐長慶中，白居易為刺史。方是時，湖溉田千餘頃。及錢氏有國，置撩湖兵士千人，日夜開浚。自國初以来，稍廢不治，水涸草生，漸成葑田。熙寧中，臣通判本州，則湖之葑合蓋十二三耳。至今纔十六七年之間，遂堙塞其半。父老皆言，十年以来，水淺葑横，如雲翳空，倏忽便滿。更二十年，無西湖矣。使杭州無西湖，如人去其眉目，豈復為人乎？

[一] 此處原稿有字，模糊難辨，故闕。據《建炎以来繫年要録》卷一百六十五，『今□年』作『數年』。

臣愚無知，竊謂西湖有不可廢者五。天禧中，故相王欽若始奏以西湖為放生池，禁捕魚鳥，為人主祈福。自是以來，每歲四月八日，郡人數萬，會于湖上，所活羽毛鱗介，以百萬數。皆西北向稽首，仰祝千萬歲壽。若一旦堙塞，使蛟龍魚鱉，為涸轍之鮒。臣子坐視，亦何必哉！此西湖之不可廢者，一也。杭之為水，作六井〔一〕，然後民足於水，井邑日富，百萬住聚待此而後食。今湖狹水淺，六井漸壞，若二十年之後，盡為葑田，則舉城之人，復飲鹹苦，其勢必自耗散。此西湖之不可廢者，二也。白居士作《西湖〔石〕函記》〔二〕云：『放水溉田，每減一寸，可溉十五頃。每一復時，可溉五十頃。若蓄洩及時，則瀕湖千頃，可無凶歲。』今歲〔三〕雖不及千頃，而下湖數十里間，茭菱穀米，所獲不貲。此西湖之不可廢者，三也。西湖深潤，則連河可以取足於湖水。若湖水不足，則必取足於江潮，潮之所過，泥沙渾濁，一石五斗。不出三歲，輒調兵夫十餘萬工開浚，而河行井市中。蓋十餘里吏卒搔擾，泥水狼藉，為民莫大之患。此西湖之不可廢者，四也。天下酒官之盛，未有如杭者也，歲課二十餘萬緡。而水泉之用，仰給於湖。若湖漸淺狹，水不應溝，則當勞人遠取山泉，不過二十萬工〔四〕。西湖不可廢者，五也。

臣以侍從，〔五〕膺寵寄。目覩西湖有必廢之漸，有五不可廢之憂，豈得苟安歲月，不任其責？輒已差官打量湖上葑田，計二十五萬餘丈，度用二十餘萬工。近者，伏蒙以本路飢饉，特寬轉運司上供額斛五十餘萬石，出糶常平米亦數十萬石，約敕諸路，不取五穀力勝稅錢，東南之民，所活不可勝計。今又特賜本路度牒三百，而杭獨得百道。臣謹以聖意增價召人，中米減價出賣，以濟飢民，而增減耗折之餘，尚得錢米約共一萬餘貫石。臣輒以此錢米募民開湖，度可得十萬工。自今二月二十八日〔六〕興工，農〔七〕父老，縱觀太息，以謂朝廷既捐利與民，活此一方，而又以其餘畜，興久廢無窮之利，使數千人得食其力，以度此凶歲，蓋有泣下者。臣伏見民情如此，而錢米有限，所募未廣，葑合之地，尚存太半，若来者不嗣，則工復棄〔八〕，深可痛惜！若更得度牒百道，則一舉募民，除去净盡，不復遺患矣。

伏望少賜詳覽，察臣所論西湖五不可廢之狀，利害卓然，特出聖斷，別賜臣度牒五十道，仍敕轉運、提刑司，於

〔一〕此處有脱文，據蘇軾《杭州乞度牒開西湖狀》，當作『杭之為州，本江海故地，水泉鹹苦，居民零落，自唐李泌始引湖水作六井』。
〔二〕據《蘇文忠公全集》之《東坡奏議》卷七引白居易此文，其名當作《西湖石函記》，茲據補『石』字。
〔三〕『歲』字衍，當據蘇文所引《西湖石函記》删。
〔四〕此句有誤，當據改作『歲不下二十萬工』。
〔五〕此處有脱文，當作『出膺寵寄』。
〔六〕《蘇文忠公全集》作『今月二十八日』。
〔七〕『農』下脱『民』字。
〔八〕《蘇文忠公全集》作『前工復棄』，當據補。

前来所賜諸州度牒二百道內，契勘賑濟。支用不盡者，更撥五十道價錢與臣，通成一百道，使臣得盡力畢志，半年之間，自見西湖復唐之舊，環三十里，際山為岸。則農民父老與羽毛鱗介，同泳聖澤，無有窮也。臣不勝大願。

元祐五年四月二十九日。

知臨安張偁乞禁約豪勢之家侵占陂塘

臣仰惟陛下崇本務農，屢降明詔，凡事有不便於民者，悉許上達。臣伏見江浙之間，耕植既廣，畎畝相連，高下不一。瀦積陂塘，以備灌溉；疏導溝洫，以防壅浸。此衆共之利，其来久矣。然豪勢之家，侵奪占據，奄為己有。貧民細户雖有詞訴，終不能其欲。望申飭州縣，凡有似此之類，官為檢察，有妨灌溉疏導之處，悉行禁約。庶幾水旱有備，無傷農功。紹興二十八年十月　日

朝奉郎直寶文閣晦庵先生朱熹奏救荒事宜七條內一件乞募飢民修治農田水利

檢準常平兑役，令諸路興修農田水利，而募被災民充役者，其合用粮食，以常平錢穀給。臣契勘本路水利極有廢壞去處，亦有全未興剏去處。欲竢將来給到錢物，即令逐州計度合興修處，雇募作役，既濟饑民，又為永久之利，誠為两便。

又奏乞募飢民興修水利

臣昨所奏各項事理，並蒙開允，獨有依准舊制，募飢民修水利一事，未蒙施行。臣切見連年灾旱，國家不忍坐視天民之死，大發倉廪，以賑救之，其費以巨萬億計，蓋其賑給者，固不復收，其賑糶者，雖曰得錢，而所折閱〔一〕亦不勝計。仁聖之心，於此固無所吝，然饑民百萬，安坐飽食，而於公私無毫髮之補，則議者亦深惜之。故臣嘗竊仰稽令甲〔二〕私計，以為若徵於數外，有所增加，以為募民興役之資，則救灾興利，一舉而两得之。其與見行糶給之法，利害之算，相去甚遠。故不自揆，既已奏聞，而輒下諸州，委自通判詢究水利合興役處，以俟報可。至於近日巡歷，又得親見所云原野，極目蕭條。惟是有陂塘處，則其苗之蔚茂秀實，無以異於豐歲，於是切歎始知水利之不可不修。自謂若得奉承明詔，悉力經營，令逐村保各有陂塘之利。如此則民間永無流離餓殍之患，而國家亦無蠲減濟之費矣。不謂言語疏略，未蒙鑒照，敢竭其愚，重以為請。

〔一〕所折閱　底本作「折□」，兹據《晦庵先生朱文公文集》卷十七改。
〔二〕嘗竊仰稽令甲　原本作「常仰於□□」，兹據《晦庵先生朱文公文集》卷十七改。

伏望聖慈深察上件事情，許臣前項所請七十萬貫者，而令於内量撥什三，候各州通判申到合興修水利去處，即與審實〔一〕應副其合糴給，人有應募者，即令繳納糴給，由曆就雇入役，候畢工日，糴給如舊，則所捐不至甚多，而可以成永久之利，絶凶年之憂，費短利長，不為失策。

又貼黄：臣又切恐興修水利，所費太多，難以支給。即乞且令貸與食利人户雇工興役，候將来豐收，紐計米數，量分料次，赴官送納，樁管在倉，尤為利便。

浙漕試進士軍功策問水利水害

『功名萬里途，男兒四方志。』而鄉闈解額，若一綫窄。於是乎計貲為釋之之郎，於是乎投筆為班超之戎。噫，果溢而他出者哉？哀甲浙漕之場，與貴介公子鎖廳等，庶幾拾青紫易易耳。何斯苦雨汩其陵谷，擔簦投牒，褰常〔二〕濡足，曾布衣韋帶、舒徐桑梓〔三〕者不若也，諸君子得無觸意興感，因思以浙之被水之利害，裨吾計使者乎？

浙今畿甸地，而使水利計使職也。澇傷朝聞，符移夕遣，冠蓋相望，毫髮得實。徃者檢視，失時之患，一洗之計，使水於水也，亦良苦，然此一時事，方〔四〕圖久之計。夫水雖天災，治之在人。世固有因水而講荒政以救之者，此特憫百姓之苦於水，非治水也。因水之溢而導之歸，使後雖霖潦不為灾，此聖人作事，為萬世功，而禹治水法也。

若今浙右之水，獨非禹所嘗親治者歟？曰『三江既入，震澤底定』，其説甚明，可舉而行，乃寥寥數千載莫之續，豈去古逾遠，三江漫不可考耶？世之説三江者甚衆，率於地理不合，至《禹貢圖説》一出，指豫章九水出彭蠡者為南江，以足經文中江、北江之數，其論始定。然審如其説，於震澤何關邪？《説》亦有關於震澤者曰：『歷丹陽、毗陵，入今大江者，為北江；首受蕪湖，東至陽羨者，為中江；分於石城，過宛陵，入具區者，為南江。三江在震澤上下，而皆入海。』其説似矣，然丹陽、毗陵之入江者，特港脉一二，詎應影附大江而謂之江？而首蕪湖、分石城之二水，皆在震澤上流，又可以江之入海言邪？

以今所見，受震澤水，東入於海者，惟吴松一江，不見其三也。舊有安亭一江，由青龍鎮入海，罔利者慮其走商税，塞之。又有白蜆一江，以通青龍，今亦塞而耕稼之。豈禹三江之舊迹在是，有可訪而復之者耶？抑水之為水，有源有委，舊説具區三萬六千頃，積之既多，泄之已難矣。熙寧八年旱，太湖淺露，見丘墓街市，是昔為高原，今為汙

〔一〕審實　原本作『春首』，兹據《晦庵先生朱文公文集》卷十七改。
〔二〕核《黄氏日抄》卷八十三，『常』作『裳』，當據改。
〔三〕梓　原模糊不可辨，據《黄氏日抄》卷八十三補。
〔四〕核《黄氏日抄》亦作『方』，然語意不通，疑爲『非』之誤。『此一時事，非圖久之計』於義始安。

澤也。湖之浸淫，又不知其比舊增多幾千頃。非源委之不究，而致然耶？溧陽之上，有五堰以節宣、歙、金陵、九陽江之水；宜興之下，有百瀆以疏荆溪所受諸水，皆源也，而久不治。江陰而東置漣河一十四瀆，泄水以入宜興；而西置夾苧干、興塘口、大吴等瀆，泄西水以入運河，皆委也，久亦不治。震澤固以納衆水者也，源也不治，既無以殺其來之勢；委之不治，又無以導其去之方。是納而不吐也，水如之何而不為患，而可以委之天灾耶？

昔蘇公軾進士[一]單鍔之説于朝，謂慶曆間欲便粮運，築吴江岸，介於吴松江、震澤之間，水去始澁，而歲為灾。請置千橋以易之。可謂得其襟要也。然嘗考之，海濱高仰，江尾茭淤，使震澤之水驟入江，而松江之水未能驟入海，正恐併吴江岸以東茫然皆一震澤也，而何以制之耶？鍔則謂茭淤之漸生，皆原於江流之不迅，苟東下之势迅急，則漲塞之患立空。此説可保其不害民田否？且地势中低而外[二]，何以遽得其迅急耶？禹之治水也，决九川，距四海，濬畎澮，距川。其法於其下導之也。吴江岸苟未易輕議，盍自其當先者耶？王公觀之在浙也，奏開海口諸浦；范公仲淹之在浙也，獨開茜涇等浦；而劉懲之按行海口也，又謂開之則有風濤駕入之憂。其説果熟緩而孰是而熟非[三]？又元積中[四]見涇函於運河底，是亦古人泄水之一法，不知視浦口又孰為要耶？夫三江入，則震澤定；震澤定，則浙右無水灾；浙古無水灾，則行都之根本固，民生不匱而軍餉足。事孰大於此者？夫何一雨為虐齗古於庭[五]，是束手無策，而坐視公私之交病也。不亟是圖，患將安極耶？伊欲禹迹之三江皆入，與今吴松一江之七十二浦，皆泄水快駛，運河所置泄水之一十四瀆，皆復于江，而五堰以西諸水，不復入震澤，以重其泛濫之勢。源委悉治，圩塘復舊，天雨雖甚，水不為灾，是神禹之功，復續我朝，萬世永賴也。幸參以安定水利之學，指次第的實可行之説以告，豈惟計使之所欲亟聞，亦聖君賢相之所樂聞也。《黄氏日抄》

楊誠齋圩丁詞

江東水鄉，隄防两涯而田其中，謂之圩。農家云：『圩者，圍也。』内以圍田，外以圍水。盖河高，田反在水下。沿堤通斗門，每門疏港以溉田。故有豐年而無水患。

〔一〕核《黄氏日抄》無『士』字，當據删。
〔二〕此處有脱字。《黄氏日抄》原作『中低而外仰』，當據補。
〔三〕此句不通。《黄氏日抄》卷八十三原作『其説果孰緩孰急，孰是孰非』，當據改。
〔四〕元積中　『積』字原闕，據《黄氏日抄》補。
〔五〕此句有脱漏錯訛。《黄氏日抄》原作『夫何一雨為虐水，今三月猶未退？望有秋者號天於野，而議勸糶者齗古於庭』，當據補。

余自溧水縣南一舍所，登蒲塘河小舟，至孔鎮，水行十二里，備見水之曲折。上自池陽，下至當塗，圩河皆通大江，而蒲塘河之下十里所，有湖曰石臼，廣八十里，河入湖，湖入江。鄉有圩長，歲晏水落，則集圩丁，日具土石楗菑以修圩。余因作詞，以擬劉夢得《竹枝》《柳枝》之聲，以授圩丁之修圩者歌之，以相其勞云。

圩田元是一平湖，憑仗兒郎築作圩。萬雉長城倩誰守，兩堤楊柳當防夫。

何代何人作此圩，石頑土膩帖[一]難如。年年三月桃花水，如律流歸石臼湖。

上通建德下通塗[二]，千里江湖繚一圩。本是陽侯水精國，天公勅賜上農夫。

南望雙峰抹緑明，一峰起立一峰横。不知圩裏田多少，直到峰根不見塍。

兩岸沿堤有水門，萬陂随吐復随吞。君看紅蓼花邊脚，補去修来無水痕。

年年圩長集圩丁，不要招呼自要行。萬杵一鳴千畚土，大呼高唱總齊聲。

兒郎辛苦莫呼天，一日修圩一歲眠。六七月頭無點雨，試登高處望圩田。

岸頭石板紫縱横，不是修圩是築城。傳語赫連莫蒸土，霸圖未必賽春耕。

河水還高港水低，千支萬派曲穿畦。斗門一閉君休笑，要看水從人指揮。

圩上人牽水上航，從君點檢萬農桑。即非使者秋行部，乃是圩翁曉按莊。

圩田

周遭圩岸繚金城，一眼圩田翠不分。行到秋苗初熟處，翠茸錦上織黄雲。

古来圩岸護隄防，岸岸行行種緑楊。歲久樹根無寸土，緑楊走入水中央。

永豐行

韓無咎

丹陽湖中好風色，晴日波光漾南北。湖岸人家榆柳行，風颭低昂似迎客。繫船並岸聊一呼，老農指似官田圩。長衫紫領數百輩，見我羅拜長嗟吁。政和囬頭五十載，官築長圩宛然在。東西相望五百圩，有利由来得無害。官圩民圩奚所拘，此地無田但有湖。圍湖作田事應爾，底用徹地還黿魚。民圩不堅自招水，水澇何嘗鎮如此。官圩六十里如城，削平為湖定何理。請看今年禾上

[一]『帖』字誤，據《誠齋集》卷三十二，當作『鐵』。
[二]『通塗』誤，據《誠齋集》卷三十二，當作『當塗』。

場，七百頃地惟雲黃〔一〕。縣官糴米三萬斛，度僧給牒能商量。我聞此語汗生面，千聞豈如目一見。吾君神聖坐九重，輕易獻言誰復辨。却憶吳中初夏時，畚鍤去决湖田圍。鷄鶩上籬犬上屋，水至不得携妻兒。無由赴水均一死，善政養民那得尔？寄言父老且深耕，為汝馳書報天子。

〔一〕據《南澗甲乙稿》卷二，此句當作『七百頃地雲堆黃』。

卷第十

營造法式

方圓平直

《周官・考工記》：『圓者中規，方者中矩，立者中垂，衡者中水。』鄭司農註云：『治材、居材，如此乃善也。』

《墨子》：『子墨子言曰：「天下從事者，不可以無法儀。雖至百工從事者，亦皆有法。百工為方以矩，為圓以規，直以繩，衡以水，正以垂。無巧工不巧工，皆以此五者為法。巧者能中之，不巧者雖不能中，依放以從事猶愈於己。」』

《周髀算經》：『昔者周公問於商高曰：「數安從出？」商高曰：「數法出於方圓。圓出於方，方出於矩，矩出於九九八十一。萬物周事而圓方用焉；大匠造制而規矩設焉。或毀方而為圓，或破圓而為方。方中為圓者，謂之圓方；圓中為方者，謂之方圓也。」韓子曰：「無規矩之法、繩墨之端，雖班垂不能成方圓。」』

看詳：諸作制度，皆以方圓平直為準。至如八棱之類，及欹、斜、羡、《礼圖》云：羡為不圓之貌，璧羡以為量物之度也。鄭司農云：羡，犹延也。以善切。其袤一尺，而廣狹焉。哆，《史記索隱》云：哆，謂狹長而去其角也。哆，丁果切。俗作隋，非。亦用規矩取法。今謹按，《周官・考工記》等修立下條：諸取圓者以規，方者以矩，直者抨繩取則，立者垂繩取正，横者定水取平。

取徑圍

《九章算經》李淳風註云：『舊術求圓，皆以周三徑一為率。若用之求圓周之數，則周少而徑多，徑一周三，理非精密。盖術從簡要，略舉大綱，而圓田法密率云以乘周二十二而一即徑，以二十二乘徑七而一〔一〕。』

看詳：今來諸工作已造之物，及制度以周徑為則者，如點量大小，須於周内求徑，或於徑内求周。若用舊例，以圍三徑一、方五斜七為據，則疏略頗多。今謹按《九章算經》及約斜長等密率修立下條：

諸徑圍斜長依下項：

圓徑七，其圍二十有二。

〔一〕此句有脱誤，核《營造法式》原文，當作『盖術從簡要，略舉大綱而言之。今依密率，以七乘周二十二而一即徑，以二十二乘徑七而一即周』。

方一百，其斜一百四十有一。

八稜徑六十，每面二十有五，其斜六十有五。

六稜徑八十有七，每面五十，其斜一百。

圓徑内取方，一百中得七十有一。

方内取圓，徑一得一。八稜、六稜取圓準此。

定功

《唐六典》：『凡役有輕重，功有短長。』註云：以四月、五月、六月、七月為長功；以二月、三月、八月、九月為中功；以十月、十一月、十二月、正月為短功。

看詳：夏至日長，有至六十刻者。冬至日短，有止於四十刻者。若一等定功，則枉棄日刻甚多。今謹按《唐六典》修立下條：諸称功者謂中功，以十分為率。長功加一分，短功減一分。諸称長功者謂四月、五月、六月、七月；中功謂二月、三月、八月、九月；短功謂十月、十一月、十二月、正月。

右三須並入總例。

取正

《詩》：『定之方中。』又：『揆之以日。』註云：『定，營室也。方中，昬正四方也。揆，度也。度日出日入，以知東西。視定準極，以正南北。』《周禮·天官》：『惟王建國，辨方正位。』《考工記》：『置槷以甚〔一〕，視以景，為規識日出之景與日入之景。晝参諸日中之景，夜考之極星，以正朝夕。』郑司農註云：『自日出而畫其景端，以至日入既，則為規，測景兩端之内規之。規之交，乃審也。度两交之間，中屈之以指槷，則南北正。日中之景最短者也。極星謂北辰。』

《管子》：『夫繩扶掇〔二〕以為正。』

《字林》：『摶，時釧切。垂臬望也。』《刊誤正俗·音字》：『今山東匠人猶言垂繩視正為摶。』

看詳：今来凡有興造，既以水平定地平面，然後立表測景、望星，以正四方，與經傳相合。今謹按《詩》及《周官·考工記》等修立下條：

取正之制，先於基址中央日内置圓板，徑一尺三寸六分。當心立表，高四寸，徑一分。晝表影之端，記日最短之景，次施望筒，於其上望日星〔三〕，以正四方。望筒：長一尺八寸，方三寸，用板合造。两罨頭開圓眼，徑五分。筒身當中兩壁用軸安於两立頰之内。其立頰自軸至地高三尺，廣三寸，厚二寸。晝望以筒指南，令日景透北。夜望以筒指北，於筒南望，令前後兩竅内正見北辰極星。然後各垂繩墜下，記望筒兩竅心於地，以為南，則四方正。

〔一〕『甚』字誤，核《營造法式》原文作『垂』，當據改。

〔二〕『掇』字誤，《管子》原文作『撥』，當據改。

〔三〕『星』字誤，核《營造法式》原作『景』，當據改。

若地势偏衺，既以景表、望筒取正四方。或有可疑處，則更以水池景表較之。其立表高八尺，廣八寸，厚四寸，上齊，後斜向下三寸。安於池板上。其池板長一丈三尺。中廣一尺。於一尺之内，隨表之廣刻線兩道。一尺之外，開水道環四周，廣深各八分。用水定平，令日景兩邊不出刻線，以池板所指及立表心為南，則四方正。安置令立表在南，池板在北。其景夏至順線長三尺，冬至長一丈三尺。其立表内向池板處，用曲尺較，令方正。

定平

《周官・考工記》：『匠人建國，水地以垂。』鄭司農註云：『於四角立植而垂，以水望其高下。高下既定，乃為位而平地。』

《莊子》：『水靜則平，中準，大匠取法焉。』

《管子》：『夫準壞險以為平。』《釋名》：『水，準也，平準物也。』

《尚書大傳》：『非水無以準萬里之平。』何晏《景福殿賦》：『惟工匠之多端，固萬變之不窮；讎天地以開基，並列宿以作制。制無細而不協於規景，作無微而不違於水臬。』五臣註云：『水臬，水平也。』

看詳：今来凡有興造，須先以水平望基四角所立之柱，定地平面，然後可以安置柱石，正與經傳相合。今謹按《周禮・考工記》修立下條。

四平

天平：亦名真尺。用線一條，懸於梁上，垂墜於下，謹避風動，然後用曲尺貼線安定，卻用長線十丈許牽於兩頭，隨曲尺之上取平，則知地之高下。

地平：用水板長五尺，闊四寸，高五寸，合成槽子，卻於槽兩頭板上畫分寸為則相同，然後用水注於槽内，令兩頭分寸一般高低，定了，卻用長線十丈許，牽於兩頭，貼槽上板取半，則知地之高下。

望平：定平之制，既正四方，據其位置，於四角各立一表，當心安水平。其水平長二尺四寸，廣二寸五分，高二寸。下施立椿，長四尺，安鑽在内，上面横坐水平，兩頭各開池，方一寸七分，深一寸三分，或中心更開池者，方深同。身内開槽子，廣深各五分，令水通過。於兩頭池子内各用水浮子一枚，用板[一]三池者，水浮子或亦用三枚。方一寸五分，高一寸六分[二]，刻上頭，令側薄，其厚一分，浮於池内。望兩頭水浮子之首，遥對立表處，於表身内畫記，即知地之高下。若槽内如有不可用水處，即於椿子中心施墨線一道，上垂繩墜下，令繩對墨線心，則上槽自平，與用水同。其槽底與墨線兩邊，用曲尺較，令方正。

[一]『板』字衍，據《营造法式》原文删。
[二]核《营造法式》原文作『高一寸二分』。

夫望平之設，定高也。比謂山高若干，人皆不能知之，以此物從低處逐旋望平至頂計算，則知山之高若干，神妙之術也。

風水五两

風五兩，海船上用以定帆輕重也。

水五兩，捲掃用以定掃大小斤重也。

用木合成圈子，高二尺，濶一尺，内用門一扇，十分枚薄或沙木取輕，為上門。上頭用兩轉軸，卻於圈柱上畫每兩分寸，至五兩止，然後掘開河十里為率。從上放水，至下以十里遠，水高一尺為則。卻將五兩於此河内較定，則知水之緊慢若干兩。如遇捲掃缺口，即將五兩試之，則知水緊慢幾兩。該用掃長若干丈，闊若干丈，高下斤重，可以計較，則掃無底透之患。若有河港處，亦可以試里路之遠近。

造石閘

立基：先掘井，辨土性虚實，看其土無沙泥，方扦定界址。譬欲造閘長九丈，闊二丈，深二丈，須是開掘河身長十四丈，濶八丈，深三丈。如閘造以上以下者，從數增減，不要陟峻，以灘為上。如掘河深至二丈，便於河兩邊打擗土樁二行，然後展深，則土不坍。或有泉眼，以木桶盖罩，不致水漿溢出。多則汲去。仍於所開河身兩頭，用水車時常踏出水，令水浸滿。

下樁：用松樁上等長者一丈八尺，徑一尺，二千條；中等者一丈四尺，徑九寸，四千條；下等者九尺，徑七八寸者三千條。用上等者作頂石樁，中等者作撒星樁，下等者作挨樁。須是先打上等樁，次打中等樁，後打挨樁。於樁側用瓦屑、青滋泥和填，從一尺起，漸漸築打積高。須要十分築實為上。

斷水板：板長三丈二尺，厚一尺二寸，高二尺。如此板五片拼縫，或名走馬。粘四縫，拼高一丈，用棗核丁五寸長者拼縫。又兩頭接板長二丈，高厚同，各五片，拼置如前。於閘正中禁口横檻下安釘。先於斷水板下打九尺樁一行，密下了，然後安沓斷水板。在上板兩畔，卻用一丈八尺樁，靠板幇打牢密，用水平取定高低，即用二尺丁，每一邊連樁間針箇在板上，相協出力。板縫並用油灰麻筋振抹，不令透水。兩頭接板同前。

龍骨木：如閘身内都打樁齊密了，又用塼瓦屑及生炭鋪五六寸厚，填築牢實了，然後用龍骨木長二丈、徑一尺者，每一條懸二尺，順閘安置，須鑿竅楯楦牢卻，用丁斜釘，又用瓦屑挨築十分牢固。

萬年枋：用板方厚五寸五分、長二丈、濶一尺二寸，拼縫了。於龍骨木上鋪釘丁，用一尺二寸者，須要縫密。每條龍骨木参差，著丁二箇，然後油灰麻筋，如造船法，振粘龍骨上，一概濃鋪水調石灰三寸厚。

疊石：　萬年枋已鋪完備，即用墨線彈定閘樣長闊了，先擺砌伏䭾石并檻石，次用禁口石，又用挨䭾石陸續疊砌脚石，復鋪底板石，兩壁伏䭾石，後面用秤磚砌七重濶，並用糯米粥、紙筋、石灰灌砌，及用秤石挨磚後至一丈高，不用挨石。

拽後樁：　如閘兩邊立禁口脚石子，即用拽後樁排立八滯，如此三重，共二佰四十條，皆杉木。三件木名：

樁木　拽後木　卧牛木

禁口石脚石後面，用塼砌高七八尺，即用拐子鉤每箇拽後木上接釘，如此四層，共用六十四箇。

水礎：　濶一丈二尺，深八尺。於堰垻掘開口子濶二丈，深一丈五尺。用松樁長一丈三尺者二百條，中長九尺者二百條，下長七尺者三百條，密釘在土，即用磚瓦屑青滋泥填築十分牢實，然後從低處用石疊砌，及用龍骨、萬年枋、斷水板如造閘法修置。

水竇：　高三尺，濶五尺，長隨堰濶狹長短，用松木板厚七寸拼縫，用棗核丁拼了，又用線縫丁，密密斜釘。然後如造船法，油灰、麻筋振抹十分牢固。兩頭門上用轉軸，裏入外出，放斜五寸安釘，則容啟閉。堰底仍用五尺松椿密釘，磚瓦屑、青滋泥填築牢實。又用斷水板一重，在内如造閘法安置，則底無水透之患。

開江挑沙法：　中有沙泥淤陷，不可施工，俗謂之漿粉沙，言其如漿粉之聚而不堅也。又謂之老婆沙，言其如老嫗之無力也。隨挑隨漲，勢若陷穽。東坡開湖亦云：『狀若鬼神。』時大德八年，徹里平章開吴松江河沙匯，有此沙土，不可興工，乃使監吏相視沙陷去處。有上户買使御馬者，給引監吏馬過沙陷之處，彼吏不知土性，幾致人馬不救。衆謗沸騰，意欲散其事也。予曰：『此與古者卞和獻玉相類。今軍民已聚，一兩日間用工，自有良法治之，何必生疑。』平章然之。不閲半月工畢，軍吏歡聲如雷。謂如沙陷去處，先於河中兩邊開一小渠深二三尺，取水常乾，隔一宵沙土堅却，用柴草一兩束，放在沙土上，次用木跳板布在草上以枕之，不要人脚踏踐沙泥，即用鐵鍬開挑沙土，令人於跳板上擔土上岸，並無沙陷之患，亦不隨挑隨滿。如復有沙爛，一同前法，乃工畢。平章問其沙性緣故，予曰：『即與漿粉相似。若去盡水，其粉即堅。』平章曰：『格物致知之説也。』

開河窒泉眼法：　至大年間，予與答失海牙平章開浚河會通河至南陽，東有諸山，其河中多有泉眼，奔迸四至，不可施工。予用木桶數十隻，但是泉眼水迸之處，即將木桶蓋之，並無水泛之患。工迺畢。

築堤導河去沙礓石法：　至大年間，分監汴梁與行省官築黄河堤，及疏導葛驛口諸處泄水河道，至蕭山縣，河有沙礓石，用鐵钁累鋤不動，但見火星迸出，不可興工。予即用水洗，見紋路痕跡，即用大鋼鑿子看其紋跡又分之處，鑿開一竅如斗大。遂用硬木一條，插入竅内，將麤壯繩索二條，縛在硬木上頭，令數十人拽之，沙石即迸，就令取去，乃工畢。又於會通河施家莊閘河及沽亭等處，依上迸取，後皆成功作則。

開浚止泉眼湧出沙土法：　至大年間，與行省行臺官開濬鎮江練湖運河。開浚至夾埛等處，有泉眼湧出，沙土隨挑隨漲，不可興工。予即用蘆蓆於泉眼上覆盖數重，以重木壓之，但有水出，並無沙土湧漲之患。乃工畢。

搜洗渾泥法：　浙西水利自海桑變更之後，與古治法全不相同。古有三江，今僅有吴松一江，亦已堙塞，一百餘里斷流，雖是大德八年、泰定二年二次開江置閘，終不能泄大湖汪洋之巨浸。况兼嘉定、崑山、常熟、上海、華亭諸處通江達海河港，多被淤塞。所以浙西數郡，累年累遭水害。為今之計，須是高鄉深浚河港，處處貫通江海；低鄉堅築圍岸，位位接連阡陌。更有潮水往来，浦堰纂節去處，廣立閘竇，潦則放水達海，旱則瀦水灌田。凡及潮水之處，河有两来之水，有上潮之水，有落潮之水。上潮之水常濁，不免帶沙入港；　落潮之水常清，不能引渾泥出海，以致及潮之處，漸漸淤塞。為今之法，合於梅天水漲之時，勸率有田得水利之家，用工搜洗渾泥，随順落水之勢，挾引渾水出閘，則沙泥不致停滯而淤塞也。

跋

《水利集》十卷，前七卷是元刻，後三卷即閣中亦是抄本矣。江南頻年數水旱，今上七年至今，其有年不過三四年耳，豈盡天灾耶？亦人事不修之故也。錢氏、趙氏立國，江南其勤於水利無怪矣。至鐵木氏起於朔野，胡漢一家，無有邊費，則貊道也，雖不講治水亦無不可，乃張官置吏，專董其役，至興千萬之工費、百萬之錙，以從事於溝洫，使民得粒食。我國家以東南為根本，輒數十年不理江南水道，致令歲歲苦於乾潦，匪徒病民，抑亦厲國矣。録一册歸，以示先憂如文正者。時〔一〕

整理人：盧康華，復旦大學博士研究生，已發表《重塑正統：宋初二帝時期祠廟碑文與帝國君臣心態》等論文二十餘篇。

〔一〕底本闕下文。

浙西水利書

〔明〕姚文灝　撰

湯志波　賽瑞琪　整理

整理説明

《浙西水利書》三卷，明姚文灝撰。姚文灝（一四五五—一五〇四年），字秀夫，號鄱東野人、懷玉山人，晚號學齋，江西貴溪人。成化二十年（一四八四年）進士，授工部都水主事，督造淮安運舟。改刑部陝西司，以坐累，調常州推官。未及任，轉常州府通判。以治水有聲，於弘治九年（一四九六年）復任都水司主事，提督浙西水利，尋陞湖廣提學僉事，卒於官。著有《學齋稿》《經説雜説》《報德録》《中庸本義》等，多已亡佚。

所謂『浙西』，包括江南之蘇、松、常三府與浙江之杭、嘉、湖三府，環居太湖之旁，爲天下財賦重地，但地勢卑下，常泛濫成災。是書作於姚文灝提督浙西水利之時，採輯自宋至明初言及浙西水利之奏記、書狀、疏論、或問、碑記等凡四十七篇，即宋書《范文正公上吕相拜呈中丞諮目》等二十篇，元書《任都水言開江》等十五篇，明書《夏忠靖公治水始末》等十二篇，都成三卷，書前有姚文灝《自題》及自撰《凡例》。姚文灝極爲重視浙西水利，開篇即道明編書目的：『夫浙西之於天下重也，水利之於浙西又重也，故爲書焉。』（卷首《自題》）對於前人之説，姚文灝亦非簡單抄録，而是『取其是而舍其非』『詳其是而略其非』，四庫館臣亦指出：『其於諸家之言，間有筆削棄取……斟酌形勢，頗爲詳審，不徒採紙上之談云。』（《四庫全書總目提要》）姚文灝彙集衆説，其大旨爲蘇、松、常、杭、嘉、湖六府地勢卑下，多受水災，當以開江、置閘、圍岸爲首務，兼修河道及田圍。弘治十一年（一四九八年）葉晨爲之作跋，贊之曰：『《水利》之書一出，非惟見姚君有益於上下，且其用世之才，亦見於是而可知矣。』

《浙西水利書》初刊於明弘治十年（一四九七年），是爲明弘治刻本，清乾隆間編纂《四庫全書》，即據明弘治刻本過録。民國十二年（一九二三年）胡思敬編刻《豫章叢書》，收録《浙西水利書》，亦云『據弘治本重鋟於木』。本編纂單元整理即以《豫章叢書》本爲底本，校以景印文淵閣四庫全書分，部分内容參校張國維《吴中水利全書》，同時參考汪家倫先生整理的《浙西水利書校注》（農業出版社，一九八四年）、吴松明先生整理的《浙西水利書》（江西教育出版社，二〇〇二年）。底本卷二之《泰定初開江》《復立都水庸田司浚江河》《至順後水因閘患復開元堰直河》三篇互有錯簡，今據文淵閣四庫全書本改正。底本原目録或有順序顛倒，或有與正文之題目不同之處，今將原目録删除，以正文中題目爲準，偶有據原目録修改之題目，已在校記中説明。是書末附葉晨、胡思敬二跋，今一併録入。

本編纂單元點校工作由湯志波、賽瑞琪完成，由鄒寶山、范成泰審稿，不當之處請批評指正。

整理者

浙西水利書題

『三江既入，震澤底定』者，浙西前古之水道也。『海塘南障，三江北折』者，浙西後世之水勢也，與古小異矣。水已小異，則治不盡同，欲盡同，所以勞大而功微也。夫浙西之於天下重也，水利之於浙西又重也，故爲書焉。于宋不取郟議者，爲其鑿也。是故無書不可也，然有書而謂盡於書，其可哉？

大明弘治十年冬十月朔旦

提督水利工部主事姚文灝題

凡例

一、諸家之書，取其是而舍其非，如不録宋郟氏諸議及元人置閘篇是也。一家之書，詳其是而略其非，如删單書七十二會，任書十閘，金書順形勢、正綱領之類是也。亦有雖是而重言複出者，亦略之，如王徹、趙霖、李結、任古、盧熊等議，及重修支川、運河、顧浦、崑山塘等記是也。又有以常事而飾異名以炫人者，皆所不録，如横竪交涇等水，清水、渾水等閘，五爪龍、十翼虎等器是也。

一、郟氏諸議，非盡無可取，以其大指失之，故不得而録也。其可取者，已略見於朱秘書《治水篇》及庸田司《水利集》。而大指之失者，則在智者辨之可也。

一、此書四十七篇，筆有爲筆，削有爲削，非苟然也。與我同志者詳考而實驗之，自當瞭然，固不能以義例盡也。

目録

卷一　宋書

范文正公上吕相拜呈中丞諮目

某再拜上僕射相公：伏蒙回賜鈞翰，又訪以疏導積水之事。何巖廊之上而意及畎畝，是伊尹恥一物不獲之心也。天下幸甚。某連蹇之人，常欲省事，及觀民患，不忍自安。去年姑蘇之水，踰秋不退，計司議之於上，窮俗語之於下。某爲民之長，豈敢曲沮焉。然初未甚曉，惑於群説，及按而視之，究而思之，則了然可照，今得一二以陳焉。願垂鈞造，審而勿倦，則浮議自破，斯民之福也。

姑蘇四郊略平，窊而爲湖者十之二三。西南之澤尤大，謂之太湖，納數郡之水。湖東一派，浚入于河，謂之松江。積雨之時，湖溢而江壅，横没諸邑。雖北壓揚子江而東抵巨浸，河渠至多，湮塞已久，莫能分其勢矣。惟松江退落，漫流始下。或一歲大水，久而未耗，來年暑雨，復爲沴焉，人必薦饑，可不經畫？今疏導者不惟使東南入于松江，又使東北入于揚子之與海也，其利在此。夫水之爲物，畜而渟之，何爲而不害？決而流之，何爲而不利？

或曰：『江水已高，不納此流。』某謂不然。江海所以爲百谷王者，以其善下耳，豈獨不下於此耶？江流若高，則必滔滔旁來，豈復姑蘇之有乎？矧今開畎之處，下流不息，亦明驗矣。或曰：『日有潮來，水安得下？』某謂不然。大江長淮，無不潮也，來之時刻少，而退之時刻多，故大江長淮會天下之水，畢能歸于海也。或曰：『沙因潮至，數年復塞，豈人力之可支？』某謂不然。新導之河，必設諸閘，常時扃之，以禦來潮，沙不能塞也。每春理其閘外，工減數倍矣。旱歲亦扃之，駐水溉田，可救熯涸之災。澇歲則啟之，疏積水之患。或謂開畎之役，重勞民力。某謂不然。東南之田，所植惟稻，大水一至，秋無他望。災沴之後，必有疾疫，乘其羸〔憊〕[一]，十不救一。謂之天災，實由饑耳。如能使民以時，導達溝瀆，保其稼穡，俾百姓不饑而死，曷爲其勞哉？民勤而生，不猶愈於惰而死乎？或謂力役之際，大費軍食。某謂不然。姑蘇歲納苗米三十四萬斛，官司之糴又不下數百萬斛。去秋蠲放者三十萬，官司之糴，無復有焉。如豐穰之歲，春役萬人，日食三升，一月而罷，用米九千石耳。荒歉之歲，日以五升召民爲役，因而賑濟，一月而罷，用米萬五千石耳。量此之出，較彼之入，孰謂費軍食哉？或謂陂澤之田，動成渺瀰，導川而無益也。某謂不然。吴中之田，非水不植，

[一] 憊　底本原闕，據《吴中水利全書》補。

減之使淺，則可播種，非必決而涸之，然後爲功也。昨〔一〕開五河，洩去積水，今歲平和，秋望七〔二〕八。積而未去者，猶有二三，未能播種。復請增理數道，以分其流，使不渟壅。縱遇大水，其去必速，而無來歲之患矣。

又松江一曲，號曰『盤龍』。父老傳云：出水尤利，如總數道而開之，災必大減。蘇秀間有秋之半，利已大矣。畎澮之事，職在郡縣，不時開導，刺史縣令之職也。然今之世，有所興作，横議先至，非朝廷主之，則無功而有毁，守土之人，恐無建事之意矣。蘇、常、湖、秀，膏腴千里，國之倉庾也。浙漕之任及數郡之守，宜擇精心盡力之吏，不可以尋常資格而授。恐功利不至，重爲朝廷之憂，且失東南之利也。某已具此，聞于相府。仰惟中丞有憂天下之心，爲亦留意於此焉。干冒威重，卑情不任惶懼之至。

丘直講至和塘記

吳城東闉距崑山縣七十里，俗謂之崑山塘，北納陽城湖，南吐松江。由隄防之不立，故風波相憑以馳突，廢民田以瀦魚鼈。其民病賦入之侵蝨，相從〔三〕以逋徙。姦人緣之以邀劫行旅，通鹽櫝以自利，吏莫能禁。父老相傳，自唐至今三百餘年，欲有營作而弗克也。有宋至道二年，陳令公之守蘇，嘗按行之。邑人朱珏父子相繼論其事，爲州縣者，亦繼經度之。皆以横絶巨浸，費用十數萬緡，中議而沮。皇祐中，發運使許公建言：『蘇之田膏腴而地下，常苦水患，乞置官司，以畎洩之。請令舒州通判、殿中丞王安石先相視焉。』朝廷從之。王君既至，從縣吏拏荒梗，浮傾沮，訊其鄉人，盡得其利害。度長繩短，順其故道，施之圖繪。疏曰：『請議如許公。』朝廷未之行也。

至和初，今太守吕公既下車，問民所疾苦，蓋有意於疏導矣。明年，與權爲崑山主簿，始陳五利：一曰便舟楫，二曰闢田疇，三曰復租賦，四曰止賊盜，五曰禁姦商。其餘所濟，非可以勝擬。願約古制，役民以興作，經費寡而售效速，若其不成，請以身塞責。既而，令錢君復言之。太守喜其謀之協從，於是列而上聞。其副以決於監司，乃誠庸力，經遠邇，興屯舍，宿餱薪。既成，以授有司。郡相元君實總之。粤十月甲午治役，先設外防以遏其下流，立横埭以限之，乃自下流浚而決焉。其始戒也，猖風號霾，迅雷以雨。乃用牲于神。至癸巳夜半雨息，逮明休霽，以卒其役。人皆以爲有相之者。始計月餘，蓋旬有九日而成。深五尺，廣六十尺，用民力纔一十五萬六千工。爲橋五十二，蒔楡柳五萬七千八百，其貳河植茭蒲，芙蕖稱是。計其入以爲修完料民之餘，治小虞，自嚴村至于鰻鱺瀼。治新洋江，自朱瀝至于清港。治山塘，自山南至于東。浚

〔一〕昨　底本作『非』，據四庫本改。
〔二〕七　底本作『十』，據四庫本改。
〔三〕從　底本作『後』，據四庫本改。

諸涇六十四、浦四十四、塘六。於是，陽城諸湖若瀼，皆道而及江，田無洿瀦，民不病涉矣。是役也，崑山治其東，長洲治其西。以俗名非便，更之曰『至和』，識年號也。太守嘉其有成，謂與權實區區於其間，其言必詳，命之爲記。

蘇文忠公進單鍔吴中水利書狀

臣竊聞，議者多謂吴中本江海太湖故地，魚龍之宅，而居民與水争尺寸，以故常被水患。蓋理之當然，不可復以人力疏治。是大不然。臣到吴中二年，雖爲多雨，亦未至過甚，而蘇、湖、常三州皆大水，害稼至十七八。今年淫雨過常，三州之水，遂合爲一，太湖、松江與海渺然無辨者，蓋因二年不退之水，非今年積雨所能獨致也。父老皆言，此患所從來未遠，不過四五十年耳，而近歲特甚。蓋人事不修之積，非特天時之罪也。

三吴之水，瀦爲太湖。太湖之水，溢爲松江以入海。海水日兩潮，潮濁而江清，潮水常欲淤塞江路，而江水清駛，隨輒滌去，海口常通，故吴中少水患。昔蘇州以東，官私船舫皆以篙行，無陸挽者。古人非不知爲挽路，以松江入海，太湖之咽喉，不敢鯁塞故也。自慶曆以來，松江始大築挽路，建長橋，植千柱水中，宜不甚礙，而夏秋漲水之時，橋上水常高尺餘，况數十里積石壅土，築爲挽路乎？自長橋、挽路之成，公私漕運便之，日葺不已，而松江始艱噎不快。江水不快，軟緩而無力，則海之泥沙隨潮而上，日積不已。故海口湮滅，而吴中多水患。

近日議者，但欲發民浚治海口，而不知江水艱噎，雖暫通快，不過歲餘，泥沙復積，水患如故。今欲治其本，長橋、挽路固不可去。惟有鑿挽路，於舊橋外别爲千橋，橋䃭各二丈，千橋之積爲二千丈，水道松江，宜加迅駛。然後官私出力，以浚海口。海口既浚，而江水有力，則泥沙不復積，水患可以少衰。

臣之所聞，大略如此，而未得其詳。舊聞常州宜興縣進士單鍔有水學，故召問之。出所著《吴中水利書》一卷，且口陳其曲折，則臣言止得十二三耳。臣與知水者考論其書，疑可施用。謹繕寫一本進上，伏望聖慈深念兩浙之富，國用所恃，歲漕都下米百五十萬石，其他財賦，供餽不可悉數。而十年九澇，公私凋弊，深可愍惜。乞下臣言與鍔書，委本路監司，躬親按行，或差强幹知水官吏考實其言，圖上利害。臣不勝區區，謹録奏聞，伏候敕旨。

〔單鍔〕[一]吴中水利書

竊觀蘇、常、湖三州之水，爲患滋久。較舊賦之入，十常減其五六。以日月指之，則水爲害於三州，逾五十年矣。朝廷屢責監司，監司每督州縣。又間出使者尋按舊

[一] 單鍔　底本原無，據原目録補。

迹，使講明利害之原。然而，西州之官求東州之利，目未嘗歷覽地形之高下，耳未嘗調聞湍流之所從來。州縣憚其經營，百姓厭其出力。均曰：『水之患，天數也。』按行者駕輕舟於汪洋之陂，視之茫然，猶擿埴索途，以爲不可治也。間有忠於國，志於民，深求而力究之，然猶知其一而不知其二，知其末而不知其本，詳於此而略於彼。

以鍔視其迹，自溧陽五堰東至吴江岸，猶之一身也。五堰則首也，宜興荆溪則咽喉也，百瀆則心也，震澤則腹也，旁通震澤衆瀆則絡脉衆竅也，吴江則足也。今上廢五堰之固，而宣、歙、池、九陽江之水，不入蕪湖，反東注震澤。下又有吴江岸之阻，而震澤之水，積而不洩。是猶有人焉，桎其手，縛其足，塞其衆竅，以水沃其口，沃而不已，腹滿而氣絶。視者恬然，猶不謂之已死。且未築吴江岸已前，五堰之廢已久，然而三州之田，尚十年之間，熟有五六。五堰猶未爲大患。自吴江築岸已後，十年之間，熟無一二。欲具驗之，閲三州歲賦所入可見矣。

鍔視熙寧八年，雖大旱，然連百瀆之田，皆魚遊鰲處之地，低汙之甚也。其田去百瀆無多遠，而田之苗是時亦皆旱死，何哉？蓋百瀆及旁穿小港，歷年不遇旱，皆爲泥沙湮塞，與平地無異。雖去震澤甚邇，民力難以私舉，時官又無留意疏導者，苗卒歸于槁死。迄今十四載，其田即未有可耕之日。

昔嘉祐中，邑尉阮洪深明水利，屢上書監司，乞開百瀆。監司允其請，遂鳩工於食利之民，疏導四十九條，是年大熟。此百瀆之驗歲水旱，皆不可不開也。夫吴江岸界於吴淞江、震澤之間，岸東則江，岸西則震澤，江之東則大海也。百川莫不趨海，地傾東南，其勢然也。自慶曆二年，欲便糧運，遂築此隄，横截江流五六十里，遂致震澤之水常溢而不洩，浸灌三州之田。每至五六月之間，湍流峻急之時視之，則吴江岸之東水常低於岸西之水一二尺。此隄岸阻水之迹可覽矣，又覩岸東江尾與海相接之處，茭蘆叢生，沙泥漲塞。而江岸之東，自築岸已來，沙漲成一村。昔爲湍流奔湧之地，今爲民居民田、桑棗場圃，吴江縣由是歲增舊賦不少。雖然，增一邑之賦，反損三州之賦，不知幾百倍也。夫江尾昔無茭蘆壅障，今何致此？蓋未築岸之前，源流東下峻急。築岸之後，水勢遲緩，無以滌蕩泥沙，以至增積而茭蘆生。茭蘆生則水道狹，水道狹則流洩不快，雖欲震澤之水不積，其可得耶？今欲洩震澤之水，莫若先開江尾茭蘆之地，遷沙村之民，運其所漲之泥。然後以吴江岸鑿其土爲木橋千所，橋挾各闊二丈，每十橋可開水面二十丈，千橋共開水面二千丈，隨橋挾開茭蘆爲港走水，仍於下流開白蜆、安亭二江，使湖水由華亭青龍入海。則三州水患，必大衰減。

常州運河之北偏，古有洩水入江一十四瀆：曰孟瀆、曰黄汀瀆、曰東函港、曰戚氏港、曰五瀉港、曰梨溶港、曰蔣瀆、曰歐瀆、曰魏瀆、曰支子港、曰蠡瀆、曰牌涇，昔皆以洩衆水北下江陰之江，今存者無幾。二浙之糧船，不過五百石，運河止可常存五六尺之水，足可以勝五百石之舟。以其一十四瀆立爲斗門，每瀆於岸北先築隄岸，以制水入江。若無隄防，則水泛溢而不制，將見灌浸江陰之民田民居矣。

昔熙寧中，有提舉沈披者，輒去五瀉堰，走運河之水，北下江中，遂害江陰之民田，爲百姓所訟，即罷提舉。始欲以爲利，而適足以害之。此未達古人之智，以至敗事也。鍔覩主簿張寔進狀，言吳江岸爲阻水之患，涇函不通。其言然則然矣。惟言吴江岸，而不言措置之術。蓋古之所創涇函，在運河之下，用梓木爲之，中用銅輪刀，水衝之，則草可刈也。置在運河底下，暗走水入江。今常州有東西二函地名者，此也。今先開鑿江湖故道湮塞之處，洩得積水，他日治函管則可。若未能開故道，而先治函管，是知末而不知本也。宜興縣西有夾苧干瀆，洩長塘湖東入滆湖，由滆湖入大吴瀆、塘口瀆、白魚灣、高梅瀆及白鶴溪，而北入常州之運河，由運河而入一十四港，北入大江，今皆名存而實亡。累有知利便者獻議，欲依古開通，皆爲彼豪民陰構不行。儻開夾苧干瀆通流，則西來入震澤之水，可以殺其勢，深利於三州之田也。

熙寧八年，歲大旱，鍔觀太湖水退數里，其地皆有昔日丘墓、街井、枯木之根，在數里之間。信知昔爲民田，今爲湖也。以是推之，太湖寬廣愈於昔時。昔云三萬六千頃，自築吴江岸及諸港湮塞，積水不洩，又不知其愈廣幾多頃也。昨熙寧間，檢正張諤命屬吏殿丞張懋相視蘇、秀二州海口諸浦，將欲疏鑿以決流水。懋相視回申，以謂若開海口諸浦，則東風駕海水倒注，反灌民〔一〕田。諤謂懋曰：『地傾東南，百川歸海。古人開諸浦，所以通百川也。若反灌民田，古人何爲置諸浦也？百川東流則有常，西流則有時。因東風雖致西流，風息則其流亦復歸于海，其勢然也。』凡江湖諸浦，勢亦略同。

鍔又覩秀州青龍鎮有安亭江，自吴江東至青龍，洩水入海。昔監司恐走透商税，遂塞此一江。夫籠截商税，利國能有幾耶？湮塞湍流，其害實大。又况措置商税不爲難事。竊聞近日華亭青龍人户，相率陳狀，情願出錢開浚，本縣官吏未與施行。鍔觀合開三州諸港瀆，不必全藉官錢。蓋三州人民，憔悴之久，人人樂開，故半可以資食利户之力也。

或者謂昔人創望亭、奔牛、吕城三堰，蓋爲丹陽下至無錫，地形東傾。古人創三堰，慮運河之水不制，是以創堰以節之，以通漕運。自熙寧、治平間廢去望亭、吕城二堰，然亦不妨綱運者，何耶？鍔曰：昔之太湖及西來衆

〔一〕民　底本作『氏』，據四庫本改。

水，無吴江岸之阻。又一切通江河道未嘗湮塞，故運河之水，嘗慮走洩，是以置堰以節之。今自慶曆以來，築置吴江岸及諸港浦，一切湮塞，是以三州之水常溢而不洩，二堰雖廢無害。今若洩江湖之水，則二堰尤宜先復，不復則運河將見涸，而糧運不可行。此灼然之利害也。或曰：竊觀諸縣高原陸野，皆有塘圩，或三五百畝，蓋古之人蓄水以灌田。以今視之，其塘之外皆水，塘之中未嘗蓄水，又未嘗植苗，徒牧養牛羊蓄放鳧鴈而已。塘之所創，有何益耶？鍔曰：『塘之爲塘，是猶堰之爲堰也。昔日置塘蓄水，以防旱歲，今日三州之水，久溢而不洩，則置而爲無用之地。若決吴江岸，洩三州之水，則塘亦不可不開以蓄水，猶堰之不可不復也。此亦灼然之利害矣。苟堰與塘爲無益，則古人奚爲之耶？』蓋古之賢人君子，大智經營，莫不除害興利，出於人之未到。後人之淺謀管見，不達古人之大智，顛倒穿鑿，徒見其害而莫見其利也。若吴江岸止知欲便糧運，而不知遏三州之水，反以爲害。又若廢安亭江，徒知不漏商税，又不知反狹水道，以遏百川。今之人所以戾古者，凡如此也。嘗見蘇州之茜涇，昔范仲淹命工開導，以洩積水。當時諫官，不知蘇州患在積水不洩，咸上疏言仲淹走洩姑蘇之水。不知其利，而反以爲害。鍔存心三州水利，凡三十年矣。每觀一溝一瀆，未嘗不明古人之微意，其間曲折宛轉，皆非徒然。惟執事者上之朝廷，則庶幾三州憔悴之民，有望於今日也。

蘇文忠乞開西湖狀

臣聞杭州之有西湖，如人之有眉目，不可廢也。唐長慶中，白居易爲刺史，方是時，湖溉田千餘頃。及錢氏有國，置撩湖兵士千人，日夜開浚。自國初以來，稍廢不治，水涸草生，漸成葑田。熙寧中，臣通判本州，則湖之葑合，蓋十二三耳。至今纔十六七年之間，遂湮塞其半，更二十年，無西湖矣。蓋杭之爲州，本江海故地，水泉鹹苦，居民零落。自唐李泌始引湖水作六井，然後民足於水，井邑日富，百萬生聚，待此而後食。今湖狹水淺，六井漸壞。若二十年之後盡爲葑田，則舉城之人復飲鹹苦，其勢必自耗散。白居易《西湖石函記》云：『放水溉田，每減一寸，可溉十五頃，每一伏時，可溉五十頃。若蓄洩及時，則瀕湖千頃，可無凶歲。』又『西湖深闊，則運河可以取足於湖水。若湖水不足，則必取足於江潮。潮之所過，泥沙渾濁，一石五斗，不出三歲，輒調兵夫十餘萬工開浚。而河行市井中，吏卒騷擾，泥水狼藉，爲居民莫大之患。』此皆西湖之不可廢者也。

臣以侍從，出膺寵寄，目覩西湖有必廢之漸，豈得苟安歲月，不任其責？輒已差官打量湖上葑田，計二十五萬餘丈，度用夫二十餘萬工。伏望少賜詳覽，特出聖斷，賜臣度牒一百道，使得盡力畢志。半年之間，目見西湖復唐之舊，臣不勝大願。

朱秘書長文治水篇

地傾東南，而吳之爲境，居東南最卑處，故宜多水。昔禹之治水也，因其勢之可決者，疏而爲三江，因其勢之必聚者，瀦而爲五湖，乃底於定。微禹，其能不魚乎！觀昔人之智亦勤矣。故以塘行水，以涇均水，以塍禦水，以埭儲水。遇淫潦，可洩以去。逢旱歲，可引以灌。故吳人遂其生焉。

前代經營之迹，多不見史。至唐元和中，開常熟塘，古碣僅存，頗稱灌溉之利。錢氏時，嘗置都水營田使，以主水事，募卒爲都，號曰『撩淺』。蓋當是時，方欲富境禦敵，必以是爲先務。國朝天禧、天聖間，吳中水災，於是命發運使張綸同郡守經度，於崑山、常熟各開衆浦，以導積水。景祐中，范文正公來治此州，適當歉歲，深究利病，不苟興作。公以爲松江不能獨洩震澤諸湖之水，雖北壓揚子江，東抵巨海，河渠至多，湮塞已久，不能分其勢。今當疏導諸邑之水，東南入于松江，東北入于揚子與海也。於是親至海浦，開浚五河。是時，論者沮之，或曰：『江水已高，不納此流。』或曰：『日有潮來，水安得下。』或曰：『沙因潮至，數年復塞。』或曰：『開浚之役，重勞民力。』公謂江海善下，故得爲百谷王，豈能不下於此？謂江水已高，不納此流者，非也。彼日之潮，有損與盈，三分其時，損居二焉，乘其損而趨之，勢孰可禦？謂日有潮來，水安得下者，非也。新導之河，必設諸閘，常時扃之，沙不能塞。每春理其閘外，工減數倍，亦復何患？謂沙因潮至，數年復塞者，非也。東南所植惟稻，大水一至，秋無他望。俾之導達溝瀆，脱百姓於饑殍，佚道使之，雖勞不怨。謂開浚之役，重勞民力者，非也。於是力破浮議，疏瀹積潦，民到于今受其賜。

有盤龍匯者，介於華亭、崑山之間，步其徑纔十里，而洄洑迂緩逾四十里，江流爲之阻遏。盛夏大雨，則泛溢旁齧，淪稼穡，壞室廬，殆無寧歲。范公嘗經度之，未遑興作。寶元中，太史葉公清臣漕按本路，遂建議釃爲新渠，道直流速，其患遂弭。厥後轉運使沈立之又開崑山之顧浦，頗爲深浚。嘉祐間，吳中薦饑，朝廷選擇守將經制其事，蔡秦州抗自校理典是郡，嘗請行縣按水，親度其利。是時，轉運使王純臣建議：請令蘇、湖、常、秀修作田塍，位位相接，以禦風濤。令[一]縣教誘殖利之户，自作塍岸，定邑吏勸課爲殿最。當時推行焉。及李兵部復圭爲轉運使，韓殿省正彦宰崑山，於是復修至和塘，使之完厚，民得因依立塍堨，以免水患。而韓君又開松江之白鶴匯，如盤龍之法，皆爲民利。

熙寧元年六月，有詔興修水利。二年十一月，頒《農

[一] 令　底本作『今』，據四庫本改。

田水利約束》。三年，廣東安撫司機宜文字、崑山郏亶上言蘇州水利，大概以爲環湖地低，故常多水，沿海地高，故常多旱。治田爲先，決水爲後。欲取所謂水田者，略循古法，七里爲一縱浦，十里爲一横塘，因出土以爲隄。又取所謂高田者，一切設堰，瀦水以灌溉之，則高田不涸，而水田亦減流注之勢。度用二十萬工，水治高田，旱治下澤，要以三年，而蘇之田畢治矣。其後，士人傅肱欲決松江之千墩、金城諸匯，又欲開無錫之五瀉堰，以洩太湖，而入于北江。導海鹽之蘆瀝浦，以分吴松，而入于海。於崑山、常熟二縣深闢諸浦，遇東南風，則水北下于揚子，遇西北風，則水南下于松江，庶可紓患。

夫治水者，當浚其下流，下流既通，則上流可道也。范文正公嘗與人書云：『天造澤國，衆流所聚，或淫雨不能無災。而江海之涯，地勢頗高，溝瀆雖多，不決不下。如無所壅，良可減害，若其浚深，江潮乃來，愆亢之時，萬户畎澮，此所以旱澇皆爲利矣。』此智者之言也。范公之迹固未遠，求其舊而纘其功，不亦善哉！至於群言衆説，各有見焉，擇其便者裁而用之，可也。夫事有興於古人，而廢於後世，有遺於前代，而補於來今。苟於古人所興者勿廢，前人所遺者必補，則何利之不成，何病之不枿哉！

毛轉運治績

紹聖中，浙部水溢，詔賜緡錢二百萬以賑之。轉運副使毛漸奏：『數州被害，即捐二百萬，儻仍歲如之，將何以繼？請官貸錢七十萬緡，按錢氏有國時故事，起長安堰至鹽官，徹清水浦入海。浚無錫芙蓉湖，武進廟堂港，常熟疎涇、梅李，以入揚子江。又開崑山七鴉、下張諸浦，東北道吴松江。開大盈、顧匯二浦、柘湖新涇，下金山小官浦，悉入于海。自是水不爲患。』

徐提舉開江

崇寧二年，宗正丞徐確提舉常平，考《禹貢》三江之説，以爲太湖東注于海，松江直其下流，向來潮泥湮塞，水溢爲患。請自封家渡古江開淘至大通浦直徹海口，以常平錢米十八萬三千餘充調夫之費，因令饑民就食。確躬操畚臿以先之，水道遂通。或言饑民就役多死者。降三秩。確曰：『此役不興，饑者當駢首就斃。以此獲譴，吾所願也。』

政和開諸浦

初，中書舍人許光疑奏：『蘇州水患，莫若開江浚浦。蓋太湖入海，然後水有所歸。今境内積水，視去歲損二尺，前歲損四尺，良由開松江、浚八浦之力。吴人謂開一江有一江之利，浚一浦有一浦之利。願委官詳究利害。』遂詔吴擇仁相度。而開江之議復興矣。

政和六年四月御筆：『訪問平江三十六浦，自古置閘，隨潮啟閉，歲久湮塞，遂致積水爲患。仰守臣莊徽專委户曹趙霖具逐浦經久利害，破驛券遞馬，赴尚書省指説。』霖既上其説。九月，奉御筆：『差趙霖充兩浙提舉常平，前去措置興修。其開浦、置閘工料，依元相度檢計，逐旋開治，更不候保明，先次施行。去農隙月分不遠，趙霖更不引見上殿，疾速發赴新任。水患日久，占壓良田甚多，一方受弊，應有前後違礙，並依今來指揮。合用錢米并辟官置司等，令趙霖速具畫一開奏。奏報並入急遞，於内侍省投進。仍差童師敏充承受奏報文字。』

霖既受任，復條具事目以聞，悉依御筆，違者以違御筆論。諸路監司、州縣如有稽慢闕誤，以違制論。其合用錢米，越州鑑湖封樁米支撥十萬石，借支本路諸州常平本錢十萬貫。如闕，則以常平米及常平封樁錢貼支，并降空名度牒二千道，給賣承信、承節、將仕郎官告各五十道，其命詞並以興修水利爲名，别立價直。將合用工料，召有力户備錢米，官爲募夫，監部開修。候畢工，計實用錢米紐直給告，或給空名，許令變賣，並與免勘會，有無違礙，書填仍不作進納出身。就平江置局所奏，辟官不拘常制，直牒指差。理爲在任月日，不許辭免。内選人考第、舉官合格，水利職事未畢，未得赴部磨勘。依方田官法，就任改官，幹當公事文武官各四員，准備差遣檢踏官共四員，所用材料木植，專辟使臣三員，分往淮南、江南路及温、處等州收買。并辟置監轄造堰閘官、俵散錢糧、巡視催促、檢覆工料官、點檢醫藥飯食官等員。其差辟官屬，其間有才吏，理須旌别，以示勸獎。特於提舉常平司歲舉官數外，改官從事郎一員、縣令二員、武臣陞陟二員。積水之地，正在崑山、常熟兩縣，各權暫添差縣丞一員。今來開修平江諸浦，緣常、湖、秀等州水勢會聚以成積水，據所役人夫，先於平江府雇募。如闕，即分那下常、湖、秀州雇募。

霖以宣和元年正月二十一日役夫興工，前後修過一江、二港、四浦、五十八瀆，至二年八月十日罷。

楊炬重開顧會浦記

三江東注，震澤介其間，潦集川溢，畎澮皆盈，而浙右數被水患。蘇、秀、湖三州，地形益下，故爲害滋甚。紹興甲子夏，吴門之東，沃壤之區，悉爲巨浸。部使者飭郡邑，詢求故道，導源決壅，以洩水勢。

於是監司曹公以身任責，慨然興歎曰：吾嘗循行屬邑，講問民瘼，亦既有得於此，顧未有以發之也。雲間爲縣，連亘百里，彌望皆陂湖沮澤。當春農事方興，則桔槔蔽野，必盡力於積水，而後能樹藝。是疑地勢愈卑，當有支渠分導瀦水而納之海。乃歷覽川源，考視高下，訪於父老，謀之邑僚，得顧會浦，自縣之北門至青龍鎮，凡六十里，南接漕渠，而下屬於松江。復得慶曆二年《修河記》于縣圃，而知兹河廢興之歲月與夫淺深廣狹之制，役徒、錢穀之數判然，察其惠利之實，有在於此。蓋歷百有餘年，河久不浚，而淪塞淤澱，行爲平陸。遂以狀請于朝，籍食利之民以疏治之，官給錢糧，而董以縣令。

公偃冒風霜，率先僚屬，興工自十月二十六日，役三月而河成。起青龍及于北門，分爲十部，因形勢上下，爲級十等。北門之外，增深三尺，而下至青龍，極于一丈。面横廣五丈有奇，底通三丈。據上流築兩狹隄，復于河之東闢治行道。建石梁四十六，通諸小涇，以分東鄉之渟浸。不旬浹，水落土墳。自幹山東西民田數千頃，昔爲魚鼈之藏，皆出爲膏腴。役以工計二十萬，糧以石計七千二百，錢以緡計二萬五千。訖工之辰，憲臺以常平官覆視，公與邑僚，泛舟從游。還，謂炬宜書以刻於碑。

趙侍郎相視導水方略

紹興二十八年九月日，兩浙轉運副使趙子潚、知平江府蔣璨言：近被旨相度水利，偏歷吴江、吴、長三縣民田滹没去處，相視以至常熟，北至揚子江，又自崑山東至海口，推究源流，講求利病。今詢訪得浙西諸州，平江最爲低下，而湖常等州，水皆歸於太湖，自太湖以導于松江，自松江以注于海。是太湖者，數州之水所瀦，而松江又太湖之所洩也。然以數州瀦水巨浸，而獨洩於一松江，宜其勢有所不逮。是以昔人於常熟之北開二十四浦，疏而導之揚子江，又於崑山之東開一十二浦，分而納之海。兩邑大浦凡三十有六，而民間私下涇港又不可勝數，皆所以決壅滯而防泛濫也。後因潮汐往來，泥沙積淤，舊置開江之卒尋亦廢去。此太湖所以湮塞，而民田有漂没之憂也。

天禧、天聖間，運使張綸於常熟、崑山各開諸浦，以導積水。景祐間，郡守范仲淹親至海浦，開浚五河，以疏導諸邑之水，使東南入於松江，東北入於揚子與海。政和間，提舉趙霖將命興修水利，開浚三十六浦，及役工，僅常熟兩浦、崑山一浦而罷。迄今四十年，諸浦湮塞，又非前日之比。遂致民田告澇，十歲八九。

今相視合開緊切去處：常熟縣梅里塘、白茅浦、崔浦、福山浦、黄泗浦、崑山縣新洋江、小虞浦、郭澤塘，總計役夫三百三十七萬四千六百工，錢三十三萬七千四百貫，米一十萬一千五百石，各有奇。崑山縣四浦，工力不多，止用本縣食利户開浚。常熟縣五浦，工力浩瀚，係與吴、長等縣利害相及，欲於三縣見賑濟人内，募强壯人充當。所有差官、起工等事，續次條具申請。緣平江府積水，今經兩月未退，已妨種麥。若不於農隙之際，支給錢米，雇夫開治，深恐來歲春雨，積水愈甚，虧失常賦不便。望賜指揮施行。詔從之。

陳轉運相度水利

隆興二年八月，臣僚言：大江之南，海瀕有三十六浦，洩浙西陂湖之水入于海，因無水患。近歲諸浦，淤塞甚多，且有力之家圍田支礙。紹興二十八年，朝廷差趙子瀟措置開浚，未及興工，改用任古，比子瀟所計，十減八九，議者非之。今次議得三十六浦，實有四等： 如茜涇、下張、崔浦、黄泗、七鴉、掘浦、奚浦、金涇八所爲最要，六鶴、楊浦、千步涇、甘草、六河、高浦、司馬浦、東浦九所又其次也，浪浦、參浦、五岳、川沙、顧遥、野兒、西陳、水門、塘浦、黄鶯、耿涇、瓦浦、唐浦、石幢、鄔溝、北浦十六所又其次也，如白茅、福山、許浦三所，不大淤塞。欲望選官先將三十六浦擇切要處，計度開浚。或圍田有礙水勢，亦行開掘。

詔兩浙運判陳彌作，前去相度措置。彌作繼言： 常熟之浦二十有四，皆北入于江，崑山之浦十有二，皆東入于海。蓋以太湖居其上流，昔人患松江之不能勝，而使衆水徑得其歸者也。諸澤之興，始於天禧，成於景祐，逮政和間，稍已湮廢。嘗命趙霖浚之，僅能復常熟、崑山二三浦而罷。

竊考《周官》，有稻人掌稼下地之法。所以瀦水，則今之塘湖是也。所以瀉水，則今之諸浦是也。今諸邑之間，曰湖曰瀼，以累百數，而並江瀕海，小川故道，往往淤滯，不特所謂三十六浦而已。瀦水過多而瀉之過少，重以今歲淫雨，泛濫横溢，非常年比。識者皆知開浦之利不但今日，特以工費甚廣，不敢輕議。故近浦置閘，在政和已不能成； 開江置卒，在中興已不能復。朝廷自紹興二十八年以後，屢委監司守臣及遺御史親行按視，竟至中輟。今若併舉大役，竊慮歉歲，民無餘力，官無羨儲，反至勞擾。輒擇其宜先治者凡十浦，而其緩急又半之。興工之日，仍乞以緩急爲先後。

又言： 勢家請佃冒占，合開掘圍田十三處。詔命守臣沈度依具到項目，限兩月開掘。如有未便事件，具狀開奏。

范文穆公水利圖序

嘗躬耕崑山之東鄙，其諸鄉稻田瀕積水處，自紹興二十八年來，歲歲築隄，隨即漂没。民間拱手罪歲，歸之天時。竊謂天人之理必相因，而其力亦常相半。人事已十五六，則其不可奈何者當歸之天。在人者未盡，復不幸遭遇，便謂『天實爲之』，此不待智者皆知其不然。蓋嘗與老農計之，欲爲救災扞患之術，其大概二： 曰作隄，曰疏水。其小概一，曰種茭。今之塍岸，率去水二三尺，人單行猶側足，其上既卑且狹，又坎坷斷裂，纍纍如蹲羊伏菟。佃户貧下，至東作時，質舉以備糧種，其勢無餘力以及畚臿之工。婦子持木杴、探污泥，補綴缺空，累塊亭亭，一蹴便隕。謂之作岸，實可憐笑。雖殫力耕耘，終歲勤動，而不念四維之不足恃。秋水時至，相以飄風，莫之障防，與江湖同波。農人轉徙而他。明年復能歸業，或召新租，事力愈薄，鹵莽增甚。長民者不爲檢較，没世窮年，永爲曠土。今宜考二十八年以來被水之田，其邊鄰湖瀼，土人所謂『搭白』之處，增築長隄，使高五六尺，基廣七八尺以上。秋冬之交，潢潦乾源，手足所及，土皆可取。閲春夏半年，至秋雨風潮，土已堅定，草茅生之，可恃爲安。較之臨時補綴，客土杌隉，不可同年而語。

築隄當以邊湖瀼處爲急。至於夫力，則同頃共利者不殊。如一頃之田，南高而北下，水必先自北入，其中央與三面之田，雖有異岸，僅如門户，不能禦浪。漸次吞蝕，一二日間，全頃皆沉。今當先築北隄，北邊有田之人，固當悉力，三邊衆户，亦合併工同作。其邊岸或稍高，及不瀕大水，則量因舊增崇，令與北邊略相當。夫有田而無岸，水平入之，輒復罪歲。愚甿受弊，没世不悟，誠可太息。蓋作隄之説如此。

隄防不修，固不能拒水，而水之所以善溢難殺者，又自有故。崑山田，從昔號爲下濕，數十年前，十種九澇。自趙霖鑿吴松江積潦，三十年來，歲無薦饑。今吴松之利自若，而邑中港浦，頗有湮鬱之處。姑以郭西小虞一浦論之。北受鰻鱺諸瀼之水，而南出之江。今自黄墓北數里間，兩涯之土爲水所漱齧，盪激推移，積而爲塗，出於中流，舟行者顧循其兩傍，並岸而過。兩潮之來，潢流泥渾，其歸也，水去而泥留，江中之塗，日以增高。郭東支港直新洋江者，亦多類此。水之漲溢暴至者，亦不能久留。若河脉疏通，則一溢而退，人又併力車而出之，猶可望歲。且水之常勢，灌注不壅，則亦自不能數爲田害。今乃若人之咽喉而有物窒之，一遇暴漲之後，迂滯留連，不得亟去。人雖欲車救，而内外之形方相持平，至于旬時，稍欲退淺，則稻本已腐，無可救藥。如此等處，每港不過數十丈，一二里間，斷絶有之。今宜行視，凡出江之港有如前所云，皆決而疏之，使水得肆行無留。用力甚少，效[一]驗立見，而隄岸始爲田用。蓋疏水之説如此。

二説既備，猶有小節焉。田之所恃以拒水者以隄，隄之所恃以殺水者以茭。嘗見江東圩埂，高厚如大府之城，舟行常仰視之，並驅其上，猶有餘地。至水發時，高浪奔突，雖有如城之隄數十百圍，一夕皆破。其有茭葑外護者，往往獨存。蓋其紛披摇曳，與水周旋，而不與之忤，比其及岸，已如强弩之末，狂怒盡霽。茭之能殺水如此。崑山附田，故皆有茭葑，近歲騎軍就牧，斬刈殆盡。明年陳根復茁，芽葉已微，而牧者又至矣。卑缺之岸，以方張不制之水臨之，無有全理。今馬牧既未能免，顧陂濼漫生之茭，不可以頃畝計。獨令赦附隄者，猶不乏軍興，宜與主將之了了者，通知利害，明立表識，使樵斤無得過此。其茭所不産處，即置葑田傅之，今獨築隄而不議留茭，猶不得爲出萬全也。

夫既作隄以扞水，植茭以護隄，又疏港浦以利水之往

[一] 效　底本作『放』，據四庫本改。

來，三説具舉，無遺策矣。凡此梗概，見於所圖者，已得要領，舉一方足以例其餘，愚不能盡名其處也。此非有隱情奥理待探賾而後知，州縣屬吏有解事者，使躬行阡陌，不三日，利害皆在目。今誠因農隙，稍捐倉粟以助作者，此命一下，見其歡然翕然，指顧而成矣。

文穆崑山縣新開塘浦記

隆興二年，浙西郡國七大水，吴之屬縣五，崑山爲甚。長老之記，以爲三江、具區占揚州，地勢最下，是爲東南水之所都。其東地益下，爲崑山，又東愈益下，海也。故崑山常受三江、具區之委以入于海，其野甚平而善淤，霖潦時至，則水多高居，必以横塘縱浦，疏瀹四出，然後民得汙邪而稼之。今歲久弗浚，塗泥滿溝。夫地愈益下而脈絡壅底，則其沈澮獨甚於他邑固宜。明年春，民大饑且疫，皆仰哺於官。河陽李結次山適爲其邑長，私念水利未修，則水害無終窮也。按農田令甲，荒歲得殺工直以募役。乃飭供上之羨，若勸分所得，爲之糗糧、屝履、畚臿，號召前仰哺者，一昔麕至。浚浦五：曰新洋、曰小虞、曰茜涇、曰下張、曰顧浦。浚塘三：曰郭澤、曰七鴉、曰至和。五旬而告休。用民之力役，凡十有三萬四千六百有奇，縻緡錢萬一千二百有奇，稻麥以鍾計七千七百有奇。而官儲不知，公徒無與焉。

余時備史官，次山使來，匄書以爲記。余聞其土水患舊矣。間者，朝議屢欲遣使發縣官錢用諸費以從事，論議藏有司充屋，卒以事大重，無敢承命者。次山獨能群餓羸之餘嘗試之，其績已不可掩。後有來者，逢年而有餘力，必且思前人之意，仿彿其緒而緝之，隨水之變而爲之救，將終古無後艱。此余之所以欲書者。饑疫之烈也，延緣數十縣，見大夫錯立其間，左奉食，右執飲，嗟饑者於路，窮日力且弗給。方是時，人其敢以從容修廢望其長哉！有能賈瀕死者之餘力以舉是役，君子謂之賢勞，而黯然無傳，僅與不爲者相絶如毫氂耳。此又余之所以欲書者。是爲記。

許正言華亭縣浚河置閘碑

皇帝克肖天德，剛健精粹，高明悠久，夙夜于治道，日月以照之，雷風以動之。小大之臣，乃震乃肅，丕應傒志，奔走率職，成順致利，罔不從欲以能大宅天命，昭彰光堯之盛烈，群生雍雍焉。惟蘇、湖、常、秀四郡，涇渠數百，畝澮數千，脈絡交會，旁注側出，更相委輸，自太湖、松江而注于海。而所入之道，歲久填閼，雨小過差，則泛濫瀰漫，決齧隄防，浸灌阡陌。迺隆興甲申秋八月，淫雨害稼。明年大饑，上臨朝咨嗟，分遣使者結轍于道，發廩賦粟以活饑者。乃博謀于庭曰：『維雨暘之不時，予敢不懋于德，然使水旱之不能災者，奮無人謀？』或曰：『巨家嗜利，因歲旱乾，攘水所居以爲田，則雖以鄰爲壑而不恤，既瀦水之地益狹，而不得不溢。盍盡覈所占而鑿之，以還水故宅，民病其少瘳乎！』上曰：『是固有之，然不可悉鑿也，寗疏水下流而導之。』會有言蘇、秀勢最下，華亭尤近海，十八港皆有堰捍潮，可一切決之，四湖所瀦水，宜爲斗門，以便節減。上覽而異之，亟命兩浙轉運使姜詵與令丞行視其宜。

姜侯開明强濟，誠愛果達，有仲山匪懈之節。既受旨，即馳布德意，諏訪故老，周覽川野，窮源委，度高下，審逆順，取衝要，盡得其便利以聞，曰：『今宜浚通波大港，以爲建瓴之勢，又即張涇堰旁，增庳爲高，築月河，置閘其上，謹視水旱，以時啟閉，則西北積水順流以達于江，東南鹽潮自無從入。』即丐以常平之粟贍其役，且與守臣鄭閏會其事。制許焉。則相與庀徒揆日，賦材計功，一木一石，一夫一工，皆窮校研覈，纖悉周密，費而有節。既具，以授縣令侍其銓。侍其，亦健吏也，始協謀，終盡力，威以悃姦，悦以使人。一木一石、一夫一工，必手自賦給，不可廋匿。檢程視作，弗容苟簡。乃浚河，自斡山達青龍江二十有七里，其深可以負千斛之舟，因其土治岸，護青墩旁，故水所敗田數萬畝還爲膏腴，爲閘於邑東南四十有八里。始於仲冬之朔，凡五十有五日而畢。蓋斂未嘗及民，而民亦若不知有是役也。於是耕夫野人相與來言曰：昔者十日不雨，吾倚鋤而待澤，雨而十日，吾捧土以增防。今四州之人，自是知耕斂而已，雨暘惟天可也。此吾君之澤，而二三大夫之力。吾儕鄙人也，持牛尾抃蹈而歌嗚嗚，言語下俚，不可聽也，盍爲我文之！

克昌竊迹前事，鄭、白之渠成，而關中沃野無凶年。其民歌之，班固志焉，于今溢耳目也。今天子仁聖勤儉，宫中無一椽之營，獨念稼穡之艱難，遇災而懼，食不甘味，寢不奠枕，務以興天下之利。而忠恪之臣，畢智慮，展四體，迄此成功。乃野人之歌，不足以被管絃、垂汗青。儻太史氏又以爲主上盛德大業，固已不可勝載，兹特一方之細故略而不悉，則是使四州之大利，曾不得齒於關中之二渠垂光萬世，此承學之罪也。乃爲歌五章，以遺斯民，使叩角擊壤，以極其鼓舞歡愉之情，用發揚聖德。亦使知自今農爲可樂，而招之反本云。若夫念圖功之孔艱，嗣美績於無窮，加治於未壞，時浚而勿壅，尚屬諸來者。

其詞曰：水横流兮無津涯，浩浩洋洋兮誰東之。帝不寗兮謀臣，來謀臣兮夙夜。

水滔滔兮迤而下，不搴茭兮但耕稼。君王智兮如神禹，川后雨師兮莫予敢侮。

且決且溉兮，介我稷黍，我受一廛兮，終善且有。

汝行四方兮，曾不足以糊其口。盍歸來兮，君王錫汝以萬金之畝。

帝謂兮三臣，錫之福兮慰汝勤。報吾君兮歲後天，施我孫子兮彌豐年。

羅文恭公乞開澱湖圍田狀

浙西圍田湮塞水勢，所在皆有，獨澱山湖一處，爲害最大。因被姦民包裹圍田，築斷堰岸，致水勢無由發洩。此湖上通蘇、湖、秀三州之水，全藉古來、斜路等港通洩湖水，下徹大、小石浦，出吴松江入海。遂委吴縣主簿劉允濟同崑山縣尉躬親看視，采問利害。據申到，澱山湖東西三十六里，南北一十八里，旁通太湖，匯蘇、湖、秀三州之水，上承下洩，不容少有壅遏。華亭在湖之南，崑山在湖之北。湖水自西南趨東北，所賴洩水去處，其大者，東有大盈、趙屯、大石三浦，西有千墩、陸虞、道褐三浦，中間南趨澱山湖，北趨吴松江，凡三十六里。並湖以北，中爲一澳，係古來吐吞湖水之地，今名山門溜，東西約五六里，南北約七八里，正當湖流之衝，非衆浦比。貫山門溜之中，又有斜路港，上達湖口，當斜路之半，又西過爲小石浦，上達山門溜，下入大石浦。凡斜路港，大、小石浦分爲三道，殺洩湖水，並從上而下，通徹吴松江。江湖二水，曉夕往來，疏灌不息。以此浦港通利，無有沙泥壅塞，可以宣導水源。

今來頑民輒於山門溜之南，東取大石浦、西取道褐浦，並緣澱山湖北，築成大岸，延跨數里，遏截湖水，不使北流，盡將山門溜中圍占成田。所謂斜路及大、小石浦洩放湖水去處，並皆築塞。父老嘗言：圍岸初築時，湖水平白漲起丈餘，盡壅入西南華亭縣界。大、小石浦并斜路港口既被圍斷，其浦脚一日二潮，則泥沙隨潮而上，湖水又不下流，無緣蕩滌通利，即今淤塞，反高於田。遇水則無處洩瀉，遇旱則無從取水。大抵水性趨下，下流既壅，其勢必須潰裂四出，散入民田，理無可疑者。事聞，有旨命羅躬親相視開掘。農民聞命歡躍，不待告諭，已自裹糧，合夫萬餘，先行掘鑿。並湖巨浸，復得爲田。百姓感恩，人人以手加額。刻置碑石，備載所降聖旨，不得再有圍築，以爲無窮之利。

衛文節公與提舉鄭霖論水利書

某寓居江湖間，自曉事以來，每見陂湖之利爲豪强所擅，農人被害，無所赴愬。澱山一湖，廣袤四十里，澤被三郡，沿湖民田，百年無水旱之患。蓋湖之勢高而水清，江之勢下而水濁，湖水不壅，則江中海潮濁泥得湖水衝動，不能停積。凡通潮浦溆無壅塞之患，江湖之水相通，乃爲農人之利也。數十年來，湖之圍爲田者太半，無非豪右之家，旱則獨據上流，沿湖之田無所灌溉，水無所通洩，傍湖被江民田，無慮數千頃，反爲不耕之地。細民不能自伸，抑鬱受弊而已。每爲慨歎。

淳熙間，今僉書羅文爲使者，因閲詞訴，遣僚吏相視利害，事以上聞，即報曰可。使者開掘山門溜五千餘畝，乃一湖喉襟。由是數十年之害，一旦盡除，灌溉之利亦漸復，八年間小有水旱，果不爲災。此利害曉然易見者。紹熙初，忽爲中天竺寺指占，使司吏輩並緣爲姦，子宜徐丈亦不深究，遽爾給佃。因民詞，再得旨開掘。事雖施行，緣冒佃者不曾行遣，小人無所忌憚。今春復有頑民數輩，約從毁撤向來禁約石碑，公然圍築。浙西多仰陂湖之利，非他處比。前後圍裹陂湖禁戢甚嚴，具載申命，臣僚申請尤多。某昨得淮東，陛辭日曾論此事甚詳，少定，或檢尋得，當録呈求教也。

圍田利害

紹興二十三年，諫議大夫史才言：浙西民田最廣，而平時無甚害，太湖之利也。近年瀕湖之地，多爲兵卒侵據，累土增高，長隄彌望，名曰『壩田』。旱則據之以溉，而民田不沾其利；澇則遠近泛濫，而民田盡没。欲乞盡復太湖舊迹，使軍民各安，田疇均利。二十九年，知平江府陳正同言：相視到常熟諸浦，舊來雖有潮沙之患，每得上流迅湍，可以推滌，不致淤塞。後來被人户圍裹，湖瀼爲田，認爲永業，乞加禁止。户部奏：『在法，瀦水之地，衆共溉田者，輒許人請佃、承買，并請佃、承買人各以違制論。乞下平江府明立界至，約束人户，毋得占射圍裹。』有旨從之。

隆興二年八月，詔江浙勢家圍田湮塞流水，諸州守臣按視以聞。其平江府委陳彌作相度。彌作乃上其宜先治者凡十浦，并合開圍田一十三處。詔令守臣沈度依限開掘。既成，復詔浙西提刑曾逮躬親審實。六年十二月，監進奏院李結獻治田三議：曰務本，曰協力，曰因時。大略謂浙西低田，恃隄爲固，若隄岸高厚，則水不能入。乞於蘇、湖、常、秀諸州水田塘浦要處，官以錢米貸田主，乘此農隙作堰，增令高闊。方此饑饉，俾食其力，因其所利而利之。秋冬水涸，涇浜斷流，車畎修築，尤爲省力。詔令胡堅常相度以聞。其後，户部以三議切當，但工力浩瀚，欲諭有田之家，各依鄉例，出錢米與租佃之人，更相修築。庶官無所費，民不告勞。從之。

開江指揮

五代錢氏創，宋因之，有卒千人，爲兩指揮。第一指揮在常熟縣，第二指揮在崑山縣，一在吴江縣。吴越時，置都水營田司，以主水事。募卒爲都，號曰『撩淺』，亦云『撩清』。范仲淹奏疏亦云：曩時蘇州有營田，領四都，共七八千人，專爲田事，導河築隄，以減水患。本朝以來，江南圍田，浙西河塘，大半墮廢。嘉祐四年，招置開江兵士，立吴江、常熟、崑山、城下四指揮，每指揮二百人。八年五月，兩浙轉運司請撥常州望亭廢堰兵士隸蘇州開江指揮，就崑山置營，興修至和塘。元豐六年，樞密院裁定，只以八百人，分布諸浦，逐閘執役。崇寧四年，蘇、湖、秀三州開江兵士共一千四百人，并使臣二員。提舉常平徐確奏請，毋得勾抽差使，違者以違制論，不以赦降原減。宣和二年，提舉趙霖興修水利，四指揮添置共二千人，每指揮五百人。自朱勔進花石綱，盡奪營卒以往。建、靖之後，不復招置。紹興二十九年，監察御史任古於常熟、崑山各招置一百人。其後，止有城下、吴江兩指揮，兵士百餘，太半力役於官。乾道初，轉運判官陳彌作、知府沈度開浚十浦，請仍招置兵士，常熟、崑山兩縣各一百人，仍於本府見管使臣内選差二員，部轄開浚。自此以後，境宇日蹙，勤水力穡之事，有司無復講矣，故不得而詳焉。

趙知縣修復練湖議

湖自淳祐以來，復爲流民占塞。景定三年，朝廷委浙西憲司相視修復。丹陽知縣趙必棣建議云：練湖原有斗門三、石礎六、函口一十三，多被風水衝坍。上湖則褰裳可涉，下湖則如履平地。夫去弊以漸而不可急，處事以時而不可緩。今水道久已湮塞，似宜急於開通也。然上湖李編修家所侵，可以理論。而下湖流民所據，未可卒復，須有道以處之，使之陰消潛弭可也。函管正以備蓄洩，似宜急於修理也。然湖中水滿，則須資函以洩，今既水淺，乃區區從事於無用之物，則非徒無益也。此所謂去弊以漸，而不可急也。

今歲八九月間遇旱，湖水方涸，加以京倉取運甚急，本府不得已，放水以濟運河。湖愈淺涸，甯不滋流民之姦計乎？不特流民，而鄉民之頑者又甯不垂涎乎？舊年傾頽處，止是下湖西埂四百餘丈，今上湖横埂三百六十丈、上金斗門三十五丈、南石礎基七丈，皆先後坍壞。官府若復悠悠不恤，則東傾西頽，非惟水無所蓄，而流民、頑民倣傚侵耕，其來未艾也。今霜降水涸，正宜用工，百姓樂於應募，官司易於收功。儻日復一日，則民疲而怨生，勞大而效寡。此所謂處事以時，而不可緩也。乞量支錢米募夫，及今水涸，運土補築壞埂。然後植松插柳，候措置椿石，陸續釘砌。若失此時，後悔無及。

憲司上其説，遂支撥安邊太平庫十八界會子二萬二千五百餘貫，及於平江府新收義米内支撥九百石，差官修築。

卷二　元書

任都水言開江

仁發伏讀《書》云：『三江既入，震澤底定。』三江，乃婁江、東江、吴松江也。震澤，乃太湖也。太湖納百川之水而注之江，三江洩太湖之水而入於海。水有所歸，復有所洩，則震蕩者平定，尚何淫潦之足憂哉！二江已塞，僅有吴松一江。今下流河沙匯淺塞，若及早開浚，工費省而易爲力。數年之後，愈久愈湮，工費倍而難爲功，所當預爲之圖也。

大抵治水之法，須識潮水之背順，地形之高低，沙泥之聚散，隘口之緩急，尋源泝流，各得其當，庶不徒勞民力，虛費錢糧。昔范文正公、蘇東坡、歐陽文忠公、葉内翰、朱晦菴皆陳言修浚。或吝於浩費而不行，或惑於浮議而弗講，或始行而終輟，或營修不得其法，因循歲月，少見實效。歸附以來，缺官董治，愈見湮塞。二十餘年，水利大壞，以致蘇、湖、常、秀之良田，多棄爲荒蕪之地，深可痛惜。區區管見，惟以開江、圍岸、置閘爲第一義也。

任都水水利議答

議者曰：吴松江前時深通，今日何爲而塞，豈非如海變桑田之説，非人力所可爲者歟？答曰：東坡有言，若要吴松江不塞，吴江一縣之民可盡徙於他處，庶上源寬闊，清水力盛，沙泥自不能積，何致有湮塞之患哉？歸附後，將太湖東岸出水去處，或釘柵，或作堰，或築狹爲橋。及有湖泖港汊，又慮私鹽船往來，多行塞斷。所以清水日弱，渾潮日盛，沙泥日積，而吴松江日就淤塞，正與東坡所見合。若曰如海變桑田，一付之天，則聖人手足胼胝，盡力溝洫，皆虛言也。聖人豈欺我哉！所當盡人力而爲可也。

議者曰：錢氏有國百餘年，止長興間一次水災。亡宋南渡百五十餘年，止景定間一二次水災。今或一二年、三四年，水災頻仍，其故何也？答曰：錢氏有國，亡宋南渡，全藉蘇、湖、常、秀數郡所産，以爲國計。常時盡心經理，高田、低田各有制水之法。其間水利當興，水害當除，合役軍民，不問繁難，合用錢糧，不吝浩大，必然爲之。又使名卿重臣專董其事，豪富上户，簧言不能亂其耳，珍貨不能動其心。又復七里爲一縱浦，十〔一〕里爲一横塘，田連

〔一〕十　底本作『千』，據四庫本改。

阡陌，位位相接，悉爲膏腴之産，以故二三百年之間，水災罕見。國朝四海一統，又居位者未知風土所宜，視浙西水利與諸處無異，任地之高下，任天之水旱，所以一二年間，水旱頻仍也。

議者曰：蘇州地勢低下，與江水平，故曰『平江』，古稱『澤國』。其地不可作田，今欲圍築，亦逆土之性耳。答曰：晉宋以降，倉廩所積，悉仰給於浙西之水田。故曰：『蘇湖熟，天下足。』若謂地勢低下，不可作田，此誠無稽之論。何以言也？浙西之地低於天下，而蘇、湖又低於浙西，澱山湖又低於蘇、湖，彼中富户數千家，每歲種植茭蘆，編釘椿篠，圍築埂岸，豈非逆土之性？何爲今日盡成膏腴之田？此明效大驗，不可掩也。既是澱山最低之處，尚可經理爲田，却説已成之田不可作田，何其愚也。

議者曰：水旱天時，非人力所可勝，自來討究浙西治水之法，終無寸成。答曰：浙西水利，明白易曉，何謂無成？大抵治之之法有三：浚河港，必深闊；築圍岸，必高厚；置閘竇，必多廣。設遇水旱，就三者而乘除之，自然不能爲害。儻人力不盡，而一切歸數於天，寗有豐年耶？東坡亦言，浙西水旱乃人事不修之積，正此謂也。昔范文正公親開海浦，議者沮之。公力排浮議，疏浚積潦，數年大稔，民受其賜。載之方册，昭然可考。謂之無成，可乎？

議者曰：河渠、圍岸、閘竇，三者俱備，則水旱可無，民食可足，誠爲久遠之計，朝廷何爲而廢之？答曰：范文正公，宋之名臣，盡心於水利。嘗謂修圍、浚河、置閘，三者如鼎足，缺一不可。三者備矣，水旱豈足憂哉？國家收附江南三十餘年，浙西河渠、圍岸、閘竇，無官整治，遂致廢壞。一遇水旱，小則小害，大則大害，是以年年有荒蕪不可種之田，深可痛惜！今朝廷廢而不治者，蓋募夫供役，取辦於富户；部夫督役，責成於有司，二者皆非其所樂，所以猾吏豪民構扇，必欲沮壞而後已。朝廷未見日後之利，但厭目前之擾，是以成事則難，壞事則易。東坡亦云：『官吏憚其經營，百姓畏其出力。』所以累行而終輟，不能成久遠之利也。

議者曰：行都水監既是有益衙門，何衆口一詞，皆謂無益，而明議罷之？答曰：『民可使由之，不可使知之。』事之利害，久而始明。彼小民無知，但見工役之繁，豪民肆姦，又吝供輸之費。所以百般阻撓，但謂無益，以敗乃事。殊不知浙西有數等之水，拯治方略，皆不相同，非立專司，豈能成功？使水監衙門真爲無益，古之有國者亦廢而不置，久矣。何爲周、漢、唐、宋之世，未嘗一日不用心盡力經營水利之事？列之史傳，代有其人。諺曰：『水利通，民力鬆。』斯言信矣。若浙西低下之地，不須水監，即今中原高阜之處，安用水監、河道司爲哉？然則高阜之處，水監既不可缺，而低下之處，乃謂不必置，何不智之甚也！數年之後，河港淺塞，水害滋甚，有憂民忠國者出，必復興修水利之事，彼横議者，豈得終沮之哉！

議者曰：　水利固不可不修，然今隴西漢、唐二渠，止是責於有司修浚，民更不擾，浙西水利何不亦責之有司？答曰：　隴西二渠，長流水也，浚成深渠，水自下流，治之無難。浙西水性不一，整治方法亦殊，豈可以漢、唐二渠例視之哉？宋賢如范文正公、蘇文忠公、王文荆公、朱文公，皆命世大儒，經綸天下之大材，尚各建策設官置卒，專力經營，必有所見。若令有司兼管，何往而不敗事？

潘應武言決放湖水

浙西地勢極低，米糧豐厚。自福山而下，有二百八十餘里沙岡身，以限滄溟，岡身之間，有港浦一百五十餘處。太湖三萬六千頃，受納三州之水，溢流而下：　一路徑下吴松江，二百六十餘里抵海。又一路自急水港五十里下澱山湖，由港浦而入海。古人開港、漊、涇、瀝之類，無非爲去水計，使民居無昏墊，而土可耕種。居民常常修築圍塍，官府常常修浚水路，澇則車水出田，旱則車水入田，公私之利，豈不博哉！若公私之力少有不及，則民居蕩析而厚利以失。

錢王時，置撩淺軍四部七八千人，專爲田事，導河築隄。宋初廢弛，故常有水患。至仁宗朝，范文正公親歷海濱，開浚五浦，費錢米一十八萬餘貫石。自後置農田水利使者，專管湖塘河渠。趙運使任内，用錢米四十餘萬。至理宗朝，創立魏江、江灣、福山水軍數千人，專修江河湖塘，僅免水患。歸附後，軍散營廢，河港湮塞。其澱山湖中有山寺，宋時在水中心。東有出水港，曰斜瀝口、曰汊港口，曰小曹港、曰大瀝口、曰小瀝口，各闊十餘丈，通潮水往來。潮退，則引湖水下大曹、大盈等浦，入青龍、蟠龍江而出海，古人謂之尾閭門。宋法禁人占湖爲田，爲洩水路故也。歸附後，權勢占據爲田。今山寺在田中，雖有港漊，悉皆淺狹，潮水、湖水不相往來，攔住去水。東南風，水回太湖，則長興、宜興、歸安、烏程、德清等處泛溢。西北風，水下澱山湖泖，則崑山、常熟、吴江、松江等處泛溢。皆因下流不決，積水往來爲害。去夏一水，澱山湖、太湖四畔，良田至今不可耕種，今年可耕者，皆是以人力與天時争勝負。農家日夜踏車，車水出田，子女脚皮生趼。田外河水高於田内數尺，近有稻禾將熟，又爲暴風驟雨激破圍塍，全圍渰没。子女號天慟哭，老農血淚交頤。今秋雖熟，即目菜麥無土可種，或遇風雨，來歲又是荒歉。建言屢矣，未見施行。一日過一日，一年復一年，積久不決，圍塍坍壞。再遇淫雨，悉爲魚池，民居蕩析，公私坐失厚利。彼時修治，用費既廣，民力困乏，悔亦無及。

愚昨隨營田司官親曾相視水勢，與高年老農、知識地理人講究，得澱山湖東大小曹港、斜瀝等處，固是洩水尾閭，今爲權勢占據，卒難復舊。澱山湖北有道褐浦、石浦、千墩浦、小瀝口四處，取江頗近，水勢順便。今若先於此四處開浚，決放水路，以救百姓，以保公私，實爲居安慮危、經理根本之計。候水減退，然後次第開浚諸處河港。此即古人所謂『下流既通，上流可導』也。

〔應武〕[一]復言便宜

伏詳東坡先生曰：『三吴之水，瀦爲太湖。太湖之水，溢爲松江以入海。海水日兩潮，潮濁而江清，潮水常欲淤塞江路，而江水清駛，隨輒滌去，海口常通，則吴中少水患。』此數句，包盡浙西水路，下一『駛』字，斷盡浙西水性。駛，疾也。言水要活、要疾、要流、要駛，如萬馬之奔驟也。浙西水道自丙子年歸附時，招民官慮恐哨船入境，擄掠鄉村，將河港釘塞。吴江長橋係太湖衆水之咽喉，其橋南堍，古來水到龍王廟，後被築塞五十餘丈。沿塘三十六座橋洞，實鄉村衆流之脈絡，多被釘斷，亦有築實爲壩者，所以不流、不活、不疾、不駛，不能滌去淤塞，以致澱山湖東小曹、大瀝等處，潮沙壅積數十里之廣，被權勢占據爲田。湖水、潮水不相往來，如人便溺不通，水滿胸腹間。四年兩澇，朝廷虧失米糧數百萬石，浙西百姓離散太半。今日蒙參政相公敷奏，決放湖水入海，百姓父老聞風鼓舞，已有更生之望。續見諸人陳言，俱非救弊良策。切恐有誤國聽，徒費錢糧。爲今之計，以決放湖水爲急務。澱山湖北道褐浦、石浦、千墩浦、小瀝口四處，實係今日湖水入江下海要處，今先浚此，使湖水通流，然後開浚沿塘橋道、鄉村河港。謹條具事宜于後：

一、澱山湖北一帶，自廟兒頭港至趙屯浦一百餘里，共有港浦一十三條，今皆淤淺。應武昨與營田劉副使登澱山寺鐘樓上遠望，惟有道褐浦、石浦最低下，取江頗近，水勢順便。叩問當地耆老，俱曰：『十年前潮水往來，近方湮塞。』此處宜及早修浚。

一、沿塘三十六座橋道及葑門外至吴江七里橋，多有上下塘，橋道壩塞不通。數内第四橋下，水路來自湖州大錢港，衝出塘東湖泊間，入笠澤湖、汾湖、白蜆江，下急水港，直至澱山湖。自來此處水甚洶湧。歸附後，被人占據，又造橋築隄，水益淺狹。宜委官相視，仍復通放。

一、舊時長橋南堍，水至龍王廟側，歸附後壩塞五十餘丈，見蓋房屋與軍户居住，以致太湖出口狹小，水不通徹，易致泛濫。宜委官往視，指定龍王廟基，諭令軍户移入營内，仍舊造橋相接。

一、吴江長橋實三州太湖之咽喉，沿塘橋道實鄉村河港之脈絡。前宋立水軍三四千人，吴江知縣職銜帶『提督湖塘河渠』，縣尉職帶『巡視湖塘河渠』。設官田米三千餘石，名『修橋米』，歸附時又名『修浚縣河米』，凡有橋道坍毁、水路湮塞，本縣自行支取，隨即修治。自此，浙西三十

[一] 應武　底本原無，據目録補。

年來並無水害。范文正公治水，議乞勑諸路行勸課之法，取其簡約易從之術，頒賜諸路轉運使，及面賜一本付新授知州、知縣等。此養民之政，富國之本也。今日參政，爲浙西生靈陳請決放湖水入海，此三百年一遇。深恐去後仍舊廢弛，沿塘橋道河渠失於修浚。如蒙以官田撥付吴江縣管隸，選委經任好人充吴江縣尹，職銜帶『提領湖塘河岸勸農事』，縣尉職帶『巡視湖塘河岸』，崑山縣尉職兼巡視江湖河岸，常切點視前項沿塘橋道、河渠并道褐浦等處，但有圮壞湮塞，隨即修浚。如此，則自然永無水患，實爲公私無窮之利也。

都水庸田使麻哈馬治水方略

參詳浙西田土，多藉太湖灌溉，所利甚大。若河港閉塞，不能通徹，稍遇大雨，湖水泛溢，渰没田禾，爲害不輕。吴松江原受太湖、澱山湖諸處上源急流，自古可敵千浦。浙西之水，來既有源，去亦有委。近年以來，上源吴江縣一帶橋塘，椿釘壩塞，流水艱澀。又沿江左右并澱山湖泖等處，權豪種植蘆葦，圍裏爲田。及邊近江湖河港沙灘滋生茭蘆，阻遏上源水勢，以致湖水無力，不能衝滌潮沙，遂將東江塞滿。

今太湖之水不流於江，而北流入於至和塘，由太倉出劉家港入海。并澱山湖水東南流於大曹港、柘澤塘、東西横泖，由新涇、上海浦注江達海。今平江路總管李通議，并崑山州官常從仕、嘉定州達魯花赤燕帖木兒、上海縣石縣尹，并水利人張桂榮、朱文祥、何珍、徐鑄、任千户，一同講議，理合相其地宜，順其水性，分疏派洩，庶消湖水泛溢之患。將上源吴江州一帶石塘橋洞一百三十餘處，每處展闊一丈，使太湖水勢快便。將太湖東南、澱山湖迤東湮塞河道，浚令深闊，以洩湖泖之水。及將平江路崑山、嘉定應有湮塞河道亦行開挑，分洩湖水，添注劉家港入海。又將各處江湖河港一切椿壩并圍裏成田、魚斷、茭蘆、葑稗阻水去處，盡行起除，禁約諸人，不得似前侵據，阻遏水利。

都水庸田司集江湖水利

《越絶書》云：『太湖周圍三萬六千頃。』西南湖州諸溪、西北宣州諸溪並注之。蓋諸山峙於西，地形高阜，兼南、北、東江海之岸皆高，水積其中，勢若盤盂，非藉江河深利，何以通洩？設遇雨潦，則泛濫四溢，環湖低田其能免渰没乎？范文正公所謂『天開澤國，衆流所聚』，而江海之涯，地勢皆高，若欲導洩積水，在乎時時點檢太湖東岸、北岸通江河道，不致諸物閉塞可也。蓋環湖低田，利在洩潦。兼沿江傍海高田，亦仗湖流奔注，衝散潮沙，使江河深利，乃可引潮澆灌。由是言之，凡太湖出水隘口宜常通利，不宜略塞也。諸小湖在太湖迤東及北者甚多，皆能接洩太湖，注江達海。數内澱山湖關係吴松江注洩，尤爲切要。其湖周圍二百五十里，自大盈、趙屯等浦以出吴松江。諸湖惟澱山湖與渾潮相接最近，若上源所注不急，則潮沙注湖，漸成淤澱。按《韻略》：『澱者，水中泥也。』即淤之謂也。湖以澱名，豈非始於是乎？富勢由淤澱而圍裏成田，由是湖水與諸浦漸遠，而所洩益微。若非就湖内圍田多開河渠，及時時修浚諸浦，則此湖之塞，恐不止於是也。

又按，崑山郟亶云：吴江石[一]塘障遏東流之勢，是致下流潮沙日漲，半爲平地。此處乃太湖洩水下吴松江第一要處。古賢交口立論以曉人者，必是此處不當閉塞。古來於隄間多置木橋，多鑿水洞，上則通行，下則洩水。蓋欲仗其急流奔注江河，衝滌潮泥，免致水患，然尤慮橋柱之阻水。今人不知此意，或便於行路，則壖塞河口。或惰於巡防，則密置樁橛，此又不止於橋柱之阻水也。矧以茭蘆、魚簖等物障遏。必得官司於此處榜示告戒，使之咸知利害可也。

《吴郡續圖經》云：自太湖東至松江，有環曲而爲匯者甚多，賴疏瀹而後免水患。有白鶴匯者，乃嘉祐間李兵部復圭、崇寧間郟漕使亶、宣和間趙提舉霖三次開浚。又有顧浦匯者，乃沈諫議立之開浚。又有千墩、金城諸匯，乃儒者傅肱乞行疏决。又有盤龍匯者，范文正公嘗經度之。寶元間，葉内翰清臣乃釃爲新渠，道直流速，水患遂弭。推原此匯，皆由上源閉塞，湖流遲緩，潮沙積聚而成。今有河沙匯者，漲塞江心，阻水尤甚，民尤病之。又有新華䈯、分莊䈯、嚴家䈯暴漲爲害，俱合開鑿。蓋䈯即匯之異名也。

吴執中言順導水勢

浙西，古揚州之域，『厥土惟塗泥，厥田惟下下』，得水之利雖博，而被水之害亦大。宋有郟僑者，嘗論天下之水，以十分爲率，自淮而北五分，由九河入海；大江而南五分，由三江入海。《書》所謂『三江既入，震澤底定』是也。大抵浙西水澤之藪，外高内低，勢若盤盂，但遇霖淫，水輒泛溢。欲使洩于江海，其江海日有兩潮，抑遏湖水，渾流倒注，來速去遲，日積月增，漸致淤澱。導之有方，則有無窮之利；治之無術，則有無窮之害。古之智者，蓋未嘗不深察於此而盡力乎溝洫也。

國家收附江南之初，年穀屢登，不聞水患。所司因循，失於經理，積而至於至元二十四年、二十七年、二十九年六年之間，三遭大水，所在膏腴，悉成巨浸。百姓缺食，賣子鬻妻，不可勝計，官糧虧失。後中書省奏准，大興工役，開挑太湖、練湖、澱山湖等處，并通江達海河港，又加以修築圍岸，自此歲獲豐收。所在官司，宜將已開河道時常拯治，庶幾不廢前功。奈何牧民者略不顧問，大盈等浦漲塞如舊，吴松江面淤澱愈增。幸而數年之間，雨水頗

[一] 石：底本作『右』，據四庫本改。

調，不覩其患，儻值往年淫潦，爲害非輕。近蒙朝廷設都水庸田司，專督其事，敦本防災，可爲良策。每年勸率百姓修築田圍，拯治河道，粗有成效。然而數年之間，事功齟齬，識者固已憂之。去年春夏之交，淫雨頻作，平江、松江大被水災，溝洫滿盈，田園損壞。今都水庸田司又已革去，修浚之責，歸于有司。且吴松江舊云可敵千浦，今則東自河沙匯，西至道褐浦，兩岸漲沙，將與岸平，其中僅存江洪，比之舊時，百不及一。雖汪洋之勢見於上海新涇、太倉劉家港，豈能盡洩諸郡之水？又鎮江丹陽縣有練湖，亦被權豪於湖西高處圍裹成田，侵奪衆利。

浙西水鄉，農事爲重，河道田圍，必常修浚，二事可以兼行，而不可偏廢。今修圍一事，有司已有定式，澱山、練湖亦有原定界畔，必須嚴切申明，常加浚治。吴松古江已被潮沙湮漲，役重工多，似非人力可及。其澱山舊湖多爲豪户圍裹成田，恐亦未易除毁。即今太湖之水迂迴宛轉，多由新涇及劉家港流注于海，合無順其必趨之勢，於上海、太倉等處，相視可開河港，盡行開鑿，務使支脈貫通，流洩順便。乞照腹裏會通河并新開通惠河撥户差軍體例，設立撩淺人夫，專一修理，以防向後復淤之患。官民幸甚。

復立都水庸田司

大德二年春二月，中書省奏立浙西都水庸田使司三品衙門，於平江路設置，專一修築田圍，疏浚河道。澱山等湖已有官定界畔，諸人不得似前侵占，復爲民害，違者聽庸田司追斷。又潮沙淤塞河港，亡宋時設撩淺軍人，專一撩洗。仰庸田司於二、八月內，依時督責，如法疏浚，毋致壅遏。合用人工如何措置，可以常久通行，行省更爲從長計議。又浙西官田數多，俱係貧難下户種納。春首闕食，無田主借貸，圍岸缺壞，又自行修理。官司不爲存恤，以致逃竄，荒廢官田。今後管民官司並不得將此等佃户差充里正、主首，及當一切催甲等役，妨廢農務，失誤官租。如違，仰庸田司究治。又澱山、練湖，諸人占湖爲田，歲納租米，另行收貯，若有合用修浚，工料從庸田司募工支用。

立行都水監

大德八年夏五月，中書省准江浙行省咨任仁發言吴松江淤塞，奏立行都水監，仍於平江路設置，直隸中書省。又命行省平章徹里提督疏浚，繼降詔條云：修浚河道開壩，合用一切物料，行省即於官錢內收買應付。又浙西苗糧户內起夫一萬五千名，自備什物，每名工役一年，免糧一十五石。其軍、站除贍役地外，依上科著。僧、道、也里可温、答失蠻不分常住，并權豪、官員不以是何投下不納官糧之家，以地五頃，著夫一名，從行都水監選委廉幹官員部夫督役。其有釐立事功、廉能稱職者，行都水監具迹舉明。其著夫人户雜泛差役，權行蠲免。

名臣事略・吴松江記

前海道千夫長任仁發以吴松江故道湮塞，使震澤之水失其就下性，爲浙西居民害垂二十年，慨然上疏，條其利病疏道之法。中書省以聞，特命平章徹里公董其役。公乃相其山川形勢之宜，高深廣狹之度，工役之數，錢穀之費，畚臿之用，飲食之需，命民索綯成屋，厚稾秸，以防其卑濕；爲醫藥，以防其疾疫；時作輟，以防其倦怠。上以誠感下，下以誠應上。民乃歡呼四集，樂於趨事赴工。始於大德八年冬十一月望，西自上海縣界吴松舊江，東抵嘉定石橋洪，迤邐入海。長三十八里，深一丈五尺，闊二十五丈。役夫爲數一萬五千，爲工一百六十五萬一千六百有奇，至九年二月晦畢工。物無疵癘，民無夭閼，而事竟集。

至大初督治田圍

行省以去歲災傷，田禾不收，物價湧貴，百姓艱食。雖曰天災流行，亦因人力不至。即今春首，農作將興，各處田圍合修陂塘、岸塍、溝渠，曉諭農家，依法修置。遇旱車水澆灌，遇澇洩水通流。會集行都水監李都水講究得，修浚之際，田主出米，佃户出力。係官圍田，若無總佃，貧窮不能修浚者，量其所須，官爲借貸，收成日抵數還官。事有成效，勸農正官定擬陞賞聞奏，失誤者治罪。其拋荒積水田土，多因租額太重，無人承佃，勸諭當鄉富上人户自備工本，修築成圍，聽令本户佃種爲主。拋荒官田，止納原租，初年免徵，次年准半，而三甫全。積荒，則三年後第依民田輸税，諸人不得争奪，俱照庸田司五等圍岸體式修築。

泰定初開江

泰定元年，江浙行省以平江、松江通海河道壅塞，軍民官勢侵占水面爲田，遞年水旱相仍，官民虧失大利，委官同本處正官踏視。講議到吴松舊江二道，烏泥涇、大盈浦二河合挑。緣癸巳歲禁止動土(一)。上請諸工部論。報云：上項河道，江浙省已嘗講議，修則官無虧糧，民可足食，難與其餘土木之工一體停罷。由是，中書奏命行省左丞朵兒只班知水利，前都水少監任仁發董督。常州、湖州、嘉興、平江與本府不分是何人户，實有納苗田一頃五十畝，差夫一名。計名四萬有奇，每名日支口糧三升，中統鈔一兩。賜仁發銀一錠，襖子二領。始於是年冬十二月五日，次年正月十五日訖功。仍令講究久遠不致淤塞良法。

(一) 土　底本作『内』，據四庫本改。底本以下與後文錯簡，據四庫本改。

復立都水庸田司浚江河

至正元年，中書以江浙行中書左丞相欽察台開府言：『浙西水利，近年有司失於舉行，隄防廢弛，溝港湮塞，水失故道，民受重困。今後莫若都水監官歲委一員分治，仍令各處農事正官帶知圍田署銜，責任有歸。』及監察御史言：『宜復立都水庸田使司，慎選諳曉水利、恪守官箴之人，披按圖志，討論舊治，於必合開挑之處，將原額租税除豁。合用工本，官爲支給，使專其任，責以成效。』於是奏立使司(一)，復於平江路設置。命工部尚書禿魯、行省平章政事只里兀萬、南行臺與浙西廉訪司官各一員，選知水利之人，相其舊迹，必合開挑。各處農事正官結銜知渠堰事，聽受使司節制。各官既蓁嘉興首會郡堂以商論。尚書訐謀大興臿斸，隆尚厥功。平章見役鉅民疲，特略之。論遂不合而罷。吳人陸行直者，承平章風指，上書言於有司曰：『辛巳太歲位在東南浙間，丁其方位，修營動土，歷家忌之。』有司騰其言，以次達于朝。尚書知之，怒繫行直，而使請中書規駁論罪之。以故報曰：大元疆封，浩大無垠，寰宇茫茫，難擬方位。由是肇工於是年之冬十月，撩漉吳松江沙泥，浚各閘舊河直道與漕渠張涇及風波、南俞、北俞、鹽鐵、官紹、盤龍、蒲匯、六磊、石浦等塘。爲夫一十九萬八百人，用糧四千七百石、鈔三千一百定各有奇。次年春二月訖功。

至順後水因閘患復開元堰直河

閘置乖宜，旱淫交病。府請于行省，略曰：『太湖周迴八百餘里，吞吐百川之水，連接澱山湖長泖，俱由六閘而出。每閘止闊二丈，總計一十二丈，欲洩浩蕩無窮之水，豈無滯乎？兼以隨潮啟閉，一日之間，不過數時。去歲天雨連綿，湖泖水漲，緣諸港閉塞，不能急洩，致將田苗一概渰没，城郭民居皆成巨浸。今歲八月，又值淫雨，復行盈溢。推原其由，蓋因石閘啟閉有時，水勢不能直達故也。其烏泥涇閘，舊有河身徑直入浦，合趁此農隙，將舊河直道從宜開挑，以導宿水。否則來春雨水，田苗必復被渰，小民愈困，深係利害。』未報間，司臬按部下議促之，府復請，而始報可。次年二月開浚，凡旬有三浹，計庸工萬一千九百有奇。二三年間，水勢流通，厥患斯弭。閘吏愬尸曠以權開，陳乞于府，從堰如初。至元四年，水復爲患。華亭尹郭世先不花承議而又克鑿之。六年，知府楊伯野合復決潘家濱閘内舊堰直河，迄今農剩爾澤焉。

周文英三吳水利

蘇、湖、常、秀，土田高下不等，以十分爲率，低田七

(一) 底本以下與前文錯簡，據四庫本改。

分，高田三分。所謂『天下之利，莫大於水田；水田之美，無過於浙右』。五代末，吴越錢王獨居東南，專享此利。宋范文正公嘗論于朝曰：『江南圍田，每一圍方數十里，中有河渠，外有門閘。旱則開閘，引江水之利，澇則閉閘，拒江水之害。旱澇不及，爲農美利。嘗詢訪高年，云曩時兩浙未納土時，蘇州有營田軍四部，共七八千人。又有撩清夫，專爲田事，導河築隄，以減水患。于時歲熟，錢五十文糴米一石。自歸宋之後，慢於農政，不復修舉，田圍河港太半隳壞。今江浙米石不下一貫，比之當時，其貴十倍，民不得不困，國不得不虚矣。』

前都水監於江面置閘節水，終非經久良法。且如見置閘三處，本意潮來則拒入江之水，潮退則放江水決潮。殊不知江水之源築塞，水勢細緩，内水外水，高低無幾。又閘之相去不遠，決放之水既淺且緩，又烏能衝激潮沙而不積於江也。施之常年，初無損益，設遇澇歲，覬其傾洩江湖巨浸，則見其不能。此所謂徐行拯溺，緩步救焚者也。海者，百川之所宗。水有所歸，則不泛溢，善治水者必識其源流可也。嘗經行太倉劉家港及吴松江之左右，登高眺遠，隨流尋源。爲今之計，莫若因水勢之所趨，順其性而疏導之，則易於成功。劉家港南有一港，名『南石橋港』，近年天然深闊，直通劉家港，西南通横塘，以至夏駕浦入吴松江，其中間有迂迴窄狹處，若使疏浚深闊，則太湖洩水一大路也。某今棄吴松江東南塗漲之地，姑置勿論，而專意於江之東北劉家港、白茅浦等處，追尋水脈，開浚入海者。蓋劉家港即古婁江，三江之一也，水深港闊，此三吴東北洩水之尾閭。斯所謂順天之時，隨地之宜也。

惟開浚之法付之有司，例將有田之家差夫動擾，猶爲未便。乞從省府差委諳通水利官，詣沿海各處相視，合浚港浦，具[一]數計工，擬議申聞。或都水監分官前來，或選省府能官，於浙間富户内勸率百十家，斟酌遠近及功績巨細，照依捨糧賑饑例，優以官禄，擬定品級，令其開浚。考其成功，如工役輕省者，量行優敘，如功績重大者，優以一官。激勸勉勵，庶幾勞而無怨，擾不及衆。假如凶年，勸令富户捐糧賑濟，不過救一歲一處之災，尚優以官，推此恩例，成此美績，則可弭浙西數郡久遠之災，寧不偉歟！經治之後，更須都水監差官按行，嚴督各州縣每歲修葺，使其經久不廢，或委行省官專一提調。庶幾敦督事嚴，免致有司樂歲則苟且玩視，以爲常程。設遇澇歲，則束手無措，敗事傷農。《詩》所謂『迨天之未陰雨，徹彼桑土，綢繆牖户』者，此也。水利有成，則樂歲相仍，國富民安，誠非小補。

[一] 具　底本作『其』，據四庫本改。

卷三　今書

夏忠靖公治水始末

永樂元年四月，上以蘇、松水患爲憂，命户部尚書夏公原吉特往疏治。八月，遣都察院僉都御史俞士吉賫《水利集》賜公，使講究拯治之法。公於是上奏：『臣奉職不稱，重貽宵旰之憂，夙夜警惕，惟勤咨訪。欽承聖諭，愧感交集。臣與共事官屬及諳曉水利者，參考輿論，得其梗概。蓋浙西諸郡，蘇、松最居下流。太湖綿亘數百里，受納杭、湖、宣、歙諸州溪澗之水，散注澱山等湖，以入三江。頃爲浦港湮塞，匯流漲溢，傷害苗稼。拯治之法，要在浚滌吴松江諸浦，導其壅滯，以入于海。按，吴松江舊袤二百五十餘里，廣一百五十餘丈，西接太湖，東通大海，前代屢浚屢塞，不能經久。自吴江長橋至夏駕浦約百二十餘里，雖云通流，多有淺狹之處。自夏駕浦抵上海縣南蹌浦口，可百三十餘里，潮沙障塞，已成平陸。欲即開浚，工費浩大，且灩沙淤泥，浮泛動盪，難以施工。臣等相視，得嘉定之劉家港，即古婁江，徑通大海，常熟之白茅港，徑入大江，皆係大川，水流迅急。宜浚吴松南北兩岸安亭等浦，引太湖諸水入劉家、白茅二港，使直注江海。又松江大黄浦，乃通吴松要道，今下流壅遏難疏。旁有范家浜，至南蹌浦口，可徑達海。宜浚令深闊，上接大黄浦，以達湖泖之水。此即《禹貢》三江入海之迹。每歲水涸之時，修築圍岸，以禦暴流。如此，則事功可成，於民爲便。』上從其言，命集民丁開浚。

公每身先勞之，布衣徒步，晝夜經營，不遑寢食，目爲之赤。或勸公少休，公曰：『吾自安之。』雖盛暑不張蓋，或持蓋至，公曰：『衆暴體赤日，吾忍獨求凉乎？』時役兵民數萬，曲盡撫恤之道。疏壅滯，修隄防，浚溝洫，水患乃息。既而，有欲干澤于上者，奏以水退淤肥，宜召民佃種，以益國用。文移抵公所。公歎曰：『民疲極矣，救死且不暇，况復役乎？』即馳奏曰：『車戽則徒勞民力，耕種則已失時，何益于國？』上悟。事遂寢。

魏文靖公重修捍海塘記

浙江按察使陳公璇，述其同寅僉憲陳公永重修捍海塘之概，以書來屬予記之。蓋大海去海鹽城東一里許，而洪濤巨浪，晝夜舂撞。古有塘岸，專以捍禦潮汐。其保障軍民之功，不止海鹽一邑，而浙西諸郡皆賴之，其利豈淺淺哉！永樂初塘壞，有司以聞。上遣通政使趙公居任，董蘇、松、嘉、湖數郡軍民修築，僅完。宣德中，巡撫侍郎周公忱復俾民于塘裏增土五丈，仍令嘉興府差夫七百人分防守候，遇坍即修，歲以爲常。正統九年秋，風潮大作，塘復衝決，水溢四境，傷民禾稼及郡縣倉糧。知府黄懋復請于朝，下布、按二司相勘，於塘裏重築新塘。用銀且四十萬，因令所屬有罪人納贖以充費。景泰五年夏四月，僉憲公實領其事。乃因塘故址，外砌大石，内實瓦礫。勞來工役，曲盡恩意。於是人争效力，費省而功倍。塘之廣十有二丈，高一丈八尺，真足以障怒濤而捍居民。然予惟賢智之士爲民興利除害，不患其難成，患其易壞。蓋繼之者無其人，則已成之功未有不墮廢者也。此憲使公汲汲欲紀僉憲公之績之本意。後之爲藩臬、爲郡縣者，嗣其功而時葺之，則海隅蒼生豈復墊溺之憂乎？是爲記。

錢文通公浚松江蒲匯塘記

《書》云：『三江既入，震澤底定。』然水至吾松，則又分二道而入海。蓋西北窪下，則自太湖入澱山湖，經吴松江以入海。東北高仰，則受杭、禾之水，達黄浦以入海。高下既殊，旱潦交病。然旱惟東北受病，其患小，水則西北列郡無所歸洩，其患大。吴松江自勝國末湮塞，迨今逾百年。興言修浚，非無其人。然或沮於浮議，或怵於鉅費，因循歲月，卒莫能舉。稍遇淫雨，即成一壑，國賦虧而民艱食矣。

天順二年，都憲崔公奉勑巡撫東南，首詢水患，以松爲尤甚，乃舉府判洪侯景德暨二縣尹楊昕、李紋治之。侯等相視，以爲江之故道，雖浚必合，莫若從新地鑿之，力易爲而功不壞。起自大盈浦，東至吴松江巡司，計二萬二千丈，又自新涇西南至蒲匯塘入江，計四千丈，闊皆一十四丈，深皆二丈，而低鄉之潦可洩。東北則自曹家河平地鑿及新埸，計三萬餘丈，深闊皆與江同。又自華涇塘、六磊塘、嬰寶湖、烏泥涇入浦，而高鄉之旱亦免。大小聯絡，無不通貫。噫，亦勤矣哉！用工總三萬五千餘。沿江耆耄相與鼓舞而言曰：『兹江之湮，爲吾民病久矣。曩時字人者雖廉得利害，而訖無成功，寧知物有通否，必待其人耶！』是舉也，程工而授，計口而食，民雖勞而不怨。則圖本垂永之計，熟愈於此哉！溥，松人也，且職史事，故請書之。

何布政宜水利策略

竊惟水利乃民事之最大者，有志於養民者，必先究心於此也。夫天地以生物爲心，天之意，寧不欲雨暘時若，以成百穀，以養萬民。然而氣運不齊，不能無水旱之災，是以人猶有所憾也。食天禄而亮天工者，誠能於水利而盡心焉，使旱澇有備，百穀用成，則人自無憾於天地矣。斯非《易》所謂『財成天地之道，輔相天地之宜』，《中庸》所謂『贊天地之化育者』哉！蓋水利興修，則不必散府庫之財，而民自受莫大之惠，不惟當時之民受惠，而後世之民亦無不受其惠也。若水利非民事之大，則孔子之於神禹，何獨以『盡力溝洫』而贊之乎？吾每巡行兩浙，聞有知水利者，未嘗不從容延訪，蓋已得其大概。但其中有宜於此而不宜於彼，宜於彼而不宜於此者，又在乎斟酌而行之也。

一、修築圍岸，苦於無土。若圍外河水淺狹，即將外河車乾取土。若外河深闊，則將圍内溝洫車乾取土。是皆一舉兩得之術也。

一、凡圍内有徑塍者，遇澇易於車戽，是以常年有收。其無徑塍者，遇澇難於車戽，是以常年無收。宜諭令田户：凡大圍有田三四百畝者，須築徑塍一條，五六百畝者，須築徑塍二條，七八百畝以上者，皆如數增築可也。

一、圍岸四畔，或土脈虚浮，外水滲入，晝雖車乾，夜復漲溢者，宜於岸塍中心開掘一槽，深及外河之底，隨箭河泥填及一半，俟其稍乾，用杵築令堅實，又復箭泥築滿，則水無自而入矣。又有圍岸，因鰍鱓窟穴，或樹根朽爛，遂成漏洞者，亦依前法築之。若田中有泉水爲害者，可用磚灰圍砌泉口，如井欄様，則泉不能漫散矣。又法，將泉口掘作深坎，用大缸覆之，却以泥土圍築缸上，而泉亦不能出矣。

一、高田去河遼遠，無水可車者，須於田内計畝開塘。如田一畝，開塘一分，有田二畝，開塘二分，其三畝四畝以上，各宜依數開之，庶可防旱。或有愚民吝惜，不肯將田開塘者，可以善言諭之曰：爾有田二畝，若將二分開塘，則彼一畝八分更不憂旱，年年有收，是所費者小，而所利者大。若惜此二分之田，不以開塘，則彼二畝旱即無收，是所惜者小，而所害者大。古人寗捐膏腴之産而廣溝洫之制者，爲此故也。以此善言諭之，彼豈不樂從乎？

一、開浚溝渠，修築圍岸，所以爲民也。或有頑民惰農，飾爲巧詞，告稱頻年水旱，田禾無收，米價方貴，民食缺乏，民困未蘇，不能用工，乞待年穀頗登，米價頗賤，民食頗足，民困頗蘇之時爲之者。可以善言諭之曰：正爲頻年水旱，是以開浚修築，以防旱澇，使田禾由此而得收，米價由此而得賤，民食由此而得足，民困由此而得蘇。況古人有言：不一勞者不久逸，不暫費者不永寗。今若又不興修水利，則田禾何由而收？米價何由而賤？民食何由而足？民困何由而蘇？譬如有一貧民，無他産業，止是以人傭工，求取錢米度日。偶然一日不能傭工，不曾求得錢米，已是饑餓一日。若明日忍饑急去傭工，則明日便有錢米，便可得食。若因今日饑餓，不去勉强傭工，則明日又是忍饑。終無錢米可用，饑過數日必死。以此善言諭之，彼豈不樂從乎？

葉給事廷縉請賑饑治水奏

臣竊惟直隸之蘇、松、常，浙江之杭、嘉、湖，約其土地，雖無一省之多，計其賦税，實當天下之半。況他郡所輸，猶多雜賦，六郡所出，純爲粳稻。郊廟之粢盛在此，内府之珍膳在此，百僚之俸給、六軍之糧餉亦在此。至於京師士庶以億萬計，亦皆待飽于給餉之餘。是六郡之賦税，誠國家之基本，生民之命脈，不可一日而不經理也。若水道不通，爲六郡農田之害，所係亦重矣，司國計而任民牧者豈可不加之意乎？

蓋天目諸山之水瀦爲太湖，而六郡環乎其外，太湖之水又由江河以入於海。聞昔人於溧陽則爲堰壩，以遏其衝，於常州則穿港瀆，以分其勢，於蘇、松則開江河，以導其流。惟是入海之處，潮汐往來，易於湮塞。故前代或置開江之卒，或設撩淺之夫，以時浚治，僅免水患。歷歲既久，其法廢弛，遂致諸湖巨浸壅遏於中，江河故道淤漲於外。土民利其膏腴，或堰而爲田，或築而爲圃。上源之來者不衰，而下流之去者日滯。是以川澤浸淫，經冬不涸，圍田沮洳，終歲不乾。加以夏秋淫雨浹旬，山水横發，滂没田疇，漂淪廬舍，固其所也。

方弘治四年一澇，如人初病，猶之可也。迨五年復澇，如病再發，已難支持。幸而六年頗收，稍得蘇息，而今歲大水，視昔尤甚，六郡人民困苦流離，不可勝言。如病發於羸憊之餘，若不多方救藥，則災害何自而弭，財賦何自而出，民何以爲民，國何以爲國乎？即今撫按等官相繼論奏，伏望聖明以天地爲心，以民命爲急，思糧儲爲國家之大用，水患爲東南之大害，於廷臣之中選差有才力、通曉水利者一二員，授以節鉞，重其委任，即日前去，會同撫按官講求民瘼，設法賑恤。軍需之可停者，停之，逋負之可蠲者，蠲之。俟民心稍定，民困稍蘇，然後指定地方分投相視，詢訪故老，尋求遺迹，何地爲山水入湖之衝，何港爲太湖入海之道，自源徂流，一一按究。然後相與度其經費，量其事期，大加浚治，務使下流得以宣洩，而上源不致泛溢可也。然當此饑歉之際，欲興大役，若非任事者處之得其道，則民力不堪，不能不重困也。臣生長其地，目擊其患，又叨居言職，不敢隱默，用是敷布心腹，陳其利害如此。至若水道之曲折，工費之多寡，事期之久近，則不敢以遥度也。伏惟陛下俯垂睿覽，即賜施行。幸甚，幸甚。

錢修撰與謙上海縣捍患隄記

吴故多水患，而近時尤數且甚。命吏居民薦罹沓戹，相顧錯愕，罔測厥儗。加之撫者資及，按者期至，俟陟計滿，莫懷永圖。是以溝壑填枕，而上不惜，下亦知其無所於倚而甘心焉，良可悼也。惟我皇上宵旰兢惕，畏災憫農，暨一二同德胥戚之臣，軫念及此，而撫臣是擇。爰得新昌何公世光以右副都御史來，廣儲博貸，戒防飭浚，如恐不及。於是吾民始有生意，而争來言利弊矣。時則有若鄞進士董君啟之出尹上海，承公之意，進《父老諏厥便得策》獻之。其言曰：『邑分東西鄉，高下迥絶。東抵海障，類高亢，患旱，利于浚。西跨五湖，鍾震澤下流，類卑窪，患澇，利于防。故嘗有浚防之令矣。役弗鈞而力偷，規弗定而文觀，患自若也。茲浚，則擇其人，嚴其戒而已。而防爲艱，請以民之義乎力贍者督其役，且令履畝計防，程其工而分督之。地闊而防遠者，多爲之畛以析之，以拒漫延，使食其地者各效其力，而無勞于官。役于官者官食之。而食之所出，處之以權，於廪藏無損也。』又曰：『農罔穫，冬愈隙矣，毋俟春溢弗及也。且因而食之，有助斂不給之義焉。』

何公聞而賢之，詳授以區畫之方、埤闕之計、勸懲之典，而聽其行。且令曰：『凡吏吴者式是規。』浙臬僉事雷公元芳以其職與聞乎是，亦偉而許之。君於是奉令惟謹，躬率其僚馮丞以下，相利庀材，如其策築之，應期而成，延袤凡百餘里。凡其崇，視凶歲漫迹加尺者三，蓋丈有二尺也。凡其廣，加崇尺者三，而其綱三分去一，蓋防制也。其側，植楊插茭以護之。凡其障而築之也，析竹織蘆而匝之以幹。凡其材悉出於官。凡奪田益隄而妨于藝者，官計其地而鈞其賦于其疆之人，而東之浚者不與焉。』

既而有以患聞者，上乃命工部侍郎徐公原一，率厥屬主事祝君惟貞大舉浚防，而何公以下至於董者皆與之。君子謂是役也，先國之謀，而上合焉； 預民之患，而下樂焉； 創于一邑，而四國則焉； 成于群議，而若出一人焉。惟患之捍，而饑則賑焉，不可泯也。乃碑于其地，曰『撫都御史何公以上海董君隄于是。』是爲弘治甲寅十二月朔日也。

徐尚書治水奏

臣等切惟東南地勢低下，水患自古有之。永樂初元，水復漲溢，太宗文皇帝命户部尚書夏原吉大加疏治，方得止息。逮今九十餘年，各處港浦，仍復湮塞，爲患滋甚。仰惟皇上軫念地方，命臣等會同修浚。蓋將拯墊溺之民於衽席之上，化魚鼈之區爲稻粱之域。臣等敢不罄竭駑鈍，以圖仰副聖意，用是夙夜不遑寧處，相度施工。

竊見嘉、湖、常、鎮，水之上流，蘇、松，水之下流。上流不浚，無以開其源； 下流不浚，無以導其歸。於是督同委官人等，將蘇州府吴江長橋一帶茭蘆之地疏浚深闊，導引太湖之水散入澱山、陽城、昆承等湖。又開吴松江并大石、趙屯等浦，洩澱山湖水由吴松江以達于海。開白茅港并白魚洪、鮎魚口等處，洩昆承湖水以注于江。又開七浦、鹽鐵等塘，洩陽城湖水以達于海。下流疏通，不復壅塞。開湖州之漊涇，洩天目諸山之水，自西南入于太湖。開常州之百瀆，洩荆溪之水，自西北入于太湖。又開各斗門，以洩運河之水，由江陰以入江。上流疏通，不復湮滯。自弘治七年十一月十七日興工，至八年二月十五日工畢。幸而一向天氣晴和，人無疫癘。凡百衆庶，争先效勞。即今水患消弭，人無墊溺之憂，田有豐稔之望，列郡士民，莫不慶抃。是非臣等之能，皆皇上盛德大福，廣被東南之所致也。今將修浚過港瀆畫圖貼説，謹具奏聞。

楊主事君謙治水紀績碑文

上臨御之七年，爲弘治甲寅，乃眷南顧。以玆吴、浙之間，數被水患，黎民阻饑，思大拯救之。爰采廷議，特命工部左侍郎徐公會同巡撫都御史何公經略其事，浚築惟便，而以其屬員外郎祝君惟貞從行贊畫。公深惟大江之南，自鎮徂杭，膏腴千里，而震澤瀦聚其間，西納東吐，本利非害。自壅遏不導，故胷腹受病，肆爲災沴。然水有上下，治亦宜鈞。乃率司府僚吏周巡列郡，討源求委，盡得其利害曲折。公乃與巡撫公度地計工，當用人二十萬乃足事。因創差夫之法，一甲三人，而以其餘爲資給。又別給米，人一石，先食後役。措畫孔艱，凡在守令，無不相率視效，罔敢逸怠。以是年十一月經始。嚴神享，肅官箴，而後即工。

惟蘇之松陵，爲震澤喉襟，而吴松、七浦、白茅，則奔海之大道，利博而治最急者也。乃令張通判旻先以萬六千人之長橋，疏其竇八十有五。又於其外薙荻去澱凡千畝，決爲通波，隨流北折而東。又以萬五千人開七浦四十里，及鹽鐵，尤湮各十餘里。又以八萬人開白茅六十里。其上曰鮎魚口者，湖流之出。是凡四渠爲新開河、爲龍潭洪、爲白魚洪、爲落星港，盡皆疏之，悉徹海焉。自昔以吴松灩沙浮盪不可治，公按而視之曰：『此正三江要道，水下最捷，何可已也？』其地隸松，乃以郝通判希賢率人四萬五千，開其下流凡七十里，以復江之舊。常州之境，惟是宜興百瀆及江陰入江諸港歲久湮塞。乃以姚通判文灝開瀆五十，放之太湖。又開港三，導運河入江。用人亦五萬。而吾蘇守史侯公鑒獨以勤勩爲諸郡先，而松守陳遜之、常守華廷佐咸殫心力，以相其事。公又以諸漊不通，則苕、霅之水不得入于太湖。通而不爲之隄，則水乘風返溢，爲其傍災。其地浙也，則以周大參公瑞發人二萬，開漊七十有二，作石隄七十里，以利湖州。又浚西湖利杭。又作石隄三十里，利嘉興。蓋上源下流，鈞修並治，水以大通。而員外郎祇敬公命，日無寧居，與雷僉憲元芳往來提調，兼督防田之事，責成尤篤。浚治之外，岸益高厚。大凡是役，以丞簿稽工，以義民部夫，所至頓次舍、置井竈，時止作，薪芻並給，醫藥有備，民用是不困。而皇上聖德格天，一霽經時，人以和適[一]，無沾塗櫛冒之苦，役不百日而成。六郡人士，莫不胥慶，以爲上恩洪大，思粒食玆土，遂以公來建是丕績，惠延無窮。歷觀前代致力於斯者，非不甚衆，然言浮於實，或以近效自畫，迄無遠謨。惟國朝永樂中一治，垂利蓋八十載。然考之郡記，其時授地調役，亦未有若今日之大者。則稔歲之臻，有不加於前乎哉！惟公忠貞博大，御之以整暇，是以動用大衆，終始晏

〔一〕適　底本作『逋』，據四庫本改。

然。所謂社稷大臣，臨事決議，愈大而愈靖者，公其有焉。工之畢，當作之明年二月，雖成未驗。既而大雨兼旬，水驟長驟縮，流若箭駛。雨與昔同，而利病懸異。然後人之信且喜滋甚。卓哉巍乎！垂宇宙，誇古今，斯實一代之偉烈，不可尚已。

舉人秦慶請設淘河夫奏

臣惟國家財賦多出於東南，而東南財賦盡出於水利。方今時務，莫要於此，不可以爲緩而忽之也。近年以來，列郡數被水災，民不聊生。推原其故，皆由於太湖之溢，而太湖之所以溢，則由於三江衆浦之失其道耳。弘治七年，巡撫都御史何鑑具以上聞，既而給事中葉紳、巡按御史劉廷瓚相繼論列。伏蒙皇上軫念地方，特命工部侍郎徐貫來總水事。凡通湖達海隘口支川，無不疏治。自七年冬至八年春，不數月而成功。一時水患，十去八九。列郡人民，仰荷皇上再造之恩，如天地之難名也。

然臣以爲，疏導之利，雖已弘於一時，而經制之宜，猶未及於永久。惟昔之善治水者，每於平成之後，必立宣防之法，如近代撩淺、開江等卒，亦皆制置有定，浚治有常。是以當時利興而害去，國富而民安。臣以爲今當略倣前制，思患預防。乞勅該部轉行巡撫及水利官，督率府縣治農官，徧詣三江各浦地方，相視要害，講求便宜。用其土著之民，專習搜淘之事，免其別差，著爲定令。仍須往來勸督，驗其工程，以行賞罰，務使水道不復壅遏，而旱澇不能爲災可也。經久之宜，莫善於此。伏望皇上矜其愚而垂仁采納焉。臣不勝激切願望之至。

松學生金藻三江水學

《禹貢》曰：『三江既入，震澤底定。』又曰：『九川滌源，九澤既陂。』今東江已塞，而松江復微，是川源無滌也。太湖泛濫，隄防不修，是澤無陂障也。惟其無陂，所以靡定，惟其無滌，所以靡入。東風則西決，西風則東潰，一雨連旬，數月如海。此頻年水患所以不可救治者，良由備之不預，慮之不周，託之不重，而任之不久也。孔子稱禹『盡力乎溝洫』，孟子稱禹『以四海爲壑』，愚以爲《禹貢》之法，孔孟之言，萬世所當順守而不可忽者也。治水君子，順此而行之，則有無窮之利；忽此而不行，則有無窮之害。順之之道有六，曰：探本源也，順形勢也，正綱領也，循次序也，鈞財力也，勤省視也。所以行之之要，在任得其人而已矣。任得人，而六事不舉者，未之有也。六事舉矣，水不爲利而爲害者亦，未之有也。

所謂任得人者，治水救民，莫大之事。況國家財賦，多出東南。伏聞堯舜治水，必委之於神禹，而輔之以伯益，故能『地平天成』，萬世永賴。洪惟我太祖高皇帝設立府縣司牧，區圖糧里，所以重農事也。太宗文皇帝專任户部尚書夏公總督江南水利，數十年來，民蒙其澤。但當時任之不久，而繼之無人，所以其功不全，其利不遠。今之治水，總之以僉憲而已。凡百舉動，不得自爲，事功難成。愚以爲若欲水患消除，必遵祖宗之法，專任大臣，而輔之以所屬。責成守令，而催辦於糧里。不宜泛遣他官，而墮失厚利，添設耆塘，而擾害良民也。是故有敬德、有實學、有高識、有遠慮、有仁慈、有剛果，不恃一己之聰明，而採納天下之公論；不恤一己之勞逸，而體悉萬夫之凍餒，斯可以膺大任而成大功也。

所謂勤省視者，伏聞神禹治水，十三年居外，三過其門而不入。後世君子乃欲不出郊原，而求其刑賞當、水利修，自生民以來，未有能濟者也。是故有廉能不省視，與無廉能同，省視不賞罰，與不省視同，賞罰不繼續，與不賞罰同。省視之時，與民約信：某日到某鄉，某月到某縣。三月一周，一年三徧，非大寒暑不休息，非大風雨不更期。大約省視一年、二年，圍岸可成，三年、四年，溝洫可深，五年、六年，浦瀆可通，七年、八年，三江可入，至於九年，閘竇可完，石隄可備。一圖水利，省視在里長；一區水利，省視在糧長。治農縣丞則省視一縣，治農通判則省視一府，而守令則兼之也。提七郡之綱，而以水功分數爲殿最者大臣也，參贊乎上，綱紀乎下者，大臣之佐也。若夫相與調劑，以成其事者，巡撫也。相與糾舉，以正其法者，巡按也。如此而水利不興，菽粟不如水火者，吾未之信也。顧君子省視何如耳！

所謂鈞財力者，財不鈞則無食，無食則多怨，力不鈞則無功，無功則徒費。愚謂圍岸溝洫，田户存者不須起倩，隨其田旁而責其户以自修之，一尺一步，皆有歸著。今之修圍者不令自爲，須要起倩。强者不服役，弱者不得休，其弊甚多，不可附説。往年開河，每里起夫二三十名，傷於太多。在家人户，又無所助，雖或有之，亦是弱者。官府給糧，不過數斗，倉廩有限，其能再乎？愚謂總是民財，何須勞擾。爲今之計，莫若每甲朋出長夫一名，三時治水，一冬休養。其餘九户，分爲九等，每月一户，貼錢三百六十文。十夫一舟，往來宿食。百夫十舟，千夫百舟，自正月發運已畢，水工方興，至十月開倉納糧，水工又止。千夫修一處，萬夫修十處，各自立功，以憑賞罰。惟是石隄、閘竇或憂浩費，欲乞朝廷暫將七郡魚課、船課、竹木雜課量停起解，留充水用。待至功成之後，悉依原議。庶幾不以積習害機宜，不以近利墮永制，而萬年之功成矣。

所謂循次序者，事有緩急，功有難易，知所先後，水利修矣。昔人以開江、置閘、圍岸爲東南第一義，又以河道、田圍二事可兼修而不可偏廢。此皆確論。但惜其失先後之序，故後人祖之者，率多以開江爲急，而圍岸、溝洫漫不之省。是以用力多而成功少，積習久而曲論生。愚以爲江固當開，閘固當置，圍岸、溝洫則在開江置閘之先，而圍岸又當先於溝洫也。修圍之法，水漲則專增其裏，土不狼籍；水涸則兼築其外，岸方堅固。圍大者，其中須畫界岸。但今低鄉圍岸，蕩無根基，須得樁笆，方可修築。若乃震澤諸湖，須用石隄，如高郵三湖可也。高郵三湖，資其行舟以運糧，震澤諸湖，資其灌田以出糧，皆宜專任大臣經理其事，而不惜所費。況江南運河亦資震澤諸湖之利，豈可獨留心於彼而不加意於此乎？開溝無他法，惟在深廣而已。開河之法，疾流搔乘，緩流撈剪，污泥盤弔，平陸開挑。開江之法與開河同。但各處包帶積荒田土，與夫沙塗水蕩，却用長夫開以溝洫，畫以疆界，墾闢成田，召人耕種，抵足原租，餘充閘費。待至開江之時，遇有所損之處，即以此償之。如此，則上不煩官，下不損民，中不害事，而橫議息矣。老農云：種田先做岸，種地先做溝。此二句切中今時之病。蓋高鄉不收，無溝故也，低鄉不收，無岸故也。至若池塘，又高鄉急務。大約有田一頃，開塘十畝，可以蓄水而防旱矣。

所謂探本源者，天下之事有利有害，莫不皆有本源也。利於民者，則當厚其本、深其源，害於民者，則當拔其本、塞其源。況水之利害，財貨之盈縮，生民之休戚，國家之安危係焉，尤當深探其本，而窮究其源者也。竊見弘治五年，江南久雨，湖泖相連，風濤洶湧，民居漂蕩。迨及六年，乖氣流行，疫癘大作。至於七年，宿水連春，夏雨過時，菜麥禾苗，極目沉淪，饑民逃竄，絕野蕭條。凡此災害，雖曰氣運之常，亦人事不修之故。今欲救其已然之災，不若因之以救未然之災，除一二年之害，不若因之以除千百年之害。救已然一二年之災；倉廩府庫是也。救未然千百年之災，江湖田野是也。江湖浚治，然後田野開闢，田野開闢，然後百穀豐登，倉廩盈溢，盜賊可息，獄訟可簡，教化可興，禮樂可作，尚何災害之足憂哉？

荀卿曰：『田野者，財之本也。倉廩者，財之末也。事業者，貨之源也。府庫者，貨之流也。』孟子曰：『無政事，則財用不足。』程子曰：『五事，內也，謹而明之。六府，外也，時而治之。』朱子曰：『順五行，修五事，生財之本也。』治水君子明而至於肅、乂、哲、謀、聖，則修矣。治而至於時雨、時暘、時燠、時寒、時風，則順矣。五事修矣，五行順矣，於是相克而生百穀，生穀而成六府，六府而資三事而成九功。九功叙、九叙歌，此禮樂所由興也。是故修隄防以救澇，土克水也。修江湖以救旱，水克火也。修爐冶以爲耜，火克金也。修斧斤以爲耒，金克木也。修耘耨以生穀，木克土也。夫五行之序不同，而所同者，水爲先也。是天下萬物無有先於水者也。先於水者，兩儀也，兩儀之所先，太極也。譬則太極，祖也。兩儀，父母也。五行，五子也。水，長子也。欲幹父母之蠱，固在乎子，而長子尤其所重也。夫五行以水爲先，猶五事以貌爲先。治水君子，恭敬以修其貌，咨訪以修其言，巡省以修其視，採擇以修其聽，備慮以修其思。以合五行，以敘九功，以慰萬民之所望，以副聖天子之所託，庶幾端本澄源，而君子所當留心者歟！

三江水學或問上

或問：『三江既入，震澤底定。』此《禹貢》揚州治水之法。予既揭之，以爲一篇之綱領者，當矣。而又引『九川滌源，九澤既陂』，何也？

曰：三江，流水也。滌源，流水之所以入也。震澤，止水也。既陂，止水之所以定也。使《禹貢》無此二句總結於後，將謂三江既入，震澤自然底定矣。自漢以來，治經者多忽此。惟蔡氏得紫陽夫子之傳，故其言：『曰九州之川，浚滌泉源，而無壅遏。九州之澤，已有陂障，而無決潰。』治水君子篤信而深思之，則諸澤陂障自有不可得而已者。

曰：『三時治水，一冬休養』，與《論語》『使民以時』、《孟子》『不違農時』不同，何也？曰：斷不可泥『至冬乃役』之說，以陷民於死亡也。蓋至冬乃役，如『上入執宫功』之類，非若水利乃野外工役，不可以冬月爲之也。《詩》云：『蟋蟀在堂，役車其休。』又曰：『塞向墐户』『入此室處』。又曰：『三之日于耜，四之日舉趾。』《書》於仲春曰：『平秩東作。』於仲冬曰：『厥民隩。』蓋三時勤苦，一時休養，今古之通誼也。

曰：近日開河，亦是冬月，如何亦成？曰：幸得一冬晴暖，所以不見甚傷。然終不可爲法。蓋嘉定人夫亦多死者。

曰：開河必動大衆，如何保得不死？

曰：程子開河，他人管者多死，程子管者不死一人，只是處置得宜耳。

曰：役夫衆多，如之何可以全其生也？曰：冬月不役，是求生之一路也。老弱不用，是求生之一路也。衣食温飽，是求生之一路也。痛革暴虐，是求生之一路也。有疾即與之藥而發回，是求生之一路也。船舍近便，足蔽風雨，是求生之一路也。如此求生，而猶不免於死，是誠當死者也。然亦不可不爲之祭埋，而厚恤其家也。

曰：常年治水，不亦勞乎？曰：《春秋》常事不書，凡用民力無不書者，所以重民力也。合義不合義，必書。得時不得時，必書。惟修泮宫不書，立閟宫不書，修阡陌不書，浚溝洫不書。二百四十二年無一筆，豈皆不用民力於疆畎哉？誠以四事如飲食然，不可一日而闕者也。聖人之教，萬世至矣。

曰：《春秋》有『浚洙』之文，何也？曰：洙，魯北水名。莊公畏齊來伐，故浚以防之，非爲農民興水利也。

三江水學或問下

明日客復來。曰：『九川滌源，九澤既陂』，言九州之川澤也。子之引之，却是專言揚州，可乎？野人曰：既言九州，則揚州在其中矣。客曰：不用耆塘可也，又用糧里，可乎？野人曰：糧里，舊所置也。耆塘，今所增也。不足而增，可也。既足而增，可乎？所謂十羊九牧者也。客曰：上得其人，則雖用耆塘亦不害。野人曰：與其上得人，而下不得人，孰與其上下皆得人乎？

客曰：府縣下鄉省視，得無擾民，如柳子之論乎？野人曰：『先之勞之』，聖人之言也。勸課農桑，守令之責也。『星言夙駕，説于桑田』，公侯之事也。『循行國邑，周視原野』，司空之職也。何有聽民自爲，而坐食者乎？柳子之論，爲擾民者發之過也。

客曰：隨其田旁自修溝岸，不若計其田畝，鈞其工程爲善。蓋田有長倚涇者，有横出涇者，有不出涇者。用子之法，則長倚涇者用工太多，横出涇者用工太少，不出涇者無工可爲，豈得爲鈞乎？野人曰：舊時鄙見亦如此。然鈞則鈞矣，終是甲治乙田，丁修丙岸，非惟不肯盡心，抑且無憑賞罰。思之十年，始遇有識，乃上海陸宗愷，却與華亭曹憲副定菴之意正同。蓋不出涇之田，澇則不得洩，旱則不得溉，糞則難於入，歛則難於出。凡有此田者多是貧難下户，當優恤者也。若其横出涇者與長倚涇者，旱則易於溉，澇則易於洩，糞則便於入，歛則便於出，有此田者，多是殷實有力者也。故定爲此法，允愜輿情，使貧乏者既得以安生，而有力者又無計以偷閑。堅固流滌者既得以蒙賞，而淤淺踈脆者又無計以逃罪。愚所謂一尺一步皆有歸著，一賞一罰皆得其當者，誠非臆度之言也。

客曰：低鄉無土，如何修岸？野人曰：此則須用載土撈泥。且如商賈從長沙販米，經年累月，涉歷風濤，只是欲得米，故不辭艱苦。今在平河載土，近處撈泥，得一船即是一船之米，得萬船即是萬船之米，但寄之於田，歲歲取之無窮也，人患不載不撈耳。

客曰：天下本無事，庸人自擾之。野人曰：四年洊没，萬姓漂流，尚謂之無事乎？且愚見不過遵祖宗之法，守聖賢之規，修隄防，浚溝洫，滌川原而已。何擾之有？

客曰：探本源，只當云探水之本源，如何説得到五事上？野人曰：三江之水原自太湖，太湖之水原自諸山，諸山之水原自天雨，天雨原自地氣，地氣原自人心。人心善，則五事修，五事修，則五行順，五行順，則五氣和，五氣和，則五休徵應。反此，則五咎徵應矣。故曰：天未始不爲人，人未始不爲天也。

凡百典章具有成説，無有蒐輯成書，加以議論而定者。《水利》之書一出，非惟見姚君有益於上下，且其用世之才，亦於是而可知矣。使天下皆若人焉，則夫許國之誠、忠君之心、恤民之意，端可想見。世之君子與我同志，則未必以我言爲迂而棄之也。姚君以農〔二〕爲世家。而均惠焉，其意尤可尚也。謾記之左方。時弘治戊午夏六月二十三日，葉農〔三〕謹誌。

〔二〕〔三〕農　應爲『晨』。

〔跋〕

近世談新法者，多主務農。務之不得其道，非樊須之小，即許行之僻，暖姝[一]自悦，國何利焉。誠能致力溝洫，使閭閻無水旱之虞，東南數十郡膏腴之地，耕三可以餘九，尚何貧之足憂？姚氏此書大旨，已具自選凡例。惜傳本甚稀，各叢刻皆未之及。爰用弘治本重鋟於木，俾後世牧民者見之，知農政首重水利，而治水工費浩大，必藉官力成之，由一方推及天下，民其庶有鳩乎！

辛酉五月，新昌胡思敬跋

整理人：湯志波，復旦大學古籍所博士，華東師範大學中文系講師。已出版古籍整理《弇州山人題跋》《沈周集》等著作。

賽瑞琪，復旦大學中文系博士。

[一] 暖姝　應爲『曖昧』。

中國水利史典　編輯出版人員

總　編　輯　湯鑫華

總責任編輯　陳東明

副總責任編輯　穆勵生　馬愛梅

太湖及東南卷一

責任編輯　宋建娜　叢艷姿

審稿編輯　穆勵生　馬愛梅　宋建娜　王　藝　楊春霞
　　　　　張小思　朱　莉　趙　耀　王　勤　叢艷姿

封面設計　王　鵬　盧　博

版式設計　孫立新　黄雲燕

責任排版　吴建軍　郭會東　孫　静　丁英玲　聶彦環

責任校對　張　莉　梁曉静　吴翠翠

責任印制　崔志强　劉一檠　帥　丹　孫長福　王　凌